TANZSPRACHE UND ORIENTIERUNG DER BIENEN

VON

DR. KARL VON FRISCH
PROFESSOR EM. DER ZOOLOGIE AN DER UNIVERSITÄT MÜNCHEN

MIT 452 TEXTABBILDUNGEN

SPRINGER-VERLAG
BERLIN · HEIDELBERG · NEW YORK
1965

ISBN-13: 978-3-642-94917-3 e-ISBN-13: 978-3-642-94916-6
DOI: 10.1007/ 978-3-642-94916-6

Softcover reprint of the hardcover 1st edition 1965
Library of Congress Catalog Card Number 65-26948

Titel-Nr. 1291

Vorwort

Seit mehr als 50 Jahren sind die Bienen in unserem Institut, wie in der Zeit der Ferien am Wolfgangsee, die Lieblingstiere meiner wissenschaftlichen Arbeit. Ihr Farbensehen, ihr Riechen und Schmecken und die Beziehungen ihrer Sinnesleistungen zur Blumenwelt, ihre „Sprache" und ihr Orientierungsvermögen — das war das rätselvolle Wunderland, das zu immer weiterem Vordringen lockte. Allmählich haben sie uns aus der Schatzkammer ihres Daseins viele Neuigkeiten verraten. Diese häuften sich im Laufe der Jahre und verlangten immer dringender nach einer Besinnung und Übersicht.

Der Plan, dieses Buch zu schreiben, besteht daher schon lange. Aber große Lücken in unseren Kenntnissen waren so störend, wie die weißen Flecken für den Betrachter der alten Erdkarten. Der Wunsch, ein möglichst geschlossenes Bild zu geben, rief immer wieder vom Schreibtisch zum Experiment, um tieferen Einblick zu gewinnen – und jede neue Einsicht stellt neue Fragen. Ein Ende kommt nicht von selbst. Man muß es schließlich setzen.

Ich war bemüht, allgemein verständlich zu schreiben und hoffe, daß auch noch in unserer Zeit, die immer mehr zur Spezialisierung drängt und immer weniger Mußestunden kennt, die Biene das Interesse weiterer Kreise fesseln kann. Sie hat es durch Jahrtausende vermocht.

Manche Unvollkommenheiten bin ich mir bewußt. Nichts Besseres könnte ich mir wünschen, als daß sie anderen als Anreiz dienen, die Arbeit fortzuführen.

Dem Springer-Verlag fühle ich mich für sein Entgegenkommen und die gute Ausstattung des Buches in Dankbarkeit verbunden.

München, im März 1965 K. v. Frisch

Inhaltsübersicht

Zweiter Teil: Die Orientierung der Bienen unterwegs zum Ziel

Einleitung

Manchen Leser mag der Titel des Buches befremden. Kann die Verständigungsweise von Insekten als „Sprache" bezeichnet werden?

Man darf den Gebrauch dieses Wortes nicht dahin mißverstehen als sollte das, was Bienen einander mitzuteilen haben, der Sprache des Menschen gleichgesetzt werden. Durch ihren Reichtum an Begriffen und ihre artikulierte Ausdrucksweise steht diese auf einer anderen Ebene. Wo schlechthin von einer „Sprache" der Bienen die Rede ist, weisen die Anführungszeichen auf den Unterschied hin.

G. Révész allerdings will bei Tieren überhaupt nicht von einer Sprache reden. Dazu müßte nach seiner Meinung gezeigt werden, daß sie zum Zweck der Kommunikation mit ihren Artgenossen ein System von Lauten oder Bewegungen benützen, derart, daß „jedem Laut bzw. Lautkomplex oder jeder Bewegung bzw. jedem Bewegungskomplex eine bestimmte Bedeutung zukommt". Gerade das trifft — wie wir sehen werden — für die Tänze der Bienen zu. Mit ihrer prägnanten und differenzierten Zeichensprache erheben sie sich weit über alles, was sonst im Tierreich von einem Mitteilungsvermögen bekannt ist. Das Außerordentliche im Bereiche tierischer Verhaltensweisen soll durch den Ausdruck „Sprache" betont sein[1]).

Eine Begründung ist wohl auch am Platze dafür, daß ein wesentlicher Teil eines Buches von der „Sprache" der Bienen ihrer Orientierung gewidmet ist. Nahrungsuchende Bienen können mehr als 10 km von ihrem Heimatstock fortfliegen. Das ist für ein 13 mm langes Wesen eine beachtenswerte Distanz. Und doch können sie von einer Blume am Endpunkt dieses Fluges nach Hause und wieder zurück zur gleichen Blüte finden. Ja sie vermögen darüber hinaus ihren Stockgenossen eine so genaue Lagebeschreibung des Futterplatzes zu geben, daß diese, ohne den Weg vorher gekannt zu haben, das Ziel richtig ansteuern. Bienen besitzen also ein ausgezeichnetes Orientierungsvermögen und zugleich die Gabe, die für das Finden des Weges erforderlichen Daten einander mitzuteilen. Dadurch ist ihre „Sprache" mit der Art und Weise, wie sie sich im Raum zurechtfinden, eng verzahnt und das Studium des Mitteilungsvermögens führte mit Notwendigkeit auf das Orientierungsproblem.

Als ich vor rund 40 Jahren das Ergebnis dreijähriger Arbeit zusammenfaßte (v. Frisch 1923), glaubte ich die Bedeutung der Bienentänze zu kennen. Nach zwanzigjähriger Pause gab der Nahrungsmangel im zweiten Weltkrieg den Anlaß zu neuer Beschäftigung mit dem Thema. Wir wollten den Bienen in ihrer eigenen „Sprache" sagen, daß sie eifriger sammeln, und wohin sie fliegen sollten. Da bemerkte ich, daß mir die interessantesten Dinge entgangen waren. Mit der Vertiefung der Kenntnisse wuchsen die Aufgaben auch in die Breite. Viele Mitarbeiter stellten sich ein zu gemeinsamem Schaffen. Was wir in jahrzehntelanger Arbeit herausgebracht haben, steht in zahlreichen, zum Teil schwer zugänglichen Veröffentlichungen zerstreut. Eine Zusammenfassung, die den roten Faden erkennen läßt, scheint mir angebracht. Sie wird deutlich machen, was bis heute geklärt ist und auf Lücken hinweisen, die künftige Forschungen schließen mögen. Der Kundige wird auch mancherlei entdecken, was bisher noch nicht gedruckt war.

---

[1]) G. Révész 1953, K. v. Frisch 1953; vgl. auch Lotz 1950, Kainz 1961.

Nach vielen Seiten schulde ich Dank — in erster Linie jenen Schülern und Schülerinnen, die durch ihre Dissertationen einen Stein um den anderen zu diesem Bauwerk beigetragen haben; in zeitlicher Folge: WERNER JACOBS, GUSTAV A. RÖSCH, ANSELM SCHALLER, FRITZ RAUSCHMAYER, HERBERT BAUMGÄRTNER, INGEBORG BELING, ILSE WEIS, BERTA VOGEL, ELISABETH OPFINGER, OSKAR WAHL, RUTH LOTMAR, MARIA HÖRMANN, ELISABETH KLEBER, FRITZ HASLINGER, JESUS DEL PORTILLO, ANNELIESE SCHMIDT, THEODOR STAUDENMAYER, ILSE KÖRNER, HANS ENGLÄNDER, HILDTRAUT STEINHOFF, MARTIN LINDAUER, THERESE ZU OETTINGEN-SPIELBERG, HEDWIG STEIN, HERBERT HERAN, EGON PALITSCHEK, JOSEF BRETSCHKO, IRMGARD KAPPEL, HERTA KNAFFL, WOLFGANG SCHICK, WOLFGANG STECHE, THERESE LEX, KARL STOCKHAMMER, RUDOLF BOCH, KARL DAUMER, AHMAD-H. KASCHEF, WILHELM FISCHER, RUDOLF JANDER, A. RUTH BISETZKY, ELMAR MEDER, PETER GÖRNER, LORE BECKER, E. MARIA SCHWEIGER, UNA F. JACOBS-JESSEN, FRIEDRICH OTTO, AHMAD SCHAH SEI DJALAL, HANNELORE DIRSCHEDL, ALEXANDRA V. AUFSESS, JOHANNES SCHMID, DIETER BRÄUNINGER. Manche von diesen blieben über ihre Doktorarbeit hinaus den Bienen verhaftet. RUTH BEUTLER, deren Dissertation einem ganz anderen Gebiet gegolten hatte, wandte sich bald den Bienen zu und förderte biologisch-chemische und blütenbiologische Fragen. MAX RENNER trat in unseren Kreis, HARALD ESCH schloß sich an und MARTIN LINDAUER wurde mein engster Mitarbeiter. Schüler von ihm (J. O. NEDEL, H. KIECHLE, H. MARKL, H. MARTIN, U. MASCHWITZ, V. NEESE, B. SCHRICKER) haben neue Befunde beigesteuert, und so ist eine dritte Generation in gleicher Richtung auf gutem Wege. Der Stoff wird auch ihnen nicht ausgehen.

Zahlreiche Studierende, technische Assistentinnen und andere Personen waren bei den Versuchen wertvolle und unentbehrliche Hilfskräfte. In technischen Erfordernissen hat Ing. RICHARD WOKSCH oftmals Beistand geleistet. In physikalischen Fragen haben mich Prof. HANS BENNDORF (Graz), Prof. K. O. KIEPENHEUER (Freiburg i. Br.) und Prof. ROLLWAGEN (München) hilfsbereit beraten und unterstützt. In imkerlichen Angelegenheiten standen mir G. BAMBERGER (München) und M. ELLMAUER (St. Wolfgang) zur Seite, deren Aufgeschlossenheit für wissenschaftliche Probleme und deren große praktische Erfahrung unserer Arbeit zugute kamen. Dankbar denke ich auch daran, wie kostbares Blütenmaterial uns in der Folge der Jahre Prof. K. v. GOEBEL, Prof. O. RENNER und Prof. L. BRAUNER als Leiter des Münchner Botanischen Gartens verständnisvoll überließen und wie viele Versuche sie im Gartengelände duldeten. Oberforstmeister F. PROMBERGER erlaubte uns das Aufstellen von Bienenvölkern im Forstenrieder Park bei München und das Befahren der Forstwege mit Kraftfahrzeugen. Er hat uns dadurch ein wertvolles Versuchsgelände erschlossen. Auch der Bayerischen Landpolizei sind wir für manche Hilfe verpflichtet.

Dr. H. FERNANDEZ-MORAN, Dr. T. H. GOLDSMITH, Dr. FR. W. SCHLOTE und Dr. J. J. WOLKEN danke ich für die Überlassung elektronenoptischer Bilder.

Meinen Schülern Prof. M. LINDAUER und Dr. R. JANDER bin ich für Durchsicht des Manuskriptes und manchen wertvollen Hinweis verbunden.

Die Deutsche Forschungsgemeinschaft hat die Arbeit wiederholt durch Bereitstellung von Mitteln und durch Bewilligung von Mitarbeiter-Stipendien gefördert. Warmen Dank schulde ich auch der Rockefeller Foundation, welche durch Jahrzehnte die finanziellen Hemmungen für eine freie, unbesorgte Versuchsplanung großzügig beseitigt hat.

Erster Teil: Die Tänze der Bienen

I. Historisches

In seinem Buch über das „Leben und Wesen der Bienen" mußte H. v. Buttel-Reepen den Abschnitt über das Mitteilungsvermögen (1915, S. 190 ff.) mit dem Geständnis einleiten, daß man hier nur von „Möglichkeiten und Wahrscheinlichkeiten" sprechen kann. Daß sich die Mitglieder eines Volkes in irgend einer Form untereinander verständigen können, ist seit langem bekannt. Jeder Imker weiß, daß sich an einer Honigwabe, die irgendwo von einer einzigen Biene entdeckt wird, nach kurzer Zeit zahlreiche Besucher einfinden. Auch kann man an einem größeren Bienenstand gelegentlich beobachten, daß viele Stunden hindurch nur an einem einzelnen Volk Tausende von Sammlerinnen mit mächtigen Höschen landen, weil offenbar eine Kundschafter-Biene dieses Stockes am Morgen eine ergiebige Pollenquelle entdeckt und die Nachricht bei ihren Kameraden verbreitet hat (v. Buttel-Reepen 1915, S. 171). Daneben stehende Völker können gleichzeitig andersfarbigen Pollen von anderen Blumen eintragen, die von ihren Kundschaftern gefunden wurden[1]). Wie die Benachrichtigung geschieht, war unbekannt. Die größte Bedeutung schrieb v. Buttel-Reepen einer Verständigung durch Töne zu, weil das geübte Ohr den Schwarmton ausschwärmender Bienen sehr wohl vom Stechton gereizter Tiere, vom Hungerton eines darbenden Volkes, vom behaglichen Summen nach guten Trachttagen oder vom Heulton bei Weisellosigkeit unterscheiden könne. Daß diese Töne von den Kameraden gehört werden, hat schon August Forel (1910, S. 309/310) bezweifelt. Das relativ lautstarke „Tüten" und „Quaken", wodurch sich eine junge Königin im Volk mit ihren schlüpfreifen Rivalinnen über ihre Anwesenheit zu verständigen scheint, konnte allerdings als ernsthaftes Argument für die Wahrnehmung von Tönen gelten. A. Hansson (1945) hat gezeigt, daß es sich hierbei um eine Leistung des Vibrationssinnes handelt. Nur bei Kontakt mit der Unterlage und auf geringe Entfernung erfolgt eine Reaktion. Verschiedene Tonhöhen werden nicht unterschieden. Frei fliegende Bienen reagierten nie auf Töne. Die Annahme v. Buttel-Reepens, daß Bienen eine differenzierte Lautsprache besitzen, hat sich also nicht bestätigt, wenn auch nach neueren Erfahrungen die Vibrationswahrnehmung wichtiger ist, als es eine Zeit lang schien.

Die Bedeutung des Geruchsinnes für die Verständigung erkannte F. W. Sladen (1902), der in einer wenig beachteten Mitteilung als erster auf ein Duftsignal hinwies. Bienen, die vor dem Flugspalt bei erhobenem Hinterleib mit den Flügeln fächeln („sterzeln") und dadurch Kameraden anlocken, sind dem Imker ein vertrauter Anblick. Sladen bemerkte, daß sie hierbei eine Hauttasche nahe der Hinterleibsspitze ausstülpen, die einen auch für uns wahrnehmbaren Duft ausströmt und daß nicht ihr „freudiges Summen", sondern eben dieser, durch das Flügelfächeln verbreitete Duft das Lockmittel ist. Ich kam später ohne Kenntnis von Sladens Entdeckung zu der gleichen Einsicht.

Anlaß zur Beschäftigung mit diesen Fragen gaben mir Versuche über das Farbensehen und den Geruchsinn der Bienen. Wollte ich mit Versuchen beginnen,

---

[1]) Auch beim Sammeln des Nektars wählen manchmal Völker desselben Bienenstandes ganz verschiedene Blütensorten (Maurizio 1962).

so legte ich auf einem Tisch im Freien einen mit Honig versehenen Papierbogen auf. In der Regel wurde er nach einigen Stunden von einer Biene gefunden. Dann wuchs ihre Zahl rasch auf Dutzende, ja Hunderte an. Auch eine andere Erscheinung sprach auffällig für eine Verständigung unter den Stockgenossen: Ich dressierte mit Zuckerwasser. War das Futterschälchen leer, so legte ich eine Pause ein, um die Zahl der Sammlerinnen in annehmbaren Grenzen zu halten. Zunächst schwärmten zahlreiche Bienen um das leere Schälchen, allmählich verflogen sie sich und nach etwa 20 Minuten kamen sie nur noch vereinzelt. Fand nun eine das Schälchen gefüllt, so stellten sich nach ihrer Heimkehr in rascher Folge auch die anderen wieder ein.

Ich war neugierig, wie die Nachricht daheim verbreitet würde und baute einen Beobachtungsstock mit Glasfenstern. Er wird im nächsten Abschnitt beschrieben.[1]) Im Frühjahr 1919 stellte ich ihn im alten Klosterhof des damaligen Münchner Zoologischen Institutes auf, errichtete neben ihm einen Futterplatz und machte den Sammlerinnen rote Farbtupfen auf den Thorax. Nach einer Futterpause saßen sie zwischen den anderen nahe dem Flugloch auf der Wabe. Die nächste Kundschafterin fand das Schälchen gefüllt. Es war ein faszinierender Anblick, als sie nach der Heimkehr einen Rundtanz aufführte, für den sich die zunächst sitzenden rot betupften Bienen lebhaft interessierten. Sie trippelten hinter der Tänzerin her und verließen darauf den Stock, um an den Futterplatz zu eilen. Bald zeigte sich, daß der Rundlauf ein Werbetanz ist, der nicht nur die alte Sammlerschar wieder auf den Plan ruft, sondern auch Neulinge zur Verstärkung der Arbeitsgruppe mobilisiert (v. Frisch 1920).

An Pollensammlerinnen, die von natürlichen Trachtquellen mit Höschen heimkehrten, sah ich eine andere Tanzform, den Schwänzeltanz, und verfiel in den Irrtum, der Rundtanz würde beim Sammeln von Zuckerwasser und Nektar, der Schwänzeltanz beim Pollensammeln aufgeführt (v. Frisch 1923). Chr. Henkel (1938) widersprach dem. Er sah unter natürlichen Bedingungen bei Nektarsammlern Schwänzeltänze, die sich von jenen der Pollensammler in der Form nicht unterschieden, und führte die Rundtänze der Zuckerwassersammler nur auf den unnatürlichen Nahrungsreichtum meiner künstlichen Futterplätze zurück. Auf Grund neuer Versuche blieb ich zunächst bei meiner Auffassung (1942). Heute wissen wir: Henkel hatte recht, wenn er bei Nektarsammlern Schwänzeltänze schilderte. Aber auch ich hatte recht, als ich bei ihnen Rundtänze beschrieb. Ich war im Irrtum, als ich die Rundtänze auf die Nektartracht zurückführte und er war im Irrtum, als er sie der Üppigkeit des Futters zuschreiben wollte. Die Aufklärung kam dadurch, daß ich meiner Mitarbeiterin Ruth Beutler einen schlechten Rat gab. Sie hatte 500 m von einem Bienenstock entfernt einen Futterplatz mit Thymianduft in Betrieb und wünschte an einer näher zum Stock gelegenen Stelle rasch Bienen an einem Zuckerwasserschälchen zu haben. Ich schlug vor, am 500 m-Platz gut zu füttern und auch an der gewünschten Stelle nahe am Stock ein Zuckerwasserschälchen mit Thymianduft aufzustellen. Durch die Rundtänze der Fernsammler würden die Stockgenossen veranlaßt werden, zunächst die nähere

---

[1]) J. B. S. Haldane verdanke ich den Hinweis, daß schon Plinius von einem Beobachtungsstock mit Hornfenstern berichtet, in dem man das Ausschlüpfen der Bienen sehen konnte (Nat. Hist. Lib. XI, 16, 49). Um 1740 beschrieb Réaumur Beobachtungsstöcke eigener Konstruktion, die den unseren recht ähnlich waren (vgl. Büdel 1957). Auch dem blinden Franz Huber (1814, 1856) dienten solche Stöcke zu den schönen Entdeckungen, die ihm durch die Augen seines begabten Gehilfen Franz Burnens vergönnt waren. Seither hat sich bestimmt schon mancher Imker und Liebhaber etwas Entsprechendes angefertigt. Auch die in der Königinnenzucht üblichen Begattungskästchen sind für manche Beobachtungen brauchbar.

Umgebung abzusuchen und sie müßten das neue Schälchen schnell finden. Ein Erfolg blieb aus. Hatte die Entfernung des Futterplatzes einen Einfluß auf die Tanzweise?

Darauf gerichtete Versuche zeigten tatsächlich, daß bei nahe gelegenen Futterquellen Rundtänze, bei größerer Entfernung Schwänzeltänze ausgeführt werden, von Nektarsammlern genau so wie von Pollensammlern, und daß die Schwänzeltänze auch die Richtung und Entfernung des Zieles melden. Der Irrtum war entstanden, weil ich den künstlichen Futterplatz mit Zuckerwasser in unmittelbarer Nähe des Stockes angelegt hatte, um den Futterplatz wie die Wabe im Auge zu behalten, während die Pollensammler von natürlichen, weiter entfernten Trachtquellen kamen. Unter diesen Umständen gab es bei den Zuckerwassersammlerinnen nur Rundtänze, bei den Pollensammlerinnen nur Schwänzeltänze. Dazu kommt, daß die Pollensammlerinnen auch noch nach dem Abstreifen der Höschen tanzen. Es war naheliegend, Schwänzeltänze von Nektarsammlerinnen, die von natürlichen, entfernt gelegenen Blumen kamen, als Pollentänze von Bienen deuten, die ihre Höschen schon abgestreift hatten. Nun aber enthüllte sich ein Wunder nach dem anderen. Wohl selten ist ein schlechter Rat so gut belohnt worden.

Es bleibt noch zu berichten, daß die Tänze der Bienen wiederholt entdeckt worden sind. W. PARK sah Rund- und Schwänzeltänze, ohne daß wir zunächst voneinander wußten. Er erkannte in diesen Tänzen ein Verständigungsmittel (1923a, b). Er meldete auch, wohl als erster, die gleichen Tänze von Wassersammlerinnen. Wie HENKEL konnte er bei Pollen- und Nektarsammlerinnen keine verschiedene Tanzweise finden. Statt einen Irrtum meinerseits anzunehmen, war er so freundlich die Vermutung auszusprechen, die Bienen müßten in Deutschland anders tanzen (PARK 1923c).

Weder PARK noch ich wußten, daß UNHOCH schon 100 Jahre früher (1823, S. 115) den Rundtanz trefflich beschrieben hatte:

„Es wird Manchem lächerlich, ja wohl gar unglaublich scheinen, wenn ich behaupte, daß auch die Bienen, wenn anders der Stock in gutem Stand ist, gewisse Lustbarkeiten und Freuden unter sich haben, daß sie sogar auch nach ihrer Art zuweilen einen gewissen Tanz anstellen ... Eine einzelne Biene drängt sich unvermuthet zwischen andere 3 bis 4 ruhigstehende hinein, steckt den Kopf auf den Boden, streckt die Flügel auseinander, und zittert mit ihrem aufgerichteten Hinterleib eine kleine Weile, die nächststehenden Bienen thun auch ein Gleiches, stecken ihren Kopf auf den Boden, endlich drehen sie sich miteinander in etwas mehr als einem Halbzirkel bald rechts bald links fünf bis sechs Mal hin und her, und machen einen förmlichen Rundtanz. Auf einmal geht die Tanzmeisterin von ihnen hinweg, gesellt sich auf einer anderen Seite unter andere ruhigsitzende Bienen hinein, und thut wieder ein Gleiches, wie das erstemal und die nächststehenden Bienen tanzen mit ihr. Die Tanzmeisterin wiederholt ihren Tanz öfters vier bis fünf Mal nacheinander an verschiedenen Seiten. Ich habe dieses öfters mehreren Bienenfreunden gezeigt, die sich sehr verwunderten und herzlich darüber lachen mußten... Was eigentlich dieser Tanz bedeuten soll, kann ich mir noch nicht erklären; ob es vielleicht eine muthige Freude und Aufmunterung unter ihnen selbst ist, oder ob es aus einem andern noch unbekannten Zweck geschieht, das muß die Zukunft lehren, und mit diesem Bienenballett schließe ich nun mein erstes Heft."

UNHOCH wiederum war es offenbar — so wie mir — unbekannt, daß schon 35 Jahre vor ihm der Prediger ERNST SPITZNER (1788, S. 102) sein „Bienenballett" nicht nur beobachtet, sondern im wesentlichen richtig gedeutet hatte:

„Wenn eine Biene irgenwo vielen Honigvorrath angetroffen hat, macht sie solches nach ihrer Heimkunft den andern auf eine sonderbare Art bekannt. Sie wälzt sich voller Freuden auf denen im Korbe befindlichen im Kreise herum, von oben hinunter und von unten hinauf, damit sie ohne Zweifel den an ihr befindlichen Honiggeruch vermerken sollen; denn sie folgen bald derselben in Menge nach, wenn sie wieder ausgehet. Ich habe es am Glasstöckchen bemerkt, da ich etwas Honig unweit davon auf das Gras legte, und nur zwo Bienen aus demselben dazu brachte. In wenig Minuten, da diese es den anderen auf solche Art bekannt gemacht hatten, kamen sie in Menge an den Ort." [1])

Sogar bei ARISTOTELES findet sich schon ein Hinweis auf den Bienentanz, worauf mich J. B. S. HALDANE aufmerksam machte:

„Bei jedem Ausflug setzt sich die Biene nie auf artverschiedene, sondern nur artgleiche Blüten, fliegt z. B. von Veilchen zu Veilchen und rührt keine andere an, bis sie in den Stock zurückgeflogen ist. Sobald sie in den Stock kommen, schütteln sie ihre Last ab, und einer jeden folgen drei oder vier andere. Was diese in Empfang nehmen, ist schwer zu sehen, auch ist noch nicht ihre Arbeitsweise beobachtet worden . . ." [2])

Keiner der genannten Beobachter hat seine Entdeckung genauer verfolgt. So blieb ihnen unbekannt, was nun die Blätter dieses Buches füllen soll.

II. Allgemeine Technik

1. Der Beobachtungsstock

In den ersten Versuchsjahren benützte ich einen großen Beobachtungsstock mit 6 nebeneinander eingesetzten Waben (je 22/38 cm), der ein Bienenvolk von normaler Stärke aufnehmen kann; und einen kleinen Beobachtungs-

Abb. 1a Abb. 1b

Abb. 1. a) Der kleine Beobachtungsstock (geschlossen), in zerlegbarem Stand mit Dach. Vor dem Flugloch der Trichter
b) Der Schutzdeckel ist entfernt, die zwei übereinanderhängenden Waben sind sichtbar. Die Flügeltüre mit der äußeren Glasscheibe wird geöffnet; sie kann ausgehängt werden
Phot. Dr. RENNER

[1]) Auf die Angaben von UNHOCH und SPITZNER machte nach meiner ersten Mitteilung über den Gegenstand (1920) MANGER (1920) aufmerksam.

[2]) ARISTOTELES, Tierkunde, herausgeg. von P. GOHLKE, Paderborn 1949, IX, 624b S. 423.

stock für zwei Waben gleicher Größe oder vier Halbwaben. Beide habe ich 1923 (S. 12—19) beschrieben und abgebildet. Für Demonstrationen ist der große Stock besonders eindrucksvoll. Er hat seine Berechtigung bei einem bleibenden Standort. Bei unseren Versuchen ergab sich aber oft die Notwendigkeit eines Transportes. Da ist der kleine Stock besser geeignet. Ein abnormes Verhalten infolge der geringen Volksstärke war nicht zu bemerken. Diese beläuft sich ja immerhin auf mehrere tausend Individuen. Nach GONTARSKI (1949, S. 311) genügen in einem Kleinvolk rund 500 Mitglieder zum Aufbau des normalen sozialen Gefüges. GESCHKE fand in Kleinvölkern aus 500—1000 Bienen die gleiche Arbeitsteilung wie in Normalvölkern (s. I. HOFFMANN 1961).

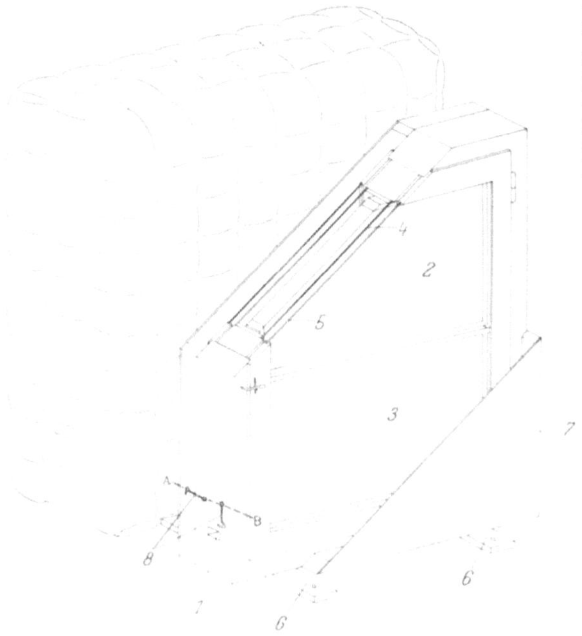

a

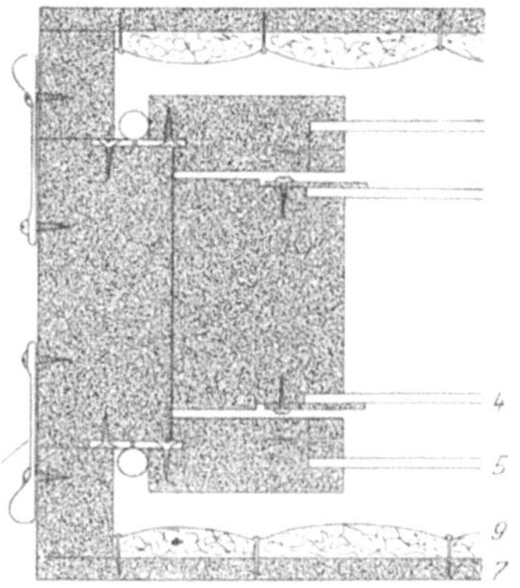

b

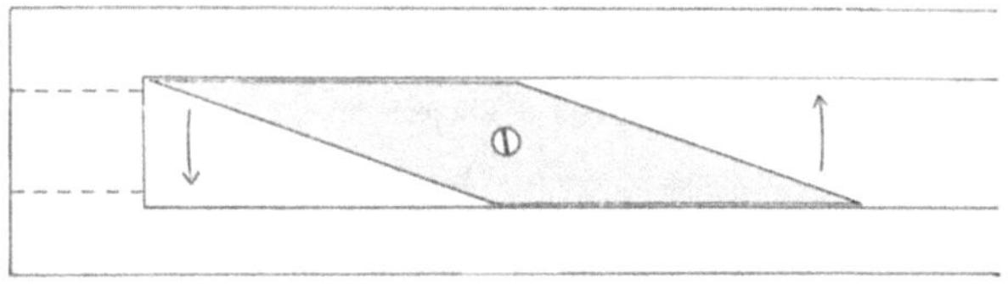

c

Abb. 2. a) Beobachtungsstock mit Schrägschnitt, im Hintergrund die Schutzhaube. 1 Flugloch, 2 und 3 obere und untere Wabe (nur der Holzrahmen eingezeichnet), 4 und 5 innere und äußere Glasscheibe. Die äußere Scheibe sitzt in der Flügeltüre, die geöffnet und ausgehängt werden kann; 6 Holzstützen (drehbar), 7 Schutzdeckel aus Holz (nur eine Ecke dargestellt, die Polsterung nicht eingezeichnet), 8 Häkchen zur Befestigung des Schutzdeckels

b) Querschnitt entsprechend der Linie A—B in Abb. 2a; 4 und 5 innere und äußere Glasscheibe, 8 Häkchen zur Befestigung des Schutzdeckels (7), 9 Polsterung des Schutzdeckels

c) Ein beweglicher Holzkeil hinter dem Flugloch leitet die ankommenden Bienen auf die gewünschte Wabenseite

Auf Grund langjähriger Erfahrung sieht heute unser Beobachtungsstock so aus, wie ihn die Photographien Abb. 1a, b und die Werkzeichnung Abb. 2a—c darstellen. Das Wesentliche ist, daß im Gegensatz zu den üblichen Bienenkästen die Waben einander nicht verdecken; sie sind so angeordnet, daß man ihre Flächen von beiden Seiten durch Glasscheiben in ganzer Ausdehnung übersieht. Daraus ergibt sich die flache Form des Kastens. Sie ist natürlich für den Wärmehaushalt ungünstig. Darum wird der Stock außerhalb der Beobachtungsstunden durch hölzerne, innen mit Watte oder dergleichen gepolsterte Schutzdeckel verschlossen (Abb. 2b). Für kühle Zeiten und insbesondere für die Nacht hat sich eine dick gepolsterte Schutzhaube bewährt (Abb. 2a) die wie ein Teewärmer über den Stock gestülpt wird. Als weitere Vorkehrung gegen zu starke Abkühlung dienen Doppelfenster. Die äußere Scheibe, deren Holzeinfassung mit Scharnieren am Rahmen des Stockes befestigt ist, kann bei warmer Witterung wie eine Türe geöffnet werden. Die innere ist durch Holzpflöckchen oder durch hölzerne Reiber festgehalten.

Das Flugloch befindet sich an einer Schmalseite. Die ankommenden Bienen werden durch einen verstellbaren Leitkeil (Abb. 2c) gezwungen, nach Wunsch auf die rechte oder auf die linke Seite zu laufen. Wird dauernd von derselben Seite beobachtet, wie es die Regel ist, so bleibt der Keil so gestellt, daß sich alle einlaufenden Bienen dorthin

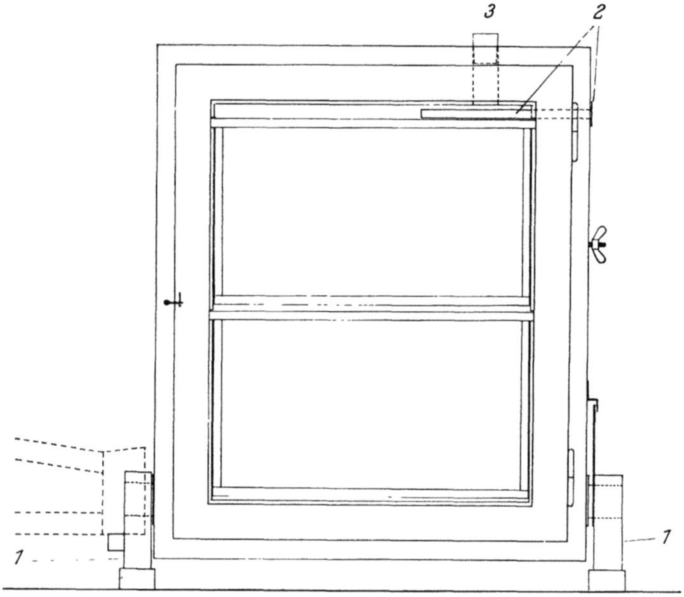

Abb. 3a—c. Umlegbarer Beobachtungsstock
a) Seitenansicht bei abgehobenem Schutzdeckel. 1 Trägerblöcke, 2 Futtertrog, 3 Stoppel im Futterloch

wenden müssen und keine übersehen werden kann. Um auch weiterhin alle Sammlerinnen und ihre Tänze im Auge behalten zu können, ist beim Besetzen des Stockes darauf zu achten, daß die Waben ihre Holzrähmchen ganz ausfüllen. Bestehende Lücken müssen — besonders im unteren Wabenbereich — sorgsam mit Wachsstücken verschlossen werden, da sonst manche heimkehrenden Bienen auf die andere Seite hinüberwechseln und von einem Beobachter nicht mehr alle übersehen werden können. Zwar stellen die Bewohner bald neue Passagen zur anderen Wabenseite her, aber meist in höherer Lage, wo sie nicht stören.

Die Größe des Holzrahmens (Abb. 1b und 2a), in den die beiden Wabenrähmchen eingeschoben werden, soll dem Wabenmaß der Völker angepaßt sein, aus denen der Beobachtungsstock besetzt wird. Da die Rahmen das vorgeschriebene Maß nicht immer genau einhalten, läßt man beim Bau des Stockes ein wenig Spielraum und befestigt die Rähmchen, wenn sie locker sitzen, durch eingeschobene Holzkeile. Der Abstand zwischen den einander gegenüberliegenden inneren Glasscheiben beträgt 4,6—4,8 cm. Dieses Maß ist wichtig. Bei geringerer Entfernung können sich die Bienen zwischen Wabe und Glasscheibe nicht frei bewegen, bei größerer Entfernung können sie in zwei Schichten übereinander sitzen oder an der Scheibe Wachs anbauen; beides beeinträchtigt die Beobachtung.

Vor dem Flugloch bringe ich meist einen Trichter an (Abb. 1a), der oben und seitlich mit Glasfenstern versehen ist. Ankommende und abfliegende Bienen pflegen darin ein Stück zu Fuß zu laufen, was die Kontrolle gezeichneter Tiere erleichtert.

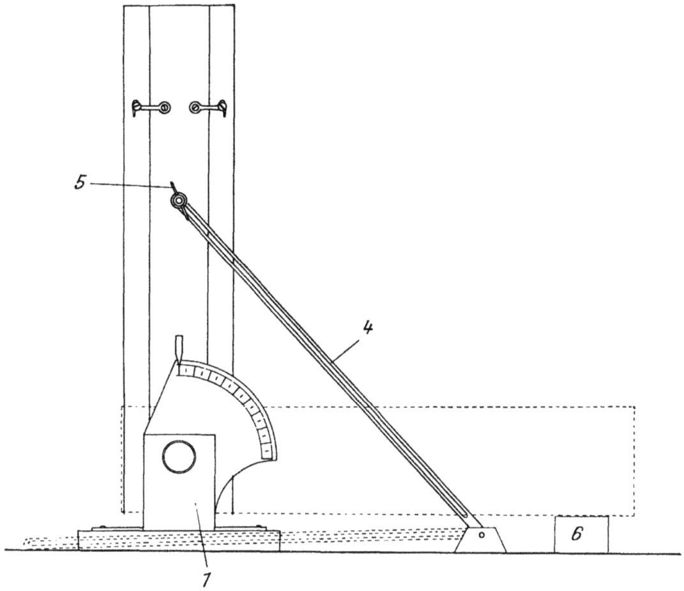

3b) Ansicht von rückwärts (Schutzdeckel nicht entfernt). 4 Seitenstütze, 5 Flügelschraube. Gestrichelt: Stock nach Lockerung der Flügelschraube horizontal gelegt. 6 Holzblock als Stütze für den umgelegten Stock

Unter dem Boden des Stockes sind zwei Holzstützen angebracht (Abb. 2a), die ein Umkippen verhindern. Man kann sie am Bodenbrett des Standes festschrauben, und beim Transport unter den Stock einschlagen. Ein oben angebrachter Handgriff (Abb. 1b) erleichtert das Tragen. Bei einem Transport ist natürlich für ausreichende Lüftung zu sorgen: Das Flugloch und das Futterloch oben, das sonst durch einen Korkstopfen (in Abb. 1b zwischen Handgriff und Hand sichtbar) verschlossen ist, werden mit Drahtgittern zugemacht. Wenn sich die Notwendigkeit ergibt, das Volk aufzufüttern, kann in das Futterloch eine Flasche eingesetzt werden, deren Glasrohr in einen Futtertrog aus Blech oder Plastik (2 in Abb. 3a) taucht. Bei guter Tracht sind infolge des beschränkten Raumes die Honigzellen des Beobachtungsstockes verhältnismäßig bald gefüllt. Die Folge ist, daß der Sammeleifer nachläßt und die Tanzfreudigkeit erlischt. Dann bleibt nichts übrig, als eine gefüllte Wabe herauszunehmen und durch eine leere zu ersetzen.

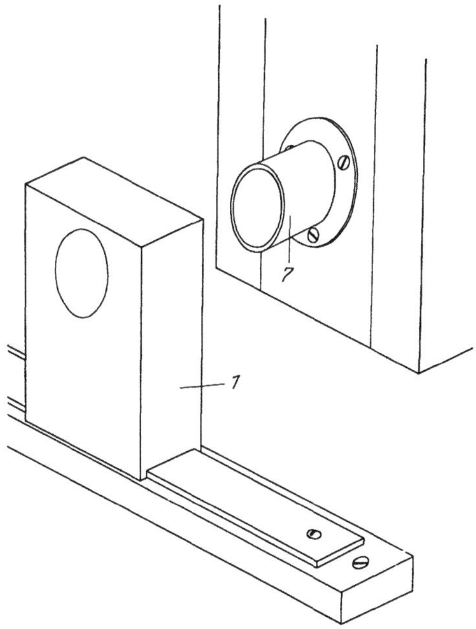

3c) 1 Trägerblock, 7 am Stock festgeschraubtes Messingrohr, das in die Bohrung des Trägerblockes eingeschoben wird

Die Bienen gewöhnen sich im allgemeinen schnell auch an länger währende Belichtung. Kommt es einmal dazu, daß sie innen an der Glasscheibe aufgeregt und desorientiert herumrennen, so lassen sie sich durch vorübergehende Verdunklung rasch beruhigen (vgl. dazu S. 27). Direktes Sonnenlicht wirkt nach kurzer Zeit störend und ist daher abzuhalten.

Zur Überwinterung sind die Beobachtungskästen ungeeignet. Wir pflegen die Bienen im Spätherbst entweder mit anderen Völkern zu vereinigen oder in eine Beute mit normaler Anordnung der Waben umzusetzen.

Oft sollte bei unseren Versuchen das Verhalten der Bienen auf horizontaler, manchmal auch auf schräg gestellter Wabe studiert werden. Hierfür dient ein umlegbarer Beobachtungsstock. Er wird mit Abstand vom Bodenbrett des Standes von zwei kurzen Messingrohren (Durchmesser 4 cm) getragen, die an der vorderen und hinteren Schmalseite des Stockes befestigt sind und in passenden Bohrungen zweier, auf dem Bodenbrett festgeschraubter Holzblöcke ruhen (Abb. 3a—c). Im Zentrum des

Abb. 4. Der Umlegestock in Schräglage fixiert. Schutzdeckel auf der nach oben gerichteten Seite entfernt

vorderen Messingrohres befindet sich das Flugloch des Stockes. Dieser wird durch eine seitliche Eisenstütze in seiner Lage gehalten, deren eines Ende am Bodenbrett angeschraubt, deren anderes Ende an der Hinterwand des Stockrahmens durch eine Flügelschraube befestigt ist. Nach Lösen dieser Schraube kann der Stock horizontal gelegt oder beliebig schräg gestellt und durch Anziehen der Schraube in der gewünschten Lage festgehalten werden (Abb. 3b und 4). Ein mit dem Stock beweglicher Zeiger und eine am Trägerblock befestigte Gradeinteilung dienen zur Kontrolle der Stellung.

Die Tänze der Bienen werden nicht nur durch direktes Sonnenlicht gestört, sondern auch durch die Ansicht blauen Himmels abgelenkt (S. 204ff.). Daher mußte bei den Beobachtungen der Himmel abgeschirmt werden. Das kann durch ein Leinenzelt geschehen. Besonnte Stellen müssen durch Auflegen von Leintüchern oder dergleichen entsprechend abgedeckt werden, um im Inneren eine gleichmäßig diffuse Beleuchtung herzustellen und aufrecht zu erhalten. Das ist etwas umständlich. Wir benützen daher in der Regel ein Zelt aus Weichfaser-Platten (die man sich selbst leicht zurechtschneiden kann) oder aus Hartfaserplatten (die den Vorzug der Wetterbeständigkeit haben). Die Platten werden an den Seiten des Bienenstandes in Nuten eingeschoben. Auf einer Seite erfolgt der Abschluß durch einen — zwecks leichteren Transportes zusammenlegbaren — Anbau, der oben durch eine horizontale Platte abgedeckt wird und dem Beobachter genügend Raum gewährt (Abb. 5). Unter dem Bodenbrett und von oben unter dem Giebel einfallendes Licht sichert eine ausreichende diffuse Beleuchtung, die sich bei Bedarf durch Abdecken mit Tüchern leicht sehr gleichmäßig gestalten läßt. Ich habe auch künstliche Innenbeleuchtung mit rotem oder weißem Licht angewendet, aber das diffuse Tageslicht vorgezogen. Außerhalb der Beobachtungszeit wird statt des

Anbaues eine vierte Seitenplatte und oben eine Deckplatte angebracht, wodurch der Stock einen zusätzlichen Wärmeschutz erhält.

Auch dieses Beobachtungszelt hat manche Wandlung und Verbesserung erfahren. Unter Umständen war es nötig, den Bienen freie Sicht nach dem ganzen Himmel zu gewähren. Ich benütze deshalb einen Beobachtungsstand, bei dem das Bodenbrett nur

Abb. 5

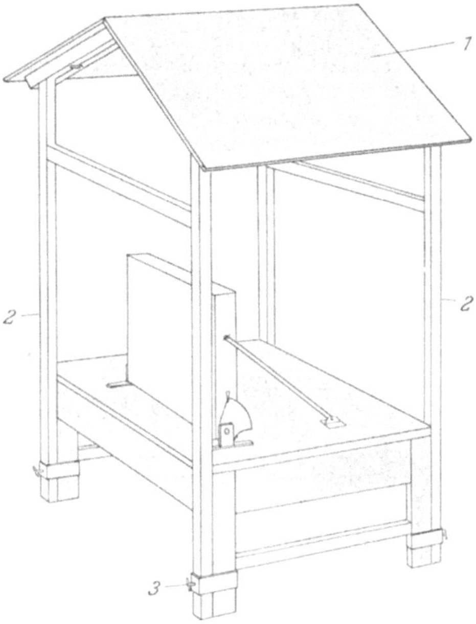

Abb. 6

Abb. 5. Der Beobachtungsstock steht im Zelt aus Hartfaserplatten (Plattenzelt). F Flugtrichter. Vorne rechts: Anbau für den Beobachter. Phot. Dr. RENNER

Abb. 6. Der umlegbare Beobachtungsstock im Beobachtungsstand. Seitenplatten des Standes und obere Deckplatte entfernt. 1 Dach, in zwei Teilen abnehmbar. 2 die beiden Dachträger; nach Lockerung der Klemmschrauben 3 an den Tischbeinen können die Träger herausgehoben werden, so daß vom Stock aus nach allen Seiten die Himmelssicht frei ist

a b

Abb. 7. Dreiteiliges Beobachtungszelt aus Hartfaserplatten. a) Tisch mit Beobachtungsstock, Unterteil des Zeltes. b) Oberteil und Dach sind aufgesetzt, die Türe zum Einsteigen des Beobachters ist geöffnet. Die Klappfenster sind geschlossen mit seinen vier Beinen fest verbunden, also als solider Tisch gestaltet ist, während die Träger des Schutzdaches seitlich an den Tischbeinen angesetzt sind und mit wenigen Griffen samt dem Schutzdach entfernt werden können (Abb. 6).

Auch eine andere Variante des Beobachtungszeltes hat sich gut bewährt, ist aber etwas schwieriger herzustellen und zu transportieren (Abb. 7). Das Zelt besteht aus drei Teilen. Der Unterbau hat die Höhe des Tisches, auf welchem der Beobachtungsstock steht (Abb. 7a). Der in Nuten aufgesetzte Mittelbau, wie der Unterbau aus Hartfaserplatten, wird nach oben durch ein übergreifendes Dach abgeschlossen. Das Innere bietet genügend Raum für den Beobachter, der durch eine Seitentüre des Mittelbaues ein- und aussteigen kann (Abb. 7b). Auf einer anderen, und zwar dem Platz des Beobachters entgegengesetzten Seite sind im Unter- und Mittelbau Klappfenster angebracht und innen mit Zugvorhängen versehen, so daß sich bei geöffneten Klappen eine gleichmäßige diffuse Innenbeleuchtung herstellen läßt. Das Innere bietet so viel Platz, daß sich der Stock auch umlegen läßt. Will man freie Sicht nach dem Himmel gewähren, so braucht man nur die beiden oberen Teile abzuheben.

Bei Beobachtungen im Zelt sind helle Kleidung oder ein weißes Hemd wegen der Spiegelung in der Glasscheibe störend. Eine schwarze Schürze, die bis zum Hals emporreicht, schafft klare Sicht und schließt auch eine Ablenkung der Bienen aus.

2. Heizbare Beobachtungsstöcke

Ein Bienenvolk kann die Innentemperatur des Stockes erstaunlich genau regulieren. Im flachen Beobachtungsstock ist ihm die Aufrechterhaltung der Wärme bei kühler Witterung erschwert. Man kann sie durch einen heizbaren Beobachtungsstock erleichtern. Ein solcher war auch für Versuche nötig, bei welchen die Stocktemperatur nach Wunsch zu ändern sein sollte. Das läßt sich auf vielfache Weise erreichen. Je nach der angestrebten Genauigkeit wird man ein einfaches oder komplizierteres System wählen. Zwei bewährte Modelle sind im folgenden beschrieben:

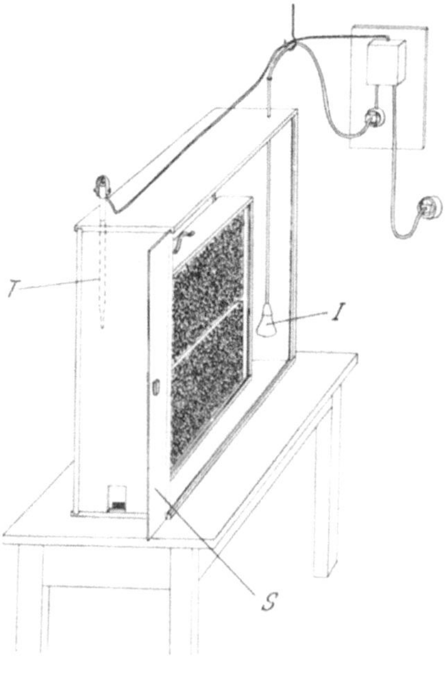

Abb. 8. Heizbarer Beobachtungsstock. S Schiebefenster des äußeren Kastens. I Infrarotstrahler, T Kontakt-Thermometer. Konstruktion: LINDAUER

Abb. 8 zeigt eine von M. LINDAUER erdachte Ausführung. Der Beobachtungsstock steht in einem Schutzkasten mit Glas-Schiebefenstern. Der Zwischenraum wird durch einen Infrarotstrahler (*I*) erwärmt und die Temperatur durch ein Kontaktthermometer (*T*) konstant gehalten.

Eine genauere Temperaturregulierung gestattet ein Beobachtungsstock mit elektrischer Heizanlage (Abb. 9). Die Bienen werden vom Flugloch nach der dem Beobachter zugewandten Wabenseite geleitet, wo sich im Bereich der unteren Wabe ihre Tänze abspielen. Von der Rückseite dieser Wabe wurden die Zellen entfernt, um die Heizung rascher zur Geltung zu bringen. Der Heizdraht (Chromnickeldraht) verläuft in Röhrchen aus Jenaer Glas (*J*). Ein Widerstand reguliert die Heizleistung. Die Bienen sind von der Heizanlage durch Drahtgeflechte abgehalten. Eine Kühlung an heißen Sommertagen war durch einen Luftstrom aus der Preßluftanlage des Institutes zu erzielen, der durch Ausströmer aus porösem Material, wie sie für die Durchlüftung von Aquarien benützt werden, von oben nach unten durch die Wabengassen geschickt wurde. Zur Temperaturmessung waren im Bereich der unteren Wabe kleine Quecksilberthermometer (T) und, zum Erfassen geringerer, kurzfristiger Schwankungen Thermoelemente eingebaut. Technische Einzelheiten findet man bei BRÄUNINGER (1964).

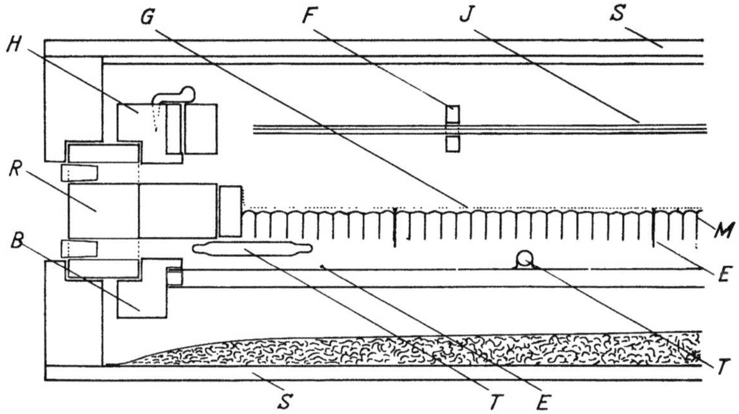

Abb. 9. Heizbarer Beobachtungsstock mit Meßeinrichtung. Horizontalschnitt im Bereich der unteren Wabe. B Rahmen mit Glasscheiben auf der Beobachtungsseite, E Thermoelemente, F Befestigung für Heizröhre, G Drahtgeflecht, H Heizrahmen, J Röhren aus Jenaer Glas mit Heizdraht, M Meßwabe, R Rahmen des Beobachtungsstockes, S Schutzdeckel, T Quecksilberthermometer. Nach BRÄUNINGER 1964

3. Bienenräume

Manche Versuche erfordern die Aufstellung des Beobachtungsstockes in einem abgeschlossenen Raum. Mit gutem Ergebnis benützte ich einst die geräumige, in der warmen Jahreszeit leer stehende „Winterhalle" des Münchner Botanischen Gartens

Abb. 10. Die Winterhalle des Münchner Botanischen Gartens

(Abb. 10). Die alten Flugbienen strebten zwar nach der Aufstellung zu den Oberlichtfenstern und gingen verloren, aber die jüngeren orientierten sich im Vorspiel und paßten sich den ungewohnten Bedingungen an.

Man kann das Beobachtungsvolk auch im Freiland in einem Gitterkäfig aufstellen. Ein mit Drahtgitter überspanntes Gerüst aus Holzlatten etwa 3 × 4 m und 2 m hoch genügt für viele Zwecke.

Der herbstliche Temperaturabfall setzt den Versuchen mit Bienen ein oft ungern gesehenes Ende. Aber in den von M. RENNER (1955, 1957) ausgedachten und erprobten Bienenräumen kann man auch im Winter mit ihnen experimentieren. Überdies lassen sich die Bedingungen recht konstant halten. Ein Beobachtungsvolk von RENNER blieb in einem abgeschlossenen Raum von nur 7,20 m Länge, 2,35 m Breite und 2,70 m Höhe 5 Jahre in bester Verfassung, brütete ohne Unterbrechung Sommer und Winter und zog auch neue Königinnen heran. Der Schlüssel zu diesem Erfolg liegt in ausreichender Helligkeit und Wärme und in einer vernünftigen Ernährung.

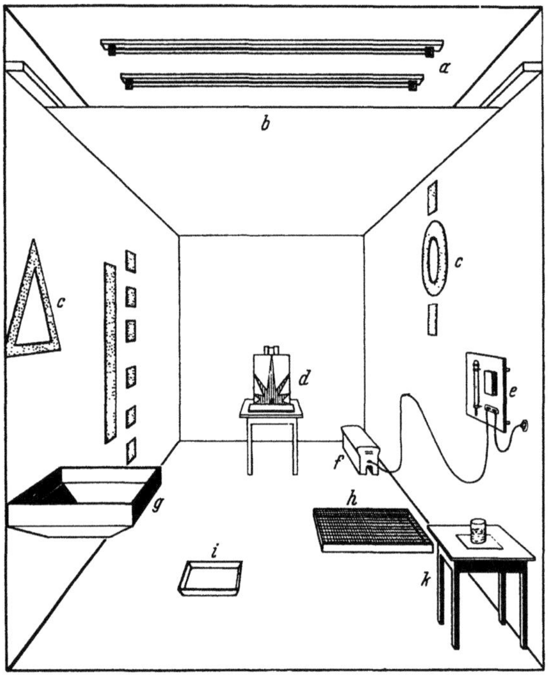

Abb. 11. Bienenraum. a Leuchten, b Transparentpapier, c Orientierungsmarken, d Bienenstock, e Kontaktthermometer und Relais, f elektrischer Heizkörper, g Pollenwanne, h vergitterte Wasserwanne zur Regulation der Luftfeuchtigkeit, i Tränke, k Futtertisch. Nach RENNER 1957

Die Wände des Bienenraumes (Abb. 11) sind weiß gekalkt und zur besseren Orientierung der Bienen mit schwarzen Figuren bemalt. Durch Leuchtstoffröhren an der Decke, deren Licht durch ein darunter gespanntes (aber entbehrliches) Transparentpapier zerstreut wird, soll 1 m über dem Boden eine Helligkeit von 500 bis 1000 Lux gegeben sein. Die Raumtemperatur muß, wenn nötig durch zusätzliche Heizöfen mit automatischer Regulierung, auf etwa 28° C gehalten werden. Die flache vergitterte Wasserwanne (*h*) hält die Raumfeuchtigkeit auf 60—80%. Die Bienen des Beobachtungsstockes (*d*) sammeln auf dem Futtertisch (*k*) Zuckerwasser, finden am Boden in der Tränke *i* Wasser und in der Wanne *g* Blütenstaub (durch „Pollenfallen" gewonnene Höschen, getrocknet und pulverisiert). Damit der Pollen nicht durch den Flugwind der Bienen verstäubt wird, bietet man ihn in einer 20 cm tiefen, schrägwandigen Wanne. Der Bedarf ist sehr groß. Wenn Mangel eintritt, wird eine Pollenwabe in den Stock eingehängt (weitere Einzelheiten bei M. RENNER 1955, 1957). — Über zerlegbare Bienenräume s. S. 359f.

4. Das Numerieren der Bienen

Ebenso unentbehrlich wie der Beobachtungsstock war ein Verfahren, die Versuchsbienen persönlich zu kennzeichnen. Die Methode des Numerierens mit alkoholischen Schellackfarben, die ich schon 1923 beschrieb, hat sich seither bewährt. Gelegentliche Versuche mit anderen Farben brachten keine Verbesserung.

Die Ziffern ergeben sich aus 5 verschiedenen Farben und ihrer Position auf dem Bienenkörper. Ein weißer, roter, blauer, gelber, grüner Tupfen am Vorderrande des Thorax bedeutet die Ziffern 1, 2, 3, 4, 5; dieselben Farben nahe dem Hinterrande des Thorax versinnbildlichen die Ziffern 6, 7, 8, 9, 0. Zweistellige Zahlen werden durch zwei entsprechende Tupfen auf den Thorax gemalt, Hunderter auf dem Abdomen angebracht. Auf diese Weise lassen sich die Bienen von 1—599 numerieren (Abb. 12) und durch kleine Varianten auch bis zu mehreren Tausend. Wiederholt wurde von meinen Mitarbeitern zu besonderen Zwecken ein Beobachtungsvolk vollständig durchnumeriert. Man liest diese Farbtupfen nach einiger Übung so rasch und sicher ab wie geschriebene Ziffern; sie sind auch im Fluge noch vor dem Niedersetzen erkennbar, wenn sie nicht zu dunkel sind; durch Beimischen von Weiß lassen sie sich aufhellen. Bei

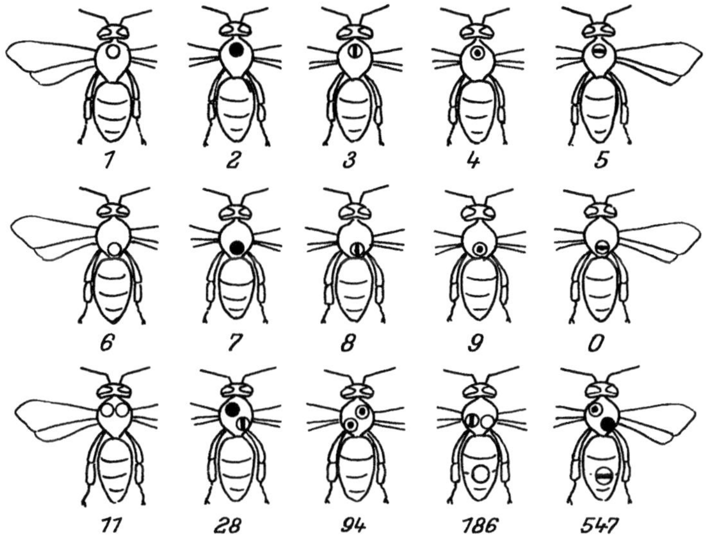

Abb. 12. Numerierung der Bienen mit fünf verschiedenen Farben: ○ = weiß, ● = rot, ◌ = blau, ○ = gelb, ⊖ = grün

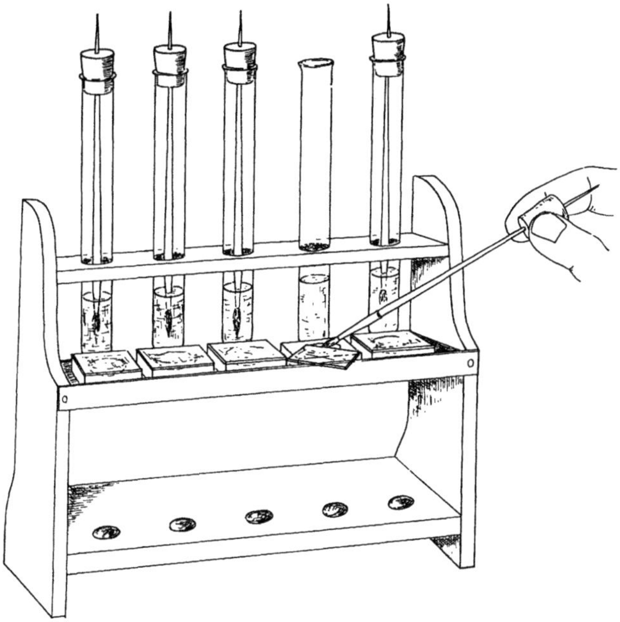

Abb. 13a

Abb. 13 a) und b). Geräte zum Numerieren der Bienen. Erklärung im Text

Verwendung fluoreszierender Farben sind sie auch im Dunklen lesbar. Bei richtiger Anwendung haften sie wochenlang.

Die **richtige Herstellung und Anbringung der Farben** ist wichtig. Man verrührt trockene Malerfarbe in Pulverform mit alkoholischer Schellacklösung

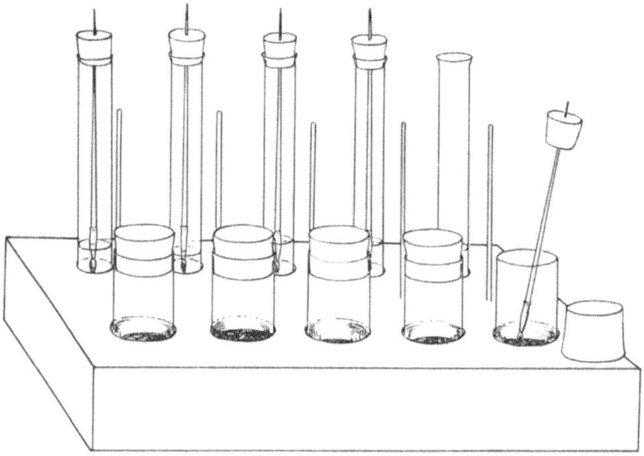

Abb. 13 b

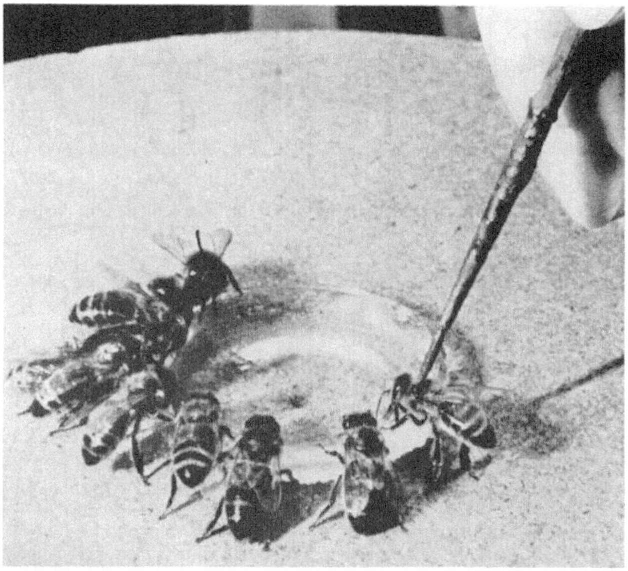

Abb. 14. a) Eine Sammelschar am Futterschälchen wird numeriert

Abb. 14. b) Eine Biene erhält die Nummer 16. M. RENNER phot.

(„weißer Schellack" in absolutem, unvergälltem Alkohol zu hoher Konzentration gelöst) zu einem Brei. Dieser darf nicht zu dickflüssig sein, sonst dringt er nicht zwischen das Haarkleid des Bienenkörpers ein und die oberflächlich angetrocknete Farbkappe fällt leicht ab. Sonst aber hält sie meist wochenlang. Wenn ein Tupfen verlorengeht, ist die Farbe an Resten oft noch erkennbar und kann erneuert werden.

Die Schellackfarben haben den Vorzug, rasch zu trocknen. Für die Aufbewahrung der gebrauchsfertigen Farben ist das ein Nachteil. Man muß für guten Verschluß sorgen. Zwei bewährte Vorrichtungen sind in Abb. 13 dargestellt. Sehr bequem lassen sich die Farben in „Salznäpfchen" (Embryonenschalen) mit der Schellacklösung anreiben. Glasdeckel mit eingefetteten Rändern schützen sie vor dem Vertrocknen

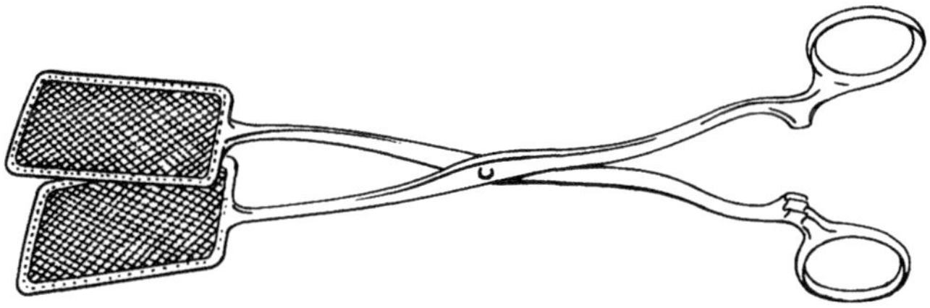

Abb. 15. Fangschere. Die Rähmchen sind 5 × 5 cm groß und mit feinen Löchern zum Annähen des Netzstoffes versehen. Der Sperrhaken am Griff ermöglicht ein Fixieren der gefangenen Bienen

(Abb. 13a). Die feinen Haarpinsel zum Zeichnen der Bienen stecken in durchbohrten Korken von Reagensgläsern und tauchen in Alkohol. In den Embryonenschalen trocknen die Farben rasch aus, wenn man die Ränder nicht sauber hält und einfettet. Um sich das zu ersparen, kann man die gebrauchsfertigen Farben in Gefäßen mit Gummistoppeln verwahren (Abb. 13b).

Die Bienen sind am leichtesten zu zeichnen, während sie an einem Uhrschälchen konzentrierte Zuckerlösung saugen. Sie sind dann so vertieft, daß sie sich das ruhig gefallen lassen (Abb. 14a, b). Sollen Tiere gezeichnet werden, die an Blüten sammeln, so bewährt sich eine Fangschere (Abb. 15). Die Farbtupfen lassen sich durch die Netzmaschen hindurch anbringen. Nach vorsichtigem Öffnen der Schere gehen die Bienen meist ungesäumt wieder an ihre Arbeit.

5. Wir legen einen künstlichen Futterplatz an

Die natürlichen Weideplätze der Bienen sind die Blumen. Für Versuchszwecke kann man Bienen unter kontrollierten Bedingungen an Blüten sammeln lassen (s. S. 31f.). Wesentlich einfacher und für die meisten Zwecke auch besser ist eine „künstliche Blume" in Gestalt eines mit Zuckerwasser gefüllten Uhrschälchens. Nach Bedarf läßt sich die Blütenfarbe durch ein untergelegtes Farbpapier ersetzen und ein Blütenduft beigeben.

Bei der Errichtung des Futterplatzes kommt es darauf an, nur Bienen des Beobachtungsstockes heranzuziehen. Wenn sich fremde Bienen beigesellen, werden sie in der Regel aus normalen Stöcken stammen, die dem Beobachtungsvolk an Stärke überlegen sind und dieses vom Futterplatz in Kürze verdrängen. Es ist daher zweckmäßig, früh am Morgen anzufangen, bevor noch andere Bienen herumspionieren. Um zu beginnen, werden einige Tropfen Zuckerlösung mit einer Pipette ins Flugloch gebracht; sie werden auch *vor* Flugbeginn rasch gefunden. Durch eine anschließende Tropfenreihe lassen sich die Bienen allmählich bis an das Ende des Flugtrichters herauslocken. Nun wird ein Futtertischchen mit Zuckerwasserschälchen unmittelbar vor den Trichter gestellt, so daß es sich mit dessen Boden auf gleicher Höhe befindet, und — am besten mit einem blauen oder gelben Farbkarton — eine Brücke vom Trichter zum Tischchen gelegt, über welche die Bienen durch weitere Zuckerwassertropfen ans Schälchen geleitet werden. Dann kann man die Brücke entfernen und das Tischchen, zunächst nur in Stufen von wenigen Zentimetern, weiter abrücken. Diese ersten Schritte müssen sehr behutsam erfolgen, damit die Verbindung nicht abreißt. Man verliert viel Zeit, wenn man wieder von vorne anfangen muß. Ganz allmählich kann man, immer sobald einige

Bienen wieder ans Schälchen zurückgekehrt sind, in größeren Stufen weitergehen. Soll das Ziel in erheblicher Ferne liegen — wir sind bis zu 12 km gekommen — so darf man das Tischchen schließlich gleich um etwa 100 m vorverlegen. Es ist, als hätten die Bienen das Wandern der Futterstelle erfaßt, denn sie erwarten einen bisweilen schon am nächsten Platz. Passiert man bei der Wanderung markante Punkte (eine Straße, einen Zaun, Baum oder dergleichen), so geschieht es leicht, daß die Bienen „hängen bleiben". Man darf an solchen Stellen nicht lang verweilen, sonst sind sie auf diese Landmarken eingeflogen und schwer weiterzuführen. Sie kommen ganz allgemein leichter mit, wenn man den Futterplatz durch einen Duft kennzeichnet, z. B. indem man das Schälchen auf Filtrierpapier setzt und wenige Tropfen eines ätherischen Öles (Pfefferminzöl, Lavendelöl oder dgl.) darauf gibt. Man kann durch Duftbeigabe auch den Beginn des ganzen Verfahrens abkürzen: Wenn man im Stock einige Kubikzentimeter einer duftenden Zuckerlösung verfüttert und ein Schälchen mit der gleichen Duft-Zuckerlösung vor den Flugtrichter stellt, so wird dieses meist rasch angeflogen (über die Art der Duftbeigabe s. S. 20f.). — Soll eine Duftbeigabe vermieden werden, so tut ein auffälliges Farbpapier als optische Marke des Futterplatzes gute Dienste.

Der Erfolg wird von zwei Seiten her bedroht: Im Frühjahr ist die natürliche Tracht so gut, daß selbst bei Verwendung von konzentrierter Zuckerlösung mit Honigzusatz es schwer fällt, Bienen für das Futterschälchen zu gewinnen. Sie bevorzugen das lockende Blütenmeer. Oft ist uns nichts anderes übrig geblieben, als den Beginn der Versuche

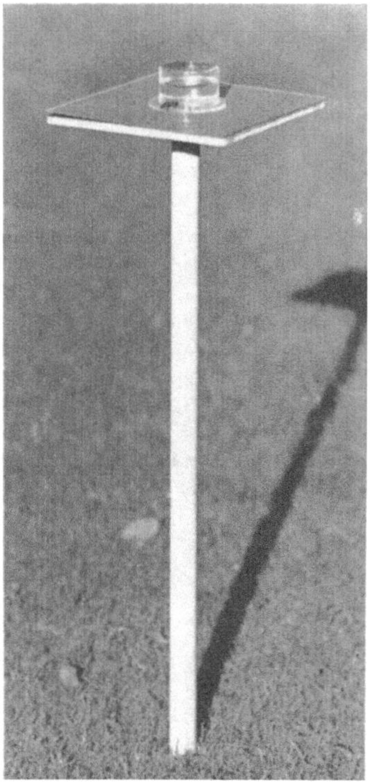

Abb. 16. Futtertischchen

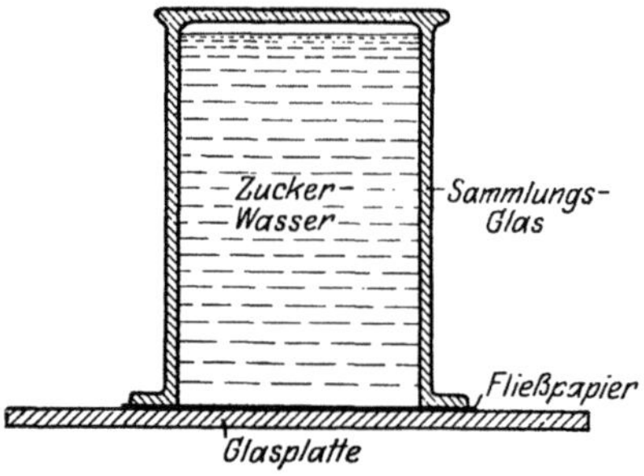

Abb. 17. Pneumatisches Futtergefäß nach BAUMGÄRTNER (1928)

um einige Wochen hinauszuschieben. Im Spätsommer aber, nach dem Erlöschen der Tracht, sind die Völker derart gierig auf Süßigkeit, daß Fremdlinge aus anderen Stöcken zur Plage werden können und bei Unachtsamkeit leicht die Versuchsbienen verdrängt haben, ehe man es merkt. Da hilft nur eines: die Bienen am Schälchen schon bei Beginn der Wanderung zu numerieren und ihre Herkunft aus dem Beobachtungsstock zu kontrollieren. Jede Nummer, die nicht im Stock erschienen ist, wird bei der ersten Wiederkehr am Futterplatz getötet. Eine elegantere Methode der Kontrolle, die in schwierigen Fällen ausgezeichnet geholfen hat, ist die Verwendung eines durchnumerierten Beobachtungsvolkes (vgl. KNAFFL 1953, S. 138, 139). Der Fremdling verrät sich dann sofort durch das Fehlen einer Nummer. Weniger zeitraubend ist es, den Versuchsstock mit Bienen der italienischen Rasse zu besetzen. Diese sind durch ihre gelbe Körperzeichnung sozusagen von Natur aus markiert. Das ist natürlich nur sinnvoll, wenn in der Gegend keine anderen Italiener-Bienen stehen.

Als Futtertischchen dient eine quadratische Holzplatte (etwa 20×20 cm), befestigt auf einem zugespitzten Pfahl, der in den Boden gesteckt wird (Abb. 16). Auf hartem Boden benützen wir ein Tischchen mit 3 Beinen.

Als Futtergefäß läßt sich ein offenes Uhrschälchen verwenden. 1919 (S. 16, Fig. E und F) beschrieb ich einen Futternapf mit automatischer Nachfüllung; er wurde von BAUMGÄRTNER (1928, S. 59) vereinfacht: Ein mit Zuckerwasser gefüllter Präparatenzylinder (etwa 8—9 cm hoch, 4—5 cm weit) steht mit seinem breiten, geschliffenen Rand auf einer Glasplatte (Abb. 17). Zwischen der Glasplatte und dem Rand des Glases ist Filtrierpapier eingelegt, aus dem ein außen 4 mm breiter Sektor ausgeschnitten ist. Die Bienen können den ganzen Rand entlang sitzen und saugen. Durch den Ausschnitt im Filtrierpapier dringt zum Ersatz für die herausgesaugte Flüssigkeit Luft ein. Man kann auch auf das Filtrierpapier verzichten und zwischen Platte und Glasrand an einer Stelle einen Grashalm oder ein Holzspänchen einlegen;

Abb. 18. Futtergefäß mit Rillenplatte nach RENNER

die Bienen saugen aus dem so entstehenden Spalt, der natürlich so eng bleiben muß, daß das Zuckerwasser nicht von selbst ausläuft. Neuerdings verwende ich am liebsten ein von M. RENNER (1959, S. 457/458) erdachtes Rillengefäß. Es ist der pneumatischen Futtervorrichtung BAUMGÄRTNERs nachgebildet, nur steht das Zuckerwasserglas auf einer Glas- oder Plexiglasscheibe, in der radiär ausgerichtete, etwa 8 mm lange, 1 mm tiefe Rinnen eingefräst sind (Abb. 18). Die Bienen saugen aus diesen Kanälchen. Die zuletzt erwähnten Gefäße haben mehrere Vorzüge: Man muß weniger oft nachfüllen als im offenen Uhrschälchen, die Konzentration der Futterlösung wird nicht durch Verdunstung verändert, die Bienen können sich die Flügel nicht mit Zuckerwasser verunreinigen, auch ist ihr Sammeleifer und ist ihre Tanzfreudigkeit gesteigert. Diesen Eindruck erweckt schon die schlichte Beobachtung. Darauf gerichtete Versuche haben gelehrt, daß Bienen aus engen Spalten oder Glaskapillaren, die den natürlichen Safthaltern der Blüten näher kommen als die offenen Uhrschälchen, bei jedem Sammelflug mehr Zuckerwasser aufnehmen als aus den Schälchen, daß sie anschließend im Stock länger tanzen und trotzdem schneller an den Futterplatz zurückkehren, weil sie nach dem Tanz nicht trödeln (KAPPEL 1953).

Manchmal ist es erwünscht, so sparsam zu füttern, daß die Bienen zwar weiter sammeln, aber nicht oder kaum tanzen. Eine Vorrichtung für spärliche Fütterung ist in Abb. 19 dargestellt. Ein Glasgefäß ist mit Filtrierpapier in mehrfacher Lage gefüllt, welches von unten durch eine seitliche Bohrung mit Hilfe einer Spritze mit Zuckerwasser durchfeuchtet wird. Die richtige Dosierung erfordert natürlich dauernde

Aufmerksamkeit. Abb. 20 zeigt eine etwas andere Vorrichtung, die automatisch funktioniert, aber keine so rasche Regelung der Futtermenge nach den augenblicklichen Wünschen gestattet.

Das Zuckerwasser soll zu Beginn und während der Wanderung eine zweimolare[1]) (nahezu gesättigte) Rohrzuckerlösung sein (chemisch reine Saccharose oder Handelszucker). Man kommt so am schnellsten ans Ziel. Nachher wird man mit der

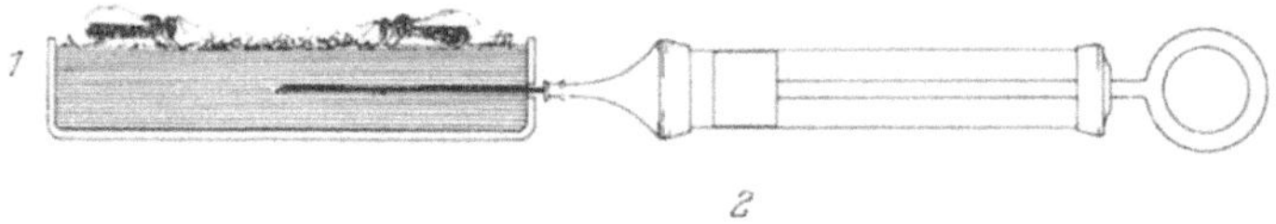

Abb. 19. Vorrichtung zu „spärlicher Fütterung". 1 Glasschale mit Filtrierpapier, von den Bienen beim Saugen aufgefasert. 2 Spritze mit Zuckerwasser

Konzentration in der Regel heruntergehen müssen, weil sonst die Zahl der Bienen am Futterplatz überhand nimmt. Die angemessene Verdünnung wird hauptsächlich durch die allgemeinen Trachtverhältnisse bestimmt. Bei schlechter Tracht holen die Sammlerinnen noch bei Fütterung mit $^1/_8$molarer Zuckerlösung Neulinge heran, bei guter

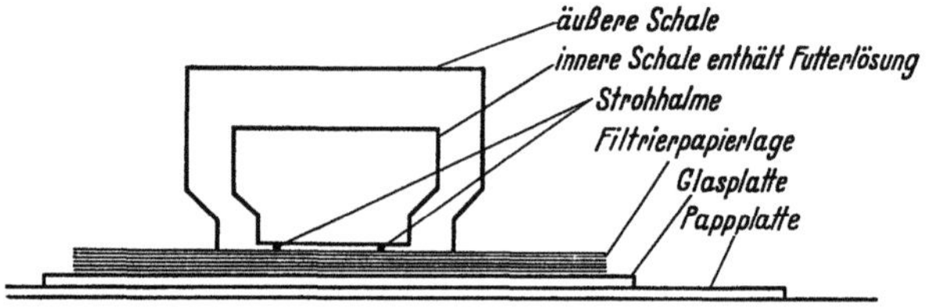

Abb. 20. Automatische Vorrichtung für „spärliche Fütterung". Ein Futtergefäß nach BAUMGÄRTNER steht auf Filtrierpapier in mehrfacher Lage. Das Futtergefäß ist von einer zweiten Glasschale überdeckt, an deren Rand die Bienen saugen. Nach BOCH 1956

Tracht muß man zuweilen bei zweimolarer Lösung bleiben, um die Schar zu halten. Sobald die Gruppe von numerierten Bienen die gewünschte Größe erreicht hat, wird jeder weitere Neuling mit einer Pinzette abgefangen und getötet (am besten in ein mit Korkstopfen versehenes Alkoholglas gesteckt). Muß man im Interesse des Versuches stundenlang konzentriert füttern, so kann das die Opferung von mehreren hundert Bienen bedeuten; aber andere Methoden, die Schar der Sammlerinnen klein zu halten, sind mit Nachteilen verbunden.

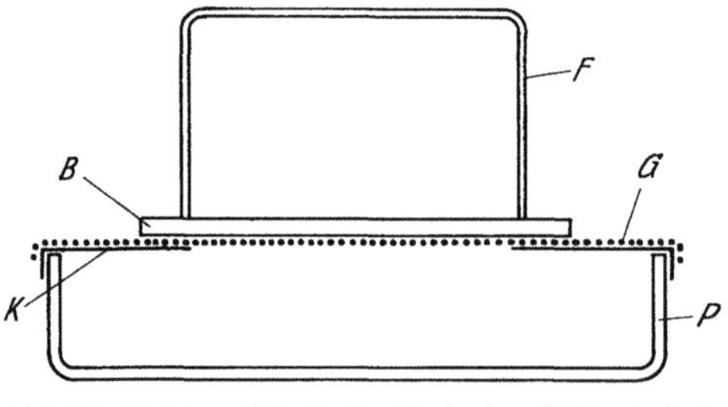

Abb. 21. Futtergefäß für Duftbeigabe. P Petrischale zur Aufnahme des Riechstoffes, K Kartonring, G Drahtgitter, F Futtergefäß, B Glasplatte

Um den Futterplatz durch einen Duft zu kennzeichnen, stehen zahllose Erzeugnisse der Riechstoffindustrie zur Verfügung (vgl. v. FRISCH 1919, S. 17 ff. und S. 37 ff.). In der Regel benützen wir ätherische Öle (Lavendelöl, Pfefferminzöl, Orangenblütenöl usw.)[2]). Am einfachsten ist es, das Futtergefäß auf eine mit Filtrierpapier bedeckte Glas- oder Kartonplatte zu stellen und mit einer fein ausgezogenen Pipette rundum ein wenig von dem ätherischen Öl auf das Papier zu tropfen (Abb. 30, S. 33). Es verflüchtigt sich allmählich und muß entsprechend ergänzt werden. Wenn stärkere Schwankungen der Geruchsintensität

[1]) 2 mol Rohrzuckerlösung = 68,4 g Rohrzucker in 100 ccm Wasser. Betr. Volumen- und Gewichts-% vgl. v. FRISCH (1934, S. 12).

[2]) Unsere Bezugsquellen waren die Firmen Schimmel u. Co., Miltitz bei Leipzig, und Schmoller u. Bompard, Grasse, Südfrankreich.

unerwünscht sind, ist folgende bewährte Anordnung zu empfehlen (Abb. 21): Eine Petrischale (8 cm Durchmesser) wird mit einem Kartonring bedeckt, dessen zentrale Öffnung etwas kleiner ist als die kreisrunde Bodenplatte des daraufgesetzten Futtergefäßes. Zwischen dem Karton und dem Futtergefäß liegt ein engmaschiges Drahtnetz. Der Boden der Petrischale wird mit einem ätherischen Öl bedeckt. Die durch das Drahtnetz bedingte Undichtigkeit zwischen Karton und Gefäß läßt den Riechstoff in genügender Menge entweichen.

Statt den Duftstoff neben das Futter zu bringen, kann man ihn auch der Zuckerlösung zusetzen — aber sparsam, weil sonst das Futter für die Bienen vergällt wird. Ein Tropfen eines ätherischen Öles auf 1 Liter Zuckerlösung ist ungefähr richtig. (Näheres bei KASCHEF 1957.)

Waren die Bienen auch nur kurze Zeit an einen duftlosen Futterplatz gewöhnt, so muß man sehr behutsam zur Duftfütterung übergehen, da die Schar sonst abgeschreckt wird. Man bringt z. B. nur ein winziges Tröpfchen des Duftstoffes neben das Futtergefäß. Man wird beobachten, daß sich die Bienen zunächst auf die andere, duftfreie Seite setzen. Durch allmähliche Beigabe von weiterem Duftstoff lassen sie sich mit ihm vertraut machen.

Ein Feldtelephon zur Verbindung zwischen Beobachtungsstock und Futterplatz bedeutet bei größeren Entfernungen eine Erleichterung und Zeitersparnis. Neuerdings benützen wir Sprechfunkgeräte (Skandia F B 10, bezogen von Foto-Fernseh-Center Wien), womit wir von der Bindung an das Telephonkabel befreit sind.

6. Automatische Registrierung der Besuche am Beobachtungsplatz

Wenn es bei einem Versuch nicht darauf ankommt, die an den Beobachtungsstellen erscheinenden Bienen abzufangen oder nach ihrer Nummer zu verzeichnen, sondern nur die Zahl und Zeit der Besuche festzustellen, leistet eine von RENNER (1959, S. 454)

Abb. 22a—c. Vorrichtung zur automatischen Registrierung der Bienenfrequenz
a) Die versuchsfertige, in den Boden versenkte Anordnung. Die Bienen sehen durch die Öffnung die Vorderfront des Kästchens, dessen Flugloch von einem Blumenschema umgeben ist

erdachte und erprobte photoelektrische Registriervorrichtung gute Dienste. Eine zentrale, automatisch arbeitende Stelle ersetzt eine Vielzahl von Beobachtern.

Bei RENNERs Versuchen stand das Futterkästchen (und beim Versuch jedes Beobachtungskästchen) in einem Plastikeimer (Abb. 22b), der in den Boden versenkt und mit einer runden Hartfaserplatte von 50 cm Durchmesser bedeckt war. Die ganze Anordnung war also optisch unauffällig. Durch das Loch im Zentrum der Deckplatte flogen die Bienen ein und aus (Abb. 22a). Ein Relais, Transistoren und Widerstände, eine Glühbirne, eine 6 Volt-Pertrix-Batterie und Buchsen für die Bananenstecker der

Abb. 22b) Kästchen im Plastikeimer bei abgehobener Deckplatte

Abb. 22c) Der kubische Aluminiumdeckel ist abgehoben; man sieht das Innenkästchen mit dem Futtergefäß. Der Aufsatz am Vorderrand dient der photoelektrischen Registrierung und enthält als Zugang zum Futter ein Türchen, das bei aufgesetztem Deckel an die Öffnung im Blütenschema anschließt. Nach RENNER 1959

Leitungen sind in einem Stahlblechkasten von 11,5 × 13 cm Grundfläche und 7 cm Höhe untergebracht (Abb. 22c, im Eimer). Eine aufgeschraubte Kunststoff-Platte (Pertinax) trägt, unmittelbar an einer Seitenkante, einen kleinen Aufsatz aus 6 mm starkem Pertinax mit 7 × 7 mm großer Öffnung, so daß gerade nur immer eine Biene durchschlüpfen kann. In diesem Türchen ist oben eine Photozelle (Siemens-Germanium-

Photodiode TP 50) eingebaut. Sie wird von einer 6 Volt-Glühbirne unter dem Plexiglasboden rot (für Bienen unsichtbar) angestrahlt. Beschattung bewirkt ein Anziehen des Relais. Hinter dem Türchen, in der Mitte der Pertinaxplatte, steht das Futtergefäß. Über dieses wird ein kubischer Deckel aus Aluminiumblech gestülpt (Abb. 22b, in Abb. 22c abgehoben neben dem Eimer). Dessen Loch in der Vorderwand deckt sich mit der Öffnung des Türchens und ist von einem farbigen Blumenschema umgeben, für dessen zentralen Teil ein Ultraviolett-absorbierender gelber Farbstoff (Echtgelb 51 BN[1]) verwendet wurde, die äußeren Blütenteile waren blau (Kobaltblau 660[1])). Dieses Modell entspricht einem weit verbreiteten Blütenmuster (vgl. S. 496ff.) und veranlaßt die Bienen verblüffend schnell zum richtigen Einschlüpfen.

7. Säuberung der Geräte; Riechstoffe als Fehlerquellen

Bei der Wiederverwendung gebrauchter Futtergefäße und anderer Geräte muß man sich darüber im klaren sein, daß die Bienen zäh anhaftende Duftspuren hinterlassen, die auf ihre Kameraden anlockend wirken. Wenn JULIEN FRANÇON (1938, 1939) diese Fehlerquelle beachtet hätte, dann hätte er seine liebevollen Schilderungen von der „Klugheit der Bienen" nicht mit so phantastischen Berichten ausgeschmückt. Er zog aus seinen Experimenten den Schluß, daß die Entdeckerin eines verborgenen Futterplatzes ihren Kameraden daheim sagen kann, ob sie durch ein Klapptürchen oder durch einen Schornstein, ob sie von oben oder von unten einschlüpfen sollen (FRANÇON 1939, S. 151 ff.) und daß ihre Sprache Wörter für die verschiedenen Farben habe (l. c. S. 180). In Wirklichkeit haben die Neulinge wohl gerochen, an welcher Stelle der Versuchsanordnung ihre Vorgängerin sich betätigt hatte.

Wo verbliebene Duftspuren bei Versuchen störend wirken können, verwenden wir nach Möglichkeit neues, noch nicht gebrauchtes Material. Das gilt insbesondere für Papierwaren, Drahtgitter u. dgl.; Holztischchen lassen sich nach gründlichem Waschen durch mehrtägige Besonnung von Duftresten befreien. Pinzetten und andere Metallgegenstände kann man ausglühen. Für Glaswaren ist zu empfehlen: Einlegen in Chromschwefelsäure, mindestens 12 Stunden Spülen in fließendem Wasser, Nachspülen mit destilliertem Wasser, Trocknen möglichst an der Sonne. Wenn Fettreste anhaften, werden die Gegenstände vor dieser Behandlung zunächst in Xylol gelegt und dann in heißem Pril-Wasser gespült (vgl. FISCHER 1957).

Mit alkoholischen Schellackfarben frisch numerierten Bienen haftet der Schellackgeruch an. Die von ihnen alarmierten Neulinge suchen darum — wenn dem Futterplatz kein starker Duft beigegeben ist — nach Schellackduft, so wie sie unter normalen Verhältnissen nach dem Duft der beflogenen Blumensorte suchen würden (s. S. 32f.) und sie interessieren sich daher bei der Ankunft am Futterplatz mehr für das in der Nähe abgestellte Markiergerät mit den Schellackfarben als für das Futterschälchen. Auch der Individualgeruch des regelmäßigen Betreuers einer Futterstelle kann beachtet werden und bei längerer Gewöhnung dazu führen, daß im Verlaufe einer Futterpause die betreffende Person auch 100—200 m abseits und an verborgener Stelle von „ihren" numerierten Bienen aufgespürt und hartnäckig besucht wird.

Man muß sich diese Verhältnisse stets vor Augen halten, wenn man sich bei Bienenversuchen nicht durch Fehlerquellen täuschen lassen will.

8. Wie man die Bienen an die Arbeit schickt oder nach Hause bringt

Wie oft wollte ich frühzeitig mit einem Versuch beginnen, aber die Bienen kamen nicht an den Futterplatz! Entweder war es ihnen noch zu kühl, oder zu dämmerig, oder die numerierte Gruppe war ein paar Tage nicht gefüttert worden und ließ sich Zeit. Gegen so verlorene Stunden gibt es ein fast unfehlbares Mittel: Man bringt mit einer Pipette wenige Kubikzentimeter Zuckerwasser in das Flugloch oder, wenn dieses nicht besetzt ist, oben durch das Futterloch in den Stock. Es wird schnell aufgenommen und

[1]) Bezugsquelle: Siegle u. Co, Stuttgart-Feuerbach. Die Farben wurden mit Oleton angerührt.

verteilt. Diese Anregung genügt, damit die eine oder andere von den Versuchsbienen am Futterplatz erscheint und, wenn sie den Tisch gedeckt findet, die übrigen alarmiert. War dem Futterplatz ein Duft beigegeben, so wird die Wirkung durch Zusatz des gleichen Duftes zum eingespritzten Zuckerwasser beschleunigt.

Schwieriger ist das Problem, wie man die Bienen nach getaner Arbeit noch am lichten Tage wieder im Stock versammelt. Das war bei unseren vielen Versetzungsversuchen oft sehr wünschenswert. Der Versuch war vielleicht am frühen Nachmittag abgeschlossen und der Beobachtungsstock sollte von einer entlegenen Stelle an seinen Heimatort zurückgebracht werden. Nun mußte man entweder bis zum Einbruch der Dunkelheit warten oder abends noch einmal hinausfahren. Dieser Zeitverlust läßt sich auf folgende Weise vermeiden: Man verschließt das Flugloch mit einem Drahtgitter. Sobald sich eine Anzahl Heimkehrer angesammelt haben, werden sie durch das kurz geöffnete Flugloch eingelassen. Um ein gleichzeitiges Entweichen von Bienen aus dem Stock zu verhindern, wird aus dem oben angebrachten Futterloch der Korkstoppel entfernt und als Verschluß ein Drahtnetz angebracht; ferner werden die Holzdeckel des Beobachtungsstockes jedesmal knapp vor dem Öffnen des Flugloches hinten abgespreizt (Abb. 23). Die Bienen in Ausflugsstimmung streben dann im Stock nach oben und rückwärts dem Licht zu und entwischen nicht durch das Flugloch. So kann man auch bei schönem Wetter und lebhaftem Flug binnen einer halben Stunde das Völkchen mit geringem Verlust im Beobachtungsstock versammeln.

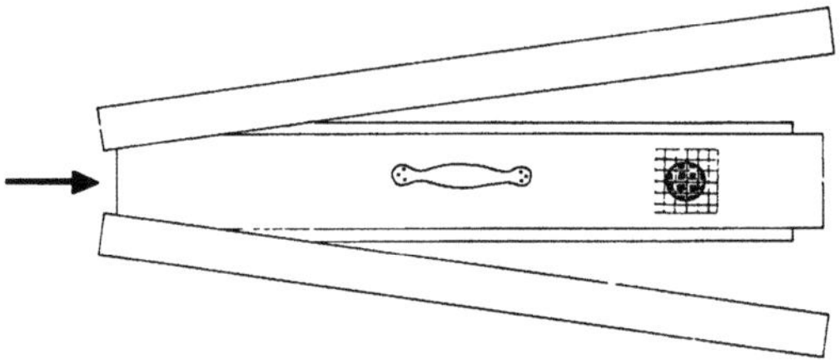

Abb. 23. Beobachtungsstock von oben gesehen. Der Pfeil weist zum Flugloch. Schutzdeckel hinten abstehend. Vgl. Text

9. Die Messung von Tanztempo und Tanzrichtung

Zum Vergleich des Tanztempos unter verschiedenen Bedingungen stellen wir mit Hilfe einer Stoppuhr die Zahl der Runden in je 15 Sekunden fest. Die Stoppuhr wird in dem Augenblick in Gang gesetzt, wo die Tänzerin mit dem geradlinigen Schwänzellauf beginnt. Oft wird natürlich der Ablauf der $^1/_4$-Minute nicht gerade mit dem Ende einer Runde zusammenfallen. Darum messen wir die Zeit, die für eine bestimmte Anzahl Tanzrunden benötigt wird und rechnen auf 15 Sekunden um. — Die Gesamtdauer wiederholter Tänze zwischen zwei Sammelflügen kann, wenn sie von Interesse ist, mit einer Summations-Stoppuhr leicht gemessen werden.

Die einzelnen Elemente und Phasen der Tänze lassen sich an Filmaufnahmen (mit erhöhter Frequenz, etwa 60 Bilder/Sek.) analysieren, wenn man eine Uhr mit großem Sekundenzeiger und Zehntel-Sekunden-Einteilung mitphotographiert. Für solche Aufnahmen wurde der Beobachtungsstock in einem Metallrahmen aufgehängt, so daß er ohne störende Erschütterung gehoben oder gesenkt, sowie nach vorne und rückwärts verschoben werden konnte. Auf diese Weise läßt sich ein beginnender Tanz rasch in das Blickfeld bringen, auf das die Kamera eingestellt ist. Ein an das Flugloch angeschlossener Balg (photographischer Auszug) sorgt dafür, daß die Einflugsöffnung bei den Stockverschiebungen an ihrer Stelle bleibt; so kommt es zu keiner Verkehrsstörung (Abb. 24). Als notwendig erwies sich eine dicke Schaumgummi-Unterlage unter dem Aufhängerahmen des Stockes, da sonst bei laufender Filmkamera die Tänze durch die Übertragung von Bodenerschütterungen gehemmt wurden (v. Frisch u. Jander 1957, S. 240).

In den letzten Jahren sind Methoden gefunden worden, die Tänze auf photographischem oder elektrischem Wege von den Bienen selbst aufzeichnen zu lassen. Auf dem Hinterleib angebrachte Tupfen fluoreszierender Farbstoffe leuchten im Licht einer Quecksilberdampflampe so stark auf, daß der gesamte Bewegungsablauf der Tänze im Stock photographisch festgehalten werden kann. Bei Anwendung vorbelichteter phosphoreszierender Farbstoffe kann die Aufnahme in völlig abgedunkeltem Raum erfolgen (Hoffmann, Köhler u. Wittekindt 1956, F. Köhler 1959). Zu neuen Erkenntnissen führte die Methode von ESCH (1956), die Bewegungen der Biene mit Hilfe eines auf ihrem Rücken befestigten winzigen Magneten elektrisch zu registrieren (s. S. 57 ff.). Die technischen Einzelheiten wurden noch wesentlich verbessert und sind bei ESCH (1961 a, S. 1) beschrieben.

Die Tanzrichtung habe ich bei den ersten Beobachtungen nur geschätzt. Zur Erleichterung brachte ich auf der Glasscheibe des Beobachtungsstockes vor dem

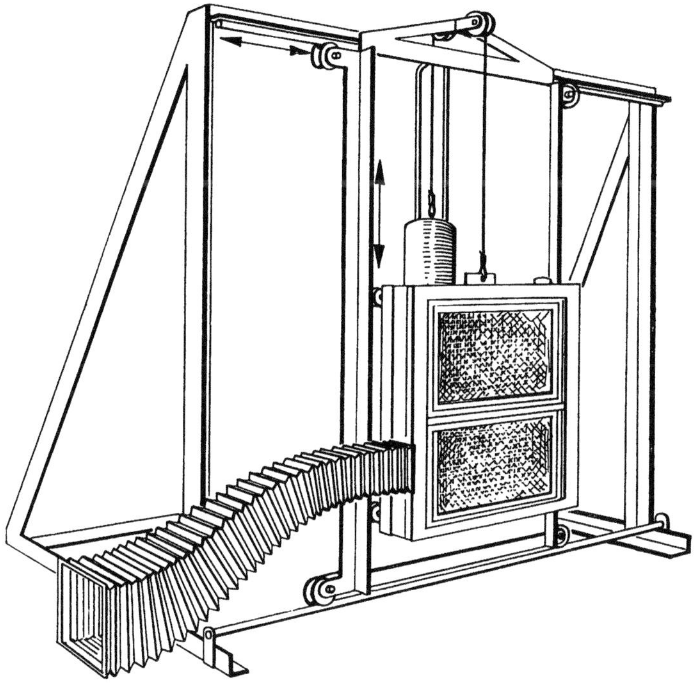

Abb. 24. Bewegliche Aufhängung des Beobachtungsstockes für Filmaufnahmen. Das Gewicht des Stockes ist durch ein hohles, mit Schrot gefülltes Gegengewicht am anderen Ende der Schnur ausgeglichen. Die Rollen am Stock und am inneren Rahmen laufen in Schienen und gestatten eine rasche erschütterungsfreie Verschiebung. Die Einflugsöffnung am weiten Ende des Auszuges bleibt dabei an ihrem Platz. Nach v. FRISCH und JANDER 1957

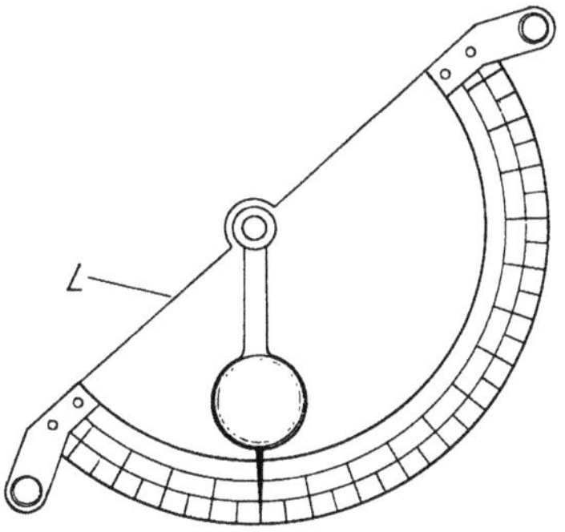

Abb. 25. Winkelmesser zur Bestimmung des Tanzwinkels. Vgl. Text

Tanzbereich mit einem Glasstift ein Raster aus horizontalen, vertikalen und unter 30° und 60° schräg nach rechts und nach links geneigten Linien an. Ab 1947 benützte ich den in Abb. 25 dargestellten Winkelmesser. Er wird vor der Tänzerin so an die Glasscheibe gehalten, daß die Grenzlinie *L* des Halbkreises parallel zur Tanzrichtung läuft. Das Pendellot ermöglicht das Ablesen des Tanzwinkels an der Gradeinteilung. Leichter und genauer läßt sich die Tanzrichtung mit einem von PALITSCHEK erdachten Winkelmesser bestimmen, den wir seit 1950 benützen. Er wurde von PALITSCHEK (1952) beschrieben. Abb. 26a, b zeigt ihn in etwas verbesserter Form: Eine quadratische Plexiglasplatte von 24 cm Seitenlänge hat einen kreisrunden Ausschnitt von 19 cm Durchmesser, in den eine kreisrunde Plexiglasscheibe mit peripherer Gradeinteilung drehbar eingesetzt ist. Auf ihr sind in Abständen von 2 cm parallele Linien eingeritzt. Der Winkelmesser wird so an das Beobachtungsfenster gehalten, daß er unten oder seitlich dem Holzrahmen des Fensters anliegt. Die Linien der drehbaren Scheibe müssen in der Ausgangsstellung lotrecht stehen. In den feststehenden quadratischen Rahmen ist oben eine Meßlinie eingeritzt, die bei Normalstellung der drehbaren Scheibe genau deren Mittellinie verlängert. Bei der Messung wird die Scheibe so gedreht, daß die Linien parallel zur Tanzrichtung verlaufen. Dann läßt sich der Tanzwinkel an der Meßlinie *M* ablesen.

a

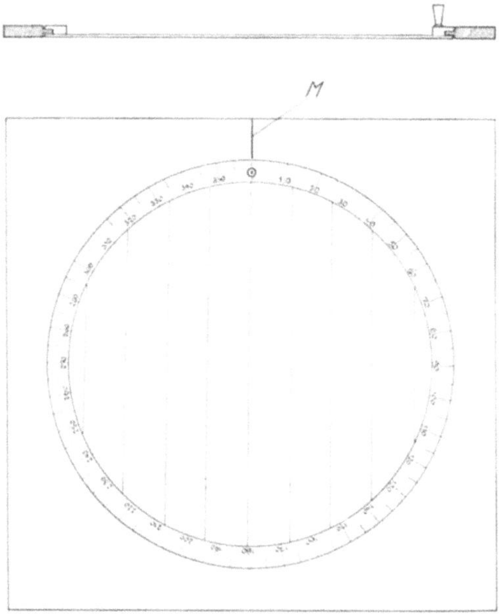

b

Abb. 26a u. b. Winkelmesser nach Palitschek zur Bestimmung des Tanzwinkels, aus Plexiglas. Im feststehenden Rahmen ist eine drehbare Scheibe mit parallelen Linien und Gradeinteilung eingesetzt a) Photo (M. Renner). b) Schematische Skizze in Aufsicht und Querschnitt. M Fixe Meßlinie

Dieser Winkelmesser ist auch bei horizontaler Lage des Beobachtungsstockes zu verwenden. Er war aber nicht gut benützbar, wenn die Tanzrichtung unter einer aufgelegten Polarisationsfolie bestimmt werden sollte. Da ließ sich der Tanzwinkel besser nach der Rastermethode schätzen, wofür ich weiße Zwirnsfäden vor die Wabe spannte (Abb. 27). Sie waren am Innenrande der äußeren Glasscheibe mit Klebwachs befestigt.

Bei manchen Versuchen am horizontal gelegten Stock sollte die durch die Scheiben bedingte Lichtbrechung vermieden werden. Die Glasscheibe über dem Tanzbereich war als Schiebefenster zum Öffnen eingerichtet; am Winkelmesser (wie Abb. 26) fehlte die runde Plexiglasscheibe und ihre Linien waren ersetzt durch dünne Gummifäden, die am drehbaren Kreisrahmen parallel nebeneinander festgemacht waren.

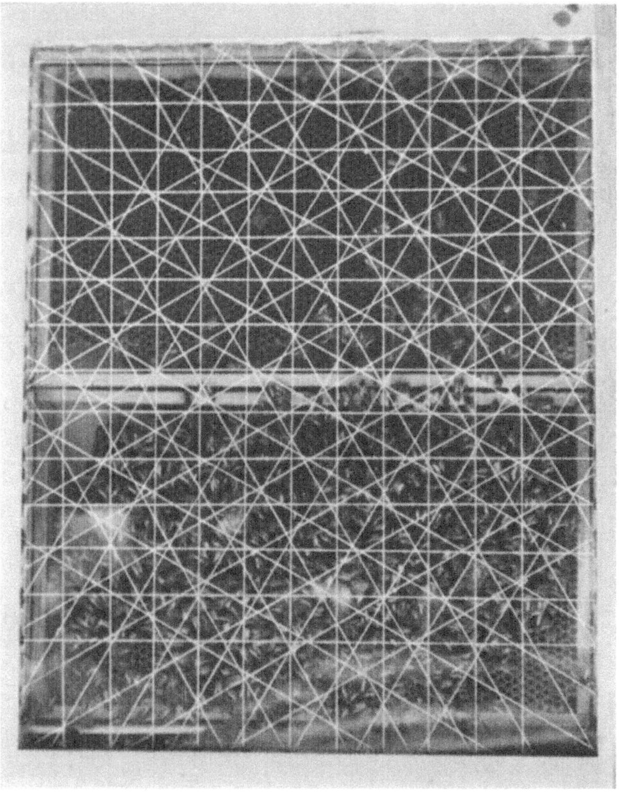

Abb. 27. Zur Schätzung des Tanzwinkels ist vor der Glasscheibe des Stockes ein Raster aus Zwirnsfäden angebracht, die vertikal, horizontal und unter Winkeln von 30° und 60° nach rechts und links geneigt gespannt sind

10. Wahl der Bienen

Es gibt ruhige und leicht erregbare, friedliche und stechlustige Bienenvölker. Für den Beobachtungsstock sind, auch abgesehen von der Unannehmlichkeit der Stechlust, die ruhigen und friedlichen Insassen vorzuziehen. Ich habe für die Versuche überwiegend Bienen der Krainer Rasse verwendet (*Apis mellifica carnica* POLLM.), deren ruhiges Wesen für sie als Rassenmerkmal bezeichnend ist. Die Auswahl besonders friedfertiger und zugleich sammeleifriger Stämme bleibt dann Sache der Erfahrung.

Natürlich liegt im Einzelfall die Entscheidung bei der Zielsetzung des Versuches. Daß die Italiener-Bienen (*A. mellifica ligustica* SPIN.) an ihrer gelben Körperzeichnung von den bei uns hauptsächlich verbreiteten Bienenrassen leicht zu unterscheiden und dadurch für manche Zwecke günstig sind, wurde schon erwähnt. Daß sie ihren Kameraden die Richtung nach dem Ziel schon bei viel geringerer Entfernung angeben als die Krainer-Bienen, kann als weitere, unter Umständen vorteilhafte Eigenheit vermerkt werden.

Beim Studium von rassenmäßigen Verschiedenheiten der „Bienensprache" haben wir alle erreichbaren Rassen herangezogen, aber keinen Anlaß gefunden, einer anderen vor den zwei genannten den Vorzug zu geben. Die Versuche beziehen sich also, soweit nicht ausdrücklich etwas anderes gesagt wird, auf Krainer-Bienen. Allerdings hatten diese oft einen Einschlag der italienischen oder deutschen Rasse (*A. m. ligustica* SPIN. oder *A. m. mellifica* L.), wie es in unserer Gegend unvermeidlich ist, wenn man nicht immer wieder neue Bienen aus Zuchtanstalten bezieht. Wo Reinzucht-Völker verwendet wurden, ist es gleichfalls ausdrücklich erwähnt.

III. Der Rundtanz als Verständigungsmittel bei nahen Trachtquellen

Wir haben einen künstlichen Futterplatz angelegt. Dort sammeln 1—2 Dutzend Bienen, die mit Farbtupfen numeriert und uns daher persönlich bekannt sind, aus einem Glasschälchen Zuckerwasser. Nach längerer Futterpause halten sie nur noch vereinzelt Nachschau. Wenn dann eine von ihnen das Schälchen gefüllt findet und ihre Sammeltätigkeit erneut aufnimmt, so stellen sich in rascher Folge auch ihre gezeichneten Gruppengenossen wieder ein. Bei anhaltender Fütterung kommen ungezeichnete Neulinge hinzu. Den einen war der Platz bekannt, den anderen nicht. Wir betrachten beide Fälle gesondert.

A. Das Ziel ist den benachrichtigten Bienen bekannt

1. Die Kundschafter

Nach einer Futterpause von etwa $^1/_2$ Stunde findet man fast alle numerierten Sammelbienen im Beobachtungsstock, meist in der Nähe des Flugloches, wo sie bewegungslos zwischen den Stockgenossen sitzen oder langsam ein wenig herumkriechen. Ab und zu wird eine von ihnen unruhig, läuft dann wie nach plötzlichem Entschluß zum Flugloch und erscheint am Futterplatz, wo sie flüchtig oder auch gründlich und manchmal minutenlang das leere Schälchen absucht.

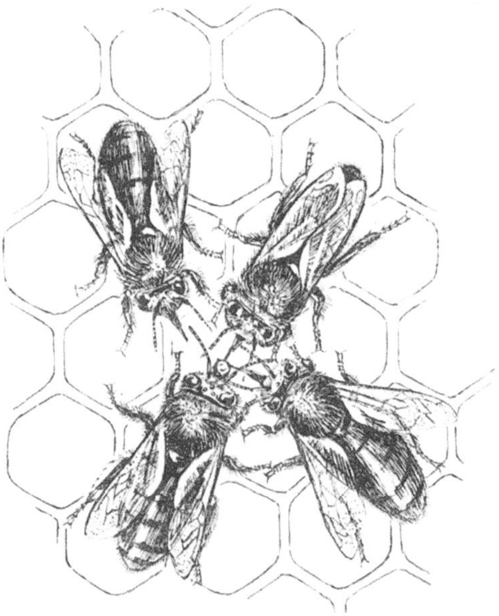

Abb. 28. Heimgekehrte Sammlerin (im Bilde links unten), an drei andere Bienen Nektar abgebend

Es sind nicht bestimmte Individuen, die den Kundschafterdienst versehen. Jede von den Sammlerinnen kann sich auf den Weg machen. Sie tun es nach Beendigung der Fütterung erst häufig, dann in immer größeren Abständen. In ihrem Eifer zeigen sie aber große individuelle Unterschiede, indem manche verhältnismäßig oft kommen und manche nach wenigen vergeblichen Besuchen überhaupt daheim bleiben.[1])

[1]) Näheres bei v. FRISCH 1923, S. 26.

Findet eine Kundschafterin das Schälchen leer, so kriecht sie nach dem Rückflug langsam auf der Wabe empor und kommt in der Nähe ihrer Sammelgefährten wieder zur Ruhe. Findet sie aber im Schälchen Zuckerwasser, so saugt sie und füllt ihren Honigmagen, fliegt heim, rennt hastig und erregt aufwärts und sucht zunächst nach Abnehmerinnen für ihre Bürde. An solchen ist in der Regel kein Mangel. Bald hält sie still und läßt aus der Honigblase einen Tropfen Zuckerwasser vor den Mund treten, der ihr von 1—3 den Rüssel vorstreckenden Bienen unter wechselseitigem Fühlertrillern abgenommen wird (Abb. 28). Meist sind es jüngere Tiere, deren Aufgabe es ist, eingebrachte Nahrung unter den Kameraden zu verteilen oder sie in Zellen zu stapeln. Nicht selten bekommt auch eine numerierte Gruppengenossin etwas ab. Das Verfüttern von Zuckerwasser kann sich an mehreren Stellen der Wabe wiederholen und beansprucht insgesamt etwa $^1/_2$—$^3/_4$ Minuten.

2. Der Rundtanz

Nun beginnt der Rundtanz. Mit raschen, trippelnden Schritten läuft die Sammlerin im Kreis herum, in so engem Kreise, daß meist nur eine Zelle im Inneren liegt. Auf den 6 angrenzenden Zellen rennt sie herum, wobei sie bald mit einer

Abb. 29. Der Rundtanz. Die Tänzerin wird von drei nachtrippelnden Bienen verfolgt, welche die Nachricht aufnehmen

plötzlichen Wendung kehrt macht und in entgegengesetzter Richtung weiterläuft, um sich dann mit einer neuerlichen Schwenkung wieder im früheren Sinne zu drehen usw. (Abb. 29). Zwischen zwei Wendungen liegen oft ein bis zwei volle Kreise, oft auch nur ein dreiviertel- oder halber Kreisbogen. Der Tanz kann schon nach 1—2 Wendungen beendet werden, es können aber auch 20 und mehr Wendungen aufeinander folgen und dementsprechend dauert er zuweilen kaum eine Sekunde, und manchmal minutenlang. Bei anhaltenden Tänzen kann sich das Zentrum der Bewegung allmählich um die Breite mehrerer Zellen verschieben. Oft wird nach Beendigung der Rundläufe an derselben oder an einer anderen Stelle der Wabe nochmals Futter abgegeben, anschließend nochmals getanzt und dieses

Schauspiel kann sich auch dreimal und (selten) öfter wiederholen.[1]) So überraschend der Tanz begonnen hat, so plötzlich wird er abgebrochen und nach kurzem Putzen und „Tanken“[2]) stürzt die Biene hastig zum Flugloch und begibt sich auf den nächsten Sammelflug.

Getanzt wird niemals auf einer leeren oder schwach besetzten Wabe, sondern nur im dichten Gedränge. So kommt die Tänzerin bei ihren Runden sofort mit anderen Bienen in Berührung, die ihr — bei entsprechender Stimmung — erregt nachtrippeln, wobei sie die Fühler an ihren Hinterleib halten. Es ist ein drolliger Anblick, wie die Tänzerin einen Schwanz von 2—3, manchmal sogar 4—6 Nachläuferinnen mit sich zieht, die ihre Runden und Wendungen mitmachen (Abb. 29). Nach Beendigung des Tanzes kehren sie sich von ihr ab. Waren numerierte Bienen im Gefolge, Kameraden von der Futterstelle, so treffen diese in der Regel sogleich Vorbereitungen zum Ausflug: sie putzen sich, nehmen Honig entgegen, eilen unabhängig von der Tänzerin zum Flugloch und fliegen an den Futterplatz. Der Rundtanz war das Zeichen, daß es etwas zu holen gibt. Wenn er sich (bei günstigen Bedingungen) nach jedem Sammelflug wiederholt, und wenn auch die alarmierten Gruppengenossen nach jedem ergiebigen Sammelflug tanzen, wird es im Stock immer lebhafter und bald sind die meisten Angehörigen der Schar mit einer Tänzerin in Berührung gekommen und am Futterplatz erschienen.

Ein Beispiel für die Wirksamkeit der Verständigungsweise:

Am Morgen des 4. 8. 1919 kamen von 12 Bienen, die seit 3 Tagen an eine Futterstelle gewöhnt waren, während einstündiger Beobachtung nur einzelne Kundschafter ans leere Schälchen. Um 9^{29} Uhr fand Nr. 2 das Schälchen gefüllt und tanzte um 9^{32} auf der Wabe, wobei ihr Nr. 10, 12 und 16 nachfolgten. Nr. 12 hatte in der vorangegangenen Stunde den Stock nicht verlassen, Nr. 10 und 16 hatten je einmal am Futterplatz Nachschau gehalten. Nun eilten alle drei zum Flugloch und waren binnen 2 Minuten am Schälchen. Die anderen gezeichneten Bienen, die mit der Tänzerin nicht in Berührung gekommen waren, erschienen erst nach dem Einsetzen weiterer Tänze.

Im ganzen geht aus den Protokollen jener Zeit hervor, daß — nach Ausschluß zweifelhafter Fälle — von 174 Bienen, die mit einer tanzenden Biene ihrer Gruppe Kontakt hatten, 155 (= 89%) binnen 5 Minuten ans Schälchen kamen, nachdem sie vorher durchschnittlich mehr als $^3/_4$ Stunden nicht dort gewesen waren.[3])

3. Auch ein Kontakt ohne Tanz kann bei den Gruppengenossen wirksam sein

Die im Stock wartenden Gruppengenossen können durch heimkehrende Sammlerinnen auch ohne Tanz zum neuerlichen Aufsuchen des Futterplatzes veranlaßt werden. Solches zu beobachten ist nicht selten Gelegenheit, da die Tanzfreudigkeit je nach der Veranlagung des Volkes und den äußeren Umständen verschieden ist. Von 121 im Protokoll vermerkten Bienen, die mit einer erfolgreich heimkehrenden, aber nicht tanzenden Biene ihrer Gruppe in Berührung kamen, stellten sich 47 (= 39%) binnen 5 Minuten am Schälchen ein. Beim Kontakt mit einer Tänzerin waren es 89%. Der Kontakt mit einer nicht-tanzenden

---

[1]) Nähere Angaben s. v. Frisch (1923), S. 32, 33.

[2]) Als Tank für den Kraftstoff dient die Honigblase. Ihr Inhalt wird nach jedem Sammelflug abgegeben, worauf der für den nächsten Ausflug nötige Honigvorrat — und zwar in einer der Entfernung des Zieles angemessenen Menge — von anderen Bienen entgegengenommen wird (R. Beutler 1950, S. 104). Istomina-Tsvetkova (1960) bestätigte in Versuchen mit künstlichen Futterplätzen, daß der Inhalt der Honigblase bei den abfliegenden Sammlerinnen je nach der Flugweite verschieden ist. Er betrug bei einer Entfernung von 5 m 0,782 mg, bei 500 m 1,610 mg, bei 1,000 m 2,200 mg, und bei 1500 m 4,130 mg.

[3]) Einzelheiten und weitere Beispiele bei v. Frisch (1923, S. 27/28 und S. 35/38).

Biene ist also weniger wirksam. Ob auch in diesen Fällen eine aktive Aufforderung durch die Sammlerin vorliegt, ist nicht geklärt. Man sieht ein wechselseitiges Betrillern mit den Fühlern und oft auch die Entgegennahme einer Kostprobe. Das Fühlertrillern kann als Aufforderung gedeutet werden. Man kann aber auch annehmen, daß die wartenden Bienen durch die erregt herantrippelnde Sammlerin (vgl. S. 279, „Rumpellauf"), der sie sich manchmal aus wenigen Millimetern Abstand von sich aus zuwenden, und durch die Futterabgabe einfach darauf aufmerksam werden, daß es wieder etwas zu holen gibt, und deshalb an den ihnen bekannten Platz fliegen.

4. Diffuse Benachrichtigung bei der Fütterung an Zuckerwasserschälchen

Unter normalen Umständen sind in einem Volk mehrere Sammelgruppen gleichzeitig nebeneinander tätig, die an verschiedenen Blütensorten verkehren. Wenn die Bienen einer Gruppe an den gewohnten Blüten zeitweise keine Nahrung finden, gehen sie nicht ohne weiteres zu einer anderen Tracht über. Bienen gehören ja zu den blütensteten Insekten. Meist sieht man sie dann untätig im Stock sitzen. Wir fragen, ob solche pausierenden Bienen durch die Tänzerin einer anderen Gruppe mobil gemacht werden oder ob die Arbeitskameraden untereinander persönlich bekannt sind und es bemerken, wenn eine Tänzerin nicht zu ihrer Gruppe gehört.

Um das zu entscheiden, ließ ich zwei Gruppen von numerierten Bienen an zwei verschiedenen, nahe vom Stock gelegenen Plätzen Zuckerwasser sammeln. Zur leichteren Unterscheidung waren die einen am Hinterleib weiß, die anderen gelb gekennzeichnet. Nach längerer Futterpause an beiden Plätzen wurde bei einer der beiden Gruppen neuerlich Zuckerwasser geboten. Die Bienen, die vom gefüllten Schälchen heimkehrten, alarmierten durch ihre Rundtänze beide Gruppen. Die gruppenzugehörigen Tiere flogen zum gefüllten Schälchen, die gruppenfremden Tiere der anderen Schar flogen zu ihrem Futterplatz, den allein sie kannten, und suchten dort vergeblich das leere Schälchen ab.

Versuchsbeispiel: Am 27. 6. 1920 verkehrten 17 weiß gekennzeichnete und 16 gelb gezeichnete Bienen an den beiden Plätzen. Nach einer Futterpause von 11^{55} Uhr bis 12^{30} Uhr saßen beide Gruppen in buntem Durcheinander auf der unteren Stockwabe. Während der letzten Viertelstunde waren an beiden Plätzen je 3 Kundschafter erschienen. Um 12^{30} Uhr wurde das Gelb-Schälchen mit Zuckerwasser gefüllt, das Weiß-Schälchen blieb leer. Um 12^{37} Uhr flog die erste erfolgreiche Kundschafterin heim. In den nächsten 25 Minuten kamen 13 von den 16 Tieren der Gelbgruppe an ihr Schälchen und 14 von den 17 Nummern der Weißgruppe, diese letzteren mußten nach hartnäckigem Suchen unverrichteterdinge heimkehren; 6 von ihnen kamen ein zweites Mal. Die Beobachtung im Stock lehrte dementsprechend, daß gelbe und weiße Bienen in gleicher Weise auf die Tänze der gelben eingingen und nach solcher Begegnung erregt zum Flugloch stürzten. Die reziproke Durchführung des Versuches und 15malige Wiederholung, auch an verschiedenen Bienenvölkern, bestätigte das Ergebnis[1]).

Ein solches Verhalten erscheint wenig sinnvoll. Es war zu prüfen, ob es auch unter natürlichen Verhältnissen gilt. Die Bienen pflegen Nektar an Blüten zu sammeln und nicht Zuckerwasser aus Glasschälchen.

5. Distinkte Benachrichtigung bei Fütterung an Blüten

Um kontrollierte Blütenbesuche leichter durchführen zu können, brachte ich den Beobachtungsstock in die zur warmen Jahreszeit leer stehende Winterhalle des Münchner botanischen Gartens (Abb. 10, S. 13), einen fast 30 m langen Raum mit Seiten- und Oberlichtfenstern. In der Nähe des Stockes stellte ich nektarreiche

---

1) Einzelheiten bei v. FRISCH (1923, S. 48—52).

Blütenzweige von *Robinia viscosa* VENT. auf. Die Blüten wurden bald entdeckt. Ich ließ 17 numerierte Bienen an ihnen sammeln. Am folgenden Tag wurden frische Blütenzweige aufgestellt und (erst nach $^1/_2$ Stunde) von der Biene Nr. 5 entdeckt, die nach der Heimkehr einen typischen Rundtanz machte und dabei mit 6 numerierten Bienen in Berührung kam. Von ihnen erschienen 4 binnen 2 Minuten, die fünfte kurz darauf und die sechste nach nochmaligem Kontakt mit einer Tänzerin an den Blüten. Aus diesen und weiteren Erfahrungen geht hervor, daß Bienen, die an natürlichen Blüten Nektar sammeln, nach einem vorübergehenden Versiegen der Nektartracht von erfolgreichen Kundschaftern durch den gleichen Tanz und mit gleichem Erfolg verständigt werden wie die Zuckerwassersammler.

Etwa 100—200 unnumerierte Bienen wurden, wenn keine Blütenversuche in Gang waren, an einem anderen, nahe gelegenen Platz mit Zuckerwasser gefüttert. Es fiel auf, daß diese Gruppe durch die Blütensammlerinnen nicht alarmiert wurde, und daß andererseits bei Zuckerwasserfütterung die Robinienbienen daheim blieben und nicht in der Gefolgschaft ungezeichneter Tänzerinnen waren, auch wenn sie mit ihnen zusammentrafen. Die beiden Gruppen alarmierten einander nicht wechselseitig. Nur die Gruppengenossen wurden auf den Plan gerufen.

Wir nähern uns den natürlichen Verhältnissen um einen weiteren Schritt, indem wir zwei numerierte Bienengruppen an zweierlei Blüten Nektar sammeln lassen. Die eine Gruppe verkehrte in der Winterhalle an Robinienzweigen, die andere an einem 2—3 m entfernten Platz an nektarreichen Blüten der Sommerlinde *(Tilia platyphyllos* SCOP.). Nach Futterpause an beiden Plätzen wurden das eine Mal die Robinienzweige, das andere Mal die Lindenzweige wieder an ihren Ort gestellt und die Tänze und ihre Wirkung beobachtet. In anderen Versuchen benützte ich statt der Linde eine Asklepiadee, *Asclepias curassavica* L. Das Ergebnis beider Versuchsreihen war übereinstimmend und frappant: Ich hatte 35mal beobachtet, daß eine von Blüten kommende Biene bei ihrem Rundtanz mit einer anderen numerierten Biene zusammentraf. Von den 35 Bienen, deren Kontakt mit einer Tänzerin bemerkt wurde, hatten 21 an der gleichen Blütensorte gesammelt wie die Tänzerin und 14 an der anderen Blütenart. Keine einzige von diesen 14 gruppenfremden Bienen wurde durch den Tanz zum Ausfliegen veranlaßt, während sich von den 21 gruppenzugehörigen Tieren 18 binnen 5 Minuten am Futterplatz einstellten.

Zufällig hatte ich das Glück, bei meinen numerierten Bienen in Nr. 4 und Nr. 8 zwei findige Individuen zu haben, die sich — wie solches ja ausnahmsweise vorkommt — als wenig blütenstet erwiesen und rasch die gebotenen Gelegenheiten wahrzunehmen wußten. Da zeigte sich in aller Deutlichkeit, daß ein und dieselbe Biene durch ihren Tanz die Lindenbienen mobilisiert, wenn sie von Lindenblüten kommt, und die Robiniengruppe, wenn sie von Robinien kommt. Genau dasselbe lehrten die Versuche mit *Asclepias*- und *Robinia*blüten.[1]) Es kommt nicht darauf an, ob die Biene zur gleichen Sammelgruppe gehört, sondern ausschlaggebend ist, von welcher Blütensorte sie kommt.

Die schlichte Beobachtung der Vorgänge im Stock gab einen Fingerzeig, wie das möglich ist: Sammlerinnen, die von Zuckerwasserschälchen kamen, erregten die Aufmerksamkeit der müßigen Gruppengenossen nur bei direktem Kontakt oder aus allernächster Nähe. Kamen sie aber von Blüten, so war oft zu sehen, daß sich eine Gruppenkameradin schon bei einem Abstand von 2—3 cm auf einmal rücksichtslos durch das Gewimmel der Unbeteiligten drängte, auf die Sammlerin zulief und die noch still sitzende, die ihre Bürde abgab, interessiert mit den Fühlern — dem Sitz der Geruchsorgane — untersuchte. Sie schien den Blütenduft wahrgenommen zu haben, der dem Körper der Sammlerin noch anhaften mochte.

[1]) Einzelheiten bei v. FRISCH 1923, S. 55—61.

6. Düfte als Verständigungsmittel

Um die Frage zu entscheiden, ob der andere Ausfall des Versuches dem Duft der Blüten zuzuschreiben ist, kehren wir zu unserer früheren Versuchsanordnung zurück und errichten im Freiland in der Nähe des Stockes zwei künstliche Futterplätze, an welchen zwei Gruppen numerierter Bienen aus Glasschälchen Zuckerwasser sammeln. Wir fügen aber diesmal jeder Futterstelle einen für sie bezeichnenden Duft bei, indem wir das Schälchen auf eine mit Filtrierpapier bekleidete Kartonplatte stellen und rundherum z. B. am einen Platz Zitronellöl, am anderen Pfefferminzöl auftropfen (Abb. 30). Wenn nun nach einer Futterpause das Pfefferminzschälchen wieder gefüllt wird, so alarmieren die Tänze der Pfefferminzbienen

Abb. 30. Numerierte Bienen am Futterplatz. Das Schälchen steht auf einer Kartonplatte, die mit Filtrierpapier bedeckt ist. Um das Schälchen herum Tropfen eines ätherischen Öles als Duftbeigabe

rasch ihre Gruppenkameraden, während sich die Citronellbienen uninteressiert zeigen. Genau das Gegenteil geschieht bei Füllung des Citronellschälchens. Wie bei den Versuchen mit natürlichen Blüten erwecken die heimkehrenden Bienen oft schon auf eine Distanz von 2—3 cm die Aufmerksamkeit der zugehörigen Tiere. Bei Fütterung auf duftloser Unterlage ist das nie der Fall. Solche Versuche wurden mit verschiedenen Duftstoffen, an verschiedenen Bienenvölkern, im Freiland wie in der Winterhalle mehrmals wiederholt[1]). Das Ergebnis ließ keinen Zweifel bestehen, daß der anhaftende spezifische Duft das Signal ist, durch welches die Tänzerin speziell ihre Gruppenkameraden an die Arbeit ruft.

C. R. Ribbands (1954) fütterte zwei Gruppen von gezeichneten Bienen an zwei Futterplätzen, die mit verschiedenen Düften versehen waren (Benzylacetat und Methylbenzoat), und zwar an 2—3 aufeinanderfolgenden Nachmittagen. Infolge der Zeitdressur kamen dann am Vormittag nur wenige Kundschafter zu den leeren Futterschälchen. Brachte er mit einer Pipette einen der beiden Duftstoffe in den Bienenstock, so erhöhte sich für die betreffende Duftgruppe die Zahl der Ankömmlinge im Durchschnitt auf das Doppelte. Nach Ribbands können also die untätigen Sammlerinnen schon allein durch die Wahrnehmung des gewohnten Duftes, ohne Tanz,

[1]) Für Einzelheiten und Protokolle vgl. v. Frisch (1923, S. 62—72).

und ohne daß sammelnde Kameraden heimkehren, zur Nachschau an ihrer Futterstelle veranlaßt werden [1]).

7. Die Pollensammler

Neben dem zuckerreichen Nektar sammeln die Bienen auch den eiweißreichen Blütenstaub. Bekanntlich tragen sie ihn als „Höschen" an ihren Hinterbeinen nach Hause. Manchmal heimsen sie Nektar und Pollen gleichzeitig ein. In der Regel wird beides von verschiedenen Arbeitsgruppen gesammelt.

Bei manchen Pflanzenarten scheiden die Blumen keinen Nektar ab und spenden Nahrung nur vom Überfluß ihres Blütenstaubes. Versuche mit solchen „Pollenblumen" in der Winterhalle des Münchner botanischen Gartens lehrten, daß Bienen, die gehöselt haben, nach der Heimkehr auf dieselbe Weise wie Nektarsammler Alarm geben und daß auch bei ihnen nur die Kameraden, die an der gleichen Blütenart gesammelt haben, auf die Rundtänze ansprechen und sich an die Arbeit begeben.

Zwei numerierte Bienengruppen sammelten Pollen an Mohnblüten (*Papaver nudicaule* L.) bzw. an ungefüllten Rosen (*Rosa moschata* hybr.), die an benachbarten Plätzen übersichtlich dargeboten wurden[2]). Die Stiele der Blüten tauchten in übergitterte Wasserschalen. Nach Futterpausen wurde entweder die eine oder die andere Blütensorte erneut aufgestellt. Im Verlaufe dieser Versuche beobachtete ich 25 mal, wie eine tanzende Pollenbiene mit einer untätigen Gruppengenossin in Berührung kam. Von diesen sind 24 (= 96%) binnen 5 Minuten an ihrem Weideplatz erschienen; 20 mal sah ich, wie eine mit Höschen heimkehrende Biene auf eine Gruppengenossin traf, ohne zu tanzen. Auch bei diesen Begegnungen wurde das Interesse der wartenden erweckt, aber nur 6 von jenen 20 (= 30%) kamen binnen 5 Minuten an die Blüten, 2 folgten in der 7. und 8. Minute, 12 blieben daheim. Die gruppenfremden Bienen bekundeten kein Interesse.

Wo Nektar oder Zuckerwasser reichlich zu Gebote steht[3]), ist die Honigblase rasch gefüllt. Das Pollensammeln erfordert längere Zeit. Mit diesem Unterschied hängt es wohl zusammen, daß Pollensammler manchmal ihre Tätigkeit bald nach Beginn abbrechen, nach Hause fliegen, lebhaft tanzen und dann mit den noch winzigen Höschen an die Sammelstelle zurückkehren, um sie fertig zu machen. Ich sah das erstmals bei einer besonders fleißigen Biene, als sie nach einer Pause wieder Rosenblüten vorfand. Obwohl Blütenstaub in überreicher Menge vorhanden war, flog sie schon nach 3 Minuten mit sehr kleinen Höschen heim, tanzte wie besessen 4 Minuten lang an verschiedenen Stellen der Wabe und veranlaßte dadurch eine Anzahl Kameraden ihrer Schar, die Rosen wieder aufzusuchen. Dann stürzte sie mitsamt ihren Höschen wieder hinaus und flog an die Blüten, wo sie in weiteren 13 Minuten ihre Pollenballen auf stattliche Größe brachte. Nun kehrte sie zum zweitenmal heim und jetzt erst entledigte sie sich ihrer Bürde. Das zeigt eindrucksvoll, daß der Tanz nicht ein Nebenergebnis der Sammeltätigkeit ist, wie manchmal vermutet wurde, sondern im Rahmen der sozialen Organisation die Aufgabe zu erfüllen hat, den Kameraden eine Botschaft zu bringen. Ich habe solches Verhalten damals an derselben Biene noch ein zweitesmal und ein drittesmal bei einer anderen Pollensammlerin gesehen (über entsprechende Beobachtungen an Kittharzsammlerinnen s. S. 270).

---

[1]) Das traf allerdings nur für die Versuche mit Benzylacetat zu. Wurde der Stock mit Methylbenzoat beduftet, so kamen nach den Tabellen (in den 3 Versuchen insgesamt) 41 Bienen an den Methylbenzoatplatz und 50, also sogar etwas mehr, an den Benzylacetatplatz.

[2]) Da der Pollen rasch abgesammelt wird, müssen die Blüten häufig durch frische ersetzt werden. Nähere Angaben s. v. Frisch (1923, S. 75—81).

[3]) Getanzt wird nur, wenn Nahrung reichlich zur Verfügung steht (s. S. 43).

Es war von vornherein zu erwarten, daß die spezifische Alarmierung der Gruppengenossen auch bei den Pollensammlern auf deren Duft zurückzuführen ist. Dafür sprach auch die Beobachtung, daß sich die Gruppenkameraden (wie bei den Nektarsammlern) oft aus etwa 2 cm Entfernung der heimgekehrten Biene zuwenden, noch bevor ihr Tanz begonnen hat. Einmal sah ich, wie eine Biene mit Höschen von Mohnblüten heimkehrte und, aufwärts kriechend, in der Nähe einer Kameradin vorbeikam, die seit $^3/_4$ Stunden ruhig an der Stelle gesessen hatte. Da sprang diese, wie aufgeschreckt aus ihrem Hindämmern, rasch über den Rücken einer unbeteiligten Biene hinweg und untersuchte mit ihren Fühlern erregt die Pollenballen an den Beinen der Sammlerin.

Daß sich ihre Aufmerksamkeit auf die Höschen konzentrierte, wirft die Frage auf, ob auch bei Pollenträgern, wie bei Nektarsammlern, der am Körper haftende Blütenduft, oder ob hier der Duft des mitgebrachten Blütenstaubes das maßgebende Signal ist. Ob der Blütenstaub überhaupt duftet und wie sich sein Geruch zu jenem der Blumenblätter verhält, darüber gaben allerdings botanische Lehr- und Handbücher keine klare Auskunft. In Stichproben an 6 verschiedenen Blütensorten fand ich (1923, S. 88, 89) den Pollen deutlich duftend, spezifisch verschieden bei den verschiedenen Blüten, und meist intensiver und andersartig als die Blumenblätter. ALEXANDRA V. AUFSESS (1960) wiederholte und erweiterte diese Prüfung mit dem Ergebnis, daß bei 17 Insektenblumenarten in 13 Fällen der Pollen stärker und qualitativ anders duftete als die übrige Blüte, bei 2 Arten war der Duft des Pollens nicht intensiver, aber von anderer Qualität und bei 2 Arten von gleicher Beschaffenheit, aber stärker. Dressurversuche bestätigten an zwei Stichproben (*Polyantha*-Rose hbr. ht. WILDFIRE und *Oenothera fruticosa* L.) auch für Bienen die qualitative Verschiedenheit zwischen dem Pollenduft und dem Geruch der übrigen Blüte.

Unter diesen Umständen ist verständlich, daß der am Körper haftende Blumenduft vom Geruch der mitgebrachten Pollenballen übertönt wird und der letztere für die Verständigung der Gruppengenossen bestimmend ist. Die folgenden Versuche mit Rosen *(Rosa moschata* hybr.*)* und Glockenblumen *(Campanula medium* L.*)* brachten den Beweis.

In der Winterhalle des Münchner botanischen Gartens sammelte eine Gruppe numerierter Bienen an Rosen und 8 m davon entfernt eine andere Gruppe an Glockenblumen Blütenstaub. Bei frisch erblühten Glockenblumen liegen die Staubblätter dem Griffel von allen Seiten an; später krümmen sie sich zurück, wobei der Pollen zum großen Teil am Griffel haften bleibt (Abb. 31a). Nach einer Pause an beiden Plätzen stellte ich Rosenblüten auf, deren Staubblätter entfernt und durch Campanula-Griffel mit anhaftendem Blütenstaub ersetzt waren (Abb. 31d). Eine Kundschafterin kam und sammelte am Rosenplatz in Rosenblüten Blumenstaub von Glockenblumen. Sie schickte durch ihre Tänze prompt 6 von den 7 Glockenblumenbienen an den Glockenblumenplatz, wo nichts zu holen war. Die Rosenbienen aber blieben still auf der Wabe. Im Gegenversuch wurden nach der Futterpause am Platz der Glockenblumen Blüten aufgestellt, deren Griffel und Staubfäden entfernt und durch den Blütenboden einer Rose samt den von ihm entspringenden Staubgefäßen ersetzt waren (Abb. 31b). Eine Biene kam und machte nacheinander 4 Sammelflüge. Sie sammelte am Glockenblumenplatz in Glockenblumen Blütenstaub von Rosen. Keine einzige der 6 anderen Glockenblumensammler interessierte sich für ihre Tänze, keine kam an den Platz, ihr Beistand zu leisten, aber alle Bienen der Rosenschar, mit denen sie im Stock zusammentraf, flogen hinaus — an den leeren Rosenplatz.

Die Höschen werden von der Sammlerin in Zellen, welche als Pollenspeicher dienen, abgeladen. Oft wiederholt sie ihren Tanz nach dem Abstreifen der Höschen. Deren Duft haftet wohl auch dann noch deutlich genug an den Hinterbeinen, und wahrscheinlich am ganzen Körper.

Abb. 31 a—d. a) Blüte einer Glockenblume *(Campanula medium L.)*, ein Teil der Blumenkrone entfernt, um das Innere zu zeigen; der Blütenstaub der zurückgekrümmten Staubgefäße bleibt größtenteils am Griffel haften. b) Blüte der Glockenblume; die Blütenstaub tragenden Teile sind entfernt und durch die Staubgefäße von Rosen ersetzt. c) Rosenblüte (*Rosa moschata* hybr.). d) Rosenblüte, nach Entfernung der eigenen Staubgefäße mit zwei Griffeln samt anhaftendem Blütenstaub aus Glockenblumen versehen

8. Der Tanzboden

Die geschilderte Verständigungsweise kann nur erfolgreich sein, wenn sich die pausierenden Bienen in einem beschränkten Wabenbereich des Beobachtungsstockes aufhalten und daselbst auch die Tänze stattfinden. Diese Voraussetzung ist erfüllt. Als Tanzboden diente bei den bisher beschriebenen Versuchen meist ein Areal von etwa 100 cm^2 auf der unteren Wabe des Beobachtungsstockes, in der Nähe des Flugloches. Hier wird gewartet und hier wird getanzt. Das Gebiet ist aber nicht starr festgelegt. Bei schwach besetztem Stock oder in kalten Nächten ziehen sich die Bienen auf die obere Wabe zurück. Heimkehrende Sammlerinnen können wohl einen Teil ihrer Bürde schon unten an einzelne Empfängerinnen abgeben, aber sie tanzen nur oben, in der dichten Masse, bis sich diese bei anhaltender Sammeltätigkeit allmählich nach unten zieht. Mit ihr verlagert sich der Tanzboden abwärts. Es wird später zu berichten sein, daß seine Lage auch durch die Entfernung der Trachtquelle vom Stock beeinflußt wird (S. 137 f.). Das wesentliche ist, daß die Gruppen der Sammlerinnen zu gegebener Zeit in jenem Wabenbezirk zu finden sind, wo erfolgreiche Kundschafter und Arbeitskameraden ihre Tänze aufführen. Dadurch ist eine rasche Alarmierung der Schar gesichert.

Die Anordnung der Waben im Beobachtungsstock entspricht nicht den natürlichen Verhältnissen. Es ist daher die Frage berechtigt, ob es auch in einer normalen Bienenwohnung einen Tanzboden gibt, und wo er zu suchen ist. Um das zu prüfen, habe ich Bienen aus einem, für Oberbehandlung eingerichteten Bienenstock an einer Futterstelle mit Farbtupfen gezeichnet, nach längerer Futterpause den Stock geöffnet und die Waben der Reihe nach herausgenommen. Die gezeichneten Bienen saßen fast ausschließlich auf den beiden Seiten der dritten Wabe, vom Flugloch aus gezählt. Der Stock hatte 9 Waben, die parallel zu seiner Stirnwand angeordnet waren („Warmbau"). Die Waben können in den Beuten auch parallel zu den Seitenwänden eingesetzt werden („Kaltbau"). Nach R. Götz (Zoolog. Instit. Frankfurt a. M., noch nicht veröffentlicht) findet man hier die Tänzerinnen am dichtesten in der Nähe des Fluglochs auf jenen Waben, die direkt an das Flugloch stoßen. Die Sammelgruppen halten sich also auch in den normalen Bienenwohnungen in einem verhältnismäßig engen Bezirk auf (vgl. hierzu auch S. 138).

9. Duftgruppen

Die rasche Verständigung der an einer Botschaft interessierten Gruppe wird noch weiter begünstigt durch ein eigenartiges Verhalten, fast möchte man sagen durch einen Kastengeist der Sammelgruppen, auf den ich erstmals im September 1952 aufmerksam wurde. Ich hatte numerierte Bienen bei Lavendelduft gefüttert. Am Nachmittag, nach mehrstündiger Futterpause, saßen die Tiere dicht zusammengedrängt auf der Wabe, wo sie mit ihren farbigen Tupfen als buntscheckige Insel zwischen ihren nicht gezeichneten Kameraden einen überraschenden Anblick boten. Später lockerte sich die Gruppe auf, aber bald sammelte sie sich von neuem. War es der vertraute, ihrem Körper noch anhaftende Duft der Futterstelle, der sie zueinander führte?

So auffallend wie damals habe ich die Erscheinung nicht wieder gesehen. Aber sie hinterließ den Wunsch, der Sache nachzugehen. Erst im Sommer 1961 bin ich dazu gekommen.

Ich errichtete je 80 m vom Beobachtungsstock zwei Futterplätze, an welchen je 15 numerierte Bienen sammelten. Die eine Gruppe, am Nordplatz (34 m nördlich von der anderen Futterstelle) war zusätzlich durch einen weißen Fleck auf dem Hinterleib, die andere, am Südplatz, durch einen gelben Fleck gekennzeichnet. Vom 16.—19. 8. wurden beide stets gleichzeitig (mit eingelegten Pausen) ohne Duftbeigabe mit Zuckerwasser gefüttert. Zwölfmal sah ich während der Pausen nach vorsichtigem Öffnen des Stockes nach und trug alle sichtbaren Nummern in ein vorbereitetes Schema ein, was etwa 5 Minuten beanspruchte. Zu diesem Zweck war die Wabe durch weiße, vor dem Glasfenster gespannte Fäden in quadratische Felder von 4 cm Seitenlänge eingeteilt. Die Bienen beider Gruppen, die weißen und die gelben, saßen in buntem Durcheinander über den Tanzboden verteilt (Beispiel: Tab. 1, 18. 8. 61, 15^{45} Uhr, 45 Minuten nach Beendigung der letzten Fütterung).

Am 19. 8. mittags wurde dem Futterplatz der weißen Gruppe (Nordplatz) Lavendelöl, jenem der gelben Gruppe (Südplatz) Orangenblütenöl beigegeben (je einige Tropfen auf das Filtrierpapier um das Futterschälchen). Die Duftfütterung wurde mit eingelegten Pausen vom 19.—21. 8. fortgesetzt und elfmal die Verteilung der Sammlerinnen während der Futterpausen kontrolliert. Es war unverkennbar, daß Bienen, die zur gleichen Gruppe gehörten, auf dem Tanzboden untereinander engeren Kontakt hielten als mit der anderen Gruppe (typisches Beispiel Tab. 2, 20. 8. 61, 12^{20} Uhr, 40 Minuten nach Beendigung der letzten Fütterung).

Nun numerierte ich an beiden Plätzen eine neue Bienenschar, diesmal mit blauem (Nordgruppe) und rotem (Südgruppe) Abdominalfleck. Vom 21.—24. 8. wurden beide Gruppen duftlos mit Zuckerwasser gefüttert. Bei fünfmaliger

Nachschau während der Futterpausen war ihre Verteilung regellos. Vom 25. bis 27. 8. war bei der blauen Gruppe (Nordplatz) Anisöl, bei der roten (Südplatz)

Tabelle 1. *Verteilung zweier duftlos gefütterter Sammelgruppen auf dem Tanzboden in der Futterpause, 18. 8. 61, 15^{45} Uhr.* (Die Wabe war in Felder von 4 cm Seitenlänge eingeteilt. Die Zahlen bedeuten die Nummern der Bienen, in Normal- und Fettdruck zur Unterscheidung beider Gruppen; die Lage der Nummern gibt an, daß die Bienen in dem betreffenden Quadrat festgestellt wurden, aber nicht ihren genauen Aufenthaltsort daselbst)

	a	b	c	d	e
3			1, 12 **10**	1, 10, 15 **3, 8, 15**	1 **11**
2			8, 11 **1, 7, 12**	2, 12 **1, 3, 5, 14**	13 **13**
1					

Tabelle 2. *Verteilung zweier bei verschiedenem Duft gefütterter Sammelgruppen in der Futterpause, 20. 8. 1961, 12^{20} Uhr* (weitere Erklärung s. Tab. 1)

	a	b	c	d
4			1, 7	**5** **2, 4, 7,** **8, 12, 13**
3			**5**	2, 6, 7, 10, 13, 15 **2, 10, 12, 13**
2				2, 3, 5, 10, 14 **6**
1				

Pfefferminzöl beigegeben. Dreizehn Kontrollen, die letzte am Morgen des 28. 8., bestätigten den engeren Zusammenhalt der Gruppengenossen bei Duftbeigabe.

In den Protokolleintragungen ist nur vermerkt, welche Nummern gemeinsam in einem Feld angetroffen wurden, ohne Rücksicht auf den genau von ihnen eingenommenen Platz. Viel überzeugender noch als diese Feststellungen wirkt der

Tabelle 3. *Verteilung der Bienen zweier Sammelgruppen auf der Wabe bei allen Kontrollen während Futterpausen: Versuch 1a) und 2a) bei duftloser Fütterung, Versuch 1b) und 2b) mit Beigabe verschiedener Duftstoffe an beiden Futterplätzen.* [Die Zahlen geben an, wie viele Bienen der beiden Gruppen (durch Normal- und Fettdruck unterschieden) in jedem der Felder von 4 cm Seitenlänge sichtbar waren. Es sind der Reihe nach nur die Felder aufgeführt, in denen numerierte Bienen waren]

	Ende der letzten Fütterung	Kontrolle	Verteilung
1. Versuch			
a) Fütterung	16.8.16^{12}	17.8. 7^{30}	1,**1**-1,**1**-2,**1**-1,**1**-1,**0**-0,**1**
duftlos		8^{00}	1,**0**-0,**1**-1,**0**-1,**2**-3,**1**-1,**1**-1,**0**-0,**2**-0,**1**-0,**1**
		10^{45}	0,**1**-1,**0**-3,**3**-0,**2**-0,**1**-1,**2**-0,**1**
	18.8.10^{40}	18.8.11^{10}	1,**0**-1,**0**-0,**1**-0,**2**-2,**1**-2,**1**-1,**1**-1,**2**
		11^{50}	1,**0**-1,**1**-3,**4**-2,**0**-0,**1**
	15^{00}	15^{45}	2,**1**-2,**3**-3,**3**-2,**4**-1,**1**-1,**1**
		16^{05}	0,**1**-0,**2**-1,**1**-1,**1**-1,**0**
		16^{40}	0,**1**-1,**0**-1,**3**-0,**2**-3,**3**-3,**1**-1,**0**-1,**0**
		19.8. 7^{45}	2,**3**-0,**1**-0,**1**-1,**3**-1,**1**-1,**1**-1,**0**-1,**0**
		8^{30}	0,**3**-2,**2**-1,**0**-1,**0**-1,**3**-1,**1**-1,**1**
	19.8.11^{00}	11^{45}	0,**1**-2,**4**-2,**2**-3,**1**-2,**1**-0,**2**-2,**0**
		12^{45}	1,**0**-1,**1**-0,**1**-1,**0**-1,**2**-1,**0**-0,**1**-0,**1**-1,**0**-3,**1**-0,**1**
1. Versuch			
b) mit Duft	19.8.16^{15}	19.8.16^{45}	0,**2**-1,**0**-1,**1**-1,**3**-7,**3**-2,**0**
Lavendelöl		17^{15}	0,**1**-0,**1**-1,**0**-1,**0**-3,**1**-2,**0**-1,**0**-3,**0**-1,**0**-1,**0**-3,**0**
Orangen-		18^{00}	0,**1**-0,**1**-3,**1**-2,**0**-3,**0**-1,**3**
blütenöl		20.8. 8^{00}	0,**1**-1,**0**-8,**4**-2,**4**-2,**1**-1,**1**
	20.8.11^{40}	12^{20}	2,**0**-0,**1**-1,**6**-6,**4**-5,**1**
		13^{10}	1,**3**-0,**2**-0,**1**-5,**1**-1,**2**
		14^{00}	1,**4**-1,**0**-6,**2**
		21.8. 8^{35}	0,**1**-4,**0**-1,**3**-1,**0**-1,**2**
	21.8.11^{15}	12^{00}	0,**1**-2,**0**-5,**0**-1,**4**
		12^{45}	1,**0**-0,**1**-4,**0**-2,**5**-0,**1**
		13^{45}	4,**0**-1,**3**-1,**1**-3,**4**-3,**0**
2. Versuch			
a) Fütterung	23.8.12^{00}	23.8.13^{00}	0,**1**-2,**4**-4,**2**-0,**1**-0,**1**-2,**3**-1,**2**
duftlos	17^{00}	17^{30}	0,**1**-1,**1**-1,**2**-2,**3**-1,**0**-1,**0**
		24.8. 8^{00}	1,**0**-3,**4**-0,**2**-3,**4**
	24.8.10^{30}	11^{30}	1,**0**-1,**0**-0,**2**-2,**2**-5,**2**-3,**3**-1,**2**
	16^{50}	17^{20}	3,**1**-1,**2**-2,**3**-2,**0**
2. Versuch			
b) mit Duft	25.8.11^{00}	25.8.11^{45}	0,**2**-1,**1**-1,**2**-4,**3**-0,**1**-2,**1**
Anisöl **Pfef-**	16^{00}	16^{45}	2,**0**-0,**4**-1,**6**-2,**0**-4,**0**
ferminzöl		15^{30}	0,**1**-1,**2**-1,**4**-4,**0**-3,**1**-3,**2**
		26.8. 7^{45}	0,**1**-2,**0**-1,**2**-0,**1**-1,**4**-3,**0**-1,**0**-0,**1**-1,**0**-1,**0**
	26.8. 9^{25}	10^{45}	0,**2**-5,**4**-3,**4**-1,**0**-1,**0**
	12^{30}	14^{00}	1,**0**-2,**0**-1,**3**-3,**0**-4,**1**-0,**3**-1,**0**-4,**0**
	16^{00}	17^{00}	1,**0**-3,**0**-7,**5**-0,**1**-0,**3**-2,**0**
		18^{00}	1,**3**-0,**1**-3,**1**-1,**0**-1,**0**-2,**0**
	26.8.16^{00}	27.8. 7^{15}	0,**1**-7,**1**-0,**3**-1,**0**
		8^{00}	2,**0**-4,**2**-4,**3**-1,**4**
	27.8.10^{00}	11^{00}	0,**1**-3,**4**-3,**3**-0,**1**-2,**0**
		15^{00}	0,**1**-0,**3**-0,**3**-1,**1**-1,**0**-1,**0**
		17^{15}	0,**1**-0,**1**-2,**1**-1,**0**-2,**0**-0,**1**-0,**1**-1,**0**
		28.8. 7^{15}	2,**3**-1,**4**-2,**0**-1,**1**-2,**0**-0,**1**

unmittelbare Augenschein: auffallend oft sitzen innerhalb eines Feldes — oder auch über die Grenze von zwei Nachbarfeldern hinweg — die Gruppengenossen eng beisammen und sozusagen in Tuchfühlung. Bei duftloser Fütterung ist nichts dergleichen zu sehen. Nach längerer Futterpause und besonders gegen Abend begeben sich die Sammlerinnen gern zu ungestörter Ruhe, indem sie in leere Zellen schlüpfen. Nur das Hinterleibsende und mit ihm der Farbtupfen bleibt erkennbar. Da sah man nicht selten 2 blaue oder 2 rote Genossen in Nachbarzellen schlummern. Ungleichfarbige Nachbarn waren sehr viel seltener anzutreffen.

Von diesem eindrucksvollen Verhalten sehen wir bei der weiteren Betrachtung ab und beschränken uns auf die nüchterne Feststellung, wie viele Bienen der einen und der anderen Gruppe bei den Kontrollen in gleichen Quadraten gefunden wurden. Das ist in Tab. 3 verzeichnet. Es sind nur die Felder berücksichtigt, in denen numerierte Bienen zu sehen waren. Die Ziffern geben an, wie viele Tiere der einen (Normaldruck) und der anderen Gruppe (Fettdruck) im gleichen Feld saßen. Dr. RUDOLF JANDER war so freundlich, dieses Material statistisch zu bearbeiten. Über das Ergebnis teilte er mir folgendes mit:

„Um zu prüfen, ob die Vertreter beider Bienengruppen zufällig in den Meßquadraten verteilt sind oder sich nach irgendeinem Gesichtspunkt zusammenschließen, sollen alle Aufzeichnungen in einigen wenigen Zahlen zusammengefaßt werden. Alle diejenigen Quadrate, in denen sich nur eine Biene befand, müssen ausgeschieden werden, da man einer einzelnen Bienen nicht ansehen kann, ob sie mehr von der einen oder anderen Gruppe angezogen wird. Die Zahl der übrigen, mit mehr als einer Biene besetzten Quadrate wird für jeden Versuchsfall auf drei Klassen verteilt, je nachdem ob $^3/_3$—$^2/_3$, $^2/_3$—$^1/_3$ oder $^1/_3$—$^0/_3$ der in ihnen beobachteten Bienen der einen bzw. der anderen Gruppe angehörten (Tab. 4). War z. B. in einem Quadrat eine Biene vom Süd- und eine

Tabelle 4. *Einteilung der Quadratfelder in Klassen nach den Anteilen der Bienen von beiden Futterplätzen*

Klassen	I	II	III
Bienen vom Südplatz . . .	$^3/_3$—$^2/_3$	$^2/_3$—$^1/_3$	$^1/_3$—$^0/_3$
Bienen vom Nordplatz. . .	$^0/_3$—$^1/_3$	$^1/_3$—$^2/_3$	$^2/_3$—$^3/_3$

vom Nordplatz, dann wird dieses Quadrat der mittleren Klasse zugeordnet; waren in einem Quadrat zwei Süd- und eine Nordbiene, dann kommt je ein halber Wert in die erste und zweite Klasse.

Das Ergebnis dieser Aufteilung in Klassen ist in den dunklen Säulen der Abb. 32 dargestellt. In bezug auf die Fragestellung ist die Abbildung so zu lesen: Je mehr gleichfarbige Bienen sich zusammenschlossen, desto größer ist die Zahl der Quadrate in den Klassen I und III, und je mehr verschiedenfarbige Bienen sich zusammenschlossen, desto größer ist die Klasse II. Ein erster grober Vergleich läßt zwar erkennen, daß sich nach der Beduftung mehr gleichfarbige Bienen zusammenschlossen als nach der duftlosen Fütterung, doch muß für einen einwandfreien und statistisch gesicherten Schluß berücksichtigt werden, daß in den beiden Vergleichsfällen nicht nur die jeweilige Gesamtzahl der Quadrate, sondern auch die Häufigkeitsverteilung der Bienen in den Quadraten, und das Verhältnis der Süd- zu den Nordbienen verschieden war. Um diese Schwierigkeit zu umgehen, wird für jeden der vier Versuchsfälle die Verteilung der Quadrate auf die drei Klassen berechnet unter der Voraussetzung, daß sich die Bienen vom Nord- und Südplatz rein zufällig zusammenfanden.

Die Berechnung der Zufallsverteilung beginnt mit der Entwicklung von Binomen der Form $(p + q)^n$. Dabei sind p und q für jedes aufgenommene Wabenfeld die beiden relativen Häufigkeiten aller Süd- und Nordbienen in allen Quadraten mit mehr als einer markierten Biene. Für n werden alle tatsächlich beobachteten Zahlen markierter Bienen pro Quadrat (2—12) eingesetzt. Die entwickelten Binome ergeben die zufällig zu erwartenden relativen Häufigkeiten der Quadrate für alle n-Zahlen von markierten Bienen und für alle möglichen Verhältnisse von Süd- und Nordbienen in einem Quadrat. Diese theoretischen relativen Häufigkeiten der Quadrate werden jeweils multipliziert mit den tatsächlich beobachteten Häufigkeiten aller Quadrate mit den entsprechenden n-Zahlen. Die so berechneten theoretischen Häufigkeiten der Quadrate für jede Besatzzahl n ergeben schließlich durch Verteilen auf die drei oben genannten Klassen und Summieren die gesuchte Zufallsverteilung. Diese Zufallsverteilungen sind in Abb. 32 durch weiße Säulen dargestellt.

In einem letzten Schritt wird jetzt mit Hilfe der χ^2-Methode die Güte der Übereinstimmung zwischen den theoretischen und den tatsächlichen Häufigkeiten geprüft. Das Beobachtungsergebnis nach den duftlosen Fütterungen zeigt keinen signifikanten Unterschied von der Zufallsverteilung. Nach der Duftfütterung jedoch ist dieser Unterschied im ersten Versuch (Orange-Lavendel) sehr gut ($p < 0{,}01$) und im zweiten Versuch (Pfefferminz-Anis) gut gesichert ($0{,}02 > p > 0{,}01$). Da in diesen beiden Fällen die Häufigkeit der Quadrate in den Klassen I und III signifikant größer ist als auf Grund der Zufallsverteilung zu erwarten, folgt daraus, daß sich die gleichduftenden Bienen von derselben Futterstelle bevorzugt zusammenschließen."

Als Resultat verzeichnen wir, daß Bienen, deren Trachtquelle durch einen spezifischen Duft ausgezeichnet ist, in ihren Arbeitspausen untereinander enger zusammenhalten als mit anderen Sammelgruppen. Die Alarmierung der Schar durch erfolgreiche Kundschafter wird dadurch beschleunigt werden.

Von der Haftfähigkeit des Blütenduftes am Bienenkörper soll später (S. 48ff.) die Rede sein.

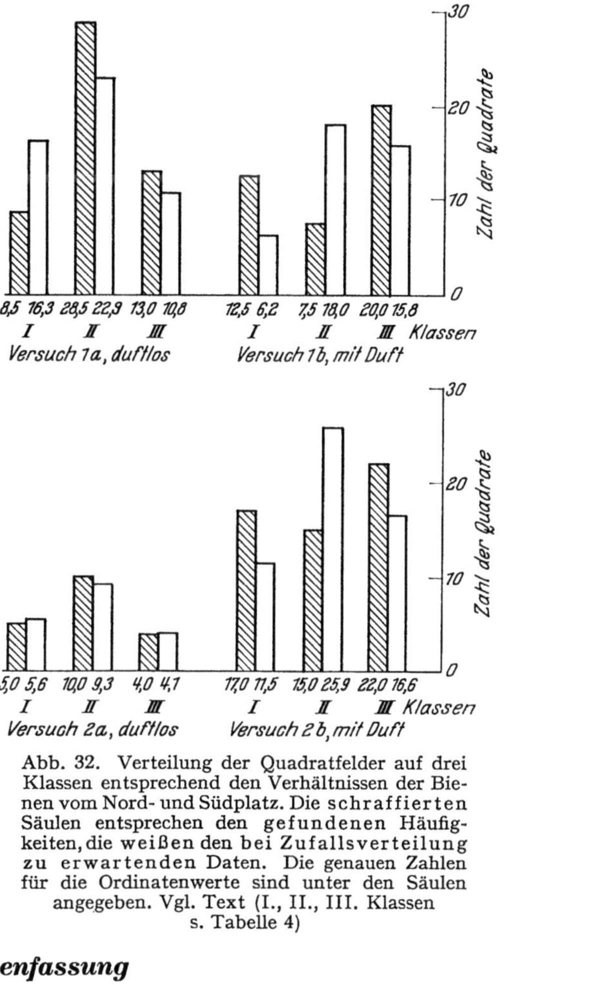

Abb. 32. Verteilung der Quadratfelder auf drei Klassen entsprechend den Verhältnissen der Bienen vom Nord- und Südplatz. Die schraffierten Säulen entsprechen den gefundenen Häufigkeiten, die weißen den bei Zufallsverteilung zu erwartenden Daten. Die genauen Zahlen für die Ordinatenwerte sind unter den Säulen angegeben. Vgl. Text (I., II., III. Klassen s. Tabelle 4)

Zusammenfassung

Alarmierung alter Sammelgruppen durch Rundtänze (S. 28—41)

1. Arbeitsbienen, die an einer Futterquelle (z. B. an einem Zuckerwasserschälchen) sammeln, stellen bei Versiegen der Tracht ihre regelmäßigen Flüge ein und sitzen im Stock. Sie erscheinen aber, anfangs häufig und später in größeren Abständen, als Kundschafter am Futterplatz. Alle Bienen der Gruppe machen Kundschaftsflüge, nur individuell sehr verschieden eifrig. Nach einem erfolgreichen Erkundungsflug kehrt die Biene mit gefüllter Honigblase heim, läuft lebhaft erregt auf der Wabe empor und verfüttert den Zuckersaft an andere Bienen.

2. Durch einen Rundtanz erregt sie das Interesse der umgebenden Bienen, die ihr nachtrippeln (Abb. 29, S. 29). Der Rundtanz bedeutet, daß es reichlich

Futter gibt. Befinden sich Gruppengenossen in der Gefolgschaft der Tänzerin, so werden sie durch den Tanz veranlaßt, wieder an den Futterplatz zu fliegen. Nach der Heimkehr tanzen auch sie. So kann in kurzer Zeit die ganze Arbeitsgruppe alarmiert sein.

3. Eine heimkehrende und verfütternde Biene kann auch ohne Tanz die Gruppenkameraden, mit denen sie Kontakt hat, zum neuerlichen Aufsuchen des Futterplatzes veranlassen; das geschah aber nur in rund 40% der verzeichneten Begegnungen, während ein Kontakt mit Tanz in rund 90% der Fälle erfolgreich war.

4. Sammeln zwei Arbeitsgruppen an verschiedenen Zuckerwasserschälchen und wird nach einer Futterpause eines der beiden Schälchen gefüllt, so werden durch die Tänze der erfolgreichen Gruppe auch die Bienen der anderen Gruppe alarmiert; sie fliegen zu ihrem gewohnten Futterplatz und suchen dort immer wieder das (leere) Schälchen ab. Die Bienen einer Gruppe sind einander nicht persönlich bekannt.

5. Bienen, die an natürlichen Blüten sammeln, erkennen einander im Stock mit Sicherheit. Nur die Gruppengenossen sprechen auf die Tänze an. Bienen, die an einer anderen Blütensorte gesammelt haben, zeigen auch bei unmittelbarem Kontakt kein Interesse für den Tanz. Arbeitskameraden von derselben Blütensorte werden oft schon aus 2—3 cm Abstand auf die Kollegin aufmerksam und eilen auf sie zu.

6. Das Erkennungszeichen ist der am Körper haftende Blütenduft. Künstliche Futterplätze, die durch ätherische Öle geruchlich gekennzeichnet sind, bewirken so wie natürliche Blüten eine spezifische Alarmierung der Gruppengenossen.

7. Bei Pollensammlerinnen dient der artspezifische Duft des Blütenstaubes zum Erkennen der Gruppengenossen. Wenn man bei Rosenblüten und Glockenblumen die Staubgefäße austauscht, alarmieren die Tänzerinnen die Bienen der falschen Gruppe (Abb. 31, S. 36).

8. Während einer Futterpause halten sich die Sammlerinnen in jenem begrenzten Wabenbereich auf, wo die erfolgreichen Heimkehrer tanzen (Tanzboden). Dadurch wird eine rasche Verständigung der Gruppengenossen gewährleistet.

9. Überdies halten Bienen, deren Trachtquelle durch einen spezifischen Duft ausgezeichnet ist, in ihren Arbeitspausen untereinander engeren Kontakt als mit anderen Sammelgruppen. Auch dadurch kann bei erfolgreichen Kundschaftsflügen die Alarmierung der Gruppe beschleunigt werden.

B. Das Ziel ist den benachrichtigten Bienen unbekannt

10. Die Beschaffung zusätzlicher Hilfskräfte

Eine Biene, die nach einer Futterpause ihr Zuckerwasserschälchen wieder gefüllt findet und nach der Heimkehr tanzt, alarmiert die (numerierten) Gruppenkameraden, mit denen sie zusammentrifft; im Tanzgefolge sieht man neben solchen, und meist überwiegend, auch ungezeichnete Bienen, die noch nicht am Futterplatz gewesen sind. Wurde das Schälchen zum erstenmal aufgestellt und von einer Biene des Beobachtungsstockes entdeckt, so hat diese als Nachtänzerinnen natürlich nur Tiere, welche den Fundplatz noch nicht kennen. Im einen wie im anderen Falle stellen sich oft schon nach wenigen Minuten ungezeichnete Bienen, Neulinge, am Futterschälchen ein und beginnen sich an der Sammeltätigkeit zu beteiligen. Sie sind durch den Tanz dazu veranlaßt worden. Denn sie kommen nur, wenn getanzt wird[1]). Und es kommen ihrer um so mehr, je zahlreicher und je lebhafter die Tänze sind. Da aber Tänze nur auftreten, wenn sich das Sammeln lohnt, und da sie um so temperamentvoller und ausdauernder ablaufen je besser die Futterquelle ist, so offenbart sich hier ein Spielwerk von größter biologischer Bedeutung, sowohl für das Bienenvolk wie für die Bestäubung der Blüten.

11. Alarmierung neuer Kräfte nur bei Bedarf

Man kann sich von diesen Zusammenhängen auf einfache Weise folgendermaßen überzeugen: Wir lassen eine Gruppe numerierter Bienen an einem Schälchen sammeln und sorgen dafür, daß das Zuckerwasser nicht ausgeht. Sie finden „reiche Tracht", und die meisten tanzen nach ihrer Heimkehr. Es kommen Neulinge in steigender Zahl, und würden wir sie nicht wegfangen, so wäre die Schar der Sammlerinnen vielleicht schon nach $^1/_2$ Stunde auf das 2—3fache angewachsen. Nun bieten wir „spärliche Tracht". In einem Glasgefäß wie Abb. 19, S. 20, ist das Filtrierpapier zunächst so ausreichend mit Zuckerwasser durchfeuchtet, daß die an Besseres gewöhnten Bienen durch den plötzlichen Übergang nicht abgeschreckt werden und ausbleiben. Je weniger Zuckersaft sie weiterhin aus dem Filtrierpapier gewinnen, desto kürzer und matter werden ihre Tänze auf der Wabe, und schließlich wird überhaupt nicht mehr getanzt, aber — bei richtiger Dosierung der Futtermenge — stundenlang weiter gesammelt. Während sie vorher aus dem Schälchen in 1—2 Minuten ihre Honigblase füllen konnten, verweilen sie nun bis zu 10—15 Minuten und länger saugend am Futterplatz, wobei sie mit dem stochernden Rüssel das Papier auffasern (Abb. 19). Mit unvollkommen gefüllter Honigblase fliegen sie schließlich heim, geben ihre Bürde ab und begeben sich ohne Rundtanz auf den nächsten Sammelflug. Unter solchen Umständen werden keine Neulinge alarmiert. Die Zahl der Sammlerinnen vermehrt sich nicht.

Der Vorgang hat eine vollkommene Parallele beim natürlichen Blütenbesuch. Die Beobachtung lehrt, daß Blüten mit reichlichem Nektar Tänze auslösen, und daß bei spärlichen Nektarmengen zwar weiter gesammelt wird, solange noch etwas zu gewinnen ist, aber die Sammelflüge beanspruchen mehr Zeit und die Tänze bleiben aus. Nur wo es rentabel ist, sorgen Werbetänze für eine Vermehrung der Hilfskräfte.

Dabei ist die Rentabilität der Futterquelle eine komplexe Angelegenheit. Es wird später noch zu berichten sein, wie viele Faktoren materieller und psychologischer Natur da mitspielen (S. 240ff.). Hier sei nur als elementarer Faktor neben der Menge des Nektars seine Süßigkeit erwähnt. Eine Futterquelle kann durch abnehmenden Zuckergehalt ebenso unrentabel werden wie durch abnehmende Flüssigkeitsmenge. Da sich der Süßungsgrad leichter und genauer dosieren läßt als die für die Bienen gewinnbare Futtermenge, kann man sich mit verschieden süßen Zuckerlösungen besonders einfach und eindringlich vom Zusammenhang zwischen Rentabilität, Tanz und Alarmierung überzeugen.

Beispiele: Am 13. 8. 1927 erhielten 12 numerierte Bienen aus einem Futterschälchen neben dem Beobachtungsstock 2 Stunden lang $^1/_4$ mol Rohrzuckerlösung. Während dieser Zeit stellten sich 4 Neulinge am Futterplatz ein. Als ich die Konzentration auf 2 mol erhöhte, kamen in derselben Zeit 64 Neulinge ans Schälchen (v. Frisch 1934, S. 101). Natürlich wurden alle Neulinge am Futterschälchen abgefangen. Die Zahl der Sammlerinnen blieb konstant.

Am 24. 8. 1962 wurde eine Gruppe von 4 numerierten Bienen 15 m vom Stock von 10^{00} bis 13^{25} Uhr mit Zuckerwasser gefüttert, wobei die Konzentration nach 30 Minuten

[1]) Im Gegensatz zu jenen Bienen, die mit einem Futterplatz schon vertraut sind und teilweise auch ohne Tanz alarmiert werden (s. S. 30).

und weiter alle 35 Minuten erhöht wurde, und zwar in 6 Stufen von $^3/_{16}$ mol bis 2 mol. Bei nur 4 Sammlerinnen war es den zwei Beobachtern möglich, jede Heimkehr zu kontrollieren und — wenn getanzt wurde — die Tanzdauer mit einer Summations-Stoppuhr festzustellen. Nach jeder Erhöhung der Konzentration wurde 5 Minuten mit den Beobachtungen pausiert. Die Temperatur war zu Beginn des Versuches 22,5° C und stieg bis zu seiner Beendigung nur um 3° C an. Tabelle 5 zeigt klar die Beziehung zwischen Zuckerkonzentration, Tanzfreudigkeit, Dauer der einzelnen Tänze und Alarmierungserfolg. Daß auch bei guter Fütterung die Zahl der Neulinge nicht sehr groß wurde, ist durch die geringe Zahl von nur 4 Sammlerinnen bedingt. Viele weitere Beobachtungen bestätigen diese Zusammenhänge.

Bietet man 2 mol Rohrzuckerlösung, so kann man langdauernde und temperamentvolle Tänze sehen. Die Dauer läßt sich mit der Stoppuhr messen. Das Temperament ist schwer in Worte zu fassen, aber für den Betrachter ungemein eindrucksvoll. Nur auf höchster Stufe findet die Lebhaftigkeit des Tanzes einen leicht zu beschreibenden Ausdruck durch Schwänzelbewegungen mit dem Hinterleib,

Tabelle 5. *Versuch vom 24. 8. 1962 über den Zusammenhang zwischen Futterqualität, Tanzfreudigkeit und Alarmierungserfolg.* (Die Zeitangaben beziehen sich auf die Darbietung der Zuckerkonzentrationen. Mit den Beobachtungen wurde 5 Minuten nach jeder Konzentrationsänderung begonnen)

Zeit	Konzentration der Zuckerlösung	Zahl der heimgekehrten Sammlerinnen	Von ihnen haben getanzt	Tanzdauer pro Biene in Sekunden (Durchschnitt)	Zahl der Neulinge am Futterplatz
10^{00}—10^{30}	$^3/_{16}$ mol	29	0 = 0%	—	0
10^{30}—11^{05}	$^1/_4$ mol	39	3 = 7,7%	0,25	0
11^{05}—11^{40}	$^3/_8$ mol	49	26 = 53%	10,5	3
11^{40}—12^{15}	$^1/_2$ mol	52	38 = 73%	17,6	10
12^{15}—12^{50}	1 mol	55	51 = 92,7%	14,9	15
12^{50}—13^{25}	2 mol	48	48 = 100%	23,8	18

die intermittierend im Rundlauf ausgeführt werden — ohne daß dadurch, wie beim Schwänzeltanz (S. 127ff.), eine bestimmte Richtung betont wird[1]). Bei stufenweise herabgesetzter Konzentration werden die Tänze kürzer und matter, man wird vielleicht bei $^1/_4$ mol (8,5%) Zuckerlösung noch ab und zu einen Ansatz zu einer Runde bemerken, aber bei dieser Grenzkonzentration im allgemeinen keine Tänze mehr sehen, obwohl noch bis zu einer Verdünnung von etwa $^1/_8$ mol weiter gesammelt wird. Die genannten Zahlen haben keine allgemeine Gültigkeit. Denn die Grenzkonzentration, und mit ihr die Lebhaftigkeit der Tänze bei den verschiedenen Konzentrationen, ist von mehreren Bedingungen, besonders von den Trachtverhältnissen, abhängig (v. Frisch 1934, S. 100; Lindauer 1948). Nicht nur für den Menschen ist die Güte der Speisen ein relativer Begriff. Biologisch betrachtet geht es darum, die Arbeitskräfte dahin zu holen, wo sich das Sammeln zur Zeit am besten lohnt (vgl. auch S. 250, 253).

12. Wie finden die angeworbenen Hilfskräfte ihr Ziel?

Die verbreitete Meinung, daß der Neuling in Begleitung der Entdeckerin vom Stock zur Futterstelle fliegt, trifft nicht zu. Schon auf der Wabe eilt er unabhängig

[1]) Wittekindt (1960) beschreibt dies als „von der bisher beschriebenen Rundtanzform abweichende Tänze". Ich zitiere aus meiner Arbeit von 1946, S. 12: „Bei großer Lebhaftigkeit der Tänze können Schwänzelbewegungen mit dem Hinterleib vorkommen, aber im Rundlauf." Solches „Schwänzeln im Rundlauf" findet sich in meinen Protokollen seit 1945 oftmals vermerkt. Ich sehe darin nicht eine abweichende Form des Rundtanzes, sondern nur den Ausdruck gesteigerter Erregung (vgl. S. 241, Anm.3).

von der Tänzerin zum Flugloch, oft kommt er vor ihr am Schälchen an, und unter günstigen Bedingungen läßt sich unmittelbar beobachten, daß die numerierten Tänzerinnen ohne Begleitung fliegen — die Neulinge kommen trotzdem[1]). Aber die Lage des Zieles ist ihnen zunächst unbekannt. Sie schwärmen auf die Rundtänze hin nach allen Seiten aus und suchen die Umgebung des Stockes ab. Davon kann man sich leicht überzeugen, indem man etwa 10 m vom Stock einige numerierte Bienen an einem Glasschälchen mit Honig-Zuckerwasser[2]) füttert und entsprechende Schälchen nach verschiedenen Richtungen und bis zu einer Entfernung von etwa 70 m in die Wiese setzt. Wenn sich nach ca. 10 Minuten die ersten Neulinge zu der sammelnden Schar gesellen, erscheinen solche auch nach allen Richtungen bei den anderen Schälchen[3]). Sie wissen nicht, wo sie zu suchen haben. Aber sie wissen fast immer, wonach sie suchen sollen.

13. Der Duft der Futterquelle als Wegweiser für die Neulinge

Wie bei der Alarmierung alter Gruppenkameraden der an der Tänzerin haftende Duft davon Kunde gibt, an welcher Blumensorte sie gesammelt hat (S. 33), so bemerken die Nachläuferinnen auch bei neu entdeckten Trachtquellen schon auf der Wabe den spezifischen Duft, der fast jeder Blütensorte eigen ist, am Körper der Tänzerin. Indem sie nach diesem Duft die Umgebung absuchen, gelangen sie an die Blüten, auf die sich die Werbung bezog.

Das läßt sich am einfachsten mit ätherischen Ölen demonstrieren. Läßt man numerierte Bienen an einem Zuckerwasserschälchen sammeln, dessen Filtrierpapierunterlage mit einigen Tropfen Pfefferminzöl versehen ist, und setzt man in der Umgebung etwa 10 Duftplatten ins Gras, die mit 10 verschiedenen ätherischen Ölen beschickt sind, darunter auch eines mit Pfefferminzöl, so wird dieses letztere alsbald eifrig von Neulingen angeflogen, während die anderen Schälchen keine oder nur vereinzelte Besuche erhalten. Bietet man am Futterplatz Basilicumöl, so richten sich die Anflüge der Neulinge spezifisch auf die Basilicum-Duftplatte, auch wenn sie in ganz anderer Richtung und Entfernung vom Stock ausgelegt ist als vorher der Pfefferminzduft. Dabei ist es nicht nötig, daß die Sammlerinnen mit dem aufgetropften ätherischen Öl in Berührung kommen. Es genügte z. B. bei dem Versuch mit Basilicumöl der Aufenthalt in der Duftwolke weniger Tröpfchen, die 10 cm vom Futterschälchen entfernt aufgesetzt waren[4]).

14. Versuche mit Blüten

Der Sachverhalt gewinnt an Interesse, wenn wir zu natürlichen Blüten übergehen. Die Anordnung sei an einem Versuch mit wilden Alpenveilchen *(Cyclamen europaeum* L.*)* und Gartenphlox erläutert:

Auf dem Versuchstisch wurden einige numerierte Bienen an einem Cyclamensträußchen gefüttert, deren Blütenkelche — zur Herstellung reicher Tracht — mit Zuckerwassertropfen versehen waren (Abb. 33). Einige Meter abseits setzte ich eine Schale mit 200 Cyclamenblüten, eine mit 400 offenen Phloxblüten und daneben (in Abb. 34 nicht mehr sichtbar) nochmals eine Cyclamenschale mit 200 Blüten ins Gras. Während $^1/_2$stündiger Fütterung zeigte sich keine Biene an den Phloxblüten, während die zwei Cyclamenschalen von insgesamt 127 ungezeichneten Neulingen beflogen wurden, die zum Teil hartnäckig an den Blüten herumsuchten, aber keinen Nektar fanden. Nun

---

1) Vgl. v. Frisch (1923, S. 101—105).

2) Dem Zuckerwasser wird in diesem Falle ein wenig Honig zugegeben, damit die ringsum aufgestellten Schälchen von den Neulingen leichter gefunden werden können.

3) v. Frisch (1923, S. 105—109).

4) v. Frisch (1923, S. 109—116).

wurden am Futterplatz die Cyclamen allmählich durch Phloxblüten mit Zuckerwassertropfen ersetzt (Abb. 35). An ihnen verkehrten dieselben Bienen, die bisher an Cyclamen gesammelt hatten. Eine halbe Stunde später ergab eine neuerliche, durch 30 Minuten fortgesetzte Zählung an den Blumenschalen insgesamt 2 Anflüge an den beiden Cyclamenschalen und 112 an der Phloxschale.

Bei einem späteren, entsprechenden Versuch bemerkte ich während der Fütterung numerierter Bienen auf Phloxblüten, daß sich an den blühenden Phloxstauden der umliegenden Gartenbeete ungezeichnete Bienen in steigender Zahl

Abb. 33. Eine Bienenschar sammelt auf Cyclamen aufgetropftes Zuckerwasser

Abb. 35. Fütterung derselben Bienen auf Phloxblüten

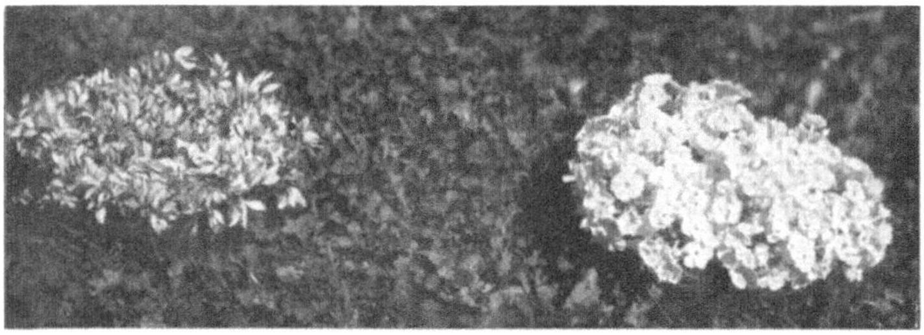

Abb. 34. Die Cyclamen-Sammlerinnen schicken durch ihre Tänze Neulinge aus, welche Cyclamenblüten befliegen, aber sich nicht für Phlox interessieren

einfanden und interessiert an den Blüten herumstocherten, ohne etwas zu gewinnen, denn der tief geborgene Nektar dieser Schmetterlingsblume ist dem Bienenrüssel nicht zugänglich. Vorher hatte ich nie Bienen am Phlox gesehen. Sie waren durch die Tänzerinnen hingeschickt worden.

Die Ausgestaltung solcher Experimente enthüllte in zweifacher Hinsicht wahrhaft erstaunliche Fähigkeiten der Bienen:

Die erste bezieht sich auf ihre Kunst, den im Stock wahrgenommenen Blütenduft hernach im Freiland in einem Meer verschiedenartiger Blumen herauszufinden.

Ich stellte meinen Beobachtungsstock im Münchner Botanischen Garten auf, und zwar am Ostrand der systematischen Abteilung, in der — mit RENNERs Worten[1]) — „Tausende von Kräutern, Stauden, Sträuchern nach der Verwandtschaft geordnet sich in engen Quartieren drängen". Von ihnen standen damals 700 verschiedene Arten gleichzeitig in Blüte. In diesem buntscheckigen Teppich

[1]) O. RENNER, Karl von Goebel, der Mann und das Werk. Ber. d. D. Bot. Ges. 68, 147—162, 1955 (S. 152).

bildete ein Beetchen mit einer Immortelle (*Helichrysum lanatum* HARV.) ein winziges Ornament (Abb. 36). Ihre duftenden Blüten werden nach KNUTH (1898, Bd. 2, 1, S. 604) nicht von Honigbienen beflogen. Auch ich konnte solche nicht an ihnen bemerken — bis ich (am 14. 7. 1921) 16 m vom Stock entfernt (bei F in Abb. 36) einen Futterplatz einrichtete und 10 numerierte Bienen des Beobachtungsstockes an einem Zuckerwasserschälchen fütterte, das mit abgeschnittenen Blüten von *Helichrysum lanatum* umkränzt war, so daß sich die Bienen beim Trinken auf die Blumen setzen mußten. In der folgenden Stunde wurde das *Helichrysum*-Beetchen (72 m

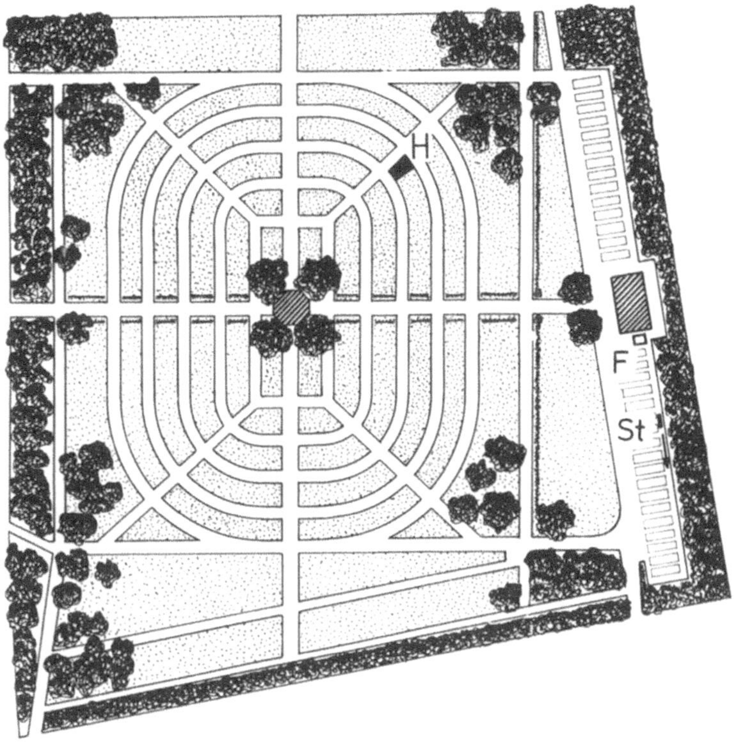

Abb. 36. Die systematische Abteilung im Münchner Botanischen Garten. St Beobachtungsstock, F Futterplatz, H Beetchen mit *Helichrysum lanatum*, 72 m vom Beobachtungsstock entfernt

vom Beobachtungsstock entfernt) von 13 ungezeichneten Honigbienen beflogen, die zum Teil nur flüchtig, zum Teil mit Ausdauer die Blüten absuchten, aber nichts fanden. Weitere Versuche zeigten, daß sich die Anflüge spezifisch auf diese Blütenart richteten[1]).

Eine zweite Überraschung kam in einer Versuchsreihe, für die ich duftlose Blüten heranziehen wollte. Freilich wurde mir hierbei klar, daß solche unter den insektenblütigen Pflanzen eine große Seltenheit sind. Und so erwischte ich zunächst nur Blüten mit sehr schwachem Duft. Bei einer Anordnung, die im wesentlichen dem vorhin geschilderten Cyclamen-Phlox-Versuch entsprach, wurden Blüten von Enzian (*Gentiana asclepiadea* L.) mit solchen von Tabakpflanzen (*Nicotiana tabacum* L.) kombiniert, Kohldisteln (*Cirsium oleraceum* SCOP.) mit Hahnenfuß (*Ranunculus acer* L.), Hahnenfuß mit Feuerbohnen (*Phaseolus multiflorus* LMK. var. *coccineus* L.). Bei Ranunkeln und Feuerbohnen war der zarte Blütenduft

[1]) v. FRISCH (1923, S. 121—125).

so schwach, daß er für die menschliche Nase nur wahrnehmbar war, wenn mehrere Blüten zu einem kleinen Strauß zusammengefaßt wurden. Trotzdem blieb das Ergebnis in allen Fällen positiv, die alarmierten Neulinge beflogen in stattlicher Zahl jene Blütensorte, von der die numerierten Sammlerinnen kamen[1]).

Das Ergebnis fortgesetzter Suche waren schließlich zwei entomophile Pflanzen, an deren Blüten auch scharfe menschliche Geruchswerkzeuge keine Spur eines Duftes wahrnehmen konnten: die Schwertlilienart *Tritonia cocosmaeflora* Voss., eine beliebte Zierpflanze mit schönem Schauapparat, und der wilde Wein (*Parthenocissus quinquefolia* PLANCH.) mit seinen unscheinbaren, aber von Bienen stark besuchten Blüten[2]. Ferner zog ich die duftlosen Blüten eines Windblüters heran (das Gras *Holcus lanatus* L.). Diese Versuche mit duftlosen Blüten verliefen negativ[3]). Auch bei mehrstündiger Fütterung auf ihnen erweckten die in der Nachbarschaft aufgestellten Infloreszenzen bei den Neulingen, die man in der Gegend herumschwärmen sah, kein Interesse. Es war also wirklich der Blütenduft das Verständigungsmittel, und man mußte sich mit dem Gedanken vertraut machen, daß auch ein außerordentlich schwacher Blütenduft am Bienenkörper genügend zäh haftet, um hernach im Stock noch erkennbar zu sein. Man könnte auch vermuten, daß der für uns so schwache Blütenduft für die Bienen um ein Vielfaches intensiver sei. Das ist aber durch eingehende Versuche widerlegt (v. FRISCH 1919, FISCHER 1957).

Wie energisch auch Pollensammler durch ihre Tänze Neulinge an die beflogene Blütenart schicken, davon konnte ich mich in der Winterhalle des Münchner Botanischen Gartens überzeugen. Eine Gruppe numerierter Bienen höselte an einer Schale mit wilden Rosen. Daraufhin schwärmten ungezeichnete Bienen nach allen Richtungen aus und fanden rasch die kleinen, in Wasserschalen vorbereiteten Rosenfeldchen, die an verschiedenen Stellen des Raumes auf Besuch warteten. Erinnern wir uns an die verkehrte Alarmierung der alten Sammelgruppen in den Versuchen mit Rosen und Glockenblumen, deren Staubgefäße wir vertauscht hatten (S. 35, 36), so werden wir nicht bezweifeln, daß bei den Pollensammlern auch die Neulinge durch den spezifischen Duft des Blütenstaubes an die richtigen Blumen geschickt werden. Daß dies bei frei fliegenden Bienen trotz der Vielzahl gleichzeitig blühender Pflanzenarten zutrifft, zeigte sich bei Versuchen LINDAUERs (1952, S. 329). Die Jungbienen eines Volkes waren numeriert worden und standen unter Dauerbeobachtung. Von 91 Individuen, die bei ihrem ersten Ausflug zum Pollensammeln erfolgreich heim kamen, trugen 79 dieselbe Pollensorte ein wie die Tänzerin, die sie zu dem Ausflug angeregt hatte.

15. Die Haftfähigkeit von Duftstoffen am Bienenkörper

Da schon ein außerordentlich schwacher Blütenduft ausreicht, um die Stockgenossen über die Blumensorte zu informieren, müssen Duftstoffe am Bienenkörper besonders zähe haften. HILDTRAUT STEINHOFF (1948) prüfte dies auf zweierlei Weise: Sie ließ sowohl durch menschliche Versuchspersonen Riechproben vornehmen, wie auch durch Bienen, die vorher auf den betreffenden Duft dressiert worden waren.

Es wurden entweder ganze Bienen, die durch CO_2 getötet worden waren, oder nur die Hinterleiber von solchen in Petrischalen durch eine bestimmte Zeit einem Duftstoff ausgesetzt und dann in Zeitabständen durch die Versuchspersonen auf die Erkennbar-

---

[1]) Einzelheiten und Protokolle bei v. FRISCH (1923, S. 127—131).

[2]) Über das Auffinden duftloser Blüten vgl. S. 525.

[3]) Nähere Angaben bei v. FRISCH (1923, S. 131—133).

keit des Duftstoffes geprüft, wobei gleich behandelte Gegenstände von ähnlicher Gestalt und Größe aus Glas, Porzellan, Messing, Watte, Filtrierpapier und Holz zum Vergleich dienten. Es ergab sich eine überragende Fähigkeit des Bienenkörpers, die Duftstoffe erkennbar festzuhalten. An lebenden Bienen (in kleinen Drahtkäfigen) waren die Düfte etwa doppelt so lang wahrzunehmen wie an toten, vielleicht, weil sie auf den Atemwegen auch ins Innere des Körpers gelangt waren und allmählich wieder ausgeatmet wurden. Von größerem Interesse ist die Prüfung der bedufteten Gegenstände durch die Riechorgane der Bienen selbst. Zu diesem Zweck wurden solche im Freien auf den betreffenden Duftstoff dressiert und dann vor die Aufgabe gestellt, unter 4 Bienen-Hinterleibern, die in Glasschälchen dargeboten wurden, denjenigen herauszufinden, der beduftet worden war. Abb. **37** zeigt, wie eindeutig eine auf Linalool dressierte Biene durch Betrillern mit den Fühlern ihr Interesse an dem richtigen Objekt kundgibt. Die nicht behandelten Körper fanden keine Beachtung.

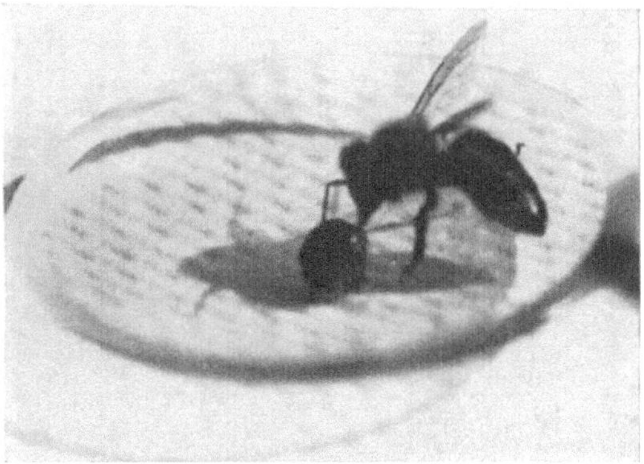

Abb. 37. Eine auf Linalool dressierte Biene hat den abgeschnittenen Hinterleib einer toten Biene angeflogen, der mit Linalool beduftet worden war und betrillert ihn mit den Fühlern. Nach STEINHOFF 1948

Es ergab sich, daß auch für das Geruchsorgan der Biene die Düfte am Bienenkörper am besten haften und z. B. natürliche Blumendüfte noch $^1/_2$ bis mehr als 1 Stunde nach der Beduftung erkennbar blieben. Da für diese Versuche nur tote Bienen verwendet wurden, und da bei Prüfung durch die menschliche Nase die Haftdauer bei lebenden Bienen verdoppelt war, werden unter natürlichen Bedingungen längere Zeiten anzunehmen sein. Da nach Entfettung der Bienenkörper die Haftdauer etwa auf die Hälfte herabgesetzt war, ist vermutlich das Wachs, an dem der Chitinpanzer der Bienen so reich ist, am zähen Festhalten der Duftstoffe wesentlich beteiligt (vgl. RICHARDS 1953, LOCKE 1961).

16. Keine Benachrichtigung über Farben und Formen

Als die Bienen bei fast geruchlosen Blüten ihre Kameraden immer noch an das richtige Ziel schickten, tauchten vorübergehend Zweifel auf, ob wirklich der Duft allein das Signal sei oder ob sie etwa über das Aussehen der Blüten im Stock Bericht erstatten könnten. Dieser Verdacht hat sich, wie zu erwarten war, nicht bestätigt. Wenn die numerierten Bienen auf einer blauen Unterlage gefüttert wurden, so fanden in der Nähe aufgelegte gleichartige blaue Felder so wenig Beachtung wie gelbe. Über solche Versuche habe ich schon 1923 (S. 117, 118) berichtet und ich habe mich 1950 nochmals davon überzeugt, daß es so ist. Überdies wurde es von C. R. RIBBANDS (1953) bestätigt. Auch wenn man die verschiedene Farbe mit verschiedener Blütenform verbindet, fällt der Versuch nicht anders aus. Und als ich numerierte Bienen an künstlichen gelben „Enzianblüten" fütterte, denen eine Spur Pfefferminzöl beigegeben war, blieben in der Nähe aufgestellte gelbe „Enzianblüten" ohne Duft unbeachtet, während blaue „Strahlenblüten"

Abb. 38. Künstliche Blumen aus Farbpapier; links Enzian, rechts Strahlenform

mit Pfefferminzduft von ungezeichneten Bienen beflogen und mit Ausdauer abgesucht wurden (Abb. 38). Der Duft war ausschlaggebend.

17. Die Rolle des Duftorganes

Bei vielen Insektenarten besitzen die Weibchen Hautdrüsen, durch deren Duftsekret sie die Männchen anlocken. Bei der Arbeiterin der Honigbiene ist ein solches Duftorgan, frei von jedem ehelichen Anliegen, in den Dienst der staatlichen Organisation gestellt. Es liegt dorsal im Hinterleib, am Vorderrand des letzten sichtbaren Chitinringes und besteht aus mehreren hundert einzelligen Drüsen; ihre Ausführgänge münden in die taschenförmig eingestülpte Verbindungshaut zwischen vorletztem und letztem Hinterleibsring, wo sich das Sekret sammelt (W. JACOBS 1925). Diese Tasche kann ausgestülpt werden, wobei die helle Intersegmentalhaut als sichelförmiger Wulst hervortritt (Abb. 39, 40); dann verflüchtigt sich das Sekret und verbreitet seinen melissenartigen Duft. BOCH und SHEARER (1962) haben durch chromatographische und spektrophotometrische Untersuchungen Geraniol darin nachgewiesen. Dessen Absonderung beginnt erst bei etwa 10 Tage alten Bienen und nimmt mit Beginn der Sammelflüge stark zu — also gerade dann, wenn das Duftorgan biologisch bedeutsam wird (BOCH u. SHEARER 1963). Nach FREE (1962) werden Bienen durch synthetisches Geraniol zwar angelockt, aber lange nicht so stark wie durch den Geruch des Duftorganes, so daß in diesem noch andere Bestandteile als wirksam anzunehmen sind. Neuerdings konnten BOCH und SHEARER (1964) neben Geraniol noch das isomere Nerol nachweisen. Mischungen von Geraniol und synthetischer cis- und trans-Geraniumsäure standen in ihrer Lockwirkung auf Bienen dem natürlichen Duftstoff nur wenig nach.

Abb. 39. Eine Sammlerin stülpt am Zuckerwasserschälchen das Duftorgan aus. Phot. M. RENNER

Bei der Königin von *Apis mellifica* fehlt dieses Organ. Jedoch besitzt sie in anderen Hinterleibssegmenten, besonders reichlich im 2., 3. und 4. äußerlich sichtbaren Hinterleibsring, Haufen von Drüsenzellen, die bei Arbeiterinnen fehlen (Abb. 41). Man findet sie am Hinterrande der genannten Segmente, während das Duftorgan der Arbeiterin am Vorderrand seines Segmentes liegt. Die Drüsenzellen sind bei der Königin vom gleichen Charakter wie bei der Arbeiterin. Ihre Mündungen liegen dorsal nahe den Segmentgrenzen. Sie liefern einen spezifischen aromatischen Duft, der an Königinnen zur Zeit ihrer Hochzeitsflüge auffällig bemerkbar ist. Wahrscheinlich wirkt er — neben dem Sekret der Mandibeldrüse — als sexueller Lockduft, vgl. S. 288 (RENNER u. BAUMANN 1964).

Die Bedeutung des Duftorganes der Arbeiterin als Lockdrüse wurde zuerst von SLADEN (1902) erkannt. Bei manchen Gelegenheiten, z. B. wenn ein Schwarm in seine neue Wohnung einzieht, sieht man vor dem Flugloch „sterzelnde Bienen". Den Kopf zum Stock gewendet, strecken sie den Hinterleib hoch, lassen die Duftdrüse vortreten und fächeln mit den Flügeln, wodurch sie den Duft nach rückwärts verbreiten und den Kameraden den Weg weisen (Abb. 42). Daß sie vom Duftorgan auch Gebrauch machen, um den alarmierten Neulingen das Auffinden der Futter-

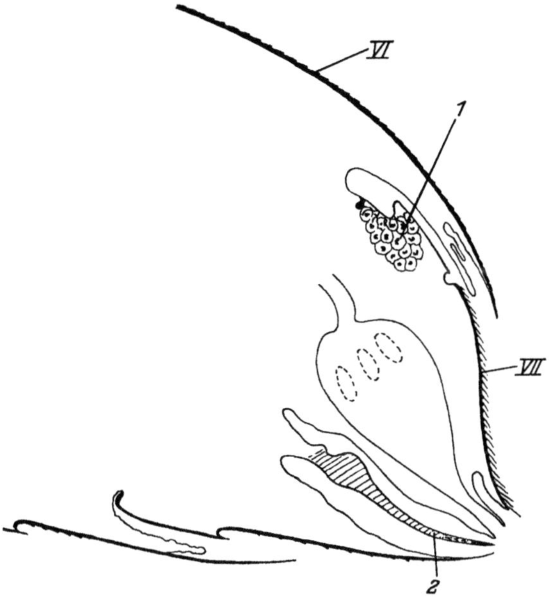

a

Abb. 40 a u. b. Schnitt durch das Hinterleibsende einer Bienenarbeiterin, schematisch
a) Duftorgan in Ruhestellung

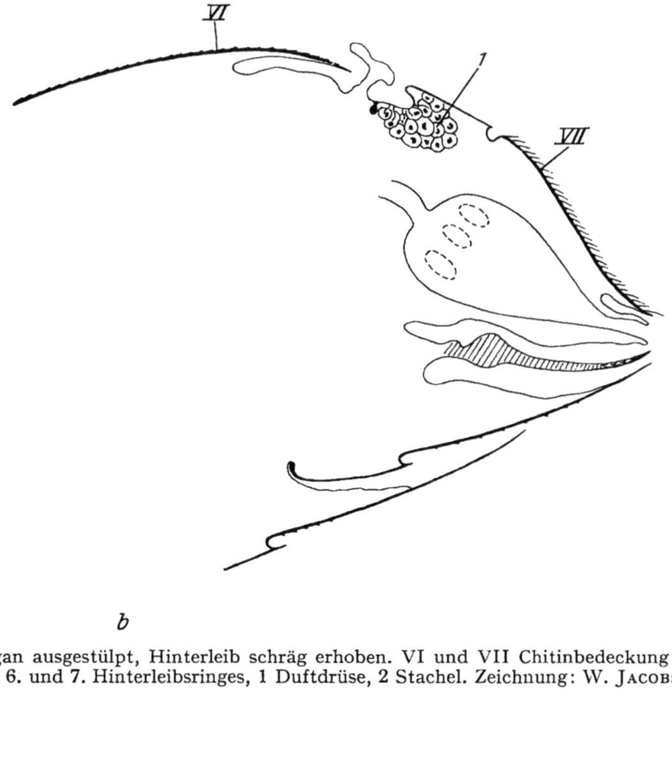

b

b) Duftorgan ausgestülpt, Hinterleib schräg erhoben. VI und VII Chitinbedeckung (Tergit) des 6. und 7. Hinterleibsringes, 1 Duftdrüse, 2 Stachel. Zeichnung: W. Jacobs quelle zu erleichtern, bemerkte ich bei Versuchen folgender Art[1]): Von zwei numerierten Gruppen aus dem Beobachtungsstock (1, Abb. 43) wird die eine bei a reichlich mit Zuckerwasser gefüttert, die andere erhält bei b spärlich Futter (wie in Abb. 19, S. 20). Die von a kommenden Bienen tanzen im Stock, die Bienen von b tanzen nicht. Da die durch Gruppe a alarmierten Neulinge rundum suchen

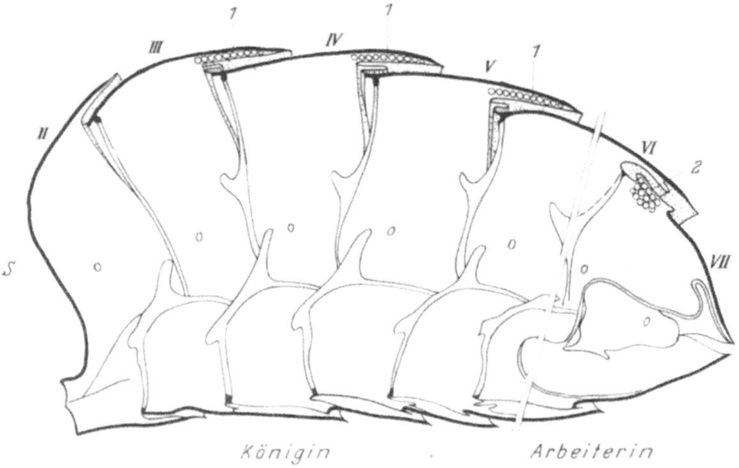

Abb. 41. Lage der dorsalen Duftdrüsenzellen am Hinterleib der Biene, links: bei der Königin, rechts: bei der Arbeiterin. II—VII Tergite (= Rückenteile der Hinterleibssegmente). Tergit I ist von außen nicht sichtbar. 1 Drüsenkomplexe in den mittleren Rückensegmenten der Königin. 2 Duftorgan der Arbeiterin. Zeichnung: M. RENNER

Abb. 42. „Sterzelnde" Bienen: vor dem Flugloch sitzend und mit den Flügeln fächelnd werfen sie den Geruch der ausgestülpten Duftdrüse den Ankömmlingen entgegen. Phot. E. SCHUHMACHER

und keiner der beiden Plätze durch einen spezifischen Duft gekennzeichnet ist, sollte man an beiden Plätzen einen gleich starken Zustrom an Neulingen erwarten. In Wirklichkeit kamen bei der reichen Futterquelle etwa 10mal so viele ungezeichnete Bienen wie bei der spärlichen Futterquelle im gleichen Zeitraum. Wurde bei b üppig und bei a spärlich gefüttert, so änderte sich entsprechend auch der Zustrom an Neulingen.

[1]) v. FRISCH (1923, S. 146 ff. und S. 158 ff.).

Diese Erscheinung verursachte einiges Kopfzerbrechen, bis die einfache Erklärung gefunden war: Viele, manchmal sogar alle Sammlerinnen[1]) die im Stock getanzt haben und zur reichen Futterquelle zurückkehren, schwärmen, bevor sie sich niederlassen, einige Zeit mit ausgestülptem Duftorgan über dem Schälchen herum, wobei sie die Umgebung — auch für unsere Nase wahrnehmbar — mit dem Duft schwängern. Nach dem Niedersetzen pflegen sie es noch eine Weile auszustülpen (ohne dabei mit den Flügeln zu fächeln), im weiteren Verlauf des Saugens wird es eingezogen. Im allgemeinen machen sie von ihrem Duftorgan nur Gebrauch, wenn sie im Stock getanzt haben, und je lebhafter sie geworben haben, desto ausgiebiger erfolgt in der Regel dieses „Beduften" der Futterstelle. Die spärlich gefütterten Bienen dagegen tanzen nicht, und sie stülpen bei der Rückkehr zum Futterplatz ihr Duftorgan nicht aus.

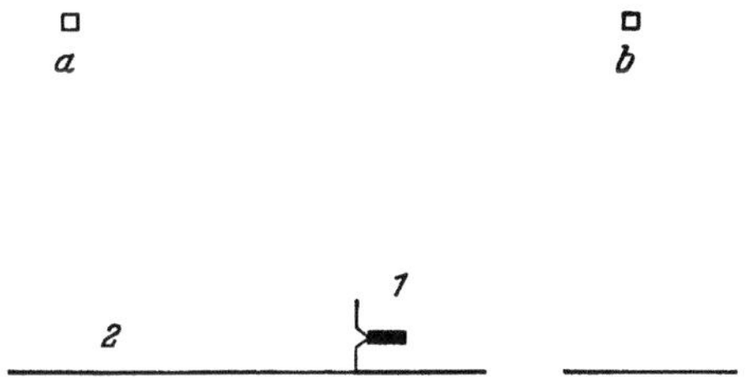

Abb. 43. 1 Beobachtungsstock, 2 Lattenzaun, a und b Futterplätze, je 10 m vom Stock entfernt

Daß es wirklich dieser Duft ist, der in der Nähe suchende Neulinge so zugkräftig an die reich fließende Trachtquelle lockt, läßt sich beweisen. Man nimmt einen feinen Haarpinsel und überzieht z. B. bei allen Bienen von Platz a (Abb. 43) das Duftorgan mit alkoholischer Schellacklösung. Sie trocknet rasch, verklebt die Chitinringe und das Organ kann nicht mehr ausgestülpt werden. Nun bieten wir an beiden Plätzen reichlich Zuckerwasser. Die Bienen von a tanzen genau so eifrig wie die andere Gruppe, sie umschwärmen ihren Futterplatz ebenso ausdauernd, um ihn zu beduften, aber dieses gelingt ihnen nicht. Und nun kommen zu der Schar mit verschlossenem Duftorgan trotz der reichen Fütterung so wenig Neulinge wie vorher zu den spärlich gefütterten Tieren, die ihre Duftdrüse nicht betätigt hatten. Tabelle 6 zeigt summarisch das Ergebnis von 6 Versuchen, bei welchen an 3 verschiedenen Tagen jeweils abwechselnd der Sammelgruppe bei a bzw. bei b das Duftorgan verschlossen war[2]).

Die reich gefütterten Bienen stülpen nicht nur ihr Duftorgan aus, sie kommen auch mit deutlich höherem Flugton angeflogen als die spärlich gefütterten Tiere. Zunächst war zweifelhaft, was von beidem das wirksame Signal ist. Da aber reich gefütterte Bienen nach dem Verkleben des Duftorganes mit gleich hohem Flugton anschwärmen wie zuvor und trotzdem so wenige Neulinge anlocken wie spärlich gefütterte Tiere, ist der Flugton als Lockmittel bedeutungslos.[3]) Das steht in Einklang mit den Untersuchungen von Hansson (1945), wonach die Bienen im Flug (Schallübertragung durch die Luft) Töne nicht wahrnehmen; bei Übertragung durch die Unterlage können Vibrationen wahrgenommen, aber verschiedene Frequenzen nicht unterschieden werden.

Unter natürlichen Bedingungen, beim Blütenbesuch, ist die Betätigung des Duftorganes weniger leicht zu beobachten. Ich achtete darauf z. B. vergeblich im Münchner botanischen Garten, als Ende Juni *Robinia viscosa* Ventenat in voller Blüte stand und stark beflogen wurde. Es war aber in den Blüten kein Nektar zu sehen. Bei dem lebhaften Besuch wurde der abgesonderte Zuckersaft sofort weggeleckt, die Sammlerinnen fanden „spärliche Tracht". Die morgendlichen Kundschafter oder die ersten Entdecker, die an gefüllte Kelche kommen, wird man selten bemerken. Als ich in der Winterhalle abgeschnittene Robinienzweige auf-

[1]) Das Duftorgan wird individuell verschieden eifrig betätigt.
[2]) Einzelheiten bei v. Frisch (1923, S. 163—166).
[3]) Vgl. v. Frisch (1923, S. 166—170).

Tabelle 6. *An den Futterplätzen a und b* (Abb. 43) *verkehrten je 7 numerierte Bienen. Abwechselnd am einen und am anderen Platz war das Duftorgan der Sammlerinnen verklebt. Bei den normalen Bienen flogen etwa 10mal so viele Neulinge zu wie bei den anderen*

Versuchszeit		Futterplatz mit normalen Bienen	Zahl der zugeflogenen Neulinge	Futterplatz der Bienen mit verklebten Duftorganen	Zahl der zugeflogenen Neulinge
6. 8. 21	8^{40}— 9^{40}	a	30	b	5
	11^{10}—12^{10}	b	12	a	1
7. 8. 21	7^{05}— 8^{05}	b	28	a	2
	9^{15}—10^{15}	a	23	b	0
9. 8. 21	7^{30}— 8^{30}	a	17	b	1
	9^{30}—10^{30}	b	13	a	3
		Summa	123		12

stellte, in deren Blüten sich wieder Nektar gesammelt hatte, wurden diese von den Bienen, die im Stock getanzt hatten und an die Blüten zurückkehrten, genau so wie ein Zuckerwasserschälchen mit ausgestülptem Duftorgan umschwärmt. Auch nach dem Niedersetzen wurde dieses zunächst noch betätigt. Bienen, die an Rosenblüten (*Rosa moschata* HERM.) Pollen sammelten, verhielten sich ebenso. Erst wenn die Tracht spärlich wurde, unterblieb das Beduften des Platzes. An der mit unserer Honigbiene nahe verwandten *Apis indica* F. und an der Zwerghonigbiene, *Apis florea* F., beobachtete C. G. BUTLER (1954, S. 141) auf Ceylon häufig das Ausstülpen des Duftorganes beim Blütenbesuch.

In ihren Duftorganen besitzen also die Arbeiterinnen ein Mittel, bei der Rückkehr zu der ihnen bekannten lohnenden Futterquelle die in der Nähe herumsuchenden Neulinge an die rechte Stelle zu leiten.

Da sich die Reichweite dieses Signales nach wiederholten Beobachtungen sicher auf mehrere Meter erstreckt, muß der Duft für das Geruchsorgan der Bienen intensiver sein als für uns. Das hat sich im Experiment bestätigt:

Methylheptenon riecht, nach Schwellenbestimmungen in Dressurversuchen (v. FRISCH 1919), für Bienen ungefähr ebenso stark wie für uns. Wenn nun eine Sammelgruppe bei diesem Duft gefüttert wurde, und an einer anderen Stelle ein zweites Futterschälchen mit Methylheptenon aufgestellt wurde, an dem keine Bienen verkehrten, so kamen die Neulinge in überwältigender Mehrheit dahin, wo zusätzlich die Duftdrüsen lockten[1]), obwohl für uns der künstliche Riechstoff um vieles intensiver duftete. W. FISCHER (1957) prüfte die Frage am isolierten Riechstoff des Duftorganes und fand gleichfalls eine mehrfache Überlegenheit der Riechschärfe der Bienen im Vergleich zu jener des Menschen. Das gilt mit Ausnahme des Wachsgeruches für keinen der anderen, bisher untersuchten künstlichen Riechstoffe und Blumendüfte (v. FRISCH 1919, FISCHER 1957).

Zu Meinungsverschiedenheiten führte die Frage, ob der Geruch des Duftorganes bei verschiedenen Völkern identisch ist oder ob er spezifisch die Volksgenossen anlockt. Die letztere Ansicht wurde von mir gemeinsam mit RÖSCH (1926), von KALTOFEN (1951) und von KALMUS und RIBBANDS (1952) vertreten. R. WOJTUSIAK, der in unserem Institut die mit RÖSCH begonnenen Versuche weiterführen sollte, kam (1934) zu widersprechenden Ergebnissen. Erst M. RENNER (1960) verbesserte in entscheidender Weise die Methodik und brachte die Klärung. Er sammelte auf saubere Art das Sekret der ausgestülpten Duftdrüsen von lebenden Bienen durch Abtupfen mit Filtrierpapierschnitzelchen und fand, daß diese isolierte Absonderung der Drüsen ebenso anlockend wirkt wie lebende Bienen, die ihr Duftorgan betätigen. Das Drüsensekret war für Bienen

[1]) Näheres bei v. FRISCH (1923, S. 171, 172).

anderer Völker ebenso anziehend wie für die eigenen Volksgenossen. Da immerhin denkbar war, daß der volksfremde Duft zwar unterschieden, aber doch als Anzeichen begehrenswerter Tracht beachtet wurde, machte RENNER Dressurversuche auf reinen Lockduft mit dem eindeutigen Ergebnis, daß sich das Duftsekret verschiedener Völker, selbst wenn sie verschiedenen Rassen angehören, in seiner geruchlichen Qualität nicht unterscheidet (geprüft für *Apis mellifica carnica, ligustica* und *nigra*).

RENNER konnte auch zeigen, wie die gegenteilige Meinung entstanden war. Der Stockgeruch eines Bienenvolkes haftet, so wie es für Blumendüfte erwiesen ist (S. 48, 49), zäh am Körper der Einwohner, und dieser Stockgeruch ist spezifisch verschieden. Er wird u. a. durch die Blüten beeinflußt, von denen das betreffende Volk bevorzugt seine Tracht holt. An dem anhaftenden Stockgeruch kann die Volkszugehörigkeit oder Volksfremdheit der Bienen erkannt werden und dieses war die Ursache, daß die früheren Versuche, bei welchen neben dem Duft der Drüsen die ganzen Bienen mit im Spiele waren, so uneinheitliche Ergebnisse hatten.

Auch jene Bienen, die an einem dicht besetzten Stand auf dem Flugbrettchen sterzelnd den Weg zur rechten Pforte weisen, können nicht durch einen volksspezifischen Eigenduft das richtige Heim signalisieren. Das mag manchen überraschen. Es ist aber zu bedenken, daß sie beim Fächeln vor dem Flugloch auch die geruchliche Atmosphäre ihres Stockes den Ankömmlingen entgegenwerfen, was das Erkennen des Heimatstockes begünstigen wird. Und andererseits weist RENNER mit Recht darauf hin, daß die ursprünglichen und natürlichen Bienenwohnungen, die hohlen Bäume, nicht so gestapelt beisammen stehen wie unsere Bienenkästen. Bei lockerer Siedlung ist für das Auffinden des Heimes eine volksspezifische Wirkung des Lockstoffes gar nicht nötig.

Zusammenfassung

Das Anwerben neuer Hilfskräfte durch Rundtänze (S. 42—55)

1. Eine Biene, die erstmals eine Futterquelle entdeckt, gewinnt durch ihren Rundtanz Helferinnen, denen das Ziel zunächst unbekannt ist: „Neulinge". Auch bei erneutem Fließen einer bereits bekannten Trachtquelle sind im Gefolge der Tänzerinnen neben den (an ihrer Numerierung kenntlichen) Gruppenkameraden Neulinge, die sich der alten Schar zugesellen. Solche kommen nur wenn getanzt wird, und es kommen ihrer um so mehr, je zahlreicher und lebhafter die Tänze sind.

2. Für die Zahl und Lebhaftigkeit der Tänze ist die Rentabilität der Futterquelle maßgebend. Sie wird beim Nektarsammeln hauptsächlich durch die Menge und Süßigkeit des Zuckersaftes bestimmt. Bei üppiger Tracht tanzen fast alle Sammlerinnen nach jeder Heimkehr stürmisch und lange. Nimmt die Menge des Futters oder sein Zuckergehalt ab, so werden die Tänze weniger temperamentvoll und kürzer. Der Zustrom von Neulingen läßt nach. Bei spärlichem Zuckerwasser oder — leichter zu bestimmen — bei einer gewissen Grenzkonzentration hören die Tänze auf. Obwohl noch gesammelt wird, werden für die wenig rentable Tracht keine Neulinge angeworben. Bei weiterer Verschlechterung stellen die alten Sammlerinnen ihre Tätigkeit ein. Bei guten Trachtverhältnissen liegt die Grenzkonzentration höher als in Mangelzeiten. — Für den Bestand der Völker sind diese Zusammenhänge von größter biologischer Bedeutung.

3. Durch Rundtänze alarmierte Neulinge suchen die Umgebung nach allen Richtungen ab.

4. Ist dem Futterplatz der Duft eines ätherischen Öles beigegeben, so bemerken ihn die Neulinge bei der Tanzverfolgung. Beim Ausfliegen suchen sie nach diesem spezifischen Duft.

5. Beim natürlichen Blütenbesuch verhalten sie sich ebenso. Der spezifische Duft der verschiedenen Blütensorten ermöglicht es den Neulingen, die Blüten jener Pflanzenart, an der die Tänzerin erfolgreich gesammelt hatte, im reichen Blütenmeer des Freilandes sicher herauszufinden.

6. Auch schwach duftende Blüten werden auf solche Weise aufgefunden. Das ist möglich, weil die Duftstoffe am Bienenkörper ausgezeichnet haften — besser als an allen anderen, vergleichsweise geprüften Gegenständen.

7. Das Auffinden der Blüten wird den Neulingen in zweifacher Weise geruchlich erleichtert: Sie erfahren nicht nur durch den am Körper der Tänzerin haftenden Duft den spezifischen Geruch der beflogenen Blumen, sondern sie werden auch im Freiland auf deren Standort durch einen körpereigenen Duft der Sammlerinnen aufmerksam gemacht. Wenn diese im Stock getanzt haben und zu den Blüten (oder zum Zuckerwasserschälchen) zurückkehren, stülpen sie daselbst beim Anflug und nach dem Niedersetzen ihr Duftorgan aus (Abb. 39, 40, 42, S. 50ff). Sein Geruch ist für uns gut wahrnehmbar, für Bienen aber ungemein intensiv. Er kann die herumsuchenden Neulinge aus einer Entfernung von mehreren Metern an die richtige Stelle leiten. Ist die Tracht so spärlich, daß nicht getanzt wird, so unterbleibt auch das Ausstülpen des Duftorganes beim Anflug an die Blüten.

Der Geruch des Duftorganes ist bei verschiedenen Völkern und — soweit geprüft — auch bei verschiedenen Bienenrassen identisch, der Stockgeruch verschiedener Völker aber verschieden.

IV. Der Schwänzeltanz als Verständigungsmittel bei fernen Trachtquellen

Wenn das Ziel 100 m oder weiter vom Heimatstock entfernt liegt, tritt an die Stelle des Rundtanzes der Schwänzeltanz (Abb. 44). So wie der Rundtanz gibt er Kunde erstens vom Bestehen einer lohnenden Trachtquelle, zweitens von der beflogenen Blumensorte (durch den an der Tänzerin haftenden Blütenduft), drittens von der Rentabilität der Futterquelle (durch die Lebhaftigkeit der Tänze) und so wie dort wird bei der Rückkehr zum Futterplatz das Duftorgan betätigt und den Neulingen dadurch das Auffinden der rechten Stelle erleichtert. Darüber hinaus aber gibt der Schwänzeltanz die Entfernung und Himmelsrichtung des Zieles bekannt, die erstere durch das Tanztempo, die letztere durch die Richtung des geradlinigen Laufes in der Tanzfigur. Diese Lagebeschreibung ermöglicht es den Neulingen, die angezeigten Blumen rasch und zielsicher anzufliegen, auch wenn sie kilometerweit entfernt stehen — eine Leistung der Biene, die im gesamten übrigen Tierreich nicht ihresgleichen hat.

1. Beschreibung des Schwänzeltanzes

Beim typischen Schwänzeltanz läuft die Biene eine kurze Strecke geradeaus, kehrt in einem Halbbogen zum Ausgangspunkt zurück, läuft wieder die gerade Strecke, beschreibt einen Halbbogen nach der anderen Seite und so fort in regelmäßigem Wechsel. Der Geradelauf erhält eine besondere Betonung durch ein lebhaftes Schwänzeln. Dieses entsteht durch rasche rhythmische seitliche Ausschläge des ganzen Körpers, die an der Hinterleibsspitze am größten, am Kopf am kleinsten sind: Die Achse, um welche das Seitwärtsschwingen erfolgt, ist knapp vor dem Kopf der Biene und senkrecht zur Unterlage zu denken (Abb. 44). Das Hinundherbewegen wiederholt sich 13- bis 15 mal in der Sekunde; anders ausgedrückt: Die Bewegung hat eine Frequenz von 13—15 Hz[1]). Eine weitere, viel

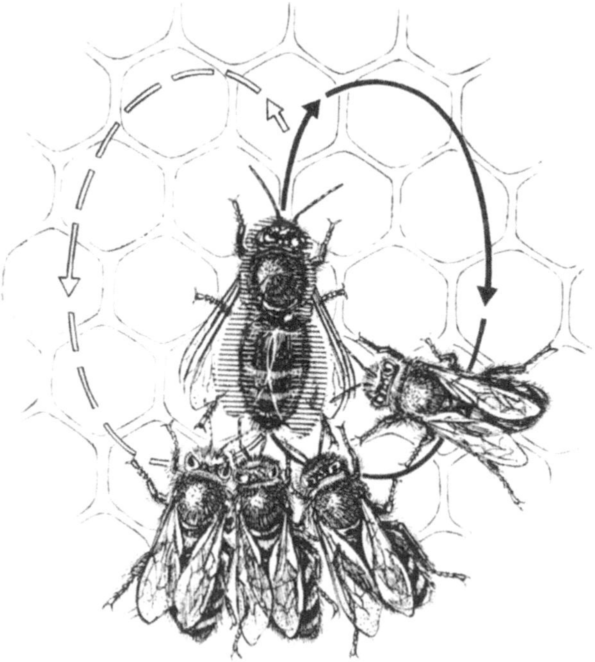

Abb. 44. Der Schwänzeltanz. Vier Nachtänzerinnen nehmen die Meldung entgegen

später entdeckte Betonung — im wahren Sinne des Wortes — erfährt die Schwänzelstrecke dadurch, daß die Tänzerin gleichzeitig mit dem Schwänzeln und auf diesen Abschnitt der Tanzfigur beschränkt ein schnarrendes Geräusch hervorbringt, das gut hörbar ist, wenn man einen Plastikschlauch ins Ohr steckt und sein anderes Ende in 1 cm Abstand über den Thorax der Biene hält[2]). Der Schall kann mit Hilfe eines Mikrophones registriert werden. Ein Beispiel

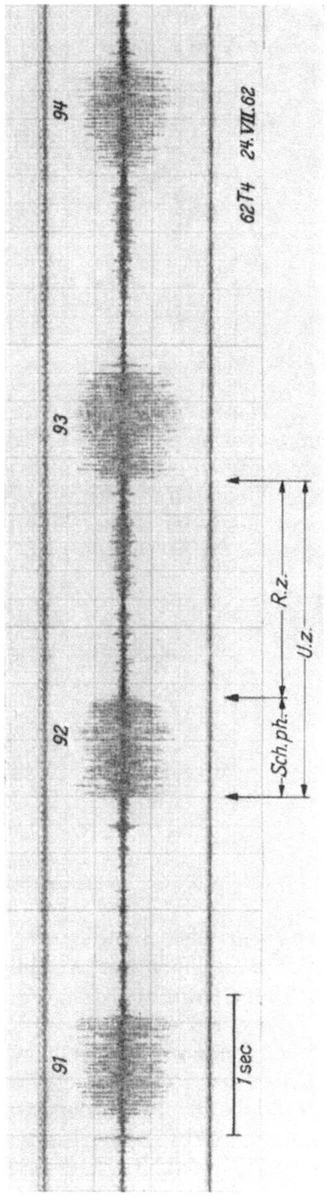

Abb. 45

Abb. 45. Registrierbeispiel der Schallproduktion bei vier Umläufen eines Schwänzeltanzes. Entfernung des Futterplatzes 300 m. Sch. ph. Schwänzelphase, R.z. Rücklaufzeit, U.z. Umlaufzeit. Nach Esch 1964

[1]) Hoffmann, Köhler u. Wittekindt (1956) geben etwa 15 Hz an, ebenso Esch (1956, 1956a), Steche (1957) 14—15,5 Hz, v. Frisch u. Jander (1957) 13 Hz. Es ist möglich, daß die Schwänzelfrequenz bei verschiedenen Völkern etwas variiert. Übereinstimmung besteht darin, daß sie von der Entfernung des Zieles nicht beeinflußt wird.

[2]) Die Lautstärke beträgt nach Esch (1961a) in 1 cm Abstand dorsal vom Thorax 70—80 Phon.

hierfür zeigt Abb. 45. Es sind aus einem Tanz vier Umläufe wiedergegeben. Die Schallproduktion erfolgt jeweils während der Schwänzelphase (Sch.ph.) des Tanzes.

Genaueren Einblick gibt Abb. 46, die bei höherer Registriergeschwindigkeit einen Ausschnitt aus einer einzelnen Schwänzelphase darstellt. Man sieht, daß die Schwingungen als wiederholte kurze Vibrationsstöße entstehen (Abb. 47). Jeder einzelne Vibrationsstoß währt nur einen Bruchteil einer Sekunde (15/1000 Sek.)

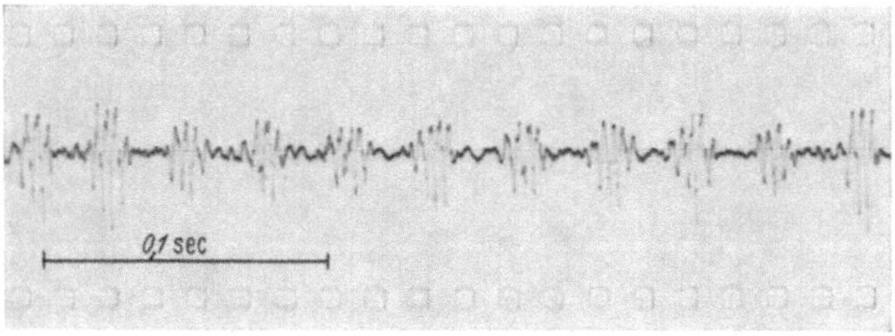

Abb. 46. Muster der Vibrationsbewegung beim Schwänzellauf, akustisch aufgenommen; aus einem Tanz für einen 4000 m entfernten Futterplatz. Nach Esch 1961 a

und ist durch eine etwa ebenso kurze Pause vom nächsten getrennt. Durchschnittlich kommen etwa 30 Vibrationsstöße auf eine Sekunde. Diese Frequenz ist es, die unser Ohr als Laut wahrnimmt. Die Schwingungsfrequenz der kurzen Einzeltöne selbst liegt bei etwa 250 Hz und entspricht hiermit der Frequenz des Flügelschlages. Da die Schallquelle im Thorax liegt und dieser durch die Flugmuskulatur

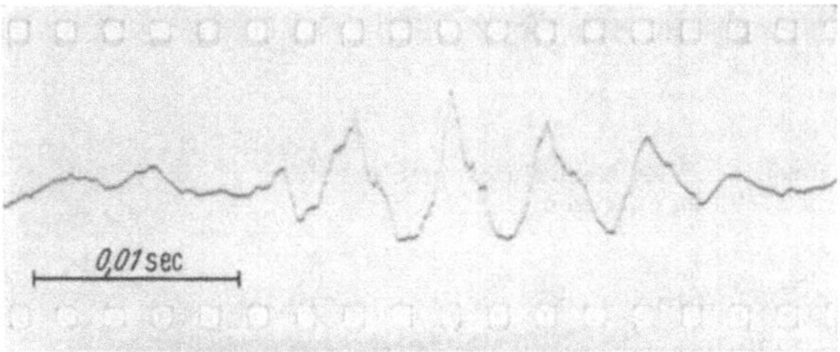

Abb. 47. Der Aufbau eines Vibrationsstoßes, akustisch aufgenommen. Höhere Registriergeschwindigkeit. Nach Esch 1961 a

ausgefüllt wird, handelt es sich offenbar um kurze Schwirrgeräusche, um Intentionsbewegungen des Auffliegens, ohne daß es dabei zum richtigen Ausschlagen der Flügel kommt[1]).

Bei der akustischen Registrierung der Abb. 46 tritt die Form der Schallschwingungen sehr klar hervor. Nach Aufkleben eines winzigen Magneten auf den Rücken der Tänzerin konnte Esch die Schwingungen auch elektromagnetisch auf Tonband aufnehmen, wobei die Schwänzelbewegungen des Hinterleibes mit aufgezeichnet werden (Abb. 48). Nun sieht man, daß die kurzen Vibrationsstöße unabhängig der Schwänzelbewegung überlagert und nicht an bestimmte Stellen derselben gebunden sind. Jedoch entspricht die Dauer der Lautproduktion genau der Dauer des Schwänzellaufes, der also nicht nur durch die Schwänzelbewegung, sondern zugleich durch die Schallproduktion markiert wird (Esch 1961, 1961a; Wenner 1962).

---

[1]) Auf gleiche Weise erzeugt nach Simpson (1964) die Königin das Tüten und Quaken (s. S. 286).

Bei geringer Zuckerkonzentration, die nur eine matte Tanztätigkeit auslöst, sind oft „stumme Tänze“ zu beobachten. Die Schallproduktion unterbleibt. Esch (1963) stellte fest, daß in 6000 Fällen stummer Schwänzelläufe kein Neuling zum Futterplatz kam (Entfernung 150 m). Andererseits kam es ausnahmsweise vor, daß bei einem Tanz ununterbrochen, auch beim Rücklauf, Vibrationsstöße abgegeben wurden. Auch solche Tänze hatten keinen Werbeerfolg. Esch schließt aus diesen Beobachtungen, daß eine durch Schall betonte Schwänzelphase

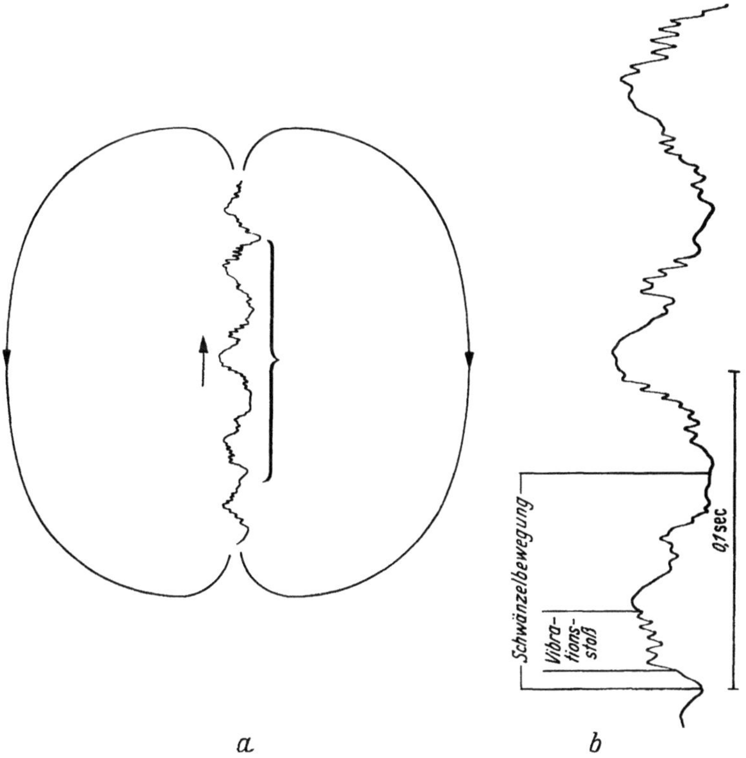

Abb. 48 a u. b. Elektromagnetische Aufnahme der Schwänzelbewegungen und der Vibrationsbewegungen. a) Figur des Schwänzeltanzes; Vibrationsbewegungen auf der Schwänzelstrecke b) Drei Schwänzelbewegungen (in Abb. a durch die Klammer bezeichnet) mit überlagerten Vibrationsbewegungen. Futterplatz bei 150 m. Nach Esch 1961 a

für eine erfolgreiche Alarmierung unerläßlich ist[1]). Diese Auffassung ist bestechend, aber sie ist noch nicht bewiesen. Die Erfolglosigkeit schwacher Tanzansätze kann ebensogut wie auf ihre Stummheit auch auf ihre Mattigkeit zurückgeführt werden — wie es bei Rundtänzen zutrifft, die ja im allgemeinen stumm sind (vgl. auch S. 241, Anm. 3). Schallabgabe auch beim Rücklauf erfolgt nur ausnahmsweise, so daß ein Zusammenhang mit dem Werbeerfolg schwer nachzuweisen ist.

Die Flügel sind während des Schwänzellaufes leicht abgespreizt, verschieden stark, manchmal kaum merklich.

Die geradlinige Laufstrecke des Schwänzeltanzes geht bei einer Entfernung des Futterplatzes bis zu 300 m nur über 1—2 Zelldurchmesser der Bienenwabe, wird aber mit zunehmendem Abstand des Zieles länger, da das Tanztempo langsamer wird

---

[1]) Der Schall allein — das vom Lautsprecher abgestrahlte Geräusch — bewirkt keine Alarmierung (Esch 1963, Diskussionsbemerkung).

und die Zeitdauer des Schwänzelns zunimmt (vgl. S. 97ff.). Bei einer Entfernung von 500 m erstreckt sich der Schwänzellauf über 2—3, bei 1000 m etwa über 3 Zellen, bei 2000 m über 3—4 Zellen, bei 3500 m über 4 Zellen, bei 4500 m über 4—5 Zellen[1]). Diese Laufstrecken werden aber nicht sehr genau eingehalten und können bei gleicher Entfernung um mehr als einen Zelldurchmesser schwanken. Die Amplitude der Schwänzelbewegung kann wechseln, auch innerhalb eines Schwänzellaufes. Manchmal wird das Abdomen stark und gleichmäßig hin und hergeschwungen, manch-

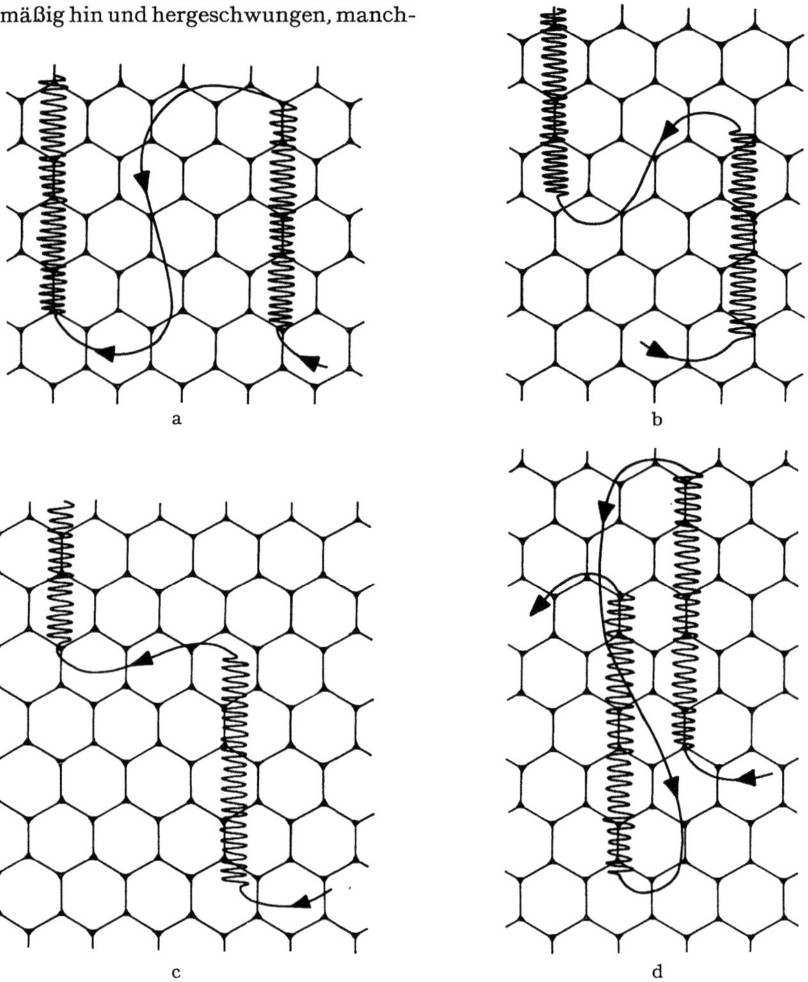

Abb. 49 a—d. Schwänzeltanz mit S-Kurve beim Rücklauf. Vier Beispiele nach Filmaufnahmen. Entfernung des Futterplatzes 4500 m

mal nur schwach, ja kaum wahrnehmbar. Im allgemeinen ist die Schwänzelbewegung auf die geradlinige Laufstrecke beschränkt, sie kann aber ausnahmsweise schon beim Einkurven etwas verfrüht beginnen oder beim Auskurven noch mit wenigen Schwänzlern über die Gerade hinaus verlängert werden. Sie kann scharf und energisch einsetzen, aber auch allmählich anschwellend.

Die Halbbogen, über welche die Tänzerin nach Beendigung des Schwänzellaufes angenähert zum Ausgangspunkt zurückkehrt, werden in der Regel abwechselnd nach rechts und links gelaufen, es können aber ausnahmsweise zwei Rechtswendungen

[1]) Nach Filmaufnahmen und nach unmittelbarer Beobachtung.

oder zwei Linkswendungen aufeinander folgen. Bei rund 1000 daraufhin kontrollierten Schwänzelläufen (Filmaufnahmen) traf das für rund 1,5% der Fälle zu, ohne daß zwischen der Häufigkeit solchen Vorkommens und der Entfernung des Futterplatzes (200 bis 4500 m) eine Beziehung erkennbar war. Bemerkenswert ist, daß die Tänzerin zuweilen überhaupt keinen geschlossenen Halbbogen läuft, sondern nach einer S-Kurve die geradlinige Schwänzelstrecke wieder aufnimmt. Bei großer Entfernung des Zieles ist das recht oft zu beobachten. Auszählungen an Filmaufnahmen ergaben bei einem Abstand des Futterplatzes bis zu 1000 m S-Kurven nur nach 3—4% der Schwänzelläufe (*n* 544), bei 2000 m in 14% (*n* 43), bei 4500 m in 33,3% der Fälle (*n* 48). Dabei variiert die Länge und Form der Rücklaufstrecke erheblich. Abb. 49 bringt dafür einige Beispiele nach Filmaufnahmen.

Abb. 50. Schwänzeltanz mit großer Gefolgschaft (8 Nachtänzerinnen). In dieser Darstellung sind auch die benachbarten unbeteiligten Bienen abgebildet. Auf der dicht besetzten Wabe schafft sich die Tanzgruppe durch ihre Bewegungen einen kleinen freien Hof. Die Stellung der Bienen ist aus einer Filmaufnahme abgepaust. Entfernung des Futterplatzes 2000 m

Genau wie beim Rundtanz folgen der Schwänzeltänzerin andere Bienen nach, die mit ausgestreckten Fühlern Kontakt zu halten suchen und die Nachricht entgegennehmen. In Abb. 44, S. 57, ist der Deutlichkeit wegen nur die Tänzerin mit ihrem Gefolge dargestellt. In Wirklichkeit spielt sich der Vorgang im dichten Gedränge ab, wobei die Tanzgruppe durch ihre energischen Runden den nicht interessierten Teil der Umgebung beiseite schiebt und sich so einen freien Hof schafft. Abb. 50 sucht davon eine Vorstellung zu geben (Kopie aus einer Filmaufnahme, Entfernung des Futterplatzes 2000 m). Die Gefolgschaft von 8 Bienen war in diesem Falle größer als gewöhnlich. Ich habe aber ausnahmsweise sogar 10 Nachtänzerinnen gesehen.

Wie der Rundtanz wird auch der Schwänzeltanz bei längerer Dauer ein oder mehrmals unterbrochen; in den Pausen verfüttert die Tänzerin vom Inhalt ihrer Honigblase an die Gefolgschaft (vgl. Abb. 28, S. 28). Esch (1964) entdeckte beim Abhören der Tänzerinnen mit dem Sondenmikrophon, daß diese durch ein piependes Geräusch der Nachläuferinnen gestoppt werden können. Hierbei bleibt eine Nachläuferin plötzlich stehen und spreizt mit einem Ruck die Flügel V-förmig nach hinten oben (Abb. 51); gleichzeitig hört man den Piepton mit einer Dauer von 0,1—0,2 Sek. Seine Frequenz liegt zwischen 300 und 400 Hz. Das Oszillogramm einer Schwänzelphase (der Tänzerin) mit anschließendem „Piep" (einer Nachläuferin) ist in Abb. 52 zu sehen, ein Ausschnitt in anderem Zeitmaßstab in Abb. 53. Die Tänzerin und die umgebenden Bienen werden durch den Piep-Laut „gelähmt". Unmittelbar darauf wird die Tänzerin meist von der Pieperin um Futter angegangen. Man darf also wohl das Piepen als Aufforderung zur Abgabe einer Kostprobe betrachten.

Wenn man das auf Tonband genommene Piepen über einen Lautsprecher in den Stock gibt, sieht man alle Bienen für die Dauer des Geräusches still halten. Da dies aber nur bei sehr hoher Lautstärke oder bei direkter Übertragung auf die Unterlage geschieht, scheint die Wahrnehmung auch in diesem Falle durch Bodenübertragung zu erfolgen.

Nach den Beobachtungen von Esch piept im Herbst fast jede Nachläuferin, in Frühjahr und Sommer nur die eine oder andere. Die Verhältnisse würden ein gründliches Studium verdienen.

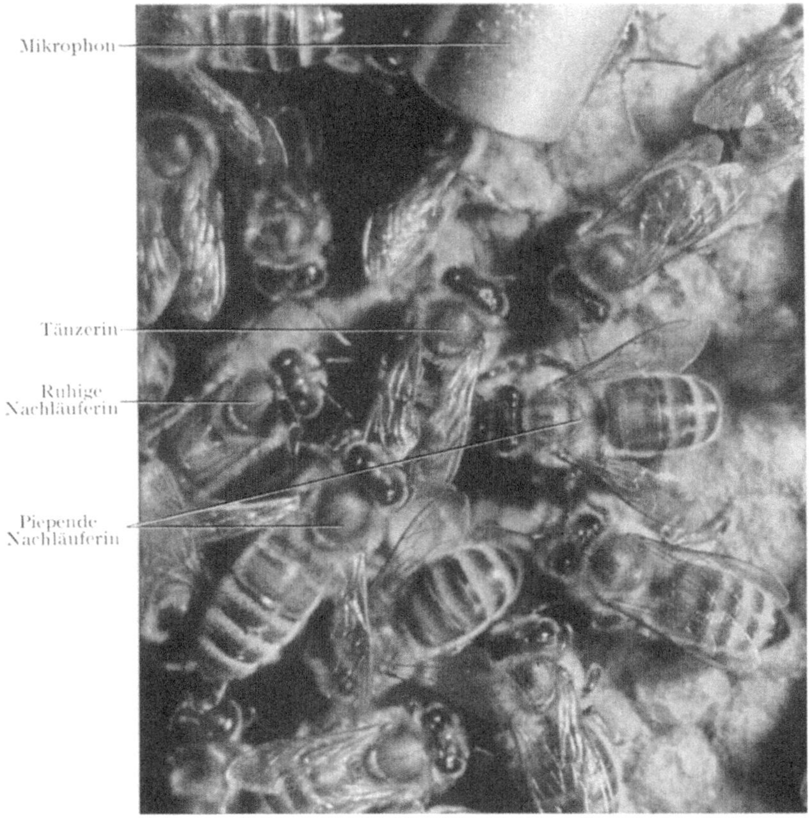

Abb. 51. Aufnahme einer Tanz-Szene: Oben das Mikrophon, in der Mitte eine Tänzerin. Eine piepende Nachläuferin nähert sich rechts von der Seite, eine zweite Pieperin steigt über andere Bienen hinter der Tänzerin her. Beim Piepen werden die Flügel schräg keilförmig nach oben abgespreizt. Nach Esch 1964

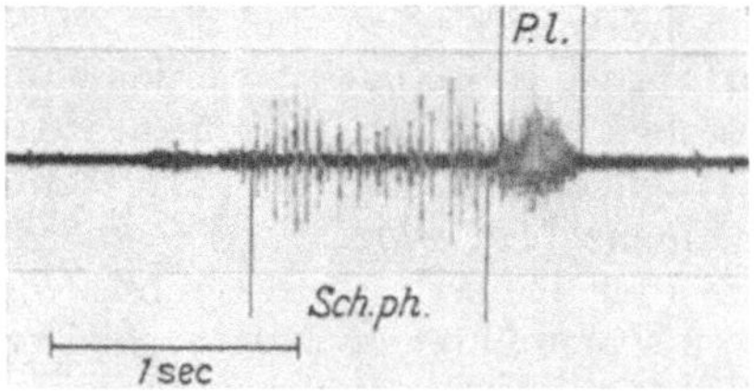

Abb. 52. Oszillogramm der Schwänzelphase einer Tänzerin mit anschließendem Pieplaut einer Nachläuferin. Sch. ph. Schwänzelphase, P.l. Pieplaut. Nach Esch 1964

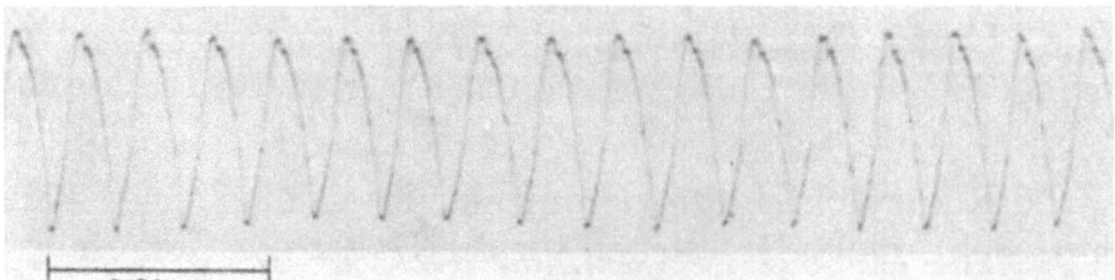

Abb. 53. Ausschnitt aus dem Oszillogramm eines Pieplautes. Anderer Zeitmaßstab als in Abb. 52 Nach Esch 1964

2. Der Übergang vom Rundtanz zum Schwänzeltanz

Befindet sich der Futterplatz 10 m vom Stock, so beobachtet man nur Rundtänze (Abb. 29, S. 29). Von etwa 25 bis 100 m liegt der Übergangsbereich vom Rundtanz zum Schwänzeltanz. Der Übergang erfolgt allmählich und kann auf folgende Weise vor sich gehen (Abb. 54, obere Bildreihe):

Die Laufkurve, die zunächst etwa den Durchmesser einer Wabenzelle umschlossen hat, greift abwechselnd um zwei Nachbarzellen; aus dem Kreis wird ein Doppelkreis, die Figur einer 8. Sie nimmt späterhin mit Bezug auf die Flugrichtung eine bestimmte Lage ein, und an der Überkreuzungsstelle der Runden kommt es zu einem kurzen Schwänzeln. Mit weiter zunehmender Entfernung des Futterplatzes wird das Schwänzeln lebhafter und zwei geradlinige Laufstrecken

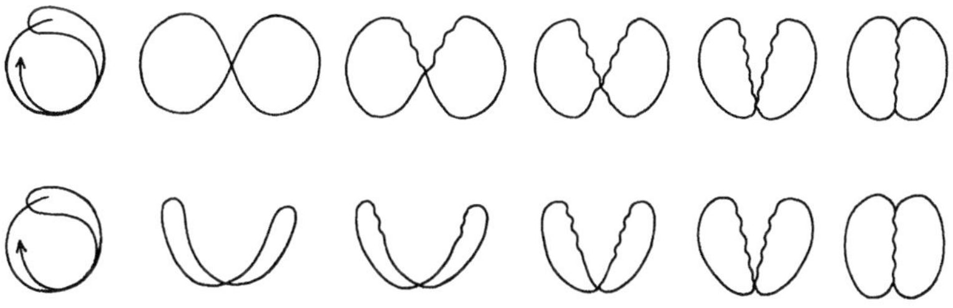

Abb. 54. Übergang vom Rundtanz zum Schwänzeltanz. Obere Reihe: über ∞-Form; untere Reihe: über Sicheltanz. Schema

werden deutlich, zwei divergierende Schwänzelstrecken, wobei die Winkelhalbierende die Richtung zum Ziel weist. Die Divergenz der Schwänzelstrecken wird bei weiter entfernten Zielen geringer, bis sich die beiden Laufstrecken decken und das typische Bild der Abb. 44, S. 57, entsteht.

Diese Übergangsform habe ich bei den Krainer Bienen als Regel beobachtet. Bei anderen Bienenrassen, z. B. bei *Apis mellifica mellifica* oder bei *A. m. ligustica*, geht der Übergang so vor sich, wie ihn die untere Reihe von Abb. 54 zeigt. An die Stelle der ∞-Läufe treten Sichelläufe, offene Bögen von der Gestalt einer zusammengedrückten ∞. Ein zunächst nur angedeutetes Schwänzeln vor den Wendepunkten, an den Enden der Sichel, entwickelt sich auch hier mit zunehmender Entfernung zum Schwänzellauf.

Ich habe beide Übergangsformen auch in einem Volk nebeneinander gesehen. Das hängt wohl zum Teil damit zusammen, daß selten wirklich reinrassige Völker zur Verfügung stehen. Aber es muß auch betont werden, daß die Darstellungen der Abb. 54 als Schemata aufzufassen sind, als Typen, die in den Tänzen immer wieder erkennbar sind, aber mannigfach variiert werden. Meist bleibt die Tänzerin nicht genau am gleichen Platz. Mit der Verschiebung über die Wabe hin wird die Laufkurve verzerrt. Auch am selben Ort kann die Kurve sauber durchlaufen werden oder mehr unregelmäßig, man möchte sagen „schlampig". Es bestehen in dieser Hinsicht deutliche individuelle Unterschiede.

Innerhalb der angegebenen Grenzen ist auch die Entfernung, bei der eine Richtungsweisung erkennbar wird und bei der sie sich zum klaren Schwänzeltanz gestaltet, variabel und auch individuell verschieden. In der Regel werden bei einer Futterplatz-Entfernung von 25 m kurze, gerichtete Schwänzler vereinzelt erkennbar. Bei 50 m kann man sie etwa bei der Hälfte der Tänzerinnen sehen, bei 100 m herrscht der Schwänzeltanz; einzelne Rundläufe können auch da zwischendurch noch vorkommen. Eine gewisse Divergenz der Schwänzelstrecken kann sich bis zu Entfernungen von mehreren hundert Metern erhalten.

3. Vergleich der Nektar- und Pollensammler

Schon im historischen Überblick habe ich erwähnt, daß ich den Schwänzeltanz zunächst (1923, auch noch 1942) für den typischen Tanz der Pollensammler hielt. Um die Vorgänge auf der Wabe und zugleich den Futterplatz im Auge zu behalten, legte ich diesen neben dem Beobachtungsstock an und da die Bienen schon bei dieser einfachen Anordnung eine Überraschung nach der anderen zum besten gaben, kam ich zunächst nicht auf den Gedanken, den Futterplatz in der Ferne aufzustellen. So sah ich an meinen Zuckerwasser- und Nektarsammlern nur Rundtänze, an den Pollensammlern aber, die von natürlicher Tracht aus weiterer Entfernung kamen, die auffälligen Schwänzeltänze. Gewiß werden gelegentlich auch Schwänzeltänze von Nektarsammlern vorgekommen sein, die von fernen natürlichen Trachtquellen heimkehrten, aber da die Pollensammler ihre Tänze auch nach dem Abstreifen der Höschen oft noch mehrmals wiederholen, ist nicht ohne weiteres erkennbar, ob die Tänzerin Nektar oder Pollen gesammelt hatte. Als dann (1946) die Abhängigkeit der Tanzform von der Entfernung klar wurde, war ich so tief in meinem Irrtum befangen, daß ich zunächst mich selbst gründlich zu bekehren hatte. Dazu waren Zuckerwasser- und Pollensammler zu vergleichen, die an künstlichen, genau bekannten Futterplätzen in verschiedenen Entfernungen sammelten.

Um Bienen im Freiland, wo ihnen Pollen meist in Fülle zur Verfügung steht, an einem künstlichen Futterplatz zum Höseln zu bewegen, muß man erstens genügende Mengen eines geeigneten Blütenstaubes besitzen und zweitens einen Kunstgriff anwenden. Die Auswahl des Pollens überläßt man anderen Bienenvölkern, indem man ihnen den auf natürlichen Trachtflügen gesammelten Blütenstaub bei der Heimkehr abnimmt. Das besorgen auf mechanischemWege die in der Imkerpraxis üblichen „Pollenfallen"; das sind Drahtgitter, welche — vor dem Flugspalt angebracht — die Bienen eben noch passieren lassen, dabei aber die Höschen abstreifen und unterhalb in einem Behälter sammeln. Damit dieser Pollen gehöselt werden kann, muß er in einer Porzellanschale zerrieben, im Brutschrank getrocknet und nochmals zerrieben werden. Bei feuchter Luft ist das Trocknen zu wiederholen, sobald das Höseln Schwierigkeiten macht. Um die Bienen am künstlichen Futterplatz zum Pollensammeln zu bewegen, setzt man ein flaches Uhrschälchen mit Zuckerwasser in eine Petrischale, deren Boden mit Blütenstaub bedeckt ist (Abb. 55). Läßt man nun das Zuckerwasser ausgehen, so beginnt meistens die eine oder andere von den Sammlerinnen nach einigem Suchen den Pollen zu höseln. Zur Sicherung des Erfolges ist eine vorangehende Fütterung mit konzentrierter Zuckerlösung zu empfehlen, so daß Neulinge kommen. Diese sind leichter zum Höseln zu bringen als altgewohnte Zuckerwassersammler.

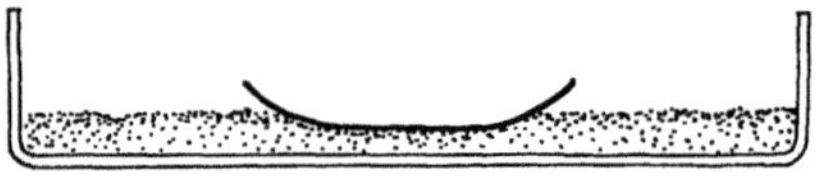

Abb. 55. Um Bienen zum Pollensammeln zu bewegen, setzt man ihr Futterschälchen in eine größere Glasschale mit Blütenstaub und läßt das Zuckerwasser ausgehen

Im Juli 1945 wurde neben dem Beobachtungsstock ein künstlicher Futterplatz angelegt, binnen 10 Tagen stufenweise in größere Entfernungen verlegt und das Verhalten von Zuckerwasser- und Pollensammlern beobachtet. Bei Abständen von 10 m und 25 m machten die Pollensammler Rundtänze, wie die Zuckerwassersammler. Bei 50 m ließen beide gelegentlich ein Schwänzeln bemerken, bei 100, 200, 300 und 500 m machten die Zuckerwassersammler Schwänzeltänze, die von jenen der Pollensammler in keiner Weise verschieden waren[1]).

Erst einmal darauf aufmerksam geworden, konnte ich auch an ungezeichneten Bienen, die von natürlicher Tracht heimkehrten und sich durch Feilbieten ihres Honigblaseninhaltes als Nektarsammler zu erkennen gaben, Schwänzeltänze sehen. Sehr oft freilich ist dazu in unseren, eher kargen Trachtgebieten nicht die

[1]) v. Frisch (1946, S. 24 ff.).

Gelegenheit gegeben, weil die Nektarvorräte der Blüten bei zunehmender Sammeltätigkeit der Bienen bald so spärlich werden, daß lebhafte Tänze nicht mehr zustande kommen.

Zusammenfassung

Der Schwänzeltanz (S. 56—65)

1. Wenn die Futterquelle mehr als etwa 100 m vom Stock entfernt ist, tritt an die Stelle des Rundtanzes der Schwänzeltanz. Außer den Daten, die auch der Rundtanz übermittelt, verkündet er den Stockgenossen die Entfernung und Richtung des Zieles.

2. Beim Schwänzeltanz läuft die Biene eine kurze Strecke geradlinig und dann — abwechselnd rechts herum und links herum — in einem Halbbogen zum Ausgangspunkt zurück (Abb. 44, S. 57). Die geradlinige Laufstrecke wird durch seitliche Schwänzelbewegungen des Körpers und durch ein schnarrendes Geräusch betont. Es kommen 13—15 Schwänzelbewegungen (nach rechts + links) auf eine Sekunde. Das Geräusch entsteht durch wiederholte kurze Vibrationsstöße (etwa 30 pro Sekunde), die Vibrationen haben eine Frequenz von etwa 250 Hz (Abb. 45—48 und S. 57ff.). Der Schall wird wahrscheinlich durch die Brustmuskulatur erzeugt, die Frequenz von 250 Hz entspricht der Frequenz des Flügelschlages. Die Deutung als Intentionsbewegungen des Auffliegens liegt nahe. Die Dauer der Schallproduktion entspricht der Dauer der Schwänzelbewegungen. — Schwänzeltänze mit abweichenden Laufkurven kommen vor (Abb. 49, S. 60). — Die Nachläuferinnen können durch einen Piep-Ton die Tänzerin zum Stillhalten und zur Abgabe von Zuckerwasser veranlassen (Abb. 51—53, S. 62).

3. Der Übergang vom Rundtanz zum Schwänzeltanz erfolgt allmählich, entweder über die Figur einer 8 oder über die Sichelform (Abb. 54, S. 63).

4. Zwischen Nektar- und Pollensammlerinnen besteht in bezug auf die Tanzform kein Unterschied.

A. Die Entfernungsweisung

4. Das Tanztempo

Als ich im Sommer 1945 erstmals den Futterplatz der Bienen stufenweise in größere Entfernungen verlegte, fiel mir auf, daß eine Änderung des Tanztempos hiermit verbunden ist. Bei einem Ziel-Abstand von 100 m rennt die Tänzerin hastig ihre Runden nach links und rechts mit kurz hingeworfenenen Schwänzlern im Mittellauf. Im Zeitraum von $^1/_4$ Minute kommt sie auf 9—10 Umläufe (1 Umlauf = Schwänzellauf + Halbbogen zum Ausgangspunkt zurück). Bei einem Abstand des Futterplatzes von 500 m sind es in der gleichen Zeit nur mehr 6, bei 1500 m 4 Umläufe. Der Tanz ist langsamer geworden, aber keineswegs matter. Der hingezogene Schwänzellauf beherrscht immer mehr das Bild und das Schwänzeln kann so temperamentvoll sein, daß dem unbefangenen Betrachter die Herausforderung zum Ausfliegen mindestens so nachdrücklich und wirkungsvoll zu sein scheint wie bei den hektischen Runden einer Nahtänzerin. Ich habe mit der Stoppuhr die Zahl der Umläufe pro 15/Sek. bei verschiedenen Entfernungen des Futterplatzes gemessen. Der erste größere Versuch solcher Art führte vom 7.—23. 6. 1945 von Brunnwinkel durch ein höher gelegenes Wiesental in nordöstlicher Richtung bis zu 1500 m vom Stock. Abb. 56 zeigt die Anzahl der Umläufe/15 Sek. (Durchschnittswerte) für die einzelnen Stationen dieser Wanderung.

Beim Abstoppen der Tänze habe ich zunächst die Zahl der Umläufe in 15 Sek. gezählt. Bei geringen Entfernungen (raschen Umläufen) geht das mit einiger Genauigkeit. Halbe Umläufe lassen sich schätzen. Wir sind aber bald zu einem anderen, bei großen Entfernungen allein brauchbaren Verfahren übergegangen: Es wird — immer beginnend mit dem Einsetzen eines Schwänzellaufes — die Zeit abgestoppt, die für eine bestimmte Zahl von Umläufen nötig ist, und nachher auf die Zahl der Umläufe/15 Sek. umgerechnet. Die im Voraus festgelegte Zahl von Umläufen pro Messung darf im Interesse der Genauigkeit nicht zu gering sein, wird aber andererseits durch die zu erwartende Dauer der Tänze begrenzt; wir haben je nach der Entfernung 10—2 Umläufe gemessen.

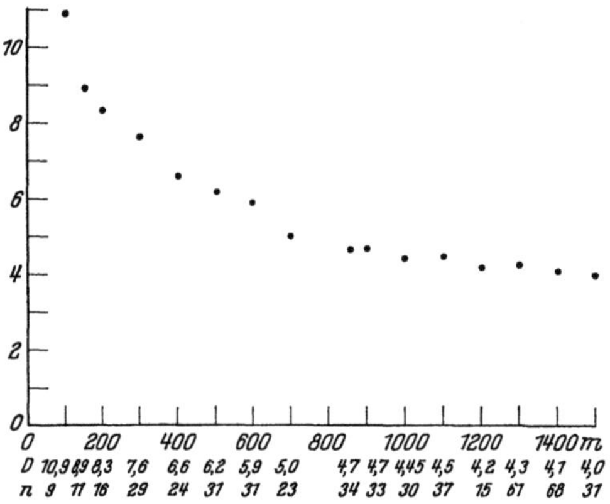

Abb. 56. Das Tanztempo bei einem Entfernungsversuch über 1500 m, Brunnwinkl 7.—23. 6. 1945. Abscisse: Entfernung des Futterplatzes, Ordinate: Zahl der Umläufe in 15 sec. D Durchschnittswert der Umläufe aus n Messungen

Die nächste Frage war, ob die „Entfernungskurve“ auch in ihrem weiteren Verlauf, bis an die Grenze des Flugbereiches, einen gesetzmäßigen Gang zeigt. Schon vom 2.—16. 7. 1946 machte ich von St. Gilgen aus einen Versuch, der nach NW die sanft ansteigenden Wiesenflächen hinan in der Richtung gegen Fuschl bis zu einem Abstand von 3 km führte, womit nach verbreiteter Meinung die Grenze des Flugkreises erreicht war. Und wirklich verkehrten bei dieser Entfernung an zwei vom schönsten Wetter begünstigten Versuchstagen schließlich nur mehr 2 von den numerierten Bienen (bei 2800 m waren es noch 17 gewesen), und es kam nur mehr ein einziger Neuling. Von einer Fortsetzung der Wanderung war nichts zu erwarten. Abb. 57 zeigt das Ergebnis der Messungen (Punkte).

In die gleiche Abbildung sind durch Ringe die Werte eingetragen, die 14 Jahre später (28. 8.—3. 9. 1960) M. Lindauer bei einem Versuch im Forstenrieder Park bei München erhalten hat. Er führte bis 4 km vom Stock. Wer sich die Leistung

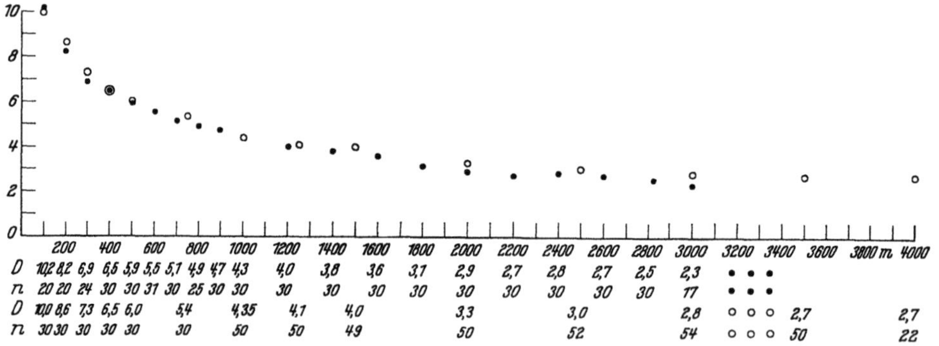

Abb. 57. Entfernungsversuch über 3000 m, St. Gilgen 2.—16. 7. 1946 (. . .) und über 4000 m, München, Forstenrieder Park, 28. 8.—3. 9. 1960 (○ ○ ○). Weitere Erklärung s. Abb. 56

der Tänzerinnen klar macht, wird solche Übereinstimmung mit Respekt betrachten: Bienen verschiedener, nicht näher miteinander verwandter Völker sind in verschiedenen Jahren in verschiedenartigem Gelände kilometerweit geflogen, mußten die geflogene Entfernung schätzen und im Gedächtnis behalten und konnten nach der Heimkehr mit feinem Zeitempfinden ein Tanztempo einhalten, dessen Durchschnittswerte einander weitgehend entsprachen.

Sind wir mit diesen Entfernungsversuchen an der Grenze des Erreichbaren? Wie steht es eigentlich mit der Flugweite der Bienen? Die Meinungen darüber gehen weit auseinander:

Nach v. BUTTEL-REEPEN (1915, S. 161 f.) haben die Bienen einen Aktionsradius von 3—4 km um ihren Stock, soweit sie nicht durch hohe Berge behindert sind. Wenn die nähere Umgebung blütenarm ist, könnten sie durch Rapsfelder und andere gute Trachtgebiete ausnahmsweise bis zu 6, ja über 7 km entfernten Sammelplätzen verlockt werden. Der „Bienenbaron" v. BERLEPSCH (1860, S. 176) hatte als einziger in seiner Gegend Bienen der gelb gebänderten Italiener-Rasse auf seinem Stand und kam auf den guten Gedanken, nach seinen naturgezeichneten Haustieren in der Umgebung zu suchen. Er beobachtete sie an Blüten bis 2—3 km weit weg, und in einem Jahr bei herrlichem Wetter und Trachtmangel in der näheren Umgebung bis gegen 7 km. R. BEUTLER (1954) erreichte mit den Bienen ihres künstlichen Futterplatzes maximal 2650 m vom Stock. Nach ZANDER (1946, S. 22) beschränkt sich im Frühjahr bei guter Tracht der Bienenflug auf einen Umkreis von weniger als 1 km. KICKHÖFFEL (schriftl. Mitteilung) fand in Versuchen zur Zeit der Obstblüte sogar einen Flugkreis von nur 75 m Radius. HERTA KNAFFL (1953) ließ sich durch die Bienen selbst, bei der Heimkehr von ihren natürlichen Trachtquellen, die geflogene Entfernung durch das Tanztempo melden und fand, daß sie hauptsächlich in einem Umkreis von 1—2 km sammeln, daß aber ein Teil von ihnen oft bis zu 6 km, seltener bis zu 9—10 km entfernte Trachtquellen befliegt und daß dies häufiger geschieht, wenn die nahe gelegenen Blumen durch

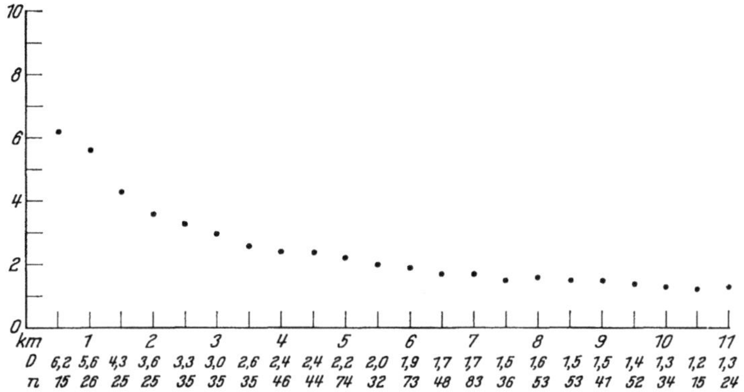

Abb. 58. Entfernungsversuch über 11000 m, Graz 12.—22. 9. 1949. Nähere Erklärung s. Abb. 56

eine große Zahl von Bienenvölkern zu stark ausgebeutet werden. PEER (1955 zitiert nach LEE 1959) fand die meisten Sammelbienen in einem Umkreis von 4 km, manche bis zu 6 km. W. R. LEE (1959) traf gezeichnete Bienen 4 km entfernt an Blaubeeren sammelnd, obwohl der Heimatstock in einem Blaubeerfeld stand und noch andere in der Nähe waren. JOHN E. ECKERT (1933) stellte Bienenvölker inmitten einer Wüste auf und berichtet, daß sie bis zu $13^1/_2$ km nach den nächsten bewässerten Gebieten mit Blumenweiden flogen.

Somit schwanken die Angaben über die Flugweite von 75 m bis $13^1/_2$ km. Die Erklärung liegt darin, daß sie sehr stark durch das Wetter und die Trachtverhältnisse beeinflußt wird. Das gab die Möglichkeit an die Hand, unter Ausnützung günstiger Bedingungen und technischer Kunstgriffe den Verlauf der Entfernungskurve in einem noch größeren Bereich zu prüfen.

Die Aufgabe wurde von H. KNAFFL und M. LINDAUER gelöst, wobei dieser die Wanderung mit dem Futterplatz übernahm. Der Versuch hatte einen unerwarteten Erfolg. Er führte vom 12.—22. 9. 1949 vom Grazer Stadtrand südwärts durch das Grazer Murfeld 12 km weit bis gegen Wundschuh. Bei 11 km waren die letzten Tänze zu beobachten. Bei dieser Entfernung liefen die Bienen auf derWabe oft nur eine einzige lange Schwänzelstrecke und brachen dann den Tanz ab. Von der ursprünglich sehr großen Schar verkehrten bei 12 km noch 2 Sammlerinnen, tanzten aber nicht mehr. Das Ergebnis der Messungen ist in Abb. 58 dargestellt. Abgesehen von dem herausfallenden Wert bei 1000 m stimmt die Kurve zu den früheren und ihre Verlängerung bis zu 11 km schließt sich harmonisch an.

Daß es bei dieser Wanderung gelungen ist, die Bienen mit dem Futtertischchen bis 12 km vom Stock zu führen, ist zur Hauptsache den folgenden Umständen zu verdanken: 1. Ebenes, freies Gelände ohne Straßen, Wald und Siedlungen. 2. Schönes Herbstwetter. 3. Ausgiebige Farb- und Duftmarkierung des Futterplatzes und zügiges Vorwärtsführen der Bienen, aber mit Einfühlung in ihr Folgevermögen. 4. Ab 6 km Fütterung mit 2 mol Zuckerlösung mit Honigzusatz. 5. Herbstlicher Trachtmangel, daher große Gier der Bienen nach Süßigkeiten. Die Schattenseite dieses günstigen Umstandes ist, daß

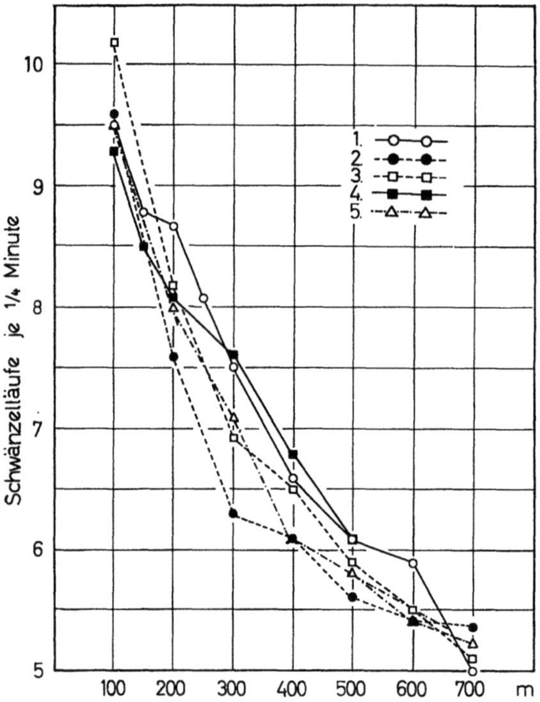

Abb. 59

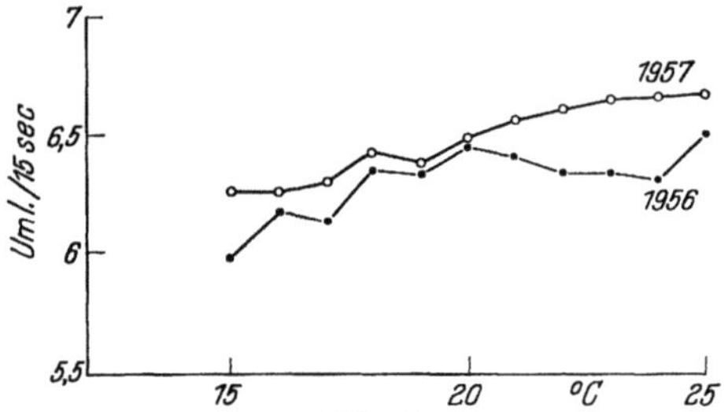

Abb. 60

Abb. 59. Das Tanztempo von fünf verschiedenen Beobachtungsvölkern bei Flugweiten von 100—700 m. Volk 1 und 2: 1945, Volk 3: 1946, Volk 4 und 5: 1947 (Brunnwinkl). Nähere Angaben bei v. Frisch 1948, S. 14

Abb. 60. Stockspezifische Unterschiede im Tanztempo zwischen zwei verschiedenen Bienenvölkern. Die Werte sind nach der zur Zeit der Beobachtung herrschenden Temperatur geordnet. Vgl. auch Tabelle 7. Zusammengestellt von Bräuninger aus seinem Beobachtungsmaterial

der Futterplatz immer wieder von fremden Bienen aus starken Völkern der Umgebung entdeckt wird; sie stürzen sich bald in Massen auf das Zuckerschälchen und verdrängen die Versuchsbienen. Aber: 6. Lindauer hatte vor Versuchsbeginn in zwei Wochen alle Bienen des Beobachtungsstockes (9000 Tiere) farbig gezeichnet, so daß Fremdlinge aus anderen Völkern am Fehlen der Markierung sofort erkannt und getötet werden konnten. Ohne diese vorsorgliche Markierung muß ja jeder Neuling am Futterplatz zunächst gezeichnet und sein Erscheinen im Beobachtungsstock festgestellt werden. Bei großer Entfernung vergeht darüber so viel Zeit, daß ein Überfall nicht verhütet werden kann, wenn der Neuling aus einem nahe gelegenen Fremdvolk ist.

Weitere Entfernungsversuche werden später in anderem Zusammenhang gebracht. Hier genügen die vier Beispiele, um das Wesentliche zu zeigen. Auf eines sei aber schon hingewiesen. Von 1945—1947 prüfte ich in dem Entfernungsbereich bis zu 700 m das Tanztempo bei 9 verschiedenen Völkern; bei 5 von ihnen in hinreichend verschiedenen Abständen, um Kurven aufstellen zu können. Diese verliefen gleichartig, aber zum Teil doch stockspezifisch etwas verschieden, indem manche Völker ein langsameres Tanztempo hatten als andere (Abb. 59). Das hat sich auch späterhin bestätigt (z. B. M. SCHWEIGER 1958, S. 280, Abb. 6 und S. 281, Abb. 7). BRÄUNINGER fand stockspezifische Unterschiede im Tanztempo sogar bei Völkern, die mit Geschwisterköniginnen beweiselt waren.

Als Beispiel bringe ich in Abb. 60 das Ergebnis seiner Messungen an zwei verschiedenen Völkern, von denen eines 1956, das andere 1957 am gleichen Versuchsort bei der gleichen Flugweite von 385 m beobachtet wurde. Da das Tanztempo durch höhere Außentemperatur etwas beschleunigt wird (vgl. S. 75ff.), wurden die Werte nach der zur Versuchszeit herrschenden Temperatur (Abszisse) geordnet. Man sieht, daß das eine Volk bei allen Temperaturen im Bereich von 15—25° langsamer getanzt hat als das andere. Der Unterschied des Tanztempos ist bei einer zusammenfassenden Bewertung hochgradig gesichert ($P \ll 10^{-10}$). Für die einzelnen Temperaturstufen sind die Werte und der Sicherheitsgrad der Unterschiede in Tab. 7 angegeben.

Tabelle 7. *Stockspezifische Unterschiede im Tanztempo. Um für den Vergleich den störenden Einfluß der Temperatur auszuschalten, werden jeweils nur Messungen einander gegenüber gestellt, die bei gleicher Außentemperatur gewonnen wurden.* (Vgl. hierzu Abb. 60. Bei zusammenfassender Bewertung aller Messungen erweist sich der Unterschied im Tanztempo als hochgradig gesichert ($P \ll 10^{-10}$). Nach BRÄUNINGER)

Temperatur °C	Volk I		Volk II		Differenz Uml./15 Sek.	P
	Uml./15 Sek.	*n*	Uml./15 Sek.	*n*		
15	5,97	108	6,26	327	0,29	10^{-9}
16	6,18	152	6,26	184	0,08	0,10
17	6,13	204	6,30	366	0,17	$3 \cdot 10^{-5}$
18	6,35	49	6,43	375	0,08	0,24
19	6,33	87	6,37	542	0,04	0,47
20	6,45	188	6,48	598	0,03	0,34
21	6,40	178	6,56	453	0,16	$3 \cdot 10^{-4}$
22	6,33	206	6,61	884	0,28	$< 10^{-10}$
23	6,34	181	6,65	1043	0,31	$\ll 10^{-10}$
24	6,31	107	6,66	811	0,35	$\ll 10^{-10}$
25	6,50	165	6,67	660	0,17	$8 \cdot 10^{-6}$

Betrachtet man das Tanztempo als das Signal, das den Stockgenossen die Entfernung des Zieles anzeigt, so interessiert vor allem, wie weit auch innerhalb des gleichen Volkes Verschiedenheiten vorkommen. Die Einzelwerte streuen nicht unbeträchtlich (s. S. 71ff.). Aber auch die Mittelwerte, die in Abb. 56—58 durch die eingetragenen Punkte wiedergegeben sind, können, wie man sieht, vom glatten Verlauf der Kurve in unregelmäßiger Weise mehr oder weniger abweichen. Doch ist zu bedenken, daß bei diesen Entfernungsversuchen die Werte der Kurvenpunkte in tagelanger Arbeit gewonnen sind, wobei die Bedingungen nicht konstant blieben. Wie das Tanztempo dadurch beeinflußt werden kann, erfahren wir im nächsten Abschnitt. Man hat mehr Anlaß, sich über die Einheitlichkeit der Ergebnisse zu wundern, als über die auftretenden Unregelmäßigkeiten.

In Abb. 61 ist das Gesamtergebnis der Messungen dargestellt, die mir zur Zeit vorliegen. In dieser Kurve sind meine eigenen Versuche über die Entfernungsmeldung und Beobachtungen von D. BRÄUNINGER, H. HERAN, H. KNAFFL und M. LINDAUER zu Durchschnittswerten zusammengefaßt, mit Angabe des mittleren Fehlers und der Zahl der Beobachtungen. Die Berechnung stützt sich auf 6267 gemessene Tänze.

Anhand dieser Kurve kann man — innerhalb der durch die Streuung bedingten Grenzen — durch Abstoppen der Tänze die Entfernung erfahren, in der beliebige

Bienen gesammelt haben. Die Stockgenossen sind die regulären Nutznießer dieser Möglichkeit (s. S. 85ff.), und sie benötigen kein anderes Meßinstrument als ihre Sinneswerkzeuge. Ein Blick auf die Kurve macht deutlich, daß das Ablesen der Entfernung mit zunehmendem Abstand des Zieles infolge der Verflachung der

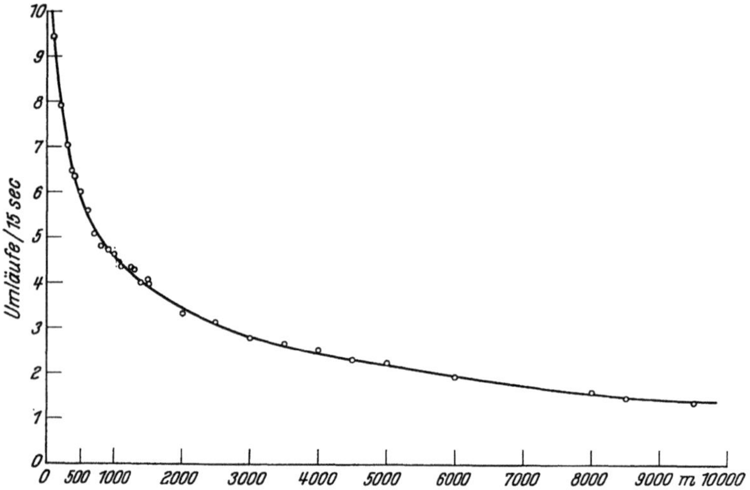

Abb. 61. Die Beziehung zwischen dem Tanztempo und der Entfernung des Futterplatzes. Durchschnittswerte aus den Versuchen von BRÄUNINGER, V. FRISCH, HERAN, KNAFFL und LINDAUER. Den Werten liegen 6267 gemessene Tänze zugrunde. Abszisse: Entfernung des Futterplatzes in m. Ordinate: Zahl der Umläufe in 15 sec. Hierzu die untenstehende Tabelle

Die Daten zu den Kurvenpunkten sind:

Entfernung des Futterplatzes m	n	Mittelwert	Streuung σ (mittlere quadratische Abweichung vom Mittelwert)	Entfernung des Futterplatzes m	n	Mittelwert	Streuung σ (mittlere quadratische Abweichung vom Mittelwert)
100	261	9,45	± 0,90	1400	98	4,01	±0,29
200	781	7,90	0,93	1500	128	4,06	0,21
300	376	7,04	0,60	2000	206	3,31	0,30
385	400	6,49	0,36	2500	120	3,13	0,21
400	248	6,34	0,51	3000	126	2,77	0,27
500	514	6,01	0,56	3500	146	2,65	0,17
600	598	5,59	0,42	4000	116	2,52	0,19
700	119	5,07	0,32	4500	163	2,30	0,32
800	95	4,79	0,39	5000	74	2,22	0,20
900	463	4,73	0,27	6000	73	1,93	0,17
1000	344	4,62	0,49	7000	83	1,71	0,15
1100	66	4,34	0,37	8000	53	1,62	0,20
1250	450	4,33	0,30	8500	53	1,46	0,22
1300	61	4,30	0,38	9500	52	1,36	0,16

Kurve schwieriger und weniger genau werden muß. Durchaus sinnvoll arbeitet die Benachrichtigung am genauesten in dem Bereich, der am häufigsten von den Sammlerinnen beflogen wird[1]).

Man kann das Ergebnis auch in anderer Form darstellen, wenn man auf der Ordinate nicht die Zahl der Umläufe in einem gegebenen Zeitabschnitt, sondern die für einen Umlauf benötigte Zeit einträgt. Statt Abb. 61 erhält man so die Abb. 62. Der Verlauf der Kurven soll uns später noch beschäftigen.

[1]) Über die Entfernungsweisung auf horizontalen Waben s. S. 136.

Lopatina, Kuanjezowa und Pankowa (1958) bestreiten, daß die Zahl der Umläufe beim Schwänzeltanz von der Entfernung abhängt. Sie haben mich leider mißverstanden und verwechseln die Zahl der Umläufe/15 Sek. mit der Gesamtzahl der Umläufe, also mit der Tanzdauer. Dann ergibt sich freilich nicht die Beziehung zur Entfernung.

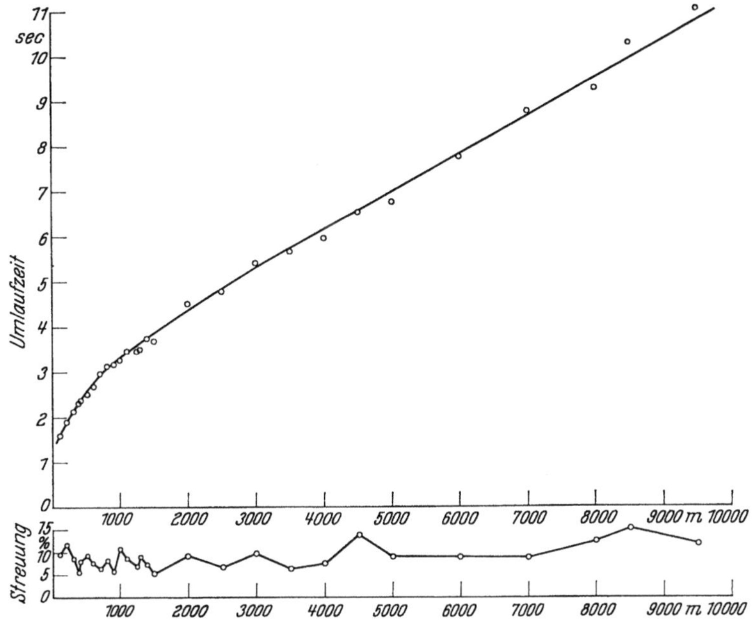

Abb. 62. Die Beziehung zwischen dem Tanztempo und der Entfernung des Futterplatzes. Die gleichen Ergebnisse wie in Abb. 61 in anderer Darstellung. Abszisse: Entfernung des Futterplatzes. Ordinate: Zeitdauer eines Umlaufes in Sec. — Unten: Streuung in Prozent der Umlaufzeit

5. Der Einfluß innerer Faktoren auf das Tanztempo

Das Tempo der einzelnen Tänze ist auch unter einheitlichen Bedingungen immer etwas schwankend. Um davon ein Bild zu geben, habe ich in Tabelle 8 aus Lindauers Versuch im Forstenrieder Park (Abb. 57) für die Entfernungen 100, 500, 1000, 2500 und 4000 m je die ersten 20 gemessenen Werte zusammengestellt.

Da in der Tabelle die Nummern der beobachteten Bienen angegeben sind, kann man sich leicht davon überzeugen, daß auch dasselbe Individuum bei gegebener Entfernung nicht immer genau dasselbe Tanztempo einhält.

Ein anschauliches Bild von den Schwankungen des Tanztempos bei ein und derselben Biene gibt Abb. 63 nach Messungen von D. Bräuninger im Forstenrieder Park. Alle Werte stammen vom 29. 8. 1958, einem sonnigen Tag mit hoher, ziemlich gleichmäßiger Temperatur und schwachem Wind (ab 16 Uhr Windstille). Die Bienen Nr. 71, 92 und 3 waren aus dem gleichen Beobachtungsstock und verkehrten an drei verschiedenen Futterplätzen, die vom Stock 600, 900 bzw. 1250 m entfernt waren. Jeder Kurvenpunkt bezieht sich auf einen Tanz. Konnten bei längeren Tänzen mehrere Werte nacheinander gewonnen werden, so gibt der Kurvenpunkt deren Mittelwert wieder. Nr. 92 war eine besonders eifrige Tänzerin und lieferte die meisten Werte. Die Zahl der Umläufe/15 Sek. zeigt von einem Tanz zum anderen Differenzen bis zu etwa 0,4 Umläufe. Sie können nur zu einem Bruchteil des Betrages auf Meßfehler zurückgeführt werden. Denn nach Testversuchen betrug der persönliche Fehler des Beobachters bei solchen Messungen höchstens 0,1—0,2 Sek.

Tabelle 8. *Aus* Lindauers *Entfernungsversuch* (s. Abb. 57) *sind für die oben angegebenen Futterplatz-Entfernungen je die ersten 20 gemessenen Einzelwerte in Fettdruck aufgeführt.* (Neben den Werten die Nummern der beobachteten Bienen, neben den Entfernungsangaben in Klammern die Anzahl der Umläufe, deren Zeitdauer abgestoppt und auf Uml./15 Sek. umgerechnet wurde)

100 m (10)		500 m (8)		1000 m (6)		2500 m (4)		4000 m (4)	
11	**10,34**	19	**5,85**	41	**4,74**	73	**2,93**	156	**2,61**
11	**9,68**	19	**5,85**	41	**4,62**	90	**3,24**	84	**2,50**
11	**9,38**	34	**6,15**	43	**4,19**	42	**2,86**	84	**2,61**
11	**9,38**	18	**6,15**	43	**4,39**	42	**2,86**	84	**2,61**
14	**9,68**	34	**6,15**	13	**4,09**	94	**3,33**	87	**2,66**
14	**10 00**	23	**5,85**	13	**4,29**	95	**3,00**	87	**2,73**
17	**9,38**	32	**6,00**	24	**4,39**	95	**2,86**	87	**2,73**
11	**10,71**	35	**6,15**	49	**4,39**	95	**3,00**	87	**2,79**
15	**10,00**	12	**5,85**	45	**4,50**	94	**3,08**	87	**2,79**
17	**10,71**	19	**6,00**	45	**4,50**	95	**3,00**	67	**2,73**
27	**9,09**	36	**6,49**	45	**4,39**	95	**3,16**	156	**2,61**
17	**11,11**	23	**5,85**	32	**4,39**	90	**3,00**	84	**2,50**
16	**9,68**	29	**5,85**	20	**4,50**	90	**3,08**	84	**2,45**
18	**10,34**	29	**5,71**	13	**4,09**	96	**3,00**	87	**2,73**
27	**8,82**	25	**5,71**	48	**4,62**	91	**3,08**	87	**2,79**
14	**10,34**	14	**6,49**	41	**4,62**	93	**3,16**	87	**2,79**
19	**9,68**	16	**6,00**	45	**4,62**	98	**3,08**	87	**2,86**
18	**10,71**	35	**6,32**	32	**4,19**	73	**3,00**	87	**2,86**
16	**10,34**	32	**6,32**	46	**4,39**	73	**2,79**	87	**2,86**
22	**9,68**	23	**6,00**	24	**4,29**	73	**2,86**	87	**2,79**

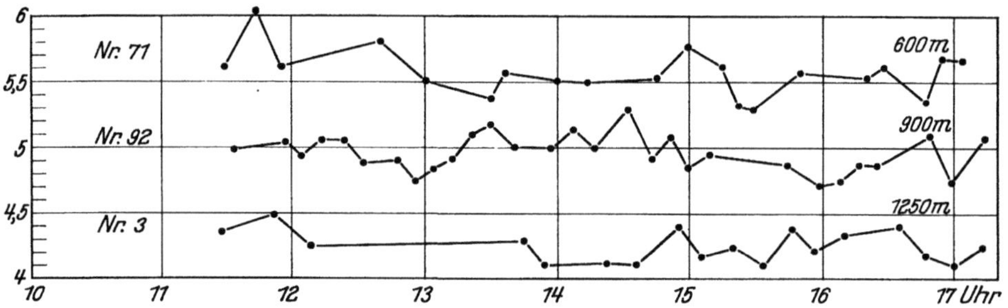

Abb. 63. Schwankungen im Tanztempo bei aufeinanderfolgenden Tänzen von ein und derselben Biene. 29. 8. 1958, 11^{20}—17^{20} Uhr. Forstenrieder Park. Je eine Biene an den Futterplätzen in 600 m, 900 m und 1250 m Entfernung. Abszisse: Zeit. Ordinate: Uml/15 sec. Nach Versuchen von Bräuninger

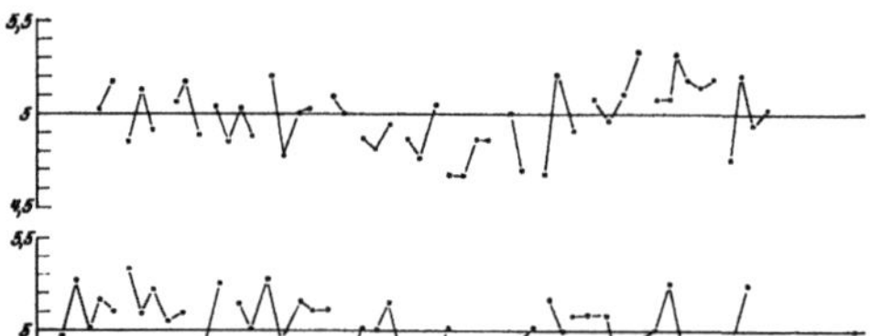

Abb. 64. Biene Nr. 92 am 29. 8. 1958 (vgl. Abb. 63). Entfernung des Futterplatzes 900 m. Schwankungen des Tanztempos innerhalb ein und desselben Tanzes. Zusammenhängende Kurvenzüge beziehen sich auf den gleichen Tanz. Nach Versuchen von Bräuninger

Die Schwankungen sind im vorliegenden Falle auch nicht auf wechselnde Außenbedingungen bei aufeinander folgenden Ausflügen zurückzuführen. Sie liegen in der Biene selbst begründet. Denn sie erscheinen in angenähert gleichem Ausmaße, wenn man während eines langen Tanzes mehrmals das Tanztempo bestimmt. So wurde bei der eifrigen Tänzerin Nr. 92 (Futterplatz bei 900 m) bei dem Versuch vom 29. 8. (Abb. 63) im Verlaufe längerer Tänze mehrmals nacheinander die für 5 Umläufe benötigte Zeit gemessen und in Uml. je 15 Sek. umgerechnet. Das Ergebnis ist in Abb. 64 dargestellt. Die Differenzen der gemessenen Perioden *innerhalb des gleichen Tanzes* gehen hier bis zu 0,55 Uml./15 Sek. und belaufen sich im Durchschnitt auf 0,18 (n 75). Bei einer Flugweite von 385 m fand BRÄUNINGER im Versuchsjahr 1957 im Mittel Differenzen von 0,2 bis 0,3 Uml./15 Sek. zwischen aufeinanderfolgenden Perioden desselben Tanzes.

Bei einer genaueren Untersuchung dieser Variabilität an seinem umfangreichen Zahlenmaterial kam er zu dem Ergebnis, daß bei einem Vergleich der *ersten Umläufe* mit *späteren Umläufen* desselben Tanzes *keine gerichtete Tendenz* zu einer Beschleunigung oder Verlangsamung des Tempos festzustellen ist. Die Schwankungen erfolgen regellos. In ihrem Ausmaße entsprechen sie angenähert der Größe jener Schwankungen, die zwischen verschiedenen Tänzen derselben Biene beobachtet werden (vgl. Abb. 63). Die in beiden Fällen gefundenen Unterschiede sind so geringfügig, daß sie sich nicht gegeneinander absichern lassen.

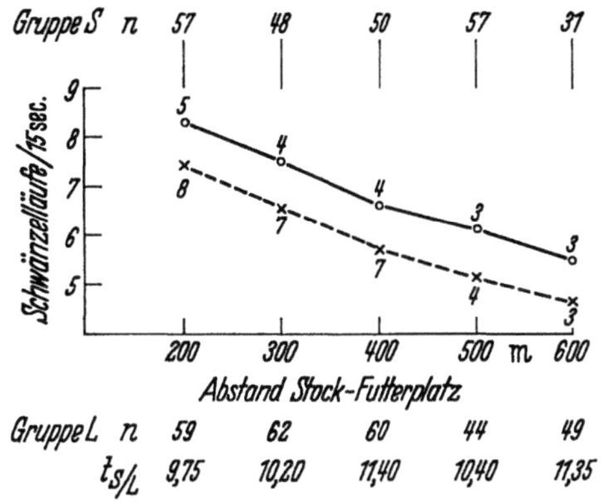

Abb. 65. Individuelle Unterschiede im Tanztempo bei Bienen gleichen Flugalters aus demselben Stock. Die Kurven zeigen die Durchschnittswerte des Tanztempos (Uml/15 sec) für eine Gruppe schneller (S, obere Kurve) und eine Gruppe langsamer Tänzerinnen (L, untere Kurve), bei Flugweiten von 200—600 m; n Zahl der Einzelbeobachtungen; Zahlen bei den Kurvenpunkten = Anzahl der beteiligten Individuen. Die Unterschiede sind statistisch gesichert. Nach ELISABETH SCHWEIGER 1958

Das Tanztempo der Biene ist also auch während eines Tanzes nicht bei allen Runden genau gleich. Die Biene ist keine Präzisionsmaschine, sondern ein lebendes Geschöpf. Sie ist offenbar nicht imstande, bei jedem Umlauf genau dieselbe Zeit einzuhalten, sondern *schwankt um einen angestrebten Mittelwert.* Die gleiche Erscheinung berichtet H. HERAN (1956, S. 195, 196) von Phasen desselben Tanzes, die durch Verfütterungspausen unterbrochen waren.

Individuelle Unterschiede. Daneben bestehen zweifellos *individuelle Unterschiede im Tanztempo* bei Angehörigen des gleichen Volkes. Bei aufmerksamer Beobachtung numerierter Bienen wird man bald bemerken, daß es temperamentvolle und phlegmatische Tänzerinnen gibt, die beständig einen gewissen Unterschied in der Zahl der Umläufe/15 Sek. einhalten. Als Beispiel zeigt Abb. 65 Ergebnisse von ELISABETH SCHWEIGER (1958). Sie wählte aus einer Gruppe neu gezeichneter Bienen 5 Tiere aus, die schneller tanzten als der Volksdurchschnitt, und 8 Tiere, die langsamer als der Durchschnitt tanzten. Mit diesen Bienen wanderte sie an den beiden folgenden Tagen bis zu einer Entfernung von 600 m. Die Kurven zeigen das durchschnittliche Tanztempo beider Gruppen für 5 verschiedene Entfernungsstufen. Die Differenz der Mittelwerte ist statistisch gut gesichert ($p < 0{,}0027$). Es ist wichtig, daß sich diese Versuche auf Bienen gleichen Flugalters beziehen. Denn neben der individuellen Veranlagung kann auch das Alter für das Tanztempo von Bedeutung sein.

Je ein weiteres Beispiel für deutliche individuelle Unterschiede im Tanztempo bei Bienen aus demselben Volk habe ich in Tab. 9 für vier verschiedene Flugweiten zusammengestellt. Die Daten sind dem reichen Beobachtungsmaterial BRÄUNINGERs entnommen. Mit Absicht sind eklatante Fälle herausgegriffen. Zum Beispiel war bei der Flugweite 385 m bei 28 Vergleichsmöglichkeiten ein individueller Unterschied 11 mal gut gesichert, 17 mal ungesichert.

Einfluß des Alters. Die Versuche (E. SCHWEIGER 1958) beziehen sich auf Bienen, die am Tag des Schlüpfens (im Brutschrank) gezeichnet und dann dem Beobachtungsvolk zugesetzt worden waren. Ihr Alter war also bekannt. Sie erschienen 18—33 Tage nach dem Schlüpfen am Futterplatz. Diese Zeitspanne des absoluten Alters war aber für das Tanztempo belanglos. Maßgebend war das „Flugalter", worunter die Zahl der Tage seit dem ersten Erscheinen am Futterplatz verstanden wird. Für die meisten Versuchsbienen bedeutete dieser Termin mit größter Wahrscheinlichkeit den ersten Sammeltag ihres Lebens; sie hatten im Stock dauernd unterBeobachtung gestanden.

Tabelle 9. *Individuelle Unterschiede im Tanztempo bei Bienen aus dem gleichen Volk. Je ein Beispiel für 4 verschiedene Flugweiten. Die verglichenen Bienen hatten gleiches Flugalter und gleiches (Nr. 24 und 85) oder fast gleiches Lebensalter, die Temperatur war höchstens um 2° C, die Windstärke um höchstens 0,4 m/Sek. verschieden.* (Versuchsjahr 1958. P = Sicherung der Differenz des Tanztempos; nach BRÄUNINGER)

Entfernung des Futterplatzes (in Meter)	Biene Nr.	Uml./15 Sek. (Durchschnitt) am						
		24. 9.	27. 9.	28. 9.	29. 9.	30. 9.	Σ_n	P
385	41	6,34	6,24	5,89	6,09	6,15	128	10^{-12}
	78	6,90	6,54	6,42	6,61	6,46	77	
		2. 9.	3. 9.	4. 9.				
600	62	5,85	5,62	5,70			29	10^{-9}
	51	6,61	6,12	6,27			26	
		3. 9.	4. 9.					
900	24	4,33	4,38				15	10^{-11}
	85	4,87	5,40				16	
		1. 9.	2. 9.	3. 9.	4. 9.			
1250	7	4,56	4,46	4,15	4,30		21	$6 \cdot 10^{-4}$
	2	4,71	4,62	4,54	4,57		30	

Die Neulinge am Futterplatz hatten gegenüber solchen, die schon einige Tage daselbst verkehrten, ein auffallend rasches Tanztempo. Abb. 66 zeigt dies für einen Versuch am 24. 5. 1953, bei einer Entfernung des Futterplatzes von 200 m. Auf der

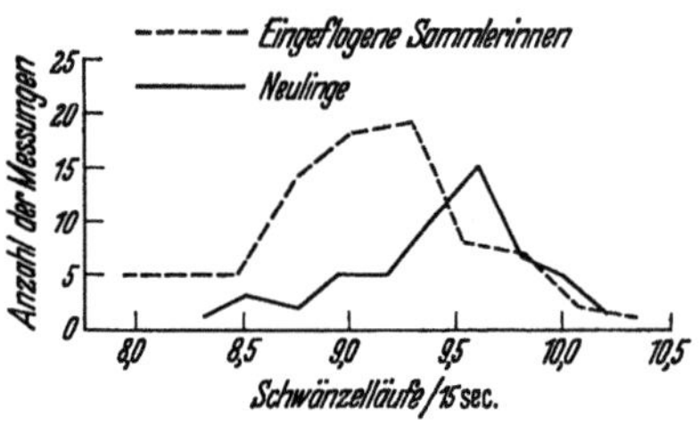

Abb. 66

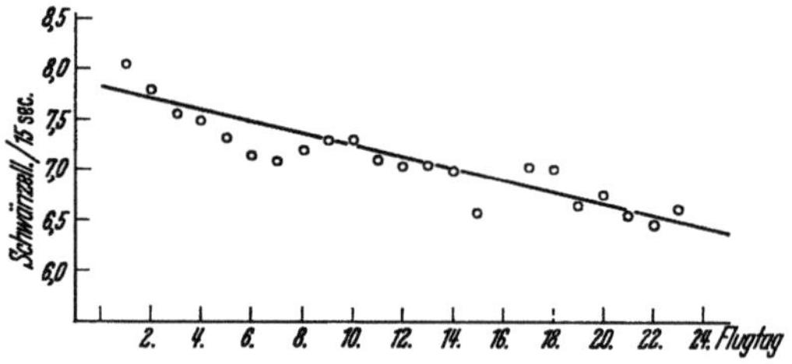

Abb. 67

Abb. 66. Vergleich zwischen vier Neulingen am Futterplatz (jüngeren Bienen, n 54) und vier schon länger verkehrenden, älteren Bienen (n 84) am 24. 5. 1953. Statistischer Vergleich t = 3,40. Nach ELISABETH SCHWEIGER 1958

Abb. 67. Beziehung zwischen Tanztempo und Flugalter, nach Versuchen im Juli und August 1955 in München. Abszisse: Zahl der Flugtage. Ordinate: Uml/15 sec. Die Abnahme des Tanztempos ist statistisch gesichert. Nach ELISABETH SCHWEIGER 1958

Abszisse ist die Zahl der Umläufe/15 Sek. aufgetragen, auf der Ordinate die Anzahl der auf den betreffenden Wert entfallenden Messungen. Die ausgezogene Kurve bezieht sich auf 4 Neulinge, d. h. Bienen, die am Versuchstag erstmals am Futterplatz erschienen waren, die gestrichelte Kurve auf 4 Bienen, die schon länger am Futterplatz verkehrten.

Das Tanztempo fällt am ersten Tag ziemlich steil ab. Es wird auch im weiteren Verlauf des individuellen Lebens allmählich etwas langsamer (Abb. 67). Eine auffallende Änderung tritt aber erst in den letzten 2—3 Lebenstagen der Biene ein. Man kann diese Zeit als das Stadium der Senilität bezeichnen. Mit einiger Erfahrung bemerkt man auch bei der Sammeltätigkeit am Aussehen und Verhalten der Biene, daß ihr Ende bevorsteht. Die Bewegungen sind gehemmt. Ihre Tänze sind oft zögernd, so daß sich keine sauberen Werte gewinnen lassen. Erscheinen sie kontinuierlich, so sind sie deutlich langsamer als an den früheren Tagen (SCHWEIGER 1958). Nach LINDAUER (1948, S. 407, 408) machen sie nun auffallend oft Zittertänze (vgl. S. 283). Morphologisch ist dieses Stadium durch das Auftreten und rasche Fortschreiten von Zerfallserscheinungen an den Ganglienzellen des Gehirns gekennzeichnet (WEYER 1932).

Auf Veranlassung HERANs wiederholte ELFRIEDE SCHREINDLER (1964) diese Versuche und verbesserte die Technik dadurch, daß sie einer Sammelschar bestimmten Alters nach einigen Tagen eine weitere, jüngere Schar zugesellte. Auf diese Weise konnten Bienen verschiedenen Alters gleichzeitig unter genau gleichen Außenbedingungen geprüft werden. Es bestätigte sich im allgemeinen die Abnahme des Tanztempos mit zunehmendem Flugalter, jedoch kam ausnahmsweise auch ein entgegengesetztes Verhalten vor. Es wird daraus gefolgert, daß die Beziehung zwischen Tanztempo und Flugalter noch durch einen — oder mehrere — weitere Faktoren bestimmt wird.

Einfluß zunehmender Erfahrung. An Bienen, die tagelang denselben Futterplatz befliegen, konnte E. SCHWEIGER (1958) eine Abnahme der Streuung in der Entfernungsangabe feststellen. Das heißt: Die Entfernungsmeldung wird bei andauerndem Beflug desselben Zieles allmählich genauer. In Abb. 68 ist auf der Abszisse abzulesen, wieviele Tage die Bienen schon am Futterplatz verkehrten. Auf der Ordinate ist das Ausmaß der Streuung (in Bruchteilen eines Umlaufes) für den betreffenden Tag angegeben, und zwar als Durchschnittswert für alle an dem betreffenden Tag gemessenen Tänze — deren Anzahl unter der Abszisse angegeben ist. Man erkennt die fallende Tendenz für den Betrag der Streuung innerhalb der 3 Wochen, durch welche der gleiche Futterplatz beflogen wurde. Die statistische Berechnung ergab für die Abnahme der Streuung zwar keine Sicherheit, aber eine Wahrscheinlichkeit von etwa 99%.

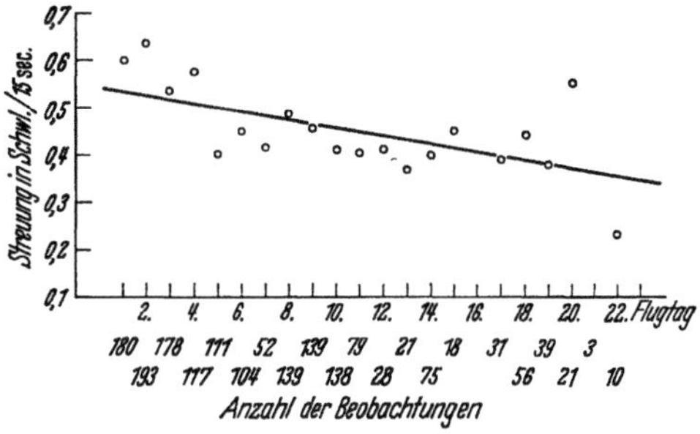

Abb. 68. Abnahme der Streuung bei der Entfernungsweisung mit zunehmendem Flugalter. Nach Versuchen von ELISABETH SCHWEIGER 1958

6. Der Einfluß äußerer Faktoren auf das Tanztempo

a) Die Temperatur

Chemische und physiologische Vorgänge sind temperaturabhängig. Nach der van t'Hoffschen Regel (RGT-Regel) wird die Reaktionsgeschwindigkeit bei einer Steigerung der Temperatur um 10° C oft verdoppelt bis verdreifacht. Bei 8°—10° C beginnen die Bienen auszufliegen und ihr Sammeleifer bleibt auch bei einer Lufttemperatur von mehr als 30° C ungeschmälert. Es liegt also die Frage nahe, ob in diesem weiten Bereich das Tanztempo durch die Temperatur verändert wird.

Da ist zunächst zu bedenken, daß die Bienen zwar keine „Warmblüter" mit beständiger Körpertemperatur sind, daß sie aber gegenüber anderen „wechselwarmen" Tieren eine beachtliche Fähigkeit der Temperaturregulierung besitzen[1]). Im Stock halten sie im Bereich des Brutnestes eine konstante Temperatur von 35—36° C aufrecht. Außerhalb des Brutbezirkes, und somit sehr oft im Bereich des Tanzbodens, machen sich allerdings die Temperaturschwankungen der Außenwelt deutlich bemerkbar. Die Körpertemperatur der Biene selbst wurde von H. Esch (1960) mit Hilfe von Thermoelementen gemessen.

Esch untersuchte die Körpertemperatur der Einzelbiene am Futterplatz, im Stock und im Fluge. Zur Messung wurde das Thermoelement durch ein kleines Loch im Chitin des Thorax in den Körper geschoben. Der Vorgang erforderte nur wenige Sekunden. Das Thermoelement konnte ohne Beeinträchtigung der Meßgenauigkeit auch

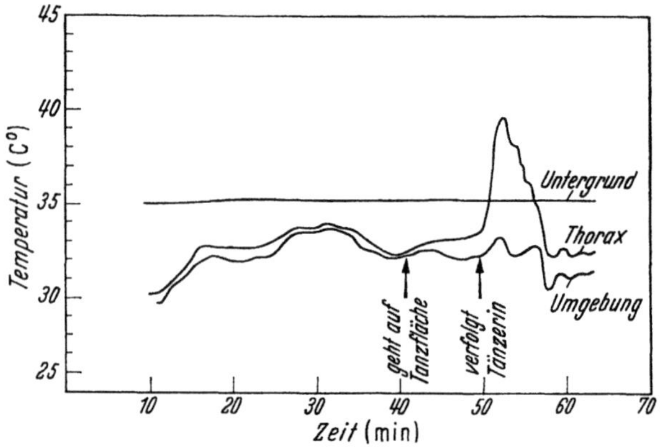

Abb. 69. Beispiel für die Erwärmung einer Biene, die einer Tänzerin nachtrippelt. Die Kurven geben die Temperatur des Untergrundes, gemessen im Wachs des Tanzbodens, die Thoraxtemperatur der Nachläuferin und die Umgebungstemperatur (1—2 cm dorsal vom Thorax) an. Die Thoraxtemperatur stieg in 2,2 Minuten um 6° und fiel dann, als die Nachläuferin den Kontakt mit der Tänzerin verlor, auf den Ausgangswert zurück. Nach Esch 1960

mit Wachs-Kolophonium außen auf das Chitin geklebt werden. Bei solchen Tieren, die „an der Leine" im Stock herumliefen, ließ sich die Körpertemperatur über längere Zeit fortlaufend verfolgen.

Bei der Ankunft am Futterplatz liegt die Thoraxtemperatur rund 10° C über der Umgebungstemperatur. Nur wenn die Lufttemperatur etwa 25° C überschreitet, die Körpertemperatur also etwa 35° C erreicht hat, steigt letztere nicht weiter an, sondern bleibt in dieser Höhe. An kalten Tagen sinkt die Körpertemperatur am Futtergefäß um 2—3° C ab, worauf das Saugen unterbrochen und der Körper aufgeheizt wird. Im Stock fand Esch an tanzenden Bienen Temperaturen zwischen 29° C und 38° C im Thorax, sie lagen im allgemeinen noch über den Werten, die am Futterplatz gemessen wurden. Bei den Nachläuferinnen konnte während der Tanzverfolgung ein Ansteigen der Körpertemperatur um mehrere Grade festgestellt werden. Sie „erwärmen sich für ihre Aufgabe", wie man es auch bei anderen Bienen als Vorbereitung für den Ausflug sehen kann (Abb. 69). — Die Temperatur des Abdomens liegt immer etwas unter der des Thorax.

Die Sammlerinnen heizen sich also gegenüber der Umgebungstemperatur auf. Aber da sie nur relativ wärmer werden, ändert sich trotzdem ihre Körpertemperatur mit der Temperatur der Umgebung. Die Frage bleibt berechtigt, ob das Tanztempo von der Außentemperatur betroffen wird.

Eine starke Beeinflussung liegt nicht vor. Denn ohne sorgfältig darauf gerichtete Untersuchung bleibt sie unbemerkt.

[1]) Zur Kennzeichnung dieses Unterschiedes bezeichnet man sie, gegenüber den „homoiothermen" und „poikilothermen" Lebewesen, als „heterotherm". Sie nehmen eine Mittelstellung zwischen beiden ein.

Heran (1956, S. 198) hatte unter einer großen Zahl von Tanzmessungen, die aus anderem Anlasse vorgenommen waren, 34 Paare von Mittelwerten, die — unter sonst gleichartigen Flugbedingungen — bei einem Temperaturunterschied von mehr als 4° C gewonnen waren. In 25 Fällen hatten die Bienen bei der tieferen Temperatur langsamer getanzt, in 9 Fällen gleich schnell, nur in 3 Fällen schneller als die Vergleichsbiene bei höherer Temperatur. Hinweise auf einen Einfluß der Temperatur finden sich auch bei Grete Werner (1954, S. 471).

Die Klärung der Verhältnisse an einem umfassenden, durch 3 Jahre erarbeiteten Material brachte die Untersuchung von D. Bräuninger (1964). In Abb. 70 sind für je einen Futterplatz bei 385 m (1957), 600, 900 und 1250 m (1958) alle

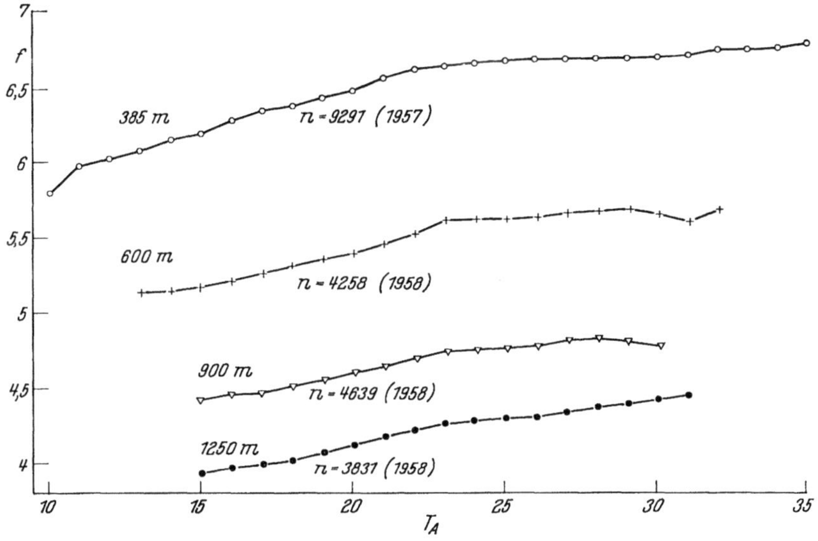

Abb. 70. Abhängigkeit des Tanztempos von der Außentemperatur bei vier verschiedenen Flugweiten. Abszisse: Außentemperatur. Ordinate: Uml/15 sec. Die Zahl der gemessenen Tänze (n) ist bei den Kurven angegeben. Nach Beobachtungen von Bräuninger

gemessenen Tanzwerte des angegebenen Versuchsjahres nach der Lufttemperatur zur Zeit des Tanzes geordnet und gemittelt. Es tritt klar in Erscheinung, daß im großen Durchschnitt bei wärmerem Wetter schneller getanzt wird. Dieses Ergebnis ist statistisch gut gesichert.

So deutlich die Änderung des Tanztempos ist, so geringfügig sind doch die Beträge. Während nach der van t'Hoffschen Regel einer Temperaturerhöhung um 10° C eine Reaktionsbeschleunigung auf das 2—3fache (also bis 200%) entspricht, ändert sich das Tanztempo bei dieser Temperaturspanne um nur etwa 10%. Die Temperaturwirkung wird also zur Hauptsache kompensiert, besonders gut im Bereich von etwa 20—30° C, wie der abgeflachte Verlauf der Kurven zeigt und eine genaue Berechnung bestätigt.

Da in Bräuningers Beobachtungsstock (Abb. 9, S. 13) die Innentemperatur reguliert werden konnte, ließ sich deren Einfluß unabhängig von der Außentemperatur prüfen. Wenn die Lufttemperatur um die Wabe unter 18° C fiel, wurde nicht mehr getanzt, dagegen auf das eifrigste noch, als einmal eine ungewollte Überhitzung auf 44° C eintrat und das Wachs im oberen Stockbereich bereits zu schmelzen begann.

Die Auswertung aller registrierten Tänze hat ergeben, daß der Einfluß der Innentemperatur etwa ebenso groß ist wie jener der Außentemperatur. Auch dieser

Befund ist statistisch gut gesichert. Abb. 71 und 72 mögen ihn anschaulich machen. In Abb. 71 sind die Ergebnisse eines Versuchstages (29. 9. 1958) dargestellt. Es war ein sonniger Herbsttag, mit schwachem Wind und wenig schwankender Außentemperatur. Die Bienen verkehrten am Futterplatz bei **385** m. Die Temperatur im Beobachtungsstock wurde im Laufe des Tages viermal gesteigert und wieder gesenkt. Man sieht, wie sich das Tanztempo konform ändert. In Abb. 72

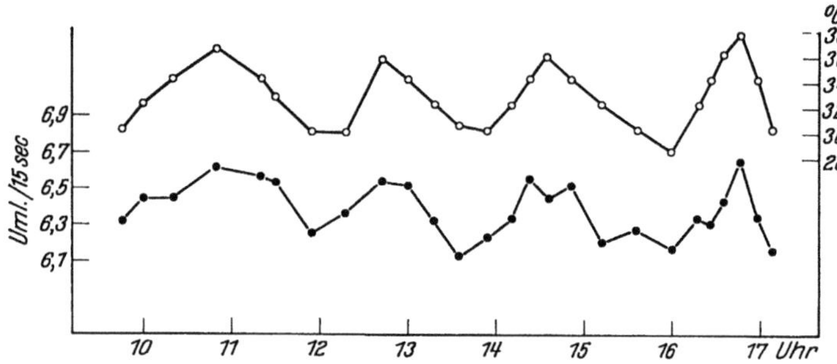

Abb. 71. Einfluß der Stock-Innentemperatur auf das Tanztempo. Im Laufe des Versuchstages wurde die Stocktemperatur viermal erhöht und wieder erniedrigt (obere Kurve, Ordinatenwerte rechts). Das Tanztempo (untere Kurve, Ordinatenwerte links) änderte sich entsprechend. 29. 9. 1958, Flugweite 385 m; 735 Messungen. Nach Bräuninger

sind aus dem gesamten vorliegenden Material alle Messungen zusammengestellt, die bei einer Außentemperatur von 16—17° C vorgenommen worden waren, und nach der künstlich geregelten Innentemperatur geordnet.

Auch die Temperatur der Futterlösung kommt als natürlicher biologischer Faktor in Frage. Nach Büdel (1956, 1959) kann sich das Innere größerer, kelchförmiger Blüten, und hiermit auch ihr Nektar, unter dem Einfluß der Sonnenstrahlung gegenüber der Umgebung um etwa 5—10° C erwärmen. Bei Blatthonig ist dasselbe möglich, da an Blättern bei starker Sonnenstrahlung und Windstille Übertemperaturen von mehr als 10° C festgestellt wurden (Geiger 1961, S. 278).

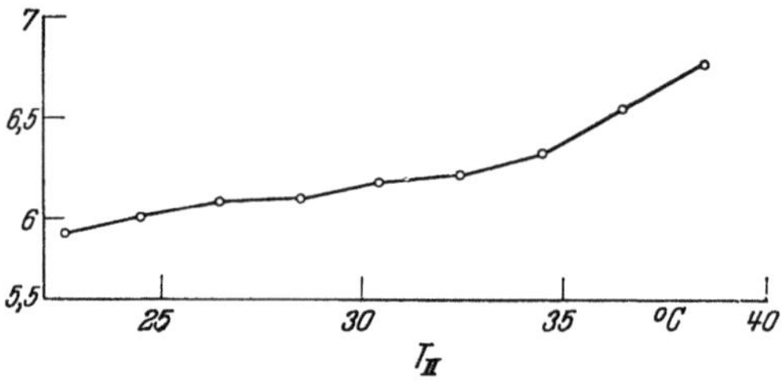

Abb. 72. Einfluß der Stock-Innentemperatur auf das Tanztempo. Zusammenstellung aller (451) Tänze, die bei einer Außentemperatur von 16—17° gemessen wurden, geordnet nach der künstlich geregelten Innentemperatur des Stockes (Abszisse). Ordinate: Uml/15 sec. Versuchsjahr 1958, Flugweite 385 m. Nach Bräuninger 1964

Bräuninger bot seinen Bienen Zuckerwasser von 2° C bis zu 45° C. Diese Grenzwerte wurden eben noch zögernd angenommen. Eine Beeinflussung des Tanztempos durch die Temperatur der Zuckerlösung war nachzuweisen und statistisch zu sichern. Sie hält sich aber in bescheidenen Grenzen. Bei einer Entfernung des Futterplatzes von 385 m bewirkte eine Erhöhung der Futtertemperatur von etwa 10° C auf etwa 35° C eine Beschleunigung der Tänze, wie sie bei einem Anstieg der Luftwärme von 10° C auf 15° C auftrat. Immerhin ist bemerkenswert, daß ein warmer Schluck an der Sammelstätte genügt, um das Tanztempo erkennbar zu beflügeln.

Wenn die Lufttemperatur von 15° C auf 25° C ansteigt, so ist die Beschleunigung des Tanztempos um etwa 10% an sich geringfügig. Rechnet man aber die Fehlweisung, die dadurch entstehen sollte, in Metern aus, so kommt man auf die beachtlichen Werte von rund 100 m bei einer Futterplatzentfernung von 385 m und rund 220 m bei einer solchen von 1250 m. Die Befolgung der Tänze durch die Stockgenossen (s. S. 85ff.) zeugt gegen ein so fehlerhaft arbeitendes System. Es ist also anzunehmen, daß die temperaturbedingten Änderungen des Tanztempos von den Kameraden, die ja sowohl im Stock wie beim Ausflug den gleichen Bedingungen unterworfen sind, kompensiert werden.

Im Gegensatze zu BRÄUNINGER konnte ESCH (1964) im Temperaturbereich von 16—31° C keinen Zusammenhang zwischen Tanztempo und Außentemperatur finden. Seine Messungen erstrecken sich nur auf wenige Tage mit annähernd gleicher Tagesdurchschnittstemperatur. Aus den Werten eines einzelnen Versuchs oder weniger aufeinanderfolgender Tage war oft auch bei BRÄUNINGER eine Temperaturabhängigkeit des Tanztempos nicht ersichtlich, vor allem oberhalb 20° C. ESCH vermutet, das Tanztempo sei nicht einfach vom Faktor „Außentemperatur" abhängig, sondern von der einer bestimmten Außentemperatur durchschnittlich zugeordneten Großwetterlage. Diese Deutung befriedigt aber nicht, da in BRÄUNINGERs Versuchen das Tanztempo auf kurzfristige Schwankungen der Stockinnentemperatur, bei gewiß unveränderter Großwetterlage, sehr deutlich angesprochen hat (vgl. Abb. 71, S. 78).

b) Der Wind

Der Einfluß der Windrichtung auf das Tanztempo wurde schon ersichtlich, als ich meine Messungen aus den Jahren 1945—1947 nach den Windverhältnissen zur Zeit der Versuche ordnete. Obwohl diese in meinen Protokollen nur näherungsweise vermerkt waren, wurde doch deutlich, daß Bienen die gegen den Wind zum Futterplatz geflogen waren, langsamer tanzten als bei Windstille, hingegen schneller, wenn sie bei Mitwind vom Stock zum Futterplatz geflogen waren (Abb. 73). Gegenwind beim Hinflug zum Ziel wirkt sich auf den Tanz so aus wie eine Vergrößerung der Entfernung und Mitwind wie eine Verkürzung der Wegstrecke. Das gibt uns Einblick in die Entfernungsschätzung der Bienen (vgl. S. 107). Es war aber notwendig, den Sachverhalt genauer zu ermitteln.

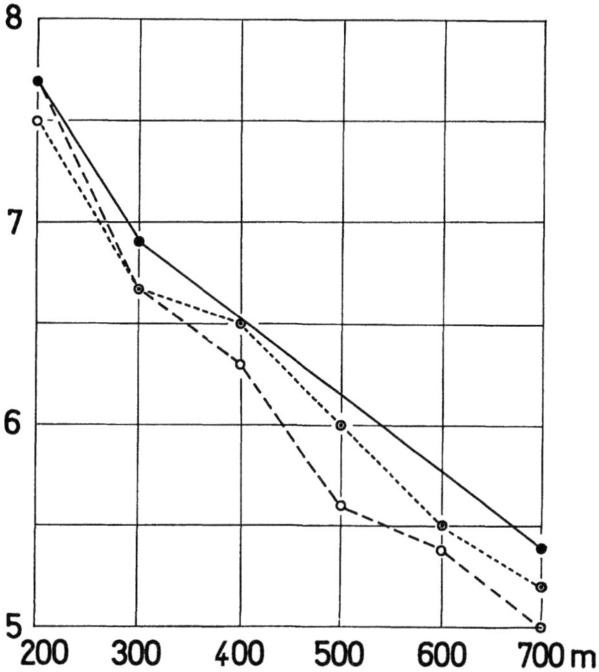

Abb. 73. Das Tanztempo bei Mitwind (obere Kurve), Windstille (Mitte) und Gegenwind (untere Kurve) beim Hinflug zum Futterplatz. Abszisse: Entfernung des Futterplatzes. Ordinate: Uml/15 sec. Durchschnittswerte aus den Versuchsjahren 1945—1947

BRÄUNINGER (1964) hat bei seinen Versuchen, die uns schon über die Temperaturwirkung Aufschluß gaben, auch die Windverhältnisse nach Richtung und Stärke laufend registriert. Zur Messung der Windgeschwindigkeit diente ein an der Flugbahn aufgestelltes Schalenkreuzanemometer in 2 m Höhe. Dies entsprach ungefähr der Flughöhe der Bienen. Da diese nicht konstant ist und beispielsweise bei heftigem Wind näher am Boden verläuft, da ferner Stärke und Richtung des

Windes kurzfristig wechseln können, ließ sich dieser Faktor nur angenähert erfassen. Bei der großen Zahl der Messungen (10847 Tänze) kam es trotzdem zu klaren Ergebnissen.

Zunächst wurden alle beobachteten Tänze, nach der Windrichtung geordnet, in Klassen von je 45° zusammengefaßt. NO bedeutet also eine Luftströmung, die aus dem Sektor NNO bis ONO kommt. Für die Sammlerinnen im Forstenrieder Park bedeutete NO-Wind Mitwind auf dem Hinflug zum Futterplatz (die Flugstrecke ist in der Geländeskizze Abb. 87, S. 91 dargestellt). In Tab. 10 sind für die drei Futterplätze im Forstenrieder Park (600, 900 und 1250 m) die Durchschnittswerte des Tanztempos aus dem Jahre 1958 für jede Klasse der Windrichtungen angegeben, ferner die mittleren Fehler und die Anzahl der Einzelbeobachtungen. Man sieht, wie für alle Futterplätze beim Übergang von NO (Mitwind) zu SW (Gegenwind) das Tanztempo abnimmt. Bei Seitenwind (NW) sind die Tänze langsamer als bei Windstille (Stab rechts) und jenen bei Gegenwind genähert.

Tabelle 10. *Tanzfrequenz und Windrichtung. Zusammenfassende Übersicht ohne Berücksichtigung anderer Faktoren* (Versuche im Forstenrieder Park 1958; nach BRÄUNINGER 1964)

Entfernung des Futterplatzes (m)		Windrichtung					
		NO	N	NW	W	SW	Windstille
600	f	**5,66**	**5,63**	**5,51**	**5,49**	**5,47**	5,57
	sf	0,01	0,01	0,02	0,02	0,01	0,03
	n	1632	532	366	486	597	168
900	f	**4,84**	**4,76**	**4,72**	**4,72**	**4,67**	4,74
	sf	0,01	0,01	0,01	0,01	0,01	0,02
	n	1796	411	363	840	648	169
1250	f	**4,38**	—	**4,25**	—	**4,21**	4,30
	sf	0,01		0,01		0,01	0,01
	n	1521		495		622	201

Durchschnittliches Tanztempo (f = Uml./15 Sek.) und Windrichtung (NO = Mitwind, SW = Gegenwind auf dem Hinweg zum Futterplatz). sf = mittlerer Fehler der Durchschnitte, n = Zahl der Beobachtungen.

Bei der weiteren Auswertung wurden Messungen verglichen, die bei gleicher Temperatur gewonnen waren. So war der Einfluß der Luftwärme als Störfaktor ausgeschlossen. Abb. 74a bringt als Beispiel die Ergebnisse aus dem Jahre 1958 für die

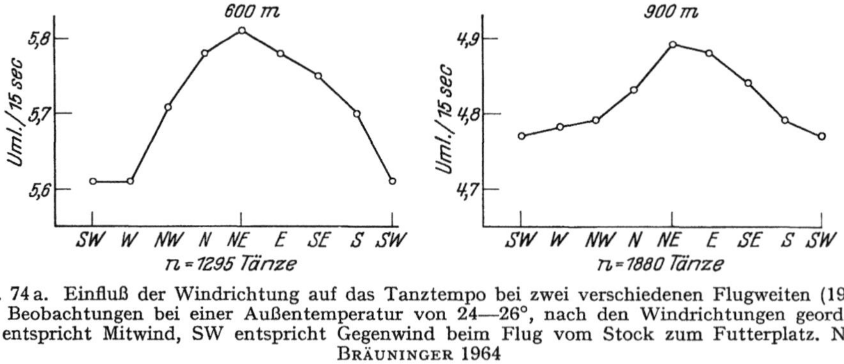

Abb. 74a. Einfluß der Windrichtung auf das Tanztempo bei zwei verschiedenen Flugweiten (1958). Alle Beobachtungen bei einer Außentemperatur von 24—26°, nach den Windrichtungen geordnet. NE entspricht Mitwind, SW entspricht Gegenwind beim Flug vom Stock zum Futterplatz. Nach BRÄUNINGER 1964

Futterplätze bei 600 und 900 m und bei einer Außentemperatur von 24—26° C. SW-Wind bedeutet wieder Gegenwind, NO-Wind Mitwind beim Flug zum Futterplatz. Auf der Ordinate sind die Umläufe/15 Sek. aufgetragen. Die

Verlangsamung des Tanztempos beim Übergang von Mitwind zu Gegenwind tritt klar in Erscheinung[1]).

Berücksichtigt man auch die Windgeschwindigkeit, so ergibt sich für Mitwind und Gegenwind im Vergleich zu Windstille das in Abb. 74b dargestellte Verhältnis. Es sind auch bei dieser Zusammenstellung aus dem großen Material nur die Werte für einen engen Temperaturbereich (23—26° C) herausgegriffen. Windgeschwindigkeiten, die über 2 m/Sek. wesentlich hinausgehen, waren leider für eine statistische Auswertung zu selten vertreten. Aber in dem vorliegenden Bereich ist

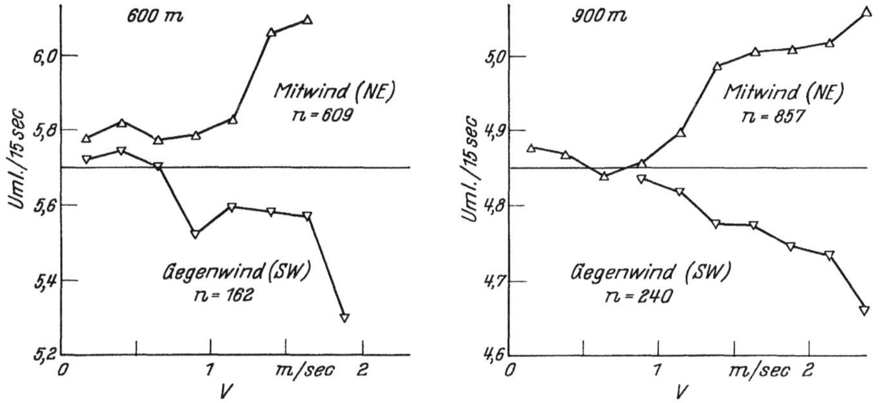

Abb. 74b. Einfluß der Windgeschwindigkeit (Abszisse) bei Mitwind und Gegenwind auf dem Hinflug zum Futterplatz. Außentemperatur 23—26° (1958). Tanztempo bei Windstille zum Vergleich als dünne Linie ausgezogen. Nach BRÄUNINGER 1964

das Auseinanderweichen der Kurven, also die zunehmende Wirkung auf das Tanztempo bei wachsender Windstärke sehr deutlich — wie nicht anders zu erwarten war.

Im Rahmen einer noch nicht abgeschlossenen Arbeit konnten HERAN und LINDAUER im Sommer 1964 in der Nähe des Neusiedlersees (Österreich) bei recht gleichmäßigem, fast reinem Gegenwind und Mitwind und viel größeren Windgeschwindigkeiten Tanzmessungen durchführen, deren Ergebnisse in Abb. 75 dargestellt sind. Alle Messungen wurden in der Zeit vom 29. 8. bis 1. 9. gemacht und beziehen sich auf das gleiche Beobachtungsvolk. Jedem Kurvenpunkt liegen 60 gemessene Tänze zugrunde. Die Windstärke zur Zeit der Messungen kann an der Darstellung b abgelesen werden, die Querstriche nahe der Basis geben die Seitenwind-Komponente an; c = Temperatur. Auf Grund der Arbeit von BRÄUNINGER (1964) läßt sich das Tanztempo auf eine gemeinsame Temperatur von 20° C. korrigieren. Dann verschieben sich die Kurven ein wenig, ohne daß sich das Bild wesentlich ändert. Abb. 75 bringt die tatsächlich gemessenen Werte. Sie bilden eine gute Ergänzung zu BRÄUNINGERs Ergebnissen, weil sie sich auf geringere Entfernungen beziehen; auch wird bei so großen Windgeschwindigkeiten, wie sie am Neusiedlersee gegeben waren, die Wirkung von Mit- und Gegenwind außerordentlich deutlich. Man beachte den anderen Ordinatenmaßstab bei Abb. 75 gegenüber Abb. 74. Bei schwachen Mit- und Gegenwinden differierte das Tanztempo bei einer Flugweite von 600 m um etwa 0,2 (5,8 gegen 5,6 Uml./15 Sek.), bei den hohen Windgeschwindigkeiten für eine Flugweite von 500 m fast um eine volle Runde (6,51 gegen 5,59 Uml./15 Sek.).

[1]) Daß der Unterschied bei 600 m größer ist als bei 900 m, ist eine zufällige Erscheinung und findet keine Bestätigung durch die Ergebnisse in anderen Temperaturbereichen und anderen Entfernungen.

c) Neigung der Flugstrecke

Wenn Bienen, die auf ihrem Weg zum Futterplatz Gegenwind zu überwinden haben, durch die Verlangsamung des Tanztempos so ansprechen, als wäre das Ziel in größere Ferne gerückt, so mochte sich die Überwindung eines Steilhanges in gleicher Weise auswirken. Diese Vermutung gab Anlaß zu Versuchen, die HERAN und WANKE (1952) und HERAN (1956) am Treuchtling-Massiv bei Tragöss in der Steiermark und am Schöckl bei Graz durchgeführt haben.

Abb. 76 zeigt den Aufstellungsort (×) des Beobachtungsstockes in der Mitte einer steilen Geröllhalde bei Tragöss. Von da aus wurde eine Gruppe numerierter Bienen durch die Felsrinne bis zum Grat und gleichzeitig eine zweite Gruppe die Schutthalde hinunter bis an den Wald am Fuße des Berges geleitet. Die Neigung des Hanges belief sich im Mittel auf etwas mehr als 30°, die Länge der ganzen Strecke auf 1300 m. Die Wanderung vom Stock weg bis zu den entferntesten Futterplätzen dauerte vom 28. 8.—7. 9. 1950. In Stufen von 50 zu 50 m wurde länger verweilt und das Tanztempo gemessen. Abb. 77 zeigt, daß die Bienen, die zum Futterplatz hangaufwärts fliegen mußten (gestrichelte Kurve) deutlich langsamer tanzten als jene, die gleich weit hangabwärts nach ihrem Ziel flogen (ausgezogene Kurve). Obwohl die Streuung der Werte verhältnismäßig groß war, sind alle Unterschiede statistisch gesichert bis auf jene von den 200 m-Plätzen.

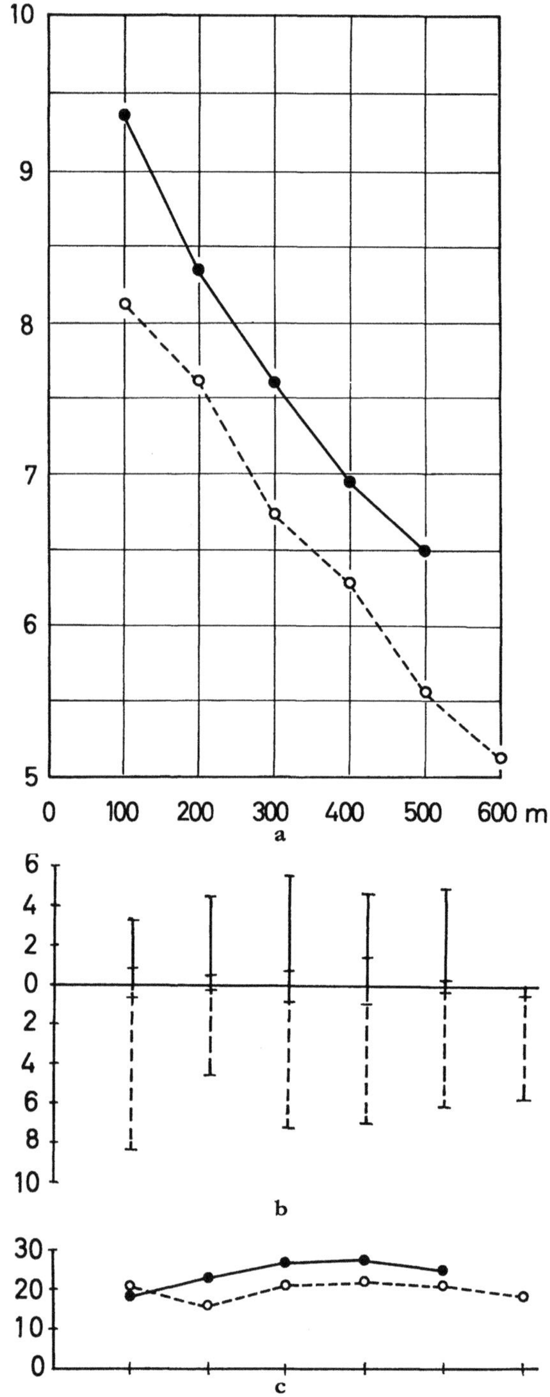

Abb. 75. a) Das Tanztempo bei starkem Mitwind (———) und starkem Gegenwind (- - -) auf dem Hinflug zum Futterplatz. Abszisse: Entfernung des Futterplatzes. Ordinate: Uml/15 sec. Jedem Kurvenpunkt liegen 60 Tanzmessungen zugrunde. Gegenüber Abb. 74 ist der andere Ordinatenmaßstab zu beachten.
b) Windgeschwindigkeit (m/sec) in der Flugrichtung, nach oben: Mitwind, nach unten: Gegenwind. Die Querstriche nahe der Basis geben die Seitenwindkomponente an
c) Temperatur (Grade C.) zur Zeit des Versuches.
Nach noch nicht veröffentlichten Versuchen von HERAN und LINDAUER am Neusiedlersee 1964

Ein anderer, für solche Experimente geeigneter Platz war ein Kahlschlag am Schöckl bei Graz. Die Hangneigung war daselbst etwas geringer (25°), die Länge der Wegstrecke 800 m. Das Ergebnis eines dort ausgeführten Versuches vom September 1949 zeigt Abb. 78.

In diesen beiden Fällen waren die Windverhältnisse so günstig, wie selten an jenen Hängen: meistens Windstille oder eine Windgeschwindigkeit bis zu 0,5 m/Sek. Nur am 200 m-Platz des erstgenannten Versuches (wo die Differenz nicht statistisch gesichert ist) gab es böigen Aufwind bis zu 3,5 m/Sek. und beim zweitgenannten Versuch herrschte starker Aufwind (2 m/Sek.) bei 350 m, wo man in Abb. 78 eine Überkreuzung der Kurven sieht. Der Aufwind trägt die Bienen hinan und hat so die entgegengesetzte Wirkung wie die Steigung.

Abb. 76. Blick auf das Versuchsgelände bei Tragöss. × Aufstellungsort des Beobachtungsstockes

Daraus wird deutlich, daß bei solchen Hangversuchen — die an die Ausdauer und Leistungsfähigkeit der Beobachter keine geringen Anforderungen stellen — der Wind als ärgster Störenfried auftritt. Tatsächlich hat er so manchen Versuch verdorben — wenn man darunter versteht, daß die erzielten Kurven nicht den erwarteten Verlauf nahmen. Da die Windverhältnisse stets kontrolliert wurden, ließen sich Abweichungen von den typischen Kurven, wie sie in Abb. 78 gegeben sind, stets auf Störfaktoren zurückführen. Mit diesen hat sich Heran

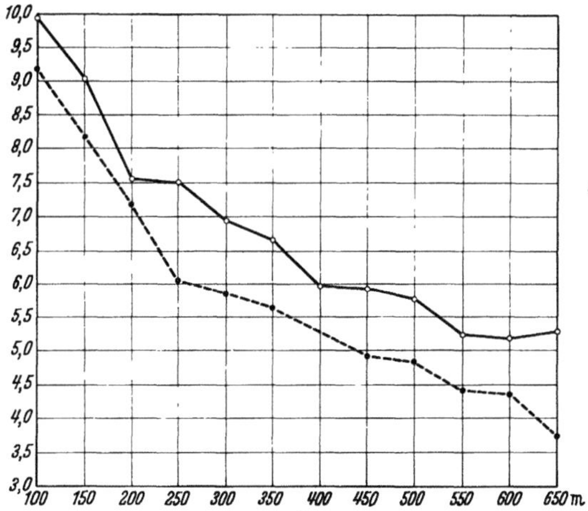

Abb. 77

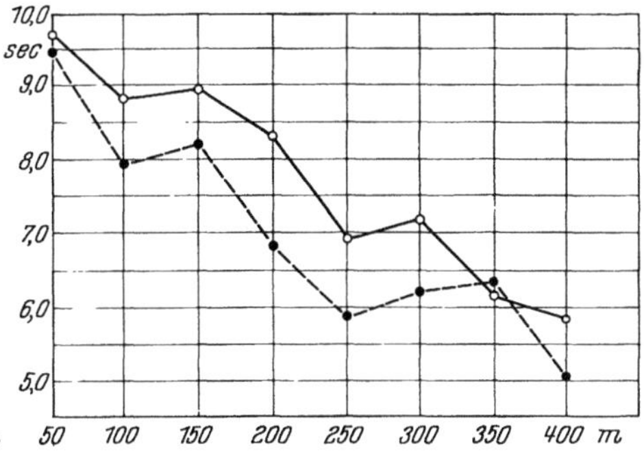

Abb. 78

Abb. 77. Ergebnis eines Versuches über das Tanztempo am Steilhang bei Tragöss. Abszisse: Entfernung des Futterplatzes. Ordinate: Uml/15 sec. - - - Futterplatz hangaufwärts, ——— Futterplatz hangabwärts. Nach Heran und Wanke 1952

Abb. 78. Ergebnis eines Steilhangversuchs am Schöckl. Erklärung wie Abb. 77

(1956) näher befaßt. Der Wind in der besonderen Form der Thermik am besonnten Hang, Temperaturdifferenzen und Schattenstrecken wurden von ihm studiert und in ihrer Auswirkung erfaßt. Da solche Einflüsse zwar Komplikationen bedeuten, aber am grundsätzlichen Ergebnis nichts ändern, brauchen sie hier nicht im einzelnen besprochen zu werden.

d) Pharmaka

Mit der Wirkung von Drogen berühren wir ein Gebiet, das den biologischen Rahmen dieser Arbeit zu überschreiten scheint. Doch ergeben sich Beziehungen zu Fragen, die uns noch beschäftigen werden.

Numerierte Bienen, die an einem Futterplatz in bestimmter Entfernung verkehrten, wurden am Vorabend eines Versuches am Futterplatz abgefangen und im Laboratorium mit Zuckerwasser gefüttert, dem Chinin, Thyroxin oder Adrenalin zugesetzt war.

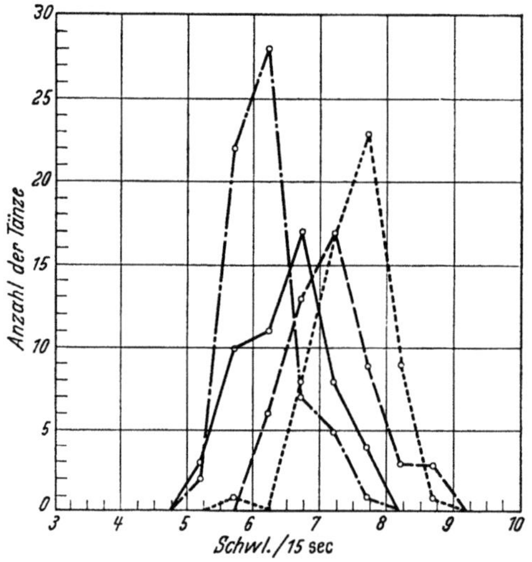

Abb. 79. Einfluß von Chinin-, Thyroxin- und Adrenalinfütterung auf die Entfernungsweisung bei 300 m Flugweite. - · - · - Chinin (50 mg-%), — — — Thyroxin (5 mg-%) - - - Adrenalin (100 mg-%), ——— normal. Abszisse: Uml/15 sec. Ordinate: Anzahl der beobachteten Tänze. Nach GRETE WERNER 1954

Am folgenden Morgen wurden sie in den Beobachtungsstock entlassen. Bei den anschließenden Versuchen zeigten sie gegenüber den Normalbienen eine Verlangsamung des Tanztempos nach Chininfütterung und anderseits eine Beschleunigung desselben nach Verfütterung von Thyroxin oder Adrenalin (GRETE WERNER 1954). Als Beispiel zeigt Abb. 79 das Ergebnis eines Versuches bei einer Futterplatz-Entfernung von 300 m. Weitere Versuche mit Flugweiten von 180, 700 und 950 m verliefen übereinstimmend. Die Abweichungen im Tanztempo von jenem der Normalbienen sind statistisch gesichert.

Diese Änderung des Tanztempos beruht nicht auf einer Störung des Zeitsinnes der Bienen. Denn nach Dressur auf eine bestimmte Futterzeit kamen sie trotz Chinin-, Thyroxin- oder Adrenalingaben so pünktlich wie zuvor[1]). Auch die Entfernungsschätzung war nicht gestört. Das konnte GRETE WERNER nachweisen, indem sie Bienen bei Entfernungen von 40—70 m prüfte, also in einem Bereich, in welchem Übergänge vom Rundtanz zum Schwänzeltanz zu beobachten sind. Der prozentuale Anteil von Rund- und Schwänzeltänzen blieb bei behandelten und unbehandelten Bienen derselbe. Bei geänderter Entfernungsschätzung hätte er sich verschieben müssen. Nachweislich

[1]) Der Einfluß von Chinin und Thyroxin auf den Zeitsinn wurde auch von M. RENNER (1957) geprüft. Er kam zu demselben negativen Ergebnis wie WERNER. Über anderslautende Literaturangaben s. bei RENNER.

beeinflußt wurde der Sauerstoffverbrauch der Bienen. Er war nach Chiningaben herabgesetzt, nach Thyroxin und Adrenalin gesteigert. So kommt WERNER zu dem Schluß, daß die Änderung des Tanztempos nach Verabreichung der Drogen nur ein Ausdruck einer geänderten Aktivität der Bienen ist. Eine solche ließ sich in Phototaxis-Versuchen tatsächlich demonstrieren: Behandelte und unbehandelte Tiere (mit beschnittenen Flügeln) liefen in der Dunkelkammer auf einem schwarz überzogenen Tisch auf eine Lichtquelle zu. Die Laufzeit war gegenüber Normalbienen nach Chiningaben um 12% verlangsamt, nach Adrenalin- und Thyroxingaben um 12—18% beschleunigt.

7. Wie genau wird die Entfernungsweisung von den Neulingen befolgt? Stufenversuche

Zwischen dem Tanztempo der Bienen und der Entfernung des Futterplatzes besteht eine klare Beziehung (Abb. 61, 62 S. 70, 71). Diese wird zwar durch Innen- und Außenfaktoren beeinflußt (S. 71—85), aber in so engen Grenzen, daß wir am Rhythmus der Tänzerin doch mit bemerkenswerter Genauigkeit die Entfernung der Futterquelle ablesen können, an der sie tätig war. Die Frage ist nun, ob auch die Stockgenossen die Weisung verstehen und wie genau sie ihr Folge leisten.

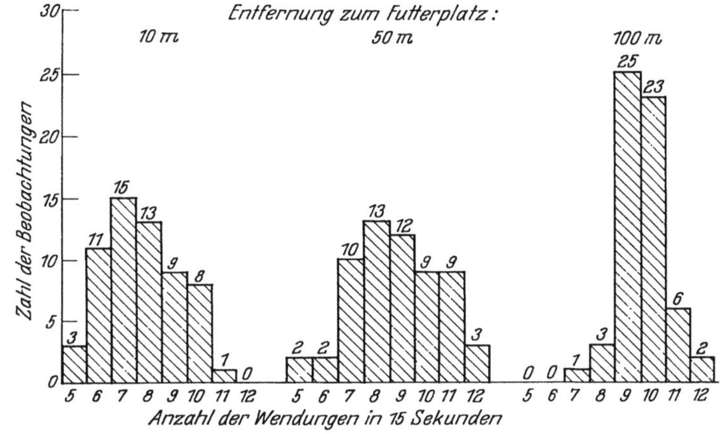

Abb. 80. Anzahl der Wendungen /15 sec bei Futterplatz-Entfernungen von 10 m, 50 m und 100 m. Im Rundtanzbereich weist die Zahl der Wendungen (Abszisse) eine starke Streuung auf, weil zwischen je zwei Wendungen manchmal nur ein Bruchteil einer Runde und manchmal ein voller Kreis und mehr gelaufen wird. Bei 100 m kommt es mit der geregelten Figur des Schwänzeltanzes auch zur strafferen Ordnung des zeitlichen Ablaufs.

Der reine Rundtanz zeigt keine klare Beziehung zwischen der Zahl der Umläufe pro 15 Sek. und der Entfernung des Zieles. Die Rundtänzerin wechselt ja die Richtung der Kreistouren, auch bei ein und demselben Tanz, manchmal schon nach einem halben Umlauf und manchmal erst nach 1—3 vollen Runden; die Wendungen erfolgen daher in verschiedenen Zeitabständen und ihre Zahl in 15 Sek. ist schwankend.

So zählte ich z. B. bei einem Versuch am 1. 7. 1945 (Futterplatz 10 m vom Stock) in 12 Rundtänzen von 6 bis zu 12 Wendungen pro 15 Sek. Am 14. 8. 1964 beobachtete ich von 9—10 Uhr bei derselben Entfernung (10 m) 60 Tänze und zählte 5—11 Wendungen (Abb. 80 links). Nach Verlegung des Futterplatzes auf 50 m ergaben sich von 10^{45}—11^{45} Uhr in 60 Tanzbeobachtungen 5—12 Wendungen (Abb. 80 Mitte). Die Werte schwankten also noch stark, sie haben sich aber verschoben und zwar in Richtung auf eine größere Zahl der Wendungen/15 Sek. Es kam nun seltener vor, daß bei einem Tanz volle Kreise oder mehrere Runden in gleicher Richtung eingestreut wurden, wodurch ja die Zahl der Wendungen vermindert wird. Bei einer Futterplatz-Entfernung von

100 m wird eine Richtungsweisung, und hiermit in der Laufkurve der regelmäßige Wechsel der Halbbogen nach links und rechts fast bei allen Runden deutlich. Dadurch ist nicht nur die räumliche, sondern auch die zeitliche Ordnung im Schwänzeltanz gegeben. Von 12^{10}—13^{00} Uhr waren bei 60 Tänzen überwiegend 9—10 Wendungen/15 Sek. zu beobachten (Abb. 80 rechts).

Wir nehmen als Tatsache vorweg, daß die verständigten Bienen durch den Schwänzeltanz über die Richtung zum Ziel informiert sind (S. 127 ff.) und wollen untersuchen, ob sie seine Entfernung kennen. Um das zu erfahren machen wir Stufenversuche. Der Leitgedanke ist einfach:

Wir errichten in willkürlich gewählter Entfernung einen Futterplatz an welchem eine Gruppe numerierter Bienen bei spärlicher Fütterung und ohne Duftbeigabe verkehrt. Während des Versuches wird diese Gruppe mit konzentrierter Zuckerlösung und Duftbeigabe gefüttert. Daher wird nun getanzt und die alarmierten Neulinge suchen nach dem betreffenden Duft. In der Richtung vom Stock zum Ziel und noch über das Ziel hinaus sind in abgestuften Entfernungen „Duftplatten" (ohne Futter) ausgelegt. Ihnen ist der gleiche Duftstoff beigegeben wie dem Futterplatz, sie locken daher die Neulinge an, sobald sie in die Nähe kommen; denn diese suchen ja nach dem Duft, den sie an der Tänzerin wahrgenommen haben (S. 45ff.). Bei jeder Duftplatte sitzt ein Beobachter und notiert die Zahl der anschwärmenden und der sich setzenden, ungezeichneten Bienen. Am Futterplatz selbst wird jeder Neuling sofort abgefangen. Die Besucher der Duftplatten haben also bei dem dargebotenen spezifischen Duft noch kein Futter gefunden, sie kommen lediglich auf Grund der Benachrichtigung durch die Tänzerin. Ihre Verteilung über die Stufenfolge der Duftplatten gibt uns Auskunft darüber, wo sie suchen.

Das Verhalten der Bienen gegenüber den Duftplatten ist sehr bezeichnend: Sie kommen gegen die Windrichtung nahe am Boden langsam, in kurzem Zickzackflug suchend heran und umschwärmen die Platte. Sie werden nur notiert, wenn sie sich ihr auf etwa 20 cm genähert haben. In der Regel lassen sie sich dann auf ihr nieder und laufen auf der Duftplatte herum, wobei sie sich unzweideutig für die Duftquelle interessieren. Da sie nicht abgefangen werden und nicht gezeichnet sind, bleibt natürlich unbekannt, ob dieselbe Biene ihren Anflug mehrmals wiederholt. Wenn sie dem Beobachter aus dem Gesichtskreis entschwunden ist, wird sie bei einem weiteren Anflug neu gezählt. Das ist kein Fehler, denn auch das hartnäckige Suchen desselben Tieres in einer bestimmten Entfernung bezeugt, daß es gerade hier etwas erwartet.

Die saubere Vorbereitung und Durchführung eines solchen Versuches ist nicht einfach. Manchmal sind — für 12 Duftplatten — 12 Beobachter nötig. Sie müssen nicht nur eine Biene im Flug sicher von anderen Insekten unterscheiden können, sondern auch fähig sein, sich stundenlang auf ihre Aufgabe zu konzentrieren, selbst wenn sich gar nichts ereignet. Sorgfältige Auswahl der Helfer ist eine Voraussetzung für den Erfolg. Dieser ist aber auch von anderer Seite her bedroht und es ist notwendig, auf einige Fehlerquellen aufmerksam zu machen.

Von besonderem Interesse wäre natürlich der Zustrom von Neulingen in genau der Entfernung, auf welche die Tänze hinweisen, also am Futterplatz selbst. Die Zuflüge am Futterplatz müssen aber bei der Bewertung der Ergebnisse außer Betracht bleiben. Denn hier herrschen durch den Verkehr der gezeichneten Bienen, die von ihrem Duftorgan Gebrauch machen, ganz andere Verhältnisse als an den Beobachtungsplatten. Die zusätzliche Lockwirkung des Duftorganes ist von Versuch zu Versuch verschieden und stark davon abhängig, wie intensiv es gebraucht wird und aus welcher Richtung der Wind kommt. Wir haben die nächstgelegenen Duftplatten 50 m vor und 50 m hinter dem Futterplatz ausgelegt und sind hiermit dem Wirkungsbereich des Duftorganes ausgewichen und doch nahe genug am Ziel der Sammeltätigkeit, um die Genauigkeit der Anflüge hinreichend zu erfassen.

Die Duftplatten müssen, damit auf allen Stufen vergleichbare Bedingungen herrschen, den Duftstoff während der mehrstündigen Versuchszeit gleichmäßig abgeben, und zwar in so geringer Intensität, daß nur in der Nähe herumsuchende Bienen angelockt werden. Folgende Vorrichtung hat sich bewährt: In einer Kartonplatte (15 × 15 cm) werden 8 Löcher ausgestanzt, in welche kleine Gläschen (Öffnungsweite 6 mm) eingesetzt werden. Jedes wird bei Versuchsbeginn mit einigen Tropfen des

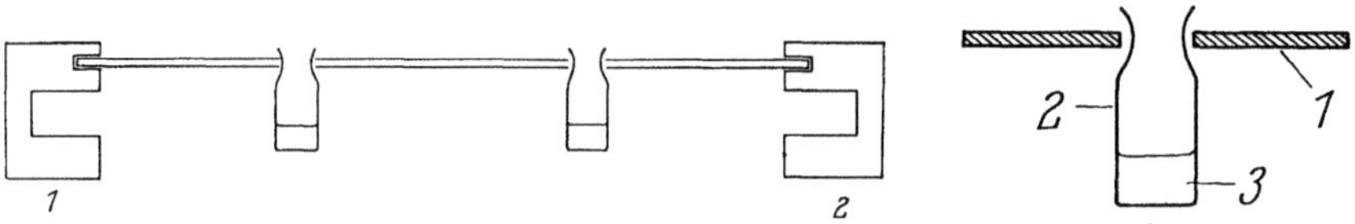

Abb. 81 a u. b. a Duftplatte, gesichert durch Bleiklötze (1 und 2) mit Nuten b) Teilbild, stärker vergrößert; 1 Kartonplatte, 2 Gläschen, 3 Riechstoff

Riechstoffes versehen. Wir verwendeten Lavendelöl, Pfefferminzöl, Orangenblütenöl und einmal Linalool. Die Duftplatte wird zur Sicherung gegen einen Windstoß von zwei auf dem Boden liegenden Bleiklötzchen gehalten (Abb. 81, 82). — Wenn beim Füllen der Gläschen ein einziger Tropfen des ätherischen Öles daneben auf die Platte fällt, ist

Abb. 82. Duftplatte mit acht Duftgläschen. Bleiklötze (K_1 und K_2) sichern sie gegen Wind. Durch den Pflock links wurde beim Vermessen der Platz bezeichnet

diese unbrauchbar, weil ihre Duftintensität erhöht ist. Bei Großversuchen waren vor Versuchsbeginn etwa 100 Gläschen an den Beobachtungsplätzen zu füllen. Wir haben darum ab 1955 eine andere Vorrichtung verwendet, bei der das Füllen und Auslegen der Duftplatten einfacher und wesentlich schneller möglich ist: Das ätherische Öl wird in ein Glasschälchen (3 cm Durchmesser, $1^1/_2$ cm hoch) eingefüllt, so daß der Boden gut bedeckt ist. Als Abschluß dient eine Glas- oder Plexiglasscheibe, in deren Mitte zur Duftabgabe ein Loch von 8 mm oder 10 mm Durchmesser gebohrt ist. Ein darüber befestigtes Drahtgitter (2 mm Maschenweite) verhütet das Eindringen der Bienen und eine Verschiebung des Deckels. Das Glas wird auf ein kurzbeiniges Holztischchen (15 × 15 cm) gesetzt und dieses auf den Boden gestellt (Abb. 83). Bei Sonnenschein müssen natürlich alle Duftplatten gleicherweise der Sonne ausgesetzt sein.

Das Futtertischchen ist etwa 60 cm hoch. Für die Duftdarbietung am Futterplatz ist die in Abb. 21, S. 20, dargestellte Anordnung bestens bewährt. Bei großer Entfernung des Futterplatzes wird überdies eine Spur des Duftstoffes dem Zuckerwasser selbst beigegeben. Die Menge muß richtig bemessen sein, damit sie gut zur

Geltung kommt, aber die Tänze nicht hemmt (vgl. KASCHEF 1957): 1 Tropfen des ätherischen Öles auf 1 Liter zweimolare Rohrzuckerlösung.

Bei der Anlage des Futterplatzes wird eine numerierte Bienengruppe vom Beobachtungsstock weg mit dem Futtertischchen bis in die gewünschte Entfernung geleitet. Dabei soll ohne Duftbeigabe gefüttert werden und mit so geringer Zuckerkonzentration, daß im Stock nicht getanzt wird, was immer wieder zu kontrollieren ist. Tänze während der Wanderung alarmieren Neulinge auf die Flugstrecke, die aber bei dem wiederholten Vorverlegen des Futterplatzes teilweise das Ziel nicht finden und

Abb. 83. Duftplatte: Auf einem Holzschemel, der bei Versuchen im Gelände auf den Boden gesetzt wird, steht ein Glasschälchen mit Riechstoff. Durch die Bohrung im Glasdeckel kann dauernd etwas von dem Duft entweichen. Ein Drahtgitter verhindert das Eindringen von Bienen. Ein Neuling ist angeflogen und interessiert sich für den Duft. Phot. Dr. RENNER

im nachfolgenden Versuch bei der neuerlichen Alarmierung zu einer Fehlerquelle werden können. Soll sich die Wanderung über mehrere Kilometer erstrecken, so muß sie allerdings zuweilen durch einen schwachen Duft unterstützt werden. Man wählt dann für den Versuch einen anderen Riechstoff.

Die Zahl der numerierten Bienen soll nicht zu groß sein, damit der Geruch der Duftorgane nicht zu intensiv wird. Sie muß aber anderseits der Flugweite angemessen sein. Wenn eine Biene zum Futterplatz 4—5 km zu fliegen hat, erscheint sie daselbst nur etwa zweimal in der Stunde. Als Richtlinie kann gelten: Bei einer Entfernung von 500 m 8 Sammelbienen, bei 2000 m 30, bei 4000—5000 m etwa 50 Sammelbienen.

Die Wanderstrecke legten wir fünfmal im Forstenrieder Park bei München an, entlang einer Forststraße, die für den öffentlichen Verkehr gesperrt ist und auf 7 km geradlinig verläuft; zweimal im Erdinger Moos entlang einem schnurgeraden Feldweg; in diesen Fällen konnten die Duftplatten mit Benützung eines Autos verhältnismäßig rasch ausgelegt werden. Duftfläschchen und benützte Pipetten müssen hernach unter dichtem Verschluß abgestellt werden.

Die geplanten Beobachtungsplätze haben wir in der Regel schon am Vortag des Versuches vermessen und in geeigneter Weise gekennzeichnet.

Die drei ersten Stufenversuche fanden 1947 und 1948 in Brunnwinkl und Umgebung statt. Sie brachten positive Ergebnisse, aber das Bergland bietet für dieses Vorhaben zu wenig Bewegungsfreiheit und keine genügend gleichmäßigen Bedingungen. Für eine quantitative Beurteilung sind Versuche in ebenem Gelände vorzuziehen. Wir haben 9 weitere Stufenversuche 1949 bis 1962 in der Umgebung von St. Gilgen, Graz und München durchgeführt. Zwei von ihnen sind mißlungen.

Ich bringe nun, nach zunehmender Entfernung des Futterplatzes geordnet, die 7 geglückten Stufenversuche und anschließend die zwei mißlungenen, die auch ganz lehrreich sind.

1. Gschwandt bei St. Gilgen, 3. 9. 1962, Flugweite 300 m. Von der ehemaligen Haltestelle Gschwandt einer Schmalspurbahn, die seit mehreren Jahren aufgelassen ist, führt der alte Bahndamm schnurgerade gegen Zinkenbach. Die

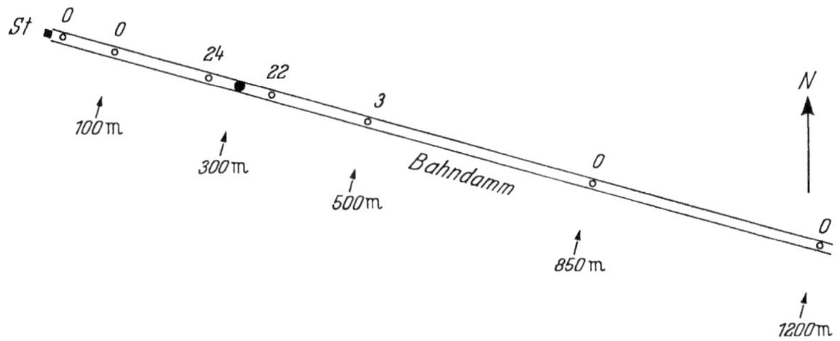

Abb. 84. Stufenversuch bei Gschwandt (St. Gilgen) am 3. 9. 1962, 10^{15}—12^{45} Uhr. St Beobachtungsstock, ● Futterplatz 300 m vom Stock, O Duftplatten. Die beigefügten Zahlen bedeuten die Anzahl der Anflüge in der Beobachtungszeit

Geleise sind entfernt, der Bahndamm, der sich nur wenig (etwa 30 cm) über die umliegenden, zur Zeit abgemähten ebenen Wiesenflächen erhebt, ist mit kurzem Gras bewachsen. Am 2. 9. wird ein Beobachtungsstock am Bahndamm aufgestellt (St, Abb. 84) und eine Gruppe numerierter Bienen bei duftloser Fütterung bis 300 m vom Stock geleitet. Es stellte sich kein einziger Neuling ein. Am 3. 9., einem warmen wolkenlosen Tag, wurde auch zunächst dünne Zuckerlösung duftlos gefüttert. Während des Versuches (10^{15}—12^{45} Uhr) erhielten 7 numerierte Bienen am Futterplatz zweimolare Rohrzuckerlösung bei Orangenblütenduft (Anordnung wie Abb. 21, S. 20). Duftplatten (wie Abb. 83, S. 88) mit Orangenblütenöl waren 20 m, 100 m, 250 m, 350 m, 500 m, 850 m und 1200 m vom Stock in der Mitte des Bahndammes aufgelegt.

Am Futterplatz, wo zum Blütenduft noch die Lockwirkung des Duftorgans hinzu kam, flogen in den $2^1/_2$ Stunden 80 Neulinge zu, die sofort abgefangen und getötet wurden. Es herrschte schwacher Wind aus NNW—NW. Hätte sich die Lockwirkung des Duftorgans bei den nächstgelegenen Duftplatten in 50 m Abstand vom Futterplatz noch als Störfaktor geltend gemacht, so wären bei der gegebenen Windrichtung am 350 m-Platz mehr Anflüge zu erwarten gewesen als bei 250 m.

Die Zahl der Anflüge in der Versuchszeit 10^{15}—12^{45} Uhr ist in Abb. 84 eingetragen und in Abb. 89 graphisch dargestellt. Anflüge von Neulingen waren in den $2^1/_2$ Stunden sehr gleichmäßig und immer wieder nur im nahen Bereich um die von den Tänzerinnen angegebene Entfernung zu verzeichnen.

2. Erdinger Moos bei München. 19. 7. 1956, Flugweite 450 m. Das Beobachtungsvolk wird am 18. 7. 30 m südlich vom Feldweg (Abb. 85) aufgestellt. Mit numerierten Bienen wird auf dem Weg bis 450 m vom Stock gewandert, wo der endgültige Futterplatz 30 m südlich vom Weg in die Wiese gelegt wird.

Am 19. 7. ab 7 Uhr gefüttert, ab 9 Uhr Gewöhnung der numerierten Bienen an das Versuchsfuttergefäß. Weder bei der Wanderung noch am Endplatz kamen Neulinge. Von 9^{20-45} Uhr wurden parallel dem Feldweg und 30 m südlich von ihm 7 Duftplatten ausgelegt, sämtlich auf gemähter Wiese in völlig ebenem Gelände. 9^{50} Uhr Füllung der Duftschale am Futterplatz mit Orangenblütenöl und Ersatz der schwachen, nur eben noch angenommenen Zuckerlösung durch eine zweimolare mit Zusatz von Orangenblütenöl. Es verkehrten 8 numerierte Bienen. Am Futterplatz flogen in der Versuchszeit 88 Neulinge zu und wurden getötet. Die Sammlerinnen betätigten ihr Duftorgan stark. — Wetter sonnig, warm, Wind aus O bis NO, schwach.

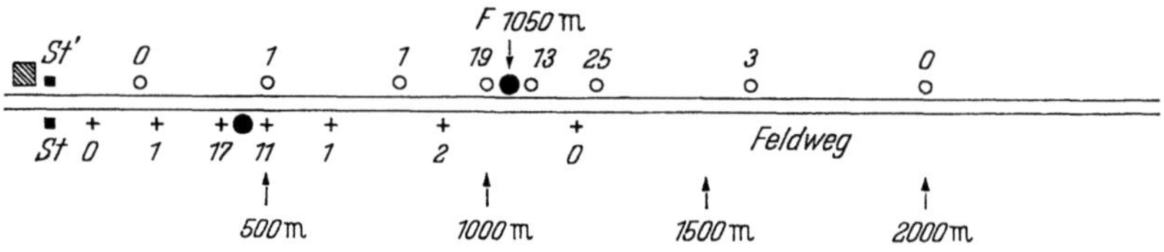

Abb. 85. Stufenversuch im Erdinger Moos bei München am 19. 7. 1956. Es ist ein in west-östlicher Richtung verlaufender Feldweg eingezeichnet. Südlich vom Weg (im Bilde: unten) wurde bei 450 m ein Futterplatz angelegt (●). St Beobachtungsstock, + Duftplatten mit Anzahl der Anflüge in der Versuchszeit. — Stufenversuch am 10. 7. 1956 nördlich vom Weg (im Bilde: oben): St Beobachtungsstock, ● Futterplatz bei 1050 m, ○ Duftplatten mit Zahl der Anflüge in der Versuchszeit

Die Zahl der Anflüge an den Duftplatten in der Versuchszeit von 9^{50} bis 11^{50} Uhr ist in Abb. 85 unten eingetragen und in der Kurve (Abb. 89) graphisch dargestellt. Schon die Duftplatten 200 m vor und hinter dem Futterplatz fanden kaum Beachtung. Wenn man bedenkt, daß die Biene im freien Flug eine Strecke von 200 m in etwa 24 Sek. zurücklegt (v. Frisch u. Lindauer 1955), so ist doch recht bemerkenswert, daß sich die Neulinge bei ihren Suchflügen zwei Stunden lang so scharf an die im Tanz gemeldete Entfernung gehalten haben.

3. Umgebung von Graz, 27. 6. 1949, Flugweite 750 m. Vom Beobachtungsstock aus wurde am 25. und 26. 6. 1949 entlang einer geradlinigen Strecke der Graz—Köflacher Bahn über ebene, niedere Wiesen und Felder hinweg mit dem Futterplatz bis 750 m gewandert.

Es wurde kein Duft verwendet, aber anfangs etwas zu konzentriert gefüttert, so daß bis zu 350 m 24 Neulinge abgefangen wurden. Weiterhin bis zum Endplatz kamen nur noch 4 und am Tag des Versuchs bis zu dessen Beginn überhaupt keine. Am 27. 6. 10^{25}—11^{20} Uhr Auslegen der Duftplatten mit Linalool. Am Futterplatz ab 11^{15} Uhr Fütterung mit 2 mol Zuckerlösung bei Linaloolduft. Es verkehrten 12 numerierte Bienen. Während des Versuches flogen am Futterplatz 31 Neulinge zu und wurden getötet. Meist sonnig, mäßiger Wind aus N.

Der Versuch lief von 11^{15}—12^{45} Uhr. Die Verteilung der Duftplatten und der Anflüge zeigt die Skizze Abb. 86 und die graphische Darstellung Abb. 89. Vielleicht lag es am Linaloolduft, daß sich bei diesem Versuch nur etwa die Hälfte der Bienen, welche die Duftplatten gezielt ansteuerten, auf ihnen niederließ.

4. Erdinger Moos, 10. 7. 1956, Flugweite 1050 m. Dasselbe Gelände wie bei dem schon besprochenen Versuch vom 19. 7., jedoch wurde ein anderes Beobachtungsvolk verwendet.

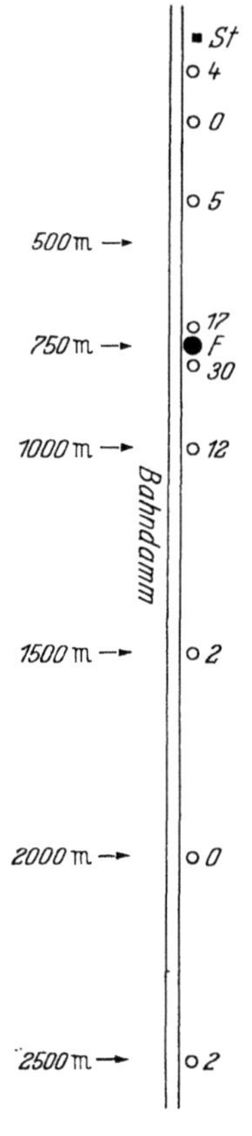

Abb. 86. Stufenversuch bei Graz am 27. 6. 1949. St Beobachtungsstock, ● Futterplatz bei 750 m, ○ Duftplatten mit Zahl der Anflüge in der Versuchszeit

Der Stock, der Wanderweg und der Futterplatz lagen 25 m nördlich vom Feldweg. Am 9. 7. gelang die Wanderung mit numerierten Bienen ohne Duft und ohne nennenswerte Tanztätigkeit bis zum Endplatz bei 1050 m.

Am 10. 7. ab 7^{15} Uhr Fütterung mit schwacher Zuckerlösung ohne Duft. In $4^1/_4$ Stunden (bis zu Versuchsbeginn) kamen nur 4 Neulinge. 10^{40} Uhr Gewöhnung der Bienen am Futterplatz an die übergitterte Schale, 11^{00-35} Uhr Auslegen der Duftplatten mit Orangenblütenöl. Ab 11^{30} Uhr wird 2 mol Rohrzuckerlösung mit Zusatz von Orangenblütenöl gefüttert, die Schale ist mit dem Duft versehen. Am Futterplatz verkehrten

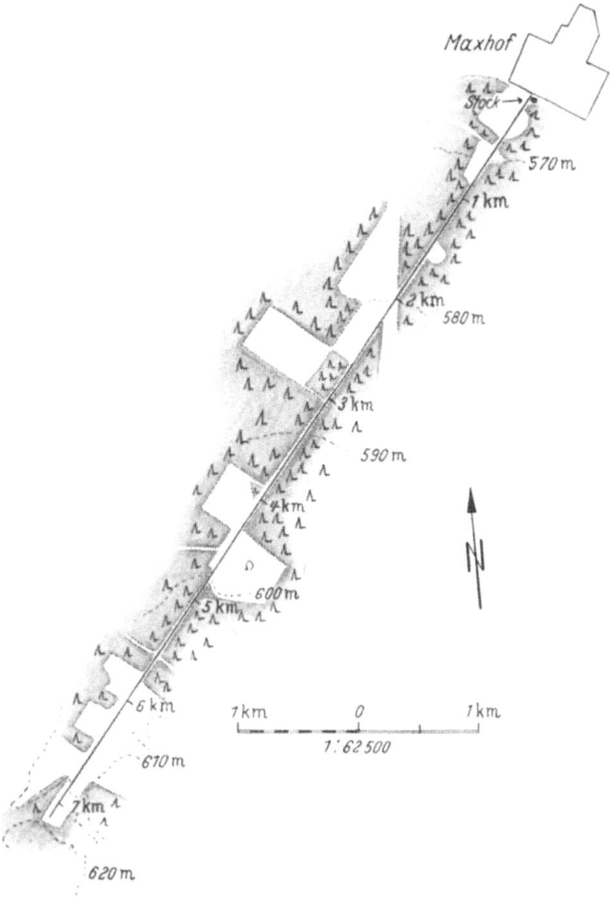

Abb. 87. Kartenskizze des Versuchsgeländes im Forstenrieder Park bei München, an einer in südwestlicher Richtung verlaufenden Forststraße. Die Meterangaben beziehen sich auf die Höhe über dem Meeresspiegel

etwa 30 numerierte Bienen, 132 Neulinge wurden daselbst während des dreistündigen Versuchs getötet. Sehr lebhafte Betätigung des Duftorganes scheint auch diesmal den starken Zuflug bewirkt zu haben. Der Himmel war leicht bedeckt, zeitweise sonnig, mäßiger Wind vorwiegend aus N und NW, seltener W.

Versuchszeit: 11^{30}—14^{30} Uhr. In Abb. 85, S. 90 (oben) ist die Lage der Duftplatten und die Zahl der Anflüge eingetragen. Vgl. auch die graphische Darstellung Abb. 89. Fast alle an den Duftplatten anschwärmenden Neulinge setzten sich auf sie und suchten intensiv.

5. Forstenrieder Park bei München, 20. 7. 1952, Flugweite 2000 m. Das Versuchsgelände zeigt Abb. 87. Vom „Maxhof" führt eine Kiesstraße, die nur als Forstweg dient, in südwestlicher Richtung geradlinig über 7 km in breiten Schneisen und über Lichtungen in den Forstenrieder Park hinein (Abb. 88). Sie war uns, Dank dem Entgegenkommen der Forstverwaltung, bei vielen Versuchen nützlich.

Abb. 88. Futterplatz an der Forststraße im Forstenrieder Park

Am 18. 7. wurde ein Beobachtungsstock in der Nähe des Maxhofes aufgestellt und an diesem Tag mit numerierten Bienen ohne Duftbeigabe, aber mit 2 mol Zuckerlösung bis 1600 m vom Stock gewandert, wobei alle hinzukommenden Neulinge der Schar eingegliedert wurden. Am folgenden Tag konnte bei regnerischem Wetter nur wenig gefüttert werden. Am 20. 7. bis 10 Uhr Verlegung des Futterplatzes auf 2000 m. Bis zu Versuchsbeginn (11^{15} Uhr) kamen keine Neulinge. 10^{30}—11^{45} Uhr Auslegen der Duftplatten mit Lavendelöl am Straßenrand. 11^{50} Uhr Fütterung mit 2 mol Zuckerlösung und Füllung der Duftgläschen mit Lavendelöl. Es verkehrten am Futterplatz etwa 40 numerierte Bienen, 22 Neulinge flogen in der Versuchszeit zu und wurden abgefangen. Wolkenlos und warm. Teils windstill, teils mäßiger Wind, umspringend.

Der Versuch lief von 11^{50}—14^{50} Uhr. Abb. 89 bringt das Ergebnis in graphischer Darstellung[1]). Es ist beachtenswert, wie scharf sich die große Zahl der Anflüge auf

[1]) Bei diesem Versuch waren noch während des Wanderns Neulinge zugeflogen und der Schar eingegliedert worden. Sie gingen zum Teil beim schnellen Wandern wieder verloren und erschienen dementsprechend beim Versuch an verschiedenen Plätzen. Sie waren an ihrer Markierung kenntlich und wurden natürlich nicht als Neulinge gezählt. Da in einigen Fällen bei kurzem Umschwärmen Unsicherheit bestand, ob die Biene gezeichnet war, wurden in diesem Versuch nur die Bienen gewertet, die sich gesetzt hatten, was überwiegend der Fall war.

den Bereich von 1600—2400 m beschränkt — eine Strecke von weniger als 2 Minuten für eine Biene im freien Flug. Die Tänzerinnen müssen „überzeugend“ auf diese Entfernung hingewiesen haben. Gliedert man die Anflüge des dreistündigen Versuches nach halben Stunden auf, so kommt immer erneut das ständige Suchen in der gemeldeten Entfernung zum Ausdruck (Tabelle 11).

Tabelle 11. *Stufenversuch vom 20. 7. 1952 im Forstenrieder Park. Die Anflüge an den Duftplatten (und am Futterplatz) während des dreistündigen Versuchs, nach halben Stunden aufgegliedert*

Zeit	Abstand vom Stock in m												
	10	100	400	800	1200	1600	1950	2000	2050	2400	3000	4000	5000
	Duftplatten							Futterplatz	Duftplatten				
11^{50}–12^{20}	0	0	0	0	0	0	0	(0)	1	1	0	0	0
12^{20}–12^{50}	0	0	0	2	0	3	7	(4)	1	4	0	0	0
12^{50}–13^{20}	0	0	0	0	0	4	17	(6)	2	6	0	0	0
13^{20}–13^{50}	0	0	0	0	0	3	30	(3)	2	2	0	0	0
13^{50}–14^{20}	0	0	0	0	0	1	24	(3)	17	7	2	0	0
14^{20}–14^{50}	0	0	0	0	1	3	14	(6)	5	7	0	0	0

6. Forstenrieder Park, 12. 7. 1953, Flugweite 4400 m. Am 8. 6. war der Beobachtungsstock aufgestellt worden. Das Wandern auf die in Aussicht genommene große Entfernung verlief wegen schlechten Wetters sehr zögernd. Am 7. 7. waren 3000 m erreicht, und am 12. 7. nach abermaligem Regen endlich 4400 m.

Am 6. 7. war zwischen 2500 und 3000 m ein wenig Lavendelduft angewendet worden, weiterhin vollzog sich die Wanderung duftlos, es kamen nur wenige Neulinge. Von 9^{55}—11^{00} Uhr wurden die Duftplatten mit Pfefferminzöl ausgelegt und ab 11^{00} Uhr am Futterplatz Pfefferminzduft geboten und 2 mol Rohrzuckerlösung mit Pfefferminz gefüttert. Es verkehrten 40 numerierte Bienen. Während des fünfstündigen Versuches kamen zum Futterplatz 9 Neulinge und wurden abgefangen. Wetter sonnig, zeitweise etwas verschleiert. Teils windstill, teils mäßiger Wind, umspringend.

Der Versuch dauerte von 11^{00}—16^{00} Uhr. Er wurde durch 5 Stunden fortgeführt, weil sich infolge der großen Entfernung und des zur Zeit günstigen Trachtangebotes nur wenige Neulinge einstellten. Sie kamen aber mit überraschender Präzision (vgl. die graphische Darstellung Abb. 89). Die meisten (7) Anflüge bei 4350 m fielen in die Stunde von 13^{30}—14^{30} Uhr. Zu dieser Zeit herrschte beim Volk lebhaftes Vorspiel.

7. Forstenrieder Park, 3. 9. 1954, Flugweite 4400 m. Wiederholung des Versuches von 1953. Am 31. 8. wurde der Beobachtungsstock beim Maxhof aufgestellt. Bereits am 1. 9. war mit duftloser Wanderung der 4400 m-Platz erreicht.

Unter Anwendung von Lavendelduft mußten noch Neulinge alarmiert und dazugezeichnet werden. Am 2. 9. duftlose Fütterung mit schwächerer Zuckerlösung. 3. 9. Auslegen der Duftplatten mit Pfefferminzöl (beendet um 10^{40} Uhr). Ab 10^{40} Uhr wird am Futterplatz Pfefferminzduft und 2 mol Rohrzuckerlösung mit Pfefferminzzusatz geboten. Es verkehrten 70—80 numerierte Bienen. Während des vierstündigen Versuches stellten sich 9 Neulinge ein und wurden getötet. Es herrschte Gewitterstimmung, was für den Zuflug von Neulingen bei großer Entfernung ungünstig ist. Doch kam es nicht zur Entladung. Ab 13^{20} Uhr im Süden Aufklaren, sonnig. In der Versuchszeit ziemlich windstill.

Der Versuch lief von 10^{40}—14^{40} Uhr. Das Ergebnis ist aus der graphischen Darstellung Abb. 89 ersichtlich.

Ein Blick auf das Gesamtergebnis der 7 Versuche fordert zu der Frage heraus, wie weit nun eigentlich die Genauigkeit des Suchens zur Genauigkeit des Verkündens stimmt. Das soll aber erst am Ende des nächsten Abschnittes diskutiert werden (S. 104ff.).

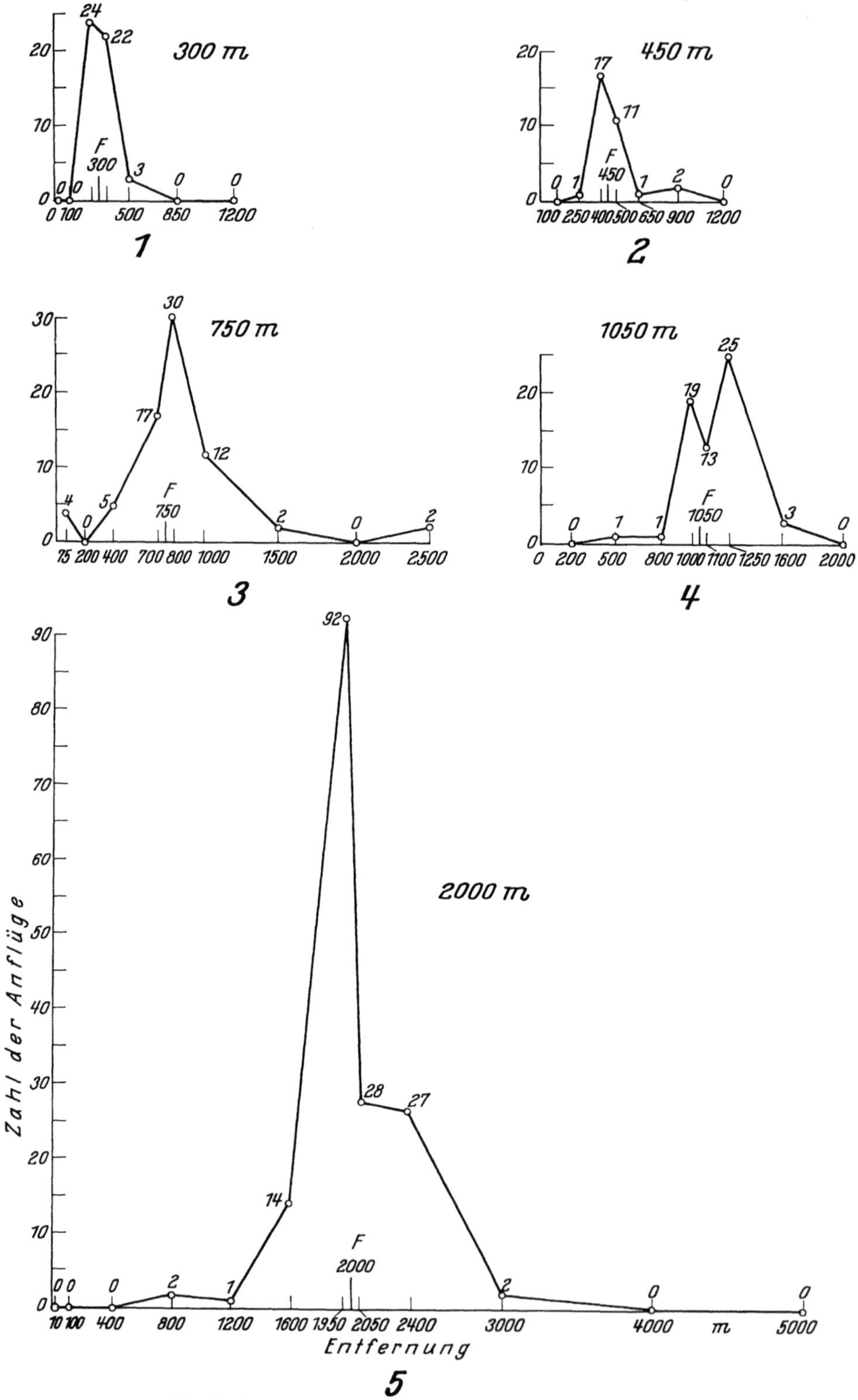

Abb. 89. Fortsetzung und Erläuterung der Abbildung s. S. 95

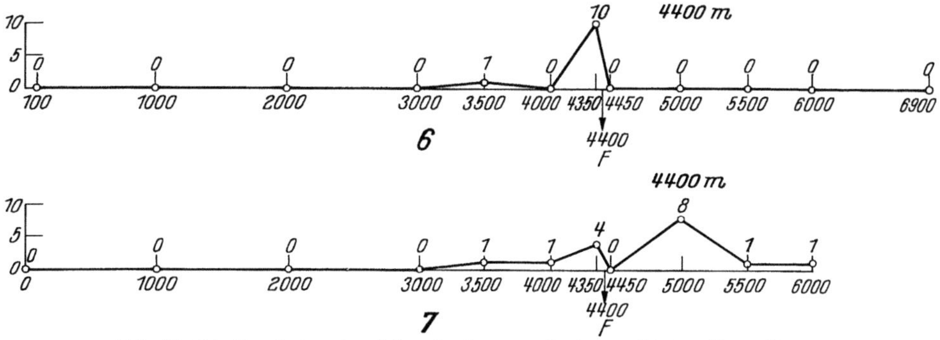

Abb. 89. Die Ergebnisse der sieben Stufenversuche in graphischer Darstellung
1. s Text. S. 89, 2. S. 89, 3. S. 90, 4. S. 90, 5. S. 92, 6. S. 93, 7. S. 93

Es bleiben noch die zwei mißlungenen Versuche zu besprechen.

Am 4. 7. 1954 machten wir einen Großversuch im Forstenrieder Park mit Futterplatz bei 4400 m. Ich hatte die Duftplatten jenseits des Futterplatzes ausgelegt und fuhr zum Stock zurück, um 7 weitere Duftplatten von dort bis zum Futterplatz anzubringen. Beim Wenden des Wagens fiel das Duftfläschchen um, wobei sich der Stoppel löste und einige Tropfen des Lavendelöles auf den Boden des Wagens ausliefen. Da an jedem Beobachtungsplatz zum Auslegen einer Duftplatte die Wagentüre geöffnet wurde, konnte die duftgeschwängerte Luft auf den Boden der Straße ausfließen — was ich in seinen Folgen allerdings zunächst nicht erfaßte. Der Versuch lief von 9^{55}—13^{25} Uhr. Sein Ergebnis fiel aus dem Rahmen. Wie Tab. 12 zeigt, erhielten die Beobachtungsplätze bei 3000 und bei 3500 m den stärksten Besuch. Beide Beobachter

Tabelle 12. *Stufenversuch im Forstenrieder Park am 4. 7. 1954, 9^{55}—13^{25}*. (Am Futterplatz mit Lavendelduft bei 4400 m verkehrten etwa 45 numerierte Bienen, während des Versuchs flogen 13 Neulinge zu und wurden abgefangen. Nach nächtlichem Regen wolkenlos, meist windstill, sonst schwacher Wind aus S, manchmal aus N)

Entfernung vom Stock in m	100	1000	2000	3000	3500	4000	4350	Futterplatz 4400	4450	5000	5500	6000
Zahl der Neuling-Anflüge .	2	0	2	25	29	10	15	(13)	7	2	0	1

hatten — ohne von dem Vorfall zu wissen — in ihrem Protokoll wiederholt vermerkt, daß Bienen am Boden der Straße, mehrere Meter seitlich von der Duftplatte, herumsuchten oder daß sie sich vom Straßenboden her der Duftplatte näherten. Offenbar haftete der aus dem Wagen ausgeflossene Lavendelduft noch am Boden. Da die Duftplatten bei 100 m, 1000 m und 2000 m nicht oder kaum beachtet wurden, liegt der Schluß nahe, daß die Neulinge auf Grund der empfangenen Meldung in größerer Höhe über dem Boden ihrem Ziel zustrebten und sich erst bei Annäherung an die angezeigte Entfernung zum Suchflug dem Boden näherten. Dafür spricht ja auch, daß ganz allgemein die Duftplatten zwischen Stock und Zielnähe unbeachtet bleiben, obwohl sie in der Flugrichtung liegen. Im vorliegenden Falle wurden die Bienen bei Annäherung an den Boden von der intensiven Duftwolke gefangen und zum Teil vom Weiterflug an das eigentliche Ziel abgehalten. Eine Stütze erhält diese Annahme auch durch den zweiten mißlungenen Versuch:

Auch dieser fand im Forstenrieder Park statt, und zwar am 16. 7. 1955 mit einer Flugweite von 500 m. Nach Morgennebel herrschte schönes, warmes Wetter. Der Versuch währte von 10^{30}—13^{30} Uhr mit Lavendelöl als Duftstoff. Als Störfaktor kam lebhafter Wind aus OSO auf (etwa 2—3 m/Sek. mit häufigen noch heftigeren Böen). Bei solchem Wind fliegen die Bienen, wie leicht zu beobachten ist, nahe am

Boden, wo die Windgeschwindigkeit geringer ist. Es ist anzunehmen, daß sie dadurch in den Duftbereich auch der nahe gelegenen Platten kamen und der starke Anflug bei allen drei Beobachtungsplätzen zwischen Stock und Futterplatz darauf zurückzuführen ist (Tab. 13). Überdies war bei der Wanderung am Tag vorher der Fehler

Tabelle 13. *Stufenversuch im Forstenrieder Park am 16. 7. 1955, 10^30^—13^30^.* (Am Futterplatz mit Lavendelduft bei 500 m verkehrten 20 numerierte Bienen. Während des Versuchs flogen daselbst 46 Neulinge zu und wurden abgefangen. Schönwetter, aber lebhafter böiger Wind aus OSO)

Entfernung vom Stock in m	150	300	450	Futterplatz 500	550	700	1000	1500
Zahl der Anflüge auf der Duftplatte	37	37	29	(46)	16	1	0	0

unterlaufen, daß durch zu konzentrierte Fütterung Neulinge auf die Wanderstrecke mobilisiert wurden, die wohl zum Teil nicht mitkamen und wahrscheinlich an den Anflügen der näher gelegenen Plätze auch beteiligt waren.

8. Was ist im Schwänzeltanz das maßgebende Signal für die Entfernung?

Die Stufenversuche haben gezeigt, daß die alarmierten Neulinge über die Entfernung des Zieles informiert sind. Sie entnehmen diese Information dem Schwänzeltanz der Sammlerinnen. Da das Tempo des Schwänzeltanzes eine klare Beziehung zum Abstand des Futterplatzes erkennen läßt, haben wir das Tanztempo[1]) als das Zeichen für die Entfernung betrachtet. Es bleibt aber zu untersuchen, ob das maßgebende Signal im ganzen Umlauf oder nur in einer bestimmten Phase desselben gelegen ist, und ob es auf die Zeitdauer, oder auf ein anderes variables Element der maßgeblichen Phase ankommt. Um das beurteilen zu können, mußten die im Schwänzeltanz enthaltenen Elemente genauer gemessen werden, als es durch Beobachtung mit bloßem Auge möglich ist. Das geschah durch Herstellung und Auswertung von Zeitlupen-Filmaufnahmen der Schwänzeltänze (v. FRISCH u. JANDER 1957). Weitere Unterlagen wurden durch elektromagnetische Registrierung der Tänze (STECHE 1957, ESCH 1961, 1961a, 1964) und durch Mikrophonaufnahmen (WENNER 1962) beigebracht.

Zur Technik der Filmaufnahmen vgl. S. 24, 25. Sie wurden in gemeinsamer Arbeit mit dem Institut für den wissenschaftlichen Film (Göttingen) im Forstenrieder Park bei München erstmals 1953 gemacht und unter Verwertung unserer Erfahrungen 1954 und 1955 wiederholt. Wir wählten eine Bildfolge von 60 Aufnahmen je Sekunde, was ausreichend ist, um die Anzahl der Schwänzelbewegungen im Schwänzellauf zuverlässig auszählen zu können. Für die Auswertung der Filmaufnahmen diente ein Umrolltisch mit Bildbetrachtungsgerät „Cinetti" für Handbetrieb. Motorantrieb ist zwar bequemer, aber für den vorliegenden Zweck zu wenig regulationsfähig. Die Ergebnisse unserer Darstellung beruhen auf den Aufnahmen des Jahres 1955, wobei zur Kontrolle der zeitlichen Abläufe eine Uhr mit großem Sekundenzeiger und Zehntel-Sekunden-Einteilung mitphotographiert war. Die Aufnahmen der beiden früheren Jahre zeigen, soweit ein Vergleich möglich ist, volle Übereinstimmung.

---

[1]) Ausgedrückt als Anzahl der Umläufe oder Anzahl der Wendungen je $^1/_4$ Min., oder als Zeitdauer für einen Umlauf, in manchen Arbeiten auch bezeichnet als Anzahl der Schwänzelläufe oder Anzahl der Durchläufe je $^1/_4$ Min. oder als Tanzrhythmus — alles nur verschiedene Ausdrücke für dieselbe Erscheinung.

a) Die Elemente des Schwänzeltanzes und ihre Korrelation zur Entfernung

Unser Leitgedanke war, das Signal für die Entfernung in jenem Element des Schwänzeltanzes zu suchen, welches die beste Korrelation zum Abstand der Futterquelle aufweist. In dieser Hinsicht waren also die im Tanz enthaltenen Elemente untereinander zu vergleichen.

Mit zunehmender Entfernung wird das Tanztempo langsamer, also die Zahl der Umläufe je $^1/_4$ Minute geringer, und gleichzeitig die Zahl der Schwänzelbewegungen beim geradlinigen Durchlauf größer. Das Schwänzeln geht so schnell, daß die Zahl der Bewegungen mit bloßem Auge nur geschätzt, nicht gezählt werden kann. Unser erstes Anliegen war, nach den Filmaufnahmen die genaue Zahl der Schwänzler mit der Zahl der Umläufe je $^1/_4$ Minute zu vergleichen. Vom Standpunkt der Statistik ist aber gegen dieses Verfahren einzuwenden, daß Einzelwerte (Zahl der Schwänzler bei einem Durchlauf) mit Durchschnittswerten (Zahl der Umläufe je $^1/_4$ Minute) verglichen werden. Durch solches Verfahren wird für die „Zahl der Umläufe" die Streuung vermindert. Deshalb wählten wir für die vergleichende Betrachtung als Maß für das Tanztempo nicht die Zahl der Umläufe je $^1/_4$ Minute, sondern die für einen Umlauf benötigte Zeit.

Die Elemente des Schwänzeltanzes, die als Signal der Entfernung in Frage kommen, lassen sich nach der Art des signalgebenden Faktors folgendermaßen ordnen:

Signalgebender Faktor	Signal (vgl. Abb. 90)
a) Zeitrhythmus im Bewegungsablauf	1. Frequenz der Schwänzelbewegungen[1]) (= Zahl der Schwänzler je Sekunde)
	2. Die Umlaufzeit (für die Strecke $S + R$)
	3. Die Schwänzelzeit (für die Strecke S)
	4. Die Rücklaufzeit (für die Strecke R)
b) Zahlenmaß	5. Die Zahl der Schwänzelbewegungen je Durchlauf
c) Längenmaß	6. Die Länge der Schwänzelstrecke S
d) Vibrationsreiz	7. Zeitdauer der Schallerzeugung
	8. Frequenz der Vibrationen
	9. Zeitlicher Aufbau der Vibrationen (Dauer der Vibrationsstöße und Zwischenpausen).

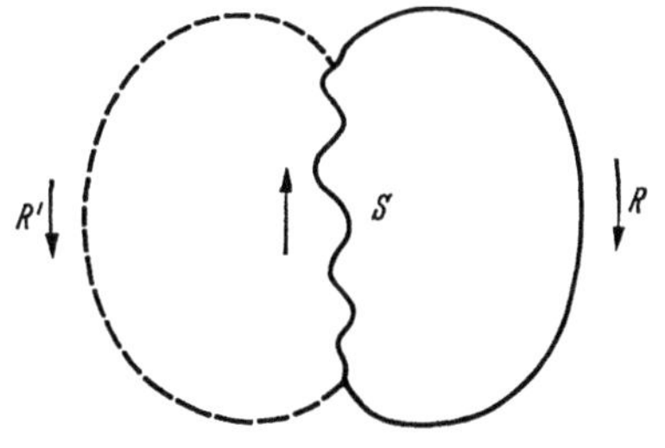

Abb. 90. Laufkurve des Schwänzeltanzes, schematisch. S Schwänzelstrecke, R und R' Rücklauf (in der Regel abwechselnd rechts und links)

Die zuletzt genannten Elemente können nur Signalwert haben, wenn der von der Tänzerin beim Schwänzellauf erzeugte Schall (s. S. 57ff.) von den Nachläuferinnen wahrgenommen wird. Diese Möglichkeit ist zweifellos gegeben. Zwar haben die Bienen kein echtes Gehör — wenn man darunter die Wahrnehmung von Luftschall versteht —, aber einen wohlentwickelten Erschütterungssinn. Sie reagieren deutlich auf Vibrationen, die durch die Unterlage übertragen werden (Hansson 1945, Frings u. Little 1957, Little 1959, 1962, Wenner 1962a). Lindauer u. Kerr (1958) konnten nachweisen, daß von stachellosen Bienen (Meliponiden) Summtöne erzeugt werden, deren Vibrationen für die Kameraden bei der Verständigung eine Rolle spielen. Ob der Schwänzelton von der Honigbiene durch die Fühler, durch die Beine oder durch beide gemeinsam wahrgenommen wird, ist eine offene Frage. Man kann an die Fühler denken, die beim Verfolgen der Tänzerin so auffällig Kontakt mit ihr suchen; denn nach Heran (1959) ist das Johnstonsche Organ in den Antennen am empfindlichsten für Schwingungen von 200—350 Hz und liegt die Resonanzfrequenz der Antennengeißel bei etwa

[1]) Mit einer Schwänzelbewegung ist immer ein Doppelschwänzler gemeint, d. h. ein Ausschlag des Körpers nach links und rechts (= 1 Hz).

280 Hz, was der Vibrationsfrequenz des erzeugten Schalles (etwa 250 Hz nach Esch 1961a) gut entspricht. Es kann aber auch sein, daß die Vibrationen des Schwänzeltones auf die Wabe übertragen und von den Nachläuferinnen durch die sehr empfindlichen Subgenualorgane der Beine perzipiert werden (Autrum u. Schneider 1948, vgl. auch S. 287).

Von den 9 Elementen des Schwänzeltanzes scheiden 3 als Signal für die Entfernung aus, weil sie keine Beziehung zur Entfernung des Futterplatzes erkennen lassen. Es sind dies aus unserer Aufzählung der Signale: Nr. 1, 8 und 9.

Nr. 1: Wir haben bei der Auswertung der Filmaufnahmen die Frequenz der Schwänzelbewegungen von 1447 Schwänzelläufen im Durchschnitt bei 13 Hz gefunden, also je Sekunde 13 Schwänzelausschläge nach rechts und links, wobei Extreme von 10—16 Hz vorkamen. Stufenweise Verlegung des Futterplatzes von 200 bis zu 4400 m hatte keinen Einfluß auf die Frequenz (v. Frisch u. Jander 1957). Bei elektromagnetischer Registrierung der Tänze erhielt Steche (1957) für die Schwänzelfrequenz Durchschnittswerte von 14—15,5 Hz, Esch (1956, 1956a) im Durchschnitt 15 Hz. Die Unterschiede sind vielleicht auf die Verwendung verschiedener Völker zurückzuführen. Im wesentlichen sind alle Untersucher einig: daß die Frequenz bei zunehmender Entfernung unverändert bleibt. Sie kann also nicht das Signal für die Entfernung sein.

Nr. 8: Für die Frequenz des im Schwänzellauf abgegebenen Schalles fand Esch (1961a) einen Mittelwert von rund 250 Hz, der bei Abständen der Sammelstelle von 100 m bis zu 4000 m nur unbedeutend, und unabhängig von der Entfernung schwankte.

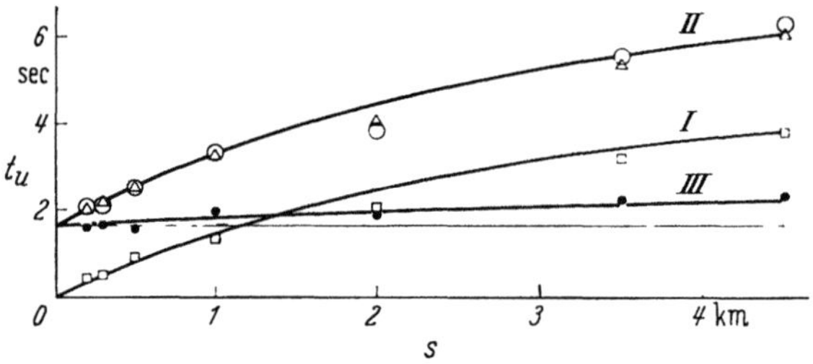

Abb. 91

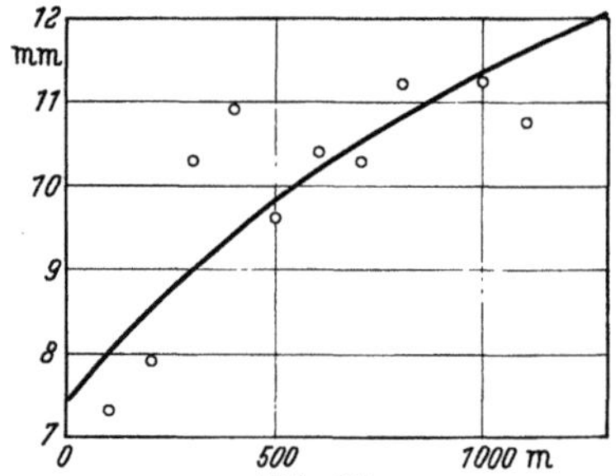

Abb. 93

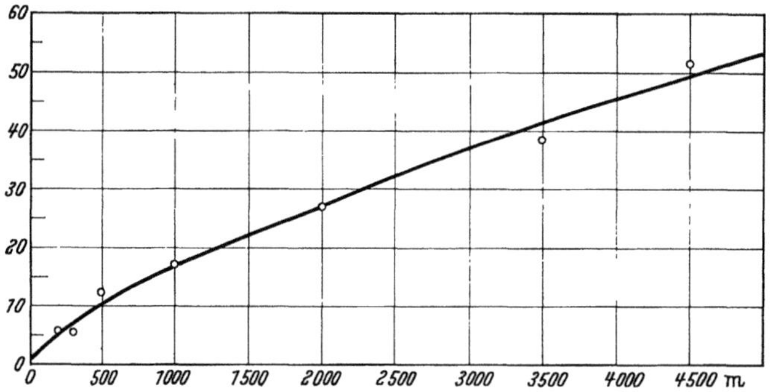

Abb. 92

Abb. 91. Die Beziehungskurve für die Umlaufszeit (II) und Schwänzelzeit (I) auf Grund der aus den Filmaufnahmen gewonnenen Daten (□, ○) und unmittelbarer Beobachtung (△). Die Differenz ist die Rücklaufzeit (III). Abszisse: Entfernung des Futterplatzes. Ordinate: Zeit in sec. (Mittelwerte). Vgl. Tab. 14. Aus v. Frisch u. Kratky 1962

Abb. 92. Die Beziehungskurve für die Anzahl der Schwänzelbewegungen auf Grund der aus den Filmaufnahmen gewonnenen Daten. Abszisse: Entfernung des Futterplatzes. Ordinate: Anzahl der Doppelschwänzler je Durchlauf. Vgl. Tab. 15. Aus v. Frisch u. Jander 1957

Abb. 93. Die Beziehungskurve für die Länge der Schwänzelstrecke nach Messungen von Heran (1710 Einzelmessungen). Abszisse: Entfernung des Futterplatzes. Ordinate: Länge der Schwänzelstrecke in mm. Vgl. Tab. 16

Tabelle 14. *Umlaufzeit, Schwänzelzeit und Rücklaufzeit bei verschieden weit entfernten Futterplätzen* (Zeitangaben in Sekunden. Messungen an reinrassigem Krainer Volk)

Entfernung der Futterplätze (m)	Umlaufzeit		Schwänzelzeit		Rücklaufzeit	
	Mittel[1])	n	Mittel[1])	n	Mittel[1])	n
200	2,09 ± 0,03	123	0,45 ± 0,01	123	1,64 ± 0,02	123
300	2,12 ± 0,03	89	0,50 ± 0,02	89	1,62 ± 0,02	89
500	2,53 ± 0,02	354	0,95 ± 0,01	357	1,58 ± 0,02	354
1000	3,32 ± 0,04	114	1,34 ± 0,03	114	1,98 ± 0,04	114
2000	3,78 ± 0,06	53	2,08 ± 0,06	55	1,70 ± 0,04	53
3500	5,59 ± 0,22	16	3,12 ± 0,14	16	2,47 ± 0,12	16
4500	6,30 ± 0,11	75	3,98 ± 0,09	70	2,32 ± 0,07	67

Nr. 9: Im zeitlichen Ablauf der Vibrationsstöße (Dauer derselben und Dauer der Intervalle) scheint eine Beziehung zur Qualität des Futterplatzes zu bestehen (vgl. S. 241). Aber eine Beziehung zur Entfernung des Futterplatzes ist nicht gegeben. Die Zahl von 4 Schwingungen im einzelnen Vibrationsstoß, die Dauer der einzelnen Vibrationsstöße, die Länge der Intervalle zwischen ihnen und hiermit auch die Folgefrequenz der Vibrationsstöße (30 Hz) war bei allen Entfernungen von 100 m bis zu 4000 m angenähert dieselbe (Esch 1961a, S. 7, Tab. 2).

Zu Nr. 7: Nach Esch (1961a und mündliche Mitteilungen) ist die Zeitdauer der Schallerzeugung bei allen Entfernungen (geprüft bis 3000 m) streng an die Schwänzelphase gebunden. Verglichen mit der Schwänzelzeit kam eine längere Vibrationszeit nie vor, eine kürzere nur bei abweichenden Tänzen, die für die Alarmierung unwirksam gefunden wurden. Die Vibrationszeit entspricht also der Schwänzelzeit und braucht hier nicht gesondert behandelt zu werden.

Tabelle 15. *Anzahl der Schwänzelbewegungen je Durchlauf bei verschieden weit entfernten Futterplätzen* (reinrassiges Krainer Volk)

Entfernung des Futterplatzes (m)	Zahl der Schwänzelbewegungen Mittel[1])	n
200	5,95 ± 0,20	122
300	5,77 ± 0,24	89
500	12,4 ± 0,20	354
1000	17,0 ± 0,40	114
2000	27,0 ± 0,68	53
3500	38,3 ± 1,17	16
4500	51,4 ± 1,25	78

Tabelle 16. *Länge der Schwänzelstrecke bei verschieden weit entfernten Futterplätzen* (nach Daten von H. Heran)

Entfernung des Futterplatzes (m)	Länge der Schwänzelstrecke (mm) Mittel[1])	n
100	7,3 ± 0,21	111
200	7,9 ± 0,14	164
300	10,3 ± 0,17	179
400	11,0 ± 0,18	198
500	9,6 ± 0,14	177
600	10,4 ± 0,18	176
700	10,3 ± 0,15	177
800	11,2 ± 0,14	195
1000	11,2 ± 0,17	160
1100	10,7 ± 0,25	173

Somit ist unsere Liste auf die 5 Punkte Nr. 2—6 zusammengeschrumpft: Die Umlaufzeit und deren Teilphasen Schwänzelzeit und Rücklaufzeit, die Zahl der Schwänzelbewegungen während eines Durchlaufes und die Länge der Schwänzelstrecke. Jedes von diesen Elementen des Bienentanzes steht in einer gewissen Korrelation zur Entfernung des Futterplatzes. Diese Beziehung ist in den Kurven Abb. 91—93 dargestellt (v. Frisch u. Jander 1957).

Zur Aufstellung der Kurven Abb. 91 und 92 wurden für die verschiedenen Futterplatzentfernungen die Mittelwerte der aus den Filmaufnahmen gewonnenen Daten (Tab. 14 u. 15), in Koordinatennetze eingetragen. Die Länge der Schwänzelstrecke (Abb. 93) haben wir nicht unseren Filmaufnahmen entnommen. Denn hierfür lag eine große Zahl von Messungen durch Heran (1956, S. 173) vor. Sie beziehen sich auf Futterplatzentfernungen von 100—1100 m (Tab. 16).

[1]) Die Fehlerangaben sind gleich der Streuung σ der Einzelmessungen, dividiert durch die Wurzel aus ihrer Anzahl.

Was uns interessiert, ist ein Vergleich der Fehler (der Signalwerte) dieser Elemente. Hierfür sind zwei Faktoren bestimmend: die Streuung σ der Einzelwerte bei gegebener Entfernung des Futterplatzes und der Anstieg der Beziehungskurve bei dieser Entfernung.

1. Bei gegebenem Anstieg der Beziehungskurve ist der Fehler (F) der Entfernungsangabe proportional dem Betrag der Streuung σ. Verdoppelt sich z. B. die Streuung σ, dann ist der Fehler der Entfernungsangabe doppelt so groß (Abb. 94).

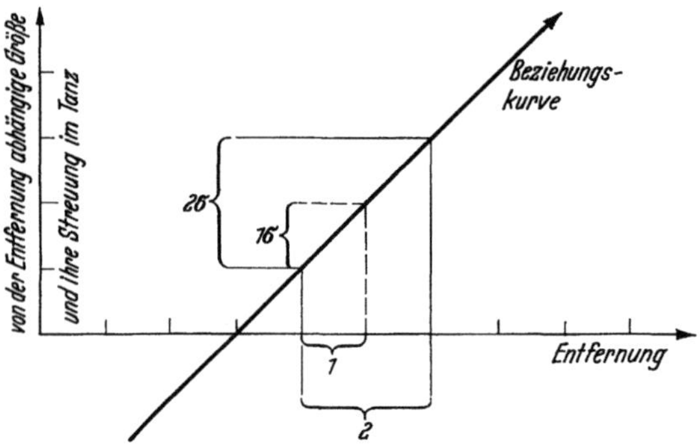

Abb. 94. Abhängigkeit des Fehlers der Entfernungsangabe von ihrer Streuung. Vgl. Text. Aus v. FRISCH u. JANDER 1957

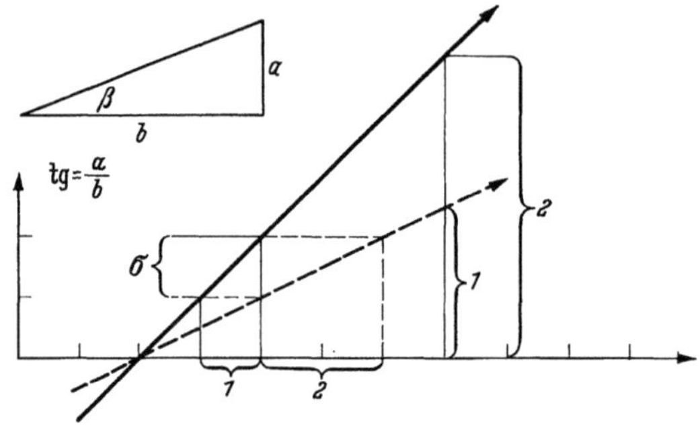

Abb. 95. Abhängigkeit des Fehlers der Entfernungsangabe vom Anstieg der Beziehungskurve. Vgl. Text. Aus v. FRISCH u. JANDER 1957

2. Bei gegebener Streuung σ eines Elementes ist der Fehler umgekehrt proportional dem Tangens des Anstiegswinkels β der Beziehungskurve. Verdoppelt sich z. B. der Betrag des $\operatorname{tg}\beta$, dann ist die Entfernungsangabe halb so schlecht bzw. doppelt so gut (Abb. 95).

Aus 1. und 2. folgt die Definition des Fehlers (F) der Entfernungsangabe:

$$F = \frac{\sigma}{\operatorname{tg}\beta}\,.$$

Mit diesem theoretischen Rüstzeug kann man die Fehler der verschiedenen Elemente des Tanzes ermitteln und miteinander vergleichen. Der Anstiegsverlauf der Kurven für die Umlaufzeit (UZ), die Schwänzelzeit (SZ), Rücklaufzeit (RZ), für die Anzahl der Schwänzler (ZS) und die Länge der Schwänzelstrecke (SL) ist ähnlich, d. h. bei je zwei Kurven ist $\frac{\operatorname{tg}\beta_1}{\operatorname{tg}\beta_2}$ für alle Entfernungen angenähert konstant.

Zum Zweck des Vergleichs wird in Tab. 17 von dem Fehler der Schwänzelzeit (F_{SZ}) ausgegangen, welcher = 100% gesetzt wird. Der darauf bezogene Fehler der Umlaufzeit (F_{UZr}) ist dann:

$$F_{UZr} = \frac{F_{UZ}}{F_{SZ}} \times 100 = \frac{\sigma\,UZ \times \operatorname{tg}\beta\,SZ}{\operatorname{tg}\beta\,UZ \times \sigma\,SZ} \times 100 = 119\%\,.$$

Für die relativen Fehler der anderen Elemente gelten die entsprechenden Beziehungen. Die Prozentzahlen geben also an, wie gut aus dem betreffenden Element die Entfernung abgelesen werden kann — im Vergleich mit der Schwänzelzeit.

Ein Beispiel mag klar machen, wie diese relativen Fehler zu verstehen sind. Bei einer Entfernung des Futterplatzes von 500 m beträgt der Fehler der Schwänzelzeit rund 200 m[1]). Der Fehler der Umlaufzeit beträgt dann 119%[2]) davon = ±238 m; mit anderen Worten, er ist 19% größer. Der Fehler der Zahl der Schwänzelbewegungen

[1]) Dieser Fehler mag groß erscheinen. Es sei aber daran erinnert, daß der Berechnung die Streuung der einzelnen Schwänzelläufe zugrundegelegt ist (s. S. 97), und daß innerhalb eines Tanzes bei den aufeinanderfolgenden Durchläufen die Schwänzelzeiten deutlich schwanken (S. 71—73).

[2]) 119% = mittlerer relativer Fehler aller Umlaufzeiten (s. Tab. 17 unten).

ist dementsprechend 29% größer, der Fehler der Länge der Schwänzelstrecke um 170%[1]) größer und der Fehler der Rücklaufzeit sogar um 352% (Tab. 17).

Somit gelangen wir zu folgenden Schlüssen:

Die Rücklaufzeit kommt wegen ihrer schlechten Korrelation zur Entfernung — die schon im schwachen Anstieg der Beziehungskurve ihren Ausdruck findet — nicht in Betracht. Das wird auch durch das Verhalten der Nachtänzerinnen bestätigt, die an der Phase des Rücklaufs wenig Interesse zeigen. Während sie der Schwänzelstrecke erregt folgen, verlieren sie beim Rücklauf oft den Kontakt mit der Tänzerin. Nicht selten erwarten sie sie an der Stelle, wo der nächste Schwänzellauf einsetzen soll. Auch kann bei großen Entfernungen der Rücklauf durch eine kurze S-Kurve ersetzt werden (Abb. 49, S. 60) oder ganz ausfallen (S. 67/68), was man vom maßgebenden Entfernungssignal gewiß nicht erwarten kann.

Die Werte für die Länge der Schwänzelstrecke zeigen eine so starke Streuung, daß sie gleichfalls als Entfernungssignal ausscheiden. Dieses Ergebnis HERANs wurde durch unsere Berechnungen bestätigt (v. FRISCH u. JANDER 1957, S. 245 u. S. 248 Anm.). Die Länge des geradlinigen Laufes wäre auch deshalb kein geeigneter Signalwert, weil sie sich durch den gleitenden Übergang der Kurve zu Beginn und am Ende des Schwänzellaufes nur unscharf abhebt. Die Nachtänzerinnen könnten sie auch nicht nach dem Einsatz und Ende der Schwänzelbewegungen zuverlässig beurteilen; denn man sieht häufig, daß

[1]) Um die Meßwerte HERANs mit unseren eigenen Meßwerten vergleichen zu können, haben wir sie in derselben Art wie die anderen Elemente ausgewertet. Dabei beschränkten wir uns auf die Entfernungen von 200, 300, 500 und 1000 m, da für die anderen Distanzen HERANs keine Vergleichsdaten aus unserem Filmmaterial vorlagen.

Tabelle 17. *Fehlervergleich der Entfernungsmeldung durch die verschiedenen Elemente des Schwänzeltanzes, bezogen auf den Fehler der Schwänzelzeit* = 100%

Entfernung	Schwänzelzeit SZ (s. Tab. 12)			Umlaufzeit UZ (s. Tab. 12)				Rücklaufzeit RZ (s. Tab. 12)				Zahl der Schwänzler ZS (s. Tab. 13)				Schwänzelstrecke SL in mm (s. Tab. 14)			
	σ	n	Fehler $\frac{\sigma}{tg\,\beta}$	σ	n	$\frac{tg\,SZ}{tg\,UZ}$	Fr %	σ	n	$\frac{tg\,SZ}{tg\,RZ}$	Fr %	σ	n	$\frac{tg\,SZ}{tg\,ZS}$	Fr %	σ	n	$\frac{tg\,SZ}{tg\,SL}$	Fr %
200	±0,16	123	± 98	±0,30	123	0,8	150	±0,27	123	4	675	±2,22	122	0,1	139	±1,8	164	0,29	331
300	±0,18	89	± 118	±0,25	89	0,8	111	±0,23	89	4	511	±2,24	89	0,1	124	±2,1	179	0,29	343
500	±0,27	357	± 204	±0,42	354	0,8	124	±0,32	354	4	474	±3,69	354	0,1	137	±1,7	177	0,29	185
1000	±0,29	114	± 276	±0,47	114	0,8	132	±0,41	114	4	565	±4,22	114	0,1	145	±2,2	160	0,29	223
2000	±0,41	55	± 565	±0,45	53	0,8	88	±0,29	53	4	283	±4,92	53	0,1	120				
3500	±0,56	16	± 935	±0,89	16	0,8	127	±0,48	16	4	343	±4,70	16	0,1	84				
4500	±0,73	70	±1350	±0,92	75	0,8	101	±0,57	67	4	312	±11,2	78	0,1	153				
				F_{UZr} Mittel 119 ± 8				F_{RZr} Mittel = 452 ± 55				F_{ZSr} Mittel = 129 ± 9				F_{SLr} Mittel = 270 ± 39			

tg UZ, *tg* SZ, *tg* RZ, *tg* ZS, *tg* SL: Tangens von dem Anstiegswinkel der entsprechenden Beziehungskurven.

eine Tänzerin schon vor Beginn des geradlinigen Durchlaufes zu schwänzeln anfängt oder am anderen Ende noch etwas in die Kurve hineinschwänzelt.

Die Zahl der Schwänzelbewegungen je Durchlauf gibt, in Metern ausgedrückt, eine um 29% schlechtere Information über die Entfernung als die Schwänzelzeit. Dieser Unterschied ist nicht so groß, daß er die Zahl der Schwänzler als brauchbares Signal ausschließt. Es ist aber der Wert des Signales nicht nur von der Güte der Nachricht abhängig, sondern auch von der Genauigkeit, mit der diese aufgenommen werden kann. Nun ist das Erfassen von zeitlich scharf definierten Bewegungsphasen (Schwänzelzeit oder Umlaufzeit), wie allgemein das Erfassen und gedächtnismäßige Behalten von Zeitspannen und Rhythmen, eine in der belebten Welt weit verbreitete Erscheinung. Aber die Zahl der Schwänzelbewegungen wäre ein Signal von grundsätzlich anderer Art. Daß Bienen bis zu mehr als 50 Schwänzelbewegungen zählen können, daß sie Unterschiede in der Zahl der Schwänzler erfassen und sich danach richten, ist nach allem, was wir über ein Zählvermögen bei Tieren wissen, höchst unwahrscheinlich. Dieselbe Überlegung gilt auch für die Zahl der Vibrationsstöße, die während eines Schwänzellaufes abgegeben werden.

Somit bleibt noch die Schwänzelzeit und die Umlaufzeit zu diskutieren. Die ganze Umlaufzeit, also das Tanztempo im alten Sinne, steht im Signalwert der Schwänzelzeit nur um 19% nach. Der Unterschied ist gering und bringt keine Entscheidung zwischen den beiden Möglichkeiten. Aber zugunsten der Schwänzelzeit sprechen — neben der besten Korrelation zur Entfernung — auch andere Argumente: Die Tänzerin gibt dieser Phase sowohl durch die Schwänzelbewegungen, wie durch die Schallproduktion eine besondere Betonung. Die Aufmerksamkeit der Nachtänzerinnen gilt in erster Linie der Schwänzelphase. Bei sehr großen Entfernungen kommt es vor, daß sich der Tanz auf einen einzigen Schwänzellauf beschränkt und der Rücklauf ausfällt (s. S. 67/68). Es ist auch zu beachten daß die Richtung nach dem Ziel durch den Schwänzellauf angezeigt wird und es liegt nahe, die Entfernungsweisung der gleichen Tanzphase zuzuschreiben.

Nach alledem sehen wir in der akustisch markierten Schwänzelzeit das maßgebende Signal für die Entfernung.

Den Untersuchungen über den Einfluß äußerer und innerer Faktoren auf das Tanztempo (Alter der Bienen S. 73, Temperatur S. 75ff. u. a.) liegen Messungen des Tanztempos, also der Umlautzeit zugrunde. Man sollte nachprüfen, ob die Befunde auch für die Schwänzelzeiten gelten, oder ob diese eine größere Konstanz aufweisen. Mit den modernen Registriermethoden ist diese Arbeit wesentlich leichter durchführbar als mit Filmaufnahmen.

STECHE (1957) hält, wie wir, die Schwänzelphase für das maßgebende Signal, nimmt aber an, daß es in der Zahl der Schwänzelbewegungen gegeben ist, ohne dafür eine überzeugende Begründung zu bringen (s. v. FRISCH u. JANDER 1957, S. 261). Auch RIBBANDS (1953a, S. 155) meint, daß die Bienen eher die Zahl der Schwänzler als den Tanzrhythmus wahrnehmen könnten; er bringt aber hierfür keine Argumente. HALDANE u. SPURWAY (1954, S. 260) glauben, daß die Zahl der Schwänzelbewegungen bei Entfernungen über 700 m ein genaueres Maß wäre als der Tanzrhythmus. Das trifft nach unseren Messungen nicht zu (Tab. 17, S. 101).

b) Versuche, die Elemente des Tanzes einzeln zu variieren

Wir kamen zu dem Resultat, daß sehr wahrscheinlich die Schwänzelzeit das maßgebende Signal für die Entfernung ist — aber wir haben es nicht bewiesen.

Ein Beweis ist möglich, wenn es gelingt, einzelne Elemente des Schwänzeltanzes allein zur Geltung zu bringen oder zu variieren. Diese Anregung wurde von HALDANE und SPURWAY (1954) gegeben. Entsprechende Versuche machte STECHE mit Bienenattrappen, die künstlich zum Schwänzeln gebracht wurden. Er meint (1957a), dadurch gezielte Anflüge erreicht zu haben, doch sind seine Angaben sehr ungenau und spätere Wiederholungen verliefen ergebnislos.

Auch ESCH (1964), der die Attrappenversuche mit verbesserter Technik weiterführte, kam nicht zum entscheidenden Erfolg, aber zu bemerkenswerten Neben-

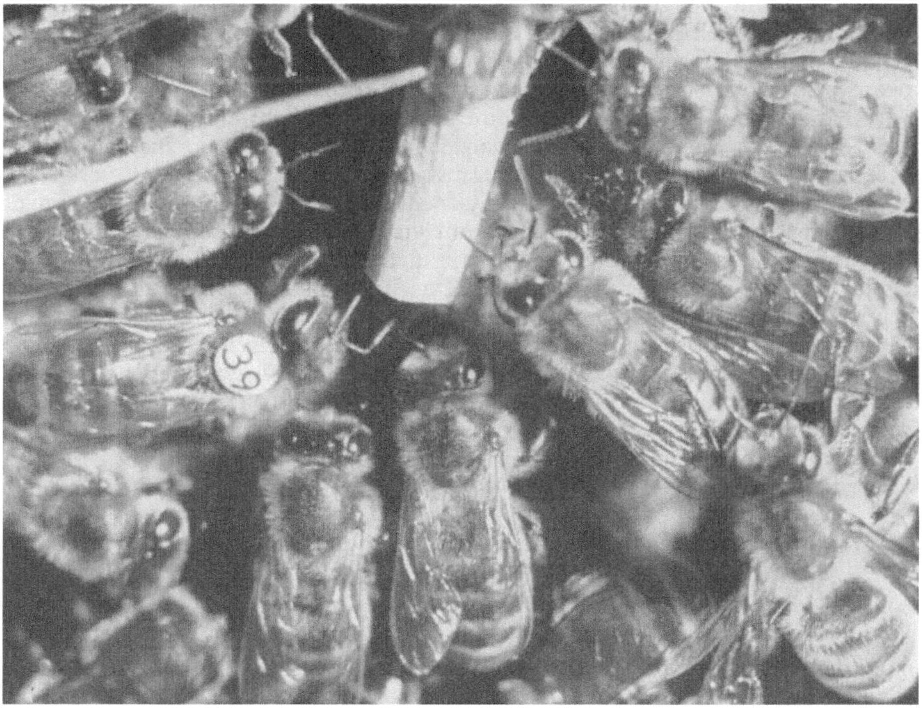

Abb. 96. Nachläuferinnen folgen interessiert einer „tanzenden" Holz-Attrappe. Nach ESCH 1964

ergebnissen. Als Attrappen dienten Holzstückchen oder paraffinierte Bienen. Vor der Verwendung wurden sie für einige Tage in den Stock gelegt und so mit dem Volksduft imprägniert. Im Versuch führte er die Attrappe auf der Wabe in der Tanzfigur herum, wobei sie auf mechanischem Wege durch ein Drehmagnetsystem zum Schwänzeln gebracht wurde. Nachläuferinnen verfolgten sie mit Interesse (Abb. 96). Sie ließen sich aber nicht zum Aufsuchen des Futterplatzes anregen. Das gelang auch dann nicht, wenn die Attrappe mit Hilfe eines zweiten elektromagnetischen Systems die Vibrationsgeräusche abstrahlte. Es fehlte ihr offenbar, um voll genommen zu werden, irgend ein wichtiges Merkmal. Daß sie aber doch als Tänzerin anerkannt wurde, zeigte sich, abgesehen von der Tanzverfolgung, noch auf andere, unerwartete Weise: Wenn eine Nachläuferin „piepte" und die Attrappe daraufhin ihren Lauf nicht stoppte, wie es die wirkliche Biene macht, um Zuckerwasser abzugeben (s. S. 61, 62), dann wurde sie angegriffen und gestochen. Das konnte 30mal beobachtet werden. Eben so oft ließ ESCH auf das Piepen hin die Bewegung der Attrappe stoppen. Dann unterblieb der Angriff. Anscheinend wurde die künstliche Biene erst durch das regelwidrige Verhalten als Fremdkörper demaskiert und entsprechend behandelt.

Esch (1964) versuchte noch einen anderen Weg, der aussichtsreich ist und mit genügend Zeit und Geduld zum Ziel führen dürfte: Ein Futterplatz lag in Richtung zur Sonne und wurde, ihrem Stande entsprechend, dauernd versetzt. An ihm verkehrte eine einzige Biene. Sobald sie auf der vertikalen Wabe, ohne Sonnensicht, einen Schwänzellauf nach oben beendet hatte, wurde ihr durch einen Spiegel die Sonne von unten gezeigt. Sie führte dann, sofort anschließend, einen Schwänzellauf in Richtung auf das Spiegelbild der Sonne, also nach unten, aus. Bei Beendigung desselben wurde die Sonne abgeblendet und die Biene orientierte sich sogleich wieder nach der Schwerkraft und machte einen Schwänzellauf nach oben. Das gelang oftmals hintereinander. Die Nachläuferinnen folgten jeder Schwänzelphase und ließen sich auch durch die gestörten Tänze alarmieren. Die Schwänzelzeit war genau gleich lang, ob die Läufe nun nach der Schwerkraft oder nach dem Licht orientiert waren. Da die Schwänzelläufe unmittelbar aufeinander folgten, fiel die Rücklaufzeit aus und die Umlaufzeit war entsprechend verkürzt[1]). Nun sollte ein Stufenversuch den entscheidenden Aufschluß geben: Wenn die alarmierten Neulinge auch bei Tänzen mit verkürzter Umlaufzeit in der richtigen Entfernung anfliegen, dann ist erwiesen, daß die Schwänzelphase und nicht die Umlaufzeit das maßgebende Signal ist. Das Ergebnis steht leider noch aus. Der Stufenversuch kann in diesem Falle nur mit jeweils einer Tänzerin durchgeführt werden, da gesichert sein muß, daß alle Tänze, die für den Futterplatz geworben haben, durch Spiegelung im Sinne des Versuchs beeinflußt waren. Bisher war nur ein Versuch durchführbar und wegen der einzigen Tänzerin kamen verhältnismäßig wenig Neulinge. Die Wiederholungen scheiterten an ungewöhnlich ungünstigen Wetterverhältnissen, und an der Fortsetzung war Esch durch äußere Umstände bisher verhindert.

c) Vergleich der Genauigkeit des Suchens mit der Genauigkeit der Weisung

Die im vorigen Abschnitt besprochenen Stufenversuche haben darüber Aufschluß gegeben, mit welcher Genauigkeit die alarmierten Neulinge nach der angezeigten Futterquelle suchen. Wir fragen jetzt, welche Genauigkeit nach dem Signalwert der Schwänzelzeit zu erwarten ist und wie diese beiden Befunde zusammenstimmen.

Tabelle 18 bringt eine Übersicht über die Stufenversuche. In der 4. Spalte ist die Streuung (Fehler in m) der Entfernungsangaben durch die Tänzerinnen eingetragen. Diese Streuungswerte ermittelten wir (v. Frisch u. Jander 1957) aus den Daten der Filmaufnahmen. Zuerst wurden dabei mit Hilfe der S. 100 erläuterten Beziehung $F = \frac{\sigma}{\operatorname{tg}\beta}$ die Entfernungsfehler (F) der gefilmten Schwänzelzeiten gefunden. Die graphische Interpolation in Abb. 97 ergab dann die zu erwartenden Entfernungsfehler der tanzenden Bienen bei den vorliegenden Stufenversuchen. Außer diesen Fehlern der Schwänzelzeiten ist in Tab. 18 (5. Spalte) und in Abb. 97 noch die Streuung der tatsächlichen Anflüge unserer suchenden Neulinge bei den Stufenversuchen eingesetzt. Der Vergleich zeigt, daß die Bienen das Ziel in einem engeren Bereich suchen, als zu erwarten wäre, wenn sie sich nach der Schwänzelzeit eines einzigen Schwänzellaufes richten würden. Sie

[1]) Bei einer Futterplatz-Entfernung von 300 m wurde eine Umlaufzeit von 2,26 Sek. im Durchschnitt (*n* 6009) bei normalen Runden gemessen, und von 1,47 Sek. (*n* 1205) bei den durch Spiegelwirkung verkürzten Runden. Die Dauer der Tanzphasen wurde akustisch bestimmt (Technik: Esch 1961a).

Tabelle 18. *Vergleich der Streuungen der Entfernungsangaben durch die Tänzerinnen mit der Streuung der Anflüge der ausschwärmenden Neulinge bei Stufenversuchen.* (Die Nummern links beziehen sich auf die Nummern der Stufenversuche S. 89—95)

Nr.	Jahr	Entfernung des Futterplatzes (m)	Streuung der Meterangabe durch den Schwänzellauf	Streuung der Neulinge bei Anflug	Zahl der Anflüge	A = Mindestzahl der gemittelten Schwänzelzeiten
1	1962	300	± 108	± 69	49	2,4
2	1956	450	± 150	± 132	32	1,3
3	1949	750	± 215	± 193	66	1,0
4	1956	1050	± 310	± 170	62	3,3
5	1952	2000	± 580	± 278	166	4,4
6	1953	4400	± 1245	± 280	11	20,0
7	1954	4400	± 1245	± 590	16	4,5

Mittel: 5,3

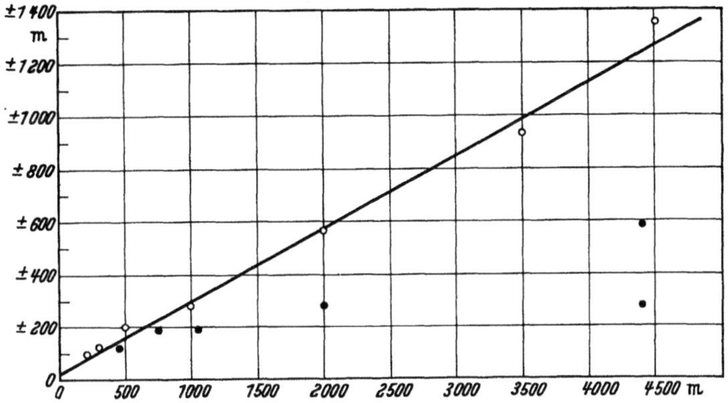

Abb. 97. Beziehung zwischen der Entfernung des Futterplatzes (Abszisse) und den Entfernungsfehlern der Bienen (Ordinate). Ringe und Kurve: Entfernungsfehler der Schwänzelzeit. Schwarze Punkte: Entfernungsfehler (Streuung) der suchenden Neulinge. Aus v. Frisch u. Jander 1957

fliegen genauer an, als der Streuung der Einzelwerte gemäß wäre. Daraus kann man schließen, daß sie mehrere Schwänzelläufe mitteln.

Die Fähigkeit dazu kann ihnen zugemutet werden. Sie hat ihre Parallele in anderen Integrationen, die uns noch beschäftigen werden (Erfassen der Luftlinie bei Umwegversuchen, S. 177ff.; Richtungsweisung bei Seitenwind, S. 201; Mitteln der Entfernung bei differentem Hin- und Rückweg, S. 117). Daß sie vor dem Ausflug nicht nur mehrere Schwänzelläufe desselben Tanzes, sondern in der Regel mehrere verschiedene Tänze derselben oder verschiedener Bienen verfolgen, ist eine Tatsache (Lindauer 1952). Lindauer konnte damals bei 24 numerierten Bienen alle Tanzverfolgungen vor ihrem ersten Ausflug beobachten. Im Durchschnitt hatten sie, bevor sie sich selbst zum erstenmal auf den Weg machten, die Meldung von 3—4 Tänzerinnen entgegengenommen, wobei sie jedesmal mehrere, zahlenmäßig nicht festgehaltene Schwänzelläufe verfolgten. Aus ihren eigenen Tänzen nach den ersten erfolgreichen Sammelflügen war zu entnehmen, daß 10 von den 24 Neulingen genau in der von den Vortänzerinnen angegebenen Richtung und Entfernung gesammelt hatten, 11 mal war das angenähert der Fall, 3 mal ließ sich das Ziel nicht erkennen, weil nur wenig und matt getanzt wurde (mündliche Mitteilung Lindauers auf Grund der alten Protokolle).

Die Streuung von Mittelwerten verkleinert sich mit der Wurzel aus der Anzahl der gemittelten Werte. So läßt sich errechnen, wieviele Schwänzelläufe die alarmierten Bienen vor ihrem Ausflug mindestens gemittelt haben (Tab. 18, Spalte A). Die Werte gehen für die verschiedenen Versuche weit auseinander. Besonders fällt der Versuch Nr. 6 heraus, bei dem nur wenige Neulinge, diese aber sehr genau, angeflogen sind. Als Durchschnittswert ergibt sich aus der Berechnung, daß die Bienen vor dem Ausflug mindestens 5—6 Einzelangaben der Tänzerinnen gemittelt haben. Das gilt aber unter der Voraussetzung, daß der Neuling die Nachricht fehlerfrei aufnimmt, fehlerfrei mittelt und nach dem Mittelwert fehlerfrei anfliegt. Nur dann wären die Anflugfehler allein auf die Tanzfehler zurückzuführen. Nun sind Bienen keine Rechenmaschinen, die fehlerfrei arbeiten. Da also die genannten Annahmen gewiß nicht zutreffen, müssen mehr Schwänzelläufe gemittelt werden, als in der letzten Spalte der Tabelle angegeben. Das paßt auch zu LINDAUERs Beobachtungen. Genauere Angaben sind zur Zeit nicht möglich. — Bei weit entferntem Ziel tritt die Mittelung stärker in Erscheinung, wie der graphische Streuungsvergleich (Abb. 97) deutlich erkennen läßt.

WENNER (1962) stellt gleichfalls fest, daß die Neulinge in unseren Stufenversuchen genauer angeflogen sind, als es nach dem Signal eines Schwänzellaufes möglich ist. Er bezweifelt aber, daß die geringere Streuung der Anflüge durch Mittelung der Entfernungsmeldungen zu erklären ist. Er meint, auch durch Verfolgung mehrerer Schwänzelläufe könnten nicht die Differenzen ausgeglichen werden, die zwischen den Entfernungsangaben verschiedener Bienen bestehen. Er übersieht hierbei, daß die Nachtänzerinnen nicht nur mehrere Schwänzelläufe derselben Biene, sondern auch mehrere Tänze verschiedener Bienen verfolgen. — Er schlägt eine andere Erklärung vor: Die Bienen sollen nach dem ersten Niederlassen planlos (at random) umherfliegen und die Genauigkeit der zweiten Wahl dadurch erheblich verbessern. Durch wahlloses Umherfliegen kann aber doch die Genauigkeit der Anflüge nicht verbessert werden.

Es wäre erwünscht, die zahlenmäßigen Ergebnisse, die vorläufig nur als Näherungswerte betrachtet werden können, an einer viel größeren Zahl von Stufenversuchen zu überprüfen. Dem steht als Schwierigkeit der Zeit- und Personalaufwand entgegen, den jeder einzelne Stufenversuch erfordert. Immerhin entspricht das Resultat dem, was man vernünftigerweise erwarten möchte und krankt nicht an innerer Unwahrscheinlichkeit.

9. Wie schätzt die Tänzerin die Entfernung?

Wenn eine Biene die Entfernung des Zieles meldet, so muß sie ihr bekannt sein. Wir fragen, worauf sich diese Kenntnis gründet.

Nach menschlicher Gepflogenheit mißt man Entfernungen nach Metern. Bei bekannter Bewegungsgeschwindigkeit ist auch die Zeit ein übliches Maß für Distanzen: „Das Haus liegt 1 Gehstunde von hier". Wie eine Biene die Entfernung feststellt, sollte erkennbar werden, wenn man prüft, ob sich ihre Meldung auf die absolute Distanz oder auf die Flugzeit bezieht. Es trifft aber weder das eine noch das andere zu.

a) Die Bienen melden nicht die absolute Entfernung des Zieles

Daß eine Biene die Länge der überflogenen Wegstrecke nach optischen Eindrücken richtig schätzen kann, ist denkbar. Denn sie kontrolliert dauernd die unter ihr abrollenden Bodenmarken.

Das wird deutlich, wenn ihr Flug durch Gegenwind gehemmt wird. Sie steigert dann ihre Eigengeschwindigkeit und kompensiert dadurch teilweise die Windversetzung; bei Mitwind aber vermindert sie ihre Anstrengung und überläßt der Luftströmung mehr

Abb. 98a u. b. Biene am Futtergefäß mit einem Bleigewicht (B) von 55 mg belastet. Nach GERTRAUD SCHIFFERER. Phot. Dr. SCHICK

Anteil an ihrer Beförderung (v. FRISCH u. LINDAUER 1955). HERAN (1955) konnte zeigen, daß für diese Regelung der Fluggeschwindigkeit der Untergrund maßgebend ist. Er ließ eine Biene, am Brustschild aufgehängt, an Ort und Stelle fliegen. Sie sah unter sich in der Dunkelkammer einen beleuchteten gemusterten Untergrund abrollen, so als würde sie sich selbst über einen ruhenden Boden vorwärts bewegen. Auf eine Beschleunigung der Untergrund-Bewegung, also auf Steigerung ihrer scheinbaren Fluggeschwindigkeit, reagierte sie durch Verminderung ihrer Flug-Anstrengung (gemessen an der Amplitude des Flügelschlages).

Jedoch ergibt sich aus verschiedenartigen Beobachtungen, daß sich die Entfernungsmeldung der Tänzerin nicht auf die wahre Länge der Wegstrecke bezieht:

1. Wenn die Sammlerin auf ihrem Weg vom Stock zum Futterplatz Gegenwind hat, so meldet sie durch ein langsameres Tanztempo eine größere Entfernung als bei Windstille, und bei Mitwind eine geringere Entfernung als bei Windstille (s. S. 79–82). Das zeigt zugleich, daß für ihre Entfernungsmeldung der Hinflug zum Ziel allein oder überwiegend ins Gewicht fällt (s. S. 116–120).

2. Wenn die Sammlerin auf ihrem Weg zum Futterplatz einen Steilhang hinauffliegen muß, meldet sie durch verlangsamtes Tanztempo eine größere Ent-

Abb. 99. Am Futterschälchen. Die Biene im Vordergrund trägt ein Stanniolfähnchen zur Erhöhung des Luftwiderstandes beim Flug. Nach GERTRAUD SCHIFFERER. Phot. Dr. SCHICK

fernung, und nach einem Flug hangabwärts eine geringere Entfernung als in der Ebene (s. S. 82—84).

3. Wenn man die Sammlerin mit einem Bleigewicht von 55 mg so schwer belastet, daß sie eben noch fliegen kann (Abb. 98), so sammelt sie weiter, aber sie tanzt langsamer und zeigt hiermit eine größere Entfernung an als eine unbelastete Kameradin (G. SCHIFFERER 1952). Im Mittel wurden bei

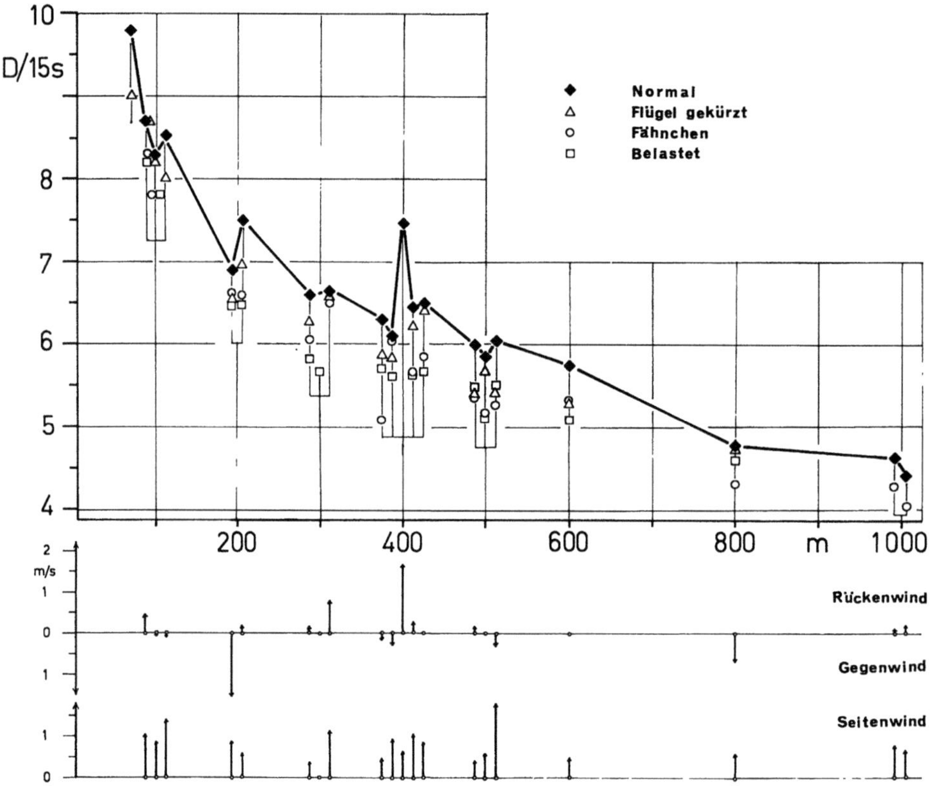

Abb. 100. Tanztempo normaler Bienen (◆) im Vergleich zu solchen, die durch Belastung mit Bleigewichten von 35—50 mg (□) oder durch aufgeklebte Fähnchen (○) oder durch Kürzung der Flügel (△) im Flug behindert waren. Ordinate: Durchläufe je 15 sec. Abszisse: Entfernung des Futterplatzes. Fütterung mit zweimolarer Rohrzuckerlösung. Die senkrecht untereinander stehenden Zeichen beziehen sich auf Tänze, die zur gleichen Tageszeit und unter gleichen Außenbedingungen stattfanden. Der mittlere Wind während eines Versuches ist, in seine beiden Komponenten zerlegt, als Mitwind (bzw. Gegenwind) und Seitenwind unter der Abszisse in m/sec angegeben, und zwar für den Hinflug zum Futterplatz. Die flugbehinderten Bienen zeigten den Futterplatz mit langsamerem Tanztempo an als die normalen Sammlerinnen. Versuch von HERAN u. SCHOLZE 1961

den unbelasteten Bienen 9,14 Uml./15 Sek. (*n* 398) gezählt, bei den belasteten 8,49 (*n* 245). Der Unterschied ist statistisch gesichert.

Die Gewichte waren runde Bleiplättchen, 2,5 mm im Durchmesser und 0,85 mm dick. Sie blieben gut haften, wenn sie erst auf Papier geklebt und dann mit der Papierseite durch Schellack auf dem Thorax befestigt wurden. Der Futterplatz lag 200 m vom Stock. Entgegen KALMUS (1939), dessen Bienen nach einer Belastung mit etwa 50 mg nicht mehr abfliegen konnten, waren die Sammlerinnen Frl. SCHIFFERERs — wenn auch mühsam — dazu imstande und nach mehreren Flügen ging es sogar recht gut. Allerdings hatten sie einen Trick angewandt, der für die Plastizität ihrer Instinkte bemerkenswert ist: Sie verringerten ihre Zuckerwasserladung im Mittel von 47,75 auf

38,35 cmm, also um 9,40 cmm = rund um 20%. Das Übergewicht wurde so von 55 auf 43 mg herabgesetzt[1]).

4. Erhöhung des Luftwiderstandes durch Aufkleben eines Stanniolfähnchens (Abb. 99) hatte eine Verlangsamung des Tanztempos um denselben Betrag zur Folge wie die Belastung (SCHIFFERER 1952). — HERAN konnte die Wirkung einer zusätzlichen Last und eines erhöhten Luftwiderstandes bestätigen und durch Versuche mit Bienen, deren Flug durch Verkürzung der Flügel behindert war, erweitern (HERAN 1963 und briefliche Mitteilung). Ich verdanke ihm Abb. 100, in der er seine (z. T. noch nicht veröffentlichten) Ergebnisse zusammengefaßt hat.

In allen vier Fällen hatte sich die Entfernungsmeldung geändert, obwohl die Länge der überflogenen Wegstrecke dieselbe geblieben war.

5. Daß für die Entfernungsschätzung der Bienen nicht die optische Kontrolle des Untergrundes maßgebend ist, läßt sich noch von einer ganz anderen Seite her belegen: Die Entfernungsmeldung ist auch zutreffend, wenn die Sammlerinnen über eine einförmige Wasserfläche fliegen und keine Möglichkeit haben, die Länge der überflogenen Strecke an einem gegliederten Untergrund abzulesen.

Als geeigneten Ort für diese Versuche[2]) wählten wir die „Enge" des Wolfgangsees; zwei einander gegenüberliegende Zuflüsse haben in diesem Bereich seine Breite von Norden und Süden her je durch ein Delta mit flachem Schwemmland eingeengt (Abb. 101a und b).

Am Morgen des 4. 9. 1962 stellten wir einen Beobachtungsstock, in dem S. 12 beschriebenen Umbau (vgl. Abb. 7, S. 11), am Südufer auf (St. in Abb. 101b). Der

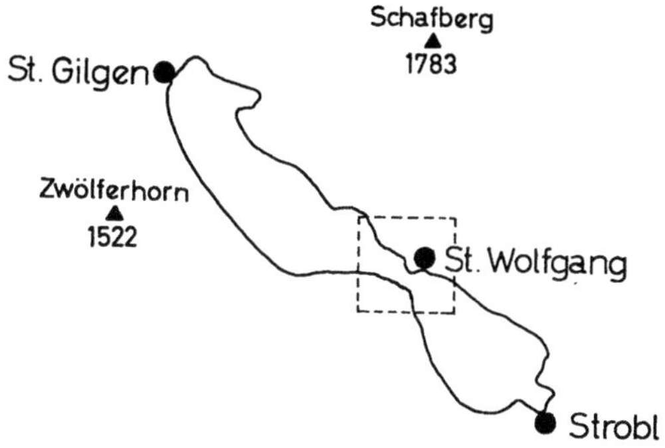

Abb. 101a. Der Wolfgangsee. Für das umrahmte Quadrat vgl. Abb. 201b S. 110

Abflug lag, dem Wasser zugewandt, am Uferrand. Ein Futterplatz wurde vor dem Beobachtungsstock sofort nach Öffnung des Flugloches (6^{25} Uhr) in einem der landesüblichen langen Flachboote („Traundl") angelegt (Abb. 102) und binnen $3^1/_2$ Stunden war es gelungen, mit einer Gruppe von Sammlerinnen das andere Ufer zu erreichen. Die Entfernung betrug 363 m[3]). Der Futterplatz blieb im Boot, das am Ufer befestigt wurde.

---

[1]) GONTARSKI (1935) erhielt in entsprechenden Versuchen, aber mit viel geringerer Belastung (18 mg) eine nur unbeträchtliche Verringerung der Magenfüllung.

[2]) Sie wurden 1962 und 1963 gemeinsam mit M. LINDAUER durchgeführt.

[3]) Für die genaue Messung der Entfernung über den See sind wir Herrn Prof. KNEISSL und seinem Mitarbeiter Herrn Dr. MESSERSCHMIDT zu Dank verpflichtet. Von letzterem wurde mit einem Geodimeter (elektrooptisches Entfernungsmeßgerät der Firma AGA Stockholm) der Abstand des Stockes von einem Punkt des anderen Ufers vermessen, von dem aus die Entfernung des Futterplatzes nachträglich leicht zu bestimmen war.

Um die Bienen so rasch wie möglich über das Wasser zu leiten, muß man den Futterplatz durch große Farbpapiere und durch wirksamen Duft (wir benützten Lavendelöl) kennzeichnen. Auch das Boot bietet auf der Wasserfläche eine gute optische Marke. Trotzdem muß man anfangs sehr behutsam vorgehen, damit die Bienen folgen. Jeweils nach mehreren Metern verankerten wir das Boot am Seegrund, bis die Sammlerinnen wiederkehrten. Später, sobald sie eingeflogen sind, darf man zügig weitergehen und den

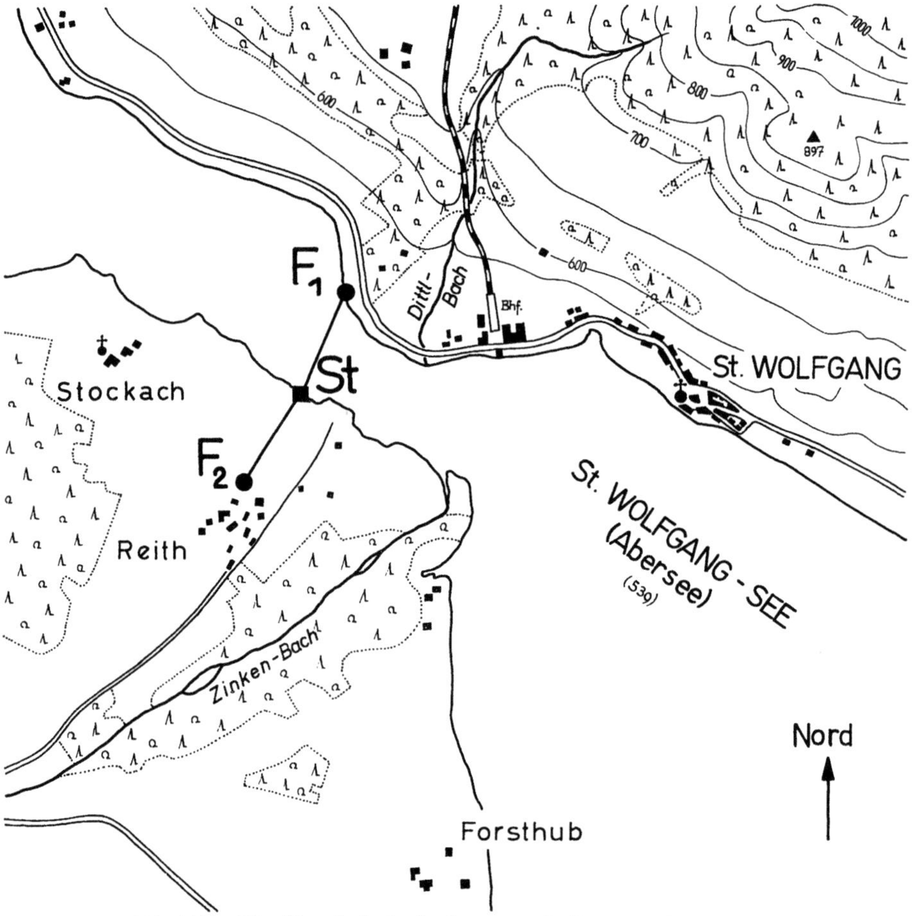

Abb. 101b. Die „Enge". St Beobachtungsstock, F_1 und F_2 Futterplätze

Platz jeweils um 20—30 m vorverlegen. Scharfe Aufmerksamkeit ist erforderlich, damit die Verbindung nicht abreißt.

Die Wassertiefe lag außerhalb der nahen Uferzone zwischen 10 und 30 m. Der Grund war unsichtbar. Bei wolkenlosem Himmel war der See zunächst spiegelglatt, späterhin teilweise leicht gekräuselt. Das Verhalten der Tänzerinnen blieb von solchem Wechsel unberührt. Die Tänze zeigten das normale Bild. Von 9^{50} Uhr bis 11^{37} Uhr ergab sich aus insgesamt 30 Tanzmessungen der Durchschnittswert von 7,2 Uml./15 Sek. Aus der Gesamt-Durchschnittskurve (Abb. 61, S. 70) ist für die entsprechende Entfernung ein Tanztempo von 6,65 abzulesen. Gegenüber dem Durchschnitt war also das Tanztempo etwas rasch, als wenn die Bienen beim Flug über Wasser die Entfernung ein wenig unterschätzt hätten, jedoch liegt der

Wert noch im Bereich der bei verschiedenen Völkern gefundenen Streuung, an deren oberer Grenze. Einen Monat vorher (4.—7. 8.) war an demselben Volk bei Flügen über Land und einer Entfernung von 200 m in 50 Messungen ein Tanztempo von 8,1 Uml./15 Sek. festgestellt worden gegenüber dem Wert von 7,9 in der Gesamt-Durchschnittskurve. Auch nach Überland-Flügen hatte also das Tanztempo dieses Volkes etwas, wenn auch unbeträchtlich, über dem Durchschnitt gelegen.

Abb. 102. Blick vom Südufer des Wolfgangsees über die „Enge". Im Boot („Traundl") ein Futterplatz mit numerierten Bienen unterwegs zum anderen Ufer, wo das × seine künftige Lage bezeichnet. Im Vordergrund der Beobachtungsstock im dreiteiligen Beobachtungszelt (S. 11, Abb. 7). Einstieg für den Beobachter geöffnet. Flugtrichter auf der entgegengesetzten Seite, über dem Uferrand. Bei dem geschilderten Versuch war der See glatt, die Aufnahme wurde zu anderer Zeit gemacht. Photo: ROSSBACH

Hiermit war gezeigt, daß die Entfernungsmeldung der Bienen nicht auf einer Schätzung der Weglänge auf Grund der optischen Wahrnehmung des strukturierten Untergrundes beruht. Es blieb aber ein genauerer Vergleich des Tanztempos nach Flügen über Land und über Wasser erwünscht.

Darum wiederholten wir den Versuch im folgenden Jahre[1]) und verbesserten die Anordnung, indem wir *gleichzeitig* eine Gruppe von Sammlerinnen über den See, eine andere Gruppe desselben Volkes gleich weit über ebene Wiesenflächen landeinwärts fliegen ließen. Der Futterplatz am jenseitigen Ufer lag unweit von der vorjährigen Landungsstelle, diesmal am Ende einer in den See vorgebauten Stützmauer (Abb. 103). Die Entfernung vom Stock betrug 340 m, ebenso weit landeinwärts lag der andere Futterplatz (Abb. 101b). Die Wassergruppe war auf Gelb und Lavendelöl, die Landgruppe auf Blau und Orangenblütenöl dressiert.

Vier Tage lang war der Versuch durch kühles und regnerisches Wetter vereitelt, wir bemühten uns vergeblich, die Futterplätze in Schwung zu bringen. Insbesondere mißlang uns immer wieder der Übergang über den See, weil die wenigen Bienen, mit denen wir das andere Ufer erreichen konnten, entweder spontan den Flug einstellten oder ins Wasser stürzten und ertranken. Übereinstimmend mit HERAN und LINDAUER (1963) konnten wir beobachten, daß sie über Wasser oft ungewöhnlich niedrig fliegen und hierbei manchmal so tief herabgehen, daß sie das Wasser berühren und nicht mehr

[1]) Wir benutzten ein reinrassiges Krainer Volk aus der Zucht SKLENAR, Mistelbach bei Wien.

hoch kommen. Wir vermuten, daß sie optischen Kontakt mit dem Untergrund suchen und dabei gelegentlich zu tief geraten, weil sie die Wasseroberfläche nicht erkennen. Das geschieht auch bei warmem, sonnigen Wetter, wird aber dann durch rasches Anwachsen der Sammelschar ausgeglichen, während uns bei der herrschenden Witterung die wenigen Bienen, die wir zum Verkehr über den See gebracht hatten, auf solche Weise verloren gingen.

Am 9. 9. 1963 besserte sich das Wetter, die Temperatur stieg auf 14° C und die Sonne schien manchmal schwach durch die Wolkendecke.

Von 10^{00}—11^{25} Uhr konnten wir bei lebhaftem Wind (schätzungsweise 2—3 m/Sek.) aus WNW, der in gleicher Weise über den See wie über die ebenen

Abb. 103. Blick vom Nordufer des Wolfgangsees (F_1 Futterplatz) über die „Enge" zum Beobachtungsstock (St). Abstand 340 m. F_2 der landeinwärts gelegene Futterplatz, gleichfalls 340 m vom Stock in entgegengesetzter Richtung (vgl. Abb. 101 b)

Wiesenflächen strich, 20 Tänze der Wassergruppe und 21 der Landgruppe messen. Das Tanztempo der Wassergruppe war im Durchschnitt 6,25 Uml./15 Sek. (Streuung $\pm$0,38), jenes der Landgruppe 6,6 Uml./15 Sek. (Streuung $\pm$0,76), der Unterschied der Mittelwerte beträgt 0,34 bei einem Fehler von 0,2, er ist also bei weitem nicht gesichert.

Am 10. 9. konnten wir bei wolkenlosem Himmel und meist spiegelglattem (nur vorübergehend stellenweise leicht gekräuseltem) See nochmals je 20 Tänze messen und fanden für die Wassergruppe im Durchschnitt 6,9 Uml./15 Sek. (Streuung $\pm$0,5), für die Landgruppe 6,5 Uml./15 Sek. (Streuung $\pm$0,7), der Unterschied der Mittelwerte beträgt 0,4 bei einem Fehler von 0,2, er ist gleichfalls bei weitem nicht gesichert.

Zählt man beide Versuche zusammen, so ergibt sich im Durchschnitt bei den Flügen über Wasser wie über Land das gleiche Tanztempo von 6,6 Uml./15 Sek. Der Wert entspricht diesmal auch recht genau dem generellen Durchschnitt von 6,65 aus der Kurve Abb. 61, S. 70.

Am 9. 9. hatten die Bienen nach dem Flug über Wasser im Durchschnitt etwas langsamer, am 10. 9. aber etwas schneller getanzt als nach den Flügen über Land. Am 9. herrschte Wellengang quer zur Flugrichtung, am 10. war der See glatt. Obwohl die Unterschiede in beiden Fällen statistisch nicht gesichert sind, liegt die

Frage nahe, ob sie nicht doch eine reale Grundlage haben und der glatte See am zweiten Tag zu einer Unterschätzung der Entfernung geführt habe (vgl. den Befund von 1962, S. 110). Wir halten das für unwahrscheinlich, weil nicht anzunehmen ist, daß die Wellen, die quer zur Flugrichtung in Bewegung waren, eine ausreichende Musterung des Grundes bieten konnten, um die Länge der überflogenen Strecke danach zu schätzen. Wir wissen durch HERAN und LINDAUER (1963), daß Bienen über Wasser auch bei Wellen nicht imstande sind, eine Abtrift bei Seitenwind durch Schrägstellung ihres Körpers zu kompensieren, wie sie es über festem Boden sofort machen. Sie finden an den Wellen nicht den nötigen optischen Anhalt (vgl. S. 192f.).

Nur eine Wiederholung des Versuches und die Gewinnung eines größeren Materials kann hier volle Klarheit bringen. Vorläufig ist nicht mit Sicherheit auszuschließen, daß die Wahrnehmung des gegliederten Untergrundes an der Entfernungsschätzung in bescheidenem Ausmaße mit beteiligt ist.

b) Die Entfernungsmeldung bezieht sich auch nicht auf die Zeitdauer des Fluges

Bei dem gut entwickelten Zeitsinn der Bienen liegt die Vermutung nahe, daß sie die Entfernung des Zieles nach der für den Flug benötigten Zeit schätzen. Das wird aber durch folgende Beobachtungen widerlegt:

1. In Versuchen an einem Steilhang (HERAN 1956) tanzten Bienen, die zum Futterplatz hangaufwärts flogen, deutlich (und statistisch gesichert) langsamer als solche, deren Futterplatz hangabwärts lag — obwohl die Flugzeit in beiden Fällen dieselbe war. Dieser Befund gilt sowohl für die Hinflugzeit, wie für die Rückflugzeit und für die gesamte Flugdauer (HERAN 1956, Abb. 15, S. 193, und Abb. 16, S. 197).

2. In den Versuchen von G. SCHIFFERER (1952) war die Flugzeit[1]) der mit Blei belasteten Bienen (vgl. Abb. 98, S. 107) größer als jene der unbelasteten Bienen. Durch angeklebte Stanniolfähnchen (Abb. 99) wurde die Flugdauer noch wesentlich stärker verlängert. Trotzdem war das Tanztempo bei den belasteten und bei den Fähnchen-Bienen gleich (vgl. Tab. 19).

3. Wenn man sich nicht darauf versteift, Flugzeiten zu vergleichen, sondern allgemein den Zeitaufwand für den Weg vom Stock zum Futterplatz in Betracht zieht, ergibt sich ein drittes Argument aus Versuchen von A. R. BISETZKY (1957). Sie ließ Bienen im Fußmarsch vom Flugloch zum Futterschälchen laufen (Technik s. S. 115). Bei diesen Fußgängerinnen fand sie den Übergang vom Rundtanz zum Schwänzeltanz bei einer Entfernung des Zieles von 3—4 m, während er im freien Flug bei 50—100 m liegt. Der Zeitaufwand beträgt für den Fußweg von 3—4 m etwa 50 Sek., für die Flugstrecke von 50—100 m etwa 10 Sek. Es ergibt sich also bei sehr verschiedenem Zeitaufwand dieselbe Entfernungsmeldung.

WENNER (1963) ist anderer Meinung. Nach ihm wäre durch dreierlei Versuche bewiesen, daß das Tanztempo der Bienen durch die Zeitdauer des Hinfluges zum Ziel bestimmt wird. Er nennt: 1. v. FRISCH 1948. Aber dort steht (S. 15), daß sich die von der Tänzerin übermittelte Nachricht „eher auf den zum Erreichen des Zieles nötigen Zeit- oder Kraftaufwand bezieht, als auf die tatsächlich gegebene Entfernung.“ 2. SHAPOSHNIKOVA 1958. Ich finde in der Arbeit keinen auf die Frage bezüglichen Versuch. 3. WENNER 1962. Dort sagt er aber ausdrücklich (S. 90), daß sich Zeit- und Energieaufwand nicht trennen ließen. In der neuen Arbeit (1963) findet er, daß Gegenwind und Mitwind nur geringen Einfluß auf die Fluggeschwindigkeit der Bienen hätten[2]) und daß ihnen daher die Flugzeit als Indikator für die Entfernung dienen

[1]) Gemessen auf dem Weg vom Stock zum Futterplatz.

[2]) Vgl. hierzu S. 196, Anm. 2.

könnte. Einen Beweis dafür bringt er nicht. Seine Meinung wird durch die oben erwähnten Beobachtungen von HERAN und SCHIFFERER widerlegt.

c) Der Kraftaufwand als Maß für die Entfernung

Nachdem das Tanztempo der Bienen weder zur Länge der Wegstrecke noch zur Flugzeit in klarer Beziehung steht, kommen wir zu dem Schluß, daß ihre Entfernungsschätzung auf dem Kraftaufwand für den Flug beruht[1]). Das ist freilich ein Streckenmaß, das dem Menschen fremd ist.

Tabelle 19. *Tanztempo und Flugzeiten bei normalen, belasteten und mit Fähnchen behafteten Bienen* (Mittelwerte). (Die Unterschiede M_1—M_2, M_1—M_3, M_2—M_3 sowie M_1'—M_2' und M_1'—M_3' sind statistisch gesichert. Die genaue Übereinstimmung von M_2'—M_3' ist als zufällig zu betrachten. Nach G. SCHIFFERER)

	Kontroll-Bienen		Belastete Bienen		Fähnchen-Bienen	
		n		*n*		*n*
Uml./15 Sek. . .	M_1' 9,14	398	M_2' 8,49	245	M_3' 8,49	166
Flugzeiten (Sek.).	M_1 25,62	330	M_2 28,19	189	M_3 32,52	186

Die Annahme ergibt sich nicht nur aus dem Fehlen einer anderen Erklärung. Sie steht auch in bester Übereinstimmung mit den Beobachtungen bei Belastung der Bienen und bei Erhöhung des Luftwiderstandes, bei Mit- und Gegenwind und bei Flügen am Steilhang. Insbesondere fand HERAN (1956) unter den vielseitig wechselnden Bedingungen am Steilhang das Tanztempo stets in guter Korrelation mit dem Kraftaufwand beim Hinflug zur Futterquelle (über die Berechnung des Kraftaufwandes vgl. HERAN 1956, S. 186). Dieses Ergebnis konnte

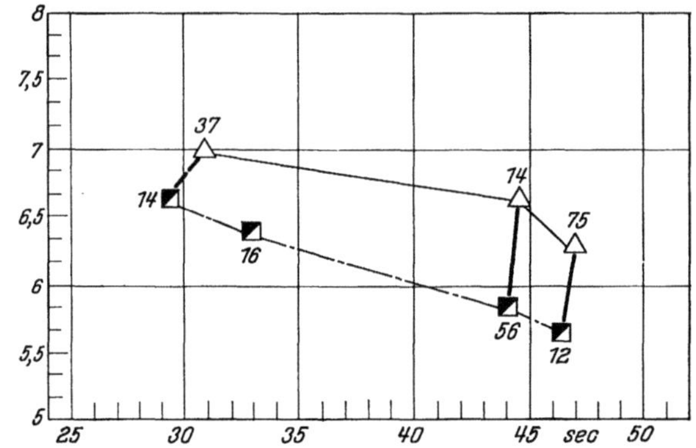

Abb. 104. Abszisse: Flugdauer vom Stock zum Futterplatz. Ordinate: Zahl der Umläufe/15 sec. △ Bienen mit gestutzten Flügeln, ◩ Bienen mit 40 mg belastet. Starke Querlinien: Mittelwerte gegeneinander statistisch gut gesichert ($P < 0{,}0002$). Nach HERAN

inzwischen an Bienen, die bei Versuchen in ebenem Gelände künstlich im Flug behindert waren, weiter gefestigt werden (briefliche Mitteilung HERANS). Es wurden einem Teil der Bienen die Flügel gestutzt, andere waren mit 40 mg belastet. Die belasteten Bienen tanzten (statistisch gesichert) langsamer als jene mit gestutzten Flügeln. Beide flogen gleich schnell, sie fanden den gleichen Luft-

[1]) Auch STUMPER (1955) vertritt diese Meinung. Nur seiner Begründung wird man nicht zustimmen können. Er lehnt eine Schätzung nach der Flugdauer deshalb ab, weil sich die Bewegungsgeschwindigkeit der Insekten nach der van't Hoffschen Regel bei einer Temperaturerhöhung um 10° C etwa verdopple. Das trifft für die Fluggeschwindigkeit der Bienen nach unseren Beobachtungen bestimmt nicht zu.

widerstand, nur der Kraftaufwand war bei den Belasteten größer, da sie ihre Hubkraft entsprechend erhöhen mußten (Abb. 104).

Eine weitere Bestätigung dieser Auffassung brachten die schon erwähnten Versuche von A. RUTH BISETZKY (1957) in Verbindung mit einer Arbeit von SCHOLZE, PICHLER u. HERAN (1964). BISETZKY hatte vor dem Flugloch des Beobachtungsstockes eine Lauffläche angebracht (Abb. 105 u. 106), die in einer Höhe von nur 6 mm mit Glas überdeckt war, so daß die Bienen nicht auffliegen konnten.

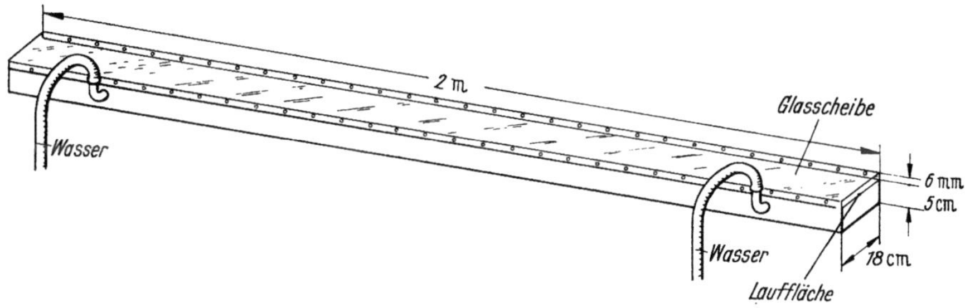

Abb. 105. Laufgalerie vor dem Flugloch des Beobachtungsstockes; sie ist in einem Abstand von 6 mm über der Bodenfläche mit Glasplatten bedeckt, um die Bienen zum Fußmarsch zu veranlassen. Da sich der Raum bei Besonnung stark erwärmt sind die seitlich abschließenden Blechstreifen durchlöchert und es dient als Lauffläche das Dach eines wassergekühlten Blechkastens. Durch Aneinanderfügen solcher Teilstrecken kann die Lauffläche verlängert werden. Nach A. RUTH BISETZKY 1957

Abb. 106. Das Futterschälchen unter der Glasplatte der Laufgalerie mit einem duftgetränkten Streifen Filtrierpapier. Farbige Streifen auf der Lauffläche erleichtern den Bienen bei ihrem Fußmarsch das Einhalten der geraden Richtung. Nach A. RUTH Bisetzky 1957

Sie liefen zu Fuß nach dem mehrere Meter entfernten Futterplatz in dieser Galerie. War die Distanz kleiner als 3 m, so machten sie nach der Heimkehr Rundtänze. Schon bei einem Abstand von 3—4 m traten Schwänzeltänze auf, so wie nach einer Flugstrecke von 50—100 m. Vergleichende Messungen von SCHOLZE, PICHLER u. HERAN führten nun zu dem bemerkenswerten Ergebnis, daß der Zuckerverbrauch einer Biene für 3 m Fußmarsch dem Zuckerverbrauch für eine Flugstrecke von 55 m bei unbehindertem freien Flug entspricht.

Leider mußten sich diese Versuche auf die Entfernung beschränken, bei welcher der Rundtanz in den Schwänzeltanz übergeht. Es wäre naheliegend gewesen, auch größere

Laufstrecken mit entsprechend größeren Flugstrecken zu vergleichen. Wenn man aber den Fußweg für die Bienen weiter verlängert, werden die Beziehungen zwischen Entfernung und Tanztempo sehr unregelmäßig. Das ist bei den so unnatürlichen Bedingungen verständlich, macht aber dem Untersucher einen Strich durch die Rechnung.

10. Die Bedeutung von Hin- und Rückflug für die Entfernungsmeldung

Wenn Bienen auf dem Flug vom Stock zum Futterplatz Gegenwind haben, so wird seine hemmende Wirkung auf dem Rückflug durch Mitwind ausgeglichen. Trotzdem tanzen sie langsamer als bei Windstille (S. 79–82), so als ob der Weg länger geworden wäre. Entsprechend wird für einen Futterplatz hangaufwärts so getanzt,wie für ein weiter entferntes Ziel in der Ebene (S. 82–84), und bei einem durch Mitwind gefördertem Hinflug oder bei einem hangabwärts gelegenen Futterplatz wird schneller getanzt, so wie für eine kürzere Flugstrecke. Daraus geht hervor, daß für die Entfernungsmeldung der Hinflug entweder allein maßgebend ist oder doch stärker bewertet wird als der Rückflug. Dieses „Entweder-Oder" soll uns nun beschäftigen. Die darauf bezüglichen Versuche verliefen merkwürdig widerspruchsvoll.

Im Jahre 1945, als die Entfernungsmeldung noch eine Neuigkeit war, machte ich einige (nicht veröffentlichte) „Versetzungsversuche", um zu erfahren, ob sich die Meldung auf den Hin- oder Rückflug bezieht, oder auf Hin- und Rückflug. Numerierte Bienen sammelten teils an einem Futterplatz 10 m vom Stock, teils an einem solchen bei 100 m. Den meisten von ihnen waren beide Plätze bekannt. Die Heimkehrer vom 100 m-Platz machten Schwänzeltänze, die anderen Rundtänze. Viermal trug ich eine Biene, die bei 100 m angeflogen war, während des Saugens rasch an den 10 m-Platz. Sie machte nach der Heimkehr Rundtänze. Sechsmal wurde eine bei 10 m angeflogene Biene an den 100 m-Platz versetzt. Nach der Heimkehr waren Schwänzeltänze, z. T. untermischt mit Rundläufen zu beobachten. Die Meldung schien Hin- und Rückflug beachtet zu haben. Da zwischen 10 m und 100 m der Übergangsbereich vom Rund- zum Schwänzeltanz liegt, suchte ich durch Versetzung über längere Strecken ein schärferes Ergebnis zu erhalten:

Numerierte Bienen sammelten an einem Futterplatz 600 m vom Stock. Ich transportierte eine dort angeflogene Biene mit dem Fahrrad in Richtung zum Stock, bis sie sich zum Auffliegen vorbereitete. Der Abflugsort lag einmal etwa 300 m, dreimal 200 m, zweimal 100 m und einmal 10 m vom Stock. Die Tänze bezogen sich — beurteilt nach der Zahl der Uml./15 Sek. — in allen Fällen auf eine zwischen An- und Abflugsort gelegene Entfernung. Für eine saubere Auswertung waren die Versuche zu wenig zahlreich und zu ungenau. Andere Probleme lockten damals mehr und die Frage wurde vertagt.

Heran und Wanke (1952) versetzten Bienen von einem 300 m vom Stock entfernten Futterplatz in gleicher Richtung um 200 m auf 500 m. Die meisten waren dadurch so gestört, daß sie nicht tanzten. Unter mehr als 1000 versetzten Bienen waren nur 40, deren Tanztempo gemessen werden konnte. Es entsprach der Hinflugstrecke. — Das scheinbar klare Ergebnis ist aber keineswegs gesichert. Es ist zu bedenken, daß die Bienen auf den Hinweg schon länger eingeflogen waren, während die geänderte Rückflugstrecke für sie neu war und sich gegenüber der Erinnerung an die gewohnte kürzere Rückflugstrecke wahrscheinlich nicht sofort durchsetzen konnte. Für diese Deutung sprechen analoge andere Erfahrungen, z. B. bei Versuchen mit „wanderndem Futterplatz" (S. 212f.)[1].

[1]) Auch Shaposhnikova (1958) versetzte Bienen, die in bestimmter Entfernung angeflogen waren, während des Saugens in eine andere Entfernung vom Stock und fand, daß ihre Tänze den Abstand des Hinflugplatzes angaben. Sie beobachtete aber nicht die Tänze, sondern die Zahl der Neulinge, die sich auf die Tänze hin beim Anflugsplatz und beim Abflugsplatz einstellten. Diese indirekte Methode ist weniger genau als die unmittelbare Beobachtung des Tanztempos. Überdies scheint Shaposhnikova eine Fehlerquelle übersehen zu haben: Am Anflugplatz stülpen die Sammlerinnen ihr Duftorgan aus, die versetzten Bienen tun dies beim Abflug nicht. Bei ihren Versuchen dürfte das Überwiegen der Neulinge am Anflugplatz zum großen Teil der lockenden Wirkung des Duftorganes zuzuschreiben sein.

Die Versetzung über eine noch größere Strecke gelang F. OTTO (1959). Er transportierte Bienen von einem 600 m entfernten Futterplatz mit Hilfe eines Motorrollers über eine Strecke von 500 m an einen 100 m vom Stock entfernten Platz. In einem zweiten Versuch wurden die Bienen von 100 m auf 600 m versetzt. Wie bei HERAN und WANKE war die Tanzlust zunächst stark gestört. Aber OTTO transportierte dieselben Tiere immer wieder, bis sie den geänderten Rückflugweg erlernt hatten. Dann zeigte ihr Tanztempo 350 m an, also die Mitte zwischen An- und Abflugspunkt. Sie hatten Hin- und Rückflug gleich gewertet und gemittelt[1]).

Das Resultat ist eindeutig. Aber es steht in Widerspruch zu der Erfahrung, daß unter natürlichen Bedingungen, bei Flügen am Steilhang und bei Mit- oder Gegenwind, der Hinflug entweder allein, oder doch stärker gewertet wird als der Rückflug. Um den Widerspruch zu klären, müssen wir genauer zusehen, wie sich die Bienen bei den Versetzungsversuchen benehmen.

Technisch ist zu beachten, daß die Bienen durch den Transport nicht gestört werden sollen. Damit sie ruhig weitersaugen, muß man sehr gutes Futter bieten: Zuckerwasser in der höchst möglichen Konzentration. Bei Versetzung mit Fahrrad oder Motorroller ist ein Schutz gegen den Fahrwind erforderlich. Zur Not genügt es, das Futtertischchen mit einer Glasdose zu überdecken. Besser ist es, den Bienen von vornherein das Futter in einem verschließbaren Kästchen mit Belüftungslöchern zu bieten und sie in diesem zu transportieren (Abb. 107).

Eine viel ernstere Schwierigkeit bei den Versetzungsversuchen ergibt sich aus einem Verhalten der Bienen, das schon WOLF (1927) beschrieben hat: Er stellte einen Stock in einem, an Orientierungsmarken armen Ödland auf und errichtete eine Futterstelle 150 m vom Stock. Wenn er Bienen, die hier angeflogen waren, an einen Punkt rechts oder links vom Stock versetzte oder hinter den Stock trug und dort abfliegen ließ, so schlugen sie die Richtung ein, die sie vom gewohnten Futterplatz nach Hause geführt hätte; sie flogen etwa 150 m weit, dann suchten sie herum und fanden schließlich auf Umwegen und mit großer Verspätung zum Stock zurück (Abb. 108). Diese Tendenz, beim Rückflug einfach die volle Hinflugstrecke in der umgekehrten Richtung zurückzulegen, macht sich aber keineswegs nur im Ödland geltend.

Die von OTTO um 500 m versetzten Sammlerinnen legten nach dem Abflug in der Richtung zum Stock die gewohnte Entfernung zurück, kamen so — wie die Bienen WOLFs (Abb. 108) an einen falschen Platz und suchten von da den Weg nach Hause, was auch in stark verlängerten Rückflugzeiten zum Ausdruck kam. Der Rückflug als einfache Umkehr des Hinfluges hatte versagt. Durch oft wiederholte Versetzungen erlernten sie den neuen Rückweg. Man kann annehmen, daß so der Heimflug zu einem selbständigen „Hinflug nach dem Stock" wurde, und daß dadurch der Rückflug für die Entfernungsmeldung das gleiche Gewicht erhielt wie der Hinflug.

In meinen eigenen Versetzungsversuchen, auch über eine Strecke von mehreren hundert Metern, hatten die Bienen rasch und ohne erkennbare Störung heimgefunden, vielleicht deshalb, weil sie vorher an beiden Stellen, oder doch in der Nähe derselben gesammelt hatten und mit den Plätzen vertraut waren. Obwohl also keine Neudressur auf den Rückweg erfolgt war, berücksichtigten sie bei ihrer Entfernungsmeldung offensichtlich Hin- und Rückflug — in welchem Verhältnis zueinander, kann aus den wenigen Beobachtungen nicht entnommen werden.

---

[1]) Nach der Versetzung von 600 m auf 100 m war das Tanztempo 7,43 Uml./15 Sek. (*n* 40); nach der Versetzung von 100 m auf 600 m 8,16 Uml./15 Sek. (*n* 40). Diese Werte entsprachen angenähert dem Tanztempo einer Kontrollgruppe, die bei 350 m sammelte (7,55 Uml./15 Sek). Alle drei Werte lassen sich nicht statistisch gegeneinander sichern, sind aber gesichert verschieden vom Tanztempo der Sammlerinnen, die ohne Versetzung bei 100 m (10,14 Uml./15 Sek.) und bei 600 m (5,93 Uml./15 Sek.) verkehrten.

Es bietet sich aber noch ein anderer Weg, um über die relative Bewertung von Hin- und Rückflug etwas zu erfahren. Auf meinen Wunsch hat BRÄUNINGER[1]) aus seinen Versuchen über den Einfluß meteorologischer Faktoren auf das Tanztempo alle Fälle zusammengestellt, in welchen bei einer Windgeschwindigkeit von 1 m/Sek. (0,5–1,5 m/Sek.) und von 2 m/Sek. (1,5–2,5 m/Sek.) auf dem Flug zum Futterplatz für die Bienen Gegenwind oder Mitwind vorlag[2]). Da die Fluggeschwindigkeit der Bienen bei Windstille bekannt ist, kann man die Verzögerung durch

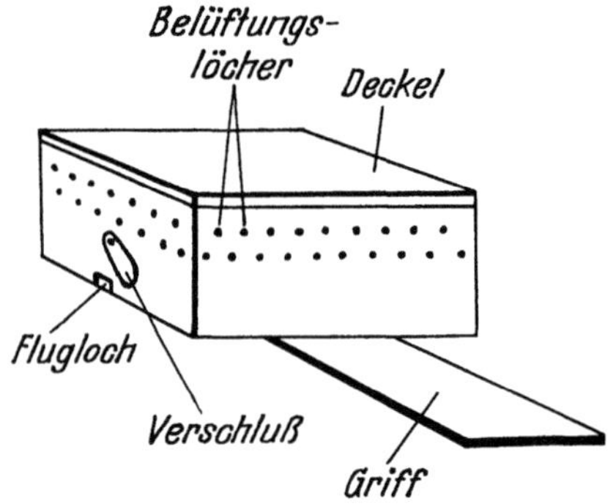

Abb. 107. Transportkästchen zum Versetzen der Bienen während des Saugens. Nach OTTO 1959

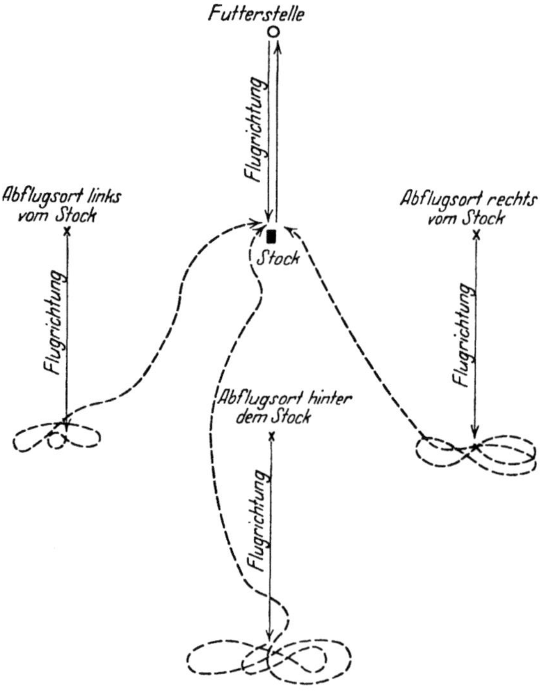

Abb. 108. Lage der Futterstelle und der Abflugsorte versetzter Bienen. Die Pfeile geben die Flugrichtung an. Nach WOLF 1927

Gegenwind oder die Beschleunigung durch Mitwind leicht ausrechnen[3]). Daraus ergibt sich die scheinbare Verlängerung bzw. Verkürzung der Wegstrecke und hiermit das Tanztempo, das zu erwarten ist, wenn sich die Meldung auf den Hinflug bezieht. Aus BRÄUNINGERs Beobachtungen kennen wir das wirklich eingehaltene Tanztempo.

Dies sei an der ersten Zeile der Tab. 20 erläutert:

Bei einer Futterplatzentfernung von 600 m (Spalte 1) war bei BRÄUNINGERs Versuchsbienen das durchschnittliche Tanztempo 5,61 Uml./15 Sek. (Spalte 2). Der Durchschnittswert ist aus dem gesamten Beobachtungsmaterial BRÄUNINGERs berechnet (Spalte 3). Die Hinflugdauer bei Windstille beläuft sich bei einer Fluggeschwindigkeit von 30 km/h = 8,3 m/Sek. auf 72,3 Sek. (Spalte 4). Bei Gegenwind von 1 m/Sek. (Spalte 5) legt die Biene 8,3 — 1 = 7,3 m/Sek. zurück, benötigt daher für 600 m 82,2 Sek. (Spalte 6), so als ob bei Windstille der Weg auf 682 m verlängert worden wäre

[1]) Für die zeitraubenden Zusammenstellungen und Berechnungen sei ihm auch an dieser Stelle bestens gedankt.

[2]) Als Gegenwind und Mitwind wurde Wind aus der (bzw. in der) Zielrichtung $\pm 22{,}5°$ gewertet.

[3]) Bei starkem Gegen- oder Mitwind wird die Abtrift von den Bienen zum Teil kompensiert. Diese Kompensation setzt aber erst bei einer Windgeschwindigkeit von etwa 2 m/Sek. ein, so daß für unsere Betrachtung davon abgesehen werden kann.

Tabelle 20. *Prüfung der Theorie, daß sich die Entfernungsmeldung nur auf den Hinflug bezieht.* [Das theoretische Tanztempo bei Gegenwind und Mitwind läßt sich berechnen (Spalte 8) und mit dem beobachteten Tanztempo (Spalte 9) vergleichen. Es ergibt sich eine Differenz (in Prozent s. Spalte 11), die in allen 12 Fällen der Tabelle gesichert ist ($P < 0,001$[1]). Es geht daraus hervor, daß von den Bienen nicht nur der Hinflug, sondern — in geringerem Maße — auch der Rückflug bewertet wird. Nähere Erklärung im Text. Beobachtungen und Berechnungen D. BRÄUNINGER]

1	2	3	4	5		6		7		8		9		10	11	12
Entfernung des Futterplatzes	Tanznorm	Zahl der verwerteten Tänze	Hinflugdauer[2]) bei Windstille	Wind		Hinflugdauer und Differenz gegen Stille		Scheinbare Weglänge und Differenz gegen wahre Entfernung		Theoretisches Tanztempo[3]) und Differenz gegen Norm		Beobachtetes Tanztempo und Differenz gegen Norm		Zahl der Tänze	Beobachtete Abweichung v. d. Norm in % der theoretischen Abweichung	Differenz zwischen beob. und theoret. Tanztempo
m	Uml./15 Sek.		in Sek.	Richtung	m/Sek.	Sek.		m		Uml./15 Sek.		Uml./15 Sek.				Uml./15 Sek.
600	5,61	4258	72,3	Gegenwind (SW)	0,5—1,5	82,2	+ 9,9	682	+ 82	5,37	—0,24	5,51	—0,10	240	42 ± 12	0,14
					1,5—2,5	95,2	+22,9	790	+190	5,08	—0,53	5,41	—0,20	114	38 ± 8	0,33
900	4,80	4639	108,4		0,5—1,5	123,3	+14,9	1023	+123	4,60	—0,20	4,72	—0,08	312	40 ± 9	0,12
					1,5—2,5	142,9	+34,5	1186	+286	4,38	—0,42	4,69	—0,11	171	29 ± 6	0,31
1250	4,31	3831	150,6		0,5—1,5	171,2	+20,6	1421	+171	4,16	—0,15	4,24	—0,07	258	47 ± 12	0,08
					1,5—2,5	198,4	+47,8	1647	+397	4,02	—0,29	4,23	—0,08	129	28 ± 9	0,21
600	5,61	4258	72,3	Mitwind (NO)	0,5—1,5	64,5	— 7,8	535	— 65	5,80	+0,19	5,66	+0,05	1000	26 ± 8	0,14
					1,5—2,5	58,3	—14,0	484	—116	5,98	+0,37	5,69	+0,08	183	22 ± 9	0,29
900	4,80	4639	108,4		0,5—1,5	96,8	—11,6	803	— 97	5,05	+0,25	4,84	+0,04	1262	16 ± 4	0,21
					1,5—2,5	87,4	—21,0	725	—175	5,25	+0,45	4,97	+0,17	194	38 ± 5	0,28
1250	4,31	3831	150,6		0,5—1,5	134,4	—16,2	1116	—134	4,46	+0,15	4,38	+0,07	1027	47 ± 7	0,08
					1,5—2,5	121,4	—29,2	1008	—242	4,62	+0,31	4,40	+0,09	174	29 ± 7	0,22

[1]) Berechnung nach F. JATES, Sampling methods for censuses and surveys. London 1953.
[2]) Die Fluggeschwindigkeit ist mit 8,3 m/Sek. angenommen (v. FRISCH u. LINDAUER 1955).
[3]) Nach der Theorie, daß die Biene bei ihrer Entfernungsmeldung nur den Hinflug bewertet.

(Spalte 7). Aus der Tanzkurve ergibt sich für eine Entfernung von 682 m bei Windstille ein Erwartungswert von 5,37 Uml./15 Sek., um 0,24 weniger als für 600 m (Spalte 8). Beobachtet wurden 5,51 Uml./15 Sek., also nur um 0,10 weniger (Spalte 9). Das heißt, die Änderung machte nur 42% von dem Betrag aus, der zu erwarten wäre, wenn sich die Meldung allein auf den Hinflug beziehen würde (Spalte 11).

Die entsprechenden Berechnungen für Gegenwind von 2 m/Sek., für Futterplatzentfernungen von 900 m und 1250 m, und für all dies auch bei Mitwind, findet man in den weiteren Zeilen der Tabelle.

Würden Hin- und Rückflug gleichmäßig bewertet, so müßte das Tanztempo dasselbe sein wie bei Windstille. Das ist nicht der Fall. Somit bestätigt sich die alte Erfahrung, daß das Tanztempo sich verlangsamt, wenn beim Hinflug Gegenwind herrscht. Es wird aber nicht um so viel langsamer, wie es sein sollte, wenn der Hinflug allein beachtet würde. Es ist vielmehr nur so, daß bei der Entfernungsmeldung der Hinflug stärker gewertet wird als der Rückflug Dasselbe gilt für Mitwind auf dem Weg zum Ziel.

Für den Biologen wäre eine ausschließliche Berücksichtigung des Hinfluges ein befriedigenderes Ergebnis gewesen. Denn erstens sollen ja die Kameraden auf Grund der Meldung diesen Hinweg finden; und zweitens ist die Sammlerin nur beim Hinflug unbelastet, so wie der Neuling, der ihrer Meldung folgt; auf dem Rückflug trägt sie eine Bürde von wechselndem Gewicht[1]). Eine Honigblasenfüllung mit 70% Zuckerlösung bedeutet bei einer Magenfüllung von 57 cmm eine Belastung mit 77 mg (GONTARSKI 1935). Schon ein zusätzliches Gewicht von 55 mg verlangsamt das Tanztempo deutlich (SCHIFFERER 1952). Die Berücksichtigung des Rückfluges könnte also die Entfernungsmeldung je nach der Belastung mehr oder weniger verfälschen.

Es scheint so, als hätten die Bienen bei der Entwicklung ihrer Entfernungsmeldung den sinnvoll anmutenden Weg eingeschlagen, ohne ihn zu Ende zu gehen. Vielleicht werden künftige Untersucher herausfinden, warum das so ist. Vielleicht steckt auch nichts weiter dahinter, als daß selbst die Biene kein vollkommenes Geschöpf ist.

11. Die Gestalt der Entfernungskurve

Unsere Messungen haben zur Aufstellung von Kurven geführt, in welchen die Beziehung zwischen der Entfernung des Zieles und dem Tanztempo anschaulich wird. Trägt man auf der Abszisse die Entfernung auf, und auf der Ordinate die Zahl der Umläufe je 15 Sek., so nähert sich die Kurve mit zunehmender Entfernung asymptotisch einer Parallelen zur Abszisse (Abb. 61, S. 70). Nimmt man als Maß für das Tanztempo die Umlaufszeit, also die für einen Schwänzellauf + Rücklauf (Abb. 90, S. 97) benötigte Zeit, so erhält man eine ansteigende, nach unten konkave Kurve (Abb. 62, S. 71). Wir haben gesehen, daß das Tanztempo individuell, sowie von Volk zu Volk variieren kann und daß es auch durch Außenfaktoren beeinflußt wird. Trotz der hierdurch bedingten Streuung hat sich der generelle Verlauf der Kurven in vielen tausend Beobachtungen immer wieder bestätigt.

Man hätte erwarten können, daß die Tänzerin mit zunehmender Entfernung zu ihrer Umlaufzeit pro Wegeinheit eine bestimmte Zeit zulegt. Das hätte für die Kurve der Umlaufzeit einen linearen Anstieg ergeben, der aber nicht verwirklicht ist. Man hätte auch vermuten können, daß sie gleiche relative Zunahmen der Weglänge mit gleichen Zulagen zur Umlaufzeit beantwortet. Auch das trifft nicht zu. So kommen wir zu der Frage, wie die typische Gestalt der Entfernungskurve zu deuten ist.

HALDANE und SPURWAY (1954) haben eine mathematische Formulierung versucht. Sie kamen zu dem Ergebnis, daß die Zahl der Umläufe z pro 15 Sek. von der Entfernung s nach folgender Beziehung abhängt: $z = 4{,}76\,(3{,}95 - \log_{10} S)$. Für größere Entfernungen (über 3 km) gelte aber eine andere Formel, nach der die Kurve bei 9 km den

[1]) Auf diesen Gesichtspunkt hat W. H. THORPE (1949) hingewiesen.

Nullpunkt erreichen würde. Entfernungen über 9 km könnten also nicht mehr angezeigt werden. Diese Folgerung widerspricht den Tatsachen. Auch erscheint es unbefriedigend, der Kurve in ihrem anfänglichen und späteren Verlauf verschiedene Gesetzmäßigkeiten zu unterlegen. Das Material, welches HALDANE und SPURWAY ihren Ableitungen zugrunde legten, war damals für eine statistische Auswertung weder qualitativ noch quantitativ ausreichend.

HERAN (1956, S. 201) brachte auf Grund der älteren und eigener, neuer Messungen eine Berechnung der Kurve und erhielt bei Einführung zweier Konstanten bei richtiger Wahl derselben einen geradlinigen Verlauf. Dieser formal gelungene Versuch ist nur unbefriedigend, weil er keine einleuchtende physiologische Basis hat.

Im Anschluß an einen Vortrag, den ich **1948** in Graz gehalten hatte, äußerte der Vertreter der physikalischen Chemie O. KRATKY den Gedanken, die Bienen könnten im Verlaufe des Fluges einen Teil der zurückgelegten Wegstrecke „vergessen" haben. Die einfachste Annahme wäre ein Abklingen der Erinnerung, bei dem von jedem durchflogenen Wegelement pro Zeiteinheit ein bestimmter Bruchteil in Vergessenheit gerät. Diese Hypothese, für deren Prüfung damals die Unterlagen nicht ausreichend waren, haben wir später gemeinsam wieder aufgegriffen (v. FRISCH u. KRATKY 1962).

Vorausgeschickt sei, daß mit dem Ausdruck „vergessen" der zentralnervöse Vorgang nur in einer leicht verständlichen Weise angedeutet werden soll. Einerseits besteht kein Zweifel darüber, daß die Länge des zurückgelegten Weges in irgendeiner Form gedächtnismäßig festgehalten wird und man kann annehmen, daß die physiologischen Veränderungen im zentralen Nervensystem, die dem Erinnerungsvermögen zugrunde liegen, während des Fluges in gewissem Maße abklingen[1]. Anderseits läßt sich nicht beweisen, daß wirklich eine allmähliche Minderung des Eindrucks von der zurückgelegten Wegstrecke erfolgt. Es könnte auch sein, daß es sich gerade umgekehrt verhält, indem sich die ganz zu Anfang durchflogene Wegstrecke am stärksten einprägt und die weiteren Wegstrecken, unter dem Eindruck der vorher zurückgelegten, zunehmend an Eindruckskraft verlieren — eine Vorstellung, die an das Weber-Fechnersche Gesetz anklingt. Die mathematischen Beziehungen sind in beiden Fällen so ähnlich, daß zur Zeit zwischen diesen Möglichkeiten nicht entschieden werden kann.

Ableitung der mathematischen Zusammenhänge[2]: Es soll eine Beziehung zwischen durchflogenem Weg und Umlaufzeit[3] hergeleitet werden, die auf der Idee

---

[1]) Die Annahme eines „Vergessens" in gewöhnlichem Sinne trifft auf Schwierigkeiten, wenn sich der Vorgang auf die Zeit des Fliegens beschränkt und nach Beendigung des Fluges nichts weiter vergessen wird. Ob es sich so verhält, kann zur Zeit nicht entschieden werden. Es kommt vor, daß eine Biene den Tanz viele Stunden später wiederholt, ohne inzwischen ausgeflogen zu sein. Angaben von WITTEKINDT und WITTEKINDT (1960) und von WITTEKINDT (1961) über die Entfernungsmeldung in solchen Fällen könnten im Sinne eines weiteren Abklingens nach Beendigung des Fluges gedeutet werden, sind aber leider für eine Klärung der Frage nicht ausreichend.

Erfolgt kein weiteres Abklingen, so wäre die Vorstellung naheliegend, daß die zentralen physiologischen Vorgänge, die dem Erinnerungsvermögen zugrunde liegen, durch die beim Flug aktiven motorischen Zentren im Sinne einer Hemmung beeinflußt werden, was auf eine Minderung der Erinnerung nur während der Flugzeit hinausliefe.

[2]) Die folgende knappe Formulierung für dieses Buch verdanke ich Herrn Kollegen KRATKY. Für eine ausführlichere Darlegung sei auf v. FRISCH und KRATKY (1962) verwiesen.

[3]) Wir waren (S. 102) zu dem Ergebnis gekommen, in der Schwänzelzeit das maßgebende Signal für die Entfernung zu sehen. Ausreichendes Material für eine Interpretation der Kurven liegt aber nur von Umlaufzeiten (Schwänzelzeit + Rücklaufzeit) vor. Da die Umlaufzeit mit der Schwänzelzeit eng korreliert ist und aus einer Versuchsreihe, in welcher sowohl die Schwänzelzeit wie die Umlaufzeit gemessen wurde, eine mathematische Beziehung zwischen beiden abgeleitet werden konnte, war es möglich, den folgenden Betrachtungen die Umlaufzeitmessungen zugrunde zu legen.

basiert, daß während des Fluges von einem vorher zurückgelegten Weg s pro Zeiteinheit stets der gleiche Bruchteil vergessen wird. Bezeichnen wir den in der Erinnerung verbleibenden Rest mit s^+, nehmen wir ferner eine konstante Fluggeschwindigkeit an (also durchflogener Weg und dazu erforderliche Zeit sind zueinander proportional), so ist der von einem infinitesimalen durchflogenen Wegelement ds nach der Zeit t vorhandene Erinnerungsrest ds^+ gegeben durch:

$$ds^+ = ds \cdot e^{-ks} . \tag{1}$$

k ist der Bruchteil der Erinnerung, der während der Einheit des Weges schwindet, eine „Vergeßlichkeitskonstante". Der Halbwertsweg σ, im Verlauf dessen ein an seinem Beginn durchflogenes Wegelement zur Hälfte vergessen wird, ist dann natürlich:

$$\sigma = \frac{ln\,2}{k} .$$

Das sehr einfache mathematische Problem besteht nun darin, den am Ende eines endlichen durchflogenen Weges s verbliebenen Erinnerungsrest s^+ zu berechnen:

$$s^+ = \int_0^s e^{-ks} \cdot ds = \frac{1}{k}(1 - e^{-ks}) . \tag{2}$$

Nun hat die Biene die Größe von s^+ anzuzeigen. Die einfachste Annahme ist eine dazu proportionale Schwänzelzeit:

$$t_s = K' \cdot s^+ . \tag{3}$$

Nach Einsetzen von s^+ aus (2) erhalten wir:

$$t_s = \frac{K'}{k}(1 - e^{-ks}) . \tag{4}$$

Die Umlaufzeit t_u ist nun mit der Schwänzelzeit eng korreliert. Es gilt:

$$t_u = t_o + \frac{K}{k}(1 - e^{-ks}) .$$

t_o ist eine Konstante, die der Rücklaufzeit bei sehr kurzen Wegen entspricht. An die Stelle der Konstanten K' ist eine solche getreten, die etwa um den Faktor 8/7 größer ist (K).

Wir bezeichnen K als Steigungskonstante. Sie gibt die Zunahme an, welche die Umlaufszeit pro Wegeinheit erfahren würde, wenn es kein „Vergessen" gäbe[1]).

Will man annehmen, daß kein dem „Vergessen" entsprechender Vorgang vorliegt, sondern sich umgekehrt die ganz zu Anfang durchflogene Wegstrecke am stärksten einprägt und die weiteren Wegstrecken unter dem Eindruck der vorher zurückgelegten zunehmend an Eindruckskraft verlieren, so ergeben sich sehr ähnliche Zusammenhänge. Macht man die einfachste Annahme, daß der Eindruck eines differentiellen Wegelementes verkehrt proportional dem durchflogenen Weg ist, so gelangt man allerdings an der Grenze für den Weg null zu einem sinnlosen Ergebnis, weil dort der Eindruck „unendlich" werden müßte. Hilft man sich in denkbar einfachster Weise damit, daß man zum wirklich durchflogenen Weg einen konstanten Summanden hinzufügt, so erhält man für den Zusammenhang zwischen durchflogenem Weg s und Umlaufzeit t die Beziehung:

$$t = a \ln \frac{s + b}{b} . \tag{5}$$

Ohne auf ihre Anwendung näher einzugehen, sei nur darauf hingewiesen, daß sie von der aus der anderen Vorstellung („Vergeßlichkeit") abzuleitenden so wenig verschieden ist, daß eine experimentelle Entscheidung derzeit kaum erbracht werden kann. Es sei ferner hinzugefügt, daß man auch auf dem Wege des Vergeßlichkeitskonzeptes die

[1]) Graphisch ausgedrückt: Sie mißt die Neigung der Anfangstangente, welche ja durch ihren Verlauf die Abhängigkeit der Umlaufszeit vom Weg angeben würde, wenn das „Vergessen" wegfiele.

Beziehung (5) erhalten kann, wenn man annimmt, daß sich die „Vergeßlichkeitskonstante" verkehrt proportional mit dem Weg ändert, also mit zunehmendem Flugweg mehr und mehr abnimmt.

Wir bleiben im folgenden beim ersten Konzept und deuten durch Anführungszeichen an, daß wir das „Vergessen" nicht wörtlich nehmen und immer bereit sind, es zugunsten einer anderen Interpretation aufzugeben, wenn gute Gründe für eine solche geltend gemacht werden.

Wenn man nun die Messungen aus den vorliegenden Entfernungsversuchen, soweit sie sich über mehr als 1000 m erstreckten, mit der theoretisch — nach der Beziehung (4) — errechneten Kurve vergleicht, so findet man eine gute Übereinstimmung[1]). Abb. 109 bringt ein Beispiel. Die Meßwerte von 3 Versuchsreihen, von

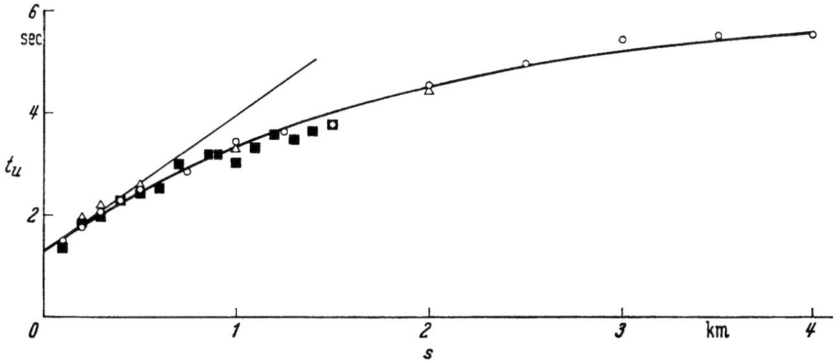

Abb. 109. Theoretisch berechnete Kurve und experimentell gefundene Werte aus drei Entfernungsversuchen. 1. ■ Versuch von K. v. FRISCH in Brunnwinkl 7.—23. 6. 1945. 2. △ Versuch von W. STECHE in Bonn (STECHE 1957). 3. ○ Versuch von M. LINDAUER bei München 28. 8.—3. 9. 1960. Abszisse Entfernung des Futterplatzes. Ordinate Umlaufzeit in sec. Aus v. FRISCH und KRATKY 1962

3 verschiedenen Beobachtern an 3 verschiedenen Orten in 3 verschiedenen Jahren durchgeführt, lassen sich nach ein und derselben theoretischen Kurve interpretieren. Eine gewisse Streuung der experimentellen Werte tritt bei jedem solchen Versuch auf.

Es war aber nicht möglich, alle Versuchsreihen gemeinsam auszuwerten. Sie erfordern zum Teil andere Konstanten. Es bestehen in dieser Hinsicht offenkundige Unterschiede zwischen verschiedenen Stämmen auch innerhalb der gleichen Bienenrasse. Die schon lange bekannten Unterschiede in der Entfernungsweisung verschiedener Bienenvölker erfahren damit eine Bestätigung und schärfere Formulierung. Für Einzelheiten sei auf die erwähnte ausführliche Veröffentlichung verwiesen, und aut Tabelle 21, in welcher die Ergebnisse aus allen bearbeiteten Versuchsreihen kurz zusammengefaßt sind.

In die Tabelle sind auch die von M. LINDAUER studierten indischen Bienenarten (s. S. 303f.) aufgenommen. Ihre Entfernungsweisung ist im Prinzip dieselbe wie bei unseren Honigbienen. Aber im Verlauf der Kurven, also in den Konstanten,

[1]) Diese Übereinstimmung gilt nicht in gleichem Maße für Sammelkurven (z. B. Abb. 62), in welchen die Durchschnittswerte von vielen Versuchen vereinigt sind. Diese Tatsache wird durch den Umstand erklärt, daß, wie man leicht zeigen kann, bei dieser Art der Mittelung eine Kurve von anderem Typus resultiert.

WENNER (1962) erhielt für die Schwänzelzeit bei Entfernungen bis zu 1230 m eine geradlinig ansteigende Kurve. Weitere Versuche seien erforderlich, um zu prüfen, ob das auch bei größeren Entfernungen so bleibt. Solche Versuche liegen vor und zeigen klar, daß die Kurve nicht geradlinig verläuft (v. FRISCH u. KRATKY 1962).

unterscheiden sie sich erheblich. Sie geben uns dadurch einen Hinweis auf die biologischen Zusammenhänge, die übrigens schon LINDAUER (1956) erkannt hat.

Ich greife als Beispiel die kleine Zwerghonigbiene *(Apis florea* F.*)* heraus (Abb. 110). Der Anstieg der Umlaufszeit im Anfangsbereich der Kurve ist viel steiler, die Steigungskonstante liegt bei 14, und dementsprechend nimmt die Umlaufszeit bei dieser Biene mit wachsender Entfernung sehr rasch zu. Das hängt offensichtlich mit ihrer geringeren Flugweite zusammen. Während sich der Flugbereich bei unserer Honigbiene auf 3 km vom Heim und gelegentlich noch viel weiter erstreckt (s. S. 67), beschränkt er sich bei der Zwerghonigbiene auf 300—400 m. Unter diesen Umständen ist der andere Verlauf der Kurve sinnvoll. Denn er bedeutet eine scharfe Entfernungsweisung im hauptsächlichen Flugbereich und ein Unscharfwerden der Angaben erst bei Entfernungen, die praktisch kaum in Frage kommen. Bei den kürzeren Flugwegen der Zwerghonigbiene hat ein gleicher Wegzuwachs mehr Gewicht als bei unserer Honigbiene und die Steigungskonstante ist entsprechend hoch. Es tritt also eine Antibasie zwischen maximalem Flugweg und der Steigungskonstanten in Erscheinung, die sich auch in anderen Fällen bestätigt. In Tab. 21 findet man das Produkt der Steigungskonstanten mit der maximalen Flugweite ziemlich konstant, während die Steigungskonstanten für sich fast im Bereich einer Größenordnung variieren.

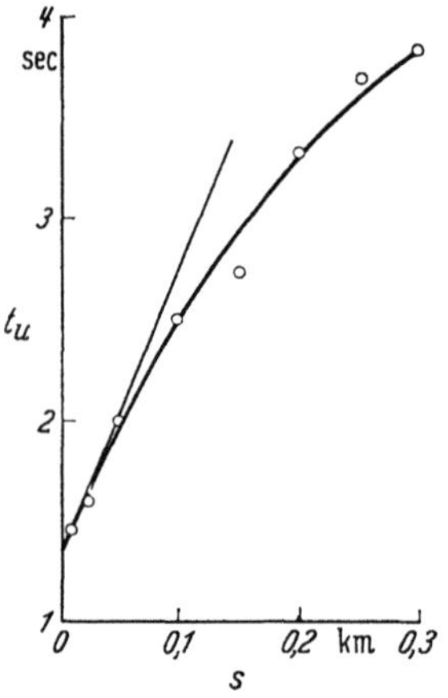

Abb. 110. Entfernungsweisung bei der Zwerghonigbiene nach Versuchen von M. LINDAUER auf Ceylon. Abszisse: Entfernung des Futterplatzes. Ordinate: Umlaufzeit in sec

Anderseits ist die Krümmung der Kurve bei *Apis florea* sehr stark, der Halbwertsweg σ überaus klein, nämlich 0,24 km. Er liegt fast eine Größenordnung unter dem Durchschnitt dieses Wertes bei *Apis mellifica.* Diese

Tabelle 21. *Übersicht über die mathematisch ausgewerteten Entfernungsversuche.* (Die in Spalte 2 angegebenen Figuren-Nummern beziehen sich auf die Kurvenbilder bei v. FRISCH u. KRATKY 1962. Hier sind davon nur wiedergegeben: in Abb. 109 die 3 Versuche der Fig. 9 und in Abb. 110 der Versuch Fig. 16. σ = Halbwertsweg, in dessen Verlauf ein an seinem Beginn durchflogenes Wegelement zur Hälfte „vergessen" wird. K = Steigungskonstante. Sie gibt für die Anfangstangente der Entfernungskurve die Zunahme der Schwänzelzeit (in Sek.) pro km Wegstrecke an. t_0 = Rücklaufzeit bei kurzen Wegstrecken (= kürzeste Rücklaufzeit). s_{max} = maximaler Flugweg: näherungsweise Angabe der Entfernung, auf welche sich die Trachtflüge der betreffenden Bienenart normalerweise erstrecken)

Beobachter	Fig. Nr.	Bienenart	σ (km)	K (Sek./km)	t_0 (Sek.)	s_{max} (km)	$K \cdot s_{max}$	$K\sigma$	$\frac{\sigma}{s_{max}}$
v. FRISCH u. JANDER 1955 (publ. 1957)	4	*Apis mellifica carnica*	2,0	1,95	1,65	3	5,9	3,9	0,67
v. FRISCH u. LINDAUER 1954	7	*A. mellifica carnica*	2,8	2,00	1,58	3	6,0	5,6	0,93
v. FRISCH 1945	9 ■	*A. mellifica carnica*	1,25	2,70	1,28	3	8,1	3,4	0,42
STECHE 1957	9 △	*A. mellifica carnica*	1,25	2,70	1,28	3	8,1	3,4	0,42
LINDAUER 1960	9 ○	*A. mellifica carnica*	1,25	2,70	1,28	3	8,1	3,4	0,42
v. FRISCH u. LINDAUER 1954	10	*A. mellifica carnica*	2,57	2,1	1,57	3	6,3	5,4	0,86
v. FRISCH 1946	11	*A. mellifica carnica*	1,72	2,7	1,27	3	8,1	4,6	0,57
LINDAUER 1956	14	*A. dorsata*	?	3,12	1,32	≈3	9,3		
LINDAUER 1956	15	*A. indica*	?	6,94	1,35	0,8	5,2		
LINDAUER 1956	16	*A. florea*	0,24	14,1	1,32	0,4	4,9	3,4	0,69

starke „Vergeßlichkeit“ erscheint dem kürzeren Flugweg angemessen, und es scheint der Halbwertsweg des Vergessens σ mit dem maximalen Flugweg s_{max} symbat zu gehen (Tab. 21).

Wenn mit dem maximalen Flugweg einerseits σ symbat, anderseits K antibat geht, dann müssen die beiden letzten Größen untereinander antibat gehen und es darf ihr Produkt $K \cdot \sigma$ von der Konstanz nicht weit abweichen. Tab. 21 zeigt, daß dies zutrifft.

Die großen Differenzen, die beim Vergleich der Steigungskonstanten und der Halbwertswege in Erscheinung treten, verschwinden weitgehend, wenn man alles auf den maximalen Flugweg bezieht und diesen als Wegmaß einführt. Das Verhalten kommt jedenfalls nahe dem Satz: Bei gleichen Bruchteilen des maximalen Flugweges wird im gleichen Tempo getanzt und ein gleicher Bruchteil „vergessen“.

An der qualitativen Gültigkeit der besprochenen Beziehungen ist nicht zu zweifeln. Von der Aufstellung strenger Gesetze kann im gegenwärtigen Stadium noch keine Rede sein, weil die Streuung der Meßwerte einen zu großen Spielraum für Interpretationen läßt. Es könnte sich lohnen, die dargelegten Gedanken experimentell weiter zu verfolgen. Denn es scheint, daß sich die Mannigfaltigkeit der Verhaltensweisen in ein einheitliches Rahmengesetz einordnet.

Zusammenfassung

Entfernungsweisung (S. 65—125)

1. Mit zunehmender Entfernung des Zieles wird das Tanztempo langsamer: Die Zahl der Umläufe in der Zeiteinheit nimmt ab (Abb. 61, S. 70); die Zeitdauer der einzelnen Umläufe nimmt zu (Abb. 62, S. 71). Das Tanztempo gibt die Entfernung des Zieles an. Diese Gesetzmäßigkeit ließ sich bis zu einer Flugweite von 11 km verfolgen. Verschiedene Völker können im Tanztempo etwas voneinander abweichen.

2. Das Tanztempo einer Biene während eines Tanzes ist nicht bei allen Runden genau gleich; es schwankt um einen angestrebten Mittelwert. Bei verschiedenen Bienen kommen individuelle Unterschiede im Tanztempo vor. Neulinge am Futterplatz tanzen verhältnismäßig rasch; mit zunehmendem Flugalter pflegt das Tanztempo etwas langsamer zu werden. Beobachtungen bei mehrtägigem Beflug derselben Futterstelle sprechen für eine abnehmende Streuung der Entfernungsmeldung auf Grund längerer Erfahrung.

3. Außenfaktoren können das Tanztempo beeinflussen:

a) Bei hoher Außentemperatur wird etwas schneller getanzt als bei niederer (Abb. 70, S. 77). Die Beschleunigung ist aber so gering, daß sie sich nur statistisch im großen Durchschnitt nachweisen läßt; bei einer Temperaturerhöhung um 10° C beträgt sie nur 10% (gegenüber einer Reaktionsbeschleunigung um 100—200% nach der van t-Hoffschen Regel). Dieselbe Beschleunigung wie bei zunehmender Außentemperatur ergibt sich bei Erhöhung der Innentemperatur des Bienenstockes. Erwärmte Zuckerlösung am Futterplatz wirkt im gleichen Sinne, aber schwächer.

b) Gegenwind beim Hinflug zur Futterstelle wirkt wie eine Vergrößerung der Entfernung: das Tanztempo wird langsamer. Mitwind beim Hinflug zum Ziel beschleunigt das Tanztempo (Abb. 75, S. 82).

c) Bienen, die zum Futterplatz einen Steilhang hinauf fliegen, tanzen deutlich langsamer als solche, die den Steilhang hinunter fliegen (Abb. 77, 78, S. 83).

d) Chininfütterung verlangsamt das Tanztempo, Fütterung mit Thyroxin oder Adrenalin beschleunigt es. Da der Sauerstoffverbrauch der Bienen im ersten Falle herabgesetzt, im zweiten gesteigert ist, läßt sich die Erscheinung als Ausdruck geänderter Aktivität deuten. Eine solche ließ sich in Phototaxisversuchen nachweisen.

4. Stufenversuche zeigen, daß die Entfernungsweisung der Tänzerinnen von den alarmierten Neulingen mit bemerkenswerter Genauigkeit beachtet wird. Bei den Stufenversuchen wird eine Gruppe numerierter Bienen in bestimmter Entfernung vom Stock mit konzentrierter Zuckerlösung und Duftbeigabe gefüttert. In der Richtung des Futterplatzes sind vom Stock bis weit über das Ziel hinaus in gewissen Abständen Duftplatten mit dem Dressurduft, aber ohne Futter ausgelegt. Die Zahl der Anflüge von Neulingen bei den Duftplatten kennzeichnet den Suchbereich und die Intensität des Suchens in den betreffenden Entfernungen (Abb. 89, S. 94, 95).

5. Im Schwänzeltanz ändern sich mit zunehmender Entfernung des Zieles mehrere Elemente (Umlaufzeit, Rücklaufzeit, Schwänzelzeit, Zahl der Schwänzelbewegungen, Länge der Schwänzelstrecke). Wir sehen das maßgebende Signal für die Entfernung in der Schwänzelzeit, weil sie die beste Korrelation zur Entfernung zeigt. Gestützt wird diese Auffassung auch dadurch, daß die Schwänzelzeit von der Tänzerin durch die Schwänzelbewegungen und durch Schallproduktion scharf betont wird, daß das Interesse der Nachläuferinnen bevorzugt der Schwänzelphase gilt, daß der Rücklauf teilweise ausfallen kann und daß bei sehr großen Entfernungen der Schwänzeltanz oft nur aus einer einzigen Schwänzelstrecke besteht. Ein experimenteller Beweis für die entscheidende Bedeutung der Schwänzelzeit ist theoretisch möglich; Vorarbeiten dafür sind durchgeführt.

Die Stufenversuche gaben darüber Aufschluß, mit welcher Genauigkeit die Neulinge suchen. Ein Vergleich mit der Genauigkeit der Entfernungsweisung zeigt, daß die Anflüge genauer wären als die Weisungen, wenn sich die Neulinge nach einem einzigen Schwänzellauf richten würden. Daraus ist zu entnehmen, daß sie eine größere Zahl von Schwänzelläufen mitteln. Das steht in Einklang mit der Beobachtung ihres Verhaltens im Stock. Bevor die Neulinge ausfliegen, verfolgen sie in der Regel mehrere Tänzerinnen und viele Schwänzelläufe.

6. Die Entfernungsschätzung der Bienen beruht nicht auf der optischen Wahrnehmung des überflogenen gegliederten Untergrundes; denn auch nach Flügen über spiegelglattes Wasser ist die Entfernungsmeldung richtig. Sie beruht auch nicht auf dem zum Erreichen des Zieles nötigen Zeitaufwand. Hingegen ist der Kraftaufwand von entscheidender Bedeutung: Bei Gegenwind unterwegs zum Futterplatz, nach steilen Flügen hangaufwärts, bei Belastung mit einem Bleigewicht, bei Vergrößerung des Luftwiderstandes oder Behinderung durch Stutzen der Flügel werden zu große Entfernungen gemeldet. Die Schätzung der Entfernung nach dem erforderlichen Kraftaufwand wird auch bestätigt durch den Vergleich von Bienen, die zum Futterplatz laufen bzw. fliegen: Erstere gehen nach einem Fußmarsch von 3—4 m, letztere nach einem Flug über 50—100 m vom Rundtanz zum Schwänzeltanz über; in beiden Fällen ist der Zuckerverbrauch angenähert derselbe.

7. Bienen, die bei Gegenwind zum Futterplatz fliegen, haben beim Rückflug Mitwind; trotzdem melden sie eine zu große Entfernung; sie berücksichtigen also bei der Entfernungsschätzung entweder allein oder überwiegend den Hinweg. Die Entscheidung zwischen diesen beiden Möglichkeiten brachte die

Auswertung eines großen Materials von Tanzbeobachtungen bei bekannter Windgeschwindigkeit und Windrichtung. Der Hinflug wird stärker gewertet als der Rückflug. Das Tanztempo bleibt um rund 30—40% hinter dem Wert zurück, der zu erwarten wäre, wenn nur der Hinflug gewertet würde.

In scheinbarem Widerspruch hierzu haben Bienen, die von ihrem Futterplatz zu einem weiter entfernten oder näher gelegenen Punkt versetzt wurden, den Mittelwert aus beiden Strecken gemeldet, also Hin- und Rückflug gleich gewertet. Die Erklärung liegt darin, daß die versetzten Bienen zunächst nur auf Umwegen heimfanden und die Rückflugstrecke neu erlernen mußten. So erlangte der Rückflug als „Hinflug zum Stock" das Gewicht des Hinfluges zum Futterplatz.

8. Die bezeichnende Gestalt der Entfernungskurve (Abb. 61, 62, S. 70, 71) wird verständlich durch die Annahme, daß die Bienen im Verlauf des Fluges von jedem durchflogenen Wegelement pro Zeiteinheit einen bestimmten Bruchteil „vergessen" (es können statt einem Abklingen der Erinnerung auch andere zentralnervöse Vorgänge angenommen werden). Nimmt man für den Bruchteil der Erinnerung, der pro Wegeinheit schwindet, eine „Vergeßlichkeitskonstante" an und für die Zunahme der Umlaufzeit pro Wegeinheit zu Beginn des Fluges eine „Steigungskonstante", so läßt sich eine Beziehung zwischen durchflogenem Weg und Umlaufzeit berechnen, die den experimentell erhaltenen Kurven gut entspricht (Abb. 109, S. 123). Bei manchen Völkern müssen etwas andere Konstanten angenommen werden, worin die schon lange bekannten volksspezifischen Unterschiede einen schärferen Ausdruck finden. Erhebliche Unterschiede in den Konstanten ergeben sich bei anderen Bienenarten. Dabei werden biologische Zusammenhänge deutlich. So ist in Verbindung mit der geringen Flugweite der Zwerghonigbiene die Steigungskonstante bei ihr groß und die „Vergeßlichkeit" stark (Abb. 110, S. 124). Das bedeutet eine scharfe Entfernungsweisung im hauptsächlichen Flugbereich und eine schlechtere Leistung (abgeflachte Kurve) bei Entfernungen, die praktisch kaum in Frage kommen. Im allgemeinen scheint der Satz zu gelten: Bei gleichen Bruchteilen des maximalen Flugweges wird im gleichen Tempo getanzt und ein gleicher Bruchteil vergessen.

B. Die Richtungsweisung

12. Erste Hinweise auf das Prinzip der Richtungsmeldung

Im Sommer 1944 führten einige ganz einfache Versuche zu einem ebenso unerwarteten wie aufregenden Ergebnis. Ich fütterte eine Gruppe von numerierten Bienen in größerer Entfernung als bisher, etwa 200 m vom Stock. An verschiedenen Stellen der Umgebung wurden Duftplatten mit demselben Duftstoff ausgelegt, durch den der Futterplatz gekennzeichnet war. Sobald mit hoher Zuckerkonzentration gefüttert wurde, kamen die alarmierten Neulinge auch an die Duftplatten, aber ganz bevorzugt zum Futterplatz selbst und an jene Duftplatten, die in der Richtung des Futterplatzes ausgelegt waren. Auf Grund früherer Versuche (1923) war ich damals überzeugt, daß auf die Tänze hin die ganze Umgebung gleichmäßig abgesucht würde. Ich erklärte mir den Zustrom zu der Gegend des Futterplatzes dadurch, daß das Duftorgan der Sammlerinnen die in der Umgebung suchenden Kameraden anlockte. Ein Kontrollversuch sollte das bestätigen: In der Skizze von Brunnwinkl (Abb. 111) ist die Lage des Bienenstockes (St) eingetragen. Nun wurden zwei Futterplätze nach verschiedenen Richtungen angelegt. Eine numerierte Gruppe sammelte in dem zwar hügeligen, aber offenen Gelände 300 m nach NNO vom Stock (Platz A), die andere südlich, in der Luftlinie 200 m entfernt, an einem schmalen steinigen Fußweg, der einerseits von Felswänden und steilem Hochwald, anderseits vom See begrenzt wird (Platz B). Hier konnten umherstreifende Neulinge nicht in größerer Zahl erwartet werden.

Nach spärlicher Fütterung wurde am Nachmittag des 17. 9. 1944 zunächst im offenen Gelände bei A zweimolare Zuckerlösung bei Lavendelduft geboten. Die Folge war, daß daselbst binnen 1 Stunde 178 Neulinge abgefangen werden mußten, die ersten schon 11 Minuten nach Beginn der guten Fütterung. Die Zahl der Anflüge an den ausgelegten Lavendelduft-Platten (ohne Futter) ist durch die rund eingeklammerten Zahlen in Abb. 111 angegeben. Die Bevorzugung der Umgebung des Futterplatzes ist eindeutig.

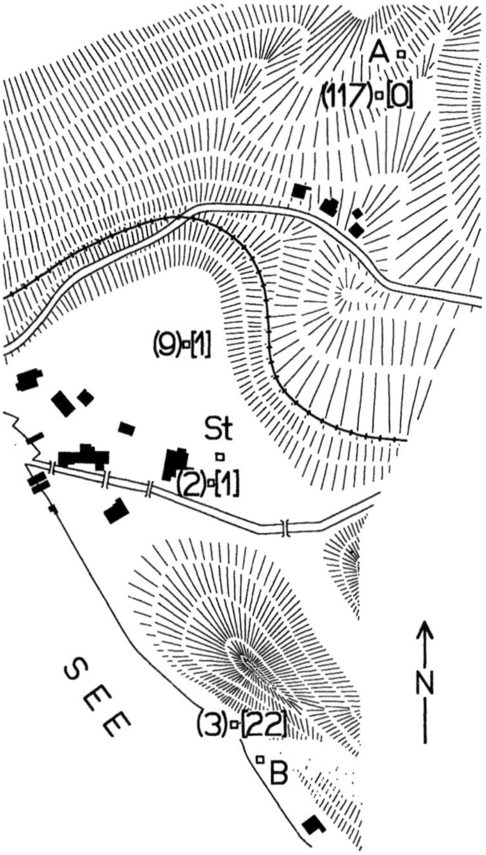

Abb. 111. Versuch am 17./18. 9. 1944. St Beobachtungsstock. A und B Futterplätze der zwei numerierten Bienengruppen aus diesem Stock. 17. 9.: Fütterung bei A mit zweimolarer Zuckerlösung bei Lavendelduft. Die Zahl der Neulingsanflüge an den Lavendelduft-Platten binnen 1 Std ist durch die Zahlen in runden Klammern angegeben. — 18. 9.: Fütterung bei B mit zweimolarer Zuckerlösung bei Thymianduft. Die eckig eingeklammerten Zahlen geben die Zahl der Anflüge an den Thymian-Duftplatten binnen 1 Std an. Zum Futterplatz selbst kamen am 17. 9. bei A 178, am 18. 9. bei B 362 Neulinge

Mit Spannung gingen wir am 18. 9. an den Gegenversuch und boten bei B zweimolare Zuckerlösung unter Beigabe von Thymianduft. Zu meiner Verblüffung kamen ungezeichnete Neulinge auch hier schon nach 10 Minuten angeflogen, sie kamen in hellen Scharen und ohne Unterlaß den schmalen Steig entlang in einer noch kaum erlebten Fülle. 362 Neulinge mußten in der Beobachtungsstunde am Futterplatz getötet werden. Die Zahl der Anflüge an den Duftplatten ist aus den eckig eingeklammerten Zahlen in Abb. 111 zu ersehen.

Hatten die Sammlerinnen schon auf ihrem Flug vom Stock zum Futterplatz ihr Duftorgan ausgestülpt und so eine Duftstraße durch die Luft gelegt, die von ihren Kameraden verfolgt wurde? Diese Vermutung ließ sich prüfen — und erwies sich als falsch (vgl. S. 228). Der Herbst brach herein und das Rätsel blieb ungelöst, bis die kalten Monate vorüber und die Bienen wieder regsam waren.

Mit dem Beginn neuer Versuche fiel nun im Beobachtungsstock auf, daß die numerierten Bienen, die von einem bestimmten Futterplatz kamen, bei ihrem Schwänzellauf alle dieselbe Richtung einhielten, während Sammlerinnen, die zur selben Zeit von natürlichen Trachtquellen heimkehrten, meistens nach anderen Richtungen schwänzelten. War das Zuckerwasserschälchen nördlich vom Stock aufgestellt, so war auf der vertikalen Wabe der Schwänzellauf in der Mittagszeit nach unten gerichtet; wurde südlich gefüttert, so wurde gerade entgegengesetzt, in der Richtung nach oben getanzt. Während sich die Sonne in den folgenden Stunden im Sinne des Uhrzeigers weiter bewegte, änderte sich die Richtung des Schwänzellaufes entgegen dem Uhrzeigersinn. Somit wurde klar, daß die Richtung zum Ziel durch die Richtung des geradlinigen Schwänzellaufes gewiesen wird, und zwar mit Bezug auf den Sonnenstand und auf einem merkwürdigen Umweg: Eine unmittelbare Richtungsweisung nach der Sonne ist auf der vertikal stehenden Wabe im finsteren Bienenstock nicht möglich. Die Schwierigkeit wird dadurch behoben, daß die Tänzerin die Richtung zur Sonne durch einen Schwänzellauf nach oben kundgibt, und jeden beliebigen Winkel nach rechts oder links von der Sonne durch Schwänzelläufe in entsprechendem Winkel nach rechts oder links von der Richtung nach oben. Sie transponiert ihre Richtungsweisung aus dem Gebiet des Gesichtssinnes auf das Gebiet des Schweresinnes.

Um zu erfahren, in welchem Bereich sich in einem gewöhnlichen Bienenstock die Tänze abspielen, die ich bisher nur im flachen Beobachtungsstock mit seiner abnormen Waben-Anordnung gesehen hatte, hob ich aus einem Bienenkasten unter freiem Himmel eine Wabe nach der anderen heraus. Die numerierten Tänzerinnen, die an einem künstlichen Futterplatz verkehrten, ließen sich kaum stören. Da kam mir der Gedanke: Was werden sie wohl machen, wenn man die Wabe horizontal hält, so daß ein Transponieren auf die Richtung zum Lot unmöglich ist? Sie zögerten keine Sekunde, auf der horizontalen Fläche die Tänze fortzusetzen und zeigten jetzt durch die Richtung des Schwänzellaufes direkt nach ihrem Futterplatz, wie wir mit erhobenem Arm nach einem Ziel weisen. Wenn die Wabe gedreht wurde, wie die Drehscheibe einer Eisenbahn, behielten die Bienen ihre Richtung, wie die Nadel eines gedrehten Kompasses. War die Sonne weitergewandert, so wiesen ihre Schwänzelläufe trotzdem unverändert zum Futterplatz. Ich war damals nicht wenig erstaunt über die Findigkeit der Bienen, die eine ungewohnte Lage so spielend meisterten — im Grunde zu Unrecht. Die Bewunderung hätte viel mehr den Tänzerinnen auf der vertikalen Wabe gebührt. Denn was ich nun zum erstenmal gesehen hatte, war die viel einfachere Lösung der Aufgabe, den Kameraden eine Richtung anzugeben. Es ist auch wohl die ursprünglichere, phylogenetisch ältere Form der Richtungsweisung in der Sippe der Honigbienen (vgl. S. 305). Daher ist es zweckmäßig, die genauere Darstellung mit den leichter verständlichen Verhältnissen auf horizontalem Tanzboden zu beginnen.

Was man hier in wenigen Minuten lesen kann, wurde mir im Sommer 1945 erst im Laufe zweier Monate klar. Denn das eben dargelegte Prinzip der Richtungsweisung wird für den noch unerfahrenen Beobachter in geradezu heimtückischer Weise durch Umstände verschleiert, deren Natur zunächst rätselhaft blieb. Wieso konnten sich Bienen auf horizontaler Wabe nach der Sonne einstellen, ohne daß diese für sie sichtbar war? Warum zeigten sie auf der vertikalen Wabe bisweilen um mehr als 40° nach rechts oder links von der erwarteten Richtung? Warum waren die Schwänzeltänze auf der gegenüberliegenden Wabenseite anders orientiert? Wieso änderte sich bei gleichem Ziel die Richtungsweisung, wenn der Beobachtungsstock so gedreht wurde, daß sein Flugloch nach einer anderen Himmelsrichtung lag? Das alles war verwirrend[1]) und wäre hoffnungslos gewesen, wenn nicht das Grundprinzip, die Richtungsweisung nach dem Sonnenstand, so klar hervorgetreten wäre.

13. Die Richtungsweisung auf horizontaler Unterlage

Tänze auf horizontalem Boden sieht man gelegentlich auf dem Anflugbrettchen eines Stockes, wenn es sehr warm ist und die Inwohner in größerer Zahl vor dem Flugloch „vorlagern". Manche Sammlerinnen geben dann schon vor dem Eingang

[1]) Man findet die Erklärung S. 133 und S. 203 f.

ihre Bürde ab und tanzen unter freiem Himmel. Dasselbe kann bei einer Schwarmtraube vorkommen, wenn Kundschafterbienen durch ihre Tänze die Lage einer günstigen Niststätte bekanntgeben (S. 270ff.). Es handelt sich also keineswegs um einen unnatürlichen Vorgang.

Um Tänze auf horizontaler Wabe nach Belieben studieren zu können, legte ich den ganzen Beobachtungsstock samt seinen Waben horizontal (vgl. Umlegestock S. 10 und Abb. 3). Es ist merkwürdig, wie wenig sich die Bienen dadurch stören lassen. Eine Schwierigkeit entsteht nur dadurch, daß Bienen, die hinaus wollen, bei geöffnetem Schutzdeckel das Flugloch schwer finden. Ihr Streben zum Licht treibt sie gegen das Glasfenster des Beobachtungsstockes, und auch die Schwerkraft führt sie ja in dieser Lage nicht hinunter zum Ausgang. So kommt es zur Unruhe, die sich aber durch vorübergehendes Abdecken mit einem schwarzen Tuch rasch beheben läßt. Im übrigen kann man den Stock stundenlang horizontal liegen lassen, ohne daß eine Betriebsstörung erkennbar wird. Im Oktober 1945 ließ ich probeweise einen Beobachtungsstock 11 Tage in horizontaler Lage. Die Bienen gingen ihrer Sammeltätigkeit nach, als wenn nichts geschehen wäre. CHAUVIN (1960) lagerte einen Stock sogar für mehrere Monate so, daß die Waben horizontal waren und berichtet, daß auf ihrer Oberseite und Unterseite Eiablage und Honigspeicherung normal weiterliefen.

Tanzende Bienen von einem künstlichen Futterplatz zeigen bei ihrem horizontalen Schwänzeltanz mit der geradlinigen Laufstrecke ziemlich genau die Richtung nach der Sammelstelle. Als Beispiel bringe ich einen Versuch vom 11. 8. 1959 (Beobachter M. LINDAUER):

Der Beobachtungsstock stand auf einer ebenen Heidefläche im Schleißheimer Forst bei München. Numerierte Bienen sammelten in 200 m Abstand genau östlich vom Stock. Dieser lag für die Dauer der Beobachtungsstunden horizontal. Der Oberbau des Stockes war abgenommen (vgl. Abb. 7, S. 11), die Bienen hatten allseits freie Sicht nach dem Himmel. Es war fast wolkenlos. Die Sonne schien in den Stock, wurde aber, um zu starke Erwärmung zu verhüten, zwischen den Beobachtungen abgedeckt. Die Richtung der Schwänzelläufe wurde mit dem Winkelmesser (Abb. 26, S. 26) festgestellt. In Tab. 22 ist für alle Tänze in der Beobachtungszeit von 8^{43}—13^{47} Uhr angegeben, ob und wieviel sie von der Zielrichtung abwichen.

Im Durchschnitt wiesen die Tänze 0,21° nach links vom Ziel (Streuung $\sigma = 0{,}96$, Mittel $\bar{\chi}$ 1,07, n 95).

Wie die Bienen das fertig bringen, wird aus Abb. 112 anschaulich. Bei ihrem Flug vom Stock zum Futterplatz achten sie auf den Sonnenstand. Den Winkel zwischen der Himmelsrichtung des Zieles und der Himmelsrichtung des Sonnenstandes (in der Sprache der Astronomen: den Winkel zwischen dem Azimut des Zieles und dem Azimut der Sonne, Winkel α in Abb. 112 links) nennen wir den Sonnenwinkel. Diesen Sonnenwinkel behält die Biene im Gedächtnis. Nach der Heimkehr stellt sie sich beim geradlinigen Schwänzellauf im gleichen Winkel zur Sonne ein (Abb. 112 rechts). So zeigt sie den Nachtänzerinnen, welchen Winkel sie selbst zur Sonne einhalten müssen, um in der Zielrichtung zu fliegen. Das Facettenauge ist mit seinen tausenden, schwach divergierenden und sehr exakt ausgerichteten Einzelaugen (Abb. 113; vgl. auch Abb. 408 und 409, S. 490) für solche Zwecke ein hervorragender Winkelmesser. Auch andere Gliederfüßer wissen ihn zu nützen.

Entdeckt wurde diese Verwendungsweise der Augen von SANTSCHI (1911) bei Wüstenameisen. Er wunderte sich, daß sie auf dem Sandboden, der kaum optische Orientierungsmarken bietet und wo Duftspuren rasch verweht werden, von ihrem Nest aus geradlinige Erkundungswanderungen machen und dann ohne Irrwege zu ihrem Heim zurücklaufen. Er fand die Erklärung darin, daß sie die Sonne als

Kompaß benützen, indem sie auf ihrem Wanderweg den anfangs gegebenen Winkel zu ihr beibehalten. Für den Rückweg ändern sie ihren Einstellungswinkel um 180° und so werden sie von der Sonne nach Hause geführt. Den eleganten Beweis für dieses Verhalten erbrachte SANTSCHI durch seinen klassischen „Spiegelversuch": Wenn er einer Ameise, die mit Beute beladen nach Hause unterwegs war, die Sonne abdeckte und in einem Spiegel auf der anderen Seite zeigte, dann wendete sie um 180° und lief nach der falschen Richtung; v. BUDDENBROCK erkannte (1917), daß

Tabelle 22. *Richtungsweisung auf horizontaler Fläche bei freier Sicht nach Sonne und blauem Himmel* (Versuch vom 11. 8. 1959, Beobachter: M. LINDAUER)

Zeit	Abweichung in Graden nach			Zeit	Abweichung in Graden nach		
	links		rechts		links		rechts
8^{43}	0,5			11^{18}	2,0		
48		0		21			0,5
50			0,5	23	1,0		
53			1,5	26	1,5		
57			1,5	28	2,5		
9^{00}			0,5	30	1,5		
03			0,5	34	2,5		
05	0,5			12^{00}		0	
07			2,0	05	1,5		
10	1,5			10	5,0		
13			1,0	11	1,5		
17		0		16	1,5		
20			4,5	21		0	
22	1,5			23	0,5		
24	2,0			25			0,5
25		0		26			1,0
27			0,5	34	2,5		
29		0		35	4,5		
31			1,5	37	1,5		
33	1,0			38	1,5		
35			0,5	41	0,5		
38	1,5			44	1,0		
40	0,5			13^{03}	0,5		
42	1,0			03	0,5		
44				06			1,5
10^{03}			2,0	08	0,5		
05			0,5	09			1,5
07			1,5	11	1,5		
09	0,5	0		13			1,0
10				16			2,0
14	1,5	0		19			0,5
16				20	0,5		
19			0,5	23	1,5		
21	1,0	0		25			1,0
24	0,5			27	0,5		
26	0,5			28			2,5
29				30			0,5
31		0		33			0,5
33		0		34	2,5		
37			1,0	35			1,5
39		0		36	1,5		
41			2,0	38			1,0
44			0,5	40			0,5
11^{03}	0,5	0		42	1,5		
08				43	1,5		
12			1,5	46		0	
14	1,5	0		47			1,0
16		0					

solche „Lichtkompaßbewegung" bei Insekten ganz allgemein vorkommt und heute wissen wir, daß sie im gesamten Tierreich weit verbreitet ist. Bei Bienen wurde diese Art der Orientierung von WOLF (1927) nachgewiesen. Bei seinen (schon S. 117 erwähnten) Versuchen hielten ja Bienen, die in einem markenarmen Ödland vom Futterplatz während des Saugens an eine andere Stelle versetzt wurden, beim Abflug jene Richtung zur Sonne ein, die sie vom gewohnten Futter-

Abb. 112. Das Prinzip der Richtungsweisung beim Tanz auf horizontaler Unterlage. Die Biene stellt sich beim Schwänzellauf (rechts) so ein, daß sie die Sonne unter demselben Winkel (α) sieht wie vorher bei ihrem Flug zum Futterplatz (links)

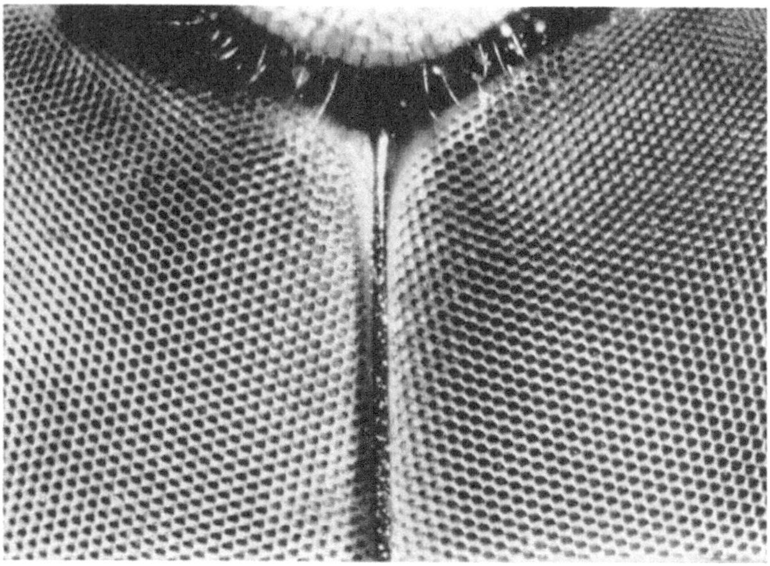

Abb. 113. Facettenauge einer Libelle, Teilansicht von vorn. Oben die Stirn, darunter in der Mitte die Trennungslinie zwischen linkem und rechtem Auge. Vgl. hierzu auch Abb. 408 und 409, S. 490. Phot. HANS BAMBERGER

platz zum Heimatstock geführt hätte (Abb. 108, S. 118). Mit dieser Orientierungsweise leisten sie nicht mehr als viele andere Insekten. Aber die Bienen allein haben es dahin gebracht, den Sonnenkompaß nicht nur für den eigenen Weg zu gebrauchen, sondern mit seiner Hilfe auch den Stockgenossen den Weg zu weisen.

Eine heimgekehrte Nektar- oder Zuckerwassersammlerin sucht zunächst Abnehmer für ihre Bürde. Während sie den Zuckersaft verfüttert (Abb. 28, S. 28), sitzt sie mit dem Kopf nach beliebiger Richtung. Dann erst dreht sie sich mit einer suchenden Runde in die richtige Stellung zum Ziel und beginnt den ersten Schwänzellauf.

Völlig unverständlich blieb mir zunächst, daß sich die Bienen auch dann nach der Sonne orientieren konnten, wenn diese durch das Holzdach des Beobachtungsstandes abgedeckt war. Die verschiedensten Erklärungsversuche wurden geprüft und verworfen. Weder die allgemeine Helligkeitsverteilung war maßgebend, noch waren magnetische Einflüsse nachweisbar, auch langwellige durchdringende Strahlen waren wirkungslos. Nach mannigfachen Bemühungen in solcher Richtung war es eine ernüchternde Erkenntnis, daß unter Umständen schon das Abschirmen der Sonne durch ein Blatt Papier die Orientierung zunichte macht; „unter Umständen" — nämlich dann, wenn die Tänzerin keinen blauen Himmel sieht. Es stellte sich heraus, daß sich die Biene so gut, wie nach der Sonne selbst, auch nach dem polarisierten blauen Himmelslicht orientieren kann, dessen Schwingungsrichtung vom Sonnenstand abhängig ist (s. S. 384ff.).

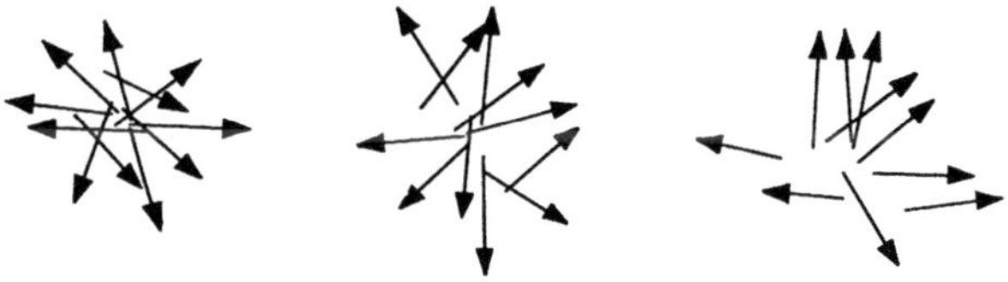

Abb. 114. Drei desorientierte Tänze. Die Richtung der Schwänzelläufe wurde während der Tänze nachgezeichnet

Wenn kein blauer Himmel sichtbar ist, bestimmen allein die ins Auge fallenden Sonnenstrahlen die Einstellung der Tänzerin. Wird die Sonne abgedeckt, so hört sie nicht etwa zu tanzen auf; aber die Tänze sind von diesem Augenblick an desorientiert, die Schwänzelläufe zeigen in regellosem Wechsel nach allen möglichen Richtungen (Abb. 114). Desorientierte Tänze treten immer dann auf, wenn eine tanzende Biene keine Möglichkeit hat, sich beim Schwänzellauf zu orientieren. Anders reagiert sie, wenn sie sich bei ihrem Flug zum Ziel nicht nach der Sonne orientieren konnte (z. B. Futterplatz auf dem Funkturm, S. 170). Dann macht sie im Stock Rundtänze. Im ersten Falle strebt sie beim Tanz eine Richtung an, die sie nicht finden kann, im zweiten Falle weiß sie keine Richtung anzugeben.

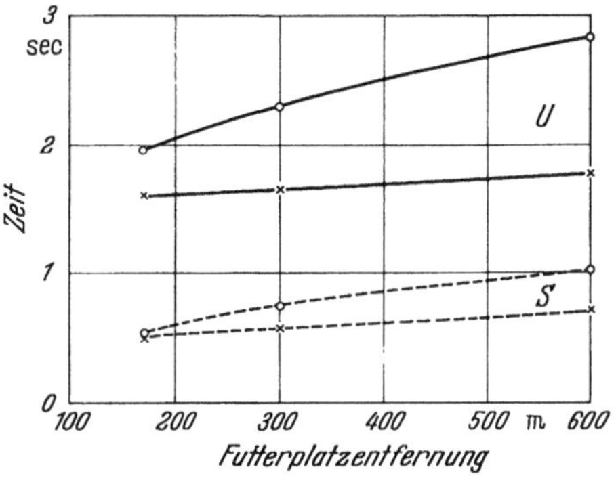

Abb. 115. Umlauf- und Schwänzelzeiten normaler und desorientierter Tänze bei verschiedenen Futterplatzentfernungen. o — o Umlaufzeit orientierter Tänze, × — × Umlaufzeit desorientierter Tänze, o - - - o Schwänzelzeit orientierter Tänze, × - - - × Schwänzelzeit desorientierter Tänze. Nach Esch 1964

Esch (1964) registrierte mit Hilfe des Sondenmikrophones (s. S. 57ff.) auch desorientierte Tänze auf horizontaler Wabe. Die Umlaufzeiten waren kürzer als bei normalen Tänzen auf vertikaler Wabenfläche, die Schwänzelzeiten änderten sich mit zunehmender Entfernung des Futterplatzes nur wenig (Abb. 115). Durch desorientierte Tänze werden die Stockgenossen weder über die Richtung noch über die Entfernung des Zieles zutreffend informiert.

Bei jenem Beobachtungsstock, der tagelang in horizontaler Lage blieb, pflegten die heimkehrenden Sammlerinnen auf die nach unten gerichtete Wabenfläche zu laufen, wo es dunkler war. Da gab es nur desorientierte Tänze. Es war ja weder Sonne noch blauer Himmel zu sehen. Wenn man den Stock in ein Platten-Zelt einbaut (S. 11, Abb. 5), sind bei diffuser Beleuchtung auch auf der Waben-Oberseite alle Tänze desorientiert. Sie wirken trotzdem alarmierend. Aber die ausgesandten Neulinge suchen nach allen Richtungen (s. S. 155, 156).

Im Zelt kann man sich leicht davon überzeugen, daß wirklich das Licht der Sonne, und der Azimut des einfallenden Lichtes die Einstellung des Tanzes bestimmen. Schon mit einer Taschenlampe, die man aus der Richtung des Sonnenstandes auf die Wabe scheinen läßt, kann man den desorientierten Tanz sofort in einen korrekten, zielgerichteten überführen. Läßt man das Licht von der entgegengesetzten Seite auf die Wabe fallen, so zeigen die Schwänzelläufe vom Futterplatz weg. Durch entsprechende Lampenstellung kann man die Bienen tanzen lassen, wohin man will. Sie halten stets zur Stellung der Lampe jenen Winkel ein, den sie bei ihrem Flug zum Futterplatz nach der Sonne eingehalten hatten (v. FRISCH 1948, S. 40).

Abb. 116. Der Beobachtungsstock ist horizontal gelegt. Seitenwände des Plattenzeltes, Schutzdach und Dachträger (vgl. Abb. 5 und 6, S. 11) sind entfernt. Ein Leinenzelt nimmt den Bienen die Sicht nach dem Himmel bis auf den Kreisausschnitt, den sie durch das Sonnenrohr wahrnehmen. Phot. Dr. RENNER

Hierbei genügt zur Orientierung der Tänzerin das für uns sichtbare Licht. Durch Ausschaltung des Ultraviolett (Schott-Filter GG_{13}) ist sie nicht gehindert. Wärmestrahlung hat keine orientierende Wirkung (v. FRISCH 1948, S. 41; HERAN 1952, S. 198 ff.).

Im Plattenzelt läßt sich ein mit der Hand geführtes Licht nur angenähert in die gewünschte Richtung bringen. Für eine genauere Prüfung diente statt des Plattenzeltes ein Leinenzelt, welches mit einem Loch für ein „Sonnenrohr" versehen war (Abb. 116). Dieses konnte nach zwei Teilkreisen bewegt und auf eine gewünschte Höhe und einen beliebigen Azimut eingestellt werden (Abb. 117). Für die tanzenden Bienen war dann durch das offene Rohr je nach dem Versuchsplan die Sonne, blauer Himmel oder Wolkenhimmel sichtbar oder — im vorliegenden Falle — eine künstliche Lichtquelle. Seitlich vom Rohr war der blaue Himmel durch das Leinenzelt abgeschirmt.

Das sonnenbeschienene Zelt muß genügend dicht sein; ist es auf der Sonnenseite wesentlich heller, so muß durch entsprechendes Abdecken für gleichmäßige Helligkeit im Inneren gesorgt werden, da einseitige Belichtung die Tänze ablenken kann.

Vor der äußeren Öffnung des Rohres wurde eine Kartonplatte angebracht, in deren Zentrum ein kreisrundes Loch mit 18 mm Durchmesser ausgestanzt war.

Das Loch wurde mit durchscheinendem Papier überspannt und von außen mit einer Lampe[1]) angeleuchtet. Die Tänzerinnen sahen also eine künstliche Sonnenscheibe. Am unteren Ende konnte das Rohr durch eine drehbare Platte verschlossen werden.

Bei geschlossenem Rohr tanzten die Bienen desorientiert. War die künstliche Sonne für sie in der Richtung des wahren Sonnenstandes sichtbar, so tanzten sie

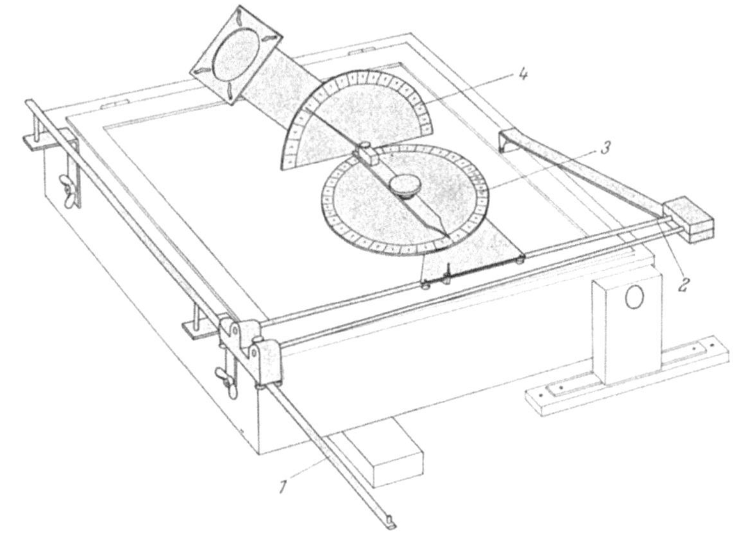

Abb. 117. Der Beobachtungsstock in horizontaler Lage mit dem Sonnenrohr. Dieses kann auf den Laufschienen (1 und 2) bewegt und über dem Tanzboden der Wabe fixiert werden; 3 = Teilkreis zur Einstellung des Azimutes, 4 = Teilkreis zur Einstellung der Höhe

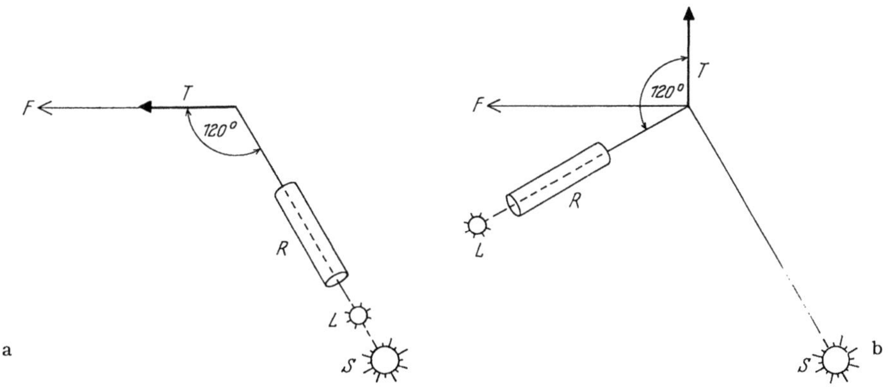

Abb. 118a u. b. F Richtung zum Futterplatz (West), S Sonnenstand, L künstliche Lichtquelle, für die Tänzerin durch das Rohr R sichtbar. a) Lampe in Richtung zur Sonne, Tänze (T) richtig nach West orientiert. b) Lampe um 90° verstellt, Tänze weisen um 90° falsch, nach Nord

nach West, wo sich in 200 m Abstand der Futterplatz befand (Abb. 118a). Verstellte ich die künstliche Sonne, unter Beibehaltung der Höhe, im Sinne des Uhrzeigers um 90°, so wiesen die Tänzerinnen genau nach Nord (Abb. 118b). Sie hielten also zum künstlichen Licht den Winkel ein, der mit Bezug auf die Sonne zum Futterplatz

[1]) Entweder mit einer 200 Watt-Birne oder mit einer Tageslichtbirne (Osram HWA 300, 160 Watt).

gewiesen hätte. Genau dasselbe war der Fall, wenn ich das Rohr um 25° tiefer, oder um 24°, oder um 40° höher einstellte, als es dem Sonnenstand entsprach (Versuche vom 18. und 20. 8. 1960).

Es ist also für die richtige Einstellung der Bienen nach dem Sonnenstand nicht notwendig, daß das Bild der Sonne in dieselben Einzelaugen fällt wie beim Flug zum Futterplatz. Aber es muß in Ommatidien fallen, die demselben Höhenkreis angehören. Einzelaugen, die nach derselben Himmelsrichtung blicken, scheinen in ihrer nervösen Ableitung untereinander gekoppelt zu sein. Die Sonnenhöhe ist belanglos, oder von untergeordneter Bedeutung. Sie läßt sich in weitem Umfang verändern, ohne daß die Einstellung der tanzenden Biene gestört wird, während die geringste Azimutverschiebung einer künstlichen Lichtquelle mit einer entsprechenden Änderung der Tanzrichtung beantwortet wird.

In der Entfernungsweisung habe ich bei Tänzen auf horizontaler und vertikaler Wabenfläche keinen Unterschied bemerkt. Gelegentliche Kontrollen ergaben das gleiche Tanztempo. So wurden bei einer Futterplatz-Entfernung von 200 m je 50 Tänze auf horizontaler und vertikaler Wabe beobachtet und für je 15 Sek. im Durchschnitt die Zahl von 7,95 bzw. 8,076 Umläufen festgestellt (4., 6., 8. Aug. 1962). Voraussetzung ist, daß die Bienen beim Tanz auf horizontaler Fläche die Sonne oder polarisiertes Himmelslicht wahrnehmen können. Ist das nicht der Fall, so sind ja die Tänze desorientiert. Sie verlieren ihren regelmäßigen Verlauf und hiermit auch die geregelte Umlaufzeit und die strenge Beziehung zwischen der Schwänzelzeit und der Entfernung des Zieles (vgl. S. 133).

14. Die Richtungsweisung auf der vertikalen Wabenfläche

In der Regel tanzen die Bienen im Inneren des Bienenstockes auf der vertikal hängenden Wabe. Dann können sie den Sonnenwinkel nicht unmittelbar durch ihre Laufrichtung beim Schwänzeln zeigen. Das ist auf der vertikalen Fläche technisch nicht möglich. Auch fehlt ihnen im finsteren Stock der Blick nach der Sonne als Bezugspunkt. Unter diesen Umständen transponieren sie den Sonnenwinkel aus dem Sinnesgebiet der Lichtwahrnehmung auf das Sinnesgebiet der Schwereempfindung, nach folgendem Schlüssel: Die Richtung zur Sonne wird durch Schwänzelläufe nach oben angegeben, und jeder Winkel nach rechts oder links von der Richtung zur Sonne durch einen entsprechenden Winkel nach rechts oder links von der Richtung nach oben (Abb. 119).

Wie sie auf diesen Ausweg gekommen sind, erschien zunächst unfaßlich. Dann stellte sich aber heraus, daß solches Transponieren bei Gliederfüßern eine weit verbreitete Verhaltensweise ist, die keineswegs erst entwickelt wurde, um einander etwas sagen zu können. Auch wo es biologisch bedeutungslos ist, kann ein Orientierungswinkel nach einer Lichtquelle bei Ausfall des Lichtes automatisch auf die Schwerkraft umgestellt werden. Hiermit war für den Aufbau der „Bienensprache" ein wichtiger Baustein von vornherein gegeben. Das soll uns später noch beschäftigen (S. 328f.).

Die Beobachtung der Richtungsweisung geschieht am besten mit Hilfe des S. 26 abgebildeten Winkelmessers in einem Plattenzelt (S. 11) bei diffusem Licht. Blauer Himmel könnte die Tänze stark ablenken. Es ist darauf zu achten, daß die für die Tänzerinnen sichtbaren Innenwände des Zeltes durch das diffuse Licht gleichmäßig erhellt sind. Um die Tanzwinkel der Bienen mit den Sonnenwinkeln zu vergleichen, benützten wir Azimutkurven, nach welchen für den Versuchsort der Azimut der Sonne für jeden Tag und jede Minute auf etwa $^1/_2$° genau abgelesen werden konnte[1]). Diese

[1]) Die Herstellung der Kurven verdanken wir Herrn Dr. Jahn (Sternwarte München).

Genauigkeit war für unsere Zwecke ausreichend. Dem Beobachter war der jeweilige Sonnenstand nicht bekannt. Der Vergleich mit den Azimutwerten erfolgte immer erst nachträglich.

Wenn die heimkehrende Sammlerin das Innere des Stockes erreicht hat, läuft sie auf der vertikalen Wabenfläche nach oben in den Bezirk, wo die Futterabnehmerinnen warten und wo sich in der Regel auch die Tänze abspielen (vgl. S. 36f.).

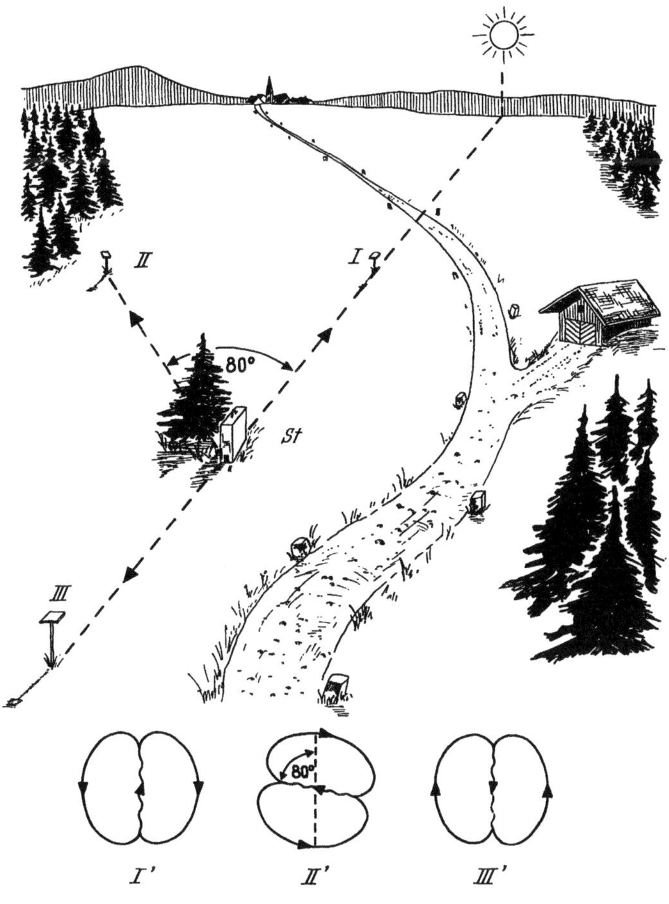

Abb. 119. Drei Beispiele für die Richtungsweisung auf der vertikalen Wabenfläche. St Bienenstock, I, II, III Futterplätze in drei verschiedenen Richtungen. I', II', III', die entsprechenden Schwänzeltänze auf der vertikalen Wabe

Bei Futterquellen, die weiter als 2 km vom Stock entfernt waren, beobachtete BOCH (1956), daß die Tanzplätze regelmäßig in um so größerem Abstand vom Flugloch lagen, je größer die Distanz der Sammelstätte war. Das gilt nicht nur für den Beobachtungsstock mit einer einzigen oder zwei übereinander stehenden Waben, sondern auch bei der normalen Anordnung mehrerer Waben hintereinander, und es gilt nicht nur für künstliche Futterplätze, sondern auch bei natürlicher Tracht. Diese Erscheinung wurde von R. GÖTZ (bei LINDAUER, noch nicht, veröffentlicht) bestätigt und sie konnte von ihm auch schon bei geringeren Flugweiten nachgewiesen werden. Abb. 120 zeigt, wie sich nach seinen Beobachtungen in einem normalen Bienenstock (Waben in „Kaltbau"-Stellung) die Tanzplätze mit zunehmender Entfernung der Futterplätze stufenweise vom Flugloch weg nach oben und rückwärts verlagern. Diese räumliche Sonderung der Tanzplätze für Nah- und Fernsammlerinnen mag die Alarmierung der betreffenden Sammelgruppen erleichtern.

Der Tanzplatz ist offenbar nicht nur topographisch durch seine Lage zum Flugloch bestimmt, er scheint auch eine lokale Note zu haben, vielleicht von geruchlicher Natur. Denn als R. Götz an einem Beobachtungsstock das Flugloch verschloß, den Stock um 180° drehte und ein anderes Flugloch an der entgegengesetzten,

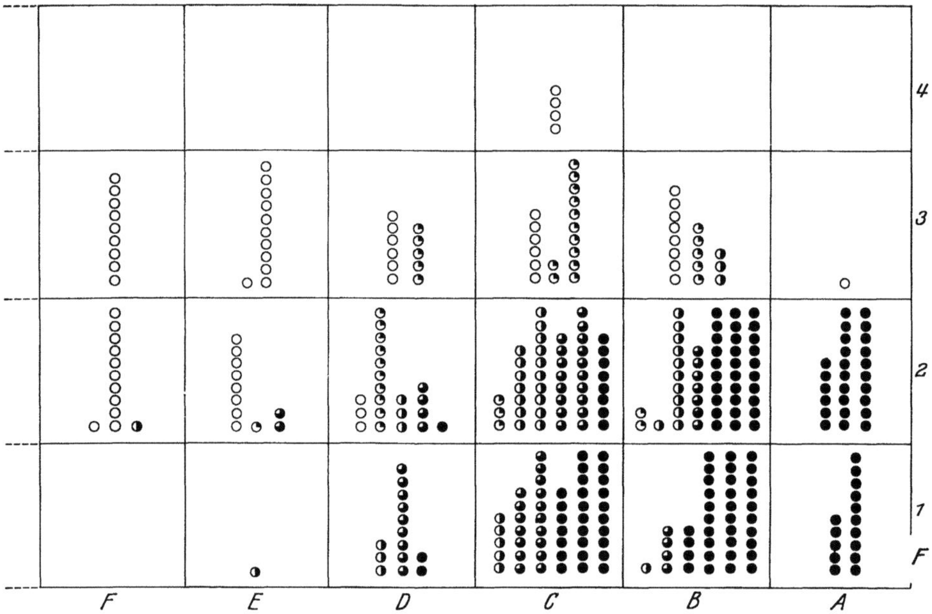

Abb. 120. Die Tanzplätze von Bienen auf der Wabe eines normalen Bienenstockes bei verschiedener Entfernung der Futterplätze. F Flugloch. Die Wabe ist in quadratische Felder eingeteilt. Es wurde für jeden Tanz das Feld, aber nicht die genaue Lage des Tanzplatzes innerhalb des Feldes verzeichnet. Jeder Kreis bedeutet einen Tanz für einen Futterplatz im Abstand von: ● = 50 m, ◕ = 300 m, ◑ = 1000 m, ◔ = 3000 m, ○ = 5000 m. Der Stock enthielt 10 Waben in Kaltbau-Stellung (Wabenflächen parallel den Seitenwänden des Bienenkastens). Die Tänze fanden auf den mittleren, hinter dem Flugloch hängenden Waben statt und sind in der Darstellung alle auf eine Wabenfläche projiziert. — Man sieht, daß sich die Tanzplätze mit zunehmender Flugweite stufenweise in der Richtung nach rückwärts und oben vom Flugloch entfernen. Nach noch nicht veröffentlichten Versuchen von R. Götz (Frankfurt a/M.)

nun nach vorn gerichteten Schmalseite öffnete, liefen die heimkehrenden Sammlerinnen, die vorher in der Nähe des Flugloches getanzt hatten, durch den ganzen Stock nach hinten und ihre Tänze spielten sich auf der Wabenstelle ab, die ihnen früher als Tanzplatz gedient hatte. Im Verlauf von Stunden oder Tagen näherten sich die Tänze allmählich wieder dem Flugloch. Die Versuche werden noch fortgesetzt.

Als die Bienen bei einem Versuch 6 km vom Stock entfernt gefüttert wurden, beobachtete Boch eine deutliche Verlagerung der Tanzplätze entsprechend der tageszeitlichen Änderung der Tanzrichtung (Abb. 121). Es sah so aus, als würde die Sammlerin schon beim Einlaufen auf der Wabe durch die Tanzrichtung, die sie einhalten soll, in ihrer Laufrichtung beeinflußt (Boch 1956, S. 163).

Um zu sehen, ob Entsprechendes auch bei Nahsammlerinnen zu erkennen ist, machte ich im August 1964 einige Beobachtungen in Brunnwinkl. Ich wollte dabei auch erfahren, wie sich die Bienen verhalten, wenn die Tänze nach unten gerichtet sind. Dann konnte ja ein Einfluß auf die Richtung des Einlaufes, die naturgemäß schräg nach oben liegen mußte, nicht erwartet werden.

Der Futterplatz lag 200 m westlich vom Stock. Da keineswegs immer an der Stelle der ersten Futterabgabe getanzt wird, notierte ich nicht die Tanzplätze, wie es Boch gemacht hatte, sondern ich habe mit dem Winkelmesser die Einlaufsrichtungen gemessen. Das ging in den meisten Fällen gut, weil die Biene beim Einlaufen deutlich eine bestimmte Richtung einzuhalten pflegt. Wenn sie sich ausnahmsweise in einer Zickzackbahn bewegte, wurde der Fall nicht gewertet. Die Protokolle sind als Skizzen in Abb. 122 zusammengestellt.

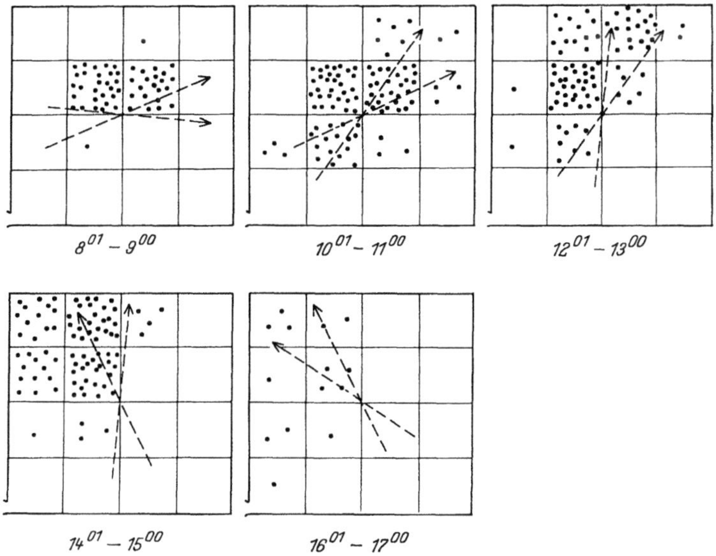

Abb. 121. Der Tanzboden von Fernsammelbienen (Futterplatz 6 km vom Stock) verschiebt sich auf der Wabe im Verlaufe des Tages. Jeder Punkt bedeutet den Ort eines beobachteten Tanzes. Die gestrichelten Pfeile begrenzen den Bereich, in dem sich die Richtungsangaben der Bienen während der Beobachtungszeit bewegten. Flugloch im Bilde links unten. Nach Beobachtungen von Boch am 9. 8. 1952

Die Einzelbilder habe ich, unabhängig vom Tag der Beobachtung, fortlaufend nach der Tageszeit geordnet. Der kräftige Pfeil gibt jeweils den Durchschnittswert der beobachteten Tanzrichtung für die betreffende Zeitspanne an. Die gestrichelten Pfeile bedeuten den Streubereich der Tänze (woran natürlich die Änderung des Sonnenstandes in der Beobachtungszeit mit beteiligt ist). Die Einlaufsrichtungen sind durch die peripheren Punkte angegeben (Einzelwerte), d. h. die Einlaufsrichtungen entsprechen den Verbindungslinien vom Kreiszentrum zu den Punkten. Man sieht, daß keine Beziehung zur Tanzrichtung besteht, wenn diese schräg nach unten liegt. Naturgemäß streben dann die heimkehrenden Bienen schräg nach oben in die Gegend, wo die Abnehmerinnen warten. Das bleibt zur Hauptsache noch so, wenn sich der Tanzwinkel über die Horizontale erhebt, doch scheint er bald eine gewisse Anziehungskraft auf die einlaufenden Bienen zu gewinnen (Abb. 122, Bild 7). Bei steileren Tanzwinkeln war ein Zusammenhang zwischen der Einlaufsrichtung und der späteren Tanzrichtung offenkundig (Abb. 122, Bild 9—18). Zugleich nahm die Streuung der Einlaufsrichtung ab. Als die Tanzrichtung die Lotlinie überschritten hatte, lockerte sich der Zusammenhang, und

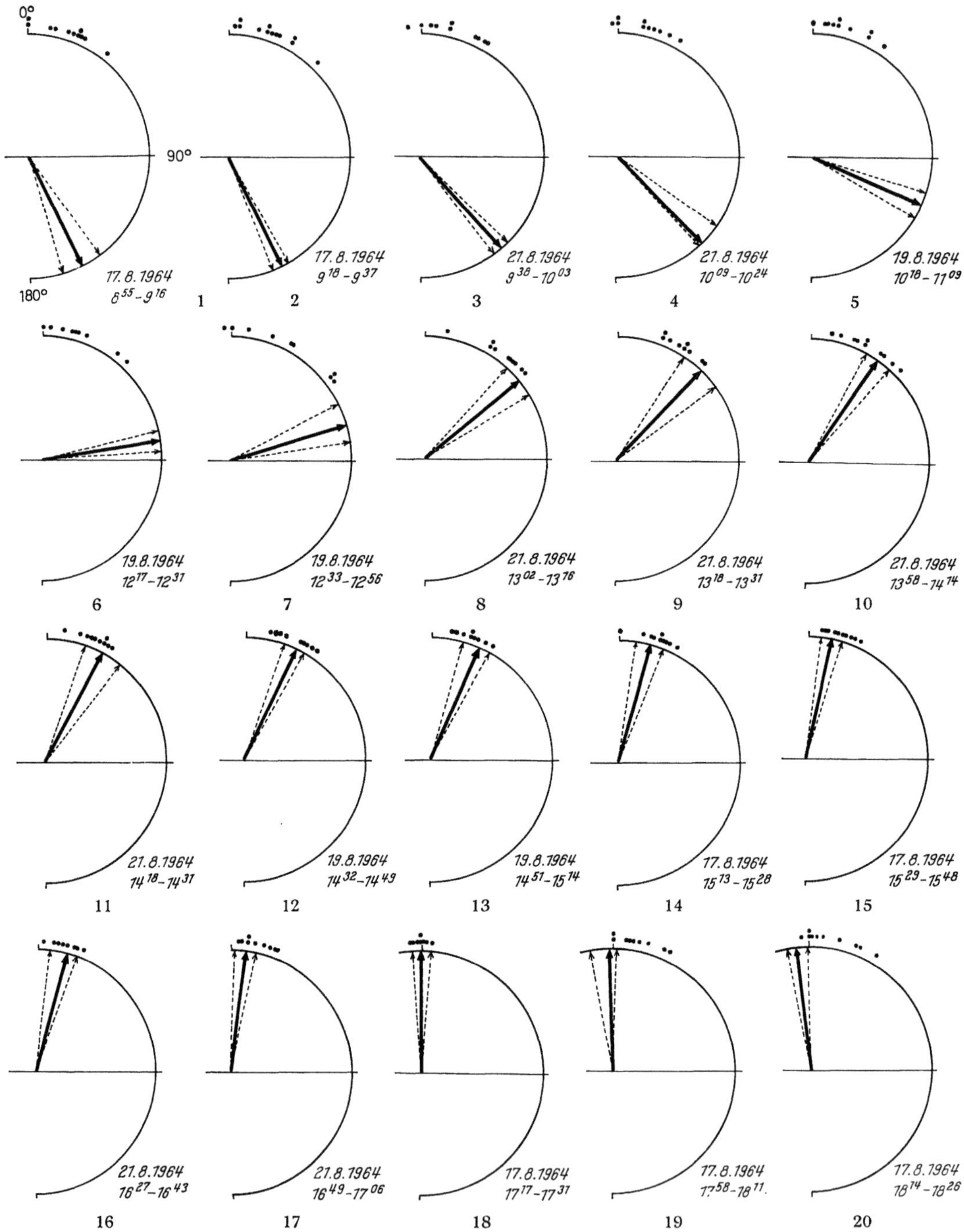

Abb. 122. Die Einlaufsrichtung auf der Wabe bei verschiedener Tanzrichtung. Futterplatz 200 m westlich vom Stock. Die Bilder sind nach der Tageszeit geordnet. Die Tanzrichtung (starker Pfeil = Durchschnittswert, gestrichelte Pfeile = Streubreite) verschiebt sich im Laufe des Tages entgegen dem Uhrzeigersinn. Die Einlaufsrichtung entsprach jeweils der Verbindungslinie zwischen dem Zentrum und den peripheren Punkten. Jeder Punkt bezieht sich auf einen beobachteten Tanz. Soweit es die allgemeine Lage des Tanzbereiches gestattet, wird die Einlaufsrichtung durch die spätere Tanzrichtung beeinflußt (Bild 9—18). Das heißt, die Biene hat beim Einlaufen schon die Tanzrichtung im Sinn. — Für die Darstellung sind die Stellen, wo die Bienen die Wabe betreten haben, auf einen Punkt konzentriert. In Wirklichkeit variieren sie vom Flugloch weg über eine Strecke von mehreren Zentimetern

der frühere Zustand größerer, nach rechts oben gerichteter Streuung stellte sich wieder her (Abb. 122, Bild 19, 20)[1].

Es hat sich also auch für nahe Futterquellen (in unserem Falle 200 m) bestätigt, daß die Sammlerinnen beim Einlaufen die Richtung ihrer kommenden Tänze schon im Sinne haben. Die Richtung ihres Einlaufens wird dadurch mitbestimmt, sofern das möglich ist und solange sie dadurch nicht von dem

Tabelle 23a. *Beispiel für die Richtungsweisung auf der vertikalen Wabenfläche* (Versuch in Aich am 6. 9. 1959, Futterplatz 270 m vom Stock, 11^{11} Uhr bis 12^{03} Uhr)

Zeit	Biene Nr.	Sonnenwinkel*)	Tanzwinkel*)	Fehler*)
11^{11}	29	20 r	22,5 r	+ 2,5
11^{14}	10	19	16,5	— 2,5
11^{15}	20	18,5	17,5	— 1
11^{16}	19	18	14,5	— 3,5
11^{17}	15	17,5	14	— 3,5
11^{19}	10	17	13,5	— 3,5
11^{20}	11	16,5	15,5	— 1
11^{21}	29	16	18	+ 2
11^{22}	23	16	14	— 2
11^{24}	20	15	15	0
11^{26}	13	14,5	10	— 4,5
11^{29}	10	13	11	— 2
11^{30}	29	13	12	— 1
11^{30}	16	13	14	+ 1
11^{32}	11	12	13	+ 1
11^{33}	25	12	8	— 4
11^{35}	29	11	13	+ 2
11^{36}	15	10,5	9	— 1,5
11^{37}	11	10,5	9,5	— 1
11^{38}	23	10	8	— 2
11^{43}	11	8	9,5	+ 1,5
11^{44}	29	8	7,5	— 0,5
11^{46}	13	7	5	— 2
11^{47}	16	6,5	4,5	— 2
11^{48}	23	6,5	5	— 1,5
11^{49}	12	6	4	— 2
11^{50}	15	6	6	0
11^{51}	16	5,5	6	+ 0,5
11^{52}	11	5	6	+ 1
11^{54}	29	4	7,5	+ 3,5
11^{56}	23	4	5,5	+ 1,5
11^{58}	29	2,5	3,5	+ 1
12^{00}	17	2	1	— 1
12^{02}	11	1	1	0
12^{03}	29	0,5	2	+ 1,5

*) in Graden.

Wabenbereich, wo die Abnehmerinnen sitzen, zu weit abgelenkt werden nach anderen Bereichen, in welchen sie ihre Bürde nicht los würden.

Trifft die Sammlerin auf dem Tanzboden, oder auch schon weiter unten, auf eine Abnehmerin, so kann sie bei der Futterabgabe zunächst in der Laufrichtung sitzen bleiben. Aber indem sie sich herankommenden weiteren Abnehmerinnen zuwendet oder solche im Umkreis sucht, ergeben sich bei der Futterabgabe die verschiedensten Stellungen. Verzeichnet man also allgemein die Sitzrichtungen

[1]) Die Einlaufrichtung kann auch um wenige Grade nach links gerichtet sein (Beispiele in Bild 3, 7 u. a. in Abb. 122), da die Bienen nach dem Passieren des Flugloches oft unten noch ein Stückchen geradeaus laufen, ehe sie auf die Wabe klettern.

bei der Futterabgabe, so findet man — ebenso wie bei horizontalen Tänzen — keine Bindung an die Tanzrichtung.

Erst beim Ansatz zum Schwänzellauf schwenkt die Biene mit einem Bogenlauf in die richtige Winkelstellung ein. Obwohl sie dabei den Lichtwinkel aus dem Gedächtnis auf die Richtung zum Lot übertragen muß, trifft sie das rechte Maß mit erstaunlicher Genauigkeit. Davon soll Tab. 23a eine Vorstellung geben. Sie enthält die Messungen von 35 Tänzen, die am 6. 9. 1959 von 11^{11}—12^{03} Uhr an einem Beobachtungsvolk in Aich (unweit von Brunnwinkl) abgenommen wurden. Der Futterplatz lag genau südlich vom Stock in einem Abstand von 270 m. Die Änderungen des Sonnenwinkels, wie sie sich aus dem fortschreitenden Sonnenstand ergeben (Spalte 3), werden so prompt berücksichtigt, daß sie sich innerhalb weniger Minuten in der geänderten Tanzrichtung widerspiegeln (Spalte 4). Um das noch deutlicher zu machen, habe ich in Tab. 23b die Sonnenwinkel in Klassen von 2° zusammengefaßt und die Durchschnittswerte der Tanzwinkel danebengesetzt.

Tabelle 23b[1])

Zeit	Sonnenwinkel in Graden	Tanzwinkel (Durchschnitt)	n
11^{11-15}	20—18,5	18,8	3
11^{16-20}	18—16,5	14,4	4
11^{21-26}	16—14,5	14,25	4
11^{27-31}	14—12,5	12,3	3
11^{32-37}	12—10,5	10,5	5
11^{38-42}	10— 8,5	8	1
11^{43-48}	8— 6,5	6,3	5
11^{49-53}	6— 4,5	5,5	4
11^{45-58}	4— 2,5	5,5	3
11^{59}—12^{03}	2— 0,5	1,1	3

[1]) Aus Tab. 23a sind hier die von 20° bis 0,5° abnehmenden Sonnenwinkel in Klassen von 2° zusammengefaßt. Man sieht im 3. Stab, wie in den entsprechenden Zeitspannen von etwa 5 zu 5 Minuten die Änderung des Sonnenstandes bereits in einem geänderten Tanzwinkel zum Ausdruck kommt.

In diesem Falle waren die Tänze nahe gegen den Zenit gerichtet. Aber das ist nicht die Voraussetzung für ihre gute Orientierung. In Tab. 24 sind die letzten Tänze des Versuchstages zusammengestellt (16^{45}—17^{29} Uhr), als die Sonne fast westlich stand und die Sonnenwinkel zwischen 80 und 88° lagen. Die Streuung σ beträgt in der ersten Beobachtungsreihe 1,14 (Mittel $\bar{\chi}$ 1,74, n 35), in der zweiten 1,24 ($\bar{\chi}$ 1,55, n 29). Da sich am Nachmittag der Sonnenstand immer mehr vom (südlichen) Futterplatz entfernt, werden in Tab. 24 die Sonnenwinkel und Tanzwinkel laufend größer, während sie am Vormittag (Tab. 23) kleiner geworden sind.

Nicht immer stimmen die Tanzwinkel so gut mit den Sonnenwinkeln überein. Manchmal findet man Abweichungen von 10° und mehr nach der einen oder anderen Richtung. Diese scheinbaren Fehler sind von der Tanzrichtung abhängig und haben einen bestimmten Gang. Sie erscheinen nur uns als „Mißweisung". Die Bienen werden treffend nach dem Ziel gewiesen. Wir sehen von dieser Erscheinung zunächst ab und besprechen sie später (S. 203ff.).

Eine andere Art von Abweichung stellen die Tänze mit Divergenz dar. Man sieht oft, daß der Schwänzellauf z. B. nach links von der Sollrichtung abweicht, wobei aber der nächste Schwänzellauf um den gleichen Betrag nach rechts abweicht. Die Tanzrichtung pendelt in regelmäßigem Wechsel um den Sollwert. Es ist nicht schwer, den Winkelmesser auf die Winkelhalbierende einzustellen. Diese entspricht dem Winkel zum Ziel (Pfeil in Abb. 123).

Tabelle 24. *Richtungsweisung auf der vertikalen Wabe* (wie Tab. 23a, 16^{45} Uhr bis 17^{29} Uhr)

Zeit	Biene Nr.	Sonnenwinkel¹)	Tanzwinkel¹)	Fehler¹)
16^{45}	22	80 1	84 1	+ 4
16^{46}	15	80	78	— 2
16^{47}	17	80	82,5	+ 2,5
16^{49}	16	80,5	80,5	0
16^{51}	12	81	84	+ 3
16^{52}	29	81,5	80,5	— 1
16^{53}	13	81,5	81,5	0
16^{54}	16	81,5	82	+ 0,5
16^{57}	29	82	81,5	— 0,5
16^{58}	23	82,5	84,5	+ 2
16^{59}	15	82,5	82	— 0,5
17^{01}	16	83	82	— 1
17^{07}	15	84	84	0
17^{08}	16	84,5	86,5	+ 2
17^{08}	19	84,5	88,5	+ 4
17^{11}	22	85	87,5	+ 2,5
17^{12}	20	85	87	+ 2
17^{13}	23	85	89	+ 4
17^{14}	29	85,5	86,5	+ 1
17^{15}	11	85,5	85,5	0
17^{16}	19	86	88,5	+ 2,5
17^{17}	16	86	87	+ 1
17^{19}	29	86,5	86,5	0
17^{20}	21	86,5	88	+ 1,5
17^{22}	25	87	88,5	+ 1,5
17^{23}	16	87	88	+ 1
17^{25}	19	87,5	89,5	+ 2
17^{27}	29	88	88,5	+ 0,5
17^{29}	23	88	90,5	+ 2,5

¹) in Graden.

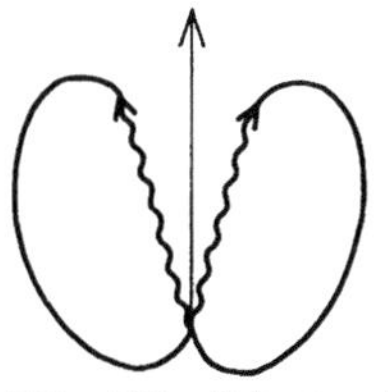

Abb. 123. Schwänzeltanz mit Divergenz. Die Winkelhalbierende weist die Richtung zum Ziel

Tänze mit Divergenz beobachtet man vor allem bei geringer Entfernung des Futterplatzes. Hier sind sie die Regel (vgl. S. 63, Abb. 54). Je weiter der Futterplatz entfernt ist, desto kleiner wird der Divergenzwinkel, bis sich schließlich bei einer Flugweite von einigen hundert Metern die Schwänzelläufe oft decken; es muß aber nicht sein. Ich finde in den Protokollen auch bei einer Flugweite von 2000 m noch Tänze mit Divergenz vermerkt. Die Variabilität ist beträchtlich. Oft tanzen im gleichen Versuch manche Bienen mit, andere ohne Divergenz. Ich habe den Bedingungen für das Auftreten divergenter Tänze nicht viel Aufmerksamkeit gewidmet. Vielleicht ließe sich darüber noch manches herausfinden.

Das Transponieren des Sonnenwinkels auf die Richtung zum Lot setzt leistungsfähige Organe des Schweresinnes voraus. Man hat bei der Biene lange vergeblich nach solchen gesucht.

Da auch die Antennen als Sitz der Gleichgewichtsorgane in Frage standen, prüfte ich die Tänze der Bienen nach Amputation der Fühler. Einseitig fühlerlose Tiere tanzten anfangs etwas unsicher und mit vergrößerter Streuung, aber ohne nachhaltige Beeinträchtigung. Nach Amputation beider Antennen war zunächst (für einige Stunden) die Orientierung im Stock stark gestört. Man mußte den operierten Bienen durch vorübergehendes Schließen des lichtdichten Schutzdeckels das Hinein- und Herausfinden erleichtern, da sie sonst durch das Seitenlicht unwiderstehlich abgelenkt wurden. Wenn sie den Verkehr zwischen Stock und Futterplatz wieder aufnahmen, begannen sie nach einigen Flügen auch wieder zu tanzen, aber völlig desorientiert. Die Vermutung, daß sie mit der Wegnahme der Fühler ihren Schweresinn verloren hätten, wurde rasch erschüttert: Sie tanzten auch auf horizontaler Fläche desorientiert. Es schien die Kontrolle über die Wendungen des eigenen Körpers erschwert zu sein. Darauf haben schon KALMUS (1937) und WOLF (1926) aufmerksam gemacht. Diese Störung ging aber bei den wenigen Bienen, die nach beiderseitigem Antennenverlust

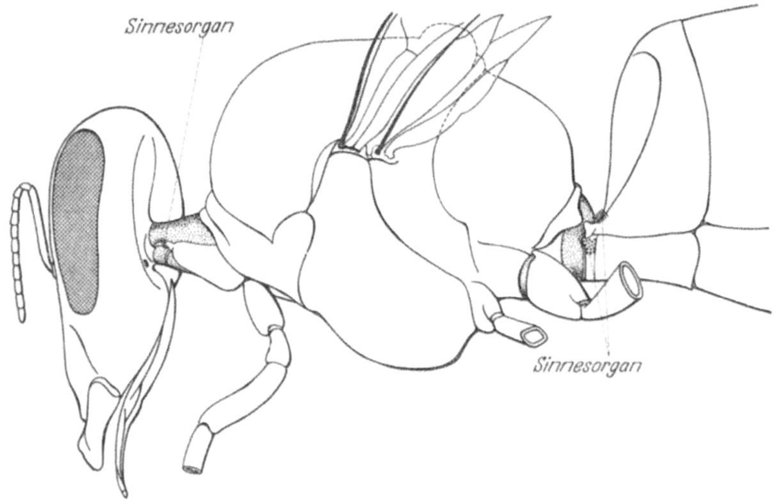

Abb. 124. a) Die Sinnesorgane der Schwereempfindung bei der Honigbiene an den Gelenkverbindungen der Brust mit Kopf und Hinterleib

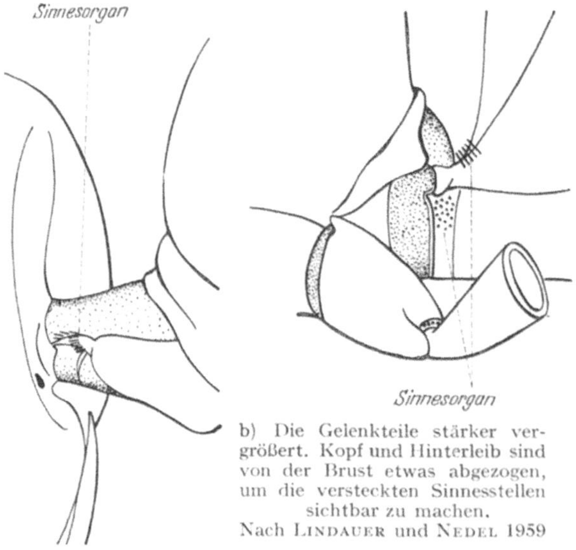

b) Die Gelenkteile stärker vergrößert. Kopf und Hinterleib sind von der Brust etwas abgezogen, um die versteckten Sinnesstellen sichtbar zu machen. Nach LINDAUER und NEDEL 1959

weiterhin am Futterplatz verkehrten, allmählich zurück und nach einigen Stunden waren bereits wieder normale Tänze mit gut ausgerichteten Schwänzelläufen zu sehen. Mein bester Beleg ist eine Biene Nr. 40, der ich am 21. 8. 1955 die rechte und am 26. 8. die linke Antenne im Schaft abgeschnitten hatte; 3—4 Stunden später machte sie während einstündiger Beobachtung neun meist lang anhaltende und gut orientierte Tänze, die nur zum Teil durch starke Divergenz und vorübergehende Unsicherheit auffielen.

Die Bienen sind also auch ohne Antennen imstande, sich beim Tanz nach der Schwerkraft zu orientieren. — Niemals habe ich aber gesehen, daß eine fühlerlose Biene für eine tanzende Kameradin das geringste Interesse zeigt. Für die Entgegennahme der Tanzmeldung sind die Antennen notwendig.

LINDAUER und NEDEL (1959) haben das Verdienst, die Schweresinnesorgane der Bienen entdeckt zu haben. Sie liegen paarig angeordnet an der gelenkigen Verbindung zwischen Kopf und Brust und zwischen Brust und Hinterleib. In Abb. 124 sind Kopf und Hinterleib vom Bruststück etwas weggezogen, um die versteckten Sinnesorgane sichtbar zu machen. In Abb. 124b sind diese Körperstellen bei stärkerer Vergrößerung dargestellt. In seiner normalen Lage ruht der Kopf auf zwei Chitinzapfen der Vorderbrust, die ins Hinterhauptsloch hineinragen und mit Sinnesborsten besetzt sind (Abb. 124b, links). Diese sind hier nur angedeutet und bilden ansehnliche Borstenfelder, wie Abb. 125 erkennen läßt. Sie berühren die gegenüberliegenden Chitinteile des Hinterkopfes. Der Schwerpunkt des Kopfes liegt (in der Normalstellung, wie Abb. 124) tiefer als seine Gelenkverbindung mit dem Thorax. Daher wirkt der Kopf wie ein Pendellot. Wenn die Biene auf der vertikalen Wabe nach oben orientiert ist, sucht die Schwerkraft die ventrale Kopfhälfte gegen die Brust zu ziehen, und umgekehrt, wenn sie mit dem Kopf nach unten gerichtet ist (Abb. 126). Die Last des Kopfes ruht in den beiden Fällen auf einander entgegengesetzten Teilen der Borstenfelder. Beim Übergang von der einen Stellung zur anderen geht eine Scherung über die Sinnespolster, die je nach Art und Grad der Schrägstellung bestimmte Bezirke der Borstenfelder maximal treffen muß. Auf der nervösen Registrierung dieser Reizverteilung beruht die Wahrnehmung der Körperstellung.

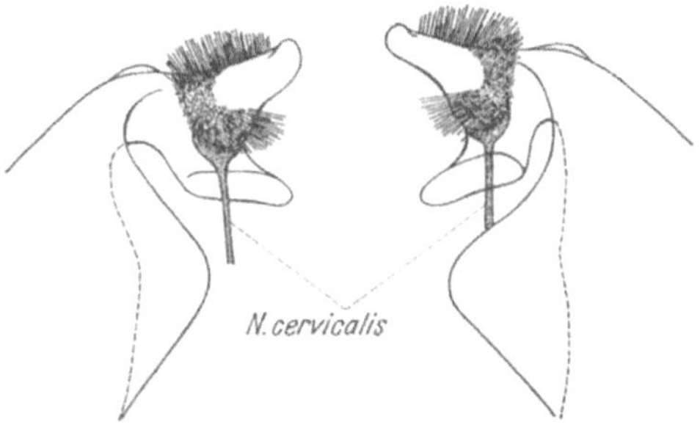

Abb. 125. Die Chitinzapfen der Vorderbrust mit den Sinnesborsten und Nervensträngen. Nach LINDAUER und NEDEL 1959

THURM (1963) konnte durch morphologische und elektrophysiologische Untersuchungen die Wirkungsweise der Borsten klären. Die Borstenfelder an der Verbindung von Brust und Hinterleib arbeiten nach dem gleichen Prinzip. Sie werden besonders durch Abbiegen des Hinterleibes nach unten oder seitlich gereizt.

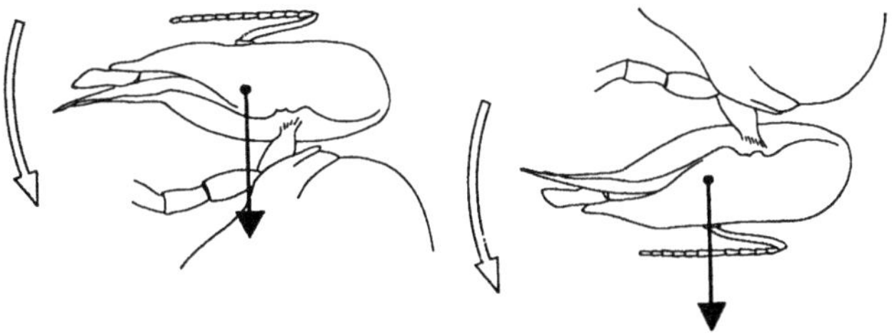

Abb. 126. Die im Schwerpunkt des Kopfes angreifende Schwerkraft sucht den Kopf je nach der Stellung der Biene gegen die Brust oder gegen den Rücken zu rollen

Die Richtigkeit dieser Vorstellungen konnte experimentell belegt werden. Verlagert man durch Aufkleben eines kleinen Bleigewichtes auf den Bienenkopf dessen Schwerpunkt nach oben, so schlägt der Kopf, der Schwerkraft folgend, nach der anderen Richtung aus als normal und die Biene führt uns ihre Täuschung überzeugend vor Augen, indem sie oben mit unten verwechselt. LINDAUER und NEDEL gelang auch die Durchtrennung der Nerven, welche die Kopforgane versorgen. So operierte Bienen flogen zum Teil noch tagelang zwischen Stock und Futterplatz hin und her. Sie setzten auch zum Tanzen an, aber sie konnten keine orientierten Schwänzelläufe ausführen. Wurde der Beobachtungsstock horizontal gelegt und die Sicht nach dem Himmel frei gegeben, so waren die Tänze sofort richtig orientiert. Die Bienen waren also nicht in ihrer allgemeinen Reaktionsfreudigkeit gestört, sondern nur unfähig, die richtige Einstellung zur Schwerkraft zu finden[1]).

Das genaue Einhalten der Winkelgrößen legt die Frage nahe, ob der Tänzerin hierfür außer den Meldungen ihrer Schweresinnesorgane noch eine andere Hilfe zu Gebote steht. Man könnte daran denken, daß sie vielleicht an dem so ungemein regelmäßigen Wabenmuster einen Anhaltspunkt für die Laufrichtung gewinnt. Aber eine Orientierung nach dem Verlauf der Zellränder ist schon deshalb unwahrscheinlich, weil neben Wabenteilen, deren Zellen mit einem Prismenwinkel nach oben und unten gerichtet sind (Abb. 127a) auch eine Ausrichtung mit horizontalen Zellwänden oben und unten vorkommt (Abb. 127b). ZANDER (1947, S. 44/45) bezeichnete solche Abweichungen als selten. Nach RADEMACHER (1960) sind sie häufig. Sowohl er, wie O. W. PARK (in GROUT 1949, S. 90) bringen Belege für beide Stellungen durch Photographien von Waben, die — ohne Mittelwände mit vorgeprägtem Wabenmuster — von den Bienen in natürlicher Bauweise errichtet wurden. Man müßte also annehmen, daß sich die Tänzerinnen in ihrer Reaktionsweise je nach dem lokalen Muster umstellen können. Das ist recht unwahrscheinlich. Auch sprachen schon Beobachtungen aus dem Jahre 1945 gegen ein solches Verhalten:

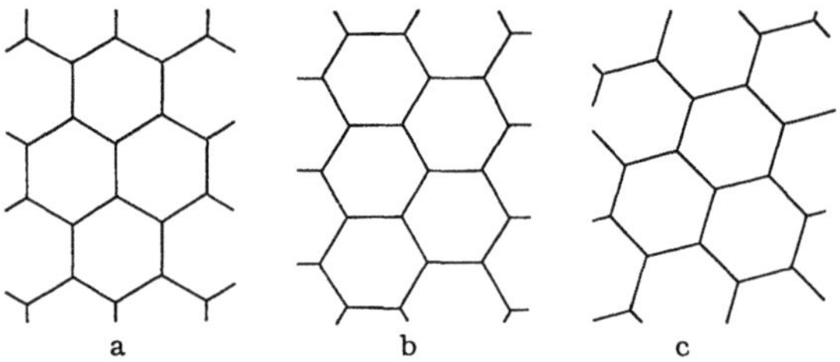

Abb. 127a—c. a Normales Wabenmuster. b Selteneres, aber natürlich vorkommendes Wabenmuster. c Unnatürliches Wabenmuster, gegen a bzw. b um 15° gedreht

Wenn ich aus einem normalen Stock eine Wabe mit tanzenden Bienen heraushob und unter Beibehaltung der vertikalen Wabenstellung so um 90° drehte, daß ihre Seitenkanten zur Ober- und Unterkante wurden, behielten die Tänzerinnen ihre Einstellung zur Schwerkraft bei, obwohl das Wabenmuster unter ihren Füßen gedreht wurde. Sie orientierten sich bei der Richtungsweisung nicht relativ zur Wabe, sondern nach der Schwerkraft (v. FRISCH 1946, S. 41/42).

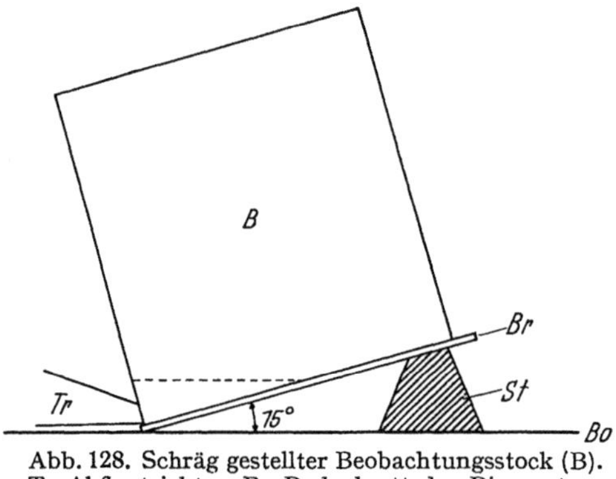

Abb. 128. Schräg gestellter Beobachtungsstock (B). Tr Abflugtrichter, Bo Bodenbrett des Bienenstandes, Br bewegliches Brett, St Holzstütze. Gestrichelte Linie: horizontale Leiste zum Aufsetzen des Winkelmessers

Volle Sicherheit brachten einige Versuche, die ich im Sommer 1961 gemeinsam mit LINDAUER in Brunnwinkl durchführte. Zunächst stellten wir zwei Beobachtungsstöcke in einem Abstand von nur 3 m nebeneinander auf. Aus jedem Volk sammelte eine Gruppe numerierter Bienen, jede an ihrem eigenen, 200 m westlich gelegenen Futterplatz. Die einen tanzten auf einer normalen Wabe (Zellmuster Abb. 127a), die anderen auf einer zuvor eingesetzten Wabe mit Zellmuster Abb. 127b. Die gleichzeitig beobachteten Tänze ergaben keinen Anhaltspunkt für einen Einfluß des Zellmusters.

[1]) Hinsichtlich des Zusammenwirkens der Kopf- und Hinterleibsorgane und die (untergeordnete) Mitwirkung weiterer Borstenfelder an den Beinen sei auf LINDAUER und NEDEL (1959) und auf MARKL (1962, 1963) verwiesen.

Mit Rücksicht auf die Möglichkeit, daß die Bienen mit beiden Zellmustern vertraut wären, weil beide unter normalen Umständen vorkommen, tauschten wir die Tanzwabe des einen Volkes gegen eine Wabe aus, die statt um 30° nur um 15° gedreht war (Abb. 127c). Das ist mit Bestimmtheit ein abnormes Zellmuster. Aber auch so war, trotz sofortiger Beobachtung, kein Einfluß auf die Tanzrichtung erkennbar.

Da bei diesen Versuchen Tänzerinnen aus zwei verschiedenen Völkern miteinander verglichen werden mußten, haben wir die Anordnung zur Ausschaltung volksspezifischer Unterschiede noch folgendermaßen abgeändert: Die Verschraubung des Beobachtungsstockes mit dem Bodenbrett des Standes wurde gelöst. Durch Unterlegen einer passenden Holzstütze konnte nun der Stock um 15° geneigt und nach Belieben wieder normal ausgerichtet werden (Abb. 128). So war es möglich, die Tänze derselben Bienen in Abständen von wenigen Minuten bei normalem und bei abnorm orientiertem Zellmuster zu prüfen. Es zeigte sich kein Unterschied. Wir konnten auch die Verstellung während eines Tanzes vornehmen und uns überzeugen, daß er mit unveränderter Richtung fortgesetzt wurde. Das Wabenmuster hat also keinen erkennbaren Einfluß auf die Tanzrichtung. Die genaue Orientierung der Tänze ist dem Schweresinn zuzuschreiben.

15. Tänze auf schräger Wabenfläche

Auf horizontaler Fläche stellt sich die Tänzerin unmittelbar nach der Sonne ein; ihr Schwänzellauf weist direkt nach dem Ziel. Auf vertikaler Fläche transponiert sie den Lichtwinkel auf den Schwerewinkel. Was macht sie beim Tanz auf einer schräg geneigten Fläche? Das ist keine rein theoretische Frage. Man sieht gar nicht selten, daß eine Biene am schräg gerundeten unteren Rand einer frei hängenden Wabe oder auf stark gebuckelter Wabenfläche tanzt, ohne aus dem Konzept zu kommen und ohne daß die Nachtänzerinnen im geringsten gestört erscheinen. Vor allem aber bietet die gerundete Schwarmtraube ein weites Feld für schräge Tänze, wenn die Spurbienen daselbst der obdachlosen Gesellschaft die Richtung nach einer neuen Heimstätte weisen (s. S. 270).

Der umlegbare Beobachtungsstock gestattet eine Fixierung jeder beliebigen Schrägstellung durch Anziehen der Flügelschraube (5 in Abb. 3b, s. S. 9, 10). Der Neigungswinkel kann an der Gradeinteilung abgelesen werden. Haben die Tänzerinnen von der schrägen Wabe Ausblick nach blauem Himmel, so daß sie am polarisierten Himmelslicht den Sonnenstand ablesen können, dann tritt das Bestreben, sich unmittelbar nach dem Licht einzustellen, in Konkurrenz mit der Einstellung nach dem Schwerewinkel. Dieselbe Erscheinung kennen wir bereits von den Tänzen auf der vertikalen Wabe (S. 133). Aber nun kommt hinzu, daß für die Einstellung der Tänzerin nicht nur das Licht je nach der Beschaffenheit des sichtbaren Himmelsfeldes (Wolken, Polarisation am blauen Himmel), sondern auch die Schwerkraft je nach dem Neigungswinkel der schräg gestellten Wabe, verschiedenes Gewicht erhält. So ergeben sich je nach den Umständen verschiedene Tanzrichtungen[1]. Es ist anzunehmen, daß die Nachtänzerinnen, die ja jeweils den gleichen Bedingungen ausgesetzt sind, die verschlüsselten Winkelangaben richtig auffassen. Eine Analyse des Werbeerfolges bei Ablenkung durch blauen Himmel liegt zwar bisher nur für die vertikale Wabenstellung vor (S. 215), doch wissen wir, daß die Tänze auf der frei hängenden Schwarmtraube nur selten genau vertikal oder horizontal orientiert sind und trotzdem den Schwarm mit bestem Erfolg an sein Ziel schicken (S. 270ff.).

[1] Diese Verschiedenheiten waren mir bei der ersten Mitteilung über Tänze auf schräger Wabenfläche (1948, S. 42) unverständlich, weil ich damals den Einfluß des polarisierten Himmelslichtes noch nicht kannte.

Wir sehen im folgenden von so verwickelten Verhältnissen ab und prüfen das Verhalten der Tänzerinnen auf schräger Wabe bei Ausschluß der Lichtorientierung im Plattenzelt. Es liegen 3 Versuchsreihen von 1948 vor und eine von 1961. Die Beobachtung erfolgte bei gleichmäßig diffusem Licht. Der Futterplatz war 200 m vom Stock entfernt.

Wenn die Wabenfläche gegenüber der Horizontalen um 30° geneigt ist, so hat die Tänzerin noch keine Schwierigkeit; sie ist auch bei 15° noch gut orientiert; bei einem Neigungswinkel von 10° ist die Richtungsweisung zwar noch recht gut, doch fällt eine größere Unsicherheit der Tänze auf, die Schwänzelbewegungen sind weniger energisch, die Streuung der Richtungsangabe ist größer und der Divergenzwinkel nimmt zu; die alternierenden Schwänzelläufe bilden miteinander oft einen Winkel von 40—60°. Das verstärkte Pendeln um die richtige Einstellung zum Lot ist wohl ein Ausdruck größerer Schwierigkeit, diese Einstellung zu finden. Es kommen bei dieser Schräglage auch schon vereinzelte stark abweichende Schwänzelläufe vor und nicht selten sind zwischen die Tanzfiguren suchende Runden eingestreut. Bei einer Neigung von 5° über der Horizontalen wird die Unsicherheit groß. Desorientierte Tänze sind häufig. Bei der Mehrzahl der Tänzerinnen liegen die Schwänzelläufe noch näherungsweise richtig. Das Schweresinnesorgan ist aber nun offensichtlich nahe an der Grenze seiner Leistungsfähigkeit. Die Daten in Tab. 25 geben ein typisches Bild von der abnehmenden Genauigkeit der Richtungsweisung in diesem Grenzbereich.

Tabelle 25. *Tänze auf schräger Wabenfläche, 15°, 10° und 5° über der Horizontalen* (Brunnwinkl, 12. 9. 1961)

Neigung	Biene Nr.	Zeit	Sonnenwinkel	Tanzwinkel	Fehler
15°	38	9^{56}	132° r	127° r	— 5°
	33	9^{57}	132°	128°	— 4°
	31	9^{58}	131,5°	140°	+ 8,5°
	30	9^{58}	131,5°	130°	— 1,5°
	38	10^{01}	130,5°	129°	— 1,5°
	40	10^{02}	130,5°	135°	+ 4,5°
	33	10^{04}	129,5°	127°	— 2,5°
	30	10^{05}	129,5°	134°	+ 4,5°
	41	10^{06}	129°	134°	+ 5°
	27	10^{07}	129°	125°	— 4°
10°	33	9^{35}	138° r	153° r	+ 15°
	36	9^{36}	138°	149,5°	+ 11,5°
	38	9^{38}	137,5°	135°	— 2,5°
	31	9^{39}	137°	146°	+ 9°
	40	9^{40}	137°	142°	+ 5°
	27	9^{41}	136,5°	131°	— 5,5°
	41	9^{42}	136,5°	140°	+ 3,5°
	36	9^{42}	136,5°	148°	+ 11,5°
	40	9^{42}	136,5°	148°	+ 11,5°
	33	9^{45}	135,5°	146°	+ 10,5°
5°	38	10^{13}	127° r	139°	+ 12°
	35	10^{16}	126°	desorientiert	
	33	10^{19}	125°	135° [1]	+ 10°
	38	10^{22}	124°	100°	— 24°
	41	10^{22}	124°	desorientiert	
	31	10^{24}	123,5°	114°	— 9,5°
	33	10^{26}	123°	131° [1]	+ 8°
	35	10^{27}	122,5°	desorientiert	
	35	10^{29}	122°	130° [1]	+ 8°
	31	10^{30}	121,5°	138° [1]	+ 16,5°

[1] Dazwischen desorientierte Läufe.

Die Schwereorientierung auf schrägen Flächen wurde auch bei einigen anderen Insekten untersucht. Der zu den Kurzflüglern gehörige Käfer *Bledius bicornis* GRM. baut im Meeressand seine Wohnröhren lotrecht nach unten. Zwischen schrägen Glasplatten eingeschlossen gräbt er so steil wie möglich nach unten. Er findet die steilste Richtung noch bei einer Neigung von 20° über der Horizontalen, nicht mehr bei 10° (BÜCKMANN 1954, 1962). Der Raubkäfer *Dyschirius nitidus* DEJ. findet unter solchen Bedingungen die Richtung nach oben noch bei einer Neigung von nur 3° über der Horizontalen (BÜCKMANN 1955). Auch Ameisen *(Formica rufa* L.*)* sind imstande, auf einer nur um 3° geneigten Fläche die Richtung nach oben zu finden (MARKL 1962).

Die genannten Käfer und Ameisen scheinen also in der Leistung ihres Schweresinnes der Biene ebenbürtig zu sein. Aber sie hatten die einfache Aufgabe, auf einer schrägen Fläche die Richtung nach oben zu finden. Die Bienen hatten einen bestimmten Winkel zu dieser Richtung auf der schrägen Fläche einzuhalten, einen Winkel, der ihnen durch den Sonnenstand vorgeschrieben und auf den Schweresinn zu transponieren war. Solches bei einer Neigung von 5° noch zu können, ist eine beachtenswerte Leistung.

16. Individuelle Unterschiede in der Richtungsweisung und Einfluß des Alters

Im Abschnitt über die Entfernungsmeldung war von individuellen Unterschieden im Tanztempo die Rede. Daß die temperamentvolle Rhythmik der Tänze der persönlichen Veranlagung einen gewissen Spielraum läßt, ist nicht überraschend und fügt sich in das Bild der individuellen Variation ein, das dem Beobachter durch tanzlustige und tanzfaule Bienen, durch präzise und unexakte, durch lebhafte und phlegmatisch wirkende Tänzerinnen oftmals vor Augen geführt wird.

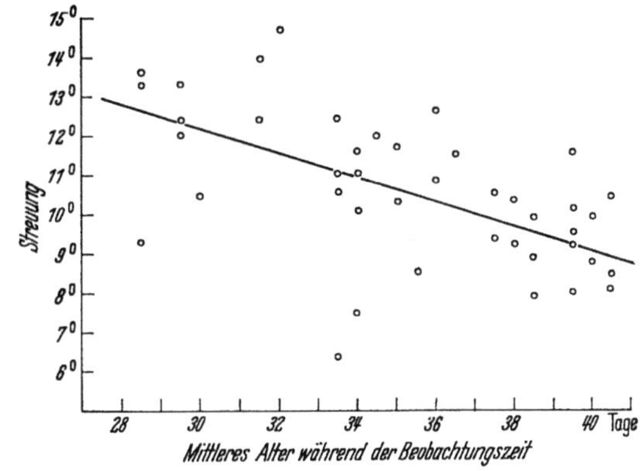

Abb. 129. Die Streuung bei der Richtungsweisung wird mit zunehmendem Alter kleiner. Beobachtungen an 42 Bienen aus zwei Völkern 1955. Nach ELISABETH SCHWEIGER 1958

Bei der Richtungsweisung scheinen individuelle Verschiedenheiten weniger naheliegend. Und doch sind sie gegeben. ELISABETH SCHWEIGER (1958) fand beim Vergleich verschiedener Bienen aus demselben Volk, die an einem 200 m entfernten Futterplatz verkehrten und durch mehrere Tage beobachtet wurden, in 20 von 109 Vergleichsmöglichkeiten, also in 18% der Fälle, einen statistisch gesicherten individuellen Unterschied. Im Tanztempo waren die Verschiedenheiten erheblich häufiger (52%). Aber daß überhaupt bestimmte Tiere bei ihrer Richtungsangabe regelmäßig nach einer bestimmten Seite abweichen, ist auf den ersten Blick befremdlich. Auf die Deutung solcher „Fehler" beim Transponieren des Lichtwinkels auf den Schwerewinkel komme ich bei der Besprechung der „Mißweisung" zurück (S. 215 f.).

Vergleicht man die Richtungsweisungen bei ein und derselben Biene in verschiedenen Altersstadien, so ergibt sich eine Abnahme der Streuung mit zunehmendem Lebensalter. In Abb. 129 sind die Ergebnisse an 42 Bienen aus zwei verschiedenen Völkern zusammengefaßt. Auf der Abszisse ist das mittlere Alter der Tiere während der Beobachtungszeit, auf der Ordinate die Streuung der Richtungsangabe aufgetragen.

Wir haben die gleiche Erscheinung bei der Entfernungsweisung kennengelernt (S. 75). Da ist sie eher einleuchtend, weil man sich vorstellen kann, daß eine gleichbleibende Entfernung nach oft wiederholten Flügen genauer geschätzt wird. Die Richtungsangabe aber bleibt nicht dieselbe, sie ändert sich fortwährend mit dem Sonnenstand; die Biene hat nach jedem Flug einen anderen Winkel anzugeben. Das legt die Vermutung nahe, daß ohne Rücksicht auf das spezielle Ziel mit zunehmendem Alter die Leistung an sich besser wird. Vielleicht gilt das auch für die Entfernungsweisung. Die Frage, ob ältere Flugbienen auch ein neues Ziel genauer anzeigen, müßte durch weitere Versuche geklärt werden.

17. Vergleich der Wirkung von Rundtänzen und Schwänzeltänzen

Im Schwänzeltanz wiederholt sich nach jeder Links- oder Rechtswendung der richtungsweisende Schwänzellauf. Hiermit kommt der Rhythmus in denTanz, als Grundlage für die Entfernungsweisung. Im Rundtanz folgen einander die Wendungen in unregelmäßigen Abständen, manchmal schon nach $^1/_2$ oder $^3/_4$ Kreisbogen, manchmal erst nach 1, $1^1/_2$ oder 2 Kreisbogen links- bzw. rechtsherum. Daher liegt im Rundtanz so wenig eine Entfernungs- wie eine Richtungsmeldung. Die Voraussetzung hierfür entwickelt sich erst mit dem Auftreten regelmäßiger Wendungen, wenn es bei einem Abstand des Zieles von 25—50 m zu gerichteten Halbbogen oder 8förmigen Laufspuren kommt. Dabei wird die Entfernungsweisung zunächst noch durch häufig eingestreute volle, auch mehrfache Kreisläufe gestört, bis bei etwa 100 m der Schwänzeltanz seine volle Regelmäßigkeit gewinnt (vgl. S. 63).

Um zu erfahren, an welcher Stelle des Übergangsbereiches vom Rundtanz zum Schwänzeltanz für die Nachläuferinnen eine Richtungsweisung erkennbar wird, habe ich bei Abständen des Futterplatzes von 10 m, 25 m, 50 m und 100 m geprüft, in welcher Richtung die ausschwärmenden Neulinge suchen. Ein beliebig herausgegriffener Einzelfall aus diesen Versuchsreihen[1]) soll das Prinzip der Versuchsanordnung anschaulich machen (Abb. 130). Der Beobachtungsstock (St) steht inmitten der ebenen Wiesenflächen von Aich. Bei F, 25 m westlich vom Stock, wird eine kleine Schar numerierter Bienen mit Zuckerwasser gefüttert, dem eine Spur von Sternanisöl beigegeben ist. Die Sammlerinnen alarmieren die Stockgenossen. Wo werden diese suchen? Wir benützen die schon mehrfach besprochene Methode der Anlockung durch Duftplatten. Solche (ohne Futter, aber mit je einem Tropfen Sternanisöl) sind nach allen 4 Himmelsrichtungen 40 m vom Stock auf den Boden gelegt (a—d)[2]). Während bei F eine Stunde lang mit zweimolarer Zuckerlösung gefüttert wird und die Tänzerinnen ihre Kameraden auf die Suche nach Sternanisduft hinausschicken, werden von 4 Beobachtern alle Anflüge an den Duftplatten verzeichnet. Anschließend wird der Futterplatz bei herabgesetzter Zuckerkonzentration, so daß nicht weiter alarmiert wird, an eine andere Stelle verlegt, sodann neuerdings bei 2 mol-Fütterung ein Versuch durchgeführt usw.

In zwei Versuchsreihen solcher Art (1.—3. 8. 1946) wurde so vorgegangen, daß der Futterplatz in der ersten Versuchsreihe 10 m Ost, dann 25 m Ost, 50 m Nord

---

[1]) Vgl. v. FRISCH 1948, S. 17.

[2]) Günstiger wäre es gewesen, in der Flugrichtung der Sammlerinnen die Duftplatten vor statt hinter den Futterplatz zu legen. Hierfür war aber bei einem Teil der Versuche die Entfernung des Futterplatzes zu klein. Es war wichtiger, die Bedingungen einheitlich zu gestalten. Insbesondere sollte der Abstand zwischen dem Futterplatz und der in gleicher Richtung liegenden Duftplatte immer derselbe sein, damit eine Störung durch das Duftorgan der Sammlerinnen möglichst gleichmäßig blieb.

und 100 m Nord lag, in der zweiten Versuchsreihe erst 10 m West, dann 25 m West (wie Abb. 130), 50 m Süd und 100 m Süd. Der Abstand der Duftplatten war immer um 15 m größer als die Entfernung des Futterplatzes vom Stock.

Insgesamt kam der Futterplatz auf diese Weise je zweimal in jede der 4 Entfernungsstufen zu liegen, und zwar das zweitemal stets in der entgegengesetzten Himmelsrichtung. Das Gesamtergebnis der 8 Versuche ist in Abb. 131 graphisch dargestellt. Je 4 nebeneinanderstehende Säulen beziehen sich, wie darunter angegeben, auf die nach den 4 Himmelsrichtungen ausgelegten Duftplatten. Die Höhe der Säulen und die Zahlen unter ihnen geben die Anzahl der Anflüge in je einem Versuch an. Die schwarze Säule bezieht sich auf die Duftplatte in der Richtung des Futterplatzes, die weiße Säule auf die Duftplatte in der entgegengesetzten Rich-

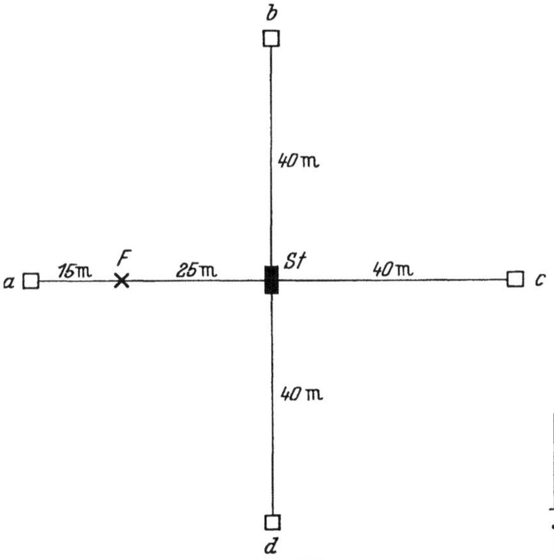

Abb. 130

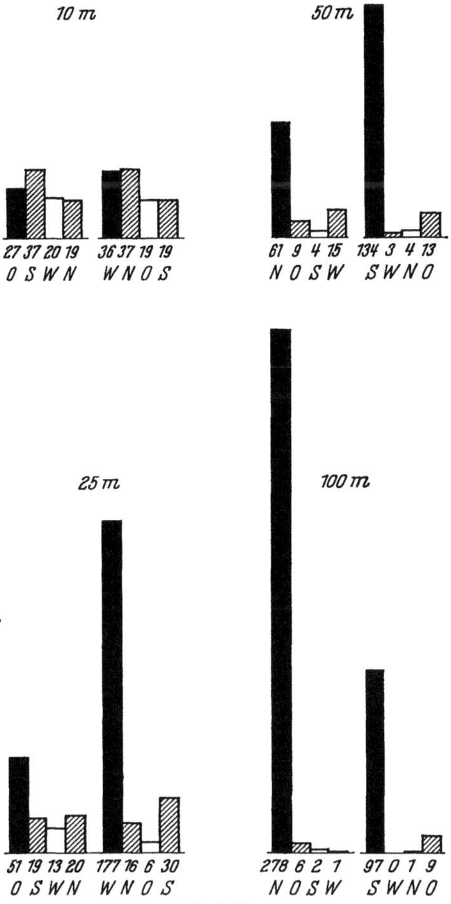

Abb. 131

Abb. 130. Versuchsanordnung zur Prüfung der Frage, bei welcher Entfernung des Futterplatzes ein gerichtetes Suchen beginnt. St Stock, F Futterplatz, a, b, c, d Duftplatten

Abb. 131. Ergebnisse zweier Versuchsreihen 1.—3. 8. 1946: Der Futterplatz (F in Abb. 130) war abwechselnd 10 m, 25 m, 50 m und 100 m vom Stock entfernt. Der Beflug der Duftplatten (a—d in Abb. 130) ist durch die Höhe der Säulen und die darunter stehenden Zahlen angegeben. Schwarze Säule: Duftplatte in Richtung des Futterplatzes. Weiße Säule: Duftplatte in entgegengesetzter Richtung. Schraffierte Säulen: Duftplatten in Richtung 90° zur Flugrichtung. Unter den Beflugszahlen ist jeweils die Himmelsrichtung verzeichnet, in welcher (vom Stock aus) die Duftplatte aufgelegt war

tung, die schraffierten Säulen bedeuten die beiden Duftplatten quer zur Flugrichtung der sammelnden Bienen. Es ist deutlich, daß bei einem Abstand des Futterplatzes von 10 m ziemlich gleichmäßig nach allen Richtungen gesucht wird. Schon bei 25 m tritt ein gerichtetes Suchen in Erscheinung, das bei 50 m noch ausgeprägter wird, bis schließlich bei 100 m die abwegigen Duftplatten kaum mehr beachtet werden. Die Nachtänzerinnen bemerken also schon bei 25 m die Andeutung der Richtung, die für uns nur bei großer Aufmerksamkeit und durchaus nicht bei allen Tänzen erkennbar ist; entsprechend unserem eigenen Empfinden wird auch für die Bienen die Richtungsweisung mit zunehmender Entfernung bis zu 100 m immer deutlicher.

Hiermit haben uns die Bienen selbst kundgetan, daß Rundtanz und Schwänzeltanz in ihrer „Sprache“ Verschiedenes bedeuten: die Aufforderung, rund um den Stock nach allen Seiten zu suchen, beziehungsweise die Aufforderung, in der Richtung der Schwänzelstrecke zu fliegen.

Aus dem Versuch geht aber nicht hervor, ob sich bei Alarmierung durch Rundtänze die Suchflüge der Neulinge auf jene Entfernung beschränken, die durch den Rundtanz angezeigt wird. Um das zu prüfen, stellten wir am 4. 9. 1963 ein reinrassiges Krainer Volk in den ebenen Wiesenflächen von Aich auf und ließen neun numerierte Bienen am Futterplatz F (Abb. 132) 10 m südwestlich vom Stock von 9^{45}—11^{45} Uhr zweimolare Zuckerlösung sammeln. Das Futtergefäß stand über einer Duftschale mit Pfefferminzöl (Anordnung wie Abb. 21, S. 20). Kontrollen ergaben, daß die Bienen reine Rundtänze machten.

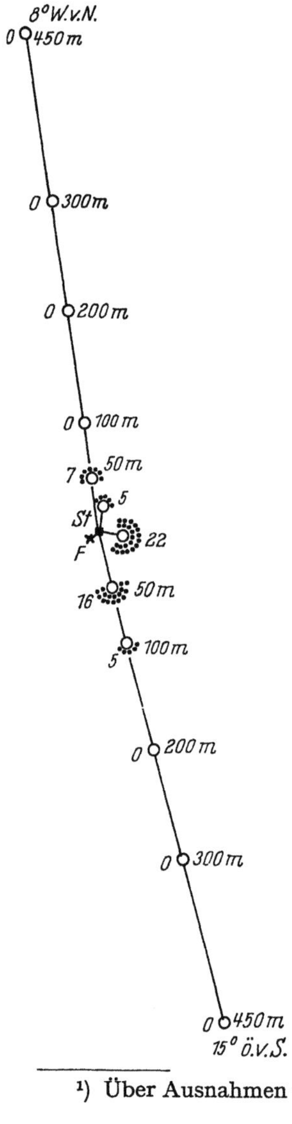

Am Futterplatz flogen in den 2 Beobachtungsstunden, begünstigt durch die geringe Entfernung und starke Betätigung des Duftorganes, 278 Neulinge zu, die getötet wurden. Der Wind blieb in der Versuchszeit schwach und wechselte wiederholt die Richtung (NNW, SSW, S, NO).

Je zwei Duftplatten mit Pfefferminzduft (wie Abb. 83, S. 88) waren nach angenähert entgegengesetzter Richtung 50 m, 100 m, 200 m, 300 m und 450 m vom Stock aufgelegt, zwei weitere 20 m vom Stock angenähert nördlich und östlich. Die Zahl der Anflüge von Neulingen in den 2 Versuchsstunden ist in Abb. 132 angegeben und durch Pünktchen anschaulich gemacht. Trotz der andauernden intensiven Werbetänze beschränkt sich der Suchbereich im wesentlichen auf einen Umkreis von 50 m; bei 100 m erschienen nur wenige, in einem Abstand von 200 und mehr Metern keine Neulinge. Bei einem Ziel-Abstand von 50—100 m entwickelt sich aus dem Rundtanz immer deutlicher die Form des Schwänzeltanzes (vgl. S. 63). Die alarmierten Neulinge streiften also hartnäckig nur jenes Gebiet ab, das durch Rundtänze angezeigt wird. Die Nachläuferinnen erfassen diese Tanzform als Hinweis auf eine nahe Trachtquelle[1]).

Daß diese Gesten richtig verstanden werden, läßt sich auch noch auf andere Weise zeigen: Von zwei numerierten Gruppen aus demselben Beobachtungsstock sammelte

Abb. 132. Versuch in Aich am 4. 9. 1963. St Beobachtungsstock, F Futterplatz 10 m südwestlich vom Stock (mit Pfefferminzduft), O Duftplatten in verschiedenen Richtungen 20 m, 50 m, 100 m, 200 m, 300 m und 450 m vom Stock. Zahlen und Pünktchen = Zahl der Anflüge. — Durch die Rundtänze wurden die Neulinge veranlaßt die nahe Umgebung abzusuchen bis zu der Entfernung, bei welcher Schwänzeltänze an die Stelle der Rundtänze treten

1) Über Ausnahmen vgl. S. 255.

die eine an einem Futterplatz 12 m vom Stock, die andere an einem solchen 400 m vom Stock, beide ohne Duftbeigabe. Die einen machten Rundtänze, die anderen Schwänzeltänze. Nach längerer Futterpause an beiden Plätzen saßen beide Gruppen untätig auf der Wabe, nur vereinzelte Kundschafter hielten noch Nachschau. Nun wurde am Fernplatz das Schälchen mit Zuckerwasser gefüllt, während am Nahplatz auch weiterhin kein Futter geboten wurde. Jeder Kontakt einer heimkehrenden Fernsammlerin mit Bienen der Fern- oder Nahgruppe im Stock wurde beobachtet und der Erfolg verzeichnet. Als erfolgreich galt der Kontakt der Tänzerin mit einer numerierten Biene, wenn diese binnen 5 Minuten an ihrem[1]) Futterplatz erschien. Nach Fütterung an beiden Plätzen und neuerlicher Futterpause gab es im Gegenversuch am 12 m-Platz Futter, bei 400 m keines.

Das Ergebnis beider Versuche läßt sich dahin zusammenfassen, daß die gruppenzugehörigen Bienen (also Fernsammler, die mit einer Schwänzeltänzerin und Nahsammler, die mit einer Rundtänzerin zusammentrafen) 11mal in 12 beobachteten Fällen, gruppenfremde Bienen aber nur 12mal in 32 beobachteten Fällen erfolgreich alarmiert wurden[2]). Durch das Zusammentreffen mit einer tanzenden Biene wurden also 92% gruppenzugehörige Bienen, aber nur 37,5% gruppenfremde Bienen — für deren Futterplatz die andere Tanzform richtig gewesen wäre — veranlaßt, ihre Futterstelle aufzusuchen. Wer sich wundert, daß doch mehr als ein Drittel der pausierenden Sammlerinnen auch durch einen Tanz, der eine andere Entfernung ankündigt, zum Ausflug angeregt wurde, sei daran erinnert, daß der Kontakt mit einer erfolgreich heimkehrenden Sammlerin auch ohne Tanz in 39% der Fälle zum neuerlichen Aufsuchen des Futterplatzes Anlaß gab, gegenüber 89% bei Kontakt mit einer tanzenden Sammlerin (S. 30). Das prozentuale Verhältnis zwischen erfolglosem und erfolgreichem Kontakt in den eben besprochenen Versuchen war fast dasselbe. Trotz des bescheidenen Zahlenmaterials liegt die Deutung nahe, daß für pausierende Sammlerinnen ein Tanz, der nicht zur gewohnten Entfernung paßt, nur so wenig zum Ausfliegen anregt wie der Kontakt mit einer beladen heimkehrenden Biene, die überhaupt nicht tanzt. — Eine Wiederholung des Versuches zu anderer Zeit hatte das gleiche Ergebnis[3]).

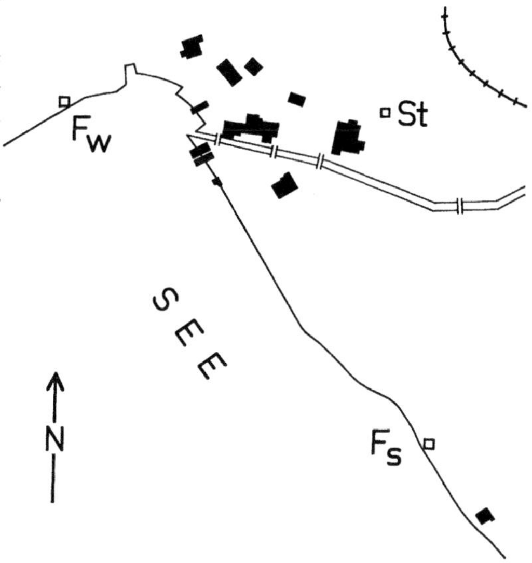

Abb. 133. Planskizze zum Versuch in Brunnwinkl am 10. und 11. 9. 1960. St Beobachtungsstock. F_w Futterplatz 200 m westlich vom Stock. F_s Futterplatz 200 m in Richtung 10° ö. v. S.

Rund- und Schwänzeltanz sind wesensverschiedene Tanzformen. Ich wollte nun sehen, wie Bienen nach einer Futterpause auf die Tänze einer anderen Gruppe

[1]) Sie fliegt immer zunächst zu dem Futterplatz, an dem sie zu sammeln gewöhnt ist.

[2]) Die relativ wenigen Kontakte mit gruppenzugehörigen Bienen erklären sich dadurch, daß diese ja zu sammeln beginnen und daher ihre Zahl auf der Wabe rasch abnimmt.

[3]) Vgl. v. Frisch 1946, S. 14—17 und 1948, S. 15.

reagieren, wenn beide Futterplätze im Schwänzelbereich und in gleicher Entfernung, aber in verschiedener Richtung liegen. Der Versuch lief am 10. und 11. 9. 1960 in Brunnwinkl. Die Sammelplätze der beiden Gruppen lagen 200 m westlich vom Beobachtungsstock und 200 m 10° östlich von Süd (Abb. 133). An beiden Stellen wurde ohne Duftbeigabe gefüttert. Um sicher zu sein, daß auch keine Dressur auf menschlichen Individualgeruch als Fehlerquelle im Spiele sei, wechselten die Betreuerinnen der beiden Futterplätze stündlich miteinander ab. Nach Futterpause an beiden Schälchen wurde am 10. 9. bei F_W Zuckerwasser geboten, am 11. 9. — im Gegenversuch — bei F_S, während jeweils das andere Schälchen leer blieb. Die erfolgreich heimkehrenden Kundschafter mobilisierten in gewohnter Weise prompt ihre Gruppengenossen. Uns interessiert vor allem, wie sich die gruppenfremden Bienen, deren Futterplatz sich in gleicher Entfernung, aber in einer um 100° abweichenden Richtung befand, beim Zusammentreffen mit den Schwänzeltänzerinnen verhielten. Die Tanzrichtung wies nicht nach ihrem Futterplatz. Würden sie kühl bleiben, oder würden sie sich doch zur Nachschau an ihrem Schälchen bewegen lassen[1]? Ich habe in den beiden Versuchen 19mal beobachtet, daß eine Biene der pausierenden Gruppe mit einer tanzenden Biene der anderen, bereits wieder sammelnden Gruppe in Berührung kam. Nur 3 von diesen 19 Bienen begaben sich binnen 5 Minuten an ihren Futterplatz, in 16 Fällen blieb derKontakt erfolglos. Manchmal liefen sie einige Runden mit, manchmal zeigten sie sich sogleich uninteressiert. Besonders eindrucksvoll waren zwei Bienen, die sich — eine erst, nachdem sie einige Runden nachgelaufen war — mit Entschiedenheit von der Tänzerin abwandten, wie nach der plötzlichen Erkenntnis: „Das geht mich ja nichts an.“ Dann blieben sie still auf der Wabe sitzen. Sie hatten die Richtungsweisung verstanden und beachtet.

Die vorher geschilderten Versuche mit Futterplätzen im Übergangsbereich vom Rundtanz zum Schwänzeltanz haben gezeigt, daß es zu einem gerichteten Suchen der Neulinge erst kommt, wenn bei den Sammlerinnen gerichtete Tänze auftreten. Die Abhängigkeit des gerichteten Suchens von gerichteten Schwänzeltänzen läßt sich auch auf andere Weise überzeugend demonstrieren:

Auf horizontaler Wabe sind bei gleichmäßig diffuser Beleuchtung die Schwänzeltänze desorientiert (Abb. 114, S. 133), weil die Bienen die Richtung zum Futterplatz mit Bezug auf die Sonne zwar kennen, aber keinen Bezugspunkt haben, nach dem sie sich ausrichten könnten (s. S. 133). Auch in Dunkelheit wird unter solchen Umständen desorientiert getanzt. Das sieht man z. B. im Plattenzelt bei rotem (für Bienen nicht wahrnehmbarem) Licht. Die Tanzfreudigkeit nimmt keineswegs ab, und ebensowenig verringert sich das Interesse der Nachtänzerinnen. Sie trippeln den verworrenen Tänzen so lebhaft nach wie den sauber ausgerichteten Schwänzelläufen.

Wir stellten in den ebenen Wiesenflächen bei Aich einen umlegbaren Beobachtungsstock in dem Häuschen aus Hartfaserplatten (Abb. 7, S. 11) auf und errichteten am 30. 8. 1962 in südlicher Richtung 250 m vom Stock einen Futterplatz. Während der Wanderung wurde duftlos mit dünnem Zuckerwasser gefüttert, es unterblieb eine Alarmierung.

---

[1]) Eine dritte Möglichkeit: Daß sie an den ihnen fremden Futterplatz fliegen, welchen die Tänzerin anzeigt, wird niemals sofort verwirklicht. Die Sammlerin bleibt ihrem gewohnten Futterplatz treu — wie lange, das ist individuell und auch nach den äußeren Umständen sehr verschieden. Wenn die Pause an der gewohnten Sammelstelle stunden- und tagelang anhält und lebhafte Tänze eine lohnende Nahrungsquelle anderwärts verraten, läßt sich ein Teil der Sammlerinnen allmählich umstimmen.

Am 31. 8., einem warmen und sonnigen Tag, wurde der Stock im Inneren des Plattenzeltes horizontal gelegt. Von 9^{57}—12^{27} Uhr war dem Futterplatz in einer übergitterten Duftschale (Abb. 21, S. 20) Anisöl beigegeben und die zehn numerierten Bienen erhielten daselbst zweimolare Rohrzuckerlösung. Vor Versuchsbeginn waren nach N, O, S und W (meist mit geringer, durch die Feldverhältnisse gebotener seitlicher Abweichung, s. Abb. 134) Duftplatten mit Anisöl ausgelegt worden (Holzschemel, Schälchen mit Anisöl, Glasdeckel mit 8 mm-Bohrung, wie Abb. 83, S. 88), und zwar nach N, O und W je 100 m, 250 m und 400 m vom Stock; in südlicher Richtung bei 100, 200, 300 und 400 m (weil sich bei 250 m der Futterplatz befand).

Der Versuch gliedert sich in zwei Abschnitte: Während der ersten $1^1/_2$ Stunden (9^{57}—11^{27} Uhr) blieb der Stock in horizontaler Lage und sein Holzdeckel meist geschlossen; mehrmals wurde er vorübergehend geöffnet, um die Tänze zu kontrollieren. Sie waren im diffusen Licht des Plattenzeltes desorientiert und wiesen in regellosem Wechsel nach allen Richtungen. Sie müssen auch bei geschlossenem Deckel im Dunklen desorientiert gewesen sein. In Abb. 134 ist die Lage der Duftplatten eingetragen und jeder Anflug eines ungezeichneten Neulings während der $1^1/_2$ Versuchsstunden durch ein Pünktchen dargestellt. Man sieht, daß die Neulinge bei den desorientierten Tänzen nach allen Richtungen suchen, wobei ihre Zahl mit zunehmender Entfernung rasch abfällt[1]) (vgl. auch Tab. 26). Sie wissen also nicht, in welcher Richtung sie suchen sollen. Aber auch in den desorientierten Tänzen liegt ein Hinweis auf die Entfernung des Zieles. Das zeigt ein Vergleich mit ihrem Verhalten bei Rundtänzen (s. Abb. 132).

Tabelle 26. *Versuch vom 31. 8. 1962. Zahl der Anflüge von Neulingen an den Duftplatten* (vgl. Abb. 134 und 135). *Kursivdruck:* Waben horizontal, Tänze desorientiert ($1^1/_2$ Stunden). Normaldruck: In der ersten halben Stunde, **Fettdruck:** in der zweiten halben Stunde nach dem Aufrichten des Stockes (gerichtete Tänze)

Entfernung der Duftplatten	Nord			20° n. v. Ost			16° ö. v. Süd			7° n. v. West		
100 m	*30*	5	**1**	*17*	3	**1**	*31*	34	**35**	*30*	8	**1**
200 m							*17*	36	**40**			
250 m	*57*	14	**0**	*9*	0	**0**	(Futterplatz)			*3*	2	**0**
300 m							*6*	62	**68**			
400 m	*1*	0	**0**	*3*	5	**1**	*3*	22	**31**	*2*	1	**1**

Um 11^{27} Uhr geschieht weiter nichts, als daß der horizontal liegende Stock aufgerichtet wird, so daß die Wabenflächen ihre normale, vertikale Lage haben und die Tänzerinnen, nach der Schwerkraft orientiert, die Richtung weisen können. Hiermit beginnt der zweite Abschnitt des Versuches (11^{27}—12^{27} Uhr). Natürlich sind zunächst noch suchende Neulinge unterwegs, die zur Zeit der desorientierten Tänze alarmiert worden sind. Länger als $^1/_2$ Stunde ist mit solchen nicht zu rechnen. Um diese Übergangszeit auszuschließen, sind in Abb. 135 (zum Vergleich mit Abb. 134) nur die Anflüge der zweiten halben Stunde (11^{57}—12^{27} Uhr) eingetragen. Der Erfolg der Richtungsweisung ist eklatant. In Tab. 26 findet man auch die Anflüge der ersten halben Stunde nach dem Aufrichten des Stockes

[1]) Die Bevorzugung der Nordrichtung ist, in Übereinstimmung mit vielfacher Erfahrung, durch den Wind aus nördlicher Richtung zur Zeit des Versuches zu erklären. Der geringere Besuch der nördlichen 100 m-Platte gegenüber dem 250 m-Platz findet eine zwanglose Erklärung durch einen Apfelhain, der zwischen Stock und 100 m-Platz die Fluglinie der Bienen nach oben drückte.

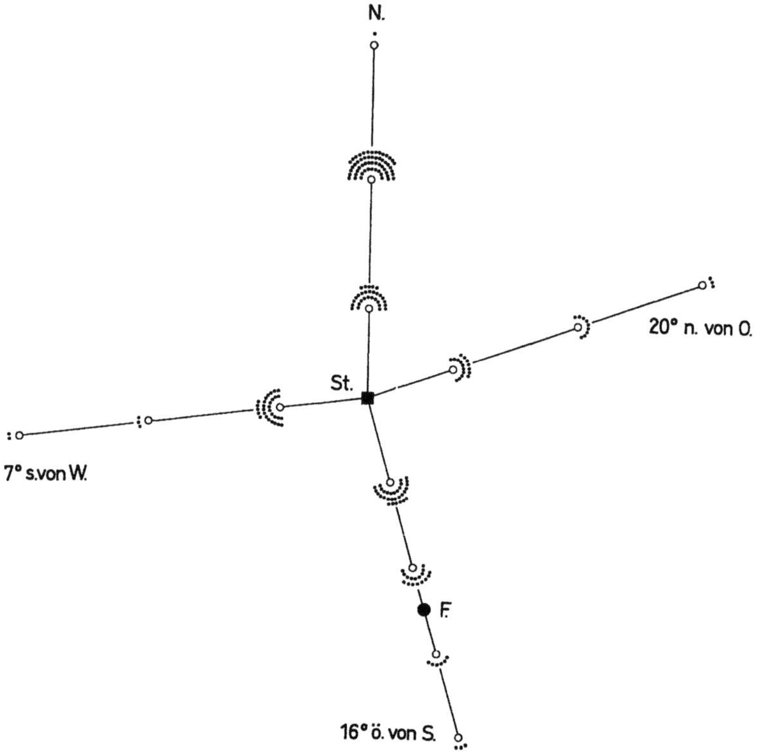

Abb. 134. Versuch in Aich am 31. 8. 1962. St Beobachtungsstock. F Futterplatz. Duftplatten (o) liegen in südlicher Richtung 100 m, 200 m (250 m Futterplatz), 300 m und 400 m vom Stock, nach den anderen Richtungen: 100 m, 250 m und 400 m vom Stock. Während dieser durch $1^1/_2$ Std verdunkelt horizontal lag (desorientierte Tänze) suchten die Neulinge nach allen Richtungen. Die Zahl der Pünktchen bei den Duftplatten entspricht der Zahl der Anflüge

gesondert verzeichnet. Ein genaueres Studium der Protokolle lehrt, daß sich schon nach 10 Minuten der Strom der Neulinge ganz überwiegend der Richtung zum Futterplatz zuwendet und in den anderen Richtungen abflaut.

Versuche dieser Art, allerdings mit viel weniger Beobachtern und Duftplatten, habe ich schon 1947 mehrfach durchgeführt. Das grundsätzliche Ergebnis: Ungerichtete Alarmierung bei desorientierten Tänzen (Stock verdunkelt, horizontal), gerichtete Alarmierung bei orientierten Tänzen (Stock verdunkelt, vertikal) war schon damals deutlich.

Denselben Erfolg wie durch Aufrichten des Stockes erreicht man bei horizontal bleibender Lage, wenn man den Holzdeckel entfernt, so daß die Tänzerinnen blauen Himmel sehen und am polarisierten Licht den Sonnenstand ablesen können. Die horizontalen Tänze sind dann sofort richtig orientiert und die Neulinge fliegen so zielsicher aus wie bei vertikaler Wabenstellung (Versuch vom 25. 8. 1947).

18. Wie genau wird die Richtungsweisung von den Neulingen befolgt? Fächerversuche

Die soeben besprochenen Versuche zeigen, daß die Richtungsweisung der Tänzerinnen von den benachrichtigten Stockgenossen befolgt wird. Mit welcher Genauigkeit dies geschieht, kann durch Fächerversuche geklärt werden. In ihrer Anlage entsprechen sie den Stufenversuchen (S. 85ff.), nur werden die Duftplatten

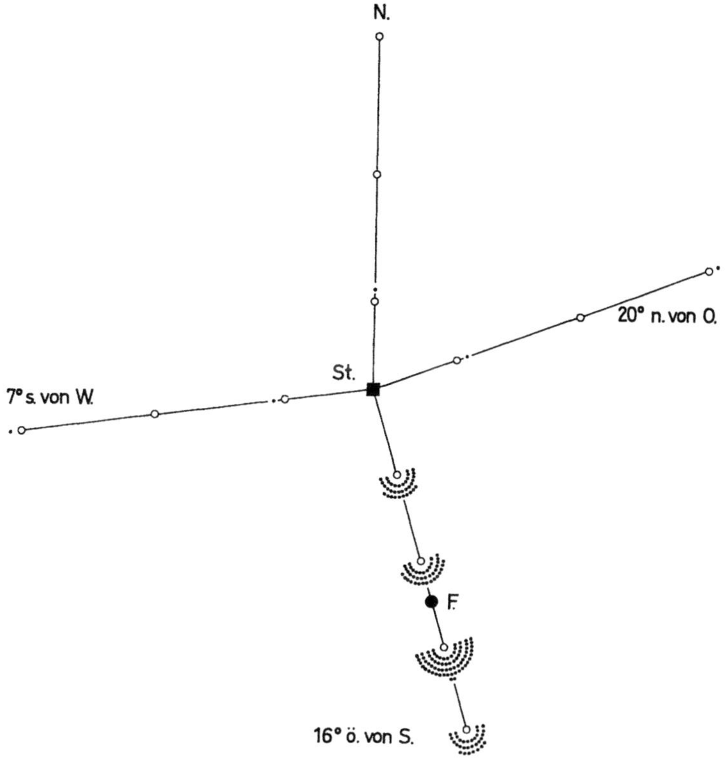

Abb. 135. Fortsetzung des Versuches von Abb. 134: Der Beobachtungsstock wird aufgerichtet, die Bienen können sich im dunklen Stock nach der Schwerkraft orientieren und tanzen gerichtet. Im Verlauf etwa einer Viertelstunde wendet sich der Strom von Neulingen nach Süden in die Richtung des Futterplatzes. Die Abbildung zeigt, nach $^1/_2$ Std Übergangszeit, die Anflüge während der zweiten halben Stunde nach dem Aufrichten des Stockes

alle in derselben Entfernung und in fächerförmiger Verteilung ausgelegt. So erfährt man, in welchem Streukegel die ausschwärmenden Neulinge suchen.

Wir haben im Laufe der Jahre 12 Fächerversuche gemacht. Aus dem ersten Versuch (Brunnwinkl, 27. 9. 1947, vgl. v. FRISCH 1948, S. 18, Fig. 12) war bereits zu entnehmen, daß sich die Mehrzahl der alarmierten Tiere in einer Richtung bewegt, die nur bis etwa 15° nach links bzw. rechts vom Ziel abweicht. Das bergige Gelände war aber ungünstig.

Zwei weitere Versuche (18. und 19. 7. 1948) wurden deshalb auf den ebenen Wiesenflächen von Aich durchgeführt. Es zeigte sich klar, daß nach einer Verlegung des Futterplatzes um 15° nach links — bei sonst unveränderten Verhältnissen — auch der Strom der Neulinge seine Richtung entsprechend ändert. Zugleich wurde in diesen Vorversuchen deutlich, daß der Wind ein unerfreulicher Störfaktor ist. Schon eine schwache Luftströmung, die den suchenden Neulingen schräg entgegenkommt, kann auch solchen Bienen, die sich recht genau an die gewiesene Richtung halten, den Duft einer seitlichen Testplatte zutragen und sie dorthin ablenken (Abb. 136). Das hat sich wiederholt bestätigt, und kann das erhoffte saubere Versuchsergebnis verwischen, wie die folgenden Beispiele zeigen werden. Auch unter natürlichen Bedingungen kann so etwas vorkommen, aber dann geschieht es nicht zum Schaden der Bienen. Denn wenn ihnen der spezifische Blütenduft, nach dem sie suchen, von seitwärts zugetragen wird, so finden sie ja dort keine täuschend ausgelegten Phantome, sondern nahrungsspendende Blüten von derselben Art wie jene, an der die Tänzerin gesammelt hatte.

Die drei bisher erwähnten Versuche dienten vor allem der Ausarbeitung einer brauchbaren Technik. Was weiterhin herausgekommen ist, zeigen die in Abb. 137 bis 142 dargestellten Ergebnisse. Ich bespreche zunächst drei Versuche auf den völlig ebenen Wiesen- und Moorflächen von Erding bei München.

Ein Beobachtungsstock (St in Abb. 137) wurde am 29. 8. 1955 neben einer Scheune aufgestellt und ein Futterplatz südwestlich in 250 m Abstand angelegt, wobei – wie bei den Stufenversuchen – während der Wanderung und auch anschließend am Ziel bis zu Versuchsbeginn spärlich und duftlos gefüttert wurde, um eine vorzeitige Alarmierung zu vermeiden. In Abständen von 200 m vom Stock und in Winkelabständen von je 15° wurden 7 Duftplatten auf den Boden gesetzt (Holztischchen, Glasschälchen mit Lavendelöl wie Abb. 83, S. 88, der Glasdeckel des Schälchens hatte ein Bohrloch von 8 mm Durchmesser zur Freigabe des Duftstoffes). Ab 12^{40} Uhr wurde am Futterplatz (50 m weiter vom Stock entfernt als die in gleicher Richtung gelegene Duftplatte) 1 mol Zuckerlösung geboten und gleichzeitig die Schale unter dem Futtergefäß (Abb. 21, S. 20) mit Lavendelöl

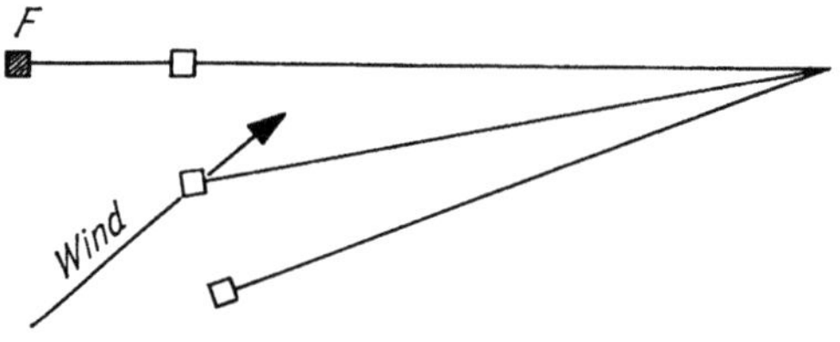

Abb. 136

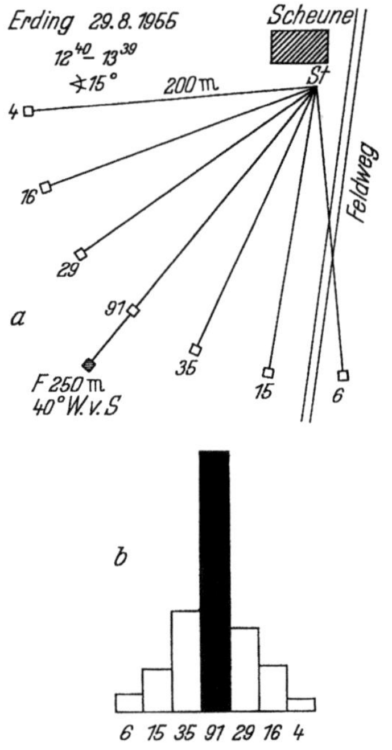

Abb. 137

Abb. 136. Teilausschnitt aus einem Fächerversuch. F Futterplatz, □ Duftplatten. Suchende Neulinge, die in der gewiesenen Richtung ausfliegen, können durch eine Luftströmung nach seitlichen Duftplatten abgelenkt werden

Abb. 137. Fächerversuch bei Erding am 29. 8. 1955. a) St Beobachtungsstock, F Futterplatz 250 m vom Stock, 40° w. v. S. □ Duftplatten (mit Lavendelöl) 200 m vom Stock, in Winkelabständen von 15°. Die Zahlen geben die Zahl der Anflüge in der Beobachtungsstunde an (12^{40}—13^{39} Uhr). b) Das Ergebnis in graphischer Darstellung. Die schwarze Säule bezieht sich auf die Duftplatte in Richtung des Futterplatzes

beschickt. Es sammelten 12 numerierte Bienen. Durch ihre Tänze schickten sie also die Neulinge auf die Suche nach Lavendelduft. Die Zahl der Anflüge unnumerierter Neulinge an den einzelnen Duftplatten im Laufe der folgenden Stunde ist aus Abb. 137a und b ersichtlich. Es herrschte lebhafter, böiger Westwind. Eine Ablenkung gegen die Windrichtung haben wir hauptsächlich bei schwacher, gleichmäßiger Luftströmung und weniger bei turbulentem Wind beobachtet.

Die Duftplatten lagen in diesem Versuch voneinander nur je etwa 50 m entfernt. So konnten die suchenden Bienen ziemlich leicht in das Duftfeld einer Nachbarplatte geraten. Wir schlossen darum sogleich einen zweiten Versuch mit einer neuen Bienenschar an, und errichteten den Futterplatz — diesmal im Osten — in einem Abstand von 600 m. Die Duftplatten lagen, wieder in Winkelabständen von 15°, 550 m vom Stock und hatten untereinander Abstände von je 140 m. Die Vorbereitungen waren schon am Nachmittag des 29. 8. so weit gediehen, daß am 30. 8. 1955 um 10^{55} Uhr am Futterplatz einmolare Zuckerlösung mit Beigabe von Lavendelduft geboten werden konnte. Wegen der großen Entfernung ließen wir 20 numerierte Bienen sammeln und fügten auch dem Zuckerwasser etwas Lavendelöl zu. Abb. 138a zeigt die Verteilung der Anflüge in den ersten 50 Minuten des Versuches. Wie zu erwarten war, haben die größeren Entfernungen zwischen den Duftplatten das zahlenmäßige Ergebnis verschönert. Die leichte Bevorzugung der ersten Duftplatte nördlich von der Zielrichtung schreiben wir dem schwachen und stetigen ONO-Wind zu, der von kürzeren windstillen Pausen unterbrochen war. Wir führten die Fütterung und Beobachtung diesmal $2^1/_2$ Stunden lang durch. In den graphischen Darstellungen Abb. 138b, c und d ist die Anzahl der Anflüge für die ersten, zweiten und dritten 50 Minuten getrennt dargestellt. Die Neulinge suchten während der ganzen Zeit aus-

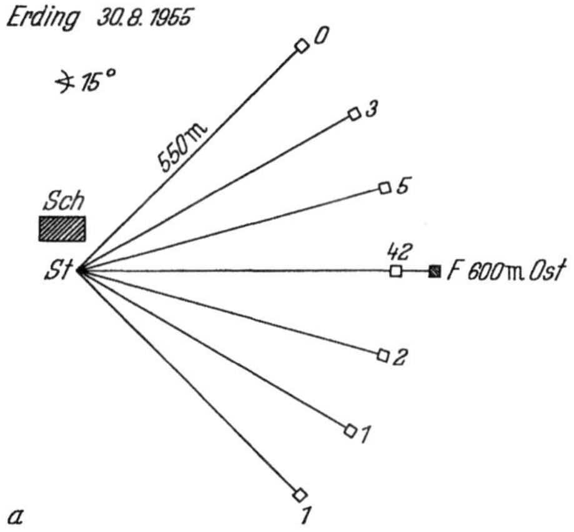

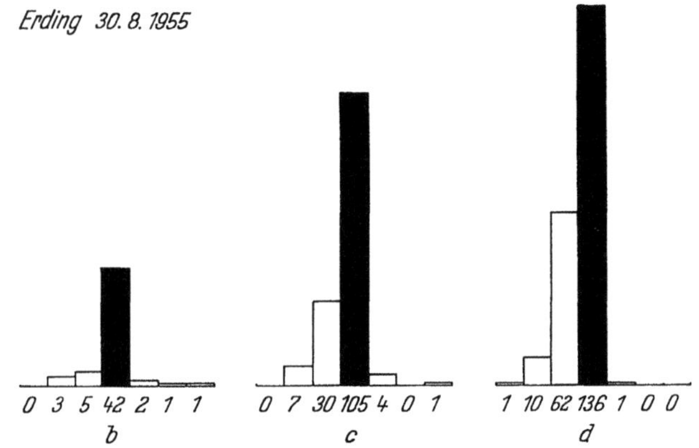

Abb. 138. Fächerversuch bei Erding am 30. 8. 1955 von 10^{55}—13^{25} Uhr. a) St Beobachtungsstock, F Futterplatz 600 m östlich vom Stock. □ Duftplatten (Lavendelöl) 550 m vom Stock, in Winkelabständen von 15°. Die Zahlen bedeuten die Anflüge in den ersten 50 Minuten nach Versuchsbeginn. b)—d) Graphische Darstellung der Anflüge in den ersten, zweiten und dritten 50 Minuten des Versuches. Schwarze Säulen: Duftplatte in Richtung des Futterplatzes

dauernd in der gewiesenen Richtung. Auch die „Enttäuschung“ an den leeren Duftplatten führte kaum zu einer Zunahme der Streuung.

Wir waren neugierig, wie das Ergebnis bei noch größerer Entfernung aussehen würde. Darum brachten wir im September 1956 nochmals einen Beobachtungsstock an den gleichen Platz. Schlechtes Wetter verzögerte den Versuch. Ich konnte nur bei seiner Vorbereitung anwesend sein, die Durchführung übernahm M. Lindauer. Am 16. 9. 1956 war mit dem Futterplatz die vorgesehene Entfernung 1250 m vom Stock erreicht. Die Duftplatten lagen 1200 m vom Stock in Winkelabständen von 10°, je 220 m voneinander entfernt. Leider blieb es kalt und ein starker, ziemlich stetiger Westwind (geschätzt auf 4—6 m/Sek.) hatte zur Folge, daß während des Versuches nur 3 Bienen regelmäßig am Futterplatz verkehrten und daß nur wenige Neulinge ausflogen. Sie hielten sich dicht am Boden, wie man es bei so starkem Wind immer wieder beobachten kann. Ab 11^{55} Uhr wurde konzentrierte Zuckerlösung mit Beigabe von Orangenblütenduft geboten. Das spärliche Ergebnis ist aus Abb. 139 ersichtlich. Der relativ starke Beflug der links vom Ziel gelegenen Duftplatten dürfte dem Westwind zuzuschreiben sein, wobei auch die kleineren Winkelabstände (nur 10°) zu bedenken sind. Die Zahl der Anflüge ist gering, aber die Leistung dieser wenigen Bienen beachtenswert. Bei Seitenwind, der sie mit einer Geschwindigkeit von etwa 5 m/Sek. aus der Bahn zu tragen suchte, hielten die meisten bei ihrem Flug über 1200 m auf etwa 10° genau die gewiesene Richtung ein. Das setzt voraus, daß sie die Abtrift rasch erkannt und kompensiert haben — eine Fähigkeit, die uns noch beschäftigen wird.

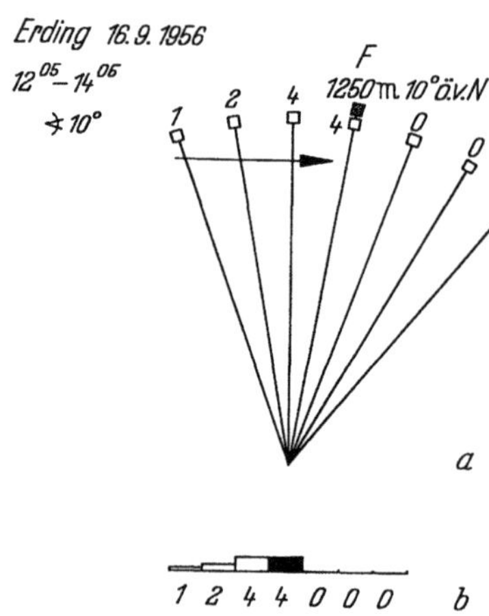

Abb. 139

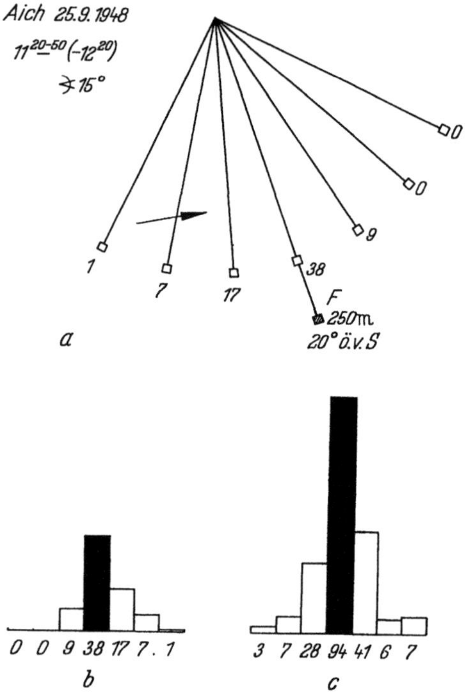

Abb. 140

Abb. 139a u. b. Fächerversuch bei Erding am 16. 9. 1956. a) F Futterplatz 1250 m vom Stock, 10° ö.v.N. □ Duftplatten (Orangenblütenöl) 1200 m vom Stock in Winkelabständen von 10°. Zahl der Anflüge in 2 Stunden, 12^{05}—14^{05} Uhr. Pfeil: Windrichtung. b) Das Ergebnis in graphischer Darstellung

Abb. 140a—c. Fächerversuch in Aich am 25. 9. 1948. a) F Futterplatz 250 m vom Stock, 20° ö.v.S. □ Duftplatten (Lavendelöl) 200 m vom Stock in Winkelabständen von 15°. Zahlen: Anflüge 11^{20-50} Uhr. Pfeil: Windrichtung. b) und c) Zahl der Anflüge in graphischer Darstellung, 11^{20-50} und 11^{50}—12^{20} Uhr

Bei den 6 übrigen Versuchen genügt nun die Vorlage der Ergebnisse mit einigen kurzen Hinweisen. Zwei von ihnen liegen vor den eben besprochenen Fächerversuchen bei Erding[1]):

Am 25. 9. 1948 wurde eine Gruppe numerierter Bienen in Aich 250 m vom Stock von 11^{20}—12^{20} Uhr bei Lavendelduft gefüttert. Abb. 140 zeigt die Anordnung und die Anflüge an den Duftplatten in der ersten halben Stunde. Abb. 140b bringt das Ergebnis für die genannte Zeitspanne in graphischer Darstellung und Abb. 140c die Anflüge in der folgenden halben Stunde. Schwacher Wind aus W und WSW

[1]) Als Duftplatte diente damals die S. 87 (Abb. 81, 82) dargestellte Vorrichtung, jedoch mit nur 3 Duftgläschen. Am Futterplatz wurden wenige Tropfen des Riechstoffes auf die Filtrierpapierunterlage des Futtergefäßes aufgebracht.

während der ganzen Versuchszeit bewirkte merklich eine Ablenkung nach W. In der zweiten halben Stunde war die Zahl der Anflüge größer, aber ihre Verteilung nicht wesentlich anders.

Am 27. 9. 1949 wiederholten wir den Versuch in dem breiten, ebenen Wiesental der Zeppezau (Gemeinde St. Gilgen). Die Bienen fanden dort für die Jahreszeit überraschend gute Tracht, was die Werbung von Neulingen für unseren Futterplatz ungünstig beeinflußte. In den $1^1/_2$ Versuchsstunden (9^{10}—10^{40} Uhr) kam es bei schönem, fast windstillem Wetter zu den in Abb. 141a und b verzeichneten Anflügen.

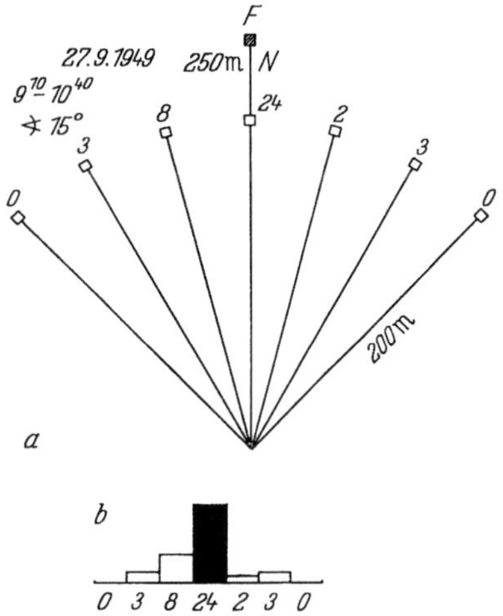

Abb. 141 a u. b. Fächerversuch in der Zeppezau am 27. 9. 1949. a) F Futterplatz, 250 m nördlich vom Stock, □ Duftplatten (Lavendelöl) 200 m vom Stock in Winkelabständen von 15°. Fast windstill. Zahl der Anflüge von 9^{10}—10^{40} Uhr b) Das Ergebnis in graphischer Darstellung

Die vier letzten Fächerversuche fanden am 4. und 5. 9. 1959 in Aich statt. Die technische Durchführung entsprach den Versuchen bei Erding. Der Futterplatz war 270 m vom Stock entfernt, die Duftplatten lagen um 20 m näher zum Stock, die Winkelabstände betrugen nur 8°, die Abstände der Duftplatten voneinander nur 34 m.

Beim ersten Versuch am 4. 9. 1959 vormittags (Abb. 142a und a') machten wir den Fehler, am Futterplatz den Duftstoff zu konzentriert zu bieten. Da überdies die nächstgelegene Duftplatte nur 20 m Abstand hatte (bei allen früheren Versuchen 50 m), wurden wahrscheinlich dadurch suchende Bienen aus dem Umkreis dieser Duftplatte in größerer Zahl an den Futterplatz selbst abgelenkt, wo ungewöhnlich viele Neulinge zuflogen und getötet werden mußten. Das ist jedenfalls die nächstliegende Erklärung dafür, daß diesmal die Duftplatte in der Zielrichtung weniger stark besucht wurde als die beiden Nachbarplatten. Eine Wiederholung des Versuches am Nachmittag (Abb. 142b und b'), wobei die Duftintensität am Futterplatz herabgesetzt war[1]), brachte erwartungsgemäß ein schöneres Ergebnis. Das genaue Einhalten der Zielrichtung ist in diesem Falle um so bemerkenswerter, als während des Versuches lebhafter Wind aus NNO herrschte mit Böen, die auf mehr als 6 m/Sek. geschätzt wurden.

Anschließend haben wir den Futterplatz bei duftloser Fütterung sofort nach Süden verlegt und es folgten am 5. 9. 1959 am frühen und späten Nachmittag bei genau gleicher Anordnung die zwei letzten Fächerversuche. Der erste brachte wieder hervorragend gut gezielte Anflüge (Abb. 142c und c'). Mäßiger Wind aus NO mag an den 6 Anflügen bei der Duftplatte 8° östlich von der Mitte ursächlich beteiligt gewesen sein. Kurz vor dem zweiten Versuch schlug der Wind auf S um. Er blieb schwach und trug also den anfliegenden Bienen den Duft entgegen, wobei aber seine Richtung im Bereich der drei westlich gelegenen Duftplatten laut Protokoll wiederholt von SO bis SW umsprang (Abb. 142d und d').

In diesen Fächerversuchen von Aich haben die Neulinge trotz der kleineren Winkelabstände die seitlich gelegenen Duftplatten weniger angeflogen als in den meisten früheren Fällen. Das mag darauf zurückzuführen sein, daß wir mit ausgewählten Tänzerinnen arbeiteten und solche, die lässig tanzten oder in der

[1]) Natürlich waren die Duftgeräte inzwischen sorgfältig gereinigt bzw. erneuert worden. Zwischen beiden Versuchen wurde mit schwacher Zuckerlösung duftlos gefüttert.

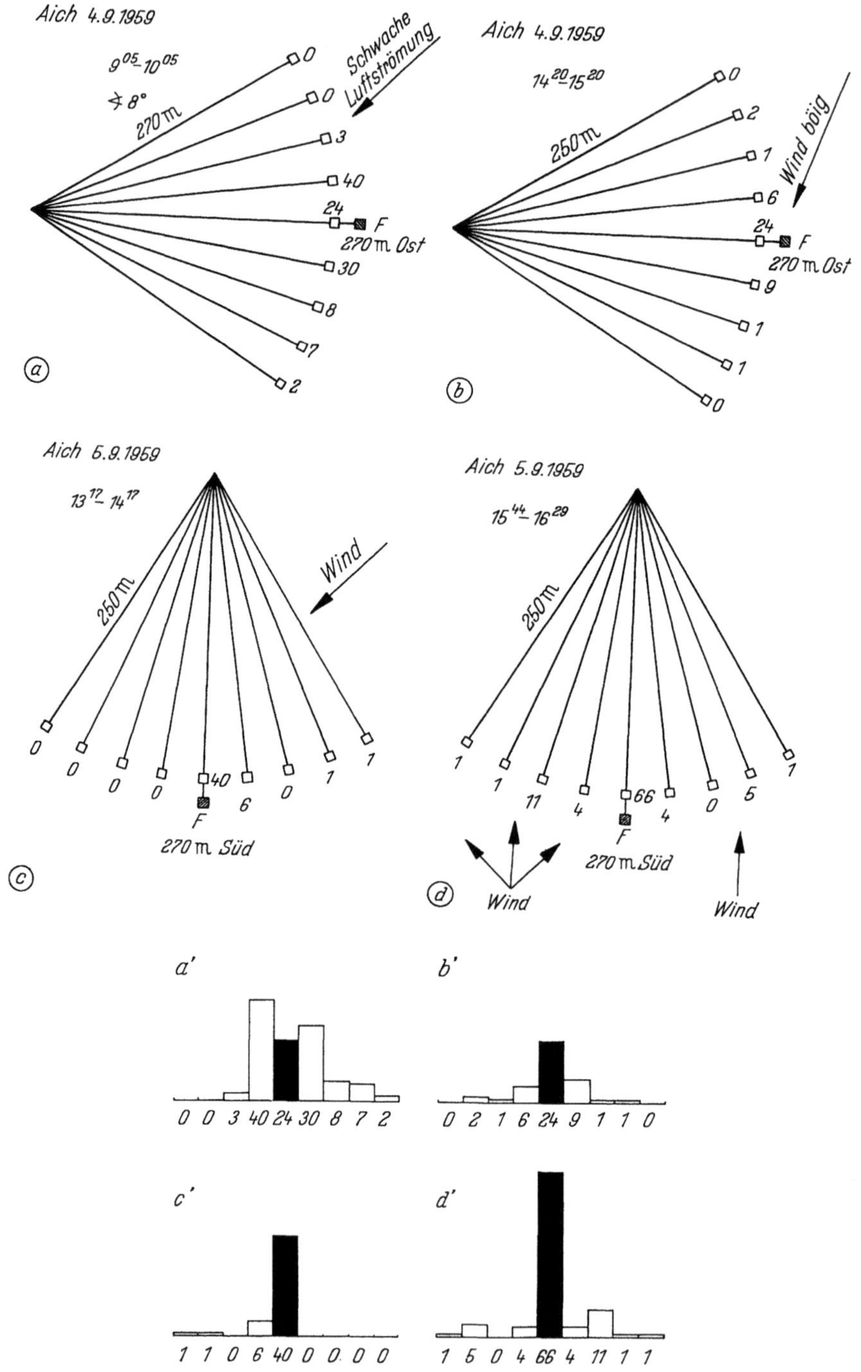

Abb. 142 a—d). Vier Fächerversuche in Aich am 4. und 5. 9. 1959. F Futterplatz 270 m vom Stock. □ Duftplatten (Orangenblütenöl) 250 m vom Stock in Winkelabständen von 8°. Die beigesetzten Zahlen bedeuten die Zahl der Anflüge
a'—d') Die Ergebnisse in graphischer Darstellung

Richtungsweisung von der Norm abwichen (vgl. S. 149), vor Versuchsbeginn ausschalteten.

Es lohnt sich, ein wenig darüber nachzudenken, welche Kette von Leistungen zwischen dem Flug der Sammlerin und dem gezielten Flug des Neulings abläuft. Die Sammlerin transponiert bei ihrem Tanz den Sonnenwinkel, der für die Richtung nach dem Ziel gültig ist, auf den Schwerewinkel — auch dann, wenn sie sich bei Seitenwind schräg gegen die Abtrift stellen muß und die Sonne unter einem anderen Winkel sieht (s. S. 201). Die Nachtänzerinnen verstehen den Tanzwinkel richtig. Ihre Augen helfen ihnen dabei nichts. Im finstern Stock sind sie außer Funktion. Geruchs- und Tastsinn nehmen die Meldung auf. Sie erfassen den Tanzwinkel mit erstaunlicher Schärfe, obwohl sie meistens schräg zur Tänzerin stehen — besonders wenn diese eine große Gefolgschaft hat (Abb. 50, S. 61). Sie achten überdies auf den der Tänzerin anhaftenden Blütenduft und auf ihre Entfernungsmeldung durch das Tanztempo, wobei sie mehrere Tänze beobachten und das Ergebnis mitteln. Fliegen sie dann aus, so suchen sie nach dem Duft in der entsprechenden Entfernung, sie transponieren den Schwerewinkel zurück in den Lichtwinkel und lassen sich selbst durch heftigen Seitenwind kaum aus der angestrebten Richtung tragen. Wem das Gefühl der Ehrfurcht vor den Geschöpfen der Natur fremd ist — hier könnte es ihm aufdämmern.

19. Tänze bei Zenitstand der Sonne

Der Himmelskompaß versagt seinen Dienst, wenn die Sonne im Zenit steht. Dann läßt sich nach ihrer Stellung eine Himmelsrichtung weder anzeigen noch finden. In diese Schwierigkeit müssen Bienen, die zwischen den Wendekreisen leben, zweimal im Jahr zur Mittagszeit geraten. Ihr Verhalten unter solchen Umständen sollte darüber Aufschluß geben, ob wirklich der Sonnenstand allein für die Richtungsweisung maßgebend ist.

Lindauer (1957) benützte einen Aufenthalt in Ceylon zur Klärung dieser Frage. An seinem Standort in Paradeniya ging die Sonne am 9. 4. um 12^{06} Uhr durch den Zenit. Schon 3 Wochen vorher war er selbst nicht mehr imstande, mittags — bei einem Zenitabstand der Sonne von 8° — die Südrichtung nach dem Sonnenstand zu erkennen. Das Auge der Bienen[1]) erwies sich als überlegen. Sie zeigten einen künstlichen Futterplatz auch mittags noch durch gut orientierte Tänze an, als sich die Sonne bereits auf 3° dem Zenit genähert hatte. Am 2. April aber, bei einem Zenitabstand von 2,5°, bekannten sie erstmals ihre „Verlegenheit" — allerdings auf eine unerwartete Weise, die eine klare Entscheidung fast verhindert hätte: Sie legten von 11^{45}—12^{20} Uhr eine Mittagspause ein und blieben zu Hause. Lindauer fand einen Ausweg: Er gab den Bienen vormittags nur wenig Futter, mit zahlreichen Zwischenpausen. Als er ihnen dann gegen Mittag eine volle Mahlzeit auftischte, wurde ihr Eifer so angeregt, daß sie weiter sammelten. Ihre Tanzlust war gehemmt, aber trotzdem konnten in jenen Tagen zwischen 11^{55} Uhr und 12^{20} Uhr insgesamt 87 Schwänzeltänze beobachtet werden, die desorientiert waren. Daneben gab es einige andeutungsweise orientierte Tänze, doch waren die Schwänzelläufe so unexakt ausgerichtet, daß sie nicht meßbar waren (briefliche Mitteilung Lindauers auf Grund nochmaliger Prüfung seiner Protokolle). Vor und nach der angegebenen Zeit waren die Tänze ausnahmslos gut ausgerichtet.

Von besonderer Bedeutung ist ein Versuch vom 10. 4., dem ersten Tag nach dem Zenitdurchgang, mit horizontal gelegtem Stock. Die Bienen hatten

[1]) Zu den Versuchen diente die indische Biene (*Apis indica* F.), die unserer Honigbiene so nahe steht, daß sie ursprünglich nur als Unterart derselben galt.

freien Ausblick nach dem Himmel. Mittags von 12^{02}—12^{16} Uhr (5 Minuten vor bis 9 Minuten nach dem Höchststand der Sonne) sah LINDAUER 14 Tänze, die ohne Ausnahme desorientiert waren. Der Zenitabstand der Sonne betrug 1—2°.

Hiermit ist überzeugend geklärt, daß sich die Bienen bei der Richtungsweisung allein nach dem Sonnenstand orientieren; und ferner, daß ihnen schon ein Zenitabstand von 2—3° genügt, um die Himmelsrichtung zu erkennen[1]). Das ist der zahlenmäßige Beleg für die Bemerkung (S. 130), daß das Facettenauge ein hervorragendes Winkelmeßgerät ist. Der Wert paßt gut zu den Befunden von DEL PORTILLO (1936) und BAUMGÄRTNER (1928), daß im oberen Augenbezirk der Honigbiene die Achsen der Ommatidien gegeneinander um 2—3° divergieren. Es genügt also bereits eine Verschiebung des Sonnenbildes von dem genau nach oben gerichteten Einzelauge seitwärts um die Breite eines Ommatidiums für das Erkennen, nach welcher Himmelsrichtung die Sonne vom Zenit abweicht. Daraus ist überdies zu entnehmen, daß die Biene beim Flug die horizontale Einstellung ihres Körpers außerordentlich genau kontrolliert.

LINDAUERs Versuche in Ceylon mit *Apis indica* wurden von D. A. T. NEW (1961) in Jamaica mit *Apis mellifica* wiederholt. Es gab zur Zeit der Versuche nur spärliche Tracht, die Bienen waren daher auf Zuckerwasser gierig, und so ergab sich von selbst, was LINDAUER durch einen Kunstgriff erzwingen mußte: Die gezeichnete Schar beflog auch bei Zenitnähe der Sonne ohne Pause den Futterplatz. NEW beobachtete nicht die Tänze. Seine Aufmerksamkeit galt den Neulingen, die durch die Tänze alarmiert wurden. Sie kamen in der Mittagszeit, wenn der Zenitabstand der Sonne nur etwa 1—3° betrug, in deutlich geringerer Zahl. Daraus, daß überhaupt noch welche kamen, schloß er auf einen Verständigungsmechanismus unabhängig vom Sonnenstand. Diese Folgerung ist nicht überzeugend, weil es sich um vorher alarmierte Bienen gehandelt haben konnte die verspätet den Futterplatz fanden. NEW selbst diskutiert diese Möglichkeit und lehnt sie ab, weil schon nach wenigen Minuten fast keine Neulinge mehr kamen, wenn er am Futterplatz die sammelnden Bienen abgefangen hatte; die Ankömmlinge in den kritischen Minuten müßten also eben erst, bei Höchststand der Sonne, alarmiert worden sein. Er hat aber übersehen, daß mit dem Abfangen der Sammlerinnen auch der anlockende Duft der von ihnen betätigten Duftdrüsen beseitigt war, durch den herumsuchende Neulinge sehr wirksam aus der Umgebung an den Futterplatz geleitet werden.

Bei einer Fortführung der Versuche (NEW and NEW 1962) wurden die Tänze auf der vertikalen Wabe beobachtet. Viele Bienen hörten zu tanzen auf oder tanzten desorientiert, so wie es LINDAUER beschrieben hatte, sobald sich die Sonne dem Zenitstand näherte. Aber einige tanzten auch unter diesen Bedingungen gut orientiert. Zur Erklärung wird angenommen, daß diese Bienen den Sonnenstand, der nicht mehr unmittelbar für sie wahrnehmbar war, nach ihrer „inneren Uhr" weiter verrechnet haben. Daß diese Vermutung richtig ist, scheint mir aus anderen Beobachtungen von NEW and NEW mit großer Wahrscheinlichkeit hervorzugehen: Man muß sich vergegenwärtigen, daß sich bei südlichem Sonnenbogen die Sonnenwinkel im Tageslauf der Sonne im Uhrzeigersinn, bei nördlichem Sonnenbogen aber entgegen dem Sinn des Uhrzeigers ändern. Diesen Wechsel, der sich mit dem Zenitdurchgang der Sonne einstellt, machten die Bienen nicht genau mit. Manche gingen verspätet zur anderen Richtungsweisung über, andere nahmen die Änderung um einige Tage vorweg. Sie haben sich also hierbei nicht nach ihren unmittelbaren optischen Wahrnehmungen gerichtet, sondern den Sonnengang errechnet, und zwar offenkundig nicht auf Grund eigener Erfahrung, sondern auf erblicher Grundlage — sonst hätten nicht manche die kommende Änderung vorzeitig berücksichtigen können.

Bei den Beobachtungen LINDAUERs auf horizontalem Tanzboden konnten keine Verrechnungskünste die kritischen Minuten überbrücken. Denn es fehlte den

---

[1]) Ein zu den Amphipoden gehöriges Krebschen *Talorchestia mortensii* WEBER kann sich erst bei einem Zenitabstand von 5—9° nach dem Sonnenstand orientieren (ERCOLINI 1964).

Tänzerinnen für ihre Einstellung das Bezugssystem der Schwerkraft. Unter diesen Bedingungen waren die Tänze ausnahmslos desorientiert.

20. Keine Richtungsweisung nach „oben" oder „unten"

Nahrung spendende Blüten können am Boden oder hoch in einer Baumkrone zu finden sein; im Gebirge kann der Weg zu ihnen hangaufwärts oder abwärts führen; es hätte nicht überrascht, wenn die „Sprache" der Bienen auch für die Höhe des Zieles einen Ausdruck gefunden hätte. Doch war ein solcher nicht nachweisbar.

Negative Befunde haben weniger Überzeugungskraft als ein positives Ergebnis. So mußten wir die Versuche durch 7 Jahre immer wieder variieren, bis wir unserer Sache sicher waren. Zur Erzielung geeigneter Höhendifferenzen haben wir einen Balkon unseres Landhauses, das Dach des Grazer Institutsgebäudes, Schluchten und Felswände, die Echelsbacher Brücke und einen Funkturm benützt. Wer sich für die Schwierigkeiten der Beweisführung interessiert, findet bei v. FRISCH, HERAN u. LINDAUER (1953) die näheren Einzelheiten. Hier genügt die Mitteilung der Hauptversuche.

Im August 1951 brachten wir einen Beobachtungsstock auf den Schafberg und stellten ihn am Fuße einer nach Norden gerichteten Felswand auf (bei St_1, Abb. 143). Am 24. 8. wurde ein Futterplatz (ohne Duftbeigabe) bei F_1 angelegt, 85 m vom Stock entfernt. Unser Plan war, einen zweiten Futterplatz bei F_2 anzulegen, genau über F_1, und durch abwechselnde Fütterung bei F_1 und F_2 zu prüfen, ob die Neulinge, je nach der Herkunft der Tänzerinnen, bevorzugt unten oder oben suchen würden. Wie bei den Stufen- und Fächerversuchen mußten entsprechend ausgelegte Duftplatten über die Verteilung der Neulinge Aufschluß bringen, sobald für einen der beiden Plätze nach Duftbeigabe und bei reicher Fütterung lebhaft geworben wurde.

Zur Anlage des zweiten, hoch gelegenen Futterplatzes wollten wir einen Teil der Sammlerinnen von F_1 durch Aufhieven eines schwebenden Futtertischchens nach oben bringen. Aber als wir auf den Grat kamen, waren suchende Neulinge bereits zahlreich zur Stelle. Sie waren durch die unten sammelnden Bienen ausgeschickt worden. Schon das spricht gegen eine Höhenweisung. Die Höhendifferenz entsprach, vom Stock aus gesehen, einem Winkel von 40°. Aus den Fächerversuchen wissen wir, daß sich an Duftplatten, die in der Horizontalen um 40° seitwärts vom Ziel abweichen, keine Neulinge einzustellen pflegen. Die Höhendifferenz von 40° schien gegenstandslos zu sein. Dieser erste Eindruck wurde durch folgende Beobachtungen bekräftigt: Wenn unten gefüttert und oben pausiert wurde, alarmierten die Tänze der unten sammelnden Bienen andauernd auch die andere Sammelgruppe, die oben hartnäckig und immer wieder das leere Schälchen absuchte — und umgekehrt wurde durch oben sammelnde Bienen auch die untere Schar alarmiert. Aber niemals wurde eine Biene, die am gewohnten Platz vergeblich nach Futter suchte, durch die Tänze der anderen Gruppe für deren Sammelstelle umgestimmt — was häufig geschieht, wenn von zwei Futterplätzen unter verschiedenem Azimut der eine ergiebig ist und der andere nicht. Anscheinend war für die Bienen so wenig wie für uns ein Unterschied in der Tanzweise erkennbar, ob nun die Sammlerinnen von oben oder von unten kamen. Hiermit steht in Einklang, daß sowohl oben wie unten Neulinge angeschwärmt kamen, wenn an einem der beiden Plätze Futter geboten wurde. Für einen quantitativen Vergleich war der Ort nicht gut gewählt, weil die Sammelstelle auf dem Grat der Sonne frei ausgesetzt war, während die untere stets im Schatten der Wand lag.

Günstigere Bedingungen bot eine Wiederholung des Versuches an der Echelsbacher Brücke im Mai 1952. Etwa 20 km vor Oberammergau führt die von Augsburg kommende Autostraße über das tief eingeschnittene Tal der Ammer. Die Fahrbahn liegt 76 m über dem Talboden. Für den Beobachtungsstock wählten wir

a

b

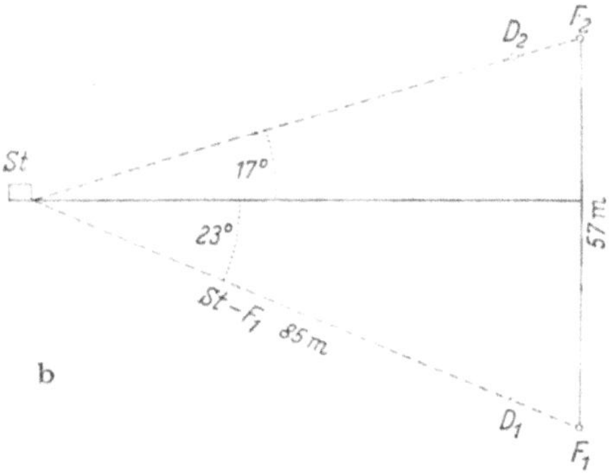

Abb. 143a u. b. a) Von Ost nach West verlaufende Wand auf dem Schafberg. St_1 Beobachtungsstock am 25. 8. 1951. F_1 und F_2 Lage der Futterplätze. — St_2 Beobachtungsstock und f Lage des Futterplatzes bei den Versuchen vom 15. bis 19. 8. 1951.
b) Versuchsanordnung am 25. 8., D_1 und D_2 Duftplatten

einen Platz auf halber Höhe des Talhanges (St, Abb. 144). Von da aus wanderten wir mit einer numerierten Schar hangaufwärts und über die Brücke bis zu deren Mitte, wo auf der Brüstung des Geländers der Futterplatz F_2 eingerichtet wurde. Zum anderen Futterplatz F_1, genau unter F_2 auf der Talsohle am Ufer der Ammer, waren wir mit einer zweiten Bienenschar hangabwärts gewandert.

Am 27. und 28. Mai 1952 führten wir 4 Versuche durch: zweimal wurde die numerierte Gruppe oben auf dem Brückengeländer, zweimal die andere Gruppe auf der Talsohle mit konzentrierter Zuckerlösung bei Pfefferminzduft gefüttert und jeweils 1 Stunde lang der Anflug von Neulingen an zwei Pfefferminz-Duftplatten ohne Futter beobachtet, die in der Anflugsrichtung 10 m näher zum Stock ausgelegt waren (wie Abb. 81, 82, S. 87). Die Duftplatte D_2 lag dem Futterplatz gegenüber auf der anderen Geländerbrüstung (Abb. 144b), D_1 auf der Talsohle in gleichem Abstand vom Futterplatz. Die Zahl der Anflüge von Neulingen an den beiden Duftplatten war:

a

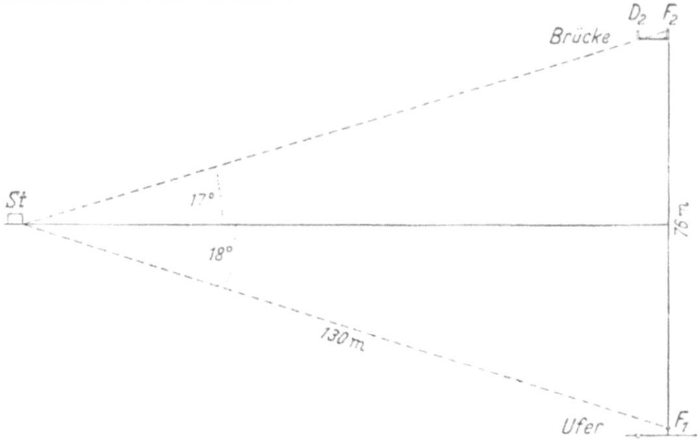

b

Abb. 144. a) Die Echelsbacher Brücke. St Platz des Beobachtungsstockes. F_1 und F_2 Lage der Futterplätze b) Versuchsanordnung am 27. und 28. 5. 1952. D_1 und D_2 die beiden Duftplatten unten am Ufer und oben auf dem Brückengeländer. F_1 und F_2 die Futterplätze, abwechselnd mit Zuckerwasser versehen

27. 5.	14^{00}—15^{00}	(Fütterung oben):	D_1 (unten) 156,	D_2 (oben) 0
27. 5.	15^{30}—16^{30}	(Fütterung unten):	D_1 (unten) 108,	D_2 (oben) 0
28. 5.	11^{30}—12^{30}	(Fütterung oben):	D_1 (unten) 197,	D_2 (oben) 0
28. 5.	13^{00}—14^{00}	(Fütterung unten):	D_1 (unten) 120,	D_2 (oben) 0

Es war somit gleichgültig, ob die Tänzerinnen für den oberen oder für den unteren Platz warben. Die Neulinge suchten in beiden Fällen auf der Talsohle, kein einziger kam in jenen 4 Stunden an die Duftplatte auf der Brücke[1]). Die Sammlerinnen vom Brückengeländer gaben offensichtlich keine Weisung, hinaufzufliegen. Das fand auch darin seinen Ausdruck, daß — wie schon beim Schafbergversuch — die tanzende Gruppe jeweils auch die andere Schar, deren Schälchen leer war, zu unentwegtem Suchen veranlaßte. Daß die höher gelegene Duftplatte hier unbeachtet blieb, während sie auf dem Schafberg reichlich beflogen wurde, ist leicht zu verstehen. Dort blieben die Neulinge, die der gewiesenen Richtung folgten, auch aufwärts entlang der Wand mit dem Gelände in Fühlung,

Abb. 145. Versuche vom 15.—19. 8. 1951. Der Stock steht unten am Fuße der Wand, St_2 in Abb. 143. Der Balken zum Aufhieven mit dem oben angekommenen Futtertischchen (bei f in Abb. 143). Der zweite Balken mit der Blechbüchse diente dem schriftlichen Verkehr zwischen den Beobachtern oben und unten

während die Brücke für sie frei in der Luft hing, wo Bienen normalerweise nichts zu suchen haben. Übereinstimmend zeigte sich auf dem Schafberg, wie an der Echelsbacher Brücke, daß die Richtungsweisung nur den Azimut und nicht die Höhenlage des Zieles angibt.

Die negativen Ergebnisse legen die Frage nahe, ob in extremen Fällen nicht doch eine Höhenweisung erkennbar wird. Wenn der Weg vom Stock zum Futterplatz lotrecht nach oben oder unten führt, liegt das Ziel in keiner Kompaßrichtung. Um so deutlicher sollte dann ein Signal für die Höhendifferenz hervortreten, wenn ein solches existiert.

[1]) Daß es ihnen möglich war, hinaufzufinden, das bewiesen vereinzelte Zuflüge am Futterplatz, wo außer dem Pfefferminzöl noch zusätzlich das Duftorgan der Sammlerinnen lockte. Während der 2 Beobachtungsstunden mit Fütterung auf dem Brückengeländer kamen daselbst 2 Neulinge an den Futterplatz, einige weitere während der Fütterung außerhalb der Versuchszeiten.

Versuche dieser Art hatten wir zunächst auf dem Schafberg durchgeführt, an der gleichen Wand, die wir in Abb. 143, S. 166, beim Schrägversuch kennengelernt haben. Damals wurde der Beobachtungsstock bei St_2 aufgestellt, und eine Gruppe numerierter Bienen von hier auf einem schwebenden Futtertischchen allmählich nach f (Abb. 143a und 145) aufgehievt. Der Futterplatz lag genau über dem Flugloch des Stockes (Höhenunterschied 53 m). Zu unserer Überraschung zeigten die Bienen bei ihren Tänzen eine Richtung an. Sie wiesen gegen die Wand. Mit fortschreitendem Sonnenstand änderten sie den Tanzwinkel so, daß sie auch weiterhin die Richtung zur Wand anzeigten. Der Beobachtungsstock stand im Schatten der Wand. Als wir ihn umlegten, waren die Tänze auf der nun horizontalen Wabenfläche anschaulich und unmittelbar überzeugend gegen die Felswand gerichtet (die Bienen orientierten sich nach dem polarisierten blauen Himmelslicht s. S. 384ff.). Die Tänze unterschieden sich in keiner Weise von der üblichen Tanzform. Nichts deutete auf die Höhendifferenz hin. Und doch war das Verhalten sinnvoll. Die ausgesandten Neulinge trafen sofort auf die Wand und konnten der gewiesenen Richtung nur folgen, indem sie an den Felsen nach oben flogen, wo sie sich zahlreich am Futterplatz einfanden.

Abb. 146. Versuch vom 7. 9. 1951. Von NO nach SW verlaufende Felswand. St Beobachtungsstock, F Futterplatz

Beim Gegenversuch zu einem späteren Zeitpunkt stellten wir den Beobachtungsstock oben auf den Grat und legten durch Abseilen eines Schwebetischchens den Futterplatz direkt unter dem Flugloch, 53 m tief, am Fuße der etwas überhängenden Wand an. Diesmal zeigten die Tänzerinnen mit gleicher Entschiedenheit die Richtung von der Wand weg. Wieder waren sie mit diesem Verhalten erfolgreich. Sie schickten die Neulinge über den Abgrund hinaus, und da im freien Luftmeer für Bienen nichts zu holen ist, flogen sie nach unten, wo sie rasch und in großer Zahl an den Futterplatz fanden.

Um zu erfahren, ob die Tänze wirklich nach der Wand oder nach anderen, uns unbekannten Faktoren ausgerichtet waren, wiederholten wir die Versuche an einer Felswand mit anderem Verlauf (statt ost-westlich von NO nach SW). Wieder zeigten die Tänze die Richtung zur Wand, wenn der Futterplatz oben lag, und von der Wand weg, wenn er sich unter dem Stock in der Tiefe befand (Abb. 146).

Das war also keine „Höhenweisung“, sondern eine auf die horizontale Ebene bezogene Richtungsweisung, die unter den gegebenen Umständen zum Ziel führte. Das Verhalten läßt sich wohl so deuten, daß die Bienen beim Flug nach oben mit dem Kopf gegen die Wand gerichtet waren, während sie sich beim Abwärtsflug von der Wand weg einstellten. Die Beobachtung der Körperhaltung bei den Flügen an der Wand war schwierig, doch ließ sich für eine Reihe von Fällen diese Einstellung bestätigen. Beim Tanz gaben sie dann die Himmelsrichtung an, die ihrer Körperhaltung beim Flug zum Futterplatz entsprochen hatte.

Um den Bienen die Felswand als Bezugspunkt wegzunehmen, stellten wir den Beobachtungsstock auf den Betonsockel eines Funkturmes und brachten am 1. 5. 1952 eine numerierte Schar mit Hilfe eines schwebenden Futtertischchens bis auf die Plattform 50 m über dem Flugloch (Abb. 147a). Nun machten die oben sammelnden Bienen nach der Heimkehr ausschließlich Rundtänze. Somit bestätigte sich, daß die Richtungsweisung in den früheren Versuchen durch die Einstellung gegen die Felswand bedingt war. Das luftige Gitterwerk des Funkturmes

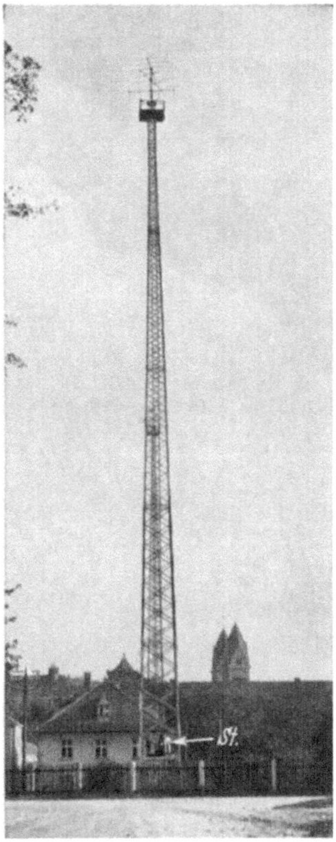

a

b

Abb. 147.a u. b. a) St Platz des Beobachtungsstockes im Inneren des Gitterwerkes eines Funkturms. Der Futterplatz befindet sich 50 m darüber auf der Plattform b) Im Funkturm. Blick nach oben

(Abb. 147b) bot keinen entsprechenden Anhaltspunkt. Man sah die Sammlerinnen bald innen im Turm, bald außen, und ohne feste Einstellung zu dem Gerüstwerk ihren Weg nach oben nehmen.

Wir hatten im Funkturm ein Volk der italienischen Bienenrasse aufgestellt. Die Italienerinnen zeigen bei horizontaler Flugstrecke schon bei einer Entfernung von etwa 10 m die Richtung zum Ziel (vgl. S. 293f.). Nach ihrem 50 m-Flug aufwärts aber machten sie Rundtänze. Wir hatten endlich die Versuchsanordnung gefunden, bei der sie ihren Kameraden keine Richtung anzeigen konnten. Sie wiesen ihnen keine Himmelsrichtung, sie sagten ihnen aber auch nicht, daß sie nach oben fliegen sollten. Das verrieten uns die alarmierten Neulinge eindeutig durch ihr Verhalten. Sie flogen aus und suchten — auf dem Wiesenboden um den Funkturm herum. Dem Futterplatz war Bergamottöl beigegeben. Duftplatten mit

Bergamottöl, die in der Umgebung des Turmes in die Wiese gelegt waren, wurden von zahlreichen Neulingen beflogen. Die Rundtänze waren das Signal, den Boden rund um den Stock abzusuchen. Aber kein einziger Neuling fand an jenem schönen, warmen Maitag den Weg hinauf zum Futterplatz auf der Plattform des Funkturmes, obwohl die 10 numerierten Bienen, die wir am vorangegangenen Nachmittag dahin aufgehievt hatten, 4 Stunden auf das lebhafteste tanzten. Sie

Abb. 148. Versuch vom 16. und 17. 6. 1952. Der Beobachtungsstock steht auf der jenseitigen Geländerbrüstung der Echelsbacher Brücke (bei F_2 in Abb. 144), genau über dem Futterplatz F am linken Flußufer

schickten die Stockgenossen in die Irre — ihr Verständigungsvermögen versagte vor der ungewohnten Aufgabe.

Um den Gegenversuch durchzuführen, begaben wir uns am 16. 6. 1952 nochmals auf die Echelsbacher Brücke und stellten das Italienervolk auf das Brückengeländer. Ein Futtertischchen wurde abgeseilt und ein Futterplatz 76 m tief genau unter dem Flugloch angelegt (Abb. 148). Auch in diesem Falle waren nur Rundtänze zu beobachten. Sie veranlaßten die Kameraden, rundum zu suchen. Aber die Lage war nun anders als beim Funkturmversuch. Die ausschwärmenden Neulinge gingen zu Boden und fanden zahlreich ans Futterschälchen. Daß sie richtungslos suchten, zeigte sich bei einer Probe mit 3 Duftplatten, die — wie der Futterplatz — mit Anisöl beschickt waren. Eine lag unten am Flußufer, 10 m abseits vom Futterplatz, also 76 m unter der Brücke. Sie wurde in der einstündigen Beobachtungszeit von 180 Neulingen angeflogen. Die beiden anderen Duftplatten lagen auf derselben Geländerbrüstung, auf welcher der Beobachtungsstock stand, 76 m östlich bzw. westlich von ihm. Sie erhielten in der Beobachtungsstunde 42 bzw.

39 Besuche. Die Bevorzugung der unteren Duftplatte ist verständlich. Bewachsener Boden ist für die nahrungsuchenden Bienen anziehender als ein eisernes Brückengeländer.

In einem Kontrollversuch überzeugten wir uns noch, daß dieselben Bienen, die bei der Fütterung 76 m lotrecht unter dem Stock ihre Kameraden durch Rundtänze richtungslos ausgeschickt hatten, bei Fütterung auf ebener Erde, 76 m vom Stock, gerichtet tanzten und die Neulinge geradenwegs ans Ziel sandten.

Wir haben also in der „Bienensprache" nach einem Ausdruck für die Richtung nach oben oder unten vergeblich gesucht. Man wird sich kaum darüber wundern. Blühende Bäume entwickeln an ihren bodennahen Ästen die gleichen Blüten wie in ihren Wipfeln und die allmähliche Verteilung der Sammlerinnen über die ganze Krone ergibt sich von selbst, sobald der Baum gefunden ist. Wo die Gestaltung des Geländes den Flug nach oben oder unten führt, genügt erst recht die Weisung der Himmelsrichtung nach dem Ziel, weil die Neulinge die Nähe des Bodens suchen und durch seinen Verlauf entsprechend gelenkt werden. So kommt es, daß bei unseren Versuchen das Nachrichtenwesen der Bienen erst da versagt hat, wo die Aufgabe durchaus unbiologisch gestellt war.

21. Die Bedeutung von Hin- und Rückflug für die Richtungsweisung

Die Richtungsweisung der Bienen bezieht sich auf den Hinflug zum Futterplatz. Das beweisen die Tänze auf horizontaler Fläche mit überzeugender Anschaulichkeit. Der Schwänzellauf zeigt ja die Richtung zum Ziel hin. Daraus folgt aber nicht, daß der beim Rückflug wahrgenommene Sonnenwinkel für die Richtungsweisung belanglos ist.

Er könnte mit geringerem Gewicht gewertet werden, so daß für die Tanzrichtung der Hinflug ausschlaggebend bliebe. Wahrscheinlicher ist eine andere Möglichkeit: daß der beim Rückflug wahrgenommene Sonnenwinkel durch zentrale Umschaltung um 180° für die Richtungsweisung im Sinne des Hinfluges gewertet wird, so wie ja auch der beim Hinflug wahrgenommene Sonnenwinkel nur durch ein zentrales Umschaltmanöver die Führung für den Rückflug übernehmen kann (vgl. S. 117 und Abb. 108, S. 118).

Bei der Entfernungsmeldung waren wir zu der Erkenntnis gekommen, daß die Tänzerin auch den Rückflug in Rechnung stellt, aber dem Hinflug das größere Gewicht gibt (S. 120). Die Frage war durch Berücksichtigung der Windverhältnisse lösbar. Bei der Richtungsweisung hilft uns der Wind nichts, weil sich Mit- und Gegenwind beim Hin- und Rückflug auf die Flugrichtung nicht gegensätzlich auswirken. Es bleibt nur der Weg des Versetzungsversuches. Transportiert man das Schälchen mit den saugenden Bienen seitwärts, so daß sie auf dem Rückflug zum Stock einen anderen Sonnenwinkel einzuhalten haben, so sollte sich zeigen, ob auch die Rückflugstrecke bei der Richtungsweisung beachtet wird.

Bei diesen Versuchen begegnete F. Otto (1959) derselben Schwierigkeit, wie bei Versetzungen in andere Entfernung (s. S. 117): Beim Abflug achteten die versetzten Bienen nicht auf den geänderten Platz; sie vollzogen eine einfache Umkehrung des Hinfluges, die sie unter normalen Umständen zum Stock zurückgeführt hätte, nach der Versetzung aber in die Irre leitete (Abb. 149), so daß sie auf Umwegen und mit Zeitverlust heimkamen. Erst nach wiederholten, stundenlang fortgeführten Versetzungen vom Hinflugplatz (H, Abb. 149) zum Rückflugplatz (R) lernten sie es, von dort den direkten Weg zum Heimatstock einzuschlagen. Sie mußten auf den anderen Rückflugweg dressiert werden. Unter solchen Voraussetzungen fand Otto, daß die Bienen bei ihrem Tanz die Winkelhalbierende zwischen den Richtungen zum Hin- und Rückflugplatz angeben.

Die Durchführung sei an einem Beispiel erläutert: Der Beobachtungsstock (St, Abb. 150 links) stand auf einer ebenen Wiesenfläche. Numerierte Bienen flogen bei H an, wurden während des Saugens nach R versetzt und hatten gelernt, von da direkt nach dem Stock zurückzufliegen. Die „Mißweisung", die mit der Flugrichtung und mit der Tageszeit wechselt (S. 211 f.), war damals noch nicht geklärt. Um sie als Fehlerquelle auszuschalten, wurde neben dem Hinflugplatz ein weiterer Futterplatz K für Kontrollbienen errichtet, die nicht versetzt wurden. Ihre Tänze wurden gleichzeitig mit jenen der versetzten Tiere beobachtet. So erfährt man die zur Zeit bestehende Mißweisung und kann sie in Rechnung stellen. Der Pfeil (— · — · —) zeigt an, in welchem Sinne und um welchen Betrag die Richtungsweisung der versetzten Bienen von jener der Kontrollschar abwich; er zeigt also den Einfluß des geänderten Rückfluges. Die Differenz

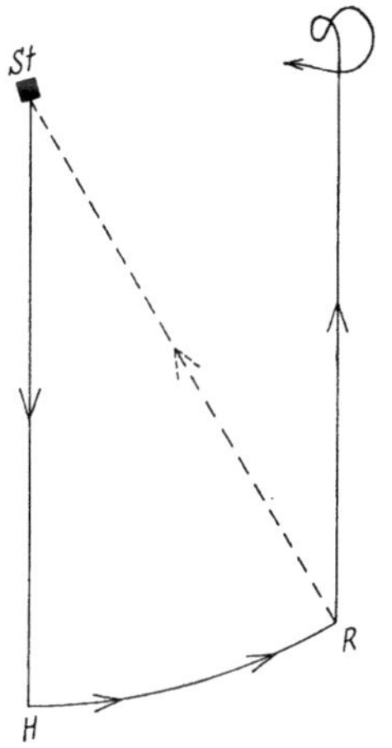

Abb. 149

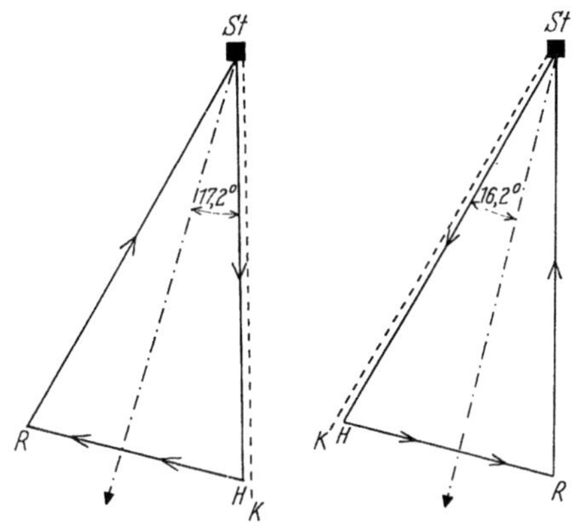

Abb. 150

Abb. 149. Planung und Wirklichkeit beim Versetzungsversuch: St Beobachtungsstock. Numerierte Bienen fliegen zum Futterplatz H (Hinflugplatz), werden während des Saugens an den Rückflugplatz (R) versetzt und sollen von da direkt heimfliegen (gestrichelte Linie). In Wirklichkeit vollziehen sie, nach der Sonne orientiert, die Umkehr des Hinfluges (ausgezogene Linie). Sie müssen auf den anderen Heimweg dressiert werden

Abb. 150. Zwei Versetzungsversuche. St Stock, H Hinflugplatz, R Rückflugplatz, K Futterplatz der nicht versetzten Kontrollbienen. Versetzungswinkel 30°. Die Richtungsweisung der versetzten Bienen (— · — · — · — · —) entspricht angenähert der Winkelhalbierenden zwischen den Richtungen zum Hin- und Rückflugplatz. Nach Otto 1959

betrug 17,2° (6 Versuche, 32 Tänze), also angenähert die Hälfte des Versetzungswinkels von 30°. Beim Gegenversuch mit anderen, neu dressierten Bienen (Abb. 150 rechts) waren Hin- und Rückflugplatz vertauscht und eine Kontrollgruppe sammelte neben dem neuen Hinflugplatz. Die Richtungsweisung der versetzten Bienen wich um 16,2° von jener der Kontrollbienen ab (3 Versuche, 16 Tänze). Die Winkelhalbierende lag in beiden Fällen bei 15°.

Da die versetzten Bienen recht genau die Winkelhalbierende zwischen den Richtungen vom Stock zum Hinflugplatz und vom Stock zum Rückflugplatz anzeigen, bestätigt sich die eingangs ausgesprochene Vermutung, daß der beim Rückflug wahrgenommene Sonnenwinkel um 180° transponiert und für die Richtungsweisung im Sinne des Hinfluges gewertet wird. Nur durch diese Annahme wird die beobachtete Richtungsangabe verständlich.

Eine Vergrößerung des Versetzungswinkels von 30° auf 60°, 90° oder 120° erforderte langwierigere Dressuren auf den Rückflug, führte aber zu keinem anderen Resultat. Die Bienen blieben dabei, jeweils angenähert die Winkelhalbierende anzuzeigen.

Wurde der Rückflugplatz in die dem Hinflug entgegengesetzte Richtung verlegt, so gab es für die Richtungsweisung keinen Kompromiß. Die Tänzerinnen mußten sich alternativ für die Richtung zum Hin- oder Rückflugplatz entscheiden. Das haben sie de facto getan, wobei aber die Entscheidung zwischen beiden Möglichkeiten in eigenartiger Weise von Flugrichtung und Sonnenstand abhängig war.

Die Dressur auf den Rückflug aus der Gegenrichtung war besonders langwierig. Um sie zu erleichtern, wurden die Futterplätze nur 20 m vom Stock angelegt und Italienerbienen benützt, so daß die Richtungsweisung schon bei dieser geringen Entfernung klar war. Abb. 151 zeigt den Beobachtungsstock im Gelände. Farbige Kartonplatten auf dem Wiesenboden markieren die Flugwege, um den versetzten Bienen den Rückflug in der verkehrten Richtung zu erleichtern. Wenn sie am südlichen Futterplatz

Abb. 151. Versetzungsversuch. Versetzungswinkel 180°. Auf den Boden gelegte gelbe Kartonplatten markieren für die Bienen die Fluglinie. Luftaufnahme. Nach OTTO 1959

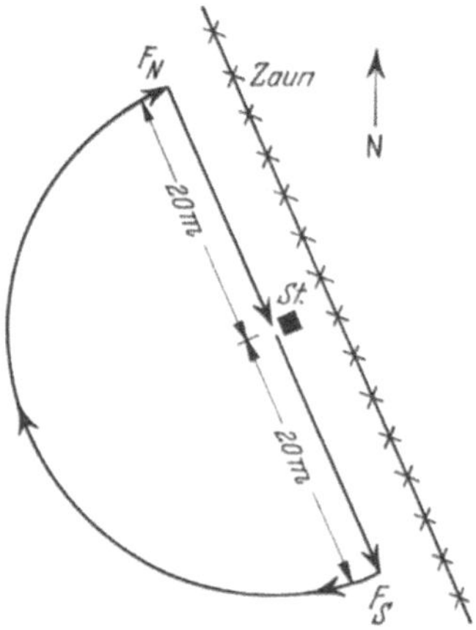

Abb. 152. Lage der Futterplätze bei einer 180°-Versetzung, hier vom südlich gelegenen Futterplatz F_S zum nördlichen F_N. Nach OTTO 1959

(F_S, Abb. 152) anflogen, wurden sie in weitem Halbbogen (um die übrigen, bei F_S verkehrenden Bienen nicht zu stören) an den nördlichen Platz F_N versetzt und flogen, nach entsprechender Dressur, von da zum Stock zurück. Sie wiesen zu jeder Tageszeit die Richtung zum Hinflugplatz.

Wurden die Bienen am nördlichen Platz F_N gefüttert und an den Südplatz F_S versetzt, so wiesen auch sie die Richtung zum Hinflugplatz, wenn die Sonne um mehr als etwa 30° östlich oder westlich von der Fluglinie stand. Näherte sich aber die Sonne dem Rückflugschenkel, so zeigten die Tänze die Richtung zum Rückflugplatz (F_S) an. Sie wiesen auf der vertikalen Wabe nach oben. Die Bienen waren sowohl auf dem Hin- wie auf dem Rückweg von der Sonne weggeflogen und gaben trotzdem die Richtung zur Sonne hin an, also die Lage jenes Futtertischchens, von dem aus sie zum Stock zurückgekehrt waren. Sie belehren uns dadurch erneut darüber, daß der beim Rückflug wahrgenommene Sonnenwinkel im Sinne des Hinfluges, um 180° transponiert, im Tanz verwertet wird.

Die Ergebnisse lassen sich dahin zusammenfassen, daß bei einer Versetzung um 180° im allgemeinen der Sonnenstand während des Hinfluges für den Tanz ausschlaggebend ist; nur wenn die Biene auf dem Rückweg (wie auf dem Hinweg) von der Sonne wegfliegt, zeigt sie den Rückflugplatz an; dann gibt also der Sonnenstand während des Rückfluges, um 180° transponiert, für die Richtungsweisung den Ausschlag[1]).— Eine Erklärung für dieses eigenartige Verhalten weiß ich leider nicht.

[1]) Für Einzelheiten und Belege vgl. F. OTTO 1959.

Der einfache und klare Befund, daß nach einer Seitwärtsversetzung die Richtung der Winkelhalbierenden angezeigt wird, gilt nur dann, wenn die Orientierungsmarken der Hin- und Rückflugstrecke einander gleichwertig sind. Wenn einer der beiden Flugwege auffälliger durch Landmarken gekennzeichnet ist als der andere, so erhält sein Sonnenwinkel für die Richtungsweisung das größere Gewicht. Das fand F. Otto durch Zufall: Bei einer Versuchsreihe stand der Beobachtungsstock nur etwa 2 m von einem hohen Eisenzaun entfernt. Einer der beiden Flugwege führte diesem entlang (Abb. 153). Wurden die Bienen am West-Futterplatz gefüttert und für den Rückflug an den Zaun versetzt, so wiesen die Tänze nach dem Zaunfutterplatz, also nach dem Rückflugplatz (wobei der beim Rückflug wahrgenommene Sonnenwinkel wieder um 180° transponiert getanzt wurde). Lag aber die Hinflugstrecke am Zaun und flogen die Bienen vom Westfutterplatz zurück, wobei ihr Weg nur durch gelbe Bodenplatten markiert war, so zeigten die Tänze nahezu die Richtung des Hinflugplatzes (mit Abweichungen von 4—10° gegen den Rückflugplatz).

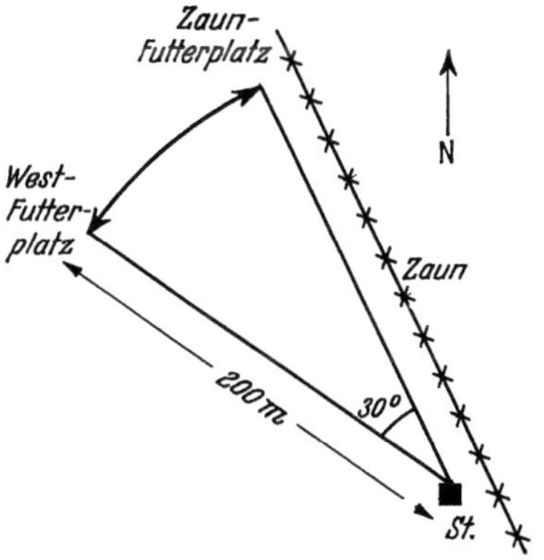

Abb. 153. Lage der beiden Futterplätze beim Zaunversuch. Nach Otto 1959

Die gleiche Wirkung wie der Eisenzaun hatte die Aufstellung von 1,50 m hohen, 5 cm breiten Holzlatten in Abständen von 20 m entlang dem Rückflugweg. War der Hinflugweg nicht, oder nur durch gelbe Bodenplatten gekennzeichnet, so wiesen die Tänze nach der Stelle, von der aus der Rückflug erfolgt war. Durch weitere Varianten lassen sich beliebige Zwischenstufen der Richtungsweisung erzielen. Führte z. B. der Hinflug ohne markante Anhaltspunkte über den Wiesenboden, während der Rückflugweg durch gelbe Farbplatten (12 × 23 cm) markiert war, die in Abständen von 50 cm auf dem Boden lagen, so zeigten die Tänze nach einer Richtung, die ziemlich genau zwischen der Winkelhalbierenden und der Richtung des Rückflugplatzes lag.

Eine andere Möglichkeit, der Hin- und Rückflugstrecke verschiedenes Gewicht zu geben, liegt in einer Änderung der Weglänge. Werden die Bienen z. B. nach einer Hinflugstrecke von 100 m seitwärts versetzt (Divergenzwinkel 30°) und gleichzeitig näher an den Stock herangetragen, so daß die Rückflugstrecke nur 50 m lang ist, so weisen sie — bei gleichwertiger Markierung des Hin- und Rückflugweges — nach einer Richtung, die zwischen der Winkelhalbierenden und der Hinflugrichtung liegt.

Man kann also dadurch, daß man einen der beiden Flugwege durch Orientierungsmarken oder durch die Weglänge begünstigt, die Richtungsweisung der Tänzerinnen nach Belieben vom Hinflugplatz bis zum Rückflugplatz lenken. Bei gleichwertigen Strecken haben Hin- und Rückflug für die Richtungsweisung gleiches Gewicht. Es sei aber daran erinnert, daß die abweichende Rückflugstrecke den Bienen durch Dressur beigebracht werden mußte. Es ist möglich, daß sie nur dadurch für die Richtungsweisung bedeutsam wurde. Ob auch unter normalen Umständen, wo der Rückflug die einfache Umkehr des Hinfluges ist, die Wahrnehmungen während des Rückfluges bei der Richtungsweisung mit verwertet werden, darüber sagen die Versuche nichts aus[1]).

[1]) Daß der Rückflug unabhängig vom Hinflug erlernt wurde, wird auch durch eine Beobachtung belegt, die auf den ersten Blick überraschend anmutet und so recht zeigt, wie wenig die versetzten Bienen die Situation überblicken. Ist die Rückflugstrecke z. B. durch einen Zaun markant gekennzeichnet, so schicken sie die Kameraden durch ihre Tänze zum Rückflugplatz. Aber kaum ist ihr Tanz im Stock beendet, fliegen sie selbst geradenwegs zum Hinflugplatz. Der selbständig erlernte Rückflugweg beeinflußt die Richtungsweisung, aber die Biene scheint davon nichts zu wissen und bleibt bei ihrem gewohnten Hinflugweg.

Jedoch bekommen wir darüber durch zwei Versuchsanordnungen, die M. LINDAUER (1963) ausgedacht hat, übereinstimmenden und entscheidenden Aufschluß:

1. Die indische Biene (*Apis indica* F.) und unsere Honigbiene sind so nahe miteinander verwandt, daß sie früher als Rassen der gleichen Art geführt wurden. Sie stimmen auch in ihrer „Sprache" im wesentlichen überein, doch macht die

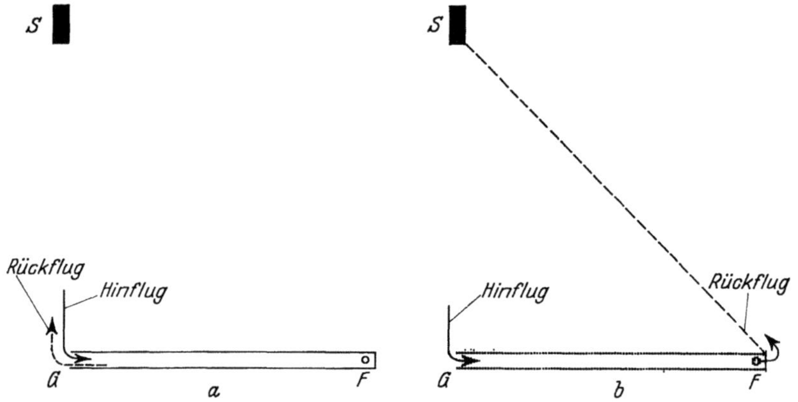

Abb. 154a u. b. a) *S* Bienenstock mit *Apis indica*. Zum Futterplatz F fliegen die Bienen 3 m nach Süd, dann in einer Glasgalerie 3 m östlich. Rückflug auf demselben Weg. Richtungsweisung: Südost b) Hinflug ebenso, aber die Galerie ist verdunkelt. Rückflug von F direkt nach S. Richtungsweisung: Süd. Der Rückflug bleibt ohne Einfluß. Nach LINDAUER 1963

indische Biene schon bei einer Futterplatz-Entfernung von 2 m Schwänzeltänze mit klarer Richtungsweisung. Der Futterplatz befand sich am Ende einer Galerie, deren Dach und Seitenwände aus Glas waren. Die Bienen hatten vom Stock zunächst 3 m nach Süden und dann in der Galerie noch 3 m nach Osten zu fliegen (Abb. 154a). Nach der Heimkehr wiesen sie die Richtung nach Südost. War die Galerie verdunkelt, so daß die Bienen auf dieser Strecke den Himmel nicht wahrnehmen konnten, so zeigten sie nach der Heimkehr die Richtung zum Einflug in die Galerie, nach Süd. Läßt man sie vom Ende der verdunkelten Galerie direkt nach Hause fliegen, so finden sie ohne Schwierigkeit den Weg zum nahen Stock (Abb. 154b), aber trotz des abweichenden Rückfluges weisen die Tänze nach Süd, also die Richtung des Hinfluges.

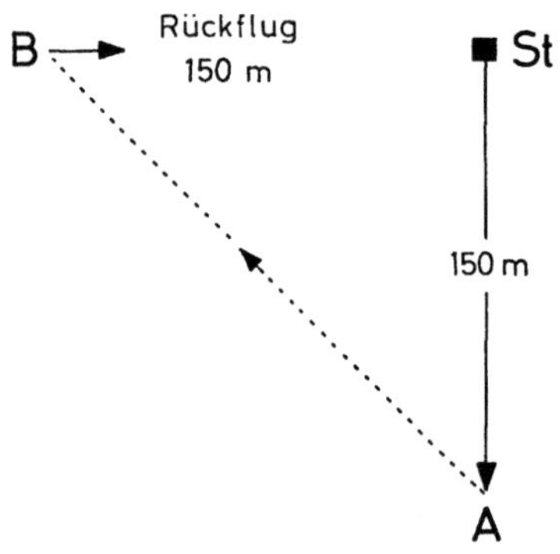

Abb. 155. St Stock, A Futterplatz 150 m südlich vom Stock. Ein bei A angeflogener Neuling wird nach B versetzt. Nach der Rückkehr zeigt er beim Tanz die Richtung nach A. Nach Versuchen von LINDAUER (1963, S. 161, 162)

2. Andere Versuche wurden mit unserer Honigbiene durchgeführt. Durch zwei Kunstgriffe war es möglich, bei ihnen nach seitlicher Versetzung ohne Dressur auf den neuen Rückflugweg eine Richtungsweisung zu beobachten. Sobald ein alarmierter Neuling zum erstenmal ankam, wurde er mit dem Schälchen in einem geschlossenen Kästchen nach B versetzt, 150 m westlich vom Stock (Abb. 155); er fand von dort rasch zu seinem Heimatstock zurück. In OTTOs Versuchen mußten die Bienen auf den geänderten Rückflug dressiert werden (S. 172). Es waren eingeflogene Sammlerinnen, die mit ihrem Hin- und Rückweg bereits vertraut waren. Hier aber handelt es sich um einen Neuling, der den Hinflug zum erstenmal, den Rückflug noch nie gemacht hat, wohl aber aus Erkundungsflügen mit der Um-

gebung des Stockes bekannt ist. Ein solcher findet den Heimweg trotz der Versetzung verhältnismäßig leicht. In der Regel tanzt ein Neuling erst nach mehreren Sammelflügen. Um jede Dressur auf die andere Heimflugrichtung zu vermeiden, wollte Lindauer schon nach der ersten Heimkehr richtungsweisende Tänze sehen. Das ließ sich durch einen weiteren Kunstgriff erreichen: Es war dafür gesorgt, daß im Volk akute Nahrungsnot herrschte. Unter solchen Umständen schlägt die Sammlerin schon bei der ersten Heimkehr Alarm. Durch ihre Tänze zeigte sie eindeutig die Richtung zum Hinflugplatz, nach A. Die Richtung des Rückfluges blieb unbeachtet.

Hiermit ist unsere Vermutung bestätigt, daß die Bienen in Ottos Versuchen nur deshalb die Richtung von Hin- und Rückflug gemittelt haben, weil sie den Rückflug neu erlernen mußten. Fällt diese Dressur auf die Rückflugrichtung weg, so ist die Richtung des Hinfluges für den Tanzwinkel entscheidend.

22. Umwegversuche

a) Ausgangsbeobachtung und Vorversuch

Bei einem Versuch über die Richtungsweisung im Sommer 1945 führte die Fluglinie vom Stock zum Futterplatz in leicht gekrümmtem Bogen um den Ausläufer eines Waldhanges herum. Die Tänze wiesen eine Richtung, die angenähert der Sehne dieses Bogens entsprach. Das gab Anlaß zu einer Wiederholung des Versuches bei stärker gewinkelter Flugbahn. Eine geeignete Stelle fanden wir etwa 1 km vor St. Gilgen, wo die von Salzburg kommende Autostraße bei ihrem damaligen Verlauf in scharfer Kurve um einen bewaldeten Steilhang herumführte.

Am 20. 7. 1946 wurde ein Beobachtungsstock bei St (Abb. 156) aufgestellt und ein Futterplatz mit numerierten Bienen zunächst nach a und dann weiter nach b geführt. Die Sammlerinnen flogen, auch an den folgenden Tagen, stets den durch die gestrichelte Linie angegebenen Umweg um die Bergnase. Nun war eindeutig erkennbar, daß sich ihre Tänze weder auf den ersten, noch auf den zweiten Schenkel ihrer Flugbahn bezogen, sondern auf die Luftlinie vom Stock zum Futterplatz, und somit auf eine Richtung, die sie niemals eingeschlagen hatten. In 11 Versuchen vom 20.—25. 7. wurden je 12 bis 20 Tänze beobachtet und deren Mittelwert berechnet. Die gewiesene Richtung entsprach einmal genau der Luftlinie, fünfmal war sie nach rechts (westlich), fünfmal nach links (östlich) abweichend. Im Gesamtdurchschnitt ergab sich eine Differenz von 2° westlich von der Luftlinie (Pfeil *T* in Abb. 156). In drei Versuchen war der Futterplatz auf dem zweiten Schenkel bis c vorverlegt. Die gewiesene Richtung lag im Durchschnitt 6° westlich von der Luftlinie (Pfeil *T'* in Abb. 156). Von der Richtung des ersten Schenkels der Flugbahn betrug die Abweichung 24°, bzw. 20°; von der Richtung des zweiten Schenkels 30° bzw. 34°. Nähere Angaben findet man bei v. Frisch 1948[1]).

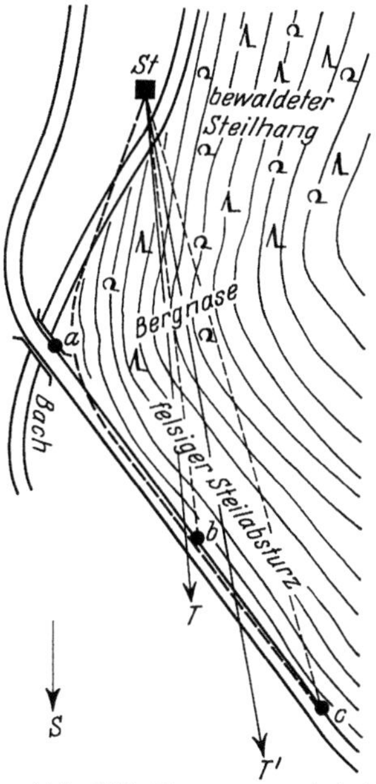

Abb. 156. Umwegversuch bei St. Gilgen, Juli 1946. St Beobachtungsstock. Gestrichelte Bogenlinie: Flugweg der an den Futterplätzen b bzw. c verkehrenden Sammlerinnen. T und T' durchschnittliche Richtungsweisung der bei b bzw. c sammelnden Bienen. Entfernung St—a = 55 m, a—b = 50 m, b—c = 45 m

[1]) Dort ist als Ergebnis aller Versuche (Futterplatz b und c) „im Mittel eine Abweichung von 9° gegenüber der Luftlinie" angegeben. Die Differenz gegenüber den oben genannten Werten erklärt sich dadurch, daß ich damals für die Berechnung des Mittels alle Fehler summiert habe, ohne zu beachten, ob die Abweichung nach rechts oder links von der Luftlinie lag.

Auf Einzelheiten dieses Versuches näher einzugehen lohnt nicht, weil die Daten nicht genau sind. Es war mir damals noch unbekannt, wie sehr die Tanzrichtung durch die Sicht nach blauem Himmel abgelenkt werden kann (s. S. 204ff.). Diese Fehlerquelle war also nicht ausgeschaltet. Auch war die Meßtechnik noch unvollkommen.

Am 28. 7. 1947 mußten die Bienen eines Beobachtungsstockes in Brunnwinkl auf dem Wege zu ihrem 100 m entfernten Futterplatz eine gekrümmte Waldgrenze in weit ausholendem Bogen umfliegen. Abermals wurde mit aller Deutlichkeit die Richtung der Luftlinie gewiesen.

b) Schafberg-Versuche

Wir sahen uns nach einem günstigeren Gelände um und fanden einen idealen Platz. Brunnwinkl liegt am Fuße des Schafberges. Von dessen 1780 m hohem Gipfel verläuft nach OSO ein langer Felsgrat, der mit einem jähen Steilabsturz, dem

Abb. 157. Gelände des Umwegversuches auf dem Schafberg. × Futterplatz 1947. Der Beobachtungsstock stand auf der anderen Seite des Felsgrates in angenähert gleicher Höhe. Die Bienen flogen damals über den Grat, statt — wie geplant — außen herum

„Teufels-Abbiß", endet (Abb. 157 und 158). Am 21. 8. 1950 brachten wir ein Beobachtungsvolk hinauf und stellten es auf dem Grasband unter der Nordostwand auf (bei St. Abb. 159). Wir wanderten mit einer Gruppe numerierter Bienen um die Felsnase herum und erreichten am Vormittag des 22. 8. den Futterplatz F_1 (Abb. 159, nahe bei × in Abb. 157). Die meisten Sammlerinnen hielten sich auch weiterhin an den Weg, den wir sie geleitet hatten; einige von ihnen kürzten ihn etwas ab, indem sie für den Übergang die Scharte S_1 oder S_2 wählten, aber sie flogen nicht den weiteren Weg über den hohen Grat. In 6 Versuchen vom 22.—24. 8. (je 10—12 Tanzmessungen) lag die gewiesene Richtung viermal links (östlich) und zweimal rechts (westlich), im Durchschnitt 1,25° östlich von der Luftlinie Stock—Futterplatz (Abb. 160). Da bei den Beobachtungen der blaue Himmel abgedeckt war, sind die Abweichungen, die in den einzelnen Versuchen als Fehler zu buchen waren,

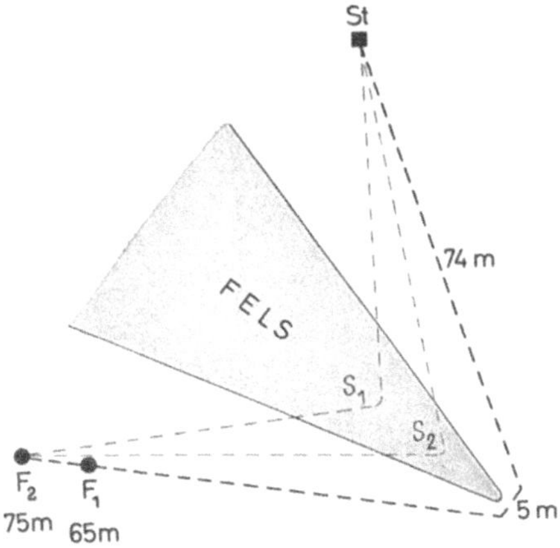

Abb. 159. Schematische Skizze zum Umwegversuch auf dem Schafberg. St Beobachtungsstock, F_1 und F_2 Futterplätze 65 m bzw. 75 m von der Absturzkante. Dick gestrichelte Linie: Flugweg um die Felsnase, dünn gestrichelte Linien: abgekürzte Flugwege einiger Bienen über die Scharten S_1 und S_2 (vgl. auch Abb. 157)

Abb. 158. Das gleiche Gelände, von OSO gesehen. Die weißen Flecken (Tücher) bei 1 und 2 kennzeichnen die Lage von Stock und Futterplatz bei den Versuchen 1950. Die menschliche Gestalt bei 3, neben der Absturzkante des Felsgrates, kann als Größenmaßstab dienen

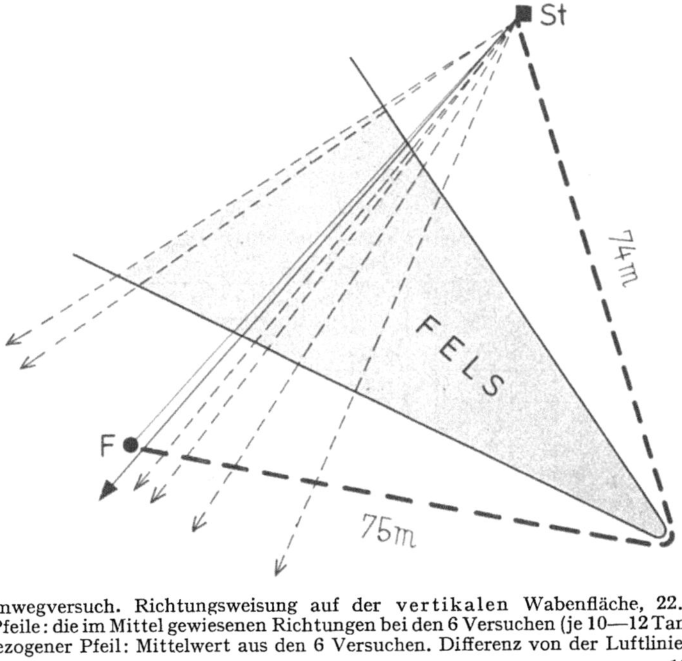

Abb. 160. Umwegversuch. Richtungsweisung auf der vertikalen Wabenfläche, 22.—24. 8. 1950. Gestrichelte Pfeile: die im Mittel gewiesenen Richtungen bei den 6 Versuchen (je 10—12 Tanzmessungen). Ausgezogener Pfeil: Mittelwert aus den 6 Versuchen. Differenz von der Luftlinie 1,25°

nicht als Ablenkung durch polarisiertes Licht entstanden. Aber die „Restmißweisung" (s. S. 210ff.), die damals noch nicht geklärt war, kann die starke Streuung der 6 Versuchsreihen verursacht haben. Daß der Mittelwert so genau der Luftlinie entspricht, muß als Zufall betrachtet werden.

Diese Mißweisung entfällt bei Tänzen auf horizontaler Fläche. Wir hatten das Volk in einen „Umlegestock" (S. 10) gesetzt und beobachteten in 5 Versuchen am 22., 23. und 24. 8. Tänze auf der horizontalen Wabe, wobei sich die Bienen im Schatten nach der Schwingungsrichtung des polarisierten Himmelslichtes orientierten und direkt nach dem Ziel wiesen. Zunächst lag der Futterplatz

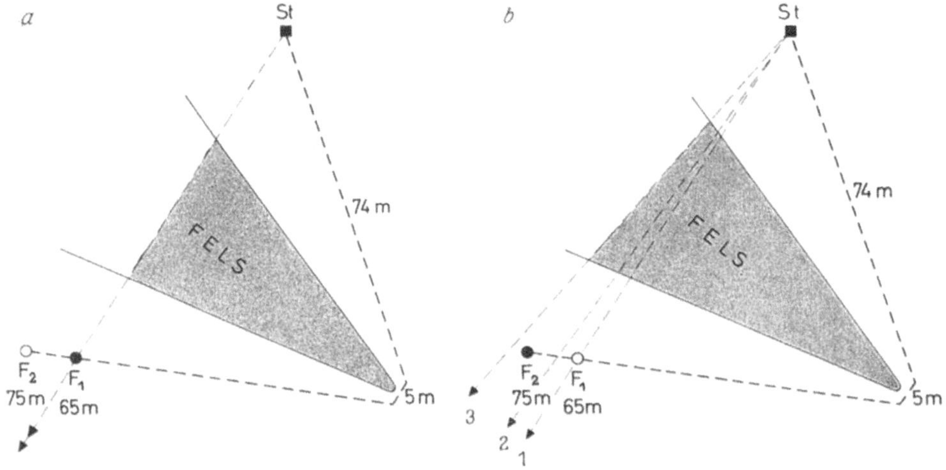

Abb. 161 a u. b. Umwegversuch. Richtungsweisung auf der horizontalen Wabenfläche. a) 22./23. 8. 1950. Gestrichelte Pfeile: in zwei Versuchsreihen (je 10 gemessene Tänze) zeigten die Bienen beide Male im Mittel genau nach dem Futterplatz. b) Als der Futterplatz nach F_2 verlegt wurde, zeigten die Bienen nach 1/2 Stunde noch den früheren Platz F_1 an (Pfeil 1). Die Pfeile 2 und 3 beziehen sich auf die Richtungsweisung (Durchschnitt der je 10 gemessenen Tänze) etwa 3 Stunden nach der Platzverlegung und am folgenden Tage

bei F_1. In zwei Versuchen wurden je 10 Tänze gemessen. In beiden Fällen entsprach die gewiesene Richtung im Durchschnitt genau der Richtung der Luftlinie (Abb. 161a und Tab. 27). Der Futterplatz wurde dann um 10 m weiter nach F_2 verlegt (Abb. 161b). Eine halbe Stunde nachher zeigten die Bienen eine Richtung

Tabelle 27. *Umwegversuch auf dem Schafberg 1950. Die Richtungsweisung auf horizontaler Wabenfläche*

Futterplatz	Versuch Nr.	Zeit 1950	Durchschnittliche Abweichung der Tanzrichtung von: Luftlinie	1. Schenkel	2. Schenkel	n (Zahl der gemessenen Tänze)
F_1	101	22. 8. 14^{05-20}	0°	52° r	66° l	10
F_1	106	23. 8. 11^{25-40}	0°	52° r	66° l	10
F_2	110	23. 8. 13^{00-10}	6° l	52° r	66° l	14
F_2	116	23. 8. 15^{16-24}	3,5° l	54,5° r	63,5° l	10
F_2	120	24. 8. 9^{40-46}	2,5° r	60,5° r	57,5° l	10

6° links von F_2 an, das entsprach noch genau der Richtung zum früher gewohnten Futterplatz F_1; etwa 3 Stunden nach der Verlegung des Futterplatzes betrug die Abweichung nur mehr 3,5° links. Am nächsten Tag lag sie 2,5° nach rechts von der

Richtung zum Ziel (Tab. 27). Bei horizontalen Tänzen braucht man nicht umzurechnen. Die Bienen weisen unmittelbar überzeugend die Luftlinie zum Futterplatz, die sie aus ihrer Erfahrung nicht kennen.

Ihr Verhalten ist sinnvoll. Würden sie die Richtung des ersten oder zweiten Schenkels ihrer Flugbahn anzeigen, so würden sie ihre Kameraden in die Irre schicken. Abwechselnd die eine und die andere Strecke nach Richtung und Entfernung anzugeben und außerdem noch mitzuteilen, welcher Schenkel zuerst und welcher hernach zu fliegen ist, geht über ihr Vermögen, und wären sie dazu imstande, so würde die Aufgabe unlösbar, wo die Flugbahn nicht gewinkelt, sondern

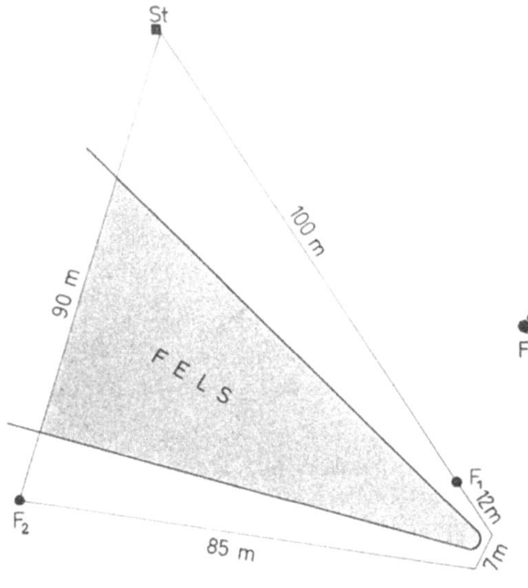

Abb. 162. Umwegversuch auf dem Schafberg 1947. St Beobachtungsstock. F_1 und F_2 Futterplätze. Entfernung Stock—F_2 in der Luftlinie 90 m, über den Grat etwa 150 m (vgl. Abb. 163)

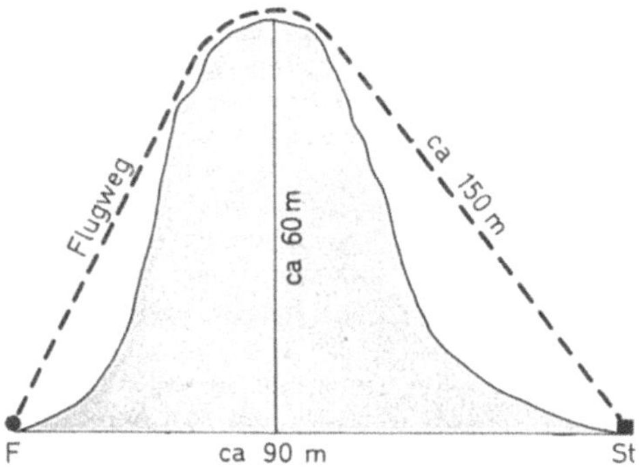

Abb. 163. Umwegversuch auf dem Schafberg 1947. Der Flugweg über den Grat

bogenförmig verläuft. Daß sie aus den im Fluge wahrgenommenen verschiedenen Sonnenwinkeln den Sonnenwinkel der Luftlinie ableiten und anzeigen können, bleibt wunderbar genug.

Die Schafbergversuche mit ihrer langen und stark gewinkelten Flugbahn sollten auch die Frage entscheiden, welche Entfernung in solchen Fällen gemeldet wird. Ich habe nachzutragen, daß wir schon am 7.—13. 7. 1947 ein Beobachtungsvolk auf dem Schafberg hatten und bei gleicher Anordnung wie 1950 (s. Abb. 157—159) eine Gruppe von Bienen um den Teufels-Abbiß herumführten, nur hatten wir damals die Haarnadelstrecke um die Felsnase herum etwas länger gewählt und es erwies sich — entgegen unserer Schätzung — der Weg über den Grat als die kürzere Strecke vom Stock zum Futterplatz (Abb. 162, 163). Die Bienen fanden das heraus, und schon nach einigen Stunden war zu bemerken, daß sie nicht den Umweg flogen, den wir sie geleitet hatten, sondern den kürzeren Umweg über den Grat, in der Richtung der Luftlinie (Abb. 163). Hiermit hatten sie einen Strich durch unsere Rechnung gemacht. Für die Richtungsweisung war der Versuch illusorisch geworden. Aber für die Entfernungsmeldung war er verwertbar: Am 8. und (nach einer Unterbrechung durch Regen) am 11. 7. war das Tanztempo nach geradlinigem Flug über 100 m (Futterplatz F_1, Abb. 162) 9,3 Uml./15 Sek. (n 31), am 13. 7. bei einer Flugweite von 150 m (über den Grat) 8,5 Uml./15 Sek. (n 27). Der Unterschied ist gesichert ($P < 0{,}0027$). Die entsprechenden Werte aus der Gesamt-Durchschnittskurve (Abb. 61, S. 70) sind, in guter Übereinstimmung, für

100 m 9,45, für 150 m 8,65 Uml./15 Sek. Die Entfernungsmeldung bezog sich also auf den geflogenen Weg und nicht auf die Luftlinie, die 90 m lang war[1]).

Darüber habe ich schon kurz berichtet (v. FRISCH 1948). Das Ergebnis konnte bei zwei weiteren Gelegenheiten überprüft werden, wobei die Bienen aber den gewünschten Umweg außen um den Felsgrat einhielten.

Im Schafbergversuch von 1950 waren die Strecken der Flugschenkel so geändert, daß wir mit der Richtungsweisung unsere Absicht erreichten. Davon wurde S. 178—181 berichtet. Bei unseren Messungen fanden wir nun 154 m für den vollen Umweg, etwa 133 m bei Abkürzung über die Scharten (Abb. 159) und für die Luftlinie etwa 80 m. Als Tanztempo beim Umwegflug wurden in 4 Versuchen 10,0 Uml./15 Sek. (n 43) festgestellt. Bei einem geradlinigen Weg von 80 m tanzten die gleichen Bienen 10,64 Uml./15 Sek. (n 30). Der Unterschied ist gut gesichert ($P < 0{,}0027$). Sie haben also eine Entfernung größer als die Luftlinienstrecke angezeigt.

Bei einem dritten Versuch am gleichen Ort im Jahre 1956, auf den ich in anderem Zusammenhange gleich noch zurückkomme, war die Länge des geflogenen Umweges etwa 160 m, die Länge der Luftlinie vom Stock zum Futterplatz berechneten wir auf 82 m. Das Tanztempo beim Umwegflug war 8,3 Uml./15 Sek. (n 15). Zwei Tage darauf, nachdem das Volk wieder zu Tal gebracht war, wurde eine Gruppe von Bienen (z. T. dieselben Tiere wie beim Umwegversuch) mit ihrem Futterplatz aus einem Abstand von 200 m stufenweise näher an den Stock herangeführt, bis das Tanztempo im Umwegversuch erreicht war. Das traf bei einer Entfernung von 170 m zu (8,37 Uml./15 Sek., n 30). Dieser Abstand war mit der Länge des Umweges in guter Übereinstimmung.

Es hat sich also bestätigt, daß sich nur die Richtungsweisung auf die Luftlinie bezieht, während durch die Entfernungsmeldung angenähert die Länge des geflogenen Umweges angezeigt wird.

Wir fragen nun: Wie gelangen die Kameraden auf Grund dieser Informationen ans Ziel? Daß sie es finden, bewiesen die Neulinge, die sich auch bei den Umwegversuchen zahlreich am Futterschälchen einstellten. Ich nahm zunächst an, sie würden — der gewiesenen Richtung folgend — gegen die Wand und dann um das Hindernis seitlich herumfliegen bis sie, nach Zurücklegen der gemeldeten Entfernung, am Ziel sind (v. FRISCH 1951). Aber wie konnten sie wissen, ob sie nach links oder rechts ausweichen sollten? Flogen sie etwa doch zunächst über den Grat? Solche Zweifel veranlaßten uns zum dritten Schafbergversuch (1956). Diesmal sollte der Flugweg der Neulinge kontrolliert werden. Der Plan war einfach: Drei Duftplatten mit demselben Duft, wie er dem Futterplatz beigegeben war, mußten darüber Aufschluß bringen, ob die alarmierten Neulinge vor dem Hindernis nach links oder nach rechts oder etwa hinauf über den Grat flogen. Die Durchführung war nicht ganz einfach, weil der Zugang zum Grat klettertechnisch schwieriger ist, als es auf Abb. 157 den Anschein hat. Mein Schüler BÖLLINGER, ein geübter Bergsteiger, übernahm, von einem Jäger begleitet, diesen Beobachtungsposten.

Am 17. 8. 1956 wurde ein Volk am gleichen Platz wie 1950 aufgestellt und am 18. 8. bei sonnigem Wetter eine numerierte Gruppe den üblichen Weg um die Felsnase geleitet. Um 12 Uhr war der endgültige Futterplatz erreicht (vgl. Abb. 157, 158, 164) und die numerierten Bienen erhielten nun konzentrierte Zuckerlösung mit Beigabe von Orangenblütenduft. Die Sammlerinnen flogen den Umweg wie 1950. Inzwischen waren drei Duftschälchen mit Orangenblütenöl ausgelegt worden (Glasdeckel mit Loch von

[1]) Die Länge der Luftlinie sowie die Weglänge über den Grat wurden mit Hilfe von Meßband, Kompaß und Winkelmesser (Anvisieren der Grathöhe), also trigonometrisch, bestimmt. Die Höhe des Grates über dem Fuß der Wand (60 m) konnte bei späterer Gelegenheit, als sich ein Beobachter auf den Grat begab, durch unmittelbare Messung kontrolliert und bestätigt werden.

8 mm Durchmesser), und zwar zwei am Fuße der Wand je 50 m nach links und rechts vom Schnittpunkt der Luftlinie und das dritte auf der Höhe des Grates, wo BÖLLINGER inzwischen seinen Beobachtungsposten bezogen hatte (vgl. Abb. 164). Der Versuch lief von 12^{00}—13^{30} Uhr. Es war meist windstill, manchmal schwach windig aus wechselnder Richtung. In den $1^1/_2$ Beobachtungsstunden wurde das Duftschälchen rechts am Fuße der Wand von einer Biene beflogen, die sich auf ihm niederließ. Das Schälchen links wurde von zwei Bienen umschwärmt, das Schälchen auf dem Grat aber von 19 Bienen angeflogen, von denen sich 8 auf ihm niederließen. Am Futterplatz verkehrten etwa 12 numerierte Bienen; während des Versuches kamen hier 23 Neulinge und wurden abgefangen.

Entgegen unserer Vermutung haben die alarmierten Bienen also die Richtung der Luftlinie eingehalten und das Hindernis nicht seitlich umgangen, sondern überflogen. Der Beobachter auf dem Grat sah keine einzige von den gezeichneten Sammlerinnen vorbeipassieren. Er konnte so bestätigen, daß diese den Grat außen umflogen. Man kann diese beiden Befunde auch als neuen Beleg dafür buchen, daß die verständigten Tiere auf Grund der erhaltenen Informationen selbständig ihren Weg suchen und nicht den Sammlerinnen nachfliegen.

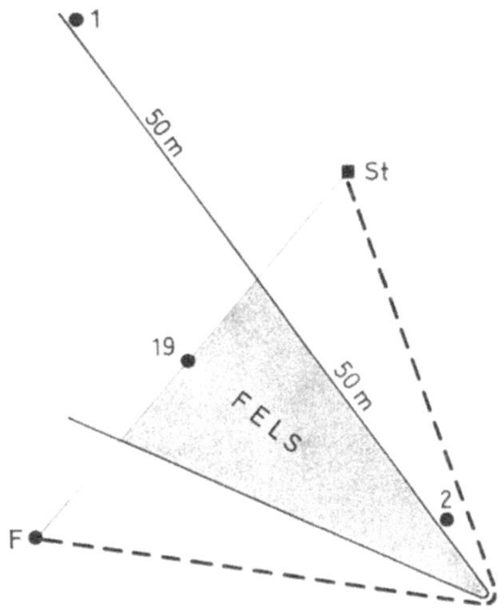

Abb. 164. Umwegversuch auf dem Schafberg am 18.8.1956. St Beobachtungsstock. F Futterplatz. Gestrichelte Linie: Flugweg der Sammlerinnen. Zwei Duftplatten (schwarze Punkte) waren am Fuß der Wand, je 50 m seitwärts der Luftlinie Stock-Futterplatz ausgelegt und eine auf der Grathöhe in Richtung der Luftlinie. Die beigefügten Zahlen bedeuten die Zahl der Anflüge

c) Versuche mit Italienerinnen und mit indischen Bienen

Jedes Unternehmen auf dem Schafberg bedeutete einen beträchtlichen Aufwand an Zeit und materiellen Vorbereitungen. Zudem kam es vor, daß ein Wettersturz dem schon begonnenen Versuch und dem Leben des Bienenvölkchens ein jähes Ende setzte. Wir wollten aber das eben beschriebene Verhalten noch einmal kontrollieren und suchten eine einfachere Anordnung: Statt Krainer-Bienen nahmen wir in den Beobachtungsstock ein Volk der italienischen Honigbiene, die schon bei einem Abstand von 10 m gerichtet tanzt, und an die Stelle des Hochgebirges trat ein elfstöckiges Hochhaus des Siemens-Konzerns in Solln bei München (Leo-Grätz-Str. 3—9). Im Sommer 1961 war alles für den Versuch bereit, aber als das Wetter günstig wurde, mußte ich verreisen und M. LINDAUER übernahm die Durchführung. In Abb. 165 und 166 sieht man das 35 m hohe Haus von der Nordseite. Hier wurde in $8^1/_2$ m Abstand von der Mauer und 25 m von der westlichen Schmalseite entfernt am Morgen des 8. 8. 1961 der Beobachtungsstock aufgestellt und eine gezeichnete Bienenschar bei duftloser Fütterung um die Westseite herum bis zum Futterplatz F geleitet (Abb. 167). Er war um 10^{30} Uhr erreicht. Während des Versuches verkehrten daselbst 15 Bienen. Von 10^{54}—12^{59} Uhr wurden sie mit konzentrierter Zuckerlösung bei Orangenduft gefüttert. Um über den Flugweg der ausschwärmenden Neulinge Aufschluß zu erhalten, waren 2 Orangen-Duftplatten (wie Abb. 83, S. 88) unten auf dem Wiesenboden je 25 m westlich und östlich vom Stock und 3 weitere auf dem flachen Dach des Hauses aufgelegt (vgl. Abb. 167). Es war warm und sonnig bei leichtem, am Boden böigem Wind aus wechselnder Richtung. Die Sammlerinnen nahmen alle den Umweg um die Westfront.

Abb. 165. Siemens-Hochhaus in München-Solln von der Nordseite gesehen

Abb. 166. Siemens-Hochhaus von der Nordseite. Gestrichelte Linie: Flugweg der Sammlerinnen vom Beobachtungsstock zu dem auf der Südseite des Hauses gelegenen Futterplatz. Höhe des Hauses 35 m, Länge 74 m

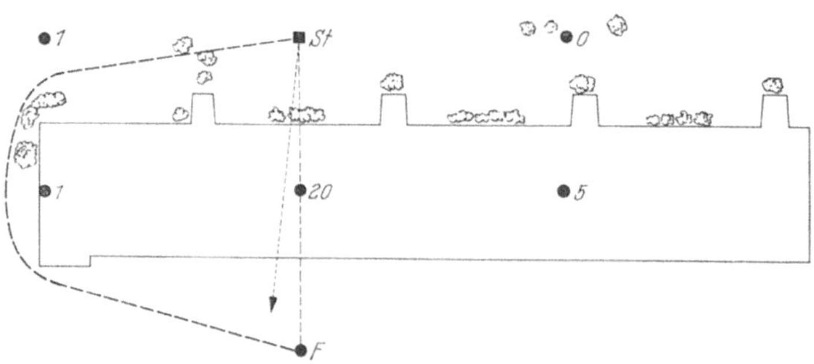

Abb. 167. Umwegversuch am Siemens-Hochhaus, 8. 8. 1961. St Beobachtungsstock, F Futterplatz. Gestrichelter Bogen: Flugweg der Sammlerinnen. Schwarze Punkte: Duftplatten. Die beigefügten Zahlen bedeuten die Zahl der Anflüge. Gestrichelter Pfeil: Richtungsweisung auf der vertikalen Wabe (Durchschnitt von 11 Tänzen, 12^{43}—13^{01} Uhr)

Manchmal flogen sie vom Futterplatz schräg nach oben, wobei sie aber das Haus nicht höher als beim 2. oder 3. Stockwerk umrundeten. Hiermit steht in Einklang, daß von keinem der 3 Beobachter auf dem Dach eine der gezeichneten Sammlerinnen gesehen wurde. Da sie einen großen weißen Fleck auf dem Abdomen trugen, waren sie auch im Flug auffallend kenntlich. Die Zahl der ungezeichneten Neulinge, die sich während der Versuchszeit auf die Duftplatten setzten, ist in Abb. 167 angegeben. Weitaus die meisten Anflüge (20) hatte der Dachplatz in Richtung der Luftlinie zu buchen. Von den 5 Anflügen an der östlichen Dach-Duftplatte fallen 4 in die erste Beobachtungszeit, als oben ein leichter Ostwind den Duft gegen die Mitte des Daches trug (vgl. unsere Erfahrungen bei den Fächerversuchen, S. 157, 158). Am Futterschälchen stellten sich in der Versuchszeit 90 Neulinge ein, die getötet wurden.

Der Versuch brachte also eine volle Bestätigung für das Ergebnis des Schafbergversuches, daß die alarmierten Neulinge das Hindernis in der von den Tänzerinnen gewiesenen Richtung überfliegen und so ans Ziel gelangen.

Die Gelegenheit wurde auch benützt, um nochmals die Richtungsweisung der Tänzerinnen zu kontrollieren, die den Umweg flogen. Eine kurze Nachschau um 11^{00} Uhr ergab, daß sie der Richtung der Luftlinie entsprach. Von 12^{43} bis 13^{01} Uhr wurden bei abgedecktem Himmel und vertikaler Wabenfläche 11 Tänze mit dem Winkelmesser abgenommen (Tab. 28). Sie wiesen im Durchschnitt um

Tabelle 28. *Umwegversuch am Hochhaus in Solln bei München am 8. 8. 1961: Richtungsweisung auf der vertikalen Wabenfläche* (Einzelwerte)

Zeit	Tanzwinkel	Abweichung der gewiesenen Richtung von der Richtung		
		der Luftlinie	des 1. Schenkels	des 2. Schenkels
12^{43}	9° l	1,5° r	78,5° l	81,5° r
12^{49}	5,5° l	8° r	72° l	88° r
12^{51}	7° l	7,5° r	72,5° l	87,5° r
12^{53}	10° l	5,5° r	74,5° l	85,5° r
12^{54}	13,5° l	2,5° r	77,5° l	82,5° r
12^{55}	11,5° l	5° r	75° l	85° r
12^{56}	9° l	7,5 r	72,5° l	87,5° r
12^{57}	10,5° l	6,5° r	73,5° l	86,5° r
12^{58}	14,5° l	3° r	77° l	83° r
12^{59}	10° l	7,5° r	72,5° l	87,5° r
13^{01}	11,5° l	7° r	73° l	87° r

5,6° westlich von der Luftlinie (Abb. 167). Die Differenz gegenüber dem 1. Schenkel des Flugweges betrug 77°, jene gegenüber dem 2. Schenkel 80°. Auffallend war, wie auch bei früheren Umwegversuchen, eine starke Divergenz der Tänze (S. 142, 143).

Durch die Verwendung der italienischen Rasse unserer Honigbiene ließ sich der Umwegversuch auf ein kleineres Areal beschränken und so vereinfachen. Einen Schritt weiter in dieser Richtung ging LINDAUER (1963): Er zog die indische Biene heran, die schon bei einer Entfernung von 2 m richtungsweisende Tänze macht. Davon war in anderem Zusammenhange S. 176 die Rede. Das Ergebnis des in Abb. 154a, S. 176, dargestellten Versuches ist auch als Umwegversuch zu werten. Die Bienen, die vom Stock zunächst 3 m nach Süd, dann durch die Glasgalerie 3 m nach Ost zum Futterplatz F und nach dem Saugen auf dem gleichen Wege wieder zurückzufliegen hatten, gaben durch ihre Tänze die Richtung der Luftlinie an.

Der Versuch hatte ein anderes Ergebnis, wenn der erste Schenkel des rechtwinkeligen Weges durch die Glasgalerie führte (Abb. 168). Der Teil des Flugweges, der in der Galerie lag, wurde in diesem Falle bei der Richtungsweisung nicht berücksichtigt.

Wenn die Galerie nach Süden gerichtet war und der Futterplatz östlich vom Galerieausgang lag, zeigten die Tänze die Richtung nach Osten und nicht nach Südosten, wie es der Luftlinie vom Flugloch zum Ziel entsprochen hätte. Sie betrachteten also die Galerie noch als Teil ihres Heimes. Daher war sie auch durch Wächter besetzt und von Unrat frei gehalten. Daß abseits vom Stock die Sinneseindrücke beim Flug durch die Galerie ebenso beachtet werden wie beim freien Flug, während sie im Heimbereich des Stockes für die Richtungsweisung nicht gewertet werden, ist eine beachtenswerte Leistung der für die Orientierung maßgebenden Zentren (LINDAUER 1963, S. 172/173).

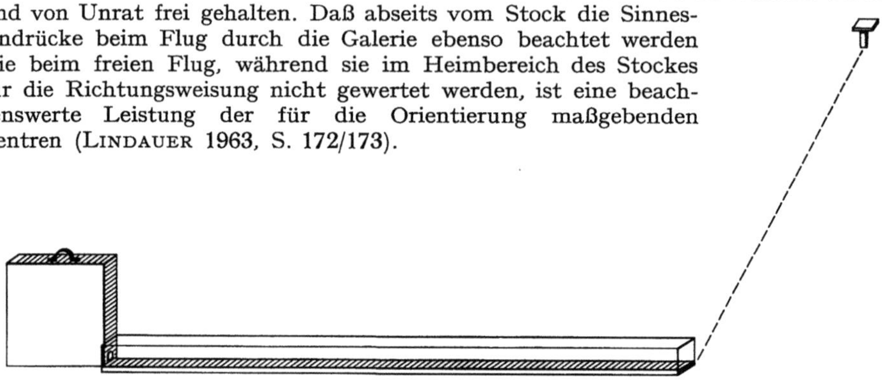

Abb. 168. Versuch mit *Apis indica*. Zum Futterplatz fliegen die Bienen erst durch eine Glasgalerie nach Süden und dann, nach einer 90°-Schwenkung, nach Osten. Bei der Richtungsweisung wird nur der freie Flug nach Osten gewertet, die Galerie gilt als Teil des Heimatstockes. Nach LINDAUER 1963

d) Der biologische Aspekt

Mit Rücksicht auf die natürlichen biologischen Bedingungen sind die folgenden Versuche LINDAUERs an unserer Honigbiene von besonderem Interesse; sie beziehen sich ausschließlich auf das Verhalten von Bienen, die, durch Tänze alarmiert, zum erstenmal an den Futterplatz gekommen waren, und auf ihren Tanz nach der ersten Heimkehr. Infolge akuter Futternot tanzten sie schon nach dem ersten erfolgreichen Trachtflug (vgl. S. 177). Wurde ein bei A angeflogener Neuling in einem geschlossenen Kästchen nach B versetzt (vgl. Abb. 155, S. 176), von wo er mit gefüllter Honigblase nach Hause flog, so zeigte sein Tanz — wie schon S. 177 erwähnt — die Richtung nach A an, also die Richtung des Hinfluges. Die Versetzung nach B wurde nicht zur Kenntnis genommen, was sich auch darin äußerte, daß die Biene bei ihrem nächsten Ausflug wieder den Hinflugplatz A aufsuchte. Ganz anders war das Ergebnis, wenn der Neuling genötigt wurde, bei der Versetzung von A nach B aktiv mitzuwirken. LINDAUER erreichte dies, indem er die Biene nach ihrer Landung am Futterplatz A und nachdem sie eine kurze Kostprobe genommen hatte, aufscheuchte und bei langsamer Wanderung mit dem Tischchen hinterdrein lockte. Zwischendurch durfte sie immer wieder kurz am Futterschälchen nippen, aber erst am endgültigen Versetzungspunkt B war ihr gestattet, sich vollzusaugen. Unter diesen Umständen zeigte sie nach ihrer Heimkehr die Richtung zum Abflugplatz B, also den direkten Weg zum Ziel. Der aktiv in neuer Richtung zurückgelegte Flug wurde einkalkuliert. Das ging auch daraus hervor, daß diese Bienen von B rascher als die passiv versetzten Tiere nach Hause fanden, anscheinend auf direktem Wege; und daß sie bei ihrem nächsten Ausflug den Abflugplatz B aufsuchten.

Daß die Biene ihre Fähigkeit, aus einem gewinkelten Flugweg vom Stock zum Futterplatz die Richtung der Luftlinie zu integrieren, nicht nur für die Richtungsweisung, sondern auch für den eigenen Heimflug benutzt, haben HERAN und LINDAUER (1963, S. 52 f.) durch folgenden Versuch bewiesen: Eine numerierte Biene hatte einen Tag lang zwischen ihrem, an einem Seeufer aufgestellten Stock und dem am anderen Ufer gelegenen, 248 m entfernten Futterplatz verkehrt; sie war hierbei entlang einer schwimmenden Bretterbrücke geflogen (Abb. 178,

S. 192). Am folgenden Tag wurde der Futterplatz nach jedem Besuch der Biene entlang dem Ufer um 20 m verlegt. Abb. 169 zeigt das Ergebnis. Für die ersten 4 Versetzungen bis zum 80 m-Platz hat die Biene auf dem Hinweg immer den Weg über die Bretterbrücke eingeschlagen, erst bei der 5. Versetzung begann sie diese Leitlinie, nach rechts abweichend, zu verlassen. Die Rückflüge aber erfolgten jedesmal nach der Luftlinie. Diese Richtung muß sie nach dem Himmelskompaß aus den beiden Teilstrecken des Hinfluges herausgefunden haben. Die Umgebung des Sees bot keine Landmarken, die ein direktes Ansteuern des Stockes vom anderen Ufer aus gestattet hätten[1]).

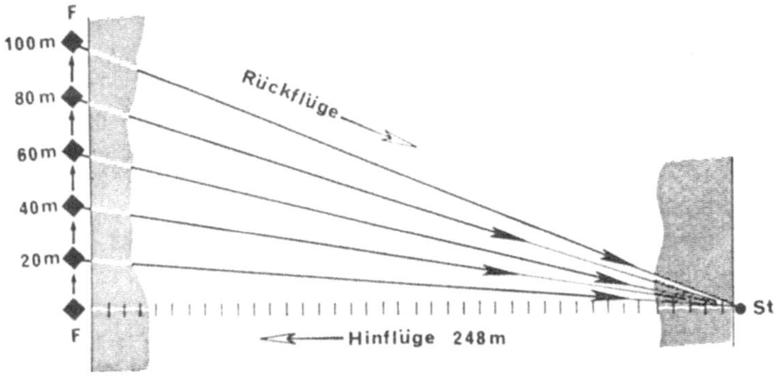

Abb. 169. St Stock, F Futterplatz. Direkter Rückflug nach gewinkeltem Hinflug. Nähere Erklärung im Text

So wird auch eine Kundschafterin, die auf einem Suchflug da und dort ohne viel Erfolg an Blüten genippt und schließlich, vielleicht auf mancherlei Umwegen, eine ergiebige Trachtquelle entdeckt hat, den kürzesten Weg nach Hause finden und durch ihren Tanz direkt nach dem lohnenden Ziel zeigen (LINDAUER 1963, S. 161).

e) Umwegversuche mit Fußgängerbienen

Eine abermals andere Methode wandte A. R. BISETZKY (1957) an, indem sie die Bienen im Fußmarsch zwischen Stock und Futterplatz verkehren ließ. Was für die Entfernungsweisung in jenen Versuchen herausgekommen ist, wurde schon S. 113 besprochen (vgl. auch dort Abb. 105 und 106, S. 115, von der Laufbahn). Das eigentliche Ziel der Arbeit lag aber bei den Umwegversuchen.

Es sei daran erinnert, daß die Bienen nach einem Fußmarsch schon bei einem Abstand des Futterplatzes von nur 3—4 m Schwänzeltänze machen. Bei ihrer Richtungsweisung trat im Vergleich mit Flugbienen eine sehr starke Streuung auf. Das ist wohl den unnatürlichen Bedingungen zuzuschreiben. Die Durchschnittswerte lagen trotzdem ziemlich richtig.

Zur Einleitung eines Umwegversuches wurden die Bienen z. B. in einem Laufgang, der aus zwei rechtwinklig aneinanderstoßenden Schenkeln zusammengesetzt war, vom Flugloch allmählich bis ans Ende des 2. Schenkels geleitet. Diese Dressur bereitete besonders an der gewinkelten Stelle Schwierigkeiten und wurde von manchen Individuen überhaupt nicht erlernt. Bei den übrigen aber waren nach der Heimkehr Tänze zu beobachten. Sie wiesen auch unter diesen abnormen Bedingungen angenähert die Richtung der Luftlinie nach dem Futterplatz.

Als Beispiel für einen solchen Versuch und zur Erläuterung der Technik sei Abb. 170 besprochen. Die Luftlinie vom Flugloch zum Futterplatz verlief in diesem

---

[1]) Vgl. S. 341f. und v. FRISCH u. LINDAUER 1954, S. 248.

Falle genau südlich. Die durchschnittliche Tanzrichtung ist durch den Pfeil T_1 angegeben. Die Einzelwerte sind durch die Punkte am inneren Kreis (je 3 Werte zu einem Punkt zusammengefaßt) eingetragen. Um die „Restmißweisung" (S. 210ff). als Fehlerquelle auszuschließen, war daneben ein zweites Volk mit geradliniger, nach Süden gerichteter Laufbahn aufgestellt. Seine Tänze wurden gleichzeitig mit jenen des Versuchsvolkes abgenommen (Pfeil T_2 und Punkte am äußeren Kreisbogen). Sie unterrichten uns über die zur Zeit bestehende Mißweisung. Für das Versuchsvolk kann die gleiche Mißweisung angenommen werden. Daraus ergibt sich für dessen Richtungsweisung eine Abweichung um 25,5° westlich der Luftlinie.

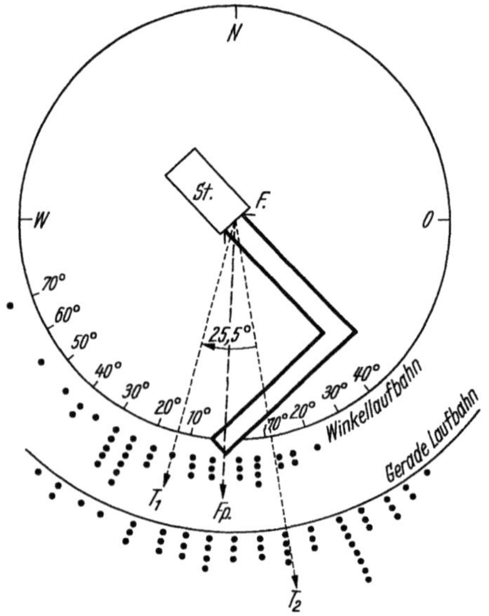

Abb. 170. Umwegversuch mit Fußgängerbienen. Gewinkelter Laufgang. St Beobachtungsstock, F Flugloch, F_p Richtung zum Futterplatz in der Galerie, genau südlich. T_1 Mittelwert der gewiesenen Richtungen, T_2 Mittelwert des (nicht eingezeichneten) Kontrollvolkes mit geradem Laufgang nach Süden. Die Punkte geben die Einzelwerte an, je 3 Werte einer Klasse zu einem Punkt zusammengefaßt. Nach A. Ruth Bisetzky 1957

In den weiteren Versuchen war die Abweichung von der Luftlinie durchaus nicht immer so stark, aber sie lag regelmäßig nach der offenen Seite des Winkels (oder der Bogenfigur, s. Abb. 172) des Laufganges. Bisetzky deutet dieses Verhalten so, daß die Bienen die zweite Hälfte des Laufweges stärker bewerten als die erste. Wenn ihre Entfernungsschätzung auf dem Kraftaufwand für den zurückgelegten Weg beruht (S. 114ff.), so ließe sich die Fehlweisung auf die zunehmende Ermüdung bei dem ungewohnten langen Fußmarsch

Abb. 171. Beobachtungsstock mit angeschlossener halbkreisförmiger Laufbahn. Nach A. Ruth Bisetzky 1957

zurückführen. Bisetzky spricht von einer Überbewertung der Endstrecke und bringt damit eine einleuchtende, wenn auch unbewiesene Erklärung.

In anderen Fällen mußten die Sammlerinnen in einer halbkreisförmigen Laufbahn (Abb. 171) zum Futterplatz marschieren. Die Ergebnisse decken sich im wesentlichen mit jenen bei gewinkelter Laufbahn. Abb. 172 bringt zwei Versuchsbeispiele.

Die Aufgabe gestaltet sich — nach unseren Begriffen — noch schwieriger für die Fußgängerinnen, wenn die Laufbahn zu einem Kreis geschlossen, haarnadelförmig oder

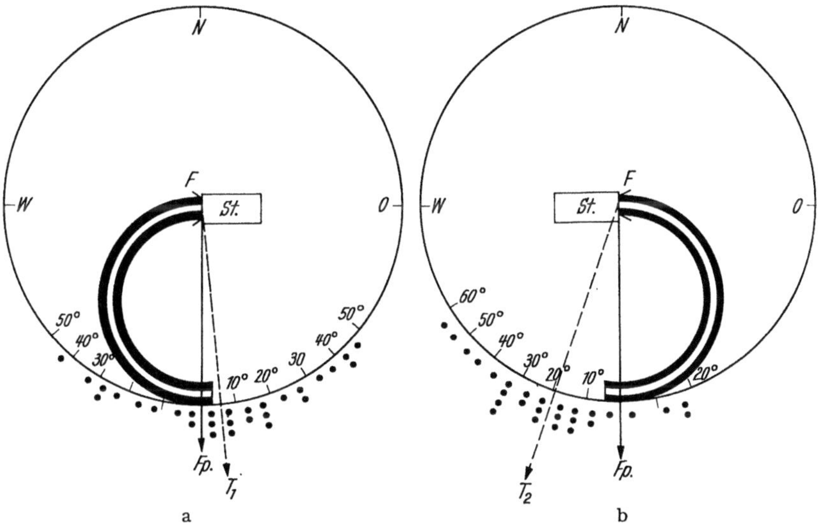

Abb. 172. Versuch mit zwei gegenläufigen Halbkreisbahnen. St Beobachtungsstock, F Flugloch. Futterplatz genau südlich. a) Laufweg über West. T_1 Durchschnitt der gewiesenen Richtungen 6,7° ±2,9 ö.v.S. (n 86), Abstand von der Luftlinienrichtung nicht gesichert (p = 0,02). b) Laufweg über Ost. T_2 Durchschnitt der gewiesenen Richtungen 19,4° ± 2,4 w.v.S. (n 80), Abstand von der Luftlinienrichtung gesichert (p < 0,0002). Abweichung von der Luftlinie in beiden Fällen im Sinne einer Überbewertung der Endstrecke. Nach A. RUTH BISETZKY 1957

S-förmig ist. Leider konnte dieser Teil der Arbeit nicht zu Ende geführt werden und bedürfte neuer Versuche. So sei hier nur noch auf Abb. 173 und ihre Legende verwiesen, mit einer Leistung der kleinen Wanderer, die dazu herausfordert überprüft zu werden und, im Falle der Bestätigung, den beschrittenen Weg weiter zu verfolgen. Er ist freilich dornenreich und verlangt große Ausdauer und Aufmerksamkeit.

Wir kehren zu den einfacheren Versuchen mit gewinkelter Laufbahn zurück, die verschiedentlich variiert wurden und einen gewissen Einblick in den Mechanismus der Richtungsweisung beim Umwegversuch erbracht haben.

Wenn man den ersten Schenkel der Laufbahn so abdeckt, daß die Bienen weder Sonne noch blauen Himmel sehen können (Abb. 174), so zeigen sie beim Tanz die Richtung der zweiten Teilstrecke an (Abb. 175). Man könnte denken, daß sie unter diesen Umständen den verdunkelten Schenkel noch als Teil ihres Stockes be-

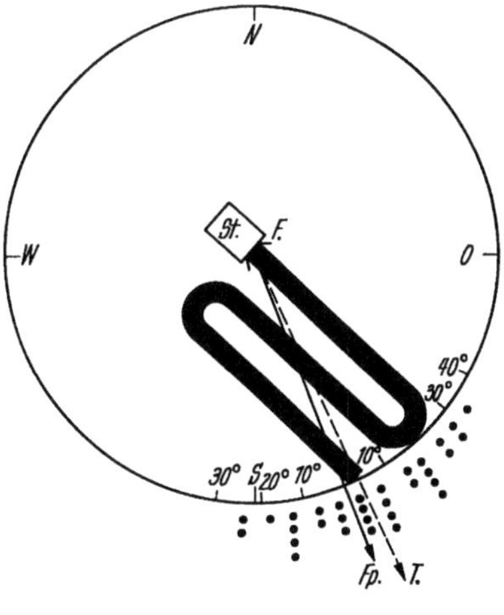

Abb. 173. Umwegversuch. St Stock, F Flugloch. Pfeil Fp Luftlinie zum Futterplatz am Ende der S-förmigen Laufbahn. T Durchschnitt der gewiesenen Richtungen (n 31) 3,9° ± 2,6 östlich abweichend. Der Abstand von der Luftlinienrichtung ist nicht gesichert (p = 1,5). Punkte: Verteilung der Einzelwerte. Nach A. RUTH BISETZKY 1957

trachten[1]). Aber wenn man den ersten Schenkel offen läßt und den zweiten abdeckt, so geben die Tänze die Richtung des ersten Schenkels. Die Bienen beziehen sich also bei ihrer Richtungsweisung nur auf die Wegstrecke, bei der sie den Himmelskompaß gebrauchen konnten.

Abb. 174. Umwegversuch mit rechtwinkelig geknicktem Laufgang, erster Schenkel abgedeckt, so daß die Bienen auf diesem Teil der Strecke weder Sonne noch Himmel sehen. Nach A. RUTH BISETZKY 1957

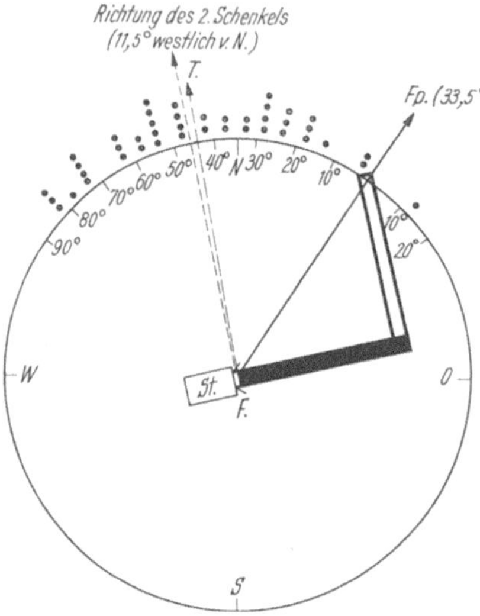

Abb. 175

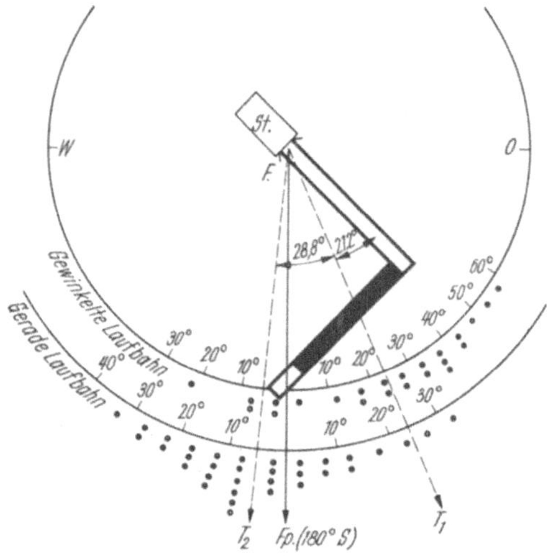

Abb. 176

Abb. 175. Ergebnis des Umwegversuches mit abgedecktem ersten Schenkel. Pfeil Fp Luftlinienrichtung zum Futterplatz. Richtung des zweiten (unverhüllten) Schenkels 11,5° w.v.N. Pfeil T: gewiesene Richtung (Mittelwert) 11° ± 3,6 w.v.N. Punkte:Verteilung der Einzelwerte (n 42). Nach A. RUTH BISETZKY 1957

Abb. 176. Ergebnis eines Umwegversuches mit freiem ersten Schenkel (Richtung SO) und teilweise abgedecktem zweiten Schenkel (Richtung SW). Pfeil Fp Luftlinienrichtung zum Futterplatz (Süd). Pfeil T_1 Richtungsweisung nach Fußmarsch im gewinkelten Laufgang, Mittelwert 21° südlich vom unbedeckten Schenkel (n 69). Pfeil T_2 Richtungsweisung eines Kontrollvolkes mit geradlinigem Laufgang nach Süd (nicht eingezeichnet) 5° w.v.S. (n 98). Punkte: Verteilung der Einzelwerte, jeder Punkt = 3 Messungen. Nach A. RUTH BISETZKY 1957

---

[1]) Das ist auch ohne Abdunkelung der Fall, wenn die Galerie eine von allen Bienen benützte Fortsetzung des Flugkanales ist (s. S. 186). Bei den vorliegenden Versuchen von BISETZKY war aber das Flugloch die normale Abflugstelle, auch den Versuchsbienen als solche bekannt. Zur Dressur auf die Laufstrecke wurden diese vom Flugloch in die flache Galerie geleitet, die für sie nicht zum vertrauten Heimbereich gehörte.

Wichtig ist ein weiterer Versuch, bei dem im zweiten Schenkel die Endstrecke frei blieb (Abb. 176). Die Luftlinie zum Futterplatz ging nach Süden. Ein Kontrollvolk mit geradliniger, südwärts gerichteter Laufbahn tanzte die Richtung 5° westlich von Süd (T_2, Abb. 176). Die im gewinkelten Gang sammelnden Bienen wiesen im Durchschnitt die Richtung T_1 (Abb. 176), 21° südlich von der Richtung des ersten Schenkels. Die unverdeckte Endstrecke des zweiten Schenkels machte sich deutlich geltend, aber der verdunkelte Teil der Wegstrecke blieb offensichtlich unberücksichtigt. Wäre auch er frei gewesen, so hätten die Bienen, nach allen anderen Erfahrungen, infolge der „Überbewertung der Endstrecke" noch über T_2 hinaus nach Südwesten gewiesen.

Hiermit befestigt sich die Vorstellung, daß die Bienen im Umwegversuch aus den auf den Teilstrecken wahrgenommenen Sonnenwinkeln und aus der Länge dieser Teilstrecken durch eine Art Integration den Tanzwinkel für die Luftlinie gewinnen (v. FRISCH 1955). Ich meine das im gleichen Sinne, wie es JANDER bei seinen Versuchen zur optischen Richtungsorientierung der Ameisen (1957, S. 194) klar formuliert hat: „Unter Integration wird dabei das zentralnervöse ‚Verrechnen' vieler räumlich oder räumlich und zeitlich verteilter nervöser Erregungen zu einem Gesamtergebnis verstanden". Die von ihm bei Ameisen studierten Lernvorgänge, die — bei Orientierung nach einer Lichtquelle — über Suchschleifen oder über einen aufgenötigten einfacheren Umweg zum Einhalten der Luftlinienrichtung zwischen Ausgangspunkt und Ziel führen, stehen ja in engster Beziehung zu den Leistungen der Bienen im Umwegversuch. Auch Spinnen (die Trichterspinne, *Agelena*), die auf einem Umweg zu einer Beute gelangt sind, können auf Grund der empfangenen optischen Eindrücke die Richtung der Luftlinie einschlagen (GÖRNER 1958). Was von den Bienen zu berichten war, unterscheidet sich insoferne, als diese — durch die Umstände veranlaßt — für sich den gewinkelten Weg beibehalten, aber den Kameraden die „errechnete" Luftlinie mitteilen und sie auf diese Weise erfolgreich ans Ziel lenken.

HANNES (1959 und 1961) bestreitet, daß die Bienen aus der Richtung und Länge der Teilstrecken die Luftlinie „errechnen" können. Nach seiner Meinung kommt die Tanzrichtung im Umwegversuch durch eine Art „Mischung" der nervenphysiologischen Lernwirkungen auf den Teilstrecken zustande — womit er das Geschehen nur in andere Worte kleidet[1]). Der Ausdruck „zentrale Verrechnung" oder „Integration" für solche Erscheinungen wird heute in der Nervenphysiologie vielfach gebraucht[2]). Das darf uns freilich nicht darüber hinwegtäuschen, daß uns die zuständigen intimen Vorgänge in den nervösen Zentren vorläufig unbekannt sind[3]).

23. Die Richtungsweisung bei Seitenwind

Wenn Bienen unterwegs zu ihrem Ziel einem Seitenwind ausgesetzt sind, so lassen sie sich nicht von ihrem Flugweg abtreiben. Sie kompensieren die Abtrift, indem sie sich mit ihrer Körperlängsachse schräg gegen den Wind stellen (Abb. 184, S. 197). Sie machen es also wie ein Fährmann, der sein Boot über einen Strom steuert. Je stärker der Seitenwind, desto stärker ist die Schrägstellung der Bienen. Das ist nicht nur eine theoretische Forderung. Wir konnten es unter günstigen Bedingungen unmittelbar beobachten.

[1]) Seine sonstigen polemischen Bemerkungen erledigen sich durch die in diesem Abschnitt mitgeteilten Befunde.

[2]) Vgl. B. HASSENSTEIN 1960.

[3]) MITTELSTAEDT (1961, 1962) hat versucht, für solche Kurssteuerung und verwandte Probleme eine regeltheoretische Erklärung zu geben, die aber mit verschiedenen Tatsachen in Widerspruch steht (SCHÖNE 1962, JANDER 1963) und nach meinem Empfinden ein verfrühter Versuch ist.

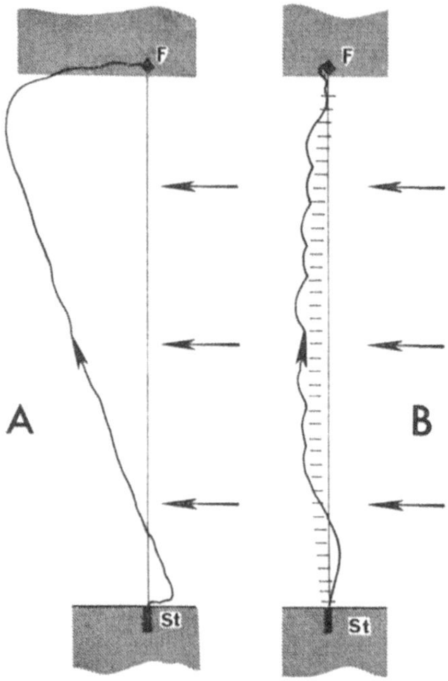

Abb. 177. A Flugbahn einer Biene, die bei Seitenwind (Pfeile) über eine gekräuselte Wasserfläche fliegt. St Stock, F Futterplatz
B Girlandenbahn bei ausgelegter Lattenbrücke (vgl. Abb. 178). Maximaler seitlicher Abstand der Flugbahn vom Rand der Bretterbrücke etwa 5 m. Nach HERAN und LINDAUER 1963

Solches Verhalten hat zur Voraussetzung, daß die Richtung und Stärke der Abtrift bemerkt wird. Das ist zum Teil auf Grund von Gesichtswahrnehmungen möglich. Bei Windstille sieht eine Biene den Untergrund in der Richtung von vorn nach hinten vorüberziehen. Eine Abtrift kann sie am schrägen Ablauf des Untergrundes erkennen und so kompensieren, daß sie sich wieder in der Zielrichtung bewegt. Natürlich läuft auch jetzt der Untergrund schräg zu ihrer Körperlängsachse vorüber. Sie muß also — nach dem Reafferenzprinzip — ihre Schrägstellung einkalkulieren. Das Maß derselben kann sie am Sonnenwinkel ablesen¹).

Eine optische Flugsteuerung nach der relativen Bewegungsgeschwindigkeit des Untergrundes hat HERAN (1955, 1956) in Laboratoriumsversuchen gezeigt.

Daß auch bei der Kompensation der seitlichen Abtrift die optische Wahrnehmung des Untergrundes eine wesentliche Rolle spielt, haben HERAN und LINDAUER (1963) nachgewiesen: Sie dressierten Bienen in flacher Umgebung ohne auffällige Landmarken von einem Seeufer über die Wasserfläche an das andere Ufer (Flugweg 248 m). Das Wasser bietet ihnen keine Bodenmarken. Bei Seitenwind konnten sie die Abtrift nur in unmittelbarer Ufernähe kompensieren, dann wurden sie verdriftet und erst am anderen

Abb. 178. Blick auf die Flugstrecke über Wasser bei ausgelegter Lattenbrücke; rechts: vom Stock aus gesehen, links: vom Futterplatz aus; rechts bei glatter, links bei gekräuselter Wasserfläche. Nach HERAN und LINDAUER 1963

¹) Wenn weder die Sonne noch polarisiertes Himmelslicht für die Bienen sichtbar ist, kann beides durch ferne Landmarken ersetzt werden, die unter solchen Umständen ohnehin für die Orientierung nötig sind.

Ufer orientierten sie sich nach den Landmarken über die Lage des Futterplatzes (Abb. 177 A). Eine schwimmende Lattenbrücke aus 4 m langen hellen Holzbrettern, die in Abständen von je 3 m von einem Ufer bis zum anderen reichte (Abb. 178), genügte nicht für eine kompensatorische Schrägstellung. Die Bienen wurden wieder abgetrieben, folgten aber der Lattenbrücke in einer Girlandenbahn auf der Leeseite (Abb. 177 B). Daraus ist zu entnehmen, daß sie den Zaun als optische Wegmarke angenommen hatten, daß sie aber die kompensatorische Einstellung nicht augenblicklich fanden; sie müssen sie sich offenbar „erfliegen", während sie abgetrieben werden, und hierfür war die Breite der Lattenbrücke unzureichend.

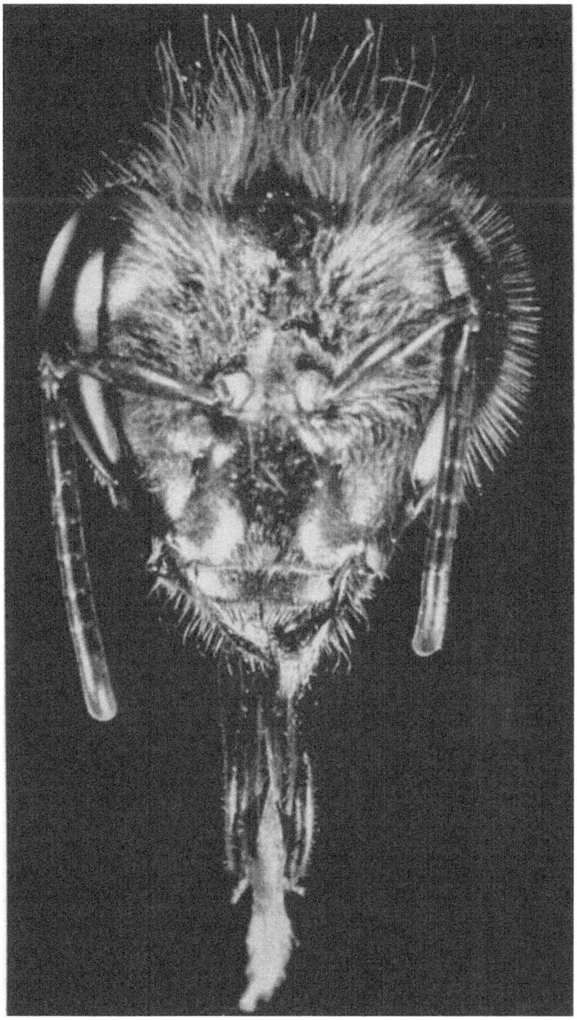

Abb. 179. Bienenkopf von vorne. Rechte Bildseite: die Haare an den Facettengrenzen des Bienenauges. Sie stehen in der Richtung der optischen Achsen der Einzelaugen. Linke Bildseite: die Augenhaare sind abrasiert. Nach NEESE 1965

Aber auch eine W a h r n e h m u n g d e r L u f t s t r ö m u n g e n d u r c h d i e A n t e n n e n ist an der Steuerung beteiligt. Die Anströmung der Luft gegen die Fühlergeißeln wird durch die Johnstonschen Organe registriert (HERAN 1959). NEESE (1965) entdeckte, daß überdies die Sinnesborsten, die auf das sauberste ausgerichtet und ohne ins Blickfeld zu ragen an den Ecken der Augenfacetten stehen (vgl. Abb. 179), an der Wahrnehmung von Luftströmungen beteiligt sind. Er fertigte ein winziges Skalpell an, dessen Schneide vom Splitter einer Rasierklinge gebildet wurde, und konnte damit die Borsten nach Wunsch vollständig oder von bestimmten Augenteilen entfernen, ohne die Augenoberfläche zu schädigen oder die Sammeltätigkeit zu beeinträchtigen. Bei sehr starkem Wind (über 6 m/sek.) fanden B i e n e n o h n e A u g e n b o r s t e n nicht mehr zu ihrem gewohnten, mehrere hundert Meter entfernten Futterplatz, während normale Kameraden daselbst noch verkehrten. Auch bei geringerer Windstärke wurden die borstenlosen Bienen d u r c h B ö e n in auffälliger Weise a b g e t r i e b e n. Bei der Analyse und Kompensation der Windverhältnisse wirkt offenbar die Wahrnehmung d e r r e l a t i v e n B e w e g u n g g e g e n ü b e r d e m f e s t e n B o d e n und die Wahrnehmung der L u f t s t r ö m u n g e n aufs engste zusammen, ohne daß sich die beteiligten Regelvorgänge zur Zeit im einzelnen genau durchschauen lassen.

Wenn nun die Biene bei Seitenwind infolge ihrer kompensatorischen Schrägstellung die Sonne unter einem anderen Winkel sieht als bei Windstille, wo ihre

Körperlängsachse nach dem Ziel eingestellt ist, so erhebt sich die Frage: Wird sie nach der Heimkehr bei ihrem richtungsweisenden Tanz den Sonnenwinkel anzeigen, den sie wirklich gesehen hat, oder den Winkel zum Flugweg,

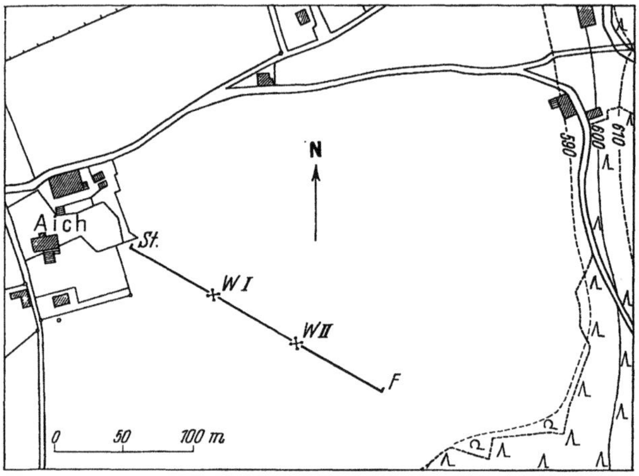

Abb. 180. Versuchsgelände und Anordnung bei den Seitenwindversuchen 1953. St Beobachtungsstock, F Futterplatz 210 m vom Stock. WI und WII die beiden Windmesser, 70 m und 140 m vom Stock. Bei den Versuchen 1954 waren die Plätze von Stock und Futterplatz vertauscht

Abb. 181. Blick von Windmesser II (im Vordergrunde rechts) gegen Windmesser I (WI) und Beobachtungsstock (St), vgl. Abb. 180. Im Vordergrunde links die Ablesegeräte von Windmesser II für Windrichtung und Windgeschwindigkeit

den sie bei Windstille gesehen hätte? Die Antwort brachten Versuche mit LINDAUER, die wir 1953 und 1954 auf den ebenen Wiesenflächen von Aich durchführten (v. FRISCH u. LINDAUER 1955).

Das Versuchsgelände ist in Abb. 180 skizziert. Im Sommer 1953 stellten wir den Beobachtungsstock bei St auf. Eine Schar numerierter Bienen verkehrte am Futterplatz F, 210 m vom Stock. Die Flugrichtung zur Futterstelle war so gewählt, daß der typische Schönwetterwind (aus N bis NO) von links kam, während bei anderer Wetterlage und seltener mit Wind von rechts (Südwind) zu rechnen war. Im Sommer 1954 vertauschten wir die Lage von Stock und Futterplatz, so daß beim Hinflug zum Futterplatz der Wind meistens von rechts kam. In den Morgenstunden pflegte es windstill zu sein. Um für jede einzelne Biene, deren Tanzrichtung gemessen wurde, die Windverhältnisse zu kennen, denen sie beim Hin- und Rückflug ausgesetzt war, hatten wir auf der Flugstrecke zwei Windmesser[1]) (W_I und W_{II} in Abb. 180 und 181) aufgestellt. Windrichtung und Windgeschwindigkeit wurden immer möglichst genau dann abgelesen, wenn die Biene, deren Tanz nach ihrer Heimkehr beobachtet werden sollte, bei ihrem Hinflug zum Futterplatz und bei ihrem Rückflug die Windmesser passierte. Um diesen Zeitpunkt jeweils zu wissen, mußten wir die Fluggeschwindigkeit der Bienen bei verschiedenen Windverhältnissen kennen.

Die Fluggeschwindigkeit ergibt sich bei bekannter Weglänge aus der Abflugszeit und Ankunftszeit. So einfach dieses Verfahren ist, so widerspruchsvoll sind die älteren Literaturangaben. Der Grund liegt wohl darin, daß viele Beobachter als Ankunftszeit den Moment des Niedersetzens am Ziel verbucht haben. Oft wird aber das Futter vorher längere Zeit umschwärmt. Dann ergeben sich zu lange Flugzeiten. Wir haben darum einen eigenen Beobachter so postiert, daß er am Futterplatz die wahre Ankunftszeit der Biene, deren Abflug vom Stock ihm signalisiert war, mit Sicherheit erkennen konnte. Es ergab sich bei Windstille eine Fluggeschwindigkeit von 8,2 m/Sek. oder rund 30 km/Std. für den Hinflug vom Stock zum Futterplatz[2]). Dieser Wert steht in guter Übereinstimmung mit den Befunden anderer Beobachter an anderen Völkern,

Tabelle 29. *Durchschnittliche Fluggeschwindigkeit bei Windstärken unter 0,5 m/Sek. auf dem Flug vom Stock zum Futterplatz* (*n* Zahl der Beobachtungen; Konzentration der Zuckerlösung 2 mol oder 1 mol)

Beobachter	Ort	Flugstrecke	Fluggeschwindigkeit	*n*
G. Schifferer (1952)	Oberpfaffenhofen/Obb.	meist 200 m	7,7 m/Sek. = 27,7 km/Std.	213
H. Heran (1956)	Graz	200 m	8,2 m/Sek. = 29,5 km/Std.	81
v. Frisch u. Lindauer (1955)	Aich bei St. Gilgen	210 m	8,2 m/Sek. = 29,5 km/Std.	76
R. Boch (1956)	bei München	6000 m	7,7 m/Sek. = 27,7 km/Std.	177

anderen Orten und (teilweise) bei anderer Flugweite, soferne sie auf die wahre Ankunftszeit geachtet haben (Tab. 29). Für den Rückflug brauchen die Bienen im Durchschnitt etwas länger. Das hängt damit zusammen, daß sie mit ihrer Last nicht selten Rastpausen einschalten. Bemerkenswert ist, daß die Eigenfluggeschwindigkeit (= Geschwindigkeit gegenüber der umgebenden Luft) bei „Mitwind"[3]) verringert, bei „Gegenwind"[3]) gesteigert wird. Im ersten Falle strengt sich die Biene weniger an und nützt den Wind, der sie dem Ziel entgegentreibt, im zweiten Falle gleicht sie die windbedingte Hemmung durch erhöhten Kraftaufwand teilweise aus (Abb. 182)[4]). Doch beginnen sie mit dieser Kompensation erst bei Windgeschwindigkeiten von etwa

[1]) Bezogen von R. Fuess, Berlin-Steglitz. — Richtung und Stärke des Windes wurden $2^1/_2$ m über dem Boden festgestellt. Das entsprach angenähert der Flughöhe der Bienen. Bei starkem Wind pflegten sie etwas tiefer, bei Windstille ein wenig höher zu fliegen.

[2]) Bei Fütterung mit 2 mol Rohrzuckerlösung. Mit abnehmender Zuckerkonzentration wird die Fluggeschwindigkeit erniedrigt.

[3]) Unter „Mitwind" und „Gegenwind" haben wir alle Versuche zusammengefaßt, bei denen die Windrichtung um nicht mehr als 45° seitlich von der Fluglinie abwich.

[4]) Das hat übrigens schon O. W. Park (1923) bemerkt. Heran (1956) kam zu dem gleichen Ergebnis.

2 m/Sek. Von schwächerem Wind lassen sie sich treiben, vielleicht, weil sie ihn nicht bemerken. Bei Seitenwind[1]) wird die Eigenfluggeschwindigkeit fast wie bei Gegenwind gesteigert (Abb. 183), wie BRÄUNINGER (1964) bestätigen konnte[2]).

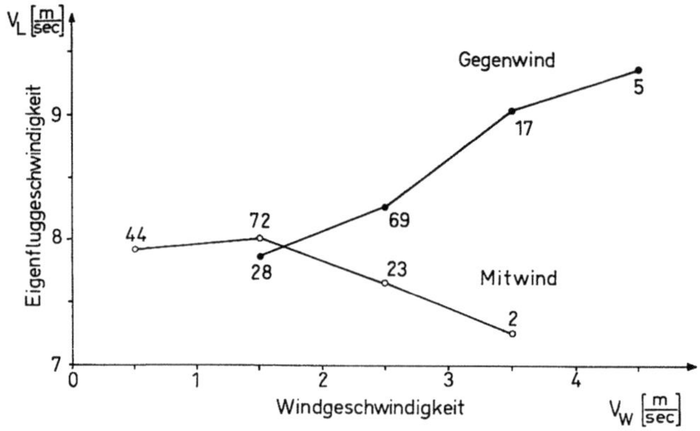

Abb. 182. Die Eigenfluggeschwindigkeit der Bienen bei Mitwind und Gegenwind, bei Fütterung mit einmolarer Rohrzuckerlösung. Abszisse: Windgeschwindigkeit. Ordinate: Eigenfluggeschwindigkeit der Biene. Zahlen bei den Kurvenpunkten: Zahl der Beobachtungen die dem Durchschnittswert zugrunde liegen. Die Differenzen bei den Windgeschwindigkeiten von 2—3 und 3—4 m/Sek. sind gut gesichert ($p < 0{,}0002$ bzw. $p = 0{,}001$)

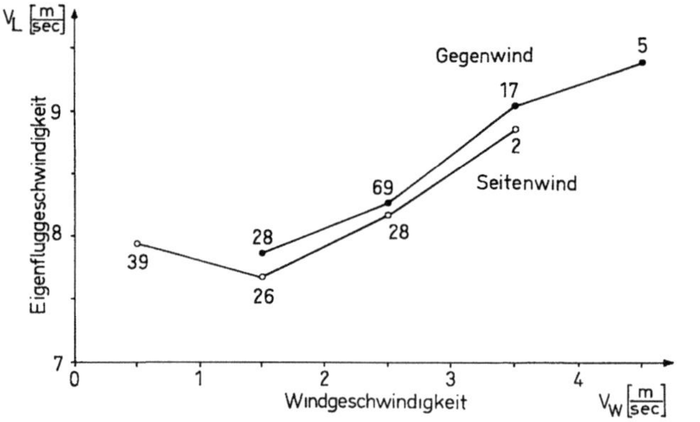

Abb. 183. Die Eigenfluggeschwindigkeit bei Gegenwind und Seitenwind bei Fütterung mit einmolarer Rohrzuckerlösung. Weitere Erklärung s. Abb. 182

[1]) Windrichtung um mehr als 45° seitlich von der Fluglinie.

[2]) WENNER sagt in seiner Arbeit über die Fluggeschwindigkeit (1963), daß bisher keine Beobachtungen über den Einfluß der Windgeschwindigkeit bei individueller Beobachtung der Bienen vorliegen. Das ist nicht richtig. Was er theoretisch verlangt, ist genau, was wir gemacht haben (v. FRISCH u. LINDAUER 1955). Er meint: Niemand habe bisher auf die Zeit geachtet, die beim Abfliegen und Landen verloren geht. Für die Kontrolle dieses Faktors war in unseren Versuchen ein eigener, geübter Beobachter eingesetzt. In unserer Arbeit steht: „Das Außerachtlassen der wahren Ankunftszeit am Ende der Flugstrecke hat bestimmt bei früheren Beobachtern oft zur Annahme einer zu geringen Fluggeschwindigkeit geführt."

Für den unbeladenen Hinflug zur Futterstelle gibt WENNER eine Fluggeschwindigkeit von 7,5 m/Sek. an (wir fanden 8,2 m/Sek.) Bei Gegenwind (von $^1/_2$—4 m/Sek.) haben die Bienen nach seinen Daten rund 90% der Abtrift kompensiert. Bei unseren Versuchen haben die Bienen erst bei einem Gegenwind von etwa 2 m/Sek. ihre Eigenfluggeschwindigkeit zu steigern begonnen und bei 2—3 m/Sek. nur rund 25% der Abtrift kompensiert. Wir halten unsere Werte für genauer, schon deshalb, weil WENNER die wichtigen Ausgangswerte für Windstille nicht direkt gemessen, sondern aus einer Regressionsgeraden interpoliert hat — wobei nicht erwiesen ist, daß es sich wirklich um eine lineare Regression handelt. Seine Flugzeitmessungen erwecken bei uns Bedenken. So zeigt z. B. die Analyse seiner Fig. 1, S. 28, daß mehr als ein Drittel der Bienen, die bei Gegenwind zum Futterplatz flogen, deutlich früher ans Ziel gekommen sind als bei Windstille. Sie hätten also die Abtrift eindeutig überkompensiert. Bei den 196 Flügen, die wir im Jahre 1953 bei Gegenwind gemessen haben, ist das niemals vorgekommen.

Hiermit waren die Vorraussetzungen für unsere Versuche gegeben. Bei jeder Einzelbeobachtung gingen wir folgendermaßen vor: Am Stock wurde der Abflug einer numerierten Biene abgestoppt. Auf Grund unserer Kenntnisse von der Fluggeschwindigkeit erhielten die Posten an den Windmessern zur Zeit des Vorüberfliegens durch Pfeifensignale das Zeichen zum Ablesen. Der Beobachter am Futterplatz erfuhr durch das Feldtelephon die Nummer der Biene und teilte auf gleichem

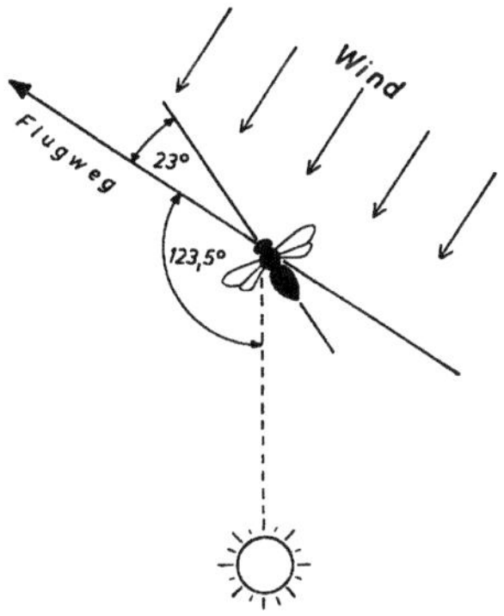

Abb. 184

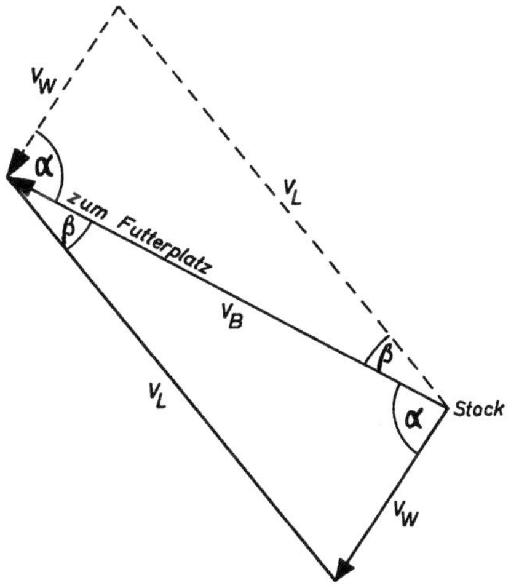

Abb. 185

Abb. 184. Kompensatorische Schrägstellung der Biene bei Seitenwind von rechts. Wahrer Sonnenwinkel 123,5°, Abtriftwinkel 23°, scheinbarer Sonnenwinkel 146,5°. Vgl. Abb. 185

Abb. 185. Beispiel für die Ermittlung der kompensatorischen Schrägstellung, entsprechend dem Abtriftwinkel β; 19. 8. 1954, Biene Nr. 1, 12^{00} Uhr (hierzu auch Abb. 184). Futterplatz 30° n.v.W., $V_B = 8{,}4$ m pro Sekunde. Windmesser I: NO 3,4 m/Sek., Windmesser II: NNO 3,5 m/Sek., also $V_W = 3{,}45$ m/Sek., $\alpha = 86{,}25°$. Demnach $V_L = 8{,}88$ m/Sek. und $\beta = 22{,}65°$. Die Zeichnung ist maßstäblich richtig, 6,3 mm = 1 m. Für die Biene war der Sonnenwinkel um 23° vergrößert, ihr Tanzwinkel aber war um 3° zu klein

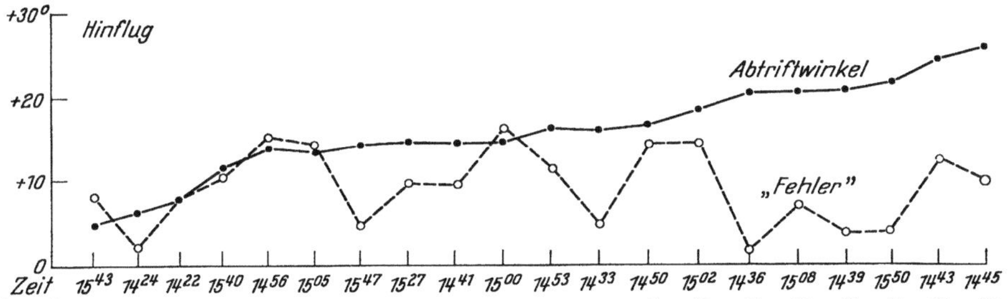

Abb. 186. Vergleich zwischen Abtriftwinkel und Tanzwinkel, Versuch vom 18. 8. 1954. Hierzu das Teilprotokoll Tab. 30. Die 20 Einzelbeobachtungen sind nach der Stärke der Abtrift (ausgezogene Kurve) beim Hinflug zum Futterplatz geordnet. Die „Fehler" der Tanzwinkel sind durch die gestrichelte Kurve verbunden. Unter der Abszisse: Zeitpunkt des Tanzes und Nummer der Biene. — Die Fehlweisung vergrößert sich nicht bei zunehmender Abtrift (zunehmender Schrägstellung der Biene)

Wege den Moment ihres Abfluges mit, so daß auch beim Rückflug beide Windmesser zu den gegebenen Zeiten abgelesen werden konnten. Schließlich wurde im Stock der Tanzwinkel dieser Sammlerin gemessen. Dem Beobachter war unbekannt, welcher Wert zu erwarten war. Erst nachträglich wurde der Sonnenazimut aus

Tabelle 30. *Seitenwindversuch vom 18. 8. 1954 (Versuch 100)* (erste Hälfte, sonnig, 20° C)

Biene Nr.	Zeit des Abflugs	Zeit des Tanzes	Tanzwinkel (Grad)	Azimut der Sonne (Grad)	Sonnenwinkel (Grad)	„Fehler“ (Grad)	Windrichtung und -geschwindigkeit (m/Sek.) Hinflug: Windmesser I	Hinflug: Windmesser II	Rückflug: Windmesser II	Rückflug: Windmesser I
11	14^{18}	14^{22}	78 r	230	70	+ 8	NNO 1,4	NNO 1	N 2	NNO 0,3
10	14^{21}	14^{24}	72 r	230,5	69,5	+ 2,5	NNO 0,7	NNW 1,5	0	NW 0,7
2	14^{30}	14^{33}	72 r	233	67	+ 5	NO 2,5	N 2,7	NNO 3,5	NO 2,7
19	14^{32}	14^{36}	68 r	234	66	+ 2	NO 2,7	NNO 3,5	N 2,5	NNO 2,5
17	14^{35}	14^{39}	69 r	235	65	+ 4	NNO 3,3	NNO 3,5	NNO 3,5	NO 2,5
10	14^{37}	14^{41}	74 r	235,5	64,5	+ 9,5	NO 2	NNO 2,5	NO 2	ONO 1
11	14^{40}	14^{43}	76,5 r	236	64	+ 12,5	NO 4	NNO 3,5	NNO 3,5	NNO 3,8
16	14^{42}	14^{45}	73,5 r	236,5	63,5	+ 10	NO 4,5	NNO 3,5	N 3	N 3,5
14	14^{47}	14^{50}	77 r	238	62	+ 15	NNO 2,5	O 2,5	N 4	N 2,2
6	14^{49}	14^{53}	73,5 r	238,5	61,5	+ 12	NNO 1,7	NNO 3,5	N 3	NNO 3,3

unseren Kurven abgelesen und so für jeden Tanz der **Fehler** festgestellt, d. h. die Abweichung des Tanzwinkels von dem zur Zeit des Tanzes richtigen Sonnenwinkel.

Uns interessiert bei jeder Einzelbeobachtung die **Windversetzung der Biene**. Denn aus ihr ergibt sich ihre kompensatorische Schrägstellung und hiermit der Winkel zum Sonnenstand, den sie während des Fluges einhalten mußte. Abb. 184 zeigt eine Biene auf dem Flugweg zum Futterplatz bei Seitenwind von rechts. Bekannt sind (vgl. Abb. 185):

V_B = Geschwindigkeit der Biene gegenüber dem Boden = Flugstrecke/Flugzeit = 210 m/x Sek. Für x wurde auf Grund unserer Versuche über die Fluggeschwindigkeit bei verschiedenen Windverhältnissen der für die gegebenen Bedingungen gültige Durchschnittswert eingesetzt.

V_W = Windgeschwindigkeit (Mittelwert der Ablesungen an beiden Windmessern zur Zeit des Vorbeifliegens der Biene).

α = Winkel zwischen der Windrichtung (Mittelwert der Windrichtungsablesungen an beiden Windmessern) und Richtung zum Futterplatz.

In Abb. 185 sind diese Werte für ein herausgegriffenes Beispiel maßstäblich richtig aufgetragen (6,3mm = 1 m, eingezeichnet ist die Flugstrecke V_B für 1 Sek.). Aus der Zeichnung ergibt sich der **Abtriftwinkel** $\beta = 23°$.[1]) Um diesen Betrag mußte sich die Biene schräg rechts gegen den Wind stellen, um geradlinig ans Ziel zu kommen. Der (**scheinbare**) **Sonnenwinkel** war also für sie um 23° **größer**, als er bei einem windstillen Flug gewesen wäre. Beim Tanz war ihr Fehler = −3°, d. h. ihr **Tanzwinkel war um 3° kleiner** als der wahre Sonnenwinkel (vgl. Abb. 184). Offenkundig bezog sich ihre Richtungsangabe auf den Sonnenwinkel, den sie **bei Windstille gesehen hätte**.

Bei diesem wie bei den anderen Protokollbeispielen ist vorausgesetzt, daß für die Richtungsweisung der Biene die Eindrücke maßgebend sind, die sie auf dem **Hinflug** zum Futterplatz empfängt. Daß diese Annahme berechtigt ist, wurde auf S. 176f. dargelegt. Wir haben trotzdem die Berechnungen nicht nur für die Windverhältnisse bei den Hinflügen, sondern auch für die Windverhältnisse bei den Rückflügen und bei den Hin- **und** Rückflügen durchgeführt. Es kam dabei nichts anderes heraus.

---

[1]) Man kann den Abtriftwinkel auch rechnerisch ermitteln, s. v. FRISCH u. LINDAUER 1955, S. 383.

Von den 16 Versuchsreihen der beiden Jahre bringe ich zunächst zwei als Beispiele: Am 18. 8. 1954 wurden von 14^{22}—15^{50} Uhr an 20 Bienen die Tänze gemessen. Für die ersten 10 Tänze sind als Protokollbeispiel in Tab. 30 die Einzeldaten wiedergegeben. Übersichtlicher ist die graphische Darstellung Abb. 186. Die ausgezogene Linie verbindet die Werte der kompensatorischen Schrägstellung, wie sie für jede von den 20 Bienen festgestellt wurde, und zwar nach zunehmender Windstärke (also zunehmender Schrägstellung) geordnet. Die Bienen sahen infolge ihrer Schrägstellung einen größeren Sonnenwinkel (entsprechend Abb. 184). Auch die Tanzwinkel waren bei dieser Versuchsreihe größer als die wahren Sonnenwinkel (die gemessenen Tanzwinkel sind durch die gestrichelte Linie verbunden, die Uhrzeiten sind für jede Messung unter der Abszisse angegeben). Der

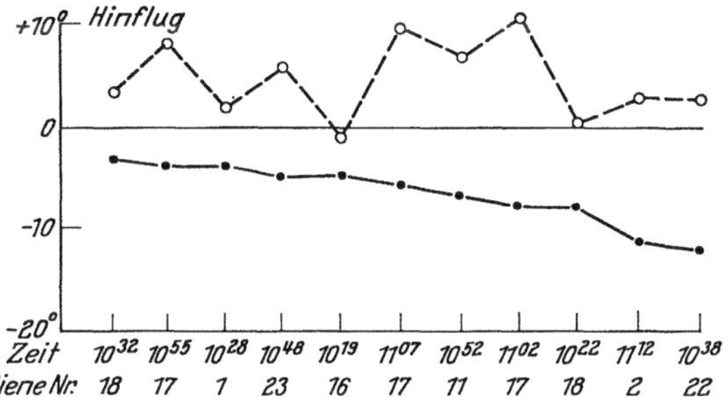

Abb. 187. Vergleich zwischen Abtriftwinkel (ausgezogene Kurve) und Tanzwinkel (gestrichelte Kurve). Versuch vom 23. 8. 1954, bei Südwind. Die kompensatorische Schrägstellung verkleinerte die Sonnenwinkel, die Tanzwinkel aber waren zu groß

Anfangsteil der Kurve erweckt den Eindruck, als würden die Bienen beim Tanz den Sonnenwinkel anzeigen, den sie einzuhalten hatten, um die Abtrift auszugleichen. Daß aber bei größerer Windgeschwindigkeit (nach rechts in der Abbildung) die Richtungsweisung der zunehmenden Abtrift nicht folgt, steht im Widerspruch mit dieser Deutung.

Sie wird völlig widerlegt durch die Ergebnisse anderer Versuchsreihen, für welche Abb. 187 ein Beispiel bringt. Der Wind kam diesmal von der entgegengesetzten Seite. Die Bienen mußten sich zur Kompensation der Abtrift schräg nach links einstellen und sahen daher den Sonnenwinkel kleiner. Trotzdem waren auch hier die Tanzwinkel größer als die Sonnenwinkel.

Wir fanden also in beiden Fällen, trotz entgegengesetzter Windrichtung, zu große Tanzwinkel. Solche „Fehler" bei der Richtungsweisung („Mißweisung") haben uns schon vielfach beschäftigt. Zur Zeit unserer Seitenwind-Versuche war noch ungeklärt, wie sie zustandekommen. Wir wußten aber, daß es sich nicht um Ungenauigkeiten, sondern um systematische Abweichungen handelt, die einen verwickelten, von verschiedenen Faktoren beeinflußten Tagesgang haben. Heute wissen wir, daß diese Abweichungen nur uns als „Mißweisungen" erscheinen, während sie den Stockgenossen die Lage des Zieles richtig angeben. Das wird im nächsten Abschnitt besprochen. Hier soll nur darauf hingewiesen werden, daß die in den Kurven dargestellten Tanzwinkel bei weitem nicht so „fehlerhaft" sind, wie sie scheinen.

Statt weiterer Beispiele bringe ich in Abb. 188 und 189 einen Überblick über sämtliche 293 Messungen aus den beiden Versuchsjahren: 199 Tanzwinkelmessungen von 1953 (Abb. 188) und 94 aus dem Jahre 1954 (Abb. 189). Sie sind wieder nach der Stärke der Abtrift geordnet. Die Null-Linie bezieht sich auf die Flugbahn, die in den beiden Sommern nach entgegengesetzter Richtung verlief. Die schwarzen

Pfeile unterhalb und oberhalb machen anschaulich, ob der Wind von rechts oder von links kam; ihre Länge ist der Stärke der Abtrift angenähert proportional. Die durch die Kurven verbundenen Kreuzchen geben Richtung und Ausmaß der Schrägstellung an, durch welche die Bienen bei den gegebenen Windverhältnissen

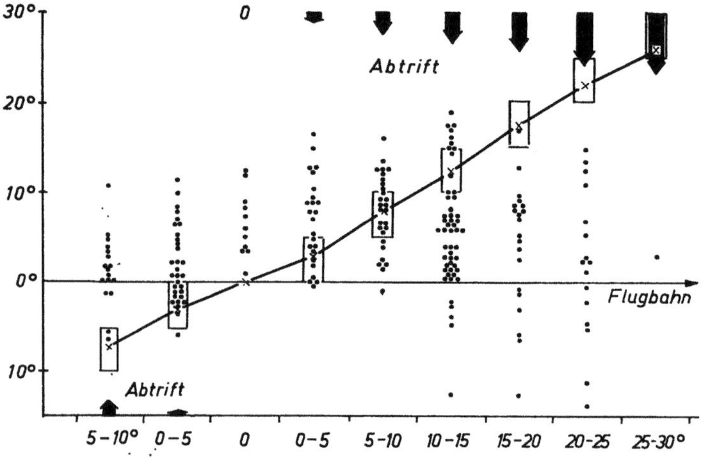

Abb. 188. Vergleich von Abtriftwinkel und Tanzwinkel. Alle Beobachtungen über die Richtungsweisung bei Seitenwind vom Sommer 1953. Die Kreuzchen der Kurve geben die Stärke der Abtrift an, somit auch die Schrägstellung der Bienen zum Ausgleich der Abtrift. Die schwarzen Pfeile geben an, von welcher Seite der Wind kam; ihre Länge ist der Windstärke angenähert proportional. Die Punkte bedeuten je einen gemessenen Tanz und geben Sinn und Größe der Fehler an (s. Ordinatenwerte). Sie sind den Winkelgrößen der Abtrift zugeordnet, die beim Hinflug der betreffenden Biene festgestellt wurde. Die umrahmten Felder geben bei jedem Kurvenpunkt den Bereich an, in den die Werte der betreffenden Klasse fallen sollten, wenn die Fehlweisung durch die Schrägstellung der Biene bedingt wäre

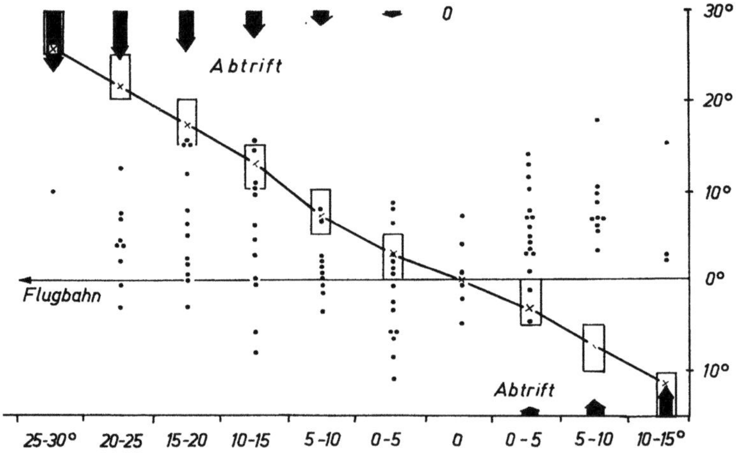

Abb. 189. Vergleich von Abtriftwinkel und Tanzwinkel. Alle Beobachtungen über die Richtungsweisung bei Seitenwind vom Sommer 1954. Erklärung s. Abb. 188

die Abtrift zu kompensieren hatten (zusammengefaßt in Klassen zu je 5°). Die Punkte bedeuten für jeden gemessenen Tanzwinkel die Größe des „Fehlers“ und sind jeweils der Abtrift (Kreuzchen der ausgezogenen Kurve) zugeteilt, die für den Hinflug der betreffenden Biene festgestellt wurde. Daß die „Fehler“ der Tanzwinkel nicht als wirkliche Fehler der Richtungsweisung aufzufassen sind, wurde schon erwähnt. Wir legen also im einzelnen auf die Differenz zwischen Tanzwinkel und Abtriftwinkel kein großes Gewicht. Als wesentliches Ergebnis springt in die Augen, daß zwischen der Richtungsweisung und der Abtrift keine Beziehung besteht. Denn die Meßwerte folgen nicht den Kurven, welche die kompensatorische Schrägstellung der Bienen anzeigen. Die Tänzerin weist ihren Kameraden die gleiche Richtung, ob der Wind von links oder rechts, ob er stark oder schwach, oder ob er überhaupt nicht weht.

Das läßt sich auch rechnerisch bestätigen:

Es wurde der Korrelationskoeffizient berechnet (GEBELEIN u. HEITE 1951) mit folgendem Ergebnis:

Sommer 1953, 199 Wertepaare, Korrelationskoeffizient $r = 0{,}08$,
Sommer 1954, 94 Wertepaare, Korrelationskoeffizient $r = 0{,}03$.

$r = 1$ bedeutet vollkommene Korrelation, -1 in entgegengesetztem Sinne, $r = 0$ keine Korrelation. Unsere beiden Werte liegen weit unter der Zufallshöchstgrenze von 0,21 bzw. 0,3 (KOLLER 1940).

Es besteht also keine Korrelation zwischen Abtrift- und Tanzwinkel.

Das Ergebnis scheint mir von großem Interesse zu sein. Denn es bedeutet, daß die Biene bei Seitenwind den Sonnenwinkel, den sie auf ihrem Flug zum Futterplatz infolge der Schrägstellung ihres Körpers tatsächlich gesehen hat, hernach beim Tanz auf jenen Winkel reduziert, den sie auf einem Flug bei Windstille gesehen hätte. Das ist biologisch sinnvoll, denn der Wind kann sich in kurzer Zeit ändern. Wenn sich die alarmierten Kameraden auf den Weg machen, wird er nicht selten anders wehen als zur Zeit des vorangegangenen Sammelfluges. Dann würden sie durch eine Weisung, die sich an den von der Tänzerin gesehenen Sonnenwinkel hält, in eine falsche Richtung gelenkt. Wird ihnen aber der wahre Azimut des Zieles angegeben, so werden sie den rechten Weg fliegen, indem sie, dem jeweils herrschenden Wind entsprechend, die eigene Abtrift kompensieren. Die Leistung wird noch bemerkenswerter dadurch, daß Windstärke und Windrichtung auf verschiedenen Abschnitten der Flugstrecke wechseln können und diese Schwankungen nach Ausmaß und Einwirkungszeit von der Tänzerin im Endergebnis berücksichtigt werden müssen.

Die Biene ist also imstande, einen Sonnenwinkel einzuhalten (oder im Stock durch ihren Tanz anzuzeigen), den sie nicht gesehen, sondern aus Meldungen ihrer Sinnesorgane indirekt erschlossen hat. Die gleiche Fähigkeit haben wir bei den Umwegversuchen (S. 177—191) kennengelernt, und auch bei den Nachtänzerinnen, welche die Richtungsmeldung des Schwänzeltanzes meist von schrägseitlich entgegennehmen (S. 163 und Abb. 50, S. 61.).

Man könnte die Richtungsweisung bei Seitenwind auch so auslegen, daß die Biene die beim Hin- und Rückflug wahrgenommenen Sonnenwinkel mittelt, wobei sie die beim Rückflug empfangenen Eindrücke natürlich auf die Richtung des Hinfluges zu transponieren hätte. Bei dieser Deutung müßte man die (unwahrscheinliche) Voraussetzung machen, daß unter den besonderen Bedingungen des Seitenwindes auch der Rückflug, und zwar mit gleichem Gewicht wie der Hinflug, gewertet wird.

Um verständlich zu machen, wie das gemeint ist, gehen wir von den einfacheren Verhältnissen bei Windstille aus. Es unterliegt keinem Zweifel und wurde schon mehrfach erwähnt, daß eine Biene die Richtung des Rückfluges nach dem Sonnenstand einschlagen kann, indem sie den Sonnenwinkel des Hinfluges um 180° transponiert. Abb. 190 macht das anschaulich. Der Futterplatz F lag beim Hinflug 50° rechts von der Sonne (Abb. 190a). Die Richtung des Rückfluges gewinnt die Biene, wenn sie den Stock 130° links von der Sonne sucht (Abb. 190b). Nun nehmen wir beim Hinflug Seitenwind von rechts an, der durch Schrägstellung um 20° kompensiert wird. Dadurch fliegt die Biene in einer Stellung 70° rechts von der Sonne zum Futterplatz (Abb. 190c). Beim Rückflug hat sie sich gegen den Wind um 20° schräg nach links einzustellen, ihre Körperstellung liegt 150° links von der Sonne (Abb. 190d). Auf die Richtung des Hinfluges transponiert, ergibt sich für die Lage des Futterplatzes 30° rechts von der Sonne. Als Mittel von 70° und 30° rechts fände sie mit 50° rechts von der Sonne die richtige Linie zum Futterplatz.

Eine solche Auslegung ist formal möglich, sie dürfte aber nicht richtig sein. Abgesehen von der schon erwähnten Schwierigkeit, daß der Rückflug so wie der Hinflug gewertet werden müßte, ist es näherliegend, dem Verhalten der Biene bei Seitenwind die gleichen Fähigkeiten zugrunde zu legen, die sie im Umwegversuch und bei der Tanzverfolgung so eindeutig offenbart. Auch wäre für das Verständnis nichts gewonnen. Während sich nämlich das Transponieren bei Windstille (Abb. 190b) verhältnismäßig einfach so deuten läßt, daß die Biene den Sonnenwinkel, den sie beim Hinflug vor sich hatte, beim Rückflug auf den hinteren Bezirk des anderen Auges umlegt, führt bei schräger Körperstellung (Abb. 190c, d) diese einfache Umstellung nicht zum Ziel;

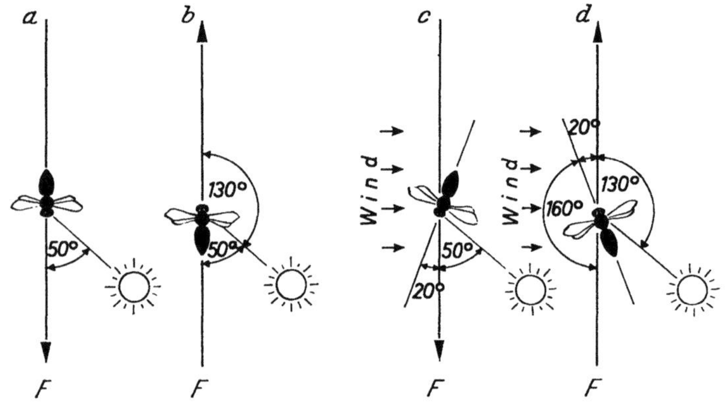

Abb. 190. Wirklicher und scheinbarer Sonnenwinkel beim Hinflug und Rückflug, a) und b) bei Windstille, c) und d) bei Seitenwind. Nähere Erklärung im Text

vielmehr muß auch hier durch einen Integrationsvorgang die Schrägstellung einkalkuliert werden. Auch wird, so wie im anderen Falle, ihre Leistung dadurch kompliziert, daß wechselnde Windstärken und Windrichtungen auf der Flugstrecke entsprechend verrechnet werden müssen.

In radikaler Weise erledigt HANNES das Problem durch die These, daß bei unseren Versuchen die Richtungsweisung überhaupt nicht der Luftlinie zum Ziel folgt und mit ihr in keinem ursächlichen Zusammenhange steht (1959, S. 7). Nach seiner Meinung geben die Bienen beim Tanz den Sonnenwinkel an, den sie bei ihrer kompensatorischen Schrägstellung wirklich beim Hinflug gesehen haben. Daß die von uns gemessenen Tanzwinkel in keiner Weise der jeweiligen Schrägstellung der Bienen konform sind (s. Abb. 188 und 189), stört ihn nicht. Die Richtungsweisung der Tänzerin sei nämlich „das Ergebnis einer Art ‚Mischung' der nervenphysiologischen Lernwirkungen derjenigen Sonnenwinkel, die die betreffende Biene nicht nur während des zuletzt vorangegangenen Hinfluges zum Trachtobjekt, sondern während mehrerer solcher Hinflüge ‚erfahren' (und ‚erlernt') hatte" (l. c. S. 46). Diese Behauptung wird durch folgende Tatsachen widerlegt:

1. Die Tanzwinkel weichen in manchen von unseren Versuchen von den Sonnenwinkeln in der entgegengesetzten Richtung ab, als wie sie — wenn HANNES recht hätte — nach den vorangegangenen Flügen hätten abweichen sollen. So bleiben die Tanzwinkel bei der in Abb. 187 wiedergegebenen Versuchsreihe während der ganzen Beobachtungsstunde zu groß. Nach der kompensatorischen Einstellung hätten sie zu klein sein müssen. Die Windverhältnisse waren schon am Morgen, als die Bienen ihre Flüge zum Futterplatz aufnahmen, die gleichen wie bei den Tanzbeobachtungen.

2. Bei einer anderen Versuchsreihe, die bei v. FRISCH und LINDAUER (1955) in Fig. 14 wiedergegeben ist, waren durch $^3/_4$ Stunden gleichfalls die Tanzwinkel größer, die Abtriftwinkel kleiner als die Sonnenwinkel; vor Beginn des Versuches war es an diesem

Tag windstill gewesen. Die Ausführungen, durch welche HANNES (l. c. S. 58, 59) diese Protokolle mit seiner Auffassung in Einklang zu bringen sucht, werden dadurch gegenstandslos.

3. Ich habe bei unseren 16 Versuchsreihen die „Fehler" der Tanzwinkel, also die Abweichungen der Punkte in Abb. 188 und 189 von der Null-Linie, mit dem nun vorliegenden umfangreichen Beobachtungsmaterial über die „Mißweisung" verglichen, das im Runddiagramm Abb. 210, S. 220, zusammenfassend dargestellt ist. Das Ergebnis dieses Vergleiches läßt keinen Zweifel darüber bestehen, daß die beobachteten Abweichungen den „Mißweisungen" entsprechen, die unter den jeweils gegebenen Bedingungen zu erwarten waren. Sie bedeuten für die Empfängerinnen der Nachricht keine Fehlweisung, sondern leiten sie richtig ans Ziel. Nur scheinbar zeigen die richtungsweisenden Tänze in Abb. 188 und 189 eine so starke Streuung und Abweichung von der Null-Linie. Im folgenden Abschnitt, insbesondere S. 215ff., wird näher darüber berichtet.

24. Die „Mißweisung"

Daß die Bienen bei der Richtungsweisung auf den Sonnenstand Bezug nehmen und ein Ziel in Richtung zur Sonne durch Schwänzelläufe nach oben, ein Ziel nach rechts oder links von der Sonne durch entsprechende Tanzwinkel nach rechts bzw. links von der Richtung nach oben bekannt geben, war im Prinzip schon 1945 klar.

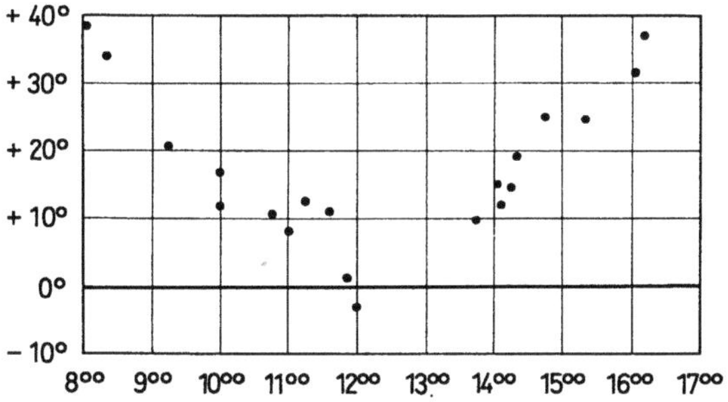

Abb. 191. Ein Beispiel für die „Mißweisung" und ihren Tagesgang bei Tänzen auf der vertikalen Wabe und Sicht nach blauem Himmel. Versuche in Aich vom 31. 8. bis 14. 9. 1945. Flugrichtung Nord. Abszisse: Tageszeit. Ordinate: „Mißweisung" = Differenz zwischen Sonnenwinkel und Tanzwinkel. Die Kurvenpunkte bedeuten die Durchschnittswerte von den in der Beobachtungszeit (meist 20 Minuten) gemessenen Tanzwinkeln, bezogen auf den Azimut der Sonne zur Mitte der Beobachtungszeit

Denn eindeutig wurde der Tagesgang der Sonne durch Änderung der Tanzrichtung im entgegengesetzten Sinne beantwortet. Aber mit dem „entsprechenden Tanzwinkel" gab es oft Unstimmigkeiten. Die Größe des Tanzwinkels konnte unter Umständen bis um etwa 40° von der Größe des Sonnenwinkels abweichen. Das waren keine zufälligen Ungenauigkeiten, denn die „Mißweisung" zeigte einen systematischen Tagesgang. Dafür bringt Abb. 191 ein Beispiel: Der Futterplatz lag vom Beobachtungsstock nach Norden. In 16 Versuchsreihen, die ich vom 31. 8. bis 14. 9. 1945 bei schöner Witterung zu verschiedenen Tageszeiten durchführte, war die Mißweisung am Morgen und gegen Abend sehr groß und erreichte mittags angenähert den Nullpunkt (Abb. 191). Verwirrend war aber, daß sie bei Völkern mit verschiedenem Standort verschieden war, ja auch im gleichen Volk bei geänderter Flugrichtung und sogar bei gleicher Flugrichtung und zur gleichen Zeit auf der anderen Wabenseite. Durchaus nicht immer waren, wie in Abb. 191, die Tanzwinkel zu groß; sie konnten um ebensolche Beträge zu klein sein, oder vormittags zu groß und nachmittags zu klein, oder umgekehrt — womit noch nicht alle Möglichkeiten erschöpft waren. Das gab Anlaß zu vielen Versuchen und vergeblichem Kopfzerbrechen, bis sich im Sommer 1947 herausstellte, daß Standort, Flugrichtung und Wabenseite an sich völlig gleichgültig sind. Es kommt nur darauf an, auf welcher Seite und unter welchem Winkel die Sonne zu der auf der vertikalen Wabenfläche tanzenden Biene steht. Das hängt nicht nur vom Sonnenstand ab, sondern auch von der Stellung der Wabenfläche im Raum und von der Stellung der Biene beim Schwänzellauf (die zum Beispiel, unter sonst gleichen Bedingungen, auf beiden Wabenseiten verschieden ist).

Es war schwer, auf den Gedanken zu kommen, daß die „Mißweisung" davon abhängt, unter welchem Winkel die Sonne zur tanzenden Biene steht; denn bei den Versuchen war ja die Sonne für die Tänzerin gar nicht sichtbar. Entweder stand sie auf der anderen Seite des Stockes, oder sie war abgedeckt.

Nun stellte sich aber heraus, daß starke Mißweisungen nur auftreten, wenn die Tänzerinnen — nach Entfernung des hölzernen Schutzdeckels — freien Ausblick nach blauem Himmel hatten. Das war damals ein erster Hinweis darauf, daß die Bienen die Schwingungsrichtung des polarisierten blauen Himmelslichtes wahrnehmen und daran den Sonnenstand ablesen können.

Aber auch bei geschlossener Wolkendecke und im geschlossenen Plattenzelt blieb eine „Mißweisung" von geringerem Ausmaß zurück. Auch diese „Restmißweisung" hatte einen systematischen Tagesgang. Sie steht — was freilich lange verborgen blieb — mit der Schwerkraft in Beziehung.

Die lichtbedingte Mißweisung verlor mit der Aufklärung der Zusammenhänge den Nimbus des Wunderbaren und das Interesse an ihr sank auf den Rang, der einem methodischen und leicht vermeidbaren Versuchsfehler gebührt. Um ihn auszuschalten, war es nur nötig, die Tanzmessungen bei diffusem Licht, am besten im geschlossenen Plattenzelt durchzuführen. Die schwerkraftbedingte Restmißweisung ist heute im Prinzip verständlich geworden, läßt aber im einzelnen noch manche Nuß zu knacken.

a) Die durch Licht bedingte „Mißweisung"

Eine Beobachtung steht mir noch lebhaft vor Augen, obwohl sie 15 Jahre zurückliegt: Der Himmel war bedeckt; die tanzenden Bienen zeigten recht genau die Richtung zum Ziel; da kam sehr rasch ein blauer Himmelsfleck in ihr Blickfeld und ebenso rasch änderten sie ihre Tanzrichtung um etwa 40°. Offensichtlich hatte das Ablesen des Sonnenstandes am blauen Himmel die starke Ablenkung bedingt.

Wir wissen, daß sich die Biene auf horizontaler Fläche beim Schwänzellauf unmittelbar im richtigen Sonnenwinkel einstellt, während sie denselben auf der vertikalen Wabenfläche im finsteren Stock auf die Richtung zum Lot transponiert. Die Vermutung lag nahe, daß auf der vertikalen Wabenfläche bei Wahrnehmung des Sonnenstandes das Bestreben, sich auch hier unmittelbar im richtigen Lichtwinkel einzustellen, mit der Tendenz, den Schwerewinkel einzuhalten in Konkurrenz tritt und zu einer Kompromißlösung führt, die uns als „Mißweisung" erscheint.

Um diese Annahme zu prüfen, mußte man wissen, welchen Winkel die Biene auf der vertikalen Wabenfläche bei unmittelbarer Einstellung nach der Sonne anstreben würde. Dazu war es notwendig, den auf die vertikale Wabenfläche projizierten Sonnenstand zur Zeit des Tanzes zu kennen. Diesem Zweck diente ein Apparat (Abb. 192), den Prof. Hans Benndorf nach meinen Wünschen entwarf und im physikalischen Institut der Universität Graz herstellen ließ. Zum Gebrauch ist er in einem verdunkelten Zimmer aufzustellen:

Ein hölzernes Kistchen hat oben einen kreisrunden Ausschnitt mit Gradeinteilung. In diesem Ausschnitt ist eine kreisrunde Scheibe (Wabenscheibe W), gleichfalls mit Teilkreis, um eine lotrechte Achse drehbar befestigt. Ihre Fläche wird mit Hilfe einer Klemmschraube in der Himmelsrichtung fixiert die der Wabenstellung des Beobachtungsstockes entspricht. Der Viertelkreisbogen B wird auf den Sonnenazimut zur Zeit des Tanzes eingestellt. Der Sonnenzeiger S, mit einem Kugelgelenk im Zentrum der Wabenscheibe, wird auf die Sonnenhöhe zur Zeit des Tanzes ausgerichtet. Er weist also zur Sonne. In gleicher Höhe mit dem Dach des Kistchens und im rechten Winkel zur Wabenscheibe ist im Abstand von einigen Metern eine Lampe angebracht. Der Zeiger Z ist so einzustellen, daß seine Richtung dem Schatten des Sonnenzeigers entspricht. Er gibt die auf die Wabenfläche projizierte Richtung der Sonne an. — Die so gefundenen Werte stimmten mit einer nachträglichen Berechnung, für die ich Dr. W. JAHN (Sternwarte München) zu Dank verpflichtet bin, bis auf 1—2° überein, was für unsere Zwecke ausreichend war. Der Tab. 31 und den graphischen Darstellungen liegen die berechneten Werte zugrunde.

Mit Hilfe dieses Apparates überprüfte ich nachträglich im Winter 1947/48 die vorliegenden 163 Versuche über die „Mißweisung" und fand in vielen Fällen die

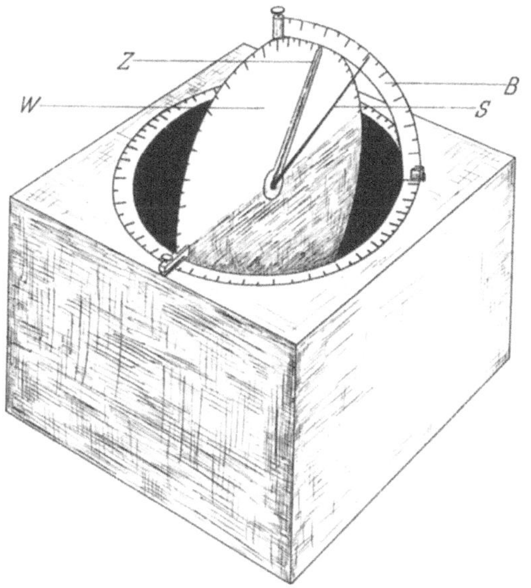

Abb. 192. Apparat zur Bestimmung des auf die vertikale Wabe projizierten Sonnenstandes. W Wabenscheibe, B Viertelkreisbogen zum Einstellen des Sonnenzeigers S auf Azimut und Höhe der Sonne. Der Schattenzeiger Z gibt bei Einstellung auf den Schatten des Sonnenzeigers S den gesuchten Winkel an

Vermutung bestätigt, daß die Tanzrichtung etwa die Mitte hält zwischen reiner Schwerkraft- und reiner Lichteinstellung. Doch konnten die Werte auch erheblich von dieser Erwartung abweichen (v. FRISCH 1948).

Die damaligen Befunde waren in mehrfacher Hinsicht ungenau: erstens war der Winkelmesser noch unvollkommen; zweitens bewertete ich die Tänze nicht individuell, sondern nahm die Durchschnittswerte sowohl der Tanzwinkel, wie der Sonnenwinkel für Zeiträume von je etwa 20 Minuten; drittens war mir die „Restmißweisung" noch nicht bekannt, die Hauptquelle besagter Ungenauigkeit.

Diese Erkenntnis war Anlaß zu neuen Versuchen (v. FRISCH 1962), bei welchen ich den verbesserten Winkelmesser (Abb. 26, S. 26) benützte, jeden Tanz individuell auswertete und die „Restmißweisung" durch folgendes Verfahren eliminierte: Es wurden in regelmäßigem Wechsel jeweils 10 Tänze bei freier Sicht nach blauem Himmel gemessen, und 10 Tänze im Plattenzelt bei diffusem Licht. Zu jedem Tanz wurde nachträglich der für die Tanzminute gültige Sonnenstand festgestellt. Der Winkel zwischen dem Azimut des Futterplatzes und dem Azimut der Sonne ist der Sonnenwinkel zur Zeit des Tanzes. Durch die Beobachtungen im

Tabelle 31. *Versuch vom 30. 8. 1961*, 14^{26}–^{36} *Uhr*. (Blauer Himmel nach W und NW für die Bienen sichtbar. Sonnenwinkel = Winkel zwischen Azimut der Sonne und Azimut des Futterplatzes. Zenitwinkel = Winkel zwischen Zenitrichtung und auf die vertikale Wabenfläche projizierter Richtung zur Sonne. Individuelle Restmißweisung: für die betreffende Bienen bestimmt in unmittelbar vorangegangenen oder nachfolgenden Tanzmessungen bei Abschluß des Himmelslichtes)

Zeit	Sonnen- Höhe (Grad)	Sonnen- Azimut (Grad)	Sonnenwinkel (Grad)	Zenitwinkel (Grad)	Biene Nr.	Individuelle Restmißweisung (Grad)	Soll-Tanzwinkel nach Sonne (Grad)	Soll-Tanzwinkel nach Schwerkraft (Grad)	Mittelwert (Grad)	getanzter Winkel (Grad)	Abweichung von der Sollrichtung nach Sonne (Grad)	Abweichung von der Sollrichtung nach Schwerkraft (Grad)	Abweichung vom Mittelwert (Grad)
14^{26}	41,5	228,5	41,5 r	37 r	36	—13	78,5 r	28,5 r	53,5 r	52,5 r	—26	+24	—1
14^{27}	41	229	41	37	35	—11,5	78	29,5	53,5	53	—25	+23,5	—0,5
14^{27}	41	229	41	37	30	—11,5	78	29,5	53,5	51	—27	+21,5	—2,5
14^{28}	41	229	41	37	31	—10	78	31	54,5	47	—31	+16	—7,5
14^{28}	41	229	41	37	34	—13	78	28	53	47	—31	+19	—6
14^{29}	41	229,5	40,5	37	36	—13	77,5	27,5	52,5	51	—26,5	+23,5	—1,5
14^{31}	40,5	230	40	37	25	—5	77	35	56	55	—22	+20	—1
14^{32}	40,5	230,5	39,5	36,5	27	—10	76	29,5	52,5	48,5	—27,5	+19	—4
14^{33}	40,5	230,5	39,5	36,5	32	—11	76	28,5	52	46,5	—29,5	+18	—5,5
14^{36}	40	231,5	38,5	36,5	31	—10	75	28,5	51,5	52	—23	+23,5	+0,5

Plattenzelt erfahren wir, welche Abweichung des Tanzwinkels vom Sonnenwinkel die betreffende Biene zeigt[1]), also ihre „Restmißweisung" zur Versuchszeit. Sie kann nun bei den Beobachtungen mit freiem Blick nach blauem Himmel in Rechnung gestellt werden.

Tabelle 31 bringt ein Beispiel für das Protokoll einer Versuchsreihe. Greifen wir zur Erläuterung die erste Zeile heraus: Die Biene Nr. 36 zeigt nach kurz vorangegangenen oder nachfolgenden Feststellungen zur Zeit eine „Restmißweisung" von —13°, d. h. bei dem Sonnenwinkel von 41,5° r. war ihr nach der Schwere orientierter Tanzwinkel 28,5° r. („Soll-Tanzwinkel nach Schwerkraft" in Tab. 31). Nun brauchen wir ihre Einstellung auf der vertikalen Wabe bei reiner Sonnenorientierung. Durch unseren Apparat erfahren wir, daß die auf die Wabenfläche projizierte Richtung zur Sonne 37° r. vom Zenit liegt („Zenitwinkel" in Tab. 31). Wenn die Tänzerin den Sonnenstand wahrnimmt, muß sie sich von dieser Richtung aus 41,5° nach rechts einstellen, womit sich der „Solltanzwinkel nach Sonne" (Tab. 31) = 37° + 41,5° = 78,5° r. ergibt. Im Versuch mit Sicht nach blauem Himmel tanzte sie 52,5° nach rechts von der Richtung nach oben. Der Mittelwert zwischen den Solltanzwinkeln nach der Schwerkraft und nach der Sonne liegt bei 53,5° r. Der Tanzwinkel war nur um 1° von diesem Mittelwert verschieden.

Anschaulicher als die Tabelle zeigt Abb. 193 für diesen Versuch, wie überraschend genau die Tänzerinnen die mittlere Linie (punktiert) zwischen den Soll-Tanzrichtungen nach Licht- und Schwereorientierung eingehalten haben. Rechts unten, eingerandet, ist der Mittelwert aus den 10 Einzelbeobachtungen dargestellt. Eine Versuchsreihe am folgenden Nachmittag brachte ein übereinstimmendes Ergebnis. Bei den Beob-

[1]) Es gibt individuelle Unterschiede.

achtungen war mir die zu erwartende Tanzrichtung immer unbekannt. Alle Versuche waren „unwissentlich“.

Wenn sich eine Biene auf horizontaler Unterlage nach dem polarisierten Licht des blauen Himmels in der Zielrichtung einstellt (s. S. 387ff.), so ist das leicht verständlich. Sie braucht nur die Körperstellung zu suchen, bei der sich das wahrgenommene Polarisationsmuster mit jenem deckt, das sie kurz vorher beim Flug nach dem Futterplatz mit den gleichen Augenbezirken gesehen hat. Beim Tanz auf vertikaler Wabenfläche ist demgegenüber das Polarisationsmuster auf andere

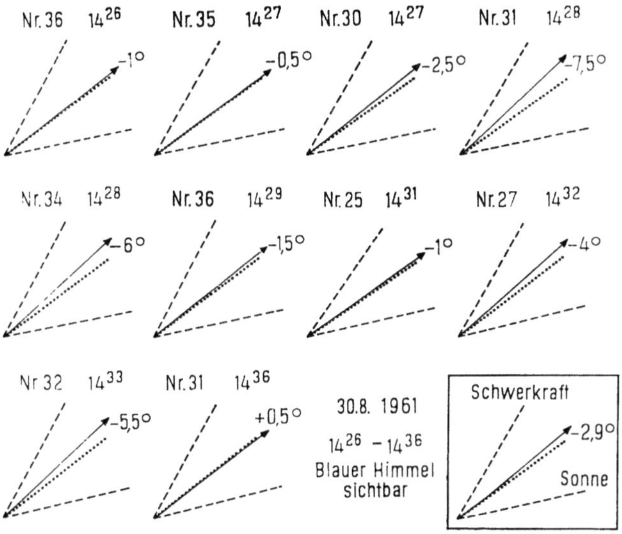

Abb. 193. Zehn Tänze auf der vertikalen Wabenfläche mit Sicht nach blauem Himmel. Die Versuchsreihe der Tab. 31 in graphischer Darstellung. Sonne für die Tänzerinnen abgeschirmt. Gestrichelte Schenkel: Soll-Tanzrichtung bei Schwerkraft- bzw. Licht-Einstellung, punktierte Linie: Mittelwert aus beiden Richtungen, Pfeil: getanzte Richtung. Abweichung des Tanzwinkels vom Mittelwert, Beobachtungsminute und Nummer der Biene sind bei jedem Bild angegeben. Eingerahmt: Durchschnitt aus den 10 Einzelbeobachtungen

Augenbezirke verschoben. Daß sie trotzdem bei ihrem Kompromiß den Sonnenwinkel so genau in Rechnung stellt, hat einen exakten Regelmechanismus zur Voraussetzung. Immerhin befand sich bei den bisher besprochenen Versuchen nicht nur der blaue Himmel, sondern auch die (für die Biene abgedeckte) Sonne über ihrem Rücken. Ich war neugierig, wie sie sich verhalten würde, wenn sie über sich blauen Himmel sieht, die Sonne aber bauchwärts steht — eine Situation, die bei ihren Freilandflügen niemals gegeben ist.

Mit diesem Hintergedanken hatte ich den Beobachtungsstock schon so aufgestellt, daß die Wabenfläche in Nord-Süd-Richtung stand. Tanzboden war die nach Westen gerichtete Wabenfläche. Für die Tänzerinnen stand daher die Sonne vormittags bauchwärts, jenseits der Wabe. Die Bienen zeigten auch unter diesen Umständen um nichts weniger genau nach der Mitte zwischen den Richtungen, welche der Schwere- bzw. Lichtorientierung entsprochen hätten (Abb. 194). Von acht weiteren vormittägigen Versuchsreihen (je 10 Tänze) verliefen sieben übereinstimmend; nur in einem Falle war die Tanzrichtung aus unbekanntem Grunde etwas nach der Seite der Lichtorientierung verschoben.

Die Leistung der Biene bei dieser Versuchsanordnung wirkt überraschend — und sie bleibt es, auch wenn man bedenkt, daß sie zwar bei ihren Freilandflügen die Sonne niemals unter sich hat, daß aber die Aufgabe trotzdem nicht unbiologisch ist. Ein Bienenschwarm, der frei in einer Baumkrone hängt, wird von Kundschafterinnen, die eine geeignete Wohnung gefunden haben, über deren Lage durch Tänze informiert (s. S. 270ff.). Dabei haben sich die Tänzerinnen, soferne sie auf der

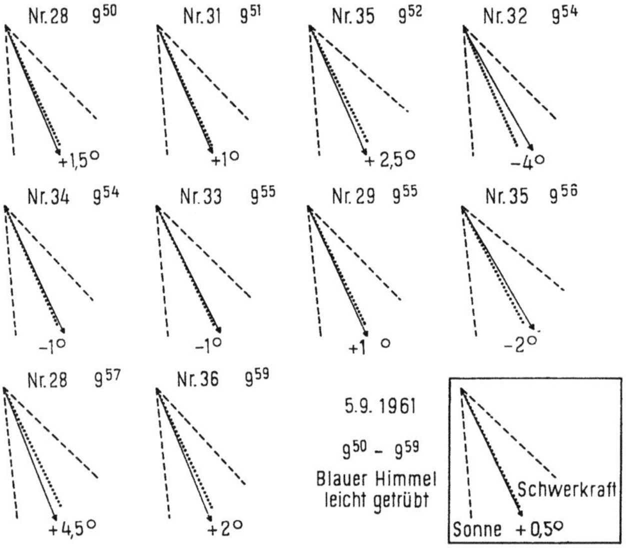

Abb. 194. Zehn Tänze auf vertikaler Wabenfläche mit Sicht nach blauem Himmel, Sonne jenseits der Wabe, bauchwärts von den Bienen. Übrige Erklärung wie bei Abb. 193

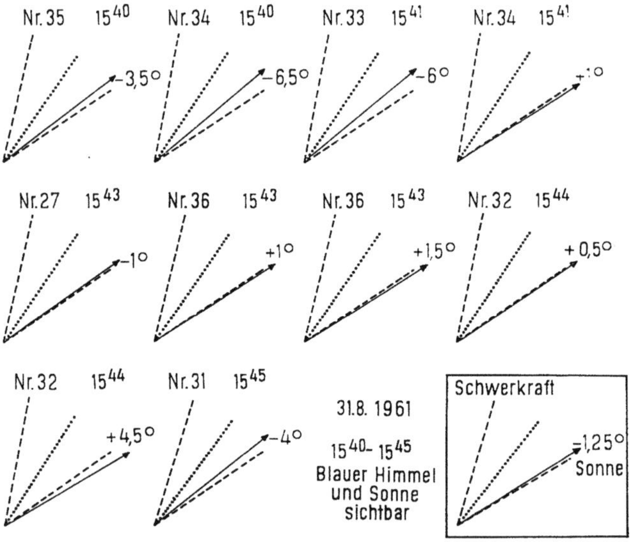

Abb. 195. Zehn Tänze auf vertikaler Wabenfläche mit Sicht nach der Sonne und blauem Himmel. Es ist die Abweichung des Tanzwinkels von der Lichteinstellung angegeben. Übrige Erklärung wie bei Abb. 193

Schattenseite der Traube tätig sind, nach dem polarisierten Himmelslicht zu richten, während die Sonne bauchwärts von ihnen steht. Es mag sich bei dieser Fähigkeit um ein uraltes Erbe handeln, aus einer Zeit, als auch die Honigbiene — wie heute noch ihre primitiveren Verwandten — ihre Nester unter freiem Himmel baute.

In einer Versuchsreihe, in der für die Tänzerinnen nicht nur blauer Himmel, sondern auch die Sonne sichtbar gemacht wurde, stellten sie sich nach dem Licht ein. Die Schwerkraft wurde von der Sonne ausgestochen (Abb. 195).

Als bei einer leichten, geschlossenen Wolkendecke kein Polarisationsmuster mehr erkennbar war, wohl aber die Sonne noch deutlich durchschien, lagen die Tanzrichtungen zwischen Licht- und Schwerkraft-Einstellung. Bei der folgenden Versuchsreihe hatte sich die Wolkendecke verdichtet. Der Sonnenort war für uns eben noch erkennbar. Nun waren die Tänze ganz nach der Schwerkraft eingestellt. Die Sonne scheint also mit zunehmender Wolkenbedeckung allmählich an Gewicht zu verlieren.

Bei der Einstellung nach dem polarisierten Himmelslicht verhielten sich die Bienen anders. Ob ein kleiner oder ein großer Bereich blauen Himmels für sie sichtbar war, ob der Himmel klar blau oder leicht getrübt, ob das Polarisationsmuster je nach dem Sonnenabstand mehr oder weniger kontrastreich erschien, hatte keinen Einfluß auf die Einstellung der Tänzerinnen — solange die Schwingungsrichtung noch erkennbar blieb.

Die naheliegende Frage, ob die alarmierten Neulinge durch die „Mißweisung" fehlgeleitet werden, haben wir schon am 27. 9. 1949 durch einen Fächerversuch geprüft.

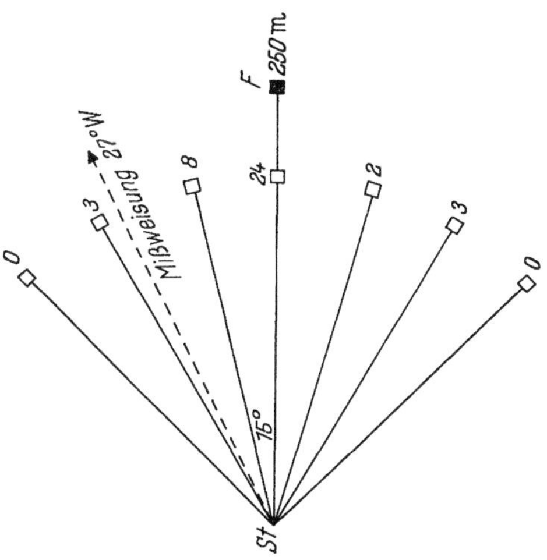

Abb. 196. Fächerversuch vom 27. 9. 1949 zur Prüfung der Frage, ob die Neulinge durch die „Mißweisung" fehlgeleitet werden. St Beobachtungsstock, F Futterplatz 250 m vom Stock. Bei den 7 Duftplatten (200 m vom Stock) ist durch die beigefügten Zahlen die Anzahl der Anflüge angegeben. Beobachtungszeit $1^1/_2$ Stunden

Ein Beobachtungsstock wurde in der Zeppezau, einem breiten Wiesental unweit von Brunnwinkl, am Fuß des Südhanges aufgestellt und am 26. 9. ein Futterplatz (ohne Duft) jenseits der ebenen Talsohle in genau nördlicher Richtung 250 m vom Stock angelegt. Die Zuckerkonzentration wurde so nieder gehalten, daß keine Neulinge alarmiert wurden, also keine Vordressur auf die Richtung erfolgte. Am 27. 9. wurden 7 Duftplatten[1]) mit Lavendelöl 200 m vom Stock in Winkelabständen von 15° aufgelegt, worauf von 9^{10}—10^{40} Uhr am Futterplatz 2 mol Zuckerlösung auf einer Unterlage mit Lavendelduft geboten wurde. Während der Versuchszeit war es wolkenlos bei schwachem Ostwind, zeitweise windstill. Die Anflüge an den Beobachtungsplätzen sind in Abb. 196 durch die beigefügten Zahlen angegeben.

Während der Beobachtungszeit hatten die Tänzerinnen vom Tanzboden aus, auf der nordseitigen Wabenfläche, freie Sicht nach blauem Himmel. Die durchschnittliche Mißweisung von 29 während der Versuchszeit gemessenen Tänzen betrug 27° nach West. Wären die Neulinge dieser Richtung gefolgt, so hätten sie von der Fluglinie der Sammlerinnen um zwei Beobachtungsposten nach Westen (gestrichelte Linie in Abb. 196) abweichen müssen. Das Maximum der Anflüge lag aber richtig zum Futterplatz.

Daraus geht hervor, daß die verständigten Neulinge, die ja den gleichen Einflüssen unterliegen wie die Tänzerinnen, bei der Rückübersetzung in den Flugwinkel zur Sonne die Ablenkung kompensieren. Dieser Schluß fand später eine Bestätigung in der großen Genauigkeit, mit der die Tänze in der Schwarmtraube an ein oft sehr verstecktes Ziel führen (S. 274). Hier liegt der schon erwähnte Fall vor, daß unter natürlichen Bedingungen das blaue Himmelslicht mit der Schwerkraft in Konkurrenz tritt.

[1]) Wie Abb. 81, 82, S. 87, aber nur mit je 3 Duftgläschen.

b) Durch die Schwerkraft bedingte „Mißweisung" („Restmißweisung")

Wir beobachten jetzt die Tänze auf der vertikalen Wabe bei abgedecktem Himmel, in diffusem Licht. Eine Ablenkung durch das Himmelsblau ist ausgeschlossen. Die im vorigen Abschnitt besprochenen starken Mißweisungen sind hiermit verschwunden. Die verbleibende kleinere „Restmißweisung" soll uns nun beschäftigen.

Um das Folgende zu verstehen, muß man sich die Art unserer Tanzmessungen klar vor Augen halten. Ein Futterplatz in Richtung zur Sonne wird auf der

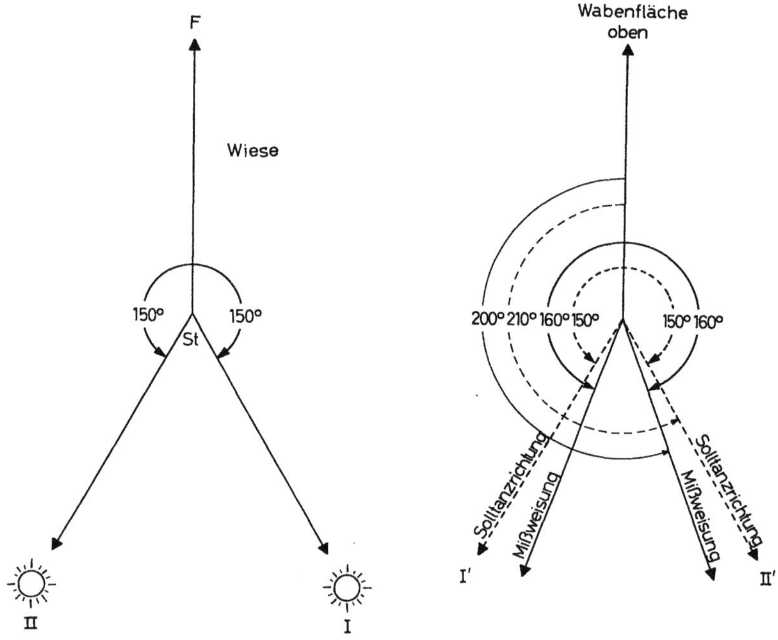

Abb. 197. Schema zur Erläuterung der Winkelmessung. Bild links: St Beobachtungsstock, F Futterplatz (Nord), I und II Sonnenstand vormittags bzw. nachmittags. Bild rechts: Die nach dem linken Bild zu erwartenden Richtungsweisungen (gestrichelte Linien) und „Mißweisungen" (je 10°, ausgezogene Linien) auf der vertikalen Wabenfläche. — Wir zählen die Tanzwinkel, ausgehend von 0° = Richtung nach oben, nach links und rechts bis 180°, das ergibt hier: Plus-Mißweisung in beiden Fällen. Bei durchgehender Zählung bis 360° (entgegen dem Uhrzeigersinn) würde sich links eine Plus-, rechts eine Minus-Mißweisung ergeben

Abb. 198—201 s. Falttafel in der Einstecktasche am rückwärtigen Einbanddeckel

vertikalen Wabe durch Schwänzelläufe nach oben angezeigt. Ist nach einiger Zeit die Sonne z. B. um 10° im Sinne des Uhrzeigers fortgeschritten, so hat sich die Tanzrichtung entgegen dem Uhrzeigersinn um 10° geändert und weist das Ziel 10° links von der Sonne. Man kann nun die Tanzrichtung, beginnend mit 0° = Richtung nach oben, entgegen dem Uhrzeigersinn (also links herum) bis 360° durchzählen. Einige Autoren haben es so gemacht. Wir aber zählen die Tanzwinkel nur bis 180° und unterscheiden zwischen Tänzen die um 1—180° nach links bzw. nach rechts gerichtet sind. Das entspricht sinngemäß einem nach links oder rechts von der Sonne gelegenen Ziel. Daß es auch für die Auswertung der Beobachtungen sinnvoll ist, lehrt ein Blick auf Abb. 197 (wobei wir allerdings unser Ergebnis, daß die „Restmißweisung" durch die Schweresinnesorgane bedingt ist, vorwegnehmen).

Im Bilde links ist ein nördlicher Futterplatz F angenommen. Er liegt vormittags bei südöstlichem Sonnenstand (I) 150° links von der Sonne und soll dementsprechend auf der vertikalen Wabe durch einen Tanzwinkel 150° links von der Richtung nach oben angezeigt werden (Bild rechts, Soll-Tanzwinkel I'). Wir beobachten einen zu großen Tanzwinkel (im Beispiel + 10°). Bei entsprechendem Sonnenstand nachmittags (Bild links, II, Futterplatz 150° rechts von der Sonne) ist der Tanz nach rechts unten gerichtet (Bild rechts, II') und die Mißweisung beträgt gleichfalls + 10°. Das ist in physiologischem Sinne ein befriedigendes Ergebnis: Bei symmetrischen Einstellungen nach rechts und nach links sind die schwerkraftbedingten „Fehler" einander entsprechend. Würden wir die Tanzwinkel von 1—360° durchzählen, so würde die Tänzerin bei symmetrischer Einstellung zum Lot den Winkel links zu groß und rechts zu klein melden, wie aus den beiden ausgezogenen Kreisbogen der Abbildung ersichtlich ist.

Tatsachen-Material. Versuche aus früheren Jahren hatten gezeigt, daß sich auch bei der „Restmißweisung" der systematische Tagesgang mit der Flugrichtung ändert. Um in die Zusammenhänge Einblick zu bekommen, haben wir (v. Frisch und Lindauer 1961) an verschiedenen Tagen und in verschiedenen Jahren, an verschiedenen Völkern, bei verschiedener Flugrichtung und in verschiedenen Gegenden die Tänze der Bienen, die von einem künstlichen Futterplatz kamen, vom Morgen bis zum Abend gemessen. Als Beispiele sind in Abb. 198—201 (s. Falttafel am Schluß des Buches) Versuche herausgegriffen, bei welchen der Futterplatz genau südlich, nördlich, östlich und westlich vom Stock lag.

Wir betrachten zunächst Abb. 198 (Falttafel, in der Einstecktasche innen am rückwärtigen Buchdeckel). Der Futterplatz befand sich in ebenem Gelände 200 m südlich vom Beobachtungsstock. Auf der Abszisse sind die Tageszeiten aufgetragen, auf der Ordinate die Tanzwinkel. Für jede, nach der Heimkehr beobachtete Biene ist das Ergebnis der Tanzmessung einzeln eingetragen. Zu große Tanzwinkel sind nach oben, zu kleine nach unten von der Null-Linie verzeichnet[1]). Der Versuch lief am 11. 9. 1959 von etwa 8—18 Uhr (Kreuzchen in der Abb.) und wurde am 12. 9. wiederholt (Punkte in der Abb.). Man sieht, daß sich die Werte decken. Der auffällige Tagesgang kann also nicht dem Zufall zugeschoben werden.

Er ist aber auch nicht allein von der Tageszeit abhängig. Bei nördlichem Futterplatz (Abb. 199 s. Falttafel), Versuche auf den ebenen Wiesenflächen von Aich am 2. und 3. 9. 1958, liegen die „Mißweisungen" zu den gleichen Stunden anders. So zeigt sich z. B. in Abb. 198 zwischen 14^{00} und 15^{00} Uhr ein jäher Anstieg, in Abb. 199 zur gleichen Zeit ein rascher Abfall der „Mißweisung". Am Abend sind in Abb. 198 die Winkel zu groß, in Abb. 199 zu klein. Auch hier führte die Wiederholung des Versuches an zwei aufeinanderfolgenden Tagen (+ und • in Abb. 199) zu übereinstimmenden Befunden.

Wer etwa die Differenzen zwischen dem Nord- und Süd-Versuch auf die verschiedenen Versuchsjahre oder Versuchsplätze zurückführen will, sei auf Abb. 200 und 201 (s. Falttafel) verwiesen. Bei Abb. 200 lag der Futterplatz 200 m östlich vom Stock (Schleissheim 24. 8. 1959), bei Abb. 201 200 m westlich (Schleissheim 27. 7. 1959). Der Verlauf der „Mißweisungen" in

[1]) Formale Unklarheiten über die Eintragung der Winkel ergeben sich dabei, wenn die Soll-Tanzrichtung und die beobachtete Tanzrichtung auf verschiedenen Seiten vom Lot liegen. War die Abweichung beiderseits gleich groß, z. B. Soll-Tanzrichtung 2° (bzw. 178°) rechts, bei einer beobachteten Tanzrichtung von 2° (bzw. 178°) links, so haben wir den Fall nicht verwertet. Bei ungleicher Winkelgröße wurden derartige Grenzfälle so behandelt, als hätte die Biene den größeren Winkel (gleichgültig, ob Licht- oder Schwerewinkel) richtig erfaßt und den kleineren auf die falsche Seite lokalisiert. Ob wir damit das Rechte getroffen haben, bleibt ungewiß. Das Gesamtergebnis wird von diesen Einzelfällen nicht berührt.

diesen Versuchen ist nahezu spiegelbildlich und in beiden Fällen wesentlich anders als bei Flugrichtung Süd und Nord.

Offenbar steht die „Mißweisung" mit dem täglichen Sonnenlauf in Zusammenhang, der ja bewirkt, daß sich die Flugrichtung in bezug auf den Sonnenstand dauernd ändert. Wenn das der entscheidende Punkt ist, dann sollte bei stillstehender Sonne die „Mißweisung" konstant bleiben. Wir können zwar den Lauf der Sonne nicht stoppen, aber wir können den Futterplatz mit ihr wandern lassen. Solche Versuche — gemeinsam mit LINDAUER begonnen und von ihm allein weitergeführt — hatten zunächst ein überraschendes Ergebnis.

Versuche mit wanderndem Futterplatz („stillstehender Sonne"): Soll der Futterplatz den ganzen Tag in der Richtung zur Sonne liegen, so wird er über das Flugloch weg in dieser Richtung einvisiert und unter dauernder Kontrolle alle 1—2 Minuten versetzt, konform mit der Änderung des Sonnenstandes. Das Futtertischchen muß durch Duft und Farbe auffallend markiert sein, damit es die Sammlerinnen trotz seiner Lageänderung leicht wiederfinden. Am Abend wird es aus West an den östlichen Ausgangspunkt zurückgebracht, soferne eine Wiederholung des Versuches beabsichtigt ist. Soll der Futterplatz in einem konstanten Winkel links oder rechts vom Sonnenstand liegen, so wird die Visierlatte über dem Stock in dem gewünschten Winkel mit einer zweiten verbunden. Das Versuchsgelände war nach allen Seiten frei und offen.

Die Erfahrung hatte gezeigt, daß keine „Mißweisung" besteht, wenn der Futterplatz in der Richtung zur Sonne liegt (z. B. Abb. 198 bei Flugrichtung Süd zu Mittag). Wir erwarteten, daß es von früh bis abends keine „Mißweisung" geben würde, wenn das Ziel die ganze Zeit in der Richtung zur Sonne bliebe. Es kam aber

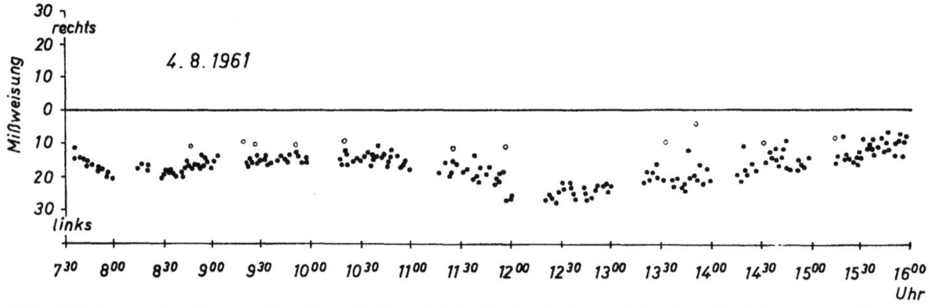

Abb. 202. Versuch mit „wanderndem Futterplatz". Er liegt dauernd in der Richtung zur Sonne. Während des ganzen Tages starke Links-Mißweisung. Die Richtungsweisung hinkt um 1 Stunde und mehr hinter dem westwärts wandernden Ziel nach. Helle Kreise: Ersttänze von Bienen, die $^1/_4$—$^1/_2$ Stunde vorher als Neulinge am Futterplatz gezeichnet waren. Ihre Mißweisung ist kleiner, da sie den Ort ihres kurz zurückliegenden ersten Anfluges anzeigen. Nach LINDAUER 1963

zu einer Mißweisung nach links von beträchtlichem Ausmaße (Abb. 202). Das Ergebnis war sinngemäß das gleiche, wenn der Futterplatz in einem konstanten Winkel nach links oder rechts vom Sonnenstand gehalten wurde. Diese Versuche verhalfen uns also nicht zu einem Verständnis der „Restmißweisung". Das kommt wohl daher, daß wir durchaus unbiologische Verhältnisse geschaffen haben und daß die Bienen, streng gewohnt an die konstante Lage ihrer Weideplätze — seien es Blüten oder Futtertischchen — und ebenso vertraut mit dem täglichen Sonnengang, ein Ziel, das sie in der Richtung der Sonne gefunden haben, nach einiger Zeit links vom Sonnenstand suchen. Beim „wandernden Futterplatz" führt diese Tendenz, in Verbindung mit dem dauernden Umlernen auf eine neue Lage, zum Kompromiß und zu einem Nachhinken des Flugweges.

Diese Deutung scheint naheliegend und wird durch Versuche LINDAUERs (1963) gestützt, in welchen das Futtertischchen nur jede halbe Stunde sprungweise dem

Sonnenlauf folgte. Die Tänzerinnen zeigten dann zunächst den alten Futterplatz an und glichen den Sonnenwinkel nach und nach den neuen Verhältnissen an (Abb. 203). Der gleichen Erscheinung sind wir schon bei einer Versetzung des Futterplatzes in einem Umwegversuch begegnet (s. S. 180, 181 u. Abb. 161).

Eine volle Bestätigung brachte eine Wiederholung des Experimentes mit Bienen, die LINDAUER ohne Himmelssicht aufgezogen hatte. Wie er schon früher nachweisen

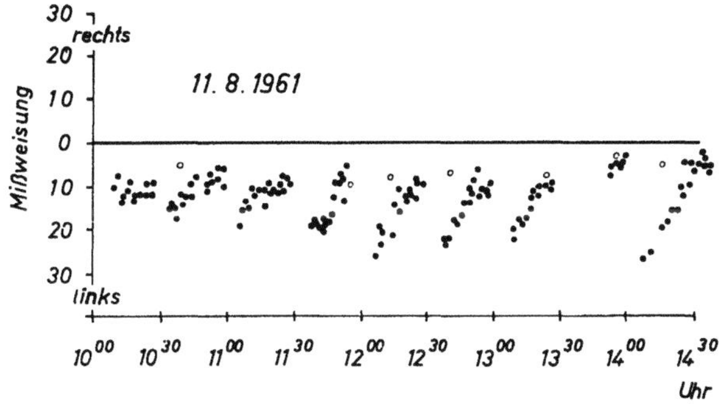

Abb. 203. Wie Abb. 202, aber Versetzung des Futtertischchens nur nach je $^1/_2$ Stunde. Die Versetzungszeiten sind auf der Abszisse durch Striche markiert. Sprungweise Zunahme und allmählicher Ausgleich der Mißweisung nach jeder Verlegung des Futterplatzes. Nach LINDAUER 1963

konnte, müssen Bienen den Tageslauf der Sonne in ihren ersten Lebenstagen erlernen (s. S. 369f.). Die sonnenlos gehaltenen Jungbienen kannten ihn noch nicht und kamen daher nicht in Versuchung, die Futterstelle bei weiter wandernder Sonne links von ihr zu suchen. Und nun stellte sich das erwartete Ergebnis ein: die „Mißweisung" blieb aus, die Tänzerinnen zeigten von früh bis abends

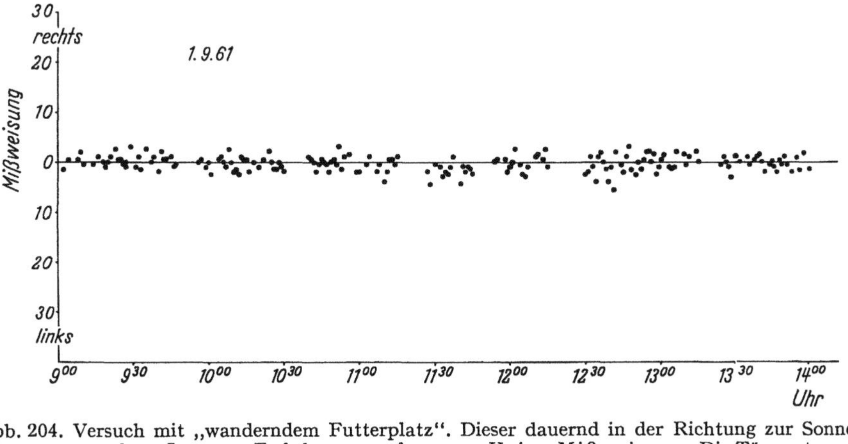

Abb. 204. Versuch mit „wanderndem Futterplatz". Dieser dauernd in der Richtung zur Sonne. Die Bienen waren ohne Sonnen-Erfahrung aufgezogen. Keine Mißweisung. Die Tänze streuen von früh bis abends gleichmäßig und geringfügig um den Nullpunkt (Richtung nach oben). Nach LINDAUER 1963

mit geringer Streuung die Richtung nach oben, also zur Sonne (Abb. 204). So hat sich auf einem Umweg doch bestätigt, daß in der Flugrichtung relativ zur Sonne ein maßgebender Faktor für die „Mißweisung" zu sehen ist.

Keine „Mißweisung" beim Tanz auf horizontaler Wabe. Einen Schritt weiter führte es, als wir den Stock horizontal legten und den Bienen freie Sicht nach dem Himmel gaben, so daß sie ihre Tänze unmittelbar nach der Sonne und dem

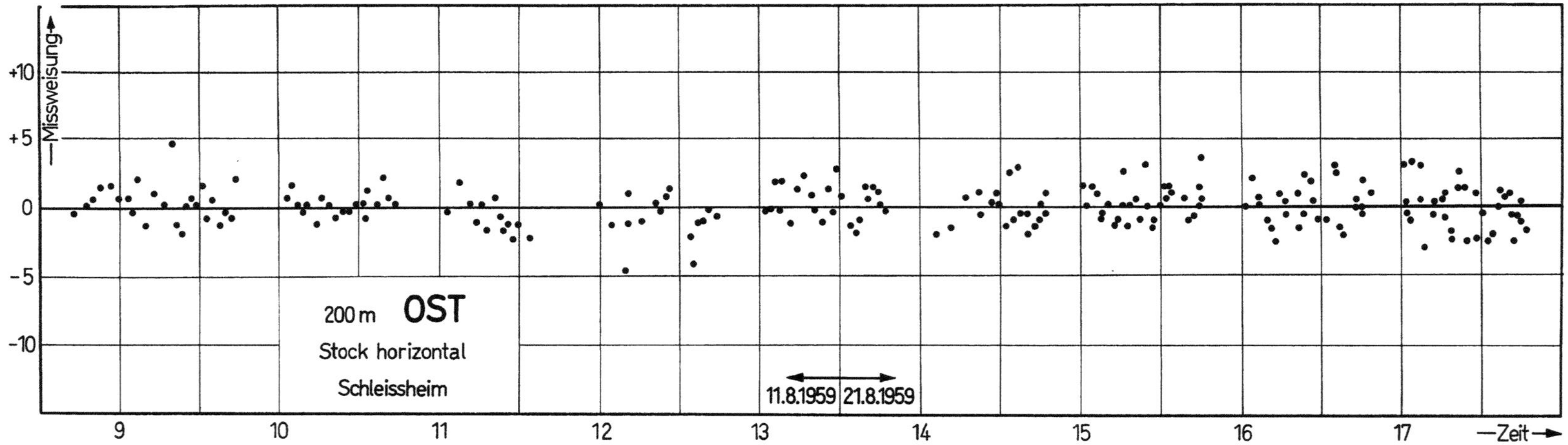

Abb. 205. Versuche vom 11. und 21. 8. 1959. Schleißheim. Die Wabe des Beobachtungsstockes lag horizontal. Die Bienen hatten freie Sicht nach der Sonne und dem blauen Himmel. Keine Mißweisung

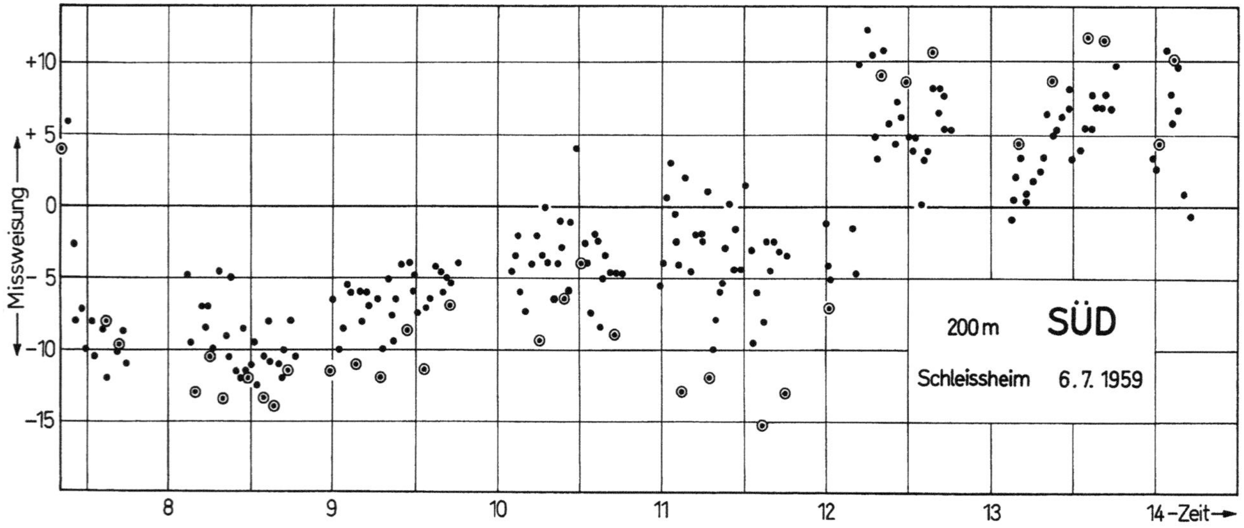

Abb. 206. Versuche über die „Restmißweisung". Futterplatz 200 m Süd. Schleißheim. Die Biene Nr. 146 (eingeringelte Werte) weicht in ihrer Richtungsweisung von den anderen Bienen über die Streubreite hinaus ab

blauen Himmel ausrichten konnten[1]). Obwohl wir ältere Flugbienen beobachteten, die mit dem Sonnengang vertraut waren, traten keine Mißweisungen auf (Abb. 205, Flugrichtung Ost, Versuche vom 11. und 21. 8. 1959). Die Streuung um den richtigen Wert blieb regellos und hielt sich in engen Grenzen. Übereinstimmende Versuche liegen vom 5. und 8. 7. 1959 bei Flugrichtung Süd vor. Weitere Beobachtungen vom Juli und August 1962 (Flugrichtung West) stellte mir Herr NEESE zur Verfügung: Bei insgesamt 69 Tänzen war die „Mißweisung" im Durchschnitt 0,4° nach rechts vom Futterplatz gerichtet. Die größte, nur einmal beobachtete „Mißweisung" lag bei 5,5° rechts.

Es ergibt sich der Schluß, daß die „Mißweisungen" bei den Tänzen auf der vertikalen Wabenfläche erst beim Transponieren der Lichtwinkel auf die Schwerewinkel entstehen.

Individuelle Verschiedenheiten. Der Betrag der „Mißweisung" kann individuell variieren. Einzelne Bienen erwiesen sich sogar als ausgesprochene Abweicherinnen. Ein typisches Beispiel bringt Abb. 206. Der Futterplatz lag 200 m südlich vom Stock (6. 7. 1959). Die Bienen zeigten am Vormittag zu kleine Winkel. Die Richtungsweisung der Biene Nr. 146 (eingeringelte Werte) lagen an der unteren Grenze des Streubereiches oder noch tiefer; am Nachmittag aber, als die Tanzwinkel zu groß waren, findet man sie an der oberen Grenze der Streubreite oder darüber. Das bedeutet, daß die Biene in beiden Fällen über die Streubreite hinaus nach links am Ziel vorbei gezeigt hat, wie man erwarten kann, wenn die linksseitigen Schweresinnesorgane aus irgendwelchem Grunde das Übergewicht haben. Bei anderen Bienen sahen wir Abweichungen nach rechts. Solche Rechts- oder Links-Tendenz kann — muß aber nicht immer — bei einem Individuum tagelang bestehen bleiben. In einem Falle hatten wir die Gelegenheit festzustellen, daß auch eine extrem abweichende Tänzerin auf horizontaler Wabe ganz im Rahmen der normalen Streuung blieb. Auch das entspricht der Annahme, daß ihr abwegiges Verhalten auf der vertikalen Wabe mit einer Besonderheit ihrer Schweresinnesorgane zusammenhing.

Abgesehen von diesen seltenen stärkeren Abweichungen gibt es geringfügige systematische Verschiedenheiten bei der Richtungsweisung ziemlich häufig (vgl. S. 149f. und SCHWEIGER 1958), was bei Versuchen mit größeren Bienengruppen zu einer Erhöhung der Streuung führt. Das Bild der Kurvenzüge wird daher schöner, wenn man sich bei den Messungen auf eine kleine Zahl von Individuen beschränkt. Da die Größe der Streuung auch individuell verschieden ist, haben wir nach Möglichkeit vor Versuchsbeginn mehrere Bienen geprüft und nur solche mit sauberer Richtungsweisung verwendet. Der Unterschied wird deutlich, wenn man Abb. 198 mit Abb. 199 (Falttafel) vergleicht. Die Meßwerte im erstgenannten Versuch waren an beiden Beobachtungstagen von 7—8 guten Tänzerinnen gewonnen, die Werte der beiden in Abb. 199 dargestellten Versuche stammen von 20—21 wahllos herausgegriffenen Bienen. Den zwei weiteren Abb. 200 und 201 liegen im wesentlichen die Werte von je 16 Bienen nach Ausschaltung schlechter Tänzerinnen zugrunde.

Gilt die „Mißweisung" auch für die Bienen? Bevor wir diskutieren, wie diese „Fehler" bei den Tänzen auf vertikaler Wabenfläche entstehen, fragen wir, ob für die Bienen überhaupt eine Mißweisung vorliegt, wenn wir eine solche feststellen. Für die durch Licht bedingte „Mißweisung" haben wir die Frage schon verneint (S. 209). Für die „Restmißweisung" blieb sie noch zu prüfen.

Zu diesem Zweck wurden im September 1959 an einem Beobachtungsvolk in Aich zu Zeiten starker „Mißweisung" Fächerversuche durchgeführt. Am 4. 9. 1959 sammelte eine Gruppe numerierter Bienen 270 m östlich vom Stock.

---

[1]) Um eine zu starke Erwärmung des Stockes und eine Beunruhigung der Bienen zu vermeiden, muß die Sonne zwischendurch immer wieder abgedeckt werden.

Dem Futterplatz wurde Orangenblütenöl beigegeben. Etwas näher zum Stock und in Winkelabständen von 8° lagen während der Versuchszeit Duftplatten ohne Futter auf, mit so wenig Orangenblütenöl, daß herumsuchende Neulinge nur aus einem Abstand von wenigen Metern angelockt wurden[1]). Schon eine halbe Stunde vor Beginn der Beobachtung herrschte starke Plus-Mißweisung, während des Versuches von 14^{20}—15^{20} Uhr betrug sie im Durchschnitt $+12°$. Hätten die benachrichtigten Kameraden einen entsprechend großen Winkel zum Sonnenstand eingehalten, so hätten sie in der Richtung des gestrichelten Pfeiles der Abb. 207 suchen müssen. Die Verteilung der Anflüge, die in Abb. 207 bei den einzelnen Duftplatten angegeben ist, läßt aber keinen Einfluß der „Mißweisung" erkennen.

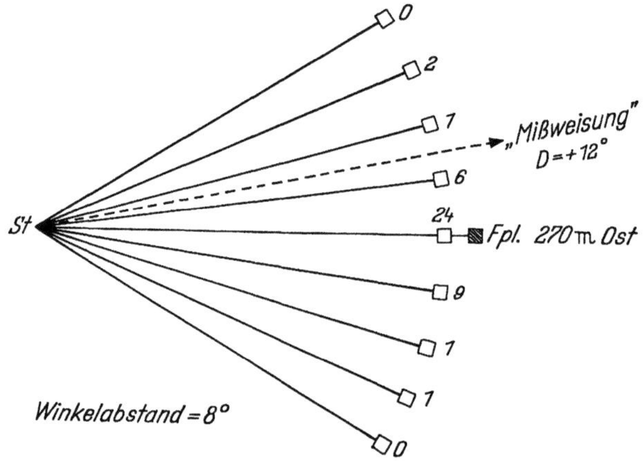

Abb. 207. Fächerversuch bei starker „Restmißweisung". St Stock, Fpl Futterplatz. In Winkelabständen von 8° sind 9 Duftplatten aufgelegt. Die beigefügten Zahlen geben an, wieviele Neulinge sich während der einstündigen Beobachtungszeit auf ihnen niedergelassen haben. Gestrichelter Pfeil: Richtung der „Mißweisung". Sie blieb ohne Einfluß

Wir haben damals vier solche Fächerversuche gemacht, zwei mit Flugrichtung Ost, zwei mit Flugrichtung Süd, davon je einen bei Plus- und je einen bei Minus-Mißweisung. In keinem Falle erfolgte eine Ablenkung der Neulinge im Sinne der „Mißweisung"[2]). Es ist also klar, daß die Richtungsweisung für die Bienen korrekt ist und daß die „Fehler", die nach dem Transponieren der Lichtwinkel auf Schwerewinkel entstehen, nur von uns als solche empfunden werden.

Unter welchen Bedingungen kommt es zur „Mißweisung"? Nun wüßten wir gern, wie diese scheinbaren Fehler zustande kommen[3]). Obwohl uns 33 verwertbare Versuche mit Futterplätzen in neun verschiedenen Himmelsrichtungen

[1]) Die Duftschale am Futterplatz vgl. Abb. 21, S. 20, die Duftplatten wie Abb. 82, S. 87, lagen auf niederen Holztischen (Abb. 83, S. 88).

[2]) Nähere Angaben bei v. FRISCH und LINDAUER 1961, S. 589.

[3]) Zu dieser Frage liegen auch zwei Dissertationen vor. E. PALITSCHEK V. PALMFORST (1952) fand in Graz — bei einer selbständig ausgeführten Untersuchung —, daß die Bienen bei ihrer Richtungsweisung auf vertikaler wie auf horizontaler Wabe fast immer nach links am Ziel vorbeizeigen („Linksmißweisung"). Wir konnten das nicht bestätigen. Bei seinen Versuchen lag der Futterplatz stets südwestlich oder südöstlich vom Stock. Bei diesen Flugrichtungen ergibt sich bei Tänzen auf vertikaler Wabe tatsächlich meistens eine Linksmißweisung, bei anderen Flugrichtungen treten aber sehr oft Rechtsmißweisungen auf. PALITSCHEKs verwickelter Erklärungsversuch für das Auftreten der Mißweisungen geht von der Linksmißweisung aus und beruht somit auf Voraussetzungen, die durchaus nicht immer verwirklicht sind. — A. DJALAL (1959) arbeitete in der Umgebung von München. Wir haben seine Versuche zum Teil am

zur Verfügung standen, von denen wir hier in Abb. 198—201 nur vier Beispiele gebracht haben, suchten wir lange Zeit vergeblich nach einem vernünftigen Grund für den wechselnden Tagesgang der Kurven — bis sich folgende Überlegung als fruchtbar erwies:

Die „Mißweisung" ändert sich, wenn die Flugrichtung zum Ziel eine andere wird (vgl. Abb. 198—201, Falttafel). Bei einer Änderung der Flugrichtung, unter sonst gleichen Bedingungen, kommt es aber auch zu einer Änderung der Tanzrichtung auf der vertikalen Wabe. Daher führt es vielleicht weiter, wenn man die

Nr.	Zeit	n
1	8^{19}– 8^{45}	14
2	9^{01}– 9^{25}	13
3	9^{28}–10^{03}	15
4	10^{05}–10^{35}	20
5	10^{37}–11^{03}	9
6	11^{06}–11^{26}	13
7	11^{28}–11^{45}	12
8	12^{01}–12^{09}	7
9	12^{11}–12^{28}	11
10	12^{30}–12^{45}	11
11	13^{07}–13^{12}	4
12	13^{14}–13^{35}	12
13	13^{37}–14^{03}	7
14	14^{05}–14^{32}	20
15	14^{33}–15^{09}	15
16	15^{10}–15^{45}	28
17	16^{02}–16^{39}	25
18	16^{41}–17^{05}	7
19	17^{09}–17^{35}	18
20	17^{37}–17^{50}	11

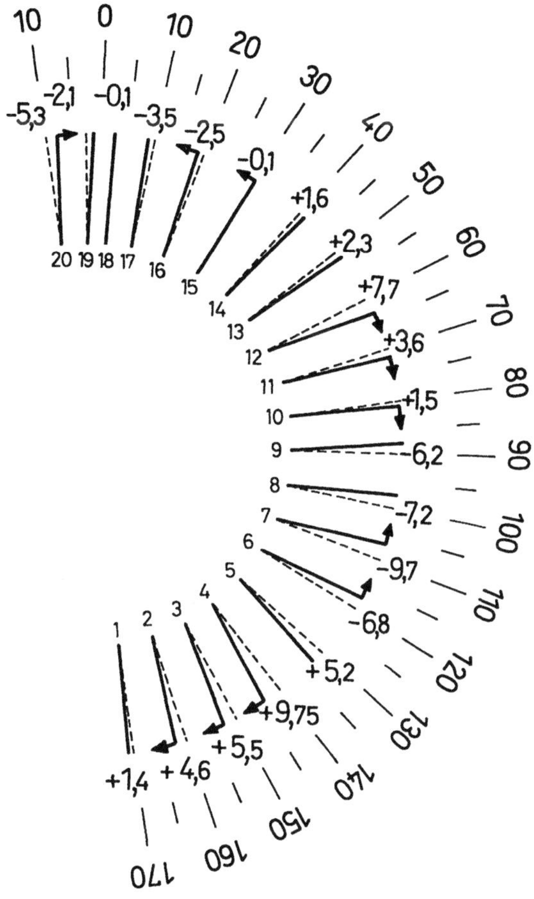

Abb. 208. Die Ergebnisse des Versuches vom 27. 7. 1959 (vgl. Abb. 201, Falttafel) nach den Tanzrichtungen dargestellt. Der Ablauf des Versuches ist entgegen dem Uhrzeigersinn zu verfolgen. Gestrichelte Linien: Soll-Tanzrichtungen, ausgezogene Linien: beobachtete Tanzrichtungen, in Mittelwerten für je 10° zusammengefaßt. Die Beträge der Mißweisung sind bei jeder Stufe angegeben, die Tendenz ihrer Änderung im Ablauf des Versuches soll durch die angesetzten kleinen Pfeile verdeutlicht werden. Die Zeitspannen und die Zahl der Einzelbeobachtungen findet man in der Liste links unter den entsprechenden Nummern. Nähere Erklärung im Text

---

gleichen Ort und zur gleichen Jahreszeit wiederholt und sind zu der Überzeugung gekommen, daß die enorme Streuung seiner Meßwerte auf unzulänglicher Technik beruht. In zwei wesentlichen Punkten stimmen wir mit seinen Ergebnissen überein: daß die Mißweisung gering ist, wenn die Flugrichtung zur Sonne oder von ihr weg führt, und daß die Sonnen*höhe* auf die Mißweisung keinen Einfluß hat. Eine Erklärung für das Zustandekommen der „Mißweisung" fand er nicht.

Beobachtungen nicht nach der Tageszeit der Tänze (wie in Abb. 198—201), sondern nach der Tanzrichtung ordnet.

Abb. 208 bezieht sich in solcher Darstellung auf den Versuch vom 27. 7. 1959 (Flugrichtung West), dessen Ergebnisse wir, nach Tageszeiten geordnet, schon in Abb. 201 kennen gelernt haben. Zum besseren Verständnis denke man sich die Abb. 208 auf die vertikal stehende Wabenfläche des Beobachtungsstockes projiziert, so daß der 0°-Punkt der Kreiseinteilung nach oben, der 180°-Punkt nach unten gerichtet ist (Gradeinteilung = Zahlen am Außenrand). Der Futterplatz lag westlich (Azimut = 270°). Die Sonne stand zu Beginn des Versuches etwas südlich von Ost (Azimut 100°). Die Lage des Futterplatzes war somit 170° nach rechts von der Sonne. Die Bienen sollten also 170° nach rechts von der Richtung nach oben tanzen. Dieser Sachverhalt beim Start des Versuches ist im Runddiagramm bei Ziffer 1 (die Ziffern am Innenrande beziehen sich auf die zeitliche

Nr.	Zeit	n
1	10^{29}–10^{57}	12
2	10^{59}–11^{23}	20
3	11^{24}–11^{49}	24
4	11^{50}–12^{03}	8
5	12^{04}–12^{15}	11
6	12^{17}–12^{38}	17
7	12^{43}–13^{06}	16
8	13^{09}–13^{35}	12
9	13^{39}–14^{09}	22
10	14^{11}–14^{43}	12
11	14^{45}–15^{25}	24
12	15^{28}–16^{12}	26
13	16^{13}–17^{02}	34
14	17^{03}–17^{56}	37

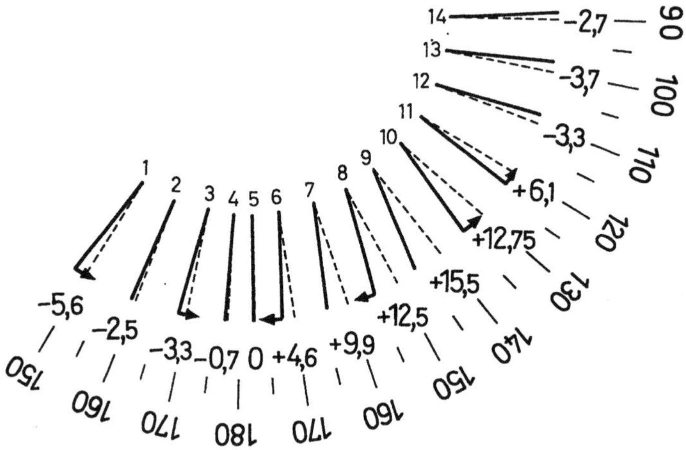

Abb. 209. Die Ergebnisse des Versuches vom 2. 9. 1958 (vgl. Abb. 199, Falttafel) nach den Tanzrichtungen geordnet. Weitere Erklärung wie bei Abb. 208

Reihenfolge) durch die gestrichelte Linie angegeben, die also hier, wie weiterhin, die Soll-Tanzrichtung anzeigt. Die ausgezogene Linie gibt den tatsächlich beobachteten Tanzwinkel an, der um 1,4° zu groß war (Mittelwert aus allen Tänzen, deren Sollwert zwischen 165,1 und 175° lag). Im weiteren Verlauf des Versuches ändert sich, wie schon betont wurde, die Tanzrichtung entgegen dem Uhrzeigersinn. Als nächstes findet man also bei 160° durch die ausgezogene Linie die durchschnittliche „Mißweisung" für alle Tänze angegeben, deren Sollwert zwischen 155,1° und 165° lag, und so fort in Stufen von 10° zu 10°[1]). Zur Nummer jeder Stufe ist die Beobachtungszeit und die Zahl der Einzelbeobachtungen (n) in der Liste seitlich angegeben. Die Figur macht für die verschiedenen Tanzrichtungen anschaulich, in welcher Weise die Tänze von den nach unserem Übersetzungschlüssel erwarteten Richtungen abwichen (die Winkelbeträge sind jeweils in der mittleren Zahlenreihe des Runddiagrammes angegeben). Und nun wird eine Regel erkennbar: Im unteren Quadranten sind die Tanzwinkel zunächst zu groß und weichen in der Richtung zum Lot von der Sollrichtung ab; dann werden sie zu klein und streben nach der Horizontalen; nach Überschreitung derselben

---

1) Von den 10°-Stufen ist in den Diagrammen nur bei 0° und 180° abgegangen, wo sie in Stufen von 0°—5° bzw. 175°—180° r. und l. unterteilt sind, entsprechend unserer getrennten Betrachtung der nach rechts bzw. nach links gerichteten Tänze.

(bei einer Tanzrichtung von 90° r.) nähern sie sich ihr von der anderen Seite und werden wieder zu groß, um dann im oberen Bereich mit zu kleinen Winkeln erneut der Lotlinie zuzustreben, was nach Überschreitung derselben auch von der anderen Seite her geschieht. — Die gleiche Regel war bei Versuchen mit entsprechend anderer Flugrichtung bei den nach links gerichteten Tänzen, also in der anderen Hälfte des Runddiagrammes zutreffend.

Dieser Wechsel zwischen zu großen und zu kleinen Tanzwinkeln in den verschiedenen Sektorenbezirken trat nicht immer so regelmäßig in Erscheinung. Aber die Tendenz zu einer entsprechenden Änderung des Tanzwinkels war fast ohne Ausnahme deutlich. Abb. 209 mag zeigen, wie das gemeint ist. Die Darstellung bezieht sich auf den Versuch vom 2./3. 9. 1958 mit Flugrichtung Nord. Die Tanzmessungen wurden, nach der Tageszeit geordnet, schon in Abb. 199 gebracht. Der Soll-Tanzwinkel lag anfangs bei 150° links (Nr. 1 in Abb. 209) und erreichte mittags 180°. In diesem Sektorbereich wären analog zu Abb. 208 zu große Tanzwinkel zu erwarten. In Wirklichkeit waren sie zu klein. Aber ein Hinstreben zur Lotlinie äußert sich in der Abnahme der „Mißweisung" von −5,6° bis 0°. Im weiteren Verlauf entspricht das Verhalten der Abb. 208.

Ähnliche Abweichungen und Unregelmäßigkeiten gab es bei den Versuchen häufig. Wir glauben, daß sie auf Störfaktoren zurückgehen, die wir vorläufig nicht kennen[1]) und deren Klärung die Aufgabe künftiger Untersuchungen bleibt, daß aber im Gang der „Fehler" in Abb. 208 die Regel hervortritt, die den „Mißweisungen" zugrunde liegt. Wir kamen zu dieser Überzeugung, weil jene Regel im Gesamtdurchschnitt aus allen Versuchen ungemein deutlich erkennbar ist (Abb. 210).

Zur Erläuterung sei bemerkt: Wir haben in Abb. 210 alle Versuche zusammengefaßt mit Ausschluß solcher, die durch Regen oder starke Bewölkung gestört wurden. Wir fragen nicht danach, in welcher Gegend, zu welcher Zeit, mit welcher Flugweite und Flugrichtung sie durchgeführt sind, sondern wir ordnen das gesamte Material, 6759 gemessene Tänze aus 33 Versuchen, ausschließlich nach der Soll-Tanzrichtung auf der vertikalen Wabenfläche. So sind z. B. bei der Soll-Tanzrichtung 10° l. aus sämtlichen Versuchen alle Tänze verwertet, bei denen der Sollwert zwischen 5,1° und 15° gelegen war. Die „Mißweisung" wurde für jeden einzelnen Tanz berechnet und das Mittel der Werte in das Diagramm eingetragen.

Man sieht, daß die Weisungen recht genau sind, wenn die Tänze nach oben oder nach unten und wenn sie angenähert horizontal nach rechts oder links gerichtet sind. Im oberen und unteren Bereich tendieren die „Mißweisungen" zur Lotlinie, in den seitlichen Bereichen zur Horizontalen, wobei die Grenzen (gestrichelte

---

[1]) Man könnte unter anderem an einen Einfluß der wechselnden Sonnenhöhe denken, nachdem bei der Lichtkompaßorientierung von Fischen (Braemer 1960, vgl. auch 1961), von Mistkäfern (Birukow und De Valois 1955) und Ameisen (Jander 1957, S. 191) die Höhe der Lichtquelle von Bedeutung sein kann. Für die Richtungsweisung der Bienen ist nur der Sonnenazimut und nicht die Sonnenhöhe maßgebend (S. 136). Auch die „Mißweisung" ist von der Sonnenhöhe unabhängig. Wir haben aus unseren Versuchsprotokollen Tanzmessungen einander gegenübergestellt, bei welchen der Sonnenwinkel gleich, die Sonnenhöhe aber verschieden war. So liegt ein südlicher Futterplatz zu Mittag, ein westlicher abends in der Richtung zur Sonne, wobei diese im einen Falle ihren höchsten Stand hat, während sie sich im anderen Falle dem Horizont nähert. Trotzdem besteht kein Unterschied in der „Mißweisung". Entsprechende Zusammenstellungen machten wir für Sonnenwinkel von 30°, 60°, 90°, 120° und 150° r. bzw. l. Auch hier war bei gleichem Azimut und verschiedener Sonnenhöhe zwischen dieser und der Größe der „Mißweisung" keine Beziehung erkennbar. Näheres darüber mit Zahlenangaben findet man bei v. Frisch und Lindauer 1961, S. 591 und 592.

Linien) etwa bei 60° beiderseits der Lotlinie liegen. Die Lotlinie wirkt also, bildlich ausgedrückt, stärker anziehend als die Horizontale. Das äußert sich auch darin, daß — wenn wir den „Mißweisungen" entsprechend dem Tagesgang der Tänze entgegen dem Uhrzeigersinn folgen — nach dem Überschreiten der horizontalen Tanzrichtung zwar die Tendenz nach der entgegengesetzten Abweichung deutlich wird (vgl. die kleinen Pfeile in Abb. 210), ohne daß aber ein

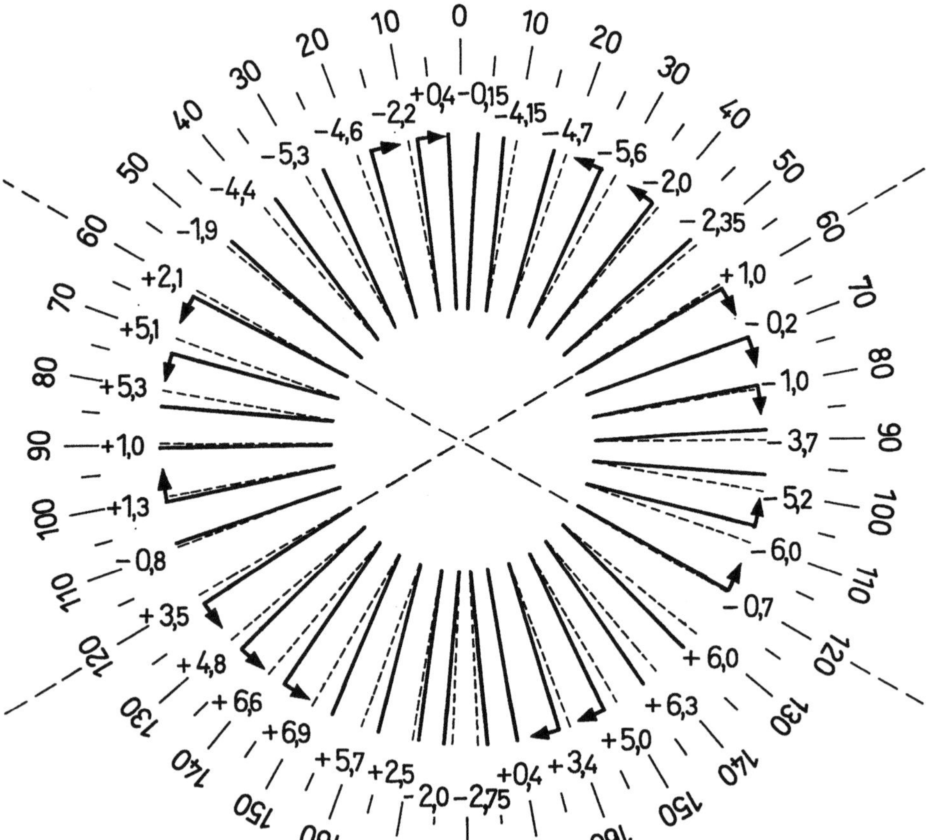

Grade	n	Grade	n
2,5°	138	90°	240
10°	175	100°	75
20°	175	110°	94
30°	284	120°	156
40°	262	130°	166
50°	282	140°	175
60°	308	150°	195
70°	306	160°	170
80°	299	170°	165
		177,5°	114

Grade	n	Grade	n
177,5°	92	90°	134
170°	59	80°	93
160°	89	70°	196
150°	124	60°	243
140°	155	50°	246
130°	130	40°	220
120°	151	30°	223
110°	166	20°	214
100°	140	10°	211
		2,5°	94

Abb. 210. Gesamtdurchschnittswerte aus allen verwertbaren Versuchen über die „Restmißweisung" (33 Versuche mit 6759 gemessenen Tänzen), nach der Tanzrichtung geordnet. Die Tanzrichtung ist entgegen dem Uhrzeigersinn zu verfolgen, ebenso die Listen unter der linken und rechten Hälfte der Abbildung mit den Zahlen der Einzelwerte (n). Im übrigen vgl. Legende zu Abb. 208

stärkerer Ausschlag zustande kommt, während die Ausschläge in Richtung zur Lotlinie von beiden Seiten her deutlich sind.

Somit zeigt sich eine klare Beziehung zwischen der Tanzrichtung auf der vertikalen Wabe und der „Mißweisung“. Es erhebt sich die Frage nach ihrer physiologischen Grundlage.

Die physiologischen Grundlagen der „Mißweisung“. Wir haben zunächst vermutet, daß die „Mißweisungen“ beim Transponieren der Lichtwinkel auf Schwerewinkel als „Übersetzungsfehler“ entstehen, indem die Tiere für Lichtwinkel und Schwerewinkel gleichsam eine verschiedene physiologische Gradeinteilung benützen (v. FRISCH u. LINDAUER 1961)[1]. Es war daher von Interesse zu erfahren, ob es sich bei diesen Winkelabweichungen um eine Besonderheit der Bienen, oder etwa um eine weit verbreitete Erscheinung handelt.

Auch bei anderen Insekten kommt es ja zu einem Transponieren von Lichtwinkeln (wahrgenommen bei horizontaler Körperstellung) auf Schwerewinkel (nach Vertikalstellung der Bodenfläche) — freilich ohne die biologische Bedeutung, wie sie bei den Bienentänzen gegeben ist (s. S. 328 f.). Auf das genaue Einhalten der Winkelgrößen wurde leider bei solchen Beobachtungen wenig geachtet. Jedoch studierte JANDER (1960) in dieser Hinsicht das Verhalten der Köcherfliege *Limnophilus*. In der Dunkelkammer auf eine horizontale Platte gesetzt liefen die Tiere auf eine, in Horizonthöhe sichtbare Lichtquelle meist schräg seitlich zu, wobei sie einen — individuell verschiedenen — Winkel nach rechts oder links vom Licht einhielten (Menotaxis). Manche liefen auch in entsprechender Weise vom Licht fort (Abb. 211a, links). Wurde das Licht gelöscht und gleichzeitig die Platte um 90° gekippt, so daß die Fläche vertikal stand, so transponierten die Köcherfliegen den Lichtwinkel auf die Schwereorientierung, aber nicht winkeltreu, sondern proportionstreu (Abb. 211a, rechts). Der Schwerewinkel verhielt sich zum Lichtwinkel wie 2:3 (Abb. 211b). Bei Laufrichtungen angenähert nach oben oder unten wichen also, wie bei unseren Bienen, die Schwerewinkel von den Lichtwinkeln in der Richtung zum Lot ab. Da JANDERS Köcherfliegen nur ausnahmsweise quer zur Lichtrichtung liefen, wissen wir nicht, ob sie sich auf der vertikalen Fläche bei Annäherung an die horizontale Laufrichtung auch wie die Bienen verhalten.

Nach INGE TENCKHOFF-EIKMANNS (1959) transponiert der Mehlkäfer (*Tenebrio molitor* L.) die Lichtwinkel auf Schwerewinkel angenähert im Verhältnis 1:1. Für das Marienkäferchen *Coccinella septempunctata* L. soll nach ihrer Angabe (1959, S. 329) dasselbe gelten. Ihre Protokolle (Abb. 13, S. 330) zeigen aber deutlich, daß die Winkel nach dem Transponieren vom Licht- auf den Schweresinn durchschnittlich nach der Lotlinie hin abweichen. Noch stärker gilt dies für den Pappelblattkäfer (*Melosoma populi* L.), wo auch TENCKHOFF-EIKMANNS von „einer Art Mißweisung“ gegenüber dem Lichtkurs spricht (S. 331 und daselbst Abb. 14). In allen Fällen liegt die „Mißweisung“ in gleicher Richtung wie bei Bienen.

Dasselbe scheint beim Wasserläufer (*Velia*) zuzutreffen. Nach BIRUKOW (1956) fliehen diese Tiere auf dem Trockenen stets nach Süden und richten sich dabei nach der Sonne, indem sie vormittags einen der Tageszeit entsprechenden Winkel nach rechts und nachmittags nach links vom Sonnenstand einhalten. Im Dunkelzimmer schlagen sie den gleichen, tageszeitlich verschiedenen Kurs zu einer Lampe ein, wie im Freien zur Sonne. Auf vertikaler Fläche im Dunklen transponieren sie die Lichtwinkel auf den Schweresinn und laufen vormittags nach rechts oben, mittags nach oben und nachmittags nach links oben. „Allerdings ist die Amplitude der Kursänderung bei der Schwereorientierung durchwegs kleiner als bei der Lichtorientierung . . .“ (BIRUKOW u. OBERDORFER 1959, S. 695). Bei dem schwankenden Verhalten der Velien und der

[1]) Vergleichbare Beziehungen zwischen Schwere- und Lichteinstellung konnte v. HOLST (1950) bei Fischen feststellen und SCHÖNE (1954) für Krebse nachweisen.

großen Streuung in den Versuchen wäre eine Überprüfung dieser, nur beiläufig erwähnten Befunde angezeigt. Eine systematische Untersuchung des Verhaltens bei anderen Insekten wäre erwünscht.

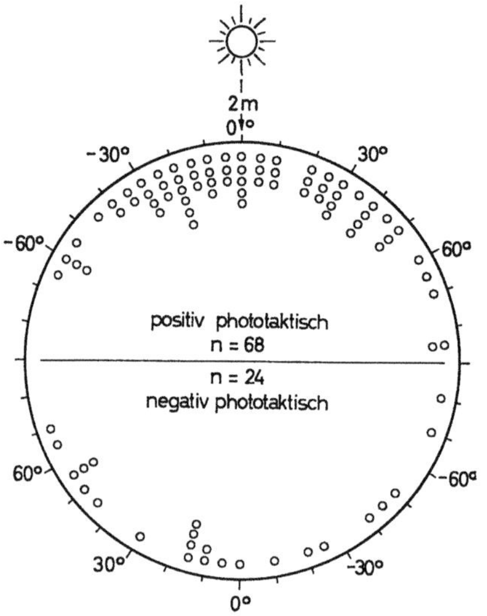

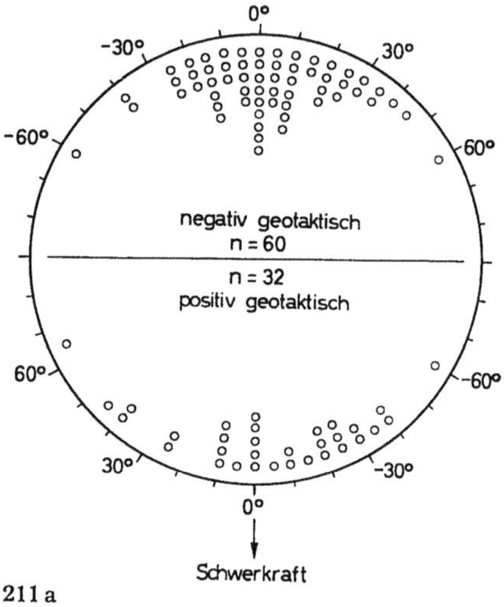

Abb. 211 a

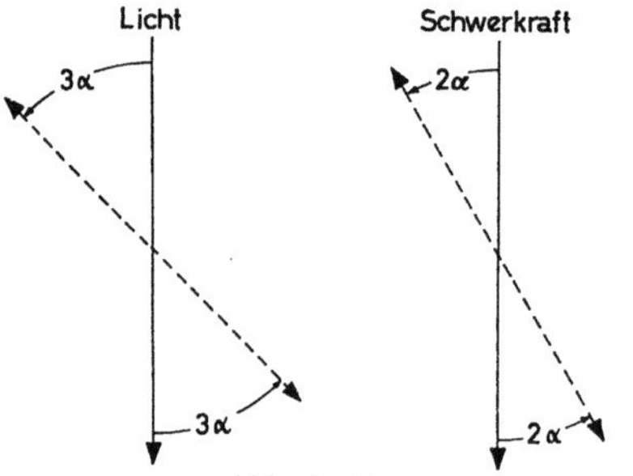

Abb. 211 b

Abb. 211 a u. b. a) Laufrichtungen von Köcherfliegen, links: auf horizontaler Fläche relativ zu einer Lichtquelle, rechts: auf vertikaler Fläche relativ zur Schwerkraft. n = Anzahl der Werte im Halbsektor. b) Schema des proportionstreuen Transponierens der Köcherfliegen. Der ausgezogene Pfeil zeigt im linken Bilde die Lichtrichtung, im rechten die Richtung der Schwerkraft an. Die gestrichelten Pfeile geben die Laufrichtungen an. Nach JANDER 1960

Diese fragmentarischen Beobachtungen legen die Vermutung nahe, daß beim Transponieren von Lichtwinkeln auf Schwerewinkel Abweichungen, wie wir sie bei den Bienen als „Mißweisungen" beschrieben haben, einer weit verbreiteten Regel entsprechen.

In der Deutung der Erscheinung sind wir neuerdings durch Untersuchungen MARKLs (1964) an Ameisen einen Schritt weiter gekommen. Er fand bei ihnen Fehler der geotaktischen Einstellung, ähnlich wie bei Bienen, aber — bei reiner Schwerkraftorientierung, ohne Transponieren. Hiermit wird auch für Bienen unsere frühere Annahme, daß es sich um „Übersetzungsfehler" handelt, sehr unwahrscheinlich.

MARKL benützte als Lauffläche für seine Ameisen (hauptsächlich *Formica polyctena* FÖRSTER) eine vertikal stehende Scheibe (Arena) mit zentraler Öffnung, hinter der sich das Nest befand (Abb. 212). Die Ameisen ließen sich darauf dressieren, dargebotenes Futter nach dem Verlassen der Nestöffnung dadurch zu finden, daß sie bei ihrem Lauf einen bestimmten Winkel zur Schwerkraft einhielten. Hierbei kommt es zu gesetzmäßigen Abweichungen der Laufrichtungen von der Richtung zum Ziel, die sich auch bei lange fortgesetzter Dressur nicht ändern. Sie sind in ihren Durchschnittswerten aus zahlreichen Versuchen in Abb. 213 dargestellt. Es wurde insgesamt auf 14 verschiedene Richtungen dressiert. Diese sind als gestrichelte Linien im Inneren des Kreises angegeben. Die ausgezogenen Linien im Kreis zeigen an, welche Richtungen die Ameisen beim Auslaufen aus dem Nest durchschnittlich gewählt haben. Sie weichen im oberen Halbkreis nach oben, im unteren nach unten von der Zielrichtung ab, streben also in beiden Fällen zur Lotlinie. Diese Abweichungen können keine „Übersetzungsfehler" sein, weil ja bei diesen Versuchen nicht transponiert wird. Es handelt sich um wirkliche Fehlorientierung: Die Ameisen waren nicht imstande, den erfahrungsgemäßen Winkel richtig zu reproduzieren. Sie wären am Ziel vorbeigelaufen,

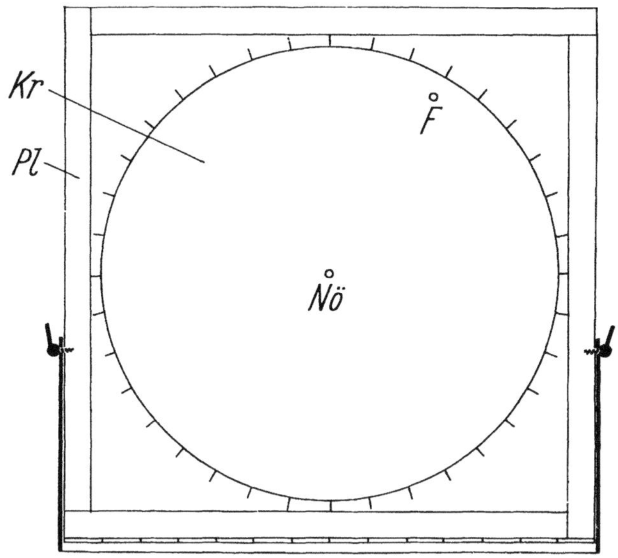

Abb. 212. Vertikal stehende Fläche zur Dressur von Ameisen auf eine Schwerkraftrichtung. Das Nest befindet sich hinter der Fläche, die Ameisen gelangen aus der Nestöffnung NÖ auf die Scheibe Kr (Durchmesser 60 cm). An der Peripherie dieser kreisförmigen Arena wird ein Futtergefäß (F) geboten. Die Ameisen sollen lernen, beim Aufsuchen des Futters den richtigen Winkel zum Lot einzuhalten. Die Kreisscheibe ist gegenüber der Umgebung vertieft, das ganze Quadratfeld überdies mit Plexiglas (Pl) umrandet, welches durch Paraffinöl für die Ameisen unbegehbar gemacht ist. Nach Markl 1964

wenn ihnen nicht, wie den Bienen, eine gute Entfernungsschätzung gegeben wäre; sie beginnen an der richtigen Stelle mit Suchschleifen.

Diese Fehler der Ameisen mit ihrer Tendenz zur 0°-Richtung bei Dressuren schräg nach oben und zur 180°-Richtung bei Dressuren schräg nach unten erinnern so sehr an das Verhalten der Bienen, daß man nach einer gemeinsamen Grundlage suchen muß. Ein Unterschied liegt allerdings darin, daß Abweichungen in der Richtung zur Horizontalen bei Annäherung an diese Laufrichtung bei Ameisen nicht erkennbar, bei Bienen aber deutlich sind — wenn auch schwächer als die Tendenz nach oben und unten (vgl. Abb. 210, S. 220).

Markl bringt für die Ergebnisse seiner Ameisenversuche eine Auslegung, die ich nicht nur für die Ameisen anerkenne; sie macht zugleich das entsprechende Verhalten anderer Insekten verständlich und bedeutet insbesonders auch eine Erklärung für die „Restmißweisung" der Bienen in ihren wesentlichen Zügen:

Bienen und Ameisen (wie andere Arthropoden) verfügen bei ihrer Einstellung gegenüber Licht- und Schwerereizen über eine angeborene Grundorientierung. Sie äußert sich z. B. als positive Phototaxis und negative Geotaxis bei Ameisen, die ihr Nest verlassen und findet sich mit umgekehrtem Vorzeichen bei heimkehrenden Tieren. Sie beschränkt sich auf wenige Vorzugsrichtungen (positiv, negativ,

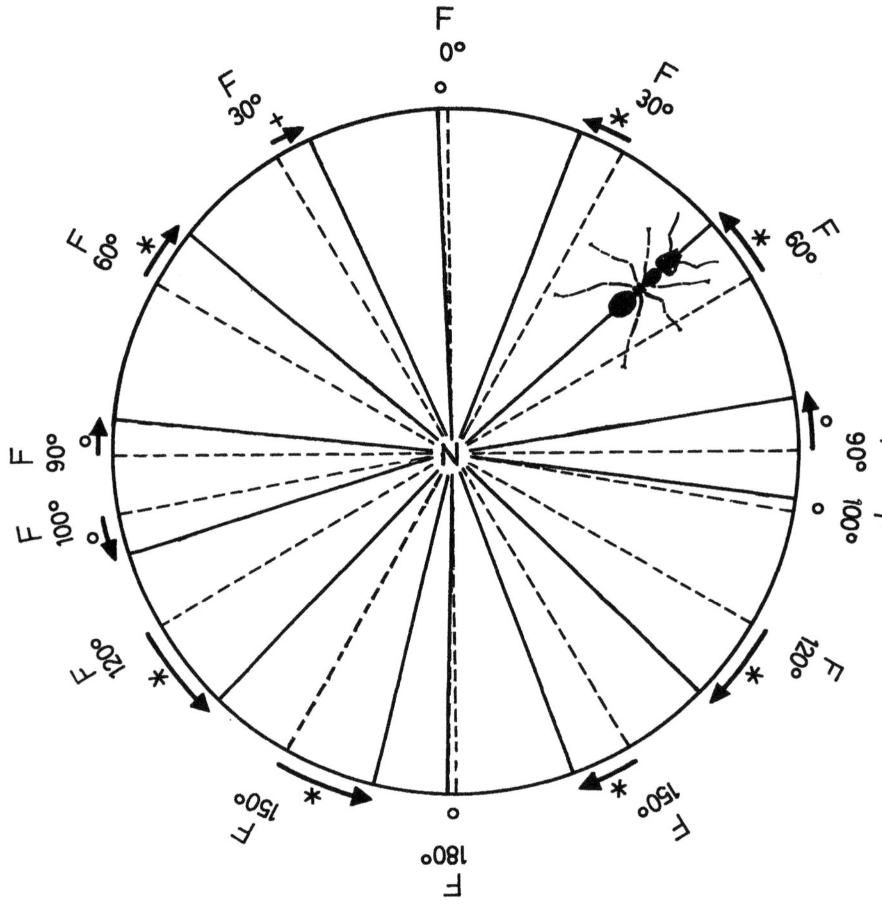

Abb. 213. Ergebnis der Schwerkraftdressuren. Die Ameisen wurden im Laufe der Versuche auf 14 verschiedene Richtungen zum Lot dressiert. Die gestrichelten Linien im Inneren des Kreises (Arena Kr in Abb. 212) geben die verschiedenen Richtungen an, in welchen den aus dem Nest (N) auslaufenden Ameisen Futter (F) geboten wurde. Die ausgezogenen Linien geben an, in welcher Richtung die dressierten Ameisen in den Versuchen (ohne Futter) tatsächlich gelaufen sind (Durchschnittswerte). Die Pfeile am Rand verdeutlichen die Richtung der Abweichung. * Abweichung statistisch gesichert, + schwach gesichert, ⊙ nicht gesichert. Nach MARKL 1964

transversal) und ist die ursprüngliche Orientierungsweise, von der sich die Menotaxis, die Einstellung in einem beliebigen Winkel zur Reizquelle auf Grund von Erfahrungen, ableiten läßt (vgl. JANDER 1963). Wenn Ameisen lernen, beim Aufsuchen eines Zieles eine bestimmte Richtung zu einer Reizquelle einzuhalten, macht sich zunächst noch die angeborene Grundorientierung als ablenkender Faktor bemerkbar (JANDER 1957). Nehmen wir an, daß bei MARKLs Versuchen, die Ameisen auf einen Schwerkraftwinkel zu dressieren, die latente Grundorientierung auf die Laufrichtung dauernd Einfluß nimmt, so wird verständlich, daß bei der Richtung schräg nach oben, bzw. schräg nach unten eine Ablenkung zur Lotlinie stattfindet. Daß sich Bienen etwas anders verhalten, indem bei ihnen auch eine Ablenkung zur horizontalen Richtung bemerkbar ist, kann einer Transversal-Geotaxis zugeschrieben werden. Warum sich eine solche bei der „Mißweisung“ der Biene geltend macht, bei MARKLs Ameisenversuchen aber nicht, ist eine offene Frage. Wir wissen aber auch von der spontanen Einstellung zur Schwingungs-

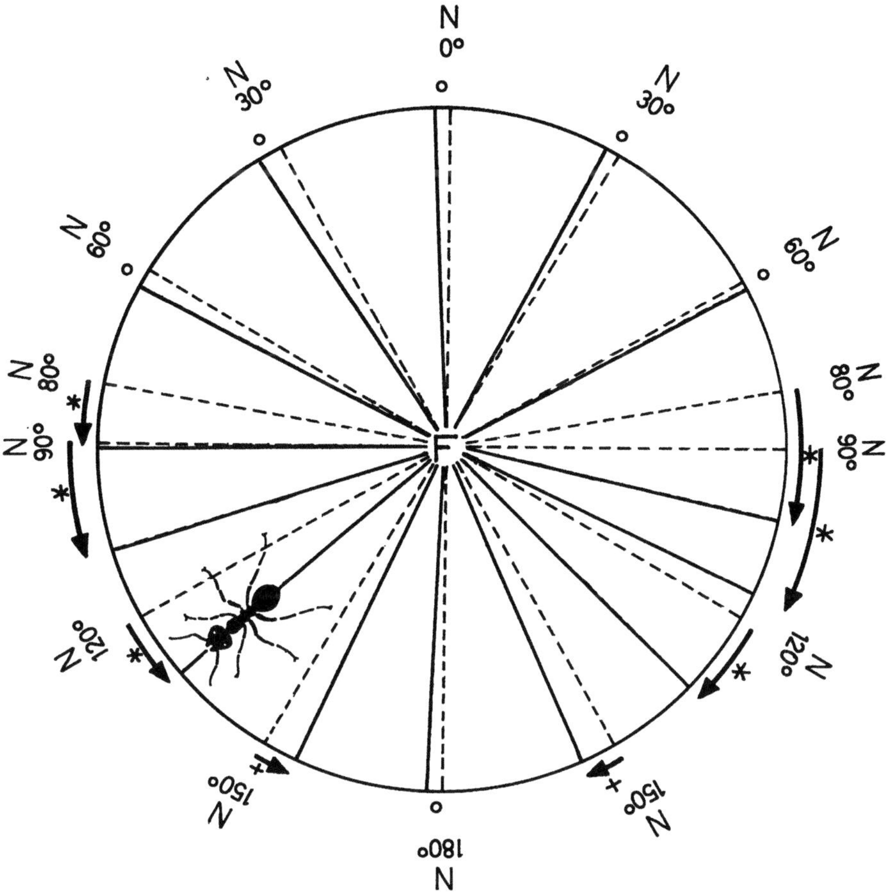

Abb. 214. Die Abweichungen der Ameisen von der Sollrichtung bei der Heimkehr vom Futterplatz zum Nest. Erklärung wie bei Abb. 213. Zum besseren Vergleich mit dieser Abbildung ist das Nest an der Peripherie, der Futterplatz zentral eingetragen. Korrekt ist natürlich die jeweils angegebene Laufrichtung relativ zur Sollrichtung für den Weg vom Futterplatz zum Nest. Nach MARKL 1964

richtung polarisierten Lichtes („Oszillotaxis“ nach JANDER), daß von den vorkommenden Grundeinstellungen manchmal nur eine, in anderen Fällen mehrere in Erscheinung treten (s. S. 414f.). Ein entsprechendes Vorkommen bei den geotaktischen Einstellungen ist keine abwegige Annahme.

MARKL prüfte seine Ameisen nicht nur beim Auslaufen aus dem Nest, sondern auch bei der Heimkehr. Die Abweichungen von der Sollrichtung liegen hierbei etwas anders (Abb. 214). Führt der Rückweg vom Futter zur Nestöffnung[1]) schräg

[1]) In der Abbildung ist die zentrale Nestöffnung an der Peripherie eingetragen, um den Vergleich der Abweichungen mit jenen in Abb. 213 zu erleichtern.

nach oben, so ist eine Abweichung von der Zielrichtung nicht gesichert, während in den weiter unten gelegenen Sektoren die Abweichung zur Lotlinie auffallend stark wird. Dieser Befund bildet eine Stütze für die Auffassung, daß die Fehleinstellung auf den Einfluß der Grundorientierung zurückzuführen ist. Denn die negativ geotaktische Grundtendenz der auslaufenden Ameisen hat ja bei den Heimkehrern in eine positiv geotaktische Tendenz umgeschlagen, was sich im oberen Bereich als Schwächung, im unteren als Verstärkung einer Ablenkung durch die Grundorientierung äußert.

Betrachten wir nach diesen Erkenntnissen noch einmal die „Restmißweisung" der Bienen, wie sie in der zusammenfassenden Darstellung aller Beobachtungen zum Ausdruck kommt (Abb. 210, S. 220), so braucht man die „anziehende Wirkung" der Lotlinie und der Horizontalen nicht mehr nur „bildlich" zu verstehen (s. S. 220). Man kann diese Ablenkungen der mitwirkenden Grundorientierung zuschreiben. Sie führen bei Bienen zu keiner Fehlorientierung der verständigten Kameraden, weil sie ja von den Nachläuferinnen nach den gleichen Regeln auf die Einstellung zum Licht zurück übertragen und so kompensiert werden.

Zusatz bei der Korrektur. Nach brieflicher Mitteilung Markls ist es ihm inzwischen gelungen, auch Bienen auf Laufrichtungen in bestimmten Winkeln zum Lot zu dressieren. Die Bienen gelangten von ihrem Stock im Flug an die Mündung eines Laufganges, der sie in einen Dunkelraum führte und im Zentrum einer vertikal stehenden Arena (wie Abb. 212, S. 223) endete. Sie mußten lernen, von da aus den Winkel zur Schwerkraftrichtung einzuhalten, der sie an das periphere Futtergefäß führte. Bei Bienen ist diese Dressur nicht einfach. Geschickte technische Kunstgriffe, für die auf die Arbeit selbst verwiesen sei[1]), ließen sie trotzdem gelingen.

Wie die Ameisen, wichen auch die Bienen in den Versuchen von den Dressurwinkeln in bestimmter Weise ab. Die Durchschnittswerte aus allen Befunden sind in Abb. 215 rechts für die Hinläufe, links für die Rückläufe eingezeichnet. Die Pfeile am Rand machen den Sinn der Abweichung deutlich, die Symbole geben die statistische Sicherung an — alles wie in Abb. 213 und 214. Bei den Hinläufen zur Futterquelle tritt hier nicht nur bei Läufen schräg nach oben oder unten eine Abweichung zum Lot, sondern auch bei Annäherung an die horizontale Laufrichtung eine Abweichung zur Horizontalen in Erscheinung, was bei Ameisen nicht der Fall war. Aber wie bei Ameisen ist für die Rückläufe eine Tendenz zu stärkerer Abweichung nach unten kennzeichnend, was das Hinstreben zur Lotrechten oben aufhebt und unten verstärkt; die Horizontale erweist sich dann nicht mehr als attraktiv.

Mit Bezug auf die „Restmißweisung" interessiert vor allem das Verhalten beim Hinlauf zur Futterquelle, denn der Tanz bezieht sich ja auf die Richtung des Hinweges zum Ziel. Da zeigt sich, daß die Fehleinstellungen der Bienen, die auf einen Schwerkraftwinkel dressiert sind, in allen Winkelbereichen mit jenen Abweichungen übereinstimmen, die wir als „Restmißweisung" bei den Tänzerinnen beschrieben haben. Eine Erklärung der Fehleinstellungen bei den geotaktischen Läufen der Bienen ist daher auch der Schlüssel zum Verständnis ihrer „Restmißweisung".

Jene Fehleinstellungen wurden schon im Anschluß an die Ameisenversuche so gedeutet, daß bei der menotaktischen Orientierung die latent vorhandene Grundorientierung mitspielt und die Läufe im Sinne der von der Grundorientierung bekannten Vorzugsrichtungen ablenkt. Das andersartige Verhalten bei den Rück-

---

[1]) Sie wird voraussichtlich in der Zeitschrift für vergleichende Physiologie 1966 erscheinen.

läufen wird von Markl bei den Bienen, so wie bei Ameisen darauf zurückgeführt, daß sie in Heimkehrstimmung überwiegend positiv geotaktisch reagieren. Jacobs-Jessen (1959, S. 629, 630) hat diese positiv geotaktische Grundstimmung (in Verbindung mit negativer Phototaxis) bei heimkehrenden Bienen nachgewiesen.

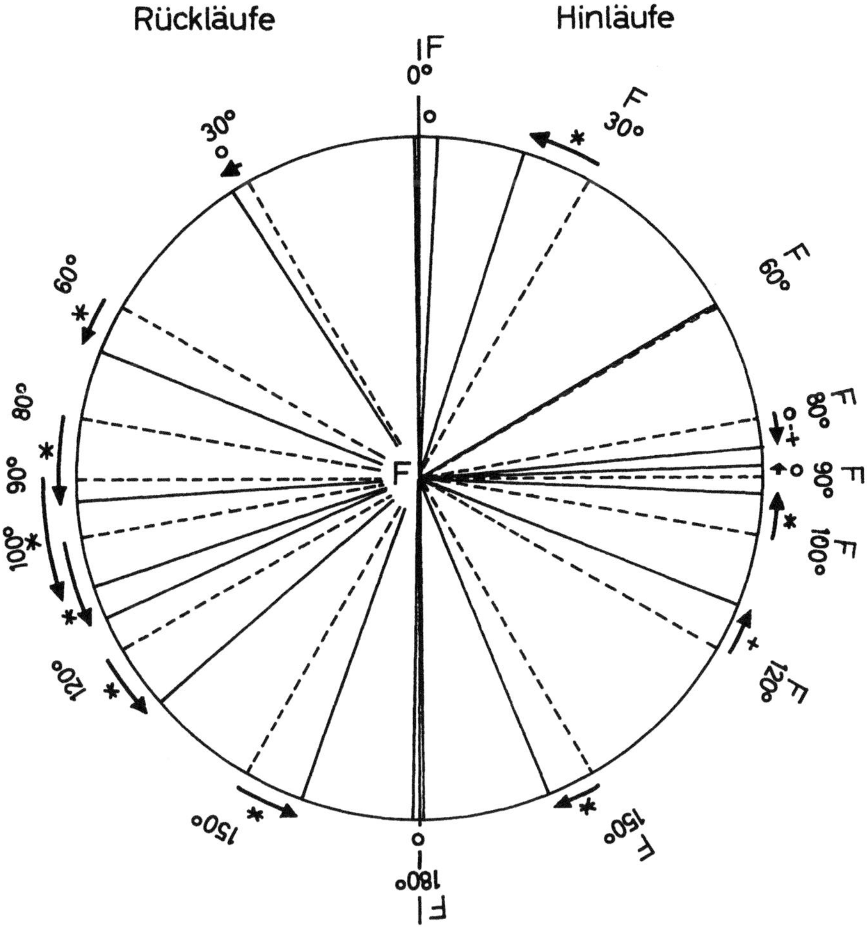

Abb. 215. Ergebnisse von Schwerkraftdressuren an Bienen. Gestrichelte Linien: Dressurrichtungen. Ausgezogene Linien: Laufrichtungen der dressierten Bienen (Durchschnittswerte), rechte Kreishälfte: auf dem Hinweg zum Futter, linke Kreishälfte: auf dem Rückweg zum Ausflugloch. Wie in Abb. 214 ist zum besseren Vergleich beim Rückweg die Lage des Futters zentral, das zentrale Flugloch peripher eingetragen. Die Pfeile am Rande verdeutlichen die Richtung der Abweichung. ∗ Abweichung statistisch sehr gut gesichert, + schwach gesichert, ⊙ nicht gesichert. Gesamtzahl der Werte: 967 Hinläufe, 1072 Rückläufe. Nach Markl (noch nicht veröffentlicht)

Bei den Hinläufen aber würde durch die Futtersuchstimmung der Tiere, die sich zum Futterplatz begeben, die positive und negative Tendenz, und bei den Bienen auch die transversal geotaktische Tendenz der Grundorientierung aktiviert. Daraus ergeben sich die Fehleinstellungen bei den geotaktisch gerichteten Hinläufen, und das wäre auch bei der „Restmißweisung“ des Pudels Kern.

25. Duftorgan und Blütenduft bei fernen Trachtquellen

Als die Alarmierung der Neulinge durch Tänze bereits bekannt war, aber die Richtungsweisung noch nicht, stellte LINEBURG (1924) die Theorie auf, daß die Sammlerinnen auf dem Fluge vom Stock zum Ziel dauernd ihr Duftorgan ausstülpen und eine Duftspur durch die Luft legen, die von den ausfliegenden Stockgenossen verfolgt würde. Zwar bemerkt er selbst, daß eine solche Spur in der Luft wenig Bestand haben kann, aber er erinnert an die weißen Streifen der „Himmelsschreiber", die doch unter Umständen lange sichtbar bleiben und an die Möglichkeit, daß die Neulinge den Sammlerinnen bei ihrer Rückkehr zum Ziel in knappem Abstand folgen.

Ich war ursprünglich der gleichen Meinung und wußte keine andere Erklärung für die faszinierende Erscheinung, daß auch zu entlegenen guten Futterstellen schon wenige Minuten nach Beginn der Fütterung Neulinge in hellen Scharen angeströmt kommen (s. S. 128). Ich habe nun die Versuche nachzutragen, die mich damals, 1944, in dieser Überzeugung wankend machten.

In Abb. 111, S. 128, ist die Lage zweier Futterplätze A und B eingetragen, die vom Beobachtungsstock aus nach entgegengesetzten Richtungen angelegt waren. Es wurde berichtet, daß zahlreiche Neulinge immer zu jenem Futterplatz angeflogen kamen, bei dem gefüttert wurde, während der andere Sammelplatz, wo eine Futterpause eingelegt war, keine Zugkraft hatte (vgl. Versuche vom 17. und 18. 9. 1944, S. 128). Am 19. und 20. 9. wurden solche Versuche wiederholt, wobei aber die Duftorgane der jeweils tätigen Sammelbienen durch Schellack-Kappen ausgeschaltet waren (Technik s. S. 53). Am 20. 9. wurde am Futterplatz B, an dem schmalen Steig zwischen bewaldetem Steilhang und See, 200 m vom Stock, 1 Stunde lang unter Beigabe von Pfefferminzduft 2 mol Zuckerlösung geboten. Die ankommenden numerierten Bienen umschwärmten das Schälchen vor dem Niedersitzen, wie sie es sonst auch zu machen pflegen. Man hatte den Eindruck, daß sie sich — vergeblich! — bemühten, das Duftorgan auszustülpen. Das Haften der Verschlußkappen wurde dauernd kontrolliert. Eine Duftstraße in der Luft konnte diesmal nicht vorhanden sein. Trotzdem kamen während der Beobachtungsstunde 80 Neulinge an den Futterplatz, 30 an die in seiner Nähe aufgelegte Duftplatte. In der entgegengesetzten Richtung wurden nächst A und halbwegs dahin 2 bzw. 0 Anflüge verzeichnet. Am 19. 9., als im offenen Gelände der Futterplatz, 300 m vom Stock, unter Beigabe von Lavendelduft Zuckerwasser bot, bewegte sich der Zustrom der Neulinge trotz Ausschaltung der Duftorgane bei den Sammlerinnen, ebenso entschieden nach dieser Richtung. Heute wissen wir, daß die Richtung durch die Tänzerinnen angezeigt wird und daß die Neulinge, welche — der Weisung folgend — in die Nähe des Zieles gelangen, durch den Blütenduft (oder hier durch den Duft des ätherischen Öles) angelockt werden.

Das letztere war mir auch damals bekannt und ich wollte wissen, was passiert, wenn nicht nur das Duftorgan, sondern auch der Duft des Futterplatzes ausfällt. Die beiden Versuche wurden daher am 22. und 23. 9. 1944 wiederholt, die Duftorgane der Sammlergruppen waren wieder verklebt, und den Futterplätzen war kein Duft beigegeben. An den abseitigen Beobachtungsplätzen waren statt Duftplatten kleine Glasschälchen mit etwas Honig aufgestellt. Erwartungsgemäß blieb die Zahl der Neulinge gering, aber immer noch stand die Zahl der Anflüge in der Richtung zum Futterplatz mit den sammelnden Bienen gegenüber der Gegenrichtung 10:1 bzw. 19 : 0.

Die Neulinge finden also die Richtung auch dann, wenn die Bildung einer „Duftstraße" mit Sicherheit verhindert ist. Eine solche Duftstraße würde ja auch durch jeden Windhauch schnellstens zerstört und die Vermutung LINEBURGs, daß die Neulinge knapp hinter den Sammlerinnen herfliegen, hat sich als unrichtig erwiesen.

Überzeugend haben auch die Umwegversuche gelehrt, daß die verständigten Bienen der Richtungsweisung der Tänzerinnen, und nicht einer, von ihnen hinterlassenen Duftspur folgen. Denn sie fliegen in der gewiesenen Richtung und nicht den Umweg um das Hindernis, auf dem die Sammlerinnen verkehren (s. S. 182f. und 183–185)[1]).

Bei weit entfernten Weideplätzen kann weder der Geruch der Duftdrüse, die von den Sammlerinnen vor dem Niedersetzen betätigt wird, noch der Duft der beflogenen Blumen den Neulingen vom Stock zum Ziel eine Brücke bauen. Erst wenn sie durch die Richtungs- und Entfernungsweisung in die Nähe des Futterplatzes gelenkt sind, werden diese Dufthilfen wirksam. Der Drüsenduft lockt unmittelbar an die Stelle, wo Sammlerinnen erfolgreich tätig sind. Der spezifische Duft des Futterplatzes war schon im Stock am Körper der Tänzerin wahrzunehmen (vgl. S. 32) und führt nun die Neulinge eindeutig an die richtige Quelle. Durch Versuche mit ätherischen Ölen und natürlichen Blüten haben wir erfahren, daß der Duft, den die Sammlerin in ihrem Haarkleid vom Weideplatz nach Hause trägt, für die Verständigung über die Trachtquelle bedeutsam ist (S. 45f.). Die Futterplätze lagen aber in der Nähe des Beobachtungsstockes. Wir fragen jetzt, ob auch nach einer weiten Luftreise der Blütenduft noch wahrnehmbar dem Bienenkörper anhaftet[2]), oder ob er etwa in solchen Fällen auf andere Weise oder überhaupt nicht den Stockgenossen übermittelt wird.

Der im Blütengrunde abgesonderte Nektar ist mit dem spezifischen Blütenduft geschwängert. Daher könnte die Sammlerin in ihrer Honigblase mit dem Nektar eine Duftprobe heimtragen, die sie beim Verfüttern des Tropfens den umgebenden Bienen zur Kenntnis bringt. Das wäre eine andere Transportmöglichkeit für den Blütenduft, bei der er vor dem Flugwind der Luftreise geschützt bliebe. Daß die am Futterplatz anschwärmenden Neulinge zuvor im Stock von der Sammlerin eine Kostprobe entgegengenommen haben, konnte HANNELORE DIRSCHEDL (1960) nachweisen, indem sie dem Zuckerwasser einen Farbstoff zusetzte. Bei duftloser Fütterung war er im Magen von 56 geprüften Neulingen ausnahmslos nachweisbar. Als dem Futterplatz ein intensiver Duft beigegeben war, enthielten von 24 geprüften Ankömmlingen 21 den Farbstoff[3]).

Ob der innerlich eingetragene Duft wirksam ist, prüfen wir zunächst an Bienen, deren Futterplatz in Stocknähe errichtet ist, durch folgenden Versuch:

Einzeln abgeschnittene Blüten von *Phlox paniculata* L. werden mit ihren Stielchen durch ein Drahtnetz in eine Wasserschale gesteckt und je mit einem Tropfen 2 mol Zuckerlösung versehen (Abb. 216). Nach 1—2 Stunden wird das Zuckerwasser abgesogen, in einem Wägegläschen gesammelt und verschlossen aufbewahrt. Es duftet stark und rein nach *Phlox*. Nun bieten wir am Futterplatz (14 m vom Stock) den numerierten Bienen das duftende Zuckerwasser so, daß sie es aus einem engen Spalt saugen und

[1]) Unter ganz anderen Bedingungen, nämlich beim Fußmarsch zu einer im Stock gelegenen Futterstelle, kann eine Duftstraße zum Ziel gebildet werden. Einen solchen Fall schildert JACOBS (1925, S. 47). In einem kleinen Beobachtungsstock mit 4 Waben waren von dem schwachen Völkchen nur die beiden vorderen besetzt. Ein Futterschälchen im hinteren Wabenraum unten wurde von einer Biene entdeckt. Bei der Rückkehr zum Schälchen blieb sie am Seitenteil des Rähmchens eine Weile sterzelnd stehen. Nach kurzer Zeit herrschte reger Betrieb, wobei die zum Futter zurückkehrenden Bienen an verschiedenen Stellen Halt machten und ihre Duftorgane ausstreckten, so daß der ganze Weg von den vorderen Waben zum Futter von ihnen besetzt war. — Ob es vorkommt, daß unter besonders günstigen Bedingungen auch beim Flug eine Weg-Markierung wirksam ist, bleibt eine müßige Frage, solange wir nicht wissen, ob die Sammlerinnen die Strecke mit ausgestülptem Duftorgan durchfliegen. Ich glaube, daß sie erst beim Anschwärmen ans Ziel von ihm Gebrauch machen.

[2]) Über die Haftfähigkeit der Duftstoffe s. S. 48f..

[3]) Den drei übrigen Bienen hatte vielleicht der deutliche Außenduft genügt und sie verzichteten auf eine Kostprobe.

ihr Körper dem Duft nicht ausgesetzt ist (Abb. 217). Nach einer anderen Richtung, 26 m vom Stock, haben wir eine Schale mit *Phlox*- und eine mit *Cyclamen*-Blüten in die Wiese gesetzt (wie Abb. 34, S. 46). Während die Sammlerinnen am 9. 9. 1944 eine Stunde lang mit dem *Phlox*-Zuckerwasser gefüttert wurden, flogen 137 alarmierte Neulinge bei der *Phlox*-Blumenschale an, 107 von ihnen setzten sich auf die Blüten und suchten ausdauernd nach Nektar, der ihnen in den tiefen Kelchen dieser Schmetterlingsblumen nicht zugänglich ist. An die *Cyclamen*schale kamen nur 3 Bienen, von welchen sich eine setzte[1]). Der in der Honigblase eingetragene Blütenduft dient also der Verständigung über die beflogene Blütenart.

Am 12. 9. 1944 machte ich den Gegenversuch. Die Bienen tranken an der mit *Cyclamen*blüten umkränzten Futterkugel duftloses Zuckerwasser, wobei sie auf den Blüten sitzen mußten

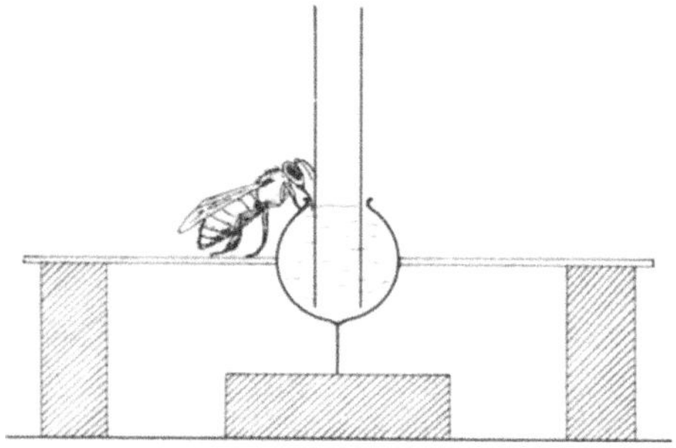

Abb. 217

Abb. 216

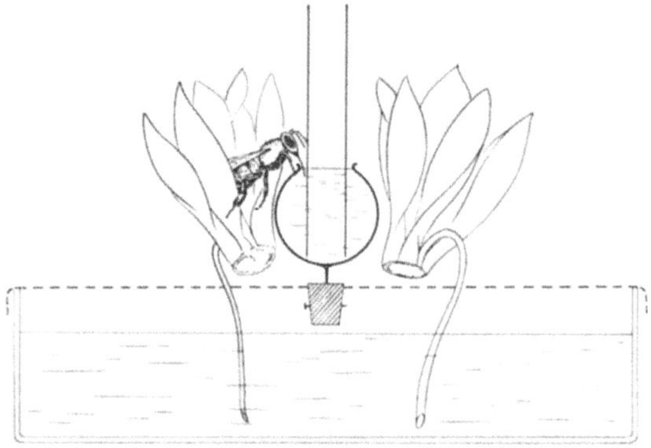

Abb. 218

Abb. 216. Abgetrennte Phloxblüten mit je einem Tropfen Zuckerwasser. Die Stielchen der Blüten tauchen durch das Gitter in eine Wasserschale

Abb. 217. Eine Biene saugt nach Phlox duftendes Zuckerwasser aus dem engen Spalt zwischen dem Rande der Glaskugel und dem eingesetzten Glasröhrchen. Der Körper der Biene ist dem Duft nicht ausgesetzt. Das duftende Zuckerwasser wird mit einer Pipette von oben durch das Röhrchen nachgefüllt

Abb. 218. Eine Biene saugt duftloses Zuckerwasser aus dem Spalt. Ihr Körper ist dem Duft von Cyclamenblüten ausgesetzt

(Abb. 218). Im Stock verfütterten sie duftloses Zuckerwasser, aber die Nachtänzerinnen konnten den äußerlich an ihrem Körper haftenden *Cyclamen*duft wahrnehmen. Während der Beobachtungsstunde wurde die *Cyclamen*schale von 105 Neulingen angeflogen (101 von ihnen setzten sich), an der *Phlox*schale erschienen 7 Besucher, von denen sich 2 niederließen. Der äußerlich am Körper eingetragene Blütenduft erwies sich als angenähert ebenso wirksam wie der „Innenduft".

Im folgenden Sommer, am 4. 9. 1945, wiederholte ich den Versuch in gleicher Weise, nur war diesmal der Futterplatz 500 m vom Stock entfernt. In der Nähe des

[1]) Bei diesem und den weiteren Versuchen habe ich mich durch $^1/_2$stündige Vorbeobachtung stets überzeugt, daß die Blumenschalen nicht angeschwärmt wurden, wenn nicht gefüttert, daher auch nicht getanzt wurde.

Futterplatzes, etwas abseits, waren die Blumenschalen aufgestellt. Bei Fütterung mit *Phlox*-duftendem Zuckerwasser wurde in der Beobachtungsstunde die *Phlox*-Blumenschale von 148 Neulingen angeflogen, die sich ausnahmslos setzten. Die *Cyclamen*schale erhielt keinen Besuch. Gleich anschließend wurde duftloses Zuckerwasser geboten und das Gefäß mit *Cyclamen* umkränzt. Nun kamen auch an die *Cyclamen*schale 27 Besucher, von denen sich aber nur 6 niederließen. Der Innenduft war anscheinend bei dem langen Flug ungeschwächt heimgetragen worden, der äußerlich am Körper haftende Duft aber hatte an Bedeutung verloren.

Man kann die relative Wirksamkeit von „Innenduft" (in der Honigblase eingetragener Duft) und „Außenduft" (am Körper haftender Duft) im Simultanversuch folgendermaßen prüfen:

Die saugenden Bienen sitzen auf *Cyclamen*blüten (wie in Abb. 218), trinken aber *phlox*duftendes Zuckerwasser. Der Innenduft wird mit einem andersartigen Außenduft in Konkurrenz gesetzt. Befand sich bei solcher Anordnung der Futterplatz in Stocknähe, so waren beide Düfte gut wirksam. Im Versuch vom 18. 8. 1946 erhielt die *Cyclamen*schale (Außenduft) 46, die *Phlox*schale (Innenduft) 89 Anflüge. Als aber der Futterplatz 600 m vom Stock entfernt lag (Versuch vom 1. 9. 1946), erhielt die *Cyclamen*schale

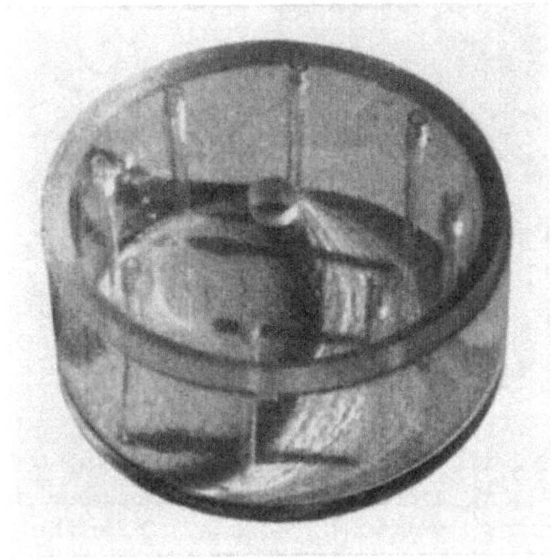

Abb. 219

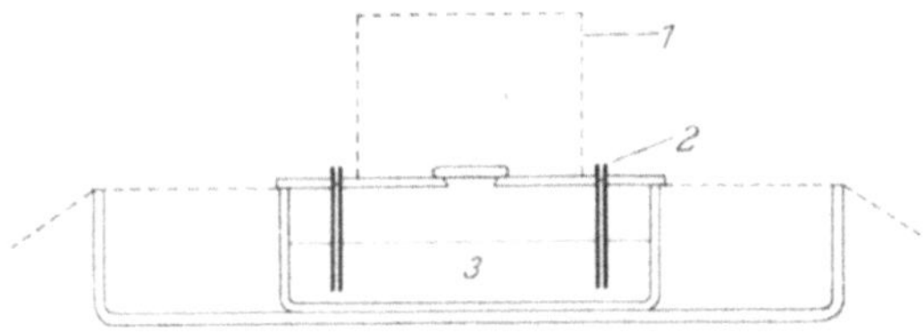

Abb. 220

Abb. 219. Schälchen für die Zuckerlösung mit Plexiglasdeckel, in den 8 Kapillaren eingesetzt sind. In der Mitte des Deckels die Öffnung zum Nachfüllen. Nach Hannelore Dirschedl 1960

Abb. 220. Schematischer Querschnitt durch die Futteranordnung nach Dirschedl. 1 Drahtgittersturz 2 Glaskapillaren, 3 Zuckerwasser

(Außenduft) nur 1, die *Phlox*schale (Innenduft) 38 Anflüge. Bei solcher Entfernung schien der in der Honigblase wie in einem wohlverschlossenen Fläschchen heimgetragene Duft das Rennen endgültig gewonnen zu haben (v. Frisch 1946).

Wenn kein andersartiger Innenduft in Konkurrenz steht, wird auch ein schwacher Außenduft selbst bei beträchtlicher Flugweite nicht bedeutungslos. Ich prüfte in dieser Hinsicht schwach duftende Enzianblüten (*Gentiana asclepiadea* L.). Bei einstündiger Fütterung auf Enzianblüten in Stocknähe erhielt eine abseits aufgestellte Blumenschale mit Enzianblüten 26 Anflüge (3. 9. 47). Bei einem Abstand von 600 m erschienen unter gleichen Bedingungen immerhin noch 6 Neulinge an der Blumenschale (6. 9. 1947). Es schien wünschenswert, mehr Blumensorten zu prüfen und die Bedingungen zu variieren.

Dieser Aufgabe widmete sich Hannelore Dirschedl (1960). Sie traf einige methodische Verbesserungen, um bei der Fütterung Innen- und Außenduft ganz sauber zu trennen.

Das Zuckerwasser wird in einem Schälchen von 4,6 cm Durchmesser und 1,5 cm Höhe geboten. Ein Plexiglasdeckel, mit geruchlosem Schliffett dicht aufgesetzt, trägt 8 Bohrungen (1,5 mm Durchmesser), in welche 1,5 cm lange Glaskapillaren eingesetzt werden. Aus ihnen saugen die Bienen das Zuckerwasser. Durch die Bohrung in der

Mitte des Deckels (o,5 cm Durchmesser) wird mit Hilfe eines Trichters reine Zuckerlösung oder Duft-Zuckerlösung nachgefüllt. Während des Versuches ist diese Öffnung durch ein Glasplättchen verschlossen (Abb. 220). Durch einen Glas- oder Gitter-Ring werden die Bienen von der Nachfüllöffnung abgehalten (Abb. 220). Das Gefäß steht in

Abb. 221. Das Futtergefäß (vgl. Abb. 219) steht in einer Petrischale mit Drahtgitterdeckel. Ein Gitterring hält die Bienen von der Nachfüllöffnung ab. Nach HANNELORE DIRSCHEDL 1960

Abb. 222. Futtertischchen. Über die in Abb. 221 gezeigte Anordnung ist ein Gittersturz gesetzt. Durch sein Türchen verkehren die Sammlerinnen

einer übergitterten Petrischale. Durch das Gitter können die als Außenduft gebotenen Blüten mit ihren Stielen in Wasser gesteckt werden. Künstliche Riechstoffe werden in der Petrischale geboten (Abb. 221). Um die suchenden Neulinge vom Futter möglichst abzuhalten, war über die Futteranlage ein Gitterkäfig gestülpt (was besser unterblieben wäre, siehe unten). Die Sammlerinnen lernten rasch, durch ein gelb umrandetes Loch ein und auszuschlüpfen (Abb. 222).

In den Versuchen wurden 5 verschiedene Blütenpaare so geprüft, daß im Simultanversuch erst die eine, dann die andere Art als Innenduft und jeweils die zweite Art gleichzeitig als Außenduft geboten wurde. Beide Versuche wurden sowohl bei einer Flugweite von 10 m wie bei einer solchen von 1000 m durchgeführt.

Die Ergebnisse waren sehr schwankend. Es kam sogar vor, daß sich die Neulinge, entgegen der Erwartung, beim Nahversuch bevorzugt nach dem Innenduft und beim Fernversuch nach dem Außenduft richteten. Die uneinheitlichen Resultate sucht DIRSCHEDL auf Faktoren zurückzuführen, die von Versuch zu Versuch wechseln können: Temperatur, Luftfeuchtigkeit und die Windverhältnisse beeinflussen die Haftfähigkeit des Außenduftes. Vor allem ist auch bei der gleichen Blütenart die Duftintensität variabel.

DIRSCHEDL wählte darum für weitere Versuche ätherische Öle, deren Duft sich besser dosieren läßt. Sie prüfte sechs verschiedene Duftpaare. Dabei ergab sich, mit einer Ausnahme, bei großer Flugweite eine Überlegenheit des Innenduftes. Sie erreichte aber nicht das Ausmaß wie bei meinen Versuchen. Faßt man alle Ergebnisse mit ätherischen Ölen zusammen, so stellen sich die Anflüge an die als Innen- bzw. Außenduft gebotenen Riechstoffe prozentual folgendermaßen dar:

Im Nahversuch (10 m): Innenduft 64,3%, Außenduft 35,7%;
im Fernversuch (975 m): Innenduft 83,0%, Außenduft 17,0%.

In DIRSCHEDLs Versuchen erwies sich also der Innenduft bei fernen Trachtquellen nicht so deutlich überlegen wie in meinen früheren Experimenten. Das könnte auf eine Besonderheit ihrer Futteranordnung zurückzuführen sein. Futtergefäß und Duftdarbietung waren zwar verbessert, aber gegen den Gittersturz (Abb. 222) besteht ein Bedenken: Die Neulinge fanden schwer ans Futter, sie konnten aber durch das Gitter und die Öffnung neben dem Geruch der Duftorgane auch die als Außenduft angebrachten Blüten geruchlich wahrnehmen, und mögen nach einigem vergeblichen Suchen zu der in der Nähe frei aufgestellten Blumenschale mit dem Außenduft abgeschwärmt sein, deren Besucherzahl dadurch in fehlerhafter Weise erhöht worden wäre. Wenn auch der Gittersturz von Zeit zu Zeit entfernt wurde, um den Neulingen Gelegenheit zu geben sich zu setzen und um sie dann abzufangen, so bleibt doch ungewiß, in welchem Umfange das geschehen ist. Die Versuche müßten unter Berücksichtigung dieser Fehlerquelle wiederholt werden.

Wenn somit in quantitativer Hinsicht eine weitere Klärung abzuwarten ist, so besteht doch darüber kein Zweifel, daß neben dem äußerlich am Bienenkörper haftenden Duft der besuchten Blumen, auch der im Honigmagen mit dem Nektar eingetragene Blütenduft für die Verständigung über die Blumensorte wichtig ist und daß bei großer Entfernung des Zieles der im Inneren transportierte, auf der Wabe verfütterte Nektarduft gegenüber dem Außenduft an Bedeutung gewinnt. Das wird dem Beobachter stärker als durch die dürren Beflugszahlen durch das Verhalten der Bienen bewußt, wenn er sieht, mit welcher Intensität und Ausdauer sie auch bei großer Flugweite gerade in jenen Blüten herumstochern, deren Duft von den Sammlerinnen in der Honigblase eingetragen worden war.

26. Wir suchen einen Futterplatz nach Anweisung der Bienen

Daß die Bienen durch ihre Tänze den Stockgenossen eine Lagebeschreibung von ihrer Sammelstätte geben, erschien anfangs wenig glaubhaft. W. H. THORPE erwähnt (1949), ein experimenteller Zoologe habe ihm gegenüber geäußert, er sei "almost passionately unwilling to accept such conclusions". Auch THORPE selbst hegte Zweifel. Er löste sie auf sympathische Weise, indem er nach Brunnwinkl kam, sich die Versuche ansah, auch selbst mit meinen Bienen experimentierte und sich von ihnen überzeugen ließ.

THORPE und jener experimentelle Zoologe waren nicht die einzigen Skeptiker. Solche standen in den eigenen Reihen. Denn als ich am 14. 8. 1946 von einer Bergtour nach Brunnwinkl zurückkam, verkündeten mir meine Töchter — damals eifrige Helferinnen bei den Versuchen —, sie hätten für den Beobachtungsstock in Aich einen neuen Futterplatz angelegt, würden mir aber seine Lage nicht verraten. Ich sollte doch die Bienen fragen! Also beobachtete ich ihre Tänze und fand dann das versteckte Futtertischchen, wenn auch nach einigem Suchen. Ich hatte auf eine Entfernung von 340—350 m geschlossen; sie betrug 349 m. Aber in der Richtung hatte ich mich um 12,5° geirrt. Bei einer Wiederholung des Versuches täuschte ich mich sogar um 26°. Ich war damals mit der durch Licht bedingten „Mißweisung" noch nicht vertraut. Die Tänzerinnen konnten blauen Himmel sehen. Unter solchen Umständen kann man ja selbst um 40° fehlgeleitet werden (s. S. 203).

Später haben wir noch zwei solche „unwissentliche Such-Versuche" durchgeführt, bei welchen aber das polarisierte Himmelslicht abgeschirmt und als Fehlerquelle ausgeschaltet war.

1. Versuch, 24. 8. 1949. Der Beobachtungsstock stand in Brunnwinkl. Es war ein Futterplatz angelegt worden, von dessen Lage ich keine Ahnung hatte. Ich beobachtete Tänze zwischen 9 und 10 Uhr und nochmals zwischen 11 und 12 Uhr. Nachdem ich aus der Entfernungskurve einen Abstand von etwa 330 m entnommen und aus der Tanzrichtung und Azimutkurve die Himmelsrichtung erfahren hatte, begab ich mich auf den Weg und mußte in der vermuteten Entfernung einige Minuten Umschau

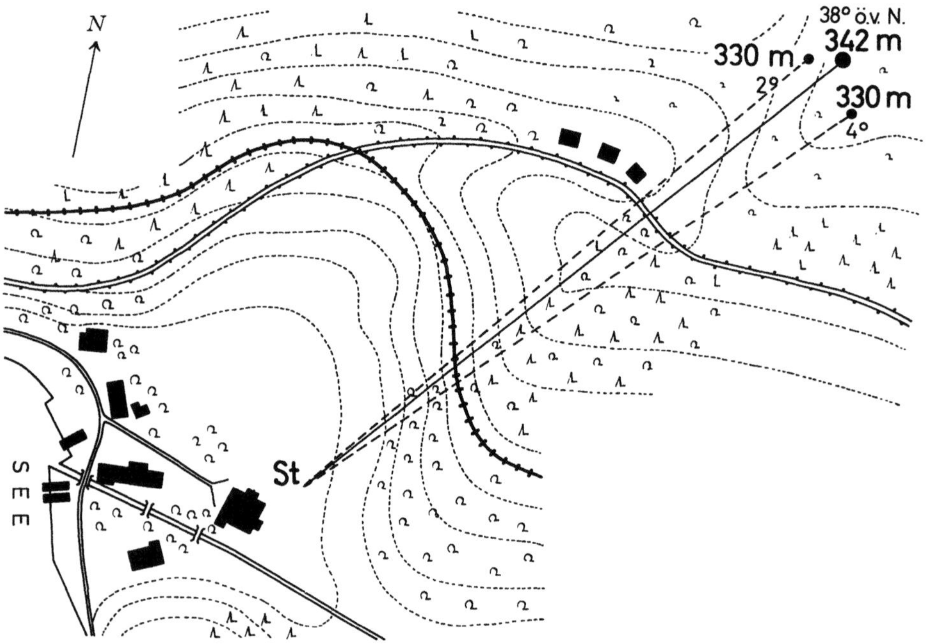

Abb. 223. Lageplan zum Versuch vom 24. 8. 1949. St Beobachtungsstock. Bei 342 m der mir unbekannte Futterplatz. Bei 330 m die aus den Tänzen um $^3/_4$10 und $^1/_2$ 12 Uhr erschlossene Lage

halten; dann entdeckte ich den hinter einem Busch verborgenen Futterplatz. Die am Morgen aus den Tänzen erschlossene Richtung führte um 2° links, die mittags gefundene Richtung um 4° rechts am Ziel vorbei (Abb. 223).

2. Versuch, 30. 8. 1950. Der Beobachtungsstock befand sich wieder in Brunnwinkl. Der mir unbekannte Futterplatz war auf einer südlich gelegenen Anhöhe (Schusterbergerl) 150 m vom Stock angelegt. Aus der individuellen Entfernungskurve des Volkes, für die ich leider nur wenige Kurvenpunkte hatte, entnahm ich eine mutmaßliche Entfernung von 190 m. Die aus den Tänzen erschlossene Richtung führte um 5° links, in einem Abstand von 14 m, am Futtertischchen vorbei, das aber trotzdem gleich von mir gefunden wurde.

Später kam mir die Vermutung, daß die Differenz zwischen der erschlossenen und der wahren Richtung des Futterplatzes auf die, damals noch ungeklärte „Restmißweisung" zurückzuführen sein könnte. Ich prüfte die Annahme erst bei der Niederschrift dieses Buches und fand sie teilweise bestätigt. In Tab. 32 sind für die beiden Beobachtungszeiten des ersten, und für die Beobachtungszeit des zweiten Versuches die Soll-Tanzrichtungen eingetragen, ferner jeweils der Fehler der von mir erschlossenen Richtung und die aus Abb. 210,

S. 220, entnommene „Restmißweisung“ für die betreffende Tanzrichtung. Berücksichtigt man diese „Mißweisung“, so ergeben sich für die drei Beobachtungen als Differenzen zwischen erschlossener und wahrer Richtung 0,6°, 8,7° und 0,3°. Bei künftigen Versuchen läßt sich die „Restmißweisung“ von vornherein einkalkulieren. Der Weg zum Ziel wird trotzdem nicht immer genau anzugeben sein. Denn

Tabelle 32. *Auf der Suche nach einem unbekannten Futterplatz. Drei Proben für die Auswertung der richtungsweisenden Tänze durch den Menschen* (Die letzte Spalte rechts bringt den Fehler nach Berücksichtigung der „Restmißweisung“)

Versuch am	Mittlere Beobachtungszeit	Ermittelte Tanzrichtung	Soll-Tanzrichtung	mein Fehler beim Suchen	„Restmißweisung“ (aus Abb. 210, S. 220)	korrigierter Fehler
24. 8. 49	9^{42}	91° l	89° l	+ 2°	+ 1,4°	0,6°
24. 8. 49	11^{35}	125° l	129° l	— 4°	+ 4,7°	8,7°
30. 8. 50	11^{05}	27° r	32° r	— 5°	— 5,3°	0,3°

wir entnehmen die „Restmißweisung“ aus den vorliegenden Durchschnittswerten, von denen die Einzelwerte, besonders in der Nähe der Umschlagspunkte, beträchtlich abweichen können (vgl. Tabelle 32 und S. 219).

Ich möchte diesen Abschnitt nicht schließen, ohne zwei heitere Erlebnisse zu erwähnen, die in den gleichen Rahmen gehören.

Am 22. 9. 1951 mit einem Versuch beschäftigt, bemerkte ich im Beobachtungsstock lebhafte Tänze ungezeichneter Bienen in zunehmender Zahl, die nicht nach unserem Futterplatz, sondern nach einer Entfernung von etwa 600 m in der Richtung nach Aich wiesen. Da die natürliche Tracht erloschen war, mußten sie etwas anderes entdeckt haben. Die Eintragung der Tanzmeldungen in eine Karte der Umgebung führte auf eine Stelle, wo ein mir bekannter Warenhändler einen Bienenstand hatte. Ich schickte eine Mitarbeiterin hin, die feststellte, daß er Honig geschleudert und die Waben dann in die Sonne gestellt hatte, damit seine Völker die Honigreste einsammelten. Ich ließ ihm sagen, daß sein Honig von meinen Bienen geholt würde und daß sie mir selbst die Herkunft verraten hätten. Er lachte nur, hielt es für einen Spaß und blieb bei der Überzeugung, daß seine Bienen ihren rechtmäßigen Besitz eingeheimst hätten.

Ein ähnlicher Fall ereignete sich am 27. 8. 1952 in Brunnwinkl selbst. Gezeichnete Bienen sammelten an ihrem Futterplatz 200 m westlich, als einige, und bald immer mehr ungezeichnete Bienen angenähert in die gleiche Richtung wiesen, aber zu schnell tanzten. Mit etwa 10 Runden in $^1/_4$ Minute gaben sie eine Entfernung von 100 m bekannt. An dieser Stelle liegt das Anwesen eines Bauern, der nicht weit entfernt einige Bienenvölker stehen hatte. Auch er hatte geschleudert und die Waben mit den Honigresten auf der Bank vor seinem Hause abgestellt. Als eine Botin von mir kam, waren die Waben soeben ins Haus getragen worden, weil so viele Bienen gekommen waren. Daß ich davon durch meine Tänzerinnen erfahren hatte, stieß bei den Nachbarn und langjährigen Kennern der Versuche nicht auf Unglauben. Aber sehr überrascht waren sie doch, daß sich die theoretische Kenntnis der Bienensprache auch in der Praxis bewähren kann.

Wenn wir uns dessen freuen, daß wir die Tänze so gut verstehen, so wird uns dabei doch eindringlich bewußt, wie umständlich und stümperhaft wir die Meldungen der Bienen auswerten. Wir brauchen eine Stoppuhr, um das Tanztempo festzustellen. Wir brauchen eine aus zahlreichen Einzelbeobachtungen gewonnene Entfernungskurve, um den Abstand einigermaßen zuverlässig entnehmen zu können. Wir brauchen den Winkelmesser zur Feststellung der Tanzrichtung, die Azimutkurven zum Ablesen des Sonnenstandes für den gegebenen Ort und Zeitpunkt und das aus mehreren tausend Einzelbeobachtungen abgeleitete Runddiagramm unserer Abb. 210, um die „Restmißweisung" in Rechnung zu stellen. Wir brauchen schließlich Kompaß, Meßband und Hilfskräfte, um das gewonnene Ergebnis in die Landschaft zu übertragen. Wie elegant wird die Aufgabe von den Bienen selbst gelöst, die im finsteren Stock nur einigen Tanzrunden zu folgen brauchen, um dann nach angeborenen Trieben in freiem Fluge und von der Sonne geleitet das Ziel anzusteuern. Eine wahrhaft grandiose Leistung!

Zusammenfassung

Die Richtungsweisung (S. 127—236)

1. Sammlerinnen, die an einer guten Futterquelle verkehren, bringen auch an ferne und versteckt gelegene Stellen rasch zahlreiche Neulinge heran. Diese werden nicht zum Ziel geleitet sondern zum Ziel geschickt. Der Schwänzeltanz verkündet ihnen neben der Entfernung einer Futterquelle auch die Richtung zu ihr.

2. Manchmal tanzen die Bienen auf horizontaler Fläche, z. B. auf dem Anflugbrettchen vor dem Stock oder (für Versuchszwecke) im horizontal gelegten Beobachtungsstock. Dann weist die Richtung des Schwänzellaufes direkt nach dem Ziel, indem die Tänzerin denselben Winkel zur Sonne einhält wie zuvor beim Flug vom Stock zum Futterplatz (Abb. 112, S. 132). Ebensogut wie nach der Sonne selbst kann die Einstellung nach dem polarisierten Licht blauen Himmels erfolgen. Ist für die Bienen auf horizontaler Unterlage weder die Sonne noch blauer Himmel zu sehen, so sind die Tänze desorientiert und geben keine bestimmte Richtung an. Im Versuch läßt sich die Sonne durch eine Lampe ersetzen. Maßgebend für die Richtung der Schwänzelläufe ist der Azimut der Lichtquelle, nicht deren Höhe über dem Horizont.

3. In der Regel wird im finsteren Stock auf der vertikalen Wabenfläche getanzt. Dann transponiert die Tänzerin den Winkel zur Sonne auf den Winkel zum Lot (Abb. 119, S. 137). Wohl entwickelte Schweresinnesorgane ermöglichen dieses Verhalten. Werden diese Organe durch Nervendurchschneidung ausgeschaltet, so sind gerichtete Schwänzelläufe auf der vertikalen Wabe nicht mehr möglich, während die Tänze auf horizontaler Wabe, mit direkter Einstellung nach der Sonne, durch die Operation nicht gestört sind. — Der Verlauf des Wabenmusters ist für die Ausrichtung der Tänze belanglos. — Bei nahen Futterquellen beobachtet man oft Schwänzeltänze mit Divergenz (Abb. 123, S. 143); die Winkelhalbierende weist die Richtung zum Ziel.

Auf schräg geneigter Wabenfläche können die Bienen noch gut den Lichtwinkel auf den Winkel zur Lotlinie transponieren, wenn der Neigungswinkel gegenüber der Horizontalen 15° beträgt. Bei einer Neigung von 10° werden sie unsicher, bei etwa 5° liegt die Grenze für diese Leistung. Das entspricht angenähert der Schräge, bei der auch andere Insekten sich eben noch nach der Schwerkraft orientieren können. Es ist aber eine beachtliche Leistung, daß Bienen bei so geringer Neigung den im Gedächtnis festgehaltenen Lichtwinkel noch richtig transponieren.

4. Die Tanzplätze auf den Waben verlagern sich mit zunehmender Entfernung des Futterplatzes weiter nach oben und rückwärts, in größeren Abstand vom Flugloch (Abb. 120, S. 138). Heimkehrende Sammlerinnen haben die spätere

Tanzrichtung schon im Sinne, denn die Richtung in der sie auf der Wabe emporlaufen, steht deutlich zur Richtung des kommenden Tanzes in Beziehung, soferne die räumlichen Verhältnisse dem nicht entgegenstehen (Abb. 122, S. 140).

5. Individuelle Abweichungen in der Richtungsangabe kommen in geringem Ausmaße vor. Mit zunehmendem Alter wird die Richtungsweisung schärfer.

6. Beim Übergang vom Rundtanz zum Schwänzeltanz wird eine Richtungsweisung erkennbar, wenn der Futterplatz etwa 25 m vom Stock entfernt ist. Sie wird mit zunehmendem Abstand immer deutlicher und ist bei 100 m sehr klar. Auf Rundtänze hin suchen die Neulinge die Umgebung nach allen Seiten bis zu einer Entfernung von 50—100 m ab. Auch desorientierte Schwänzeltänze veranlassen die alarmierten Bienen, nach allen Seiten auszuschwärmen, während gerichtete Schwänzeltänze ein gerichtetes Suchen bewirken. Rundtänze als Hinweis auf nahe Trachtquellen, und die Richtungsangaben der Schwänzeltänze werden nicht nur von Neulingen verstanden und sinngemäß befolgt; auch alte Sammelbienen unterscheiden nach einer Futterpause sehr wohl, ob neuerlich auflebende Tänze die Lage ihres Futterplatzes betreffen oder einen anderen, der sie nichts angeht.

7. Fächerversuche geben darüber Aufschluß, wie genau die ausschwärmenden Neulinge die Richtungsweisung der Tänzerinnen befolgen. Die Mehrzahl sucht in der Zielrichtung oder um wenige Grade seitlich; 10—15° seitwärts fällt die Zahl der Ankömmlinge bereits stark ab (Abb. 137—142, S. 158ff.). Bei duftender Futterquelle ist die Windrichtung von Einfluß. Das erstaunlich getreue Befolgen der Richtungsweisung bedeutet, sinnesphysiologisch und psychologisch betrachtet, eine große Leistung bei der Aufnahme und Verwertung der Informationen.

8. Daß sich die Richtungsweisung ausschließlich auf den Sonnenstand gründet, ließ sich überzeugend in den Tropen nachweisen. Bei Zenitstand der Sonne (bis zu einem Abstand von 1—2°) sind die Tänze auf vertikaler, wie auch auf horizontaler Wabe desorientiert. Bereits bei einem Zenitabstand der Sonne von 3° sind sie gut ausgerichtet.

9. Für die Richtung „nach oben“ und „nach unten“ hat die „Sprache“ der Bienen keinen Ausdruck. Liegen zwei Futterplätze genau übereinander, so daß der Flugweg von dem seitab aufgestellten Stock zum einen schräg aufwärts, zum anderen schräg nach unten führt (Abb. 143, S. 166, Schafbergwand; Abb. 144, S. 167, Echelsbacher Brücke), so werden nach einer Futterpause durch Tänze nur einer Gruppe ohne Unterschied beide Sammelgruppen alarmiert. Auch Neulinge werden durch die Tänze nur über den Azimut und nicht über die Höhenlage des Zieles unterrichtet.

Liegt der Futterplatz genau über dem Flugloch des Stockes (Abb. 147, S. 170, Funkturm) oder genau unter dem Flugloch (Abb. 148, S. 171, Echelsbacher Brücke), so können die Sammlerinnen keine Richtung angeben und machen Rundtänze. Da auch die Höhe nicht angezeigt wird, suchen die Neulinge in solchen Fällen am Boden nach allen Seiten.

Befindet sich der Stock am Fuß einer überhängenden Felswand und der Futterplatz auf dem Grat der Wand genau über dem Flugloch, oder umgekehrt (Abb. 143, St_2 u. F., S. 166, und Abb. 146, S. 169), so orientieren sich die Bienen bei ihrem Flug nach der Felswand und erleichtern den Neulingen durch entsprechend ausgerichtete Tänze das Auffinden des Zieles, ohne zusätzliche Höhenweisung.

10. Der Schwänzellauf weist die Richtung des Hinfluges zum Ziel. Um zu erfahren, ob die Sammlerinnen auch die Eindrücke während des Rückfluges (um 180° transponiert) bei ihrer Richtungsweisung verwerten, wurden solche nach ihrer Ankunft am Futterplatz seitwärts versetzt. Sie fanden erst nach längeren Umwegen heim und mußten auf die Richtung des Rückweges neu dressiert

werden. Unter diesen Umständen zeigten ihre Tänze die Richtung der Winkelhalbierenden an (Abb. 150, S. 173). Wird einer der beiden Flugschenkel durch optische Marken (Holzlatten, Farbplatten o. dgl.) auffällig gekennzeichnet, oder wird der Flugweg auf einem der beiden Schenkel verlängert, so erhält er für die Richtungsweisung gegenüber dem anderen Schenkel erhöhtes Gewicht.

Durch Varianten der Versuchsanordnung läßt sich erreichen, daß die versetzten Bienen ohne Dressur sogleich nach Hause finden. Dann zeigen sie beim Tanz eindeutig die Richtung des Hinfluges zum Ziel. Die abweichende Richtung des Rückfluges wird nicht berücksichtigt.

11. Bienen, die auf einem Umweg zwischen Stock und Futterplatz verkehren — z. B. um eine Felswand (Abb. 157, 159, S. 178/9), um ein Hochhaus (Abb. 166, S. 184) oder auf einem Fußmarsch in einem gewinkelten Laufgang (Abb. 170, S. 188) — weisen bei ihren Tänzen die Richtung der Luftlinie zum Ziel. Das ist besonders anschaulich und unmittelbar überzeugend bei Tänzen auf horizontaler Fläche zu erkennen: Die Schwänzelläufe zeigen durch das Hindernis hindurch zum Ziel, geben also eine Richtung an, die von den Tänzerinnen nie geflogen worden ist. Sie können sich hierbei nach dem polarisierten Licht blauen Himmels ebensogut orientieren wie nach der Sonne selbst. Die Entfernungsangabe der Tänze bezieht sich nicht auf die Länge der Luftlinie, sondern auf den geflogenen Umweg. Alarmierte Neulinge halten sich an die gewiesene Richtung und überfliegen zunächst das Hindernis, sofern das möglich ist. Der seitliche (kürzere) Umweg wird erst später gefunden.

Wenn Teile des geflogenen Umweges verdunkelt sind, werden diese Strecken bei der Richtungsweisung nicht berücksichtigt. Das befestigt die Vorstellung, daß die Bienen im Umwegversuch aus den auf den Teilstrecken wahrgenommenen Sonnenwinkeln und aus der Länge dieser Teilstrecken durch Integration (zentrale Verrechnung) den Tanzwinkel für die Luftlinie gewinnen.

Neulinge, die bei ihrem ersten Flug auf einem Umweg zu einer Futterquelle geleitet werden, weisen nach der Heimkehr schon im ersten Tanz die Richtung der Luftlinie. Bei Kundschafterinnen, die auf Umwegen zu ihrem Fund gelangt sind, ist das von biologischer Bedeutung.

12. Bienen, die unterwegs zum Futterplatz einem Seitenwind ausgesetzt sind, kompensieren die Abtrift, indem sie sich schräg gegen den Wind stellen. Sie sehen daher einen anderen Sonnenwinkel als bei Windstille im geraden Flug (Abb. 184, S. 197). Trotzdem weisen die Tänze die Richtung gerade zum Ziel. Die Biene beachtet also die Schrägstellung ihres eigenen Körpers und reduziert beim Tanz den Sonnenwinkel, den sie gesehen hat, auf jenen Winkel, den sie bei Windstille gesehen hätte. Sie bekundet hiermit die gleiche Fähigkeit, die sich im Umwegversuch offenbart (Punkt 11 der Zusammenfassung) und bei Nachläuferinnen, die in schräger Stellung zur Tänzerin die Information über die Tanzrichtung entgegennehmen (vgl. S. 163 u. Abb. 50, S. 61).

13. Bei den Richtungsangaben der Bienen treten „Mißweisungen" auf. Der im Tanz angezeigte Sonnenwinkel kann vom wahren Sonnenwinkel um bedeutende Beträge abweichen.

a) Durch Licht bedingte „Mißweisungen" entstehen bei Tänzen auf der vertikalen Wabenfläche, wenn die tanzende Biene den Sonnenstand wahrnehmen kann. Hierfür genügt auch die Sichtbarkeit von blauem Himmel (Orientierung nach dem polarisierten Himmelslicht). Die Größe der „Mißweisung" ist verschieden; sie zeigt bei sonst unveränderten Bedingungen einen ausgesprochenen Tagesgang (Abb. 191, S. 203). Die lichtbedingte „Mißweisung" kommt folgendermaßen zustande:

Unter normalen Bedingungen transponiert die Biene beim Tanz auf der vertikalen Wabe im Dunklen den Lichtwinkel auf den Schwerewinkel. Hat sie beim Tanz Ausblick nach blauem Himmel, so erkennt sie den Sonnenstand und das Bestreben, den Schwänzellauf nach dem (auf die vertikale Wabenfläche projizierten) Sonnenstand direkt auszurichten, tritt in Konkurrenz mit dem Transponieren auf die Richtung der Schwerkraft. Die Tänzerin hält dann überraschend genau die Winkelhalbierende ein zwischen den Tanzrichtungen, die sie bei Licht- bzw. Schwereorientierung einzuhalten hätte (Abb. 193, S. 207, und Abb. 194, S. 208). Sieht sie die Sonne selbst, so überwiegt das Bestreben, sich nach dieser auszurichten (Abb. 195, S. 208).

Für die alarmierten Neulinge bedeutet dieses Verhalten keine Fehlweisung. Sie unterliegen den gleichen Einflüssen wie die Tänzerinnen; bei der Rückübersetzung des Tanzwinkels in den Flugwinkel zur Sonne kompensieren sie daher die Abweichung. — Unter natürlichen Verhältnissen sind diese Dinge besonders bei den Tänzen in der Schwarmtraube von Bedeutung.

Als Fehlerquelle bei Versuchen kann diese lichtbedingte „Mißweisung" durch Abdecken des Himmels (am besten: Beobachtung im Plattenzelt) leicht ausgeschaltet werden.

b) Nach Ausschalten der lichtbedingten „Mißweisung" bleibt noch eine kleinere, durch Schwerkraft bedingte „Mißweisung" („Restmißweisung") bestehen. Auch sie hat einen systematischen Tagesgang. Unter verschiedenen Bedingungen zeigt er eine zunächst verwirrende Mannigfaltigkeit des Verlaufes (Abb. 198—201, Falttafel). Beim Tanz auf horizontaler Fläche tritt keine „Mißweisung" auf. Sie entsteht erst beim Transponieren des Lichtwinkels auf den Schweresinn, und ist nach Größe und Sinn der Abweichung deutlich von der Richtung des Schwänzellaufes zur Lotlinie abhängig (Abb. 208, S. 217). Ist der Schwänzellauf schräg nach oben oder schräg nach unten gerichtet, so wird er in der Richtung zur Lotlinie abgelenkt; nähert er sich bis auf etwa 30° der Horizontalen, so erfolgt eine (weniger starke) Ablenkung zu dieser hin (Abb. 210, S. 220). Diese Gesetzmäßigkeiten treten zwar im großen Durchschnitt klar hervor, zeigen aber in den Einzelfällen manche Abwandlungen. Die für die Varianten maßgebenden Faktoren sind vorläufig unbekannt.

Ähnliche Abweichungen bei der geotaktischen Einstellung sind neuerdings auch von anderen Insekten bekannt geworden. Bei Ameisen und Bienen treten sie auch nach Dressur auf Schwerkraftrichtungen auf, also ohne Transponieren (Abb. 213, S. 224; Abb. 215, S. 227). Die Erklärung dürfte darin liegen, daß die erlernte geomenotaktische Einstellung durch die ererbte Grundorientierung (positive, negative und Transversal-Geotaxis) dauernd mit beeinflußt wird.

Auch die „Restmißweisung" bedeutet für die Bienen keine Fehlweisung, da sie bei der Rückübertragung des Schwerewinkels in den Lichtwinkel kompensiert wird.

14. Sammlerinnen können durch ihr Duftorgan jene Neulinge, die in der Nähe des Zieles herumsuchen, an die richtige Stelle locken. Die Markierung einer längeren Flugstrecke durch das ausgestreckte Duftorgan („Duftstraße") ist unwahrscheinlich und durch keine Beobachtungen belegt.

Zur Verständigung der Stockgenossen über die beflogene Blütensorte dient neben dem Blütenduft, der äußerlich am Körper der Tänzerin haftet, auch der in der Honigblase eingetragene Nektar, der mit dem Blütenduft geschwängert ist und auf der Wabe an Nachläuferinnen verfüttert wird. Bei großer Entfernung des Sammelplatzes kann er gegenüber dem äußerlich anhaftenden Blütenduft, der auf langen Strecken durch den Flugwind geschwächt wird, überwiegende Bedeutung gewinnen.

15. Nach den Entfernungs- und Richtungsangaben der Bienen ist auch der menschliche Beobachter imstande, die angezeigten Ziele aufzufinden. Doch braucht er dazu zeitraubende Vorbereitungen und technische Hilfsmittel, während die Biene die gleiche Aufgabe mit den ihr eigenen Sinneswerkzeugen spielend meistert.

V. Die Abhängigkeit der Tänze von der Rentabilität der Sammeltätigkeit

Entfernung und Richtung einer Futterquelle bestimmen im wesentlichen das Bild des Bienentanzes. Ob überhaupt getanzt wird, und mit welcher Lebhaftigkeit und Ausdauer, ist von vielen Faktoren abhängig, die das Verhältnis zwischen Angebot und Nachfrage sinnvoll regeln.

1. Maßgebende Faktoren für die Auslösung und Lebhaftigkeit der Tänze

a) Die Süßigkeit der Zuckerlösung. Eine Zuckerlösung muß eine gewisse Konzentration haben, um angenommen zu werden. Die Annahmeschwelle variiert je nach den Umständen im weiten Bereich von $^1/_{16}$—$^1/_8$ mol bis zu 1—$1^1/_2$ mol Rohrzuckerlösung. Für die Tanztätigkeit ist immer eine etwas höhere Konzentration erforderlich (Tanzschwelle), als für die Annahme des Zuckerwassers. Es schien mir von Interesse, ob die Intensität des Süßgeschmacks direkt oder auf einem Umweg die Tänze auslöst.

Um den Einfluß einzelner Faktoren in dieser Hinsicht festzustellen, muß man die Zuckerkonzentration des Futters so wählen, daß nur ein Teil der Sammlerinnen tanzt. Dann zeigt sich die Wirksamkeit eines Faktors dadurch, daß er die Prozentzahl der Tänzerinnen erhöht.

Man konnte an die pralle Füllung der Honigblase als Schlüsselreiz denken. Denn unter sonst gleichen Bedingungen nimmt die Sammlerin um so mehr Zuckerwasser auf, je süßer die Lösung ist. So war z. B. die durchschnittliche Magenfüllung[1]) in einem Versuch am 30. 9. 1928 bei einer sammelnden Bienengruppe:

bei Fütterung mit $^1/_2$ mol Rohrzuckerlösung 42 cmm,
bei Fütterung mit 1 mol Rohrzuckerlösung 49 cmm,
bei Fütterung mit 2 mol Rohrzuckerlösung 56 cmm.

Ein Zusammenhang zwischen dem Füllungsgrad der Honigblase und der Auslösung von Tänzen ließ sich aber nicht nachweisen. Da von einer wärmeren Lösung unter sonst gleichen Bedingungen mehr getrunken wird, ließ sich z. B. mit $^3/_8$ molarer Rohrzuckerlösung von 28° eine stärkere Füllung der Honigblase erreichen (53,1 cmm im Durchschnitt) als mit einmolarer Lösung von 11° (42,1 cmm)[2]). Trotz der schwächer gefüllten Honigblase tanzten mehr Bienen bei der süßeren Lösung (72,3% gegenüber 58,3%). Der Füllungszustand der Honigblase ist also nicht ausschlaggebend. Ob er ganz unbeteiligt ist, bleibt fraglich[3]).

---

[1]) Ich bestimmte die durchschnittliche Magenfüllung, indem ich eine bekannte Menge Zuckerwasser von einer Gruppe numerierter Bienen aus einem Schälchen aufsammeln ließ. Der Gewichtsverlust eines Kontrollschälchens während der Versuchszeit ergab die durch Verdunstung verlorene Menge. Der Rest, geteilt durch die Zahl der Sammelflüge, entspricht der durchschnittlichen Magenfüllung. — Läßt man die Bienen aus einer graduierten Pipette saugen, so kann man die Magenfüllung individuell bestimmen (Gontarski 1935, Schifferer 1952, Schuà 1952).

[2]) Technik und Einzelheiten s. v. Frisch 1942, S. 273.

[3]) Eine Unsicherheit ergibt sich aus der höheren Viskosität der kälteren Zuckerlösung, durch welche die Tänze begünstigt werden (s. u.).

Noch näher liegend ist eine andere Vermutung: daß ein größerer Zuckergehalt der Futterlösung einfach durch erhöhte Brennstoffzufuhr die Tänze auslöst[1]). Zwar gibt die Biene ja den Inhalt der Honigblase im Stock wieder von sich, aber einen Teil nimmt sie für den eigenen Bedarf in den Mitteldarm auf.

Die Eigenart des Geschmackssinnes der Bienen gestattet eine Prüfung auf folgende Weise: Der für uns süße Zuckeralkohol Sorbit ist für sie geschmacklos (v. FRISCH 1934), besitzt aber für sie nach VOGEL (1931) einen fast zweimal so hohen Nährwert als Rohrzucker. Das äußert sich nicht nur in seiner lebensverlängernden Wirkung, sondern auch unmittelbar in der gesteigerten Lebhaftigkeit hungernder Bienen nach Verabreichung von Sorbit. Damit die für sie geschmacklose Sorbitlösung getrunken wird, muß sie mit einer gewissen Menge Rohrzucker gesüßt werden. Ich habe also den Prozentsatz tanzender Bienen vergleichend festgestellt bei Fütterung 1. mit reiner Rohrzuckerlösung, 2. mit Rohrzuckerlösung von gleicher Konzentration und einem Sorbitzusatz, durch welchen der Nährwert mehr als verdoppelt wurde, während der Süßgeschmack unverändert blieb. Ein deutlicher Einfluß des Sorbitzusatzes war nie zu beobachten, während schon eine geringfügige Erhöhung des Rohrzuckergehaltes den Prozentsatz tanzender Bienen wesentlich steigerte.

Demnach wirkt die Süßigkeit einer Zuckerlösung nicht indirekt durch den Grad der Magenfüllung oder durch ihren Nährwert, sondern allein, oder doch in erster Linie unmittelbar über den Geschmackssinn tanzauslösend.

Über die Tanzschwelle hinaus bestimmt die Süßigkeit der Lösung weitgehend die Lebhaftigkeit der Tänze. Daß diese mit zunehmendem Zuckergehalt temperamentvoller werden, ist für den Beobachter sehr eindrucksvoll, aber quantitativ nicht zu erfassen. Leicht meßbar ist ihre Zeitdauer. Deren Zunahme bei steigender Süßigkeit des Futters wurde schon S. 43, 44 besprochen und in Tab. 5 durch ein Beispiel belegt.

ESCH (1963) fand außerdem eine Änderung der Schallproduktion im Schwänzellauf bei zunehmender Konzentration der Zuckerlösung: Die Anzahl der Schallstöße pro Sekunde (Vibrationsimpulsfrequenz) stieg — bei gleich liegender Annahmeschwelle — von 22 Hz auf 30,5 Hz, wenn die Zuckerlösung von $^1/_2$ mol auf 2 mol erhöht wurde (Abb. 224)[2]). Es ist aber nicht erwiesen, daß diese Frequenzerhöhung der Schallstöße von den Stockgenossen als Signal für die bessere Futterqualität aufgefaßt wird. Bei Rundtänzen fehlt eine regelmäßige Schallerzeugung[3]), während die Lebhaftigkeit und Dauer der Tänze mit steigender Rentabilität auch hier deutlich zunimmt und eine klare Wirkung auf die Alarmierung hat, also für sich allein schon den Erfolg garantiert. Ebenso kann man beim Schwänzeltanz die Zunahme der Neulinge auf die gesteigerte Dauer und Lebhaftigkeit der Tänze bei höherer Zuckerkonzentration zurückführen. Da diese Ausdrucksbewegungen leichter festzustellen sind als die Impulsfrequenzen, fehlt

---

[1]) Bei Bienen unterliegt der Zuckergehalt des Blutes im Gegensatz zu den Verhältnissen bei Wirbeltieren beträchtlichen Schwankungen. Er wird durch die Nahrungsaufnahme stark beeinflußt (R. BEUTLER 1936).

[2]) Bei starker Erwärmung der Bienen kann die Frequenz der Schallstöße nach ESCH (1963) auf 60 pro Sekunde ansteigen. In scheinbarem Widerspruch hierzu fand WENNER (1962) keine Änderung der Frequenz bei steigender Temperatur. Er hat aber die Außentemperatur gemessen während sich die Angaben von ESCH auf die Körpertemperatur der Biene beziehen.

[3]) Bei stürmischem Alarm kommen auch in Rundtänzen Schwänzelbewegungen vor. Sie sind unregelmäßig in die Runden eingestreut, also keine Entfernungssignale. Nach ESCH (persönliche Mitteilung) sind sie mit Schallerzeugung verbunden, die jener beim Schwänzellauf gleicht und so wie dort auf die Dauer der Schwänzelbewegungen beschränkt ist. Ihre Bedeutung dürfte nur darin liegen, den Alarm zu verstärken (vgl. S. 44).

es für die letzteren vorläufig an ausreichenden Unterlagen für die Beurteilung ihrer Abhängigkeit von verschiedenen Bedingungen.

b) Die Reinheit des Süßgeschmacks. Eine reine Rohrzuckerlösung, die nahe der Annahmeschwelle liegt, löst mehr Tänze aus als eine mit Kochsalz leicht vergällte. So tanzten in einem Versuch bei Fütterung mit $^1/_2$ mol Rohrzuckerlösung rund 80% der Sammlerinnen, bei Fütterung mit $^1/_2$ mol Rohrzucker + $^1/_8$ mol NaCl nur 50% (v. FRISCH 1942). Auch durch Salzsäure- oder Chininzusatz wird die Tanzlust gehemmt (LINDAUER 1948).

c) Leichte Gewinnbarkeit der Lösung. Auch sehr süßes Zuckerwasser löst keine Tänze aus, wenn es spärlich ist. Neben der Süßigkeit der Lösung ist also ihre Menge von Bedeutung. Wonach diese „beurteilt" wird, ist nicht geklärt.

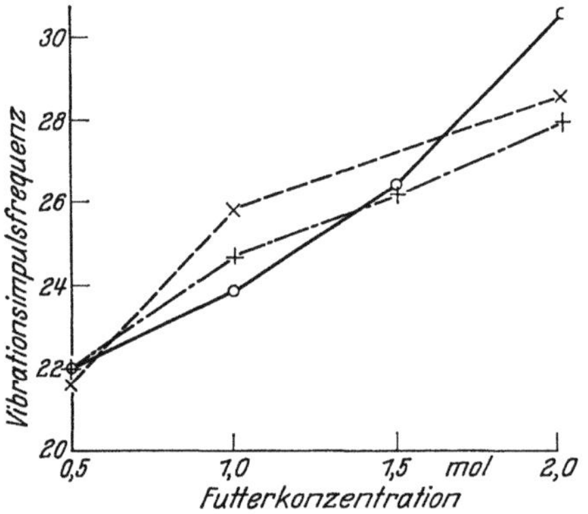

Abb. 224. Abhängigkeit der Zahl der Schallstöße pro Sekunde (Vibrationsimpulsfrequenz) von der Zuckerkonzentration bei verschiedenen Futterplatzentfernungen. ⊙—⊙ = 150 m, + —·— + = 600 m, × — — — × = 1500 m. Nach ESCH 1963

Wahrscheinlich spielt der erforderliche Zeitaufwand eine Rolle. Am künstlichen Futterplatz kann die Sammlerin bei „reicher Tracht" in etwa 1 Minute die Honigblase füllen. Bei „spärlicher Tracht" (Abb. 19 und 20, S. 20) verweilt sie oft 10 bis 15 Minuten und kehrt trotzdem nur mit geringerer Bürde heim. Auch für den natürlichen Blumenbesuch gilt dasselbe. Als ich in der Winterhalle des Münchner Botanischen Gartens (S. 13) Robinienblüten bot, die einige Stunden vor Insektenbesuch geschützt waren und reichlich Nektar führten, hatten die Bienen rasch ihre Honigblase gefüllt und tanzten im Stock. Als der Nektar spärlich wurde, weil die Absonderung mit dem Verbrauch nicht Schritt hielt, mußten sie zahlreiche Blüten besuchen, der Zeitaufwand für jeden Flug wurde größer, die Tänze nahmen ab und hörten schließlich trotz fortgesetzter Sammeltätigkeit ganz auf (v. FRISCH 1923). Auch die Arbeitsleistung bei jedem Flug wird größer. Es ist aber anzunehmen, daß noch andere Faktoren mitspielen (vgl. e).

Über die Tanzschwelle hinaus bewirkt eine leichte Gewinnbarkeit des Futters auch eine größere Lebhaftigkeit der Tänze.

d) Die Viskosität. Ein erhöhter Kraft- und Zeitaufwand braucht an sich die Tanzlust nicht zu hemmen, unter Umständen fördert er sie sogar. Konzentrierte Zuckerlösung wird wegen ihrer hohen Viskosität schwerer und langsamer aufgesogen als eine dünne Lösung. Sie ist allerdings auch süßer. Aber schon eine Erhöhung der Viskosität allein kann Tänze auslösen. Das Trisaccharid Raffinose ist für Bienen nicht süß und wirkt auch nicht im geringsten vergällend (v. FRISCH 1934, S. 49)[1]). Stellt man eine Lösung her, die neben $^1/_2$ mol Rohrzucker noch $^1/_4$ mol Raffinose enthält, so ist bei unveränderter Süßigkeit die Viskosität gegenüber einer $^1/_2$ mol Rohrzuckerlösung stark erhöht. Die Magenfüllung war etwas vermindert, die Zahl der Tänze deutlich gesteigert. Bei Rohrzuckerlösung von höherer Konzentration, die in ihrer Viskosität dem Rohrzucker-Raffinose-Gemisch angenähert entsprach, aber süßer war, wurden die Tänze noch zahlreicher (Tab. 33). Die Bedeutung des Süßgeschmacks für die Tanzauslösung wird da-

[1]) Der Nährwert, für den sich ja überdies keine tanzauslösende Wirkung nachweisen ließ, ist für Bienen sehr gering, etwa ein Achtel von dem des Rohrzuckers (VOGEL 1931, S. 329—331).

durch bestätigt; daneben zeigt sich eine gleichsinnige Wirkung der Viskosität[1]). Das ist verständlich, weil für Bienen unter natürlichen Bedingungen ein Nektar von höherer Viskosität reicher an verwertbarem Zucker ist (v. FRISCH 1942, S. 276).

Auch die Lebhaftigkeit der Tänze war bei höherer Viskosität gesteigert.

e) Die Belastung. Ein ähnlicher Zusammenhang zeigt sich noch überraschender bei Belastung der Biene mit Bleigewichtchen (G. SCHIFFERER 1952, vgl. auch S. 107, Abb. 98). Zur Schwere der Bürde gesellt sich eine etwas verlängerte Flugzeit. Die Tanzlust war nicht nur unvermindert, sondern manchmal deutlich erhöht.

Tabelle 33. *Tanzsteigernde Wirkung der Viskosität* (Die Lösungen 1—3 sind für Bienen gleich süß. Lösung 2 ist von höherer Viskosität als 1 und 3. Lösung 4 hat angenähert dieselbe Viskosität wie 2, ist aber süßer als 1—3)

gefütterte Lösung	Durchschnittliche Magenfüllung	Zahl der Anflüge	von diesen Sammelbienen haben getanzt
1. $^1/_2$ mol Rohrzucker	45,1 cmm	53	69,8%
2. $^1/_2$ mol Rohrzucker + $^1/_4$ mol Raffinose	42,3 cmm	56	80,4%
3. $^1/_2$ mol Rohrzucker	40,9 cmm	58	63,8%
4. $^7/_8$ mol Rohrzucker	48,8 cmm	49	89,8%

So tanzten in einem Versuch die unbelasteten Kontrollbienen nur ausnahmsweise, während die Versuchsbienen, die ihre Bleigewichte von 55 mg nur mit Mühe tragen konnten, „einen ungeheuren Tanzeifer an den Tag legten". Wie die höhere Viskosität, so tritt auch das erhöhte Gewicht unter natürlichen Bedingungen in Verbindung mit größerem Zuckergehalt des Nektars auf.

Sollte jemand auf den Gedanken kommen, daß die Steigerung der Tanzlust bei Zusatz von Raffinose (s. oben unter d) auf die hierdurch bedingte Gewichtszunahme zurückgeführt werden könnte und daher nicht als Beweis für eine Wirkung der Viskosität gelten könne, so sei auf folgende Berechnung verwiesen: Durch $^1/_4$ mol Raffinose wird bei einer Magenfüllung von 40 cmm das Gewicht der Biene um den geringen Betrag von 5,9 mg erhöht (im Versuch Tab. 33). Wenn die Biene aber einmal $^1/_8$ molare und einmal 2 molare Rohrzuckerlösung saugt, so bedeutet das eine Gewichtsdifferenz von 40 mg an Zucker. Dazu kommt noch ein verschiedener Füllungsgrad der Honigblase (etwa 30 und 60 cmm), woraus sich für die 2 molare Lösung ein Plus von 5 mg Wasser[2]), somit insgesamt ein Mehrgewicht von 45 mg ergibt. Das entspricht nach der Größenordnung den Bleigewichten in den Versuchen SCHIFFERERs, welche die Tanzlust gesteigert hatten.

Im gleichen Größenbereich liegt wohl auch der Belastungszuwachs durch die Höschen bei üppiger Pollentracht. Nach MAURIZIO (1953) geht das mittlere Gewicht der beiden Höschen bei manchen Trachtpflanzen bis über 20 mg, es schwankt aber in weitem Umfang, kann also individuell noch erheblich größer sein.

f) Nähe des Weideplatzes. Umgekehrt liegen die Verhältnisse bei verschieden weit entfernten Futterplätzen. Hier geht der größere Arbeits- und Zeitaufwand für weitere Flugstrecken unter sonst gleichen Bedingungen mit einer Verminderung der Rentabilität einher. Liegt der Weideplatz nur wenige Meter vom Stock entfernt, so kann eine Sammlerin im Laufe einer Stunde etwa 15 Ladungen eintragen,

[1]) Auch durch Sorbitzusatz wird die Viskosität einer Rohrzuckerlösung erhöht. Daß bei jenen Versuchen (S. 241) kein Einfluß des Sorbits auf die Tanzlust erkennbar war, dürfte auf seiner leicht vergällenden (also die Tanzlust schwächenden) Wirkung beruhen.

[2]) Die geringe Wasserdifferenz von nur 5 mg ergibt sich bei Berücksichtigung des verschiedenen Zuckervolumens in den beiden Lösungen.

bei einem Abstand von 1 km aber nur 8 und bei 3 km noch 4. Der Zeitverlust durch den weiten Flugweg hat zur Folge, daß die Ausbeute bei nahem Ziel um ein Vielfaches größer ist (R. BEUTLER 1950)[1]). Es ist daher sinnvoll, wenn bei gleicher Futterqualität ein naher Futterplatz mehr Tänze auslöst als ein ferner — wie es de facto zutrifft (BOCH 1956). Als Vergleichsmaßstab diente zunächst der Prozentsatz tanzender Bienen bei einer gegebenen Zuckerkonzentration und verschiedener Entfernung. So wurde z. B. am 19. 6. 1953 gleichzeitig an zwei Futterplätzen bei 100 m und 525 m Abstand vom Beobachtungsstock je eine Sammelgruppe mit $1^1/_2$ mol Rohrzuckerlösung gefüttert. Die Kurven der Abb. 225 zeigen das Ergebnis (für je 15 Minuten zusammengefaßt). Im Durchschnitt tanzten bei 100 m Flugweite etwa 60%, bei 525 m nur 34% der Sammlerinnen.

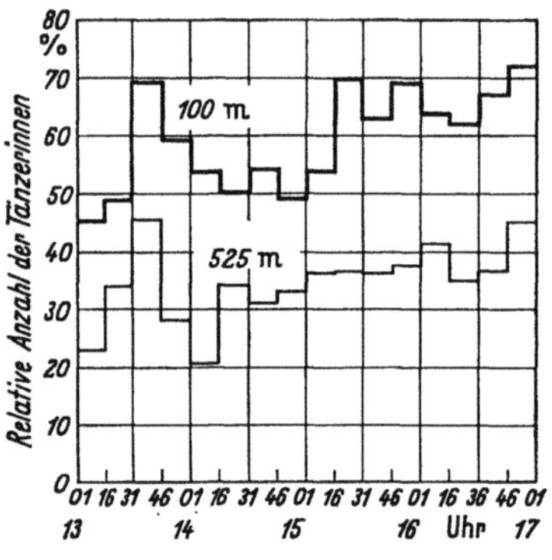

Abb. 225. Einfluß der Entfernung des Futterplatzes auf die Tänze. An zwei Futterplätzen, 100 m bzw. 525 m vom Stock, wurde mit $1^1/_2$molarer Rohrzuckerlösung gefüttert. Die Kurven geben an, wie viele Prozent (Ordinate) der Sammlerinnen getanzt haben. Die Werte sind je für $^1/_4$ Stunde zusammengefaßt. Nach BOCH 1956

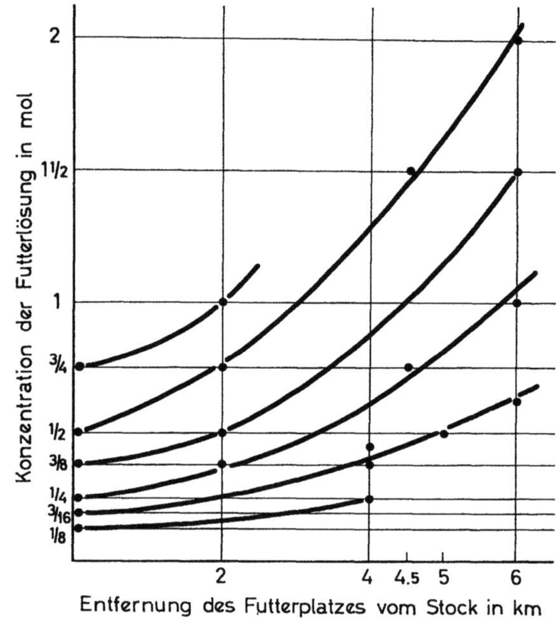

Abb. 226. Je größer die Entfernung des Futterplatzes vom Stock ist, desto konzentrierter muß die Zuckerlösung sein, damit Tänze ausgelöst werden. Abszisse: Entfernung des Futterplatzes. Ordinate: Schwellenkonzentration für die Tänze. Nach Versuchen von BOCH 1956

Durch Erhöhung der Zuckerkonzentration am Fernplatz kann man daselbst angenähert die gleiche Prozentzahl Tänze auslösen wie am Nahplatz mit der geringeren Zuckerkonzentration. Die Kurven laufen dann ineinander. BOCH prüfte auf diese Weise das Verhalten der Bienen jeweils bei 100 m und einer größeren Entfernung bis zu 6 km. In Abb. 226 ist auf der Abszisse die Entfernung des Futterplatzes, auf der Ordinate die Konzentration der gefütterten Rohrzuckerlösung angegeben. Man muß bedenken, daß die Tanzschwelle (wie auch die Annahmeschwelle) zu verschiedenen Zeiten verschieden hoch liegt (vgl. k, S. 247). Im Versuchszeitraum bewegte sie sich bei der Flugweite 100 m von $^1/_8$ bis zu $^3/_4$ mol. Dem entsprechen die Ausgangspunkte der Kurven in Abb. 226. Aus ihrem weiteren Verlauf ist ersichtlich, welche Zuckerkonzentration bei der auf der Abszisse angegebe-

[1]) Natürlich bedingt ein weiter entfernter Futterplatz durch die größere Flugleistung auch einen gesteigerten Zuckerverbrauch. Doch zeigte RUTH BEUTLER (1950), daß dieser unbedeutend ist gegenüber der Schmälerung des Zuckergewinnes durch den Zeitverlust bei der langen Flugstrecke.

nen Entfernung geboten werden mußte, um die gleiche Prozentzahl Tänze wie bei den Bienen vom 100 m-Platz auszulösen. Der Einfluß der Flugweite tritt klar hervor. So mußte man z. B. bei einer Flugweite von 6 km die vierfache Zuckerkonzentration bieten, um den gleichen Tanzerfolg wie bei 100 m zu erreichen.

Die Nähe des Futterplatzes bedeutet einen geringeren Kraft-und Zeitaufwand. Wie bei der leichten Gewinnbarkeit des Futters (c) scheinen diese Faktoren die Auslösung der Tänze zu fördern. Bei der Viskosität und beim Gewicht (d und e) scheint umgekehrt der größere Kraft- und Zeitaufwand die Tänze zu fördern. Beide Male ist das Verhalten sinnvoll. Man sieht, wie sehr die biologischen Zusammenhänge mitspielen, und wie schwer die wahren Auslöser zu fassen sind.

Für die Lebhaftigkeit der Tänze haben wir bisher ihre Zeitdauer als Maßstab benützt. Das ist einwandfrei, solange der Futterplatz der Vergleichsgruppen in derselben Entfernung liegt, wie es ja in der Regel der Fall ist. Hier aber vergleichen wir Nahsammler mit Fernsammlern. Bei 100 m kommen etwa 10, bei 6 km etwa 2 Umläufe auf die Viertelminute (Abb. 61, S. 70). Das bedeutet, daß die Nahsammlerin ihre Mitteilung zehnmal wiederholen kann, während sie die Fernsammlerin zweimal abgibt. In den Versuchen von BOCH haben die Fernsammler angenähert gleich lange getanzt wie die Nahsammler. Der Informationswert der Nachricht war aber bei den Nahsammlern wegen der höheren Zahl von Schwänzelläufen größer. In diesem Sinne ist die Lebhaftigkeit der Tänze bei nahen Futterplätzen gesteigert.

g) Blütenduft. LINDAUER (1948) konnte nachweisen, daß auch der Blütenduft an der Auslösung von Tänzen beteiligt sein kann — obwohl er scheinbar mit der Rentabilität nichts zu tun hat. Ein Beispiel: Numerierte Bienen sammelten an einem Futtergefäß, das mit *Phlox*blüten umkränzt war. Zum Vergleich sammelte eine Kontrollgruppe aus demselben Volk Zuckerwasser von gleicher Konzentration ohne Duftbeigabe. Während der Beobachtungszeit wurden von den *Phlox*bienen 197 Sammelflüge registriert, wobei 104 mal getanzt wurde (= 53%). Zur gleichen Zeit gab es bei der Kontrollgruppe 163 Sammelflüge mit 33 Tänzen (= 21%). Nur blumenhafte Düfte haben diese Wirkung (Pfefferminzöl, Blüten von Kohldisteln, Flieder, Nelken, Raps), während durch den an Aas erinnernden Geruch von Skatol wie auch durch den eigenartigen Duft von Bärenklau die Tanzlust gehemmt wird.

Obwohl der Blütenduft mit der Futteraufnahme unmittelbar nichts zu tun hat, ist er doch dadurch bedeutsam, daß er den alarmierten Stockgenossen das Auffinden der angezeigten Trachtquelle wesentlich erleichtert. Duftende Blüten werden daher, unter sonst gleichen Bedingungen, besser ausgenützt als duftlose Blüten. Sie sind für das Bienenvolk rentabler.

Um die Lebhaftigkeit der Tänze zu prüfen — hier wieder gut meßbar an ihrer Dauer — fütterte KASCHEF (1957) die Versuchsbienen mit Zuckerwasser, dem ein ätherisches Öl in Spuren beigemischt war. Durch blumenhafte Düfte (Pfefferminz-, Sternanis-, Citronell-, Lavendel-, Geranium-, Bergamotte-, Orangen- und Thymianöl) wurde die Lebhaftigkeit der Tänze gegenüber der duftlos gefütterten Kontrollgruppe ohne Ausnahme erheblich gesteigert. Die positive Wirkung beginnt angenähert bei einer Riechstoff-Beigabe, die für die menschliche Nase an der Zuckerlösung eben wahrnehmbar ist. Ein zu großer Zusatz wirkt auf die Tänze hemmend. Etwa 1 Tropfen des ätherischen Öles auf 1 Liter einer ein- oder zweimolaren Rohrzuckerlösung ist richtig.

Die künstlichen Riechstoffe Bromstyrol und Methylheptenon wirkten in allen Konzentrationen, solange sie überhaupt einen Einfluß hatten, tanzhemmend.

h) Die Form des Safthalters. Bei der Fütterung von Bienen aus einem engen Spalt (Abb. 217, S. 230) hatte ich 1947 den Eindruck, daß sie tanzfreudiger sind als beim Saugen aus offenen Schälchen. Das hat sich in einer darauf gerichteten Untersuchung von IRMGARD KAPPEL (1953) bestätigt. Sie ließ die Versuchsbienen aus Glaskapillaren (Abb. 227) oder aus Glaswolle saugen, während dieKontrollbienen Zuckerwasser von gleicher Konzentration aus einem offenen Schälchen aufnahmen. Von rund 2000 beobachteten Heimkehrern haben 44,4% der Kontrolltiere, aber 58,9% der Kapillaren-Bienen getanzt und die Tanzdauer war bei den letzteren größer[1]). Ganz ähnlich waren die Ergebnisse mit Glaswolle. Die Saugzeit an den Kapillaren war etwas länger als am Schälchen (61,1 Sek. gegenüber 52,9 Sek. im Durchschnitt von je 150 Einzelbeobachtungen). Auch wurde aus den Kapillaren etwas mehr Zuckerwasser aufgenommen (Magenfüllung bei Fütterung mit $^1/_4$ mol Rohrzuckerlösung 69,7 mg gegenüber 62,9 mg bei den Kontrollbienen, Durchschnitt von je 900 Beobachtungen[1]). Sehr ähnlich waren die Werte bei den Glaswolle-Versuchen).

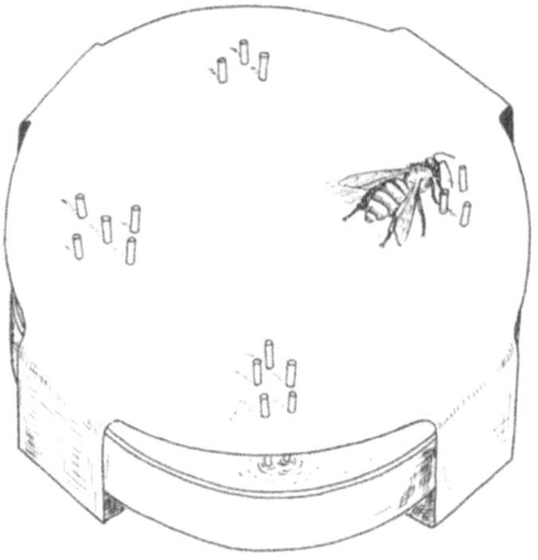

Abb. 227. Fütterung aus Glaskapillaren. Nach KAPPEL 1953

Daß die gesteigerte Tanzfreudigkeit auf die geringfügige Gewichtszunahme der Bürde zurückzuführen sei, ist unwahrscheinlich. Die Ursache ist wohl darin zu suchen, daß enge Röhrchen und Spalten den vertrauten Nektar-Pforten beim Blumenbesuch besser entsprechen als die Uhrschälchen. Daher ihre größere „Beliebtheit" — wenn ich für die unbekannten zentralnervösen Zusammenhänge dieses Wort gebrauchen darf. Die größere Beliebtheit kommt auch darin zum Ausdruck, daß die Kapillaren-Bienen, obwohl sie länger tanzen, weniger lang im Stock verweilen[2]); die Aufenthaltsdauer zwischen zwei Sammelflügen betrug bei den Kapillaren-Bienen durchschnittlich 2 Minuten, bei den Kontrollbienen $2^1/_2$ Minuten.

Wir machen von dieser Erfahrung durch Verwendung der Rillen-Gefäße (Abb. 18, S. 19) bei unseren Versuchen ständig Gebrauch.

i) Gleichmäßiger Fluß der Nahrungsquelle. Auch bei hoher Zuckerkonzentration wird nach den ersten Sammelflügen des Tages in der Regel nicht getanzt. Erst wenn nach mehreren Flügen die Quelle nicht erschöpft ist, wenn sie sich somit als ergiebig erweist, setzen die Tänze ein. Dasselbe beobachtet man nach längerer Futterpause bei der Wiederaufnahme der Sammeltätigkeit. Nur bei großer Nahrungsnot des Volkes, oder bei mäßigem Nahrungsmangel und einem ungewöhnlich guten Fund, alarmiert eine Sammlerin schon nach dem ersten erfolgreichen Ausflug (LINDAUER 1948; HERAN 1956, S. 213, Abb. 24).

Wenn sich die Ergiebigkeit der Tracht weiterhin bewährt, kann sich die Tanzfreudigkeit durch mehrere Stunden steigern. In 14 Versuchen, bei welchen ich eine Bienengruppe längere Zeit ohne Pause mit gleicher Zuckerkonzentration fütterte, nahm sowohl die Prozentzahl der tanzenden Bienen wie die Lebhaftigkeit (Dauer) der Tänze ausnahmslos in den ersten 1—2 Stunden, viermal durch 3 Stunden und einmal sogar 4 Stunden lang immer mehr zu (ein Beispiel zeigt Abb. 228).

[1]) Der Unterschied ist statistisch gut gesichert.

[2]) Die gleiche Erscheinung kennen wir von der Fütterung mit verschieden süßen Lösungen. Bei besserer Futterqualität wird im Stock weniger Zeit vertan und sogar die Fluggeschwindigkeit gesteigert (S. 254).

k) Die allgemeine Ernährungslage. Die eben schon berührte Nahrungsnot steht im Reigen der tanzauslösenden Faktoren an hervorragender Stelle. Im Frühjahr, zur Zeit reicher Blüte und guter Tracht, ist es oft selbst mit 1—2molarer Rohrzuckerlösung nicht möglich, die Bienen zum Tanzen zu bringen. Im Sommer und Herbst, bei spärlicher Tracht, kann man schon mit $^1/_8$molarer Rohrzuckerlösung Tänze auslösen. Dabei kommt es nicht nur auf das Nahrungsangebot in freier Natur, sondern auch auf die Vorratslage im Stock an.

Daß in Notzeiten schon für ein kümmerliches Nahrungsangebot alle Hilfskräfte alarmiert werden, ist nicht einer Umsicht der Sammlerinnen zuzuschreiben. Sie inspizieren weder das Angebot an nektarspendenden Pflanzen noch die Vorräte in den Waben, bevor sie zu tanzen beginnen. Wie LINDAUER (1948) gezeigt hat, werden die heimkehrenden Sammlerinnen, wenn im Volk Nahrungsmangel herrscht, von den Futterabnehmerinnen, die ja die Verteilung und Speicherung des Nektars zu besorgen haben, geradezu überfallen und heftig angebettelt. Nach BOCH (1959) steigt dabei mit dem Erregungszustand auch die Schnelligkeit des Fühlertrillerns. Der Sammlerin wird ihre Bürde sehr schnell abgenommen. Bei Nahrungsüberfluß muß sie längere Zeit nach Abnehmerinnen suchen und während sie im ersten Falle vielleicht nach $^1/_2$ Minute den Inhalt ihrer Honigblase losgeworden ist, braucht sie nun zuweilen mehrere Minuten. Das Angebettelt-werden und die rasche Befreiung von der Bürde begünstigen die Auslösung und die Lebhaftigkeit der Tänze (vgl. S. 268 u. Abb. 236).

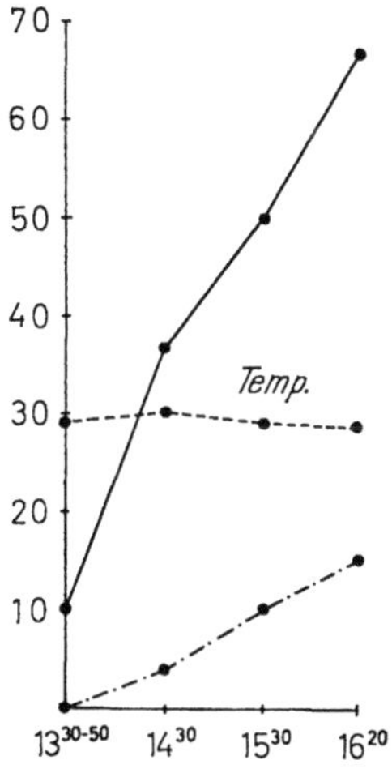

Abb. 228. Bei gleichmäßigem Fluß der Nahrungsquelle steigt in den ersten Stunden die Prozentzahl tanzender Bienen an und die Tanzdauer nimmt zu. Versuch am 9. 8. 1957 von 13³⁰—16²⁰ Uhr. Die Zahlen der Ordinate bedeuten für die Kurve ——— Prozentzahl tanzender Bienen, für —·—·— durchschnittliche Tanzdauer in Sekunden, für - - - - Temperatur in Graden C. Durchgehende Fütterung mit $^1/_2$ mol Rohrzuckerlösung

l) Verbesserung des Futters. Abgesehen davon, daß eine absolut bessere Zuckerlösung mehr Tänze auslöst als eine weniger süße, wirkt auch eine relative Verbesserung an sich tanzauslösend. Hat man z. B. mit $^1/_4$mol Rohrzuckerlösung gefüttert, so ist bei anschließender Darbietung von $^1/_2$molarer Lösung der Prozentsatz tanzender Sammlerinnen — unter sonst gleichen Bedingungen — größer als bei $^1/_2$molarer Lösung nach vorangegangener 1mol-Fütterung. Das ist durch die Adaptation der Geschmackssinnesorgane verständlich[1]). Durch den Kontrast mit der vorangegangenen weniger süßen Lösung wirkt das $^1/_2$mol Zuckerwasser zunächst süßer als bei fortgesetzter Fütterung. Auch die Lebhaftigkeit der Tänze wird dadurch vorübergehend gesteigert. Eine Beobachtung von RIBBANDS (1955) findet so ihre Erklärung: Ein Futterplatz, an dem er zunächst dünne und dann konzentrierte Zuckerlösung bot, wurde daraufhin doppelt so stark von Neulingen angeflogen als ein anderer Platz, an dem dauernd mit konzentrierter Lösung gefüttert wurde.

Entsprechendes gilt, bei unveränderter Zuckerkonzentration, bei verbesserter Reinheit des Süßgeschmacks. In einer Versuchsreihe LINDAUERS (1948, S. 378) tanzten die Bienen bei $^1/_4$ mol Rohrzucker + $^1/_{16}$mol NaCl bei langfristiger Fütterung nicht weniger gut als bei $^1/_4$ mol Rohrzucker ohne Salz. Als die gleiche Zucker-Salz-Mischung anschließend an reine Zuckerlösung vom gleichen Zucker-

[1]) Diese äußert sich sehr deutlich in der Abhängigkeit der Annahmeschwelle von der vorangegangenen Fütterung, s. v. FRISCH 1934, S. 26 ff.

gehalt gereicht wurde, nahm die Prozentzahl der Tänzerinnen ab; sie nahm dagegen zu, wenn vorher ein noch stärker mit Salz vergälltes Zuckerwasser geboten worden war.

m) Die Tageszeit. Die Flugintensität der Bienenvölker (Zahl der Ausflüge) pflegt in den Mittagsstunden vorübergehend nachzulassen. Nach LINDAUER (1948) kommt es bei ganztägiger Fütterung einer Bienengruppe mit Zuckerwasser von gleichbleibender Konzentration in der Mittagszeit auch zu einer deutlichen Verminderung der Prozentzahl der Tänze und ihrer Lebhaftigkeit. Das galt bei seinen Beobachtungen für die Zeit von 12—15 Uhr. BOCH (1956) und BRÄUNINGER (1964) bemerkten gleichfalls diese Mittagsträgheit. Ich fand 1957 und 1958 in 11 Versuchen, bei welchen eine Bienengruppe mehrere Stunden oder den ganzen Tag Zuckerwasser von gleichbleibender Konzentration erhielt, den mittäglichen Abfall der Tanzfreudigkeit (Prozentzahl und Dauer der Tänze) ausnahmslos, wenn auch nicht immer mit gleicher Deutlichkeit bestätigt (Beginn meist zwischen 11 und 12 Uhr, Ende zwischen 14 und 15 Uhr). Ein Beispiel bringt Abb. 229.

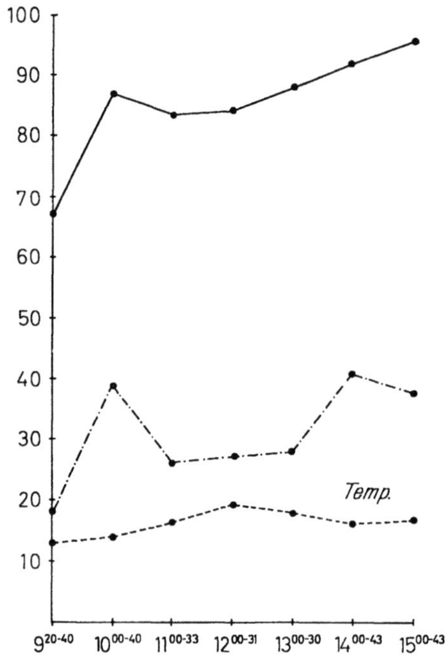

Abb. 229. Die Mittagsträgheit. Versuch am 31.8.1957. Durchgehende Fütterung mit $^3/_4$ mol Rohrzuckerlösung: —— Prozentzahl tanzender Bienen, —.—.— durchschnittliche Tanzdauer in Sekunden, - - - - Temperatur in Graden C. Von 11^{00}—13^{30} Uhr weniger Tänze und verminderte Tanzdauer, dann wieder Anstieg trotz sinkender Temperatur und zunehmender Bewölkung

Im Gegensatz zu den jahreszeitlichen Schwankungen, welche durch die wechselnde Ernährungslage eine Erklärung finden, konnten weder LINDAUER noch ich den Mittags-Rückgang mit einem Außenfaktor in Verbindung bringen, so wenig wie SCHUÀ (1952) die mittägliche Abnahme der Flugintensität. Beides dürfte der Ausdruck einer täglichen Aktivitätsperiodik sein, wie man solche ja bei Insekten und anderen Tieren vielfach kennt. Sie bleibt bei Bienen auch unter konstanten Bedingungen erkennbar (s. S. 362).

n) Die Wetterlage. Bienen sind „wetterfühlig". Vor aufkommendem Regen oder vor einem Gewitter kehren sie scharenweise in den schützenden Stock heim. Aber schon lange vorher kann ihre Tanzfreudigkeit auffallend abnehmen. Dies gilt nicht so sehr, wenn der Weideplatz in der Nähe des Heimatstockes liegt als bei großer Flugweite, bei der ja ein plötzliches Unwetter für die Sammlerinnen lebensbedrohend wird. Ein interessantes Beispiel entnehme ich BOCH (1956, S. 150): Am 9. 8. 1952 wurde eine Bienengruppe 100 m, eine andere mit süßerem Zuckerwasser 6 km vom Stock gefüttert. Die Prozentzahl der Tänzerinnen war vom frühen Morgen ab in beiden Gruppen angenähert gleich, bis von 15^{30} Uhr an die relative Anzahl der Tänze bei den Fernsammlern stark abfiel, während sie bei den Nahsammlern noch 3 Stunden lang kaum abnahm. Gegen 16 Uhr wurden für den menschlichen Beobachter die ersten Anzeichen eines aufziehenden Gewitters erkennbar. Um 18 Uhr stellten die Bienen vom Fernplatz die Tanztätigkeit ganz ein, während jene vom 100 m-Platz bis zum Losbrechen des Gewitters (etwa 19^{15} Uhr) weiter sammelten und im Stock tanzten.

Auch KNAFFL (1953, S. 139) beobachtete im gleichen Sinne bei wachsender Entfernung des Futterplatzes eine zunehmende Empfindlichkeit der Tänzerinnen gegen Witterungseinflüsse.

Wir haben nun eine große Zahl von Faktoren — und wohl noch nicht alle — kennen gelernt, die an der Auslösung der Tänze beteiligt sind. Reize, welche die Auslösung von Tänzen begünstigen, fördern ganz allgemein auch deren Lebhaftigkeit. Dagegen muß die Annahmeschwelle der Zuckerlösung nicht damit gekoppelt sein. Sie bleibt unberührt von der Viskosität der Lösung[1]), von der Beigabe eines Blütenduftes[2]), von der Form des Safthalters[3]), vom gleichmäßigen Fluß der Nahrung[4]), während anderseits durch den Süßgeschmack und seine Reinheit, durch die Nähe einer Futterquelle, durch schlechte Ernährungslage oder günstige Wetterbedingungen die Annahmeschwelle im gleichen Sinne wie Tanzschwelle und Tanzdauer beeinflußt wird. Wie weit diese Faktoren, deren Wirksamkeit durch ihre isolierte Prüfung erkannt wurde, nach der Reizsummenregel (SEITZ 1940) zusammenwirken, hat noch niemand systematisch untersucht. Ihr abgewogenes Zusammenspiel ist um so bemerkenswerter, als die meisten maßgebenden Reize an der Futterstelle empfangen werden, während der Tanz auf der Stockwabe, an einem anderen Ort und zu einem späteren Zeitpunkt stattfindet.

Die Verspätung der Tänze kann sogar sehr groß sein. CHALIFMAN (1950) hat als erster gezeigt, WITTEKINDT (1955) und LINDAUER (1957) haben bestätigt, daß sich manche Sammlerinnen abends nach beendigtem Flug oder zur Nachtzeit durch Belichtung der Wabe erneut zu Tänzen anregen lassen. Sie geben dabei die Richtung und Entfernung des vor vielen Stunden besuchten Futterplatzes an (LINDAUER 1955, E. und W. WITTEKINDT 1960). Ein biologischer Sinn dieser Reaktivierung der Tänze durch Belichtung ist nicht ersichtlich. Nach WITTEKINDT (1961) konnte ein Teil der Bienen, die tagsüber an einer Futterstelle im Schwänzeltanzbereich gesammelt, aber nicht getanzt hatten, später durch Belichtung zu Schwänzeltänzen veranlaßt werden, wobei sie noch nach mehr als 24 Stunden die Lage richtig anzeigten. Im Anklang an eigenes Erleben ist man versucht zu sagen, daß ihnen der Futterplatz in der Erinnerung wohl besser erschien als er wirklich gewesen war. Doch hiermit sind wir auf schwankendem Boden, den wir um so lieber verlassen, als weitere Versuche hier Klärung bringen können.

Was bisher berichtet wurde, bezieht sich nur auf die Auslösung der Tänze beim Sammeln von Nektar und Zuckerwasser. Vom Pollensammeln wissen wir in dieser Hinsicht fast nichts. Manches, was für Nektarträgerinnen bedeutsam ist, wird für Pollenträgerinnen belanglos sein (Süßigkeit, Viskosität, Form des Safthalters). Pollenmangel begünstigt die Auslösung von Tänzen so sehr, daß in Notzeiten die Stockgenossen sogar zum Einsammeln von Kartoffelmehl oder Trockenmilch alarmiert werden (LINDAUER 1948, S. 401 ff.), und wahrscheinlich auch für Ziegelmehl und Kohlenstaub, denn selbst so sinnlose Tracht wird gelegentlich eingetragen. Daß die leichte Gewinnbarkeit reichlichen Blütenstaubes die Tänze besonders fördert, ist wahrscheinlich. Ich erinnere an die Sammlerin, die am prächtigen Pollenreichtum eines künstlichen Rosenbeetchens bei ihrem ersten Besuch nur kurz sammelte, mit winzigen Höschen heimflog, stürmisch und ausdauernd tanzte und erst dann, samt ihren Miniatur-Höschen, wieder zu den Rosen zurückflog, um das Sammeln fortzusetzen (S. 34). Der Geschmack scheint bedeutungslos zu sein. Duftbeigabe kann tanzfördernd wirken (LINDAUER 1948,

---

[1]) v. FRISCH 1934, S. 14. — [2]) Ebenda S. 24. — [3]) KAPPEL 1953, S. 541, 542.

[4]) Dieser macht sich ja erst längere Zeit nach der Annahme geltend.

S. 402). Daß die Entfernung der Sammelstelle, Tageszeit und Wetter von Bedeutung sind, ist anzunehmen; ob auch das Gewicht der Höschen, ist unbekannt.

Für Wassersammlerinnen ist der jeweilige Bedarf des Volkes wohl der wichtigste Faktor für die Auslösung der Tänze (s. S. 267ff.).

Bei der Anzeige einer neuen Niststätte richtet sich die Tanzlust nach einer reichhaltigen und völlig andersartigen Bewertungsskala (s. S. 274ff.).

So kann an der Auslösung des Tanzes je nach den Umständen eine Vielfalt von Wahrnehmungen beteiligt sein, deren sinnvolle Verarbeitung in den nervösen Zentren der Biene einstweilen ein Rätsel bleibt.

2. Die Regelung von Angebot und Nachfrage auf dem Blumenmarkt

So schwer sich das harmonische Zusammenspiel der vielerlei tanzauslösenden Faktoren durchschauen läßt, so klar liegt anderseits der biologische Sinn der Vorgänge zutage. Das Bienenvolk hat die Aufgabe gelöst, aus dem reichen Angebot des natürlichen Blumenmarktes das Beste herauszuholen und das Risiko für seine Arbeitskräfte dabei so niedrig wie möglich zu halten. Jeder Ausflug bedeutet für die Biene eine Gefährdung[1]).

In einem normalen Bienenvolk stehen im Frühjahr täglich etwa 1000 neue Jungbienen bereit, ihre Sammeltätigkeit aufzunehmen. Von diesen fliegen nur verschwindend wenige als Suchbienen aus, um neue Nahrungsquellen zu entdecken. Weitaus die meisten warten im sichern Stock, bis sie für ein bestimmtes Ziel angeworben werden. Suchbienen lassen sich, auch ohne vorangegangene Erfahrung, durch die Farben und die Gestalt der Blüten sowie durch natürlichen Blumenduft anlocken (v. Oettingen-Spielberg 1949, Butler 1951, Lindauer 1952, Ludwig[2]) 1956). Farbige Saftmale, die für das ultraviolettsichtige Bienenauge an Blüten noch häufiger in Erscheinung treten als für uns, und Duftmale, die für den Menschen überhaupt nicht ohne weiteres erkennbar sind, erleichtern es ihnen, die Pforte zum Nektar aufzufinden (v. Frisch 1943, Lex 1954, Bolwig 1954[3]), Daumer 1958, v. Aufsess 1960).

Ob sie dann durch Tänze Hilfskräfte anwerben, hängt nicht allein von der Güte des Fundes ab. Entscheidend ist die Rentabilität der Sammeltätigkeit. Für eine solche sind Faktoren maßgebend, die im voranstehenden Abschnitt besprochen wurden. Sie lassen sich folgendermaßen zusammenfassen und ordnen: 1. Die Güte des Nektars (Zuckergehalt); 2. die Ergiebigkeit der Trachtquelle (Menge und gleichmäßiger Fluß des Nektars, leichte Gewinnbarkeit, kein zu großer Flugweg); 3. Begleiterscheinungen, die mit der Güte gekoppelt sind: Viskosität und Gewicht der Bürde; 4. Blütenduft (erleichtert das Finden und die Verständigung); 5. die allgemeine Ernährungslage (vor allem

[1]) Lindauer (1952) stellte z. B. fest, daß von 150 numerierten Bienen, die unter Dauerbeobachtung standen, 29 (das sind fast 20%) auf ihren ersten Ausflügen verunglückt sind

[2]) Da die Lehramtsarbeit von Luise Ludwig nicht veröffentlicht wurde, sei hier erwähnt, daß sie eine spontane Bevorzugung von Gelb durch die Suchbienen (v. Oettingen-Spielberg) nicht bestätigen konnte; bei ihren Versuchen wurde sogar Blau primär stärker angeflogen. Butler fand Blau und Gelb angenähert gleich anziehend, was demnach wohl das Richtige trifft.

[3]) Bolwig bezweifelt die Wichtigkeit der Duftmale. Er zeigt aber durch seine eigenen Versuche ihre positive Bedeutung durch den Nachweis, daß kleine, distinkte Duftmarken auf den Blumenblättern beachtet werden. Wenn er freilich Streifen von Lavendelwasser radiär über die ganze Breite einer Farbscheibe zieht, kann er nicht erwarten, daß die Bienen durch die Streifen nach dem Zentrum gelockt werden, weil ja die ganze Scheibe in Lavendelduft gehüllt ist.

bestimmt durch den Bedarf des Volkes); 6. eine Wetterlage, die das Risiko niedrig hält; 7. eine vertraute Darbietung, indem der Trunk in engem Kelch kredenzt wird (Erhöhung der Ausbeute durch größere Magenfüllung und abgekürzten Stockaufenthalt)[1]).

Wenn nach dem „Fazit" aus diesen Wahrnehmungen die Sammeltätigkeit lohnt, wird sie von der Entdeckerin fortgesetzt, die hiermit aus der Suchbiene zur Sammelbiene wird; überdies beginnt sie zu tanzen und übermittelt dadurch den Stockgenossen folgende Nachrichten: 1. die Aufforderung, sich an der Sammeltätigkeit zu beteiligen; 2. die Entfernung der Fundstelle; 3. in welcher Himmelsrichtung sie liegt; 4. den Blütenduft als spezifisches Kennzeichen des Zieles; er haftet an ihrem Körper, aber auch an Nektarproben, die in kurzen Tanzpausen an die umgebenden Bienen verfüttert werden; hiermit erfahren diese 5. den Geschmack, die Süßigkeit der Ausbeute; 6. mit der Lebhaftigkeit und Dauer der Tänze gibt die Tänzerin die Rentabilität der Sammeltätigkeit bekannt; durch die ganze Skala vom matten Ansatz zu einer Tanzrunde, kaum 1 Sekunde lang, bis zur minutenlangen stürmischen Besessenheit von Bienen, die Vorzügliches zu melden haben, bringen sie den Grad der Dringlichkeit ihrer Werbung zu abgestuftem Ausdruck — nach menschlichem Ermessen wirksam genug, wenn man sieht, wie mit wachsendem Temperament die Nachtänzerinnen mitgerissen werden. Eine geringe, statistisch nicht voll gesicherte Beschleunigung der Umlaufszeit bei gesteigerter Süßigkeit kann nicht als Signal für die Qualität gedeutet werden (vgl. v. Frisch u. Jander 1957, S. 256 bis 260). Möglich, aber nicht erwiesen, ist, daß beim Schwänzeltanz in der Zunahme der Schallstöße pro Sekunde (Esch 1963, vgl. S. 241, 242) ein zusätzliches Signal für die Rentabilität liegt.

Das alles gilt auch für die Pollen- und Wassersammlerinnen, nur daß sich diese als solche durch die Fracht ausweisen, die sie nach Hause bringen.

Arbeitsbereite Stockbienen sammeln sich auf dem Tanzboden (Appetenzverhalten), nehmen die Nachrichten auf und lassen sich zum Anflug anregen — in welchem Maße, hängt aber nicht nur von der Intensität der Werbung, sondern auch vom Inhalt der Nachrichten ab. Einen zahlenmäßigen Beleg hierfür erbrachte Boch (1956, S. 139), der zwei Sammelgruppen 100 m und 525 m vom Stock fütterte. An der weiter entfernten Futterstelle ließ er mehr Bienen sammeln, und zwar um so viele mehr, daß die Zahl der Sammelflüge pro Stunde für beide Plätze gleich war. Trotzdem kamen binnen 4 Stunden zum Fernplatz nur 14, zum näher gelegenen 35 Neulinge. Daß dieser Unterschied nur zum Teil auf die intensivere Werbung für nähere Weideplätze (S. 243 f.) zurückzuführen ist, lehrt anschaulich die unmittelbare Beobachtung: Schon bei unserem ersten Versuch in größere Ferne (1946) war auffällig, daß selbst sehr lebhafte Tänze, die eine Flugweite von 3 km anzeigten, bei den Stockgenossen nicht das Interesse fanden wie gleichzeitige Tänze von Nahsammlerinnen. Die Kameraden schienen wenig geneigt, sich auf einen so weiten Flug zu begeben, wie er von jenen angeregt wurde.

Die Neulinge, die auf die Tänze hin ausfliegen, suchen in der verkündeten Richtung und Entfernung nach dem Duft, den sie an der Vortänzerin wahrgenommen haben, und gelangen so an die richtigen Blüten.

Das ist nicht nur durch zahlreiche Modellversuche mit künstlichen Futterplätzen erwiesen. Es ist auch für den natürlichen Blütenbesuch bestätigt, und zwar an Pollen- und Nektarsammlerinnen:

---

[1]) Die Tageszeit fügt sich schlecht in diesen Rahmen. Wir haben die Mittagsträgheit als Ausdruck einer Tagesperiodizität im Bienenleben betrachtet.

LINDAUER (1952) beobachtete an numerierten Jungbienen, die ganztägig unter Kontrolle standen, welchen Tänzerinnen sie nachtrippelten; ferner, ob sie von ihren nachfolgenden Ausflügen beladen heimkamen und welchen Fundplatz sie durch ihre eigenen Tänze anzeigten. Von 91 erfolgreich heimkehrenden Neulingen trugen 79 die gleiche Tracht nach Hause wie ihre Vortänzerinnen (30 Nektar, 49 Pollen in vier verschiedenen Farben, immer übereinstimmend mit der Höschen-Farbe ihrer Vortänzerinnen); 42 von ihnen zeigten zusätzlich durch Tänze an, daß sie in der gleichen Richtung und angenähert in derselben Entfernung wie ihre Vortänzerinnen gesammelt hatten; 37 tanzten nicht, so daß nur die Übereinstimmung der Tracht, aber nicht die Lage ihres Futterplatzes festzustellen war; 12 von den 79 Bienen brachten andere Fracht als ihre Tänzerinnen: 4 hatten an anderer Stelle gesammelt, 2 am richtigen Platz Pollen von anderen Blüten, 2 am richtigen Platz Nektar statt Pollen aus derselben Blütensorte; 4 gaben keine Auskunft — sie tanzten nicht (LINDAUER 1952, S. 329—331 und Tab. 6—9).

In ihrer Lockwirkung auf die Suchbienen sind Farbe und Duft der Blüten von gleichem Rang. Aber für die Farbe haben die Bienen kein „Wort", den Duft können sie nach Hause tragen. Dadurch erhält der Blütenduft gegenüber der Blumenfarbe eine überragende blütenbiologische Bedeutung. Sie ist weitgehend gesichert durch die fast generelle Verbreitung des Blütenduftes bei den Insektenblütern und durch seine artspezifische Ausbildung.

Bienenblumen mit duftlosen Blüten sind seltene Ausnahmen. Ich kenne in unserer Flora als solche nur den wilden Wein (*Parthenocissus quinquefolia* [L.] PLANCH), Heidelbeeren (*Vaccinium myrtillus* L.) und — wenigstens manchmal duftlos — Johannisbeeren (*Ribes rubrum* L.). Ihre Blüten sind auch für Bienen geruchlos (v. FRISCH 1919, S. 85 ff., 1923, S. 131 ff.). Vielleicht gehören auch manche Ahorn- und Wolfsmilcharten hierher. Gemeinsam ist ihnen allen, daß sie in dichten Beständen wachsen oder daß doch, bei einzeln stehenden Bäumen oder Sträuchern, die Blüten zu tausenden beisammen stehen. Ein Blütenmeer ist leichter zu finden, und hier besonders wird auch das lockende Duftorgan der tätigen Sammlerinnen als Wegweiser für die Neulinge hilfreich sein.

Bei zerstreutem Bestand der Trachtpflanzen, etwa bei Wiesenblumen, verbreiten sich die Neulinge allmählich über ein größeres Gebiet, erstens weil sie die angesagte Richtung und Entfernung nicht haarscharf treffen und auch in der Nachbarschaft den gesuchten Duft finden, zweitens aber auch, weil noch nicht beflogene Blüten mehr zu bieten haben als solche, die bereits ausgebeutet werden. Hat sich aber eine Biene für ein Sammelareal entschieden, so bleibt sie diesem in überraschend engen Grenzen treu. Wo eine Löwenzahnwiese weithin durch ihr leuchtendes Gelb zum Besuch ladet und von ungezählten Bienen ausgebeutet wird, kehrt die einzelne Sammlerin immer wieder zu ihren Blüten zurück und beschränkt sich oft auf einen Bezirk von wenigen Quadratmetern. Wenn der Bestand der Blüten locker oder ihr Ertrag spärlich ist, kann sich das Areal etwas vergrößern; es kann sich auch an aufeinanderfolgenden Tagen ein wenig verschieben oder erweitern. Aber das sind unbedeutende Varianten. Auch eine Trachtpflanze, die auf kilometerweiter Fläche überall zu finden ist, wird von einer bestimmten Biene nur in einem eng begrenzten Gebiet von selten mehr als etwa 40 m Durchmesser besucht. Das gilt für zerstreut wachsende Wiesenblumen ebenso wie etwa für die Blütenfülle eines Rapsfeldes (GILTAY 1904, MINDERHOUD 1931, BUTLER, JEFFREE u. KALMUS 1943, BUTLER 1945a, KOBEL 1949, RIBBANDS 1949, SINGH 1950, BULLMANN 1952, WEAVER 1957). Zur altbekannten Blütenstetigkeit gesellt sich also eine weitgehende Ortsstetigkeit der Individuen[1]). So kommt es zu einer gleichmäßigen Aufteilung des beflogenen Ge-

[1]) Das gilt auch für Hummeln. Doch ist bei ihnen das Sammelareal durchschnittlich etwas größer und die Blütenstetigkeit nicht so stark ausgeprägt wie bei der Honigbiene (BULLMANN 1952).

bietes in kleine Areale für die Tätigkeit der einzelnen Sammlerinnen. Das ist eine Sache der Arbeitsökonomie und erspart ein überflüssiges Herumsuchen.

Sobald so viele Bienen alarmiert sind, daß das Absammeln des Nektars schneller vor sich geht als seine Absonderung, wird die Tracht spärlich, die Tänze flauen ab und hören schließlich trotz fortgesetzten Befluges ganz auf. Eine weitere Verstärkung der Sammelgruppe wäre unrentabel. Die Reserven bleiben für andere Aufgaben frei.

In der Regel kommen mehrere oder viele nektarspendende Pflanzenarten gleichzeitig zur Blüte. Die eine Suchbiene des Volkes mag diese, die andere jene Blumensorte entdecken. Aber infolge der geringen Zahl der Suchbienen werden nicht alle Möglichkeiten gleichzeitig gefunden und nach der Erschließung einiger Honigquellen wird das Volk seine Arbeitskräfte voll beschäftigt haben und sie nicht weiter zersplittern, während sich das Nachbarvolk, so wie der Zufall seine Suchbienen lenkt, vielleicht andere Quellen nutzbar macht. So kann es zu der jedem Imker bekannten Erscheinung kommen, daß verschiedene Völker eines Standes zur selben Zeit ganz verschiedene Tracht eintragen.

Ein Beispiel: Mitte August 1962 kam es am Wolfgangsee zu guter Tracht, insbesondere gab es in den Wäldern reichlich „Tannenhonig". Einige Bienenvölker im Ort St. Wolfgang flogen nach der $^1/_2$ km entfernten Waldtracht. Auf einem anderen Stand desselben Imkers, direkt am Waldrand, wurde fast von allen Völkern gemischter Blütenhonig von den Wiesen gesammelt, bis auf eines mitten unter ihnen, das sich auf Tannenhonig spezialisiert hatte (ELLMAUER, mündliche Mitteilung).

Wo sich verschiedene Nektarquellen gleichzeitig bieten und von Suchbienen desselben Volkes aufgespürt werden, kommt die abgestufte Werbetätigkeit nutzbringend zur Geltung. Die eine Blütensorte mag guten, die andere noch besseren Nektar spenden; ganz abgesehen von seiner wechselnden Menge ist die Konzentration des Blütennektars sehr verschieden (vgl. S. 526). Die Entfernung der Fundplätze und was sonst noch die Rentabilität bestimmt wird einkalkuliert und führt den größeren Strom der Neulinge dahin, wo sich das Sammeln besser lohnt. Nicht nur in der Theorie! Die Auswirkung einer Konkurrenztracht auf die Tänze einer anderen Sammelgruppe läßt sich im Experiment überzeugend demonstrieren:

BOCH (1956, S. 159) fütterte zwei Bienengruppen je 70 m vom Stock mit $^3/_8$ mol Rohrzuckerlösung. Beide Gruppen, je 40 numerierte Bienen, tanzten nahezu gleich zahlreich. Ab 13 Uhr erhielt eine Gruppe (A) zweimolare Zuckerlösung, während am anderen Platz (B) die dünne $^3/_8$ molare Lösung beibehalten wurde. Obwohl sich an diesem Futterplatz nichts geändert hatte, fiel schon nach $^1/_4$ Stunde die Zahl der Tänze stark ab und von 14—15^{30} Uhr tanzte die Gruppe B überhaupt nicht mehr. Nun wurde an beiden Plätzen wie bisher weiter gefüttert, also bei A 2 mol, bei B $^3/_8$ mol, aber bei A die Zahl der Sammlerinnen von 40 auf 10 reduziert. Daraufhin begann die Gruppe B wieder zu tanzen (Abb. 230).

Der Abfall der Tanzfreudigkeit bei gleich bleibendem Angebot, nur bedingt dadurch, daß andere Bienen Besseres finden, erklärt sich durch das Verhalten der Futterabnehmerinnen auf dem Tanzplatz. Sie werden durch die Konkurrenz abgezogen. Die Sammelgruppe, die Schlechteres bietet, wird ihre Bürde nicht mehr so leicht los. Darunter leidet die Auslösung der Tänze und ihre Lebhaftigkeit (S. 247). Wenn — im zweiten Teil des Versuches — jene Bienen, die Besseres bringen, gering an Zahl sind und daher nicht alle Abnehmerinnen befriedigen können, kommt auch die mindere Qualität wieder zu Ehren.

BOCH konnte diese Erscheinung in mannigfachen Varianten der Versuche bestätigen (1956, S. 159—162). Überraschend schnell und klar ließ sich im Beobachtungsstock bei Verwendung mehrerer Futterplätze der Einfluß der

„allgemeinen Trachtlage" auf die Tanzlust der Bienengruppen zur Anschauung bringen. In großen Normalvölkern wird sich die bevorzugte Werbung für die jeweils rentabelste Trachtquelle ebenso einfach und sinnvoll, wenn auch etwas weniger schnell vollziehen. Daß auch beim natürlichen Blütenbesuch der Zustrom an Bienen einer wechselnden Nektarkonzentration Rechnung trägt, hat BUTLER (1945) in längeren Beobachtungsreihen gezeigt.

Die bessere Tracht wird nicht nur durch ein größeres Aufgebot an Arbeitskräften bevorzugt genützt. Für die bessere Gaststätte erhöhen die Bienen ihre Fluggeschwindigkeit, sie kürzen also die Reisezeit (v. FRISCH u. LINDAUER 1955, S. 381) und sie kürzen auch die Aufenthaltsdauer im

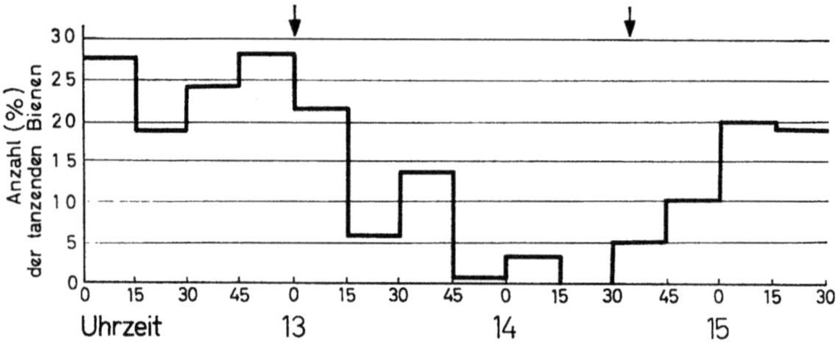

Abb. 230. Die Auswirkung einer Konkurrenztracht auf die Tanzfreudigkeit einer Sammelgruppe (B) von 40 Bienen. Ordinate: Prozentzahl tanzender Bienen der Gruppe B, für je 15 Min. zusammengefaßt, bei gleichmäßiger Fütterung mit $^3/_8$ mol Rohrzuckerlösung. Eine andere (im Bild nicht dargestellte) Sammelgruppe A, 40 Bienen aus demselben Stock, wurde bis 13 Uhr mit derselben Konzentration, ab 13 Uhr mit zweimolarer Rohrzuckerlösung gefüttert. Um 14^{35} Uhr wurde die Zahl der Sammelbienen bei Gruppe A von 40 auf 10 reduziert

Stock zwischen den Trachtflügen (S. 246); sie vergrößern die Ladung durch stärkere Füllung der Honigblase (v. FRISCH 1934, S. 103 ff.) und sie verlängern die Arbeitszeit, indem sie am Morgen früher mit ihrer Tätigkeit beginnen und sie abends später beenden (BOCH 1956, S. 153, 154; SCHRICKER 1965).

Die Tagesleistung der Sammelbienen kann groß sein. Nach BRÄUNINGER (1964, S. 107) besuchte z. B. eine Biene 60mal am Tage einen 900 m entfernten Futterplatz und brachte es hiermit allein an diesem Tag auf 110 Flugkilometer. Ähnliche Werte wurden von ihm mehrfach beobachtet und auch von HERAN (1956) festgestellt (vgl. auch BEUTLER 1954).

Wenn eine Trachtquelle vorübergehend versiegt, oder nicht beflogen werden kann, z. B. wegen Wetterverschlechterung, so werden die zuständigen Bienen erneut alarmiert, sobald eine Kundschafterin der Gruppe wieder etwas vorfindet. Als Kundschafter können alle Gruppenmitglieder ausfliegen, wenn sie es auch mit recht unterschiedlichem Eifer tun. Darin liegt ein Gegensatz zu den wenigen Suchbienen beim Erschließen neuer Trachtquellen. Durchaus sinnvoll ist auch, daß schon die erfolgreiche Heimkehr von Arbeitskameraden, ohne Tanz, zum neuerlichen Aufsuchen des bekannten Weideplatzes Anlaß geben kann, während bei neuen Futterplätzen die Werbetänze mit ihrem Hinweis auf die Lage des Zieles unerläßlich sind (vgl. S. 30, 42/43).

Die Absonderung des Nektars unterliegt tageszeitlichen und umweltbedingten Schwankungen (BEUTLER 1930, KLEBER 1935, BEUTLER u. WAHL 1936, HAMMER 1949, MAURIZIO 1950, HUBER 1956). Im Verein mit einer zunehmenden Ausbeutung der Blüten führt dies häufig dazu, daß nicht nur das Anwerben weiterer Hilfskräfte, sondern das Sammeln an sich unrentabel wird. Dann pflegt ein Teil der Gruppe trotz des geringen Erfolges das Sammeln fortzusetzen; ein Teil wartet im

Stock, ob sich die Verhältnisse bessern; manche Gruppenmitglieder lassen sich durch lebhafte Tänze einer anderen Gruppe von der schlecht gewordenen Tracht ablenken und für eine bessere umstimmen; einige wenige geben spontan den versagenden Weideplatz auf und werden verspätet zu Suchbienen — ein Beruf im Bienenvolk, der nicht an eine Altersklasse gebunden ist; sie machen sich auf, um eine ergiebigere Futterquelle zu erkunden (v. OETTINGEN-SPIELBERG 1949, S. 483—485, KNOLL 1926, S. 500 ff. und eigene Erfahrungen). Der Grad der Blütenstetigkeit ist individuell verschieden und weit entfernt von erstarrter Einförmigkeit.

Bei aller erblichen Bindung an Jahrmillionen alte Tradition ihres Geschlechts haben die Bienen einen gewissen Grad von individueller Freiheit bewahrt, durch den das verwickelte System ihres Verhaltens erst sinnvoll wird, und den wechselnden Anforderungen gerecht werden kann. Da sind nicht nur die Wankelmütigen, die es mit der Blütenstetigkeit nicht ernst nehmen; da sind nicht nur die findigen, unternehmungslustigen Suchbienen, die neue Wege gehen, während die große Masse darauf wartet, daß ihr ein Weg gewiesen wird; da sind auch jene "outsider", die auf die Weisungen falsch ansprechen: Wenn Dutzende von Tänzerinnen für eine reiche Tracht $^1/_2$ km südlich vom Stock werben und Hunderte von Neulingen sich dorthin auf den Weg machen, dann sind auch e i n z e l n e da, die in anderer Richtung suchen, oder nahe am Stock, oder kilometerweit über die angezeigte Entfernung hinaus[1]). Was immer der Anlaß ihrer „falschen" Handlungsweise sei, im Geiste des Ganzen sind es nützliche Sonderlinge. Denn wenn im Süden etwa ein Rapsfeld erblüht, dann lohnt es sich durchaus, nicht nur dieses auszuschöpfen, sondern auch Nachschau zu halten, ob nicht zugleich im Westen und Osten, nahe und fern, der Raps zur Blüte gerät. Für diese Aufgabe genügen wenige, denn wenn sie auf ihren Abwegen Erfolg haben, dann sorgen sie ja für entsprechenden Alarm.

3. Bienenuhr und Blumenuhr

Wir haben eine große Zahl verschiedenartiger Faktoren kennengelernt, die bei sammelnden Bienen an der Auslösung der alarmierenden Tänze beteiligt sind; in ihrer Gesamtheit führen sie dazu, den Einsatz der Sammelgruppen je nach der Rentabilität der gleichzeitig gegebenen, verschiedenen Trachtquellen entsprechend

---

[1]) Zum erstenmal erlebte ich das zu einer Zeit, als ich noch keine Ahnung hatte, daß Bienen durch ihre Tänze eine Lagebeschreibung des Zieles geben. Ich hatte festgestellt, daß bei Fütterung auf duftender Unterlage durch die Rundtänze der Sammlerinnen Neulinge ausgeschickt werden, die in der Umgebung nach dem wahrgenommenen Duft suchen, und wollte wissen, in welchem Umkreis dies geschieht. So fütterte ich am 13. 9. 1920 zehn numerierte Bienen in Brunnwinkl auf einer nach Basilicum-Öl duftenden Unterlage, 16 m nordwestlich vom Beobachtungsstock. In Aich, 1 km nach OSO vom Stock entfernt, setzte ich 3 Futterschälchen auf Basilicum-Duftplatten inmitten der ausgedehnten Wiesenflächen ins Gras. Am Futterplatz selbst kam nach 12 Minuten der erste Neuling; ihm folgten im Verlaufe des sechsstündigen Versuches 310 weitere, die alle abgefangen und getötet wurden. Zu den Schälchen in Aich kam 4 Stunden nach Versuchsbeginn die erste Biene in typischem, nach dem Duft gerichteten Suchflug, 50 Minuten später in gleicher Weise eine zweite, die sich auf einer Duftplatte niederließ, aber abflog, ohne das Futter gefunden zu haben, und 6 Stunden nach Beginn ebenso eine dritte. Die erste und dritte wurde beim Saugen gezeichnet und bei ihrer Heimkehr im Brunnwinkler Beobachtungsstock festgestellt (v. FRISCH 1923, S. 141, 142). Sie hatten auf die stundenlang anhaltenden R u n d tänze hin, im Widerspruch zu dessen Bedeutung, in kilometerweiter Entfernung nach dem Duft gesucht.

Für vereinzelte Anflüge in völlig falscher Entfernung auf S c h w ä n z e l tänze hin findet man Belege in den Stufenversuchen Abb. 89, S. 94.

abzustufen und weniger lohnende Sammelflüge zur Schonung der Arbeitskräfte einzuschränken. Wie einfach und befriedigend dadurch das Problem der Regelung von Angebot und Nachfrage gelöst wird, ist im letzten Abschnitt gezeigt worden.

Dabei blieb ein Faktor noch unerwähnt, der beim Blütenbesuch der Bienen mit im Spiel ist: ihr ausgeprägter Zeitsinn[1]). Tageszeitliche Rhythmen sind heute Gegenstand zahlreicher Studien an Tieren und Pflanzen (vgl. RENNER 1958, BÜNNING 1963). Aber ich kenne kein anderes Lebewesen, das so leicht lernt nach der „inneren Uhr" zu Tisch zu kommen, wie die Biene. Angeregt durch eine Beobachtung AUGUST FORELs[2]) versuchte ich vor vielen Jahren, sie auf eine Futterstunde zu dressieren und hatte sofort Erfolg. Das gab den Anstoß zu INGEBORG BELINGs Arbeit über das Zeitgedächtnis der Bienen (1929), die für weitere Untersuchungen den Grund legte. Diese sollen uns hier nur in blütenbiologischer Hinsicht interessieren.

Verschiedene Pflanzenarten öffnen und schließen ihre Blüten zu verschiedener, für sie bezeichnender Tageszeit. LINNÉ entwarf danach seine „Blumenuhr" (KERNER VON MARILAUN 1898, S. 196). Für jede Stunde von 4 Uhr früh bis 10 Uhr abends fand er brauchbare Vertreter. In einem Rundbeet angepflanzt und richtig geordnet, sollte man am Zustand ihrer Blüten die Zeit ablesen können — was in der Praxis nur an der Lückenhaftigkeit des „Ziffernblattes" scheitert, denn sie blühen nicht zur gleichen Jahreszeit.

Später entdeckte man eine andere, weniger auffällige, aber für Blütengäste nicht minder wichtige tagesperiodische Erscheinung: Die Menge und die Zuckerkonzentration des abgesonderten Nektars ändern sich im Laufe des Tages, und zwar bei jeder Blütensorte in einer für sie typischen Weise (R. BEUTLER 1930, KLEBER 1935). Noch drastischer wechselt die Feilbietung des Blütenstaubes, der anfangs, je nach der Art zu verschiedener Stunde, reichlich zur Verfügung steht, aber später am Tage meist überhaupt nicht mehr (Abb. 231; R. L. PARKER 1925, KLEBER 1935). So kommt es, daß Bienen, welche die Blüten einer bestimmten Pflanzenart befliegen, zu gewissen Stunden gut auf ihre Rechnung kommen, doch zu anderer Tageszeit die Gaststätte weniger rentabel oder ganz geschlossen finden.

Im Versuch lassen sich diese Verhältnisse leicht nachbilden. Bietet man an einem künstlichen Futterplatz während einer befristeten Tageszeit Zuckerwasser, so stellen sich die Besucher schon binnen 1—2 Tagen darauf ein. Sie kommen späterhin zur gegebenen Zeit, während vor und nach den Futterstunden selbst Kundschaftsflüge fast völlig unterbleiben. Die Sammlerinnen sitzen daheim, sie sparen ihre Kräfte und riskieren keine unnötigen Ausflüge. Auch die andere Situation, die bei der Nektarabsonderung zumeist verwirklicht ist, läßt sich leicht herstellen: Am Futterplatz gibt es Zuckerwasser von früh bis abends, aber zu bestimmten Stunden entweder in größerer Menge, oder — in anderen Versuchen — in höherer Konzentration als während des übrigen Tages. Die künstliche Blume hat eine „Bestzeit". Die Bienen merken es rasch. Verzeichnet man die Besuche an einem „Beobachtungstag", an welchem das Futterschälchen von früh bis abends nichts bietet, so herrscht zur Bestzeit reger Betrieb. Alle Mitglieder der Sammelgruppe kommen wiederholt und suchen hartnäckig. Während der übrigen Stunden,

---

[1]) Mit dem Ausdruck „Zeitsinn" ist nicht gemeint, daß ein eigenes Sinnesorgan für das zeitgerechte Verhalten verantwortlich ist. Über die physiologischen Grundlagen haben wir bisher nur Hypothesen.

[2]) Auf der Veranda von FORELs Landhaus gab es zum Frühstück und nachmittags zur Teestunde Konfitüren. Als diese von Bienen entdeckt wurden, stellten sie sich auch an den folgenden Tagen zu den genannten Mahlzeiten ein, während sie den Mittagstisch, auf dem sie nichts Verlockendes fanden, nach einigen vergeblichen Besuchen mieden (A. FOREL 1910, S. 323 ff.).

zu denen spärlich oder weniger süß gefüttert worden war, wird mit viel geringerem Eifer gesucht und es erscheint auch nur ein Teil der Sammlerinnen (WAHL 1933). Daß sich die Bienen unter natürlichen Bedingungen an Blumen ebenso verhalten, hat KLEBER nachgewiesen (1935, S. 235 ff.).

Solche Pausen in der Sammeltätigkeit verbringen die Bienen in der Regel daheim. Sie können aber auch auf die Freizeit verzichten und eine zweite Trachtpflanze besuchen, deren Bestzeit in die unergiebigen Stunden der ersten fällt.

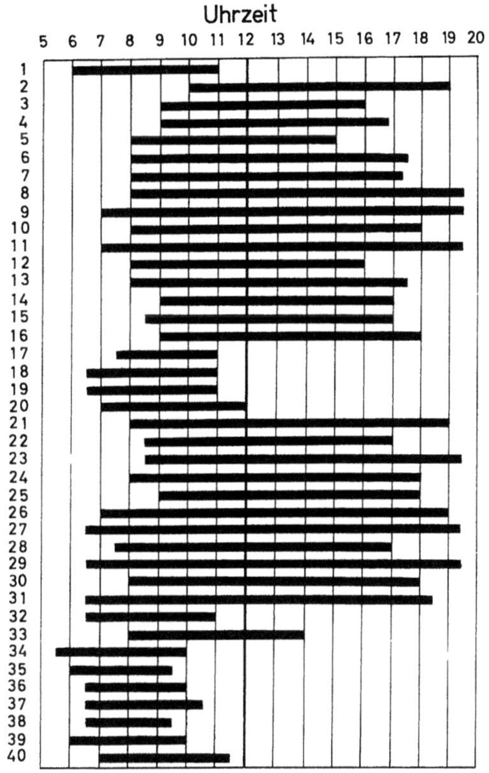

Abb. 231. Die schwarzen Linien markieren die Stunden der Pollendarbietung bei 40 verschiedenen Bienenblumen, Nr. 1—32 nach Beobachtungen von R. L. PARKER (1925) in Iowa, USA, Nr. 33—40 nach solchen von ELISABETH KLEBER (1935) bei München. Es handelt sich um folgende Pflanzen: 1. *Ambrosia trifida* L., 2. *Asparagus officinalis* L., 3. *Cercis canadensis* L., 4. *Eupatorium rugosum* HOUTT. (= *Eupatorium urticaefolium* GRAY), 5. *Fragaria chiloensis* (L.) DUCH., 6. *Lonicera Morrowii* GRAY, 7. *L. tatarica* L., 8. *Lycium halimifolium* MILL. (= *L. vulgare* L.), 9. *Melilotus alba* DESR., 10. *M. alba annua*, 11. *M. officinalis* (L.) LAM., 12. *Prunus americana* MARSH., 13. *P. cerasus* L., 14. *Pirus communis* L., 15. *P. ioensis* (WOOD) CARRUTH, 16. *P. malus* L., 17. *Rosa blanda* AIT., 18. *R. rugosa* THUNB., 19. *R. setigera* MICH., 20. *R. xanthina* LINDL., 21. *Rubus occidentalis* L., 22. *R. nigrobaccus* BAILEY, 23. *R. strigosus* MICHX., 24. *Rudbeckia laciniata* L., 25. *Salix fragilis* L., 26. *Symphoricarpus orbiculatus* MOENCH., 27. *S. albus* (L.) BLAKE (= *S. racemosus* PURSH.), 28. *Taraxacum officinale* WEBER, 29. *Tilia americana* L., 30. *Trifolium hybridum* L., 31. *Tr. repens* L., 32. *Zea mays* L., 33. *Convolvulus tricolor* L., 34. *Papaver rhoeas* L., 35. *P. somniferum* L., 36. *Rosa arvensis* L., 37. *R. multiflora* THUNB., 38. *Verbascum phlomoides* L., 39. *V. thapsiforme* SCHRAD., 40. *Verbena officinalis* L.

Ihr Zeitsinn und ihre Anpassungsfähigkeit sind dem gewachsen. Man kann die Sammlerinnen darauf dressieren, eine Futterstelle zweimal oder dreimal am Tage zu befliegen und die Zwischenzeiten im Stock zu bleiben. Selbst eine Dressur auf fünf verschiedene Tageszeiten ist geglückt (BELING 1929, WAHL 1932). Sie lernen aber auch sehr rasch, zu bestimmten Stunden des Vormittages einen Futterplatz, und an nachmittägigen Stunden einen anderen Futterplatz aufzusuchen, wenn ihnen zur gegebenen Zeit einmal hier und einmal dort Nahrung geboten wird (WAHL 1932, LINDAUER 1957, S. 2). Sie lernten sogar zu vier verschiedenen Tageszeiten an vier verschiedenen Sammelstellen zu erscheinen. Diese schwierige Aufgabe wurde aber nicht mehr von allen Bienen fehlerfrei gemeistert (FINKE 1958).

KLEBER machte Versuche an einem künstlich angelegten Mohnbeet, dessen Pollentracht täglich zwischen 9^{30} und 10^{00} Uhr erschöpft war. Die Sammlerinnen waren dadurch auf die Morgenzeit dressiert. Eines Tages wurden mit frühzeitig abgeschnittenen und erst nach Ende der Trachtzeit dargebotenen, reichlich Pollen führenden Mohnblüten die ergiebigen Stunden verlängert. Mit Verwunderung bemerkte die Beobachterin, daß einzelne Bienen, die noch kamen und von der neuen

Ernte eintrugen, ihre Gruppengenossen nicht mobilisierten, wohl aber Neulinge herausholten. Es schien so, als würden die Sammlerinnen außerhalb der gewohnten Dressurzeit auf die Tänze nicht ansprechen. Wer indessen oft genug die alarmierende Wirkung der Tänze gesehen hatte, mochte daran nicht glauben. Und wirklich fand das Rätsel eine andere, überraschende Lösung: Zeitdressierte Bienen ziehen sich, wenn ihre guten Stunden vorüber sind, an entlegene Stellen des Stockes zurück; an den Rand der Wabe, oder in deren oberen Bereich, im Beobachtungsstock — dessen Flugloch auf eine Wabenseite mündet — sehr oft auf die andere, stillere Seite der Waben (Abb. 232). Sie entfernen sich also vom Tanzboden und suchen Ruheplätzchen auf, wo sie ungestört dahindösen können und wo sie von einer zur Unzeit tanzenden Kameradin gar nicht erreicht werden, bis die gewohnte Trachtzeit wieder naht. Dann aber — bei den farbig numerierten Bienen ein reizvolles Schauspiel — ziehen sie langsam von allen Seiten

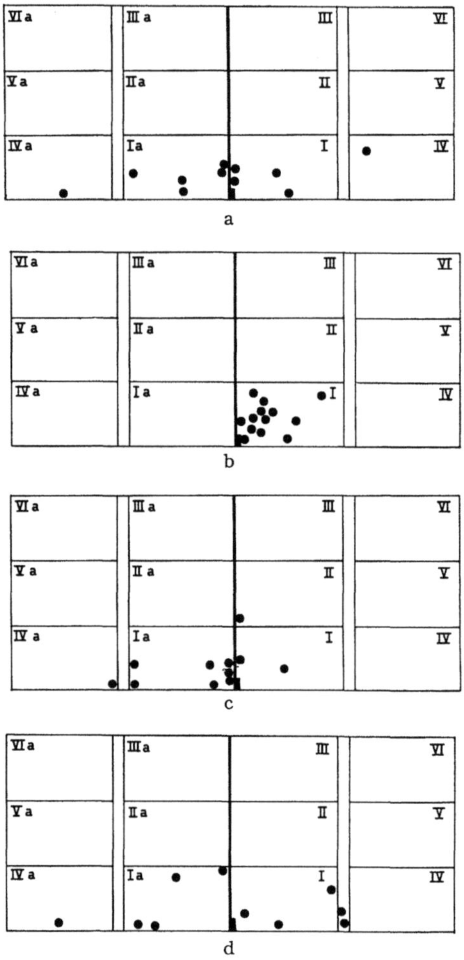

Abb. 232. Eine Gruppe numerierter Bienen aus einem großen Beobachtungsstock (s. S. 6f.) war auf die Futterzeit 10—13 Uhr dressiert. Die Bilder a—d zeigen, wie diese Bienen — soweit sie sichtbar waren — zu den angegebenen Zeiten des Beobachtungstages auf den Waben verteilt waren. An diesem Tage wurde kein Futter geboten

Rechte Hälfte (I—VI): Die Wabenflächen von jener Seite gesehen, auf der das Flugloch mündet (schwarzes Rechteck, unten auf der Wabe I)

Linke Hälfte (Ia—VIa): Dieselben Waben von der anderen Seite gesehen. Hier herrscht kein Flugverkehr, die Bienen gelangen dahin auf Umwegen durch Löcher in den Waben

a) 7^{25} Uhr; b) 9^{15} Uhr (Beginn der Konzentration auf dem Tanzboden; sie hielt bis 13 Uhr an); c) 13^{20}Uhr; d) 14^{20} Uhr
Nach Ilse Körner 1939

nach dem Tanzplatz hin, bis sie in gedrängter Schar dort versammelt sind und von den ersten erfolgreichen Kundschaftern in kürzester Frist alarmiert werden können (Ilse Körner 1939, v. Frisch 1940). In einem flachen Beobachtungsstock ist dieses Verhalten besonders leicht zu überschauen. I. Körner hat sich aber davon überzeugt, daß sich der Rückzug der Sammelgruppe aus dem Trubel des Tanzbodens und ihre neuerliche Konzentration daselbst beim Nahen der Futterzeit auch in einem normalen Bienenstock vollzieht.

So wird durch den Zeitsinn der Bienen schon nach kurzer Erfahrung der Blütenbesuch den gegebenen Umständen angepaßt. Das biologische Ziel, das wir für die

Auslösung der Tänze und für ihre Lebhaftigkeit maßgebend fanden, ist offensichtlich auch hier bestimmend: bestmögliche Nutzung der Rentabilität bei geringstem Risiko.

Zusammenfassung

Tänze und Rentabilität der Nahrungsquelle (S. 240–259)

1. Die Lebhaftigkeit der Tänze kann sich vom matten, sofort wieder erlöschenden Ansatz zu einer Tanzrunde bis zu minutenlangem, stürmischem Werben steigern. Maßgebende Faktoren für lang dauernde und lebhafte Tänze sind: die Süßigkeit der Zuckerlösung, die Reinheit des Süßgeschmackes, leichte Gewinnbarkeit des Futters, wozu auch eine nicht zu große Entfernung des Weideplatzes gehört, blumiger Duft, blütengemäße Form des Safthalters, ein gleichmäßig anhaltender Fluß der Nahrungsquelle, relative Verbesserung der Qualität, Nahrungsnot im Volk, günstige Wetterlage. Hohe Viskosität der Zuckerlösung und ein erhöhtes Gewicht der Bürde bedeuten zwar eine Vergrößerung der Arbeitsleistung, steigern aber trotzdem die Tanzlust. Unter natürlichen Bedingungen ist beides mit besserer Futterqualität verbunden. Unabhängig von solchen Außenfaktoren läßt in den Mittagsstunden die Lebhaftigkeit der Tänze vorübergehend nach („Mittagsträgheit").

2. Aus dem harmonischen Zusammenspiel der tanzauslösenden Faktoren ergibt sich die sinnvoll abgestufte Nutzung der Nahrungsquellen entsprechend ihrer Rentabilität. Suchbienen, die etwas Neues gefunden haben, alarmieren ihre Stockgenossen nur für lohnende Futterquellen. Die Neulinge folgen der Entfernungs- und Richtungsweisung und gelangen, unterstützt durch den, an der Tänzerin wahrgenommenen spezifischen Blütenduft, an das verkündete Ziel. Die Sammeltätigkeit der einzelnen Individuen spezialisiert sich weiterhin auf ein verhältnismäßig kleines, immer wieder aufgesuchtes Areal.

Verschiedene, gleichzeitig blühende Pflanzenarten unterscheiden sich oft stark in ihrem Reichtum an Nektar und in dessen Zuckergehalt. Dann regelt die abgestufte Werbetätigkeit die Größe der Arbeitsgruppen nach dem Angebot der einzelnen Trachtquellen und führt die meisten Hilfskräfte an jene Blütensorte, wo sich das Sammeln am besten lohnt. Sehr gute Trachtquellen werden auch dadurch intensiver genützt, daß die Sammlerinnen ihre Fluggeschwindigkeit erhöhen, die Aufenthaltsdauer im Stock verkürzen, die Ladung vergrößern und ihre tägliche Arbeitszeit verlängern. Wird eine Futterquelle unrentabel, so reagieren darauf die Sammlerinnen individuell verschieden: Manche setzen ihre Tätigkeit auch unter ungünstigen Bedingungen fort, viele warten daheim bis sich die Verhältnisse bessern, manche lassen sich für lohnendere Blüten abwerben und wenige gehen selbständig auf die Suche nach Besserem.

3. Das Nahrungsangebot der Blüten unterliegt nach Quantität und Qualität regelmäßigen tageszeitlichen Schwankungen. Durch ihren ausgeprägten Zeitsinn können sich die Bienen den gegebenen Bedingungen rasch anpassen. Sie vermeiden das Risiko unnötiger Flüge und verbringen die unergiebigen Stunden daheim, wobei sie sich an stille Plätzchen zurückziehen. Sobald die gewohnte Futterzeit naht, sammeln sie sich von allen Seiten auf dem Tanzboden und sind zu neuem Einsatz bereit. Statt zu pausieren, befliegen manche Bienen zwei oder mehr Trachtquellen, die zu verschiedenen Stunden lohnende Kost bieten.

VI. Duftlenkung

1. Historisches

Um 1920 war GUIDO BAMBERGER, ein erfahrener Bienenzüchter, mein imkerlicher Berater und interessierter Zuschauer bei manchem Versuch. Er hatte die Tänze gesehen und wußte von der Bedeutung des spezifischen Blütenduftes für die Verständigung. Eines Tages erzählte er mir, daß er daraus eine Nutzanwendung gezogen habe: Als er zusammen mit anderen „Wanderimkern" seine Bienenvölker in eine Gegend mit besseren Trachtverhältnissen gebracht und sie dort aufgestellt hatte, legte er ihnen sofort abgeschnittene, mit Honig und Zuckerwasser besprengte Blüten jener Trachtpflanze vor, die zur Wanderung Anlaß gegeben hatte. Sie wurden rasch von einigen Bienen entdeckt. Diese alarmierten ihre Stockgenossen und schickten sie ohne Verzug an die richtigen Blüten. BAMBERGER erzielte dadurch eine bessere Honigernte als seine Wandergefährten. Er hatte das Prinzip der „Duftlenkung" erstmals für die Imkerpraxis angewendet. Ein Vorschlag an die Imker, von dieser Methode Gebrauch zu machen (v. FRISCH 1927), fand aber keinen Widerhall.

Russische Bienenforscher arbeiteten eine ähnliche Methode aus, um an Rotkleefeldern und anderen Nutzpflanzen durch Steigerung des Bienenbefluges die Bestäubung und Samenernte zu verbessern. Sie dressierten die Bienen z. B. auf Rotklee, indem sie abends oder am frühen Morgen in den Stöcken Zuckerwasser verfütterten, das nach Rotklee duftete. Zur Herstellung dieser Duftlauge wurden Rotkleeblüten für mehrere Stunden in reines Zuckerwasser eingelegt, welches den Duft gut annimmt. Nach solcher Duftfütterung suchen die Bienen in der Umgebung nach dem Dressurduft und werden an die gewünschten Blüten gelenkt.

Auf diese Weise ließ sich der Beflug der Felder vervielfachen (GUBIN 1936, S. 252 ff., 1938, KAPUSTIN 1938, KOMAROW 1939, PAPARIA 1940) und der Samenertrag steigern, zum Teil auf mehr als das Dreifache (SOROKIN 1938, TITOW u. KOWALJEW 1939, GUBIN 1939, KOMISARENKO 1955). Auch von Wicken, Luzerne, Sonnenblumen und Obst werden günstige Ergebnisse gemeldet. Kontrollversuche mit Zuckerwasserfütterung ohne Duft wurden nicht erwähnt und vermutlich nicht gemacht. Da schon eine „Reizfütterung" mit Zuckerwasser den Beflug steigert, bleibt das Ausmaß der Duftwirkung in diesen Versuchen unklar. Nur bei FIRSOW (1951) fand ich Kontrollen mit duftloser Zuckerwasserfütterung erwähnt und das Ergebnis, daß durch solche die Intensität des Sammelns erhöht wird, aber der stärkste Beflug und der höchste Samenansatz durch Fütterung mit Duftlauge erzielt wurde.

In eigenen Versuchen konnte ich mit Unterstützung zahlreicher Hilfskräfte den von BAMBERGER eingeschlagenen Weg weiter verfolgen: den Bienen in ihrer eigenen „Sprache" Anweisung zu geben, wohin sie fliegen sollten, um dem Landwirt oder Imker am besten zu dienen. Über die Ergebnisse habe ich 1943 und ausführlich 1947 berichtet. Wer von der Methode Gebrauch machen will, sei darauf verwiesen. Hier soll nur das Wesentlichste herausgegriffen werden.

2. Methoden

Durch Duftlenkung kann ein verstärkter Beflug einer Trachtpflanze, und hiermit zweierlei erreicht werden: eine Steigerung der Honigernte und eine Erhöhung des Samenertrages. Ob nun das eine oder das andere Ziel im Vordergrund steht — die Methode bleibt dieselbe.

Sollen die Bienen durch Tänze ihrer Kameraden auf eine gute Tracht und deren Duft hingewiesen werden, so muß die Duftfütterung bei Tag, etwa zur Zeit des Flugbeginnes vorgenommen werden. Man kann nach dem Vorbild der russischen Bienenforscher die Duftlösung in den Bienenstöcken verabreichen, auf dieselbe Weise, wie es der Imker bei der Herbsteinfütterung oder bei Nahrungsmangel macht.

Zur Herstellung der Duftlauge gibt man frisch abgezupfte Blüten in das Zuckerwasser und gießt dieses nach 2—5 Stunden ab. Die Zahl der Blüten muß so groß sein, daß die Lösung nachher ihren Duft deutlich erkennen läßt. Es läßt sich aber nicht von allen Blütensorten eine brauchbare Duftlauge herstellen. Es gelingt bei Weißklee (*Trifolium repens* L.), Löwenzahn (*Taraxacum officinale* WEBER), Sonnenblume (*Helianthus annuus* L.), Saflor (*Carthamus tinctorius* L.), Kohldistel (*Cirsium oleraceum* SCOP.), Zwiebel (*Allium cepa* L.). Bei anderen Blüten ist der Laugenduft dem Blütenduft ähnlich, aber nicht mit ihm identisch: Rotklee (*Tri-*

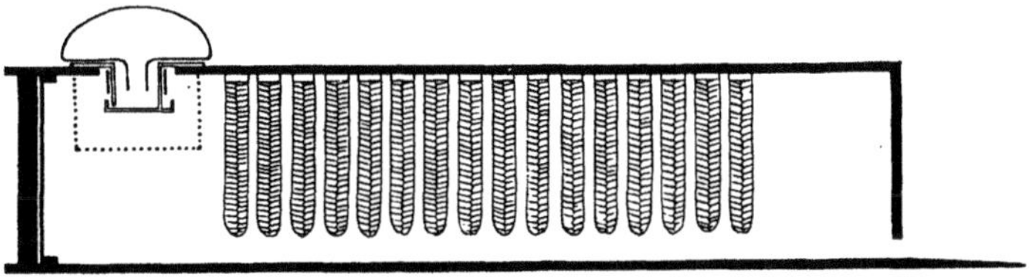

Abb. 233. Kärntner Bauernstock mit aufgesetzter Futterflasche. Der Futterteller ist mit einem Drahtkorb zur Aufnahme von Blüten umgeben. Das Flugloch befindet sich in der Abbildung rechts

folium pratense L.), Raps (*Brassica napus* L.), Rübsen (*Brassica rapa* L.), Ackersenf (*Sinapis arvensis* L.), Ölrauke (*Eruca sativa* L.). Er kann aber auch so verschieden sein, daß die Lauge für eine Duftlenkung nicht in Frage kommt: Zottelwicke (*Vicia villosa* ROTH.), Esparsette (*Onobrychis sativa* LMK.), Himbeere (*Rubus idaeus* L.) Apfel (*Pirus malus* L.), Bärenklau (*Heracleum spondylium* L.), Mohn (*Papaver somniferum* L.). Maßgebend ist, wie der Duft im Vergleich mit dem natürlichen Blütenduft auf das Geruchsorgan der Biene wirkt. Dies wurde von HILDTRAUT STEINHOFF und Frl. UNTERHOLZNER in umfangreichen Versuchen geprüft (vgl. v. FRISCH 1947, S. 40—53).

Weniger umständlich als die Herstellung von Duftlösungen, und auch bei Blüten anwendbar, von denen sich brauchbare Duftlaugen nicht gewinnen lassen, ist die Fütterung an frischen duftenden Blüten im Stock.

Ein Futtergefäß mit der gewünschten Menge duftlosen Zuckerwassers 1:1 (1 kg Zucker auf 1 Liter Wasser) wird in der üblichen Weise aufgesetzt und der Futterteller mit frisch gepflückten Blüten umgeben. Da die Bienen das Bestreben haben, die Blüten als Fremdkörper in aller Schnelligkeit wegzuschleppen und aus dem Stock zu werfen, ist dieses unbedingt zu verhindern, am einfachsten, indem man die Blüten in einen Drahtkorb füllt, dessen Maschenweite die Sammlerinnen passieren läßt, aber das Abtransportieren der Blüten unmöglich macht (Abb. 233). Der Duft bleibt am Körper der Bienen haften, da sie sich den Weg durch die Blüten bahnen müssen und auch beim Saugen von ihnen umgeben sind. Ist das Futtergefäß geleert, so werden die Blüten entfernt. Wir haben diese Methode an Rotklee und Kohldisteln mit bestem Erfolg erprobt.

Bienen, die im Stock Zuckerwasser finden, alarmieren durch Rundtänze. Manche Kameraden werden dadurch unter Mithilfe des Duftorganes der Sammlerinnen an den inneren Futterteller geleitet. Da aber ein Futterplatz im Stock unnatürlich ist, werden die Tänze von der Mehrzahl als Aufforderung zum Ausfliegen aufgefaßt. Auf diesem Mißverständnis beruht der Erfolg solcher Duftlenkung. Es ist klar, daß diese Praxis bei nahe gelegener Tracht sinnvoll ist; denn auf Rundtänze hin wird die unmittelbare Umgebung des Stockes abgesucht.

Das Ergebnis wird noch besser, wenn sich die Methode um einen weiteren Schritt den natürlichen Verhältnissen nähert: Vergleichende Versuche haben eindeutig gezeigt, daß bei Außenfütterung an Blüten (vor dem Stock) der Beflug der betreffenden Blütensorte um ein Vielfaches größer ist als bei Innenfütterung (v. FRISCH 1947, S. 65—76; v. RHEIN 1957, GLUSHKOV 1958, PRITSCH 1959, BLINOW 1959, 1960). Der Hauptgrund ist wohl der, daß bei Außenfütterung mit größerer Lebhaftigkeit und Ausdauer getanzt wird.

Die geringere Tanzfreudigkeit bei Innenfütterung kommt auch darin zum Ausdruck, daß man, um überhaupt Tänze auszulösen, innen eine vierfach stärkere Zuckerkonzentration anwenden muß als an Außenfutterstellen (v. FRISCH 1947, S. 72). Weitere Vorteile der Außenfütterung liegen darin, daß man mit weniger Zuckerwasser auskommt und daß man auch mit schwach duftenden Blüten Erfolg hat. Auch läßt sich die Futterstelle mit geringem Zeitaufwand in eine Entfernung von mehreren hundert Metern verlegen, wenn das Feld diesen Abstand hat[1]. Da die Tänzerinnen nun seine Lage richtig angeben, wird es schneller gefunden als bei Innenfütterung. Außenfutterplätze können freilich auch von Bienen eines anderen Standes entdeckt werden. Wo es um den Samenertrag geht, wird es nur von Nutzen sein, wenn sich noch weitere Völker an der Bestäubungsarbeit beteiligen. Einen gesteigerten Honigertrag leitet aber der Imker ungern in fremde Völker. In der Nachbarschaft anderer Bienenstände ist daher zu erwägen, ob man sich nicht besser auf die Anwendung des im folgenden beschriebenen Vorsatzgerätes beschränkt.

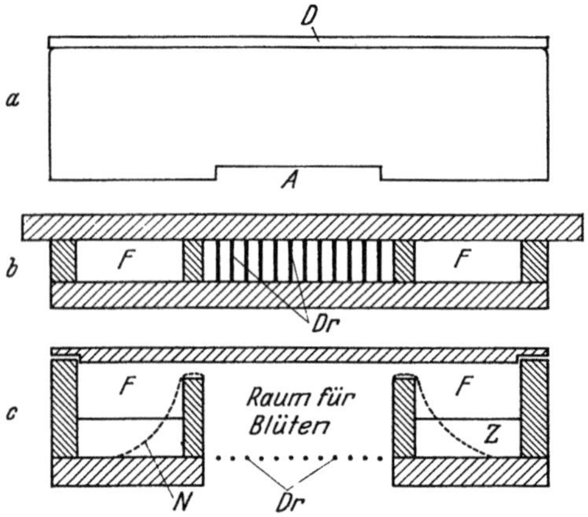

Abb. 234. Vorsatzgerät nach HOEHN. a) Vorderansicht. b) Ansicht von oben bei abgehobenem Deckel. c) Längsschnitt. Maße: 30 × 8 × 5 cm. Durch den Ausschnitt A, vor dem Flugloch des Bienenkastens, kann der Flugverkehr trotz des Vorsatzkästchens unbehindert stattfinden. Zwischen den Drahtstäben Dr emporkriechend gelangen die Bienen durch den Blütenraum in die Futterabteilungen F, wo ihnen ein Drahtnetz N als Sitzfläche dient. Z Zuckerwasser, D Deckel

Da es einige Geduld erfordert, die Bienen vom Flugloch an einen Außenfutterplatz zu locken, ist für die Praxis folgende Vereinfachung zu empfehlen:

Zur Einleitung der Außenfütterung wird an den Bienenstock bzw. in seine Flugnische ein aus Holz gefertigtes Vorsatzgerät angesetzt (Abb. 234). Es ist von Bienenmeister HOEHN erdacht. Durch den Ausschnitt A (Abb. 234a) läßt es den Fluglochverkehr frei. Das Zuckerwasser in den Futterabteilungen F erreichen die Bienen durch den Drahtrost Dr (Abb. 234 b und c). Sie müssen hierbei den mit Blüten gefüllten Mittelraum passieren und nehmen deren Duft an. Die alarmierten ausschwärmenden Bienen finden nun rasch einen etwa 10 m vor dem Stand aufgestellten flachen Futtertrog aus Holz (etwa 30 × 40 cm groß), der mit Blüten gefüllt und mit etwa einem halben Liter Zuckerlösung 1:1 (für 3 Völker) versehen ist. Er kann leicht noch weiter versetzt und in das Feld hineingetragen werden.

Die Fütterung zur Flugzeit kann Räuberei zur Folge haben: Nach dem Versiegen der künstlichen Trachtquelle kommt es vor, daß Sammlerinnen, nunmehr gewöhnt aus dem Vollen zu schöpfen, in schwache, wenig abwehrbereite Völker eindringen und ihren Honig stehlen. Der geschulte Imker begegnet dieser Gefahr durch Verengen der Fluglöcher und andere Maßnahmen. Wo er die Stöcke an die Tracht heranbringt, kann er schon durch Auswahl angenähert gleich starker Völker eine Räuberei verhüten.

[1]) Diese Wanderung mit der Futterstelle ist nur am ersten Tag nötig, bei den Wiederholungen kommen die Sammlerinnen von selbst an den gewohnten Platz.

Durch eine richtig durchgeführte Duftlenkung kann dreierlei erreicht werden: 1. daß die Blüten, deren Beflug gewünscht wird, schneller gefunden werden; 2. daß mehr Bienen an ihnen tätig sind; 3. daß sie mit gesteigertem Eifer sammeln. Das Letztere ist nicht selbstverständlich. Es wurde aber bei unseren Versuchen oftmals festgestellt, daß duftgelenkte Bienen morgens früher mit der Arbeit beginnen, abends länger tätig sind und eine besondere Emsigkeit entwickeln.

Es müssen allerdings gewisse Voraussetzungen gegeben sein, wenn sich diese Erwartungen erfüllen sollen.

1. Die Blüten müssen duften. Mit duftlosen Blüten ist eine „Duftlenkung" sinnlos. Starker Blütenduft führt zu besserem Erfolg als ein sehr schwacher Duft. Bei Rotklee gibt es in dieser Hinsicht erhebliche Unterschiede.

2. Die Blüten müssen Nektar oder Pollen bieten. Man kann durch Duftlenkung einen guten Beflug trotz geringer Nektarsekretion erzielen, aber wo nichts zu finden ist, bleibt das Bemühen so nutzlos wie eine Reklame für ein Gasthaus, in dem nichts zu haben ist. Die Duftlenkung soll den Beflug zwar in Gang bringen, aber erhalten muß er sich durch die gebotene Tracht.

3. Es muß sorgsam und sauber gearbeitet werden. Ein Imker, der mit derselben Hand abwechselnd seine Tabakspfeife und sein Duftlenkungsgerät bedient, wird keinen Erfolg haben.

4. Die Duftlenkung ist täglich etwa bei Flugbeginn zu wiederholen. Man gibt 150—200 ccm Zuckerwasser 1 : 1, späterhin genügen etwa 100 ccm.

Wo durch Duftlenkung der Samenertrag von Feldern gesteigert werden soll, sind noch folgende Punkte wichtig:

5. Es ist dringend zu empfehlen, die Völker (2—4 je Hektar) zu den Feldern zu bringen und an ihrem Rand aufzustellen.

6. Der günstigste Zeitpunkt für ihre Aufstellung ist zu Beginn der Blüte (FREE 1959, FREE u. JAY 1960).

7. Durch imkerliche Maßnahmen soll dafür gesorgt sein, daß die Völker in einem Zustand großer Sammelbereitschaft sind (viele Jungbienen haben).

3. Ergebnisse

Daß sich im wissenschaftlichen Versuch mit den geschilderten Methoden ein Beflug duftender Blüten schnell erzielen und steigern läßt, unterliegt keinem Zweifel. Es blieb zu prüfen, was sich für die Praxis erreichen läßt. Das geschah in Großversuchen folgender Art:

Für jedes Experiment wurden zwei gleichartige Felder ausgewählt[1]): ein Versuchsfeld und in genügendem Abstand, möglichst nicht im gleichen Flugkreis, ein Kontrollfeld. An beiden wurden Bienenvölker in gleicher Zahl (bzw. 4 pro Hektar) aufgestellt. Am Versuchsfeld wurde die Duftfütterung durchgeführt. Die Völker am Kontrollfeld erhielten zu denselben Zeiten dieselben Mengen Zuckerwasser, aber ohne Duft. Festgestellt wurde: 1. der Bienenbeflug beider Felder an abgesteckten Kontrollstreifen; 2. das Gewicht der gelenkten und nicht gelenkten Völker zu Beginn und bei Abschluß des Versuches; 3. bei Kulturpflanzen der Samenertrag beider Felder (Druschergebnis, z. T. auch Bestimmung des relativen Samenansatzes durch Auszählen der Blüten und Samen an vorbestimmten Pflanzen). Bei der Duftlenkung auf Wildtrachtpflanzen zur Steigerung des

---

[1]) Eine vollständige Übereinstimmung in bezug auf Größe, Bodenart, Düngung, klimatische Lage, Behandlung der Ernte usw. wird nie zu erzielen sein. Man kann sich nur bemühen, die Fehler möglichst klein zu halten, bei erkennbaren Unterschieden gegen die Erwartung zu arbeiten und die Versuche oft zu wiederholen.

Honigertrages war der Samenertrag nicht von Interesse. Bei einem Teil dieser Versuche verzichteten wir auch auf die Feststellung der Beflugssteigerung; dann konnten Versuchs- und Kontrollvölker nebeneinander aufgestellt werden und man erfuhr, ob die duftgelenkten Völker im gleichen Gebiet und unter gleichen Bedingungen mehr herausholten als die Kontrollvölker.

In den Jahren 1942—1944 kamen 86 verwertbare Versuche zur Durchführung.

Eine Steigerung des Samenertrages war von der Landwirtschaft bei Rotklee am dringendsten begehrt. Seine Blüten sind auf Fremdbestäubung angewiesen, die von Hummeln vollzogen werden kann. Bei feldmäßigem Anbau ist aber deren Zahl viel zu gering. Honigbienen können in den tiefen Kronröhren den Nektar nicht ausschöpfen und bevorzugen meist ergiebigere Trachtpflanzen. Das führt zu schlechten Ernten und schädigt nicht nur die Rotklee-Samenbauern, sondern die gesamte Viehwirtschaft, weil Rotklee eine der wichtigsten Futterpflanzen ist und aus dem Ausland eingeführte Sorten für das deutsche Klima vielfach nicht genügend frosthart sind.

Nach Vorversuchen 1942 waren bei unseren 12 Rotkleeversuchen 1943 und 1944 die Voraussetzungen für einen zahlenmäßigen Vergleich gegeben. In sämtlichen Fällen wurden die belenkten Felder stärker beflogen, im Durchschnitt 3—4 mal so stark, als die Kontrollfelder. Der Samenertrag konnte bei 9 Versuchen zahlenmäßig kontrolliert werden und lag im Durchschnitt um rund 40% höher als auf den entsprechenden Kontrollfeldern. Die Anwendung der Duftlenkung ist daher lohnend, trotz gelegentlicher Mißerfolge. Solche können bei Rotklee bedingt sein durch die Witterung, durch sehr schwachen Blütenduft oder durch Nektardiebstahl; zu letzterem kommt es, wenn die Blütenröhrchen von kurzrüsseligen Hummelarten seitlich angebissen werden; Bienen folgen dann dieser blütenbiologischen Unsitte und stehlen den Nektar ohne den Gegendienst der Bestäubung.

Beim Pollensammeln gibt es diesen Umweg nicht. Da Bienen auch Rotkleepollen höseln, könnte sich eine Duftlenkung auf den Blütenstaub von Rotklee lohnen (vgl. v. FRISCH 1947, S. 91 u. 109). Vielfach führt aber schon die Lenkung mit Blütenduft zu gesteigertem Pollensammeln (FIRSOW 1951, KOMISARENKO 1955, BLINOW 1960).

Gesteigerte Samenerträge auf den duftbelenkten Feldern wurden auch bei Schwedenklee (*Trifolium hybridum* L.), Raps (*Brassica napus* L.) und Rübsen (*Brassica rapa* L.) erzielt. Bei der Ackerbohne (*Vicia faba* L.) und bei Buchweizen (*Fagopyrum esculentum* MOENCH) blieb der Erfolg zweifelhaft.

Eine Vermehrung der Honigernte bei den duftgelenkten Völkern ergab sich bei den Rotklee-Versuchen nur in bescheidenem Maße; in manchen Fällen kam es zu einer Gewichtsabnahme gegenüber den Kontrollvölkern, die bessere Trachtquellen gefunden hatten. Mit Rücksicht auf den Samengewinn kann man es hinnehmen, daß die Bestäubungsarbeit der Völker dem Imker im Durchschnitt keinen Vorteil bringt. Bei den anderen landwirtschaftlichen Nutzpflanzen und bei drei geprüften Wildtrachtpflanzen lieferten die gelenkten Völker einen Mehrertrag an Honig zwischen 20 und 100%. Bei einigen Kleearten, Ackerbohnen, Rübsen, Senf, Zwiebel, Himbeeren und Kohldisteln war der Erfolg am größten. Der eingefütterte Zucker bedeutet für den Imker keinen Verlust, da er den Bienenvölkern und ihrer Entwicklung zugute kommt und überdies durch Anregung der Sammeltätigkeit reiche Zinsen trägt.

Die russischen Bienenforscher betrachteten die Duftlenkung zunächst nur als Verfahren zur Steigerung des Samenertrages. SSACHAROW wies 1952 darauf hin, daß sich auf diese Weise auch die Honigerträge steigern lassen und daß man durch solche Methode auch beim Erblühen neuer Trachtpflanzen die Bienen rasch zu deren Besuch veranlassen kann — womit die Erfindung BAMBERGERS (s. S. 260) bestätigt wurde.

4. Bewährung — aber keine Nutznießung

Nachprüfungen von anderer Seite verliefen nicht immer befriedigend.

FREE (1958) versuchte erfolglos eine Duftlenkung auf Apfelblüten und Rotklee. Die Bedingungen waren ungünstig, da starke Konkurrenztracht herrschte, auch waren die meisten Rotkleeblüten angebissen und wurden auf illegalem Wege ausgebeutet. Überdies war die Kontrolle der Ergebnisse — nur nach der Menge des durch Pollenfallen geernteten Blütenstaubes — wenig zuverlässig[1]. STAPEL (1961) berichtet gleichfalls von negativen Ergebnissen; auch er kontrollierte nur die eingetragenen Pollenmengen. MINDERHOUD (1946) konnte an Rotklee einen verstärkten Besuch, aber keinen nachhaltigen Beflug erzielen (vermutlich wegen zu geringer Nektarsekretion). Bei *Petunia* und *Alyssum* hatte er (1948) einen gewissen Erfolg, er schien ihm aber für eine praktische Nutzanwendung nicht ermutigend.

Solche Skepsis dürfte nicht berechtigt sein. In mehrjährigen, sorgsam vorbereiteten Feldversuchen bestätigte v. RHEIN (1952/53, 1954, 1957) die Möglichkeit, den Samenertrag von Rotklee und Raps durch Duftlenkung wesentlich zu steigern.

In vier nach wissenschaftlichen Gesichtspunkten durchgeführten Rotkleeversuchen war der Samenertrag auf dem Versuchsfeld gegenüber dem Kontrollfeld in 3 Fällen erhöht (um 24%, 46% und 65%), im 4. Falle um 11% verringert, wobei diese relative Mißernte durch das Auftreten von „Zwiewuchs" auf dem Versuchsfeld bedingt war. Der Beflug war in allen vier Versuchen auf den belenkten Feldern stark gesteigert. Weitere Versuche dienten der praktischen Erprobung in sieben verschiedenen Anbaugebieten und führten zu guten Erfolgen und teilweise zu Rekordernten.

Raps ist selbstbestäubungsfähig, doch gibt Fremdbestäubung höhere Erträge. Die Ernte auf den drei Versuchsfeldern war um 21%, 23% und 39% höher als auf den Kontrollfeldern.

GILLARD (1947) berichtet über eine gelungene Duftlenkung auf *Allium porrum* L. — PRITSCH (1959) konnte den Beflug von Rotkleefeldern steigern. Der Samenertrag wurde nicht kontrolliert. — Auf eine Anfrage bei Dr. H. OSCHMANN, dem Leiter der Lehr- und Forschungsanstalt für Bienenzucht in Tälermühle erhielt ich (1963) die Antwort, daß sich in der Ostzone eine ganze Reihe von sozialistischen Imkereibetrieben mit der Duftlenkung auf Rotklee befaßt hat und, „da die Versuche so überzeugend verlaufen sind, dieses Verfahren seither auch systematisch anwendet. Selbst die Betriebsleiter der Landwirtschaftsbetriebe drängen darauf, daß die Duftlenkung angewendet wird und vergüten den Bieneneinsatz".

Aus der Sowjetunion liegt ein zusammenfassender Bericht von GLUSHKOV (1958) mit Literaturhinweisen vor. Ihm ist auch zu entnehmen, daß das Verfahren in der UdSSR in weitem Umfange praktisch angewendet wird. Es ist nicht anzunehmen, daß ein landwirtschaftliches Verfahren, das immerhin einigen Aufwand erfordert, durch Jahrzehnte beibehalten wird, wenn es sich nicht lohnt.

Die Erfahrung hat gelehrt, daß auch bei uns Landwirte und Imker, welche die Duftlenkung sinnvoll anwenden, mit dem Ergebnis zufrieden sind. Wie neuerdings v. RHEIN, so führte in den Jahren 1942 und 1943 der Bienenmeister WILHELM HOEHN in rheinländischen Rotkleegebieten Duftlenkungen für die Praxis in Zusammenarbeit mit Samenbauern durch und berichtete, daß die hohen Ernteerträge die Erwartungen übertroffen hätten und die beteiligten Samenbauer zu dankbaren Mitarbeitern geworden seien. „Über die Wirksamkeit der Duftlenkung im Rotklee besteht hier kein Zweifel mehr." Ebenso wurden Imker, die damals mit Himbeeren, Heidekraut, Löwenzahn und Kohldisteln gearbeitet haben, durch die

[1]) Vgl. die Kritik dieser Versuche bei v. RHEIN 1959.

erzielte Steigerung der Honigernten zu überzeugten Anhängern und Nutznießern. Man muß sich daher fragen, warum die Duftlenkung trotzdem so wenig Eingang in die Praxis gefunden hat.

Man kann von Bauern und Imkern nicht erwarten, daß sie sich durch wissenschaftliche Veröffentlichungen oder Zeitschriftenartikel zu den nötigen Maßnahmen anregen lassen. Man müßte sie ihnen zeigen. Es wäre Aufgabe der Versuchs- und Lehranstalten für Bienenzucht, sich mit dem Verfahren vertraut zu machen, es für die Praxis weiter auszuarbeiten und durch Wanderlehrer und Bienenzuchtberater den Landwirten und Imkern zugänglich zu machen. Das scheitert wohl am Mangel an Personal. Und so bringt man sich, wie es oft geschieht, durch falsche Sparsamkeit um einen Gewinn.

Zusammenfassung

Duftlenkung (S. 260—266)

1. Die Kenntnis von der Verständigungsweise der Bienen gibt uns die Möglichkeit, ihnen zu Nutzen der Landwirtschaft und Imkerei in ihrer eigenen „Sprache" Anweisungen zu geben, an welche Blütensorte sie fliegen sollen.

2. Durch Verfütterung von Zuckerwasser, das nach bestimmten Blüten duftet (Duftlaugen) oder durch reines Zuckerwasser, das von duftenden Blüten umgeben ist, werden Werbetänze ausgelöst, welche die Stockgenossen alarmieren und gleichzeitig auf den betreffenden Duft hinweisen. Die Folge ist, daß jene Blüten in der Umgebung des Stockes rasch aufgefunden, stark beflogen und mit Eifer ausgebeutet werden (Duftlenkung). Statt im Stock, kann auch vor dem Flugloch oder im freien Feld gefüttert werden. Die Wahl der Methode soll sich nach den gegebenen Verhältnissen und nach den besonderen Wünschen richten.

3. Durch Duftlenkung lassen sich auf Rotkleefeldern die Samenerträge um rund 40% erhöhen und auch bei anderen Kleearten sowie bei Raps und Rübsen die Samenernten steigern. Bei mehreren in Großversuchen geprüften Trachtpflanzen und landwirtschaftlichen Nutzpflanzen lieferte die Honigernte bei diesem Verfahren einen Mehrertrag von 20—100%.

4. Bei der Durchführung der Duftlenkung müssen gewisse Regeln beachtet werden, sonst führt sie zu Mißerfolgen. Solchen ist es wohl zuzuschreiben, daß die Methode bisher keine weitere Verbreitung gefunden hat. Ihre wirksame Einführung in die Praxis wäre Aufgabe der Versuchs- und Lehranstalten für Bienenzucht. In Rußland ist eine Duftlenkung zur Steigerung der Samenerträge seit vielen Jahren gebräuchlich und bewährt.

VII. Anwendung der Tänze auf andere Ziele

Zwischen den Tänzen der Bienen, die Nektar oder Zuckerwasser eintragen, und den Tänzen der Pollensammlerinnen läßt sich kein Unterschied feststellen (S. 64). Das ist schon deshalb einleuchtend, weil dieselben Bienen manchmal Pollen und Nektar gleichzeitig mitnehmen. Die Tänze können sich aber auch auf eine Wasserstelle oder auf eine Harzquelle beziehen. Sie können auch einen Platz bezeichnen, wo überhaupt nichts zu holen, wohl aber etwas zu finden ist: eine Wohnung für das schwärmende Volk. In allen Fällen ist die Lagebeschreibung des Zieles von gleicher Art. Verschieden sind die Beweggründe für die betreffende Tätigkeit und zum großen Teil auch die tanzauslösenden Faktoren.

1. Wasser

In den Frühjahrs- und Sommermonaten wird in den Bienenstöcken fast täglich Wasser eingetragen. An Pfützen und Brunnen nahe vom Stand oder an der vom Imker errichteten „Bienentränke" sieht man an bestimmten Stellen Dutzende von wassersaugenden Bienen. Im Stock geben sie es genau wie Nektar auf dem Tanzboden an wartende Stockbienen ab, die es, je nach den Umständen, für zwei durchaus verschiedene Zwecke verwenden: Sind viele Larven zu ernähren, so müssen die Brutammen große Mengen von Futtersaft erzeugen; dieser hat einen hohen Wassergehalt und die Jungbienen sind entsprechend durstig. Das benötigte Wasser wird durch Vermittlung der Wasserabnehmerinnen an sie verteilt. Außerdem wird es zur Temperaturregulierung benötigt. Im Bereich des Brutnestes hält das Bienenvolk eine konstante Temperatur von 35—36° C aufrecht (W. R. Hess 1926). Bei Gefahr der Überhitzung wird reichlich Wasser geholt, welches die Abnehmerinnen an den Innenwänden leerer Zellen oder auf der Fläche gedeckelter Waben zu dünnen Filmen und flachen Pfützen ausbreiten. Lebhafte Ventilation durch Flügelfächeln sorgt für rasche Verdunstung und wirksame Abkühlung. Andere Bienen sieht man mit „Rüsselschlagen" beschäftigt: Durch Ausklappen des Saugrüssels breiten sie ein ausgewürgtes Wassertröpfchen zu einer dünnen Lamelle aus und verharren so einige Sekunden; indem sie das oftmals wiederholen,sorgen sie auch auf diese Weise für Verdunstungskälte (Abb. 235; Lindauer 1954, Mirić 1956, Kiechle 1961).

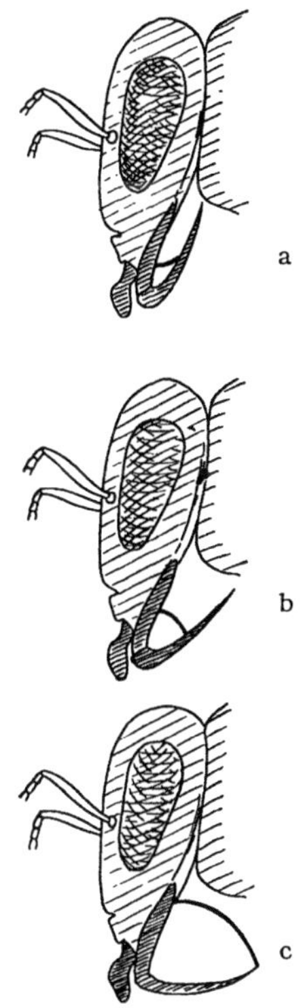

Abb. 235. Beim Rüsselschlagen wird ein ausgepreßtes Wassertröpfchen durch Ausklappen des Saugrüssels zu einer dünnen Lamelle ausgebreitet. In der Stellung c verbleibt der Rüssel einige Sekunden. Abkühlung durch Verdunstungskälte. Nach Lindauer 1954

Die Meinungsverschiedenheiten darüber, ob reines oder salziges oder jauchig verschmutztes Wasser von den Bienen bevorzugt wird, hat Kiechle geklärt: Beim erstmaligen Anflug an einer Wasserstelle bevorzugen sie salzhaltiges oder jauchiges Wasser und auch Urin vor reinem Wasser. Der Geruch kann ihnen das Auffinden der Flüssigkeit erleichtern, für die Bevorzugung entscheidend ist aber der Gehalt an Kochsalz[1]). Bienen, die schon einige Zeit reines Wasser eingetragen haben, pflegen hingegen salziges Wasser, Urin oder Jauche als fremdartig abzulehnen (Butler 1940; Butler 1954, S. 121f., 1957a, S. 118; Piscitelli 1959; Kiechle 1961).

Die primäre Bevorzugung salzigen Wassers wird, nach brieflicher Mitteilung M. Lindauers, auch durch folgende Beobachtung bestätigt: Im Zoologischen Institut der Universität Frankfurt a. M. sind im Untergeschoß zwei Aquarienräume, einer für Süßwasser, der andere für Seewasser. In jedem Raum ist im Sommer ein Klappfenster mit einem Spalt von 10 cm geöffnet. Durch diesen kommen Bienen zum Wasserholen, aber nur an die Seewasserbecken, wo sie sich dem Tierpfleger auch dadurch bemerkbar machen, daß sie häufig darin ertrinken.

Die Tänze der Wasserträgerinnen wurden von W. Park (1923c) zuerst beschrieben. Sie sorgen, wie die identischen Tänze der Nektar- und Pollensammlerinnen, für den Zustrom von Hilfskräften, wenn solche nötig sind (Lindauer 1954). Wie aber orientieren sich die Wassersammlerinnen über den Bedarf? Mit

---

[1]) Der Grund hierfür ist unbekannt.

weit größerer Vehemenz als Nahrungsmangel kann eine lebensbedrohende Wassernot im Volke ausbrechen, wenn an heißen Sommertagen die Wärme im Brutbereich über die Norm ansteigt. Die Wasserträgerinnen sitzen nicht dort; sie laufen auch nicht hin, um sich im Brutbereich darüber zu informieren, ob die Temperaturkonstanz gefährdet ist. Sie erfahren es — wie LINDAUER (1954) vermutet und sein Schüler KIECHLE (1961) nachgewiesen hat — auf einem merkwürdigen Umweg: Wenn gerade kein Wasser eingebracht wird, benützen die Stockbienen zur Kühlung — wie auch zur Befriedigung des Wasserbedarfs der Brutammen — dünnflüssigen Nektar, den sie in der Honigblase mit sich führen. Sein Verbrauch bleibt aber nicht auf die Beteiligten beschränkt, auch die anderen Bienen werden mit herangezogen. Denn unter den Mitgliedern des Volkes besteht ein ständiger intensiver Futteraustausch (NIXON u. RIBBANDS 1952, RIBBANDS

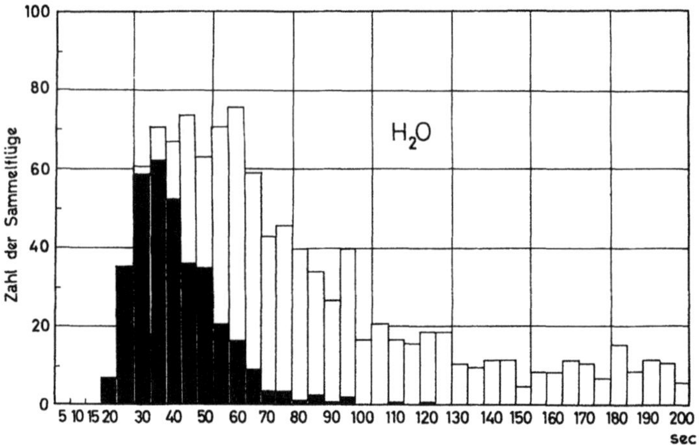

Abb. 236. Beziehung zwischen Abgabezeit (Zeit für das Verfüttern der eingetragenen Menge) und Tanzlust der Wassersammlerinnen. Abszisse: Abgabezeit in Sekunden. Ordinate: Zahl der Sammelflüge mit nachfolgendem Tanz (schwarz) und ohne nachfolgenden Tanz (weiß). Nur bei kurzer Abgabezeit wird getanzt. Nach LINDAUER 1954

1952, 1953a, S. 192, FREE 1959a), der zur Folge hat, daß der Honigblaseninhalt bei der Mehrzahl der Stockgenossen recht übereinstimmend ist und seine Konzentration bei Wassermangel bald allgemein zunimmt. Auf dem Wege des ständigen Futteraustausches wird diese Eindickung des Honigblaseninhaltes auch den Wassersammlerinnen bekannt und ist für sie das Signal, nach Wasser auszufliegen.

Ist diese Tätigkeit einmal in Schwung gekommen, so regelt sich die Intensität des Sammelns weitgehend durch die mehr oder weniger große Gier der wartenden Stockbienen: Wenn den ankommenden Sammlerinnen das Wasser so stürmisch abgenommen wird, daß sie in etwa einer halben Minute ihre Bürde los sind, dann tanzen sie lebhaft und werben dadurch weitere Wasserträgerinnen an (Abb. 236). Es ist der gleiche Regelvorgang, der auch beim Nektarsammeln eine Rolle spielt (S. 247).

Über weitere tanzauslösende Faktoren ist bei Wasserträgerinnen nichts bekannt.

Das Wassersammeln ist nicht streng an ein Altersstadium der Trachtbiene gebunden. Dieselbe Biene kann, je nach Bedarf, abwechselnd Zuckerwasser und reines Wasser holen. Hat sie einmal durch viele Stunden oder Tage das eine oder das andere getan, so erfolgt ein Wechsel weniger leicht. Zuckerwasser ist bei den meisten Tieren beliebt. Bienen pflegen es um so mehr zu schätzen, je konzentrierter es ist. Aber letzten Endes entscheidet der Bedarf des Volkes. LINDAUER hat diese Verhältnisse studiert und gibt folgende Schilderung vom individuellen Benehmen einer Biene (1954, S. 426):

Auf dem Futtertischchen stand ein Schälchen mit konzentrierter Zuckerlösung und eines mit reinem Wasser zur Wahl. Auf künstliche Weise war im Stock Wassernot hergestellt worden. Infolgedessen wurde den Sammlerinnen Zuckerwasser nur sehr zögernd, Wasser aber gierig abgenommen. Auch jene von LINDAUER beobachtete Sammlerin wurde ihr Zuckerwasser schwer los und wandte sich bei ihren weiteren Flügen dem Wasserschälchen zu. „Immer einmal wurde zwischendurch von der 2molaren Lösung ‚genascht', und wenn dann die Abnahme im Stock sich entsprechend verzögerte, kam die Biene zum Wassergefäß zurück, an dem zunächst nur zögernd genippt, dann aber nach mehrmaligem Rüsselputzen doch herzhaft gesaugt wurde. Das individuelle ‚persönliche' Verlangen wurde zugunsten der sozialen Erfordernisse zurückgestellt."

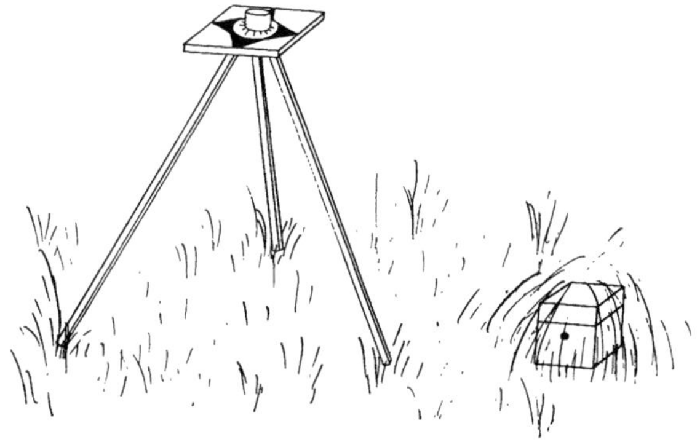

Abb. 237. In einem versteckten Futterkästchen am Boden werden 2—3 Bienen bei schwachem Lavendelduft mit Zuckerwasser gefüttert. Die Neulinge finden auf dem offenen, durch Lavendelduft und Farbe auffälligen Tischchen Wasser. Nach KIECHLE 1961

Genau wie von Nektar oder Zuckerwasser werden auch von reinem Wasser vor dem Tanz und während kurzer Tanzpausen Proben an die umgebenden Bienen verfüttert. Sie erhalten so eine Information über das eingetragene Sammelgut. KIECHLE (1961) prüfte, ob mit dieser Information ein Auftrag gegeben ist, das gleiche zu bringen, also entweder Zuckerwasser oder Wasser. Er brachte im Grase verborgen ein Futtergefäß an, von dem 2—3 numerierte Bienen bei Lavendelduft Zuckerwasser eintrugen. Daneben stand auf einem Tischchen, gleichfalls mit Lavendelduft versehen, ein frei sichtbares Wassergefäß (Abb. 237), das von den Neulingen leichter gefunden wurde. Bei starker Wassernot des Volkes nahm manchmal mehr als die Hälfte der Neulinge, die durch die Tänze von Zuckerwassersammlerinnen ausgeschickt worden waren, das gefundene Wasser an und wurde zu Wassersammlerinnen. Bestand aber zur Zeit kein Bedarf nach Wasser, so lehnten die Neulinge dieses Angebot trotz des übereinstimmenden Duftes glatt ab. Der „Auftrag" ist also nicht streng verbindlich. Die Neulinge haben eine gewisse Handlungsfreiheit und berücksichtigen neben dem Sammelgut der Tänzerin auch den augenblicklichen Bedarf des Volkes.

Ähnlich ist es ja auch beim Pollensammeln. Die Mehrzahl der Neulinge hält sich an die Tracht der Tänzerinnen, aber ein kleiner Teil, der durch Zufall an andere einträgliche Blüten gerät, greift zu und nimmt was er findet (S. 252).

2. Kittharz (Propolis)

Harzige Absonderungen verschiedener Pflanzen werden namentlich im Spätsommer gesammelt[1]) und wie Pollenhöschen in den Stock getragen, wo sie zum Abdichten von Lücken und Ritzen, aber auch zum Versteifen der oberen Zellränder dienen. LEUENBERGER (1954, S. 76) beobachtete Bienen an den natürlichen Fundplätzen, namentlich Baumknospen, bei der Sammeltätigkeit und beschreibt

[1]) Das Harz wird — auf andere Weise als Pollen — im Sitzen in die Körbchen gebracht. Schilderungen geben W. MEYER (1954), S. 186 ff. und MIRIĆ (1955).

auch ihr Verhalten nach der Heimkehr: Sie bleiben in der Nähe einer Stelle, wo Kittharz verbaut wird, ruhig auf der Wabe sitzen. Die mit dem Kitten beschäftigten Baubienen kommen heran und knabbern nach Bedarf in harter Arbeit Stücke von den Harzhöschen ab, um sie zwischen den Kiefern fortzutragen und zu verarbeiten[1]).

Nach LEUENBERGER (l. c. S. 77) „klebt das Kittharz dem fein polierten Boden des Körbchens nicht an, sondern nur den Randhaaren desselben, wodurch das Loslösen sehr erleichtert wird. Ebensowenig haftet das Harz an den Oberkiefern, mit denen die Biene es anfaßt und verarbeitet". Auch RÖSCH (1927) sah im Beobachtungsstock, daß die Harzsammlerinnen in der Nähe einer Baustelle phlegmatisch warten, bis sie von der Bürde befreit werden. Manchmal waren sie nach 1 Stunde ihre Bürde los, eine andere mußte 7 Stunden warten. „Sie hat während dieser Zeit auch nicht einmal den Versuch gemacht, sich selbst das Harz von den Beinen abzustreifen".

Nach WALTRAUD MEYER (1954) sind es hauptsächlich Trachtbienen, die das Kittharz verarbeiten. Auch die Harzsammlerinnen selbst beteiligen sich daran.

Tänze von Kittharz-Sammlerinnen, die jenen der Nektar- und Pollensammlerinnen gleichen, wurden von W. MEYER (1954) und von V. MILUM (1955) beschrieben, aber nicht näher studiert. Ihre alarmierende Wirkung ist von vornherein wahrscheinlich und kann auch aus folgender Beobachtung W. MEYERs entnommen werden: sie hatte an verschiedenen Plätzen Kittharz ausgelegt; als es an einer Stelle entdeckt wurde, kamen genau dorthin sehr rasch weitere Bienen aus demselben Beobachtungsstock, aber keine aus anderen Völkern. An einem anderen Tag sah sie 2 Sammlerinnen, die mit ihren Harzhöschen in der Nähe von Verkittungsstellen tanzten und darauf sogleich wieder (mit unveränderten Höschen) zur Sammelstelle zurückflogen — eine Parallele zu meinen Beobachtungen an Pollensammlerinnen (S. 34), die gelegentlich nur um zu tanzen heimflogen und dann das Höseln fortsetzten.

Welche Faktoren die Kittharztänze auslösen und ihre Lebhaftigkeit beeinflussen, ist unbekannt.

3. Wohnplätze

Im Frühjahr, zur Zeit des reichsten Futtersegens und des stärksten Brutansatzes, kommt es nicht nur zu einer Zunahme der Individuenzahl im Volk, sondern auch zu einer Vermehrung der Völker durch den Schwarmakt. Zu Tausenden verlassen die Bienen — meist etwa die Hälfte des Volkes — in tollem Wirbel den Stock, nachdem sie sich aus den Vorratszellen eine reichliche Portion Honig als Wegzehrung angeeignet haben; sie lassen sich in der Nähe z. B. an einem Ast als Schwarmtraube nieder, mit ihnen ihre alte Königin. Für eine Nachfolgerin im Stock ist durch Anlage von Weiselzellen rechtzeitig gesorgt worden.

Die Schwarmtraube ist ein wohlorganisiertes Gebilde. Innen besteht sie aus locker verzweigten Bienenketten, die zwischen sich genügend Raum für den allgemeinen Verkehr lassen. Nach außen bilden die älteren Bienen eine dichte Hülle, indem sie etwa in 3 Schichten eng beisammen sitzen und nur an einer Stelle ein „Flugloch" im lebendigen Mantel frei lassen, als Türchen zur Umwelt (W. MEYER 1955).

Manchmal schon nach $^1/_4$ Stunde bemerkt man Tänzerinnen auf der Traube, nach einigen Stunden können Dutzende gleichzeitig tanzen. Es sind Kundschafterinnen, „Spurbienen", die auf Wohnungssuche waren und nun die Lage eines aufgefundenen Nistplatzes in derselben Weise anzeigen, wie sie vielleicht noch vor wenigen Tagen die Lage einer Futterstelle mitgeteilt haben. Diese Bedeutung der

---

[1]) Entsprechende Beobachtungen machte schon FRANÇOIS HUBER (1814); siehe RIBBANDS 1953a, S. 205 ff.

Tänze wurde schon von LATHAM (1927) erkannt. Aber er hat die Vorgänge nicht weiter verfolgt. In der Regel beeilt sich der Imker, den Schwarm einzufangen und unterbricht mit rauher Hand den normalen Ablauf der Dinge. Diesen hat erst LINDAUER (1955) geklärt, indem er seine Schwärme hängen ließ, die Tänzerinnen numerierte und das Geschehen verfolgte, bis sich die Traube — oft erst nach Tagen — auflöste und nach einer erkundeten Niststätte abzog.

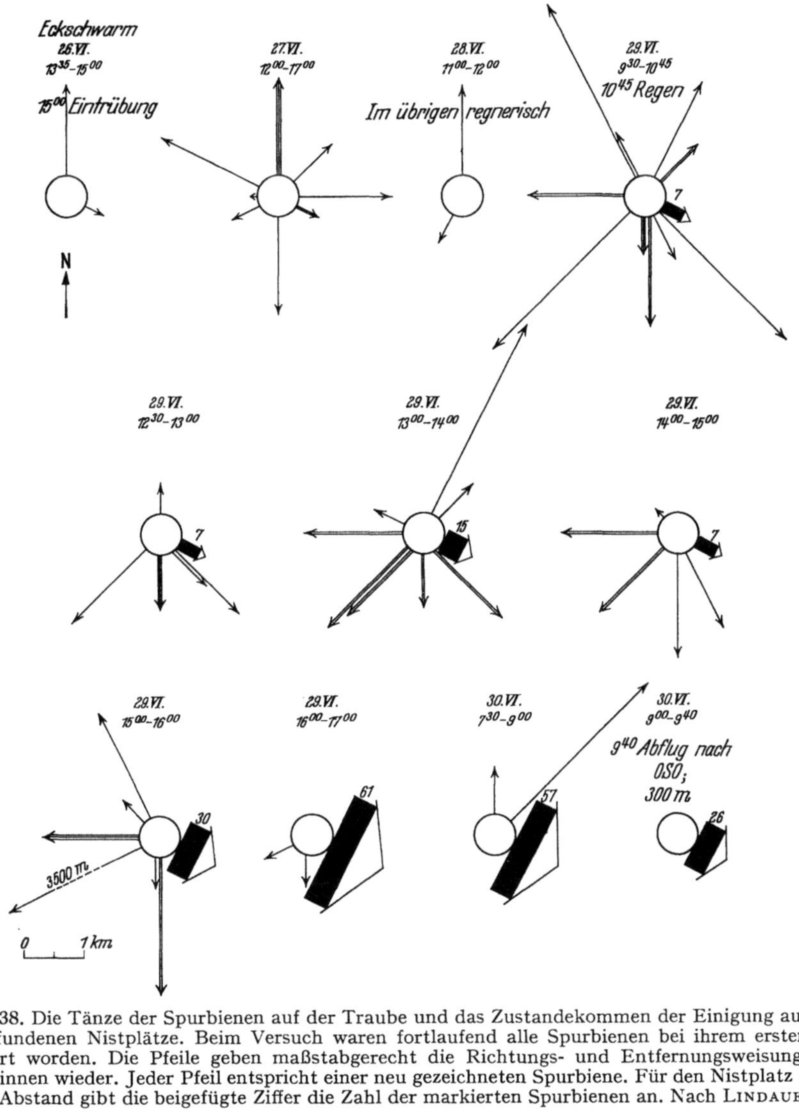

Abb. 238. Die Tänze der Spurbienen auf der Traube und das Zustandekommen der Einigung auf einen der gefundenen Nistplätze. Beim Versuch waren fortlaufend alle Spurbienen bei ihrem ersten Tanz markiert worden. Die Pfeile geben maßstabgerecht die Richtungs- und Entfernungsweisungen der Tänzerinnen wieder. Jeder Pfeil entspricht einer neu gezeichneten Spurbiene. Für den Nistplatz OSO in 300 m Abstand gibt die beigefügte Ziffer die Zahl der markierten Spurbienen an. Nach LINDAUER 1955

Anders als die Nektarsammlerinnen, die höchstens 1—2 Minuten zu tanzen pflegen und dann an ihre Sammelstelle zurückkehren, um eine neue Ladung einzubringen, setzen die Spurbienen ihre Tänze $^1/_4$—$^1/_2$ Stunde und sogar — mit Pausen — stundenlang fort, ehe sie ihr Ziel wieder einmal inspizieren und hernach weiter tanzen. Es entgeht ihnen ja nichts, sie haben nichts heimzubringen als die Kunde, wo sie eine Wohngelegenheit entdeckt haben.

Es ist aber nicht so, daß alle Spurbienen von Anfang an ein und denselben Nistplatz melden. Die eine hat hier, die andere dort etwas Brauchbares gefunden, einen hohlen Baum, ein Loch in einer Mauer, einen leeren Bienenkasten, eine Erdhöhle oder dergleichen, und so können Tänze zu gleicher Zeit nach zehn und mehr verschiedenen Zielen weisen. Das Überraschende ist, daß es im Laufe von Stunden oder Tagen zu einer Einigung kommt, zur Einigung auf die beste Wohnung, und sobald es so weit ist, löst sich die Traube auf und macht sich auf den Weg.

Abb. 239. Nistplatz (Kreis) des Schwarmes von Abb. 238. Nach LINDAUER 1955

Abb. 238 bringt hierfür ein Beispiel. Der Schwarm hatte sich am 26. 6. angelegt und blieb an der Stelle bis zum 30. 6. Am ersten Tag gab es bei zunehmender Eintrübung nur zwei tanzende Spurbienen, die Nistplätze in 1000 m Nord und 300 m Ostsüdost anzeigten — wie Länge und Richtung der Pfeile in der Abbildung anschaulich machen. Am nächsten Tag wurden sechs weitere Nistplätze entdeckt. Wenn mehrere Tänzerinnen nach demselben Platz wiesen, sind die Linien nebeneinander gezeichnet, oder entsprechend verdickt mit beigesetzter Anzahl der Bienen. Zum Verständnis der Darstellung muß noch gesagt werden, daß immer nur die neu hinzugekommenen Werbetänzerinnen vermerkt sind; daneben haben natürlich auch solche von früher ihre Tänze fortgesetzt. Die Folge der Beobachtungen lehrt nun (Abb. 238), daß manche Ziele von vornherein wenig Beachtung fanden, manche vorübergehend von mehr Spurbienen angezeigt wurden, aber schließlich alle wieder aufgegeben wurden bis auf einen in 300 m Entfernung OSO. Für diesen Nistplatz warben immer mehr Bienen, und die Tänze für die Konkurrenz-Plätze hörten allmählich auf. Nach voller Einigung zog der Schwarm in die gewählte Wohnung: in ein Mauerloch 300 m entfernt, genau in Richtung OSO (Abb. 239).

Ähnlich war in der Regel der Verlauf auch bei den anderen, von LINDAUER beobachteten Schwärmen. Zum Aufbruch kommt es erst, wenn alle Spurbienen nach demselben Ziel weisen. Danach läßt sich der Zeitpunkt für die Auflösung der Schwarmtraube voraussagen, und aus den Tänzen der siegreichen Werbegruppe läßt sich auch mit Bestimmtheit entnehmen, in welcher Richtung und wie weit der Schwarm davonfliegen wird.

Die Wahrheit dieser Behauptung hat LINDAUER dadurch erwiesen, daß er in einigen Fällen schon vor den Bienen an die erkorene Niststätte kam und den Schwarm dort erwarten konnte — eine Parallele zu unseren früheren Versuchen,

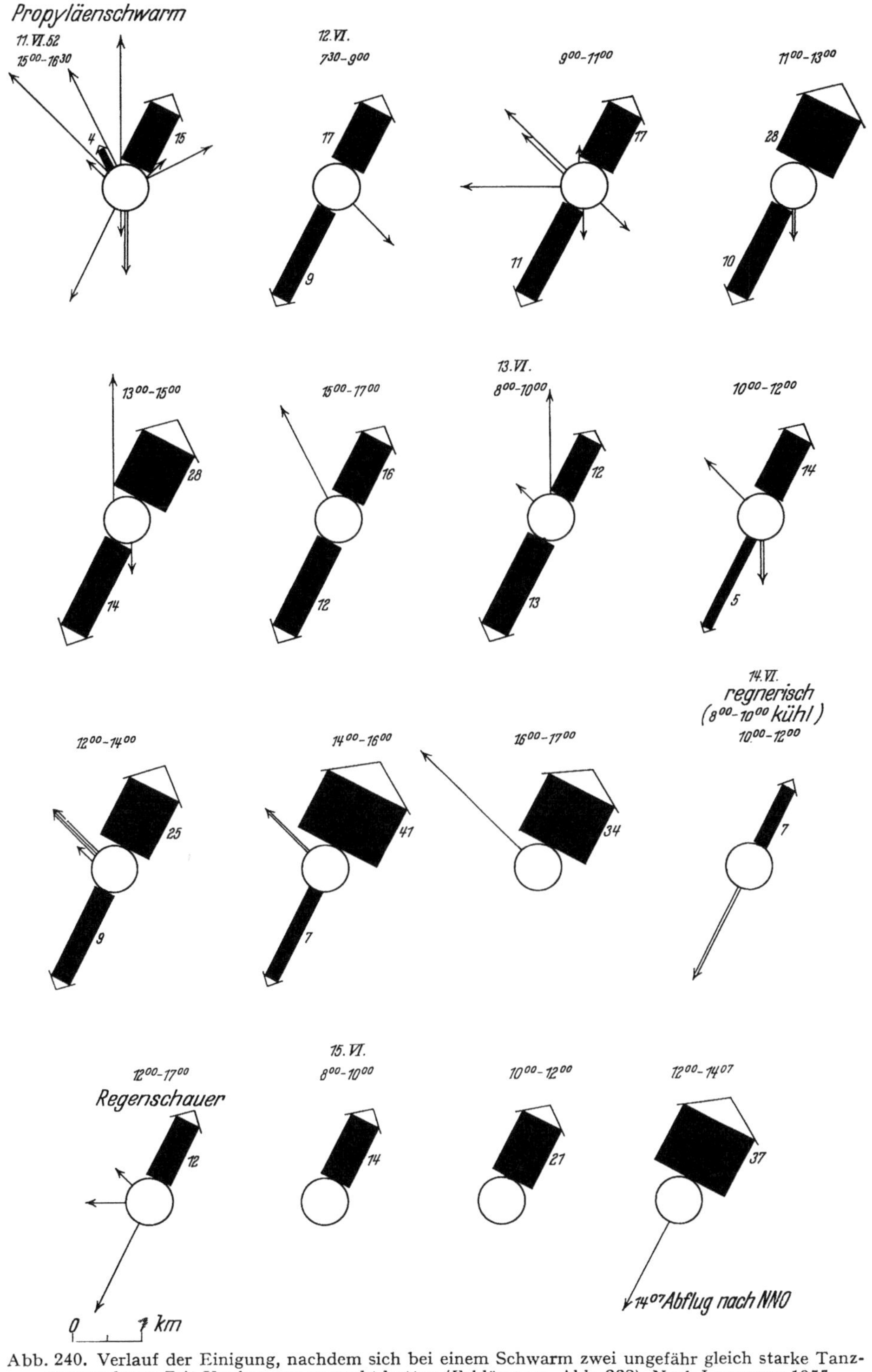

Abb. 240. Verlauf der Einigung, nachdem sich bei einem Schwarm zwei ungefähr gleich starke Tanzgruppen lange Zeit Konkurrenz gemacht hatten (Erklärung s. Abb. 238). Nach LINDAUER 1955

einen unbekannten Futterplatz nach der Lagebeschreibung der Bienen zu finden (S. 233ff.). Das gelang freilich nur dreimal bei 22 beobachteten Schwärmen[1]). Der Grund liegt einmal darin, daß bei der Richtungsangabe damals die „Mißweisung" noch nicht einkalkuliert werden konnte, weiter aber auch in der Unauffälligkeit des Zuganges zur Niststätte: ein Erdloch unter Brennesselgestrüpp, eine Fuge zwischen Dachziegeln, ein kleines Astloch an einem hohlen Baum und dergleichen. „Je öfter wir bei unserer Nistplatzsuche . . . Mißerfolge buchen mußten, um so mehr wuchs unser Staunen, sowohl über die Findigkeit der ersten Spurbienen, die solche Nistgelegenheit entdeckt hatten, als auch darüber, daß sie an der Traube den anderen Bienen so exakte Informationen über die Lage dieses Nistplatzes geben konnten. Nur auf Grund einer sehr präzisen Ortsangabe konnten ja die alarmierten Neulinge den angekündigten Nistplatz ausfindig machen; hier lockte keine auffallende Blütenfarbe und kein Blütenduft, die den Trachtbienen das Auffinden ihres Zieles doch wesentlich erleichtern" (LINDAUER 1955, S. 271). Es ist aber anzunehmen, daß Spurbienen, die den Nistplatz bereits kennen, die in der Nähe herumsuchenden Neulinge durch ihr Duftorgan an die richtige Stelle locken.

Abb. 241. Wabenbau in der Schwarmtraube. Nach LINDAUER 1955

Die Einigung auf einen Nistplatz geht nicht immer glatt vonstatten. Es kann z. B. vorkommen, daß für zwei Wohngelegenheiten von zwei Gruppen von Spurbienen mit Lebhaftigkeit geworben wird und erst nach längerem Wettstreit eine der beiden Gruppen sich durchsetzt: Am 11. 6. 1952 schien ein Schwarm schon nach zwei Stunden die Entscheidung getroffen zu haben (Abb. 240), aber am nächsten Morgen machte sich eine Konkurrenz für einen Platz in entgegengesetzter Richtung geltend und das Tauziehen währte zwei volle Tage, bis schließlich doch die erste Gruppe obenauf blieb.

Es kann auch vorkommen, daß überhaupt keine Einigung zustande kommt (von LINDAUER dreimal beobachtet) und schließlich der Schwarm in zwei Teilen gleichzeitig nach verschiedenen Richtungen davon fliegt. In zwei der beobachteten Fälle kehrte die zerrissene Bienenwolke zur alten Anlegestelle zurück und bildete neuerdings eine Traube[2]). Im dritten Falle kam es nach zweitägiger Uneinigkeit zu einer langen Schlechtwetterperiode und daher zu akutem Nahrungsmangel — die Wegzehrung war verbraucht. Bei der ersten Wetterbesserung flogen die Bienen nach Nahrung aus, der Schwarm machte sich an Ort und Stelle seßhaft und baute da seine Waben (Abb. 241). Das bedeutet in unserem Klima allerdings für das Volk eine Katastrophe, da eine freie Siedlung den Winter nicht übersteht.

Das sind aber Ausnahmen. Wir kehren zurück zum normalen Verlauf und fragen: Wie kommt die Einigung zustande? Die Antwort lautet: Die Werbetänze der Spurbienen sind in ihrer Lebhaftigkeit und Dauer abgestuft nach der Qualität der entdeckten Nistplätze. So wie die Nektarsammlerinnen nach vielerlei Faktoren die Rentabilität einer Futterquelle kundgeben, so „beurteilen"

[1]) In der Zahl 22 sind alle jene Versuche nicht eingerechnet, bei welchen künstliche Niststätten geboten wurden (S. 275ff..).

[2]) Einmal ging dabei die Königin verloren und der Schwarm löste sich auf, das andere Mal wurde über Nacht durch fremden Zugriff der Versuch verdorben.

die Spurbienen nach vielen, ganz anderen Faktoren die Eignung einer Niststätte. Für gute Plätze wird durch lebhafte Tänze energischer geworben als für weniger geeignete. Dadurch wird eine Majorität für die beste Niststätte gewonnen. Dazu kommt, daß Spurbienen, die einen mäßigen Fund gemacht haben, auf lebhaftere Tänze von Kameraden aufmerksam werden, ihnen nachtrippeln, auf Grund der erhaltenen Informationen die bessere Niststätte aufsuchen und inspizieren und sich verhältnismäßig leicht für diese umstimmen lassen. Man ist versucht zu sagen: Sie haben sich von der besseren Qualität des anderen Platzes überzeugt, und sie werben nun

a

b

Abb. 242. Zwei künstliche Nistplätze zur Wahl: a) Geschützte Aufstellung. b) Ungeschützt. Nach LINDAUER 1955

selbst für diesen. Es gibt auch Bienen, die stur an ihrem eigenen Ziel festhalten, aber sie erlahmen allmählich in ihrer Propaganda neben den stürmischen Tänzen der Favoriten, und schließlich besteht Einigkeit.

Das ist leicht erzählt, war aber keineswegs leicht herauszubekommen, vor allem nicht allein durch schlichte Beobachtung des normalen Schwarmverlaufes.

Schon um nur ausreichend Material zu haben, genügte der normale Anfall an Schwärmen nicht. LINDAUER benützte daher „Kunstschwärme", wie sie in der Imkerei üblich sind. Am vorgesehenen Ort wurde dann die Königin in einem Gitterkäfig an einen Ast gehängt und der Schwarm auf den Boden geschüttet. Er sammelt sich als Traube um den Käfig und verhält sich weiterhin wie ein normaler Schwarm; Spurbienen ziehen auf Kundschaft aus und melden ihre Funde.

Das Wichtigste war die Wahl eines Geländes, in dem es keine natürlichen Nistplätze gibt, sondern nur künstlich gebotene, die sich nach Wunsch gestalten lassen. Für solche Versuche wurde teils eine kleine Nordsee-Insel gewählt, teils eine eintönige, mit Feldern bebaute Ebene östlich von München. Da konnte man nach Belieben künstliche Niststätten verschiedener Art anbieten und beobachten, wie sich die Spurbienen ihnen gegenüber verhielten.

War z. B. ein leerer Bienenkasten wohlgeschützt unter Fichtenbäumchen aufgestellt und überdies mit Reisig eingehüllt, während ein anderer frei und ungeschützt auf einem Baumstumpf stand (Abb. 242a und b), so wurde für den windgeschützten Stock viel intensiver geworben. Die Bewertung durch die Spurbienen mußte auf ihren Eindrücken bei der Inspektion der Niststätte beruhen. Das geht aus ihrem Verhalten hervor:

„Alle Einzelheiten wurden dort eingehend geprüft; zunächst der eigentliche Wohnraum selbst: Die Bienen liefen durch die Flugöffnung in den Kasten, verblieben dort einige Minuten, kamen heraus, umschwärmten jetzt von außen die Beute und krochen von allen Seiten darüber hinweg, dann wurden größere Schleifen um den Nistplatz geflogen und auch in der näheren Umgebung der Reisigschutz, das Gebüsch und die Baumgruppen umschwärmt; schließlich kehrten sie wieder zur Beute zurück, sterzelten jetzt lebhaft am Flugloch, inspizierten noch einmal das Innere, und so konnte das 10 Minuten, ja 1 Stunde lang weitergehen. Dann flogen die Spurbienen zur Traube und vollführten dort in höchster Erregung einen Werbetanz oder — wenn die vorausgegangene Inspektion nicht günstig ausgefallen war — blieben teilnahmslos auf der Traube sitzen" (LINDAUER 1955, S. 285).

Daß wirklich die geschützte Lage maßgebend war, zeigte sich, als die freistehende Beute einen Windschutz aus Reisig erhielt. Mit verblüffender Geschwindigkeit gaben die gleichen bisher so phlegmatischen Spurbienen durch lebhaftere Tänze Alarm und die Werbegruppe vergrößerte sich rasch.

Nach dieser Methode ließ sich eine Reihe von Merkmalen feststellen, die von den Spurbienen beachtet werden: Durch ein Tröpfchen Melissenöl läßt sich ein als Wohnung geeigneter Strohkorb für die Bienen entwerten. Geruchliche Merkmale werden also zur Kenntnis genommen, gewiß auch in positivem Sinne, wenn sie den Bienen taugen. Was ihnen in dieser Hinsicht genehm ist und was nicht, ist ein noch unerforschtes Kapitel der Bienenpsychologie. Der Innenraum der Wohnung muß zur Größe des Schwarmes in einem angemessenen Verhältnis stehen. Auch die Entfernung wird stark beachtet. Die Schwarmtraube hängt ja in der Nähe des Stammvolkes. Eine dauernde Ansiedlung von Schwärmen in der unmittelbaren Nachbarschaft schmälert für alle Teile die Tracht. Die Bevorzugung von Niststätten in größerer Entfernung sorgt für eine lockere Verteilung der Bienenvölker in der Landschaft. In einem Versuch mit zwei gleichwertigen Niststätten in Abständen von 30 m und 250 m vom Schwarm löste die letztere weitaus lebhaftere Tänze aus und sie wurde bezogen. Gerade umgekehrt wird bei Futterquellen für die näher gelegenen lebhafter geworben (S. 243ff.). Auf die Auslösung der Tänze hat hier die gleiche objektive Sachlage entgegengesetzte Wirkung, aber hier wie dort in sinnvoller Beziehung zur biologischen Bedeutung des Zieles. Auf die Wind- und Temperaturverhältnisse am Nistplatz wird bei den Inspektionsflügen der Spurbienen immer wieder geachtet. So wurde bei einem Versuch für einen gut geschützten leeren Bienenkasten von den Spurbienen bei bedecktem Himmel lebhaft geworben. An einem folgenden Tage lag er bei heiterem Himmel im prallen Sonnenschein, und ein Thermometer in der Beute zeigte über 40° C an. Die Spurbienen stellten ihre Tänze bald vollständig ein, und erst nachdem der Nistplatz durch eine Hülle von dichtem Tannenreisig beschattet worden war, nahm ihr Interesse wieder zu und führte schließlich zur Besiedlung dieses Platzes. In ganz entsprechender Weise konnten windige Tage die Spurbienen veranlassen, einen nicht genügend geschützten Nistplatz aufzugeben. Man erkennt den tiefen biologischen Sinn der Tatsache, daß die Entscheidung für eine gute Trachtquelle sehr rasch erfolgt, während eine Niststätte meist tagelang unter verschiedenen Bedingungen immer wieder inspiziert wird, bevor die Entscheidung fällt.

Ein weiterer aufschlußreicher Versuch sei noch erwähnt: Je 75 m vom Schwarm entfernt waren zwei künstliche Nistplätze angelegt, die beide von Spurbienen gefunden und durch Tänze gemeldet wurden. Einen vollen Tag später fiel auf der Traube eine äußerst lebhafte Tänzerin auf, die eine dritte Nistgelegenheit entdeckt hatte. Sehr bald gewann sie Anhang und weitere ungestüme Tänze wiesen nach dem gleichen Ziel. LINDAUER konnte die Stelle nach der Tanzanweisung der Spurbienen schon vor dem Einzug des Schwarmes auffinden: Es war eine Erdhöhle, in fast derselben Entfernung (80 m) wie die zwei künstlichen Nistplätze, unter einem morschen Baumstumpf, geschützt durch dichtes Gestrüpp, $^1/_2$ m tief im Boden, von passender Größe und trotz vorangegangener Regentage im Inneren vollkommen trocken — eine ideale Bienenwohnung. Die Spurbienen, die sie entdeckten, waren ungezeichnet, sie waren also noch nicht an den zur Wahl stehenden anderen Niststätten gewesen. Die Grundlage ihrer feurigen Werbung war nicht der Vergleich mit den schlechteren Wohnungen, sondern offenkundig eine den Bienen angeborene Bewertungsskala für die Qualität der Wohnungen, so wie ja auch die Rentabilität der Futterquellen nicht erst nach Vergleich mit besseren oder schlechteren Futterplätzen durch eine angemessene Lebhaftigkeit der Tänze angezeigt wird. Aber noch mehr als bei den Futterquellen gibt hier die Vielfalt und komplexe Natur der Umstände, deren Bedeutung nach erblich festgelegtem Kodex bei der Gesamtwertung eingewogen wird, Anlaß zu ehrfürchtigem Staunen.

Die Aufstellung der künstlichen Niststätten in einem Gelände, in dem es außer dem Beobachtungsvolk keine Bienen gab, bestätigte eine ältere, bisher unbewiesene Vermutung: daß Spurbienen eines Volkes schon einige Zeit vor dem Schwärmen in Tätigkeit treten. Auf der Nordsee-Insel waren schon 3 Tage vor Abgang des Schwarmes Spurbienen zu ertappen, welche die künstlichen Nistplätze und andere Stellen, die nach einem Unterschlupf aussahen, aufmerksam untersuchten. Es zeigte sich, daß sie vor dem Schwärmen im Stock tanzen, wie später auf der Traube — gleichsam als Voranzeige für die künftige Wohnung. Die Frage liegt nahe, woher die Stockbienen wissen, ob der Tanz eine Futterquelle oder eine Niststätte anzeigt. Die Unterscheidung wird nicht schwer fallen: Spurbienen bringen keinen Nektar heim und verfüttern nichts an ihre Umgebung; sie strecken vielmehr in den Tanzpausen anderen Bienen ihren Rüssel entgegen; „sie erbetteln sich also laufend Proviant für den nächsten Ausflug. Reiseproviant brauchen zwar auch die Trachtbienen, aber diese nehmen ihn in ganz gesetzmäßiger Weise erst in den allerletzten Sekunden vor dem Abflug auf" (LINDAUER 1955, S. 266). Es kommt hinzu, daß zur Zeit des Schwärmens die Werbung für Futterplätze fast ganz eingestellt wird, wodurch die Gefahr eines Mißverständnisses noch mehr verringert wird. Das führt auf die weitere Frage, wie es denn überhaupt zum Auftreten von Spurbienen kommt?

Die Schwarmzeit ist eine Zeit des Nahrungsüberflusses, wo die Wabenspeicher mit Honig und Pollen gefüllt sind und der Futtersaft der Brutbienen sich in den Drüsen staut, weil es — aus Platzmangel — an junger Brut fehlt. Unter solchen Bedingungen wird den Nektarsammlerinnen ihre Bürde sehr zögernd abgenommen, auch die Pollensammlerinnen können ihre Fracht kaum mehr unterbringen. Eben diese Umstände führen zur Schwarmstimmung und zur Einstellung der Sammeltätigkeit. Nun wenden sich einige der arbeitslos gewordenen Sammlerinnen einer anderen, zur Zeit wichtigeren Tätigkeit zu: Sie werden zu Spurbienen. Es ist ein vorübergehendes Amt, beschränkt auf die Jahreszeit der Völker-Vermehrung und überdies gebunden an äußere Bedingungen, die dem Schwärmen und der Gründung neuer Bienensiedlungen günstig sind.

Wir haben die Vorgänge auf der Schwarmtraube bis zur Einigung der Spurbienen verfolgt. Wer gibt dann schließlich das Signal zum Aufbruch? Es sind die Spurbienen selbst, die sich, sobald es so weit ist, fast vollzählig auf der Schwarmtraube sammeln und durch den charakteristischen „Schwirrlauf" binnen wenigen Minuten die ganze, träg dasitzende Gesellschaft zum Auffliegen bringen (s. S. 281). Der Schwirrlauf ist ein primitives Signal, der keine näheren Angaben enthält und nichts weiter bedeutet als etwa: „jetzt los!" Die Information über Richtung und Entfernung war ja schon vorher gegeben. Es sind auch offenbar die wegkundigen Spurbienen, die in temperamentvoller Weise durch ihr Geleit noch weiter das Finden des Zieles sichern: Während die Schwarmwolke langsam dahinzieht, sieht man einige Hundert Bienen in rasantem Flug durch den Schwarm in Richtung zum Nistplatz nach vorne schießen, dann am Rande der Schwarmwolke langsam wieder zurückfliegen, neuerdings in schnellem Tempo vorstoßen und so fort, bis das Ziel erreicht ist (LINDAUER 1955, S. 319).

Wenn man solchermaßen betrachtet, wie aus einem Stock mit 60000 und mehr Bewohnern etwa die Hälfte der Insassen durch eine Kette zeitgemäßer, wohl abgewogener und den Umständen angepaßter Handlungsweisen einer geeigneten neuen Wohnung zugeführt wird, so scheint mir dies alles mehr noch als andere Vorgänge im Bienenvolk geeignet, den Biologen vor unangebrachtem Dünkel zu bewahren und zur Einsicht zu bringen, daß wir von einer wirklichen Erklärung solcher Fähigkeiten weit entfernt sind.

Zusammenfassung

Tanzwerbung für Wasser, Kittharz und Niststätten (S. 266–278)

1. Die Tänze von Bienen, welche eine Fundstelle für Wasser oder für Harz oder die Lage einer Niststätte anzeigen, unterscheiden sich nicht von den Tänzen der Nektar- und Pollensammlerinnen. Teilweise verschieden sind die tanzauslösenden Faktoren.

2. Wasser wird von den brutpflegenden Jungbienen und zur Regulierung der Stocktemperatur benötigt. Wassermangel führt zu einer Eindickung des Honigblasen-Inhaltes. Dieser Zustand wird auf dem Wege des ständigen Futteraustausches unter den Stockgenossen rasch weiter verbreitet. So wird er auch den Wasserträgerinnen bekannt, die dadurch veranlaßt werden, auszufliegen und Wasser zu holen. Die Intensität des Sammelns und die Größe des Aufgebotes wird — wie beim Nektarsammeln — weitgehend dadurch geregelt, daß den Sammlerinnen das Wasser bei größerem Bedarf gieriger abgenommen wird; das steigert ihren Eifer und ihre Tanzlust. — Das Wassersammeln ist nicht streng an ein bestimmtes Altersstadium der Trachtbienen gebunden.

3. Wie bei Nektartracht, werden die Abnehmerinnen im Stock auch von den Wasserträgerinnen durch Kostproben über das Sammelgut informiert. Die verabreichte Kostprobe kann als unverbindlicher „Auftrag" aufgefaßt werden, auf die Tänze hin gleichfalls Wasser einzutragen — „unverbindlich" deshalb, weil die Entscheidung der Neulinge, Wasser oder Nektar einzutragen, durch den augenblicklichen Bedarf des Volkes mit bestimmt wird.

4. Kittharz (Propolis) wird hauptsächlich an Baumknospen gesammelt, wie Pollen als Höschen eingetragen und vor allem zum Abdichten verwendet. Die alarmierende Wirkung und erfolgreiche Lagebeschreibung der Tänze von Harz-Sammlerinnen ist durch Beobachtungen wahrscheinlich gemacht, aber nicht näher studiert.

5. Tanzende Bienen sieht man auch auf der Schwarmtraube. Es sind Spurbienen, die eine Niststätte erkundet haben und deren Lage durch ihre Tänze bekanntgeben.

In der Regel werden von Spurbienen eines schwärmenden Volkes mehrere verschiedene Wohnstätten entdeckt. Jede Biene wirbt für ihren Fund. Im Verlauf von Stunden oder Tagen kommt es zur Einigung auf die beste Wohngelegenheit. Diese Einigung gelingt dadurch, daß jede Spurbiene für ihre Entdeckung um so energischer wirbt, je besser die Wohnung ist. So wie dieRentabilität einer Futterquelle wird auch die Qualität einer Nistgelegenheit nach vielerlei Faktoren „beurteilt" (windgeschützte Lage, Wärmeverhältnisse, geruchliche Eigenheiten, Geräumigkeit, Abstand vom Muttervolk). Ob eine matte, eine lebhafte oder eine stürmische Werbung am Platze ist, entscheidet sich nach gründlicher Inspektion der entdeckten Wohnstätte auf Grund einer angeborenen Bewertungsskala und nicht erst nach Besichtigung der Konkurrenz-Wohnstätten. Wohl aber können Bienen, die für eine mindere Wohnung durch matte Tänze werben, durch die stürmischen Tänze anderer Spurbienen veranlaßt werden, ihre Tänze einzustellen oder die bessere Entdeckung zu besichtigen und hernach selbst für diese zu werben.

6. Sobald auf solche Weise die Spurbienen untereinander einig geworden sind und nur mehr ein Ziel anzeigen, geben sie durch Schwirrläufe das Signal zum Aufbruch der Schwarmtraube. Die Bienen suchen nun ihre neue Wohnung in der verkündeten Richtung und Entfernung auf. Die des Weges kundigen Spurbienen geben ihnen das Geleit und unterstützen sie im Finden des Zieles, indem sie immer wieder durch den langsam dahinziehenden Schwarm in rasantem Flug nach vorn schießen und am Rande der Schwarmwolke langsam zurückfliegen.

VIII. Andere Tanzformen

Wir haben unsere Betrachtungen bisher auf den Rundtanz (Abb. 29, S. 29) und Schwänzeltanz (Abb. 44, S. 57) beschränkt. Beide bedeuten für die Stockgenossen die Aufforderung, nach einem gegebenen Ziel auszufliegen, beim Rundtanz verbunden mit einer vagen Ortsangabe (nahe um den Stock), beim Schwänzeltanz mit einer präzisen Lagebeschreibung.

Daneben ist eine Reihe von andersartigen Tänzen bekannt geworden. Davon gehören Rumpellauf, Rucktanz und Sicheltanz als Vorstufen oder Varianten in die Klasse von Rund- und Schwänzeltanz. Die übrigen Tanzformen sind in ihrer Bedeutung nur teilweise geklärt.

1. Rumpellauf, Rucktanz und Sicheltanz

Schon 1923 (S. 30 und S. 40, 41) habe ich erwähnt, daß eine Sammlerin, die während einer Futterpause das Schälchen inspiziert hat und erfolglos heimkehrt, gemächlich an der Wabe hinaufkrabbelt und sich zur Ruhe setzt, nach erfolgreichem Besuch aber hastig mit rasch trippelnden Schritten aufwärts rennt. Auf solch temperamentvollen Lauf folgt in der Regel ein Tanz, auf ein gemächliches Hinaufspazieren aber nicht.

H. Schmid (1964) hat diesen temperamentvollen Lauf erfolgreicher Heimkehrer als Rumpellauf bezeichnet. Die Sammlerin setzt oft auch nach der ersten Abgabe von Zuckerwasser den Rumpellauf noch fort: Sie rennt ein etwa spannenlanges Stück geradlinig oder in leichtem Bogen zwischen ihren dicht gedrängten Genossen durch, wobei sie alle im Wege stehenden Bienen energisch zur Seite stößt. Der Einsatz, Ablauf und Abschluß des Rumpellaufes ist so deutlich, daß sein Charakter als Ausdrucksbewegung offensichtlich ist. Nicht Eile, sondern Auffälligkeit ist sein wesentliches Kennzeichen. Die Vorwärtsbewegung bei diesem erregten Laufen ist nicht schneller, sondern langsamer als etwa nachher, wenn die

Sammlerin nach Abgabe der Bürde zum Flugloch zurückeilt. Auch schlüpft sie im letzteren Falle geschickt durch die Lücken im Bienengedränge, während sie beim Rumpellauf wie mit Absicht die Kameraden anrempelt.

Getanzt wird meistens erst nach mehreren erfolgreichen Flügen, aber gerumpelt wird schon bei der ersten erfolgreichen Heimkehr. Die Sammlerinnen erwecken dadurch die Aufmerksamkeit der nahe sitzenden oder angerempelten Stockgenossen, ohne daß diese freilich etwas anderes erfahren, als daß etwas los ist. Die Gruppengenossen können schon dadurch allein, ohne Tanz, veranlaßt werden, den ihnen bekannten Futterplatz erneut aufzusuchen (s. S. 30 f.), besonders zuverlässig dann, wenn der Futterstelle ein spezifischer Duft zu eigen ist.

Bei Fütterung in Stocknähe beobachtete Hein (1950, 1954) den „Rucktanz". Die Heimkehrer liefen in wechselnder Richtung über die Wabe, verfütterten an verschiedenen Stellen und machten zwischendurch kurze Schwänzelbewegungen, die auf gleiche Weise, wie der Schwänzellauf im Schwänzeltanz, nach dem Ziel

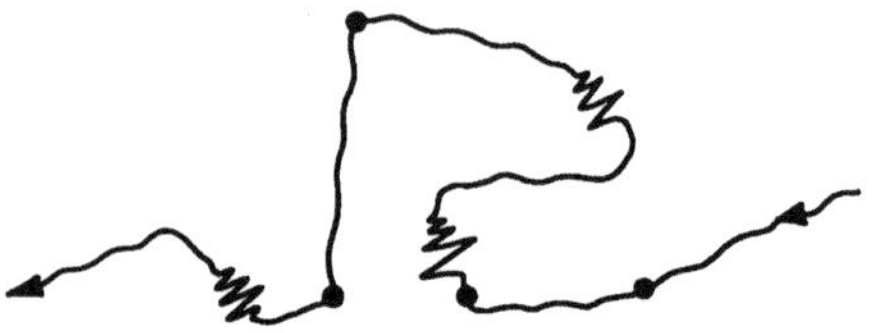

Abb. 243. Der Rucktanz. Abstand der Futterquelle 2 m. Punkte: Futterabgabe. Nach Hein 1950

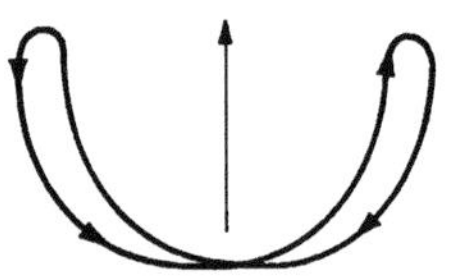

Abb. 244

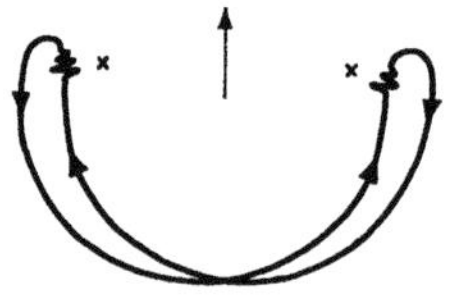

Abb. 245

Abb. 244. Sicheltanz. Nach Tschumi 1950 a

Abb. 245. Sicheltanz mit Rucktanzstrecken (×). Schema nach Hein 1950

wiesen (Abb. 243). Hein sah die richtungsweisenden Rucktänze schon bei einem Abstand der Futterquelle von nur 2 m. Die Stockgenossen schenkten diesem Verhalten wenig Aufmerksamkeit, vermutlich wegen der Kürze und des unregelmäßigen Auftretens der Schwänzler. Sie sind wohl eher ein Ausdruck der Tanzstimmung als ein wirksames Signal. Ein ähnliches Verhalten sieht man nicht selten auch bei weit entfernten Futterplätzen, wenn Bienen bei der ersten erfolgreichen Heimkehr in Tanzstimmung, aber noch nicht in Schwung sind: Sie laufen erregt auf der Wabe herum, verfüttern da und dort und führen zwischendurch an verschiedenen Stellen einzelne Schwänzelläufe aus[1]). Für diese wäre aber die Bezeichnung Rucktänze nicht angemessen, weil ihnen die für einen „Ruck" charakteristische Kürze fehlt.

Der Sicheltanz wurde zuerst von Tschumi (1950) beschrieben. Auf S. 63 wurde er bereits als eine Übergangsform vom Rundtanz zum Schwänzeltanz erwähnt. Als solche kommt er bei allen bisher untersuchten Rassen der Honigbiene vor mit Ausnahme der Krainer Bienen, mit denen ich hauptsächlich gearbeitet habe (vgl. S. 294). Die sichelförmige Laufkurve (Abb. 244) weist mit der Öffnung der Sichel die Richtung zum Ziel, auf die gleiche Art, wie die Schwänzelstrecke im Schwänzeltanz. Das gilt sowohl für Tänze auf vertikaler, wie für solche auf horizontaler Fläche[2]). Hein (1950) machte auf kurze „Ruckstrecken" vor den Wendepunkten des Sichellaufes aufmerksam (× in Abb. 245). Nur diese Rucktanzstrecken vor den Wendepunkten könnten den Kameraden die Richtung anzeigen (Hein 1954). Das ist möglich, aber nicht erwiesen. Sehr kurze Schwänzler sind schwer wahrzunehmen. Man müßte Zeitlupenaufnahmen von Sicheltänzen machen, um entscheiden zu können, ob Sicheln ohne Rucktanzstrecken auch eine richtungsweisende Bedeutung haben oder nicht.

---

[1]) Wittekindt (1960) hat dasselbe Verhalten beobachtet und als „Durchwinden" bezeichnet.

[2]) Über die Wirksamkeit der Richtungsweisung bei Sicheltänzen s. S. 297 f.

2. Schwirrlauf

Der Schwirrlauf wurde schon S. 278 als das Signal erwähnt, durch welches die Spurbienen nach erfolgter Einigung über die neue Niststätte die Schwarmtraube zum Aufbruch bringen. Zu einem früheren Zeitpunkt sind es ganz entsprechende Schwirrläufe, die im Bienenstock das Zeichen für den Auszug des Schwarmes geben. Beim Schwirrlauf „zwängen sich die betreffenden Bienen höchst erregt und nervös zwischen die anderen herumstehenden Bienen hindurch, rempeln sie in ungerichtetem Zickzacklauf energisch zur Seite, wobei sie mit ihrem Abdomen heftig vibrieren und außerdem ein gut wahrnehmbares Flügelschwirren hören lassen" (LINDAUER 1955, S. 315). Nach Beobachtungen von ESCH werden hierbei ähnliche Laute erzeugt wie beim Schwänzellauf. Nach P. MARTIN (1963) wirkt der Schwirrlauf nur bei nahem Kontakt auf andere Bienen.

Vor dem Schwärmen sitzen die meisten Bienen untätig im Stock oder vor dem Flugloch. „Wenn es nun gegen Mittag wärmer wird, dann kommt mit einemmal Unruhe und Aufregung in den Stock und diese Unruhe wird durch die erwähnten Schwirrläufe verursacht. Zuerst sind es 2, 3 Bienen, dann, nach 1 Minute, schon ein Dutzend, und immer mehr und mehr Schwirrläufer toben in wilder Hast über die Waben. Lawinenartig wächst die Zahl der Schwirrläufer an, viele von ihnen sausen zum Flugloch, alarmieren in gleicher Weise jene Müßiggänger, die sich als Bart vor dem Flugloch gesammelt hatten, andere umschwärmen schon eine kurze Weile den Stock, kommen aber noch einmal zurück, um wieder ihren Schwirrlauf fortzusetzen. In etwa 10 Minuten ist dann der Augenblick zum Auszug gekommen ... Dann stürzen die Bienen, die dem Flugloch am nächsten sind, hinaus, und in einem dichten Strom folgt alles nach. Auch die Königin ist alarmiert worden und wenn sie nicht sofort den ausschwärmenden Bienen folgt, wird sie pausenlos von Schwirrläufern gejagt, so lange, bis sie das Flugloch gefunden hat und sich in die Schwarmwolke stürzt" (LINDAUER 1955, S. 316). In analoger Weise geht auch die Auflösung der Schwarmtraube vor sich (S. 278).

Für den Schwirrlauf ist bezeichnend, daß er sehr rasch wirkt, daß die alarmierten Bienen von sich aus das empfangene Signal weitergeben, und daß alle Altersstadien darauf ansprechen. So kommt es, daß im Schwarm, und daher auch im neu gegründeten Volk, Bienen jeden Alters vertreten sind.

Noch bei einer anderen Gelegenheit konnte LINDAUER das Auftreten von Schwirrläufen beobachten: Wenn sich bei der Bildung der Schwarmtraube ein Nebenklumpen abseits niedergelassen hatte. Dann kommen Schwirrläufer, um ihn aufzujagen und zur Traube zu lotsen, indem sie zu ihr zurückfliegen und dort lebhaft sterzeln. Der Nebenklumpen wird also alarmiert und dann durch das Duftorgan an den richtigen Platz gelockt.

Mechanische Störungen allein veranlassen weder die Schwarmtraube, noch einen Nebenklumpen zum Abflug. LINDAUER hat oftmals eine Schwarmtraube nach Königinnen durchstöbert, oft einen Bienenklumpen von ihr abgeschöpft und auf den Boden geschüttelt, aber weder die Traube noch der zu Boden geworfene Klumpen zerstreute sich auf solche Behandlung hin. Zum gemeinsamen Auffliegen wurden die Bienen nur durch den Schwirrlauf von Kameraden veranlaßt. Bei aller Primitivität ist er also doch ein spezifisches Signal.

3. Putztanz (Schütteltanz)

HAYDAK (1929, 1945) und MILUM (1947, 1955) beschrieben voneinander unabhängig eine Schüttelbewegung der Bienen, durch welche benachbart Sitzende aufgefordert werden, sie an bestimmten, ihren eigenen Putzwerkzeugen unzugänglichen Körperstellen zu säubern. HAYDAK spricht nach der Art der Bewegung von shaking dance, MILUM nach dem angestrebten Ziel von grooming dance. Die Biene schüttelt dabei ihren Körper in schneller Bewegung nach rechts und links hin und her, wobei sie etwas unsicher auf den Beinen steht, weil sie gleichzeitig eines der Mittelbeine hochhebt um ihre Brusthaare zu kämmen (MILUM 1955). Daraufhin kommt manchmal sofort (manchmal aber auch überhaupt nicht) eine andere Biene als „Barbier“ heran und bearbeitet mit ihren Mandibeln die Behaarung an der Taille und unter den Flügelwurzeln. Dieses Kämmen dauert etwa 1—6 Minuten. Die frisierte Biene hält dabei ganz still.

Bei einem Aufenthalt in den USA demonstrierte mir MILUM den Vorgang an seinem Beobachtungsstock. An meinen Bienen war er mir nicht aufgefallen. LINDAUER sagt mir, er habe ihn zu manchen Zeiten häufig gesehen. MORGENTHALER (1949) meint, es könnte sich um eine Reaktion auf „Juckreiz“ durch äußerlichen Milbenbefall handeln. Das gelegentlich gehäufte Auftreten spricht gegen eine reguläre Putzhandlung und für das Mitspielen anderer Umstände. Die Sache ist gewiß noch einiger Aufmerksamkeit wert.

4. Rütteltanz (D-VAV)

Es ist etwas verwirrend, daß der gleiche Ausdruck "shaking dance" gelegentlich auch für ein ganz anderes Verhalten gebraucht worden ist, welches schon HAYDAK (1929) und MILUM (1955) vom Schütteltanz scharf unterschieden haben, das aber in seiner Bedeutung noch ungeklärt ist. Nach MILUM nimmt dabei eine Arbeiterin mit einer anderen Biene Kontakt, indem sie sie mit den Antennen berührt, noch häufiger aber dadurch, daß sie ihren Hinterleib, oder auch Kopf oder Brust mit den Vorderbeinen ergreift oder auch ganz auf sie hinaufsteigt und mit ihrem Abdomen in dorso-ventraler Richtung eine rasche Vibrationsbewegung macht (7—8 Ausschläge), was sich dann mit verschiedenen Intervallen noch mehrmals bei anderen Partnern wiederholt (Abb. 246). MILUM gebraucht für diese Rüttelbewegung auch die Bezeichnung „dorsal-ventral abdominal vibration" oder abgekürzt D-VAV. Die von der „Tänzerin“ ergriffene Biene hält still und reagiert auch nachher nicht in erkennbarer Weise. Meistens ist es eine Arbeiterin, es kann aber auch eine Drohne oder die Königin so behandelt werden (MILUM 1955).

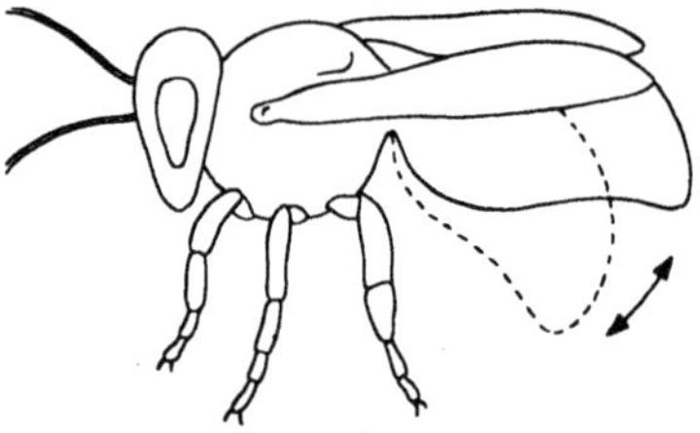

Abb. 246. Biene beim Rütteltanz. Der Pfeil deutet die dorso-ventrale Rüttelbewegung des Abdomens an. Schema nach ELEONORE HAMMANN 1957

Nach ALLEN (1959) sind Rütteltänze gegenüber der Königin sehr häufig vor dem Schwärmen, nach HAMMANN (1957) sehr oft auch vor dem Hochzeitsflug zu sehen, so daß man an eine spezifische Aufforderung zum Ausflug denken könnte. Gegen diese Annahme spricht aber, daß HAMMANN Rütteltänze auch auf geschlossenen Weiselzellen noch nicht geschlüpfter Königinnen beobachtet hat (ebenso HAYDAK 1945) und daß die Königinnen vor dem Ausflug nicht nur mit Rüttelbewegungen bedacht, sondern auch auf andere Weise traktiert und gehetzt werden.

Gegenüber Arbeiterinnen ist das Rütteln zwar häufiger bei ausfliegenden Völkern als nachts oder bei schlechtem Wetter, aber eine strenge Beziehung zur Flugaktivität ließ sich nicht feststellen (ALLEN 1959a). ALLEN beobachtete Rütteltänze vom 3. Tag nach dem Schlüpfen an bei Bienen aller Altersstadien, wobei die Häufigkeit bis etwa zur 3. Lebenswoche zunahm.

HAYDAK deutete den Rütteltanz als Ausdruck der Freude und Zufriedenheit. MILUM weist aber darauf hin, daß er Tag und Nacht, Sommer und Winter zu sehen ist, auch unter Bedingungen, die keinen Anlaß zur Zufriedenheit geben, z. B. bei verhungernden Völkern.

Ich habe solche Rütteltänze gelegentlich auch in meinen Krainer Völkern beobachtet, ohne eine Deutung zu finden. BUTLER (1958) und WITTEKINDT (1961) erwähnen sie, ohne etwas zu ihrer Erklärung beizusteuern.

SCHICK (1953) konnte Rütteltänze durch Fütterung mit Urethan-haltiger Rohrzuckerlösung (0,3 oder 0,15% Urethan in zweimolarer Zuckerlösung) willkürlich auslösen. Bei Fütterung mit Zuckerlösung und Zusatz von 0,025% Nipasol (p-Oxybenzoesäure-propylester, ein Konservierungsmittel) erhielt er Rütteltänze kombiniert mit Zittertänzen.

Nach unseren gegenwärtigen Kenntnissen ist zur Bedeutung der Rütteltänze ein schlichtes Fragezeichen besser am Platze als eine längere Diskussion.

5. Zittertanz

Bisweilen sieht man an heimgekehrten Sammelbienen ein sonderbares Benehmen. „Es ist, als hätten sie plötzlich den Veitstanz bekommen. Während sie in regelloser Weise und meist in langsamem Tempo auf den Waben herumlaufen, macht ihr Körper infolge von zuckenden Bewegungen der Beine fortwährend zitternde Ausschläge nach vorn und hinten, nach rechts und links. Sie laufen hierbei auf vier Beinen, das vorderste Beinpaar wird erhoben getragen, etwa in der Stellung, in welcher ein aufwartender Hund seine Vorderbeine hält, und zittert und zuckt für sich" (v. FRISCH 1923, S. 90). Der Zittertanz kann schon nach wenigen Minuten abklingen, aber auch länger, selbst mehrere Stunden anhalten. Ich denke, er sagt den anderen Bienen nichts. Sie kümmern sich nicht um Zittertänzerinnen, und wenn sie zufällig mit solchen in Berührung kommen, werden sie dadurch zu keinerlei bestimmten Handlungen bewogen.

Weitere Beobachtungen von LINDAUER (1948) und SCHICK (1953) haben gezeigt, daß Zittertänze unter verschiedenartigsten Bedingungen dann aufzutreten pflegen, wenn die Biene einer starken Beunruhigung ausgesetzt war oder sich in schlechtem Gesundheitszustand befindet. So kommt es häufig zu Zittertänzen, wenn Sammlerinnen am Futterschälchen mit unsanfter Berührung gezeichnet werden, oder wenn die Unterlage mit eingedicktem Zuckerwasser verunreinigt ist, an dem sie mit den Füßen kleben bleiben, oder beim Besuch von *Asclepias*-Blüten, wobei sie mit deren Klemmkörpern in Berührung kommen und erschreckt abfliegen, oder wenn am Futterplatz nach guter Zuckerlösung plötzlich eine mit Salz, Chinin oder Säure vergällte geboten wird, oder wenn es am Schälchen zu großem Gedränge kommt, weil die Neulinge nicht abgefangen wurden, aber auch bei Räuberei im Stock. Sehr alte Bienen verfallen in ihren letzten Lebenstagen in Zittertänze. GERTRAUD SCHIFFERER beobachtete die Erscheinung bei ihren mit Bleigewichten schwer belasteten Sammlerinnen (s. S. 107f.). Zittertänze lassen sich ferner regelmäßig durch Zusatz von Giften zum Zuckerwasser auslösen (SCHICK 1953). Es kommt dabei nicht auf die Natur des Giftes an, die verschiedenartigsten Chemikalien haben dieselbe Wirkung, soferne sie nur die Bienen schädigen.

Zittertänze sind an Nektar-, Pollen- und Wassersammlerinnen beobachtet worden, bei nahen und fernen Trachtquellen, aber gelegentlich auch an 2—3 Tage alten Jungbienen, die weder ausfliegen noch Werbetänze machen. Sammlerinnen versuchen nicht selten, trotz des Zitterns einen Werbetanz fertigzubringen, der aber auf ihren unsicheren Beinen so abwegig gerät, daß er wirkungslos bleibt. Wenn einmal beim Versuch eines Rundtanzes ein Kreisbogen gelingt, können sofort einige andere Bienen hinterdrein sein; sie lassen aber ebenso schnell wieder von der Tänzerin ab, wenn sie ins Zittern zurückfällt.

Aus alledem kann entnommen werden, daß der Zittertanz den Stockgenossen keine Informationen gibt und ihrerseits keine Beachtung findet. Er tritt als Folge widriger Umstände und Erlebnisse auf und ist vielleicht jenem Zustand vergleichbar, den FLOREY (1954) bei einer künstlich erzeugten nervösen Konfliktsituation der Bienen als Neurose beschrieben hat.

F. SCHNEIDER (1949) beobachtete bei Vergiftung der Bienen mit Dinitrokresol das Auftreten von Zittertänzen, die aber von ihm nicht als solche erkannt wurden. Er deutete sie vielmehr als spezifischen Giftalarm, durch den der Ausflug gedrosselt und ein Umsichgreifen der Vergiftung verhütet würde. SCHICK (1953) wiederholte und erweiterte die Versuche und konnte nachweisen, daß es sich nicht um besondere „Warntänze", sondern um den bekannten Zittertanz handelt und daß die „Drosselung" des Ausfluges einfach dadurch zustande kommt, daß die vergifteten Sammlerinnen seltener ausfliegen oder schließlich ganz zu Hause bleiben. Sobald sie in Zittertänze verfallen, alarmieren sie auch keine Neulinge mehr.

Zusammenfassung

Andere Tanzformen (S. 279—284)

1. Als Rumpellauf kann man die auffällige Bewegungsweise von erfolgreich heimkehrenden Sammlerinnen bezeichnen, die hastig trippelnd auf der Wabe vorwärts laufen und die im Wege stehenden Kameraden anrempeln. Diese erfahren dadurch nichts weiter, als daß etwas los ist. Pausierende Gruppengenossen können schon dadurch allein, auch ohne Tanz, zum neuerlichen Aufsuchen ihres Futterplatzes veranlaßt werden.

2. Von Rucktanz spricht man, wenn Sammlerinnen, die auf der Wabe da und dort ihren Honigblaseninhalt verfüttern, zwischendurch kurze, gerichtete Schwänzelläufe machen (Abb. 243, S. 280). Sie sind eher ein Ausdruck der Tanzstimmung, als ein wirksames Signal.

3. Der Sicheltanz (Abb. 244, S. 280) tritt bei allen bisher untersuchten Bienenrassen mit Ausnahme der Krainer Bienen als Übergang vom Rundtanz zum Schwänzeltanz auf. Die Öffnung der Sichel weist die Richtung zum Ziel.

4. Der Schwirrlauf gibt beim Schwärmen im Stock das Zeichen zum Aufbruch. Mit deutlich hörbarem Flügelschwirren rennen die alarmierenden Bienen im ungerichteten Zickzacklauf zwischen den Kameraden herum, die sie energisch anrempeln.

5. Beim Putztanz (Schütteltanz) schüttelt die Biene ihren Körper in schneller Bewegung nach rechts und links und hin und her. Andere Bienen werden nach Meinung mancher Beobachter dadurch veranlaßt, die Haare der Tänzerin an Körperstellen, die ihr selbst schwer zugänglich sind, mit ihren Mandibeln zu kämmen.

6. Beim Rütteltanz (Abb. 246, S. 282) nimmt eine Biene mit einer anderen Kontakt und macht mit ihrem Hinterleib in dorso-ventraler Richtung eine rasche Vibrationsbewegung. Die Bedeutung solchen Verhaltens ist nicht geklärt.

7. Nicht selten verfallen Bienen für kurze Zeit, manchmal aber auch für Stunden, in den Zittertanz. Er wird durch Beunruhigung und andere widrige Erlebnisse ausgelöst. Den Stockgenossen gibt er keine Informationen. Er findet bei ihnen auch keine Beachtung.

IX. Tanzlose Verständigung durch Töne und Gerüche

1. Töne

Das Summen der Bienen ist je nach ihrer „Stimmung" von verschiedener Art. Schon 1810 berichtete SPITZNER [1]), daß solche, die einen Honigvorrat entdeckt haben, durch einen „hellsingenden" Ton andere heranlocken. Das aufmerksame Ohr des Imkers unterscheidet den „Schwarmton" vom „Heulen" weiselloser Völker, den „Stechton" erregter Tiere vom „Hungerton" bei Futtermangel (v. BUTTEL-REEPEN 1915). Es ist verständlich, daß man darin eine Lautsprache der Bienen sehen wollte. Doch hat sich bei näherer Untersuchung herausgestellt, daß durch die Luft übertragene Schallwellen von ihnen nicht wahrgenommen werden, daß sie also, im üblichen Sinne, nicht hören können. Hierin unterscheiden sie sich von Heuschrecken, Zikaden und manchen anderen Insekten, die mit Hilfe von trommelfellartigen Bildungen imstande sind, Luftschall wahrzunehmen.

Man hat das Hörvermögen der Bienen auf verschiedene Weise geprüft. Ihr Flugton beim Anflug an einer guten Futterquelle liegt etwa einen ganzen Ton höher als beim Anflug bei schlechter Trachtquelle (SPITZNER hat also richtig beobachtet, wenn auch falsch gedeutet). Als ich die Wirkung des Duftorganes noch nicht kannte, vermutete ich im höheren Ton die Ursache dafür, daß unter sonst gleichen Bedingungen an einem guten Futterplatz der Zustrom an Neulingen viel größer ist als an einem schlechten. Jedoch zeigte sich, daß nach Ausschaltung der Duftorgane die Höhe des Flugtones unverändert bleibt, während der Zustrom der Neulinge auf den Wert der schlechten Trachtquelle absinkt. Die Lockwirkung geht nur vom Duftorgan aus und nicht vom hohen Flugton (v. FRISCH 1923, S. 167—170). KRÖNING (1925) versuchte vergeblich eine Dressur der Biene auf Töne. HANSSON (1945) machte Dressurversuche mit besserer Technik, aber ohne besseres Ergebnis. Er erzeugte ferner mit Hilfe eines Tongenerators Töne von den Frequenzen des Sterzeltones, Heultones usw. und übertrug sie durch einen Tongeber in ein Volk. Eine Wirkung war hierbei ebensowenig zu erkennen wie in weiteren Versuchen, bei welchen natürliche, von einem anderen Volk erzeugte Töne übertragen wurden. Auch WENNER (1962a) bestätigt die Wirkungslosigkeit von Luftschall.

Diesen negativen Resultaten stehen positive Reaktionen gegenüber, sobald man die Schallwellen unmittelbar auf die Wabe oder auf eine andere Unterlage der Bienen überträgt und dieselbe in Mitschwingungen versetzt. Der wirksame Frequenzbereich erstreckt sich nach HANSSON von 100—1500 Hz. Die auffälligste Erscheinung ist, daß alle Bienen auf der Wabe ihre Bewegungen unterbrechen und völlig stillhalten, solange die Vibrationen andauern. Auch ohne unmittelbaren Kontakt kann man die Stillhalte-Reaktion bekommen, wenn die Töne so nahe und mit solcher Lautstärke erzeugt werden, daß die Unterlage mitvibriert. In Dressurversuchen erhielt HANSSON (1945) bei unmittelbarer Übertragung der Schwingungen auf das Dressurkästchen eine leichte Bevorzugung desselben gegenüber einem tonlosen, sie war aber so geringfügig, daß das Ergebnis nicht statistisch gesichert werden konnte. Eine Unterscheidung verschieden hoher Töne war in Differenzdressuren überhaupt nicht zu erzielen. Das mag auch daran liegen, daß tönende Futterplätze für Bienen eine durchaus unbiologische Sache sind.

Aus der Stillhalte-Reaktion geht aber hervor, daß eine Lautproduktion auf der Wabe von benachbarten Bienen vernommen werden kann und daß daher bei der Schallproduktion im Schwänzellauf (S. 57ff.) die Voraussetzungen für eine Wahrnehmung des Schalles durch die Nachläuferinnen gegeben sind. Der Annahme, daß durch diese „Betonung" der Schwänzelstrecke deren Zeitdauer scharf und

---

1) Abschn. 3, § 14, S. 71; zitiert nach MANGER 1920.

wirksam markiert wird, steht nichts im Wege. Hier tritt die Lautgebung als Bestandteil des Tanzes auf.

Es gibt aber auch eine sehr auffällige Lautproduktion ohne Verbindung mit Tänzen: das Tüten und Quaken der Königinnen.

Wenn der erste Schwarm („Vorschwarm") mit der alten Königin abgezogen ist, schlüpft nach einigen Tagen eine junge Königin. Es werden mehrere Weiselzellen angelegt, so daß nach dem Abgang eines zweiten Schwarmes („Nachschwarm") weitere Königinnen zur Verfügung stehen. Die geschlüpfte Königin läßt in gewissen Abständen ein Tüten hören, worauf eine schlüpfreife Königin aus ihrer Zelle mit einem etwas tieferen Quaken antwortet. Dieser Wechselgesang kann tagelang anhalten. Nach Ansicht der Imker dienen die Laute der wechselseitigen Verständigung der Rivalinnen, so daß ein vorzeitiges Ausschlüpfen verhindert wird; es würde nur zu einem Kampf auf Leben und Tod mit der anwesenden älteren Königin führen.

Für den Quakton fand HANSSON durch Mikrophonaufnahmen im Mittel eine Frequenz von 323 Hz, für das Tüten bei frisch geschlüpften Königinnen 435, bei 2 Tage alten 493 Hz, was mit Angaben von ARMBRUSTER (1922) gut übereinstimmt[1]). Das Tüten und Quaken ist wesentlich lautstärker als die übrigen, im Stock hörbaren Töne.

HANSSON erzeugte mit dem Tongenerator Quaktöne und übertrug sie in ein Bienenvolk, in dem sich eine freie und eine noch in der Zelle eingeschlossene Königin aufhielten. Befand sich der Tongeber in der Nähe der freien Königin, so beantwortete sie das künstliche Quaken mit Tüten und dieser Wechselgang ließ sich stundenlang fortsetzen. Befand sich die Königin in größerer Entfernung vom Tongeber, so antwortete sie nicht. Tüttöne hatten die gleiche Wirkung; trotz der verschiedenen Tonhöhe wurde also zwischen Tüten und Quaken nicht unterschieden. Dasselbe gilt für natürliche Tüt- und Quaktöne, die aus einem anderen Volk übertragen wurden. Auch noch nicht geschlüpfte Königinnen von genügender Reife antworteten aus ihren Zellen sowohl auf Tüt- wie auf Quaktöne. Die Ansicht, daß sie sich allein durch das Tüten vom Schlüpfen abhalten ließen, konnte HANSSON nicht bestätigen. Es sind anscheinend Geruchsreize von Seiten der noch anwesenden Rivalin mit beteiligt. Nach HANSSON erfahren die Königinnen durch das Tüten und Quaken nur, daß Nebenbuhlerinnen im Stock vorhanden sind, aber nicht, ob sie frei oder noch eingeschlossen sind. Auch der Rhythmus des Tütens scheint nicht viel Bedeutung zu haben. Ein gehaltener Ton von 10 Sek. Dauer wurde ebenso beantwortet wie Tonstöße.

Nach SIMPSON (1964) werden die Töne — wie jene im Schwänzeltanz der Arbeiterin (vgl. S. 58) — durch die Flugmuskulatur erzeugt und durch Anpressen des Thorax an die Unterlage auf das Substrat übertragen.

Ähnliche Versuche, wie sie HANSSON ausgeführt hat, beschreibt WENNER (1962), ohne dessen Arbeit zu nennen. Auch ihm glückte es, die Königin zum Wechselgesang mit seinem Apparat zu bringen. Daß sie wirklich auf die künstlichen Töne, und nicht zufällig antwortete, ist statistisch gesichert. Auch bei WENNER mußten die Töne direkt auf den Bienenstock übertragen werden, Luftschall war wirkungslos.

In Widerspruch zu HANSSON wurde bei WENNER nur künstliches „Tüten", nicht „Quaken" beantwortet. Widersprechend sind auch seine Frequenzangaben. Nach der wiedergegebenen Registrierung läge der Tüt-Ton bei etwa 1300 Hz, das Quaken — welches tiefer sein sollte — sogar bei 2500 Hz. Er führt dies auf einen starken Anteil von Obertönen zurück, die durch seine Registrierung erfaßt wurden. Es bleibt aber unklar,

[1]) Nach Korrektur seiner irrtümlichen Tonangaben, vgl. HANSSON (1945), S. 56.

wieso wiederholte Bestimmungen durch das menschliche Ohr die von HANSSON ermittelten Werte ergeben haben. Weitere Versuche werden von WENNER in Aussicht gestellt.

Die sinnesphysiologische Voraussetzung für die beschriebene Tonwahrnehmung ist in der großen Vibrationsempfindlichkeit der Beine gegeben. H. AUTRUM und W. SCHNEIDER (1948) bestimmten bei verschiedenen Insekten auf elektrophysiologischem Wege die Schwellen für sinusförmige Erschütterungen, auf welche die in den Extremitäten gelegenen Sinnesorgane noch ansprechen und fanden bei Arten mit Subgenualorganen, zu welchen auch die Bienen gehören, eine hohe Empfindlichkeit. FRINGS und LITTLE (1957) konnten die Stillhaltereaktion bevorzugt mit Luftschwingungen von 300 bis 1000 Hz auslösen, die durch Mitschwingen der Wabe wirksam wurden[1]). Mit einem Kontakt-Mikrophon konnte die Reaktion durch Berührung der Tarsen von allen drei Beinpaaren, nicht aber durch Berühren der Antennen erzielt werden (LITTLE 1959, 1962). Die Vibrationen mußten eine Mindestgröße von 50 mμ haben (vgl. auch S. 97f.).

Die alten Vorstellungen von einer „Lautsprache" der Bienen gehören somit ins Reich der Phantasie. Es gibt zwar eine Verständigung durch Töne, sie ist aber von primitivster Art.

2. Gerüche

Daß geruchliche Reize für die wechselseitige Verständigung im Bienenvolk von außerordentlicher Bedeutung sind, ist bereits aus mehreren Beispielen ersichtlich geworden. Ich erinnere nur an die Rolle des Blütenduftes bei der Benachrichtigung über eine aufgefundene Blütensorte und an das Duftorgan zur Kennzeichnung des Standortes jener Blumen. Der von den Blüten heimgetragene Duft, wie auch die geruchliche Markierung durch das eigene Duftorgan haben ihren Wert in Verbindung mit Tänzen, als Glieder in einer Kette von Handlungen und Sinnesreizen, welche in ihrem abgestimmten Verlauf die Zielweisung zum guten Ende führen.

Der Blütenduft am Körper einer heimkehrenden Sammlerin kann auch für sich allein, ohne Tanz, die Gruppengenossen alarmieren und zu erneutem Ausflug nach einer ihnen bekannten Futterquelle veranlassen (S. 30, 32f.).

Geruchswahrnehmungen sind ferner daran beteiligt, daß das Bienenvolk über die Anwesenheit seiner Königin stets informiert ist. Geht sie verloren, wird das Volk also „weisellos", so bricht manchmal schon nach einer halben Stunde die „Weiselunruhe" aus und nach wenigen Stunden treffen die Arbeiterinnen eindeutige Maßnahmen, um aus jungen Larven Ersatzköniginnen heranzuziehen: Sie beginnen mit dem Bau von Weiselzellen. Überdies entwickeln sich nun bei einem Teil der Arbeiterinnen die Eierstöcke derart, daß sie selbst zur Eiablage schreiten, was freilich Drohnenbrut ergibt und dem Volk keine Rettung bringt. Sowohl die Anlage von Weiselzellen wie die Entwicklung der Eierstöcke erweisen sich als brauchbare Symptome, um die eigenartige Verständigungsweise der Bienen über die Anwesenheit ihrer Königin zu analysieren. BUTLER (1954) entdeckte, daß ein von der Königin erzeugter Stoff, die Königin-Substanz (queen-substance) von den umgebenden Pflegerinnen abgeleckt und von Biene zu Biene im Stock verbreitet wird. Diese Substanz wird in der Mandibeldrüse der Königin erzeugt. Auf welche Weise der Stoff zur Wirkung kommt, ist nicht näher bekannt. Daneben wird — gleichfalls durch die Mandibeldrüse — ein Riechstoff abgesondert, der die Arbeiterinnen anlockt und so deren Kontakt mit der Königin fördert. Nach Exstirpation der Mandibeldrüsen waren Königinnen für Arbeitsbienen nicht mehr attraktiv. Sie hatten keinen „Hofstaat" mehr. Aber die Eiablage blieb in etwa einjähriger Beobachtungszeit normal, sie wurden also auch ausreichend ernährt

[1]) Als Optimalfrequenz (bezogen auf Schwingungsweite) wird von AUTRUM und SCHNEIDER für die Biene der Wert von 2500 Hz angegeben, wobei noch auf eine Amplitude von 13 mμ angesprochen wurde. Nach HANSSON und nach FRINGS und LITTLE reicht die Empfindlichkeit (bezogen auf Schalldruck in Luft) nicht in so hohen Frequenzbereich. Vielleicht erklärt sich der Widerspruch durch das verschiedene Bezugssystem.

(ZMARLICKI u. MORSE 1964). Ein anderer Riechstoff wird vom Körper der Königin geliefert und unterstützt die Wirkung der Königin-Substanz (BUTLER 1956, 1957, 1961; BUTLER and SIMPSON 1958, 1965; BUTLER, CALLOW and JOHNSTON 1961; GARY 1961; VERHEIJEN-VOOGD 1959; JORDAN 1961 u. a.).

Geruchliche Reize sind zweifellos auch sonst noch in vielfacher Weise an der harmonischen Zusammenarbeit in einem Bienenvolk beteiligt.

Fragen wir nach Duftsignalen, die aktiv gesendet werden, mit der biologischen Aufgabe, bestimmte Handlungen in die Wege zu leiten, so weiß ich nur wenige Fälle zu berichten.

Mit Wahrscheinlichkeit gehört hierher der Hochzeitsflug der Königin. Wenn eine solche von Drohnen aufgefunden wird, spielen optische und geruchliche Reize zusammen, wie schon RUTTNER (1957, S. 587/8) vermutet hat. Zunächst werden die Drohnen optisch angelockt, wobei sie sich oft durch Arbeitsbienen oder durch ganz andere vorüberfliegende Insekten täuschen lassen. In der Nähe bewirken dann Duftstoffe, welche die Königin aus ihrer Mandibeldrüse aussendet, die endgültige Anlockung. Nach NEDEL (1960, S. 163 ff.) ist die Mandibeldrüse bei der Königin stärker entwickelt als bei der Arbeitsbiene, und während sie bei dieser lebenslänglich gleichmäßig ausgebildet ist, fällt bei der Königin der Höhepunkt ihrer Entwicklung und Drüsenaktivität in die Tage des Hochzeitsfluges. Auch die von RENNER und BAUMANN (1964) beschriebenen Drüsen am Hinterleib der Königin (s. Abb. 41, S. 52) erfahren zu dieser Zeit ein Maximum ihrer Entfaltung, zugleich mit einer auch für uns gut wahrnehmbaren Duftentwicklung, die vielleicht auch als sexueller Lockduft von Bedeutung ist[1]). Die entscheidenden Beobachtungen verdanken wir GARY, dem durch eine gute Idee der alte Wunschtraum in Erfüllung ging, daß sich die Paarung der Bienenkönigin vor seinen Augen abspielte: Er band eine reife Königin mit einem Nylonfaden an einen kleinen Fesselballon und ließ sie einige Meter über dem Boden herumfliegen. Sie hatte so in einem beschränkten Aktionskreis genügend Flugfreiheit. An der Anlockung der Drohnen sind mehrere Stoffe aus der Mandibeldrüse beteiligt, deren Wirksamkeit auch ohne lebende Königin im Modellversuch bestätigt werden konnte (GARY 1962, 1963, PAIN und RUTTNER 1963, BUTLER und FAIREY 1964). Da der Ausführungsgang der Mandibeldrüse durch ein Plättchen verschlossen ist, aber durch Muskeltätigkeit geöffnet werden kann, ist anzunehmen, daß die Königin diesen Lockduft zur richtigen Zeit ausströmen läßt, so wie die stachellose Biene *Trigona* beim Legen von Duftmarken (s. S. 313). Die Lage der Drüse und ihr Verschlußmechanismus ist bei beiden übereinstimmend (s. Abb. 270, S. 314, und NEDEL 1960, S. 152, 153).

Königinnen, die im Sichtbereich des Beobachters an einem Nylonfaden fliegen, werden auch bei günstigem Wetter an manchen Stellen nur selten oder gar nicht, an anderen Plätzen überraschend schnell und regelmäßig von Drohnen umschwärmt. Die Erklärung liegt nach F. u. H. RUTTNER (1965) darin, daß es Drohnensammelplätze gibt, die in bestimmten Arealen nun schon mehrere Jahre mit bemerkenswerter Ortsstetigkeit festgestellt wurden. Ein solches Areal hat einen Durchmesser von 50 bis 200 m und kann mehrere hundert Meter bis 1 km vom nächsten Bienenstand entfernt liegen. Es sind offenbar Treffplätze für die Geschlechter, wie man solche von anderen Insekten vielfach kennt. Was die Drohnen bei der Wahl dieser Areale leitet und wie die Königinnen hinfinden, weiß man nicht.

---

[1]) An der Anlockung der *Arbeiterinnen* sind diese Drüsen nach BUTLER u. SIMPSON (1965) nicht beteiligt.

Ein zweiter Fall von aktiven Duftsignalen wurde schon erwähnt (S. 50ff.): Bienen machen von ihrer Duftdrüse Gebrauch, um ihren Stockgenossen, besonders den noch unerfahrenen Jungbienen, bei der Heimkehr das Auffinden ihrer Wohnung zu erleichtern. Sie „sterzeln" vor dem Flugloch, wobei sie mit ausgestülptem Duftorgan und schwirrenden Flügeln den Ankömmlingen das geruchliche Signal entgegentreiben (Abb. 42, S. 52). Der Vorgang entspricht im Prinzip dem Anlocken von Neulingen durch Sammlerinnen, die nach Werbetänzen im Stock an die Trachtquelle zurückgeflogen sind und daselbst ihr Duftorgan ausstülpen (S. 53f.).

Das letzte mir bekannte Beispiel betrifft ein Warnsignal. Es gibt im Bienenstaat einen Gefahrenalarm. Er wird bei akuter Bedrohung durch einen Feind mit einem spezifischen Duftsignal gegeben, das die Stockgenossen alarmiert und zur Abwehr aufruft. Man hat solches schon lange vermutet. Viele Imker sind überzeugt, daß der Geruch des Stachelgiftes, der bei einem Bienenstich bemerkbar wird, aufreizend wirkt und weitere Angriffe herbeiführt. FREE (1961) und LECOMTE (1961) kamen auch durch Versuche zu dieser Überzeugung. Die Dinge liegen nur insoferne etwas anders, als der Geruch des Bienengiftes selbst unbeteiligt ist; ein besonderer Alarmduft wird ausgesandt und mobilisiert die Verteidigungskräfte (GHENT u. GARY 1962, MASCHWITZ 1964).

Den Nachweis eines Gefahrenalarmes konnte MASCHWITZ (1964) einfach so erbringen, daß am Flugloch eine Bienenarbeiterin mit einer Pinzette festgehalten oder gedrückt wurde. Die Nachbarschaft kommt dann sofort in Aufregung. Daß wirklich ein Alarm vorliegt, zeigt z. B. folgender Versuch: Ein Bienenvolk hatte gegen Abend den Flug eingestellt. Während 24 Minuten verließ keine einzige Biene den Stock, einzelne saßen noch vor dem Flugloch. Einige von diesen wurden nun mit einer Pinzette leicht gequetscht. Sie liefen in den Stock, und sogleich kamen andere Bienen aufgeregt heraus, binnen 16 Minuten insgesamt 140.

Die belästigten oder verletzten Bienen zeigen ein typisches Verhalten: sie recken den Hinterleib in die Höhe, öffnen die Kloake und strecken den Stachelapparat heraus (Abb. 247, 248), wobei sie meist mit den Flügeln schwirren, wie sterzelnde Bienen, und eine Luftfahne hinter sich verbreiten („Giftsterzeln"). In dieser Haltung mischen sie sich unter ihre Kameraden. Zuweilen erscheint an der Stachelspitze ein Gifttröpfchen.

Bietet man vor dem Flugloch einzelne Teile des Giftapparates isoliert auf Filtrierpapier, so erweist sich der Inhalt der Giftdrüse als unwirksam. Die Alarmsubstanz hängt in Form öliger Tröpfchen zwischen den dichten Borsten des Stachelrinnenpolsters (Stap in Abb. 249) und hat einen charakteristischen, von jenem des Giftes verschiedenen, fruchtesterartigen Geruch[1]). Von welchen Zellen dieser Riechstoff erzeugt wird, konnte noch nicht geklärt werden. Der Stachel liegt den Borsten des Stachelrinnenpolsters auf und wird mit dem Alarmstoff beschmiert. Daher gelangt die Alarmsubstanz beim Stich auch ins Gift und wird auf das gestochene Objekt übertragen.

Durch weitere Versuche ließ sich zeigen, daß weder das Flügelschwirren noch das Herumlaufen der gefährdeten Bienen die Stockgenossen zum Angriff bewegt, sondern der Geruch des Warnstoffes. Bienen, deren Stachelapparat eine halbe Stunde zuvor entfernt worden war, liefen, wenn sie angegriffen wurden, wie normale Tiere erregt und flügelschwirrend in den Stock, konnten aber keinen Alarm auslösen.

Beim Giftsterzeln wird manchmal zugleich auch das Sekret der Mandibeldrüse abgegeben. Auch dieses alarmiert, doch beträgt seine Wirksamkeit nur etwa ein Viertel

[1]) Es handelt sich wohl um denselben Duft, den BOCH, SHEARER und STONE (1962) mit dem von Bananenöl vergleichen. Sie konnten in diesem Duftstoff Isoamylacetat als eine wirksame, die Kameraden aufreizende Komponente nachweisen.

Abb. 247. Durch Drücken gereizte, giftsterzelnde Biene. In der geöffneten Kloake sind Stachel und Stachelrinnenpolster sichtbar. Nach MASCHWITZ 1964

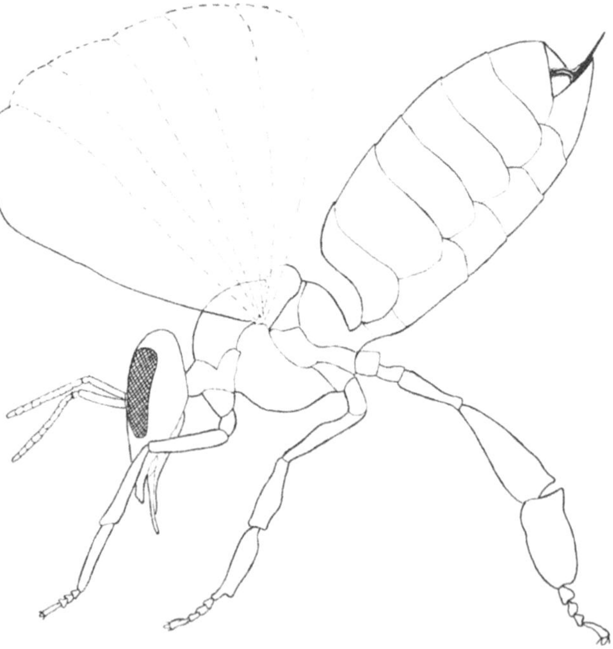

Abb. 248. Giftsterzelnde Biene. In der geöffneten Kloake ist neben dem Stachel das Stachelrinnenpolster zu sehen. Wie bei der Betätigung des Duftorganes (Abb. 42, S. 52) wird auch der Alarmduft durch Flügelschwirren verbreitet. Der Alarmstoff liegt in Gestalt öliger Tröpfchen frei zwischen den Borsten des Stachelrinnenpolsters. Nach MASCHWITZ 1964

von jener des Abdominalsekretes. Die Beteiligung sowohl des Stachelapparates wie der Mandibeldrüse bei der Auslösung des Gefahrenalarmes gilt auch für viele andere soziale Hymenopteren. Bei der Blattschneiderameise *Atta sexdens rubropilosa* FOREL ist die Mandibeldrüse besonders bei den Soldaten mächtig entwickelt und liefert allein den Alarmduft (BUTENANDT, LINZEN und LINDAUER 1959).

Im einzelnen herrschen in dieser Hinsicht bei den sozialen Hymenopteren erhebliche Verschiedenheiten. So trifft z. B. für die Gattung *Vespa* zu, was man auch für Bienen bisher angenommen hatte: Der Alarmstoff wird in der Giftdrüse erzeugt; er ist aber nicht mit dem Gift identisch. Bei der Ameise *Formica* hat die Ameisensäure sowohl Gift- wie Alarmwirkung, die letztere wird aber noch durch die Beimischung einer besonderen Alarmsubstanz verstärkt usw. (MASCHWITZ 1964).

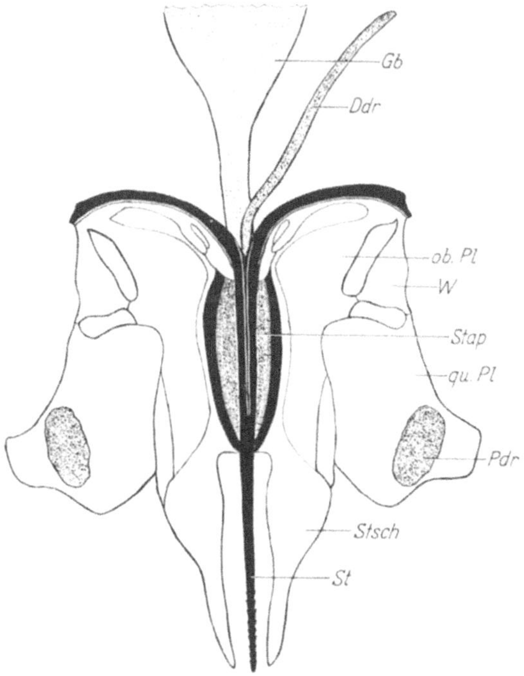

Abb. 249 Stachelapparat der Honigbiene, von ventral gesehen. Gb Giftblase, Ddr Dufoursche Drüse, Stap Stachelrinnenpolster, Stsch Stachelscheide, St Stachel, ob.Pl oblonge Platte, W Winkel, qu.Pl quadratische Platte, Pdr Koschewnikowsche Plattendrüse. Aus MASCHWITZ 1964

Die Bienenkönigin besitzt zwar einen Giftstachel und macht von ihm gegenüber anderen Königinnen Gebrauch, aber an der Verteidigung des Stockes ist sie unbeteiligt. Sie hat auch keinen Alarmstoff.

Den Arbeiterinnen fehlt ein solcher nur in der ersten Zeit nach dem Schlüpfen. Er entwickelt sich in der Regel im Laufe des 3.—6. Tages und bleibt dann auf der erreichten Höhe, ist aber individuell stark variabel. Krainer- und Italienerbienen haben denselben Alarmstoff; rassenspezifische Verschiedenheiten waren nicht nachweisbar.

Die Alarmierung der Bienen kann, bevor noch ein Stich erfolgt ist, allein durch das Giftsterzeln bewirkt werden. Die aufgerufenen Kameraden — wie auch die angegriffenen Individuen selbst, soferne sie dazu noch imstande sind — richten ihre Angriffe bevorzugt gegen in der Nähe befindliche bewegte Objekte, besonders solche von dunkler Farbe. Auch durch Anhauchen kann man ihre Attacken auf sich ziehen. Das ist nach MASCHWITZ nicht der Luftbewegung und wahrscheinlich auch nicht der Feuchtigkeit der Atemluft zuzuschreiben, sondern nur ihrer Wärme. Wurden bereits Stiche gesetzt, so wirkt die übertragene Alarmsubstanz, durch welche der aufgefundene Übeltäter geruchlich markiert ist, noch zusätzlich attraktiv und lenkt weitere Angriffe gegen das Opfer. Nach einer verbreiteten Meinung zieht ein schwitzender Mensch auch durch den Schweißgeruch stechlustige Bienen auf sich. Das trifft nach MASCHWITZ nicht zu; nicht der Schweiß, sondern die erhöhte Wärmeabgabe des Erhitzten ist der wirksame Faktor.

Neben Insekten sind die Hauptfeinde der Honigbiene Säuger (Dachs, Bär, Mensch). Nähern sich solche, so pflegt ihre Mundöffnung den bedrohten Bienen am nächsten zu sein. Die Wärme der Atemluft stellt daher einen zuverlässigen Schlüsselreiz für Gefahrenalarm und Angriff dar.

Zusammenfassung

Tanzlose Verständigung durch Töne und Gerüche (S. 285—291)

1. Töne werden von Bienen nur bei Bodenübertragung durch den Vibrationssinn wahrgenommen. Die Schallerzeugung beim Schwänzeltanz sowie das Tüten und Quaken der Königinnen können auf diese Weise wirksam werden. Eine Unterscheidung zwischen Tüten und Quaken (verschiedene Tonhöhe) ließ sich nicht nachweisen. Künstlich erzeugte, auf die Wabe übertragene Tüt- oder Quaktöne werden von Königinnen beantwortet. Man kann so mit ihnen Zwiesprache führen.

2. Düfte sind für die Verständigung im Bienenvolk von mannigfacher Bedeutung. Es kommt auch vor, daß Duftsignale aktiv gesendet werden: Beim Hochzeitsflug lockt die Königin durch Duftstoffe aus der Mandibeldrüse Drohnen an. Vor dem Flugloch sterzelnde Bienen (Abb. 42, S. 52) werfen durch Flügelschwirren den ankommenden Bienen den Geruch ihres Duftorganes entgegen und leiten sie so zum Flugloch. Bedrohte oder angegriffene Bienen geben Gefahrenalarm, indem sie den Stachelapparat ausstrecken (Abb. 247, S. 290) und verbreiten durch Flügelschwirren den Geruch eines Alarmstoffes, der nicht mit dem Bienengift identisch ist. Der Alarm veranlaßt die Kameraden zum Angriff. Er richtet sich bevorzugt gegen in der Nähe befindliche bewegte Objekte.

X. Abwandlungen der „Bienensprache"

1. Rassengemäße Verschiedenheiten („Dialekte")

Die Honigbiene fand während der Eiszeit in Mitteleuropa keine Lebensmöglichkeit. Sie konnte sich aber im Südwesten auf der Pyrenäen-Halbinsel, im Südosten auf dem Balkan und im Süden in Italien erhalten. Dort haben sich offenbar unter dem Einfluß der geographischen Isolierung drei heute scharf unterscheidbare Rassen entwickelt und nach der Eiszeit Mitteleuropa besiedelt, wobei die Alpen zunächst ihre Vermischung hinderten. Von Südwesten her kam die dunkle deutsche Biene *(Apis mellifica mellifica* L.)[1]) nach Mitteleuropa westlich und nördlich der Alpen, von Südosten die graue Krainer- oder Kärntner Rasse *(A. m. carnica* POLLM.) bis an die Alpen, während im Süden die italienische Rasse mit ihren auffälligen gelben Hinterleibsbinden *(A. m. ligustica* SPIN.) die seßhafteste geblieben ist. Heute sind sie nach aller Welt exportiert, vielfach verbastardiert und zuverlässig reinrassige Völker fast nur noch von Zuchtbetrieben zu erhalten. Zu den drei europäischen kommen zahlreiche weitere Rassen in Osteuropa, Asien und Afrika.

Ich habe mit Krainer Bienen gearbeitet, die wegen ihres ruhigen Wesens für Versuche besonders geeignet sind. Auf sie bezieht sich die Darstellung vom Rundtanz und seinem Übergang zum richtungsweisenden Schwänzeltanz (Abb. 54 oben, S. 63). Im Jahre 1947 schrieb mir F. BALTZER (Bern) von den Sicheltänzen, die er und sein Schüler TSCHUMI an einem schweizerischen Bienenvolk beobachtet hatten (Abb. 244, S. 280 u. Abb. 54 unten); sie waren zum Teil schon bei einem Abstand des Futterplatzes von wenigen Metern richtungsweisend. In meiner Vermutung, es könnte rassenmäßige Unterschiede, gleichsam „Dialekte der Bienensprache" geben,

---

[1]) Der vielfach übliche Name „Nigra" für diese dunkle Biene „ist eine Bezeichnung der imkerlichen Umgangssprache für die *A. mellifica mellifica* der Alpen, und außerdem ein Zuchtstamm in der Schweiz (der seinerzeit von Prof. ZANDER gezüchtet wurde). Eine eigene Rasse ist es nicht." (Briefliche Mitteilung von Dr. F. RUTTNER.)

(v. FRISCH 1948, Anm. S. 16) wurde ich im Sommer 1950 durch mein eigenes Beobachtungsvolk in Brunnwinkl bestärkt. Zum erstenmal sah ich Sicheltänze und gleichzeitig stellte sich heraus, daß die Königin dieses Volkes, vom Aussehen der Krainer Rasse, italienisch verbastardiert war. Die von ihr stammenden Arbeiterinnen waren nur zum Teil vom Typ der Krainer Rasse, viele hatten die gelbe Hinterleibszeichnung der Italiener. Die größte Überraschung war, daß bei einem Abstand des Futterplatzes von 10 m die Bienen vom Aussehen der Italiener Rasse ganz überwiegend Sicheltänze, jene vom Aussehen der Krainer Rasse ganz überwiegend Rundtänze machten. Ein zweites Bastardvolk, bei dem die Königin gelbe Ringe hatte und gelbe Arbeiterinnen in noch größerer Zahl auftraten, zeigte das gleiche Verhalten (v. FRISCH 1951), und ebenso ein drittes Bastardvolk im darauffolgenden Sommer. Insgesamt hatte ich an diesen 3 Völkern bei einer Flugweite von 10 m (einige Male 20 m) 321 Tänze beobachtet; hiervon waren:

bei grauen Bienen (Kärntner Typ) 152 Rundtänze, 22 gerichtete Sicheltänze[1]),

bei gelben Bienen (Italiener Typ) 9 Rundtänze, 138 gerichtete Sicheltänze.

Das augenfälligste Merkmal der italienischen Rasse, die gelbe Zeichnung, schien also bei diesen Bastardvölkern mit dem Verhaltensmerkmal des Sichelns bei nahen Futterquellen gekoppelt zu sein.

Bei einem dieser Bastardvölker prüfte ich auch die Entfernungsweisung im Bereich von 100—500 m und fand an den Bienen vom Italiener Typ ein deutlich langsameres Tanztempo als bei jenen des Krainer Typ (Abb. 250); die Unterschiede sind statistisch gesichert.

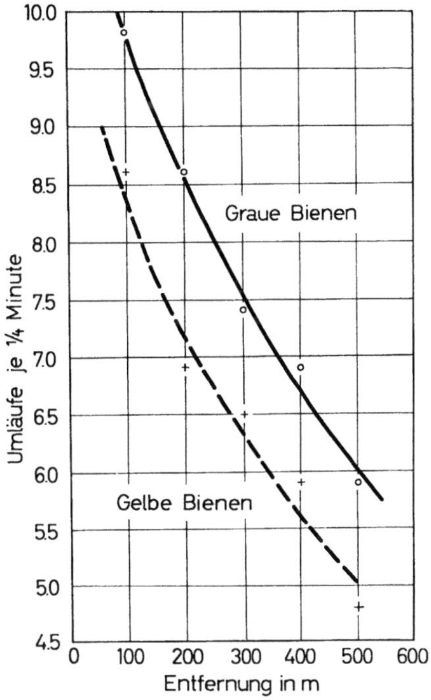

Abb. 250. Entfernungsweisung in einem Bastardvolk. Abszisse: Flugweite, Ordinate: Umläufe/15 Sek. ○ graue Bienen (Kärntner Typ), + gelbe Bienen (Italiener Typ)

Bei einem vierten, 1952 von mir beobachteten Bastardvolk mit einer neu herangezogenen gelben, verbastardierten Königin gingen Färbung und Tanzweise im Gegensatz zu den drei anderen Völkern nicht so Hand in Hand. Es wurden 112 Tänze beobachtet. Hiervon waren:

bei dunklen Bienen 26 Rundtänze, 25 Sicheltänze, 5 Übergangsformen,

bei gelben Bienen 16 Rundtänze, 33 Sicheltänze, 7 Übergangsformen.

Auf diesen scheinbaren Widerspruch komme ich später (S. 296) zurück, im Zusammenhang mit den Befunden von BALTZER, TSCHUMI und HEIN.

Im Sommer 1951 verschaffte ich mir ein reinrassiges Italienervolk. Bei einer Flugweite von 10 m machten diese Bienen teils Rundtänze, teils richtungsweisende Sicheltänze, bei einer Flugweite von 20 m klare, gerichtete Sicheltänze.

[1]) Ungerichtete Sicheln, d. h. Rundläufe von nur $^1/_2$—$^3/_4$ Kreisbogen ohne Beziehung zwischen Öffnungsrichtung der Sichel und Lage des Futterplatzes, kommen nicht selten auch bei Krainer Bienen vor, eingestreut zwischen Runden von einem und mehr vollen Kreisbogen.

Dieser Befund steht in Übereinstimmung mit Beobachtungen BALTZERs (1952) an einem reinen Italienervolk. Hingegen habe ich an reinen Krainer Völkern auch weiterhin bei geringen Flugweiten nur Rundtänze und keine gerichteten Sicheltänze gesehen. Hiermit hat sich die Annahme, die durch das Verhalten der Bastardvölker nahegelegt war, bestätigt: Rundtanz und Sicheltanz bei nahen Futterquellen sind rassenspezifische Verhaltensweisen der Krainer- bzw. Italiener-Bienen.

Um für solche Erfahrungen eine breitere Basis zu gewinnen, veranlaßte ich R. BOCH (1957) zu einer systematischen Untersuchung der Richtungs- und Entfernungsweisung der europäischen und, soweit erhältlich, auch von außereuropäischen Bienenrassen. Es standen neben den drei mitteleuropäischen

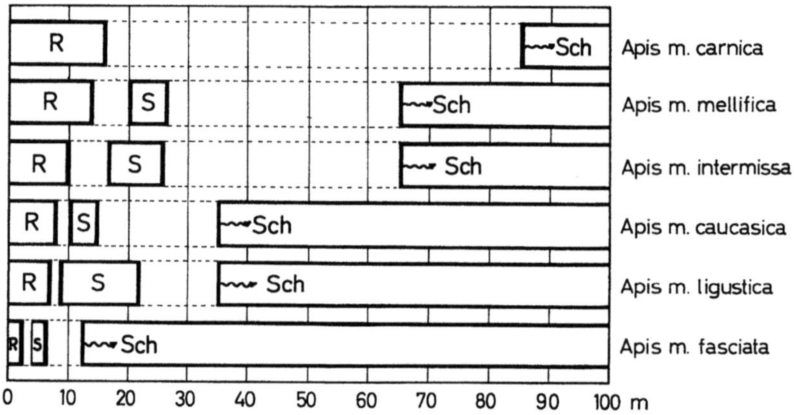

Abb. 251. Die rassenmäßigen Verschiedenheiten in der Richtungsweisung. Abszisse: Entfernung des Zieles. R Rundtänze, S Sicheltänze, Sch Schwänzeltänze; dazwischen Übergangsbereiche von der einen zur anderen Tanzform. Nach BOCH 1957

Rassen die kaukasische Gebirgsbiene (*Apis mellifica caucasica* GORB.), ferner aus Afrika die Punische Biene (*A. m. intermissa* BUTT.-REEPEN) und die hellgelb gebänderte ägyptische Biene (*A. m. fasciata* LATR.) zur Verfügung.

Das Ergebnis war, daß unter diesen 6 Bienenrassen die graue Krainer-Biene (*carnica*) als einzige keine richtungsweisenden Sicheltänze macht. Der Übergang vom Rundtanz zum Schwänzeltanz vollzieht sich nach Abb. 54 oben, S. 63, wobei mit etwa 85 m Flugweite klare Schwänzeltänze beginnen. Alle anderen Rassen zeigen schon bei geringeren Entfernungen die Lage des Zieles durch gerichtete Sicheltänze an, die hier den Übergang vom Rundtanz zum Schwänzeltanz vermitteln (Abb. 54 unten, S. 63). Bei jeder Rasse kommt es in einem für sie bezeichnenden Entfernungsbereich zu gerichteten Sicheltänzen (Abb. 251). In ihrer Tanzweise zeigen also nicht nur die Italiener-Bienen, sondern alle untersuchten Rassen ein spezifisches Verhalten. Scharfe Grenzen zwischen Rundtanz und Sicheltanz, sowie zwischen Sichel- und Schwänzeltanz lassen sich nicht ziehen. Die Übergänge sind gleitend. In Abb. 251 sind die Übergangsbereiche vom Rundtanz (R) zum Sicheltanz (S) und von diesem zum Schwänzeltanz (Sch) offen gelassen[1]). Alle Rassen machen bei Futterplätzen nahe dem Flugloch völlig ungerichtete Rundtänze.

[1]) Zur Abgrenzung der Tanzformen gegeneinander wurde eine bestimmte Prozentzahl richtig orientierter Sichelläufe bzw. Rundläufe und Schwänzelläufe für alle Rassen einheitlich festgelegt. Nähere Angaben bei BOCH 1957.

Die ägyptische Biene, die schon bei etwa 3 m mit richtungsweisenden Sicheltänzen und bei etwa 10 m mit Schwänzeltänzen beginnt, ist die kleinste der untersuchten Rassen (Körperlänge etwa neun Zehntel der Krainer). Eine gewisse Beziehung zwischen Körpergröße, Tanzform und Flugweite findet man auch bei verschiedenen Bienenarten (S. 124).

Bei der Entfernungsweisung, von BOCH geprüft im Bereich von 100 bis 500 m, hat sich das langsame Tanztempo der Italiener-Bienen gegenüber den schnelleren Krainer-Bienen, das an den gelben und grauen Farbtypen der Bastardvölker aufgefallen war (Abb. 250), an den reinrassigen Völkern bestätigt. In Abb. 252 sind die Ergebnisse von BOCH an den 6 von ihm geprüften Rassen übersichtlich zusammengestellt. Nach einer Mitteilung von SMITH (1958) ist ergänzend

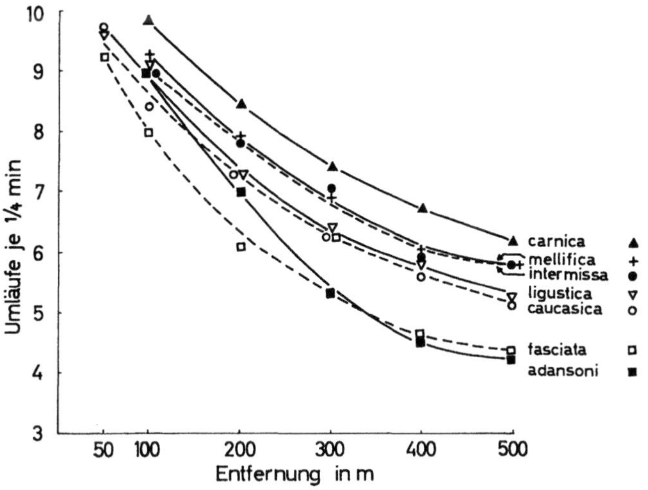

Abb. 252. Rassenmäßige Unterschiede im Tanztempo bei Futterplätzen von 50 bis 500 m

das Tanztempo von *Apis mellifica adansonii* LATR. hinzugefügt, einer Rasse der Honigbiene aus dem tropischen Afrika. Unter allen 7 Rassen erweisen sich die Krainer als die flinksten Tänzerinnen. Die deutsche Biene tanzt angenähert im gleichen Tempo wie die punische, und die italienische Rasse etwa ebenso wie die kaukasische; am langsamsten sind die ägyptische *A. mellifica fasciata* und die *A. mellif. adansonii.*

SMITH konnte *A. mellif. adansonii* mit künstlichen Futterplätzen nur bis 600 m vom Stock locken. Auch an dieser Biene bestätigt sich also die Beziehung zwischen Flugweite und Gestalt der Entfernungskurve, die auf größte Genauigkeit der Entfernungsmeldung im hauptsächlichen Flugbereich abzielt (S. 124 und LINDAUER 1956). SMITH bezweifelt LINDAUERs Schlußfolgerung und meint, daß der natürliche Flugbereich von *A. mellif. adansonii* nicht viel anders sei als bei der europäischen Honigbiene, weil er seine afrikanischen Bienen, die nur 600 m weit an Zuckerwasserschälchen kamen, von natürlicher Pollentracht (Ölpalme, *Elaeis guineensis L.*) gleichzeitig aus Entfernungen von etwa 2500 m heimkommen sah (Tanztempo 2—2,25 Uml/15 sec). Aber das bedeutet doch wohl nichts anderes, als daß sich auch die Afrikanerin, so wie unsere Honigbiene, durch ungewöhnlich gute Tracht, die in geringerem Abstand nicht gegeben ist, in größere Entfernungen als sonst verleiten läßt: bei unseren Bienen mit einer normalen Flugweite von 3—4 km bis zu einer Distanz von 12 km (KNAFFL 1953) und $13^1/_2$ km (ECKERT 1933), bei *A. mellif. adansonii,* entsprechend ihrer geringeren normalen Flugweite von ca. 600 m, auf $2^1/_2$ km — das ist in beiden Fällen etwa das Vierfache der normalen Flugweite. Es sei auch betont, daß sich unsere vergleichenden

Angaben auf Versuche gründen, bei welchen untereinander gleiche Bedingungen gegeben waren.

Es wurde schon bei früherer Gelegenheit (S. 85) darauf hingewiesen, daß beim Rundtanz keine Beziehung zwischen der Zahl der Umläufe und der Flugweite festzustellen ist, weil in regelloser Weise bald halbe Runden, bald volle oder mehrere Runden gelaufen werden. Beim Sicheltanz mit seinen regelmäßigen Wendungen ist das anders. An einem Italienervolk sah ich bei stufenweiser Vergrößerung der Flugweite von 10 m bis 100 m, in einem Versuch 1951, eine deutliche Verlangsamung des Tanztempos. Entsprechendes berichtete TSCHUMI (1950). Wieweit diese Meldungen bei so geringer Flugweite von den Stockgenossen merklich beachtet werden, ist bisher nicht geprüft.

Wir kehren nun zu der Frage zurück, ob bei der Kreuzung von Krainer- und Italiener-Bienen die Verhaltensweise des Sicheltanzes mit der gelben Körperzeichnung gekoppelt vererbt wird. Die Ergebnisse an den drei ersten von mir beobachteten Bastardvölkern legten diese Annahme nahe (S. 293). BALTZER (1952) berichtet, daß im Beobachtungsvolk von TSCHUMI nachträglich einzelne Tiere mit gelben Binden auftraten, so daß ein italienischer Einschlag vorliegt. Die Sicheltänze waren aber an dunkel gefärbten Bienen beobachtet worden. Bei meinem vierten Bastardvolk waren bei 10 m Flugweite bei den gelben Bienen die Sicheltänze zahlenmäßig vorherrschend, bei den dunklen Tieren gab es aber diesmal Rund- und Sicheltänze in angenähert gleicher Zahl. Hiermit schien die erwähnte Vererbungsregel umgestoßen. Jedoch gehörte TSCHUMIs und BALTZERs Versuchsvolk nicht der Krainer Rasse an, sondern der dunklen *A. mellifica mellifica* („nigra"), die ja nach BOCH und auch nach BALTZER (1952) gleichfalls Sicheltänze macht wie die Italiener-Bienen. Sie treten erst bei etwas größerer Entfernung auf, aber die Bereiche des Sichelns überlappen sich (Abb. 251). Die Sicheltänze von TSCHUMIs Bienen, die gleichfalls erst bei etwas größerer Entfernung auftraten als bei den Italiener-Bienen (TSCHUMI 1950, BALTZER 1952), brauchen also nicht auf ihren schwachen italienischen Einschlag zurückgeführt zu werden, sie erklären sich einfach aus ihrer Rassenzugehörigkeit zu *A. mellifica mellifica*. Das gleiche gilt wohl für das holländische Bienenvolk, an welchem HEIN (1950) Sicheltänze bei Futterplätzen zwischen 8—30 m beschrieben hat[1]). Daß auch mein Bastardvolk von 1952 durch Kreuzung der Italiener-Königin mit *A. mellifica mellifica* zustande gekommen war und sich deshalb anders verhielt als die früheren *ligustica/carnica*-Bastarde, ist möglich, weil die dunkle Rasse auch am Wolfgangsee gehalten wird, sogar in einer geschätzten Reinzucht; und diese Annahme gewinnt an Wahrscheinlichkeit durch ein entsprechendes Vorkommen 1962 (s. unten). Die Frage nach der Koppelung der Tanzweise mit der Körperfärbung sollte erneut geprüft werden, und zwar an italienisch-krainischen Bastardvölkern, deren Königinnen künstlich besamt worden sind, so daß über die Natur der Kreuzung Klarheit besteht. In Anbetracht des verwickelten Erbganges der Körperfärbung[2]) wäre der Fall von großem Interesse.

In späteren Jahren sind mir in Brunnwinkl Sicheltänze an Bienen mit dunkler Körperfärbung nur noch einmal (1962) vorgekommen. Das hat uns in überraschender Weise einen geplanten Versuch verdorben, aber in anderer Beziehung Aufklärung gebracht, vor allem durch die nachträgliche Analyse der Rassenmerk-

[1]) Die „dunkle holländische Biene" (HEIN) ist *A. mellifica mellifica* (nach RUTTNER u. MACKENSEN 1952).

[2]) Nach ROBERTS u. MACKENSEN (1951) und RUTTNER u. MACKENSEN (1952) wird die Färbung des Hinterleibes durch mindestens 7 Gene mit verschiedenem locus beeinflußt.

male[1]). Das vermeintliche Krainervolk erwies sich als Bastard, aber ohne nachweisbaren Italiener-Einschlag, sondern zwischen *carnica* und *mellifica* mit starkem Überwiegen der *mellifica*-Merkmale.

In jenem Versuch war geplant, zu prüfen, in welchem Umkreis von den Neulingen bei anhaltenden Rundtänzen die Umgebung abgesucht wird. Das Beobachtungsvolk wurde bei Aich aufgestellt und ein Futterplatz 15 m vom Stock in Richtung WSW angelegt. Am 1. 9. 62 wurde daselbst eine Gruppe von 10 numerierten Bienen mit konzentrierter Zuckerlösung unter Beigabe von Pfefferminzduft gefüttert. In Abständen von 100, 200, 300, 400 und 500 m vom Stock waren, nach den verschiedensten Richtungen verteilt, je zwei Duftplatten aufgelegt. In 2 Stunden Beobachtungszeit kam zu unserem Erstaunen zu keiner dieser Duftplatten auch nur eine einzige Biene, während der Futterplatz selbst bald einen gewaltigen Zustrom an Neulingen erhielt, insgesamt mußten daselbst in den 2 Stunden 229 Neulinge abgefangen und getötet werden. Für die letzten 50 Minuten der Versuchszeit haben wir noch zwei weitere Duftplatten 20 m vom Stock nach NO und SO ausgelegt. Hier stellten sich 2 bzw. 4 Neulinge ein. Die alarmierten Bienen suchten also angenähert in der Entfernung des Futterplatzes und weitaus überwiegend in der zutreffenden Richtung. Sofort nach Beendigung des Versuches wurden die Tänze der numerierten Bienen im Stock kontrolliert. Es waren überwiegend deutlich gerichtete Sicheltänze. Durch die Feststellung des vorherrschenden *mellifica*-Typs bei diesem Volk ist das Verhalten geklärt (Boch gibt für *mellifica* bei 20 m reine Sicheltänze an). Zugleich hat sich gezeigt, daß die gerichteten Sicheltänze den Stockgenossen wirklich eine Lagebeschreibung des Zieles vermitteln, die von ähnlichem Rang ist wie die Zielweisung durch den Schwänzeltanz. Dies steht in Einklang mit Beobachtungen Tschumis (1950a), der für sein Schweizer Volk eine Befolgung der Richtungsweisung durch Sicheltänze angibt.

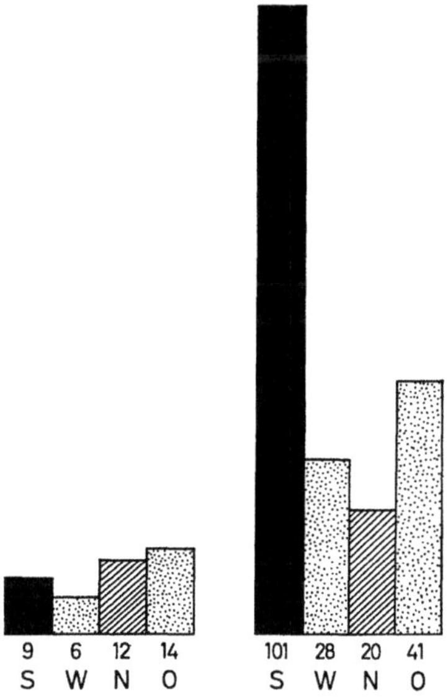

Abb. 253. An einem Futterplatz 10 m südlich vom Stock wurden Krainer Bienen bzw. Italiener Bienen unter Duftbeigabe gefüttert. 20 m vom Stock waren nach allen vier Himmelsrichtungen Duftplatten ausgelegt. Die Höhe der Säulen und die Zahlen unter denselben geben die Zahl der Anflüge an den Duftplatten an. Bild links: bei Alarmierung durch Krainer (Rundtänze), Bild rechts: durch Italiener (Sicheltänze). Schwarz: Richtung zum Futterplatz, schraffiert: Gegenrichtung, punktiert: unter 90° zur Flugrichtung

Auch Boch fand (1957) in vergleichenden Versuchen, daß Sicheltänze den Stockgenossen den Weg weisen, Rundtänze aber nicht. Er fütterte eine Gruppe numerierter Bienen aus einem Krainer Volk in einem Pappkästchen[2]) 10 m südlich vom Stock mit Zuckerwasser unter Duftbeigabe; 20 m vom Stock wurden nach allen 4 Himmelsrichtungen Duftplatten offen aufgelegt. Die Zahl der Neulings-Anflüge an den 4 Beobachtungsstellen ist in Abb. 253 links graphisch dargestellt. Die Dressurrichtung (schwarze Säule) wurde nicht bevorzugt. Die meisten Anflüge erhielt

[1]) Dr. F. Ruttner bin ich für die Durchführung der Untersuchung zu Dank verpflichtet.

[2]) Durch das Kästchen mit engem Flugloch war das Futtergefäß optisch und geruchlich für die Neulinge möglichst verborgen.

der Ostplatz, was auf die östliche Windrichtung zurückgeführt werden kann (vgl. S. 157f.). Der Gegenversuch mit einem Italiener-Volk ergab eine deutliche Bevorzugung der Dressurrichtung (Abb. 253 rechts). Daneben war wieder der Ostplatz relativ stark beflogen (Ostwind).

Eine wirksame Richtungsweisung bei 10 m Flugweite konnte Boch in anderen Versuchen nicht nur für Italiener-Bienen abermals bestätigen, sondern auch für *A. m. caucasica* und für *A. m. fasciata* nachweisen (vgl. hierzu Abb. 251).

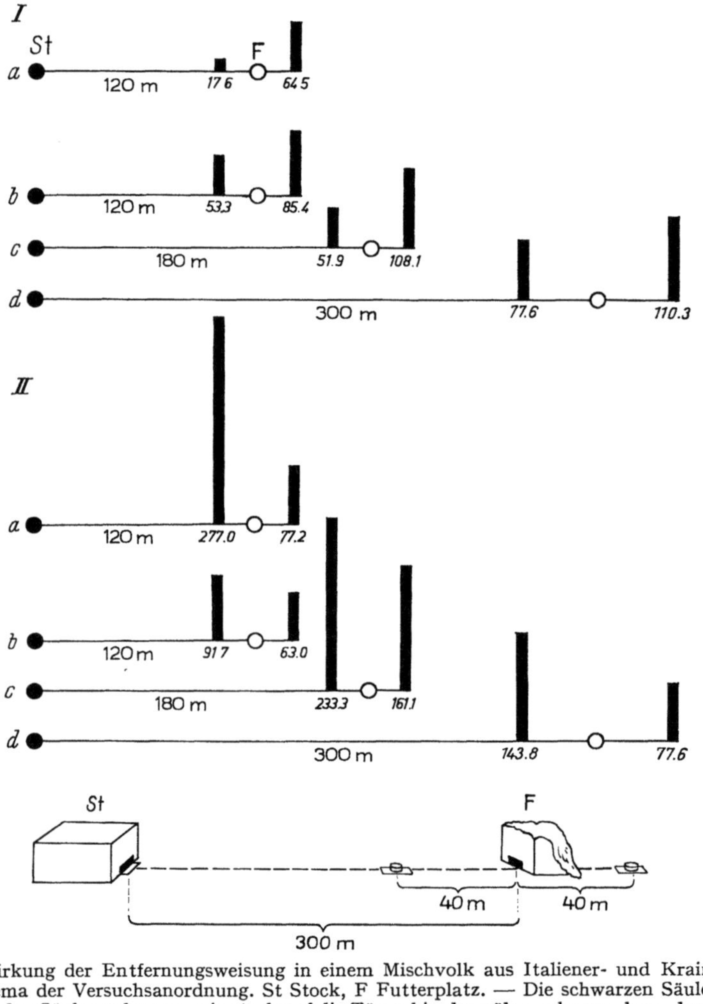

Abb. 254. Wirkung der Entfernungsweisung in einem Mischvolk aus Italiener- und Krainer-Bienen. Unten: Schema der Versuchsanordnung. St Stock, F Futterplatz. — Die schwarzen Säulen und die Zahlen unter den Säulen geben an, wie stark auf die Tänze hin der näher gelegene, bzw. der weiter entfernte Futterplatz durch Neulinge der anderen Rasse beflogen wurden, ausgedrückt in Prozent der Anflüge von Bienen der gleichen Rasse wie die Tänzerin

Ein Blick auf Abb. 252 bringt uns in Erinnerung, daß das Tanztempo für eine gegebene Entfernung des Zieles rassenmäßig verschieden ist. Von den mitteleuropäischen Rassen tanzen die Krainer am schnellsten, die Italiener am langsamsten. Bei einer Flugweite von 200 m tanzen die Italiener in einem Tempo, welches im Krainer „Dialekt“ auf ein Ziel in 300 m Abstand hinweist. Man kann ein Mischvolk herstellen, indem man etwa gleichviele Bienen aus einem Krainer-

und einem Italiener-Volk in einer Beute vereinigt. Es handelt sich also diesmal nicht um Bastardvölker, wie S. **293** u. **296**, sondern um eine künstlich hergestellte Mischung aus zwei reinen Rassen. Muß es da nicht bei der Entfernungsweisung infolge des verschiedenen Tanztempos zu Mißverständnissen kommen?

Um dies zu prüfen, machte STECHE (1954) folgenden Versuch an einem Krainer-Italiener-Mischvolk: Am Futterplatz wurde in einem Pappkästchen[1]) eine numerierte Gruppe aus dem Mischvolk, und zwar ausschließlich Italiener-Bienen, mit Zuckerwasser unter Beigabe von Lavendelduft gefüttert. Der Futterplatz lag 120 m vom Stock. Zwei offene Lavendelduftplatten wurden 20 m näher zum Stock und 20 m weiter entfernt aufgelegt. Auf die Tänze der Italiener-Bienen reagierten auch die Krainer des Mischvolkes, sie ließen sich alarmieren und flogen auf Suche, aber die Krainer kamen relativ zahlreicher als die Italiener zur weiter entfernten Duftplatte (Abb. 254 I a und Tab. 34, I a). Bezogen auf die Anzahl der Anflüge von Italiener-Bienen kamen zur weiteren Duftplatte **3,7** mal mehr Krainer-Bienen als zur näher gelegenen. Die Tänze der Italiener waren für das Krainer Tempo zu langsam und wurden im Sinne einer größeren Entfernung mißverstanden. Im Gegenversuch sammelten am Futterplatz Krainer-Bienen. Ihre flinkeren Tänze wurden von den Italiener-Bienen im Sinne eines näheren Zieles mißver-

Tabelle 34. *Wirkung der Tänze von Italiener- bzw. Krainer-Bienen auf die Angehörigen der anderen Rasse in einem Italiener-Krainer Mischvolk*

Beobachter und Beobachtungszeit	Bienen alarmiert durch	Abstand des Futterplatzes in m	Abstand des Beobachtungsplatzes in m a	b	Gesamtzahl der Anflüge bei a	b	Prozentuale Anflüge bei a	b	Vielfaches der prozentualen Anflüge
I. a) STECHE 13. 10. 53 13^{50}—15^{20}	Italiener-Bienen (langsame Tänze)	120	100	140	20	97	*Krainer* in % der Italiener 17,6	64,5	*Krainer* am weiteren Platz × 3,7
b) BOCH 9. 9. 56 12^{40}—14^{30}		120	100	140	230	152	53,3	85,4	× 1,6
c) BOCH 8. 9. 56 12^{00}—14^{00}		180	160	200	123	77	51,9	108,1	× 2,1
d) BOCH 19. 9. 56 13^{15}—14^{30}		300	260	340	136	204	77,6	110,3	× 1,4
II. a) STECHE 15. 10. 53 12^{20}—14^{05}	Krainer-Bienen (rasche Tänze)	120	100	140	49	37	*Italiener* in % der Krainer 277	76,2	*Italiener* am näheren Platz × 3,6
b) BOCH 21. 9. 56 12^{00}—14^{15}		120	100	140	92	44	91,7	63,0	× 1,46
c) BOCH 7. 9. 56 12^{05}—14^{35}		180	160	200	80	47	233,3	161,1	× 1,45
d) BOCH 20. 9. 56 12^{30}—14^{30}		300	260	340	39	87	143,8	77,6	× 1,8

[1]) Durch das Kästchen mit engem Flugloch war das Futtergefäß optisch und geruchlich für die Neulinge möglichst verborgen.

standen. Nun kamen, bezogen auf die Zahl der Krainer Anflüge, an den näheren Beobachtungsplatz im Vergleich zu dem weiter entfernten 3,6mal mehr Italiener als Krainer.

Dieser einzige Versuch und Gegenversuch verlangte nach einer Wiederholung. Sie wurde von BOCH (1957) teils mit derselben, teils mit anderer Flugweite durchgeführt. Der Unterschied in den Beflugszahlen war diesmal etwas geringer, aber er lag in 3 Versuchen und Gegenversuchen im gleichen Sinne wie bei STECHE (Abb. 254 Ib, c, d und IIb, c, d und Tab. 34 I und IIb—d). Die Vermutung, es sollte das verschiedene Tanztempo der Rassen zu Mißverständnissen zwischen ihnen führen, fand sich somit in allen Versuchen bestätigt. Daß der Unterschied in den Beflugszahlen nicht größer war, ist bei der geringen Differenz des Tanztempos und der relativen Nähe der Beobachtungsstellen verständlich.

Die Erbauer des Turmes von Babylon hätten ganz zufrieden sein können, wenn sie sich nach der Sprachenverwirrung untereinander noch so gut verstanden hätten wie die Bienenrassen in diesen Versuchen. Doch ist die rassenmäßig verschiedene Reaktion auf den gleichen Tanz klar genug, um die Bedeutung des Tanztempos für die Entfernungsweisung erneut zu belegen.

2. Art-Verschiedenheiten; die indischen Bienen

Da schon bei den einzelnen Rassen der Honigbiene die Verständigungsweise variiert, wurden wir neugierig, ob nicht bei den Arten der Gattung *Apis* noch stärkere Verschiedenheiten bestehen und etwa für den Werdegang der komplexen

Abb. 255. Die indische Biene, *Apis indica* F. Königin mit Arbeitsbienen. Nach LINDAUER 1956

„Sprache“ unserer Biene einen Fingerzeig geben könnten. Es war freilich eine kostspielige Neugier, denn alle drei anderen Bienenarten leben in Indien und weiteren Gebieten von Süd- und Ostasien. Die Mittel für die geplanten „vergleichenden Sprachstudien“ wurden von der Rockefeller Foundation für M. LINDAUER bewilligt. Auf seine Ergebnisse (1956) gründet sich die folgende Darstellung.

Von den drei tropischen Arten steht die indische Biene *(Apis indica* F.*)* unserer Honigbiene am nächsten (Abb. 255). Wie ursprünglich auch diese, siedelt sie in hohlen Bäumen und legt einen Bau aus mehreren hintereinanderstehenden Waben an. Als einzige von den 3 Arten läßt sie sich nutzbringend in Bienenkästen halten und vertritt in ihrer Heimat als Haustier unsere Honigbiene. In ihrer schmucken Färbung erinnert sie an Italiener-Bienen, ist aber fast nur halb so groß. Zum Leidwesen der Imker sind die Völker nicht nur außerordentlich schwarm-

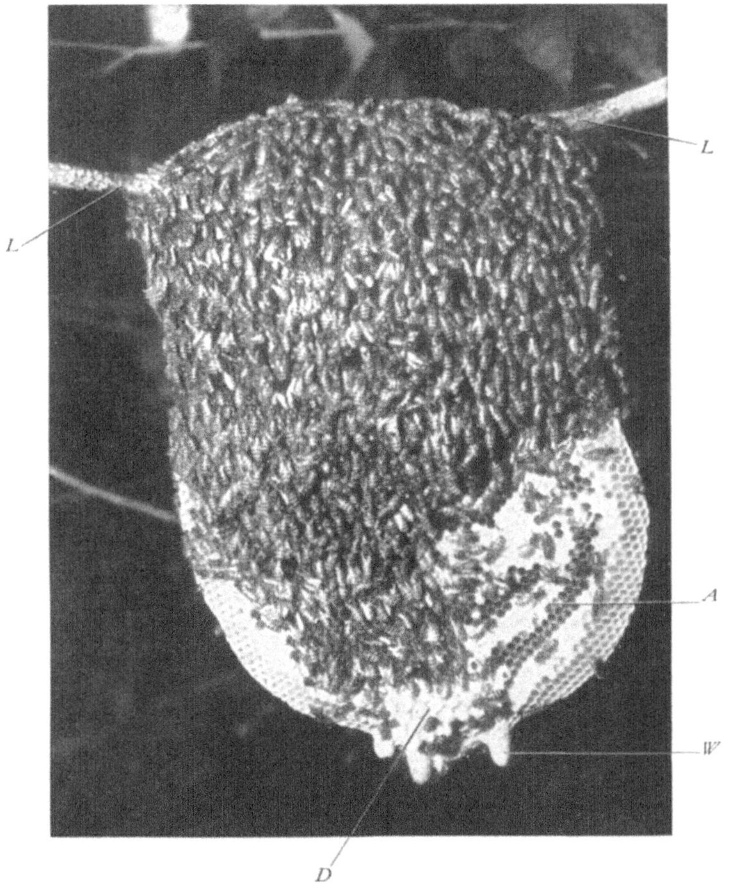

Abb. 256. Kolonie der Zwerghonigbiene, *Apis florea* F. Die Bienen wurden vom unteren Teil der Wabe weggekehrt um das Brutnest zu zeigen. Links und rechts von der Wabe ist von den Bienen ein „Leimring" (L) angebracht, der das Nest vor Ameisen schützt. Er besteht aus einem harzartigen, an Pflanzen gesammelten Stoff. A Arbeiterinnenbrut, D Drohnenbrut, W Weiselzellen. Nach LINDAUER 1956

freudig, sondern auch stets bereit, bei Nahrungsmangel oder Störungen ihre Waben zu verlassen, allesamt auszuziehen und sich in einer anderen Gegend neu anzusiedeln.

Die beiden weiteren Arten zeigen in ihrem Wabenbau und in ihrer Lebensweise gegenüber *Apis mellifica* und *A. indica* primitivere Züge.

Die Zwerghonigbienen (*Apis florea* F.) sehen in ihrer Kleinheit fast wie geflügelte Ameisen aus. Zwei ziegelrote Hinterleibssegmente und silberweiße Filzbinden geben ihnen ein zierliches Ansehen. Sie bauen eine einzige, vertikal hängende, etwa handtellergroße Wabe unter freiem Himmel an einen Ast (Abb. 256). Die Vorratszellen für den Honig sind 2—3mal so tief wie die Brutzellen und bilden

den oberen, den Ast umgreifenden Wabenteil, der durch die verlängerten Zellen eine ansehnliche Breite gewinnt, so daß die auflagernden Bienen eine Art Plattform bilden (Abb. 257). Von deren Bedeutung wird noch die Rede sein. Der untere, schmälere Teil der Wabe besteht aus den Brutzellen für die Larven der Arbeiterinnen, Drohnen und Königinnen (Abb. 256 A, D, W). Die Waben werden nie unter einem dichten Laubdach, sondern in lichtem Gebüsch angelegt. Sie sind infolgedessen ungeschützt den heftigen Monsunregen ausgesetzt. Wenn ein solcher niedergeht, rücken die Bienen auf dem oberen, verbreiterten Wabenteil eng zusammen, setzen sich dachziegelförmig übereinander und bilden so mit ihren lebenden Leibern ein Vordach als Regenschutz für die übrigen Bienen und für die Brutzellen. Schwarm- und Wanderlust sind noch größer als bei *A. indica*.

Abb. 257. Normal besetzte Wabe von *Apis florea*, schräg von oben gesehen, um den horizontalen Tanzboden zu zeigen. Nach LINDAUER 1956

Die Riesenhonigbiene (*Apis dorsata* F.) hat etwa die Größe der Hornisse und ihre Stiche sind ähnlich gefürchtet. Wie die Zwerghonigbiene baut sie nur eine einzige freihängende Wabe, deren Durchmesser aber mehr als 1 m erreichen kann, und an der Unterseite von Felsvorsprüngen (Abb. 258) oder Vordächern oder von dicken Ästen hoher Bäume befestigt wird (Abb. 259). Der Zellenbau ist nach älteren Angaben primitiver als bei den anderen Arten: es soll kein Unterschied zwischen Arbeiterinnen-, Drohnen- und Königinnenzellen bestehen. VISWANATHAN (1950) und THAKAR u. TONAPI (1961) haben aber vergrößerte Weiselzellen am unteren Wabenrande und Drohnenzellen, die — allerdings erst am Ende der Larvenperiode — verlängert werden und dann über die Wabenfläche hinausragen, beschrieben und photographisch belegt. Schwarmtrieb und Wanderlust sind stark entwickelt. „Regelmäßig verläßt so gut wie jede Kolonie zu einer bestimmten Jahreszeit ihren alten Nistplatz, läßt die Wabe leer zurück und zieht über weite Strecken, wohl über 100 km und noch weiter in eine andere Gegend, um dann im Jahr darauf wieder zurückzukehren" (das bezieht sich auf Ceylon nach LINDAUER 1956, S. 542). Wie bei *A. florea* wird die Wabe immer so gebaut, daß freier Himmel von ihr aus sichtbar ist: so an schütter belaubten Bäumen, die das Blätterdach des Urwaldes überragen oder an Felsüberhängen, die nach einer Seite den Blick freilassen.

Für eine Verständigung durch Tänze bei indischen Bienen gab es nur zwei kurze Hinweise: ROEPKE (1930) beobachtete bei *Apis dorsata* an heimkehrenden Sammlerinnen den „v. FRISCH'schen Schütteltanz". BUTLER (1954, S. 211) sah bei *A. indica* Rundtänze und orientierte Schwänzeltänze, die mit jenen von *A. melli-*

fica identisch zu sein schienen, während er bei *A. florea* und *A. dorsata* in der kurzen Zeit seines Aufenthaltes solche nicht feststellen konnte. Hingegen berichtet er (l. c. S. 141), daß er an *A. indica* und *florea* auf Ceylon beim Blütenbesuch häufig die Betätigung des Duftorganes beobachten konnte. Unsere Bienen machen das, wenn sie im Stock getanzt haben, bei der Rückkehr an ergiebige Blüten.

Nach LINDAUER machen alle drei indischen Bienenarten Rundtänze und Schwänzeltänze, die von gleicher Bedeutung sind wie bei unserer Honigbiene. In Einzelheiten unterscheiden sich aber die Arten voneinander stärker als die Rassen unserer Biene.

Bei der Entfernungsweisung handelt es sich nur um graduelle Unterschiede. Sie sind in Abb. 260 dargestellt, in der zum Vergleich auch das Tanztempo der Krainer und der Italiener Rasse von *A. mellifica* nochmals eingetragen ist. Die Riesenhonigbienen tanzen etwa im gleichen Tempo wie die Italiener-Bienen. *Apis indica* tanzt langsamer, und am langsamsten die Zwerghonigbiene. Ein Tempo von 6 Uml./15 sec, das bei unserer Krainer-Biene auf eine Entfernung von 500 m hinweist, bedeutet

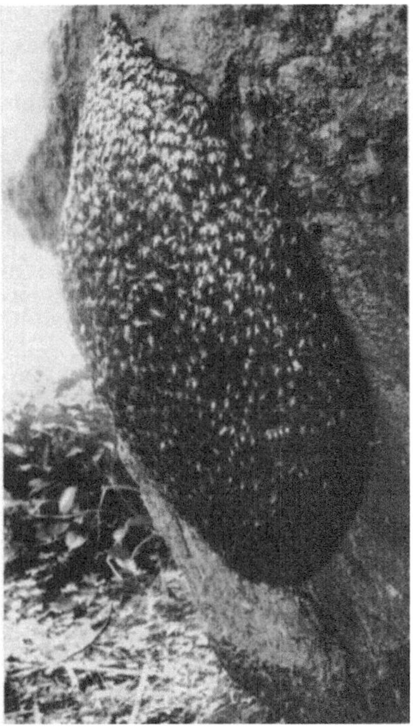

Abb. 258. Kolonie der Riesenhonigbiene *Apis dorsata* F. unter einem Felsvorsprung. Nach LINDAUER 1956

Abb. 259. Der „Bee-Tree" im Botanischen Garten von Paradeniya mit Kolonien von *Apis dorsata*. Die lichte Belaubung ist Voraussetzung für die Besiedlung. Nach LINDAUER 1956

bei *A. indica* einen Abstand des Zieles von etwa 180 m, bei *A. florea* einen solchen von 100 m. Auf den Zusammenhang zwischen dem Verlauf der Kurven und der Flugweite der verschiedenen Arten wurde schon S. 124 u. 295 hingewiesen: Während unsere Bienen sich mit einem künstlichen Futterplatz unter günstigen Bedingungen bis 12 km vom Stock locken ließen, wobei bei 11 km noch getanzt wurde, gingen bei Anwendung derselben Methode *A. indica* nur 750 m weit mit (letzte Tänze bei 700 m) und *A. florea* nur 300—400 m weit. Der bescheidene Flugkreis dieser kleinen Arten ist biologisch begründet, da eine Überraschung durch tropische Regengüsse für sie gefährlich ist. Der geringeren Flugweite ist der steilere Verlauf im Anfangsteil der Kurve angemessen;

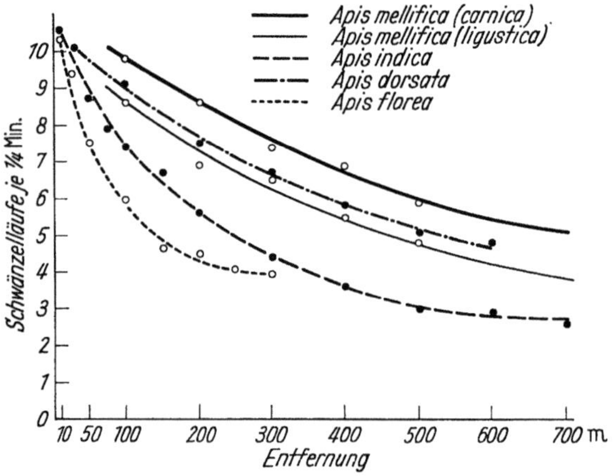

Abb. 260

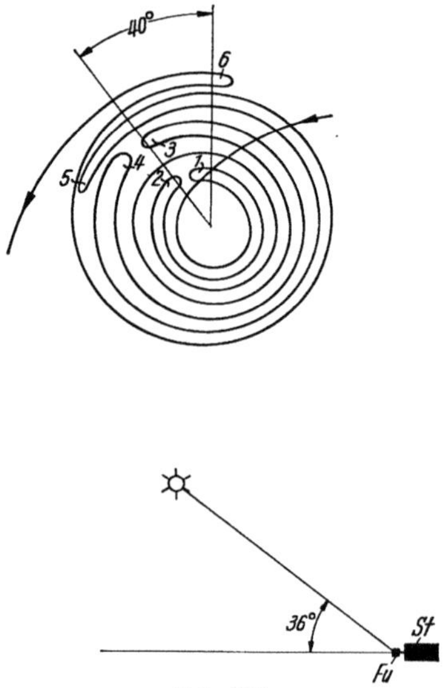

Abb. 261

Abb. 260. Vergleich der Entfernungsweisung von *Apis indica*, *A. florea* und *A. dorsata* mit jener von *Apis mellifica carnica* und *ligustica*. Abszisse: Entfernung des Futterplatzes vom Stock. Ordinate: Uml./15 Sek. Nach LINDAUER 1956

Abb. 261. Rundtanz mit eingestreuten richtungsweisenden, fast geschlossenen Sicheln bei *Apis indica*. Unten: Versuchsanordnung. St Stock, Fu Futterplatz 10 cm südlich vom Flugloch. Der Übersichtlichkeit wegen sind die aufeinanderfolgenden Runden schematisch vergrößert, in Wirklichkeit decken sie sich. Nach LINDAUER 1956

denn er bedeutet eine scharfe Entfernungsweisung bei geringem Ziel-Abstand und beträchtliche Ungenauigkeit erst beim Übergang zu Bereichen, die praktisch kaum mehr in Frage kommen. Bei der robusten *Apis dorsata* liegen Hinweise auf eine große Flugweite vor, ohne daß sich diese bisher genauer begrenzen ließ.

Tiefergreifende und aufschlußreiche Unterschiede ergaben sich beim Studium der Richtungsweisung. Bei *Apis indica* stimmt sie im Prinzip mit der unserer Honigbiene überein. Rundtänze gehen mit zunehmender Entfernung in Sicheltänze und Schwänzeltänze über; im finsteren Stock wird auf der vertikalen Wabe der Sonnenwinkel auf den Schwerewinkel transponiert. Auf horizontaler Fläche weisen die Schwänzelläufe direkt nach dem Ziel, wobei das polarisierte blaue Himmelslicht so gut wie die Sonne selbst zur Orientierung genützt wird. In bezug auf eine Richtungsweisung bei nahen Trachtquellen hält *Apis indica* den Rekord unter allen Bienen. Schon bei einem Ziel-Abstand von 1 m macht sie gerichtete Sicheltänze, bei 2 m deutlich gerichtete Schwänzler. Bei $^1/_2$ m beobachtet man Rundtänze, die aber doch, eingestreut unter volle Runden, gerichtete nahezu geschlossene Sichelläufe enthalten, sogar schon bei einem Abstand von nur 10 cm

(Abb. 261). Mit diesem Hinweis auf die Richtung zu einem Ziel wenige Zentimeter vor dem Flugloch steht *A. indica* einzig da.

Die Zwerghonigbiene *A florea* baut mit gutem Grunde eine oben verbreiterte Wabe. Selbst die flache Wölbung der Oberseite wird noch durch ein Polster darauf lagernder Bienen ausgeglichen (Abb. 257). Sie bilden mit ihren Körpern ein ebenes horizontales Dach: den Tanzboden der Gesellschaft. Hier landen die heimkehrenden Sammlerinnen, und nur hier weisen sie durch ihre Tänze den Kameraden den Weg zum Ziel, indem sie sich zur Sonne oder zum polarisierten Himmelslicht im gleichen Winkel einstellen wie vorher bei ihrem Flug zum Futterplatz. Sie sind nicht imstande, die Richtung zur Sonne durch die Richtung zum Lot auszudrücken[1]). Man versteht, warum sie ihr Nest in lichter Höhe anlegen, Wind und Wetter preisgegeben. Ihre Richtungsweisung ist um eine Stufe primitiver als bei *A. mellifica* und *indica*, die auch in ihrer geschützten finsteren Höhle ihre Meldung kundgeben können. *A. florea* bestätigt hiermit unsere lange gehegte Vermutung, daß der Tanz auf horizontalem Boden mit unmittelbarer Orientierung nach dem Himmel die ursprünglichere Form der Richtungsweisung darstellt.

Lindauer hat diesen wesentlichen Befund durch mehrfach variierte Versuche gesichert: schneidet man den Ast, an dem die Wabe hängt, vorsichtig ab und kippt man ihn um 90° so, daß die bisherige Tanzfläche vertikal steht, so werden die Tänze schlagartig eingestellt, die Sammlerinnen eilen nach der jetzt oben gelegenen Seite und sobald sie eine horizontale Ebene finden, tanzen sie mit altem Eifer weiter. — Ließ er die Wabe in ihrer alten Stellung und legte er sein Protokollheft oben flach auf die Kolonie, so liefen die ankommenden Trachtbienen erregt darunter hin und her, ohne zu tanzen. Nach 1 Std. hatten sich einige Bienen um den Rand des Heftes herum nach oben verlagert und nun landeten die Sammlerinnen oben auf dem Heft, dessen große horizontale Fläche als idealer Tanzboden diente. — Als bei einer Kolonie durch ein Leintuch der Ausblick nach Sonne und Himmel verdeckt war, wurden nach einigem Zögern die Tänze oben auf dem üblichen Tanzboden fortgesetzt, aber sie waren alle desorientiert. Konnten die Bienen durch ein Loch ein Stück blauen Himmel erblicken, so waren ihre Tänze wieder ausgerichtet. — Wenn die Sammlerinnen durch Aufsetzen eines gläsernen Dachreiters gezwungen wurden, sich auf die vertikale Wabenfläche zu begeben, kam es — wenn überhaupt — nur zu desorientierten Tänzen. Auch bei diesen erzwungenen Tänzen auf vertikaler Fläche verfielen sie nicht auf das Transponieren.

Rundtänze waren bei *A. florea* auf Futterplätze näher als 5 m beschränkt. Bei 5 m begannen gerichtete Schwänzelläufe. Die Schwänzelbewegungen sind bei der Zwerghonigbiene nicht so gleichmäßig horizontal ausgerichtet wie bei *A. mellifica* und *A. indica.* Zwischendurch macht der Hinterleib auch vertikale Ausschläge, was dem Tanz eine eigenartige ,,Beschwingtheit" gibt. Vielleicht ist auch dieses ungeordnete Schwänzeln ein ursprünglicheres Verhalten, von dem die gleichmäßig horizontalen Schwänzler unserer Bienen abzuleiten sind (Lindauer 1956, S. 538/9).

Die Riesenhonigbiene *A. dorsata* macht bis zu einem Abstand von etwa 3 m Rundtänze und geht darüber hinaus rasch zu gerichteten Schwänzeltänzen über.

Sie tanzt auf der vertikalen Wabenfläche und transponiert dabei die Richtung zum Ziel auf die Schwerkraftrichtung nach dem gleichen Schlüssel wie *A. indica* und *mellifica*, so daß auf den ersten Blick kein Unterschied gegeben schien. Und doch besteht ein solcher: wie *A. florea* tanzt auch *A. dorsata* nur angesichts der Sonne oder blauen Himmels — aber auf der *vertikalen* Wabenfläche. Stets sind die

[1]) Es wäre von großem Interesse, ob bei *A. florea* unter experimentellen Bedingungen so wie bei Ameisen, Käfern usw. (S. 328) ein Transponieren der Lichtwinkel auf Schwerewinkel vorkommt; ob ihr diese Fähigkeit überhaupt fehlt oder ob sie es nur nicht zum eindeutigen Transponieren im Dienste der Verständigung gebracht hat.

Nester so angelegt, daß wenigstens von *einer* Wabenfläche aus die Sonne oder blauer Himmel sichtbar ist, und nur da wird getanzt. Als LINDAUER bei einer Kolonie die Sicht nach dem Himmel mit einem Tuch abdeckte, hörten die Tänze sofort auf. Zu längerer Beobachtung kam es allerdings nicht, da die gefürchteten Stecher über ihn herfielen. Sein Tropenaufenthalt war zu Ende und zu einer Wiederholung blieb keine Zeit.

LINDAUER sieht in der Art der Richtungsweisung von *A. dorsata* ein Mittelding zwischen dem Verhalten von *A. mellifica* oder *indica* und jenem von *A. florea.* Die ersteren transponieren den Lichtwinkel auf den Schwerewinkel im finsteren Stock aus dem Gedächtnis, und die Nachtänzerinnen müssen ihrerseits den Schwerewinkel sich merken, um ihn nach dem Verlassen des Stockes als Lichtwinkel zu reproduzieren. Die Tänzerinnen und Nachtänzerinnen auf der frei hängenden *dorsata*-Wabe haben während des Tanzes die Sonne oder das Polarisationsmuster des blauen Himmels vor Augen. „Vielleicht erfassen die nachtrippelnden Neulinge schon während des Tanzes die wahre Flugrichtung: wenn etwa die Tänzerin auf die Schwerkraft transponiert: „90° links von der Sonne", und der Neuling könnte sofort angesichts der Sonne einen rechten Winkel links zur Sonne anpeilen, dann hätte er in der Tat die gemeldete Flugrichtung schon während des Tanzes „vor Augen", und das dürfte die Verständigung erleichtern" (LINDAUER 1956, S. 546). Diese Vorstellung hat allerdings zur Voraussetzung, daß die Biene die Verzerrung des Sonnenwinkels, die sich aus ihrer Stellung auf der vertikalen Wabenfläche ergibt, beim Übergang zur horizontalen Flughaltung richtig kompensiert. Nach allem, was wir von ihren Fähigkeiten wissen, ist ihr so etwas zuzutrauen. Man wüßte gern, ob ein *A. dorsata*-Volk beim Bau eines neuen Nestes die Kompaßrichtung seiner früheren Wabe beibehält, so daß die weitere Komplikation, die sich aus einer anders orientierten Wabenfläche ergibt, in Wegfall käme. Es würde sich gewiß lohnen, wenn andere mutige Zoologen der wehrhaften Riesenhonigbiene noch näher auf den Leib rückten.

3. Von primitivem zu erfolgreichem Nachrichtendienst bei den stachellosen Bienen (Meliponinen)

Die indischen Bienen haben uns bei der Zwerghonigbiene, die nur auf horizontalem Boden mit Ausblick nach der Sonne oder blauem Himmel tanzt, eine Vorstufe der Tanzweise unserer Honigbiene gezeigt; im übrigen aber bestehen keine wesentlichen Unterschiede und die Hoffnung, einen tieferen Einblick in den Ursprung und die phylogenetische Entwicklung der „Bienensprache" zu gewinnen, hat sich innerhalb der Gattung *Apis*, also im engsten Verwandtschaftskreis, nicht erfüllt.

Im System etwas weiter entfernt und primitiver organisiert, in Nestbau und Lebensweise aber den Honigbienen vielfach ähnlich sind die stachellosen Bienen (Meliponinen). Besonders im tropischen Südamerika sind sie durch zahlreiche Gattungen und Arten vertreten.

Sie leben zum Teil in sehr volkreichen Kolonien. Wie bei der Honigbiene ist eine Kaste der Arbeiterinnen ausgebildet und von den Geschlechtstieren scharf getrennt. Wie bei jener vermehren sich die Kolonien durch Schwärme, wenn auch auf primitivere Weise. Primitiv ist auch die Pflege der Brut: sie wird nicht ständig gefüttert, sondern ein für allemal mit dem nötigen Proviant versehen, worauf die Zellen verschlossen werden. Als Baumaterial dient ihnen körpereigenes Wachs, das sie aber — wie die Hummeln — durch Beimischung anderer Stoffe strecken. Bei manchen *Trigona*-Arten erinnert auch die klumpenförmige Wabe mit ihren unregelmäßig angeordneten kugelförmigen Zellen noch ganz an eine Hummelwabe. Die Honigtöpfe und Pollenspeicher (Abb. 262 rechts) werden gesondert vom Brutnest (Abb. 262 links) angelegt.

Andere Arten und höherstehende Gattungen, wie *Melipona*, bauen regelmäßige, horizontale Brutwaben mit sechseckigen, nach oben offenen Zellen und nur die Honigtöpfe sind noch urnenförmig (Abb. 263). Honig kann in solchen Mengen gesammelt werden, daß in Südamerika manche Arten namentlich von Indianern als Hausbienen angesiedelt werden. Wer freilich meint, er könnte diesen „stachellosen" Bienen[1]) ungestraft ihren Honig nehmen, wird durch ihren temperamentvollen Angriff und ihre schmerzhaften Bisse bald eines anderen belehrt. Über ihre weiteren mannigfaltigen Abwehrmethoden vgl. Lindauer (1957).

Innerhalb dieser vielgestaltigen Gesellschaft gibt es bedeutende Unterschiede in der Höhe der sozialen Organisation. Die Erwartung, daß vielleicht hier eine

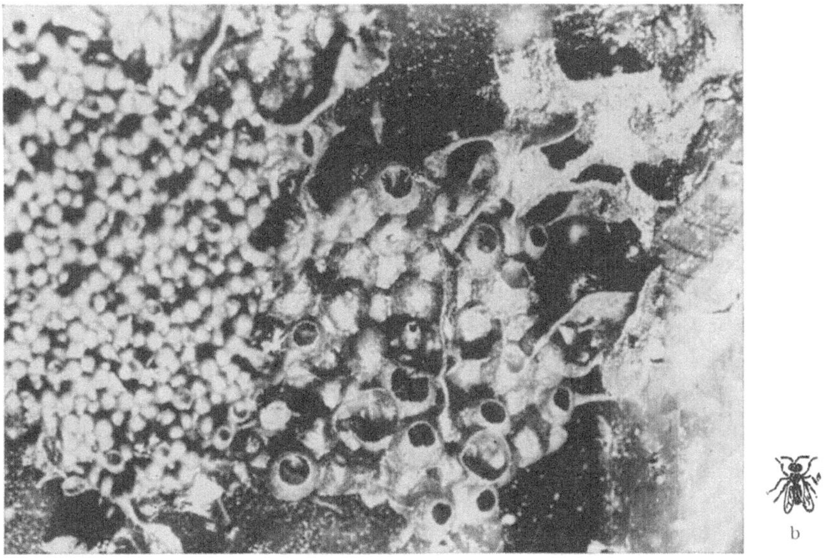

a b

Abb. 262. a) Nest der stachellosen Biene *Trigona iridipennis*. Links: Brutnest. Rechts: Vorratstöpfe b) Die Biene zweifach vergrößert. Aus v. Frisch 1964

Stufenleiter von primitiven zu vollkommeneren Verständigungsformen aufzudecken wäre, hat sich erfüllt — jedoch in unerwarteter Weise: einerseits führen uns die Meliponinen an die Wurzel der „Bienensprache", anderseits zu einer hohen Ausbildung derselben, wobei aber das Ziel auf andere Weise erreicht wird als bei der Honigbiene.

Die primitivste Form der Benachrichtigung über eine aufgefundene Futterquelle entdeckte Lindauer schon bei seinem Ceylon-Aufenthalt an der dort heimischen kleinen stachellosen Biene *Trigona iridipennis* Smith. Die hummelähnlichen Kolonien (s. Abb. 262) ließen sich in Kästchen mit Glasdeckel ansiedeln und beobachten. Von da aus konnte man gezeichnete Bienen an Futtertischchen locken, wobei allerdings bei einem Abstand von etwa 120 m die Grenze des Flugbereiches gegeben schien. Zweifellos erfolgte eine Alarmierung. Denn sobald eine einzige, oder einige wenige Bienen gefüttert wurden, stellten sich mit Regelmäßigkeit Neulinge aus dem gleichen Nest am Futterplatz ein. Aber es unterblieb eine Benachrichtigung über die Entfernung und Richtung des Zieles. Denn lag z. B. der Futterplatz 80 m vom Nest, so wurden Tischchen mit dem gleichen Duft in unmittelbarer Nähe des Nestes von Neulingen viel zahlreicher beflogen

[1] Der Stachel fehlt nicht, ist aber verkümmert.

als der Futterplatz. An gleich weit entfernte, aber in der entgegengesetzten Richtung aufgestellte Tischchen kamen etwa ebenso viele Neulinge wie zur Futterstelle. Nur einen Anhaltspunkt hatten die ausgesandten Kameraden mit auf den

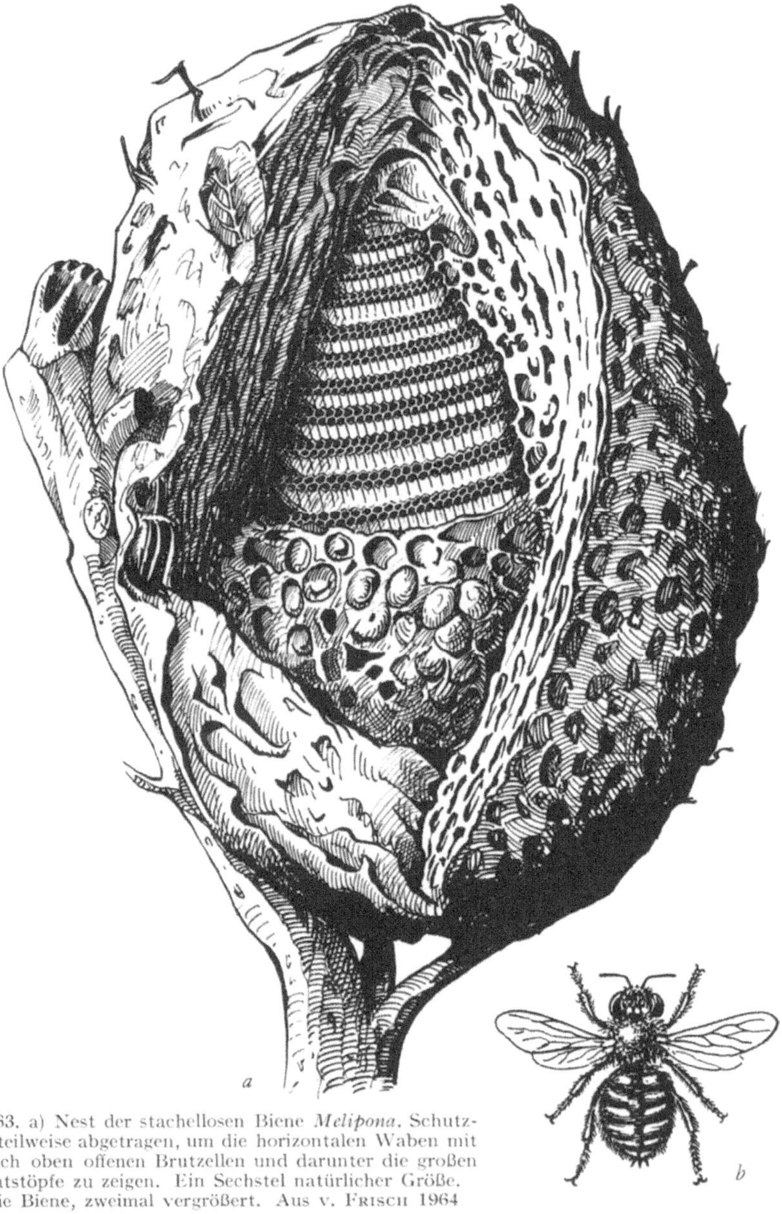

Abb. 263. a) Nest der stachellosen Biene *Melipona*. Schutzhüllen teilweise abgetragen, um die horizontalen Waben mit den nach oben offenen Brutzellen und darunter die großen Vorratstöpfe zu zeigen. Ein Sechstel natürlicher Größe. b) Die Biene, zweimal vergrößert. Aus v. FRISCH 1964

Weg bekommen: die Kenntnis vom spezifischen Duft der Futterquelle, den die Sammlerinnen so wie die Honigbienen an ihrem Körper nach Hause tragen. Duftplatten, die mit anderen ätherischen Ölen als der Futterplatz versehen waren, fanden von seiten der ausschwärmenden Neulinge nicht die geringste Beachtung.

Diesem bescheidenen Erfolg der Nachrichtenübermittlung entspricht das Ergebnis der Beobachtungen im Nest: die heimkehrenden Sammlerinnen melden ihren Fund den Nestgenossen aktiv und mit betontem Nachdruck. Sie tun es, indem sie erregt auf der Wabe herumlaufen und mit den anderen, schütter über die Zellen verteilten Bienen Kontakt suchen. Sie erregen deren Aufmerksamkeit durch Anrempeln und durch ungerichtete Schüttelbewegungen ihres Körpers. Das Verhalten erinnert etwas an den „Rumpellauf" der Honigbiene (S. 279). Es ist kein Tanz mit rhythmischen Figuren und es gibt keine Information über die Richtung und Entfernung des Zieles. Die Kameraden erfahren nur zwei Dinge: durch das Benehmen der Sammlerin, daß es einen guten Futterplatz gibt; und durch den ihr anhaftenden Duft, wie es dort riecht. Wenn sie dann nach allen Seiten die Umgebung durchstreifen und nach dem übermittelten Duft suchen, gelangen sie unter normalen Bedingungen an die Blütensorte, von der die Sammlerin kam (LINDAUER 1956).

Nochmals griff die Rockefeller Foundation hilfreich ein und gab LINDAUER die Mittel für eine Studienreise nach Südamerika mit seinem reichen Angebot verschieden hoch organisierter Meliponinen-Arten. Vergleichende Untersuchungen an diesen haben Folgendes ergeben (LINDAUER und KERR 1958):

Bei allen zehn geprüften Arten kommt es bei der Entdeckung einer guten Futterquelle zu einer Alarmierung der Nestgenossen. Aber der Erfolg ist bei den einzelnen Arten verschieden. Läßt man, um besser vergleichen zu können, bei jedem Versuch 5 numerierte Bienen aus einer Kolonie am Futtertischchen 1 Stunde lang zweimolare Zuckerlösung sammeln und verzeichnet man die Zahl der Neulinge, die während dieser Zeit am Futterplatz erscheinen, so ergibt sich das in Abb. 264 dargestellte Bild, worin jeder Neuling durch einen Punkt verzeichnet ist. Nach dem Alarmierungserfolg lassen sich 3 Gruppen herausschälen:

1. Bei *Trigona jaty* D. T. und *Tr. silvestris* FRIESE (Abb. 264 unten, Mitte) kommen nur vereinzelte Neulinge. Ein Futterplatz läßt sich nur in der Nähe des Nestes anlegen, auf größere Entfernung gehen die Bienen nicht mit.

2. Bei *Trigona droryana* FRIESE, *Nannotrigona* und besonders bei *Melipona*-Arten (unteres Bild) ist das Resultat der Alarmierung um einen deutlichen Schritt besser.

3. Bei *Scaptotrigona* und nahe verwandten Arten ist der Erfolg noch wesentlich größer und kann sogar besser sein als bei unserer Honigbiene, von der vergleichsweise ein Versuch in der Übersicht mit eingetragen ist (oberes Bild in Abb. 264).

Das so verschiedenartige Ergebnis veranlaßte LINDAUER, nach einem typisch verschiedenen Verhalten der Sammlerinnen zu fahnden. Um diese innerhalb der Kolonie verfolgen zu können, benützte er Beobachtungsstöcke, die — entsprechend den horizontalen Waben der Meliponinen — flache Kästen mit Glasdeckeln waren. Schichtweise übereinander angeordnete Waben (vgl. Abb. 263) wurden voneinander gelöst und nebeneinandergelegt, wodurch sich die Bienen nicht stören ließen (Abb. 265).

Zu LINDAUERs Überraschung ließ das Benehmen der Sammlerinnen auf den Waben keinen wesentlichen Unterschied erkennen, gleichgültig, ob es sich um Arten mit schlechtem oder um solche mit gutem Alarmierungserfolg handelte. Nirgends gibt es rhythmische Tänze wie bei den Honigbienen. Nur ungeregelte Zickzackläufe der Sammlerinnen, verbunden mit energischem Anrempeln der Nestgenossen und unterbrochen durch wiederholte Futterabgabe, sorgen für die Alarmierung — wie es sich schon bei *Trigona iridipennis* auf Ceylon gezeigt hatte. Als weiteres Alarmsignal stellte sich ein intermittierendes Summen heraus, das von den heimkehrenden Sammelbienen in kürzeren oder längeren Tonstößen

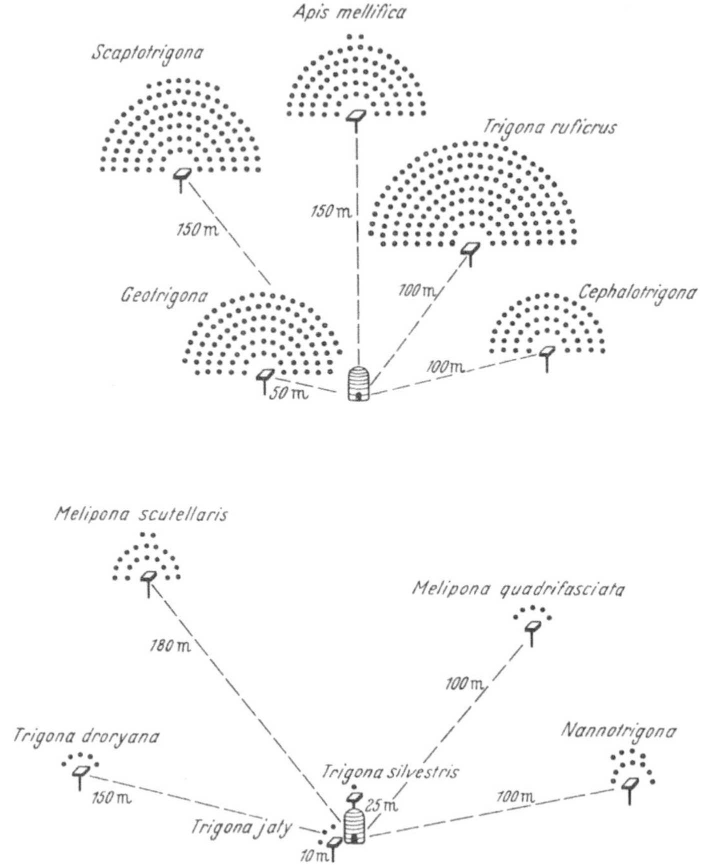

Abb. 264. Ergebnis der Alarmierungsversuche bei 10 Arten der Meliponinen, im Vergleich zur Honigbiene. Punkte: Zahl der Neulinge, die binnen 1 Stunde von 5 Sammelbienen an den Futterplatz geschickt wurden. Nach LINDAUER und KERR 1958

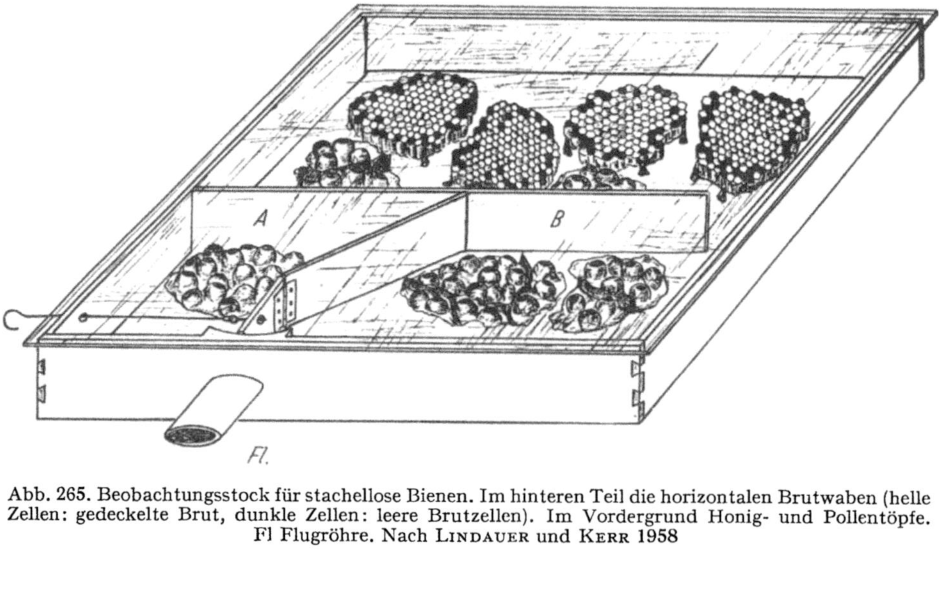

Abb. 265. Beobachtungsstock für stachellose Bienen. Im hinteren Teil die horizontalen Brutwaben (helle Zellen: gedeckelte Brut, dunkle Zellen: leere Brutzellen). Im Vordergrund Honig- und Pollentöpfe. Fl Flugröhre. Nach LINDAUER und KERR 1958

abgegeben wird (etwa ·--------·------ usw.). Die Tonhöhe ist bei verschiedenen Arten verschieden. KERR fand bei *Melipona quadrifasciata* LEP. 464—484, bei *Trigona (Scaptotrigona) postica* LATR. 391, bei *Tr. jaty* 246—326 Hz. Bei *Tr. jaty* ist das Summen sehr leise, bei *Melipona* laut. Seine Wirksamkeit konnte LINDAUER an einer Kolonie von *Melipona scutellaris* LATR. nachweisen: Während einer Futterpause befanden sich die Sammlerinnen zu gleichen Teilen in Abteil A und B des Beobachtungskastens (vgl. Abb. 265). Nun wurde der Schieber am Flugloch so gestellt, daß die erste heimkehrende Sammlerin nur nach A gelangen konnte. Trotzdem alarmierte sie prompt auch alle Gruppengenossen im Abteil B, die nur ein wenig später kamen — offenbar weil sie allein durch die Töne und nicht auch durch das energische Anrempeln hinausgeschickt wurden. Auf gleiche Weise ließ sich zeigen, daß auch Neulinge schon allein durch die Summtöne zum Ausflug veranlaßt werden können.

Wenn in Kontrollversuchen der Holzboden des Kastens mit einer Schaumgummidecke belegt war, blieben die Summtöne wirkungslos. Das weist darauf hin, daß die Töne — wie bei der Honigbiene — nur als Vibrationen der Unterlage und nicht als Luftschall wahrgenommen werden, daß also kein „Hörvermögen", sondern ein fein entwickelter Erschütterungssinn im Spiele ist.

Das wird auch von ESCH (briefl. Mitt.) bestätigt, der nach Brasilien reiste, um die Lautäußerungen der Meliponinen zu studieren. Wie LINDAUER hielt er seine *Melipona*-Arten (*M. quadrifasciata* LEP. und *M. fasciata merrillae* COCK) in flachen Beobachtungsstöcken. Sammlerinnen, die von guten Futterplätzen heimkehrten, gaben bei der Alarmierung der Stockgenossen kurze, rhythmisch wiederholte Schallimpulse ab (Tonhöhe zwischen 300 und 600 Hz). Die Zeitdauer der einzelnen Schallstöße betrug bei der Entfernung 0 m (Fütterung im Flugloch) 0,4 Sek. und verlängerte sich mit zunehmendem Abstand des Zieles bis 1,5 Sek. bei 700 m (größte geprüfte Entfernung). Hierbei scheint die Längenzunahme der Schallsignale derselben Gesetzmäßigkeit zu folgen wie die Verlängerung der Schwänzelzeit und der mit ihr verbundenen Schallerzeugung bei der Honigbiene (vgl. Abb. 115, S. 133, Kurve o---o). Das Prinzip, das ihrer Entfernungsweisung zugrunde liegt, ist also auch bei *Melipona* erkennbar. Aber bei dieser gibt es keinen Schwänzellauf und dementsprechend keine Richtungsweisung. Daß bei *Melipona* die Länge der Schallstöße als Signal für die Entfernung beachtet wird, schließt ESCH aus folgender Beobachtung: Es wurden zwei Futterplätze in 10 m und 300 m Abstand angelegt. Wenn nach einer Futterpause das auf Tonband aufgenommene Geräusch für einen 10 m-Futterplatz mit direktem Kontakt an den Stock abgegeben wurde, kamen die alten Sammlerinnen und Neulinge an den nahen Futterplatz; aber das Signal für den 300 m-Futterplatz hatte keine alarmierende Wirkung auf die Nahsammlerinnen — allerdings auch nicht auf die Fernsammlerinnen vom 300 m-Platz. ESCH führt das auf die fehlende Richtungsweisung zurück. Aber warum kamen die alten, mit dem Platz vertrauten Sammelbienen auch nicht? Zur Klärung der Verhältnisse sind weitere Untersuchungen nötig.

Vier untersuchte *Trigona*-Arten erzeugten ähnliche Alarmgeräusche, doch gaben diese nur Alarm, ohne jede Information über die Entfernung.

Da LINDAUER im Inneren der Kolonie bei den am besten alarmierenden Arten kein Anzeichen für eine Richtungs- oder Entfernungsweisung entdeckte, suchte er außerhalb des Nestes nach dem Geheimnis ihres Erfolges. Zunächst bestätigte sich, daß das rasche und zahlreiche Eintreffen von Neulingen am Futterplatz auf einer gerichteten Leitung beruht. Abb. 266 zeigt das Ergebnis von zwei Versuchen mit *Trigona droryana*, einer Art mit ziemlich schlechtem Alarmierungserfolg (vgl. Abb. 264, S. 310). Einmal lag der Futterplatz 200 m südlich vom Nest. Zu den numerierten Sammlerinnen gesellten sich in der Beobachtungszeit 17 Neulinge, aber deren 79 kamen an das nur 10 m vom Nest entfernte Tischchen mit gleichem Duft, wo keine Sammlerinnen verkehrten. Es gab also offenbar keine Entfernungsmeldung (Abb. 266 rechts). Daß auch keine Richtungsweisung besteht, zeigt Abb. 266, links; ein gleich weit entferntes Tischchen im Norden erhielt sogar etwas mehr Anflüge als das Futtertischchen im Süden. Ganz anders war das Ergebnis bei *Scaptotrigona*, einer gut alarmierenden Art (vgl. Abb. 264 S. 310). Gefüttert wurde 150 m östlich vom Nest. In anderer Entfernung oder in anderer Richtung aufgestellte Tischchen hatten nur ganz wenige Anflüge zu verzeichnen (Abb. 267). Wie scharf die Richtung zur Futterstelle eingehalten wird, zeigt Abb. 268; schon bei einer Winkelabweichung um 4° nach links oder rechts vom Futtertischchen kamen nur vereinzelte Neulinge.

Eine genaue Beobachtung der Sammlerinnen außerhalb des Nestes brachte die Lösung des Rätsels. Nur bei den primitivsten Arten bestätigten sich die Erfahrungen von Ceylon an *Trigona iridipennis:* den Nestgenossen wird nur das Bestehen einer Futterquelle bekanntgegeben, deren bezeichnender Duft an den heimkehrenden Bienen wahrgenommen wird. Bei den gut alarmierenden Arten wurden die Neulinge auf überraschende Weise vom Nest ans Ziel geführt, wie folgender

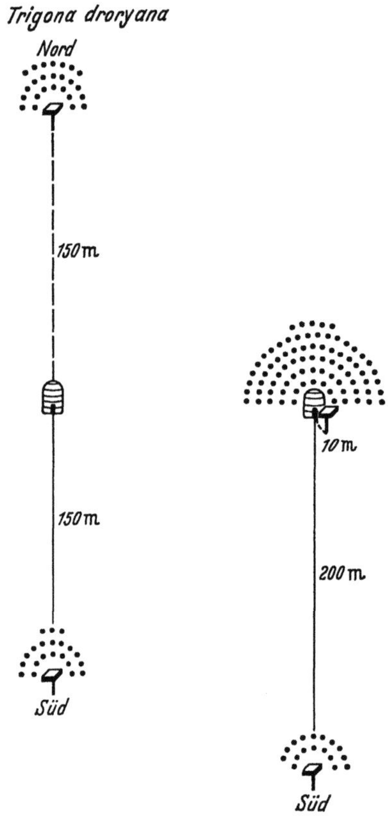

Abb. 266. Ungerichtete Alarmierung bei der stachellosen Biene *Trigona droryana.* Die ausgezogenen Linien verbinden Stock und Futterplatz, die gestrichelten Linien Stock und Kontrolltischchen. Punkte: Zahl der Neulinge. Nach LINDAUER und KERR 1958

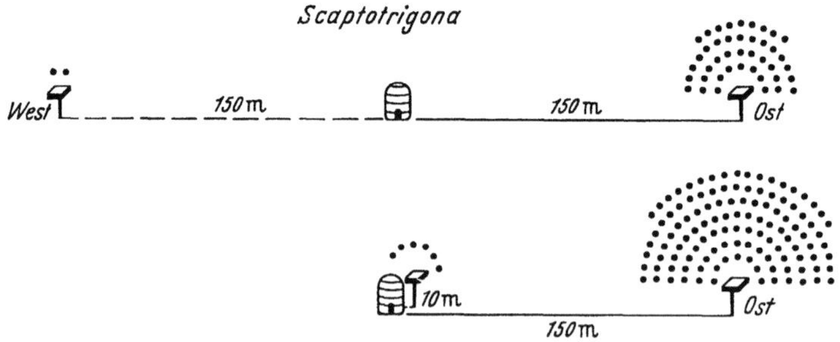

Abb. 267. Gerichteter Anflug des Zieles bei *Scaptotrigona.* Kontrolltischchen mit gleichem Duft wie am Futterplatz werden in der Nähe des Stockes (Bild unten) oder in entgegengesetzter Richtung (Bild oben) kaum beachtet. Nach LINDAUER und KERR 1958

Versuch an *Trigona ruficrus* LEP. als typisches Beispiel zeigt: eine gezeichnete Biene begann an einem Futtertischchen 35 m südlich vom Nest zu sammeln. Sie hatte schon 11 mal Zuckerwasser heimgetragen und im Stock alarmiert. Neulinge kamen heraus und schwärmten als kleine Wolke vor dem Stock herum, flogen aber nicht weiter. Bei der 12. Heimkehr ließ sich die Sammlerin schon beim Futtertischchen auf den Boden nieder und während sie dann in leichtem Zickzack-Flug heimwärts strebte, setzte sie sich in Abständen von 2—4 m immer wieder auf einen Grashalm, ein Steinchen, eine Erdkrume und berührte jedesmal mit gespreizten Mandibeln die Unterlage, wobei sie an dieser eine Duftmarke anbrachte; als sie nach etwa 20 solchen Zwischenlandungen in die Nähe des Nestes gelangt war, flog sie auf, mischte sich unter den Schwarm der Wartenden und lotste eine ganze Anzahl derselben entlang der Duftspur zum Ziel (Abb. 269). Der an den Gegenständen abgesetzte Duft ist auch für die menschliche Nase wahrnehmbar und entspricht

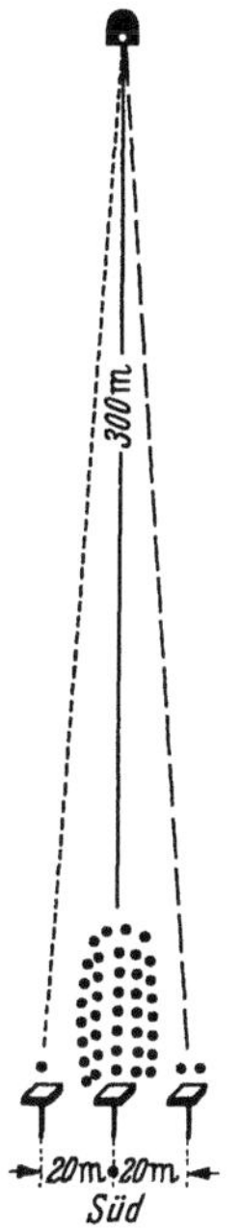

Abb. 268. Gerichteter Anflug bei *Trigona ruficrus*. Schon um 4° rechts oder links seitab gelegene Kontrolltischchen werden kaum beachtet. Nach LINDAUER und KERR 1958

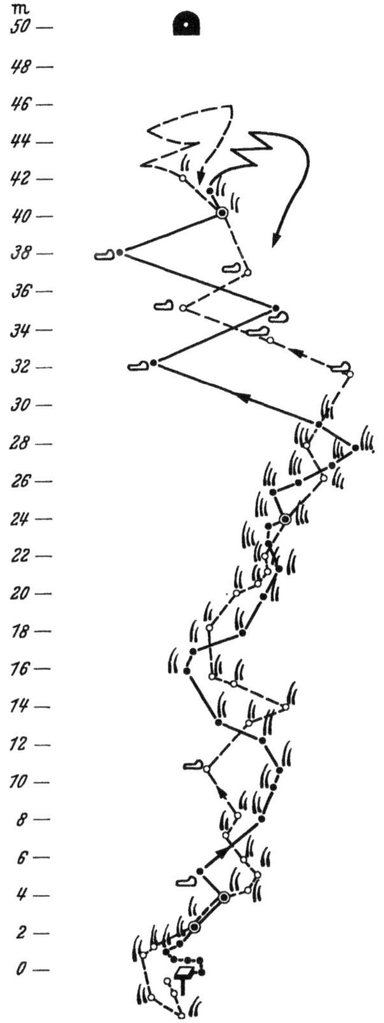

Abb. 269. Erster (ausgezogene Linie) und zweiter (gestrichelte Linie) Duftmarkierungsflug einer Sammlerin. Jeweils vorher machte sie mehrere Sammelflüge ohne Duftlegen. Punkte und Ringe: Duftmarken. Futterplatz 50 m südlich vom Nest. Nach LINDAUER und KERR 1958

dem deutlichen Geruch der Mandibeldrüse, welche bei diesen Meliponinen auffallend stark entwickelt ist (Abb. 270, NEDEL 1960).

Daß die am Boden gelegte Duftspur für die Neulinge die wichtigste Hilfe für das Auffinden des Zieles ist, zeigte ein Versuch an *Scaptotrigona:* ein Volk wurde am Ostufer eines Teiches aufgestellt; zwei Bienen aus demselben wurden mit einem Futterplatz dem Ufer entlang im Bogen an das Westufer geleitet (Abb. 271). Von dort schlugen sie alsbald den direkten Weg über den See ein, aber sie brachten in mehrstündigem Verkehr keinen einzigen Neuling. Zwar machten sie immer wieder den Versuch, auf der Wasseroberfläche Duftspuren zu legen, aber das gelang ihnen natürlich nicht. Als ein Seil mit belaubten Zweigen über das Wasser gespannt wurde (Abb. 272), setzten sie sofort an diesen ihre Duftmarken ab und schon in der nächsten halben Stunde kamen mehr als 30 Neulinge zum Futterplatz. Der Einwand, die optische Leitlinie der belaubten Zweige könnte ausschlaggebend gewesen sein, trifft nicht zu. Wenn das Seil am Westufer seitwärts verlegt wurde,

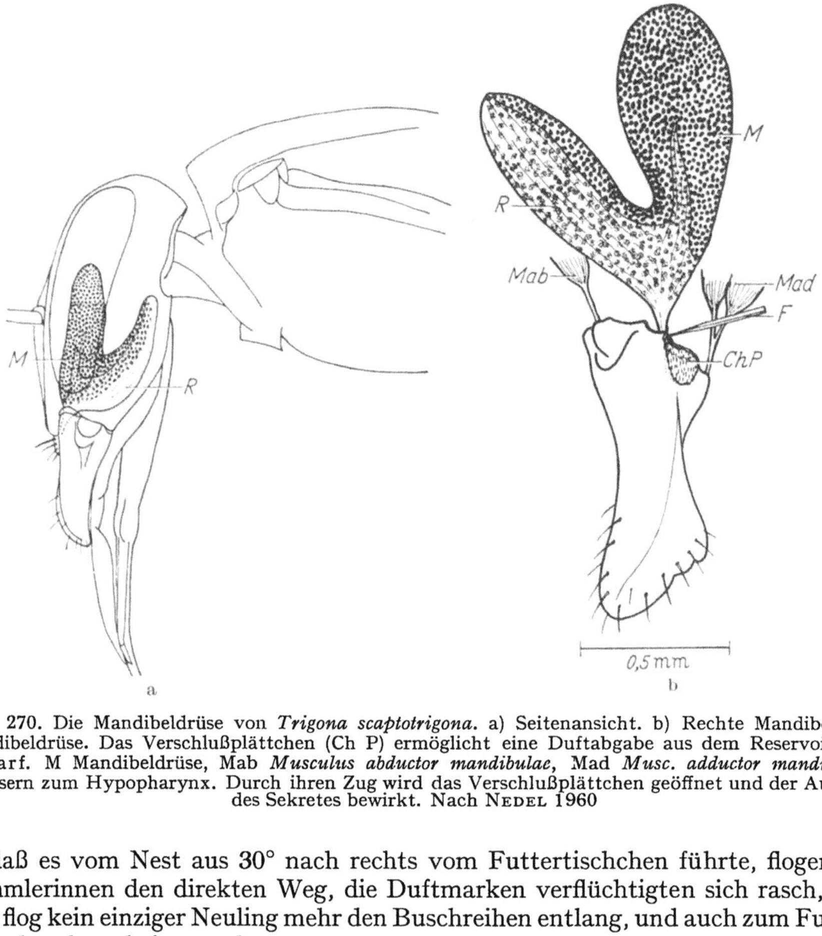

Abb. 270. Die Mandibeldrüse von *Trigona scaptotrigona*. a) Seitenansicht. b) Rechte Mandibel mit Mandibeldrüse. Das Verschlußplättchen (Ch P) ermöglicht eine Duftabgabe aus dem Reservoir bei Bedarf. M Mandibeldrüse, Mab *Musculus abductor mandibulae*, Mad *Musc. adductor mandibulae*, F Fasern zum Hypopharynx. Durch ihren Zug wird das Verschlußplättchen geöffnet und der Austritt des Sekretes bewirkt. Nach NEDEL 1960

so daß es vom Nest aus 30° nach rechts vom Futtertischchen führte, flogen die Sammlerinnen den direkten Weg, die Duftmarken verflüchtigten sich rasch, und nun flog kein einziger Neuling mehr den Buschreihen entlang, und auch zum Futtertischchen kam keiner mehr.

Die Duftmarkierung allein genügt aber nicht. Die Neulinge, die auf den Alarm hin zunächst vor dem Stock herumschwärmen, müssen auf die Spur gebracht und ihr entlang an das Ziel gelotst werden. Das ist auch daraus zu ersehen, daß sie daselbst schubweise und in Begleitung numerierter Sammlerinnen ankommen. Über die Methode des Lotsens bestehen begründete Vermutungen, die aber nicht erwiesen sind: Die Leitbienen könnten beim Flug zum Futterplatz Mandibeldrüsensekret aus dem Munde abgeben und so eine Duftfahne hinter sich herziehen, sie könnten ferner auch durch ihren aufgeregten Flug optisch die Neulinge mitlocken. Ein unmittelbares Nachfliegen war gelegentlich zu beobachten. „In der Regel war es so, daß die markierte Leitbiene vom Stock aus mit dem dort herum-

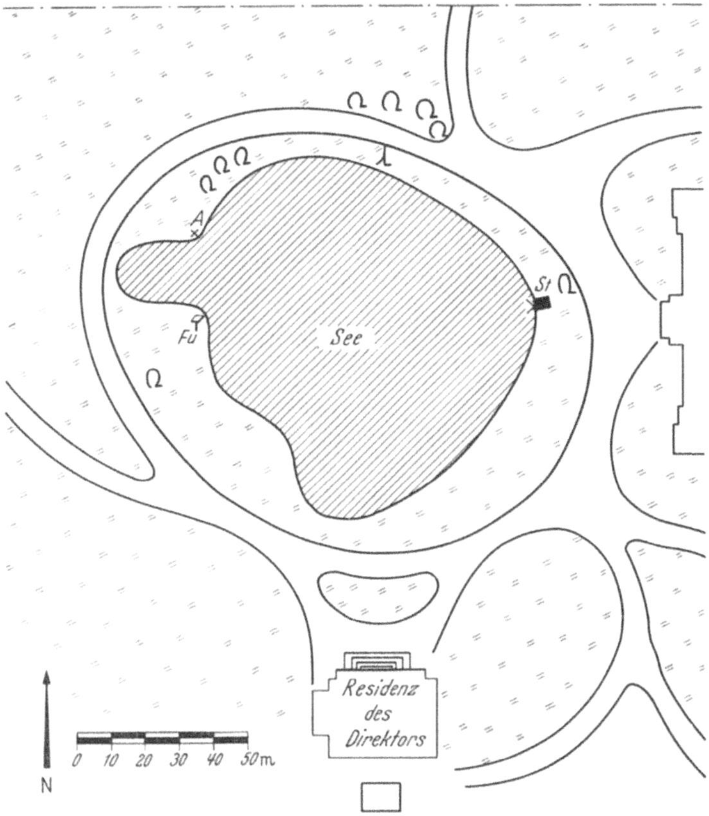

Abb. 271. Lageskizze zum Überwasser-Versuch. Die Sammelbienen flogen direkt über das Wasser vom Stock St zum Futterplatz Fu. Nach LINDAUER und KERR 1958

Abb. 272. Ein Seil mit belaubten Zweigen ist über den Teich gespannt und gibt den Sammelbienen die Möglichkeit, Duftspuren zu legen. Nach LINDAUER und KERR 1958

fliegenden Neulingsschwarm in zickzackartigem Flug abflog, wobei sie alle 3 bis 5 m wieder umkehrte, zurückgebliebene Neulinge nachholte und so etappenweise den Schwarm dem Ziel näher brachte" (LINDAUER u. KERR 1958, S. 427). Das Verhalten erinnert an jenes der Spurbienen von *Apis mellifica*, die einen Schwarm zur Niststätte geleiten (s. S. 278).

Auf S. 165ff. wurde dargelegt, daß die Honigbiene nicht imstande ist, die Richtung nach oben bekanntzugeben. Es sei nur an den Funkturmversuch erinnert (S. 170, Abb. 147). Eine oben sammelnde Bienengruppe machte Rundtänze und schickte hiermit die Kameraden unten auf die Wiese, wo nichts zu holen war. LINDAUER wiederholte diesen Versuch in Südamerika mit *Apis mellifica* an einem Wasserturm, mit demselben Ergebnis. *Scaptotrigona* aber führte mit ihrer anderen Methode des Wegspurens ihre Kameraden ohne die geringste Schwierigkeit auf den Wasserturm hinauf. In den Tropenwäldern, wo in den ausgebreiteten Kronen der Baumriesen hoch über dem dichten Blätterdach das ganze Jahr hindurch nahrungsspendende Blüten zu finden sind, mag ihnen das von nicht geringem Nutzen sein (LINDAUER u. KERR 1958, S. 432).

Aus Abb. 264 S. 310 war zu entnehmen, daß Arten der Gattung *Melipona* mehr Neulinge an den Futterplatz bringen als die primitiven Formen, aber anderseits bei weitem nicht so erfolgreich sind wie *Scaptotrigona* und einige mit dieser nahe verwandte Arten. Bei den Vertretern dieser Mittelstufe ließ sich das Anlegen einer Duftspur in keinem Falle nachweisen. Doch scheinen bei *Melipona scutellaris* und *M. quadrifasciata* Neulinge durch die Sammlerinnen im Geleitflug optisch oder geruchlich, oder auf beiderlei Weise zum Ziel gelotst zu werden. Genaueres darüber konnte LINDAUER nicht ergründen.

Von entsprechenden Beobachtungen berichtet auch ESCH (brieflich) bei *Melipona:* Wenn die Sammlerinnen aus dem Stock zum Futterplatz zurückkehren, machen sie auf der ersten Wegstrecke einen auffallenden Zickzackflug und werden von alarmierten Stockgenossen begleitet, die beim Flugloch auf sie gewartet haben. Diese verlieren aber offenbar bald den Kontakt, denn sie kommen zum Stock zurück und erst nach 20—30 Wiederholungen gelangen die Neulinge ans Ziel, und nie zusammen mit der alten Sammlerin. Sie hat sie nur ein Stück weit auf den Weg gebracht, dann mußten sie die Richtung selbständig weiter verfolgen.

Vergleicht man das Ergebnis der Alarmierung bei hochstehenden Meliponinen mit dem bei unseren Honigbienen (vgl. Abb. 264, S. 310), so scheint es bei diesen und jenen auf gleicher Stufe zu stehen. Die psychologische Leistung ist aber zweifellos bei den Honigbienen höher zu bewerten, da die Neulinge auf Grund der erhaltenen Informationen in freiem Fluge ihr Ziel finden, während die Meliponinen mit Duftspuren und Geleitbienen hingeführt werden. Davon abgesehen sind aber die Honigbienen auch im Erfolg überlegen. Dessen wird man sich bewußt, wenn man sich die natürlichen Verhältnisse vergegenwärtigt und etwa an die Frühjahrstracht in der gemäßigten Zone denkt, wo um die gleiche Zeit eine Vielzahl verschiedener Blütensorten Nahrung von ungleicher Qualität bietet. Nur die Honigbienen können mit ihrer abgestuften, der Rentabilität der Futterquellen angepaßten Alarmierung, verbunden mit der präzisen Lagebeschreibung der verschiedenen Ziele, die wartenden Horden der Arbeitslosen so einweisen, daß das Aufgebot an Arbeitskräften zum Angebot der einzelnen Arbeitsplätze im richtigen Verhältnis steht. Entsprechendes ist von Meliponinen nicht bekannt und bei ihren Methoden auch kaum zu erwarten. In dieser Hinsicht steht ihre Verständigungsweise auf einer primitiveren Stufe. Ihr Nachrichtenwesen zeigt auch, im Gegensatz zum einzigartigen Verhalten der Honigbienen, vielfache Beziehungen zu Gebräuchen bei anderen sozialen Insekten.

4. Kurzer Seitenblick auf andere soziale Insekten

Zur Familie der Apidae gehören als staatenbildende Formen außer den Apinen und Meliponinen die Bombinae (Hummeln). Ihre unordentlichen Waben, die eine sparsame Verwendung des Baumateriales durch rationelle Gestaltung der Zellen noch nicht kennen, die fehlende Vorsorge für den Winter, wodurch in unserem Klima jeder Kolonie im Herbst ein Ende bereitet wird und andere primitive Züge ließen auch für den Nachrichtendienst ursprüngliche Zustände erwarten. Aber der Befund war enttäuschend: nichts derart war zu entdecken, keine Alarmierung der Nestgenossen beim Auffinden einer reichen Nahrungsquelle, und schon gar nicht eine Benachrichtigung über deren Lage. Erfolgreich heimkehrende Sammlerinnen können zwar einige Zeit erregt auf der Wabe umherlaufen und dabei mit Nestgenossen zusammenstoßen, aber niemals konnte eine sinnvolle Reaktion der letzteren beobachtet werden. Ein Kontakt wird weder gesucht noch beachtet. Die Sammlerin bringt auch bei tagelang fortgesetzter Tätigkeit keine Neulinge an den Futterplatz (WAGNER 1907, S. 159, BRIAN 1954, JACOBS-JESSEN 1959, MASCHWITZ 1964). ESCH (noch nicht veröffentlicht) konnte in Brasilien an Hummeln (*Bombus atratus* FRANKL.), die von künstlichen Futterplätzen in verschiedenen Entfernungen Zuckerwasser eintrugen, auch keine Schallproduktion feststellen.

Eine primitivere Form der Nachrichtenübermittlung, einen Gefahrenalarm durch Warntöne, beschreibt WAGNER (1907, S. 174ff.) für verschiedene Hummelarten. Sie sollen bei starker Beunruhigung des Nestes durch eigenartiges Flügelschwirren laute Summtöne erzeugen, wodurch andere, in der Nähe sitzende Hummeln zum Herumlaufen und zur Nachschau veranlaßt würden. Er meint, daß die Töne durch den Tastsinn wahrgenommen werden. Entsprechende Beobachtungen machte schon HOFFER (1889, S. 18). Er hielt eine Anzahl Hummelnester in Zuchtkästchen. Wenn er eine Schmarotzerhummel (*Psithyrus*) vorsichtig und ohne Erschütterung einem Nest von *Bombus pomorum* PANZ. zusetzte, so entstand ein solcher Aufruhr in der Kolonie, daß infolge des Gesummes dieser Hummeln auch jene in benachbarten Zuchtkästen in Unruhe gerieten. Hierher gehört wohl auch die alte Beobachtung vom „Trompeter" im Hummelnest, der durch lautes, anhaltendes Summen (mehrere Minuten bis $^1/_2$ Stunde lang) am Morgen die Nestgenossen weckt. Seit der ersten Beschreibung durch den dänischen Maler GOEDART im Jahre 1700[1]) ist die Geschichte vom „Trompeter" oft diskutiert und selten geglaubt worden. Andere Deutungen schienen näherliegend. Nach den jüngsten Beobachtungen von HAAS (1961) ist der Trompeter keine Phantasiegestalt, sondern ein Wächter im Hummelnest, der bei Störungen Gefahrenalarm gibt und in anderen Fällen wirklich am Morgen, sobald es hell wird, Nestgenossen durch sein Summen aufrüttelt. Im Hinblick auf den Schwirrtanz der Honigbienen (S. 281), auf ihre Lautproduktion beim Schwänzellauf (S. 57ff.) und auf die Alarmierung durch Summtöne bei Meliponinen (S. 311) wären diese Angaben einer Nachprüfung und näheren Untersuchung wert. Einen geruchlichen Alarmstoff, wie bei der Biene (s. S. 289) konnte MASCHWITZ (1964) bei Hummeln nicht finden.

Eine verwandtschaftliche Brücke zu den Gewohnheiten der Meliponinen, die ihre Kameraden durch das Legen einer Duftspur an den Futterplatz führen, kann man in den Paarungsflügen der Hummelmännchen sehen. Sie benützen das duftende Sekret ihrer wohlentwickelten Mandibeldrüsen[2]), um eine in sich geschlossene Flugbahn jeden Morgen von neuem mit zahlreichen Duftmarken zu kenn-

---

[1]) J. GOEDART, Metamorphosis Naturalis sive Insectorum Historia, Amstelodami, Bd. 2, 1700 (zitiert nach HAAS 1961).

[2]) Nach STEIN (1963) ist dieser Duftstoff identisch mit *Farnesol*, einem primären aliphatischen Alkohol, der in fast allen Blütenölen vorkommt. Er wird von den Hummelmännchen wahrscheinlich mit dem Futter aufgenommen und in den Mandibeldrüsen gespeichert.

Abb. 273. Hummelmännchen (*Bombus hortorum* L.), das auf dem Blatt eines Apfelbaumes reitet und dasselbe in der Pfeilrichtung mit Duftspuren belegt. Nach HAAS 1946

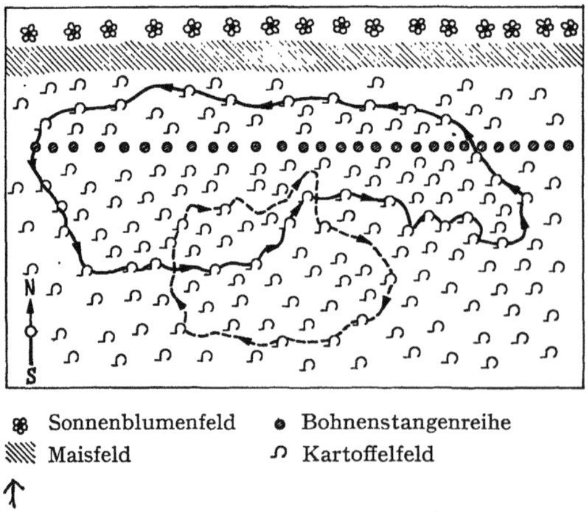

Abb. 274. Flugbahnen zweier Männchen von *Bombus terrestris* L. in einem Kartoffelfeld am 26. 8. 1947. Die Duftmarken an den Kartoffelstauden waren unten, 10—40 cm über dem Boden gelegt und beflogen. Nach HAAS 1949

zeichnen (Abb. 273, HAAS 1946, 1952, STEIN 1956). Kopulationsbereite Männchen verraten so den Weibchen ihre Anwesenheit. Sie durchrunden immer wieder und wieder die markierten Bahnen, wobei sie nur gelegentlich zu Nahrungsflügen abschwenken (Abb. 274)[1]. Da der Geruch des Duftorganes artspezifisch ist und überdies die verschiedenen Arten ihre typischen Bahnen fliegen, die einen in der Wiese, andere in Büschen, wieder andere hoch in Baumkronen usw., und da die Weibchen den Duft und die typischen Bahnen ihrer Männchen aktiv suchen, ist das Zusammentreffen der Geschlechter aufs beste gesichert (HAAS 1949, KRÜGER 1951).

Ähnliche Verhältnisse sind für Schmarotzerhummeln (*Psithyrus*) und für einige Einsiedlerbienen nachgewiesen (HAAS 1949a, 1960, KRÜGER 1951).

Von den übrigen sozialen Hymenopteren erinnern die Wespen in ihren Bauten und in ihrer Lebensweise an das Bienenvolk. Bei sommerlichen Mahlzeiten im Freien kommen sie oft so rasch und zahlreich als ungebetene Gäste, daß man an ein ähnliches Nachrichtensystem wie bei Bienen denken möchte. Der Zuwachs an Neulingen pflegt aber nicht anzuhalten. KALMUS (1954) stellte in dieser Hinsicht vergleichende Beobachtungen an Bienen und Wespen an (*Vespa germanica* FBR.): ein Angebot von Zuckerwasser wurde sehr schnell von Wespen entdeckt, blieb aber dem in der Nähe aufgestellten Bienen-

[1]) Die „Bahnflüge“ der Hummelmännchen hat schon CH. DARWIN beobachtet (vgl. KRÜGER 1951, S. 62); sie wurden von FRANK (1941) wiederentdeckt, aber erst von HAAS als duftmarkierte Wege in ihrer Bedeutung erkannt.

volk stundenlang verborgen. Die Zahl der Wespenbesuche erwies sich als ziemlich konstant, während die Zahl der Bienen, sobald überhaupt welche kamen, sehr schnell zunahm. Abgefangene Wespen fanden keinen Ersatz, so daß ihr rasches Kommen und ihre anfängliche Vermehrung nur auf eifriges Herumspionieren und auf ihre Findigkeit zurückzuführen war, während eine Alarmierung von Nestgenossen offenbar nicht stattfand.

Das dürfte aber nicht für alle Wespen gelten. HASE (1935) beobachtete in Venezuela bei der in Südamerika verbreiteten *Polybia atra* SAUSS. an einem Nest, das in der Veranda seiner Wohnung angelegt war, einige Tage lang den Verkehr der zu- und abfliegenden Tiere. Etwa 50 pflegten vor dem Flugloch auf der Nesthülle zu sitzen, wo auch die Ankömmlinge landeten und die abfliegenden starteten. In der Regel hielt sich deren Zahl recht genau die Waage. Einigemal aber beobachtete er, daß die Wespen bei ihrer Ankunft einen Schwänzeltanz aufführten, während sie durch die Schar der auf dem Nest sitzenden Kameraden eilten. Daraufhin verließen in rascherer Folge als sonst mehrere Tiere das Nest – was in der Arbeit protokollarisch belegt wird.

Hiermit stehen Beobachtungen LINDAUERs (1961, S. 85) an einer anderen *Polybia*-Art (*P. scutellaris* WHITE) in Piracicaba (Brasilien) in Einklang: 10 Wespen, die an einem Futterplatz 150 m vom Nest verkehrten, brachten durchschnittlich binnen $^1/_2$ Stunde 5—7 Neulinge. Solche suchten nachweislich ringsum, sie wurden nicht über die Richtung und Entfernung des Zieles verständigt.

Zoologen, die in den Tropen dazu Gelegenheit haben, könnten an diesen und anderen Wespenarten noch so manches entdecken.

Ameisen können teils durch ihr Gift, teils durch besondere Alarmstoffe die Kameraden geruchlich zur Verteidigung aufrufen. Bei manchen Arten, so bei *Formica polyctena* FÖRSTER, dient das Giftsekret auch einer primitiven Verständigung über den Ort des Nahrungsfundes. Große, sich wehrende Insekten werden mit Gift bespritzt, dessen Geruch weitere Ameisen aus der Umgebung zur Unterstützung heranlockt (MASCHWITZ 1964). Auf einer höheren Stufe steht die bei Ameisen weit verbreitete Verständigung mit Hilfe von Geruchsfährten. Solche Methode kommt auch beim Fliegervolk der Bienen vor (Meliponinen, S. 313); bei einem an den Boden gebundenen Fußvolk ist sie noch näherliegend und einfacher. Wenn z. B. ein Kundschafter der Gattung *Pheidole* oder *Solenopsis* oder *Myrmica* eine Beute gefunden hat, die er allein nicht bewältigen kann, so kehrt er zum Nest zurück und legt hierbei durch Berühren des Bodens mit dem Hinterleib eine Duftspur. Im Nest angekommen, alarmiert der Kundschafter die Nestgenossen durch aufgeregtes Herumlaufen, durch Betrillern mit Fühlern und Beinen oder durch Anrempeln mit dem Kopf. Auch ein von der Mandibeldrüse abgegebener Duft kann beim Aufrütteln der Nestgenossen mitspielen (wie bei Gefahrenalarm, vgl. S. 289f.). Hierbei erfolgt weder eine persönliche Führung zum Ziel, noch eine Mitteilung über die Art oder den Ort der Beute. Die Kameraden erfahren nur, daß es etwas zu holen gibt. Sie laufen hinaus, folgen der Duftspur und viele gelangen so ans Ziel. Da sie selbst bei ihrer Rückkehr gleichfalls Spuren legen, verstärken sie die Markierung. Anderseits verflüchtigt sich die Geruchsfährte rasch, sobald die Futterquelle erschöpft ist und die Spur nicht mehr erneuert wird (HINGSTON 1928, S. 9, GOETSCH 1953, 1953a, SUDD 1960, WILSON 1962, 1963).

Es ist gelungen, diese Duftstoffe zu extrahieren. Mit den Extrakten lassen sich sehr wirksame künstliche Duftfährten anlegen. Der Duft ist auch bei Ameisen, die derselben Gattung angehören, von Art zu Art qualitativ verschieden. Seine chemische Zusammensetzung ist noch in keinem Falle geklärt (WILSON 1963).

Sehr merkwürdige Verständigungsweisen bei einigen anderen Ameisenarten lassen den Weg vermuten, auf dem sich im Laufe der Stammesgeschichte das Fährtenlegen entwickelt hat. Wenn eine Kundschafter-Ameise von *Camponotus sericeus* FABR. (Indien) Futter findet, kehrt sie zum Nest zurück und führt einen Kameraden zum Futterplatz. Dabei folgt der Neuling der Führerin unmittelbar und berührt häufig ihren Hinterleib. Die Führerin marschiert auffallend langsam, und wenn der Kontakt verlorengeht, wartet sie, bis sie eingeholt ist (HINGSTON 1928, S. 270). In Puerto Rico beobachtete WILSON (1959) das gleiche Verhalten bei einer anderen Gattung (*Cardiocondyla venustula* WHEELER und *C. emeryi* FOREL) und bezeichnete es als "tandem running". Auch hier wird sorgsam auf die Erhaltung des Kontaktes geachtet; eine Geruchsspur wird nicht gelegt. Die (sehr kleinen) Arbeiterinnen laufen nur wenige Millimeter vorwärts und warten dann auf die Nachfolgerin. So geht es langsam ruckweise zum Ziel. Das ist wohl beim Requirieren von Hilfskräften die primitivste und am wenigsten ökonomische Methode von allen, die man bisher kennt.

Wie *Camponotus sericeus* führt auch *C. paria* EMERY jeweils nur einen Kameraden zum Futterplatz. Doch ist ein kleiner, wichtiger Fortschritt darin gegeben, daß der Neuling im Abstand von mehreren Zentimetern der Führerin folgen kann und diese nicht mehr auf ihn zu warten braucht. Sie hinterläßt eine schwache Geruchsspur. Bei *Camponotus compressus* FABR. folgen der Führerin 10—20 Kameraden im Gänsemarsch. Hiermit ist die Brücke geschlagen zu der so erfolgreichen Alarmierung durch intensiven Fährtenduft (HINGSTON 1928, SUDD 1959).

Im System stehen die Termiten abseits von den bisher besprochenen sozialen Insekten. Eine Wegleitung ist bei ihnen von untergeordneter Bedeutung, da sie meistens inmitten ihrer Nahrungsquelle (z. B. Holz) leben oder durch unterirdische Laufgänge ihre Ziele erreichen. Bei Formen, die außerhalb des Nestes ihrer Nahrung nachgehen, ist ein Verfolgen der Duftfährten von Nestgenossen nachgewiesen (GOETSCH 1953). Der Vorgang des Spurens und das Alarmieren wurde bei der nordamerikanischen Termitenart *Zootermopsis nevadensis* HAGEN von LÜSCHER und MÜLLER (1960) untersucht. STUART (1961, 1963) beobachtete das Spurenlegen bei derselben Art und bei *Nasutitermes cornigera* MOTSCHULSKY. Die Duftdrüsen liegen bauchseitig im 5. Hinterleibssegment. Die Markierung des Weges erfolgt durch Berühren des Bodens mit jener Stelle des Bauches, wo die Drüsen ausmünden. Das Sekret ließ sich mit Äther extrahieren und mit Erfolg zur Anlage künstlicher Spuren verwenden. Der Riechstoff wirkt auch auf andere Kolonien, aber nicht auf andere Termitenarten. Reizung einer einzigen Termite veranlaßt diese, im Zickzack durch das Nest zu rennen, wobei sie Kameraden berührt und alarmiert. Diese können den Alarm durch gleiches Verhalten weiter verbreiten.

Es wird gewiß bei den Termiten noch andere Formen des Nachrichtendienstes geben. Doch bleibt bei diesen an Rätseln reichen Insektenstaaten das meiste wohl noch zu ergründen.

Eine gegenseitige Verständigung durch das Legen von Duftspuren auf dem Boden ist also bei staatenbildenden Insekten recht verbreitet und scheint ihre höchste Entwicklung bei einigen Meliponinen gefunden zu haben.

Zusammenfassung

Die Verständigung bei anderen Rassen, Arten und Gattungen der Bienen und bei anderen sozialen Insekten (S. 292—320)

1. Verschiedene Rassen der Honigbiene unterscheiden sich voneinander geringfügig, aber spezifisch in ihrer Richtungs- und Entfernungsweisung („Dialekte“ der „Bienensprache“). Untersucht wurden die drei mitteleuropäischen Rassen: Krainer-Biene (*Apis mellifica carnica* POLLM.), Italiener-Biene (*A. m. ligustica* SPIN.), und deutsche Biene (*A. m. mellifica* L.), ferner die kaukasische Gebirgsbiene (*A. m. caucasica* GORB.), die ägyptische Biene (*A. m. fasciata* LATR.) und die punische Biene (*A. m. intermissa* BUTT.-REEPEN). Ergänzende Angaben liegen von anderer Seite für *A. m. adansonii* LATR. aus dem tropischen Afrika vor.

2. Futterplätze in unmittelbarer Nähe des Flugloches werden von allen Rassen durch Rundtänze angezeigt.

3. In der Richtungsweisung unterscheidet sich die Krainer-Biene von allen anderen untersuchten Rassen dadurch, daß der Rundtanz bei zunehmender Entfernung des Zieles direkt in den Schwänzeltanz übergeht. Bei den anderen Rassen vollzieht sich der Übergang durch richtungsweisende Sicheltänze (Abb. 54, S. 63). Die ägyptische Biene beginnt schon bei einem Zielabstand von 3 m mit Sicheltänzen, bei 10 m mit Schwänzeltänzen; die anderen Rassen folgen mit größeren, für sie jeweils bezeichnenden Entfernungen, am Ende der Reihe steht die Krainer-Biene, die erst bei 50—100 m mit deutlicher Richtungsweisung beginnt (Abb. 251 S. 294).

4. Auch die Entfernungsweisung ist rassenspezifisch verschieden. Die Krainer-Biene hat das schnellste Tanztempo, von den mitteleuropäischen Rassen ist die Italiener-Biene die langsamste Tänzerin; die Afrikaner Rassen sind noch langsamer (Abb. 252 S. 295).

5. In mehreren Bastardvölkern zwischen Krainer- und Italiener-Bienen zeigten Arbeiterinnen mit der gelben Körperfärbung der Italiener-Rasse bei nahen Futterplätzen überwiegend Sicheltänze, während solche mit der Körperfärbung der Krainer-Bienen überwiegend Rundtänze machten. Es scheint also die Verhaltensweise des Sicheltanzes mit der gelben Körperfärbung gekoppelt vererbt zu werden. Diese Frage bedarf aber noch der Prüfung an Bastardvölkern, die genetisch genau bekannt sind (künstliche Besamung der Königin).

6. In einem künstlich hergestellten Mischvolk aus Krainer und Italiener-Bienen wird das schnellere Tanztempo der Krainer von ihren italienischen Stockgenossen mißverstanden; diese suchen das Ziel in zu geringer Entfernung. Umgekehrt alarmierten die Italiener Sammlerinnen durch ihr langsameres Tanztempo die Krainer Stockgenossen für eine zu große Entfernung (Abb. 254, S. 298).

7. Stärkere Unterschiede in der Tanzweise bestehen zwischen den verschiedenen Arten der Honigbiene. Es konnten im Vergleich mit unseren Bienen alle drei anderen (indischen) *Apis*-Arten untersucht werden: die indische Biene (*Apis indica* F.), die Zwerghonigbiene (*A. florea* F.) und die Riesenhonigbiene (*A. dorsata* F.).

8. In der Entfernungsweisung bestehen nur graduelle Unterschiede (Abb. 260, S. 304). Am langsamsten tanzt die Zwerghonigbiene. Ihrer geringen Flugweite ist der steile Verlauf im Anfangsteil der Entfernungskurve (Abb. 110, S. 124) angemessen. Er bedeutet eine scharfe Entfernungsweisung bei geringem Zielabstand und stärkere Ungenauigkeit erst bei Entfernungen, die praktisch kaum in Frage kommen.

9. Die Richtungsweisung stimmt bei der indischen Biene *(A. indica)* im Prinzip mit der unserer Honigbiene überein, nur macht sie schon bei einer Futterplatz-Entfernung von 1 m gerichtete Sicheltänze, bei 2 m gerichtete Schwänzelläufe. Wie unsere Biene erkennt sie den Sonnenstand auch am polarisierten Licht des blauen Himmels. Im dunklen Stock transponiert auch sie den Sonnenwinkel auf die Richtung zur Schwerkraft. — Die Zwerghonigbiene *(A. florea)* transponiert den Lichtwinkel nicht. Ihr Nest, bestehend aus einer einzigen Wabe, wird stets unter freiem Himmel angelegt. Der verbreiterte obere Wabenrand dient als horizontaler Tanzboden. Nur hier vermag sie, angesichts der Sonne oder blauen Himmels, die Richtung zum Ziel anzuzeigen. Der horizontale Tanz mit unmittelbarer Orientierung nach dem Himmel, wie er ja auch bei unseren Bienen vorkommt, erweist sich so als die ursprüngliche Form der Richtungsweisung, von der das Transponieren auf die Richtung zum Lot in finsteren Nisthöhlen abzuleiten ist. — Die Riesenhonigbiene *(A. dorsata)* baut gleichfalls nur eine einzige Wabe, von der aus der Himmel sichtbar ist. Sie nimmt eine Mittelstellung ein, da sie zwar auf der vertikalen Fläche tanzt und transponiert, aber nur angesichts der Sonne oder blauen Himmels die Richtung weisen kann.

10. Eine weit primitivere Verständigung findet sich bei manchen Arten von stachellosen Bienen (Meliponinen), die auch in ihrer Lebensweise und im Nestbau auf tieferer Stufe stehen. So alarmiert *Trigona iridipennis* SMITH (Abb. 262, S. 307) ihre Nestgenossen nur durch aufgeregtes Herumlaufen auf der Wabe, ohne sie über die Richtung und Entfernung des Zieles zu benachrichtigen. Nur der Duft der Futterquelle, der ihrem Körper anhaftet, gibt den Kameraden eine nähere Information: Sie erfahren den spezifischen Duft der entdeckten Blütensorte. In solchen Verhältnissen kann man die Wurzel der „Bienensprache" sehen, von der aus die Verständigungsweise bei Honigbienen und Meliponinen verschiedene Wege gegangen ist. Denn auch in der artenreichen Gruppe der stachellosen Bienen gibt es bei den höher stehenden Formen einen gut funktionierenden Nachrichtendienst, aber von anderer Art als bei der Honigbiene. Richtungsweisende Tänze kennt man nicht. Die Alarmierung beschränkt sich auf ein erregtes Herumlaufen und Anrempeln der Kameraden und wird durch Summtöne unterstützt. Die so benachrichtigten Bienen fliegen aus, schwärmen wartend vor dem Nest herum und werden dann durch die Entdeckerin der Futterquelle entlang einer Duftspur, die sie auf dem Boden angelegt hat, ans Ziel geleitet *(Trigona ruficrus*, Abb. 269, S. 313, *Scaptotrigona)*. Zwischen der primitiven Alarmierung von *Trigona iridipennis* und der höchst erfolgreichen bei den eben erwähnten Formen stehen *Melipona*-Arten (Abb. 263, S. 308), die keine Duftspur legen, aber im Geleitflug die Neulinge zum Ziel lotsen.

11. Meliponinen wie *Scaptotrigona*, die mit Hilfe ihrer Mandibeldrüsen Duftmarken am Boden anbringen und die Neulinge entlang der Duftspur ans Ziel geleiten, können diese so rasch und zahlreich zum Futterplatz bringen wie die Honigbienen. Überlegen sind ihnen die letzteren in ihrer psychologischen Leistung, indem sie die Kameraden nicht ans Ziel geleiten, sondern durch entsprechende Informationen zum Ziel schicken. Nur dadurch ist es auch möglich, bei einer Vielzahl von gleichzeitig blühenden Pflanzenarten die Arbeitskräfte so an die verschiedenen Arbeitsplätze zu lenken, wie es der ungleichen Rentabilität der einzelnen Blütensorten entspricht.

12. Bei Hummeln waren weder Tänze noch eine andere Verständigung über Futterquellen nachweisbar. Jedoch scheint es einen Gefahrenalarm durch Vibrationsreize (Summtöne) zu geben. Hummelmännchen markieren, wie manche Meliponinen, mit dem Sekret ihrer Mandibeldrüse Duftbahnen, auf denen die Geschlechter einander finden.

13. Die bei uns heimischen sozialen Wespen scheinen keine wechselseitige Verständigung über Nahrungsquellen zu besitzen. Bei *Polybia*-Arten Südamerikas wurden Tänze und auch eine erfolgreiche Alarmierung gelegentlich beobachtet.

14. Bei Ameisen gibt es eine Benachrichtigung über den Ort eines Beutefundes. Die Finderin legt eine Duftspur an und alarmiert die Nestgenossen durch erregtes Herumlaufen. Die alarmierten Tiere verlassen das Nest, viele finden die Duftspur und werden durch sie ans Ziel geleitet. Es gibt Arten, bei welchen die Entdeckerin einer Beute jeweils nur eine Kameradin aus dem Nest holt, die sich an die Fundstelle führen läßt, indem sie unter Fühler-Kontakt hinter der Finderin her läuft. Bei anderen Formen gibt es Übergänge von solchem Verhalten zum Spurenlegen.

15. Auch bei Termiten kennt man eine Alarmierung der Nestgenossen und das Anlegen von Duftfährten, die zum Ziel führen.

XI. Phylogenie und Symbolik der „Bienensprache"

Von der Phylogenie der „Bienensprache" berichten zu wollen, klingt etwas anmaßend. Tatsächlich wissen wir nichts zu diesem Thema. Es ist uns ja auch die Entwicklung der menschlichen Sprache in ihren Anfängen unbekannt, obwohl kaum 1 Million Jahre seither verstrichen sind. Wie sollten wir von den Wurzeln der „Bienensprache" Kenntnis haben, da viele 10 Millionen Jahre darüber hingegangen sind. Nicht einmal die Gestalt der ersten sozialen Insekten ist uns überliefert, schon gar nicht ihre Lebensweise, die kein versteinertes Abbild hinterlassen konnte.

Es bleibt nur übrig, aus gewissen Verhaltensformen bei anderen Insekten und aus primitiveren Stufen gegenseitiger Verständigung der heutigen Bienen einen Weg herauszufinden, auf dem sich die „Sprache" der Honigbienen entwickelt haben könnte.

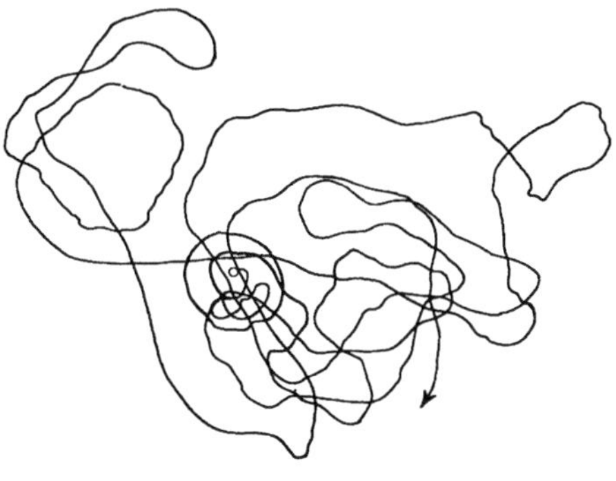

Abb. 275. Rundläufe einer Fliege (*Phormia regina*) im Tageslicht auf horizontaler Fläche, nach Entzug eines Zuckerwassertropfens. ○ Ort der Fütterung. Nach DETHIER 1957

Bei der Fliege *Phormia regina* MEIGEN hat DETHIER (1957) ein Verhalten beobachtet und beschrieben, das — wenn es bei den Ahnen der Bienen in ähnlicher Weise aufgetreten ist — vielleicht zum Rundtanz als Verständigungsmittel geführt hat: Wenn man einer Fliege auf horizontaler Unterlage einen Tropfen Zuckerwasser gibt und ihr diesen, bevor sie satt ist, wieder entzieht, macht sie kreisende Bewegungen, abwechselnd links herum und rechts herum (Abb. 275). Es sind Suchbewegungen nach dem verlorenen Zucker, und als solche sinnvoll. Sinnlos ist, daß sich auch eine in der Hand gehaltene und gefütterte Fliege genau so verhält, wenn man sie nachher auf eine Platte setzt, wo gar kein Zucker war. Das Suchen erfolgt eben nicht mit Einsicht, sondern automatisch. Daß die Fliege nach der Fütterung an einen anderen Platz gebracht wurde, geht über ihren Horizont. Es kommt ja auch unter normalen Umständen nicht vor.

Es ergeben sich einige Parallelen zwischen dem „Tanz" der Fliegen und dem Rundtanz der Bienen. Bei höherer Zuckerkonzentration, oder bei größerem Hunger

(Erniedrigung der Annahmeschwelle), tanzen die Fliegen intensiver und länger. Auch das ist als lebhafteres Suchen bei verstärktem Anreiz verständlich. Ferner läßt sich eine gewisse Orientierung des „Tanzes" nach äußeren Reizen feststellen, indem auf horizontaler Fläche bei einseitiger Belichtung die Rundläufe in der Richtung des einfallenden Lichtes deformiert werden (Abb. 276), und im Dunklen auf vertikaler Fläche in der Richtung des Lotes (Abb. 277). Es besteht aber keine Beziehung zwischen der Orientierung der Läufe und der Lage der Futterquelle.

Wie eine heimgekehrte Sammelbiene pflegt auch die Fliege wenigstens einen Teil des aufgenommenen Zuckerwassers auszuwürgen, wenn sie in eine Ansammlung von Artgenossen gerät. Diese versuchen den Zucker aufzulecken, geraten in Erregung und beginnen selbst zu „tanzen", also ihrerseits zu suchen. Aber keinerlei nähere „Information" durch die erste Fliege wird erkennbar.

Setzt man die Fliege erst einige Zeit nach der Nahrungsaufnahme auf die Unterlage, so ist die Intensität des „Tanzes" um so geringer, je länger die Pause war, und dauert diese mehrere Minuten, so wird gar nicht mehr „getanzt". DETHIER sieht auch

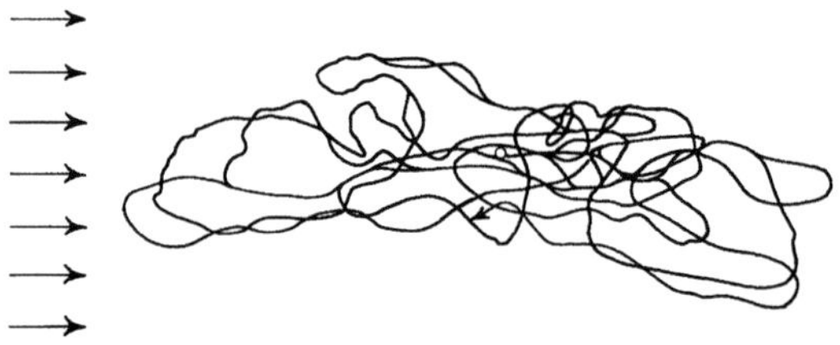

Abb. 276. Die Läufe der Fliege auf horizontaler Fläche bei einseitiger Belichtung. Nach DETHIER 1957

Abb. 277. Die Läufe der Fliege im Dunklen auf vertikaler Fläche. Nach DETHIER 1957

hierin eine Parallele zu den Bienen, die bei größerer Entfernung des Zieles und entsprechend verlängerter Flugzeit langsamer und „mehr diffus" tanzen. Das ist aber nicht so. Mit zunehmender Entfernung verliert der Bienentanz keineswegs an Intensität, er wird auch nicht diffus, es wird nur die Zahl der Umläufe in der Zeiteinheit geringer[1]).

Ein wesentlicher Unterschied besteht zwischen dem „Tanz" der Fliege und dem Rundtanz der Biene: Die Kreisläufe der Fliege, die den Zuckerwassertropfen verloren hat, sind Suchbewegungen. Die tanzende Biene hat sich satt getrunken und sucht nichts. Die Rundläufe sind zum Symbol geworden für die Stockgenossen, die suchen sollen (v. FRISCH 1954).

Trotzdem wird man DETHIER zustimmen, daß ein ähnliches Verhalten, wie es die Fliege zeigt, der Ausgangspunkt für die Entwicklung des Bienentanzes gewesen sein kann. Dabei ist von besonderer Bedeutung, daß der „Tanz" der Fliege auch nach einer Pause, als verzögerte Antwort (delayed response) auf den Geschmacksreiz des Zuckerwassers auftritt. Wenn das gleiche bei der Biene der Fall war, die von einem Nahrungsflug heimkehrte, konnten die verspäteten Rundläufe auf der Wabe zum Signal für die Stockgenossen geworden sein. Wohl bei allen sozialen Insekten sind die alarmierenden Bewegungen bei einer guten Trachtquelle lebhafter als bei einer solchen von geringerem Wert. Diese Möglichkeit für eine Verständigung über die Qualität einer Entdeckung reicht gewiß

[1]) Dasselbe Mißverständnis findet sich bei KROEBER (1952), der das langsamere Tanztempo bei größerer Entfernung auf zunehmende Ermüdung zurückführen möchte. Wer die energischen Tänze von Bienen gesehen hat, die in kilometerweiter Entfernung eine rentable Futterquelle ausbeuten, wird nie auf diesen Gedanken verfallen.

bis in Zeiten zurück, als es noch keinen Nachrichtendienst gab. Schon beim Fliegentanz wird um so temperamentvoller gesucht, je besser die Qualität des Verlorenen war.

Auch für den Schwänzeltanz der Bienen hat sich ein Vorläufer gefunden. Zwar kommen Schmetterlinge so wenig wie Fliegen als Ahnen der Bienen in Betracht, aber es ist doch sehr bemerkenswert, daß überhaupt ein Vorgang wie das Schwänzeln ohne jede soziale Beziehung und mit gewissen Parallelen zum Schwänzeltanz auch bei anderen Insekten vorkommt. An zahlreichen Arten neuweltlicher Saturniiden (einer zu den Spinnern gehörigen Familie der Nachtfalter) beobachtete Blest (1960) bei vorangegangenem Flug nach dem Niedersetzen seitliche Schüttelbewegungen des Körpers (etwa 2—4 pro Sekunde), die durch abwechselndes Strecken der Beine auf der einen und anderen Körperseite bewirkt werden und nach einiger Zeit abklingen. Über die Bedeutung dieser Schüttelbewegungen ist nichts bekannt. An Vertretern der Gattung *Automeris*, die er — am Hinterleib aufgehängt — verschieden lange fliegen ließ, zeigte sich unter gewissen Bedingungen eine lineare Beziehung zwischen der Dauer des vorangegangenen Fluges (geprüft bis zu 30 Minuten) und der Dauer der Schüttelbewegungen, die mit der Flugzeit zunimmt. So wurde nach einer Flugzeit von 2 Minuten 4mal, nach 10 Minuten 11mal, nach 30 Minuten 25mal geschwänzelt. Dasselbe gilt auch für den freien Flug. Das Ergebnis bleibt konstant, selbst wenn zwischen Ende des Fluges und Beginn der Schüttelbewegungen eine Pause bis zu $1^1/_2$ Stunden liegt. Blest bringt diese Erscheinung mit dem Schwänzeltanz der Bienen in Beziehung, bei dem gleichfalls die Schwänzeldauer mit der Flugzeit — also bei geradlinigem Flug mit der Entfernung des Zieles — zunimmt.

Wenn die Dauer der Schüttelbewegungen von der Flugdauer abhängig ist, muß die letztere vom Schmetterling registriert werden. Um zu erfahren, wie das geschieht, hat Blest seinen Versuchstieren allerhand zugemutet: Er schnitt ihnen vor dem Flug das Abdomen ab, er nahm ihnen außerdem die Flügel, die Beine, die Antennen, zerschnitt die Flugmuskulatur und exstirpierte die Flügelwurzeln, ohne daß das Verhältnis zwischen der Dauer des (versuchten) Fluges und der Dauer der nachfolgenden Schüttelbewegungen dadurch beeinflußt wurde. Er schließt daraus, daß für die Dauer der Schüttelbewegungen keine Sinneswahrnehmungen maßgebend sind; die Flugzeit müßte vielmehr vom Zentralnervensystem selbst registriert werden. Maßgebend sei die Zeitdauer, durch welche der den Flug vermittelnde zentralnervöse Mechanismus aktiv war.

Blest meint, daß für die Entfernungsmeldung beim Schwänzeltanz der Bienen dasselbe gelte. Das ist möglich, aber nicht bewiesen. Gegen eine einfache Übertragung der Befunde auf die Bienen spricht, daß bei diesen die Beziehung zwischen Flugweite und Schwänzelzeit nicht linear ist (v. Frisch u. Kratky 1962). Trotzdem leuchtet ein, daß bei den Vorfahren der Bienen ein ähnliches Verhalten wie bei den Schmetterlingen der Ausgangspunkt für die Entwicklung des Schwänzeltanzes gewesen sein kann.

Ob wirklich suchende Rundläufe, wie bei Fliegen, und Schwänzelbewegungen, wie bei Schmetterlingen, den Vorfahren der Bienen als gegebene Elemente bei den Anfängen wechselseitiger Benachrichtigung zur Verfügung standen, darüber wissen wir nichts.

Festeren Boden gewinnen wir erst bei einer vergleichenden Betrachtung der sozialen Insekten. Die einfachste und wohl ursprünglichste Form der Benachrichtigung über aufgefundenes Futter ist das erregte Benehmen der Entdeckerin und die Übertragung dieser Erregung auf andere Mitglieder der Gemeinschaft. Eine auffallende Erregung nach der Heimkehr legen schon die Hummeln an den Tag, wenn sie gute Nahrung gefunden haben. Aber sie bleibt auf eine gesteigerte Aktivität der Finderin selbst beschränkt (S. 317). Bei primitiven Meliponinen und bei Ameisen wird die Erregung durch gesuchten Kontakt mit den Nestgenossen auf diese übertragen, die dadurch aktiviert werden. Häufig wird die Alarmierung durch Lautäußerungen unterstützt, die über den Vibrationssinn wahrgenommen werden. Bei stachellosen Bienen sind es Summtöne von ähnlicher Art wie beim Schwänzellauf der Honigbiene.

In manchen Fällen, so bei den Körner sammelnden Ameisen der Gattung *Messor*, schwärmen die verständigten Nestgenossen ohne jeden Anhaltspunkt nach allen Seiten in suchenden Runden und Spiralen aus und nur ihrer großen Zahl verdanken sie es, daß einige ans Ziel kommen (GOETSCH 1953a, S. 86 ff.). Bei anderen Arten legt die heimkehrende Finderin eine Geruchsspur, welche den suchenden Kameraden als Leitweg dient. Doch kommt es bei Ameisen anscheinend nicht vor, daß sie von der Entdeckerin einer Beute eine Information über das Ziel erhalten, etwa durch Übermittlung des spezifischen Geruches der Beute. So etwas gibt es aber bei stachellosen Bienen, die darauf achten, was für ein Blütenduft am Körper der erregten Finderin haftet. Sie erfahren so zwar nicht, wo, aber was sie zu suchen haben.

Bei primitiven Meliponinen werden also die Nestgenossen alarmiert, aber sie erhalten keine anderen Informationen, als daß es sich lohnt, zu sammeln[1]), und wie der Fundort duftet. Man darf wohl in solchen Verhältnissen die Anfänge der „Bienensprache“ sehen. Von da aus gabelt sich der Weg: Bei höheren Meliponinen entwickelt sich die Führung zum Ziel durch Geleitflüge, die sich durch das Anlegen einer Geruchsspur am Boden noch vervollkommnen (S. 311 ff.). Innerhalb der verwandten Gattung *Apis* entstand vermutlich von ähnlichen Vorstufen aus die Information der Kameraden über die Lage des Zieles durch rhythmische Tänze, die ein Suchen und Finden in freiem Flug und ohne Geleit möglich machte.

Der Rundtanz bedeutet bei allen Apinen für die Nestgenossen die Aufforderung, auszufliegen und in der Nähe rundum zu suchen. Ob sie das in Rundflügen machen oder ob sie abwechselnd nach verschiedenen Richtungen geradlinig vorstoßen und wieder zurückkehren, ist unbekannt, ließe sich aber an einem durchnumerierten Beobachtungsvolk feststellen. Als Intentionsbewegung kann man den Rundtanz wohl nicht deuten. Denn die Sammlerin hat nicht die Tendenz, rundum zu fliegen. Sie kehrt bei ihrem nächsten Ausflug geradlinig zu dem ihr bekannten Ziel zurück. Der Rundtanz ist eine Art Rumpellauf (S. 279) an Ort und Stelle. Daß er nur im Gedränge anderer Bienen und nicht an leeren Wabenstellen ausgeführt wird, unterstreicht seinen Charakter als aktive Benachrichtigung der Stockgenossen. Seine Auslegung als symbolische Aufforderung, rund um den Stock zu suchen, läßt die Frage nach seinem Ursprung offen. In dieser Hinsicht sei an DETHIERs Hypothese erinnert (S. 323 f.).

Der Schwänzeltanz läßt sich wohl von Intentionsbewegungen ableiten[2]). Denken wir an die Zwerghonigbiene, die ausschließlich auf horizontaler Unterlage und nur angesichts der Sonne oder blauen Himmels tanzt, so können wir die Schwänzelläufe als wiederholte Ansätze zum Abflug deuten, wobei jeder Anlauf in der Richtung zum Ziel orientiert ist. Das ist vergleichbar etwa den Intentionsbewegungen gesellig lebender Vögel, bei welchen vor dem Aufbruch von der Weide zum Übernachtungsplatz zunächst der eine oder andere seine

---

[1]) Nur bei gutem Futter wird alarmiert. Welche Faktoren hierbei schon bei so primitiver Verständigung im Einzelnen maßgebend sind (vgl. S. 240 ff.), bleibt noch zu untersuchen.

[2]) In diesem Sinne äußerte sich HALDANE sowohl für den Rundtanz wie für den Schwänzeltanz (1954, S. 267 ff.).

Abflugsstimmung zum Ausdruck bringt, indem er zum Auffliegen nur ansetzt, das Gefieder anlegt, und den Hals nach der Richtung des Zieles streckt, was zur Stimmungsübertragung auf die Kameraden und schließlich zur gemeinsamen koordinierten Handlung führt.

Aber diesen einfachen Intentionsbewegungen ist der Bienentanz durch seinen Gehalt an konkreten Nachrichten überlegen. Die stimmungsmäßige Geste eines Vogels ist etwas anderes als die präzise Übermittlung der Richtung zu einem unbekannten Ziel, wie sie die Nachtänzerin von der tanzenden Biene empfängt; und für die Lagebeschreibung durch die Verbindung der Richtungsweisung mit einer Entfernungsangabe ist aus dem ganzen übrigen Tierreich nichts Vergleichbares bekannt: Je größer die Entfernung ist, je länger also der Flugweg, desto mehr verlängert die Tänzerin die Schwänzelzeit, die wir als das maßgebende Signal für die Entfernung betrachten (S. 102). Der Zeit- oder Kraftaufwand für die Schwänzelstrecke ist bei weitem nicht derselbe wie der für die Flugstrecke. Aber nach ihrem relativen Maßstab dient die Schwänzelzeit als Symbol für die Entfernung des Zieles. Die Lautproduktion während des Schwänzellaufes gibt dieser Phase der Tanzfigur noch eine besondere Betonung. Und da der Schall offenbar durch Betätigung der Flugmuskulatur erzeugt wird — denn er geht vom Thorax aus und seine Frequenz von etwa 250 Hz stimmt überein mit der Frequenz der Flügelschläge (Esch 1961) — so ist man versucht, diese Produktion des Fluggeräusches als symbolisches Drängen zum Abflug zu betrachten.

Dieser Gedanke wurde bei einem Gespräch von Esch geäußert und auf Grund seiner letzten Untersuchungen an stachellosen Bienen noch weiter ausgesponnen (briefl. Mitt.): Das Summen nach der Heimkehr kann ursprünglich als Begleiterscheinung einer Betätigung der Flugmuskeln aufgetreten sein, welche die Bedeutung hatte, zwischen zwei Ausflügen die Muskeln warm zu halten. Diese Geräusche wurden dann von den Stockgenossen mit dem Futter in Verbindung gebracht und wurden so bei den primitiven *Trigona*-Arten zu einem Alarmzeichen. Auf einer höheren Stufe, bei *Melipona*, unterliegt die Erregung, die zum Aufheizen und zur Lautgebung führt, einem rhythmischen Wechsel in Abhängigkeit von der Entfernung der Futterquelle. Die verschiedene Länge der Schallstöße kann von den Kameraden verstanden werden. Bei der Honigbiene tritt die Erregung und Lautgebung, nun in Verbindung mit der Schwänzelbewegung, immer dann auf, wenn sich die Sammlerin in der Richtung zum Futterplatz (auch in der transponierten Richtung auf der vertikalen Wabe) bewegt. Es wird die Entfernungsweisung mit der Richtungsweisung gekoppelt. Das sind ansprechende Vorstellungen. Ob sie richtig sind, wissen wir nicht. Als Kluft zwischen den Meliponinen und den Honigbienen bleibt bestehen, daß die ersteren die Richtungsweisung zum Ziel nur durch Geleitflüge und Spurenlegen fertig bringen, während die Honigbienen durch die symbolische Geste des Schwänzellaufes die Kameraden auf den rechten Weg schicken.

Indem so der Schwänzellauf mit der Alarmierung eine genaue Lagebeschreibung des Zieles verbindet, überragt er alle anderen Formen sozialen Alarmes. Leider sind uns bei der Gattung *Apis* keine Zwischenstufen überliefert, die erkennen lassen, wie sich die Benachrichtigung über die Fundstelle in Wirklichkeit entwickelt hat.

Nur ein entschiedener Fortschritt ist innerhalb der heute lebenden Apinen noch festzustellen: der Übergang von den horizontalen Schwänzeltänzen bei *Apis florea* mit unmittelbarer Einstellung nach der Sonne, zu den Tänzen von *Apis mellifica*, die sich vom Anblick des Himmels und der Sonne unabhängig gemacht hat und den Sonnenwinkel durch den Schwerewinkel zum Ausdruck bringt. Diese Fähigkeit des Transponierens (S. 136f.) war die Voraussetzung für das Wohnen in geschützten, finsteren Höhlungen und hiermit für die Besiedlung von Gebieten, wo frei bauende Völker im Winter zugrunde gehen[1]).

Dieser Entwicklungsschritt von der direkten zur indirekten Richtungsweisung schien lange Zeit besonders rätselhaft. Doch ist er nun durch Erfahrungen an anderen Insekten dem Verständnis näher gerückt.

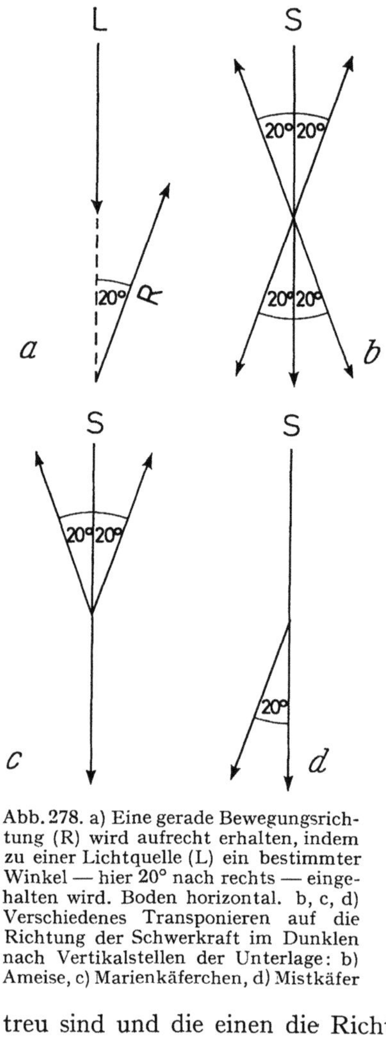

Abb. 278. a) Eine gerade Bewegungsrichtung (R) wird aufrecht erhalten, indem zu einer Lichtquelle (L) ein bestimmter Winkel — hier 20° nach rechts — eingehalten wird. Boden horizontal. b, c, d) Verschiedenes Transponieren auf die Richtung der Schwerkraft im Dunklen nach Vertikalstellen der Unterlage: b) Ameise, c) Marienkäferchen, d) Mistkäfer

Ameisen (*Myrmica ruginodis* NYL., *Lasius niger* L.) benützen oft die Sonne als Kompaß. In dunklem Raum auf eine ebene Fläche gesetzt, nehmen sie auch eine Lampe als Sonne an und sichern sich einen geradlinigen Weg, indem sie einen konstanten Winkel zur Lichtquelle einhalten, z. B. 20° nach rechts von ihr (Abb. 278a). Wenn man nun das Licht auslöscht und gleichzeitig die Lauffläche vertikal stellt, so schlagen sie den gleichen Winkel zum Lot ein, den sie vorher zum Licht eingehalten hatten. Auch sie transponieren also den Orientierungswinkel vom Licht auf die Schwerkraft, allerdings etwas großzügig: Waren sie z. B. 20° nach rechts von der Lichtquelle gelaufen, so rennen sie jetzt 20° nach rechts oder links von der Richtung der Schwerkraft, und beides nach oben oder unten (Abb. 278b, VOWLES 1954)[2]). Ein Marienkäferchen (*Coccinella septempunctata* L.) nähert sich in einem entsprechenden Versuch schon mehr dem Verhalten der Bienen, indem es die Richtung zum Licht mit der Richtung nach oben gleichsetzt, aber ob rechts oder links, das gilt ihm gleich (Abb. 278c, TENCKHOFF-EIKMANNS 1959). Mistkäfer (*Geotrupes silvaticus* PANZ.) transponieren seitentreu, aber sie identifizieren — gerade umgekehrt wie die Biene — die Richtung zum Licht mit der Richtung nach unten (Abb. 278d, BIRUKOW 1954). Wie diese herausgegriffenen Beispiele zeigen, kommt es bei mancherlei Insekten vor, daß sie — ohne klar ersichtlichen biologischen Sinn — bei einem erzwungenen Übergang von Licht- zu Schwere-Einstellung den alten Orientungswinkel beibehalten, wobei nicht alle Arten seitentreu sind und die einen die Richtung zum Licht mit der Richtung nach oben, andere mit der Richtung nach unten gleichsetzen. Nur die Größe des Winkels

[1]) Es kommt vor, daß ein Schwarm von *Apis mellifica*, der sich nicht auf eine Niststätte einigen konnte, unter freiem Himmel baut (S. 274). In der Nähe von Lawrence (Kansas, USA) konnte sich ein großer Freibau 3 Jahre erhalten (BYERS 1959). Das ist aber für Gegenden mit rauhen Wintern eine seltene Ausnahme.

[2]) Der Befund darf nicht dahin ausgelegt werden, daß die Ameisen die Richtungen nach rechts oder links vom Lot nicht unterscheiden könnten. Bei anderer Versuchsanordnung treffen sie diese Unterscheidung mit großer Sicherheit (s. S. 222ff. und MARKL 1964, S. 563).

wird sehr allgemein angenähert beibehalten, wenn die Führung der Bewegung vom Lichtsinn auf den Schweresinn übergeht oder umgekehrt. Das wird offenbar durch übergeordnete Lagezentren im zentralen Nervensystem bewirkt, die für die Steuerung der Bewegung verantwortlich sind und diese nach einem gegebenen Anhaltspunkt für die Orientierung ausrichten, komme er von den Licht- oder Schweresinnesorganen (BIRUKOW 1954, JANDER 1957, S. 220 ff.).

BIRUKOW (1956a) hat versucht, die ungleiche Reaktionsweise verschiedener Insektengruppen biologisch zu deuten. Handelt es sich hierbei um mehr oder weniger begründete Vermutungen, so kennt man doch eine Verkettung von Licht- und Schwereeinstellung, die unter natürlichen Bedingungen vorkommt und biologisch einleuchtend ist: Hummeln, die sich zum Ausflug aus ihrem Erdnest ins Freie anschicken, sind positiv phototaktisch gestimmt, sie streben zum Licht; JACOBS-JESSEN (1959) versetzte sie auf ihrem Weg ins Freie plötzlich in Dunkelheit auf eine vertikale Fläche; da erwiesen sie sich als negativ geotaktisch und strebten nach oben — also in die Richtung, die sie aus dem dunklen Bodennest ins Freie führt. Beim Heimflug war es genau umgekehrt, negative Phototaxis war mit positiver Geotaxis gekoppelt. Bienen verhielten sich ebenso. Zwar gab es manche abweichende Reaktionen, doch zeigten LINDAUER und NEDEL (1959, S. 347), daß solche Bienen, die im Dunklen auf horizontaler Fläche eine punktförmige Lichtquelle gut gerichtet ansteuern, auch nach Löschen des Lichtes auf vertikaler Fläche gut gerichtet nach oben laufen. Solchen Zusammenhang hat auch BIRUKOW (1956a) schon angenommen.

Somit ist ein Weg erkennbar, auf dem die Bienen dazu gekommen sein mögen, in ihrer „Sprache" die Richtung zur Sonne durch die Richtung nach oben auszudrücken. Vielleicht wird man denken: Wenn solche Verkettung primär gegeben war, sollten die Zwerghonigbienen das Transponieren auch fertig gebracht haben. Aber es ist doch wohl ein großer Unterschied, ob eine positiv phototaktisch gestimmte Biene im Finsteren nach oben läuft, oder ob sie den bei einem Nahrungsflug eingehaltenen Lichtwinkel hernach beim Tanz im finsteren Stock, und ebensogut im Sonnenlicht auf der frei hängenden Schwarmtraube so genau als Schwerewinkel aus dem Gedächtnis reproduziert, daß die Kameraden danach das Ziel finden. Das bleibt gegenüber dem so varianten und nie so genauen Transponieren bei anderen Insekten eine Leistung, zu der sich die Zwerghonigbienen nicht emporgearbeitet haben.

Das Leben der Biene ist so kurz, daß man von vornherein nicht erwarten wird, sie müßte die Tanzkunst erst erlernen. Daß sie angeboren ist, hat LINDAUER (1952, S. 331) überzeugend nachgewiesen, indem er ein kleines Völkchen aus frisch geschlüpften Bienen zusammensetzte und dafür sorgte, daß keine älteren Bienen von anderswoher zufliegen konnten. Schon nach 7 Tagen kamen einige der isoliert aufgezogenen Arbeiterinnen mit Sammelgut heim und tanzten normal, lebhaft und mit Erfolg. Die Entgegennahme und das Verstehen der Nachricht bedarf eher einer gewissen Übung oder Reifung der Instinktbewegungen. Jungbienen sind im Tanzgefolge anfangs etwas unbeholfen. Besonders in dem Moment, wo die Tänzerin am Ende der Schwänzelstrecke in raschem Halbbogen an die Ausgangsstelle zurückläuft, verlieren sie leicht den Kontakt und lassen sich vom anderen Gefolge zur Seite drängen, während sie nach einiger Erfahrung die Wendungen ohne Stockung mitmachen (LINDAUER 1952, S. 327).

Zusammenfassung

Phylogenie und Symbolik der „Bienensprache" (S. 323–329)

1. Fliegen, denen man ein Zuckerwassertröpfchen entzieht, machen kreisende Suchbewegungen, ähnlich dem Rundtanz der Bienen. Gewisse Nachtfalter machen seitliche Schwänzelbewegungen mit ihrem Körper, wenn sie sich nach einem Flug niedersetzen. Bei Fliegen und Faltern haben diese Bewegungsformen keine soziale Bedeutung. Aber bei den Vorfahren der Bienen mögen entsprechende Verhaltensweisen zum Ausgangspunkt ihrer wechselseitigen Verständigung geworden sein.

2. Bei sozialen Insekten ist die ursprünglichste Form der Benachrichtigung über aufgefundenes Futter die Erregungsübertragung von Seiten der Entdeckerin auf die Nestgenossen. So alarmierte Ameisen können das Ziel finden, indem sie einer von der Entdeckerin angelegten Geruchsspur folgen. Primitive Arten der stachellosen Bienen erfahren durch den Duft, welcher der erregten Entdeckerin anhaftet, den spezifischen Geruch der beflogenen Blüten und finden sie selbständig auf. Summtöne, die über den Vibrationssinn wahrgenommen werden, haben als Alarmsignale Bedeutung. Von solchen Anfängen aus haben sich höhere Formen wechselseitiger Verständigung nach zwei verschiedenen Richtungen entwickelt: Manche stachellose Bienen bringen die Neulinge im Geleitflug ans Ziel, manche verbessern noch diese Methode, indem sie zuvor den Flugweg durch eine Duftspur markieren. Die Honigbienen haben es fertig gebracht, die Kameraden im Stock so über die Lage des Zieles zu informieren, daß sie es ohne Geleit im freien Flug finden.

3. Der Rundtanz ist für alle Apinen die symbolische Aufforderung, rund um das Heim nach allen Seiten zu suchen. — Der Schwänzeltanz zeigt mit Bezug auf die Sonne die Richtung des Zieles an und kann als Intentionsbewegung aufgefaßt werden, welche die Kameraden anregt in dieser Richtung abzufliegen; die Schwänzelzeit gibt symbolisch die Entfernung des Zieles an.

4. Bei Honigbienen ist uns vom Entwicklungsgang ihrer „Sprache" nur eine Zwischenstufe überliefert: Die Zwerghonigbiene *(Apis florea)* kann nur auf horizontaler Fläche angesichts der Sonne oder blauen Himmels die Richtung anzeigen. Sie kann den Sonnenwinkel nicht auf den Winkel zum Lot transponieren.

5. Der phylogenetische Schritt von der direkten Richtungsweisung zum Transponieren war dadurch erleichtert, daß vielen Insekten diese Fähigkeit primär gegeben ist, ohne daß sie bei ihnen biologische Bedeutung hat. Wenn sie bei ihrem Lauf auf einer horizontalen Fläche einen bestimmten Winkel zu einer Lichtquelle einhalten (Lichtkompaßbewegung) und man stellt die Fläche, bei gleichzeitiger Verdunklung, vertikal, so halten sie zur Schwerkraft angenähert den gleichen Winkel ein wie vorher zum Licht. Übergeordnete Lagezentren steuern den Kurs in bestimmtem Winkel zur Reizquelle, sei es Licht oder die Schwerkraft. Hierbei kommt es zu mancherlei Varianten in der Art und Weise des Transponierens. Die biologisch sinnvolle Koppelung von positiver Phototaxis und negativer Geotaxis kann zur eindeutigen Symbolisierung im Bienentanz beigetragen haben.

Zweiter Teil: Die Orientierung der Bienen unterwegs zum Ziel

WATSON und LASHLEY unterschieden bei ihren Studien über das Heimkehrvermögen der Vögel (1915) zwischen einer Fernorientierung, bei der das Ziel von keinem bekannten Sinnesorgan direkt wahrgenommen werden kann, und einer Nahorientierung, bei welcher Reize wirksam werden, die vom Ziel selbst ausgehen. Die gleiche Einteilung übernahm TINBERGEN (1932) bei seinen schönen Untersuchungen an der Grabwespe *Philanthus triangulum* FABR., dem „Bienenwolf". BAERENDS (1941) hielt diese Terminologie für nicht sehr fruchtbar, weil sich die Wespe sowohl auf der weiten Reise wie in der Nähe des Nestes gleichermaßen nach optischen Marken richte, die nur allmählich immer kleinere Dimensionen annehmen. Er ahnte damals freilich nicht, daß Vögel und Insekten bei ihrer Navigation ähnliche Methoden benützen können, wie seit altersher der Mensch. So wie der Seemann auf großer Fahrt Landmarken nur gebraucht, wo solche sichtbar sind und zur Hauptsache nach den Gestirnen oder nach dem Kompaß steuert, so steht auch jenen Tieren auf weitem Flug ein Kompaß zu Gebote. Erst angesichts des Zieles wird er für sie so belanglos, wie für den Kapitän bei der Einfahrt in den Hafen. Da zweierlei Methoden im Vordergrunde stehen, scheint mir eine getrennte Besprechung von Fern- und Nahorientierung durchaus am Platz.

A. Die Orientierung auf dem Flug in die Ferne

I. Landmarken

Auch im Flug über weitere Strecken sind optisch auffällige Marken zweifellos für die Orientierung von Bedeutung. Oft sah ich Bienen unterwegs zum Ziel — besonders bei ihren ersten Flügen — von der Luftlinie nach rechts oder links abweichen, weil sie seitlich gelegene markante Punkte, etwa ein Gebüsch oder ein Haus, als Zwischenziele ansteuerten. E. WOLF (1926) bringt Skizzen von Fluglinien, die nach einem Dachfirst als Zwischenziel ausgerichtet waren. Ihm fiel auch auf (1927), daß Bienen, die in ebenem, busch- und baumlosem Ödland von ihrem Futterplatz an andere Stellen versetzt wurden, lange nicht nach Hause fanden, während sie sich schnell orientieren konnten, wenn der Stock im reich gegliederten Gelände des botanischen Gartens aufgestellt war.

Wenn man bei der Anlage eines künstlichen Futterplatzes mit einer Bienengruppe vom Stock aus in größere Entfernung wandert, macht man bald die Erfahrung, daß man an optisch auffälligen Punkten (Hecken, Gebäuden, Straßenübergängen u. dgl.) so rasch wie möglich vorbeiziehen soll, weil sonst die ganze Schar auf diese Marke derart eingeflogen ist, daß man sie nur unter erheblichem Zeitverlust weiterbringen kann.

In der Nähe des Zieles gewinnen oft schon kleine Gegenstände entscheidende Bedeutung. Bei der Anlage eines Futterplatzes in Brunnwinkel, der 200 m westlich vom Stock sein sollte, waren wir am ersten Tag mit der Wanderung nicht zu Ende gekommen; das Futtertischchen stand zuletzt für etwa $^1/_2$ Stunde 1 m seitlich von einer Verbotstafel zum Schutz der Wiese. Es fiel auf, daß die Bienen auf die Tafel zusteuerten und über sie den Flug hinab zum Tischchen lenkten. Als wir dieses am folgenden Morgen etwa 10 m weiter versetzten (Abb. 279), wurde noch längere Zeit die Tafel angezielt und umschwärmt, bevor von da aus das Tischchen angeflogen wurde.

Ein anderes Bild steht mir, als Demonstration für ein optisches Zwischenziel, noch heute so lebhaft vor Augen wie vor 14 Jahren: Bei einem Schafberg-Versuch (1951) wollten wir erfahren, ob es in der Bienensprache eine „Höhenweisung" gibt. Vom 15.—19. 8. stand der Beobachtungsstock am Fuße einer Felswand

Abb. 279. Die Tafel im Bilde rechts diente den Bienen beim Anflug an das Futtertischchen (links von der Beobachterin) als letztes Zwischenziel

(Abb. 143a, S. 166). Nach Abschluß des Versuchs brachten wir das Volk zu Tal. Nachdem es 1 Woche in Brunnwinkl geflogen war, wurde es am 29. 8. neuerdings auf dem Schafberg, diesmal über der Wand aufgestellt. Als das Flugloch geöffnet wurde, befand ich mich unterhalb der Wand, um am früheren Aufstellungsort des Stockes den nun hier vorgesehenen Futterplatz vorzubereiten. Alsbald stellten sich etwa 8—10 Bienen ein, die offenbar beim überstürzten Abflug nicht aufgepaßt hatten und, ohne Orientierung über die neue Lage des Stockes, diesen in dem von früher noch bekannten Gelände unter der Wand suchten. Aber da war nur das unauffällige, durch zwei Latten gestützte Brett, auf dem der Stock gestanden hatte. Kein einziger Anflug war an dieser Stelle zu bemerken. Vielmehr schwärmten die Bienen hartnäckig etwa 2 m abseits an einem auffälligen, etwa 4 m hohen Felsblock herum, und zwar an der Seite, die dem ehemaligen Aufstellungsort des Stockes zugewandt war (Abb. 280). Nachdem ihr Endziel, der Stock, verschwunden war, blieben sie am letzten Zwischenziel hoffnungslos hängen.

Ein indirekter Beweis für die Beachtung von Landmarken auf dem Flug zu einer Futterstelle kann aus OTTOs Versuchen über die relative Bedeutung von Hin- und Rückflug für die Richtungsweisung entnommen werden (vgl. S. 175). Er hat gezeigt, daß in dieser Hinsicht ein optisch markierter Flugweg gegenüber einer markenarmen Strecke erhöhtes Gewicht erhält.

Die Beispiele genügen wohl um zu zeigen, daß optisch markante Gegenstände für Bienen beim Einhalten des Weges eine wesentliche Rolle spielen.

Zu demselben Ergebnis kam BAERENDS (1941) in seinen Studien über die Orientierung von *Ammophila*. In dem Heidegelände, in dem diese Grabwespen ihre Beute jagten und dann zielsicher in ihre unscheinbaren Bodennester eintrugen, waren Kiefern, die über die niedere Pflanzendecke aufragten, für sie auffällige Wegmarken. Den eleganten

Abb. 280. Standort des Beobachtungsstockes am Fuße der Schafbergwand (Abb. 143, S. 166) 10 Tage, bevor dasselbe Volk über der Wand aufgestellt wurde. Bienen, die sich verflogen hatten und den Stock unten suchten, umschwärmten nicht seinen früheren Standort, wo nur mehr das Brett zu sehen war, auf dem der Stock gestanden hatte, sondern die seinem Standort zugewandte Steinfläche des 2 m entfernten auffälligen Felsblocks

Beweis erbrachte BAERENDS, indem er kleine Kiefern in transportable Behälter pflanzte und durch Versetzen derselben den Weg der Wespen nach Belieben lenken konnte.

Über die relative Bedeutung von Landmarken gegenüber dem Himmelskompaß wird an späterer Stelle berichtet (S. 341ff.). Aber eines sei schon hier betont: Landmarken gebrauchen die Bienen für die eigene Orientierung. Für die Orientierung des Volkes, für die Nachrichtenübermittlung an Stockgenossen, sind sie belanglos, weil die „Sprache" der Bienen für sie keine „Worte" hat.

II. Die Sonne als Kompaß

Insekten können die Sonne als Kompaß benützen, um sich eine geradlinige Fortbewegung zu sichern (S. 130ff.). Aus dieser „Lichtkompaßbewegung" haben

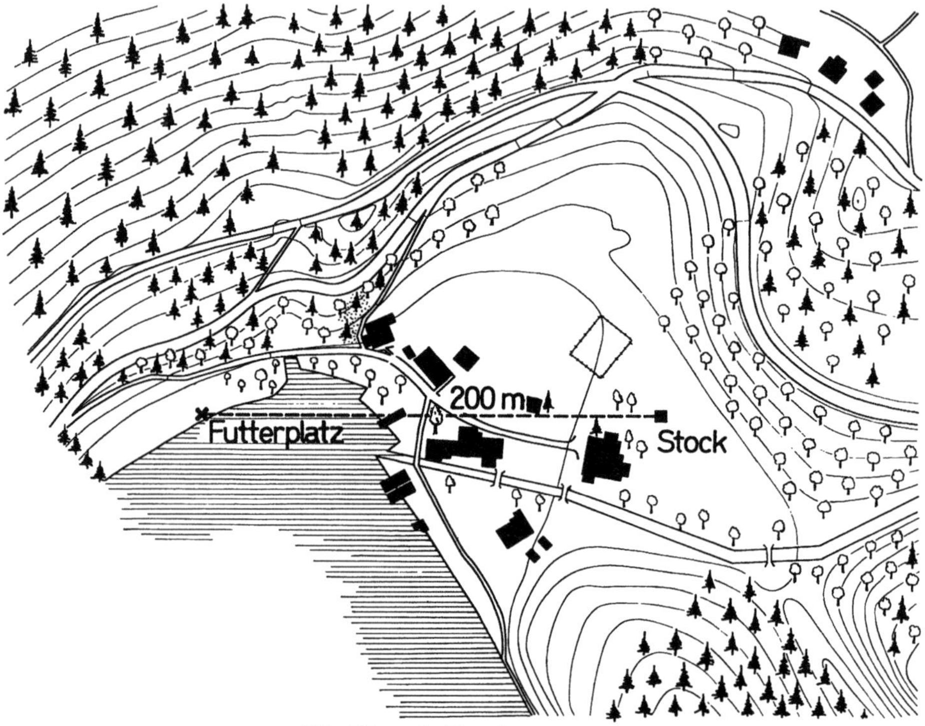

Abb. 281 a u. b. Versetzungsversuch

a) Dressur in Brunnwinkl. Die Fluglinie - - - - führt zwischen Häusern und Bäumen und über eine Bucht zum Futterplatz 200 m westlich vom Stock (vgl. Abb. 283a)

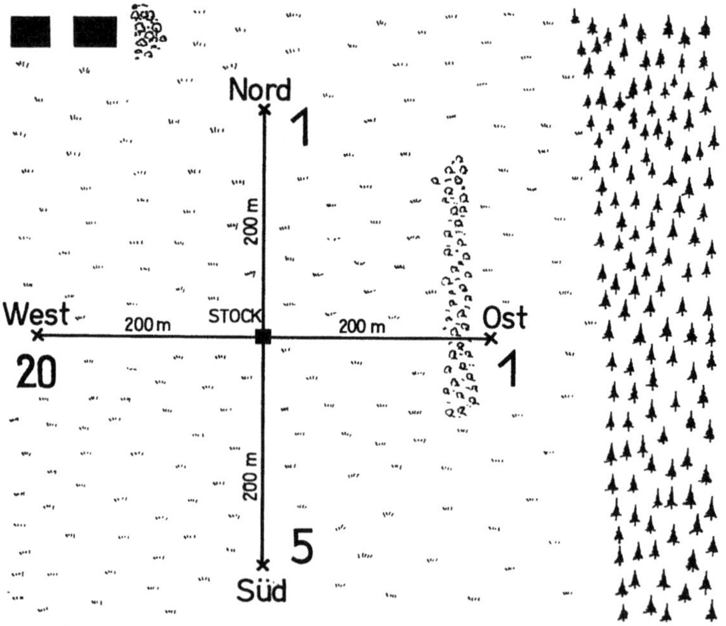

b) Der Bienenstock nach seiner Versetzung in eine den Bienen unbekannte Landschaft. Die Zahlen bei den Futtertischchen, je 200 m nach W, N, O und S geben an, wieviele der in Brunnwinkl auf die Westrichtung dressierten Bienen im Versuch angeflogen sind (vgl. Abb. 283b)

Bienen die Fähigkeit entwickelt, ihren Stockgenossen die Lage eines Zieles mit Bezug auf den Sonnenstand bekannt zu geben (S. 129 ff.). Bei der Besprechung der Richtungsweisung haben wir eine Schwierigkeit zunächst außer Betracht gelassen: Da sich mit dem Tageslauf der Sonne ihre Stellung am Himmel ändert, kann sie entweder nur für kurze Zeitspannen als Kompaß brauchbar sein, oder es muß beim Bestimmen der Richtung ihr Tageslauf und die Tageszeit in Rechnung gestellt werden. Bienen kennen die Tageszeit (S. 258 u. 351 ff.). Aber eine Kenntnis und Berücksichtigung des Sonnenstandes vorauszusetzen, schien mir phantastisch. Darum verschob ich immer wieder einen geplanten „Versetzungsversuch", der darüber Aufschluß bringen konnte. Als wir ihn endlich durchführten, öffnete sich ein Ausblick auf unvermutetes Neuland.

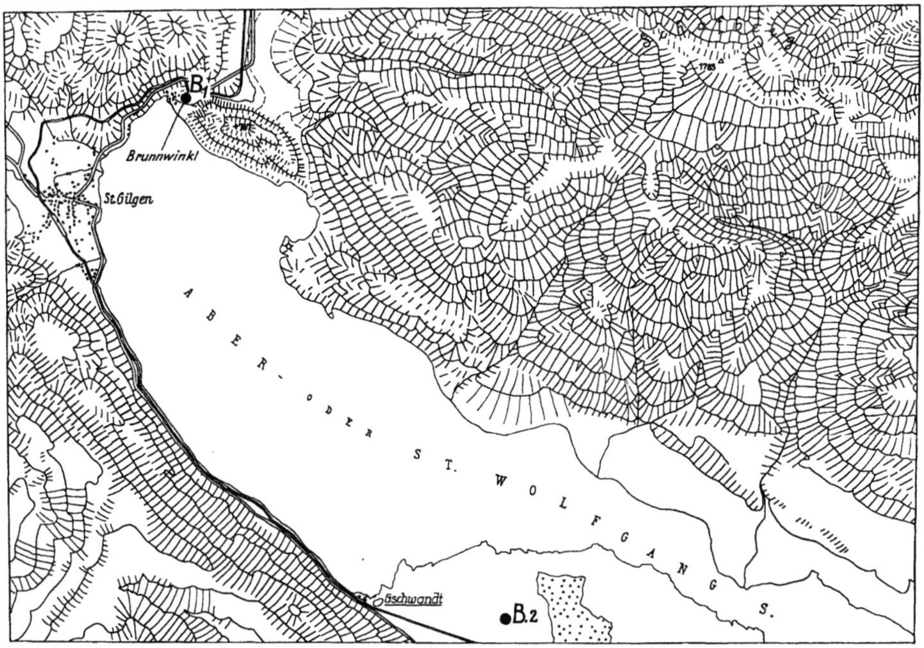

Abb. 282. Lageplan zum Versetzungsversuch am Wolfgangsee. B_1 Aufstellungsort des Beobachtungsstockes in Brunnwinkl. B_2 Aufstellungsort bei Gschwandt nach der Versetzung, 5 km von B_1 entfernt. Im NO Anstieg des Schafbergmassivs

1. Versetzungsversuche

Eine Gruppe numerierter Bienen aus einem Beobachtungsstock in Brunnwinkl war seit einer Reihe von Tagen 200 m westlich vom Stock unter Beigabe von Anisduft gefüttert worden (Abb. 281a). Am Morgen des 24. 9. 1949 brachten wir das Volk vor Flugbeginn in eine den Bienen unbekannte Gegend und stellten es, etwa 5 km von Brunnwinkl entfernt (Abb. 282) inmitten einer ebenen ausgedehnten Wiesenfläche auf. Vier Futtertischchen von gleicher Art, wie am gewohnten Futterplatz, wurden je 200 m vom Stock nach W, O, N und S aufgestellt (Abb. 281b), jedes mit einem Zuckerwasserschälchen und 2 Tropfen Anisöl auf der Unterlage. Um 8^{25} Uhr wurde der Stock geöffnet. Sofort beginnendes Vorspiel und Orientierungsflüge zeigten an, daß die Bienen den veränderten Standort bemerkten. An jedem Futtertischchen saß ein Beobachter. Er hatte alle Ankömmlinge am Zuckerwasser abzufangen und zu töten, so daß keine Stockgenossen verständigt werden konnten. Wer ein Tischchen fand, war aus eigenem Antrieb gekommen.

Ich hatte den westlichen, der Dressurrichtung entsprechenden Platz übernommen. Zwanzig Minuten nach dem Öffnen des Flugloches kam hier die erste von unserer numerierten Schar. Staunend sah ich weitere folgen, jede einzeln für sich. Nach einer Stunde waren es 10, nach einer weiteren 18 und in der dritten

Abb. 283 a u. b. Versetzungsversuch am Wolfgangsee
a) Blick vom westlich gelegenen Futtertischchen F nach Osten. Die Fluglinie geht zwischen Häusern und Bäumen hindurch. Die große Linde in der Bildmitte liegt auf halbem Wege der Strecke

b) Nach der Versetzung: Blick in gleicher Richtung, vom westlichen Futtertischchen F gegen den Stock. Er stand auf freier Wiese, hinter den beiden Gestalten, die sich im Bilde rechts hell gegen den dunklen Wald abheben

(letzten) Beobachtungsstunde erschienen noch 2 Nachzügler. Von den 29 gezeichneten Bienen, die am vorangegangenen Nachmittag am Brunnwinkler Futterplatz im Westen verkehrt hatten, waren in der fremden Gegend 27 an einem Schälchen erschienen, 5 im Süden, je 1 im Osten und Norden, aber 20 im Westen. *Die Sonne mußte sie geleitet haben.* Aber sie stand südöstlich vom Stock, während sie sich am Tag zuvor bei den letzten Sammelflügen dem westlichen Horizont genähert hatte (v. FRISCH 1950).

Daß die Sammlerinnen nach der Versetzung den gewohnten Westkurs einhielten, obwohl er über eine glatte Wiese führte, statt zwischen Baumkronen hindurch und entlang bewaldeten Hängen, die in Brunnwinkl den Flugweg säumten (vgl. Abb. 283a und b), zeugt für ein überraschendes Vertrauen auf den Himmelskompaß. Mancher mag die Frage stellen, wie sie denn so starrsinnig sein konnten, in einer anderen Gegend ihren Futterplatz in der früheren Richtung zu suchen. Man kann aber nicht erwarten, daß ein derart unbiologischer Eingriff, wie ihn die Versetzung des Heimatstockes darstellt, in seinen Folgen richtig erfaßt wird. Überlegungen von solcher Art entsprechen nicht der geistigen Kapazität von Insekten.

Die leichte Bevorzugung des Südplatzes gegenüber Nord und Ost ist wohl nicht als zufällig anzusehen. Erstens war dieser Platz durch Südwind begünstigt, der den Duft den suchenden Bienen entgegentrug. Hinzu kommt zweitens, daß der Tageslauf der Sonne von jungen Bienen erst erlernt wird (s. S. 369f.). Zunächst sind sie nicht imstande, den Sonnenlauf einzukalkulieren. Sie fliegen dann im Versetzungsversuch winkeltreu, d. h. sie halten zur Sonne denselben Winkel ein wie bei ihren letzten Sammelflügen. Wenn in unserer Gruppe einige solche, noch jugendliche Bienen waren, sind Anflüge im Süden verständlich. Denn bei ihren letzten Flügen in Brunnwinkl lag der westliche Futterplatz etwa 40° nach rechts vom Sonnenstand. Am Versuchstag erfolgten alle Anflüge am Südplatz zwischen $9.^{14}$ und $10.^{13}$ Uhr bei südöstlichem Sonnenstand. Bienen, die sich winkeltreu etwa 40° nach rechts von der Sonne hielten, gelangten an den Südplatz. Mir ist bei 5 weiteren Versetzungsversuchen ein kleines Nebenmaximum aufgefallen. Es lag immer in der Richtung, die bei winkeltreuer Orientierung zu erwarten war[1]).

Bei unserem ersten Versuch war das Flugloch des Stockes sowohl in Brunnwinkl wie am neuen Standort nach Osten gerichtet. Es war der Einwand möglich, die Bienen hätten sich nach der Stellung des Stockes orientiert, und den westlichen Futterplatz in der dem Abflug entgegengesetzten Richtung gesucht. Deshalb haben wir bei zwei Wiederholungen, und ebenso bei den weiteren Versetzungsversuchen den Stock am neuen Platz so aufgestellt, daß die Richtung des Abfluges um 90° geändert war. Das hatte keinen Einfluß auf das Ergebnis. Die weitaus überwiegende Zahl der Anflüge entfiel auf den Futterplatz in der gewohnten Himmelsrichtung.

Für das Verhalten der Bienen waren zwei Erklärungen denkbar: entweder hatten sich die Sammlerinnen für jede Tageszeit gemerkt, welchen Sonnenwinkel sie bei ihrem Flug zum Futterplatz einzuhalten hatten; oder sie waren mit dem Tageslauf der Sonne so weit vertraut, daß sie auch ohne vorausgegangenen Sammelflug jederzeit die Himmelsrichtung einschlagen konnten, in der sie zu anderer Tageszeit das Futter gefunden hatten. Zur Entscheidung dieser Frage wurden Neulinge am Nachmittag des 1. Oktober 1951 in Brunnwinkl auf den Futterplatz im Westen dressiert und am folgenden Morgen an einen fremden Platz versetzt (wie in Abb. 281, S. 334). Das Ergebnis war positiv, aber wegen herbstlicher Kälte und heftigem Wind zahlenmäßig unbefriedigend. Die meisten Bienen waren daheim geblieben. Wir mußten uns gedulden.

Am 29. 6. 1952 brachten wir einen Beobachtungsstock von München in ein Gelände 17 km östlich nahe dem Gut Grub und stellten ihn diesmal schon zur Andressur der Richtung in einer den Bienen unbekannten Gegend auf. Um 11^{30} Uhr

---

[1]) Zur Technik dieser Versuche sei bemerkt, daß ein guter Erfolg am Versuchstag weitgehend davon abhängt, daß am Vortag beste Futterqualität geboten wurde. Es wäre naheliegend, mit dünner Zuckerlösung zu füttern, damit während der Dressur nicht zu viele Neulinge anfliegen und getötet werden müssen. Aber darunter leidet der Anreiz, am nächsten Tag spontan nach Futter zu suchen und es erscheinen nur wenige von den numerierten Bienen an den Futtertischchen.

wurde das Flugloch geöffnet und ein Futterplatz 180 m vom Stock in Richtung 30° n. v. W. angelegt. Um 15^{15} Uhr war die Stelle erreicht. Numerierte Bienen wurden daselbst unter Beigabe von Anisöl bis 20^{00} Uhr gefüttert (Abb. 284a, Duftanordnung wie Abb. 81, S. 87). Dann verschlossen wir das Flugloch. Als das Volk am nächsten Morgen wieder ausflog, befand es sich abermals in einer fremden und andersartigen Gegend. Der Platz lag im Dachauer Moos, in der Luftlinie 23 km vom Standort des Vortages entfernt. Die Lage der 4 dargebotenen Futtertischchen mit Anisduftplatten (wie Abb. 82, S. 87) ist aus Abb. 284b ersichtlich. Abb. 285a und b zeigen vergleichsweise die beiden Landschaftsbilder.

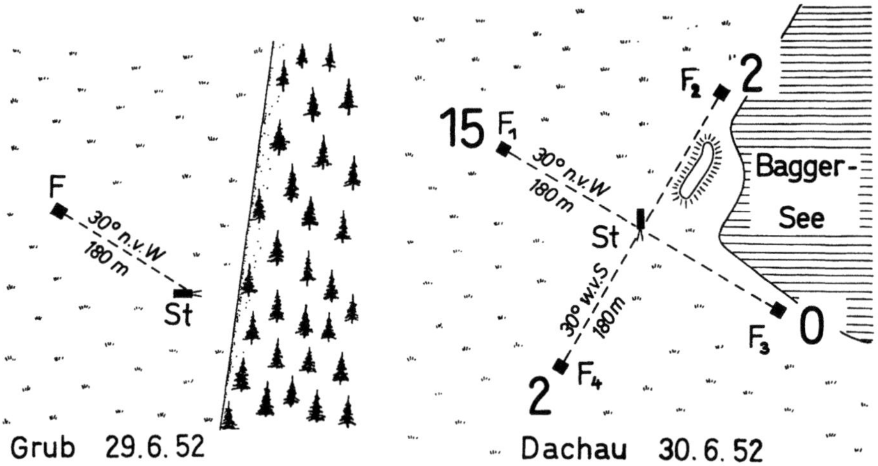

a b

Abb. 284a u. b. Versetzungsversuch am 29./30. 6. 1952. a) Der Beobachtungsstock St; 180 m entfernt in WNW der Futterplatz F. b) Der Bienenstock nach der Versetzung. Futtertischchen in vier Richtungen. Die beigefügten Zahlen bedeuten die Zahl der Anflüge

Von 30 Bienen, die am vorangegangenen Nachmittag numeriert worden waren, stellten sich in der Beobachtungszeit (7^{15}—11^{15} Uhr) 15 in der Dressurrichtung ein und wurden abgefangen. Zu den 3 anderen Tischchen kamen insgesamt 4 (Abb. 284b).

Hiermit war geklärt, daß Bienen eine gegebene Himmelsrichtung zu beliebiger Zeit nach dem Sonnenstand wiederfinden können, indem sie die Tageszeit und den Tagesgang der Sonne in Rechnung stellen. Die Sonne ist ihnen ein vollendeter Kompaß.

Mit einer etwas anderen Methodik kam GUSTAV KRAMER (1950, 1952, 1953) bei Vögeln zu entsprechenden Ergebnissen. Wir machten unsere Versuche gleichzeitig, ohne voneinander zu wissen. Nachher hatten wir beide unsere Freude an der unerwarteten Entdeckung des anderen.

Mehrfache Wiederholungen solcher Versetzungen erhärteten den Befund. Doch muß erwähnt werden, daß unter insgesamt zwölf Versuchen zwei negativ verliefen: an den Futtertischchen in fremdem Gelände erschienen nur 2, das anderemal 4 Bienen aus der am Vortag dressierten Gruppe, wobei die Dressurrichtung nicht bevorzugt war. Nur in diesen beiden Fällen war der Versuchstag durch eine geschlossene Wolkendecke gestört, während die anderen Versetzungsversuche durch blauen Himmel und Sonnenschein begünstigt waren. Ein Zusammenhang mit der Wolkenbedeckung kann aber nicht mit Sicherheit behauptet werden, da auch in anderer Hinsicht das Wetter an jenen beiden Tagen ungünstig war. Mit Rücksicht auf die Bedeutung blauen Himmels für die Orientierung (S. 384ff.) und auf die Fähigkeit der Bienen, die Sonne hinter Wolken wahrzunehmen, wäre es von Interesse zu erfahren, ob ein Versetzungsversuch auch bei geschlossener Wolkendecke positiv ausfallen kann.

Eine Variante der Versuchsanordnung sollte zeigen, ob die Bienen lernen können, vom Tageslauf der Sonne abzusehen und zu jeder Stunde die gleiche

Abb. 285 a u. b. Versetzungsversuch am 29./30. 6. 1952

a) Der Beobachtungsstock (Flugtrichter nach Osten gerichtet) bei Gut Grub. Blick nach NO. Dressur am Nachmittag des 29. 6. in Richtung 30° n.v.W.

b) Der Beobachtungsstock (im Vordergrunde links) am 30. 6. nach seiner Versetzung ins Dachauer Moos. Flugtrichter nach Süden gerichtet. Blick gegen N

Richtung zur Sonne einzuhalten: Versuche mit wanderndem Futterplatz und ihre technische Durchführung wurden schon im Abschnitt über die „Mißweisung" besprochen (S. 212f.). Bei unserm jetzigen (zeitlich früher liegenden) Versuch ist die Fragestellung anders: werden die Sammlerinnen, die ihr Futtertischchen von Mittag bis abends stets in der Richtung zur Sonne gefunden haben, auch am folgenden Morgen in fremder Landschaft in der Richtung zur Sonne suchen? Das Experiment (gemeinsam mit LINDAUER) nahm folgenden Verlauf:

Am 22. 7. 1956 stellten wir einen Beobachtungsstock auf eine weite ebene Schafweide im östlichen Stadtgebiet von München, in der Nähe des botanischen

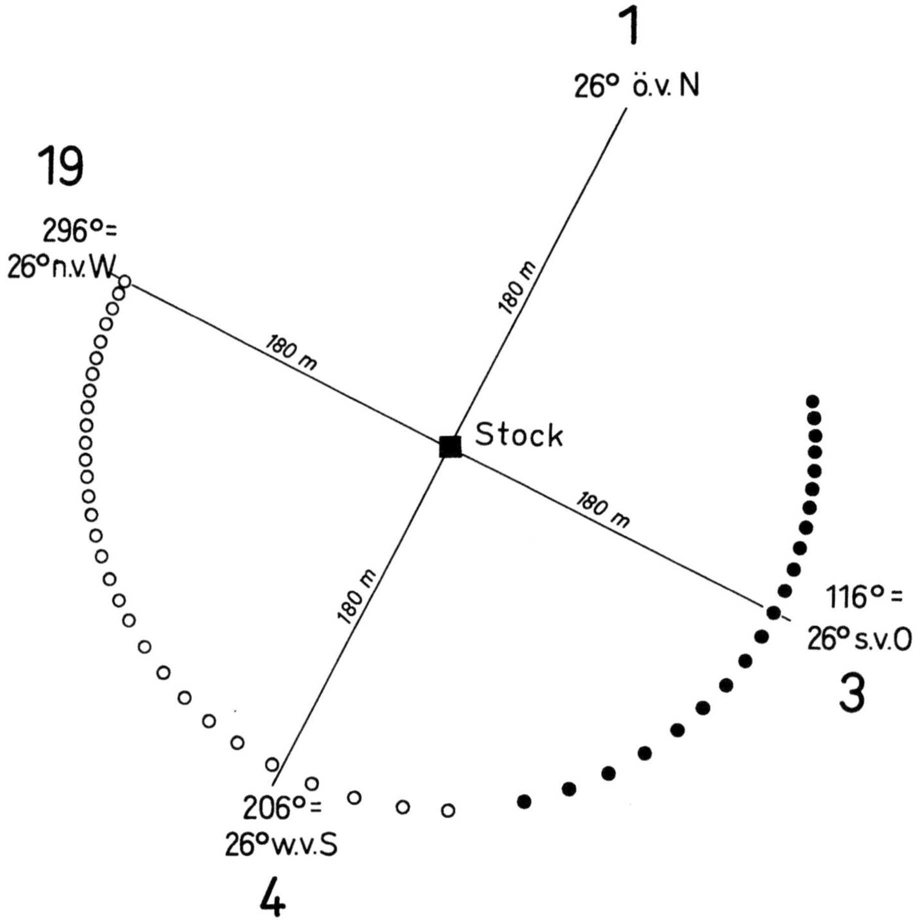

Abb. 286. Ein Versuch, Bienen mit einem wandernden Futterplatz auf die Richtung zur Sonne zu dressieren. Helle Kreise: Dressurplätze am Nachmittag des 22. 7. 1956. Der Futterplatz wurde alle 5 Minuten so versetzt, daß er in Richtung zur Sonne lag. In der Darstellung sind je drei Plätze zu einem Punkt vereint. Schwarze Punkte: der wandernde Futterplatz im Versuch am 23. 7. von 6^{53}—11^{53} Uhr. Der Stock war in eine andere Gegend versetzt. — Der Platz in Richtung zur Sonne blieb unbeachtet. Die Zahlen geben die Anflüge an den vier anderen Tischchen wieder

Gartens. Um 10^{00} Uhr wurde das Flugloch geöffnet und ein Futterplatz in Richtung zur Sonne angelegt. Als der geplante Abstand vom Stock (180 m) erreicht war, wurden von 12^{18}—14^{24} Uhr die alten Sammlerinnen ausgeschaltet und gleichzeitig 40 Neulinge zunumeriert. Die Fütterung wurde bis 19^{30} Uhr fortgesetzt. Alle Sammlerinnen hatten ihr Ziel stets in der Richtung zur Sonne gefunden (Abb. 286, helle Kreise).

Am Morgen des 23. 7. brachten wir das Volk auf eine andere ebene Schafweide nordöstlich von München, bei der Autobahn nach Nürnberg. Nach 4 Himmelsrichtungen wurden Futtertischchen aufgestellt (wie Abb. 284b, S. 338), ein fünftes folgte ab 6^{53} Uhr, als der Stock geöffnet wurde, dem Lauf der Sonne. Alle 5 Futtertischchen sahen genauso aus wie das Dressurtischchen vom Tag zuvor und waren, wie dieses, mit Orangenblütenduft versehen. Der Versuch lief bis 11^{53} Uhr (Wandertischchen = schwarze Punkte in Abb. 286). Von den 40 Sammlerinnen des Vortages kamen in dieser Zeit 27 wieder: keine einzige zu dem wandernden Platz in der Richtung zur Sonne, aber 19 an das Tischchen in WNW, wo am Abend zuletzt gefüttert worden war; 1, 3 und 4 Anflüge waren an den drei anderen Tischchen zu verzeichnen.

Die Bienen haben also das Wandern des Futterplatzes nicht erfaßt. Im Leben der Bienen wandert die Sonne, aber das Ziel bleibt fest. Das ist ihnen wohl eingeprägt und darum zeigten ja auch in den Mißweisungsversuchen mit wanderndem Futterplatz (S. 212) die Tänzerinnen nach links vom Wandertischchen, wo dieses hinter dem fortschreitenden Sonnenstand eigentlich hätte zurückbleiben sollen.

Es war eine Wiederholung des Versuches geplant, wobei nicht nur nachmittags, sondern von früh bis abends auf die Richtung zur Sonne dressiert werden sollte. Ein Wetterumschlag hat diese Absicht vereitelt, und später sind wir nicht mehr dazu gekommen. Wahrscheinlich wäre das Ergebnis dasselbe geblieben. Aber vielleicht wird es sich ändern, wenn man junge, ohne Sonnenerfahrung aufgezogene Bienen auf ihr Verhalten prüft (vgl. S. 213).

2. Himmelskompaß und Landmarken in Konkurrenz

Das Ziel weiterer Versetzungsversuche war, über die relative Bedeutung von Landmarken und Sonnenstand für das Wiederfinden der Richtung Aufschluß zu erhalten (v. Frisch u. Lindauer 1954). Bisher war ja den versetzten Bienen die Möglichkeit genommen, sich an bekannte Landmarken zu halten, weil solche in der fremden Gegend nicht vorhanden waren. Aber was wird geschehen, wenn wir ihnen nach der Versetzung Landmarken von gewohntem Aussehen in abweichender Verlaufsrichtung bieten und so die irdische mit der himmlischen Orientierung in Konflikt bringen?

In der Umgebung von München liegt bei Ödenstockach (Bezirk Putzbrunn) und bei Möschenfeld (Bezirk Zorneding) je eine weite Wiesenfläche, die hufeisenförmig von hohem Waldbestand umschlossen ist. Doch öffnet sich das Hufeisen im einen Fall nach Osten, im anderen nach Süden. Wir stellten am frühen Nachmittag des 6. 7. 1953 ein Bienenvolk bei Ödenstockach 5 m von dem nordsüdlich verlaufenden Waldrand auf und fütterten eine Schar numerierter Bienen von 13^{15}—18^{40} Uhr auf einem Tischchen 180 m vom Stock in Richtung 2° östlich von Süd (Abb. 287a). Die Flugstrecke verlief also in einem Abstand von 5 m parallel dem Waldrand. Am Morgen des 7. 7. stellten wir das Volk bei Gut Möschenfeld in 5 m Abstand von dem hier westöstlich verlaufenden Waldrand auf (Abb. 287b). Drei Futtertischchen mit Beigabe von Anisöl, das als Dressurduft gedient hatte, befanden sich an den aus Abb. 287b ersichtlichen Stellen. Die Ähnlichkeit der Waldfronten zeigt ein Vergleich von Abb. 288a und b. Die Bienen folgten überwiegend dem Waldrand. Von 35 am Vortag numerierten Sammlerinnen erschienen 22 an den Tischchen, und zwar 16 am Westplatz, 5 am Südplatz, 1 am Ostplatz. Der Waldrand als Leitlinie war Sieger über den Himmelskompaß.

Wir prüften in zwei weiteren Versetzungen mit anderen Völkern, in welcher Entfernung der Wald seine richtende Wirkung verliert. Während die Anordnung in allem Übrigen unverändert blieb, erhöhten wir den Abstand des Bienenvolkes vom Waldrand bei der ersten Wiederholung auf 60 m. Wieder kamen von den nach Süden dressierten Bienen die meisten an den Westplatz (Abb. 289a, b und Abb. 290a, b). Als aber die Entfernung vom Waldrand auf

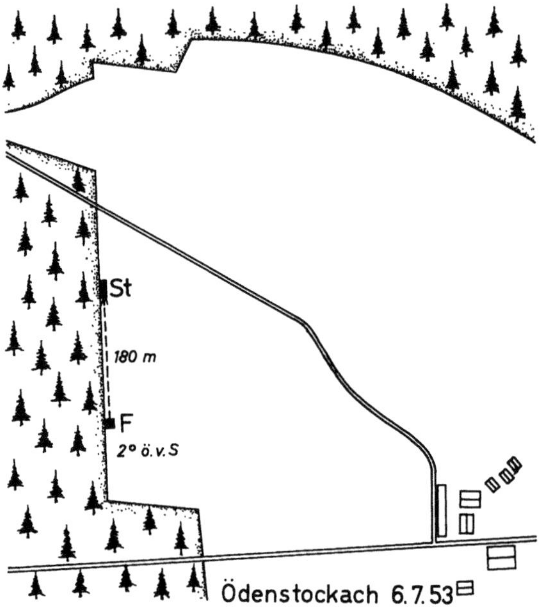

Abb. 287a u. b. Versetzungsversuch Ödenstockach/Möschenfeld 6./7. 7. 1953

a) Dressur am Nachmittag des 6. 7., F Futtertischchen südlich vom Stock (St). Abstand der Fluglinie vom Wald 5 m

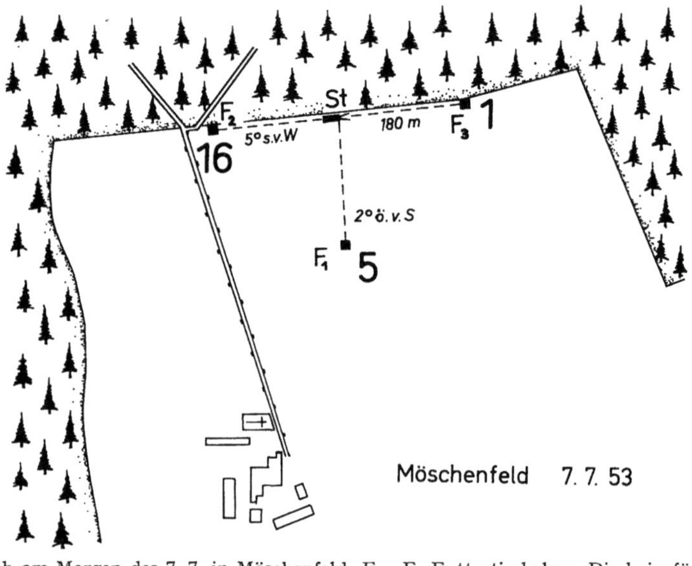

b) Der Versuch am Morgen des 7. 7. in Möschenfeld, F_1—F_3 Futtertischchen. Die beigefügten Zahlen bedeuten die Zahl der Anflüge. Die meisten von den nach Süden dressierten Bienen hielten sich an den Waldrand und kamen zum Westplatz

210 m gesteigert wurde, verlor er als Richtlinie gegenüber dem Himmelskompaß entscheidend an Bedeutung (Abb. 291 a und b). Der Wald erschien hier aus 210 m Abstand nur noch unter einem Winkel von etwa 4° (vom Boden bis zu den Wipfeln, Abb. 292), aus 60 m Entfernung waren es noch 13—14° gewesen. Bei der Dressur in Ödenstockach lagen die Werte ähnlich (ca. 3° bzw. 10—11°).

Abb. 288 a u. b. a) Ödenstockach 6. 7. 1953. Blick vom Beobachtungsstock St nach dem in südlicher Richtung gelegenen Futtertischchen F (vgl. Abb. 287 a)

b) Möschenfeld 7. 7., Blick vom Stock nach dem westlichen Tischchen F_2 (vgl. Abb. 287 b). Neben dem Stock St steckt noch das Meßtischchen M mit Kompaß im Boden

Hatten wir so mit zunehmendem Abstand des Flugweges die scheinbare Höhe der maßgebenden Landmarke verkleinert, so ließen wir in anderen Versuchen ihre Längenausdehnung schrumpfen, und ersetzten im extremen Fall den Wald durch einen einzigen Baum. Am 5. 8. 1953 wurde ein Beobachtungsstock südlich von Dachau in einer weiten Wiesenfläche aufgestellt, aus der sich eine einzelne große Weide sehr augenfällig erhob (Abb. 293 a und 294 a). Am Nachmittag sammelten 40 numerierte Bienen an einem Futterplatz 180 m südlich, wobei ihr Flugweg knapp an der Weide vorbeiführte. Nach der Versetzung stand der Stock auf einer anderen weiten Wiesenfläche (bei Feldmoching), aus der sich eine ähnliche Weide erhob (Abb. 293 b und 294 b), aber diesmal nicht südlich, sondern östlich vom Stock. Bei wenig günstiger Witterung erschienen nur 9 von den gezeichneten Bienen, davon

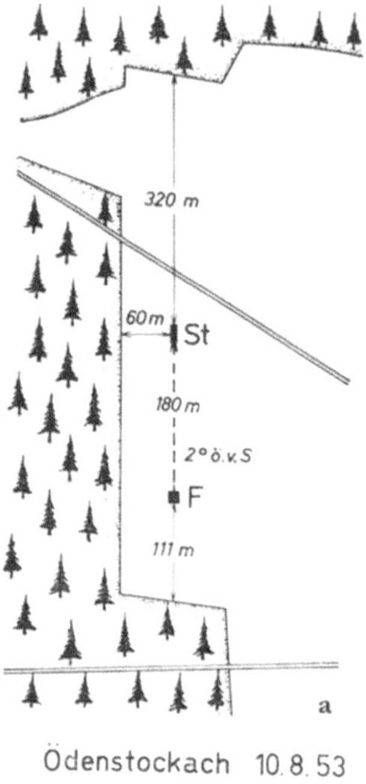

a

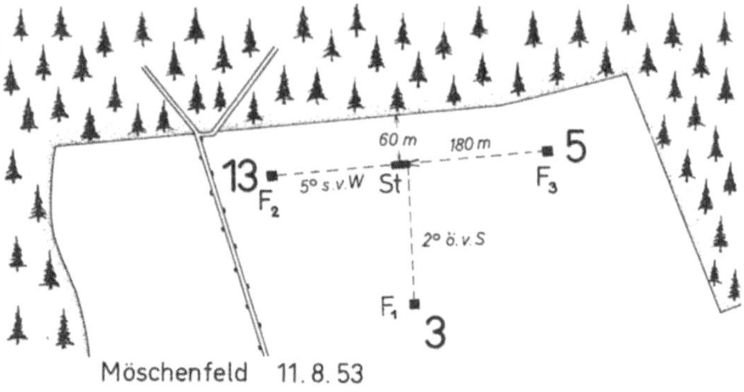

b

Abb. 289 a u. b. Versetzungsversuch Ödenstockach/Möschenfeld 10./11. 8. 1953. Wie Abb. 287, jedoch Abstand der Fluglinie vom Waldrand 60 m.

a) Dressur.

b) Versuch. Die meisten Bienen flogen wieder entlang dem Waldrand in der falschen Himmelsrichtung, vgl. die Zahlen bei F_1—F_3

Abb. 290 a u. b.

a) Ödenstockach, 10. 8. 1953. Blick vom Beobachtungsstock nach Westen auf den 60 m entfernten Waldrand (vgl. Abb. 289 a)

b) Möschenfeld 11. 8. 1953. Blick vom Beobachtungsstock nach Norden auf den 60 m entfernten Waldrand (vgl. Abb. 289 b)

Abb. 291 a u. b. Versetzungsversuch Ödenstockach/Möschenfeld 15./16. 8. 1953. Wie Abb. 287, jedoch Stock und Fluglinie 210 m vom Waldrand entfernt

a) Dressur

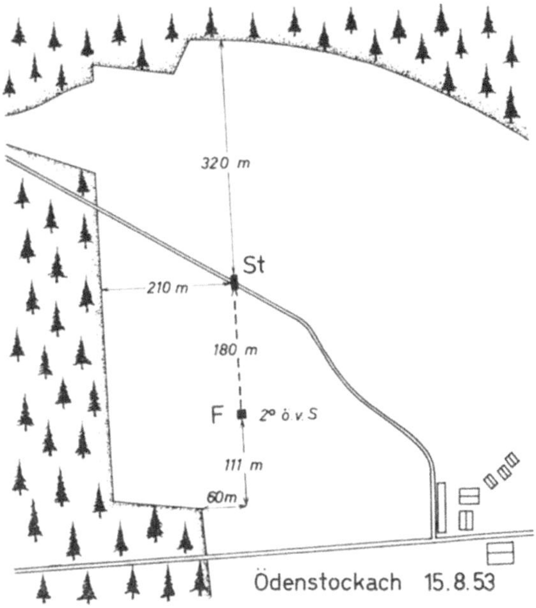

b) Versuch. Die meisten Bienen hielten sich nun an den Himmelskompaß und flogen am Südplatz an

b

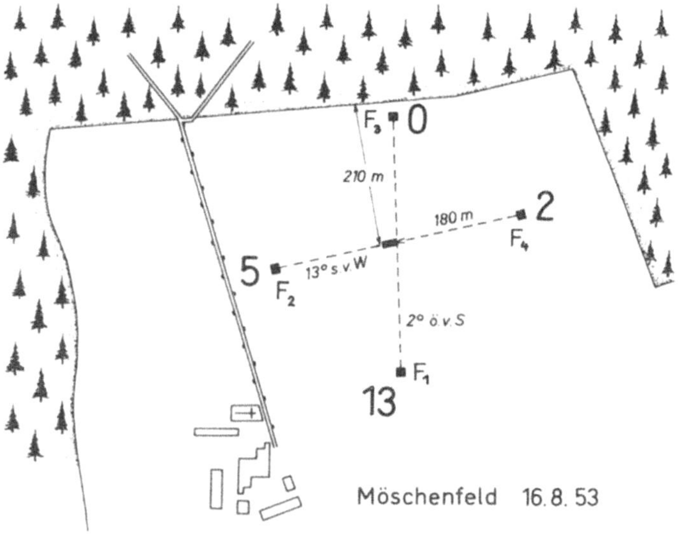

Abb. 292. Möschenfeld 16. 8. 1953. Blick vom Beobachtungsstock nach Norden auf den 210 m entfernten Waldrand. Vgl. Abb. 291 b

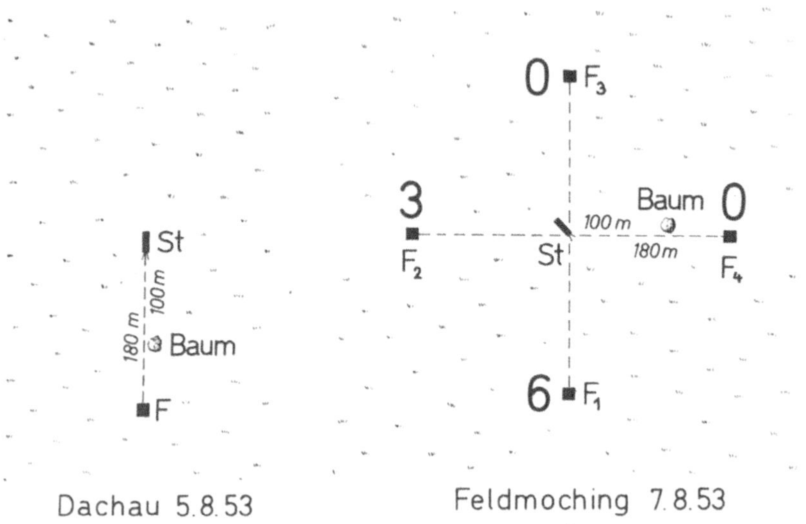

a b

Abb. 293a u. b. Versetzungsversuch Dachauer Moos/Feldmoching, 5./7. 8. 1953 (am 6. 8. stand das Volk im Institutskeller, da es regnete). a) Dressur am Nachmittag des 5. 8. auf einen genau südlich gelegenen Futterplatz F. b) Versuch am 7. 8. 1953. Die Zahl der Anflüge ist bei den Futtertischchen F_1—F_4 angegeben. — Der Baum war als Landmarke ohne Einfluß. Vgl. Abb. 294a und b

Abb. 294a u. b. Versetzungsversuch wie Abb. 293.

a) Dachauer Moos 5. 8. 1953. Blick vom Futterplatz F nach Nord zum Stock St (vgl. Abb. 293a)

b) Bei Feldmoching am 7. 8. 1953, Blick vom Futtertischchen F_4 nach West zum Beobachtungsstock St (vgl. Abb. 293b)

6 entsprechend der Dressur im Süden und keine in der Richtung des Baumes (Abb. 293b).

Auch eine größere Baumgruppe hatte keinen entscheidenden Einfluß. Am Nachmittag des 15. 9. 1953 führte der Flugweg eines Volkes bei Wagenried (zwischen Ingolstadt und Dachau) an einem Erlenbestand vorbei, der sich quer zur Flugrichtung 40 m weit und entlang der Flugstrecke

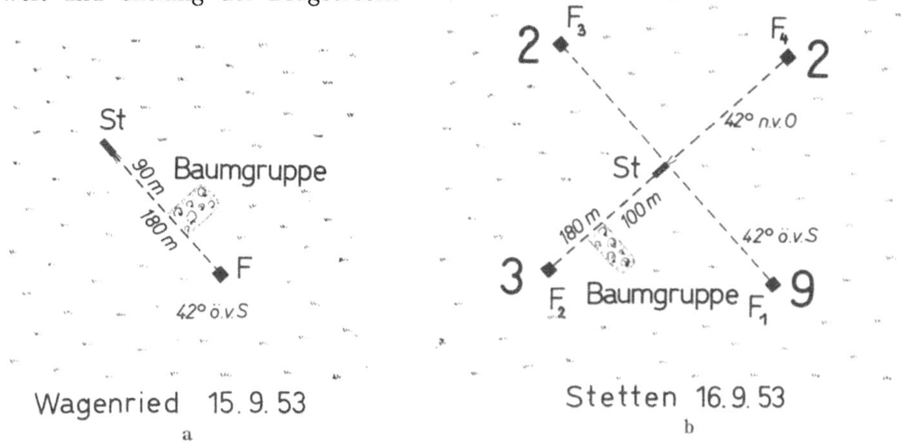

Abb. 295 a u. b. Versetzungsversuch Wagenried/Stetten 15./16. 9. 1953. a) Dressur am Nachmittag des 15. 9. bei Wagenried. St Beobachtungsstock, F Futterplatz. Der Flugweg führt an einer Baumgruppe vorbei, vgl. Abb. 296a. b) Versuch am Vormittag des 16. 9. 1953 bei Stetten. Die Baumgruppe (vgl. Abb. 296b) vermochte die Bienen nicht zu verleiten

Abb. 296a u. b. Versetzungsversuch wie Abb. 295. a) Wagenried 15. 9. 1953, Blick vom Beobachtungsstock St nach Südosten zum Futterplatz F, vgl. Abb. 295a

b) Bei Stetten 16. 9. 1953, Blick vom Beobachtungsstock St nach Südwest gegen das Futtertischchen F_2 (vgl. Abb. 295b) etwa 25 m weit erstreckte (Abb. 295a und 296a). Am folgenden Morgen wurde das Volk bei Stetten (zwischen Dachau und Augsburg) wieder in freier Wiese aufgestellt. Eine ähnliche Erlengruppe, untermischt mit einigen Eschen, war vom Stock aus in SW zu sehen (Abb. 295b und 296b), während am Tag

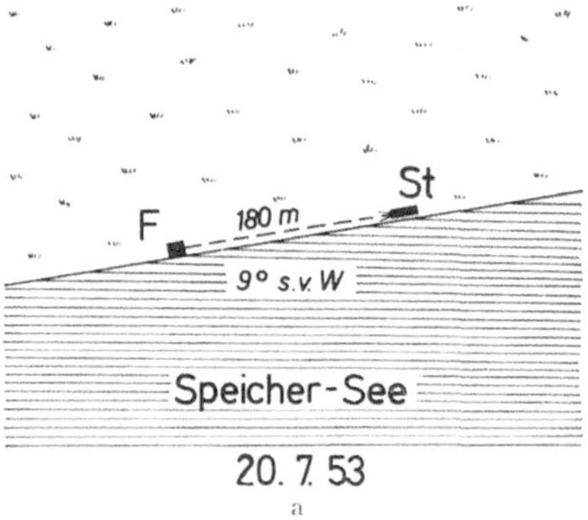

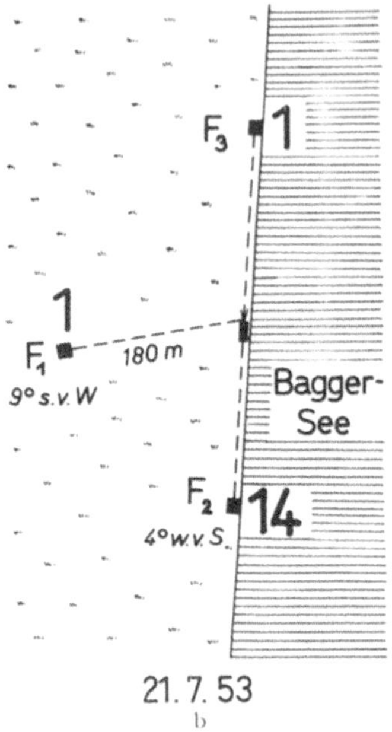

Abb. 297 a u. b. Versetzungsversuch Speichersee/Baggersee 20./21. 7. 1953. a) Dressur am Nachmittag des 20. 7. entlang dem Ufer des Speichersees bei München. St Stock, F Futterplatz
b) Versuch am Vormittag des 21. 7. an einem Baggersee bei Dachau. F_1—F_3 Futtertischchen. — 14 Bienen folgten der Uferlinie, nur eine der andressierten Himmelsrichtung

Abb. 298a u. b. Versetzungsversuch wie Abb. 297
a) Speichersee 20. 7. 1953. Blick vom Beobachtungsstock nach West zum Futterplatz F (vgl. Abb. 297a)

b) 21. 7. 1953 am Baggersee, Blick vom Stock St zum südlich gelegenen Futtertischchen F_2 (vgl. Abb. 297b) zuvor die Baumgruppe in SO gelegen hatte. Von den 40 numerierten Bienen kamen 16 wieder, davon 9 am Südostplatz (andressierte Himmelsrichtung), 3 am Südwestplatz (Verleitungsweg), je 2 an den beiden übrigen Tischchen.

Trotz ihrer Augenfälligkeit waren die einzelnen Bäume oder Baumgruppen gegenüber der Sonne nicht konkurrenzfähig, wohl aber war der Wald als geschlossene Leitlinie ausschlaggebend gewesen.

Das große Gewicht kontinuierlicher Landmarken entlang der Flugstrecke bestätigte sich in zwei weiteren Versuchen. Bienen, die am Nordufer des Speichersees bei München aufgestellt waren, flogen entlang dem Ufer zu einem 187 m entfernten Futterplatz 9° s. v. W. (Abb. 297a und 298a). Am nächsten Tag wurden sie bei Dachau an das Ufer eines Baggersees gebracht, das nordsüdlich verlief (Abb. 297b und 298b). Wie Abb. 297b zeigt, folgten nach der Versetzung 14 Bienen der Uferlinie, nur eine hielt sich an die andressierte Himmelsrichtung. — Bei einem anderen Versuch ging der Flugweg entlang einer geradlinigen, 4 m breiten Straße (von Salmdorf nach Ottendichl, östlich von München) in westlicher Richtung. Nach allen Seiten lag freies Feld (Abb.299 a und 300a). Zur Verleitung diente am folgenden Morgen eine gleich breite, angenähert nordsüdlich verlaufende Straße (Grub-Parsdorf), an einer vom früheren Standort des Volkes 4,5 km entfernten Stelle (Abb. 299b und 300b). Von den 40 numerierten Bienen des Vortages kamen 25 an die Futtertischchen: nur 3 in der andressierten westlichen Himmelsrichtung, 3 im Osten, 11 im Sinne der Verleitung im Norden und — zu unserer Überraschung — 8 im Süden. Auch diese letzteren waren, quer zur erlernten Kompaßrichtung, der Straße entlang geflogen. Aber zur Entscheidung zwischen Nord und Süd fehlte ein klarer Anhaltspunkt. Beim Seeufer-Versuch hatte wohl das Wasser auf einer Seite der Flugrichtung die Bienen gelenkt (s. Abb. 297, 298), jetzt aber lag für sie nach beiden Seiten freies Feld und wenn sie über der Straße herumsuchten, war die Lage für sie zweideutig[1]).

Im ganzen erwiesen sich also kontinuierliche Führungslinien vom Stock zum Ziel, sei es ein Waldrand, eine Straßen- oder Uferlinie, als so gewichtige Landmarken, daß sie den Himmelskompaß übertrumpften. Dabei kommt es nicht auf die optische Feinstruktur an, sondern auf das grobe Gesamtbild. Denn der Wald bei Möschendorf war ein anderer als der Wald bei Ödenstockach (vgl. Abb. 290a u. b), durch die Verteilung hoher und niederer Bäume und durch viele andere Einzelheiten von ihm verschieden. Auch die beiden Seeufer waren keineswegs optisch identisch, und der Speichersee war viel größer als der Baggersee.

Wenn solche Leitlinien führend waren, so blieb der Himmelskompaß doch nicht unbeachtet. Bei einer Anzahl unserer Versuche verzeichnete ein Beobachter am Stock die Abflugsrichtung aller numerierten Bienen, soweit er sie erkennen konnte. Nur rund ein Fünftel von ihnen folgte von vornherein dem Verleitungsweg, zwei Fünftel hielten sich an den Sonnenkompaß und zwei Fünftel flogen nach anderen Richtungen ab. Darin kommt der Konflikt zwischen Landmarken und Himmelskompaß klar zum Ausdruck; erst bei der weiteren Suche nach den Futtertischchen war für die meisten Bienen die Verleitungsspur der Landmarken bestimmend.

Anders war das Verhalten, wo nur ein Baum oder eine Baumgruppe inmitten des Weges stand. Im Weiden- und Erlenversuch konnten nach der Versetzung 24 gezeichnete Bienen in gerichtetem Abflug beobachtet werden; 19 von ihnen schlugen die andressierte Himmelsrichtung ein, nur 2 die Verleitungsrichtung. Die Landmarke auf halbem Wege hatte keine Zugkraft.

---

[1]) Einzelheiten bei v. Frisch u. Lindauer 1954.

Wir hatten die Fortführung solcher Versuche geplant. Es schien uns verlockend, durch passende Wahl anderer Landmarken diese schließlich mit dem Himmelskompaß ins Gleichgewicht zu bringen und so genaueren Einblick in ihre relative Bedeutung zu gewinnen. Andere Fragen drängten sich vor und so bleibt bis heute eine Skizze, was wir zu einem Bild gestalten wollten.

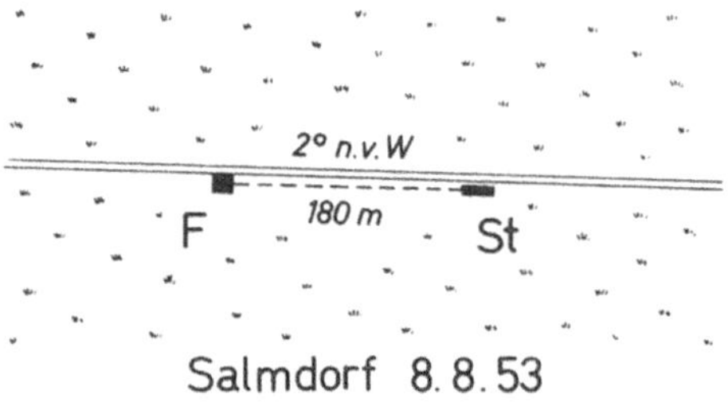

a

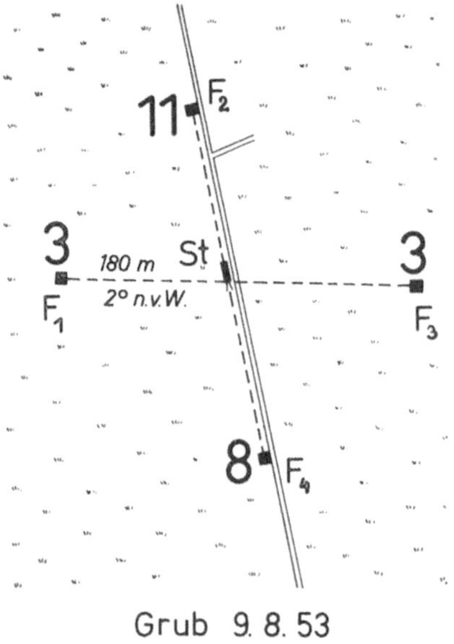

b

Abb. 299a u. b. Versetzungsversuch Salmdorf/Grub 8./9. 8. 1953

a) Dressur am Nachmittag des 8. 8. entlang der Straße nach Westen

b) Versuch am 9. 8. an einer anders verlaufenden Straße. F_1—F_4 Futtertischchen, Anflugzahlen beigefügt. — Die meisten Bienen benützten die Straße als Leitlinie, ohne klare Entscheidung zwischen N und S

Abb. 300a u. b. Versetzungsversuch wie Abb. 299

a) Salmdorf 8. 8., Blick vom Stock St zu dem westlich gelegenen Futterplatz F (vgl. Abb. 299a)

b) Grub, 9. 8., Blick vom Stock St nach dem nördlich gelegenen Futtertischchen F_2 (vgl. Abb. 299b)

3. Die Leistung des Zeitsinnes bei der Orientierung und die Kenntnis der Sonnenbahn

Im Abschnitt „Bienenuhr und Blumenuhr" (S. 255ff.) war von der Fähigkeit der Bienen die Rede, sich günstige Futterstunden zu merken und zeitgerecht dann zu erscheinen wenn erfahrungsgemäß die Nahrungsquelle lohnend fließt. Auch im finsteren Stock wissen sie die Zeit. Denn sie bewegen sich beim Nahen der Futterstunde von ihren Ruheplätzchen zum Tanzboden (S. 258 und Abb. 232 S. 258). Sie brauchen also nicht nach der Sonne zu blicken, um die Tageszeit zu erkennen. Es ist gerade umgekehrt: durch ihren Zeitsinn und durch die Kenntnis der Sonnenbahn wissen sie zu jeder Stunde, in welcher Himmelsrichtung die Sonne stehen soll und sind so in der Lage, sie als Kompaß zu gebrauchen. Das haben uns die Versetzungsversuche gelehrt. Bestätigungen des überraschenden Befundes ließen nicht auf sich warten. KRAMERs gleichartige und gleichzeitige Entdeckung an Vögeln und viele spätere Beobachtungen lehrten sogar, daß solche Fähigkeit im Tierreich große Verbreitung hat (s. S. 454ff.). Weitere Erfahrungen an Bienen erhärteten das Ergebnis und führten zu einer genaueren Kenntnis ihrer Leistungsfähigkeit.

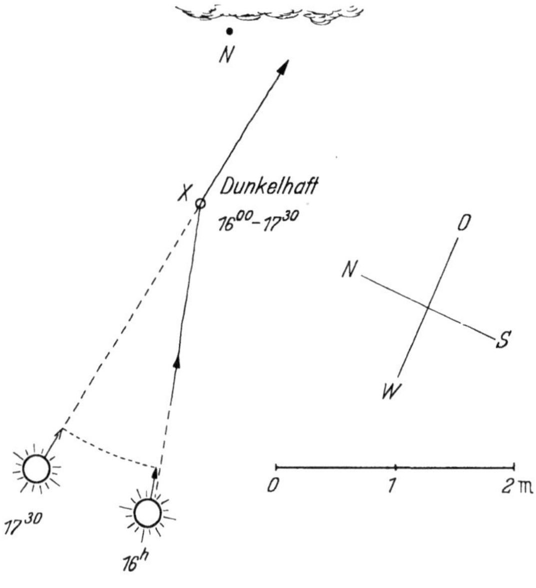

Abb. 301. N Ameisen-Nest *(Lasius)*. Ausgezogene Linie: Weg einer heimkehrenden Ameise. Nach $1^1/_2$stündiger Dunkelhaft an der eingezeichneten Stelle ändert sie ihre frühere Richtung um 23,5°. Der Sonnenstand war um 22,5° fortgeschritten. Nach BRUN 1914

Sonnenorientierung nach Dunkelhaft. Schon BRUN (1914) hatte den guten Gedanken, die Orientierung nach der Sonne bei Ameisen dadurch zu prüfen, daß er sie für einige Stunden gefangen setzte. Wieder frei gelassen, liefen manche (Gattung *Lasius*) um den Winkel falsch, um den sich der Sonnenstand inzwischen geändert hatte (Abb. 301 u. vgl. S. 458). Bienen, die im flachen Gelände eines Flugfeldes ohne auffällige Landmarken am Futterplatz eine Stunde in Dunkelhaft gesessen hatten, suchten nach E. WOLF (1927) hernach ihren Stock entsprechend dem anderen Sonnenstand in falscher Richtung. Das hatte er aber nicht gesehen, sondern aus den Flugzeiten indirekt erschlossen. Da man überdies aus der Arbeit über die Art der Durchführung zu wenig erfährt, hat E. MEDER (1958) die Versuche von WOLF eingehend nachgeprüft und erweitert. Eine Bestätigung von WOLFs Angaben hätte bedeutet, daß die Sonnenwanderung von Bienen während einer Dunkelhaft nicht berücksichtigt wird. MEDER kam aber bei genauer Wiederholung der Wolfschen Versuche zu einem anderen Ergebnis[1]). Aus den Flugzeiten MEDERs war zu entnehmen, daß die Sammlerinnen auch dann, wenn sie am Futterplatz längere Zeit eingesperrt waren, nach der Freigabe ohne Umwege zum Heimatstock flogen. MEDER überzeugte sich davon auch durch unmittelbare Beobachtung,

[1]) Für die Kritik der Wolfschen Arbeit im einzelnen sei auf MEDERs Arbeit verwiesen, der wohl alle erdenklichen Möglichkeiten in Betracht gezogen hat.

indem er den Weg der Häftlinge mit einem Zielgerät verfolgte und mit dem Flugweg der Kontrollbienen verglich.

Das Zielgerät zur Messung des Abflugwinkels (Abb. 302) bestand aus einem Rohr *R*, das eine Sperrholzplatte *Sp* mit Teilkreis *T* trug. Darin steckte drehbar die Gabel *G* mit der Visierstange VS (Länge 110 cm), die zum genauen Zielen mit Kimme *Ki* und Korn *Ko* versehen war. Sie konnte sowohl horizontal wie vertikal geschwenkt werden. Der Zeiger *Z* gestattete das Ablesen der Azimutwinkel auf dem Teilkreis. Der Beobachter lag auf dem Boden und konnte die Bienen als dunkle Punkte gegen den hellen Horizont weit verfolgen.

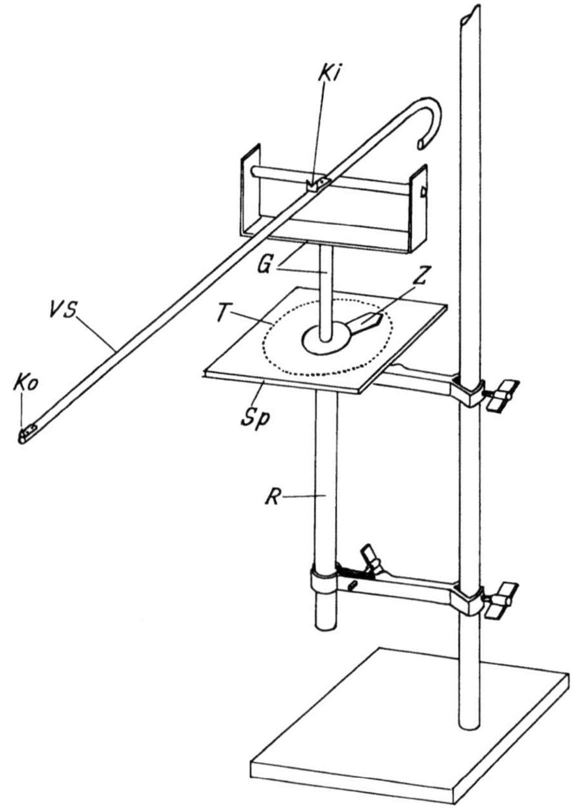

Abb. 302. Zielgerät zur Messung der Abflugwinkel. Beschreibung im Text. Nach MEDER 1958

Methodisch wichtig ist auch die Art des Einsperrkästchens. Es mußte lichtdicht, aber ausreichend gelüftet sein und ein Futtergefäß enthalten, so daß die Bienen nach Ablauf der Haft gesättigt und ohne Beunruhigung abflogen (vgl. MEDER 1958, S. 616, Abb. 5).

Als Beispiel bringt Abb. 303 ein Versuchsergebnis, das sich als allgemeingültig erwies. Die Abflüge der unbehelligten Kontrollbienen (oben) und der Versuchsbienen, die eine Stunde in Dunkelhaft gesessen hatten (unten) wurden stets um die gleiche Zeit gemessen, so daß sich Wind und andere Außenfaktoren gleichartig auswirken mußten. Mit 0° ist die Richtung vom Futterplatz zu dem 188 m entfernten Heimatstock bezeichnet. Jeder Punkt bedeutet eine Messung; Abweichungen von der Richtung zum Stock nach links bzw. rechts sind an der Gradeinteilung abzulesen. Die Häftlinge pflegten im Gegensatz zu den Kontrollbienen zunächst einige Orientierungsschleifen über dem Futterplatz zu ziehen. Dann aber schlugen sie, so wie diese, die Richtung zum Stock ein[1]). Sie hatten die Zeit ihrer Haft und den entsprechenden Weg der Sonne einkalkuliert.

Der Einwand, sie hätten sich bei ihrem Rückflug nach Landmarken orientiert, ist zweifach widerlegt: erstens waren Landmarken von solcher Ausdehnung, daß sie dem Himmelskompaß Konkurrenz machen konnten (vgl. S. 342f.), bei weitem nicht gegeben. Zweitens orientierten sich, dementsprechend, Bienen, die vom Futterplatz seitwärts versetzt wurden, tatsächlich nach der Sonne und flogen in einer Richtung ab, die zum gewohnten Flugweg parallel lief. Sie fanden auf Irrwegen nach Hause und brauchten dazu im Durchschnitt 13mal so lange als normal.

Auch nach zweistündiger Dunkelhaft steuerten die entlassenen Bienen direkt auf den Stock zu, obwohl sich der Sonnenstand inzwischen um mehr als 30° geändert hatte. Auf Grund von Versuchen mit kürzerer Haftzeit vermutet MEDER,

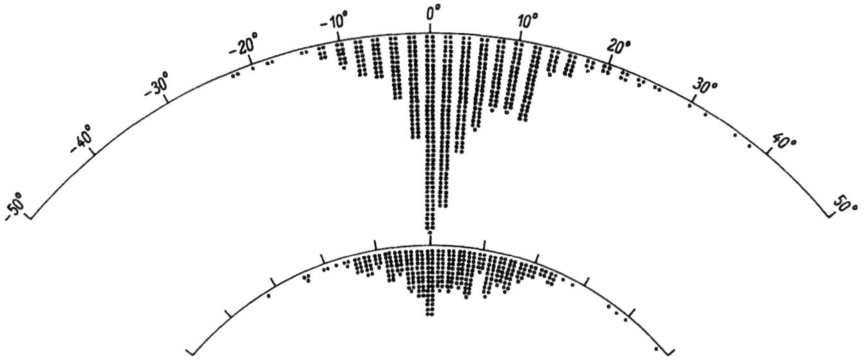

Abb. 303. Abflugrichtungen vom Futterplatz zum Stock; oben: Kontrollbienen, unten: Bienen nach einstündiger Dunkelhaft am Futterplatz. Jeder Punkt bedeutet einen Bienenflug. 0° = Richtung zum Stock. Nach MEDER 1958

daß schon Bienen, die nur 7—11 Minuten eingesperrt waren (entsprechend einer Azimutdifferenz der Sonne von 3—4°), die Sonnenwanderung zeitgerecht beachtet haben. Für eine statistische Sicherung war die Zahl der Werte zu gering. Aber Beobachtungen von ganz anderer Art brachten weiteren Aufschluß.

Spontane Tänze nach dem Sonnenstand ohne Sonnensicht. Im Jahre 1949 bemerkten, unabhängig voneinander und örtlich weit getrennt, drei Beobachter, daß im Bienenstock auch spontane Tänze ohne unmittelbar vorangegangenen Sammelflug vorkommen. Am 18. 7. 1949 wollte ich in St. Wolfgang um 15^{00} Uhr einen Beobachtungsstock holen, der seit dem Morgen verschlossen in einem halbdunklen Korridor stand. Als ich den Schutzdeckel öffnete, begann eine Biene auf der Wabe ausdauernd zu tanzen. Die Schwänzelläufe waren nach oben gerichtet, das Tanztempo entsprach einem 1500 m entfernten Ziel (Protokollvermerk vom 18. 7.). Am 22. 7. 1949 sah LINDAUER (1954a) an einem frei fliegenden Volk in Graz, daß eine Biene ohne neuerlichen Ausflug von 12^{36}—14^{00} Uhr immer wieder zu tanzen begann und ihre Tanzrichtung hierbei entgegen dem Uhrzeigersinn um 33° änderte. Die Azimutdifferenz der Sonne in dieser Zeitspanne betrug 34,5°. Und am 2. 10. 1949 sah der russische Biologe CHALIFMAN (1950) am Abend, lange nachdem das Volk den Flug eingestellt hatte, bei Entfernung des Schutzdeckels und Belichtung der Wabe mehrere Bienen kurze, aber klare Tänze aufführen.

[1]) Die statistische Auswertung ergab keinen gesicherten Unterschied zwischen den Flugrichtungen ($P = 0{,}54$).

Bei weiteren Beobachtungen Lindauers (1954a, 1955) stellte sich heraus, daß Spurbienen, die für ein schwärmendes Volk – oft schon vor dem Schwarmakt, also vom Stock aus – auf Wohnungssuche gehen (s. S. 277), die Lage einer entdeckten Nistgelegenheit oft stundenlang ohne neuerlichen Ausflug durch wiederholte Tänze den Stockgenossen bekannt geben (Dauertänzerinnen). Sie brauchen nicht, wie Sammlerinnen, zwischendurch schleunig weitere Ladungen einzutragen. Am Nistplatz gibt es ja nichts zu holen. Wittekindt (1955) sah, daß Nahrungssammlerinnen nach Beendigung der Flüge durch Belichtung der Wabe zu neuerlichen Tänzen angeregt werden können. Solches lag offenbar den Beobachtungen von Chalifman und mir zugrunde. Nach Wittekindt wird die Auslösung verspäteter Tänze gefördert, wenn man im Stock Zuckerwasser bietet. Manche Bienen machen dann, wie sonst bei Innenfütterung, Rundtänze, bei anderen wird die Erinnerung an ihre Trachtquelle im Freiland geweckt und sie werben für diese.

Den Dauertänzerinnen verdanken wir in mehrfacher Hinsicht wertvolle Aufschlüsse. Am 30. 8. 1953 bemerkte Haidl, der in unserem Institut mit andersartigen Versuchen beschäftigt war, zufällig in seinem Beobachtungsstock eine numerierte Biene, die noch nach Einbruch der Dunkelheit für ein $7^1/_2$ km entferntes Ziel tanzte. Am nächsten Morgen 7^{05} begann dieselbe Biene erneut zu tanzen, obwohl das Flugloch verschlossen blieb und der Stock bei diffusem Licht in einem Innenraum stand. Das Fenster des Raumes war durch einen Karton abgedeckt. Bis 10^{46} Uhr stellte Haidl bei wiederholten Tänzen mit dem Winkelmesser die Tanzrichtung fest. Der Sonnenstand war ihm nicht bekannt. Das Ergebnis seiner

Tabelle 35. *Richtungsweisung einer Dauertänzerin am 30. 8. 53, ohne Sicht nach dem Himmel*
Nach Haidl

Beobachtungszeit	Zeitdifferenz zum vorangegangenen Tanz (Minuten)	Änderung des Sonnenazimuts gegenüber der Zeit des letzten Tanzes (Grade)	Änderung des Tanzwinkels gegenüber letztem Tanz (Grade)
7^{05}	—	—	—
8^{09}	64	+ 12,5	—14,5
8^{13}	4	+ 1	+ 2
8^{17}	4	+ 1	— 3
8^{20}	3	+ 0,5	— 0,5
8^{31}	11	+ 2,5	— 2 5
8^{44}	13	+ 3	— 7
8^{57}	13	+ 3	— 7
9^{20}	23	+ 5,5	—10
9^{34}	14	+ 3,5	+ 4
9^{46}	12	+ 3,5	— 4
10^{02}	16	+ 4,5	— 3
10^{06}	4	+ 1	0
10^{23}	17	+ 5,5	— 2
10^{29}	6	+ 2	— 3
10^{35}	6	+ 2	— 2
10^{46}	11	+ 3,5	— 1

Beobachtungen wurde nachträglich zu den entsprechenden Sonnenazimuten in Beziehung gesetzt (Tab. 35). In der Beobachtungszeit hatte sich der Azimut der Sonne im Uhrzeigersinn um 54,5°, die Tanzrichtung der Biene im entgegengesetzten Sinne um 53,5° geändert. Sie hielt an der Kompaßrichtung fest, ohne sich am Himmel über den Sonnenstand orientieren zu können (vgl. v. Frisch 1956, S. 368/69). Eine genauere Betrachtung der Tabelle lehrt, daß sie bei ihrer „blinden" Richtungsweisung den Fortschritt des Sonnenstandes berücksichtigt hat, wenn zwei Tänze im Abstand von 6 Minuten (entsprechend einer Azimutdifferenz von $1^1/_2$—2°) oder in größerem Zeitabstand aufeinander gefolgt waren (eine Ausnahme um 9^{34}). Bei 4 Minuten Zeitdifferenz (etwa 1° Azimutwinkeldifferenz) war die Tanzrichtung einmal unverändert, einmal vergrößert, einmal verkleinert. MEDER war zu dem Schluß gekommen, daß Bienen wahrscheinlich schon nach einer Dunkelhaft von 7—11 Minuten den geänderten Sonnenstand in Rechnung stellen. Nach HAIDLs Meßreihe könnten sie auf ihrer „Uhr" sogar auf etwa 5 Minuten genau die Tageszeit ablesen. Ein größeres Beobachtungsmaterial zu dieser Frage wäre erwünscht.

HAIDLs Dauertänzerin hat ohne neuerlichen Ausflug noch am nächsten Tag richtig nach dem Ziel gewiesen. Das Gedächtnis der Bienen ist aber noch zu ganz anderen Leistungen fähig. BRÄUNINGER (mitgeteilt bei LINDAUER 1960, S. 373) hatte vom 24. 10.—1. 11. 1957 numerierte Bienen 385 m vom Stock gefüttert. Dann wurde es kalt und der Beobachtungsstock kam in einen temperierten Raum. Am 8. 12. um 10^{15} Uhr, $1^1/_2$ Monate nach der letzten Fütterung, wurde im Stock Zuckerwasser gereicht. Zwei Bienen begannen auf der vertikalen Wabe zu tanzen und wiesen (ohne Sicht nach dem Himmel) die Kompaßrichtung zu ihrem letzten Futterplatz.

Durch solche Erfahrungen wird verständlich, daß frei fliegende Bienen manchmal auf der vertikalen Wabe auch dann gerichtet tanzen, wenn sie auf ihren letzten Flügen den Sonnenstand nicht erkennen konnten. Am 8. 9. 58 verschwand während eines Versuches um 15^{30} Uhr die Sonne hinter Wetterwolken, die nach 16 Uhr so dick waren, daß bestimmt auch die Bienen die Sonne nicht mehr sehen konnten (vgl. S. 373). Auch blauer Himmel war nirgends mehr gegeben. Trotzdem wurde noch 20 Minuten weiter getanzt und die Richtung zum Futterplatz zutreffend angezeigt. NEW berichtet, daß manche von seinen Bienen auch bei Zenitstand der Sonne die Richtung angeben konnten (s. S. 164). In beiden Fällen haben sie anscheinend nach ihrer „Uhr" weiter getanzt. Fast wundert man sich, daß sie es nicht immer können. Vielleicht sind sie unter normalen Umständen stärker auf die Sonne eingestellt und durch ihr Versagen aus dem Konzept zu bringen als beim Hindämmern im Stock, abgeschieden von der Außenwelt.

Nächtliche Tänze. LINDAUER (1954a) berichtet von 20 Dauertänzerinnen, die am Tag nach ihrem letzten Ausflug angenähert richtig ihr Ziel gewiesen haben. Er erlebte eine neue Überraschung, als eine Biene auch in der Nacht um 3^{22} Uhr einen klaren Schwänzeltanz machte und (mit einem Fehler von 12,5°) den Azimut der Sonne anzeigte, die sie um diese Zeit nie gesehen haben konnte. Später erhielt er (1957a) von Sammelbienen, die durch diffuse Belichtung und eine Zuckerwassergabe im Stock angeregt wurden, nächtliche Tänze in größerer Zahl[1]). Sie wiesen eindeutig, wenn auch nicht so scharf wie am Tage, mit Bezug auf den Sonnenstand die Richtung zum Futterplatz, der am Abend vorher besucht worden war (Beispiel: Tab. 36; von August und September liegen weitere 16, entsprechende Daten vor). Auf die Frage, wieso sie vom nächtlichen Sonnenstand Kenntnis haben, komme ich zurück (S. 371).

Erstaunliche Leistungen verlocken zu immer höheren Anforderungen. LINDAUER dressierte seine Schar auf zwei Futterplätze; im Süden wurde eine Stunde lang nach Sonnenaufgang, im Osten eine Stunde lang vor Sonnenuntergang Futter geboten. Wir wissen bereits, daß Bienen lernen, zur rechten Zeit einmal den einen, dann den anderen Platz aufzusuchen (S. 257). Aber welchen Platz würden die Nachttänzerinnen anzeigen? Zwei Tänze am Abend (20^{36} Uhr

---

[1]) Allerdings nicht so zahlreich wie WITTEKINDT, denn um die Richtungsweisung nicht abzulenken, durfte nur diffuse Belichtung angewendet werden. So manche Nacht wurde durchwacht, ohne daß ein einziger Tanz verzeichnet werden konnte.

Tabelle 36. *Die Richtungsweisung von Nachttänzerinnen. Futterplatz 102° ö. v. N. Letzte Futterzeit 1 Stunde vor Sonnenuntergang* (Nach LINDAUER 1957a)

Tag (1956)	Zeit des Tanzes	Biene Nr.	Azimut der Sonne (Grade)	Futterplatz rechts von der Sonne (Grade)	Tanzwinkel rechts (Grade)	Fehler (Grade)
12. 6.	21^{06}	106	317,5	144,5	126	—18,5
15. 7.	21^{10}	61	316,5	145,5	138	— 7,5
15. 7.	21^{35}	21	321,4	140,6	156	+15,4
17. 7.	21^{16}	202	317,2	144,8	148	+ 3,2
17. 7.	21^{23}	14	318,7	143,3	142	— 1,3
20. 7.	21^{51}	67	324,4	137,6	134	— 3,6
20. 7.	21^{56}	67	325,5	136,5	138	+ 1,5
29. 7.	1^{24}	26	16,3	85,7	71	—14,7
30. 7.	23^{02}	51	340,2	121,8	97	—24,8
30. 7.	23^{20}	56	344,6	117,4	86	—31,4
31. 7.	22^{29}	67	332	130	101	—29

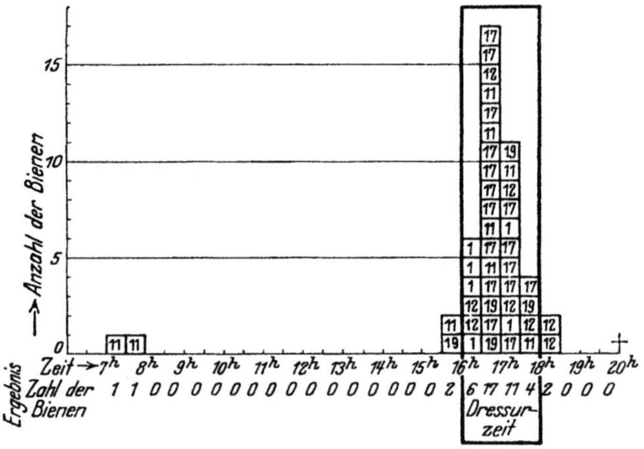

Abb. 304. Versuch an Bienen, die auf die Futterzeit 16—18 Uhr (eingerahmt) dressiert worden waren. Es verkehrten am Versuchstag (20. 7. 1927) 5 numerierte Bienen. Jedes Quadrat (mit Nummer der Biene) bedeutet einen Besuch am leeren Futterschälchen in der betreffenden halben Stunde. Nach INGEBORG BELING 1929

und 21^{31} Uhr) wiesen nach dem Abendplatz, 3 Tänze am frühen Morgen (3^{54} Uhr, 4^{11} Uhr, 4^{18} Uhr) nach dem morgendlichen Futterplatz, 7 Tänze fielen in die Zeit um Mitternacht (23^{10}—1^{14} Uhr), von diesen waren 5 falsch oder desorientiert, einer zeigte angenähert die Resultante, einer den Morgenplatz mit starkem Fehler (Tab. 37)[1]). Die nächtliche Richtungsweisung bezog sich also, mit einem zweistündigen Übergangsbereich der Unsicherheit, auf den Ort der zeitlich näherliegenden Fütterung.

Auch für diesen Versuch steht ein reicheres Belegmaterial auf unserem unersättlichen Wunschzettel.

[1]) Zum Verständnis der Tabelle sei die erste Zeile der Darstellung erläutert: Um 20^{36} Uhr tanzte die Biene Nr. 116 mit einem Tanzwinkel von 154° r. Der Sonnenazimut zu dieser Zeit lag bei 304°. Der östliche (Abend-) Futterplatz (Azimut 102°) lag somit 158° rechts vom Azimut der Sonne, der südliche (Morgen-) Futterplatz (Azimut 190°) lag 114° links vom Sonnenstand (gestrichelte Pfeile in Zeile 1 der Tabelle). Die Tanzrichtung (ausgezogener Pfeil) weicht um —4° von der Soll-Tanzrichtung für den Ostplatz ab.

Tabelle 37. *Richtungsweisung von Nachttänzerinnen, die am Morgen an einem südlichen (10° w. v. S.), am Abend an einem östlich gelegenen Futterplatz (12° s. v. O.) gefüttert worden waren*

Tag	Zeit der Tänze	Biene Nr.	Tanz-winkel (Grad)	Azimut der Sonne (Grad)	Ausgezogener Pfeil: Tanzrichtung, punktierte Pfeile: Soll-Tanzrichtung, 0 für Abendplatz (12° S v. O) S für Morgenplatz (10° W. v. S)	Angezeigt wurde:	Fehler in Grad
22. 8.	20^{36}	116	154 r	304	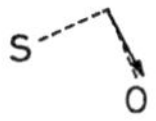	Abendplatz	— 4°
11. 8.	21^{31}	105	156 r	317,5		Abendplatz	+ 11,5°
10. 8.	23^{10}	160	14 l	342	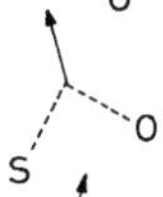	falsch	
10. 8.	23^{21}	131	14 r	344		falsch	
19. 9.	0^{40}	109	157 l	10	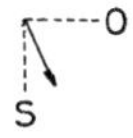	Morgenplatz mit starkem Fehler	+23°
15. 8.	0^{48}	122	134 r	8	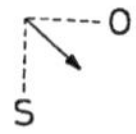	Resultante	+ 40° —48°
19. 9.	0^{58}	150	—	16	desorientiert		
19. 9.	1^{02}	168	42 l	17	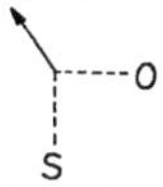	falsch	
24. 9.	1^{14}	111	—	21	desorientiert		
13. 8.	3^{54}	141	132 r	53		Morgenplatz	— 5°
14. 8.	4^{11}	156	116 r	56,5		Morgenplatz	—17,5°
14. 8.	4^{18}	171	121 r	57,5		Morgenplatz	—11,5°

Die innere Uhr. Ohne Zweifel funktioniert der Zeitsinn der Bienen auch im dunklen Stock und selbst bei Nacht. Das spricht dafür, daß sie die Tageszeit nicht an Außenfaktoren, sondern an einer „inneren Uhr" ablesen, mit anderen Worten: daß ihr Zeitsinn nicht exogen, sondern endogen ist. Die Frage, ob das wirklich zutrifft, stand von vornherein zur Diskussion, wie ein kurzer Überblick zeigen mag:

Die Grundlage aller darauf bezüglichen Versuche ist die Zeitdressur, wie sie zuerst Ingeborg Beling (1929) systematisch durchführte. Eine Gruppe numerierter Bienen, die einige Tage z. B. nur von 16^{00}—18^{00} Uhr auf einem Futtertischchen Zuckerwasser erhalten hat, wird daraufhin ohne Futterdarbietung einen ganzen Tag beobachtet, wobei jede am Futterplatz erscheinende Biene mit ihrer Nummer verzeichnet wird. Ein Protokollbeispiel bringt Abb. 304. Für halbe Stunden zusammengefaßt ist jeder Besuch durch ein Quadrat mit der Nummer der Biene vermerkt. Die Besuche beschränken sich in diesem Falle fast völlig auf die gewohnte Futterzeit. Meist kommen aber die Sammlerinnen etwas zu früh (Abb. 305a, b), was biologisch verständlich ist. Besser zu früh als zu spät am Futterplatz, in einer Welt voll hungriger Gesellen. Die Erscheinung darf nicht als Unschärfe des Zeitsinnes ausgelegt werden.

Schon I. BELING stellte fest, daß die Zeitdressur auch in einem geschlossenen Raum bei konstanter Beleuchtung gelingt, auch die Dressur auf eine Nachtstunde,

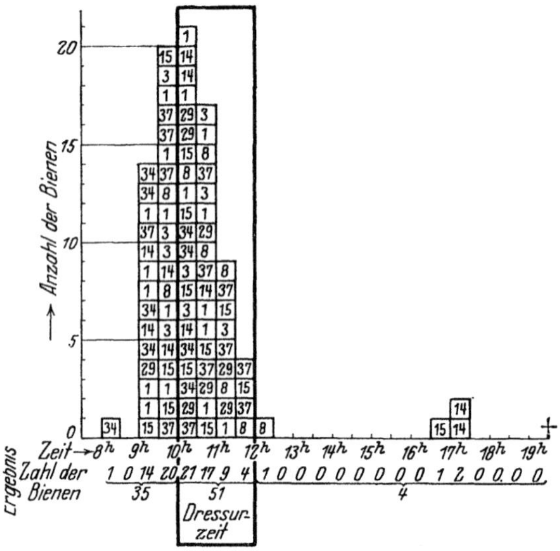

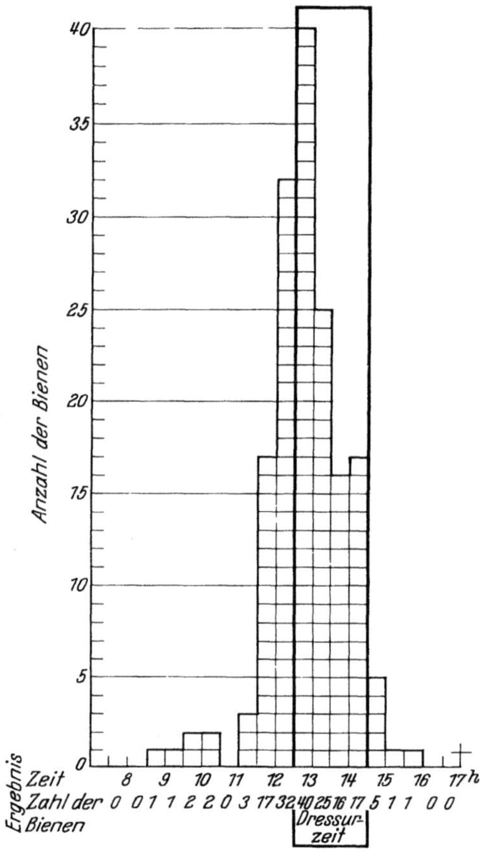

Abb. 305 a u. b

a) Versuch am 16. 6. 1927. Dressurzeit 10—12 Uhr. Es verkehrten 7 numerierte Bienen. Vgl. Legende von Abb. 304

b) Versuch am 21. 9. 1926. Dressurzeit 12³⁰—14³⁰ Uhr. Es verkehrten 21 numerierte Bienen. Nach INGEBORG BELING 1929

und daß sie unabhängig ist von tagesperiodischen Schwankungen der Temperatur, Luftfeuchtigkeit und der elektrischen Leitfähigkeit der Atmosphäre. In einem tiefen Steinsalz-Bergwerk war auch die Höhenstrahlung ausgeschaltet, ohne daß der Zeitsinn der Bienen gestört gewesen wäre (WAHL 1932). Er schien endogen bedingt zu sein. Wie er gesteuert wird, blieb ungeklärt und ist bis heute nicht bekannt. Ein „Hungerrhythmus" konnte schon deshalb nicht zugrunde liegen, weil Bienen, die am Futterschälchen nur zu bestimmten Stunden Nahrung finden, sich zwischendurch im Stock jederzeit sättigen können, und sich auch Pollenträgerinnen auf eine Sammelzeit dressieren lassen (BELING, WAHL). Die Grundlage des Zeitsinnes in rhythmischen Stoffwechselschwankungen zu suchen, stößt auf die Schwierigkeit, daß stoffwechselfördernde und stoffwechselhemmende Drogen die Zeitdressur nicht beeinflussen (vgl. WERNER 1953, RENNER 1957 u. a.).

Nur nach einer Kältebehandlung, wie sie im normalen Bienenleben niemals einwirkt, kamen die zeitdressierten Bienen zu spät (Abb. 306). Das bringt aber keine Entscheidung, denn in der Kältestarre war wohl nicht nur der Stoffwechsel herabgesetzt, sondern auch die Reizbarkeit, und etwa doch vorhandene uns unbekannte tagesperiodische Außenfaktoren konnten der Wahrnehmung entgangen sein.

Der Verdacht, daß die Bienenuhr durch einen unbekannten, tagesperiodischen Außenfaktor geregelt wird, wurde durch eine weitere Erfahrung wach gehalten: es erwies sich als unmöglich, Bienen anders als im 24-Stunden-Rhythmus zu dressieren. Zwar lernten sie es z. B., zu drei verschiedenen Tageszeiten am Futterplatz zu erscheinen, aber jede Futterzeit wiederholte sich ja genau nach 24 Stunden. Einen 19-Stunden-Rhythmus erlernten sie nicht. I. Beling fütterte eine Bienenschar in der Dunkelkammer bei konstanter Beleuchtung alle 19 Stunden $3^1/_2$ Stunden lang, womit sich die Zeit der Fütterung natürlich von Tag zu Tag verschob. Nach 16 Tagen (23 Fütterungen), im Anschluß an die letzte Fütterung, wurde das leere Schälchen durchgehend $25^1/_2$ Stunden beobachtet. Wie Abb. 307 zeigt, war die 19-Stunden-Dressur nicht geglückt, aber 24 Stunden nach der letzten Fütterung war die Zahl der Besuche vermehrt. Auch ein 48-Stunden-Rhythmus wird nicht erlernt; nach solcher Dressur erhält man im Versuch alle 24 Stunden eine Frequenzsteigerung (Beling 1929, Wahl 1932). Eine 19-Stunden-Dressur mißlang auch mit Bienen, die schon von ihrer Larvenzeit an in einem künstlichen 19-Stunden-Tag ($9^1/_2$ Stunden hell im Wechsel mit $9^1/_2$ Stunden Dunkelheit) gehalten waren (Paschke 1956).

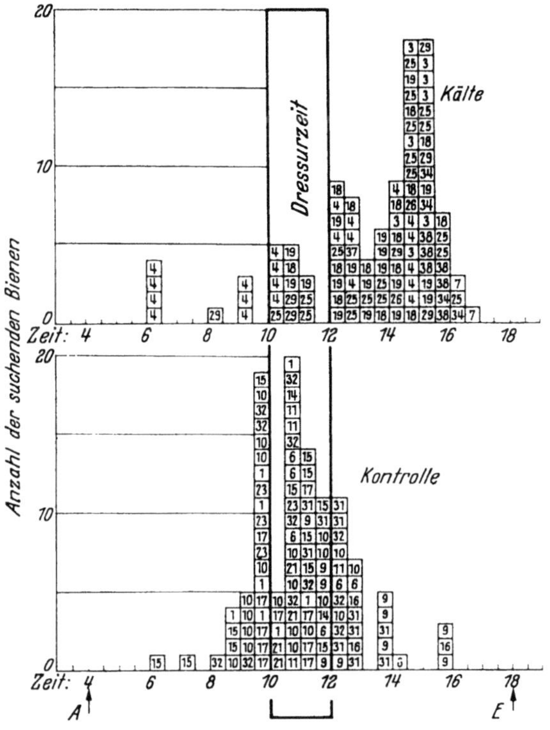

Abb. 306. Versuch am 11. 9. 1954. Ergebnis einer Zeitdressur (10—12 Uhr) mit Bienen, die vorher $5^3/_4$ Stunden bei 4—5° gehalten waren (oben), und mit Kontrollbienen (unten). Es verkehrten 11 Kältebienen und 13 Kontrollbienen. Nach Renner 1957

Eine klare Entscheidung darüber, ob der Zeitsinn ohne tagesperiodische Außenfaktoren funktioniert, war von einem Versetzungsversuch zu erwarten, der freilich in anderen Dimensionen ablaufen mußte als die bisher besprochenen. Der Plan bestand schon vor Jahrzehnten (v. Frisch 1937, S. 17, 18). Seine schon vorbereitete Durchführung auf einem Ozeandampfer scheiterte an äußeren Umständen. Er wurde dann mit besseren Verkehrsmitteln von Renner (1957) durchgeführt. Dieser dressierte in einem Bienenraum (wie Abb. 11, S. 14, aber zerlegbar aufgebaut, s. Abb. 308) in Paris bei konstanter Beleuchtung und Temperatur eine Gruppe von Bienen durch einige Tage auf eine abendliche Futterzeit. Im Anschluß an die letzte Fütterung brachte er am 13. 6. 1955 das Volk per Flugzeug nach New York, wo ein zweiter, genau gleicher Bienenraum den Stock aufnahm. Wenn sich der Zeitsinn nach einem (uns unbekannten) durch die Erddrehung gegebenen also tagesperiodischen Außenfaktor richtete, müßten die Bienen nun nach New Yorker Ortszeit, 5 Stunden später als nach Pariser Zeit, erscheinen. Sie kamen aber nach Pariser Zeit (Abb. 309). Das wiederholte sich

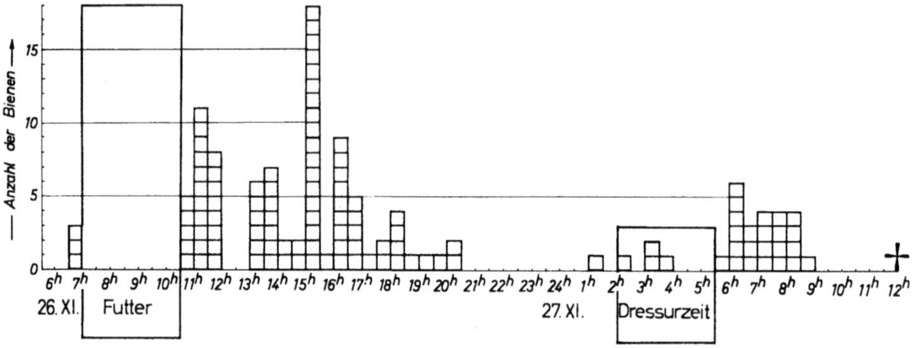

Abb. 307. Dressur auf einen 19-Stunden-Rhythmus. Ergebnis der Beobachtung nach 16 Tagen (23 Dressurfütterungen). Vermehrtes Suchen etwa 24 Stunden nach der letzten Fütterung. Nach Ingeborg Beling 1929

in abgeschwächtem Maße auch an den beiden folgenden Tagen, ohne neuerliche Fütterung. Hiermit war bewiesen, daß sich die Bienen nach einer inneren Uhr richten können. Das Ergebnis wurde durch den Gegenversuch bestätigt (Dressur in New York, Prüfung nach dem Rückflug in Paris, s. Abb. 310).

Abb. 308. Die beiden zerlegbaren Bienenräume für den Transozeanversuch, probeweise im Kurssaal des Münchner Zoologischen Instituts aufgestellt, vor ihrer Versendung nach Paris und New York

Wie kommt es dann, daß die Bienen ein von 24 Stunden abweichendes Intervall nicht lernen? Die Erklärung liegt wohl darin, daß ihr Zeitsinn im Laufe unzähliger Generationen letzten Endes doch vom Tagesrhythmus geprägt worden ist. Vermutlich war hierbei im Wechsel von Tag und Nacht das Licht der wichtigste

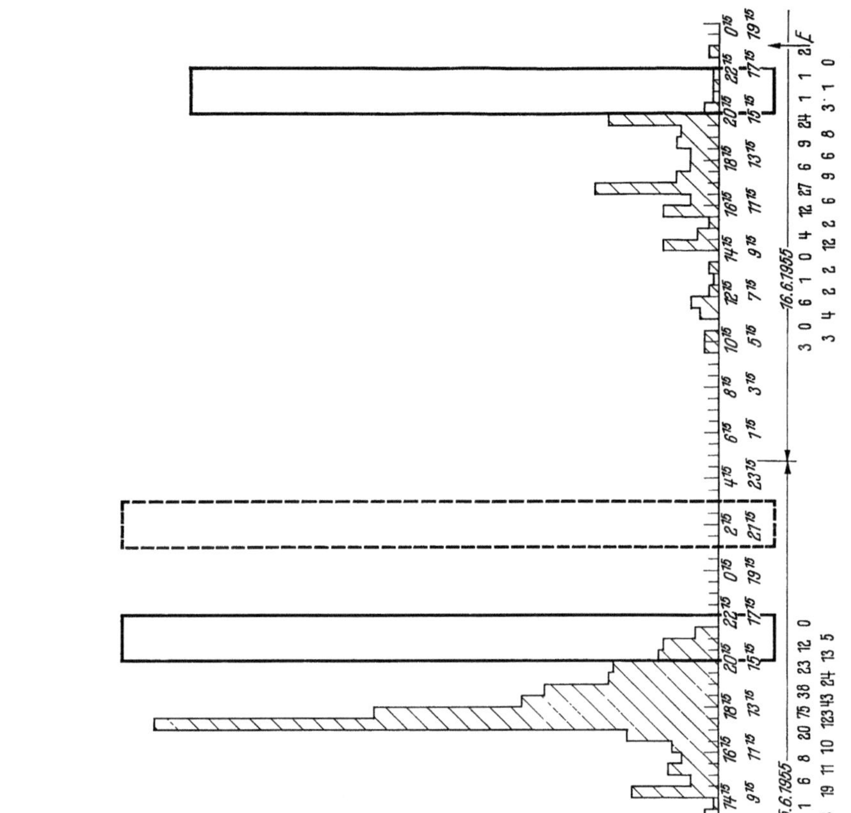

Abb. 309. Transozeanversuch. Besuch der Futtertischchen (ohne Futter) durch die in Paris dressierten Bienen an den drei Versuchstagen in New York 14.—16. 6. 1955. Abszisse: Französ. Sommerzeit, darunter ostamerikanische Sommerzeit. Ortszeit-Differenz = 5 Stunden. Umrahmt: Dressurzeit in Paris. Gestrichelt umrahmt: die nominell entsprechende Zeit (Ortszeit) in New York. — Die Bienen richteten sich nicht nach lokalen, dem Sonnenstand entsprechenden Faktoren, sondern kamen nach ihrer inneren Uhr etwa in 24-Stunden-Abständen nach der letzten Dressurfütterung in Paris. Nach RENNER 1957

Zeitgeber[1]). Nun ist der Rhythmus so eingefahren, daß er sich im Versuch nicht umstellen läßt. Er wird auch erkennbar, wenn ein Volk bei Dauerlicht und bei

[1] Diese gute Bezeichnung für tagesperiodische Außenfaktoren, die rhythmische Lebensvorgänge steuern, stammt von ASCHOFF (1954).

konstanter Temperatur und Feuchtigkeit in einem geschlossenen Bienenraum (S. 14 Abb. 11) wochenlang an seinem Futterplatz stets Zuckerwasser findet. Dann wird zwar Tag und Nacht gesammelt, aber in der Aktivität der Sammelbienen deutet sich ein Tagesrhythmus von etwa 24stündiger Periodendauer an (BENNETT u. RENNER 1963).

Tagesperiodische Vorgänge von einfacher Art sind bei anderen Tieren und bei Pflanzen zum Teil schon viel länger bekannt als bei den Bienen. In neuerer Zeit werden sie auf breitester Basis studiert. Ob sich nun Blüten zu bestimmten Stunden öffnen und schließen, ob sich die Blattstellung am Abend und am Morgen ändert oder Mäuse zu bestimmten Tageszeiten eine lebhaftere Aktivität entwickeln als zu anderen — auch solche Lebensäußerungen richten sich bemerkenswert pünktlich nach der Tageszeit. In vielen Fällen laufen sie bei Ausschluß der Außenfaktoren nach einer inneren Uhr weiter. Das ist für die reguläre tagesrhythmische Wiederholung eines Vorganges einfacher zu beweisen als für das so anpassungsfähige zeitgerechte Verhalten der Bienen. So bleiben z. B. Mäuse auch unter konstanten Bedingungen bei ihrem Aktivitätsrhythmus, aber nach einiger Zeit treten doch kleine Abweichungen vom genauen 24-Stunden-Rhythmus auf, und da sie bei verschiedenen Individuen oft etwas differieren, können sie nicht durch einen (unbekannten) Außenfaktor gesteuert sein (ASCHOFF 1955). Auf welchem Prinzip die innere Uhr beruht, ist hier so wenig bekannt wie bei den Bienen. Manches spricht dafür, daß sie bei Tieren und Pflanzen wesensgleiche Grundlagen hat (BÜNNING 1963).

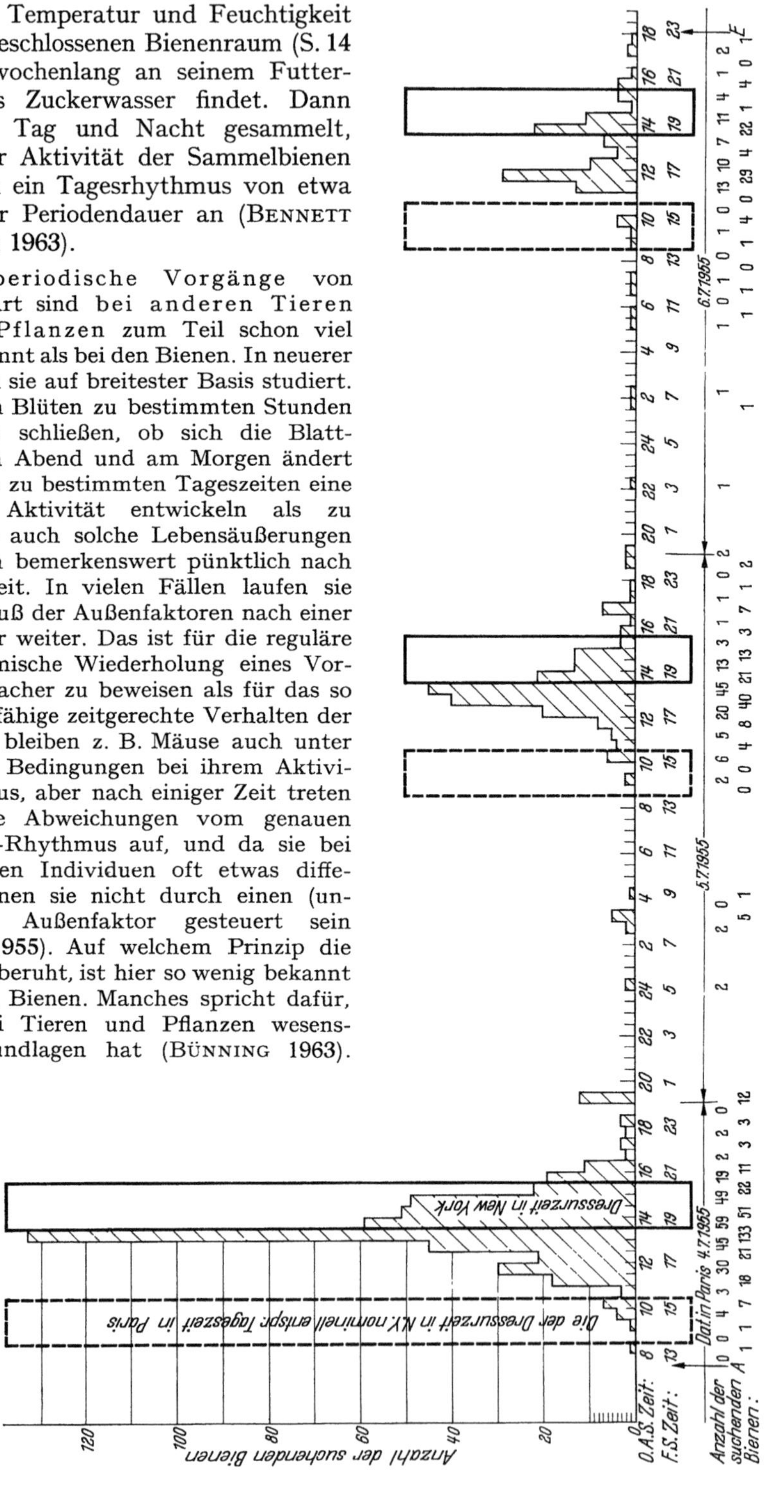

Abb. 310. Der Gegenversuch zu Abb. 309, 4.—6. 7. 1955: Dressur in New York, Prüfung in Paris

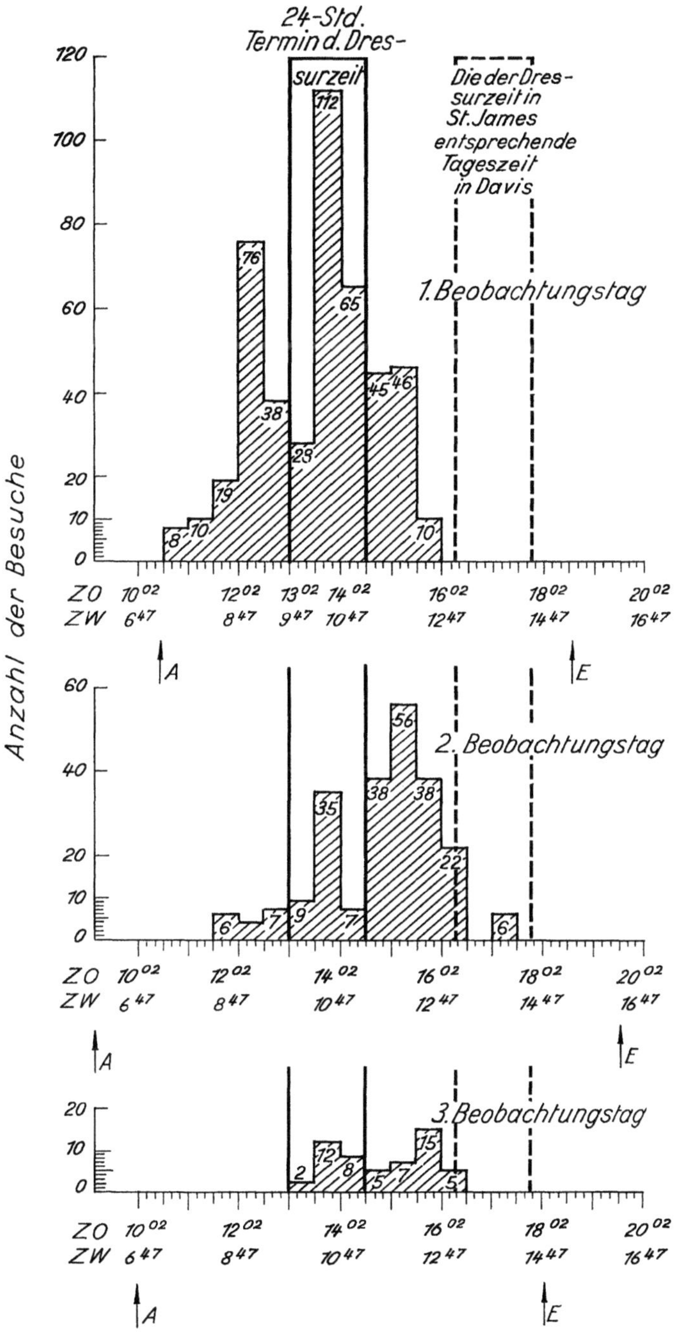

Abb. 311. Versetzungsversuch nach vorangegangener Zeitdressur, im Freiland. Bienen wurden an der Ostküste Amerikas (bei New York) auf die Zeit von 13^{02}—14^{02} Uhr dressiert, dann an die Westküste geflogen und in Davis (bei San Francisco) geprüft. Dargestellt ist die Frequenz der Suchflüge an drei aufeinanderfolgenden Beobachtungstagen ohne Fütterung, 3.—5. 9. 1958. ZO Ortszeit am Ostplatz (Dressur), ZW Ortszeit am Westplatz (Versuch). Ausgezogen umrahmt: Dressurzeit. Gestrichelt umrahmt: die der Dressurzeit entsprechende Ortszeit am Westplatz. Nach RENNER 1959

Der Zeitsinn wird mit dem Sonnenstand in Konflikt gebracht. In RENNERs Transozeanversuch waren die Bienen in ihren abgeschlossenen Räumen auf die innere Uhr angewiesen. So wurde klar, daß diese funktioniert. Aber was wird geschehen, wenn man den Versuch im Freiland durchführt und den Zeitsinn mit dem Sonnenstand in Konflikt bringt?

Darüber gibt ein weiterer Versetzungsversuch Aufschluß (RENNER 1959). Die Dressur wurde an der Ostküste Amerikas in St. James auf Long Island (nahe von New York) in flachem Gelände ohne auffällige Landmarken durchgeführt; das Bienenvolk gehörte der italienischen Rasse an. Die Dressurzeit lag nach der wahren Ortszeit von 13^{02}—14^{32} Uhr. Nach der letzten Dressur am 2.9.1958 flog RENNER über Nacht mit dem Bienenstock an die Westküste und stellte ihn auf einem ähnlichen Versuchsfeld in Davis, nicht weit von San Francisco auf. Die Differenz der wahren Ortszeiten betrug $3^1/_4$ Stunden. Das Verhalten der Bienen wurde, ohne Fütterung, an drei aufeinanderfolgenden Tagen bei klarem Himmel beobachtet. Das Ergebnis zeigt Abb. 311. Am 3. 9. 1958 begannen die Bienen 23 Stunden nach dem Anfang der letzten Fütterung, also nach der inneren Uhr um 1 Stunde zu früh, lebhaft zu suchen. Solche Verfrühung entspricht einem häufigen Vorkommen und war gleicherweise bei einem Vorversuch an der Ostküste ohne Versetzung eingetreten. Abweichend von der Norm folgt aber dann auf einen Abfall der Frequenz ein zweiter Anstieg mit einem Gipfel, der $1^1/_2$ Stunden hinter dem ersten liegt. Zu jener Ortszeit des Westplatzes, die nominell der Dressurzeit an der Ostküste entsprochen hätte, erschien keine Biene (Abb. 311). An den beiden folgenden Tagen wiederholten sich die beiden Gipfel, sie verschoben sich aber im Sinne einer Annäherung an die Lokalzeit, die nominell der Dressurzeit im Osten entsprochen hätte (Abb. 311). Man wird kaum fehlgehen mit der Deutung, daß die Bienen beim ersten Maximum ihrer inneren Uhr gefolgt sind, während das zweite durch die lokalen Außenfaktoren bedingt war, die sich an den beiden folgenden Tagen noch stärker durchsetzten. An der Westküste wurde es um $3^1/_4$ Stunden später hell bzw. dunkel als an der Ostküste. Es ist wahrscheinlich, daß diese Verschiebung der hellen Tageszeit gegenüber der Nacht als wesentlicher Außenfaktor für den zweiten Gipfel und für die allmähliche Verschiebung der Besuchszeit verantwortlich ist. Die innere Uhr erwies sich hiermit als verstellbar. Davon wird noch die Rede sein (S. 368, 456, 464).

Der weiträumige Versetzungsversuch im Freiland gab die Möglichkeit, die Zeitdressur mit einer Dressur auf eine Himmelsrichtung zu verbinden und nach der Versetzung zu prüfen, welche Kompaßrichtung die Bienen unter dem geänderten geographischen Längengrad einschlagen würden. Der Sinn dieses Vorhabens wird durch Abb. 312 verständlich. RENNER hatte bei der Dressur an der Ostküste (St. JAMES) den Futterplatz 140 m vom Stock genau im Nordwesten angelegt, bei F = 315° (die Winkelgrade zur Bezeichnung der Azimute sind von N = 0° fortlaufend über O—S—W bis wieder N gezählt). Die Sonne stand daselbst am letzten Dressurtag zu Beginn der Dressurzeit (13^{02} Uhr) in SSW (Azimut 207°). Zu dieser Zeit lag der Futterplatz für die Bienen 108° rechts von der Sonne (Abb. 312). Nach der Westversetzung stand am nächsten Tag in Kalifornien (Davis) 24 Stunden nach diesem Zeitpunkt die Sonne erst in SO bei 127°, nach der Ortszeit war es 9^{47} Uhr. Wenn die Bienen, ihrer inneren Uhr folgend, etwa 24 Stunden nach dem letzten Dressurbeginn ausflogen – das haben sie auch zunächst getan – und den Futterplatz unter dem gewohnten Sonnenwinkel suchten, 108° rechts von der Sonne, dann sollten sie statt nach NW nach SW fliegen, in der Richtung des gestrichelten Pfeiles (Azimut 235°). Diese Erwartung haben sie im Versuch tatsächlich recht genau erfüllt.

Zur Prüfung ihrer Anflugsrichtung hatte RENNER das schon auf S. 21 ff. beschriebene Zählgerät entwickelt. Schon während der Dressur sammelten die Bienen das Zuckerwasser in einem Aluminiumkästchen (Abb. 22 S. 21 f.), in das sie durch ein kleines Türchen einschlüpften. Genau gleichartige Geräte waren beim Versuch in Winkelabständen von 45° und je 140 m vom Stock in der Runde aufgestellt, aber natürlich ohne Zuckerwasser. Beim Einschlüpfen einer Biene durch das Türchen wurde der Besuch durch die Unterbrechung eines Lichtstrahles photoelektrisch registriert. Diese automatische Registrierung schloß nicht nur jede Beeinflussung durch einen Beobachter aus; nur durch sie war es möglich, 8 Richtungen zu kontrollieren. Die nötigen Beobachter hätten hierfür nicht zur Verfügung gestanden. Durch die Versenkung der Kästchen in den Boden (Abb. 22 S. 21 f.) waren sie so unauffällig, daß sie von den Bienen aus größerer Entfernung optisch nicht wahrgenommen werden konnten.

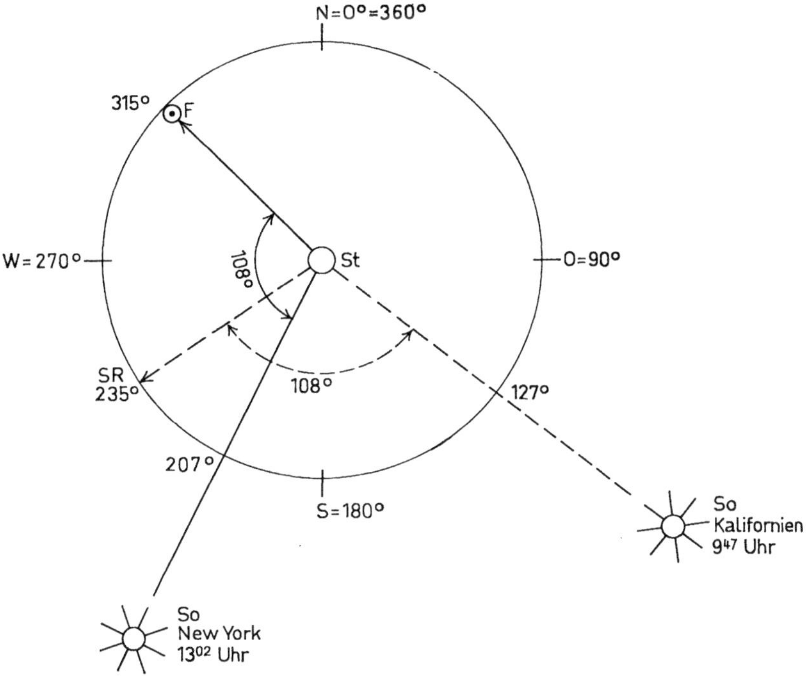

Abb. 312. Zum Versetzungsversuch nach Zeitdressur im Freiland. St Stock, F Futterplatz, So Sonnenstand, SR erwartete Suchrichtung. Weitere Erklärung im Text. Nach RENNER 1959

Durch das Einhalten des Sonnenwinkels gemäß der inneren Uhr, aber zur unrichtigen Ortszeit, haben die Bienen von neuem gezeigt, daß sie nach dem Azimut der Sonne die Richtung finden. Über dieses Ergebnis hinaus ließ sich eine Reihe weiterer Schlüsse ziehen, und man konnte die Beteiligung anderer Orientierungsmöglichkeiten prüfen. Es läßt sich berechnen, in welcher Himmelsrichtung die Bienen in Kalifornien hätten suchen müssen, wenn sie sich nach den Feldlinien des Erdmagnetismus gerichtet hätten. Die magnetischen Feldlinien weisen in St. James nach 11° w. v. N. (Azimut 349°), in Davis 17° ö. v. N. (Azimut 17°). Zum Verlauf der magnetischen Kraftlinien hatten sich die Bienen bei der Dressur 34° links von dieser Bezugsrichtung zu halten, nach der Versetzung hätten sie bei gleicher Einstellung zum magnetischen Kraftfeld bei Azimut 343° suchen müssen. Die gerade Linie (Kurve 1) in Abb. 313 entspricht dieser

Richtung, Kurve 2 gibt die Richtung an, die zutreffend wäre für den Fall, daß die Bienen auf Grund unbekannter Fähigkeiten die im Osten erlernte Kompaßrichtung (Azimut 315°) nach der Westversetzung wiederfinden könnten. Die nach der Versetzung tatsächlich beobachteten Suchrichtungen im Tagesablauf (Kurve 5) lehren aber, daß die Bienen bei ihren Flügen zu jeder Zeit den Winkel zum Sonnenstand anstrebten, den sie am Ostplatz eingehalten hatten.

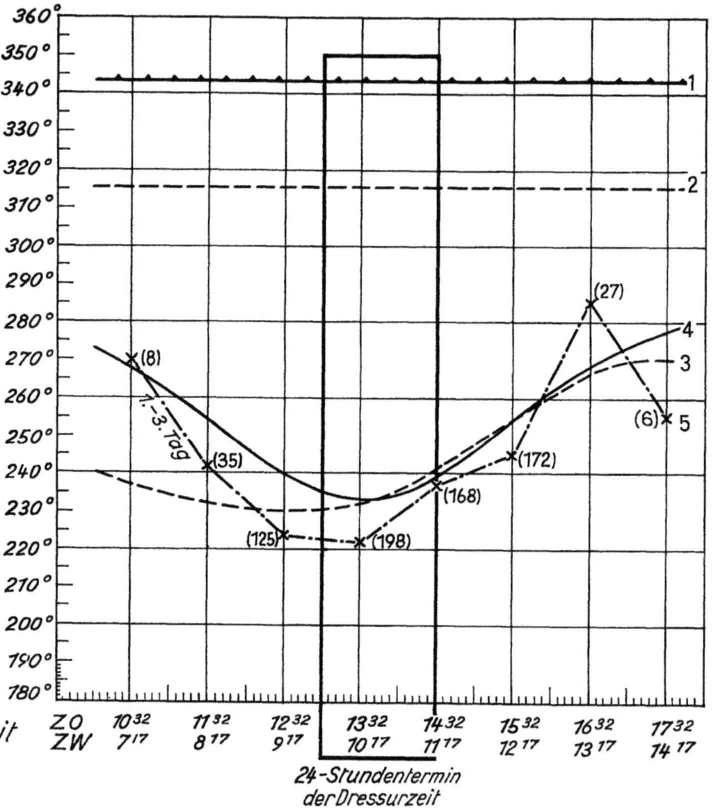

Abb. 313. Theoretische und tatsächliche Suchrichtungen der zeitdressierten Bienen nach der Versetzung vom Ost- an den Westplatz. Kurve 1: zu erwartende Suchrichtungen, wenn sich die Bienen nach dem Erdmagnetismus richten. Kurve 2: bei genauer Einhaltung der andressierten Himmelsrichtung. Kurve 3: beim Einhalten des am Ostplatz erlernten Winkels zur Sonne ohne Berücksichtigung ihrer wechselnden Azimutwinkelgeschwindigkeit. Kurve 4: bei Berücksichtigung ihrer wechselnden Azimutwinkelgeschwindigkeit. Kurve 5: die zu den angegebenen Stunden tatsächlich beobachteten Werte sind durch Kreuzchen bezeichnet. Jedes Kreuzchen entspricht der mittleren Suchrichtung an allen drei Beobachtungstagen. Nach Renner 1959

Renner hatte nun gehofft, dabei auf eine weitere Frage Antwort zu erhalten, zu deren Verständnis an folgendes erinnert werden muß: die (scheinbare) Sonnenbewegung geht mit einer Winkelgeschwindigkeit von 15° in der Stunde vor sich, das macht in 24 Stunden 360° entsprechend dem vollen Umlauf. Da aber der Sonnenbogen am Himmel morgens steil ansteigt, abends steil abfällt und in den Mittagsstunden flach verläuft, ändert sich der Azimut der Sonne in den Morgen- und Abendstunden weniger als in entsprechenden Zeitspannen mittags, die Azimutwinkelgeschwindigkeit der Sonne ist in den Mittagsstunden am größten (z. B. in St. James am 2. 9. von 6^{30}—7^{30} Uhr = 10°, von 11^{30}—12^{30} = 27°, Abb. 314). Ob die Bienen bei ihrer Orientierung nach dem Sonnenkompaß diese tageszeitlichen Verschiedenheiten berücksichtigen oder für ihre Orientierung einen Durchschnittswert für die Winkelgeschwindigkeit zugrunde legen, ist eine noch offene Frage. Nun treten die Änderungen der Azimutwinkelgeschwindigkeit in Kalifornien, gemäß der um $3^1/_4$ Stunden verspäteten Lokalzeit, später als an der Ostküste ein. Während hier schon das schnelle Mittagstempo gilt, hat der Sonnenlauf im Westen noch das langsame Morgentempo, die Ändegrunen gehen also nicht konform. Bienen, welche im Westen nach ihrer noch auf den Osten eingestellten inneren Uhr den Sonnenwinkel einhalten, müssen dementsprechend im Verlaufe des mehrstündigen Versuches ihre Suchrichtung etwas ändern, und zwar in verschiedener Weise, je nachdem ob sie hierbei die verschiedene Azimutwinkelgeschwindigkeit der Sonne in Rechnung stellen oder nicht. Tun sie es nicht, so ist auf Grund der Berechnungen eine Suchrichtung zu erwarten, die in Abb. 313 durch Kurve 3 dargestellt ist. Berücksichtigen sie die wechselnde Azimutwinkelgeschwindigkeit, so sollte die Suchrichtung von Kurve 4 herauskommen. Kurve 5 gibt die im Experiment beobachteten Suchrichtungen an, wobei jeder Kurvenpunkt (×) den Mittelwert der Einzeldaten bedeutet und die beigefügten Zahlen die Anzahl der Anflüge angeben. Die Ähnlichkeit des Kurvenverlaufes mit Kurve 4 läßt vermuten, daß die wechselnde Azimutwinkelgeschwindigkeit der Sonne von den Bienen in Rechnung gestellt wird. Eine sichere Entscheidung ist aber auf Grund dieses einen Versuches nicht möglich[1]).

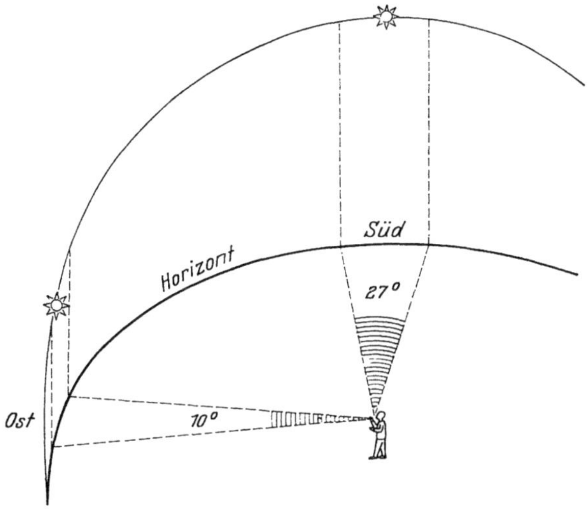

Abb. 314. Der Azimut der Sonne ändert sich in der gleichen Zeitspanne am Morgen, oder am Abend, bei steiler Sonnenbahn weniger als am Mittag bei flacher Sonnenbahn. Schema

In den Tropen sind die Voraussetzungen für eine Klärung dieses Problemes viel günstiger, da bei höherem Sonnenstand die Gegensätze größer werden. Geht die Sonne durch den Zenit, so bleibt ja sogar ihr Azimut den ganzen Vormittag unverändert, um dann plötzlich um 180° umzuspringen.

Andere weiträumige Versetzungsversuche. RENNER versetzte die Bienen von Osten nach Westen. LINDAUER benützte einen Tropenaufenthalt in Ceylon zu einer Süd-Nord-Versetzung unter der Sonnenbahn hindurch. Numerierte Bienen waren bei Kandy (Ceylon) 8 Tage lang um die Mittagszeit auf einen Futterplatz 150 m nördlich vom Stock dressiert worden. Am 24. 4., als die Sonnenbahn mittwegs zwischen Kandy und Poona (Indien) lag (Abb. 315), war der Stock über Nacht nach Poona gebracht und auf einem freien Feld aufgestellt worden. Nach Nord, Ost, Süd und West waren in der gewohnten Flugweite Futtertischchen aufgestellt. Mittags stand an diesem Tage in Kandy die Sonne 5°35′ nördlich, in Poona 5°35′ südlich am Himmel. Als um 11^{45} Uhr der Flug freigegeben wurde, war die Sonne noch so weit östlich, daß für Bienen die gewohnte Nordrichtung (vormittags links von der Sonne) erkennbar sein mußte. Es gab am Nordplatz

[1]) Für nähere Einzelheiten sei auf RENNER (1959) verwiesen.

bis 12^{02} Uhr drei Anflüge. Der Meridiandurchgang der Sonne erfolgte um 12^{30} Uhr. Von 12^{13}—12^{24} Uhr flogen drei weitere Bienen an, und nun im Süden. Sie hielten hier, wie in Kandy, zu Mittag die Richtung zur Sonne ein und verwechselten Norden mit Süden. Leider war es in Poona viel heißer als in Ceylon, und die meisten Bienen, die sich zum Ausflug anschickten, kehrten am Flugloch um und blieben im Stock. Aber auch die 3 Bienen wirken überzeugend, wenn man bedenkt, wie selten bei unseren vielen anderen Versetzungsversuchen Anflüge diametral entgegen der Dressurrichtung vorgekommen sind. Und so bestätigt das Ergebnis, daß Bienen keinen anderen Kompaß als die Sonne benützen.

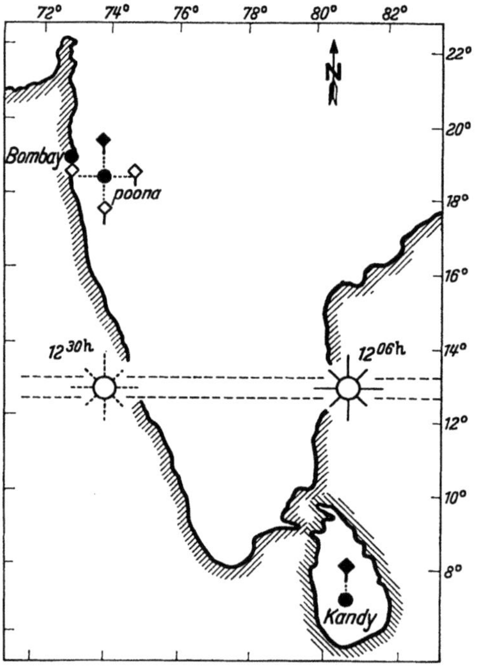

Abb. 315. Versetzungsversuch von Kandy (Ceylon, Sonne nördlich) nach Poona (Indien). Dressur bei Kandy zur Mittagszeit nach Nord. Prüfung in Poona am 24. 4. zur Mittagszeit (Sonne südlich). Nach LINDAUER 1957

Nach München zurückgekehrt, machte LINDAUER mit zwei Bienenvölkern aus Ceylon unter dem für sie fremden Himmel Versetzungsversuche. Sie waren nicht nur weit nach Westen transportiert worden – die Ortszeit war um 4 Stunden und 36 Minuten gegenüber Ceylon verschoben – sondern es stand auch die Sonne, die sie in Ceylon mittags am Nordhimmel gesehen hatten, nun zur Mittagszeit im Süden und sie bewegte sich, statt entgegen dem Uhrzeigersinn, im Sinne des Uhrzeigers. Nach Dressur auf eine bestimmte Himmelsrichtung am Tag nach ihrer Ankunft in München – und später noch mehrmals – wurden die Völker in eine andere Gegend versetzt und ihre Suchrichtung geprüft. Zwar flogen die dressierten Bienen immer wieder aus, aber sie fanden zunächst nur in geringer Zahl und ohne Bevorzugung der Dressurrichtung an die Tischchen. Das war nach 4 Tagen noch nicht anders. Als aber $1^1/_2$ Monate nach ihrer Ankunft in München nochmals ein Versuch gemacht wurde, war die Richtungsdressur erfolgreich, und die versetzten Bienen hielten die Kompaßrichtung ein. Sie hatten sich auf die neue Sonnenbahn umgestellt (LINDAUER 1957a).

Mit diesen Befunden schienen Angaben von KALMUS (1954, 1956) in Widerspruch zu stehen. Die Nachkommen einer Königin aus Kalifornien, die noch dort begattet, aber dann nach Brasilien auf die südliche Halbkugel geschickt worden war, verhielten sich im Versetzungsversuch so, als würden sie die Sonnenwanderung im Uhrzeigersinn einkalkulieren — wie es für ihre ursprüngliche Heimat richtig gewesen wäre. Sogar ein Bastardvolk, dessen Königin vor 8 Jahren aus Kalifornien importiert, aber von brasilianischen Drohnen begattet worden war, hätte sich noch nicht nach der südlichen Sonne richtig orientieren können. Er schloß daraus, daß es den Bienen wahrscheinlich angeboren sei, in welchem Sinne sie die Sonnenwanderung einkalkulieren müßten.

LINDAUER (1959) hat eingehend dargelegt, daß die Versetzungsversuche von KALMUS aus Gründen, die in seiner Methodik gelegen waren, zu diesem Ergebnis führten und daß seine Schlußfolgerung nicht berechtigt war. Ich brauche auf Einzelheiten nicht einzugehen[1]), denn überzeugender als jede Diskussion ist die Wiederholung des Versuchs an Ort und Stelle unter Berücksichtigung der aus jahrelanger Erfahrung bekannten Fehlerquellen. Diesen Weg hat LINDAUER eingeschlagen, und er kam zu folgenden Resultaten:

Eine Italiener-Königin aus Nordamerika, die vor 14 Wochen nach Brasilien importiert und – wie bei KALMUS– einheimischen schwarzen Bienen zugesetzt worden war, hatte nach dieser Zeit durch eigene (gelbe) Nachkommen die schwarzen Bienen des Volkes verdrängt. Am 16. 4. 1957 von 14^{00}—17^{45} Uhr auf einen Futterplatz in NW dressiert und am folgenden Morgen in fremdem Gelände geprüft, reagierten die Sammlerinnen kompaßtreu: von 8^{00}—11^{00} Uhr flogen 17 von ihnen am NW-Platz an, eine in SO, keine in NO und SW. Obwohl ihre Mutter bis vor wenigen Wochen auf der nördlichen Halbkugel gelebt hatte, waren ihre Nachkommen mit der Sonnenbahn der südlichen Halbkugel vertraut. Zu dem gleichen Ergebnis führte eine Wiederholung des Versuchs mit einem Bastardvolk nach KALMUS.

Die Koppelung der inneren Uhr an den Sonnenstand ist also offenbar nicht starr festgelegt. Das steht auch in Einklang mit LINDAUERs Erfahrungen an Völkern, die er aus Ceylon nach München versetzt hatte. Bei RENNERs weiträumiger Ost-West-Versetzung war sogar eine Anpassung an die veränderten Verhältnisse schon am zweiten und dritten Beobachtungstag bemerkbar. Das führt uns auf die Frage, ob Bienen auch an ihrem Heimatsort die Sonnenbahn und ihren zeitlichen Verlauf im individuellen Leben durch Erfahrung erlernen müssen, oder ob ihnen die Kenntnis der ortsgültigen Verhältnisse wenigstens im groben angeboren ist.

Bienen erlernen den Gebrauch des Sonnenkompasses. LINDAUER ließ Bienen im Brutschrank schlüpfen und bildete aus ihnen ein Volk, das mehrere Wochen in einem Keller ohne Himmelssicht gehalten wurde. Dressierte er dann am ersten freien Flugtag diese Bienen auf eine Himmelsrichtung, so waren sie am folgenden Tag in fremder Gegend nicht imstande, die Richtung wiederzufinden. Wohl aber gelang der Versuch nach 8 Tagen freien Fluges.

Um den Lernvorgang genauer zu erfassen, wurden sonnen-unerfahrene „Kellerbienen", nach dreitägiger Dressur auf einen südlichen Futterplatz, unter freiem Himmel geprüft. Dressiert wurde nur nachmittags, an den Vormittagen stand das Volk immer wieder im Keller. Der Versetzungsversuch hatte nun ein positives Ergebnis, aber nicht die andressierte Südrichtung, sondern das östliche Futtertischchen erhielt die meisten Besuche (Abb. 316). Die Sammlerinnen hatten den Sonnenlauf noch nicht erfaßt. Sie hatten sich von den Dressurnachmittagen nur gemerkt, daß der Futterplatz links von der Sonne lag. Die Mehrzahl von ihnen hielt sich nach der Versetzung auch bei den vormittägigen Suchflügen nach links von der Sonne, was sie zum Ostplatz führte. Sie flogen winkeltreu, nicht kompaßtreu. Erst bei einem weiteren Versuch, mit Dressur an fünf Nachmittagen, war der Sonennkompaß richtig in Funktion gekommen. Nach Versetzung in fremdes Gelände waren die Anflüge am Südplatz (Dressurrichtung) in der Überzahl (Abb. 317).

Dieser letztgenannte Versuch sollte gleichzeitig über eine andere Frage Aufschluß geben: Ist für das Erfassen des Sonnenlaufes maßgebend, wie lange das Volk im Freiland gestanden hat, oder wie oft die Bienen im Freien geflogen sind? Diesen Gedanken hatte LINDAUER schon beim Ansatz des Versuches im Sinn. Er vergrößerte deshalb am 5. Dressurnachmittag die Schar der Sammlerinnen durch 20 Neulinge. Diese waren bestimmt noch nicht am südlichen Futterplatz

[1]) Vgl. diesbezüglich LINDAUER 1959, S. 45—51.

gewesen, denn da war jeder Neuling abgetötet worden. Sie hatten, wie die anderen, seit 4 Tagen Gelegenheit gehabt, den Sonnenstand zu beobachten, sie waren aber mit größter Wahrscheinlichkeit bisher nicht regelmäßig, sondern nur gelegentlich, z. B. beim Vorspiel, ausgeflogen. Nur am 5. Tag verkehrten sie am Futterplatz. Nun standen sie gleichzeitig mit den alten Sammelbienen im Versuch – und verhielten sich anders: die Mehrzahl kam noch winkeltreu an den Ostplatz (Abb. 318). Das kompaßtreue Verhalten scheint also erst durch die auf mehreren hundert Flügen gewonnene Erfahrung erlernt zu werden. In dieser Hinsicht bleibt

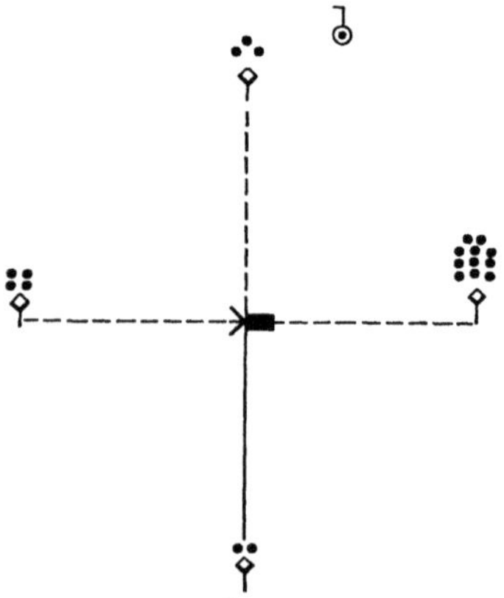

Abb. 316

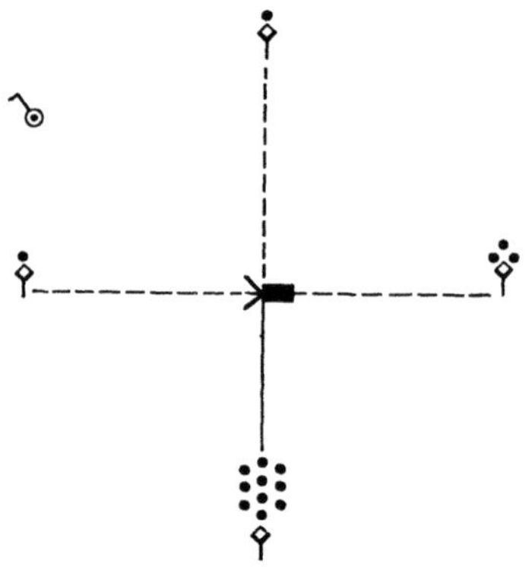

Abb. 317

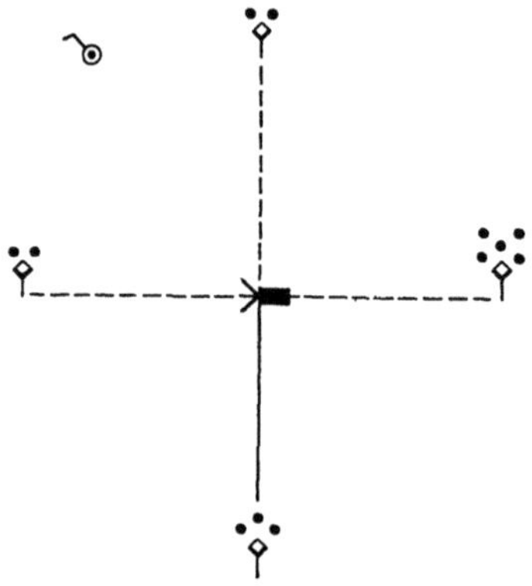

Abb. 318

Abb. 316. Ergebnis eines Versetzungsversuches mit sonnenlos aufgezogenen Kellerbienen, die drei Nachmittage nach Süd dressiert worden waren. Ausgezogene Linie: Dressurrichtung. Die Punkte über den Tischchen entsprechen der Zahl der Anflüge beim Versuch am Vormittag. Nach LINDAUER 1959

Abb. 317. Nach Dressur an 5 Nachmittagen haben die Bienen den Sonnenlauf einkalkuliert und, nach der Versetzung, am Vormittag die Kompaßrichtung (Süd) eingehalten. Nach LINDAUER 1959

Abb. 318. Das Verhalten von Kellerbienen, die 4 Nachmittage freien Ausflug hatten und am 5. Nachmittag auf Süd dressiert wurden. Die Mehrzahl flog desorientiert oder winkeltreu an. Nach LINDAUER 1959

noch viel zu klären, aber ein erster wertvoller Einblick ist gewonnen. Wenn hiermit gezeigt ist, daß die Bienen den Sonnenkompaß erst nach einiger Flugerfahrung beherrschen, daß also nicht etwa nur ein Reifen des Instinktes, sondern ein wahrer Lernvorgang vorliegt, so sind doch gewiß an dieser Orientierungsweise auch angeborene Komponenten beteiligt; so, daß die Bienen schon bei den ersten Ausflügen auf die Stellung der Sonne achten, oder daß sie bei ihrer ersten Richtungsweisung die Lage des Zieles mit Bezug auf die Sonne angeben, oder daß die Nachtänzerinnen das Ziel auf Grund solcher Meldungen finden[1]).

[1]) LINDAUER (1959, S. 60) erwähnt die exakte Richtungsweisung einer Pollensammlerin 15 Minuten nachdem das Flugloch eines Kellervolkes zum erstenmal unter freiem Himmel geöffnet worden war, und ebenso das sofortige richtige Erfassen der Meldungen durch die sonnenlos aufgezogenen Stockbienen.

Unter natürlichen Bedingungen werden die jungen Sammlerinnen bei ihren ersten Ausflügen am Tage zu bekannten Futterquellen gewiß nicht winkeltreu in falsche Richtung fliegen. Sie sind ja nicht in fremder Gegend und sehen vertraute Landmarken. Man könnte sich denken, daß solche das Erlernen des Sonnenlaufes sogar beschleunigen.

Besonders bemerkenswert ist eine weitere, den Bienen im Erbgut mitgegebene Fähigkeit: sie können aus einem Teil der Sonnenbahn ihren vollen Tageslauf ergänzen. Mit Absicht hatte LINDAUER in den besprochenen und schon in früheren Versuchen (1959, 1957) die Kellerbienen nur an Nachmittagen im Freien dressiert und sie jede Nacht und jeden Vormittag im dunklen Keller gehalten. Sie hatten trotzdem ihr Ziel kompaßrichtig gesucht, als sie zum erstenmal die Morgensonne sahen. Diese Gabe, den Lauf der Sonne aus der Kenntnis eines Sektors zu ergänzen, macht nun auch das Verhalten der Dauertänzerinnen zur Nachtzeit eher verständlich. Sie haben niemals zu nächtlicher Stunde den Sonnenstand gesehen, aber sie haben den Tagessektor der Sonnenbahn zum vollen Kreisbogen ergänzt. Beobachtungen LINDAUERs sprechen dafür, daß für den nächtlichen Sonnenlauf die wechselnde Azimutwinkelgeschwindigkeit nicht einkalkuliert wird.

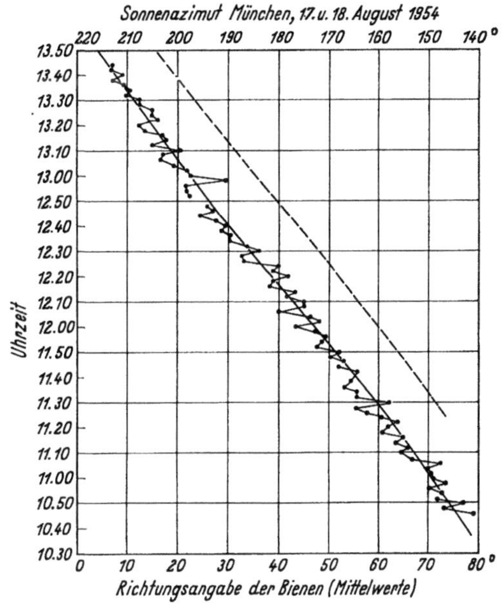

Abb. 319. Richtungsangabe der Bienen nach Sammelflügen zu einem 6 km entfernten Futterplatz. Jeder Punkt der Zickzackkurve bedeutet den Mittelwert der in je zwei Minuten gemessenen Tanzwinkel. Ausgezogene Linie: Sonnenazimute zur Zeit der Tänze. Gestrichelte Linie: Sonnenazimute zur Zeit der vorangegangenen Hinflüge der betreffenden Tänzerinnen. Nach BOCH 1956

Die biologische Seite. Nachdem wir die Tatsachen haben sprechen lassen, ist noch ein Wort zu ihrer biologischen Beurteilung am Platze. Eine im Erbgut starr festgelegte Kenntnis der Sonnenbahn war schon deshalb nicht zu erwarten, weil die schwärmenden Bienen eine erhebliche Freizügigkeit entwickeln und sich im Laufe der Jahre so verbreiten können, daß die Sonnenbahn zu ihrem früheren Aufenthaltsort nicht mehr stimmt. Bei der Riesenhonigbiene mit ihren jahreszeitlichen Wanderflügen sind große Ortsveränderungen sogar sehr häufig. Zwischen den Wendekreisen kommt hinzu, daß zweimal im Jahr die Sonnenbewegung den Uhrzeigersinn wechselt und auch am gleichen Ort eine innere Umstellung nötig macht.

Die Fähigkeit, eine Himmelsrichtung jederzeit nach dem Sonnenkompaß wiederzufinden, ist – nun abgesehen von der Frage nach Vererbung oder Erwerbung – für Bienen in vielfacher Hinsicht wertvoll. Wenn sie auf der Suche nach neuen Nahrungsquellen weite Flüge unternehmen, führt sie ihr Himmelskompaß auch bei fortgeschrittenem Sonnenstand nach Haus. Auch Sammelflüge dehnen sich nicht selten länger als eine Stunde aus (GROUT 1949, S. 46, RIBBANDS 1949), ja ausnahmsweise fast bis zu 3 Stunden (SINGH 1950). Die Einsiedlerbiene *Xylocopa* kann sogar 4—9 Stunden ausbleiben, bis sie wieder zu ihrem Nest zurückkehrt (RAU 1933). Spurbienen sind imstande, den Stockgenossen durch Dauertänze immer wieder die Kompaßrichtung der entdeckten Wohnung zu verkünden, ohne das Risiko neuer Ausflüge. Sammlerinnen zeigen bei ihren Tänzen die Richtung zum Ziel, die sie beim Hinflug wahrgenommen haben, aber korrigiert auf die Zeit des Tanzes. Bei großer Flugweite fällt der Unterschied ins Gewicht (Abb. 319). Beim Blütenbesuch merken sie sich rasch die Stunden bester Futterqualität, sie richten sich danach bei ihren Ausflügen (S. 256f.) und schlagen zu jeder Tageszeit die rechte Kompaßrichtung ein.

So ist die Sonnenorientierung mit dem täglichen Leben des Bienenvolkes innig verflochten und, einmal erkannt, kaum mehr wegzudenken.

4. Die Wahrnehmung der Sonne durch eine Wolkendecke

Auch bei geschlossener Wolkendecke können die Bienen bei ihren Tänzen auf der vertikalen Wabenfläche den Sonnenwinkel des Futterplatzes richtig angeben. Es war denkbar, daß sie von ihren früheren Flügen wissen, wo in der vertrauten Landschaft zu jeder Stunde die Sonne steht. Vielleicht sind sie aber auch fähig, die für uns unsichtbare Sonne durch die Wolken zu erkennen? Um die erste Möglichkeit auszuschließen, versetzten wir am Morgen des 23. 7. 1946 bei vollkommen geschlossener Wolkendecke einen Beobachtungsstock, der in St. Gilgen gestanden hatte, nach Aich und leiteten neu gezeichnete Bienen an einen Futterplatz 10° ö. v. S. Die Gegend war ihnen fremd und sah ganz anders aus als an ihrem letzten Standort. Der Himmel blieb bedeckt, die Sonne für uns unsichtbar. Um 8^{30} Uhr lag der Futterplatz 100 m vom Stock. Wir beobachteten 20 Tänze, die Weisung war richtig. Nach Verlegung auf 220 m wurden nochmals 20 Tänze gemessen, die gleichfalls im Rahmen der üblichen Streuung den zutreffenden Sonnenwinkel anzeigten. Da bald nachher die Sonne für uns erkennbar wurde, beendeten wir den Versuch. Er hatte bewiesen, daß Bienen die für uns unsichtbare Sonne hinter einer Wolkendecke wahrnehmen können. Aus der Erinnerung konnten sie ja in der unbekannten Landschaft ihren Standort nicht wissen (v. Frisch 1948, S. 18).

Zu demselben Ergebnis führte ein Versuch bei Moosach (nahe von München), der aus anderem Anlasse am 25. 6. 1952 mit einem Italiener-Volk unternommen wurde. Es stand zum erstenmal in jener Gegend. Wir legten einen Futterplatz unter Beigabe von Anisöl 76 m westlich vom Stock an. Trotz geschlossener Wolkendecke wurde richtig getanzt. Aus hier nebensächlichen Gründen waren Anisöl-Duftplatten 66 m vom Stock nach drei Himmelsrichtungen ausgelegt. Der Süd- und Ostplatz erhielt von 11^{18}—12^{18} Uhr zwei bzw. drei Anflüge, der Westplatz — in der Richtung des Futterplatzes — aber 177, in einem unablässigen Strom der Neulinge. Also auch diese konnten sich auf Grund der empfangenen Richtungsweisung im fremden Gelände nach der für uns unsichtbaren Sonne orientieren.

Einfacher als durch die zeitraubende Versetzung des Bienenvolkes und Anlage eines neuen Futterplatzes läßt sich die Fähigkeit der Bienen, die Sonne hinter Wolken zu erkennen, auf folgende Weise demonstrieren: Man legt den Beobachtungsstock horizontal und gibt den Tänzerinnen freien Blick nach dem Himmelsbereich, wo zur Zeit die Sonne hinter den Wolken steht. Wir wissen, daß Bienen auf der horizontalen Wabe die Richtung zum Ziel nur weisen können, wenn sie die Sonne oder blauen Himmel sehen (s. S. 130—133). Blauer Himmel war bei diesen Versuchen nicht gegeben und die Sonne war für unser Auge durch die Wolkendecke nicht erkennbar. Trotzdem waren die Tänze richtig orientiert; die Bienen mußten also die Sonne durch die Wolken hindurch erkannt haben[1]).

[1]) Die zweite Glasscheibe, die als Wärmeschutz über den Waben angebracht ist, habe ich bei solchen Versuchen entfernt. Es ist mir wiederholt aufgefallen, daß bei bedecktem Himmel die Orientierung unter Doppelscheiben schlechter ist.

Das gilt allerdings nicht für jede Form der Bewölkung. Bei zunehmender Wolkendichte wird die Richtungsweisung unscharf, die Streuung nimmt zu. Hinter dicken Regenwolken wird die Sonne auch für die Bienen unsichtbar, die Tänze sind dann desorientiert[1]). Die Versuche verliefen positiv bei einigermaßen gleichmäßiger Bedeckung des Himmels mit Stratus-, Stratocumulus oder Altostratus-Wolken.

Unter solcher Wolkenbedeckung orientieren sich die Bienen nach der Sonne, auch wenn sie für unser Auge längst verschwunden ist. Denn sie sind sofort desorientiert, wenn man für sie die Sicht nach dem Sonnenstand durch ein Blatt Papier, durch einen Karton, durch ein Brettchen und dergleichen Gegenstände abschirmt. Der ganze übrige Wolkenhimmel verhilft ihnen nicht zu orientierten Tänzen, wenn der Blick zur Sonne nicht frei ist. Anderseits habe ich im Leinenzelt mit dem Sonnenrohr (Abb. 116, 117, S. 134f.) noch gut orientierte Tänze erhalten, wenn die Bienen von der Wabenfläche aus in Richtung zur Sonne nur einen kreisrunden Ausschnitt des Wolkenhimmels mit einem Durchmesser von etwa 15° sehen konnten. In der Regel gab ich ihnen freien Blick nach einem größeren Bereich des Wolkenhimmels in einem Ausmaße von etwa 50° × 40° um den Sonnenstand. Ob man es so macht, oder die Sicht nach allen Seiten frei gibt, ist belanglos.

Physiker reagieren auf solchen Bericht mit der Vermutung, daß die Infrarot-Strahlung der Sonne für ihre Wahrnehmung durch die Wolken verantwortlich sei. Sie ist es aber nicht. Denn die Tänze auf horizontaler Wabe sind bei Sicht nach der Sonne sofort desorientiert, wenn man ein Filter Wratten 87 (Eastman-Kodak) vorschaltet, welches die für Bienen sichtbaren Wellenlängen absorbiert, für Infrarot aber durchlässig ist. Das gilt sowohl bei klarem (Heran 1952) wie bei bedecktem Himmel (eigene Versuche). Heran fand überdies, daß sich Bienen auf eine Infrarot-Strahlung (Wratten 87) nicht dressieren lassen (1952, S. 200ff.)[2]). Das steht in voller Übereinstimmung mit unseren Kenntnissen von ihrem Farbensinn (s. S. 482ff.).

Die Vermutung lag nahe, daß die Helligkeit im Sonnenbereich doch größer war als anderwärts. Die Tänze zeigten sich aber oftmals auch nach dem Sonnenstand orientiert, wenn bei aufgelockerter Wolkendecke andere Himmelsstellen deutlich heller waren. Ich überprüfte das mit einer Photozelle, die — in einem drehbaren und kippbaren Rohr montiert und neben dem Beobachtungsstock aufgestellt — rasch auf jeden gewünschten Azimut und jede Höhe des Himmels eingestellt werden konnte[3]).

Hierfür ein Beispiel: Am 4. 9. 1953 bestand über Brunnwinkl eine geschlossene Wolkendecke. Numerierte Bienen verkehrten an einem Futterplatz 200 m West. Der Beobachtungsstock wurde horizontal gelegt, Dach und Dachträger entfernt und den Bienen so die Sicht nach dem gesamten Wolkenhimmel freigegeben. Von 8^{52}—8^{56} Uhr wurden 7 Bienen beobachtet, ihre Tänze waren gut nach W ausgerichtet. In dieser Zeit wurde am Sonnenort (Azim. 118°, Höhe 32,5°) eine Helligkeit von 98 Lux[4]) gemessen; bei der Kontrolle der Helligkeiten in Stufen von 10° zu 10° in gleicher Höhe über dem Horizont ergab sich für die Nachbarschaft keine wesentlich andere Helligkeit, für die Azimute von 340° und 350° aber eine Helligkeit von 142 Lux. Da die Sonnenhöhe

---

[1]) Solche Verhältnisse sind an den Flugtagen der Bienen in der Regel nicht gegeben; sie sind daher für den Biologen von untergeordneter Bedeutung.

[2]) Dressurversuche auf für sie erkennbare Wellenlängen gelingen bekanntlich sehr leicht.

[3]) Der kleine Apparat wurde in der Werkstätte des Physikalischen Institutes der T. H. München hergestellt, wofür ich Herrn Prof. Joos Dank schulde.

[4]) Das Maß „Lux" bedeutet nicht die Himmelshelligkeit selbst, sondern die Beleuchtungsstärke, die von dieser Richtung an der Photozelle erzeugt wird. Die Photozelle (SAF Typ 2501) war im Physikalischen Institut geeicht, und die Eichkurve nach den Versuchen überprüft und unverändert gefunden worden.

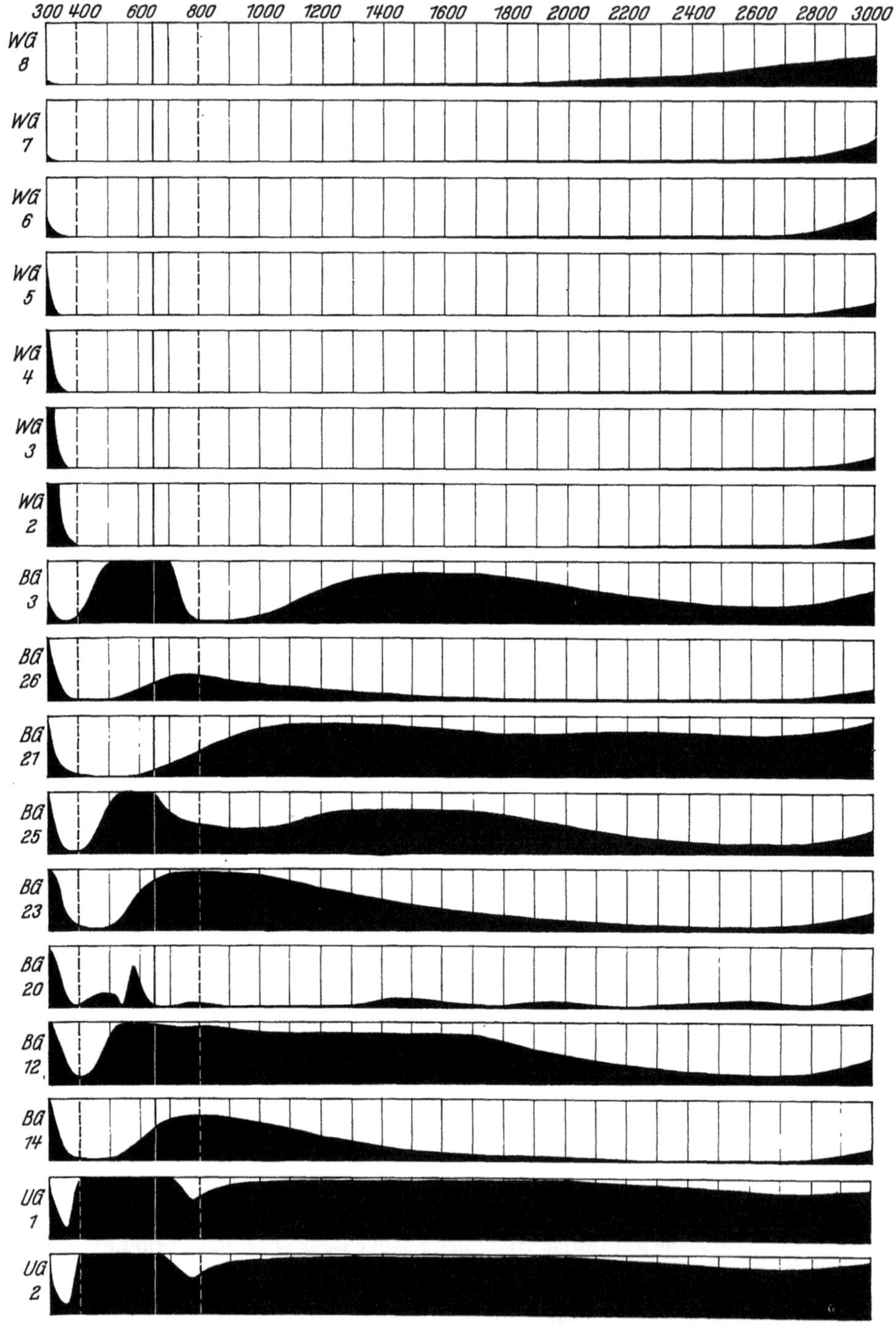

Abb. 320 a u. b. Die Durchlässigkeit der verwendeten Glasfilter von Schott u. Gen. im Spektralbereich von 300—3000 mμ. Der Sichtbarkeitsbereich für den Menschen liegt zwischen den beiden gestrichelten Linien (400—800 mμ), jener für die Bienen zwischen dem linken Rand und der durchgezogenen Linie (300—650 mμ)

a) Filter, unter welchen die Tänze gut orientiert waren

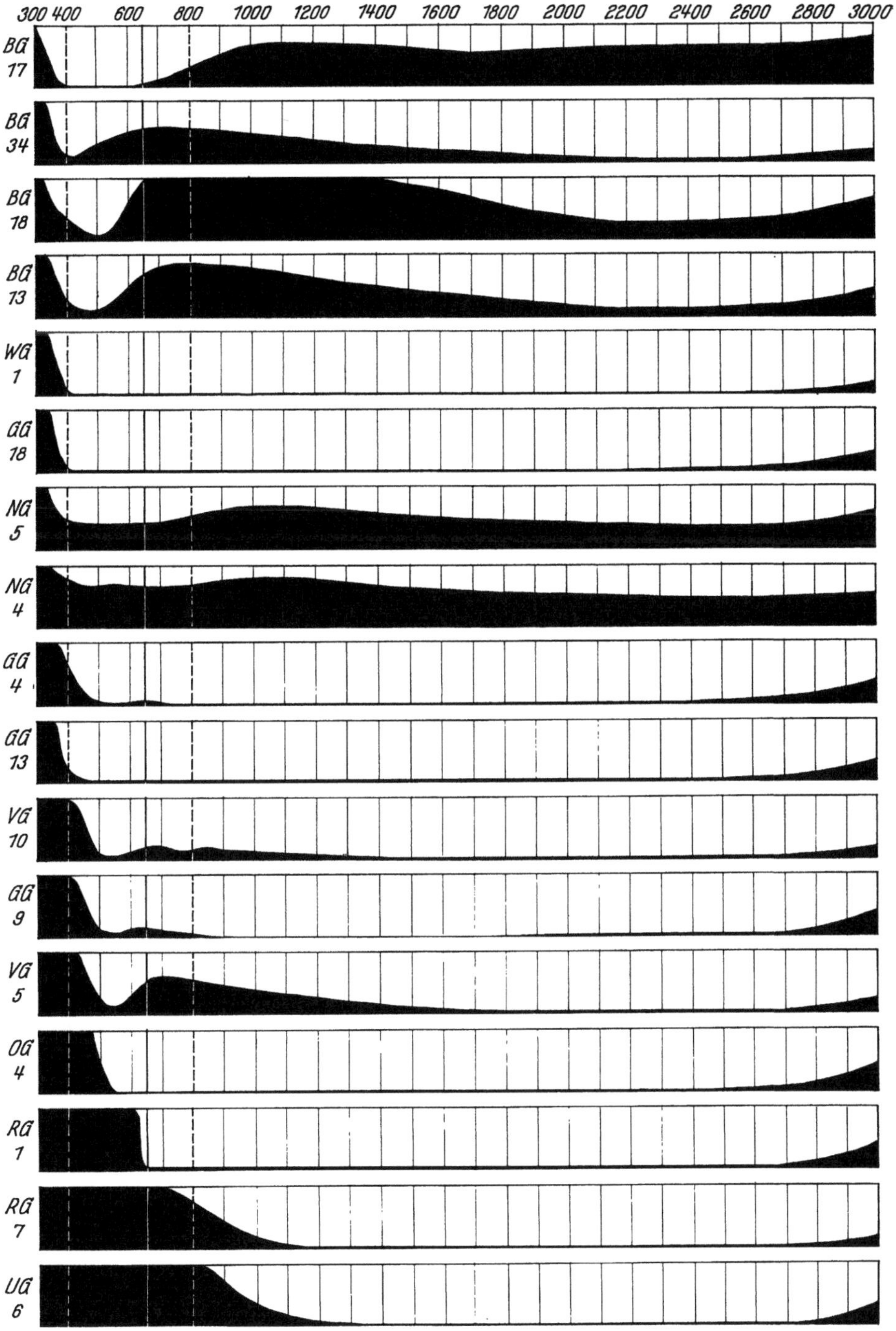

b) Filter, unter welchen die Tänze überwiegend oder völlig desorientiert waren. Vgl. hierzu Tab. 38

für die Richtungsweisung belanglos ist (s. S. 136), war noch zu prüfen, ob die Helligkeit nicht im Sonnenmeridian in anderer Höhe noch größer war. Das traf nicht zu. Die Werte lagen durchwegs unter jener westlich von N gemessenen Helligkeit. Auch uns selbst erschien die Wolkendecke dort deutlich heller als am Sonnenort. Trotzdem hatten sich die Bienen nach dem Sonnenstand orientiert. — Sind die Wolken so dick, daß die Sonne für die Bienen nicht mehr erkennbar ist, dann können sie sich allerdings nach anderen, auffällig hellen Himmelsstellen richten. Das ist verständlich. Wenn jede Möglichkeit fehlt, einen Bezugspunkt für die Richtungsorientierung des Schwänzellaufes zu finden, verhält sich die Tänzerin wie im Dunkelzelt; sie nimmt die hellste Stelle als Ersatz für die Sonne an (im Dunkelzelt die Lampe; „Lampeneffekt", s. S. 133ff.).

Um zu erfahren, ob alle Wellenlängen-Bereiche des für Bienen sichtbaren Lichtes bei der Wahrnehmung der Sonne durch die Wolken gleichermaßen wirksam sind, prüfte ich am horizontal liegenden Stock die Tänze unter Filtergläsern (Schott u. Gen., Größe der Gläser 12 × 12 cm, Dicke 1 mm). Dabei zeigte sich zu meiner Überraschung, daß die Tänze bei bedecktem Himmel und freier Sicht nach dem Sonnenort nur unter Filtern gut orientiert sind, die den Ultraviolett-Bereich von 300—400 mμ ganz oder überwiegend durchlassen, und zwar auch bei Ausschluß des für uns sichtbaren Lichtes. Dagegen waren die Tänze unter Filtergläsern, die das ultraviolette Licht zurückhielten, desorientiert, auch dann, wenn sie das für uns sichtbare Licht und längerwellige Strahlen bis über 3000 mμ hinaus ungeschwächt durchließen (v. Frisch 1954a, 1956a). Die benützten Filter und ihre Durchlässigkeit (nach den Angaben von Schott u. Gen.) sind aus Abb. 320 ersichtlich. In Tabelle 38 ist verzeichnet, wieviele gut nach dem Ziel ausgerichtete, bzw. unscharfe oder desorientierte Tänze unter jedem Filter beobachtet worden sind. Die Versuche erstreckten sich auf 19 Tage mit bedecktem Himmel in 5 Jahren (1949, 1953 bis 1956). Zum Vergleich wurden an diesen Versuchstagen insgesamt auch 302 Tänze ohne Filter beobachtet; 266 von diesen Tänzen waren gut orientiert, 18 unscharf und 18 desorientiert; in keinem Falle war die Sonne für uns erkennbar.

Tabelle 38. *Anzahl der gut orientierten, unscharf orientierten und desorientierten Tänze unter den Filtern, deren Durchlässigkeit in Abb. 320a und b wiedergegeben ist* (Versuche bei geschlossener Wolkendecke)

a

Filter	Zahl der beobachteten Tänze		
	gut orientiert	unscharf	des-orientiert
WG_8	8	0	0
WG_7	3	0	0
WG_6	6	0	0
WG_5	7	0	0
WG_4	10	2	1
WG_3	19	2	9
WG_2	5	4	2
BG_3	36	0	0
BG_{26}	11	3	0
BG_{21}	5	0	2
BG_{25}	5	1	5
BG_{23}	10	0	0
BG_{20}	3	3	1
BG_{12}	35	3	6
BG_{14}	16	1	0
UG_1	24	1	1
UG_2	—	—	—

b

Filter	Zahl der beobachteten Tänze		
	gut orientiert	unscharf	des-orientiert
BG_{17}	5	3	14
BG_{34}	0	0	12
BG_{18}	1	1	28
BG_{13}	1	0	7
WG_1	5	3	24
GG_{18}	0	0	13
NG_5	1	3	33
NG_4	0	0	10
GG_4	0	3	6
GG_{13}	1	0	22
VG_{10}	0	0	16
GG_9	0	0	20
VG_5	0	0	10
OG_4	0	0	7
RG_1	1	1	24
RG_7	0	0	12
UG_6	0	0	15

In der Tabelle 38b sind die Filter zusammengefaßt, unter welchen die Tänze überwiegend oder völlig desorientiert waren. Bei aller sonstigen Verschiedenheit der Absorptionsspektren haben sie gemeinsam, daß das Ultraviolett mindestens in seinem kurzwelligen Bereich von 300—350 mμ überwiegend oder vollständig absorbiert wird.

Die Tabelle 38a zeigt, daß die Tänze unter allen Filtern, die das Ultraviolett von 300—400 mμ überwiegend durchlassen, gut orientiert sind, mag das übrige Absorptionsspektrum noch so verschieden aussehen. Besonders deutlich erkennt man in der Reihe der WG-Filter, wie mit zunehmender Ultraviolett-Absorption die Orientierung schlechter wird. Dasselbe tritt, etwas weniger klar, in der Reihe der BG-Filter in Erscheinung. Eine strenge Beziehung nach physikalischen Maßstäben kann man bei solchem Vergleich natürlich schon deshalb nicht erwarten, weil auch die Wolkendichte, die nicht bei allen Versuchen gleich war, die Güte der Orientierung beeinflußt.

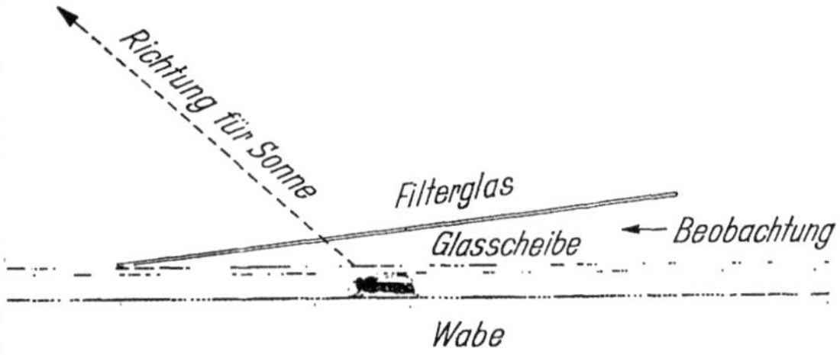

Abb. 321. Beobachtung der Tänze bei undurchsichtigen Filtern

Zur Technik sei noch bemerkt, daß ich die Filtergläser nach Entfernung der äußeren Glasscheibe des Beobachtungsstockes auf die innere Scheibe unmittelbar über der Tänzerin aufgelegt habe. Für uns nicht genügend durchsichtige Platten wurden an der vom Sonnenstand abgewandten Seite etwas angehoben, um die Bienen beobachten zu können (Abb. 321). Diese gewannen dadurch keine Sicht nach irgend einer Stelle des Himmels neben dem Filter. Zahlreiche Kontrollen mit für uns durchscheinenden Filtern zeigten, daß die Tänze durch dieses Vorgehen nicht beeinflußt wurden.

Besonders eindrucksvoll ist das Verhalten der Bienen bei abwechselndem Vorschalten des Ultraviolett-absorbierenden, aber für uns vollkommen durchsichtigen GG_{13} (Tänze desorientiert) und des Ultraviolett-durchlässigen, aber für uns undurchsichtig schwarzen UG_1-Filters (Tänze streng richtig orientiert).

Aus dem Tatbestand ist zu schließen, daß die Sonne hinter einer Wolkendecke, die sie für uns bereits unsichtbar macht, für das Bienenauge im Ultraviolett-Bereich noch bis zu größerer Wolkendichte erkennbar bleibt, daß also am Sonnenort mehr Ultraviolett durch die Wolken dringt als im weiteren Umfeld.

Versuche, durch photographische Aufnahmen und durch Messungen von physikalischer Seite die erwartete Aufhellung nachzuweisen, blieben zunächst ergebnislos, bis wir die Frage in Verbindung mit dem II. Physikalischen Institut (Prof. ROLLWAGEN) und der Sternwarte München (Prof. SCHMEIDLER und M. ECKSTEIN) nochmals aufgriffen (v. FRISCH, LINDAUER u. SCHMEIDLER 1960).

Da die Sonne nicht bei jeder Bewölkung für Bienen wahrnehmbar ist, kombinierten wir die physikalischen Messungen mit Bienenbeobachtungen. Auf dem flachen Dach der Münchner Sternwarte wurde im Sommer 1959 ein Beobachtungsstock aufgestellt und ein Futterplatz 275 m vom Stock 24° ö. v. N. angelegt. Numerierte Bienen erhielten dort fast täglich zu verschiedenen Stunden Futter, so daß sie stets zur Verfügung standen, wenn sich eine geeignete Wetterlage einstellte. In diesem Falle wurde der Stock horizontal gelegt. Sobald eine numerierte Biene von unserem Futterplatz zu tanzen begann, verständigte der Biologe den nur wenige Meter entfernten Mann am Fernrohr und verzeichnete die Richtung der Schwänzelläufe, während gleichzeitig die Himmelsaufnahme gemacht wurde.

Für die Aufnahmen des Himmelslichtes im ultravioletten Bereich diente eine Plattenkamera. An Stelle des Objektivs wurde eine Quarzlinse mit 10 cm Brennweite in Verbindung mit einem UG_2-Filter[1]) verwendet. Die Kamera wurde auf eine parallaktische Montierung befestigt, das Instrument auf die Sonne ausgerichtet und durch das Uhrwerk der scheinbaren Drehung des Himmelsgewölbes nachgeführt.

Zur photometrischen Auswertung wurde der untere Teil einer jeden Platte durch ein Stufenfilter belichtet, so daß nach der Entwicklung 12 Schwärzungsmarken von bekannter Intensität vorlagen und die individuelle Schwärzungskurve der Platte daraus bestimmt werden konnte.

Nachdem sich in Vorversuchen des Sommers **1958** mit Platten der Type Perutz-Astro keine Aufhellung am Ort der durch Wolken verdeckten Sonne hatte nachweisen

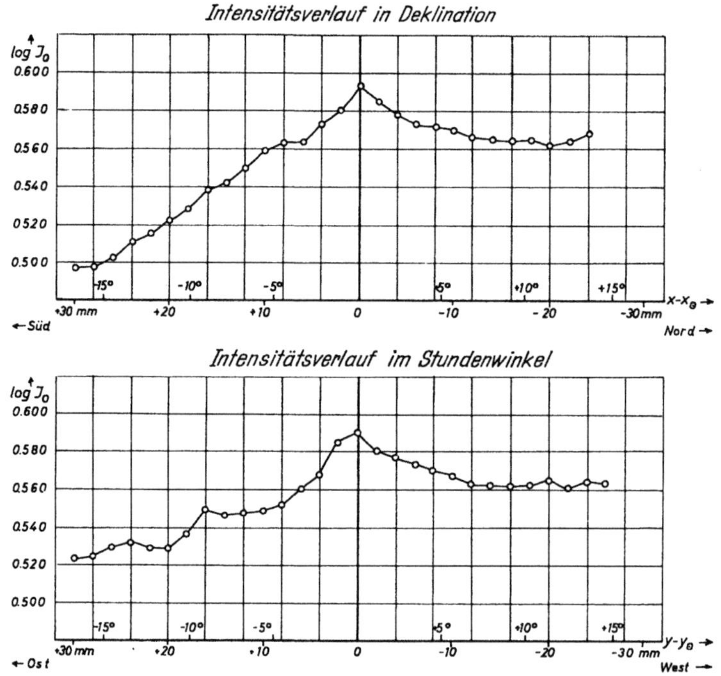

Abb. 322. Intensitätsverlauf bei geschlossener Wolkendecke im Mittel aus 11 Aufnahmen, bei welchen die Tänze gut orientiert waren. Abszisse: Winkelabstand vom Sonnenort (0°), bzw. mm auf der Platte. Ordinate: Logarithmus der Intensität. Nach v. FRISCH, LINDAUER und SCHMEIDLER 1960

lassen, wurden im Sommer 1959 Spektralplatten der Sorte Blau-Ultrahart der Firma Agfa verwendet, deren Kontrastempfindlichkeit besonders groß ist. Es war eine Genauigkeit von etwa 1 % zu erreichen, die der extrem hohen Gradation des Plattenmateriales zu verdanken ist. Die Platten wurden mit dem Hartmannschen Mikrophotometer in der x-Koordinate (Deklinationsrichtung am Himmel) und in der y-Koordinate (Rektaszensionsrichtung am Himmel) ausgemessen. Die Schnittlinien in beiden Koordinatenrichtungen kreuzten sich am Sonnenort.

Erst nach Abschluß der Versuche wurden die Tanzbeobachtungen und die Ergebnisse der Himmelsaufnahmen miteinander verglichen. Von den **26** Platten wurden **2** ausgeschieden, weil die Tänze zur Zeit dieser Aufnahmen undeutlich orientiert waren. In beiden Fällen war eine sehr geringe Aufhellung am Sonnenort erkennbar. Alle anderen Aufnahmen wurden in **2** Gruppen eingeteilt. Die erste Gruppe umfaßt **11** Platten, bei deren Aufnahme die Tänze nach LINDAUERs Protokollen gut orientiert waren. Am Sonnenort bestand im Gesamtdurchschnitt aller Platten eine Aufhellung um etwa 5% (Abb. 322). Es sei betont, daß

[1]) Die Durchlässigkeit ist nahezu identisch mit jener des UG_1-Filters (s. Abb. 320a).

jede einzelne dieser 11 Aufnahmen eine Aufhellung am Sonnenort[1]) oder in dessen Nähe[2]) erkennen läßt. Die zweite Gruppe umfaßt 13 Platten, bei deren Aufnahme die Tänze der Bienen desorientiert waren. In diesen Fällen ist keine Aufhellung am Sonnenort zu sehen (Abb. 323).

Auf den Abbildungen zeigt sich eine gleichmäßige Veränderung der Himmelshelligkeit über das Feld der Platten hinweg. Ihre Ursache liegt darin, daß die allgemeine Helligkeit des Himmelslichtes von Höhe und Azimut der beobachteten Stelle abhängt. Die Koordinatenrichtung der in Rektaszension und Deklination gemessenen

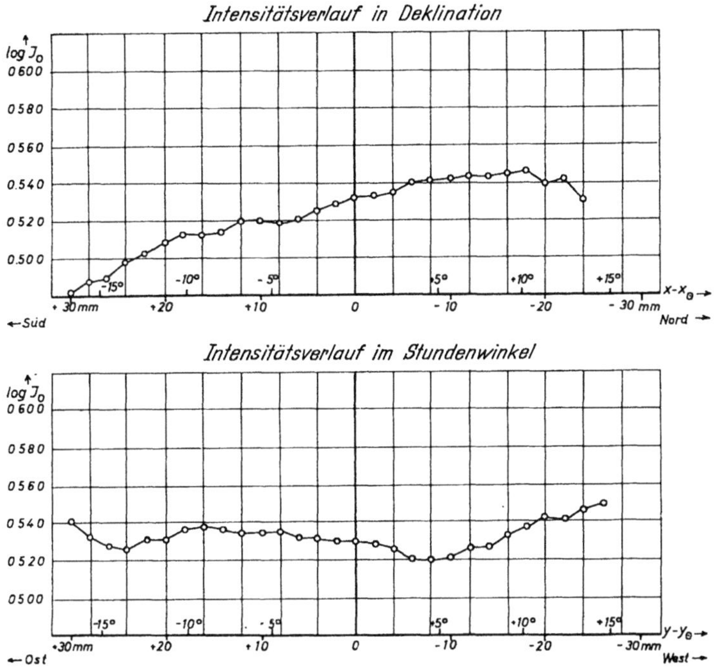

Abb. 323. Intensitätsverlauf im Mittel aus 13 Aufnahmen, bei welchen die Tänze desorientiert waren. Nach v. FRISCH, LINDAUER und SCHMEIDLER 1960

Schnitte bildet mit den Linien gleicher Höhe bzw. gleichen Azimutes stets einen gewissen Winkel; nur wenn die Aufnahmen genau zur Mittagszeit gemacht werden, was praktisch nie zutraf, verlaufen die Linien gleicher Deklination parallel zum Horizont. Es ist daher verständlich, daß in beiden Koordinaten eine Variation der Intensität über das Feld der Platte hinweg auftritt.

Eine Einzelplatte, auf der die Aufhellung am Sonnenort besonders deutlich ist, wurde im Bereich der Plattenmitte in Meßpunkten von 1 mm Abstand in beiden Koordinaten ausgemessen. Das Resultat in Form von Isophoten zeigt Abb. 324. Die Aufhellung von 20 % in der Mitte ist klar erkennbar. Die Abweichung der 20 %-Isophote von der Kreisgestalt kann zwanglos durch die allgemeine Helligkeitsvariation über die Platte hinweg und durch den Einfluß des Plattenkornes erklärt werden. Daß die Sonnenscheibe trotz der um 20 % größeren Helligkeit im Zentrum für unser Auge nicht erkennbar war, liegt wohl am allmählichen Abfall der Helligkeit im Umfeld.

---

[1]) In 3 Fällen war sie gering ($1^1/_2$, $2^1/_2$ bzw. $3^1/_2$%), einmal lag sie bei 4 %, sonst immer höher.

[2]) Mehr als die Hälfte der Platten zeigt die Aufhellung am Sonnenort, einige Male liegt das Maximum $^1/_2$—1°, extrem 2° daneben.

Durch hellere Stellen, wie sie regellos verstreut in der Wolkendecke vorkamen, ließen sich die Bienen nicht täuschen. Vermutlich haben sie das Sonnenbild an seiner regelmäßigen Gestalt von jenen Auflockerungen unterschieden, so wie auch wir bei dünner Wolkenschicht die durchscheinende Sonnenscheibe nicht mit kleinen Lichtungen im Gewölk verwechseln[1]).

Es erscheint überraschend, daß Bienen eine so geringfügige Aufhellung am Sonnenort, wie sie bei den Messungen festzustellen war (im Durchschnitt 5%),

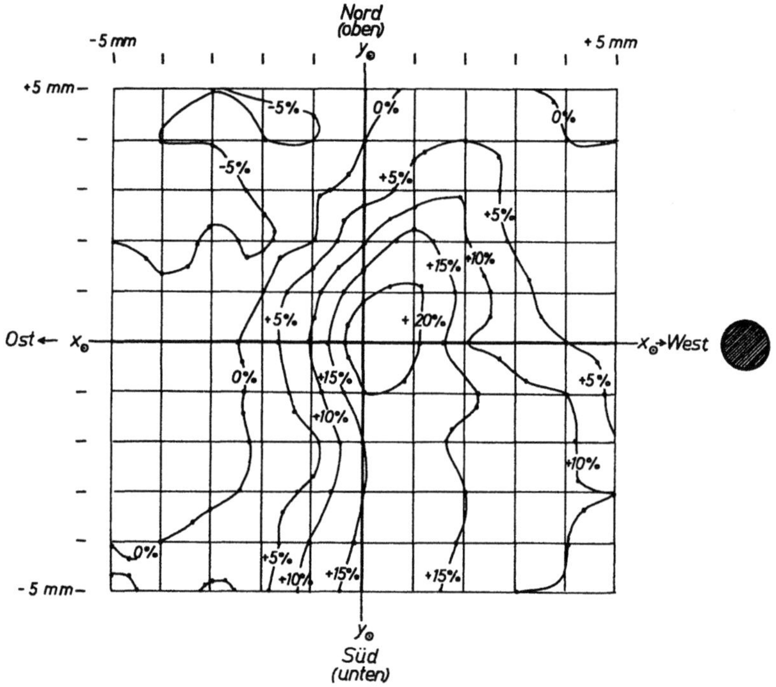

Abb. 324. Isophoten für den mittleren Plattenteil einer Platte mit besonders deutlichem Effekt. Vermessene Fläche 1 cm² (≈ 5°/5°), Isophoten von 5% zu 5% Intensitätsunterschied. Rechts: scheinbare Größe der Sonnenscheibe im gleichen Maßstab. Nach v. FRISCH, LINDAUER und SCHMEIDLER 1960

überhaupt noch wahrnehmen können. Um in dieser Hinsicht über ihre Leistungsfähigkeit Anhaltspunkte zu gewinnen, machte DAUMER (1963) Versuche über die Kontrastempfindlichkeit des Bienenauges. Er fand bei einer Anordnung, die an die üblichen Farb-Futter-Dressuren anknüpfte aber die quantitative Prüfung spektraler Farben und Farbmischungen (einschließlich UV) gestattete, für weiße Lichter von gleichem UV-Gehalt — also bei reinem Helligkeitskontrast für das Bienenauge — eine Helligkeitsdifferenz von 15% für die Wahrnehmung erforderlich. Sollte am Sonnenort im Vergleich zu anderen Wellenlängen mehr Ultraviolett durch die Wolkendecke dringen als im Umfeld, dann würde für die Bienen — wegen der Ultraviolettempfindlichkeit ihrer Augen — ein Farbenkontrast bestehen. Unter solchen Bedingungen fand DAUMER schon einen Unterschied von 5% im UV-Gehalt ausreichend, damit die Abhebung für Bienen erkennbar wurde.

Eine bevorzugte Ultraviolett-Durchlässigkeit in Richtung der Sonne steht aber mit den Lehren der Physik in Widerspruch. Überdies hat sich ja heraus-

[1]) Wenn die Sonne für die Bienen nicht wahrnehmbar ist, können sie eine andere Aufhellung als Ersatz annehmen und sich nach ihr ausrichten (vgl. S. 376).

gestellt, daß auch in rein ultraviolettem Licht die Sonne durch die Wolken erkannt wird (s. S. 377). Also sollte wohl der Helligkeitskontrast im Ultraviolettbereich ausreichend sein[1]).

Über die Kontrastempfindlichkeit im Ultraviolett geben die Versuche DAUMERs keinen Aufschluß. Ferner ist zu bedenken, daß bei seiner Versuchsanordnung die nach unten gerichteten Augenbezirke der Bienen geprüft wurden, während bei der Wahrnehmung der Sonne durch die Wolken ihre obere Augenhälfte angesprochen wird. Bei Drohnen scheinen in den dorsalen Augenbezirken die Ultraviolett-Rezeptoren zu überwiegen.

Bei Bienen-Arbeiterinnen ist bisher darüber nichts bekannt. Ihre Sinneszellen sind viel kleiner und dem Experiment schwerer zugänglich (AUTRUM u. v. ZWEHL 1962, 1963, 1964). Es kann sein und wäre biologisch sinnvoll, daß auch bei ihnen die himmelwärts gerichteten Augenteile relativ viele UV-Rezeptoren besitzen. Eine gesteigerte Kontrastempfindlichkeit im Ultraviolett könnte die Folge sein und die Wahrnehmung der Sonne durch eine Wolkendecke gerade in diesem Wellenlängenbereich ermöglichen. Weitere Versuche DAUMERs in solcher Richtung sind geplant.

Im Sommer 1962 wurden nochmals von der Münchner Sternwarte (Prof. WELLMANN und H. GUCKELSBERGER) gemeinsam mit dem Zoologischen Institut (Prof. LINDAUER, H. MARKL) bei bedecktem Himmel Aufnahmen gemacht, wobei diesmal der Sonnenbereich nicht nur im UV, sondern gleichzeitig (oder fast gleichzeitig) auch durch ein Blau- und durch ein Rotfilter photographiert wurde. Leider war in jenem Sommer und Herbst die für solche Versuche erforderliche Wetterlage sehr selten gegeben. So wurde schließlich eine Anzahl von Aufnahmen gemacht, bei welchen die Bewölkung wesentlich ungleichmäßiger war als bei ECKSTEINs Aufnahmen und auch nicht den Bedingungen entsprach, die bei meinen Beobachtungen geherrscht hatten. Bei 7 Aufnahmen waren die Tänze der Bienen desorientiert, bei 6 Aufnahmen waren sie orientiert. Zur Zeit der orientierten Tänze ergab die Auswertung der Platten im UV-Bereich am Sonnenort nicht, oder nur in geringerem Maße die von ECKSTEIN gefundene Aufhellung. GUCKELSBERGER kommt zu dem Schluß, daß orientierte Tänze bei bedecktem Himmel nicht notwendig mit einer, 2 % übersteigenden Aufhellung am Sonnenort verbunden sind. Hiermit sind aber die Befunde ECKSTEINs, die bei gleichmäßiger und nicht zu dichter Wolkenbedeckung gewonnen waren, nicht widerlegt.

Die orientierten Tänze bei GUCKELSBERGERs Aufnahmen beschränken sich auf den 21. 8. 1962, 15^{27}—16^{25} Uhr und den 19. 10. 1962, 13^{58}—14^{04} Uhr. Am 21. 8. 1962 bestand zur angegebenen Zeit eine ungleichmäßige Wolkenbedeckung (Haufwolken, zeitweise Regenschauer). Da die Aufnahmen keine deutliche Aufhellung am Sonnenort zeigen, ist anzunehmen, daß die Sonnenscheibe für die Bienen nicht sichtbar war. Wir wissen, daß sie unter solchen Umständen bei den Tänzen die hellste, für sie sichtbare Himmelsstelle als Ersatz für die Sonne annehmen können („Lampeneffekt", s. S. 376). Die Aufnahmen GUCKELSBERGERs zeigen am 21. 8. in sämtlichen 4 Fällen orientierter Tänze etwa 10° über der Sonne ein sehr starkes Maximum im Ultraviolett[2]), welches — da die Sonnenhöhe nicht beachtet wird (s. S. 136) — die orientierte Einstellung der Tänzerinnen erklären kann. Am 19. 10. bestand, wie aus dem Protokoll hervorgeht, zur Zeit der Aufnahmen am SW-Himmel in der Nähe des Sonnenortes eine auffallende Aufhellung gegenüber den anderen Himmelsbereichen. Auch das mußte zu orientierten Tänzen führen, wenn sich die Bienen, bei für sie unsichtbarer Sonne, nach der hellsten Himmelsstelle richteten.

Weitere Versuche mit Aufnahmen in mehreren Spektralbezirken wären erwünscht. Aber sie müssen bei gleichmäßiger Wolkenbedeckung durchgeführt werden.

---

[1]) Theoretisch ist allerdings ein schwacher Farbenkontrast auch innerhalb des Ultraviolett denkbar, da die Empfindlichkeitskurven der Blau- und Grünrezeptoren ins Ultraviolett hineinreichen (s. S. 489).

[2]) Im Blau und Rot war dieses Maximum weniger entwickelt oder überhaupt nicht vorhanden.

Zusammenfassung

Die Orientierung nach Landmarken. — Die Sonne als Kompaß (S. 331—381)

1. Auf dem Wege vom Heimatstock zu einem fernen Ziel werden auffällige Landmarken stark beachtet und zur Orientierung benützt. Abb. 279 und 280 (S. 332f.) sowie andere Beispiele werden besprochen.

2. Neben Landmarken dient die Sonne zur Orientierung. Bienen benützen sie als Kompaß und können jederzeit eine bestimmte Himmelsrichtung nach dem Sonnenstand wiederfinden, da sie die Tageszeit und den Tageslauf der Sonne kennen. Das wurde durch Versetzungsversuche gefunden (z. B. Abb. 284a und b, S. 338).

3. Ein „wandernder Futterplatz", der dauernd in der Richtung zur Sonne liegt, ist für die Bienen unnatürlich und wurde von ihnen nicht erfaßt. Sie suchten ihn nach Versetzung in eine unbekannte Gegend am nächsten Morgen in westlicher Richtung, in der sie am Vortag zuletzt gefüttert worden waren.

4. Die relative Bedeutung von Landmarken und Himmelskompaß läßt sich prüfen, indem man Bienen nach Dressur auf einen Flugweg, der von auffälligen Landmarken begleitet ist, in eine Gegend versetzt, wo entsprechende Landmarken in anderer Himmelsrichtung verlaufen. Ein Waldrand, der die Flugstrecke vom Stock bis zum Ziel begleitet (Abb. 288, S. 343) hat gegenüber dem Himmelskompaß überwiegende Bedeutung, solange er nicht zu weit abseits liegt (Abb. 292, S. 345). Ebenso gewichtig sind andere kontinuierliche Landmarken entlang dem Flugweg (Uferlinie Abb. 298, S. 348, Straße Abb. 300, S. 350). Dagegen sind einzelne Bäume oder Baumgruppen (Abb. 294 und 296, S. 346f.) mit dem Himmelskompaß nicht konkurrenzfähig.

5. Zur Orientierung nach dem zeitgebundenen Sonnenstand ist der Zeitsinn der Bienen unerläßliche Voraussetzung. Er funktioniert auch in Dunkelheit. In einem Gelände, in dem keine brauchbaren Landmarken zum Erkennen des Flugweges vorhanden sind, wurden Bienen an ihrem Futterplatz für 1—2 Stunden in Dunkelhaft gesetzt. Nach ihrer Befreiung stellten sie den geänderten Sonnenstand in Rechnung und flogen in der Richtung zum Heimatstock ab. — Spurbienen, die im finsteren Stock die Lage einer Niststätte anzeigen, können stundenlang tanzen („Dauertänzerinnen"); sie kompensieren hierbei den fortschreitenden Sonnenstand durch entsprechende Änderung ihres Tanzwinkels; sie können auch am folgenden Tag, ohne daß sie die Sonne inzwischen wieder erblickt haben, in spontanen Tänzen die Richtung zum Ziel zutreffend anzeigen.

6. Durch diffuse Belichtung kann man Bienen auch während der Nacht zu Tänzen im Stock anregen. Sie weisen dann — wenn auch weniger scharf — die Richtung zum Ziel nach dem nächtlichen Sonnenstand, also zu einer Zeit, zu der sie die Sonne niemals gesehen haben können. — Nach Dressur auf zwei Futterplätze, von denen einer am Morgen, der andere am Abend in Betrieb war, zeigten nächtliche Tänze zunächst den Abendplatz an und später, nach einer zweistündigen Periode der Unsicherheit (von etwa 23 Uhr bis 1 Uhr) den Morgenplatz.

7. Die Bienen richten sich hierbei nach einer inneren Uhr. Ihr Zeitsinn funktioniert auch nach Ausschluß der tagesperiodischen Außenfaktoren. Sie lassen sich unter konstanten Bedingungen auf jede Tages- und Nachtzeit dressieren. Sie lernen aber nicht, nach einem vom Tagesrhythmus wesentlich abweichenden Zeitintervall (nach jeweils 19, oder nach jeweils 48 Stunden) zum Futterplatz zu kommen. Das ist verständlich durch die Annahme, daß ihr Zeitsinn ursprünglich durch den Tagesrhythmus geprägt worden ist.

8. Ihr zeitgerechtes Erscheinen am Futterplatz kann auch nicht auf uns unbekannte tagesperiodische Außenfaktoren zurückgeführt werden. Solche müßten

bei weiträumigen Versetzungsversuchen über viele Längengrade hinweg wesentlich verändert sein. Bienen wurden in Paris in einem geschlossenen Raum bei konstanter Beleuchtung und Temperatur auf eine Tageszeit dressiert, mit dem Flugzeug nach New York gebracht und dort nach dieser Ost-West-Versetzung in einem gleichartigen geschlossenen Raum geprüft. Sie kamen nach Pariser Zeit zu Tisch. Der Gegenversuch mit West-Ost-Versetzung hatte ein dementsprechendes Ergebnis.

9. Macht man einen solchen Versetzungsversuch unter freiem Himmel, so bringt man die innere Uhr der Bienen mit dem Sonnenstand in Konflikt. Als Bienen, die an der Ostküste Nordamerikas auf eine Tageszeit dressiert worden waren, nach Kalifornien nahe der Westküste versetzt worden waren, kamen sie zunächst nach der inneren Uhr. Als die Frequenz bereits abfiel, stellte sich ein zweites Maximum ein, das offensichtlich durch die Lokalzeit ausgelöst war. Es setzte sich an den zwei folgenden Tagen — ohne neue Dressur — noch stärker durch.

10. Bei dem weiträumigen Versetzungsversuch im Freiland war die Zeitdressur mit einer Dressur auf eine Himmelsrichtung verbunden. Auf solche Weise ließ sich bestätigen, daß für das Richtungssuchen der Sonnenwinkel maßgebend ist. Die Feldlinien des Erdmagnetismus blieben ohne Einfluß. Es ließ sich durch diesen Versuch auch wahrscheinlich machen, daß die mit der Tageszeit wechselnde Azimutwinkelgeschwindigkeit der Sonne von den Bienen beim Einkalkulieren des Sonnenlaufes in Rechnung gestellt wird (vgl. Abb. 313, S. 366).

11. Eine weiträumige Süd-Nord-Versetzung in den Tropen brachte einen weiteren Beleg dafür, daß die Biene keinen anderen Kompaß besitzt als die Sonne. Zur Zeit des Versuches stand diese mittags in Kandy (Ceylon) im Norden, in Poona (Indien) im Süden. In Ceylon auf die Nordrichtung dressierte Bienen suchten in Poona ihren Futterplatz zur Mittagszeit im Süden.

12. Für Bienen, die von Ceylon nach München versetzt wurden, war in ihrer Heimat der Sonnenlauf entgegen dem Uhrzeigersinn gegangen, während er sich in München im Sinne des Uhrzeigers änderte. Außerdem differierte die Ortszeit infolge der Ost-West-Versetzung um $4^1/_2$ Stunden. Die Bienen waren zunächst nicht imstande, nach dem Sonnenkompaß eine andressierte Himmelsrichtung wiederzufinden. Nach einigen Wochen hatten sie es gelernt. Dieses Umstellungsvermögen wurde durch Versetzungsversuche von Nord- nach Südamerika bestätigt.

13. Auch an ihrem Heimatsort ist den Bienen der Gebrauch des Sonnenkompasses nicht von vornherein gegeben. Er wird im individuellen Leben durch Flugerfahrungen einiger Tage erlernt. Hierbei orientieren sich die Bienen bei Versetzungsversuchen in einer fremden Gegend, ohne bekannte Landmarken, zuerst winkeltreu zur Sonne und lernen erst durch weitere Erfahrung den Tageslauf der Sonne einzurechnen und zu kompensieren.

14. Jungbienen, die nur nachmittags ausfliegen dürfen und daher nur einen Teil der täglichen Sonnenbahn durch Erfahrung kennen lernen, vermögen aus diesem Teil der Sonnenbahn ihren vollen Tageslauf zu ergänzen. Sie finden auch am Morgen die Himmelsrichtung nach dem Sonnenstand. Das Verhalten der Bienen, die zur Nachtzeit nach dem Azimut der Sonne die Richtung weisen, wird dadurch verständlich. Sie haben den Tagessektor der Sonnenbahn zum vollen Kreisbogen ergänzt.

15. Die Fähigkeit, eine Himmelsrichtung nach dem Sonnenkompaß zu finden, ist in mehrfacher Hinsicht von biologischer Bedeutung. Es ist aber auch sinnvoll, daß die Kenntnis der Sonnenbahn nicht starr im Erbgut festgelegt ist.

16. Bienen können die Sonne auch durch eine geschlossene Wolkendecke erkennen, wenn sie für uns längst nicht mehr sichtbar ist. Das läßt sich am einfachsten an Tänzen auf horizontaler Wabe zeigen. Die Richtungsweisung ist zutreffend, wenn die Tänzerinnen freien Blick nach dem Ort der für uns unsichtbaren Sonne haben. Dichte Hauf- und Regenwolken machen die Sonne auch für Bienen unsichtbar.

17. Die Wahrnehmung der Sonne durch eine Wolkendecke ist den Bienen nur im Ultraviolettbereich (300—400 mμ) möglich. Sie erkennen den Sonnenstand auch durch ein schwarzes, für Ultraviolett durchlässiges Glas, nicht aber durch Gläser, die uns vollkommen durchsichtig erscheinen, aber kein Ultraviolett durchlassen.

18. Da die Sonne nicht bei jeder Wolkenbedeckung für die Biene erkennbar ist, wurde die Beobachtung der Tänze kombiniert mit Aufnahmen des Wolkenhimmels am Sonnenort und seiner Umgebung. Die Aufnahmen wurden im Ultraviolettbereich unter Verwendung hochgradig kontrastempfindlicher Platten gemacht. Sie wurden photometrisch ausgewertet. Bei jenen Aufnahmen, die gleichzeitig mit gut orientierten Tänzen gemacht wurden, ließ sich am Sonnenort eine Aufhellung von durchschnittlich etwa 5% feststellen. Sobald die Tänze — bei dichterer Bewölkung — desorientiert waren, ließen die Aufnahmen im Ultraviolettbereich keine Aufhellung am Sonnenort erkennen (Abb. 322, 323, S. 378f.).

19. Über die Kontrastempfindlichkeit des Bienenauges im Ultraviolettbereich, insbesondere in den dorsalen Augenbezirken, ist nichts bekannt. Auch in anderer Hinsicht bedürfen diese Fragen noch einer weiteren Untersuchung.

III. Die Orientierung nach polarisiertem Licht

Auf horizontaler Unterlage weisen die Tänzerinnen durch die Richtung des Schwänzellaufes direkt nach dem Ziel, indem sie den gleichen Winkel zur Sonne einhalten wie bei ihren vorangegangenen Zielflügen (S. 130ff.). Im geschlossenen Plattenzelt verlaufen horizontale Tänze desorientiert. Sie schlagen augenblicklich in zielgerichtete Tänze um, wenn man den Bienen ihren Bezugspunkt, die Sonne, oder auch nur ein Stück blauen Himmels sichtbar macht. Es muß kein weites blaues Himmelsfeld sein. Es genügt schon ein 10 cm breiter Spalt im Plattenzelt. Bei anderen Versuchen war in der nördlichen Abschlußwand des Zeltes ein Ofenrohr eingesetzt, 40 cm lang und 15 cm im Durchmesser, so daß die Bienen vom Tanzboden aus ein kreisrundes Stück blauen Himmels sehen konnten, dessen Durchmesser einem Sehwinkel von 10—15° entsprach (Abb. 325). Das genügte für ihre Orientierung, sie wiesen nach Westen, wo der Futterplatz lag. Brachte ich vor dem Ofenrohr einen Spiegel an, so daß auf der Wabe statt eines nördlichen Himmelsausschnittes das Spiegelbild eines südlich gelegenen Himmelsteiles sichtbar wurde, so verliefen die Tänze

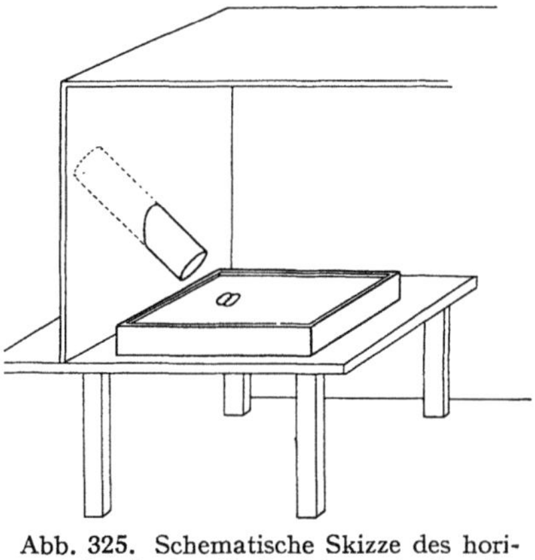

Abb. 325. Schematische Skizze des horizontal gelegten Beobachtungsstockes im geschlossenen Plattenzelt. Für die Darstellung sind die Platten an zwei Seiten entfernt. Die Tänzerinnen sehen durch ein Ofenrohr im Norden blauen Himmel

merklich gehemmt, waren aber eindeutig nach der entgegengesetzten Richtung, nach Osten, orientiert[1]). Wurde durch einen zweiten Spiegel doppelt gespiegelter Nordhimmel durch das Rohr gezeigt, so wiesen die Tänze wieder richtig nach Westen.

Ich habe daraus geschlossen, „daß die Bienen an dem Ausschnitt blauen Himmels eine nach der Sonne ausgerichtete Erscheinung wahrnehmen, nach der sie sich zum Sonnenstand orientieren können. Vielleicht ist es die Polarisation des Himmelslichtes, die ja sehr bestimmte Beziehungen zum Sonnenstand aufweist ... Es ist zunächst nicht abzusehen, ob und wie weit die hypothetische Wahrnehmung der Polarisation des Himmelslichtes auch beim freien Flug und bei der Orientierung im Gelände mitspielt. Das starr befestigte Facettenauge mit seinen nach allen Seiten gerichteten Ommatidien könnte ... einen geradezu idealen Apparat abgeben, um die Stärke und Richtung der Polarisation am ganzen Himmelsgewölbe gleichzeitig zu überblicken und dauernd im Auge zu behalten. Aber es wäre verfrüht, dem Leser einen duftigen Strauß aus verlockenden Blüten der Phantasie zu binden. Man muß warten, bis das herbere Kraut der Tatsachen herangewachsen ist" (v. Frisch 1948, S. 41, 42).

In den seither verflossenen 17 Jahren sind die Tatsachen zur Fülle gediehen. Bevor wir sie betrachten, werfen wir einen Blick auf die Polarisation am Himmelszelt.

1. Das polarisierte Himmelslicht

Natürliches Licht, wie es direkt von der Sonne kommt, kann als ein Schwingungsvorgang aufgefaßt werden, bei dem die Schwingungsrichtung der transversalen Lichtwellen rasch und in ungeordneter Weise wechselt. Bei linear polarisiertem Licht liegt die Schwingungsrichtung in einer Ebene (Abb. 326). Polarisiertes Licht entsteht nicht selten in der Natur, z. B. bei der Spiegelung von Sonnenstrahlen an einer Wasserfläche.

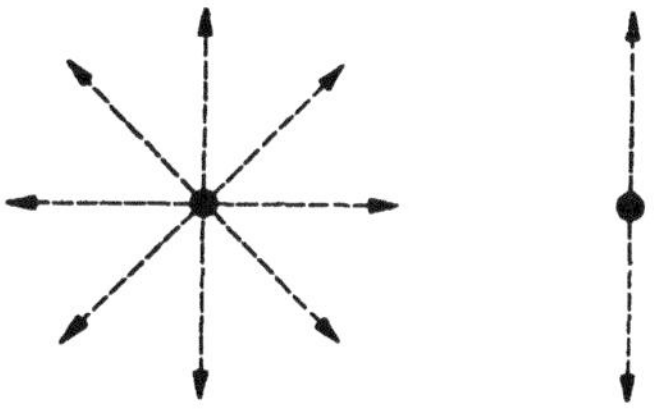

Abb. 326. Schema zur Erläuterung des Unterschiedes zwischen a) natürlichem Licht und b) polarisiertem Licht. Punkt: auf den Beschauer zukommender Lichtstrahl. Pfeile: Schwingungsrichtungen

Auch das Licht, das vom blauen Himmel kommt, ist teilweise polarisiert, wobei sowohl die Schwingungsrichtung, wie die Intensität der Polarisation bestimmte Beziehungen zum Sonnenstand aufweisen. Das Schema (Abb. 327) vermittelt ein Bild von den Verhältnissen bei Horizontstand der Sonne (S). Außer dem Horizont sind die Höhenparallelen in Abständen von 15° eingetragen.

Das direkte Sonnenlicht ist nicht polarisiert. Daneben gibt es 3 neutrale Punkte mit unpolarisiertem Licht. Sie liegen auf dem Sonnenvertikal (= Himmelsmeridian, der von der Sonne über den Zenit zu ihrem Gegenpunkt führt) und sind: der Babinetsche Punkt (B) etwa 20° über der Sonne, der Aragosche Punkt (A) 20° über ihrem Gegenpunkt und der Brewstersche Punkt etwa 20° unter der Sonne. Mit zunehmendem Abstand von der Sonne, bzw. von ihrem Gegenpunkt nimmt die Intensität der Polarisation zu und erreicht ihr Maximum (etwa 70 % polarisiertes Licht[2]) bei 90° Sonnenabstand.

Die Doppelpfeile deuten die Schwingungsrichtung des polarisierten Lichtes an. Sie entspricht in grober Annäherung konzentrischen Kreisen um die Sonne, bzw. um deren Gegenpunkt mit starken Abweichungen im Bereich um die neutralen Punkte. Als Regel gilt, daß die Schwingungsrichtung an einem anvisierten Himmelspunkt senkrecht steht auf der Ebene, die durch diesen Himmelspunkt, die Sonne und das Auge des Beobachters bestimmt ist. Bei Horizontstand der Sonne besteht auf der

[1]) Vgl. hierzu S. 388f..

[2]) Die Werte schwanken mit den atmosphärischen Verhältnissen.

sonnseitigen und der gegenüberliegenden Hälfte des Himmelsgewölbes spiegelbildliche Gleichheit in bezug auf die Intensität und die Schwingungsrichtung der Polarisation (Abb. 327). Das ändert sich mit steigender Sonne. Intensität und Schwingungsrichtung des polarisierten Lichtes behalten angenähert ihre Lagebeziehung zum Sonnenstand, wobei der Aragosche Punkt unter dem Horizont verschwindet und der Brewstersche Punkt über ihm (unterhalb der Sonne) erscheint (Abb. 328). Im Gegensatz zum zweideutigen Polarisationsmuster bei Horizontstand, ist nun bei höherem Sonnenstand

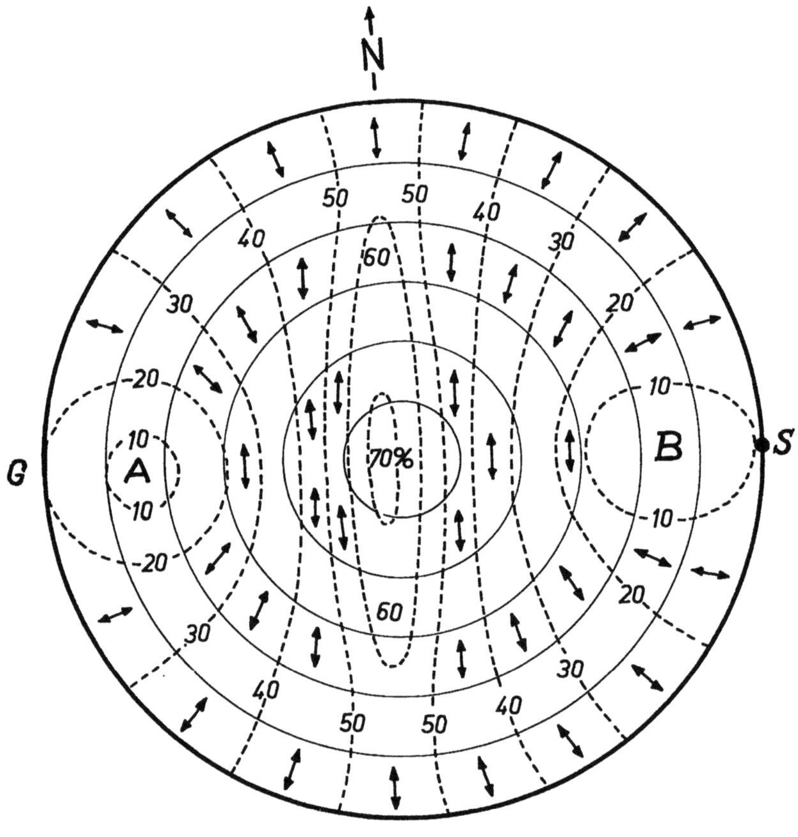

Abb. 327. Die Polarisation des Himmelslichtes bei Horizontstand der Sonne. S Sonne. B BABINETscher Punkt (neutraler Punkt über der Sonne) A ARAGOscher Punkt, neutraler Punkt über dem Gegenpunkt (G) der Sonne. Pfeile: Schwingungsrichtung. Gestrichelte Linien: Stellen gleichen Polarisationsgrades. Zahlen: Polarisation in Prozent. Schema auf Grund der Abb. S. 234 in MÜLLER-POUILLET, Lehrbuch der Physik 11. Aufl. V/1, 1928

jedes Himmelsfeld durch sein Polarisationsmuster eindeutig in seiner Lage zur Sonne gekennzeichnet. In verschiedener Höhe über dem Horizont bleibt in einem gegebenen Meridian die Schwingungsrichtung angenähert dieselbe.

Die Himmelspolarisation wird durch eine Reihe von Faktoren beeinflußt, die sich aber weniger auf die Schwingungsrichtung als auf die Intensität der Polarisation auswirken. Der Polarisationsgrad nimmt mit zunehmender Trübung der Atmosphäre ab. Wolkenlicht ist nicht polarisiert. Nach mündlicher Mitteilung Prof. SEKERAs (April 1957) ist im Ultraviolett die Intensität der Polarisation zwar geringer als im Blau, aber die Schwingungsrichtung am exaktesten nach dem Sonnenstand orientiert. Auch die Störungen der Polarisation durch Dunst sind im Ultraviolett am geringsten[1]). Für nähere Angaben und Literaturhinweise vgl. SEKERA 1951, 1955, 1957, STOCKHAMMER 1959.

2. Nachweis der Orientierung nach polarisiertem Licht

Es bedurfte vielfach abgewandelter Versuche, bis ich selbst daran glaubte, daß ein Tier imstande ist, die Schwingungsrichtung polarisierten Lichtes wahrzunehmen und sich danach zu orientieren. Um auch andere zu überzeugen, plante ich

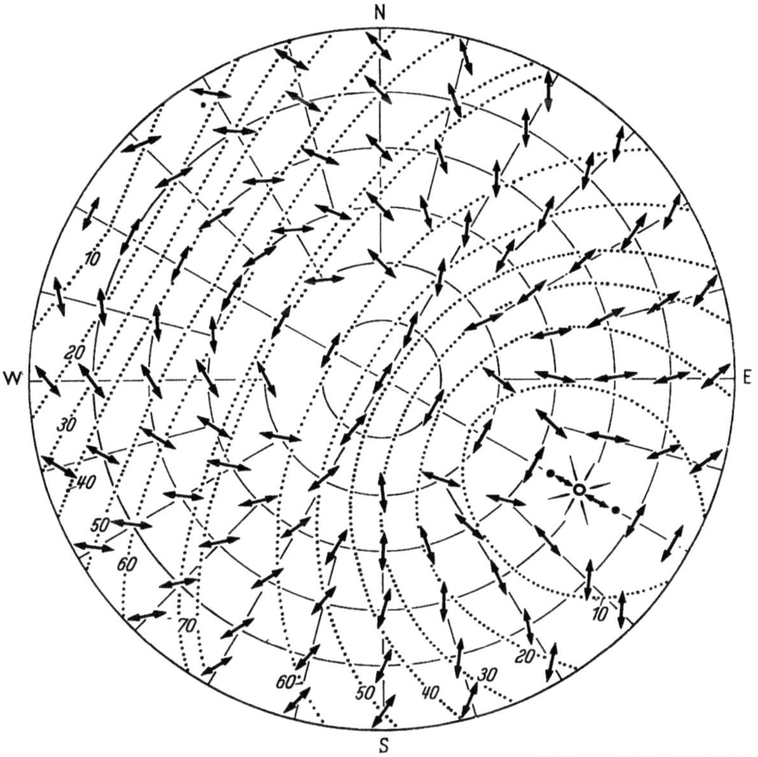

Abb. 328. Die Polarisation des Himmelslichtes bei höherem Sonnenstand (Sonnenhöhe 30°, Azimut 120°). Der ARAGOsche Punkt ist bereits verschwunden. Der BREWSTERsche Punkt (schwarzer Punkt unter der Sonne) ist über dem Horizont sichtbar geworden. Übrige Erklärung wie Abb. 327. Nach STOCKHAMMER 1959

[1]) Auf meine Frage, ob sich daran durch neuere Untersuchungen etwas geändert habe, schrieb mir Dr. SEKERA am 21. Februar 1964:

"The statement about the skylight polarization in ultraviolet is still valid. The polarization in ultraviolet is smaller than that in the blue or green (where it usually reaches maximum); however, in this region the polarization is unaffected by the great variability of atmospheric dust or other forms of atmospheric turbidity.

New measurements have confirmed fully this statement; unfortunately, I have not published any new paper on this subject, nor can this be found in any other paper on skylight polarization. In our applications we are more interested in the spectral region, where the effect of atmospheric turbidity is largest, and therefore there is little mentioned about ultraviolet, where daily variations are smallest."

Weiter schrieb er am 21. September 1964, aus den vorliegenden Messungen sei zu schließen, daß die unregelmäßigen Variationen der Polarisation, die von lokalen Wetterverhältnissen abhängen, im Gelb- und Rotbereich am größten (bis zu 10—20%), im Ultraviolett aber am kleinsten sind (nur 1—2%).

eine ausführliche Veröffentlichung der umfangreichen Protokolle. Das ist wohl heute nicht mehr nötig. Denn der Befund ist inzwischen nicht nur an Bienen bestätigt worden; es hat sich darüber hinaus gezeigt, daß jene so unglaubwürdig anmutende Fähigkeit im Tierreich weit verbreitet ist (s. S. 448—454). Demnach genügt eine Übersicht über den Gang und die Art der Beweisführung.

a) Wir gehen davon aus, daß die Tänze auf horizontaler Wabe im geschlossenen Plattenzelt unter Umständen sofort richtig orientiert sind, wenn die Bienen Ausblick nach einem abseits der Sonne gelegenen Himmelsfleck mit einem Sehwinkel von 10–15° haben; unter welchen Umständen das zutrifft, bietet bereits einen Hinweis auf die ausschlaggebende Bedeutung der Polarisation: die Himmelsstelle muß blau sein; mit zunehmender Verschleierung wird die Orientierung schlechter und zeigen sich nur Wolken, so sind die Tänze desorientiert oder falsch orientiert. Das gleiche beobachtet man bei klarem Himmel, wenn man das Rohr auf sonnennahe Himmelsbezirke einstellt. In beiden Fällen wurde den Bienen Licht mit sehr geringer oder fehlender Polarisation geboten.

Bei der zuerst von mir gebrauchten Versuchsanordnung: geschlossenes Plattenzelt mit eingesetztem Ofenrohr (Abb. 325, S. 384) sind die Tänze bei Ausblick nach Wolkenhimmel nicht immer desorientiert, sondern häufig falsch orientiert, weil die Tänzerinnen im dunklen Zelt den hellen Himmelsfleck als Ersatz für die Sonne annehmen – genau so, wie man im völlig geschlossenen Zelt mit einer Lampe die Richtung der Tänze dirigieren kann (vgl. S. 134). Ich bezeichne das kurz als „Lampen-Effekt". Um diesen Einfluß auszuschalten, habe ich bei späteren Versuchen statt des Plattenzeltes ein Leinenzelt benützt (Abb. 116, S. 134). Der Helligkeitsunterschied zwischen dem Himmelsfleck und dem Leinenzelt ist so gering, daß es nicht zum Lampen-Effekt kommt.

Der letztere macht sich keineswegs nur bei den Rohrversuchen geltend. Auch bei freiem Ausblick nach allen Seiten können sich die Tänzerinnen – soferne die Sonne selbst durch dicke Wolken verhüllt und kein blauer Himmel wahrnehmbar ist – nach der hellsten Stelle am Himmel ausrichten. Der Zusammenhang wird offenkundig, wenn man auf die Bienen achtet, die den Stock verlassen wollen. In ihrer positiv phototaktischen Ausflugs-Stimmung streben sie im horizontal liegenden Stock statt zum Flugloch genau in die Richtung, die für die Orientierung der Tänze bestimmend ist und sagen uns dadurch selbst, daß es für sie die hellste Stelle ist.

Wenn bei ziehendem Gewölk abwechselnd blauer Himmel und Wolken durch das Rohr sichtbar sind[1]), lösen in eindrucksvoller Weise orientierte und desorientierte Tänze prompt einander ab.

b) Bienen, die im geschlossenen Zelt durch ein Rohr blauen Nordhimmel sehen, tanzen richtig. Es wurde schon erwähnt (S. 384f.), daß sie spiegelbildlich falsch tanzten, als vor dem Rohr ein Spiegel so aufgestellt war, daß sie statt Nordhimmel gespiegelten Südhimmel sahen. Diese Versuche wurden 1947 zur Mittagszeit zwischen 12^{30} und 13^{45} Uhr durchgeführt. Um am Südhimmel einen ausreichenden Polarisationsgrad zu finden, wurde der Spiegel vor 12 Uhr etwas westlich von Süd, nach 12 Uhr entsprechend östlich von Süd eingestellt. Im einen wie im anderen Falle lag die Schwingungsrichtung daselbst angenähert parallel den Himmelsmeridianen, am Nordhimmel aber angenähert parallel dem Horizont. Unterwegs zum (westlichen) Futterplatz sahen die Bienen das Nordmuster rechts, das Südmuster links. Als sie im Versuch nichts sehen konnten als einen Himmelsfleck, der im Norden lag aber das Südmuster zeigte, wandten sie

[1]) Der Beobachter im Zelt kann sich mit Hilfe eines Spiegels rasch darüber unterrichten, was die Bienen augenblicklich durch das Rohr sehen.

sich ganz richtig mit dem linken Auge diesem Muster zu und tanzten so spiegelbildlich falsch nach Osten. Wieder erweist sich somit die Schwingungsrichtung des Himmelslichtes als bestimmend für die Tanzrichtung. Auffällig, und in den Protokollen wiederholt betont war der stark gehemmte Ablauf der Tänze unter dem gespiegelten Himmelslicht. Ich vermute als Ursache die durch die Spiegelung bedingte geringfügige Veränderung der Schwingungsrichtungen[1]), wodurch das gezeigte Feld in seinem Polarisationsmuster den natürlichen Verhältnissen an keiner Himmelsstelle genau entsprach. Es wurde aber diese Frage nicht weiter verfolgt.

c) Auf vertikaler Wabenfläche transponieren die Tänzerinnen den im Fluge wahrgenommenen Sonnenwinkel auf die Richtung zum Lot. Sobald sie aber blauen Himmel sehen, werden sie von dieser Richtung abgelenkt („Mißweisung", S. 204ff.). Es wurde auf S. 205—208 dargelegt, daß unter solchen Umständen der Schwänzellauf genau der Mittellinie entspricht zwischen den beiden Richtungen, welche die Tänzerinnen einzuhalten hätten beim Transponieren des Sonnenwinkels auf die Richtung der Schwerkraft, bzw. bei direkter Einstellung nach dem Sonnenstand. Da sie die Sonne von der Wabe aus nicht sehen konnten, mußten sie den Sonnenstand aus der Schwingungsrichtung des polarisierten Himmelslichtes abgelesen haben.

d) Man kann die Orientierung nach dem polarisierten Himmelslicht beweisen, indem man seine Schwingungsrichtung künstlich ändert. „Polarisationsfolien", die das durchgehende Licht in bestimmter Richtung linear polarisieren, gab es damals bei uns nicht. Ich erhielt eine solche im Format 15×30 cm durch August Krogh, der sich gerade in den Vereinigten Staaten befand. Dort waren sie als Sichtschutz für Autofahrer im Handel. Diese lang ersehnte Folie legte ich auf die Glasscheibe des horizontalen Beobachtungsstockes über die tanzenden Bienen und blendete durch einen dreiteiligen Schirm das Himmelslicht an 3 Seiten ab; nach oben verwehrte das Dach des Beobachtungsstockes den Ausblick; die Bienen sahen von der Wabe aus nur nach einer Richtung, z. B. nach Norden, ein Feld blauen Himmels etwa 40° in der Breite und 30° hoch, mit seinem Zentrum etwa 45° über dem Horizont. Lag die Folie so, daß die Schwingungsrichtung des durchgelassenen Lichtes mit der Schwingungsrichtung des polarisierten Himmelslichtes an der betreffenden Himmelsstelle übereinstimmte[2]), so tanzten die Bienen richtig. Drehte ich die Folie z. B. im Sinne des Uhrzeigers um 30°, so bot sich der verblüffende Anblick, daß die Bienen sofort ihre Tanzrichtung im gleichen Sinne und um etwa den gleichen Betrag änderten; bei Drehung der Folie im entgegengesetzten Sinne war die Richtungsweisung um einen entsprechenden Betrag nach der anderen Seite falsch. Hiermit stand außer Zweifel, daß die Schwingungsrichtung des polarisierten Himmelslichtes für die Tanzrichtung bestimmend ist (v. Frisch 1949).

e) Bei Drehung der Folie ändert sich die Tanzrichtung im Sinne der Drehung, aber nicht notwendig um den gleichen Winkel. Das ist verständlich, weil sich auch die Schwingungsrichtung des Lichtes bei Änderung des Azimutwinkels nicht notwendig um den gleichen Winkelbetrag ändert. Um die Verhältnisse genauer zu überprüfen und mir selbst anschaulich zu machen, wie sich für das Bienenauge

---

[1]) Wie erwähnt, lag die Schwingungsrichtung am Südhimmel nur angenähert parallel den Himmelsmeridianen. Die bestehende Abweichung wurde durch die Spiegelung nach der entgegengesetzten Seite gekehrt und dadurch unnatürlich.

[2]) Die Übereinstimmung bezieht sich auf das Mittel der Schwingungsrichtung. Sie ist nicht vollkommen, weil die Folie das Licht in einer Richtung polarisiert, während auch auf dem begrenzten Himmelsfeld bereits Verschiedenheiten der Schwingungsrichtung bemerkbar sind.

eine Drehung der Folie auswirkt, baute ich ein einfaches Modell eines Einzelauges. Es beruht auf der von AUTRUM entwickelten Vorstellung von der Analyse des polarisierten Lichtes durch das Insektenauge (s. S. 423). Danach würden die radiär gestellten Sinneszellen jedes Einzelauges (Abb. 329) das durchgehende Licht selbst polarisieren, je nach ihrer Stellung in verschiedener Richtung, und so wie ein Radiärnikol die Bestimmung der Schwingungsrichtung von einfallendem polarisiertem Licht ermöglichen. Wie das gemeint ist, wird bei Betrachtung des Modells sofort verständlich werden:

Wir werfen zunächst einen Blick auf Abb. 330, um an eine bekannte Erscheinung zu erinnern. Aus einer Polarisationsfolie wurden längliche Streifen so ausgeschnitten, daß die Schwingungsrichtung des durchgelassenen Lichtes zu den Längsseiten der Rechtecke parallel steht. Legt man zwei Folien so aufeinander, daß die Schwingungsrichtungen übereinstimmen (Abb. 330 links), so kann das von der ersten Folie durchgelassene Licht auch die zweite ungehindert passieren.

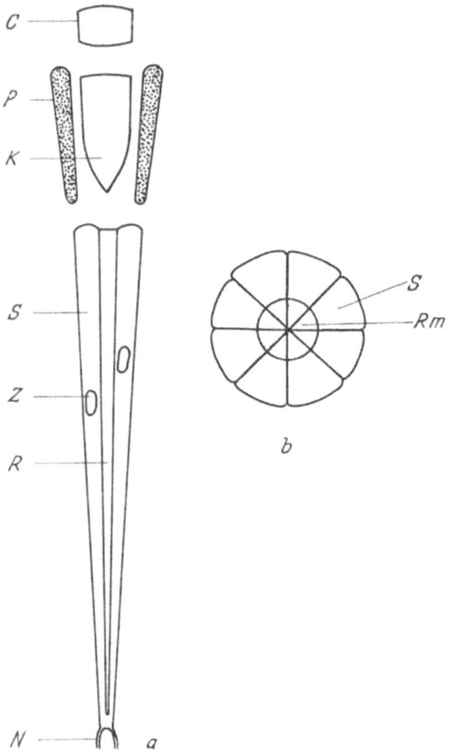

Abb. 329. Ein Einzelauge (Ommatidium oder Omma) aus dem Facettenauge eines Insektes, Schema. a) Längsschnitt. b) Querschnitt durch die Sinneszellen, noch stärker vergr. S Sinneszellen, Z Zellkern. Jede Sinneszelle bildet an der Innenseite einen Sehstab (Rhabdomer, Rm). Die Rhabdomeren können miteinander zum Rhabdom (R) verschmelzen. N Nervenfaser. C Cornealinse. K Kristallkegel. P Pigment

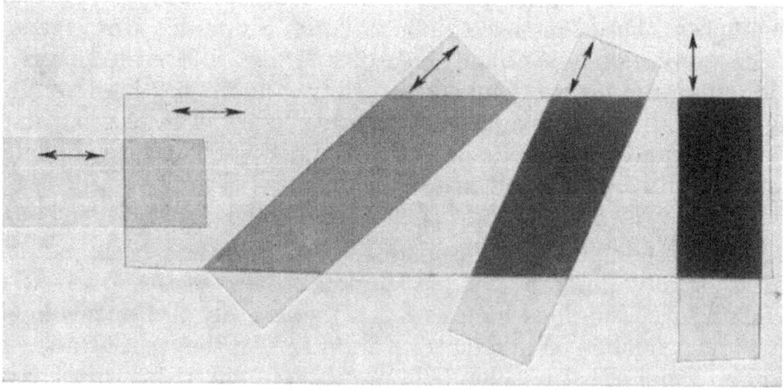

Abb. 330. Polarisationsfolien werden in verschiedener Stellung zur Deckung gebracht; zunehmende Auslöschung des Lichtes. Die Schwingungsrichtung des von den Folien durchgelassenen Lichtes ist durch Doppelpfeile angegeben

Der überdeckte Bezirk erscheint nur etwas dunkler, weil die Folien leicht getönt sind und in doppelter Schicht mehr Licht verschlucken. Dreht man aber die Folien gegeneinander, so wird der überdeckte Bezirk immer dunkler, bis bei rechtwinkliger Stellung das von der ersten Folie durchgelassene Licht von der zweiten völlig absorbiert wird.

Für das Modell werden aus einer Polarisationsfolie 8 gleichschenkelige Dreiecke ausgeschnitten und so zu einer Sternfolie zusammengesetzt, daß die Schwingungsrichtung des Lichtes nach seinem Durchgang in jedem Dreieck seiner Basis parallel ist (Abb. 331). Ob man die Anordnung so trifft, daß die Schwingungsrichtung der Basis der Dreiecke parallel liegt oder überall zu ihr senkrecht steht, ist natürlich für den Erfolg völlig gleichgültig. Diese Dreiecks-Folien im Modell entsprechen den 8 Sehstäben (Rhabdomeren) im Querschnittsbild Abb. 329b, also den lichtempfindlichen

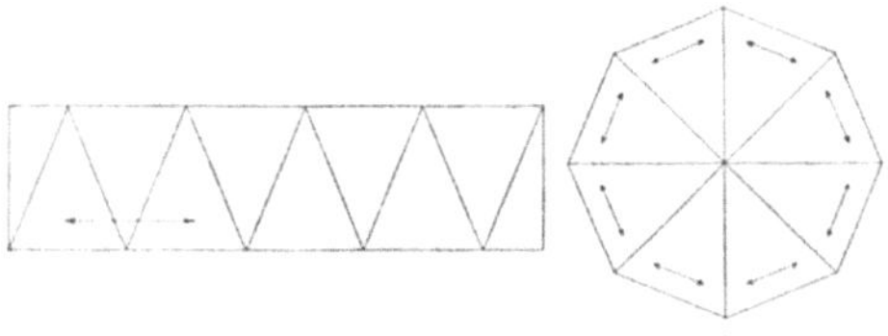

a b

Abb. 331. a) Polarisationsfolie mit Schnittmuster zur Herstellung der Sternfolie. b) Sternfolie. Die Doppelpfeile geben die Schwingungsrichtung des polarisierten Lichtes an

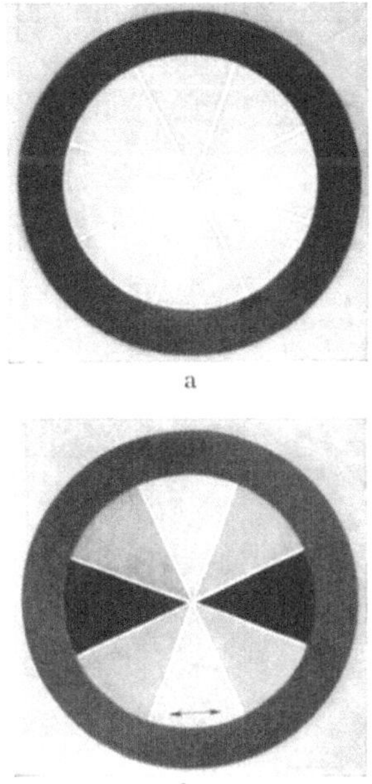

a b

Abb. 332. Blick durch die Sternfolie: a) gegen eine helle Fläche, die natürliches Licht aussendet; b) gegen eine helle Fläche, von der polarisiertes Licht kommt, seine Schwingungsrichtung ist durch den Doppelpfeil angegeben

Abb. 333. Die Sternfolie, montiert. Azimut und Neigung können an zwei Teilkreisen abgelesen werden. Im Zentrum der Sternfolie ein Spiegelchen zur Kontrolle der senkrechten Blickrichtung

Innenteilen der Sinneszellen. Blickt man durch die Sternfolie gegen eine helle Fläche, die natürliches Licht aussendet, so erscheinen alle Dreiecke gleich hell (Abb. 332a); wir erkennen ja nicht, daß das Licht durch die Folien polarisiert worden ist. Blickt man aber gegen eine Fläche, von der polarisiertes Licht kommt, so entsteht ein Helligkeitsmuster (Abb. 332b), da das auftreffende Licht von den Dreiecksfolien je nach den Schwingungsrichtungen durchgelassen, geschwächt oder zurückgehalten wird (vgl. Abb. 330). Mit einem solchen Modell, dem das Schema eines Insekten-Einzelauges mit 8 Sinneszellen zugrunde gelegt ist, läßt sich also die Schwingungsrichtung des ankommenden Lichtes analysieren. Auf die speziellen Verhältnisse im Bienenauge komme ich später zurück (S. 431ff.). Die Richtigkeit des Grundgedankens ist von Autrum selbst, wie von anderer Seite inzwischen experimentell bestätigt worden.

Die Sternfolie wurde auf einem Gestell drehbar und kippbar montiert. Die Stellung ist an entsprechenden Teilkreisen abzulesen (Abb. 333). Dieses Gerät hat den Vorteil, daß es an jeder Himmelsstelle, die für den Versuch von Interesse ist, augenblicklich sowohl über die Schwingungsrichtung (durch das Helligkeitsmuster) wie über die Intensität der Polarisation (durch den Kontrast der Felder) mit einer für unsere Zwecke ausreichenden Genauigkeit Aufschluß gibt. Abb. 334 zeigt, wie jeder Azimut der Himmelsrunde durch sein Polarisationsmuster und den Kontrast der Felder charakterisiert ist. An jeder Himmelsstelle ändern sich die Muster natürlich mit der Tageszeit, da sie vom Sonnenstand abhängig sind. Man findet Himmelsaufnahmen durch die Sternfolie, die zu anderer Tageszeit und überdies in Winkelabständen von nur 20° hergestellt sind (von N bis SO) in Abb. 373, S. 436.

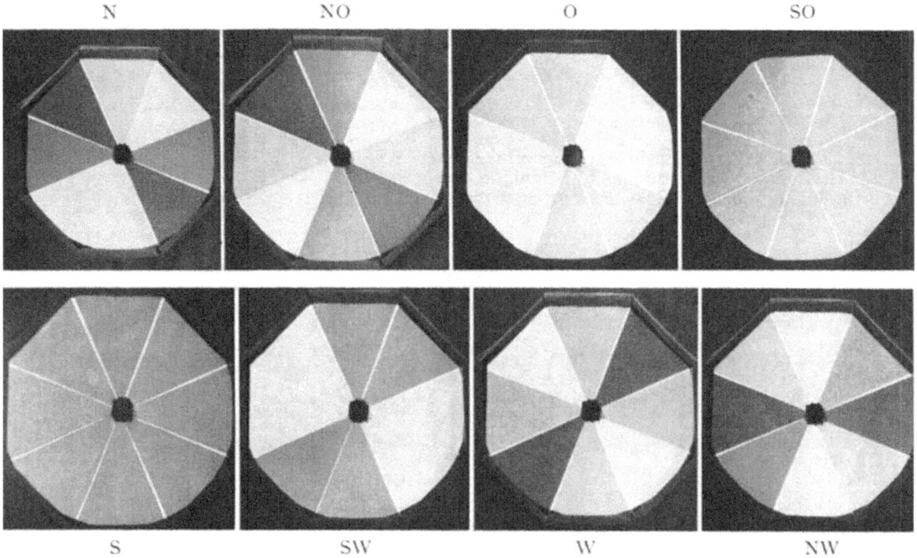

Abb. 334. Blick durch die Sternfolie nach acht Richtungen, Höhe über dem Horizont 45°. Photographische Aufnahmen vom 25. 9. 1949, 10 Uhr. — In der Nähe der Sonne ist der Polarisationsgrad gering, das Muster daher kontrastarm. Entsprechende Aufnahmen zu anderer Tageszeit und in kleineren Winkelabständen s. Abb. 373, S. 436

Bei den folgenden Versuchen kam es darauf an, durch Drehung einer Folie über den Bienen die Schwingungsrichtung des Himmelslichtes für sie kontrollierbar zu ändern und gleichzeitig zu prüfen, ob die erzielte Änderung der Tanzrichtung mit den Himmelsmustern harmoniert.

Die Anordnung war nun gegenüber den ersten Versuchen verbessert: der horizontal liegende Beobachtungsstock wurde zur Abhaltung von Seitenlicht mit einer Sperrholzplatte bedeckt, in welcher über dem Tanzboden der Bienen ein quadratisches Fenster von 20 cm Seitenlänge ausgeschnitten war. Über diesem Fenster lag eine große Polarisationsfolie[1]), eingespannt in einen drehbaren kreisrunden Holzrahmen (lichter

---

[1]) E. H. Land, Präsident der Polaroid Corporation in Cambridge, Mass., danke ich für die großzügige Überlassung von Polarisationsfolien. Für manche Versuche ist es wichtig zu wissen, daß diese Folien für Wellenlängen zwischen 300 und 400 mμ nahezu undurchlässig sind. Nach Messungen, die ich Prof. G. Joos (Physikalisches Institut der Technischen Hochschule München) verdanke, beträgt die Durchlässigkeit in diesem Bereich nur etwa 2%. Dagegen ist die Polarisationswirkung noch gut, da zwei Folien gekreuzt höchstens 1% von dem Licht durchlassen, das bei Parallelstellung der Folien in diesem Gebiet durchgeht. — Spätere Versuche mit Ultraviolett-durchlässigen Folien, die ich den optischen Werkstätten E. Käsemann (Oberaudorf am Inn) verdanke (s. S. 405), haben gezeigt, daß die grundsätzlichen, im folgenden besprochenen Ergebnisse in beiden Fällen dieselben sind.

Durchmesser 38,5 cm, vgl. Abb. 335). Die Schwingungsrichtung des durchgelassenen Lichtes war bekannt, und ihre Lage im Raum an einem Teilkreis abzulesen. Ein dreiteiliger Schirm um die Folie (in Abb. 335 nicht aufgestellt) und das Schutzdach über dem Stock beschränkten das Blickfeld der Bienen auf einen Fleck blauen Himmels von etwa 40° Breite und 30° Höhe, mit seinem Zentrum etwa 45° über dem Horizont. Um die Richtung der Schwänzelläufe ablesen zu können, ohne eine weitere Scheibe vorzuschalten, war über dem Fenster ein Netz von weißen Zwirnsfäden in Winkelabständen von 30° gespannt (s. Abb. 27, S. 27).

Um anschaulich zu machen, welche Wirkung die über den Stock gelegte Folie („Deckfolie") auf das Bienenauge haben sollte, wurde eine entsprechende Deckfolie

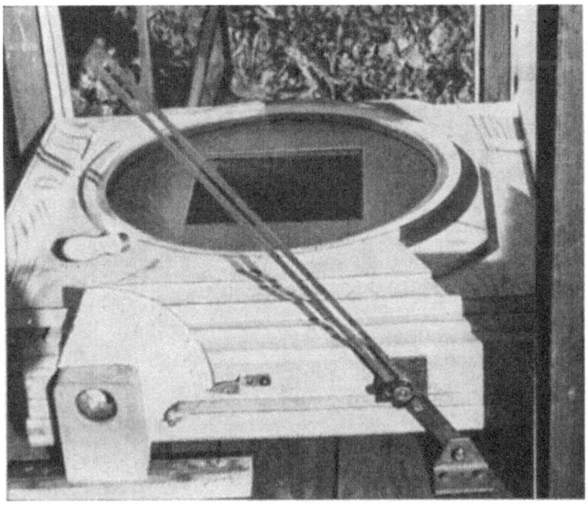

Abb. 335. Der Beobachtungsstock, horizontal gelegt. Über dem Stock ein Brett mit quadratischem Fenster, darüber die drehbare Polarisationsfolie

in kreisrundem, drehbarem Rahmen vor die Sternfolie gesetzt und in gleicher Weise eingestellt. Die Sternfolie stand neben dem Beobachtungsstock frei in der Wiese. Der Futterplatz der numerierten Bienen lag 200 m westlich vom Stock.

Ein Beispiel soll zunächst das Prinzip dieser Versuche klar machen. Der Einfachheit wegen wählen wir einen Fall, wo den Tänzerinnen Ausblick nach freiem Himmel im Westen geboten wurde, also nach der gleichen Richtung in welcher der Futterplatz lag. Die Sonne war nicht im Blickfeld, sondern nur blauer Himmel. In der Sternfolie zeigte sich daselbst das Muster M_1 (Abb. 336a). An keiner anderen Himmelsstelle bot sich das gleiche Bild. Unterwegs zum Futterplatz hatten die Bienen dieses Muster vor sich. Gleichzeitig sahen sie natürlich am übrigen Himmel andere Muster. Beim Tanz konnten sie nur Westhimmel sehen und sie orientierten die Schwänzelläufe in Richtung auf dieses Muster, das sie auch beim Flug vor sich gehabt hatten. Sie tanzten auch sehr genau richtig, als die Polarisationsfolie so über die Wabe gelegt war, daß die Schwingungsrichtung (und hiermit das Polarisationsmuster) im Westen unverändert blieb.

Nun wurde die Folie über dem Bienenstock um 30° entgegen dem Uhrzeigersinn gedreht. Sofort änderte sich die Tanzrichtung der Bienen und wies 35° s. v. W. Wenn ich vor der Sternfolie die Deckfolie in die gleiche Stellung brachte wie die Folie über dem Bienenstock, dann zeigte sich im Westen das Muster M_2 (Abb. 336b). Suchte ich mit der Sternfolie (jetzt ohne Deckfolie) den Himmel ab, so fand ich dieses Muster nur 34° n. v. W. verwirklicht (Abb. 336c). Beim freien Flug zum Futterplatz hatten sich die Bienen 34° nach links von diesem Himmelsmuster zu halten. Als es nun beim Tanz der einzige Anhaltspunkt für sie war, fand ich ihren

Tanz um 35° nach links von ihm gerichtet – wobei offen bleibt, wie weit die Ungenauigkeit von 1° den Bienen oder mir zur Last fällt. Durch die künstliche Verlagerung des Polarisationsmusters am Himmel hatte sich die Tanzrichtung im gleichen Ausmaße verlagert.

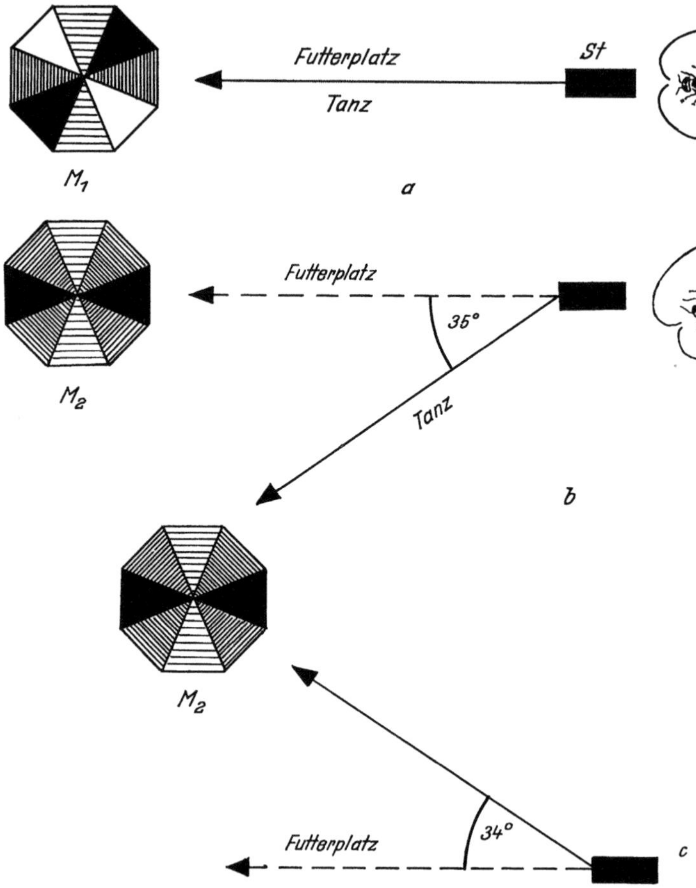

Abb. 336a—c. Versuch vom 5. 9. 1949: Beim Flug vom Stock St zum westlichen Futterplatz sehen die Bienen vor sich das Muster M_1. Beim Tanz auf der horizontalen Wabe haben sie freien Blick nur nach West. a) Sie sehen von der Wabe aus im Westen das Muster M_1 und sie weisen im Tanz zutreffend nach dieser Richtung. b) Durch Drehung der Folie über der Wabe wird das Muster M_1 in M_2 geändert; daraufhin ändert sich die Tanzrichtung um 35° nach links. c) Das gezeigte Muster wird mit der Sternfolie 34° nördlich von West am Himmel gefunden. Die Bienen haben im Tanz den gleichen Winkel (mit einem Fehler von 1°) zu diesem Muster eingehalten, wie beim freien Flug zum Futterplatz

Im Sommer 1949 machte ich nach diesem Prinzip viele Versuche, die ich zur besseren Übersicht in Gruppen zusammenfasse:

Gruppe 1: Die Schwingungsrichtung des polarisierten Lichtes wird an der für die Tänzerinnen sichtbaren Himmelsstelle durch die Folie nicht verändert. Wird die Sternfolie auf diese Himmelsstelle gerichtet und eine Deckfolie in gleicher Orientierung vorgesetzt, wie über der Bienenwabe, so zeigt sich das Muster unverändert, nur kontrastreicher, weil das Folienlicht vollständig, das Himmelslicht aber nur teilweise polarisiert ist (Abb. 337). In 14 derartigen Versuchen (je 10 gemessene Tänze) wiesen die Bienen, wie ohne Deckfolie, die Richtung zum Futterplatz mit einem durchschnittlichen Fehler von 5,8°[1]). Bei den Versuchen hatten die Bienen Ausblick wechselnd nach allen Himmelsrichtungen, N, O, S oder W.

Gruppe 2: Die Schwingungsrichtung des polarisierten Lichtes wird an der für die Tänzerinnen sichtbaren Himmelsstelle durch die Deckfolie so verändert, daß ein zur Zeit an einer anderen Himmelsstelle verwirklichtes Polarisationsmuster sichtbar ist. Ein Beispiel hierfür wurde schon

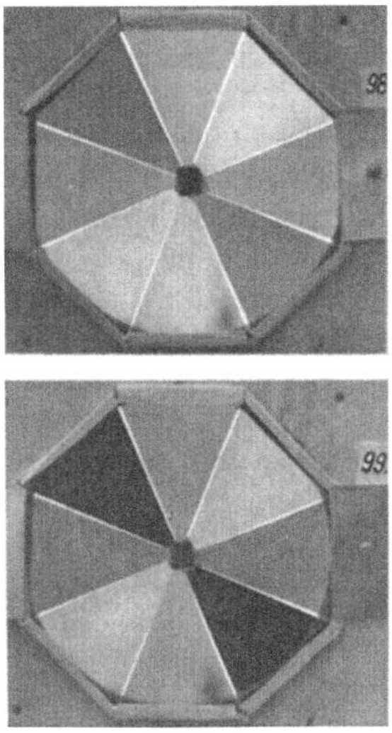

Abb. 337

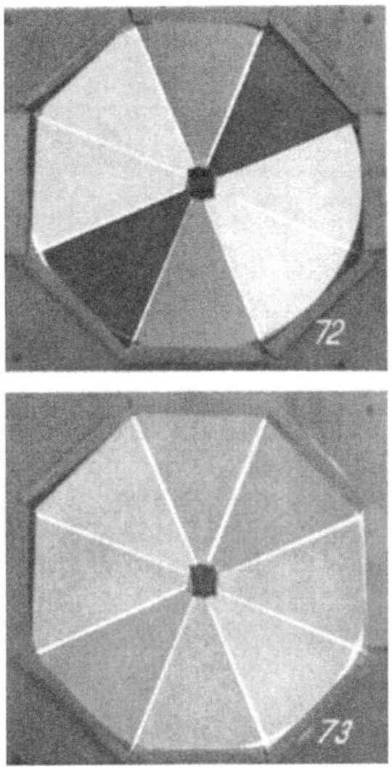

Abb. 338

Abb. 337. Versuch vom 7. 9. 1949, 14 Uhr. Oben: Osthimmel, durch die Sternfolie gesehen. Unten: Dasselbe mit vorgesetzter Deckfolie, die so eingestellt ist, daß ihre Schwingungsrichtung mit jener des polarisierten Himmelslichtes übereinstimmt. Weil das Himmelslicht nur teilweise polarisiert ist, wird das Muster durch die Vorsatzfolie kontrastreicher; im übrigen ist es unverändert. Der dunkle Fleck im untersten Dreieck ist ein Baumwipfel. Photographie

Abb. 338. Versuch vom 6. 9. 1949, 13^{27-36} Uhr Oben: Südhimmel, durch die Sternfolie gesehen, mit vorgesetzter Deckfolie. Unten: das gleiche Muster zeigt sich, ohne Deckfolie, kontrastarm 60° w. v. N. am Himmel. Bei Einstellung der Deckfolie wie im oberen Bild weisen die Tänzerinnen 45,5° ö. v. S., zögernd und unsicher. Abweichung von der theoretisch zu erwartenden Weisung 15,5°. Photographische Aufnahme

auf S. 393 besprochen und durch Abb. 336 erläutert. Die Tanzrichtung der Bienen verlagerte sich im gleichen Sinne und im gleichen Ausmaße, wie das Polarisationsmuster am Himmel für sie durch die vorgesetzte Folie verlagert war. In 48 derartigen Versuchen (je 10 gemessene Tänze) wurden alle 4 Himmelsrichtungen teils vormittags, teils nachmittags herangezogen. Die Abweichung der beobachteten Tanzrichtung von der theoretisch erwarteten betrug im Durchschnitt 8,3°.

Gruppe 3: Die Schwingungsrichtung des polarisierten Lichtes wird an der für die Tänzerinnen sichtbaren Himmelsstelle durch die Deckfolie in ein Muster verwandelt, das zur Zeit nirgends am Himmel deutlich erkennbar ist. Unter solchen Umständen waren die Tänze der Bienen völlig desorientiert. Unter insgesamt 83 Versuchen traf das in 16 Fällen zu. Fünfmal war das mit der

[1]) An diesem Fehler sind natürlich auch die Ablesefehler des Beobachters und seine Ungenauigkeiten bei der Einstellung der Folien und bei der Beurteilung der Muster enthalten. Gegenüber den drastischen Effekten bei geänderter Folienstellung sind Fehler von wenigen Winkelgraden bei diesen Versuchen belanglos.

Deckfolie hergestellte Muster an keiner Stelle des Himmels zu finden, zehnmal ließ sich ein solches erkennen, aber außerordentlich blaß und stets noch kontrastärmer als das in Abb. 338 unten wiedergegebene Bild.

Abb. 338 bringt den photographischen Beleg für einen Versuch, bei dem die Richtungsweisung eben noch möglich war. Die Bienen hatten durch die Folie Ausblick nach Süden. Das Bild oben zeigt, wie die nach Süden gerichtete Sternfolie aussah, wenn die vorgesetzte Deckfolie so orientiert war wie die Polarisationsfolie über den Tänzerinnen. Das gleiche Muster zeigte sich in kontrastarmer Ausprägung am Himmel 60° w. v. N. (unteres Bild), sonst nirgends. Die Bienen wiesen nach SO, durchschnittlich um 15,5° abweichend von der theoretisch erwarteten Richtung. Ihre Unsicherheit kam auch darin zum Ausdruck, daß sie sich, entgegen dem sonstigen Verhalten, oft mehrmals suchend im Kreise drehten, bevor sie wie mit plötzlichem „Entschluß" eine bestimmte Laufrichtung einschlugen. Überdies kamen zu den 10 beobachteten richtungsweisenden Tänzen 4 völlig desorientierte. Ein entsprechendes Verhalten wurde bei insgesamt 14 Versuchen beobachtet, stets bei kontrastarmen Himmelsmustern. Die deutliche Beziehung zwischen der Klarheit des Himmelsmusters und der Klarheit der Richtungsweisung erschien mir besonders eindrucksvoll.

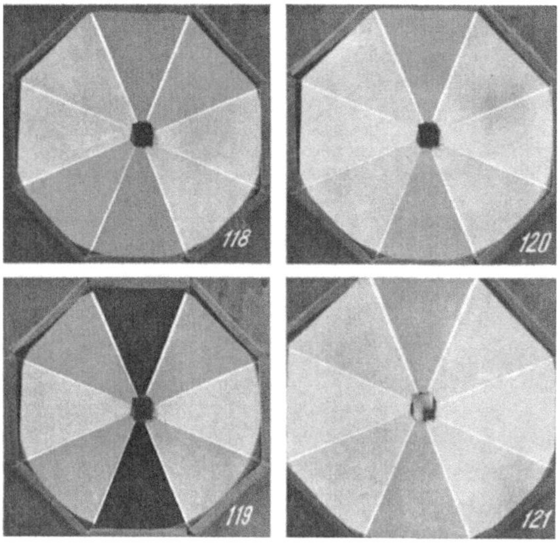

Abb. 339. Versuch vom 7. 9. 1949, 17^{12-21} Uhr. Links oben: Nordhimmel, durch die Sternfolie gesehen. Links unten: Durch die vorgesetzte Deckfolie ist das Muster ein wenig verändert und bilateral symmetrisch geworden. Dieses Muster zeigte sich in der Sternfolie an zwei Himmelsstellen: 20° w.v.N. (Bild rechts oben) und 16° w.v.S. (Bild rechts unten). Tänze: spiegelbildliche Richtungsweisung nach W und O. Photographische Aufnahmen

Vielleicht wären in diesen Grenzfällen die Tänze unter der Folie bei abnehmendem Kontrast noch länger orientiert geblieben, wenn die Folien das Ultraviolett durchgelassen hätten (s. S. 392, Anm.).

Bei einem Versuch waren die Tänze desorientiert, obwohl das gezeigte Muster an einer Himmelsstelle deutlich war. Kontrastarm und außerordentlich dunkel war aber in diesem Falle das Muster, das die Tänzerinnen durch die Folie sahen (s. v. FRISCH 1950 S. 217 und Abb. 17).

Gruppe 4: Die Bienen sehen durch die Folie (oder ohne solche) ein Polarisationsmuster, das zur Zeit an zwei verschiedenen Himmelsstellen verwirklicht ist. Dann sind die Tänze, so wie das Muster, doppelsinnig und weisen wechselnd nach zwei verschiedenen Richtungen. Ein Beispiel wird durch Abb. 339 dargestellt. Am 7. 9. um 17 Uhr zeigte der Nordhimmel durch die Sternfolie das Bild Abb. 339 links oben. Durch die Deckfolie wurde es ein wenig verändert, so daß es bilateral symmetrisch war (Abb. 339 links unten). In gleicher Orientierung wurde die Polarisationsfolie über den Stock gelegt. Die Bienen sahen also dieses Muster am Nordhimmel. Es war in gleicher Ausprägung, aber kontrastärmer, 20° w. v. N. und 16° w. v. S. am Himmel verwirklicht. Die Bienen tanzten teils nach West, wo ihr Futterplatz lag und teils nach Ost. Manche änderten die Richtung des Schwänzellaufes in regelmäßigem Wechsel zwischen W und O im selben Tanz. Vom Stock aus konnten sie nicht erkennen, ob das gezeigte Muster jenes vom Nordhimmel oder das vom Südhimmel war, da sie keine Landmarken sehen konnten, die ihnen beim freien Flug die Entscheidung sofort ermöglicht hätten.

Unter den 83 Versuchen waren derart doppelsinnige Verhältnisse bei den Polarisationsmustern am Himmel fünfmal gegeben und in allen 5 Fällen waren die Tänze der Bienen doppelsinnig ausgerichtet.

f) Bei den bisher besprochenen Versuchen hatten die Bienen Ausblick nach einem seitlich gelegenen Himmelsausschnitt, mit seinem Zentrum etwa 45° über dem Horizont. Machte ich ihnen im geschlossenen Plattenzelt durch ein im Dach eingesetztes Rohr einen blauen Fleck im Zenit (etwa 10° im Durchmesser) sichtbar, so wiesen sie bei den Tänzen in buntem Wechsel nach Westen (Richtung zum Futterplatz) und die spiegelbildlich falsche Ostrichtung. Nicht selten drehten sie sich auch suchend im Kreise. Das Zenitmuster für sich allein ist zweideutig. Die Tänzerinnen sehen dasselbe Muster in zwei spiegelbildlich verschiedenen Körperstellungen.

In den Mittagsstunden wurde bei hohem Sonnenstand das Zenitmuster so kontrastarm, daß die Tänze – in guter Übereinstimmung mit schon besprochenen anderen Versuchen – zunehmend unsicher und schließlich desorientiert verliefen, bis sich mit wachsendem Zenitabstand der Sonne der frühere Zustand wieder herstellte (v. FRISCH 1951 und unveröffentlichte Versuche).

Aus den Versuchen geht hervor, daß für die Einstellung der Bienen in die Zielrichtung die Schwingungsrichtung des polarisierten Lichtes (die im Muster der Sternfolie zum Ausdruck kommt) maßgebend ist. Der Polarisationsgrad (von dem der Kontrastreichtum des Sternfolien-Musters abhängt) spielt demgegenüber keine, oder eine untergeordnete Rolle. Denn während die Bienen auf jede Musteränderung sofort mit einer Richtungsänderung des Tanzes ansprechen, bleibt es ohne merklichen Einfluß auf die Tänze, wenn sich der Polarisationsgrad von höchstem Kontrastreichtum des Musters bis nahe an die Grenze seiner Wahrnehmbarkeit ändert. Das ist biologisch sinnvoll, da der Polarisationsgrad unter natürlichen Bedingungen starken Schwankungen durch Dunst oder Staub unterliegt, während die Schwingungsrichtung, besonders im Ultraviolett-Bereich (s. S. 386f.) verhältnismäßig konstant bleibt.

Wenn man die Sternfolie gegen den Himmel richtet, um ein bestimmtes Muster einzustellen, wird dies durch tastendes Drehen nach rechts und links über das gesuchte Muster hinaus erleichtert, so etwa wie man sich bei der Scharfeinstellung im Mikroskop oder am photographischen Apparat durch Hin- und Herdrehen an das schärfste Bild herantastet. Bienen, die vom Stock zum Futterplatz fliegen, sieht man oft in einer Wellenlinie nach rechts und links dem Ziel entgegenstreben. Auch dieser Pendelflug könnte die Bedeutung haben, die richtige Einstellung zum Polarisationsmuster durch kleine Abweichungen nach rechts und links immer wieder zu überprüfen. Wenn dies zutrifft, sollte diese Flugweise bei überwiegender Orientierung nach dem Himmelsmuster besonders in Erscheinung treten und nicht so sehr, wo Landmarken die Führung übernehmen, bei welchen die Feineinstellung weniger schwierig ist. Ich bin dieser Frage nicht weiter nachgegangen. Sie sollte leicht zu prüfen sein.

3. Die Koppelung des Polarisationsmusters an den Sonnenstand. — Bergschatten-Versuche

Aus den bisher besprochenen Versuchen geht hervor, daß Bienen polarisiertes Licht als solches wahrnehmen und daß sie ihre Tänze nach seiner Schwingungsrichtung orientieren können. Wie beim Anblick der Sonne selbst, weisen sie auch angesichts des blauen Himmels durch ihren Schwänzellauf die Richtung zum Ziel mit Bezug auf den Sonnenstand. Bezugspunkt bleibt also die Sonne. Die Tänze auf horizontaler Wabe besagen aber noch nicht, daß die Biene die Beziehung zwischen blauem Himmel und Sonnenstand herstellen kann. Ihr Verhalten läßt sich einfacher auch so erklären, daß sie beim horizontalen Tanz jene Körperstellung sucht, bei der sie die im Flug gesehenen, im Gedächtnis festgehaltenen spezifischen Polarisationsmuster mit denselben Augenbezirken wiedersieht. Dann hat sie die Einstellung zum Ziel, auch ohne Bezugnahme auf den Sonnenstand. Die folgenden Versuche werden zeigen, daß ihre Leistung darüber hinausgeht.

Abb. 340. Bergschattenversuch am Ufer des Wolfgangsees. St Beobachtungsstock, F Futterplatz, 175 m vom Stock entfernt. Hinter der Flugstrecke der Steilhang des Zwölferhorns. Rechts: Gasthof Lueg

Abb. 341. Bergschattenversuch. Beobachtungsstock und Futterplatz (F) während der Dressur

Am Nachmittag des 18. 8. 1953 stellten wir einen Beobachtungsstock am Südwestufer des Wolfgangsees in der Nähe des Gasthofes Lueg auf und legten, vom Trichter ausgehend, sofort einen Futterplatz an, mit dem wir entlang dem Seeufer wanderten. Um 16 Uhr waren wir 10 m vom Stock, um 17^{10} Uhr war der endgültige Platz 175 m vom Stock 38° ö. v. S. erreicht, wo die numerierten Bienen noch bis 18^{30} Uhr gefüttert wurden (Abb. 340, 341). Stock, Flugstrecke und Futterplatz lagen die ganze Zeit im Schatten des hohen Bergrückens, der das Seeufer an der SW-Seite begleitet. Die Schattengrenze verlief schon beim Öffnen des Flugloches so weit draußen auf dem See und so hoch über dem Stock[1]), daß die Bienen auch bei ihren Orientierungsschleifen nicht in den Bereich des Sonnenscheines gelangten.

[1]) Kontrolliert durch Messung des Abstandes der Schattengrenze vom Ufer, und nach oben durch aufgelassene Kinder-Luftballons.

Am folgenden Morgen wurde das Volk in dem ihm unbekannten ebenen Wiesengelände bei Aich aufgestellt. Das Ergebnis dieses Versetzungsversuchs war, daß in der Beobachtungszeit (7^{54}–11^{54} Uhr) von den 30 numerierten Bienen 9 an das Schälchen in der andressierten Himmelsrichtung kamen, 0, 1 und 1 in den drei anderen Richtungen (Abb. 342, a, b). In Anbetracht der kurzen Dressurzeit war das ein guter Erfolg. Er beweist, daß die Bienen mit dem Tagesgang des Polarisationsmusters ebenso vertraut sind wie mit dem Tageslauf der Sonne. Denn im Bergschatten hatten sie nur blauen Himmel am späten Nachmittag gesehen, und am Morgen und Vormittag des nächsten Tages fanden sie trotz der anderen Musterverteilung am Himmelszelt die gewohnte Himmelsrichtung.

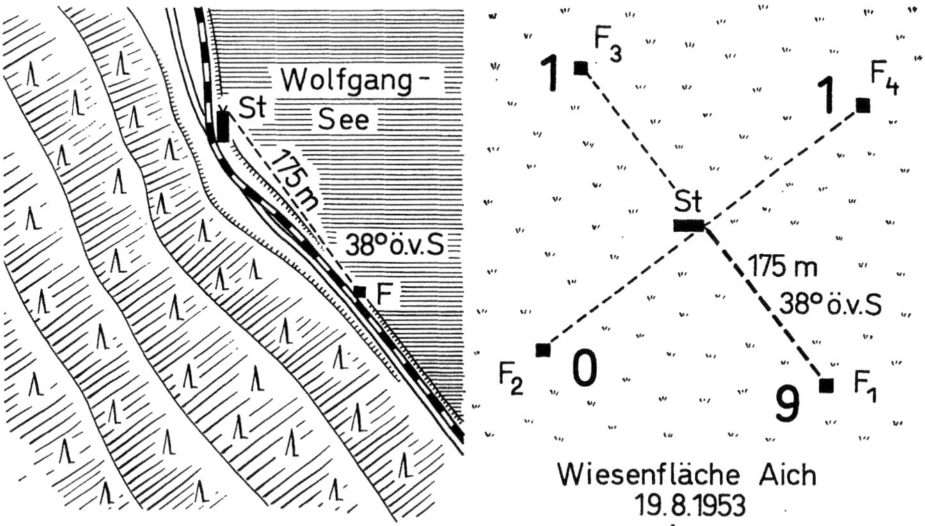

a b

Abb. 342. a) Lageplan zum Bergschattenversuch. St Beobachtungsstock, F Futterplatz 175 m vom Stock b) Nach der Dressur im Bergschatten am 18. 8. 1953 von 16^{35}—18^{30} Uhr (Abb. 341) wurde das Volk am 19. 8. nach Aich versetzt. Von 30 numerierten Bienen flogen von 7^{54}—11^{54} Uhr elf Bienen an den Futtertischchen an, 9 von ihnen in der Dressurrichtung

Wir haben den Versuch am 31. 8. mit einem zweiten Volk in gleicher Weise wiederholt, nur wurde als Versetzungsplatz am folgenden Morgen das Moor bei Strobl gewählt. Wieder kam die weit überwiegende Zahl im Sinne der Dressur, vgl. Abb. 343 u. 344 (v. Frisch u. Lindauer 1954).

Wir wissen aus anderen Versuchen (S. 341), daß Landmarken, wie sie den Bienen hier während der Dressur durch das Seeufer und den Wald geboten waren, dem Himmelskompaß im Konkurrenzversuch überlegen sind. Bei abweichendem Verlauf geben sie den Ausschlag. Es ist bemerkenswert, daß ihr Fehlen die Bienen nicht irre gemacht hat. Das steht in Einklang mit unseren Erfahrungen bei anderen Versetzungsversuchen. Nur waren dort niemals so wie diesmal Seeufer und Waldrand als durchgehende Landmarken vom Stock zum Ziel gleichzeitig verwirklicht. Schon eine solche Marke, Ufer oder Wald, ist hinreichend, um die Bienen in eine falsche Kompaßrichtung zu verleiten. Aber das Verschwinden von allen beiden störte sie nicht darin, den Flug in der gewohnten Richtung nach dem Himmelskompaß zu steuern.

Beim Tanz auf horizontaler Wabe konnten die Bienen beim Anblick blauen Himmels den Schwänzellauf nach dem Ziel richten, indem sie sich so einstellten, daß das Polarisationsmuster des sichtbaren Himmelsfleckes mit dem Augenbezirk zur Deckung kam, der beim Flug zum Futterplatz dasselbe Muster erblickt hatte. Im Bergschattenversuch stand der Stock vertikal. Die Bienen transponierten den Sonnenwinkel nach dem bekannten Schlüssel auf die Richtung der Schwerkraft. Auf ihrem Flug zum Futterplatz hatten sie nur blauen Himmel und keine Sonne gesehen. Beim Tanz sahen sie weder blauen Himmel noch Sonne. Wenn sie trotzdem auf der vertikalen Wabe den Sonnenwinkel angezeigt haben, so geht daraus hervor, daß für sie das Polarisationsmuster mit dem Sonnenstand gekoppelt ist.

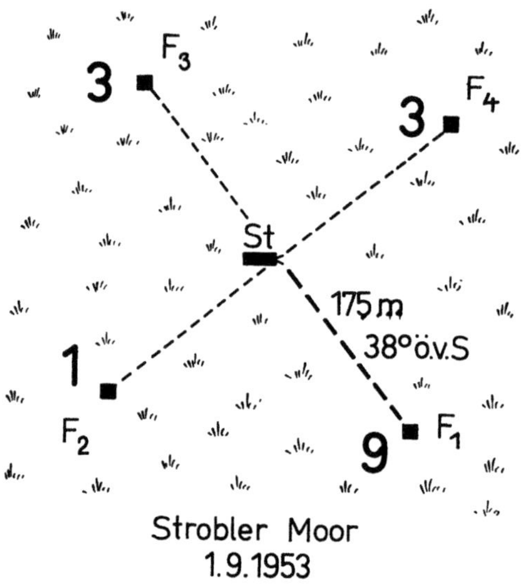

Abb. 343. Versuchsergebnis mit einem anderen Volk. Nach Dressur im Bergschatten (Abb. 342a) am 31.8. 1953 von 15^{40}—19^{00} Uhr und Versetzung am 1.9. ins Strobler Moor (Abb. 344) flogen von 40 numerierten Bienen 16 in der angegebenen Verteilung bei den vier Futtertischchen an. Beobachtungszeit: 7^{54}—11^{24} Uhr

Die Neulinge fanden zum Futterplatz, in einem der beiden Versuche in großer Zahl. Sie waren vom Sonnenstand benachrichtigt und fanden das Ziel allein nach dem blauen Himmel, ohne die Sonne zu sehen. Sonnenstand und Himmelspolarisation können also wechselseitig für einander eintreten. Wenn beide gemeinsam sichtbar sind, wird sich das gesamte Himmelsgewölbe dem umfassenden Blick der Facettenaugen als ein Kompaß von gewaltiger Eindringlichkeit darbieten.

Eine überraschende Beobachtung bei den Bergschattenversuchen belegt die Vertrautheit der Bienen mit den tageszeitlichen Polarisationsmustern noch auf andere Weise. Am 18. 8. verzeichnete ich in der Zeit von 16^{48}–18^{28} Uhr 29 Tänze auf der vertikalen Wabe von durchweg normalem Verlauf. Bei dem zweiten

Abb. 344. Bergschattenversuch. Der Beobachtungsstock St nach der Versetzung ins Strobler Moor. Blick nach der gleichen Himmelsrichtung wie in Abb. 341. F_1: das Futtertischchen in der Dressurrichtung

Versuch am 31. 8. lag die Beobachtungszeit von 15^{52}–18^{59} Uhr. Bis 18^{17} Uhr hatte ich 36 normale Tänze gesehen. Von 18^{18} Uhr an kamen neben weiteren regelrechten Tänzen auch solche mit spiegelbildlich falsch gerichteten Schwänzelläufen vor. Von insgesamt 25 Tänzen in dieser Zeitspanne waren 16 richtig und 9 spiegelbildlich falsch orientiert. Bei den letzteren wiesen alle, oft zahlreichen Schwänzelläufe innerhalb des Tanzes nach der falschen Seite. Ja noch mehr: es waren dieselben Individuen die immer wieder für die verkehrte Richtung Alarm schlugen. Von den Bienen Nr. 1, 20, 34 und 40 wurden nach 18^{18} Uhr insgesamt 9 Tänze beobachtet, die sämtlich spiegelbildlich verliefen, während gleichzeitig an 15 anderen Individuen 16 normale Tänze zu sehen waren[1]). Um 18^{18} Uhr stand die Sonne am 31. 8. nur mehr 4° 37′ über dem Horizont. Das bedeutete spiegelbildlich gleiche Polarisationsmuster am östlichen, für die Bienen beim Fluge sichtbaren und am westlichen, durch den Bergrücken abgedeckten Himmel. Vier von unseren Sammlerinnen orientierten ihre Tänze auf der vertikalen Wabe nach der Polarisation des Westhimmels, den sie nicht gesehen hatten. Sie waren offensichtlich mit dem symmetrischen Polarisationsmuster des Abendhimmels vertraut, und bei der Orientierung der Tänze nach dem Gedächtnisbild vom vorangegangenen Flug verwechselten sie die Seiten. Ich sehe keine andere Erklärung für ihr Verhalten. Bei dem vorangegangenen Versuch am 18. 8. waren die Beobachtungen schon um 18^{28} Uhr beendet worden, bei einem Sonnenstand von 6° 49′ über dem Horizont. Vermutlich wäre es auch da zu spiegelbildlichen Weisungen gekommen, wenn nicht die kühle Witterung den früheren Abschluß der Dressur veranlaßt hätte.

Nach der Versetzung des Volkes ins Strobler Moor am 1. 9. stellte sich von den 4 Bienen, die spiegelbildlich getanzt hatten, leider nur eine (Nr. 34) bei einem Futtertischchen ein, und zwar — wie wir es erwartet hatten — am Nordwestplatz. Sie blieb ihrer spiegelbildlich falschen Tanzrichtung auch beim Flug in der fremden Landschaft treu, während sie am Vorabend unterwegs zum Futterplatz nach den Landmarken richtig steuern konnte. Wenn wir mit Rücksicht auf die spiegelbildliche Richtungsweisung den Anflug am spiegelbildlich falschen Platz als richtig werten, so verbessert sich das Ergebnis des zweiten Versetzungsversuches (Abb. 343, S. 400) auf 10 richtige Wahlen und durchschnittlich je 2 Anflüge in den 3 falschen Himmelsrichtungen.

Bei geschlossener Wolkendecke sollte im Bergschatten eine Richtungsweisung nach dem Sonnenstand unmöglich sein. Ich habe leider nur einen Versuch unter solchen Bedingungen. Er hat die Erwartung bestätigt:

Am 25. 9. 1959 lag den ganzen Tag eine geschlossene Hochnebeldecke über dem Wolfgangsee. Wir brachten einen Beobachtungsstock von Brunnwinkl nach Lueg an dieselbe Stelle wie ehedem und gaben um 14^{22} Uhr den Flug frei. Die Bienen waren wenig sammelfreudig. Um 16 Uhr waren wir mit dem Futterplatz, dem Lavendelöl beigegeben war, erst 10 m vom Stock. Um 16^{45} Uhr waren 80 m erreicht. Nach 17^{10} Uhr gab es keine Tänze mehr und bald wurde der Flug ganz eingestellt.

Es war nicht möglich, bei den Tänzen auf der vertikalen Wabe eine bestimmte Richtung zu messen, weil diese von Schwänzellauf zu Schwänzellauf stark streute. Ich mußte mich darauf beschränken, die Richtung der einzelnen Läufe nach Augenmaß zu skizzieren. Oft drehten sich die Tänzerinnen nur suchend in der Runde. Nach dem Sonnenstand während der Beobachtungszeit wäre eine Weisung 110—113° links richtig gewesen. Aber keiner von den 29 verzeichneten Schwänzelläufen war auch nur angenähert so orientiert. Die meisten wiesen eine Richtung zwischen 40° und 120° rechts. Die Bevorzugung dieser Richtung wird aus anderen Erfahrungen verständlich. Ohne Sonnensicht und ohne blauen Himmel wählen die Bienen die hellste Stelle im Gesichtsfeld als Ersatz für die Sonne, sei es eine Lampe oder ein heller Himmelsfleck („Lampeneffekt“ S. 388). Im vorliegenden Falle lag im SW der dunkle Waldhang, nach NO ein gleichmäßig helles weites Himmelsfeld. Die Bienen scheinen sich, mit

[1]) Nachdem ich das Vorkommen spiegelbildlicher Tänze bemerkt hatte, suchte ich möglichst von jeder Biene unserer Gruppe einen Tanz zu beobachten, was aber bei 6 Individuen nicht mehr gelungen ist.

starker Streuung, etwa nach der Mitte der hellen Himmelsfläche eingestellt zu haben, und mit Bezug auf diesen dürftigen Bezugspunkt verkündeten sie: „Futterplatz rechts vom Licht" (vgl. Abb. 342a, S. 399).

Es tut mir leid, diese Deutung nicht mit reicherem Material belegen zu können. Aber am wesentlichen Ergebnis, daß die Richtungsweisung nach dem Sonnenstand in diesem Versuch versagt hat, besteht kein Zweifel.

4. Künstliche Polarisationsmuster bei bedecktem Himmel

Im September 1949 studierte ich gerade die Wahrnehmung der Sonne durch die Wolken. Die Bienen sahen von der horizontalen Wabe aus in einem Kontrollversuch bei geschlossener Wolkendecke ein Stück Nordhimmel weit abseits der Sonne. Erwartungsgemäß tanzten sie desorientiert. Nun legte ich eine Polarisationsfolie über die Wabe. Zu meiner Überraschung wiesen die Tänzerinnen sofort eine bestimmte Richtung. In zahlreichen Proben legte ich die Folie in verschiedener Orientierung auf und verzeichnete die Tanzrichtung. Als ich dann an einem der folgenden Tage den nun wieder blauen Himmel mit der Sternfolie prüfte, stellte sich folgendes heraus: Wenn den Bienen, die unter geschlossener Wolkendecke am westlichen Futterplatz gesammelt hatten, Wolkenhimmel im Norden durch die Folie gezeigt wurde und diese so eingestellt war, daß die Schwingungsrichtung mit jener übereinstimmte, die bei blauem Himmel zu dieser Stunde am Nordhimmel zu sehen gewesen wäre, dann tanzten sie richtig und wiesen nach West. Wurde bei anderer Folienstellung ein Polarisationsmuster gezeigt, das bei blauem Himmel zu dieser Zeit an einer anderen Himmelsstelle sichtbar gewesen wäre, so hielten die Schwänzelläufe jenen Winkel zur Nordrichtung ein, der dem Winkel zwischen dem wahren Himmelsort des im N gezeigten Musters und der Westrichtung zum Futterplatz entsprach (Abb. 345). Mit anderen Worten: die Tanzrichtung verlagerte sich im gleichen Sinne und um angenähert den Winkel, um den das Polarisationsmuster am Himmel für die Bienen verlagert worden war. Entstand aber durch die Folie ein Muster, das zur Zeit des Versuches nirgends am Himmel verwirklicht war, dann tanzten die Bienen desorientiert (v. Frisch 1950 S. 219). Dies alles entspricht den Ergebnissen, die wir bei blauem Himmel durch Vorschaltung der Polarisationsfolie erhalten haben (S. 392ff.). Der Unterschied ist nur, daß die Bienen diesmal infolge der Wolkendecke bei ihren Sammelflügen keine Polarisation am Himmel wahrgenommen hatten. Sie mußten die Musterverteilung und ihren Tagesgang im Kopf haben.

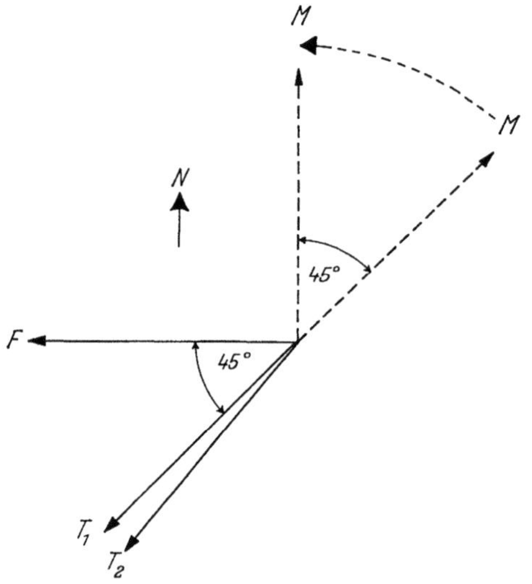

Abb. 345. Protokollbeispiel: Versuch am 21. 9. 1949, 15 Uhr. Blick von oben auf die horizontale Wabe. F Futterplatz. Die Bienen haben vom Tanzboden Ausblick nach Norden und sehen daselbst durch eine Polarisationsfolie das Muster M, das bei blauem Himmel 45° ö. v. N. zu sehen gewesen wäre. Der Musterverlagerung würde eine Änderung der Tanzrichtung um 45° entsprechen (T_1). Beobachtete Tanzrichtung T_2. Fehler gegenüber der Erwartung 5°

Bei diesen Versuchen, und ebenso bei Wiederholungen im Sommer 1950, hatte ich manchmal den Eindruck, daß neue Mitglieder der Sammelschar, die noch nicht bei blauem Himmel am Futterplatz verkehrt hatten, unter der Folie schlechter orientiert tanzten als die alten Gäste am Futterplatz. Ich konnte aber keine Klarheit gewinnen. Das lag zum Teil daran, daß auch dickere Wolken die Sicherheit der Orientierung stören können, wenn durch die verminderte Helligkeit das gezeigte Polarisationsmuster zu kontrastarm wird. Um davon unabhängig zu sein, bot ich im September 1957 bei bedecktem Himmel statt künstlich polarisierten Wolkenlichtes das polarisierte Licht einer Lampe, die über dem horizontal liegenden Stock im geschlossenen Plattenzelt aufgehängt war.

Die Anordnung ist aus Abb. 346 ersichtlich. Der Beobachter befindet sich im Anbau A des geschlossenen Plattenzeltes (vgl. Abb. 5, S. 11), in Abb. 346 vor der dem Beschauer zugewandten Seite des Standes. Über dem Tanzboden der Bienen schwebt eine 200 Watt-Lampe, unter ihr liegt im kreisrunden Holzrahmen (*2*) eine Mattscheibe. Ein schwarzer Papierzylinder (*1*) schirmt das seitliche Licht von den Innenwänden des Plattenzeltes ab. Die drehbare kreisrunde Polarisationsfolie wird unter der Lampe auf das Fenster des Beobachtungsstockes gelegt. Zwischen den Einzelbeobachtungen wird die Lampe gelöscht, um den Flugloch-Verkehr durch die Belichtung von oben nicht zu sehr zu stören. Die Tanzrichtung wird nach Winkelgraden geschätzt und einem Gehilfen diktiert, oder nach Augenmaß skizziert, da Fehler von einigen Graden für die Fragestellung belanglos sind.

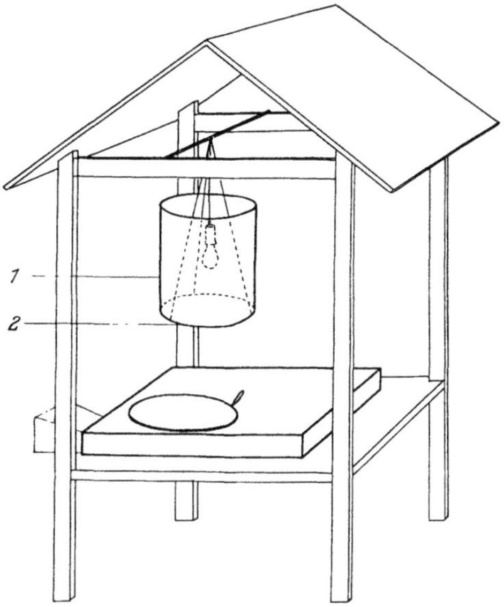

Abb. 346. Beobachtungsstock, horizontal im geschlossenen (hier offen dargestellten) Plattenzelt. Drehbare Polarisationsfolie über dem Tanzboden. 1 = schwarzer Papierschirm, 2 = runder Holzrahmen mit Mattglas-Scheibe

Im Gegensatz zu den früheren Versuchen sahen diesmal die Tänzerinnen das polarisierte Licht im Zenit. Genau so, wie beim Anblick blauen Himmels durch ein nach oben gerichtetes Ofenrohr, ist das Zenitmuster doppelsinnig. Dementsprechend waren die Tänze, soweit sie orientiert waren, immer spiegelbildlich nach zwei Seiten ausgerichtet (s. S. 397). Oft wiesen die Schwänzelläufe in regelmäßigem Wechsel nach beiden Seiten, oft folgten auch mehrere Läufe in einer Richtung aufeinander und wurden dann durch entgegengesetzte Läufe abgelöst. Die Versuche liefen am 11. 9. 1957 von 11^{00}–15^{35} Uhr. Zeitweise war durch die geschlossene Wolkendecke die Sonne schwach durchscheinend erkennbar, aber kein blauer Himmel. Die Schwingungsrichtung des künstlich erzeugten polarisierten Lichtes stellte ich abwechselnd nord-südlich und west-östlich ein. Während der Beobachtungszeit wurde die Folie 10mal um 90° gedreht. Der Futterplatz lag 200 m westlich vom Stock. Die Sammlerinnen hatten am vorangegangenen Tag den Weg bei blauem Himmel zurückgelegt. Es wurden aber von 14^{00-15} drei Neulinge der Gruppe einverleibt, welche die Flugstrecke somit nur bei bedecktem Himmel kannten.

Es wurden 26 Tänze von Bienen verzeichnet, welche den Flugweg schon früher bei blauem Himmel zurückgelegt hatten. Ein Tanz war desorientiert, die 25 anderen entsprachen der Richtung, die nach der Einstellung der Folie zu erwarten war.

Als z. B. um 14^{30} die Sonne in SW stand (Azimut 225°), hätten die Sammlerinnen bei blauem Himmel im Zenit eine von NW nach SO orientierte Schwingungsrichtung gesehen (S_1 in Abb. 347) und zu dieser einen Winkel von 45° eingehalten. Von oben mit west-östlicher Schwingungsrichtung beleuchtet (S_2), stellten sie sich entsprechend ein und tanzten alternierend nach SW und NO (T). Als die Folie um 90° gedreht wurde, schlugen die Tänze sofort und eindeutig in die Richtung NW und SO um. Mit fortschreitendem Sonnenstand änderten sich die Richtungen entsprechend. Im allgemeinen war die Weisung weniger scharf, die Streuung größer als bei Orientierung nach blauem Himmel.

An den drei Bienen, die den Flugweg nur bei bedecktem Himmel kannten, wurden in derselben Zeit 20 Tänze beobachtet. Von ihnen waren 17 richtig, oder überwiegend richtig orientiert, 3 desorientiert.

Weil damals nur wenige Neulinge zur Verfügung standen, wiederholte ich den Versuch am 2. 9. 1963 bei geschlossener Hochnebeldecke. Wir konnten in die Sammelgruppe 7 Neulinge einbeziehen, die noch nicht bei blauem Himmel am Futterplatz verkehrt hatten.

Diesmal wurden nicht nur die ganzen Tänze beurteilt, sondern die einzelnen Schwänzelläufe nach ihrer Richtung verzeichnet. Bei einer von den 7 Bienen wurde nur ein ganz kurzer, bei einer zweiten ein etwas längerer Tanz beobachtet mit insgesamt 4 erwartungsgemäßen und 6 abweichenden Schwänzelläufen. Die 5 übrigen Neulinge tanzten eifrig. In der Beobachtungszeit von 12^{44}—13^{31} Uhr sah ich bei ihnen 25 Tänze; sie waren gut in der Richtung orientiert, die nach der Stellung der Polarisationsfolie zu erwarten war. Bei der zunächst gebotenen Folienstellung kamen auf 42 erwartungsgemäß ausgerichtete Schwänzelläufe 3 abweichende. Nach Änderung der Folienstellung um 90° entsprachen 62 Schwänzelläufe der nun zu erwartenden Richtung, 7 (auf verschiedene Tänze verteilt, zwischen richtige Läufe eingeschaltet) liefen nach anderen Richtungen.

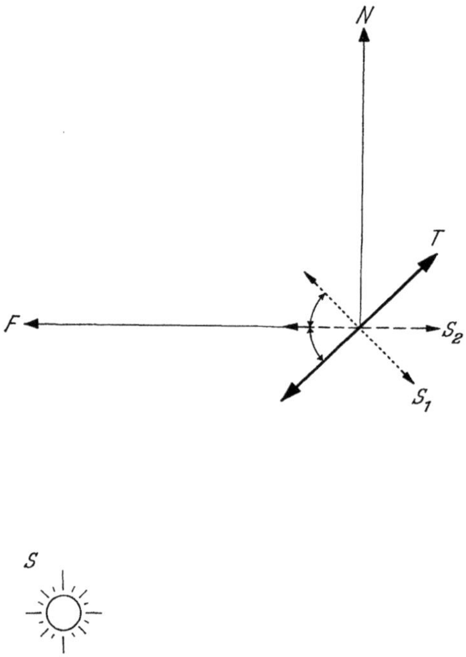

Abb. 347. Versuch bei geschlossener Wolkendecke. Beobachtungsstock im geschlossenen Plattenzelt. Zenitbeleuchtung durch Polarisationsfolie (vgl. Abb. 346). F Futterplatz, S Sonne. Bei blauem Himmel hätten die Bienen beim Flug zum Futterplatz im Zenit die Schwingungsrichtung S_1 gesehen. Im Versuch sehen die Tänzerinnen durch die Folie über sich die Schwingungsrichtung S_2. — T: beobachtete Tanzrichtung (doppelsinnig)

Somit hat sich gezeigt, daß nicht nur Sammelbienen, die einen Weg schon früher bei blauem Himmel beflogen haben, bei bedecktem Himmel über die Polarisationsmuster im Bilde sind, die sich bei Aufreißen der Wolkendecke an beliebigen Stellen zeigen würden; auch Neulinge, die erst bei bedecktem Himmel hinzugekommen sind und auf ihrem Flugweg keine Himmelspolarisation, sondern nur die Sonne (durch die Wolken) sehen konnten, sind Meister in dieser Fähigkeit. Sie liefern einen weiteren Beleg dafür, daß in den nervösen Zentren der Bienen die Polarisationsmuster des Himmels mit dem Sonnenstand gekoppelt sind.

5. Die relative Bedeutung von Sonne und Himmelspolarisation

Wenn man den gesamten Himmelskompaß mit Landmarken in Konkurrenz setzt, so ist Art und Verlauf der letzteren dafür maßgebend, ob sie oder die Himmelsmarken die Flugrichtung der Bienen bestimmen (s. S. 341 ff.). Nun spielen wir die beiden Wegweiser des Himmels gegeneinander aus und fragen, ob *die Sonne oder das polarisierte Himmelslicht* die größere Macht hat. Auch hier erweisen sich die näheren Umstände als wichtig.

Schon 1949 und 1952 habe ich Versuche gemacht, nach denen der Siegeslorbeer klar der *Sonne* zukam. Die Tänzerinnen hatten damals von der horizontal liegenden Wabe Ausblick angenähert nach Süd und sahen einen blauen Himmelsfleck etwa 40° breit und 30° hoch mit dem Mittelpunkt etwa 40° über dem Horizont. Sahen die Tänzerinnen nur blauen Himmel, so wiesen sie die Richtung nach W (zum Futterplatz) und ließen sich durch Drehung einer Polarisationsfolie ablenken, wie dies auf S. 392 ff. geschildert worden ist. Sobald ich aber den Ausblick so erweiterte, daß die Sonne durch die Folie auf die Bienen schien, wurde die Ablenkung der Tanzrichtung sofort aufgehoben und die Schwänzelläufe wiesen nach West. Die geänderte Schwingungsrichtung des polarisierten Lichtes war machtlos gegenüber der Lenkung der Tänze durch die Sonne selbst.

Die damals benützten Polarisationsfolien sind für ultraviolettes Licht fast undurchlässig (s. S. 392, Anm.). Als sich die Bedeutung des Ultraviolett für die Orientierung der Bienen herausstellte, kamen mir Zweifel, ob jene Befunde auch unter natürlichen Bedingungen gültig wären. Ich wiederholte daher die Versuche im Sommer 1956 mit *Folien, die für ultraviolette Strahlen* im Bereich von 400–300 mμ weitgehend (etwa 50%) *durchlässig* sind (Abb. 348)[1]. Zum besseren Vergleich benützte ich hierbei abwechselnd die alten, UV-absorbierenden und die neuen, UV-durchlässigen Folien. Im übrigen blieb die Anordnung zunächst unverändert. Sahen die Bienen nur blauen Himmel und wurde die Schwingungsrichtung durch Drehen der Folie geändert, so reagierten sie mit und ohne Ultraviolett in gleicher Weise. Wenn aber die Sonne durch die Folie schien, war die Reaktion unter den zweierlei Folien verschieden: Bei Verwendung des UV-absorbierenden Filters wiesen die Tänze wie in den früheren Versuchen unter dem Einfluß der Sonne nach Westen (zum Ziel), ohne Ablenkung durch das polarisierte Licht. Unter dem UV-durchlässigen Filter kamen zwar auch westlich orientierte Tänze vor, häufiger aber solche, die der geänderten Schwingungsrichtung gemäß waren oder eine Mittelstellung einhielten. Wenn der *ultraviolette Strahlenbereich* beteiligt war, hatte also neben der Sonne selbst *auch das polarisierte Licht deutlichen Einfluß* auf die Tanzrichtung gewonnen und es kam zum Wettstreit mit ungewissem Ausgang.

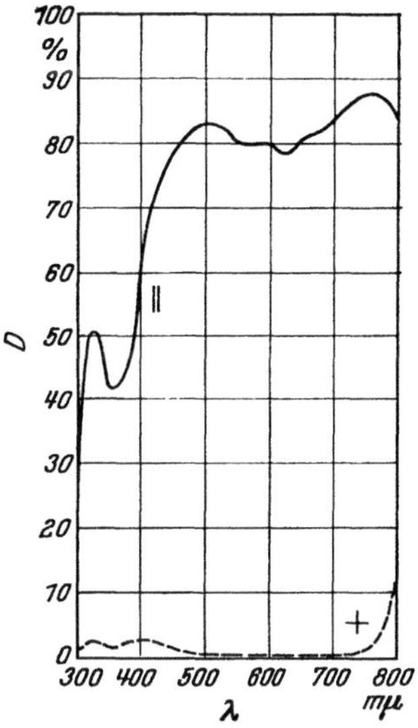

Abb. 348. Durchlässigkeit einer unverglasten KÄSEMANN-UV-Polarisationsfolie für mit gleichem Folienmaterial vorpolarisiertes Licht. Nach E. KÄSEMANN

Es war noch kein ehrlicher Wettbewerb. Denn der vollen Macht der Sonne stand nur ein kleiner Himmelsausschnitt gegenüber, dessen Schwingungsrichtung

[1]) Die Firma E. Käsemann, Oberaudorf a. Inn, stellt solche Folien her. Ich schulde ihr Dank nicht nur für die kostenlose Überlassung, sondern auch für die Anfertigung solcher Folien in der für meine Zwecke notwendigen Größe. Die Folien sind sehr dünn. Sie mußten daher zwischen dünne Plexiglasplatten (UV-durchlässig) eingelegt werden. Die Glasfenster des Beobachtungsstockes waren in diesem Sommer durch UV-durchlässige WG_7-Platten (Schott) ersetzt.

zum Sonnenstand nicht paßte. Überdies war die ultraviolette Strahlung immer noch geschwächt. Ich wollte die natürliche Himmelspolarisation in vollem Umfang gegen die Sonne einsetzen. Da man sie nicht in ihrer Gegebenheit am ganzen Himmel verstellen kann, blieb nichts anderes übrig, als die Sonne zu versetzen.

So kam es zu folgender Versuchsanordnung: Das Dach des Beobachtungsstandes und sein gesamter Oberbau wurden entfernt. Die Bienen hatten von der horizontal liegenden Wabe Ausblick nach dem ganzen blauen Himmelszelt. Die Sonne wurde durch einen kleinen Schattenspender abgedeckt und ihr Spiegelbild aus einer um 90° geänderten Richtung, ohne Änderung der Höhe über dem Horizont, auf den Tanzboden geworfen[1]). Nach jeder Beobachtung kam ein schwarzes Tuch über den Stock, während der Spiegel nach dem Sonnenstand neu eingestellt wurde. Polarisationsfolien blieben aus dem Spiel. Die natürliche Himmelspolarisation sollte zeigen, was sie gegenüber dem Spiegelbild der Sonne vermochte. Das letztere allein lenkte die Tänze natürlich um 90° um, in die Richtung nach Norden. Durch das polarisierte Licht allein war die Tanzrichtung nach Westen gelenkt (Abb. 349a), wie Kontrollversuche stets bestätigt haben. Wenn die Bienen das blaue Himmelszelt und die gespiegelte Sonne gleichzeitig sahen (Abb. 349b), hielten sie eine Kompromißrichtung ein. Die Tanzrichtung war nicht mehr so schwankend und unberechenbar, wie bei der früheren Versuchsanordnung. Trotz starker Streuung der einzelnen Läufe hob sich eine bestimmte Richtungsweisung klar heraus. Sie änderte sich aber mit der Tageszeit: in vier Versuchsreihen am 5., 9., 23. und 24. 9. 1956 lag jedesmal am Morgen zwischen 9 und 10 Uhr die Kompromißrichtung um 20–30° n. v. W., sie verlagerte sich zwischen 10 und 11 Uhr auf etwa 40–60° n. v. W. und lag zwischen 11 und 12 Uhr mit zunehmender Streuung angenähert bei 60–70° n. v. W., wobei sogar einzelne direkt nach N gerichtete Schwänzelläufe vorkamen. Der Einfluß der Sonne gegenüber dem polarisierten Licht nahm also mit steigender Höhe zu und am Nachmittag mit sinkendem Sonnenstand wieder ab[2]).

Ich glaube, daß dieser Wechsel der relativen Wirksamkeit von Sonne und Himmelspolarisation nur indirekt durch die Sonnenhöhe bedingt ist. Es hat sich ja in anderen Versuchen gezeigt, daß die Tanzrichtung auf wechselnde Sonnenhöhe nicht anspricht, sondern nur auf die Änderung ihres Azimutes. Es könnte ein anderer Zusammenhang bestehen: Wenn sich die Biene bei unserem Versuch nach der Sonne richtet und den Schwänzellauf nach Norden legt, kommt sie mit dem Polarisationsmuster in Konflikt, das den Lauf nach Westen lenkt. Mit steigender Sonne auf ihrem Weg nach Süden ändert sich das Muster, wie mir scheint, in solcher Weise, daß es gegen Mittag einem mehr nördlich gerichteten Tanz nicht so stark widerspricht wie in den Morgenstunden. Für eine sichere Beurteilung müßte man für die betreffenden Zeiten genaue Polarisationskarten vom Himmelszelt haben.

Eine andere Deutung, auf die mich K. O. Kiepenheuer hinwies, ist einfacher: mit steigender Sonne nimmt deren Ultraviolett-Helligkeit außerordentlich stark zu, während das zenitale Himmelslicht immer gleich stark bleibt. An einem heiteren Sommertag ist die Intensität im Bereich von etwa 400 mμ um 10 Uhr häufig viermal so groß als um 8 Uhr morgens und sie ist für kürzere Wellenlängen

---

[1]) Eine Polarisation des Sonnenlichtes durch die Spiegelung kommt als Fehlerquelle nicht in Betracht. Denn für die Einstellung der Bienen zur Sonne erwies es sich als vollkommen belanglos, ob und in welcher Stellung eine Polarisationsfolie dazwischen geschaltet wurde. Bei den S. 403 beschriebenen Versuchen (Anordnung Abb. 346) lagen die Verhältnisse anders, da eine Mattscheibe vorgeschaltet war.

[2]) Das letztere kann ich allerdings nur durch 8 Tänze am 9. 9. zwischen 14^{53} und 15^{06} belegen, die im Mittel und ohne starke Streuung etwa 20° n. v. W. gewiesen haben.

noch wesentlich höher, während im Grünen kaum eine Zunahme der Helligkeit auftritt. Bei der großen Reizwirksamkeit des Ultraviolett für das Bienenauge muß diese Helligkeitszunahme stark zur Geltung kommen. In anderen Versuchen hatten

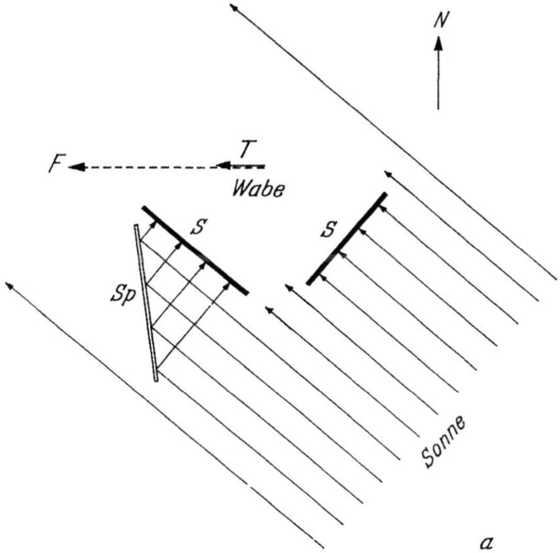

Abb. 349 a u. b. Blick von oben auf die horizontal liegende Wabe des Beobachtungsstockes. Die Bienen haben freie Sicht nach dem ganzen blauen Himmelszelt. F Richtung zum Futterplatz, Sp Spiegel

a) Direktes Sonnenlicht und gespiegeltes Sonnenlicht durch Schirme (S) abgeblendet. Tanzrichtung (T) nach dem polarisierten Himmelslicht, korrekt nach West

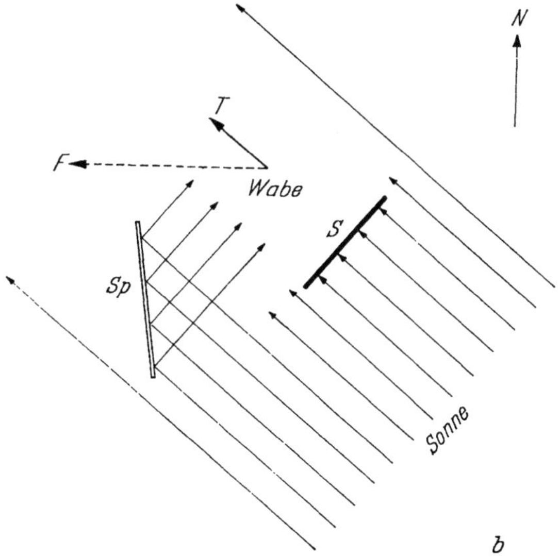

b) Direktes Sonnenlicht abgeschirmt, die Tänzerinnen sehen die Sonne im Spiegel um 90° versetzt, wodurch die Tanzrichtung nach Nord umgelenkt werden sollte. T = beobachtete Tanzrichtung. Kompromiß zwischen Orientierung nach der Sonne und nach dem blauen Himmel

die Tänze unter einem konkurrierenden Einfluß von Sonne und Schwerkraft gestanden. Bei allmählicher Schwächung des Sonnenlichtes durch Verdichtung einer Wolkendecke nahm ihr richtender Einfluß ab (s. S. 209). So darf man anderseits annehmen, daß sie im Widerstreit mit der Polarisation bei wachsender Helligkeit an Macht gewinnt.

Ob nun eine von diesen Deutungen das Richtige trifft, ob beide gelten oder keine von ihnen – darüber lassen die Versuche keinen Zweifel, daß die natürliche Polarisation des ganzen Himmelszeltes im Wettstreit mit der Sonne deutlichen und oft überwiegenden Einfluß hat. Ein kleiner Himmelsausschnitt hatte diese Wirkung nicht. Man darf darin eine Bestätigung unserer Annahme sehen, daß die Bienen bei ihrer Orientierung die Polarisation am ganzen Himmelszelt beachten.

6. Welcher Farbbereich ist bei der Wahrnehmung der Polarisation wirksam?

Für die Wahrnehmung der Sonne durch eine Wolkendecke ist nur das Ultraviolett wesentlich (S. 376). Für die Wahrnehmung der Schwingungsrichtung polarisierten Lichtes gilt nicht dasselbe. Denn sie wurde auch unter Polarisationsfolien erkannt, die fast kein Ultraviolett durchlassen. Um näheres über die wirksamen Strahlenbereiche zu erfahren, habe ich die Bienen unter denselben Strahlenfiltern (SCHOTT u. Gen.) geprüft, die auch zu den Versuchen bei bedecktem Himmel gedient hatten.

Die Anordnung war so, daß die Tänzerinnen von der horizontal liegenden Wabe aus nur ein Stück blauen Himmel im Norden sahen, im Mittel etwa 40—50° über dem Horizont. Sie orientierten sich nach der Polarisation und wiesen richtig nach West, wo 200 m entfernt der Futterplatz lag. Dann wurde die Richtungsweisung unter verschiedenen Farbfiltern geprüft, mit häufig eingeschalteten Kontrollen ohne Filter. Zwei Versuchsreihen (1953 und 1955) führte ich unter dem Leinenzelt mit dem Rohrapparat durch (Abb. 116, S. 134), wobei die Filter vor das Rohr gesetzt wurden. In zwei anderen Versuchsreihen (1949 und 1955) war für die Bienen der Blick auf einen größeren Fleck blauen Himmels im Norden freigegeben und nur nach 3 Seiten und nach oben die Sicht abgeschirmt; die Filtergläser lagen auf dem Fenster des Beobachtungsstockes über den Tänzerinnen. Im Jahr 1955 war die äußere Glasscheibe des Stockes bei den Versuchen entfernt und das innere Fenster durch ultraviolett-durchlässige WG_7-Filter (SCHOTT) ersetzt.

Das Ergebnis war bei allen Versuchsreihen übereinstimmend und läßt sich folgendermaßen zusammenfassen: Ultraviolett allein genügt für die Orientierung nach polarisiertem Licht. Die Tänze waren unter dem uns schwarz erscheinenden UG_1-Filter immer klar nach dem Ziel ausgerichtet. Aber auch ohne Ultraviolett sind die Tänze gut orientiert, sofern hinreichend Blau vorhanden ist. Unter dem Filter GG_4 war eine Richtungsweisung noch möglich, aber deutlich gestört, während die Tänze unter VG_{10} völlig desorientiert waren – bei kaum geschwächtem Grün- und Gelb-Bereich. Im Grün und Gelb ist also die Schwingungsrichtung des polarisierten Lichtes für die Orientierung unwirksam. Zur Durchlässigkeit der benützten Filter vgl. Abb. 320, S. 374f.

Im einzelnen hat sich folgendes ergeben: Die Tänze waren gut orientiert unter den Filtern BG_3, BG_{12}, BG_{13}, BG_{14}, BG_{17}, BG_{18}, BG_{20}, BG_{21}, BG_{23}, BG_{25}, BG_{26}, BG_{34}, GG_{13}, GG_{18}, NG_4, NG_5, UG_1, WG_1, WG_2, WG_3, WG_4, WG_5, WG_6. Sie waren teilweise desorientiert unter GG_4. Sie waren völlig desorientiert unter den Filtern: GG_9, OG_4, RG_1, RG_7, UG_6, VG_5 und VG_{10}.

Da die Polarisation des Himmelslichts auch die langwelligen Strahlenbereiche einschließt, muß man den Grund für die Unwirksamkeit von Grün und Gelb im Auge selbst oder im Bereich der nervösen Zentren der Bienen suchen[1]).

Der dorsale Augenbereich der Bienen ist nicht etwa blind für gelbes Licht. Als ich ihnen im Leinenzelt durch das Rohr die Sonne durch Filtergläser zeigte, waren die Tänze nur unter RG_7 und UG_6 desorientiert. Diese Filter lassen kein Licht, sondern

[1]) Vgl. Anm. S. 424.

nur Wärmestrahlen durch. Unter dem Filter RG_1 waren die Tänze exakt nach dem Futterplatz ausgerichtet, obwohl es nur einen engen Strahlenbereich am langwelligen Ende des für Bienen sichtbaren Spektrums durchläßt. Hierbei waren die gleichen Augenbezirke betroffen, die bei der Analyse des polarisierten Lichtes im langwelligen Bereich versagt haben.

Man könnte einwenden: die Bienen stellen sich im gelben und grünen Licht nur deshalb nicht nach der Schwingungsrichtung ein, weil für sie in diesem Farbbereich die Helligkeit unter den Filtern zu gering ist. Gegen eine solche Annahme sprechen aber die folgenden Versuche:

Der horizontal liegende Beobachtungsstock befand sich unter dem Leinenzelt. Die Tänzerinnen sahen durch das Rohr statt blauen Himmel eine vor dem Rohr angebrachte Lampe, vor die das Farbfilter und – als Ersatz für die Himmelspolarisation – eine Polarisationsfolie geschaltet war. Die Intensität der Polarisation war dadurch bis nahe an 100% erhöht. Die durch das Rohr sichtbare Fläche hatte eine weit größere Helligkeit als der sichtbare Himmelsfleck bei den früheren Versuchen. Die größte Helligkeit wurde mit einer Mattglas-Mischleuchte (Hg-Dampf + Glühfaden) erzielt, deren Lichtstärke etwa 50% höher war als bei einer normalen 200 Watt-Glühfadenlampe. Daß die Bienen nun im Gelb-Grün-Bereich (Filter GG_4, VG_5 und OG_4) den Rohrausschnitt als einen sehr hellen Fleck wahrnahmen – sehr hell im Vergleich zum Leinenzelt, das den übrigen Himmel für sie abschirmte –, haben sie selbst bewiesen, indem sie sich zum Azimut dieses Lichtflecks so einstellten, als wenn daselbst die Sonne stünde („Lampeneffekt", s. S. 388). Die Tänze waren also klar ausgerichtet, aber nicht nach der Schwingungsrichtung des Lichtes. Bei Einstellung nach seiner Polarisation hätten sie nach einer ganz anderen Richtung weisen müssen. Nun wurde die Lichtstärke stufenweise herabgesetzt, indem statt der Mischleuchte eine 200 Watt-Birne, eine 100 Watt-, eine 40 Watt-Birne und schließlich ein von der Seite angestrahltes weißes Papier vor dem Rohr angebracht wurde. Zu einer Orientierung der Tänze nach der Schwingungsrichtung des Lichtes kam es in keinem Falle. Es blieb zunächst beim „Lampeneffekt", die Bienen stellten sich also nach der Lichtquelle ein, als wenn sie die Sonne wäre. Auch bei der 40 Watt-Birne waren noch manche Tänze so ausgerichtet, während andere desorientiert waren. Bei der schwächsten Beleuchtung (weißes Papier vor dem Rohr) wurde nur noch desorientiert getanzt. Es kam also bei abnehmender Lichtstärke zum unmittelbaren Übergang von der Lichteinstellung („Lampeneffekt") zu desorientierten Tänzen, ohne jede Andeutung einer Orientierung nach der Polarisation. Bei der weiten Spanne jener Helligkeiten, welche die Lichteinstellung auslösten, kann man das Ausbleiben einer Orientierung nach der Schwingungsrichtung nicht auf ungenügende Lichtstärke zurückführen. In Vergleichsversuchen mit einem Blaufilter (BG_3) war bei allen Lampen, von der Mischlicht-Leuchte bis zur 40 Watt-Birne, die Einstellung zum Ziel nach der Schwingungsrichtung des polarisierten Lichtes eindeutig klar[1]).

Warum für die Orientierung der Bienen nach dem polarisierten Himmelslicht nur der Blau- und Ultraviolett-Bereich maßgebend ist und die Polarisation der längerwelligen Strahlen unwirksam bleibt, ist nicht geklärt. Aber daß es so ist, muß für das einwandfreie Funktionieren dieser Orientierungsweise von größter Bedeutung sein. Denn im Ultraviolett ist die Schwingungsrichtung am

[1]) Das ist wichtig, weil bei Sicht nach der Sonne die Vorschaltung einer Polarisationsfolie keine Wirkung hat (s. S. 406, Anm. 1). In dieser Hinsicht waren aber die Lampen nicht der Sonne gleichzusetzen, sei es wegen ihrer geringeren Helligkeit, sei es wegen der viel größeren Leuchtfläche.

exaktesten nach dem Sonnenstand ausgerichtet, während im langwelligen Bereich die atmosphärischen Störungen sehr groß sind (vgl. S. 387 und die Anmerkung daselbst).

7. Welche Intensität der Polarisation genügt zur Orientierung?

Nahe an der Sonne ist die Polarisation des Himmelslichtes so schwach, daß sich bei Betrachtung durch die Sternfolie kein Muster zeigt. Erst bei einem seitlichen Winkelabstand von 30°–40° wird ein solches sichtbar. Hiermit steht in Einklang, daß die Tänze der Bienen auf der horizontalen Wabe desorientiert waren, wenn sie unter dem Leinenzelt durch das Rohr (Abb. 116, S. 134) einen blauen Himmelsfleck in weniger als 30° Sonnenabstand sahen.

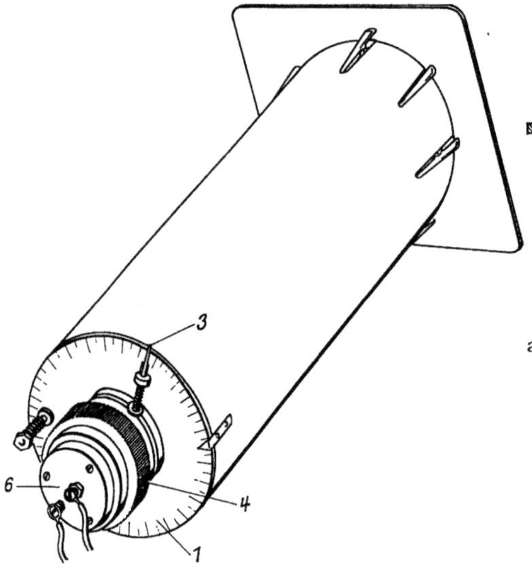

a

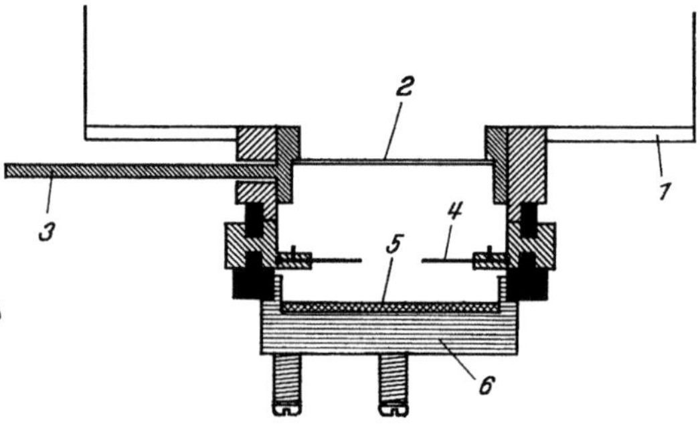

b

Abb. 350 a u. b. Apparat zur Messung des Polarisationsgrades
a) Gesamtansicht
b) Schnitt durch das untere Ende
An das untere Ende des Sonnenrohres ist eine ausklappbare Scheibe (1) mit Polarisationsfolie (2) angesetzt. Durch den Griff (3) ist die Folie drehbar. Irisblende (4), Photozelle mit Photoschicht (5), Gehäuse mit Anschlüssen (6)

Um den zur Orientierung erforderlichen Polarisationsgrad genauer kennenzulernen, verband ich die Beobachtung der Tänze mit Messungen an jener Himmelsstelle, die den Bienen gezeigt wurde.

Zur Messung des Polarisationsgrades wurde an das innere Ende des Rohres ein Belichtungsmesser (Photozelle mit Irisblende und drehbarer Polarisationsfolie[1]) angesetzt (Abb. 350). Der kleine Apparat[2]) ließ sich seitlich ausklappen, so daß Tanzbeobachtungen und Messung der Polarisation in raschem Wechsel aufeinander folgen konnten. Die Photozelle war mit einem Galvanometer (Lichtmarkengalvanometer von HARTMANN und BRAUN, Frankfurt) verbunden. Vor den Messungen wurde nach Einschaltung der passenden Empfindlichkeitsstufe und Nullpunktkorrektur die Stellung der Polarisationsfolie gesucht, bei welcher der Galvanometerausschlag maximal war. Dann wurde die Irisblende erweitert, bis auf der Skala der Zeiger auf 100 stand und sodann durch Drehung der Folie der minimale Ausschlag gesucht. Aus dem gefundenen Wert ließ sich der Polarisationsgrad an einer Tabelle ablesen.

Bei sonnennahen Himmelsstellen verhinderte ein passend angebrachter Schattenspender, daß das Rohr innen einseitig von der Sonne beschienen wurde — was die Orientierung hätte stören können.

---

[1]) Bei einem Teil der Versuche wurde eine UV-durchlässige Folie benutzt (s. S. 405), doch blieb das für das Meßergebnis ohne nennenswerten Einfluß.

[2]) Er wurde in der Werkstätte des II. Physikalischen Instituts der Universität München hergestellt, wofür ich Herrn W. ROLLWAGEN Dank schuldig bin.

Bei den Versuchen (Sommer 1960) beobachtete ich im Leinenzelt die Orientierung der Tänze auf der horizontalen Wabe, während die Bienen durch das Rohr einen blauen Himmelsfleck von 15° Durchmesser sahen[1]). Unmittelbar anschließend wurde der Polarisationsgrad an jener Himmelsstelle gemessen.

Die Ergebnisse der insgesamt 53 Versuche lehren, daß etwa 10% polarisierten Lichtes für die Wahrnehmung der Schwingungsrichtung genügen. Bei weniger als 7% waren die Tänze immer völlig desorientiert, bei mehr als 15% gut orientiert. Von 7–15% lag ein Übergangsbereich von erkennbar, aber mangelhaft orientierten Tänzen (Tab. 39).

Die Polarisation des Himmelslichtes erstreckt sich auf sämtliche für Bienen sichtbare Wellenlängen-Bereiche, wird aber nur im Ultraviolett und Blau von ihnen wahrgenommen. Das war aus dem Verhalten der Tänzerinnen unter Strahlenfiltern geschlossen worden (S. 408). Ich überprüfte diesen Befund bei gleichzeitiger Kontrolle des Polarisationsgrades. Bei den Versuchen wurde jeweils ein Strahlenfilter (SCHOTT) außen vor der Rohrmündung befestigt und der Verlauf der Tänze, sowie anschließend der Polarisationsgrad im gefilterten Licht geprüft.

Es bestätigte sich, daß Ultraviolett allein (UG_1[2])) für die Orientierung genügt, sogar bei nur 11% polarisierten Lichtes (Tab. 40); und daß Ultraviolett

Tabelle 39. *Die Orientierung der Tänze bei verschiedenem Polarisationsgrad des blauen Himmels.* Jeder Zahlenangabe liegt die Beobachtung von etwa 6—7 Tänzen zugrunde; die Zahl der Schwänzelläufe war natürlich um ein Vielfaches größer

Tänze	% polarisiertes Licht bei den einzelnen Versuchen
gut orientiert	12, 15, 17, 17, 19, 20, 21, 23, 24, 28, 28, 30, 31, 32, 35, 37, 39, 40, 43, 51, 51, 58
noch deutlich orientiert	10, 12, 13, 14, 15
mangelhaft orientiert	10, 11, 11, 13, 13, 14
nicht völlig desorientiert	7, 8, 8, 9, 9, 11
völlig desorientiert	2, 3, 3, 3, 4, 4, 4, 4, 5, 5, 5, 7, 8, 10

Tabelle 40. *Die Orientierung der Tänze in farbigem Licht bei kontrolliertem Polarisationsgrad. Die Durchlässigkeit der Filter ist aus Abb.* 320 *ersichtlich.* (Weitere Erklärung vgl. Tab. 39)

Tänze	Schott-Filter	Farbe	% polarisiertes Licht
gut orientiert	UG_1	Ultraviolett	36, 33, 24
	WG_1	farblos mit langwelligem UV	37, 36, 33
	BG_3	Blau mit UV	38, 33
	BG_{14}	Hellblau, etwas UV	33, 23
	BG_{18}	Blaugrün, wenig UV	33, 28, 22
	GG_{13}	fast farblos, ohne UV	60
noch deutlich orientiert	UG_1	Ultraviolett	11
mangelhaft orientiert	GG_{13}	fast farblos, ohne UV	16, 14
desorientiert	GG_4	blaß grüngelb, ohne UV	39, 33, 33
	VG_5	hell gelbgrün, ohne UV	60, 51, 39, 33, 30
	OG_4	Orangegelb, ohne UV	39, 33, 23, 22

[1]) Kontrollversuche zeigten, daß die Glasscheibe (Fensterglas) über den Bienen den Polarisationsgrad nicht störend beeinflußt hat. In anderen Kontrollversuchen wurde das Rohr durch eine Leinenkappe verschlossen, worauf die Tänze stets desorientiert waren. Daraus ging hervor, daß das Leinenzelt nicht durch lokale Helligkeitsunterschiede Anhaltspunkte für eine Orientierung bot.

[2]) Für die Durchlässigkeiten vgl. Abb. 320, S. 374f.

anderseits für die Orientierung nicht notwendig ist, denn auch unter dem Filter GG_{13}, das kein UV durchläßt, waren die Tänze gut nach dem Ziel ausgerichtet und in zwei Versuchen mit 16% bzw. 14% polarisierten Lichtes noch teilweise orientiert. Auch unter WG_1, das nur einen Teil des längerwelligen UV durchläßt, war die Orientierung noch recht gut. Dagegen gab es unter den Filtern GG_4[1]), VG_5 und OG_4 auch bei hohem Polarisationsgrad nur völlig desorientierte Tänze.

8. Zur Funktion der Punktaugen bei Bienen

Die Biene trägt auf der Stirn zwischen den Facettenaugen drei einfach gebaute Punktaugen (Ocellen). Man hat ihnen schon vielerlei Funktionen zugeschrieben. Es war an die Möglichkeit zu denken, daß sie, und nicht die Facettenaugen die Orientierung nach polarisiertem Licht vermitteln. Doch sind sie zur Analyse der Schwingungsrichtung weder nötig noch fähig.

Um die Punktaugen auszuschalten, wurden Bienen am Futterschälchen abgefangen und in einem Glas mit doppelt durchbohrtem Stoppel durch Einleiten von CO_2 betäubt. Sobald sie (nach etwa 5 Sekunden) bewegungslos waren, brachte ich sie in einem Schälchen mit Paraffinboden mit Hilfe von Insektennadeln in die richtige Lage, worauf unter dem Binokular die Ocellen mit lichtdichten Kappen bedeckt wurden. Hierfür diente eine alkoholische Schellacklösung mit reichlich beigemischtem feinsten Kienruß. Bis zum Erwachen aus der Narkose verging $^1/_4$—$^1/_2$ Minute — eine genügende Zeit zum Anbringen der Rußkappen. Hernach erholten sich die Bienen rasch und setzten ihre Sammeltätigkeit fort. Waren genug Tänze beobachtet, so wurden sie zur Kontrolle der Schellackkappen nochmals narkotisiert. Nur bei tadellos sitzenden Augenkappen wurden die Ergebnisse verwertet.

Man täuscht sich leicht über die Dichtigkeit einer schwarzen Kappe, wenn man den Stoff für den Überzug nur gegen einen hellen Hintergrund betrachtet. Ich habe die verwendete Ruß-Schellack-Mischung in einer, den Kappen entsprechenden Dicke auf Glas aufgetragen und gegen die Sonne geprüft.

Die so behandelten Bienen hatten von der horizontalen Wabe bei klarem Wetter Ausblick nach einem begrenzten Fleck Nordhimmel. Am 5., 14. und 16. 9. 1952 konnte ich an 9 verschiedenen Bienen mit abgedeckten Ocellen 18 Tänze beobachten, vielfach solche von langer Dauer, mit zahlreichen Schwänzelläufen. Kein einziger von diesen Tänzen war gestört. Am 16. 9. bezog sich die Beobachtung auf 3 Bienen, deren Kappen schon am 14. 9. angelegt waren und noch einwandfrei hafteten. Die Schwingungsrichtung polarisierten Lichtes wird also durch die Facettenaugen wahrgenommen.

Die Frage, ob außerdem die Ocellen zur gleichen Leistung fähig sind, ist zu verneinen. In anderen Versuchen waren die Tänze nach teilweisem Verkleben der Facettenaugen gestört oder desorientiert (S. 418f.), auch wenn die Punktaugen völlig freie Sicht hatten. Auch Stockhammer berichtet (1959, S. 44), daß Bienen nach Ausschaltung der Facettenaugen durch schwarze Kappen, bei freien Punktaugen, nicht mehr auf polarisiertes Licht reagieren. Nach brieflicher Mitteilung handelte es sich bei diesen Versuchen um die spontane Einstellung zur Schwingungsrichtung in einer Arena (vgl. S. 414).

Nach Wellington (1953) stellt sich die Fliege *Sarcophaga aldrichi* Parker nicht nur mit den Facettenaugen, nach Ausschaltung der Ocellen, sondern auch mit den Ocellen nach Ausschaltung der Facettenaugen unter einer Polarisationsfolie nach der

[1]) Unter GG_4, das den Blaubereich zwar schwächt, aber nicht so stark wie VG_5, hatte ich früher in zwei Versuchen noch teilweise orientierte Tänze erhalten (S. 408). Das mag daher kommen, daß sie einmal durch das Rohr tiefblauen Himmel bei großem Sonnenabstand, also wahrscheinlich bei höherem Polarisationsgrad sahen und das andere Mal Ausblick nach einem größeren Himmelsbereich hatten.

Schwingungsrichtung des Lichtes ein. Eine Nachprüfung dieser Angabe scheint mir wünschenswert.

Bei der Biene dienen die Ocellen nicht der Wahrnehmung polarisierten Lichtes. Man wird sie trotzdem gewiß nicht für arbeitslose Organe halten. Ihre Funktion scheint nicht bei allen Insekten dieselbe zu sein.

Wenn wir von mancherlei Hypothesen absehen, die nicht genügend begründet sind, so ist ihre Bedeutung in zwei Richtungen zu vermuten: Viele Untersucher sehen in ihnen Stimulationsorgane, durch deren Belichtung die Aktivität der Tiere gesteigert wird. Das konnte kürzlich für Heuschrecken (*Schistocerca gregaria* FORSKÅL und *Anacridium aegyptium* L.) von BAYRAMOGLU-ERGENE (1964, 1965) bestätigt werden. Bei ihnen wird die Fluggeschwindigkeit durch Belichtung der Ocellen erhöht. Elektrophysiologische Arbeiten an Punktaugen brachten einen weiteren, neuartigen Aspekt: Die Frequenz ihrer Erregungspotentiale ist im Dunklen am größten und nimmt mit zunehmender Beleuchtungsstärke ab. Sie sind bei schwacher Beleuchtung besonders geeignet zur empfindlichen Registrierung geringer Helligkeitsänderungen (AUTRUM u. METSCHL 1961, METSCHL 1963; Literaturübersicht bei v. BUDDENBROCK 1952, AUTRUM u. METSCHL 1963, GOLDSMITH 1964, SCHRICKER 1965).

Für die Biene verdanken wir LINDAUER und SCHRICKER (1963) und SCHRICKER (1965) aufschlußreiche Versuche: Eine stimulierende Wirkung ließ sich nicht nachweisen. Der Sammeleifer, das Tanztempo, die Flug- und Laufgeschwindigkeit wurden durch lichtdichte Kappen über den Ocellen nicht beeinflußt. Dagegen ließ sich ihre Bedeutung als Organe zur Wahrnehmung des Dämmerungsgrades experimentell nachweisen. Der Zeitpunkt für den Beginn der Sammeltätigkeit am Morgen, wie auch für deren Beendigung am Abend wird durch den Dämmerungsgrad bestimmt. Bienen, deren Ocellen mit schwarzen Kappen bedeckt sind, beginnen ihre Tätigkeit am Morgen später als ihre normalen Kameraden, und zwar erst dann, wenn die Helligkeit um das 4–5fache größer geworden ist. Am Abend stellen sie ihre Sammelflüge entsprechend früher ein.

Von besonderem Interesse ist, daß das Anschalten und Abschalten der Sammelflüge nicht schematisch bei einem festgelegten Dämmerungsgrad erfolgt. Auch hier erweisen die Bienen ihre Fähigkeit, die bevorstehende Flugweite in Betracht zu ziehen[1]. Sie wählen abends für ihren letzten Ausflug die Helligkeit, die sie bei der Dauer ihres Fluges trotz der zunehmenden Dunkelheit noch bei ausreichendem Licht nach Hause gelangen läßt. Das wird deutlich, wenn man für zwei Bienengruppen aus demselben Stock zwei Futterplätze errichtet, einen in Stocknähe, den anderen in kilometerweiter Entfernung. Die Nahgruppe sammelt, bis es für ihre Orientierung zu dunkel wird. Die Ferngruppe sammelt, bis es – bei Einkalkulieren ihrer Flugzeit hin und zurück, ihrer Aufenthaltsdauer am Futterplatz und der Helligkeitsabnahme in dieser Zeit – bei ihrer Rückkehr zu dunkel wäre.

Daß die Ocellen der Biene zur Wahrnehmung geringer Helligkeitsunterschiede dienen, ließ sich auch durch Phototaxisversuche nachweisen (SCHRICKER 1965). Positiv phototaktische Bienen hatten zwischen zwei Lichtquellen von geringer Intensität und etwas verschiedener Helligkeit zu wählen. Normale Bienen wählten die hellere Lampe, wenn ihre Lichtintensität doppelt so groß war als jene der anderen. Nach Ausschaltung von einem, von zwei oder von allen drei Punktaugen mußte für die richtige Entscheidung die Lichtintensität um das vierfache, sechsfache bzw. achtfache (0,8 Lux gegen 0,1 Lux) erhöht werden.

---

[1] Vgl. die Mitnahme eines Honigvorrates, dessen Größe der Flugweite angemessen ist (S. 30, Anm. 2) oder die frühere Einstellung der Flugtätigkeit an Fernsammelplätzen bei drohendem Wetterumschlag (S. 248).

9. Spontane Einstellung zur Schwingungsrichtung polarisierten Lichtes

Wenn Bienen mit Hilfe des polarisierten Lichtes einen gewohnten Flugweg wieder finden oder zu einem neuen Ziel fliegen, auf dessen Richtung sie durch Tänze von Kameraden hingelenkt werden, oder wenn sie ihre eigenen Tänze nach der Polarisation des Himmelslichtes orientieren, so kann die Einstellung zur Schwingungsrichtung – auf Grund vorangegangener Erfahrung – in jedem beliebigen Winkel erfolgen. Alle bisher besprochenen Beobachtungen gehören in diese Kategorie der menotaktischen Orientierung (KÜHN 1919). Ihre biologische Bedeutung ist offenkundig.

Es gibt aber auch eine spontane, von individuellen Erfahrungen unabhängige Einstellung des Körpers in bestimmten Vorzugswinkeln zur Schwingungsrichtung, vergleichbar der positiven und negativen Phototaxis (Grundorientierung, JANDER 1957). Solches wurde zuerst beim Mistkäfer (BIRUKOW 1953a), bei niederen Krebsen (ECKERT 1953, BAYLOR u. SMITH 1953) und bei verschiedenen anderen Arthropoden (vgl. S. 448 u. Tab. 41, S. 452f.) beobachtet. Wenn die Tiere von oben mit polarisiertem Licht bestrahlt wurden, bewegten sie sich überwiegend in gewissen Winkeln zur Schwingungsrichtung, und zwar entweder parallel oder senkrecht zu ihr oder auch diagonal, in einem Winkel von 45° nach links oder rechts. Es wurden also vier verschiedene Winkeleinstellungen zur Schwingungsrichtung polarisierten Lichtes spontan bevorzugt – wobei wir die jeweils spiegelbildliche Einstellung nicht gesondert zählen.

JACOBS-JESSEN (1959) entdeckte solche Spontanreaktionen auch bei Bienen, bei welchen neben der menotaktischen Einstellung auch die – gewiß primitivere – Grundorientierung nach polarisiertem Licht nachweisbar ist. Dasselbe gilt u. a. für Hummeln und Ameisen.

JACOBS-JESSEN benützte als Apparatur eine Arena, wie sie auf S. 420 beschrieben und abgebildet ist. Die Glasplatte war durch eine runde Polarisationsfolie (40 cm Durchmesser) ersetzt; 90 cm über der Mitte der Anordnung hing eine 200 Watt-Lampe. Im Freiland gefangene Bienen wurden von unten durch die zentrale Öffnung in die Arena entlassen und ihre Laufrichtung gegen die Peripherie verzeichnet. Jeder Punkt im Runddiagramm Abb. 351 A bezieht sich auf die von je einer Biene eingeschlagene Richtung. Die meisten liefen angenähert senkrecht zur Schwingungsrichtung, die durch den Doppelpfeil im Inneren des Kreises angegeben ist. Nebenmaxima heben sich deutlich parallel zu ihr ab. Wurde die Folie entfernt, so streuten die Laufrichtungen gleichmäßig nach allen Seiten.

Diese Richtungstendenzen sind angeboren. Bienen aus einem Volk, das von RENNER schon mehr als 3 Jahre in einem geschlossenen Raum gehalten worden war (s. S. 14) und keinerlei Freiland-Erfahrung besaß, verhielten sich genauso (Abb. 351 B).

Hummeln zeigten in den Versuchen von JACOBS-JESSEN dasselbe Verhalten wie Honigbienen, solitäre Bienen der Gattung *Andrena* stellten sich aber diagonal zur Schwingungsrichtung ein (Abb. 351 C) und andere Einsiedlerbienen (*Halictus*, Abb. 351 D) vereinigten beide Tendenzen und ließen 4 Vorzugsrichtungen erkennen[1]).

---

[1]) Nach RENSING (1962) hat der Wasserläufer *Velia* sechs Vorzugsrichtungen. Unter einer Polarisationsfolie waren Maxima der Richtungswahlen von 30° zu 30° zu beobachten. Die zahlenmäßigen Unterschiede sind aber gering. Gegenüber den anderen hier besprochenen Versuchen war seine Methode weniger genau. Die Einzelmessungen waren nicht voneinander unabhängig. Es fehlt eine genaue statistische Analyse. In einigen eigenen, unveröffentlichten Versuchen erhielt JANDER andere Vorzugsrichtungen (briefliche Mitteilung). Eine genaue Überprüfung der Angaben ist notwendig.

Diese merkwürdigen Verschiedenheiten scheinen, wenigstens teilweise, durch die Versuchstechnik bedingt zu sein. JANDER erhielt (1963) dieselben Ergebnisse wie JACOBS-JESSEN, wenn er, wie sie, gefangene Freilandbienen durch das zentrale Loch in die Arena laufen ließ. Wenn er ihnen aber zunächst im Zentrum der

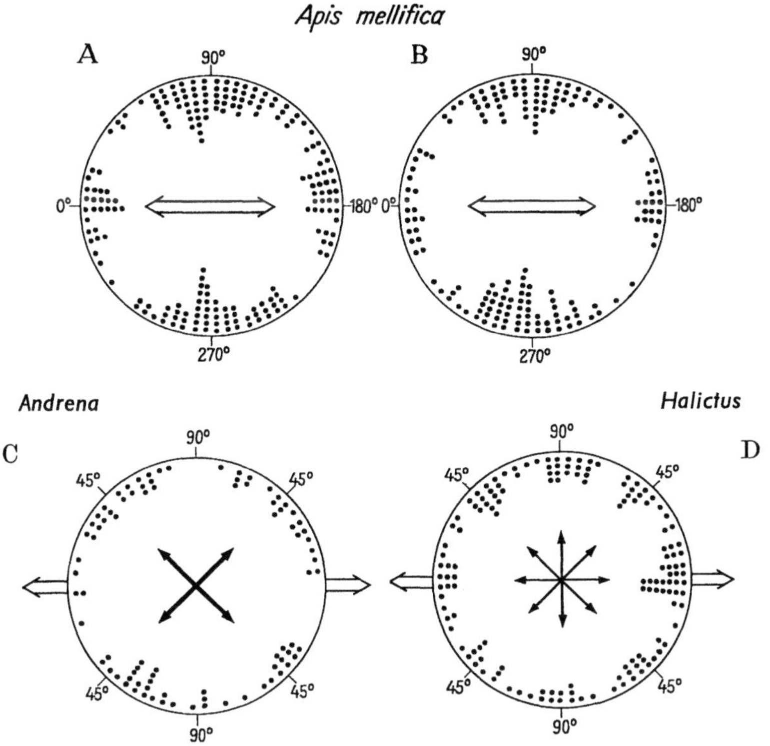

Abb. 351. Spontane Einstellung zur Schwingungsrichtung polarisierten Lichtes bei Bienen. A) Honigbienen, im Freiland gefangen. B) Honigbienen, bei künstlichem Licht aufgezogen, ohne Himmelserfahrung. C) Einsiedlerbiene *Andrena*. D) Einsiedlerbiene *Halictus*. Weißer Doppelpfeil: Schwingungsrichtung. Jeder Punkt gibt für eine zentral eingelassene Biene die Laufrichtung gegen die Peripherie an. Nach JACOBS-JESSEN 1959

Arena Zuckerwasser bot, wobei ihre Erregung abklang, strebten sie hernach in allen bekannten Vorzugsrichtungen zur Peripherie (Abb. 352). Dasselbe war bei Hummeln und anderen Hymenopteren der Fall, die sich bei JACOBS-JESSEN abweichend benommen hatten. JANDER nimmt an, daß nur die starke Erregung

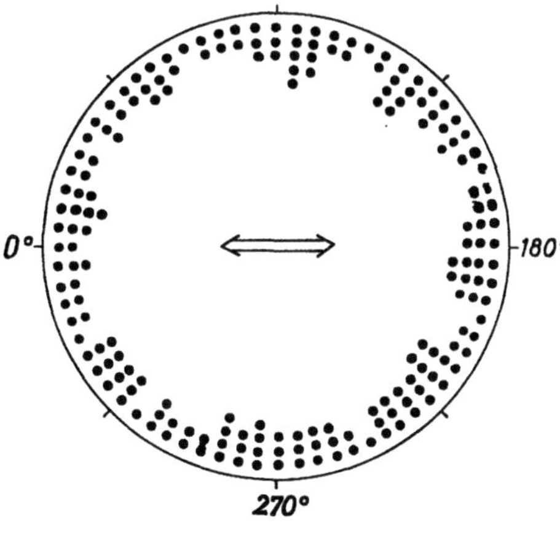

Abb. 352. Spontane Einstellung zur Schwingungsrichtung polarisierten Lichtes bei Honigbienen, die vor ihrem Start im Zentrum zur Beruhigung mit Zuckerwasser gefüttert wurden. Jeder Punkt bedeutet 7 Meßwerte. Die acht Maxima sind als solche statistisch gut gesichert. Nach JANDER 1963 (von ihm zum besseren Vergleich mit Abb. 351 in der Darstellung etwas verändert)

durch die Behandlung beim Fangen und Einsetzen in die Arena die Orientierung in zwei von den vier Grundrichtungen unterdrückt habe.

JANDER hat versucht, für die Einstellung in den Vorzugsrichtungen eine physiologische Erklärung zu geben (1963, S. 420ff.). Sie ist vorerst eine Hypothese, insbesondere für die Biene mit ihrer abweichenden Anordnung der Rhabdomeren (s. S. 431ff.). Es wäre in diesem Zusammenhange wichtig, für die Ommatidien über das beteiligte Augenfeld hin die Stellung der Rosetten ihrer Sinneszellen zu kennen. Die äußere Form des Bienenauges macht diese Beziehungen verwickelt.

Ein biologischer Sinn der Grundorientierung nach polarisiertem Licht ist nicht ersichtlich, wenn man ihn nicht darin erblicken will, daß die Tiere überhaupt eine bestimmte Richtung einhalten und so vor ziellosen Kreisbewegungen bewahrt werden. Phylogenetisch betrachtet stellt die Grundorientierung wohl die Basis dar, auf der die menotaktische Orientierung durch Beteiligung höherer nervöser Zentren aufbauen konnte (JANDER u. WATERMAN 1960, S. 154, JANDER 1963).

10. Direkte oder indirekte Wahrnehmung der Polarisation?

Mit dem Nachweis, daß die Schwingungsrichtung des Lichtes durch die Facettenaugen erkannt wird, ist noch nicht entschieden, daß sie nach dem Sternfolien-Prinzip (S. 391f.) durch die Sinneszellen wahrgenommen wird. Eine Orientierung nach polarisiertem Licht ist unter gewissen Bedingungen auch auf andere Weise möglich. Wird z. B. eine glänzende schwarze Fläche mit linear polarisiertem Licht bestrahlt, so wird dieses stärker reflektiert, wenn seine Schwingungsebene mit der reflektierenden Fläche übereinstimmt, als wenn sie auf ihr senkrecht steht (Abb. 353). Daher wird auf dem Grunde ein Helligkeitsmuster sichtbar, das nach der Schwingungsrichtung orientiert ist und sich bei Änderung derselben mit dreht.

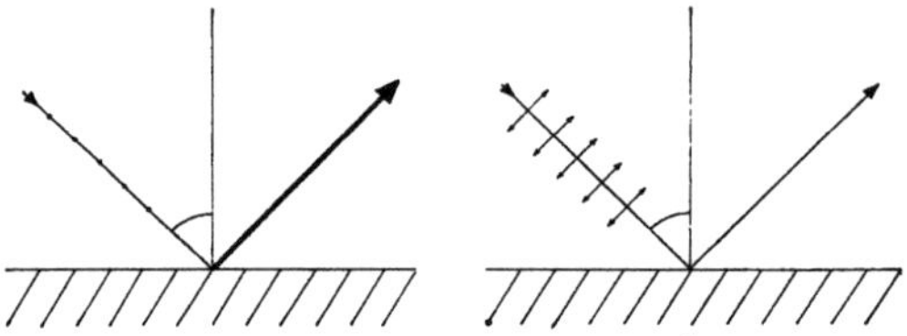

Abb. 353. Linear polarisiertes Licht wird von einer schwarzen glänzenden Fläche stärker reflektiert, wenn seine Schwingungsrichtung parallel zur schwingenden Fläche liegt (a), als wenn sie zu ihr senkrecht steht (b). Dadurch können Helligkeitsmuster entstehen. Schema

KALMUS (1958) belichtete Fliegen, Ameisen und Nachtschmetterlinge auf schwarzem glänzenden Untergrund von oben mit polarisiertem Licht. Sie reagierten auf Drehung einer Polarisationsfolie, dem Helligkeitsmuster folgend, mit Änderung ihrer Körperstellung (optomotorische Reaktion). Nach SMITH und BAYLOR (1960) lassen sich auch Bienen bei solcher Versuchsanordnung durch das Helligkeitsmuster in ihrer Laufrichtung beeinflussen. Hiermit ist gezeigt, daß Insekten über einem schwarzen, spiegelnden Untergrund auf Helligkeitsunterschiede, die durch polarisiertes Licht erzeugt werden, reagieren können. Daß sich aber auch Bienen im freien Flug oder Tänzerinnen auf der Wabe beim Anblick blauen Himmels nach Helligkeitsmustern des Untergrundes richten könnten, ist eine Verallgemeinerung, die in den erwähnten Laboratoriumsversuchen keine Begründung findet. Trotzdem hat diese Auffassung auch von anderer Seite Zustimmung gefunden (DE VRIES u. KUIPER 1958).

Man darf dabei nicht übersehen, daß die Bienen beim Tanz auf der Wabe oder beim Flug unter blauem Himmel ganz anderen Bedingungen ausgesetzt sind als die Insekten in den Laboratoriumsversuchen von KALMUS und SMITH u. BAYLOR. Statt nach total polarisiertem Licht orientieren sich die Bienen bei unseren Versuchen schon bei einem geringen Polarisationsgrad, dargeboten an einem kleinen

Fleck blauen Himmels. Statt einer schwarzen glänzenden Fläche sehen sie beim Flug unter sich Wiesen. Felder, Buschwerk oder Bäume, also gewiß keinen Boden, der das vielgestaltige Polarisationsmuster des Himmels als klares Helligkeitsmuster spiegeln kann; und wenn auf der horizontalen Wabe ein solches bestehen sollte, so könnte es von den Tänzerinnen nicht wahrgenommen werden, weil sie sich ja inmitten der anderen Bienen in dichtem Gedränge bewegen. In späteren Veröffentlichungen stehen auch KALMUS (1959) und KENNEDY u. BAYLOR (1961) der Analyse polarisierten Lichtes durch die Sinneszellen nicht mehr so ablehnend gegenüber. Neue Versuche, die speziell auf die strittige Frage ausgerichtet waren, sollten die letzten Zweifel beseitigen (v. FRISCH, LINDAUER u. DAUMER 1960).

a) Teilweise Ausschaltung der Augen

Wir wollen wissen, ob Bienen die Schwingungsrichtung des polarisierten Lichtes am blauen Himmel über sich oder an einem Reflexionsmuster unter sich ablesen. Theoretisch läßt sich das entscheiden, indem man einmal die beiden oberen Augenhälften, ein andermal die beiden unteren Augenhälften mit schwarzen Kappen bedeckt (Technik s. S. 412), und dann prüft, ob sich die Bienen beim Tanz auf der horizontalen Wabe nach dem polarisierten Himmelslicht orientieren können oder nicht. Praktisch scheiterte das Experiment in dieser Form fast völlig daran, daß sich so behandelte Tiere, wenn sie überhaupt nach Hause finden, sehr bald rettungslos verirren.

Von 16 Bienen, deren beide Augen oben verklebt waren, sind nur 2 heimgekommen. Beide tanzten zunächst desorientiert, später teilweise richtig, doch waren bei diesen beiden Individuen die Kappen lückenhaft, so daß sie Teile des Himmels sehen konnten. Das war wohl auch der Grund für ihre geglückte Heimkehr.

Bei 22 Bienen wurden beide Augen unten verklebt. Von ihnen haben 11 nach Hause und 6 auch wieder zurück an den Futterplatz gefunden. Beim Landen hatten sie Schwierigkeiten. Nur bei einer konnten Tänze beobachtet werden, und zwar einer mit 11 und einer mit 6 Schwänzelläufen, die alle genau nach dem Ziel gerichtet waren. Die Biene wurde bei der nächsten Rückkehr zum Schälchen abgefangen und zur Kontrolle der Augen getötet. Die Kappen erwiesen sich als dicht (Abb. 354).

Die Orientierung nach dem polarisierten Himmelslicht war also bei zwei Bienen mit kleinen und defekten oberen Augenkappen deutlich gestört, bei einer Biene mit größeren und dichten unteren Augenkappen einwandfrei richtig.

Als Nebenergebnis ist zu verbuchen, daß die oberen, dem Himmel zugewandten Augenpartien für die Orientierung im Gelände wichtiger sind als die unteren. Denn von den Sammlerinnen mit unteren Augenkappen fand die Hälfte den Heimweg, von jenen mit oberen Augenkappen – soweit sie nicht defekt waren – aber keine.

Um für das Hauptergebnis ein reicheres Belegmaterial zu gewinnen, wurde in weiteren Versuchen nur das rechte Auge entweder oben oder unten verklebt, auf Grund folgender Überlegung: Die Tänzerinnen haben Ausblick nach einem blauen Himmelsfleck im Norden, den sie bei ihren nach Westen, zum Futterplatz gerichteten Schwänzelläufen mit dem rechten Auge sehen. Wenn sie die Polarisation direkt am blauen Himmel ablesen, sollte beim Schwänzeln das Einhalten der Westrichtung nach Ausschaltung der rechten oberen Augenhälfte erschwert sein, wenn auch nicht unmöglich, da die Biene in den Wendungen des Tanzes mit dem linken Auge ihre falsche Einstellung erkennen kann. Bei Ausschaltung der rechten unteren Augenhälfte ist keine Störung zu erwarten. Bei Orientierung nach einem Reflexionsmuster müßte gerade umgekehrt die Ausschaltung der unteren Augenhälfte zu einer Beeinträchtigung der Tänze führen.

Unsere Hoffnung, daß bei einseitiger Augenbehandlung die Verluste an Versuchsbienen geringer sein würden, hat sich erfüllt: von 12 Bienen mit Augenkappen rechts oben fanden 6 nach Hause, von 9 Bienen mit Augenkappen rechts

Abb. 354. Biene Nr. 4 vom 28. 8. 1959. Rechtes und linkes Auge unten mit Ruß-Schellack-Kappe. Sie tanzte genau richtig. In der Mitte eine normale Biene zum Vergleich

Abb. 355. Rechtes Auge mit Rußkappe oben: links Biene Nr. 41 vom 8. 9., rechts Biene Nr. 64 vom 12. 9. 1959. Die Tänze waren weitgehend desorientiert. In der Mitte eine normale Biene zum Vergleich

unten alle. Es bestätigt sich hiermit das Nebenergebnis dieser Versuche, daß der Himmelskompaß für die Orientierung im Gelände überragende Bedeutung hat.

An den 6 Bienen mit Augenkappe rechts oben, die weiterhin am Futterplatz verkehrten, wurden 46 Tänze beobachtet. Kein einziger verlief normal, obwohl die Augenkappen zum Teil ziemlich klein waren (Abb. 355). Das Auffälligste am Verhalten der Tänzerinnen war, daß sie sich immer wieder nach beiden Seiten suchend im Kreise drehten. Das ist verständlich, wenn sie die Polarisation direkt am Himmel ablesen. Denn mit der Kappe rechts oben verlieren sie ja immer gerade dann die Himmelssicht, wenn sie sich in die Stellung hineindrehen, in der sie zum Schwänzellauf ansetzen sollen. Fast die Hälfte der Schwänzelläufe war falsch ausgerichtet. Auch Rundtänze kamen vor, was uns als „Verlegenheitslösung“ in einem vergleichbaren Fall schon begegnet ist (S. 133, 170).

In klarem Gegensatz hierzu waren bei den Bienen, deren rechtes Auge unten verklebt war, die 37 beobachteten Tänze normal, obwohl die Augenkappen z. T. erheblich größer waren als bei der anderen Gruppe (Abb. 356). Von insgesamt 229 Schwänzelläufen wiesen 225 nach Westen, nur 4 nach anderen Richtungen.

Als Ergebnis stellen wir fest, daß die Schwingungsrichtung des polarisierten Lichtes mit den nach oben gerichteten Augenteilen also unmittelbar am blauen Himmel abgelesen wird.

Abb. 356. Rechtes Auge mit Rußkappe unten. Links Biene Nr. 37, rechts Biene Nr. 39, beide vom 8. 9. 1959. Die Tänze waren korrekt. In der Mitte eine normale Biene zum Vergleich

b) Änderung der Reflexionsmuster

Dasselbe ließ sich auch mit einer anderen Methode nachweisen. Bienen wurden in einer Arena darauf dressiert, im Fußmarsch eine bestimmte Kompaßrichtung einzuhalten. Konnten sie nichts anderes sehen als blauen Himmel und den Boden der Arena, so war bei indirekter Orientierung ein zielgerichteter Marsch nur zu erwarten, wenn der Boden ein Reflexionsmuster erkennen ließ. Schon KALMUS (1958) sowie SMITH u. BAYLOR (1960) haben betont, daß ein Polarisationsmuster nur auf schwarzem glänzenden Untergrund deutlich ist, während durch hellen Grund das Licht weitgehend depolarisiert wird und dann auch im Laboratoriumsversuch nur eine undeutliche oder überhaupt keine Reaktion auf ein Bodenmuster zustande kommt.

Zur Auswahl geeigneter Papiere für den Untergrund wurden zahlreiche Proben in der Dunkelkammer auf einer Tischfläche von oben mit linear polarisiertem Licht bestrahlt und von schräg seitlich unter verschiedenen Winkeln beobachtet. Ein schwarzes Glanzpapier zeigte bei Drehung einer darüber angebrachten Polarisationsfolie sehr auffällige Helligkeitsunterschiede, die mit Hilfe einer Selenzelle gemessen wurden. Sie betrugen maximal nahe an 50%. Dagegen waren bei einem weißen Glanzpapier und bei einem weißen Mattkarton Helligkeitsänderungen bei Drehung der Folie für uns nicht mit Sicherheit erkennbar. Bei den Messungen ergaben sich Differenzen von höchstens 3—5%.

Da schon unter günstigsten Laboratoriumsbedingungen bei Bestrahlung des weißen Untergrundes mit vollständig linear polarisiertem Licht verschiedener Schwingungsrichtung die Helligkeitsunterschiede so gering waren, sollte erst recht unter freiem Himmel auf weißem Papier eine Orientierung nicht möglich sein, sofern sie sich nach dem Reflexionsmuster richtet.

Zur Prüfung dieser Frage diente eine Versuchsanlage wie sie JACOBS-JESSEN (1959) im Anschluß an JANDER (1957) ausgearbeitet hatte. Die Bienen können ihren Stock (St, Abb. 357) nur durch eine vertikale Holzröhre verlassen. Sie gelangen in das Zentrum einer waagerechten drehbaren Kreisplatte von 70 cm Durchmesser, wo sie mit Ausnahme des Himmels über sich keine Orientierungsmöglichkeit haben. Eine Glasscheibe 1 cm über dem Boden der Arena hindert die Bienen am Auffliegen. Sie können den Raum nur zu Fuß durch ein im Süden gelegenes Flugloch *F* verlassen und bei *A* abfliegen.

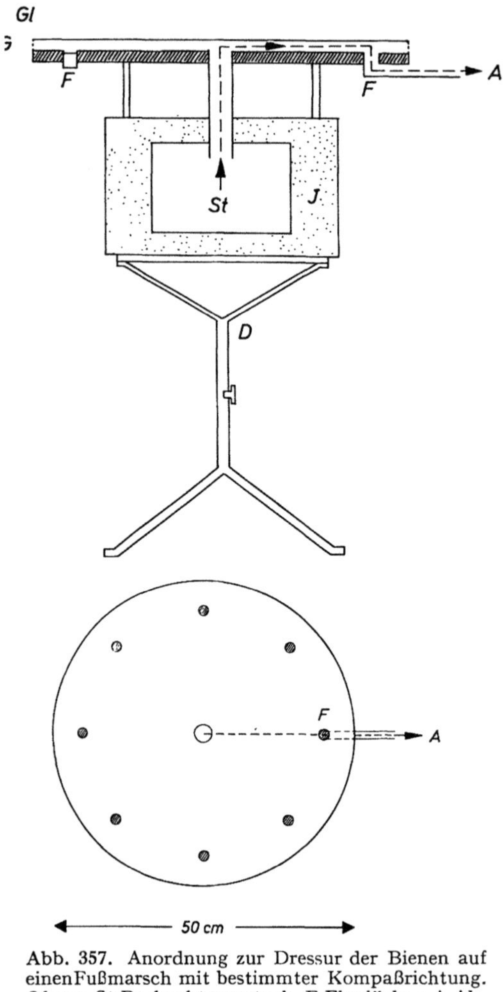

Abb. 357. Anordnung zur Dressur der Bienen auf einen Fußmarsch mit bestimmter Kompaßrichtung. Oben: St Beobachtungsstock, F Fluglöcher, A Abflug ins Freie. G engmaschiges Gitter, Gl Glasplatte, J Isoliermasse zur Warmhaltung des Bienenstockes. D Drehstativ. Unten: Aufsicht auf die drehbare Anordnung. Nach JAKOBS-JESSEN 1959

Im Versuch trägt eine numerierte Schar von einem südlich gelegenen Futterplatz Zuckerwasser ein. Alle 10 Minuten wird die Platte gedreht und ein anderes von den insgesamt 8 Fluglöchern in die Südstellung gebracht und geöffnet, während die 7 übrigen verschlossen gehalten werden. Vor jedem Versuch wird die Arena mit einem frischen Karton ausgelegt. Durch diese Maßnahmen ist verhindert, daß die Bienen ihren Weg nach Duftspuren auf der Unterlage finden können. Die Richtung zum Ausflug, und bei der Heimkehr die Richtung zur zentralen Öffnung muß nach der Sonne, und bei abgedeckter Sonne nach dem polarisierten Himmelslicht gesteuert werden.

Auf ihrem Weg zum Abflug strebten die Bienen auch auf weißem Untergrund nach Süden und die Heimkehrer schlugen in der Arena die Richtung nach Norden ein. Ob der Untergrund von mattweißem Papier, von weißem oder von schwarzem Glanzpapier gebildet war, blieb ohne Einfluß auf die Sicherheit der Orientierung. Daraus geht hervor, daß sich die Bienen unmittelbar nach dem polarisierten Himmelslicht gerichtet haben.

Warme Witterung an den Versuchstagen hatte zur Folge, daß manchmal Stockbienen vor dem Ausgang in der Mitte der Drehscheibe saßen und schon hier den Sammlerinnen das Futter abnahmen, wie es gelegentlich auch an normalen Stöcken auf den Anflugbrettchen vor dem Flugloch zu sehen ist. Daher kam es zu Tänzen in der Arena. Die Sonne war bei allen Beobachtungen so abgeschirmt, daß die ganze Drehscheibe im Schatten lag. Es konnten auf weißem Untergrund 13 Tänze mit insgesamt 122 Schwänzelläufen beobachtet werden, die ausnahmslos richtig orientiert waren und genau nach Süden wiesen.

Um zu prüfen, ob ein Reflexionsmuster, wie es unter günstigsten Bedingungen (Dunkelkammer, vollständig polarisiertes Licht, schwarzes Glanzpapier) zustande kommt, unter den Verhältnissen des Freilandversuches überhaupt erkennbar ist, wurde die Helligkeitsverteilung auf der Arena im Freiland mit der Selenzelle gemessen. Dabei stellte sich heraus, daß durch die Abschattung der Arena während der Bienentänze, durch die ständig wechselnde Stellung des Beobachters und durch das Auftreten und Ziehen einzelner Haufwolken ein dauernder Wechsel der Helligkeitsverteilung bewirkt wurde, der ein etwa vorhandenes, vom polarisierten Himmelslicht abhängiges Reflexionsmuster auf jeden Fall in ungeordneter Weise bei weitem übertraf. Dadurch hätten bei den Versuchen Störungen der Orientierung auftreten müssen. Zu solchen ist es nicht gekommen. Daraus geht abermals hervor, daß sich die Bienen bei ihren gezielten Fußmärschen und bei den Tänzen in der Arena am Himmel, und nicht an einem Reflexionsmuster des Bodens orientiert haben.

c) Indirekte und direkte Orientierung bei anderen Tieren

Reaktionen auf polarisiertes Licht wurden an Bienen entdeckt, sind aber heute auch bei vielen anderen Arthropoden und bei Mollusken nachgewiesen (s. S. 448ff.). Ist etwa die Fähigkeit der direkten Wahrnehmung der Schwingungsrichtung auf die hoch differenzierten Insekten beschränkt, während in anderen Fällen eine indirekte Orientierung nach Reflexionsmustern vorliegt?

Unter Laboratoriumsbedingungen kann eine gerichtete Einstellung nach Helligkeitsmustern, die durch polarisiertes Licht erzeugt sind, vorkommen. BAINBRIDGE und WATERMAN (1958) fanden an dem Krebschen *Mysidium* bei Belichtung von oben mit linear polarisiertem Licht eine spontane Einstellung hauptsächlich quer zur Schwingungsrichtung. In trübem Wasser war sie deutlicher als in klarem. Da die Trübung ein von der Schwingungsrichtung abhängiges Helligkeitsmuster begünstigt, lag es nahe, eine phototaktische Orientierung nach der Helligkeit zu vermuten. WATERMAN (1960) konnte aber mit verbesserter Methodik zeigen, daß sich Mysideen und Daphnien auch in klarem Wasser gerichtet einstellen. JANDER und WATERMAN (1960) wiesen an *Mysidium*, *Daphnia* und am Wasserkäfer *Bidessus* auf mehrfache Weise überzeugend nach, daß sie sich unabhängig von einem Helligkeitsmuster der Umgebung direkt nach dem polarisierten Licht orientieren. SCHÖNE (1963) konnte an einem Vertreter der höheren Krebse, bei der Mangrovekrabbe *Goniopsis*, GÖRNER (1962) an der Trichterspinne *Agelena* dasselbe zeigen.

Meeresschnecken *(Littorina)* stellen sich bei Bestrahlung von oben nach dem polarisierten Licht ein und reagieren deutlich auf Änderung der Schwingungsrichtung (BURDON-JONES u. CHARLES 1958, 1959). Sie orientierten sich in Versuchen von BAYLOR (1959, *Nassa*) und CHARLES (1961, 1961a, *Littorina*) nach einem Helligkeitsmuster. *Littorina* ist aber auch imstande, die Schwingungsrichtung direkt wahrzunehmen (CHARLES 1961b).

Kraken *(Octopus)* lassen sich auf eine bestimmte Schwingungsrichtung polarisierten Lichtes dressieren (vgl. S. 454). ROWELL u. WELLS (1961), MOODY u. PARRISS (1961) und MOODY (1962) erbrachten den Nachweis, daß die Schwingungsrichtung unmittelbar und nicht auf dem Umweg über ein Reflexionsmuster wahrgenommen wird; JANDER, DAUMER u. WATERMAN (1963) zeigten dasselbe für die Spontaneinstellung in polarisiertem Licht bei Tintenfischen.

Wo bis jetzt eine indirekte Orientierung nach polarisiertem Licht über ein Helligkeitsmuster der Umgebung wahrscheinlich gemacht oder nachgewiesen wurde, geschah dies unter Laboratoriumsbedingungen, welche das Zustandekommen solcher Helligkeitsmuster extrem begünstigt haben. Meines Wissens hat noch niemand eine Orientierung nach derartigen Reflexionsmustern, oder auch nur die Existenz von solchen in der natürlichen Umwelt der Tiere beobachtet. Anderseits ist erwiesen, daß sich Krebse, Insekten, Spinnentiere und Mollusken unabhängig von Umgebungsmustern direkt nach polarisiertem Licht orientieren können.

11. Der Analysator für polarisiertes Licht

Um die Schwingungsrichtung polarisierten Lichtes zu erkennen, bedarf es – im Organismus wie im physikalischen Experiment – eines Analysators, der selbst polarisiertes Licht von bestimmter Schwingungsrichtung erzeugt. Hat das einfallende Licht die gleiche Schwingungsrichtung, so kann es maximal zur Wirkung kommen. Bei abweichender Schwingungsrichtung wird es zunehmend geschwächt bis zu einem Minimum bei einem Winkel von 90° (vgl. Abb. 330, S. 390). Wie dieses Prinzip im Facettenauge durch die radiär gestellten Sinneszellen verwirklicht sein kann, wurde schon auf S. 391 gesagt; unserem Modell der Sternfolie liegt diese Vorstellung zugrunde. Sie ist nicht die einzig mögliche. Der Analysator könnte auch in den lichtbrechenden Teilen gegeben sein, die den Sinneszellen vorgelagert sind.

a) Liegt der Analysator im dioptrischen System?

Stockhammer (1956) hat durch polarisationsoptische Untersuchungen an Facettenaugen von Dipteren und Hymenopteren nachgewiesen, daß weder die Cornea noch der Kristallkegel noch beide gemeinsam die Eigenschaften eines Analysators haben. Sie üben auf Lichtstrahlen, die angenähert in der Richtung der optischen Achse einfallen und die Sinneszellen erreichen können, keine polarisierende Wirkung aus. Für das Auge des Rückenschwimmers *Notonecta* (Ordnung: Rhynchota) wurde dasselbe von Selzer (1955) und Lüdtke (1957, S. 337) festgestellt, für Ameisen von Vowles (1954a).

Bei schrägem Einfall auf die Cornea kann durch Brechung und Reflexion polarisiertes Licht entstehen. Solche Vorgänge liegen wahrscheinlich den Befunden Watermans (1953, 1954, 1954a) am Auge von *Limulus* zugrunde. Bei elektrophysiologischer Ableitung von Einzelommatidien erhielt er auf Reizung mit polarisiertem Licht und Drehung eines vorgeschalteten Polarisators Maxima und Minima in Winkelabständen von 90°, aber nur bei schrägem Lichteinfall; mit abnehmender Schräge wurde der Effekt schwächer und er kam zum Verschwinden, wenn das Licht in der Richtung der optischen Achse einfiel. Es ist möglich, daß diese Funktion als Schräglicht-Analysator auf die monströs entwickelten Cornea-Kegel des *Limulus*auges zurückzuführen ist. Genaueres darüber ist nicht bekannt. Auch wurde im Verhalten von *Limulus* bisher keinerlei Orientierung nach polarisiertem Licht beschrieben. Verallgemeinernde Schlüsse können aus den Befunden am *Limulus*auge schon wegen seiner anatomischen Besonderheiten nicht gezogen werden. Darauf hat auch Waterman hingewiesen.

Brechungserscheinungen an Lichtstrahlen, die schräg zur optischen Achse das Auge treffen, sind nach Baylor und Smith (1953) bei Wassermilben und Cladoceren, nach Stephens, Fingerman und Brown (1953) bei der Taufliege *(Drosophila)* für ihre spontane Einstellung senkrecht oder parallel zur Schwingungsrichtung polarisierten Lichtes verantwortlich. Die Annahmen gründen sich auf theoretische Überlegungen. Polarisationsoptische Untersuchungen wurden nicht gemacht. Stephens, Fingerman und Brown betonen, daß bei Bienen die Reaktionen auf polarisiertes Licht für eine so einfache Erklärung zu komplex sind.

Demgegenüber nehmen Berger und Segal (1952) auf Grund polarisationsoptischer Befunde auch für die Honigbiene einen Analysator-Mechanismus durch Strahlenbrechung im dioptrischen Apparat an. Die „normalen“ Ommatidien, bei welchen Cornealinse und Kristallkegel eine gemeinsame geradlinige Achse besitzen, seien allerdings nicht imstande, die Schwingungsrichtung wahrzunehmen, sondern nur die am

Augenrande gelegenen Ommen, bei welchen der Kristallkegel schräg zur Cornea gestellt ist. Ferner könnten nach ihrer Meinung Sinnesorgane, die unter der stark doppelbrechenden Randleiste des Auges liegen, zur Analyse der Schwingungsrichtung dienen.

Diese Hypothesen lassen sich nicht aufrecht erhalten. Nach den Untersuchungen von STOCKHAMMER (1956) kann bei Dipteren und Hymenopteren auch bei schrägen Randommatidien der dioptrische Apparat weder bei normaler, noch bei schräger Beleuchtung das polarisierte Licht analysieren.

Überdies habe ich im Sommer 1959 bei einigen Bienen die Randommatidien an beiden Augen mit schwarzem Schellack abgedeckt. Die Methode war dieselbe wie beim Anbringen halber Augenkappen (s. S. 417). An zwei Bienen waren die Randmasken so breit und so gut gelungen, daß die Orientierung hätte versagen müssen, wenn die Analyse der Schwingungsrichtung eine spezifische Leistung der Randommatidien wäre. Jene Bienen orientierten sich aber tadellos an einem Bezirk blauen Himmels und tanzten völlig normal.

b) Der Radiär-Analysator im Einzelauge von Insekten

Im Juli 1949 schrieb mir AUTRUM von seiner Vermutung, daß die Sehzellen im Einzelauge den Analysator für polarisiertes Licht darstellen, indem sie selbst das einfallende Licht, ihrer radiären Stellung entsprechend, in verschiedener Richtung polarisieren. Wie ein solcher Analysator wirkt, wurde schon S. 391 am Modell der Sternfolie besprochen. Daß die Voraussetzung von AUTRUMs Hypothese richtig ist und das Licht beim Durchgang durch die Sinneszellen tatsächlich mit verschiedenen Schwingungsrichtungen polarisiert wird, konnte er durch elektrophysiologische Versuche wahrscheinlich machen. In der Folgezeit wurde es von verschiedenen Seiten direkt nachgewiesen.

Elektrophysiologische Versuche. Zunächst fanden AUTRUM und STUMPF (1950) an Facettenaugen von Fliegen und Bienen, daß bei Erregung eines Einzelauges durch Lichtblitze die Drehung einer vorgeschalteten Polarisationsfolie keinen Einfluß auf die Größe der Belichtungspotentiale hat. Daraus folgt, daß der Analysator nicht im dioptrischen Apparat vor den Sinneszellen, also nicht in der Cornea oder im Kristallkegel liegt – was auf anderem Wege STOCKHAMMER bestätigt hat (S. 422). Für den Rosettenkranz der Sinneszellen gilt diese Folgerung aber nicht. Denn falls sie das Licht in verschiedener Richtung polarisieren (Abb. 329b, 331b, S. 390f.), wird bei Drehung der vorgeschalteten Folie die Erregung in den einen gemindert, in den anderen verstärkt, was sich gegenseitig aufhebt, weil im Versuch die Sinneszellen des Ommatidiums gemeinsam abgeleitet werden. Doch fiel auf, daß polarisiertes Licht einen stärkeren Effekt hat als natürliches Licht von gleicher Intensität. Das ist nur verständlich, wenn das Licht beim Durchgang durch die Sinneszellen in verschiedenen Richtungen polarisiert wird. Dann muß nämlich einfallendes polarisiertes Licht in einer Sinneszelle, die selbst in gleicher Richtung polarisierend wirkt, einen größeren Helligkeitseffekt geben als unpolarisiertes Licht von gleicher Intensität. Daß die anders orientierten Sinneszellen geringere Potentiale ergeben, kommt nicht zur Geltung, weil für den Gesamteffekt jeweils das größte Potential maßgebend ist.

Was auf diese Weise indirekt erschlossen wurde, erhielt seine Bestätigung auf direktem Wege als es gelang, sehr feine Mikroelektroden mit einem Spitzendurchmesser von etwa $^1/_{10\,000}$ mm in die Sinneszellen selbst einzuführen. Das Eindringen der Elektrode in eine Sinneszelle kann nicht mit dem Auge kontrolliert werden; es ergibt sich aber mit Sicherheit aus der Art der auftretenden Erregungspotentiale.

Der Erfolg, der bei gemeinsamer Ableitung von allen Sinneszellen des Einzelauges ausgeblieben war, stellte sich nun bei der Prüfung einzelner Sinneszellen mit aller Deutlichkeit ein: Bei Drehung einer vorgeschalteten Polarisationsfolie ergaben sich Maxima und Minima der Erregungspotentiale jeweils bei Drehung von 90° zu 90° (KUWABARA und NAKA 1959 bei der Fliege *Lucilia caesar* L.; BURKHARDT und WENDLER 1960 sowie AUTRUM und VON ZWEHL 1962a bei der Fliege *Calliphora erythrocephala* MEIG.; BURKHARDT 1964, nach mündlicher Mitteilung auf Grund neuer Untersuchungen an *Calliphora*). Hiermit war bei Fliegen der unmittelbare Nachweis geglückt, daß die einzelnen Sehzellen auf polarisiertes Licht von verschiedener Schwingungsrichtung mit verschieden starker Erregung reagieren.

Das Licht wird beim Durchgang durch die Sehzellen nicht vollständig polarisiert, wie in unseren Folien; vom Ausmaße seiner teilweisen Polarisation erhält man eine Vorstellung durch den Befund, daß die Drehung einer Vorsatz-Folie von der Maximum- auf die Minimum-Stellung denselben Effekt hat wie bei Bestrahlung mit natürlichem Licht eine Verminderung der Intensität um $^1/_2$—$^1/_4$[1]).

Bei der Prüfung verschiedener Sinneszellen wechselt die Schwingungsrichtung maximaler Wirksamkeit (BURKHARDT u. WENDLER 1960). Nach AUTRUM und VON ZWEHL (1962a, S. 2, 3) bilden in einem gegebenen Augenbezirk der Fliege *Calliphora* die Schwingungsrichtungen, die in verschiedenen Sinneszellen maximale Wirkung auslösen, miteinander bestimmte Winkel. Wenn bei manchen Sinneszellen die höchsten Erregungspotentiale bei der 0°-Stellung des drehbaren Polarisationsfilters auftreten, liegen sie in anderen Sinneszellen bei 90° oder in den diagonalen Stellungen bei +45° oder −45° (jeweils ±20°; das Filter wurde in Stufen von 20° gedreht). Das steht in Übereinstimmung mit dem, was man nach der Stellung der Sinneszellen im Fliegenauge (vgl. Abb. 359, S. 426) erwarten kann.

AUTRUM und VON ZWEHL erhielten nur von rund der Hälfte der geprüften Sinneszellen die geschilderten Schwankungen der Erregungspotentiale bei Drehung der Vorsatz-Folie. Durch Punktlicht-Reizung mit nochmals verbesserter Methodik ist es aber nach mündlicher Mitteilung D. BURKHARDTs inzwischen gelungen, an sämtlichen (über 200) angestochenen Sinneszellen des Fliegenauges den Effekt bei Foliendrehung nachzuweisen.

Aus all dem folgt, daß das Modell der Sternfolie im Auge der Fliege in seinen wesentlichen Punkten realisiert ist.

Gegen diese Vorstellung wurden von verschiedenen Seiten Einwände erhoben:

KENNEDY und BAYLOR (1961) halten es für möglich, daß bei der Ableitung der Potentiale von einzelnen Sinneszellen die Glaskapillare, die als Mikroelektrode dient, durch Beugung und Reflexion das Reizlicht polarisiert und so eine Polarisation durch die Sinneszelle vortäuscht. Das wurde von AUTRUM und VON ZWEHL (1962a) durch neue Versuche am Auge von *Calliphora* widerlegt. Wenn der Einwand zu Recht besteht, müßte die Ebene maximaler Reizwirksamkeit von der Lage der Kapillare und nicht von der Stellung der Sinneszelle abhängig sein. Es zeigte sich aber, daß bei konstanter Lage der Mikroelektrode die Ebene maximaler Wirksamkeit des polarisierten Lichtes in verschiedenen Sinneszellen verschieden liegt.

Ein weiterer Einwand von KENNEDY und BAYLOR gründet sich auf eigene Versuche der Autoren: nach Adaptation an helles, polarisiertes Licht sollten die Sinneszellen mit abweichender Schwingungsrichtung auf schwache Lichtreize besser reagieren als die (stärker ermüdeten) Sinneszellen mit übereinstimmender Schwin-

[1]) Die Wirkung der Foliendrehung ist am Fliegenauge (*Calliphora*) bei Bestrahlung mit kurzwelligem Licht von 400—450 mμ und bei langwelligem Licht (über 570 mμ) dieselbe (mündliche Mitteilung D. BURKHARDTs). Es ist nicht bekannt, ob das auch für das Auge der Bienen gilt. In diesem Falle wäre es nicht dem Analysator zuzuschreiben, daß ihre Orientierung nach polarisiertem Licht schon bei Wellenlängen über 450 mμ versagt (s. S. 408).

gungsrichtung. Im Experiment war kein Unterschied zu finden. Autrum und von Zwehl weisen jedoch darauf hin, daß das Licht in den Sinneszellen nur teilweise polarisiert wird und daß bei den gegebenen Adaptationshelligkeiten die Dunkeladaptation nahezu gleich verläuft, so daß ein negativer Ausfall der Versuche zu erwarten war.

H. de Vries und Kuiper (1958) erinnern daran, daß ein Insekt im Zentrum einer Kreisscheibe auf die Drehung eines peripheren schwarz-weißen Streifenmusters mit optomotorischen Reaktionen antwortet. Sie vermißten solche Reaktionen, als sie das schwarz-weiße Streifenmuster durch Polaroidstreifen mit abwechselnd horizontaler

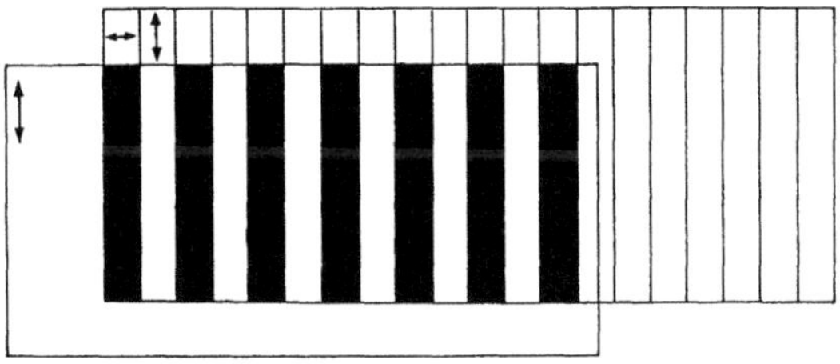

a

Abb. 358a u. b. Streifenmuster aus Polarisationsfolien, die durchgelassenen Schwingungsrichtungen stehen in benachbarten Streifen zueinander senkrecht (Doppelpfeile)

a) Beobachtung durch eine Polarisationsfolie

b

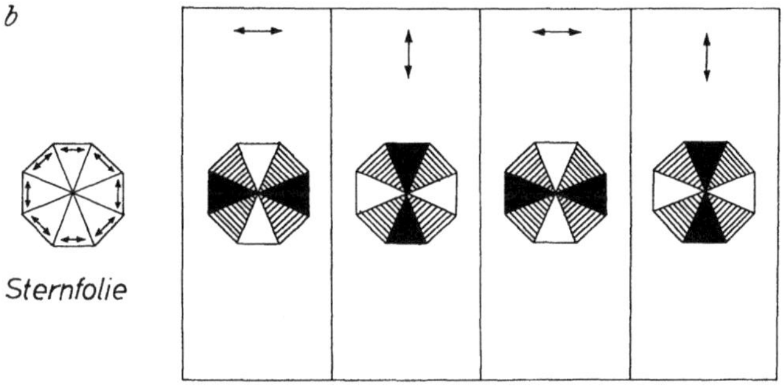

b) Beobachtung durch eine Sternfolie

und vertikaler Schwingungsrichtung ersetzten. In diesem Falle war aber eine Reaktion gar nicht zu erwarten. Denn dem Insektenauge ist ja kein gemeinsames Polaroid vorgelagert, so wie unserem Auge, wenn wir das Streifenmuster durch eine Polarisationsfolie betrachten (Abb. 358a). Legen wir das Modell der Sternfolie zugrunde und bedenken wir die mikroskopischen Dimensionen der radiär angeordneten Sinneszellen im Insektenauge, so ist klar, daß beim Vorbeibewegen der Polaroidstreifen die Helligkeitsmuster an den Streifengrenzen jeweils um 90° umspringen müssen, ohne daß eine Bewegungsrichtung erkennbar wird (Abb. 358b).

Aus demselben Grunde haben Baylor und Kennedy (1958) zu Unrecht einen elektrophysiologischen Effekt erwartet, wenn sie die Schwingungsebene des Reizlichtes plötzlich um 90° änderten. Es ändert sich ja nur die *Verteilung* der Erregung auf die Sinneszellen, und diese kann in der Summenableitung nicht zur Geltung kommen. Die Einwände sind also nicht berechtigt.

Morphologische und polarisationsoptische Befunde an Insekten. Wir vergleichen nun die Ergebnisse der elektrophysiologischen Prüfung einzelner Sinneszellen mit morphologischen und polarisationsoptischen Befunden. Für alle drei Untersuchungsmethoden ist das Fliegenauge günstiger als das Bienenauge, weil im Ommatidium der Fliegen die Sinneszellen lockerer angeordnet und die Sehstäbe

(Rhabdomeren) deutlich voneinander getrennt liegen. Gerade den letzteren, als Ort der Lichtwirkung, gilt unser besonderes Interesse.

Abb. 359a zeigt ein Ommatidium des rechten Auges einer Fliege im Längsschnitt, b) einen Querschnitt aus der oberen, c) aus der unteren Augenhälfte. Die Querschnitte haben das Einzelauge im Bereich seiner Sinneszellen getroffen und lassen erkennen, daß diese – wie bei Fliegen allgemein (DIETRICH 1909) – im dorsalen und ventralen Augenteil spiegelbildlich verschieden angeordnet sind (vgl. Abb. 360). *Tr* ist eine, die Sinneszellen begleitende Trachee. Die Sehstäbe (*Rh*) am Innenrande der Sinneszellen springen nach innen vor. In jedem Einzelauge findet man bei Fliegen sieben

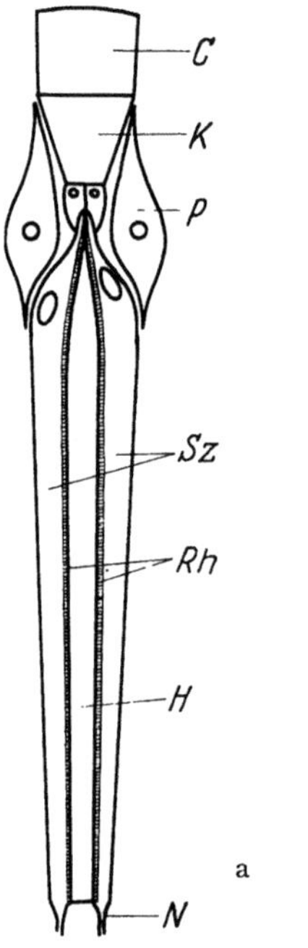

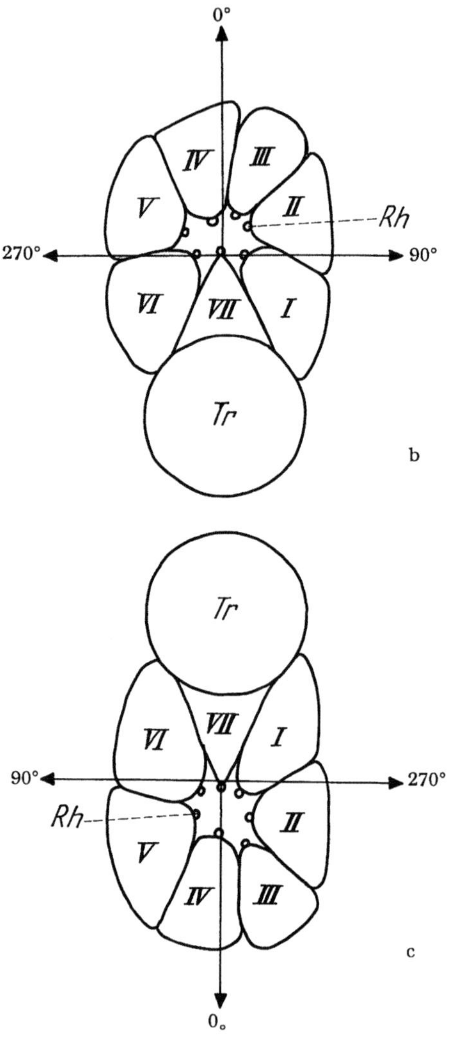

Abb. 359 a—c. a) Längsschnitt durch das Einzelauge einer Fliege. Schema. C Cornealinse, K Kristallkegel, P umhüllende Pigmentzellen, Sz Sinneszellen, Rh deren Rhabdomeren (Sehstäbe), H Hohlraum zwischen den Sinneszellen, N Nervenfaser. b) Querschnitt durch das Einzelauge einer Fliege im Bereich der Sinneszellen, aus dem dorsalen Bereich des rechten Auges. c) Dasselbe aus dem ventralen Augenbereich. I—VII die sieben Sinneszellen, Rh Rhabdomeren, Tr Trachee. b) und c) nach STOCKHAMMER 1956

gut entwickelte Sinneszellen, eine achte ist rudimentär. Die 7. Sinneszelle springt aus dem Kranz der übrigen heraus und ragt in den von ihnen umschlossenen Hohlraum hinein. Durch sie läßt sich eine Symmetrieebene legen, die in Abb. 359b, c als 0°-Richtung bezeichnet ist. Sie macht es möglich, über das ganze Auge hin die relative Lage der Rosetten festzustellen. Da jene 0°-Richtung überall den Augenmeridianen parallel geht, erweist sich die Orientierung der Sehstäbe als außerordentlich exakt und konstant. In benachbarten Augenbezirken sind sie genau gleich ausgerichtet (DIETRICH 1909, STOCKHAMMER 1956).

Das vom Kristallkegel kommende, in die Sehstäbe eintretende Licht bleibt in diesen gefangen. Da der Analysator nicht im dioptrischen Teil liegt, muß er in den Rhabdomeren lokalisiert sein (STOCKHAMMER 1956).

Die Sehstäbe sind in Richtung ihrer Längsachse doppelbrechend (STOCKHAMMER 1956). In der Durchsicht erscheinen sie im Mikroskop als helle Pünktchen,

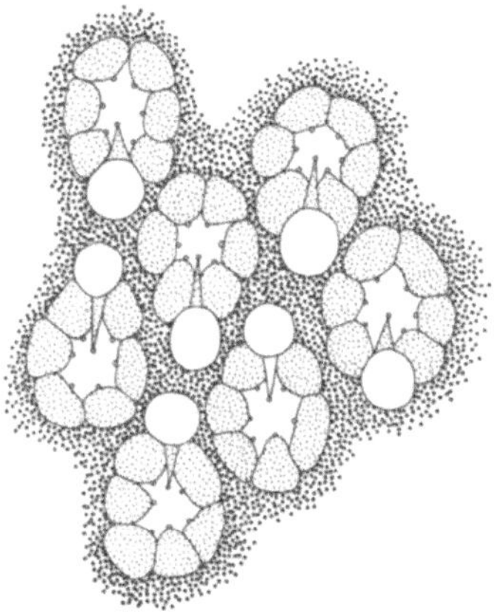

Abb. 360

Abb. 361

Abb. 360. Querschnitt durch einige Einzelaugen der Fliege *Lucilia caesar* L. an der Grenze zwischen dorsaler und ventraler Augenhälfte. Umschlag zur spiegelbildlichen Anordnung. Nach STOCKHAMMER 1956

Abb. 361. Querschnitt durch das Auge einer Fliege (Bremse, *Tabanus bovinus* LOEW) im Bereich der Sinneszellen, zwischen gekreuzten Polars. In jedem Einzelauge erscheinen nur einige von den 7 Sehstäben hell, durchwegs solche, die in ihrer Lage einander entsprechen. Bei Drehung des Augenschnittes leuchten andere auf. Nach STOCKHAMMER 1956

von denen zwischen gekreuzten Polars nur einige aufhellen, während die restlichen auslöschen (Abb. 361). Bei Drehung des Objekttisches werden sie von 90° zu 90° hell bzw. dunkel. Das gilt sowohl für lebensfrische Präparate wie für solche, die in geeigneter Weise fixiert sind. Die Schwingungsrichtungen liegen im einzelnen Rhabdomer angenähert parallel bzw. senkrecht zu seiner Ansatzfläche an der zugehörigen Sehzelle[1]). Die Schwingungsrichtungen kleiner Brechzahl stehen im ganzen Ommatidium annähernd radiär.

Daß die Meßwerte[2]) nur angenähert einer radiären Ausrichtung entsprechen, kann durch die vorangegangene Präparation der Augen bedingt sein. Die Lage der

[1]) In früheren Messungen STOCKHAMMERs fand er die Schwingungsrichtungen nicht senkrecht zueinander. Das gab Anlaß zu einer Hypothese über die Wahrnehmung der Polarisation (MENZER u. STOCKHAMMER 1951), die wieder aufgegeben wurde, als sich jener abnorme Befund als Artefakt erwies. Er war nur in Glycerin-Gelatine zu beobachten (STOCKHAMMER 1956, S. 67).

[2]) STOCKHAMMER hat das Ergebnis seiner Messungen in einem Diagramm zusammengefaßt (1956, S. 72, Abb. 24). Es zeigt klar, daß die Schwingungsrichtungen kleiner Brechzahl in den Sehstäben des Einzelauges im Prinzip radiär stehen. Das entspricht der Theorie vom Radiäranalysator. Im einzelnen ist mir aber in dieser Abbildung die Zuordnung der Schwingungsrichtungen zu den einzelnen Sehzellen unverständlich. So steht z. B. die Schwingungsrichtung kleiner Brechzahl bei Rhabdomer 7 nicht radiär, sondern tangential, im Widerspruch zu seinen klaren Angaben S. 68 (vgl. auch seine Abb. 19, S. 58) und in seiner späteren Zusammenfassung (1959, S. 50).

Rhabdomeren wird dabei leicht etwas verändert. ,,Es ist sehr gut möglich, daß im unverletzten Einzelommatidium eine winkelgleiche, achtstrahlige Radiärsymmetrie der Schwingungsrichtungen vorliegt" (STOCKHAMMER 1956, S. 71).

Das radiäre Muster der Schwingungsrichtungen im Einzelauge harmoniert mit dem Modell der Sternfolie und mit den Messungen von AUTRUM und VON ZWEHL sowie mit jenen von BURKHARDT, die auf elektrophysiologischem Wege die Schwingungsrichtungen bestimmt haben (s. S. 424). Leider weiß man bei dieser Methode nicht, welche Sinneszelle man mißt, so daß man nur Vorzugsrichtungen feststellt, ohne sie bestimmten Sehstäben zuordnen zu können. In dieser Hinsicht ist die polarisationsoptische Untersuchungsmethode überlegen.

Durch welchen Mechanismus in den Sehstäben eine der beiden Schwingungsrichtungen bevorzugt zur Geltung kommt – was ja die Voraussetzung für die Analysatorwirkung ist – konnte bis heute nicht experimentell entschieden werden.

Aufschlüsse durch das Elektronenmikroskop. Die Vorstellung, daß die Rosette der Sehstäbe als Radiäranalysator für polarisiertes Licht dient, erhielt eine weitere

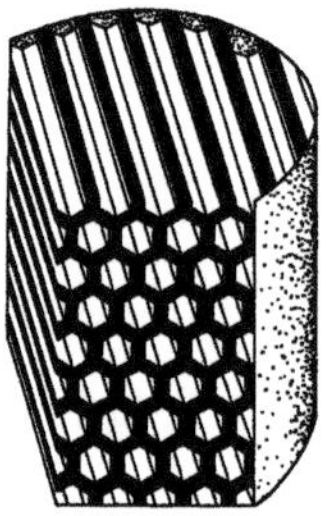

Abb. 362

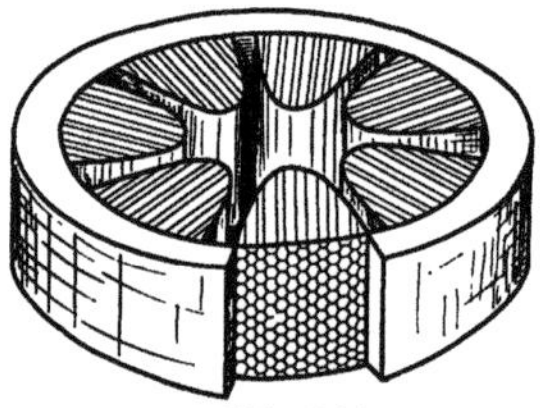

Abb. 363

Abb. 362. Kleiner Ausschnitt aus dem Sehstab eines Fliegenauges. Die winzigen Röhrchen, wie sie das Elektronenmikroskop erschlossen hat, stehen senkrecht zur Durchgangsrichtung des Lichtes. Schema. Nach GOLDSMITH und PHILPOTT 1957

Abb. 363. Die radiäre Anordnung der Feinstruktur in den Sehstäben des Fliegenauges. Querscheibe aus einem Einzelauge. Die Rhabdomeren sind der Deutlichkeit wegen zu groß dargestellt, die zu ihnen gehörigen Sinneszellen nur durch einen Ring angedeutet. Schema im Anschluß an Skizzen bei WOLKEN, CAPENOS und TURANO 1957

Stütze durch Untersuchungen mit dem Elektronenmikroskop. Der Vorstoß hinab zu Dimensionen, die unserem Auge bisher verschlossen waren, offenbart in den Sehstäben der Fliege, wie auch bei der Biene und anderen Insekten ein radiär ausgerichtetes Muster feinster Röhrchen, die mit höchster Präzision gleich gestaltet und parallel gelagert sind. In benachbarten Ommen wiederholen sie sich in gleicher Orientierung. Schon ihr Entdecker, FERNANDEZ-MORAN (1956), sah in diesen Strukturen die Grundlage für die Analyse polarisierten Lichtes – eine Vermutung, die von den weiteren Untersuchern noch bekräftigt wurde.

Wir betrachten zunächst die Verhältnisse am Fliegenauge. Die Befunde an verschiedenen Gattungen stimmen untereinander überein (Stubenfliege *Musca domestica* L., FERNANDEZ-MORAN 1956, 1958; Taufliege *Drosophila*, WOLKEN, CAPENOS u. TURANO 1957; DANNEEL u. ZEUTSCHEL 1957; YASAMUZI u. DEGUCHI 1958; NOLTE 1961; Fleischfliege *Sarcophaga*, GOLDSMITH u. PHILPOTT 1957). Abb. 362 zeigt nach GOLDSMITH u. PHILPOTT schematisch die Struktur eines Sehstabes. Senkrecht zu seiner Längsachse, und somit auch senkrecht zur Durchgangsrichtung des Lichtes, verlaufen dicht aneinander gepackt feinste Röhrchen. Es wird angenommen, daß sie als Auswüchse aus den Sehzellen entstehen (,,Zellhaare", Mikrovilli), daß sie bei aller Dünnheit von einer etwa 10 mμ dicken Membran umkleidet sind, die mit der Membran der Sehzelle zusammenhängt, und daß ihr Innenraum (Durchmesser etwa 30 mμ) mit dem Plasma der Sinneszelle in

Verbindung steht. Abb. 363 gibt, gleichfalls schematisch, ein Bild von ihrer radiären Stellung in den Sinneszellen eines Einzelauges. Der Deutlichkeit wegen sind die 7 Sehstäbe übertrieben groß dargestellt und die zugehörigen Sinneszellen nur durch einen Ring angedeutet. Wie die Struktur in Wirklichkeit elektronenoptisch aussieht, zeigt Abb. 364. Je nach der Schnittrichtung ergibt sich eine Parallelstruktur oder das Wabenmuster (vgl. Abb. 362 und 363).

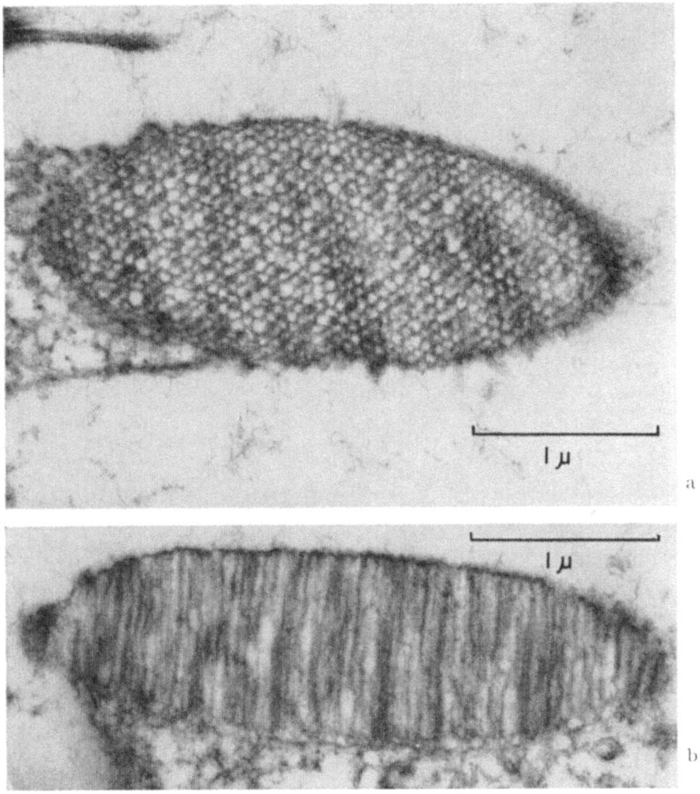

Abb. 364. Einzelne Rhabdomeren aus dem Auge von *Drosophila*, elektronenoptisch. Die Röhrchen sind in a) quer, in b) längs getroffen (vgl. Abb. 363). Vergr. 24000fach. Nach WOLKEN, CAPENOS und TURANO 1957

Bei der Feinheit der Röhrchen ist freilich die Schnittführung selten so exakt, daß sie genau der Länge nach oder quer getroffen sind. Bei schräger Schnittführung ergeben sich Kombinationen aus dem Streifen- und Wabenmuster, wie man in Abb. 365 erkennt. Diese Aufnahme bringt die Sehstäbe im Einzelauge einer Stubenfliege *(Musca domestica)* zur Anschauung. Von den Sinneszellen, zu denen sie gehören, sind nur noch die innersten Teile im Bilde. Das mit D bezeichnete Rhabdomer entspricht jenem der Sehzelle VII in Abb. 359b, c. Zu den 6 übrigen Sehstäben bemerkt FERNANDEZ-MORAN (1958), daß sie zu drei einander gegenüberliegenden Paaren gruppiert werden können (A_1 und A_2, B_1 und B_2, C_1 und C_2), deren radiäre Strukturen ungefähr gleich ausgerichtet sind. Das ist deutlicher in Abb. 366 zu sehen, welche nach einer elektronenoptischen Aufnahme von GOLDSMITH und PHILPOTT (1957) skizziert ist und den Querschnitt durch ein Einzelauge der Fleischfliege (*Sarcophaga bullata* PARKER) darstellt. In jenem elektronenoptisch so fruchtbaren Jahr 1957 haben auch DANNEEL und ZEUTSCHEL das Fliegenauge (an *Drosophila*) untersucht und einige Messungen über den Verlauf der Feinstreifung gemacht, deren Ergebnis Abb. 367 bringt. Sie betonen, daß die Richtungen ungenau sind, weil schon am Umriß der Ommatidien zu erkennen ist, daß die Rhabdomeren beim Fixieren und Schneiden eine gewisse Lageänderung erfahren haben. Der radiäre Grundplan tritt trotzdem klar hervor. Daß zwischen der

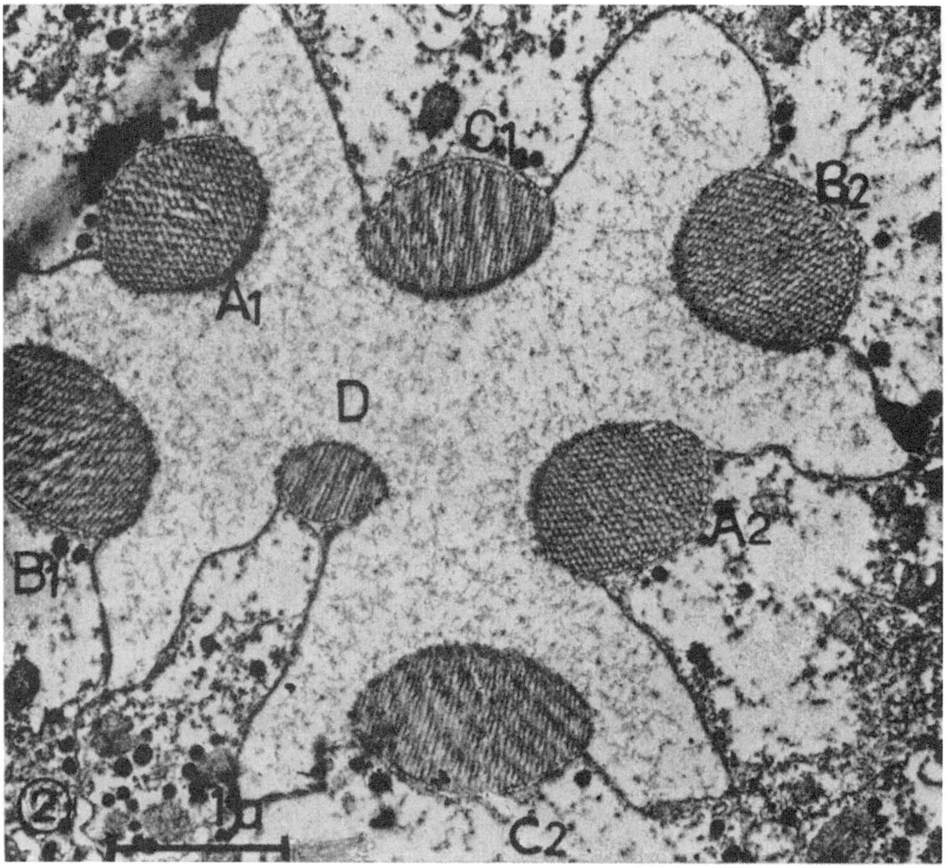

Abb. 365. Etwas schräger Querschnitt durch ein Einzelauge der Stubenfliege, elektronenoptisch. Nur der innere Teil der Sinneszellen mit den Sehstäben ist wiedergegeben. D das vorspringende Rhabdomer der 7. Sinneszelle. Einander gegenüber stehende Rhabdomeren sind mit gleichen Buchstaben bezeichnet. 25000fach vergrößert. Nach FERNANDEZ-MORAN 1958

radiären Stellung der Strukturen und der Schwingungsrichtungen ein Zusammenhang besteht, ist mit großer Wahrscheinlichkeit anzunehmen.

Bei den meisten Insekten sind die Rhabdomeren, im Gegensatz zu ihrer deutlichen Trennung im Fliegenauge, zum Rhabdom miteinander verschmolzen (vgl. Abb. 329, S. 390). Auf dem Querschnitt liegt es zentral, von den Sehzellen kranzförmig umgeben. Oft ist es so kompakt, daß seine Zusammensetzung aus einzelnen Sehstäben erst durch das Elektronenmikroskop erkennbar wird.

Auch bei verschmolzenen Rhabdomeren wurde eine strahlige Anordnung der Sehstäbe mit korrespondierender Ausrichtung gegenüberliegender Paare gefunden:

bei dem tropischen Nachtfalter *Erebus*[1]), ferner bei einem tropischen Schmetterling aus der Familie der Hesperiidae, ähnlich bei Heuschrecken (*Dissosteira*, *Schistocerca*); bei diesen Formen handelt es sich um Superpositionsaugen (FERNANDEZ-MORAN 1958); die Feinstruktur im Auge eines Apterygoten (*Lepisma*, BRANDENBURG 1960) fügt sich gleichfalls in dieses Schema.

Ein etwas anderes Bild bietet das Rhabdom bei den Schaben, einer uralten und primitiven Insektengruppe. Nach den elektronenoptischen Aufnahmen von WOLKEN und GUPTA von *Periplaneta americana* L. und *Blaberus giganteus* L. (1961) sind die Feinstrukturen in je zwei benachbarten, eng aneinander gelagerten Sehstäben gleich ausgerichtet. Die 3 Paare sind nach 3 verschiedenen Richtungen orientiert. Ob das 7. Rhabdomer eine vierte Richtung vertritt oder

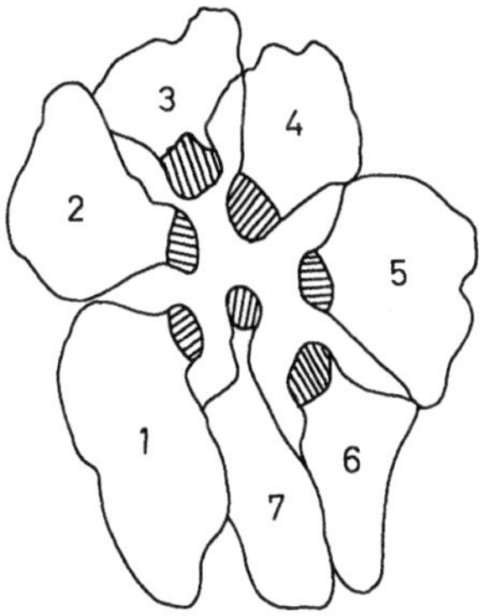

Abb. 366. Querschnitt durch ein Einzelauge der Fleischfliege *Sarcophaga bullata* PARKER. Die Skizze zeigt die Anordnung der Feinstruktur in den Sehstäben schematisch nach einer elektronenoptischen Aufnahme von GOLDSMITH und PHILPOTT 1957

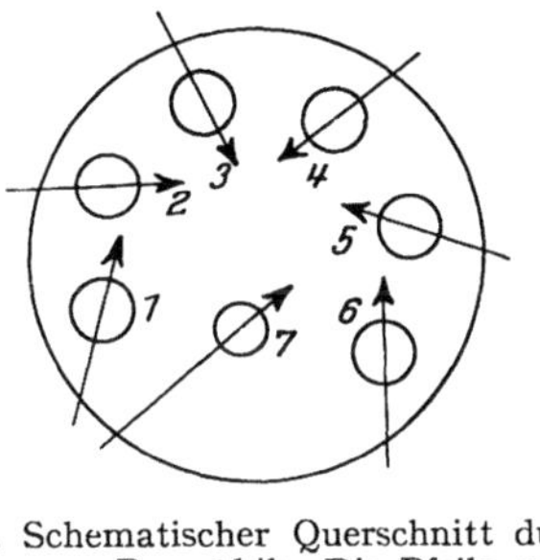

Abb. 367. Schematischer Querschnitt durch ein Einzelauge von *Drosophila*. Die Pfeile geben angenähert die Richtung der Feinstreifung in den Rhabdomeren wieder. Nach DANNEEL und ZEUTSCHEL 1957

mit einem der Paare übereinstimmt, läßt sich an den vorliegenden Bildern nicht sicher beurteilen (Abb. 368). Für das kompakte Rhabdom im Appositionsauge der Libelle *Anax junius* DRURY geben GOLDSMITH u. PHILPOTT (1957) im Verlauf der Feinstrukturen gleichfalls 3 Richtungen an (Abb 369a). Offenbar besteht auch hier jedes Drittel des Rhabdoms aus zwei Rhabdomeren mit gleich ausgerichteten Röhrchen; doch wurden diese Verhältnisse nicht näher untersucht. Nach NAKA (1961) hätten Wasserjungfern (*Zygoptera*, z. B. *Agriocnemis*) drei Rhabdomeren, die von vier Sehzellen gebildet werden (Abb. 369b).

Eine Überraschung brachte die elektronenoptische Untersuchung am Bienenauge (GOLDSMITH 1962). Bei der Arbeiterin ist das Rhabdom so kompakt und dünn, daß es dem polarisationsoptischen Studium große Schwierigkeiten bereitet. Nach dem regelmäßigen Kranz der umgebenden Sehzellen haben wir bisher achtstrahlig angeordnete Rhabdomeren angenommen (s. Schema S. 390 Abb. 329). Die elektronenoptische Auflösung des Querschnittsbildes zeigt aber klar, daß auch hier die Sehstäbe von je zwei benachbarten Sehzellen zu einer Einheit mit gleich ausgerichteten Feinstrukturen verschmolzen sind. Da acht Retinulazellen mit ihren Sehstäben gleich gut ausgebildet sind, ergibt sich eine vierstrahlige Sternfigur mit gleicher Orientierung der einander gegenüberliegenden Sektoren (Abb. 370). Querschnitte in verschiedener Höhe zeigen, daß das Bild über die

[1]) T. H. GOLDSMITH (1964, S. 453/4) macht darauf aufmerksam daß im V-förmigen Rhabdomer von *Erebus* die Strukturen in beiden Schenkeln nicht parallel liegen, wohl aber in den aneinander gelagerten Schenkeln benachbarter Rhabdomeren. Genauere morphologische und physiologische Studien an solchen Augen wären von großem Interesse, denn über die nervöse Ableitung besteht keine Klarheit.

ganze Länge der Rhabdome dasselbe bleibt. Nach brieflicher Mitteilung GOLDSMITHs ist nicht bekannt, welchem Augenbezirk die Schnitte zugehören. Diese

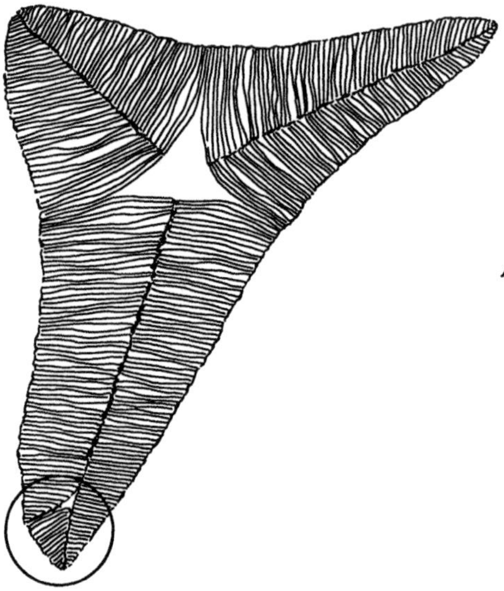

Abb. 368

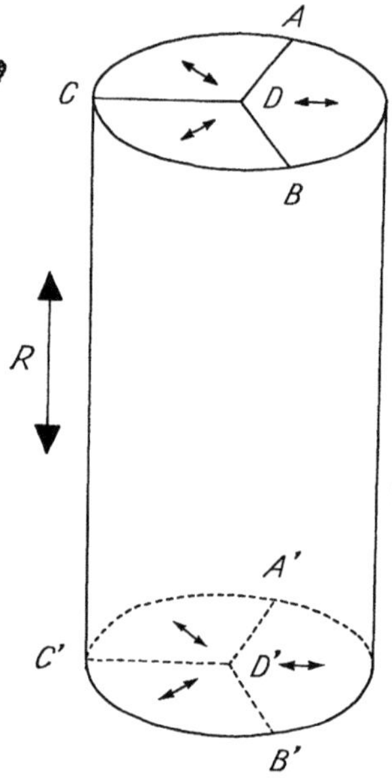

a

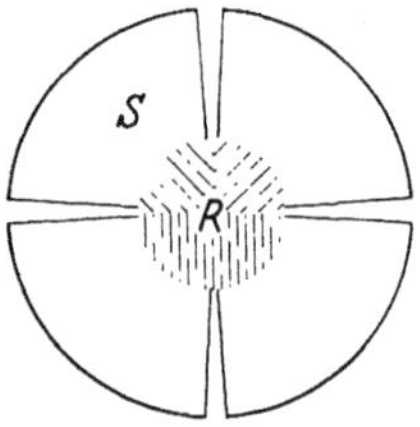

b

Abb. 369

Abb. 368. Querschnitt durch das Rhabdom einer Schabe, Skizze nach einer elektronenoptischen Aufnahme von WOLKEN und GUPTA 1961. Jedes Rhabdom hat sieben Rhabdomeren, von welchen sechs paarweise nebeneinander liegen, mit gleich ausgerichteter Feinstruktur. Im Kreis das asymmetrische siebente Rhabdomer

Abb. 369. a) Schematische Skizze von einem Teil des Rhabdoms aus dem Auge einer Libelle *(Anax junius* DRURY*)*. AD, BD, CD sind die Grenzen von Rhabdomeren. Die eingezeichneten Doppelpfeile bedeuten die Längsrichtung der feinen Röhrchen (Microvilli). R Längsachse des Rhabdoms. Nach GOLDSMITH und PHILPOTT 1957. b) Schema der Augenstruktur von *Agriocnemis* (Zygoptera, Wasserjungfern). Querschnitt durch ein Einzelauge. S Sehzelle, R Rhabdom. Nach NAKA 1961

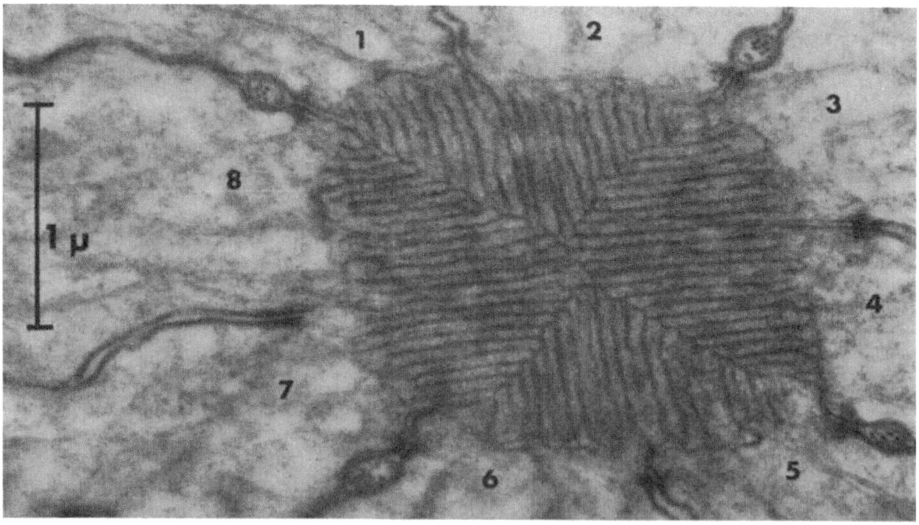

Abb. 370. Querschnitt durch ein typisches Rhabdom aus dem Auge der Honigbiene (Arbeiterin). Die Microtubuli entspringen von den umgebenden (numerierten) 8 Sinneszellen und sind in je zwei benachbarten Rhabdomeren gleich ausgerichtet. Elektronenoptisch, 29000fach vergrößert. Nach GOLDSMITH 1962

Frage ist aber wichtig, weil für die Analyse des polarisierten Himmelslichtes nur die dorsale Augenhälfte in Betracht kommt.

Dr. Fr. W. Schlote (Göttingen) war nun so freundlich, von Einzelaugen, die bei normaler Lage des Bienenkörpers nach oben gerichtet sind, elektronenoptische

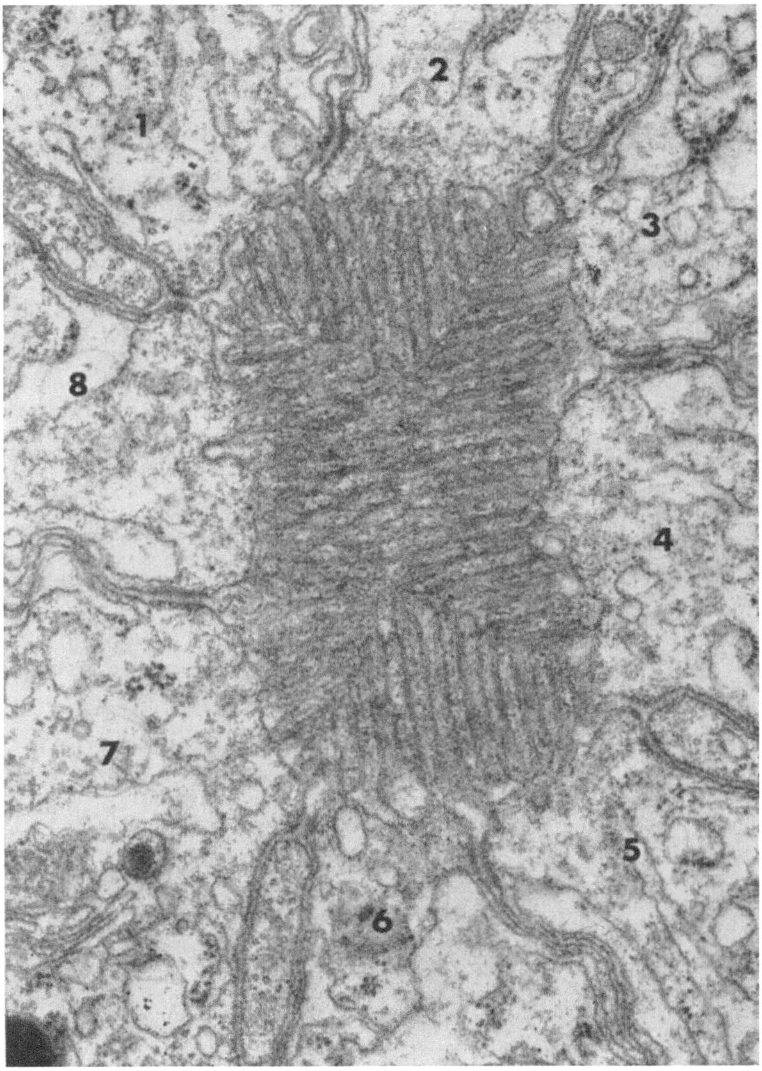

Abb. 371. Querschnitt durch ein Rhabdom aus dem dorsalen Augenbereich der Arbeitsbiene. Elektronenoptisch, 50000fach vergrößert. Präparat von Fr. W. Schlote, Göttingen, 1964

Querschnittsbilder im Bereich der Sinneszellen herzustellen (Abb. 371). Ein Vergleich mit Abb. 370 (nach Goldsmith) zeigt im wesentlichen dieselben Verhältnisse, nur ist der Querschnitt mehr in die Länge gestreckt. Es fanden sich aber (seltener) auch Ommen, welche in dieser Hinsicht der Abbildung von Goldsmith gleichen. Anderseits erwähnt auch Goldsmith Abweichungen von der zylindrischen Form.

Auffallend war, daß SCHLOTE neben Einzelaugen mit 8 Sinneszellen weniger häufig, aber nicht selten auch solche mit 9 Sinneszellen fand[1]). Bei diesen sind Abweichungen vom vierstrahligen Bau festzustellen. Wenn auch mit Störungen der Lage durch die Vorbehandlung gerechnet werden muß, ist doch im ab-

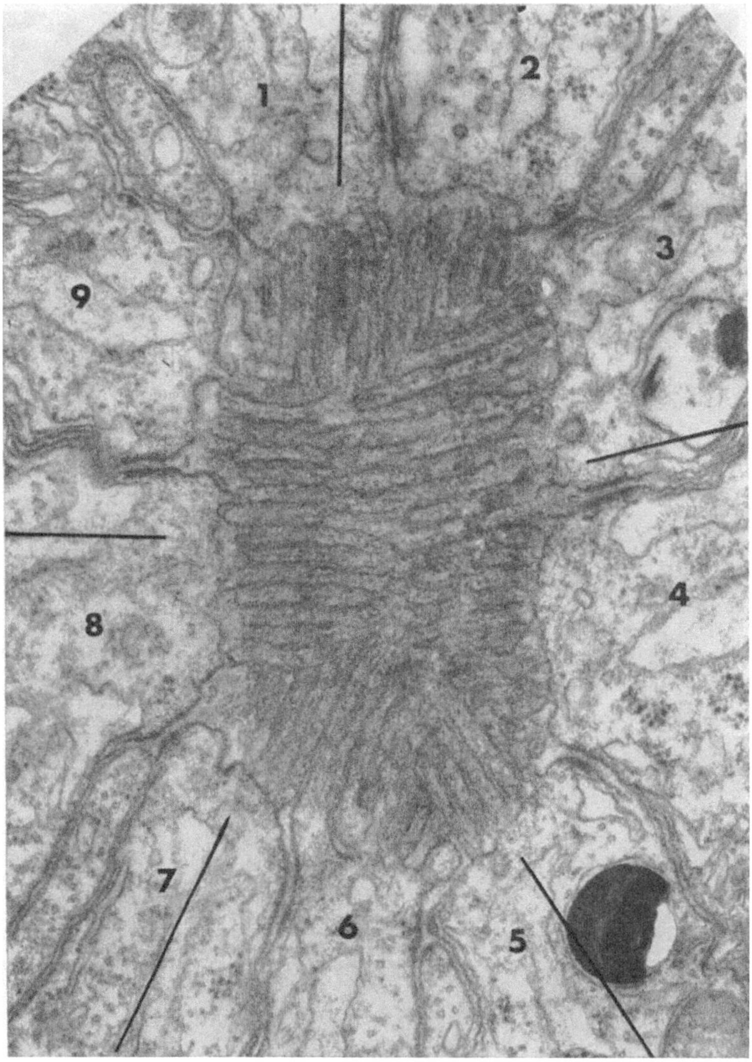

Abb. 372. Querschnitt durch ein anderes Rhabdom aus dem dorsalen Augenbereich. Neun Sinneszellen. Elektronenoptisch, 50000fach vergrößert. Die schwarzen Striche weisen auf die Verlaufsrichtung der Feinstruktur hin. Präparat von FR. W. SCHLOTE, Göttingen, 1964

gebildeten Omma (Abb. 372) deutlich, daß in mindestens einem Rhabdomer (von Zelle Nr. 5) die Mikrovilli schräg zu den übrigen verlaufen. Die Richtungen sind durch die schwarzen Linien angedeutet. Andere Schnitte machen das Vorkommen einer sechsstrahligen Anordnung der Feinstrukturen noch wahrschein-

[1]) Ein gelegentliches Vorkommen von 9 Sinneszellen im Bienenauge erwähnt schon E. F. PHILLIPS (1905).

licher. Doch lassen sich diese Verhältnisse im gegenwärtigen Stadium der Untersuchung noch nicht abschließend beurteilen. Wenn sich ergibt, daß in vielen nach oben gerichteten Einzelaugen eine mehrstrahlige Sternfigur verwirklicht ist, dann könnte das Modell einer 8strahligen (oder 6strahligen) Sternfolie für das Bienenauge zu Recht bestehen. Wenn aber der 4strahlige Bau im dorsalen Augenbereich dominiert, dann ist das Modell der Sternfolie abzuändern.

Himmelsaufnahmen durch eine vierstrahlige Folie (Abb. 373 unten) zeigen einen weniger differenzierten Charakter der Muster im Vergleich mit dem alten Modell (Abb. 373 oben und Abb. 334, S. 392). Sollte die Analyse der Schwingungsrichtung nach diesem Schema erfolgen, so könnte das für die zentralnervöse Verarbeitung der Polarisationsmuster eine Vereinfachung bedeuten. Jedes Einzelauge bietet statt eines reicher gegliederten Sternmusters nur mehr zwei Helligkeiten. Die *relative Helligkeit benachbarter Felder* ist durch die *Schwingungsrichtung* an der anvisierten Himmelsstelle *bestimmt*. Aber die Beziehung ist *nicht mehr eindeutig*. Bei Änderung der Schwingungsrichtung, also bei der Wanderung über das Himmelszelt, ergibt sich das gleiche Muster an einer anderen Stelle, wo mit der achtstrahligen Sternfolie eine Verwechslung durch die Verschiedenheit der Zwischenfelder ausgeschlossen gewesen wäre (vgl. 0° mit 120° oder 40° mit 80° in Abb. 373 oben bzw. unten).

Das sieht auf den ersten Blick so aus, als wäre die Leistungsfähigkeit dadurch eingeschränkt. Aber die Biene sieht ja den Himmel nicht mit *einem* Einzelauge an. Tausende sind auf das Himmelszelt gerichtet, und immer noch viele benachbarte selbst auf einen kleinen blauen Himmelsfleck. Die Ausrichtung der Feinstrukturen stimmt bei ihnen auf das genaueste überein, sie liefern sauber vergleichbare Muster. Und schon bei einer Azimut-Verschiebung um wenige Grade ändert sich die Schwingungsrichtung (vgl. Abb. 373, oben). Diese Änderung hat einen bestimmten Gang, und dieser ist, wenn wir nochmals die einander gleichen Muster der Abb. 373 (unten) heranziehen, in beiden Fällen genau entgegengesetzt. Das ist es ja, was bei der achtstrahligen Folie in der Verschiedenheit der Zwischenfelder zum Ausdruck kommt. Sobald also von der Biene die *Muster benachbarter Ommatidien* in Betracht gezogen werden, ist die Analyse der Schwingungsrichtung so eindeutig wie bei der achtstrahligen Sternfolie, und für die zentralnervöse Verarbeitung vielleicht sogar vereinfacht.

Es sei an dieser Stelle noch einmal betont (vgl. S. 426f.), daß die so *außerordentlich genaue Ausrichtung der Sinneselemente* in den Ommen über das weite Augenfeld *für die Analyse der Himmelspolarisation von grundlegender Bedeutung* ist. Die sauberen Muster, für den menschlichen Betrachter ein ästhetischer Genuß, sind für die Insekten eine Voraussetzung für ihre Orientierung nach den Schwingungsrichtungen des Lichtes (vgl. die Abb. 360, 361, S. 427).

Bei verschiedenen Versuchen über die Orientierung nach polarisiertem Licht sahen die Bienen blauen Himmel durch ein Rohr unter einem Sehwinkel von 10° oder (meist) 15°. Die Tänze waren unter solchen Umständen noch deutlich ausgerichtet, wenn auch zuweilen nicht so exakt wie beim Anblick einer größeren blauen Himmelsfläche. Wir haben die eindeutige Analyse der Schwingungsrichtung vermittelst vierstrahlig angeordneter Sehstäbe soeben durch das Zusammenwirken von Gruppen benachbarter Einzelaugen erklärt, die den Gang des Polarisationsmusters am Himmel erkennen lassen. Diese Annahme setzt voraus, daß bei den Rohrversuchen eine Azimutänderung von 10–15° genügt hat, um die Änderung der Schwingungsrichtung für Bienen erkennbar zu machen. Ich habe das mit der achtstrahligen Sternfolie wiederholt geprüft und in einer Höhe über dem Horizont von 45° (wie bei den Versuchen) bei seitlicher Verstellung um 6–13° die Musteränderung erkannt (wobei natürlich die Klarheit des

Himmels und der Polarisationsgrad eine Rolle spielen). Jene Voraussetzung ist also gegeben. Denn die Erfahrung hat gezeigt, daß sich Bienen nach Polarisationsmustern am Himmel orientieren können, sobald sie für unser Auge in der achtstrahligen Sternfolie eben erkennbar werden.

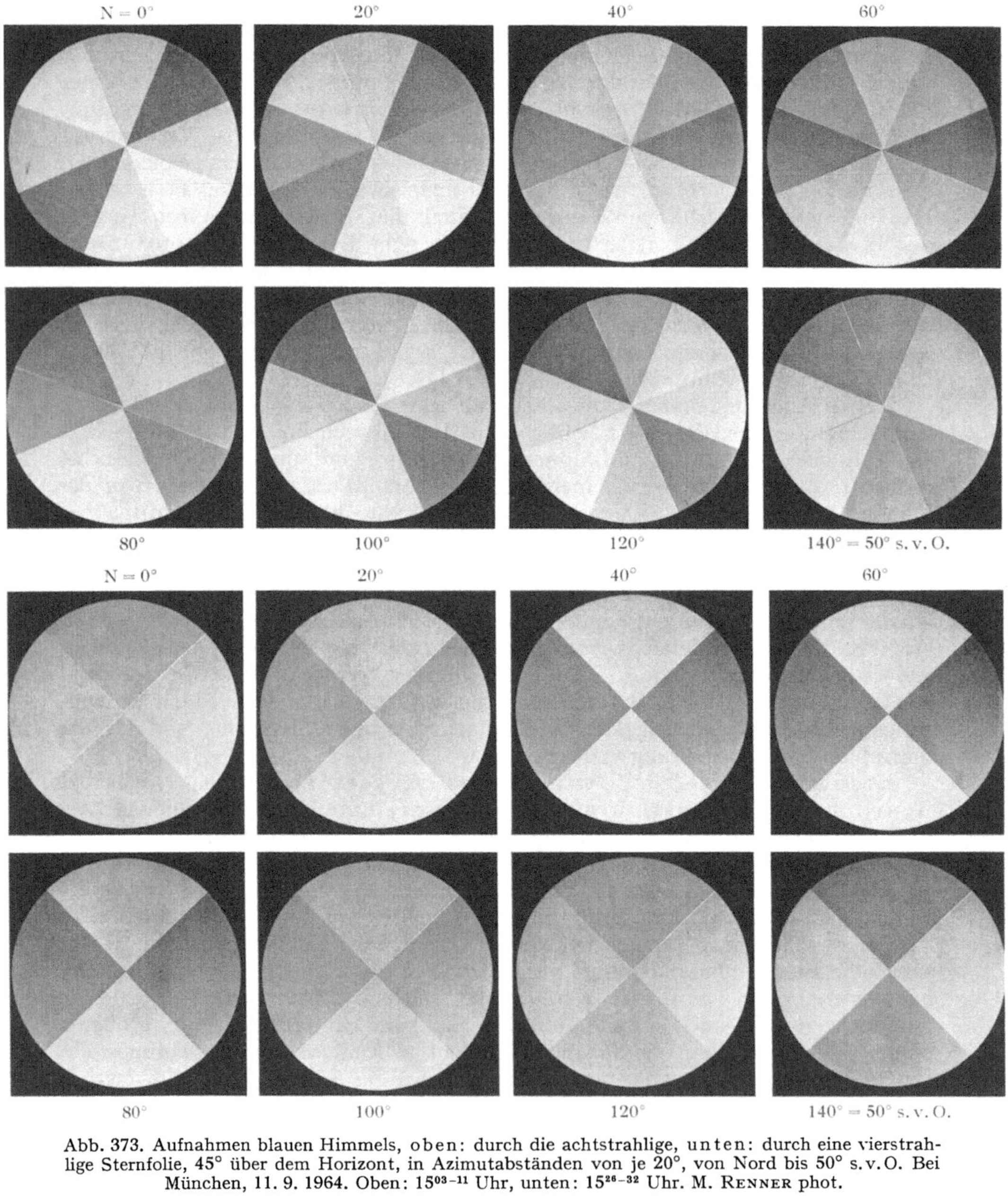

Abb. 373. Aufnahmen blauen Himmels, oben: durch die achtstrahlige, unten: durch eine vierstrahlige Sternfolie, 45° über dem Horizont, in Azimutabständen von je 20°, von Nord bis 50° s.v.O. Bei München, 11. 9. 1964. Oben: 15^{03-11} Uhr, unten: 15^{26-32} Uhr. M. RENNER phot.

Eine vergleichbare, aber bilateral-symmetrische vierstrahlige Anordnung ist in den Ommatidien von Wasserwanzen und Wasserläufern gegeben. Beim Rückenschwimmer

(Notonecta) erhielt Lüdtke (1957) bei elektrophysiologischer Registrierung und Ableitung von kleinen Ommengruppen bei Reizung mit polarisiertem Licht deutlich verschieden hohe Potentiale bei Änderung der Schwingungsrichtung des Reizlichtes, wobei die Maxima und Minima durch Winkel von 90° getrennt waren. Am Bienenauge fand er — in Übereinstimmung mit Autrum und Stumpf — keinen solchen Effekt. Er führt den Unterschied auf die asymmetrische Anordnung der Sinneszellen zurück, wie sie ähnlich auch bei Wasserläufern gegeben ist: bei diesen *(Velia, Gerris, Hydrometra)* bilden im Querschnitt 6 Rhabdomeren ein Rechteck, das 2 kleinere Sehstäbe umschließt (Abb. 374)[1]).

Abb. 374. Querschnitt durch das Rhabdom des Wasserläufers *Velia* mit 6 größeren und 2 kleineren Rhabdomeren. Bei den größeren sind zwei einzeln, vier zu zwei Paaren enger vereint; die Einschnürung läßt die Grenze erkennen. Nach Rensing 1962

12. Struktur der Sehstäbe und Wahrnehmung polarisierten Lichtes bei anderen Tiergruppen

Die im wesentlichen übereinstimmende Feinstruktur der Sehstäbe von den niedersten bis zu höchststehenden Insekten (bei Apterygoten, Schaben, Heuschrecken, Schnabelkerfen, Libellen, Schmetterlingen, Fliegen, Hautflüglern) läßt erwarten, daß sie ein Gemeingut aller Insekten ist. Auch die Fähigkeit zur Analyse polarisierten Lichtes ist bei so vielen Insektengruppen nachgewiesen (s. S. 448ff.), daß mit ihrer allgemeinen Verbreitung gerechnet werden kann. Die Annahme eines ursächlichen Zusammenhanges zwischen beiden Erscheinungen wird dadurch gefestigt, daß neuerdings das Vorkommen jener Feinstrukturen wie auch die Wahrnehmung polarisierten Lichtes weit über den Kreis der Insekten hinaus bekannt geworden ist.

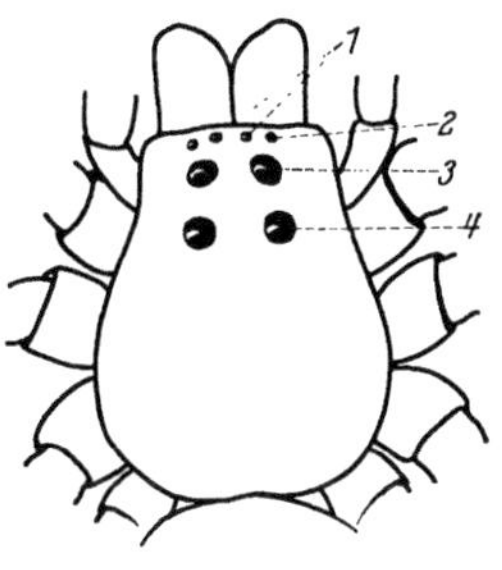

Abb. 375. Kopfbruststück einer Spinne. Schema zur Bezeichnung der Punktaugen: 1 = vordere Mittelaugen (Hauptaugen); 2 = vordere Seitenaugen, 3 = hintere Mittelaugen, 4 = hintere Seitenaugen; 2, 3 und 4 werden gemeinsam als Nebenaugen bezeichnet

Spinnentiere haben keine Facettenaugen, sondern nur Punktaugen (Ocellen). Bei den hier interessierenden Arten der hoch entwickelten Araneen sind sie zu 4 Paaren angeordnet; 3 Paare (zum Teil mit mächtigen Linsen) haben ein weites Sehfeld (Nebenaugen, 2—4 in Abb. 375), aber nur 1 Augenpaar, die vorderen Mittelaugen (Hauptaugen, 1 in Abb. 375) sind so gebaut, daß sie ein bescheidenes Bildsehen vermitteln und mit ihrer beweglichen Netzhaut eine Beute fixieren können. Diese Hauptaugen nehmen auch die Schwingungsrichtung polarisierten Lichtes wahr, während die Nebenaugen in dieser Hinsicht versagen oder eine ganz untergeordnete Rolle spielen (Görner 1958, 1962 bei *Agelena*, Magni, Papi, Savely und Tongiorgi 1964 bei *Arctosa*).

Miller (1957, S. 424) fand bei den Hauptaugen einer nicht bestimmten Spinnenart in den Sehstäben Mikrovilli in der typischen Anordnung. Baccetti und Bedini (1964) geben eine vergleichende Beschreibung für die Hauptaugen und Nebenaugen von *Arctosa*. Ein Schnitt quer zur optischen Achse zeigt im

---

[1]) Nach Rensing (1962) erscheinen beim Wasserläufer *(Velia)* bei Drehung eines Polarisators um 90° abwechselnd die zwei einander gegenüberliegenden Rhabdomerenpaare, bzw. die beiden übrigen äußeren zusammen mit den beiden inneren Rhabdomeren hell bzw. dunkel. Das ist aber kein Nachweis einer natürlichen dichroitischen Absorption in den Sehstäben, sondern war ein künstlicher Dichroismus infolge von Goldchloridfärbung.

Hauptauge an jeder Sinneszelle einen Kranz von meist 5 Rhabdomeren (Abb. **376**a). An den elektronenoptischen Aufnahmen erkennt man in ihnen klar Mikrovilli, die sich radiär um die Achse der Sinneszelle gruppieren, wie es Abb. **376**b schematisch darstellt. In den Nebenaugen fehlt die radiäre Anordnung; hier sind die Röhrchen gleich ausgerichtet. Die Sinneszellen liegen in gefalteten Reihen, und nur an deren Umschlagstellen kommt als Übergang eine andere Ausrichtung vor (Abb. **377**). BACCETTI und BEDINI meinen (l. c. S. 120), daß die bestechende Theorie von einer Analyse der Schwingungsrichtung durch die Struktur der Rhabdomeren

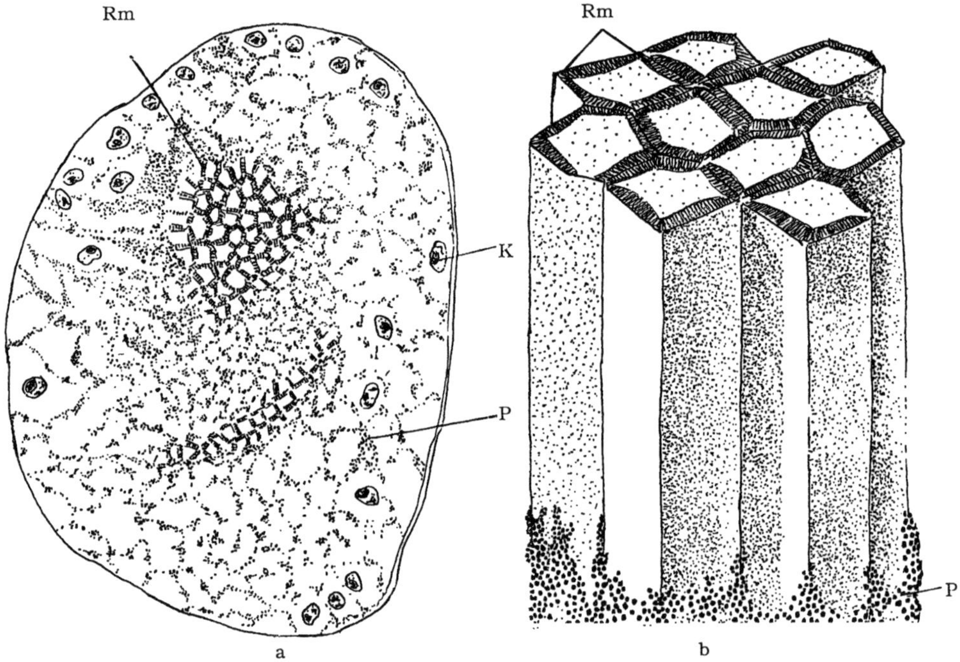

Abb. 376. a) Querschnitt durch ein Hauptauge der Spinne *Arctosa variana* KOCH. Zwei Gruppen von Sehzellen sind im Bereich ihrer Rhabdomeren (Rm) getroffen. K Kern einer Sehzelle, P Ausläufer von Pigmentzellen. b) Schematische Darstellung der distalen Teile von einer Gruppe von Sehzellen des Hauptauges. Nach BACCETTI und BEDINI 1964

hier keine Bestätigung finde, weil gerade in den Hauptaugen, die das polarisierte Licht wahrnehmen können, keine bevorzugte Ausrichtung erkennbar sei.

Tatsächlich scheint hier für unsere Vorstellung vom Mechanismus der Analyse eine Schwierigkeit zu bestehen: zwar zeigt sich an den Rhabdomeren – und nur an jenen der Hauptaugen – eine radiäre Gruppierung, die auffällig an die Rhabdomeren-Rosette einer Insekten-Retinula erinnert (vgl. Abb. **329**, **363**, S. **390**, **428**). Während aber bei dieser die verschieden ausgerichteten Röhrchen verschiedenen, getrennt abgeleiteten Sinneszellen angehören, sind sie im Spinnenauge an einer Sinneszelle entwickelt und können nicht getrennt zur Geltung kommen.

In einem Briefwechsel über diese Frage mit P. GÖRNER und U. THURM wies der letztere darauf hin, daß dicht aneinander gepackte Fünfecke keine gleichwinkeligen Fünfecke sein können, weil solche, aneinander gelegt, Zwischenräume zwischen sich lassen müßten. Tatsächlich betonen BACCETTI und BEDINI (S. 102) ihre unregelmäßige Gestalt, und das Querschnittsbild (Abb. **376**a) läßt eine solche deutlich erkennen. Das scheint uns der springende Punkt zu sein.

GÖRNER machte ein einfaches Experiment: Er schnitt Streifen aus einer Polarisationsfolie und machte ein Modell nach Art der Sternfolie, aber in einer Anordnung, wie sie den Rhabdomeren im Spinnenauge entspricht (Abb. **378**a). Die Streifen sind zu einem unregelmäßigen Fünfeck zusammengefügt, in einer Weise,

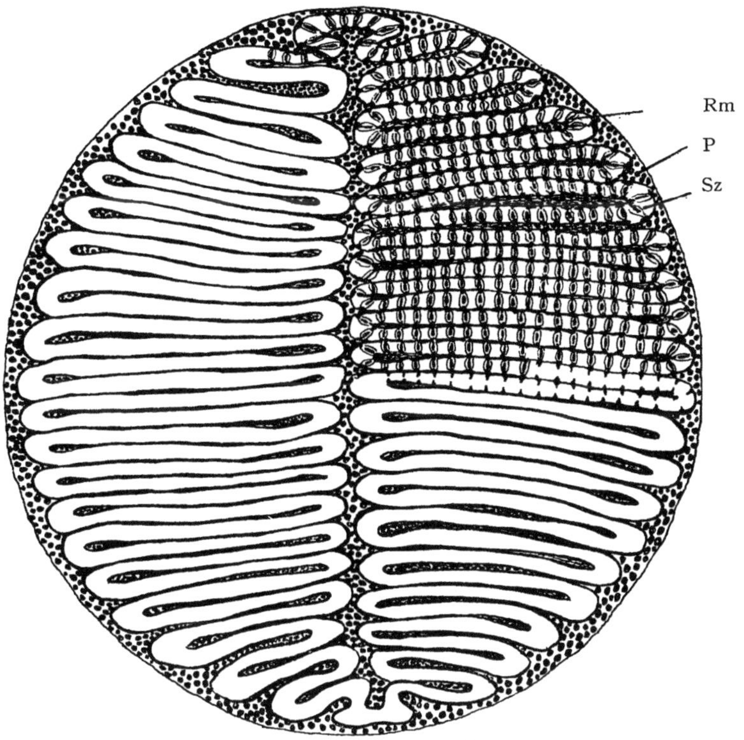

Abb. 377. Schematischer Querschnitt durch ein Nebenauge der Spinne *Arctosa variana* im Bereich der Rhabdomeren (Rm). Sz Sinneszelle, P Pigment. Nach BACCETTI und BEDINI 1964

wie sie sich bei aneinanderschließenden Fünfecken ergeben kann und wie man sie auf dem Querschnitt Abb. **376**a im Hauptauge verwirklicht findet. Zum Vergleich diente das Modell eines gleichwinkeligen Fünfeckes (Abb. **378**b). Die Mittelteile

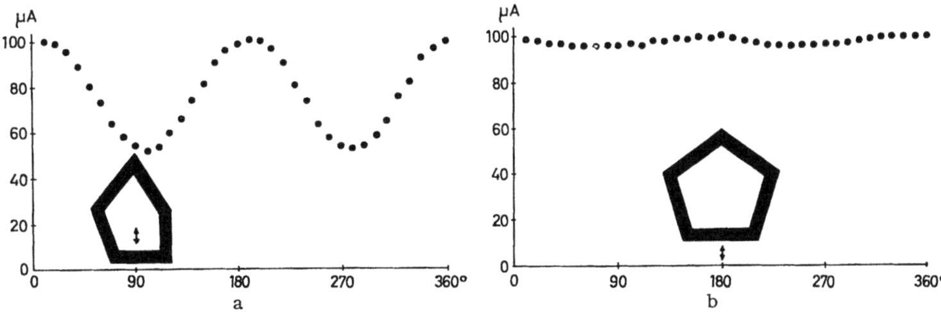

Abb. 378. a) Modell zum Hauptauge der Spinne. Aus einer Polarisationsfolie ausgeschnittene Streifen sind zu einem unregelmäßigen Fünfeck zusammengefügt. Bei Projektion auf eine Photozelle ergeben sich bei Drehung einer vorgeschalteten Folie die durch die Kurve dargestellten Stromschwankungen. b) Ergebnis desselben Versuchs mit einem regelmäßigen Fünfeck. Nähere Erklärung im Text. Nach GÖRNER, briefliche Mitteilung

wurden mit schwarzem Papier abgedeckt, die künstlichen „Rhabdomeren" mit einer Lampe auf eine Photozelle projiziert und der gesamte Photostrom an einem Mikroamperemeter abgelesen. Eine vorgeschaltete Polarisationsfolie wurde in Stufen von 10° zu 10° gedreht und der Photostrom notiert, dessen maximale Stärke auf 100 μ Ampere eingestellt war. Bei der gleichwinkeligen „Sinneszelle" schwankte die Helligkeit um maximal 4 %[1]), bei der ungleichwinkeligen aber um 48 %, wobei die Maxima und Minima von 90° zu 90° auftraten (vgl. die Kurven über den Fünfecken in Abb. 378). Im unregelmäßigen Modell stellt sich also durch das Zusammenwirken der Rhabdomeren derselbe Effekt ein wie bei einer Sinneszelle des Insektenauges mit ihrem einzigen Sehstab. Die Analyse der Schwingungsrichtung müßte sich im Spinnenauge, wie bei Insekten, durch das Zusammenwirken mehrerer, verschieden orientierter Sinneszellen ergeben.

Der Feinbau im Hauptauge der Spinnen steht also mit unserer Theorie nicht in Widerspruch. Nur hat die Natur für diese andersartigen Augen anscheinend einen anderen Weg gefunden. Aus den Angaben und Abbildungen von Baccetti und Bedini läßt sich entnehmen, daß in den Nebenaugen die Voraussetzung für die Analyse polarisierten Lichtes nicht gegeben ist, weil die Feinstruktur der Rhabdomeren über das ganze Auge hin im wesentlichen die gleiche Ausrichtung hat (Abb. 377), während in den Hauptaugen durch die ungleichen und verschieden orientierten Rhabdomeren-Fünfecke (Abb. 376) die Möglichkeit der Analyse sehr wohl besteht. Dieser Befund harmoniert mit den Ergebnissen der Verhaltensversuche.

Nicht verständlich sind die elektrophysiologischen Ergebnisse von Magni, Papi, Savely u. Tongiorgi (1962, 1964), die bei *Arctosa variana* Koch im Elektroretinogramm vom Hauptauge und vom hinteren mittleren Nebenauge bei Drehung einer vorgeschalteten Polarisationsfolie Maxima und Minima der Erregungspotentiale erhielten, von den übrigen Nebenaugen aber nicht. Es ist auch unklar, warum nur dunkeladaptierte Augen auf die Drehung der vorgeschalteten Polarisationsfolie angesprochen haben, während sie nach Helladaptation auf eine Änderung der Schwingungsrichtung nicht mehr reagierten. Da diese Spinnen Tagtiere sind und sich im hellen Tageslicht nach der Himmelspolarisation orientieren, muß man fragen, ob die beschriebenen elektrophysiologischen Erscheinungen einen sicheren Schluß auf die Analyse polarisierten Lichtes durch die Sinneszellen gestatten. Eine Ableitung von einzelnen Sinneszellen, wie am Insektenauge, könnte Aufschluß bringen. Jedenfalls erfordert das anziehende Problem noch weitere elektrophysiologische und morphologische Untersuchungen.

Bei Krebsen ist die Wahrnehmung polarisierten Lichtes weit verbreitet; elektronenoptische und elektrophysiologische Arbeiten an ihren Lichtsinneszellen scheinen leider nicht vorzuliegen.

Aber weit abseits der Gliederfüßer, im Stamm der Mollusken, wurde bei Kraken und Tintenfischen die Wahrnehmung polarisierten Lichtes (s. S. 453, 454) und eine Feinstruktur der Sehstäbe gefunden, die durch das Vorhandensein und die Anordnung feinster Röhrchen den Verhältnissen im Bienenauge überraschend ähnlich ist (Wolken 1958, Moody u. Robertson 1960, Moody u. Parriss 1961, Jander, Daumer u. Waterman 1963).

Kraken und Tintenfische besitzen Linsenaugen, die in ihrer Ausbildung und Funktion den Linsenaugen der Wirbeltiere gleichen, aber entwicklungsgeschichtlich auf andere Weise entstehen; bei ihnen sind die Sinneszellen der Netzhaut mit ihren freien Enden dem Lichteinfall zugewandt. Abb. 379 zeigt schematisch eine solche

[1]) Theoretisch sollte sie konstant bleiben. Görner vermutet, daß sein Fünfeck nicht genau gleichwinkelig war.

Lichtsinneszelle von *Octopus*. Sie besitzt zwei einander gegenüberliegende Rhabdomeren (rhm.) und Mikrovilli, die in ihrer streng parallelen Ausrichtung senkrecht zum Lichteinfall und in ihrer Größe (Durchmesser eines Röhrchens etwa 60 mμ) den Verhältnissen bei Insekten entsprechen. Die Richtung der Röhrchen ist bei benachbarten Sehzellen um 90° verschieden, so daß in jedem, von 4 Sehzellen umgebenen Rhabdom zwei zu einander senkrechte Richtungen vertreten sind (Abb. 380, vgl. hierzu Abb. 370, S. 432 von der Biene). Jede Sehzelle entwickelt also bei *Octopus* zwei Sehstäbe (bei Insekten nur je einen) und beteiligt sich am Aufbau von zwei Rhabdomen. Bei Tintenfischen ist die Anordnung etwas anders, aber in den hier wesentlichen Punkten besteht Übereinstimmung (ZONANA 1961). Der abweichende Bau der Sinneszellen ist verständlich, weil ja die stammes-

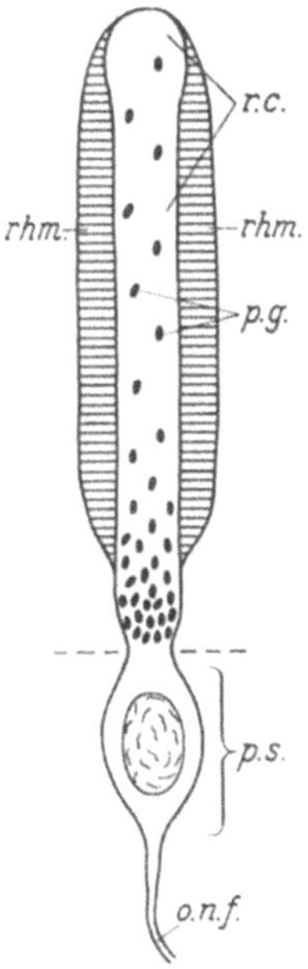

Abb. 379

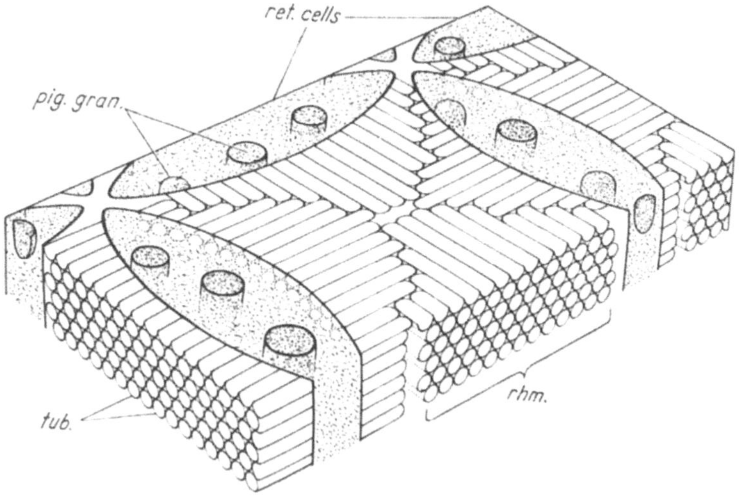

Abb. 380

Abb. 379. Eine Sehzelle aus der Netzhaut von *Octopus*, schematisch. Die Sinneszelle r.c. hat zwei Rhabdomeren (rhm.); p.g. Pigmentkörnchen, im unteren pigmentfreien Abschnitt der Zelle (p.s.) liegt der Kern; o.n.f. Nervenfaser. Nach MOODY und PARRISS 1961

Abb. 380. Aufbau des Rhabdoms bei *Octopus*, schematisch. In der Mitte ein vollständiges Rhabdom im Querschnitt. Es wird von vier Rhabdomeren gebildet, deren Tubuli senkrecht zueinander ausgerichtet sind. Dieselben Sinneszellen beteiligen sich mit ihrem zweiten Rhabdomer am Nachbar-Rhabdom. ret.cells Sinneszellen, rhm. Rhabdomer, tub. Microtubuli. pig. gran. Pigmentkörnchen. Nach MOODY und PARRISS 1961

geschichtliche Herkunft der Kraken und Tintenfische eine völlig andere ist als bei Insekten. Um so auffälliger ist es, daß sie zur Wahrnehmung polarisierten Lichtes die gleiche Feinstruktur zu Wege gebracht haben.

Der Zusammenhang zwischen dem geschilderten Feinbau und der Fähigkeit zur Analyse der Schwingungsrichtung gewinnt noch an Überzeugungskraft dadurch, daß – soweit die bisherigen Kenntnisse reichen – das Fehlen jener Struktur mit dem Mangel der Fähigkeit zur Analyse polarisierten Lichts einhergeht. Das gilt vor allem für die Augen der Wirbeltiere. Deren Sehelemente, die Außenglieder der Stäbchen und Zapfen, erscheinen im elektronenoptischen Bild als Säulen feinster Plättchen oder abgeflachter doppelwandiger Säckchen, die – wie die Mikrovilli der Arthropoden und Mollusken – untereinander parallel und quer zur Lichtrichtung angeordnet sind (SJÖSTRAND 1959, MOODY u. ROBERTSON 1960, DE ROBERTIS 1960, BROWN, GIBBONS u. WALD 1963). Sie lassen aber das

Merkmal vermissen, das für die Wahrnehmung der Schwingungsrichtung offenbar wesentlich ist: die radiäre Ausrichtung.

Durch die bekannte Erscheinung der Haidingerschen Büschel ist unter günstigen Bedingungen auch das menschliche Auge imstande, die Schwingungsrichtung polarisierten Lichtes, z. B. am blauen Himmel zu erkennen. Es handelt sich bei diesem Phänomen um eine Nebenerscheinung, die durch das gelbe Pigment der macula lutea und radiär verlaufende Fasern über dem Lager der Sehzellen bedingt ist. Die Haidingerschen Büschel kann man gut erkennen, wenn man ein hell beleuchtetes weißes Papier durch eine Polarisationsfolie betrachtet. An der fixierten Stelle erscheint ein blasses Farbkreuz, bestehend aus einer gelben Doppelgarbe und zu Seiten ihrer Einschnürung zwei bläulichen Flecken. Bei Drehung der Folie dreht sich entsprechend auch die Büschelfigur, und zwar so, daß eine senkrecht zur Garbenachse durch die blauen Flecken gelegte Linie der Schwingungsrichtung des polarisierten Lichtes entspricht. Am blauen Himmel ist die Büschelfigur lichtschwach, weil das Himmelslicht nur teilweise polarisiert ist. Immerhin kann es von empfindlichen Personen gesehen werden. Solche sind imstande, an der Stellung des Farbkreuzes die Schwingungsrichtung des polarisierten Lichtes zu erkennen — aber nur an der jeweils fixierten Stelle, da die Erscheinung auf die fovea centralis beschränkt ist[1]). Die wenigsten Menschen wissen davon. Ob unter den Naturvölkern etwa in dieser Hinsicht bessere Beobachter sind und ob solche die gebotene Möglichkeit einer Orientierung nach der Polarisation am Himmelszelt zu nutzen wissen, ist mir nicht bekannt.

Die polarisierende Eigenschaft von Folien beruht auf dem Dichroismus. Manche doppelbrechenden Kristalle und durch Streckung doppelbrechend gemachte eingefärbte Folien sind für eine Schwingungsrichtung des Lichtes durchlässig, während die andere absorbiert wird. Einfallendes natürliches Licht wird daher in bestimmter Richtung linear polarisiert, wenn die einzelnen Kriställchen parallel zueinander ausgerichtet sind, bzw. wenn die eingefärbte Folie über die gesamte Fläche gleichgerichtete Doppelbrechung zeigt. Es wurde die bestechende Vorstellung entwickelt, daß die strenge Ordnung der Mikrovilli in den Sehstäben die Grundlage bildet für eine ebenso geordnete Einlagerung der Sehstoff-Moleküle, und daß so der Sehstoff selbst durch dichroitische Absorption als Analysator dient (DE VRIES, SPOOR u. JIELOF 1953, STOCKHAMMER 1956, 1959, MOODY u. PARRISS 1961).

Dichroitische Absorption in den Sehstäben zu beobachten, ist bisher nicht gelungen. Theoretisch würde aber für die Wahrnehmung der Schwingungsrichtung ein so geringer Betrag genügen, daß sein Nachweis mit subjektiven Methoden nicht verlangt werden muß (DE VRIES, SPOOR u. JIELOF 1953). Wenn der Dichroismus und die gerichtete Einlagerung des Sehstoffes[2]) gegeben sind, ist der Mechanismus der Analyse polarisierten Lichtes geklärt. Für die Richtigkeit dieser Voraussetzungen steht der Beweis noch aus.

Nach der klassischen und im wesentlichen noch heute gültigen Theorie liefert jedes Ommatidium des Facettenauges einen Bildpunkt, wirkt also in dieser Hinsicht als Einheit. Die Analyse des polarisierten Lichtes aber ergibt sich aus der unterschiedlichen Erregung der verschieden orientierten Sehstäbe innerhalb des Einzelauges, erfordert also eine getrennte Verwertung der innerhalb des Ommas gegebenen Reize. Eine solche ist nur möglich bei getrennter nervöser Ableitung der einzelnen Sinneszellen. Sie wurde schon von HESSE (1901) fest-

---

[1]) „Periphere Polarisationsbüschel" werden nur unter besonderen Bedingungen sichtbar (BOEHM 1940).

[2]) Eine gerichtete Lagerung der Sehstoffmoleküle ist nach AUTRUM (1953) auch deshalb anzunehmen, weil sie die Voraussetzung für das hohe zeitliche Auflösungsvermögen vieler Insektenaugen bildet.

gestellt und seither wiederholt bestätigt (z. B. PHILLIPS 1905, CAJAL u. SANCHÉZ 1915, ELTRINGHAM 1919, STOCKHAMMER 1956, NOLTE 1961, NAKA u. EGUCHI 1962)[1]).

Da in benachbarten Einzelaugen jene Sehstäbe, welche die gleiche Stellung haben, auch in der Schwingungsrichtung einander entsprechen, wäre für die Analyse der Polarisation eine nervöse Zusammenfassung gleich gelagerter Sehzellen jeweils aus einer kleinen Ommatidien-Gruppe sinnvoll. Vielleicht liegt hierin die Bedeutung der Überkreuzungen von Sehnervenfasern, die, von den Sehzellen kommend, in den „Neurommatidien" zu anderer Gruppierung zusammengefaßt werden (v. FRISCH 1951a; vgl. Abb. 381). In der Diskussion dieses auffälligen Befundes ist man bisher,

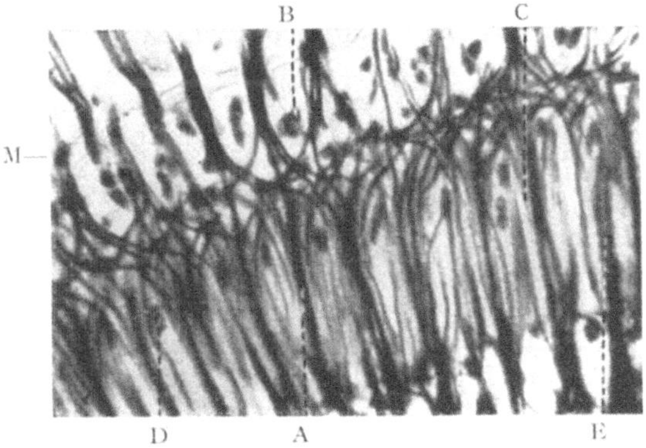

Abb. 381. Ausschnitt aus der *Lamina ganglionaris* der Stubenfliege *(Musca domestica)* nach GROS-SCHULTZE-Imprägnation. M Basalmembran, A zentripetale Fasern der Rhabdomeren, B Kern einer Ganglienzelle mit Fortsatz, C Endigung einer kurzen Sehzellenfaser, D Kern einer intralaminären Ganglienzelle, E zwei verbreiterte Fasern im Bereich der Kollateralen. Nach G. F. MEYER 1951

soviel mir bekannt ist, über Vermutungen nicht hinausgekommen, die sich allerdings in anderer Richtung bewegt haben (CAJAL-SANCHÉZ 1915, HANSTRÖM 1927, KUIPER 1962).

Wie das Auge seiner Doppelaufgabe der Bild- und Polarisations-Wahrnehmung im einzelnen gerecht wird, ist eine ungelöste Frage.

Zusammenfassung

Die Orientierung nach polarisiertem Licht (S. 384—443)

1. Bei Tänzen auf horizontaler Unterlage können die Bienen auch ohne Anblick der Sonne die Richtung zum Ziel weisen, wenn sie blauen Himmel sehen. Es genügt ein runder blauer Fleck, dessen Durchmesser einem Sehwinkel von 10–15° entspricht. Bei bedecktem Himmel und ohne freien Blick nach dem Sonnenort sind die Tänze desorientiert. Ist eine Himmelsstelle unter solchen Umständen auffällig heller als die Umgebung, so kann sie von den Tänzerinnen als Ersatz für die Sonne angenommen werden („Lampeneffekt"). Sie dient statt der Sonne als Bezugspunkt für die Richtungsweisung.

2. Die Orientierung nach blauem Himmel ist möglich, weil Bienen die Schwingungsrichtung des polarisierten blauen Himmelslichtes wahrnehmen können, die vom Sonnenstand abhängig ist (Abb. 327, 328, S. 386f.).

[1]) Es ist in diesem Zusammenhange bemerkenswert, daß bei *Octopus* die zwei von jeder Sehzelle entwickelten Sehstäbe dieselbe Ausrichtung haben und gemeinsam von einer Nervenfaser abgeleitet werden (s. Abb. 379, S. 441).

3. Die Wahrnehmung der Schwingungsrichtung polarisierten Lichtes ist aus folgenden Tatsachen zu schließen:

a) Zeigt man den Bienen bei Tänzen auf horizontaler Wabe das Polarisationsmuster des Südhimmels im Norden, so weisen sie die Richtung zum Ziel spiegelbildlich verkehrt.

b) Zeigt man den Bienen bei Tänzen auf der vertikalen Wabenfläche blauen Himmel, ohne daß sie die Sonne sehen können, so zeigen die Tänze die Mittellinie zwischen den beiden Richtungen, welche die Tänzerinnen beim Transponieren des Sonnenwinkels auf die Richtung der Schwerkraft, bzw. bei direkter Einstellung nach dem Sonnenstand einzuhalten hätten (Abb. 193, S. 207).

c) Tänzerinnen auf horizontaler Wabe, die sich nach einem blauen Himmelsfleck orientieren, werden nicht gestört, wenn sie durch eine vorgeschaltete Polarisationsfolie vollständig polarisiertes Licht der gleichen Schwingungsrichtung sehen, wie sie (mit nur teilweiser Polarisation) an jenem Himmelsfleck gegeben ist. Durch Drehung der Folie wird die Tanzrichtung im Sinne der Drehung abgelenkt.

d) Die Tänzerinnen haben Ausblick nach einem seitlich gelegenen blauen Himmelsfleck durch eine Polarisationsfolie, die so eingestellt ist, daß sie die Schwingungsrichtung des Himmelslichtes nicht ändert. Dann wird die Folie um einen bestimmten Winkelbetrag gedreht und die Änderung des Tanzwinkels gemessen. Eine Sternfolie als Modell des Bienenauges (vgl. Punkt 15 der Zusammenfassung) ist auf die Himmelsstelle gerichtet, nach welcher die Tänzerinnen Ausblick haben und zeigt ein entsprechendes Polarisationsmuster. Eine vorgesetzte Polarisationsfolie wird in die gleiche Stellung gebracht wie die Folie über dem Bienenstock und zeigt uns das geänderte Polarisationsmuster, das sich nun dem Bienenauge bietet. Wir stellen mit Hilfe der Sternfolie fest, wo am Himmel dieses veränderte Muster sichtbar ist. Die Ergebnisse solcher Versuche beweisen die Orientierung nach der Schwingungsrichtung des polarisierten Himmelslichtes: wenn durch die vorgeschaltete Folie ein Polarisationsmuster erzeugt wird, das zur Zeit unter einem anderen Azimut am Himmel sichtbar ist, so ändert sich die Tanzrichtung um den entsprechenden Winkelbetrag (Abb. 336, S. 394). Ist das künstlich erzeugte Muster zur Zeit am Himmel nirgends sichtbar, so sind die Tänze desorientiert. Ist das künstliche Muster an zwei Himmelsstellen sichtbar (wie es bei Horizontnähe der Sonne der Fall ist), so verlaufen die Tänze doppelsinnig. Sehen die Tänzerinnen einen blauen Himmelsfleck über sich im Zenit, so weisen sie, entsprechend dem zweideutigen Zenitmuster, in buntem Wechsel die Richtung teils zutreffend, teils spiegelbildlich falsch.

Für die Richtungsweisung maßgebend ist die Schwingungsrichtung des polarisierten Lichtes. Der Polarisationsgrad ist nur insoferne wichtig, als er hinreichen muß, um die Wahrnehmung der Schwingungsrichtung möglich zu machen (vgl. Punkt 8 der Zusammenfassung).

4. Bienen wurden in einer, ihnen fremden Gegend am Nachmittag im Schatten eines hohen Bergrückens auf eine Himmelsrichtung dressiert (Bergschattenversuch). Am folgenden Morgen abermals in eine ihnen unbekannte Gegend versetzt, suchten sie den Futterplatz in der andressierten Himmelsrichtung (Abb. 340—342, S. 398f.). Da sie bei der Dressur nur blauen Himmel und nicht die Sonne gesehen hatten, müssen sie mit dem Tagesgang der Polarisationsmuster ebenso vertraut sein wie mit dem Tagesgang der Sonne.

5. Für die Bienen sind die Polarisationsmuster des Himmels mit dem Sonnenstand gekoppelt. Sammlerinnen, die in fremder Gegend beim Flug zum Futterplatz nur blauen Himmel sehen, geben bei ihren Tänzen auf der vertikalen

Wabenfläche – auf die Richtung zur Schwerkraft transponiert – den richtigen Sonnenwinkel an. Sie haben also aus der Himmelspolarisation, die sie auf dem Flugwege sehen konnten, den Sonnenstand entnommen. Die von ihnen alarmierten Neulinge haben den Sonnenwinkel erfahren, den sie bei ihrem Ausflug einhalten sollen, und finden diese Richtung ohne die Sonne zu sehen, nach dem blauen Himmel.

Bienen, die bei geschlossener Wolkendecke an einem Futterplatz verkehren, orientieren ihre Tänze auf horizontaler Wabe unter einer Polarisationsfolie zutreffend nach einer künstlich erzeugten Schwingungsrichtung. Das gilt auch für Bienen, die erst bei geschlossener Wolkendecke neu an den Futterplatz kamen und auf ihrem Flugweg zwar die Sonne durch die Wolken, aber keinen blauen Himmel gesehen haben. Das ist ein weiterer Beleg dafür, daß in den nervösen Zentren der Bienen die Polarisationsmuster des Himmelszeltes mit dem Sonnenstand gekoppelt sind.

6. Wenn man für Bienen, die auf der horizontalen Wabe tanzen, bei künstlich geänderter Schwingungsrichtung gleichzeitig die Sonne sichtbar macht und so die Sonne mit der Polarisation am blauen Himmel in Konkurrenz setzt, dann gibt die Sonne den Ausschlag. Verwendet man aber statt der üblichen Folien, die das Ultraviolett fast völlig absorbieren, ultraviolettdurchlässige Folien, so hat auch das polarisierte Licht deutlichen Einfluß auf die Tanzrichtung. Bei einer dritten Versuchsanordnung wurde die natürliche Polarisation des ganzen Himmelszeltes mit der Sonne in Konflikt gebracht, indem diese abgedeckt und unter einem Winkel von 90° auf die Wabe gespiegelt wurde (Abb. 349, S. 407). Die Bienen wiesen dann eine Kompromißrichtung, wobei je nach der Tageszeit das polarisierte Licht oder die Sonne den stärkeren Einfluß hatte. Zur Erklärung wird auf die tageszeitlichen Unterschiede der Polarisationsmuster in der Flugrichtung der Bienen und auf die stärkere UV-Helligkeit der Sonne bei größerer Höhe hingewiesen.

7. Versuche mit Farbfiltern zeigen, daß die Orientierung nach der Schwingungsrichtung sowohl im Ultraviolett allein, wie auch in blauem Licht allein sehr gut möglich ist. Im Grün und Gelb ist die Schwingungsrichtung polarisierten Lichtes für die Orientierung unwirksam. Das ist biologisch bedeutsam. Im Ultraviolettbereich wird die Schwingungsrichtung des Himmelslichtes am wenigsten durch atmosphärische Einflüsse gestört.

8. Es wurde der Polarisationsgrad gemessen, der für die Orientierung der Bienen am blauen Himmel erforderlich ist. Es genügen rund 10 % polarisierten Lichtes. Bei weniger als 7 % waren die Tänze immer desorientiert, zwischen 7 % und 15 % liegt ein Übergangsbereich mit teilweise mangelhafter Orientierung.

9. Die Wahrnehmung der Schwingungsrichtung wird durch die Facettenaugen und nicht durch die Punktaugen vermittelt.

10. Die Orientierung der Tänze und das Finden des Weges nach polarisiertem Licht beruht auf vorangegangener Erfahrung (menotaktische Orientierung). Es gibt auch eine angeborene, spontane Einstellung zur Schwingungsrichtung (Grundorientierung), wobei bestimmte Vorzugsrichtungen in der Winkeleinstellung bemerkbar sind. Bei vielen Tieren kennt man nur eine spontane Einstellung zur Polarisation. Bei Bienen ist eine solche neben der menotaktischen Einstellung nachweisbar. Sie kann parallel oder senkrecht zur Schwingungsrichtung sein, wie auch diagonal, in einem Winkel von 45° nach rechts oder links (Abb. 351, S. 415).

11. Unter gewissen Laboratoriumsbedingungen läßt sich durch polarisiertes Licht ein Helligkeitsmuster des Untergrundes erzeugen, das von der Schwingungsrichtung abhängig ist. Es kann auf indirektem Wege eine Orientierung

der Tiere nach der Schwingungsrichtung bewirken. Entsprechende Bedingungen waren aber bei unseren Versuchen nicht gegeben.

12. Es läßt sich nachweisen, daß sich die Bienen unter natürlichen Bedingungen direkt nach dem polarisierten Himmelslicht orientieren:

a) Die Orientierung der Tänze nach dem polarisierten blauen Himmelslicht ist gestört, wenn Teile des oberen Augenbereiches schwarz abgedeckt sind; sie verlaufen ungestört, wenn der gesamte untere Augenbereich eine schwarze Kappe trägt. Die Schwingungsrichtung wird also direkt am blauen Himmel, und nicht am Untergrund abgelesen.

b) Bienen wurden in einer Arena darauf dressiert, im Fußmarsch eine bestimmte Himmelsrichtung einzuhalten. Sie konnten hierbei nur den blauen Himmel über sich, und unter sich den Untergrund sehen. Als Untergrund dienten verschiedenartige Papiere, die das Auftreten von Reflexionsmustern in extrem verschiedener Weise begünstigten. Die Sicherheit der Orientierung wurde durch die Art des Untergrundes nicht beeinflußt. Überdies waren unter den Verhältnissen des Freilandversuches Helligkeitsmuster, die zur Schwingungsrichtung am Himmel in Beziehung standen, auch auf Papieren, die für ihr Zustandekommen besonders günstig waren, nicht nachzuweisen.

13. Wo bisher eine indirekte Orientierung nach polarisiertem Licht vermittelst eines Helligkeitsmusters der Umgebung wahrscheinlich gemacht oder nachgewiesen wurde, geschah dies unter Laboratoriumsbedingungen, welche das Zustandekommen solcher Muster besonders begünstigt haben. Anderseits ist erwiesen, daß sich nicht nur Bienen, sondern auch andere Insekten, ferner Krebse, Spinnentiere und Mollusken direkt nach der Schwingungsrichtung polarisierten Lichtes orientieren können.

14. Der Analysator für die Schwingungsrichtung liegt bei Bienen und anderen Hymenopteren sowie bei Fliegen nicht im dioptrischen System, sondern in den Sehstäben der Sinneszellen.

15. Die Analyse der Schwingungsrichtung durch die Sehstäbe wird verständlich, wenn man annimmt, daß diese selbst das durchgehende Licht polarisieren, und zwar gemäß ihrer radiären Anordnung (Abb. 329b, S. 390) in verschiedener Richtung – wie es das Modell der Sternfolie anschaulich macht. Da die Sinneszellen des Einzelauges getrennt nervös abgeleitet werden, ist die Voraussetzung für eine Analyse der Helligkeitsmuster gegeben, die je nach der Schwingungsrichtung von einfallendem polarisiertem Licht in spezifischer Weise voneinander verschieden sind (vgl. Abb. 334, S. 392).

16. Diese Theorie findet in elektrophysiologischen, polarisationsoptischen und elektronenoptischen Untersuchungen kräftige Stützen, die einander in harmonischer Weise ergänzen:

a) In elektrophysiologischen Arbeiten war es möglich, Mikroelektroden in einzelne Sinneszellen von Fliegen- und Bienenaugen einzustechen und deren Erregungspotentiale bei Belichtung zu registrieren. Bei Drehung einer vorgeschalteten Polarisationsfolie ergaben sich jeweils von 90° zu 90° Maxima und Minima. Dadurch ist nachgewiesen, daß die einzelne Sehzelle auf polarisiertes Licht von verschiedener Schwingungsrichtung mit verschieden starker Erregung reagiert. In verschiedenen Sinneszellen liegt die Schwingungsrichtung maximaler Wirksamkeit verschieden, wie es der Theorie entspricht.

b) Polarisationsoptische Untersuchungen haben gezeigt, daß die Sehstäbe in der Richtung ihrer Längsachse doppelbrechend sind. Die Schwingungsrichtungen kleiner Brechzahl stehen in jedem Einzelauge radiär zu seiner Achse.

c) Die elektronenoptische Untersuchung hat in den Sehstäben eine Feinstruktur aufgedeckt, die als Grundlage für die Analyse polarisierten Lichtes betrachtet werden kann: senkrecht zur Längsachse des Sehstabes verlaufen dicht gepackte feinste Röhrchen (Mikrovilli), die – so wie die Schwingungsrichtung des von den Sehstäben erzeugten polarisierten Lichtes – radiär ausgerichtet sind (Abb. **362–368**, S. 428ff.).

17. Die Anordnung der Feinstruktur entspricht nur bei manchen Insekten dem achtstrahligen Schema des Rhabdoms (Abb. **329**b, S. 390). Bei anderen sind je zwei benachbarte Sehstäbe eng vereint und ihre Mikrovilli gleich ausgerichtet. So wurde bei der Biene trotz 8 Sinneszellen ein vierstrahliger Bau beschrieben. Da die Mikrovilli in den einander gegenüberliegenden Gruppen von Sinneszellen in derselben Richtung angeordnet sind, resultieren nur zwei, zueinander senkrechte Verlaufsrichtungen (Abb. **370**, S. 432). Es ist allerdings noch fraglich, ob dieser Befund auch im dorsalen, gegen den Himmel gerichteten Augenbereich volle Geltung hat (vgl. Abb. **371** und **372**, S. 433f.). In diesem Falle wäre das Modell der Sternfolie für die Biene entsprechend abzuändern (Abb. **373** unten, S. 436).

Bei Betrachtung der Himmelspolarisation mit diesem Modell ergeben sich für die Bestimmung der Schwingungsrichtung zweideutige Muster. Sie werden sofort eindeutig, wenn man die Muster in Betracht zieht, die von mehreren benachbarten Einzelaugen geliefert werden. Durch sie wird offenbar, in welchem Sinne sich die Schwingungsrichtung über das Himmelsfeld hin ändert. Da die Bienen jene doppelsinnigen Muster nicht verwechseln, müssen sie — wenn für den dorsalen Augenbereich die vierstrahlige Anordnung gültig ist — die Meldungen von Gruppen der Einzelaugen entsprechend verwerten können.

18. Die radiäre Anordnung der Feinstrukturen in den Sehstäben hat sich in weitester Verbreitung bei Tiergruppen bestätigt, die zur Analyse polarisierten Lichtes befähigt sind: bei niedersten bis zu höchststehenden Insekten, bei Spinnen, bei Kraken und Tintenfischen. Hingegen fehlt bei Wirbeltieren eine radiäre Anordnung der Feinstrukturen in den Sehzellen, sowie auch die Fähigkeit zur Analyse polarisierten Lichtes.

19. Es wird angenommen, daß die strenge Ordnung der Mikrovilli in den Sehstäben die Grundlage bildet für eine ebenso geordnete Einlagerung der Sehstoff-Moleküle und daß so der Sehstoff selbst durch dichroitische Absorption als Analysator dient.

IV. Ein Seitenblick auf andere Tiere

Wie sich die Tiere in Raum und Zeit zurechtfinden, hat in den letzten Jahren wachsendes Interesse gefunden. Eine Reihe von Symposien und zusammenfassenden Darstellungen war dieser Frage gewidmet[1]). Es ist daher nicht nötig,

[1]) J. Médioni. L'orientation „astronomique" des Arthropodes et des oiseaux, Annales Biolog. 32 Fasc. 1—2, 37—67 (1956). — L. Pardi, L'orientamento astronomico degli animali: risultati e problemi attuali, Bollettino di Zoologia 24 fasc. II, 473—523 (1957). — M. Renner, Der Zeitsinn der Arthropoden. Ergebn. d. Biologie **20**, 127—158 (1958). — K. Stockhammer, Die Orientierung nach der Schwingungsrichtung linear polarisierten Lichtes und ihre sinnesphysiologischen Grundlagen. Ergebn. d. Biologie **21**, 23—56 (1959). — Biological Clocks, Cold Spring Harbor Symposia on quantitative Biology **25** (1960). — A. Hasler, Homing orientation in migrating fish. Ergebn. d. Biologie **23**, 94—115 (1960). — Orientierung der Tiere (Animal orientation), Symposion in Garmisch-Partenkirchen. Ergebn. d. Biologie **26** (1963). — E. Bünning, Die physiologische Uhr, 2. Aufl. 1963. — M. Lindauer, Allgemeine Sinnesphysiologie, Orientierung im Raum, Fortschritte d. Zoologie **16**, 58—140 (1963). — K. Schmidt-Koenig, Über die Orientierung der Vögel; Experimente und Probleme, Die Naturwissenschaften **51**, 423—431 (1964).

alle Befunde neuerdings gesammelt darzustellen. Aber da wir bisher bei keinem anderen Geschöpf so guten Einblick in die Orientierung nach der Sonne und nach dem polarisierten Licht haben wie bei der Biene, wollen wir die wesentlichen, bei anderen Tieren gewonnenen Erkenntnisse vergleichsweise betrachten.

Wir knüpfen an die voranstehenden Abschnitte an und fragen zunächst, wie weit eine Orientierung nach polarisiertem Licht im Tierreich verbreitet ist.

1. Die Orientierung nach der Schwingungsrichtung polarisierten Lichtes

Ein großer Teil der überhaupt geprüften Arten wurde nur im Laboratorium untersucht. Ein Beweis für die Wahrnehmung der Schwingungsrichtung war erbracht, wenn sie sich in der Dunkelkammer, von oben mit polarisiertem Licht bestrahlt, in bestimmten Vorzugswinkeln zur Schwingungsrichtung einstellten. Die Winkelgrößen sind in solchen Fällen auf wenige, von vornherein gegebene Werte beschränkt: 0°, 45°, 90° usw. im Kreise. Es wurde schon S. 414 besprochen, daß diese spontane Einstellung (Grundorientierung) als verhältnismäßig primitive Leistung der nervösen Zentren zu betrachten ist. Als höhere Leistung hat sich bei vielen Gliederfüßern die Fähigkeit entwickelt, auf Grund von Erfahrungen einen beliebigen Winkel zur Schwingungsrichtung festzuhalten und so nach dem polarisierten Licht einen geraden Weg einzuhalten (menotaktische Orientierung). Als höchste Leistung fanden wir die Gabe, die Änderung der Schwingungsrichtung, die sich aus dem Tageslauf der Sonne ergibt, einzurechnen und zu jeder Zeit allein nach dem polarisierten Licht den richtigen Kompaßkurs zu steuern.

Bienen bieten durch ihre zielgerichteten Tänze eine einzigartige Gelegenheit, die Orientierung nach polarisiertem Licht unter mannigfachen Bedingungen zu prüfen. Bei anderen Tieren muß sich das Experiment den gegebenen Möglichkeiten anpassen. Einige Beispiele mögen das belegen.

Alte Beobachtungen lenkten die Aufmerksamkeit zunächst auf Ameisen. SANTSCHI hatte entdeckt, daß solche bei Wanderungen in markenarmem Gelände die Sonne als Kompaß benützen (s. S. 130f.). Er sah aber auch, daß sie die Richtung beibehalten können, wenn sie bei abgeschirmter Umgebung nichts anderes sehen als über sich den blauen Himmel. SANTSCHI glaubte (1923), sie könnten am lichten Tage die Sterne erkennen und nach diesen ihren Kurs steuern. Unsere Erfahrungen an Bienen sprachen für eine andere Deutung. Schon die ersten Proben bestätigten die Vermutung: Ameisen, die im Freiland unter einer Polarisationsfolie vom Nest zur Futterstelle liefen, wurden durch Drehung der Folie, also durch Änderung der Schwingungsrichtung, vom rechten Wege abgelenkt (I. SCHIFFERER, vgl. v. FRISCH 1950, S. 220). Gleichzeitig und unabhängig kam VOWLES (1950, 1954) zu demselben Ergebnis, das für verschiedene Ameisenarten auch von CARTHY (1951) und JANDER (1957) bestätigt wurde. Um die Ameisen in dem beschränkten Raum zu zielgerichtetem Laufen unter einer Polarisationsfolie zu veranlassen, bietet man ihnen am besten unter dem Zentrum einer kreisrunden Folie einen Haufen eigener Puppen, die sie in ihr, am Rande gelegenes Nest eintragen. Abb. 382 zeigt als Beispiel einen solchen Versuch von JANDER an der roten Waldameise (*Formica rufa* L.). Obwohl für die Ameisen gleichzeitig die Sonne sichtbar war, wurden sie beim Eintragen der Puppen in das Nest durch Drehung der Folie um 45° nach rechts deutlich in dieser Richtung abgelenkt, im Durchschnitt um 30°.

Eine biologisch sehr reizvolle Orientierungsweise entdeckten PARDI und PAPI an Uferbewohnern. Das Krebschen *Talitrus*, der „Strandfloh" (Ordnung: Amphipoda) ist in Italien am feuchten Sandstrand der Meeresküste häufig zu finden. Wird er vom Sturm auf den trockenen Sand verweht oder von Wogen ins

Meer gespült, so flieht er stets in der Richtung zu seinem gewohnten Lebensraum, zum Strand. Dabei orientiert er sich nach der Sonne, oder, im Schatten, nach dem blauen Himmel. Er schlägt zu jeder Tageszeit die Richtung zur Küste ein, kennt also den Tagesgang des Polarisationsmusters. Ich verdanke Prof. PARDI die Photographie Abb. **383b**, die er auf meinen Wunsch aufgenommen hat: Die Krebschen wurden am Strand von San Rossore bei Pisa gefangen und am 28. 4. 1964 auf der Terrasse des Zoologischen Institutes in Florenz (vgl. Abb. **383a**) in einer trockenen Glasschale von unten photographiert. Die Sonne war abgedeckt, die

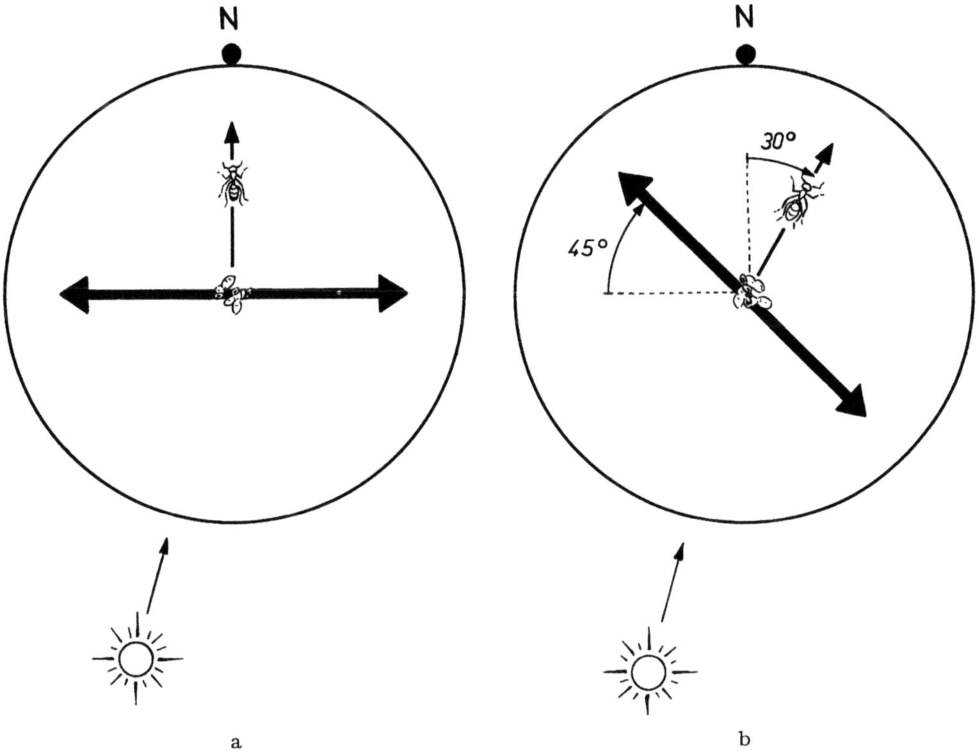

Abb. 382. Nachweis der Orientierung nach der Schwingungsrichtung polarisierten Lichtes bei Ameisen a) Unter einer kreisrunden Polarisationsfolie tragen Ameisen aus dem Zentrum Puppen in ihr Nest, wobei sie senkrecht zur Schwingungsrichtung des Lichtes laufen. Sie sehen gleichzeitig die Sonne b) Bei Drehung der Folie um 45° wurde ihr Lauf durchschnittlich um 30° nach rechts abgelenkt. Dicker Pfeil: Schwingungsrichtung des polarisierten Lichtes, dünner Pfeil: Laufrichtung der Ameisen. Schematisch, nach JANDER 1957

Tiere sahen nur blauen Himmel. Sie strebten vom Trockenen zum Meer in die Richtung nach Westen (Sektor 13), die sie in ihrer Heimat ans Wasser geführt hätte. Auf künstliche Veränderung der Schwingungsrichtung antworten sie mit einer entsprechenden Änderung der Bewegungsrichtung (PAPI und PARDI 1952).

Bei diesem Krebschen und anderen Uferbewohnern ist die Himmelsrichtung, die zum Ziel führt, durch die örtlichen Verhältnisse festgelegt. Anders stehen die Dinge z. B. bei der Trichterspinne *(Agelena)*, bei welcher GÖRNER (1958) durch Ausnützung ihrer Lebensgewohnheiten eine Orientierung nach polarisiertem Licht nachweisen konnte. Diese Spinne baut ein dicht gewebtes flaches Netz und lauert am Rande desselben in ihrer „Warte“ auf Beute. Da sie ihr Netz auch in einem

a

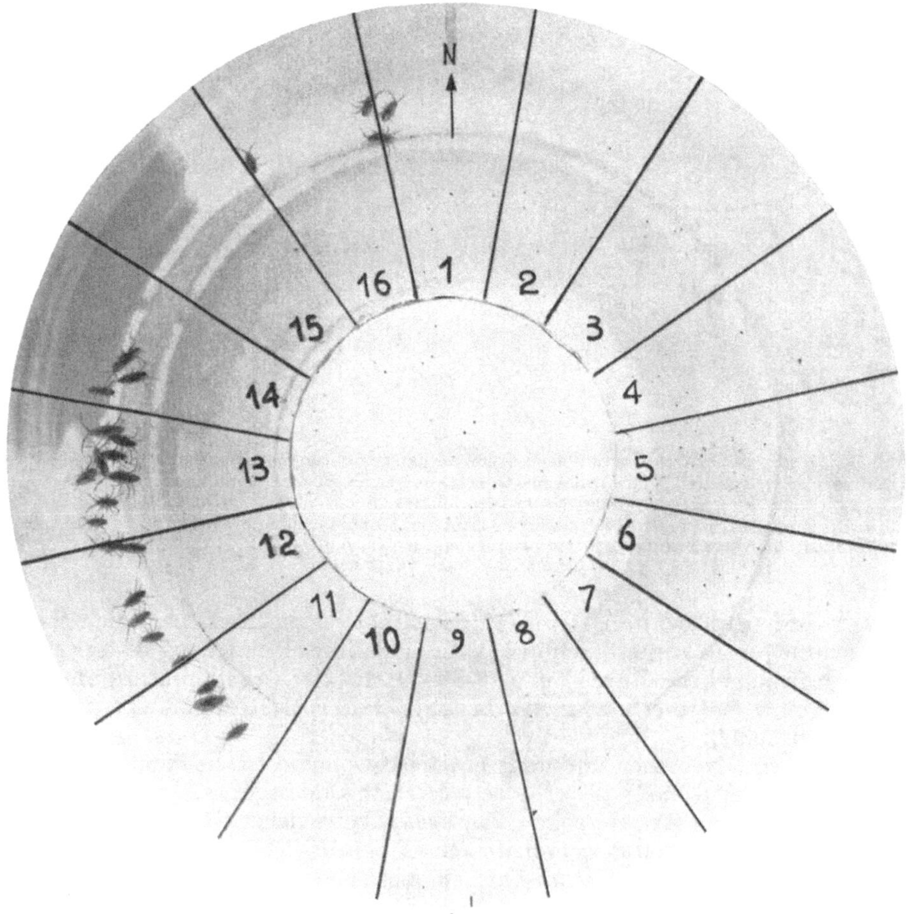

b

Abb. 383 a) Lageplan zum Versuch: *Talitrus saltator* wurde am Strand westlich von Pisa gefangen und weit landeinwärts nach Firenze gebracht. b) Dort flieht er in einer trockenen Schale unter blauem Himmel nach Westen. Diese Richtung führt an seinem Heimatort vom Land zum Meer. Beim Versuch sahen die Tiere nur blauen Himmel, die Sonne (in OSO) war durch einen Schirm abgedeckt, dessen Spiegelbild auf der Wand der Glasschale in WNW erkennbar ist. Photo. L. PARDI 28. 4. 1964 künstlichen Holzrahmen anlegt (Abb. 384), kann man sie leicht unter verschiedene Versuchsbedingungen bringen. Sie läßt sich an jede beliebige Stelle des Netzes locken, wenn man eine Fliege daselbst einwirft oder deren Zappeln durch Berührung des Netzes mit einer Stimmgabel vortäuscht. Bei der geradlinigen Rückkehr zur Warte spielt neben anderen Marken das polarisierte Licht eine wesentliche

Abb. 384. a) Das horizontale Netz der Trichterspinne *Agelena* in einem Holzrahmen

b) Die Spinne auf der Lauer vor ihrem Schlupfwinkel. Nach Görner 1958

Tabelle 41. *Liste der Tierarten, bei denen bisher eine Orientierung nach der Schwingungsrichtung polarisierten Lichtes nachgewiesen wurde* (gewöhnlicher Druck: nur spontane Einstellung in bestimmten Winkeln beobachtet. **Fettdruck:** menotaktische Einstellung in beliebigen Winkeln beobachtet)

Insekten			
Hymenoptera (Hautflügler)	**Apis mellifica** L.	Honigbiene	v. Frisch 1949, 1950
	Apis indica F.	Indische Biene	Lindauer 1956
	Apis florea F.	Zwerghonigbiene	Lindauer 1956
	Bombus terrestris L.	Hummel-Arten	Jacobs-Jessen 1959
	Bombus agrorum Fbr.	Hummel-Arten	Jacobs-Jessen 1959
	Bombus hypnorum L.	Hummel-Arten	Jacobs-Jessen 1959
	Trigona scaptotrigona Moure	stachellose Biene	Jacobs-Jessen 1959
	Andrena sp.	Einsiedlerbienen	Jacobs-Jessen 1959
	Halictus sp.	Einsiedlerbienen	Jacobs-Jessen 1959
	Vespa germanica Fbr.	Wespe	Jacobs-Jessen 1959
	Neodiprion-Larven	Blattwespenlarven	Wellington, Sullivan u. Green 1951
	Camponotus herculeanus L.	Ameisen-Arten	Jacobs-Jessen 1959
	Formica rufa L.	Ameisen-Arten	Jacobs-Jessen 1959
	Formica fusca Latr.	Ameisen-Arten	Jander 1957
	Lasius niger L.	Ameisen-Arten	Schifferer (v. Frisch 1950), Carthy 1951
	Myrmica ruginodis Nyl.	Ameisen-Arten	Vowles 1950, 1954
	Tetramorium caespitum L.	Ameisen-Arten	Jander 1957
	Tapinoma erraticum Latr.	Ameisen-Arten	Jander 1957
Diptera (Zweiflügler)	Drosophila melanogaster Meigen	Taufliege	Stephens, Fingerman u. Brown 1952, 1953
	Sarcophaga aldrichi Parker	Fleischfliege	Wellington 1953
	Mosquito-Larven	Mückenlarven	Baylor u. Smith 1953
Lepidoptera (Schmetterlinge)	**Malacosoma-Larven**	Schmetterlingsraupen	Wellington, Sullivan u. Green 1951
	Choristoneura-Larven	Schmetterlingsraupen	Wellington, Sullivan u. Green 1951
	Hyphantria textor Hass **Larven**	Schmetterlingsraupen	Wellington, Sullivan u. Henson 1954
Coleoptera (Käfer)	**Geotrupes silvaticus** Panz.	Mistkäfer	Birukow 1953a, Geisler 1961
	Dyschirius numidicus Putzeys	Laufkäfer	Papi 1955
	Phaleria provincialis Fauv.	Tenebrionide	Pardi 1955/56
	Bidessus flavicollis Le Conte	Wasserkäfer Dytiscide	Jander u. Waterman 1960
Trichoptera (Köcherfliegen)	Neureclipsis bimaculata L. Larven		Baylor u. Smith 1953, Stockhammer 1959, S. 33
Rhynchota (Schnabelkerfe)	**Velia currens** F.	Wasserläufer	Birukow 1956

Tabelle 41 (Fortsetzung)

Krebse			
Anostraca (Kiemenfüßer)	Artemia salina L.		STOCKHAMMER 1959, S. 32
Phyllopoda (Blattfußkrebse)	Sida, Simocephalus, Ceriodaphnia, Moina, Bosmina, Kurzia, Chydorus, Leptodora	Cladocera	BAYLOR u. SMITH 1953
	Daphnia pulex DE GEER	Wasserfloh	JANDER u. WATERMAN 1960
Mysidacea	Mysidium gracile DANA		BAINBRIDGE u. WATERMAN 1957, 1958, WATERMAN 1960, JANDER u. WATERMAN 1960
Isopoda (Asseln)	**Tylos latreillii** AUD. u. SAV.		PARDI 1953/54a, 1954
	Idotea baltica Basteri AUDOUIN		PARDI 1962/63
	Oniscus, Porcellio		BIRUKOW 1956 nach BAINBRIDGE u. WATERMAN 1957
Amphipoda (Flohkrebse)	**Talitrus saltator** MONTAGU		PARDI u. PAPI 1952, 1953
	Hyalella azteca DE SAUSS.		JANDER u. WATERMAN 1960
Decapoda (Zehnfußkrebse)	**Uca tangeri** EYDOUX		ALTEVOGT 1963, ALTEVOGT u. v. HAGEN 1964
	Goniopsis cruentata LATR.	Mangrovenkrabbe	SCHÖNE 1963
	Ocypode ceratophthalma PALLAS	Geisterkrabbe	DAUMER, JANDER u. WATERMAN 1963
	Podophthalmus		WATERMAN 1961
Spinnentiere			
Araneae (Spinnen)	**Arctosa**-Arten	Uferspinne	PAPI 1955a, 1959; PAPI u. SYRJÄMÄKI 1963, MAGNI, PAPI, SAVELY u. TONGIORGI 1964
	Agelena labyrinthica CL.	Trichterspinne	GÖRNER 1958, 1962
Acari (Milben)	Hydracarina, Arrenurus	Wassermilben	BAYLOR u. SMITH 1953; JANDER u. WATERMAN 1960
Cephalopoda			
Kopf-Füßler	Euprymna morsei VERRILL, Sepioteuthis lessoniana LESSON	Tintenfische	JANDER, DAUMER u. WATERMAN 1963
	Octopus	Krake	MOODY u. PARRISS 1961; ROWELL u. WELLS 1961; MOODY 1962

Rolle für ihre Orientierung. Lockt man sie unter einer Folie aus der Warte und ändert dann durch Drehung derselben die Schwingungsrichtung, so läuft sie auf dem Rückweg in falscher Richtung. Freilandversuche zeigten, daß die natürliche Polarisation des Himmelslichtes in gleicher Weise beachtet wird.

Bei *Octopus* brachte die Dressurmethode Aufschluß über die Wahrnehmung polarisierten Lichtes. Die Kraken lernten bei Belohnung mit Sardinenfleisch bzw. Bestrafung durch einen elektrischen Schlag, auf polarisiertes Licht von verschiedener Schwingungsrichtung im Sinne der Dressur entweder aus ihrem Unterschlupf heraus zu kommen oder nicht. Als Lichtquelle diente eine ins Wasser getauchte Lampe in einem Gehäuse, dessen Fenster mit einem drehbaren Polaroid versehen war. Gut ausgedachte Varianten der Versuchsanordnung lehrten überzeugend, daß die Unterscheidung nicht auf Helligkeitsmuster der Umgebung zurückzuführen war (Moody u. Parriss 1961, Rowell u. Wells 1961, Moody 1962).

Auf solche und ähnliche Weise hat man viele Tiere geprüft. In Tabelle 41 sind die Arten zusammengestellt, bei denen bisher eine Orientierung nach polarisiertem Licht gefunden worden ist. Gewöhnlicher Druck bedeutet, daß nur spontane Einstellung in bestimmten Vorzugswinkeln beobachtet ist. Arten, die durch Fettdruck hervorgehoben sind, können sich auf Grund von Erfahrungen menotaktisch in beliebigem Winkel zur Schwingungsrichtung einstellen. Bei diesen ist die höchste Leistung: allein nach dem polarisierten Licht zu jeder Stunde die Himmelsrichtung zu finden, für die Honigbiene (S. 398ff.), für die Uferspinne *Arctosa* (Papi 1955a, S. 232), für das Krebschen *Talitrus* (Pardi u. Papi 1953), und für die Krabben *Goniopsis* (Schöne 1963) und *Uca tangeri* Eydoux (Altevogt u. v. Hagen 1964) erwiesen, für die Ameise *Formica rufa* L., den Wasserläufer *Velia* und die Assel *Tylos* wahrscheinlich gemacht und wohl auch in anderen Fällen anzunehmen. Zum Nachweis ist zu verlangen, daß die Tiere allein nach dem polarisierten Himmelslicht eine bestimmte Kompaßrichtung finden, auch ohne kurz vorher Himmel und Sonne gleichzeitig gesehen zu haben.

Die Übersicht zeigt die weite Verbreitung einer Orientierung nach polarisiertem Licht bei Insekten, Krebsen, Spinnentieren und Mollusken. Sie wird zweifellos noch in anderen Fällen gefunden werden, wenn man nur darauf achtet. Auch bei Anneliden (Gliederwürmern) könnte sich ein Nachforschen lohnen. Bei Wirbeltieren aber vermißt man diese Fähigkeit.

Ihre Bedeutung liegt darin, die Orientierung nach dem Sonnenstand zu unterstützen oder sie zu ermöglichen, sobald die Sonne unsichtbar ist. Seit wir eine Orientierung nach polarisiertem Licht auch von einer Reihe von Meerestieren kennen, wird man mit Recht annehmen dürfen, daß eine solche auch im weiten Reich der Ozeane ein wesentlicher Faktor ist. Denn noch in einer Meerestiefe von 200 m, wo längst keine Sonne mehr sichtbar ist, war polarisiertes Licht in aller Deutlichkeit nachzuweisen und seine Schwingungsrichtung vom Sonnenstand abhängig (Waterman 1954b, 1955, 1958, Ivanoff u. Waterman 1958).

2. Der Himmelskompaß

Die Sonne und das polarisierte Himmelslicht bilden den Kompaß, nach dem sich die Bienen richten. Sie machen von ihm zur eigenen Orientierung und zur Nachrichtenübermittlung in so vielseitiger Weise Gebrauch, wie kein anderes Tier. In einer Hinsicht aber werden sie übertroffen: als ausgesprochene Tagtiere beachten sie nur den Lauf der Sonne und überlassen es anderen, nächtlicherweile auch nach Mond und Sternen zu steuern.

Wir beschränken die vergleichende Betrachtung zunächst auf die Gliederfüßer und werfen nachher noch einen Blick auf die Wirbeltiere. Welche Rolle der Himmelskompaß im Leben der Weichtiere spielt, bleibt noch zu ergründen.

a) Gliederfüßer

Den italienischen Zoologen PARDI und PAPI verdanken wir gründliche Arbeiten über die Kompaßorientierung. Ihr Nachweis, daß sich das Krebschen *Talitrus* nach der Schwingungsrichtung polarisierten Lichtes orientieren kann, um bei Verfrachtung zum feuchten Strand zurückzufinden, wurde schon S. 449 erwähnt.

Abb. 385. Eine Uferspinne *(Arctosa)*, die am Nordufer eines ost-westlich verlaufenden Flusses wohnt, strebt vom freien Wasser nach Norden und gelangt so ans Ufer. Hier: die Spinne eilt von der Mitte einer Wasserschale angenähert nach Norden. Sie kann von der Schale aus nur Himmel und Sonne sehen. Unter der Schale: Sektorenscheibe zum Ablesen der Richtung. Nach PAPI 1955b

PARDI und PAPI haben dieses dankbare Objekt nach vielen Richtungen studiert und systematisch nach anderen Bewohnern des Sandstrandes und der Uferzone gesucht, bei welchen ähnliche Reaktionen erwartet werden konnten. Der Erfolg war überraschend. Die wesentlichsten Ergebnisse lassen sich etwa folgendermaßen zusammenfassen:

Der Strandfloh *Talitrus saltator* MONTAGU und auch andere Amphipoden (*Talorchestia deshayesei* AUD. und *Orchestia mediterranea* A. COSTA), die Landassel *Tylos latreillii* AUD., eine Anzahl uferbewohnender Käfer (*Phaleria provincialis* FAUV., ein Tenebrionide, ferner die Carabiden *Omophron limbatum* FABR., *Scarites terricola* BON. und *Dyschirius numidicus* PUTZ. sowie der Staphylinide *Paederus rubrothoracicus* GOEZE), die Uferspinnen *Arctosa perita* LATR., *A. variana* C. L. KOCH und *A. cinerea* FABR. (Abb. 385) – sie alle haben gemeinsam, daß sie vom

Trockenen prompt die Richtung zum Wasser einschlagen und, bei Versetzung ins Wasser, in der genau entgegengesetzten Richtung zum Ufer streben. Die im Meere lebende Assel *Idotea baltica* C. L. KOCH flieht in der Richtung zur freien See, wenn sie in zu seichtes Wasser gerät. Dabei orientieren sich diese Tiere unter Berücksichtigung der Tageszeit und des Sonnenlaufes nach dem Stand der Sonne und nach dem polarisierten Himmelslicht[1]). Die Einstellung nach der Sonne ist teils durch den SANTSCHIschen Spiegelversuch erwiesen und teils (im Laboratorium) durch die Orientierung nach einer Lampe, welche die Fluchtrichtung bestimmt, als ob die Sonne aus dieser Richtung schiene. Biologisch ist die gerichtete Flucht für die Uferbewohner von großer Bedeutung, wenn sie aus ihrem schmalen Lebensraum durch Wind oder Wellen herausgetragen werden.

Elegante Beweise, daß diese Tiere die Richtung zum Strand nach der inneren Uhr und dem Himmelskompaß finden, liegen zahlreich vor. Ein solcher steht mir lebhaft vor Augen: Bei einer Italienreise vor mehr als 10 Jahren demonstrierten mir PARDI und PAPI ihre Entdeckung. Wir sammelten am Strand *Talitrus* und nahmen sie mit nach Pisa. In eine trockene Schale gesetzt, sprangen sie unter klarem Himmel alle in der Richtung nach Westen. Dort lag das Meer – in einer Entfernung von 10 km (vgl. auch Abb. 383, S. 450).

Andere Krebschen wurden von der Westküste Italiens an den Strand der Ostküste versetzt und hüpften auch dort nach Westen – diesmal vom Wasser weg landeinwärts, in der Richtung, die sie an ihrem Heimatort aus der Trockenheit zum feuchten Strand geführt hätte. Prüft man Tiere aus anderen Gebieten mit anderer Verlaufsrichtung der Küste, so liegt die Fluchtrichtung sinngemäß anders und stets so, daß in trockener Umgebung die Richtung zum Wasser und im Wasser die Richtung zum Land eingeschlagen wird.

Weiträumige Versetzungsversuche, wie sie RENNER an Bienen durchführte (s. S. 359ff.), bezeugen auch hier die Orientierungsfähigkeit nach einer „inneren Uhr", unabhängig von lokalen Außenfaktoren. Sowohl Strandflöhe *(Talitrus)* wie Asseln *(Tylos)* mußten die Reise von Italien nach Südamerika machen. Dort schlugen sie zur Sonne einen Orientierungswinkel ein, der sie zu jener Stunde (nach der heimatlichen Ortszeit) an der italienischen Küste zum Meer geführt hätte.

Auch auf andere Weise kann man sich von der inneren Uhr überzeugen: sie läßt sich verstellen, mit allen Konsequenzen einer Kompaß-Steuerung nach einer falsch gehenden Uhr. Wie es HOFFMANN mit Vögeln gemacht hatte (s. S. 464), setzte man z. B. *Talitrus* in der Dunkelkammer einem künstlichen Tag-Nacht-Wechsel aus, der gegenüber der Ortszeit um 6 Stunden verspätet war. Die Tiere stellten sich allmählich darauf um und brachte man sie dann etwa um 15 Uhr unter freiem Himmel aufs Trockene, so hielten sie zur Sonne die Richtung ein, die um 9 Uhr morgens gepaßt hätte und sprangen um 90° falsch, parallel zur Küste. Nach Gewöhnung an einen Hell-Dunkel-Rhythmus der um 12 Stunden verspätet war, stellten sie sich zur aufgehenden Sonne so ein als ob es die untergehende wäre.

Da die Fluchtrichtung bei verschiedenen Populationen gemäß dem Küstenverlauf am Heimatsort verschieden ist, liegt die Vermutung nahe, daß sie im individuellen Leben erlernt wird. Versuche haben aber gezeigt, daß sie bei den Amphipoden *Talitrus*, *Talorchestia* und *Orchestia* angeboren ist. Auch Laboratoriumstiere, die niemals Himmel und Sonne gesehen hatten und tagsüber nur einer feststehenden Lichtquelle ausgesetzt waren, schlugen die Richtung ein, die ihrem Heimatsort gemäß war; allerdings war die Streuung vergrößert, woraus

[1]) Das letztere ist nur für *Omophron, Scarites* und *Paederus* bisher — soviel mir bekannt ist — nicht nachgewiesen.

geschlossen werden kann, daß die individuelle Erfahrung auch ihren Teil beizutragen hat.

Die erbliche Fixierung der Fluchtrichtung gilt nicht allgemein. So muß der Käfer *Paederus* (Staphylinide) nach der Überwinterung erst lernen, nach dem Himmelskompaß das Ufer zu finden – ein Verhalten, das uns bei Ameisen wieder begegnen wird (S. 458). Auch die Spinne *Arctosa* bedarf der individuellen Erfahrung.

Die Assel *Tylos* und das Krebschen *Talitrus* sind vorwiegend in der Dämmerung und nachts aktiv. Darum prüfte man ihre Orientierung auch nächtlicherweile. Das führte zu der Entdeckung, daß sie, wie tags nach der Sonne, in der Nacht nach dem Monde ihre Fluchtrichtung finden können. Da ja der tägliche Lauf des Mondes keineswegs mit dem der Sonne übereinstimmt, muß man bei diesen Tieren zwei innere Uhren mit verschiedenem Gang annehmen, sozusagen eine „Sonnenuhr" und eine „Monduhr", die mit ihrem verschiedenen physiologischen Rhythmus für die Tag- und Nacht-Orientierung zur Verfügung stehen.

Die Anzahl der strandbewohnenden Arten ist nicht groß. Aber sie bieten dem Experimentator schöne Möglichkeiten und haben Aufschlüsse von allgemeinerer Bedeutung gebracht. Darum habe ich sie hier vorangestellt. Für Einzelheiten und weitere Befunde sei verwiesen auf: PARDI und PAPI (1952), PAPI u. PARDI (1953, 1954, 1959), PARDI (1953/54, 1953/54a, 1954, 1955/56), PAPI (1955, 1955a, 1959), MARCHIONNI (1962), PARDI (1960, 1962/63), PAPI (1960), PAPI und TONGIORGI (1963), ERCOLINI und BADINO (1961), ERCOLINI (1962/63, 1963, 1964), ALTEVOGT und v. HAGEN (1964), PARDI u. ERCOLINI (1965).

Nach BIRUKOW (1956) flieht auch der Wasserläufer *(Velia)* wenn er aufs Trockene versetzt wird, in einer bestimmten Kompaßrichtung. Aber während die anderen Bewohner der Uferzone jeweils die Richtung einschlagen, die sie in ihre heimatliche Zone führt, benimmt sich der Wasserläufer sinnlos: er strebt zu jeder Tageszeit nach Süden und er hält sich dabei ebenso streng an die Sonne und das polarisierte Himmelslicht, als wenn sein Heil davon abhinge. Tiere aus Nord- und Süddeutschland, wie auch aus Spanien zeigten in gleicher Weise diese „Südflucht". In neuerer Zeit verliefen allerdings Wiederholungsversuche oft abweichend, auch am ursprünglichen Versuchsort (EMEIS 1959, BIRUKOW 1960). HERAN (1962) konnte an Velien aus der Umgebung von Graz bei kritischer Beachtung möglicher Fehlerquellen überhaupt keinen kompaßtreuen Südkurs beobachten. Im Freien richteten sich die Tiere vorzüglich nach dem Wind, im geschlossenen Raum steuerten sie bei gegebener Gelegenheit vorwiegend phototaktisch. Zur Klärung der Verhältnisse bedarf es weiterer Studien. Vielleicht besteht eine Beziehung zwischen der von BIRUKOW beobachteten Südflucht (manchmal auch Nordflucht, EMEIS 1959) und dem Befund von PAPI und TONGIORGI (1963), daß junge Uferspinnen *(Arctosa)* die ohne Himmelssicht im Laboratorium aufgezogen wurden, im Freien — nach anfangs unregelmäßigen Reaktionen — die Nordrichtung einhalten (vgl. auch "nonsense orientation" bei Vögeln, S. 464). Angeboren ist ihnen die Fähigkeit, die Sonnenwanderung zu kompensieren, aber die ihrem Wohnort gemäße Fluchtrichtung müssen sie erlernen. Die Spinnen können es sehr bald, die Wasserläufer scheinen es überhaupt nicht fertig zu bringen. Was in beiden Fällen Verwunderung erregt, ist die zeitweise hartnäckige Einstellung in der Nord- bzw. Südrichtung, für die kein Grund ersichtlich ist. Sie erinnert an Angaben aus jüngster Zeit über eine Magnetfeld-Orientierung bei manchen Tieren (s. S. 469f.).

Für die Bewohner des Strandes bedeutet es das Um und Auf ihres Daseins, den schmal begrenzten feuchten Lebensraum nicht zu verlieren, an den sie angepaßt sind. Die beiden festgelegten Kompaßrichtungen zur Flucht aus Trockenheit oder Nässe genügen diesem Bedürfnis. Freieren Gebrauch von ihrem Himmelskompaß machen die Besitzer von Schlupfwinkeln, die von ihrer sicheren Höhle aus nach beliebiger Richtung, Beute suchend, umherstreifen; für sie ist es lebenswichtig, wieder nach Hause zu finden oder sogar, bei drohender Gefahr, auf kürzestem Wege in ihrem Loch zu verschwinden. Dazu kann ihnen der Himmelskompaß dienlich sein. Wir haben hierfür stichprobenartige Belege aus verschiedensten Bereichen des Systems: PARDI (1955/56) hat bei Maulwurfsgrillen *(Gryllotalpa)*, die in Erdlöchern hausen, Sonnenorientierung festgestellt. Von der Trichterspinne *(Agelena)*, die von beliebiger Stelle ihres Netzes aus, vom blauen Himmel geleitet, in ihren Schlupfwinkel zurückfindet, war schon die Rede (S. 449ff.). Bei der Geisterkrabbe *Ocypode* haben DAUMER, JANDER und WATERMAN (1963) gefunden, daß sie von einem Köder in der Umgebung ihrer Wohnhöhle nach dem Himmelskompaß (in den Versuchen nach dem Polarisationsmuster des blauen Himmels) direkt in ihr Schlupfloch zurück rennt. Hier sind auch die Ameisen und Hummeln anzuschließen, und die Bienen, deren Flugloch im hohlen Baum oder im Bienenstock ja auch nichts anderes ist als der Einschlupf zur Wohnhöhle.

Von der Honigbiene wissen wir durch LINDAUER, daß die Jungtiere das Einkalkulieren von Tageszeit und Sonnenstand individuell erlernen müssen (s. S. 369f.). In dieser Hinsicht bestehen Unterschiede bei den verschiedenen Arten. Während bei *Talitrus* diese Fähigkeit vererbt wird und die Spinne *Arctosa* zwar von Geburt an den Sonnengang kompensieren kann, aber die Kompaßrichtung zum Ufer lernen muß, hat der Käfer *Paederus* nach der Überwinterung für beides zunächst individuelle Erfahrungen zu erwerben. Ein entsprechendes Verhalten kennen wir durch JANDER (1957) von Ameisen.

BRUN hatte die gute Idee gehabt, Ameisen (*Lasius niger* L.) auf ihrem Weg zum Nest für einige Zeit in Dunkelhaft zu setzen. Nach der Befreiung liefen sie um jenen Winkel falsch, um den sich der Sonnenstand inzwischen geändert hatte (S. 351 und Abb. 301, S. 351). JANDER konnte das zunächst nicht bestätigen. Bei ihm setzte *Lasius niger* nach der Dunkelhaft den Weitermarsch in der alten Kompaßrichtung fort, die Ameise hatte den Lauf der Sonne in der Wartezeit einberechnet. Das war im Sommer. Als JANDER in späteren Jahren die gleichen Versuche mit *Formica rufa* L. wiederholte, erhielt er bei Sommerversuchen dasselbe Ergebnis. Im März und April war aber das Resultat ganz anders: wie bei BRUN wurde der Gang der Sonne nicht beachtet und in winkeltreuer Orientierung eine falsche Richtung eingeschlagen. Erst zu etwas späterer Jahreszeit funktionierte ihr Himmelskompaß richtig. Es muß offenbar, wie bei dem Käfer, die Kompaßorientierung nach dem Winter neu gelernt werden (JANDER 1957, S. 230 bis 234).

Bienen sind imstande, nach einem geflogenen Umweg ihren Kameraden die Luftlinie zum Ziel mitzuteilen (S. 177ff.). So hohe Leistungen sind der Ameise fremd. Aber auch sie findet sich mit einem Umweg sehr bald so ab, daß sie – bei gebotener Möglichkeit – die Richtung der Luftlinie wählt. Die Trichterspinne schlägt schon nach einmaligem Zurücklegen eines gewinkelten Weges bei der Rückkehr die Luftlinie ein, wobei sie sich nach den optischen Eindrücken während des Umweges orientieren kann (GÖRNER 1958). JANDER (1957) studierte den Vorgang bei Ameisen in sinnreich ausgedachten Laboratoriumsversuchen und konnte nachweisen, daß die optischen Eindrücke während des Umweges durch zentralnervöse Integration zum Finden des direkten Weges führen. Hiermit ist eine Basis geschaffen, von der aus die Leistung der Bienen im Umwegversuch dem Verständnis näher rückt. Im Freiland sind freilich die Verhältnisse um vieles verwickelter.

Wie bei Bienen, ist auch bei Ameisen die Orientierung nach der Sonne und nach dem polarisierten Himmelslicht aneinander gekoppelt und eine durch die andere vertretbar. Ameisen lassen sich in der Dunkelkammer darauf dressieren, auf ihrem Marsch einen bestimmten Winkel zu einer künstlichen Sonne einzuhalten (Abb. 386). Dieser Stellung der Sonne würde unter freiem Himmel eine bestimmte Schwingungsrichtung im Zenit entsprechen (gestrichelter Pfeil). Nun wird im Versuch die Lampe gelöscht und durch diffuses Licht ersetzt. Gleichzeitig erfolgt eine Beleuchtung der Ameise von oben mit polarisiertem Licht. Sie hält nun zur Schwingungsrichtung S' den Winkel ein, der zur Schwingungsrichtung im Zenit bei der Sonnenstellung der Dressur richtig gewesen wäre (Abb. 386b). Bei der Dressur sah sie nur die „Sonne", im Versuch nur polarisiertes Licht. Trotzdem stellte sie die richtige Beziehung her. Abb. 386c und d bringen dafür ein weiteres Beispiel (JANDER 1957). Die Laufrichtungen der Ameisen waren bei diesen Versuchen spiegelbildlich verschieden, entsprechend der doppelsinnigen Polarisation im Zenit – wie wir es von den Bienenversuchen schon kennen (S. 397).

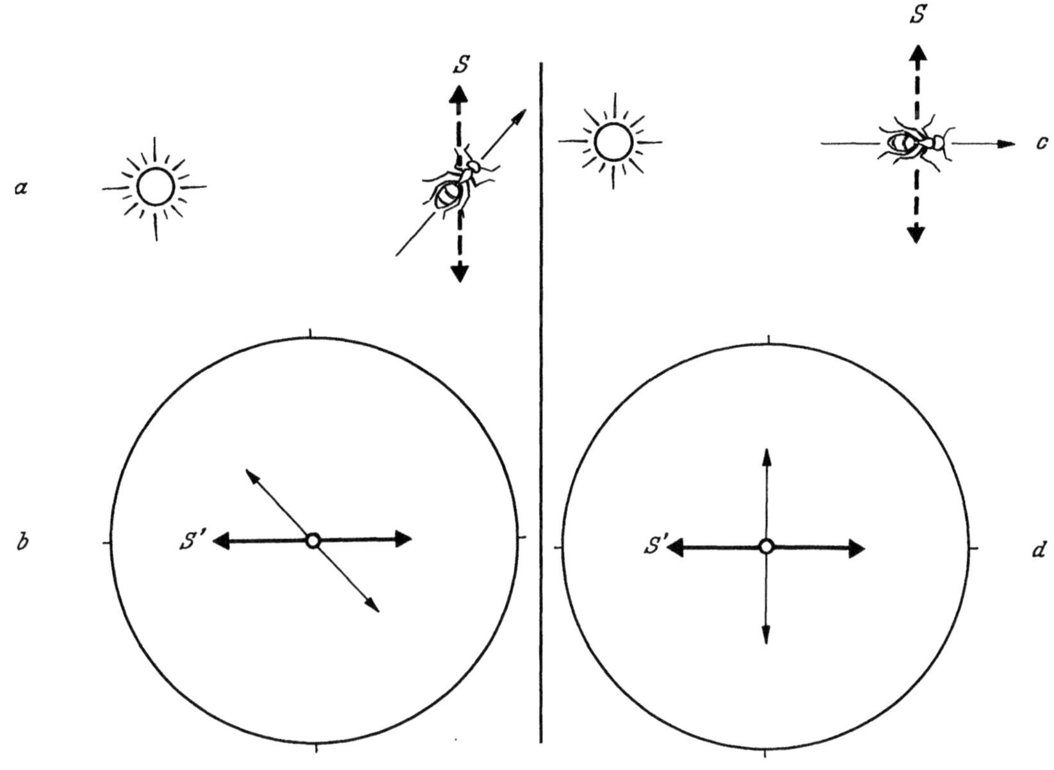

Abb. 386a—d. Nachweis der gekoppelten Orientierung nach der Sonne und polarisiertem Licht bei Ameisen. Die Sonne ist im Laboratoriumsversuch durch eine Lampe ersetzt

a) Die Ameise wird darauf dressiert, zum Licht der „Sonne" die Richtung des dünnen Pfeiles einzuhalten. Der gestrichelte Doppelpfeil gibt die Schwingungsrichtung S des polarisierten Lichtes an, die für die Ameise unter freiem Himmel bei solchem Sonnenstand im Zenit sichtbar wäre

b) Ohne Lampenlicht, und aus dem Zenit mit polarisiertem Licht bestrahlt, stellt sie sich zur Schwingungsrichtung S' in dem Winkel ein, den sie bei der Dressur zur Schwingungsrichtung des polarisierten Lichtes eingehalten hätte, wenn solches zu sehen gewesen wäre. — Entsprechend der Polarisation im Zenit fällt die Entscheidung für die Laufrichtung doppelsinnig aus (vgl. S. 397)

c) und d) Ein Versuch mit anderer Laufrichtung. Schematisch, nach JANDER 1957

Übereinstimmung zwischen den fliegenden Bienen und marschierenden Ameisen besteht auch darin, daß beide den Himmelskompaß und Landmarken gleichzeitig benützen, wobei auch für Ameisen das relative Gewicht der Landmarken von ihrer Auffälligkeit abhängt. Ich erinnere an unsere Versuche, für Bienen die himmlischen und irdischen Orientierungsmarken miteinander in Konkurrenz zu setzen, indem wir das Bienenvolk, nach Dressur auf eine bestimmte Richtung, in eine Landschaft mit anders verlaufenden Leitlinien brachten (S. 341ff.). JANDERs

Methode bestand darin, Ameisen in einer Arena bei freier Sicht nach Landschaft und Himmel auf eine Richtung, z. B. auf Ost zu dressieren. Dann brachte er die Arena auf ein flaches Dach, wo die Ameisen nur Himmel sehen konnten, und dressierte sie auf Nord. Wurden sie hernach an den ersten Platz zurückgebracht, so hatten sie die Landmarken noch im Gedächtnis; sie wurden durch diese nach Osten, durch den Himmelskompaß aber nach Norden gewiesen. Der Konflikt führte zu einer Kompromißlösung: die Ameisen liefen nach Nordost. Bienen hatten sich in unseren Versuchen alternativ entschieden. Aber sie hatten ja keine andere Wahl, weil die Ködertischchen in Abständen von 90° aufgestellt waren (vgl. z. B. Abb. 287, S. 342). Hätten wir sie in 30°- oder 15°-Abständen angebracht, so wäre vielleicht ein Einfluß der Konkurrenzrichtung erkennbar geworden. Solche Ergänzungsversuche stehen schon lange auf unserem Programm, sind aber bisher nicht zur Ausführung gekommen.

Bei nächtlichen Wanderungen benützen Ameisen auch den Mond zur Orientierung. Sie ließen sich bei Mondenschein im Spiegelversuch nach der verkehrten Seite verleiten (Jander 1957). Ob ihnen der Mond nur kurzfristig als Kompaß dient oder ob auch sie, wie die Krebschen, mit dem täglichen Lauf von Sonne und Mond vertraut sind, bleibt noch zu erforschen.

Bienen fliegen während der Nacht nicht aus. Aber von „Dauertänzerinnen" wird zuweilen auch nachts im Stock getanzt und dann sieht man, daß sie die Richtung des bei Tag beflogenen Zieles – traumhaft, möchte man sagen – nach dem nächtlichen Azimut der Sonne weisen, von dem sie aus Erfahrung keine Kenntnis haben (S. 354). Sie „errechnen" sich den Weg der von West über Nord nach Ost fortgesetzten Sonnenbahn. Andere Insekten und auch Wirbeltiere konnte man in dieser Hinsicht durch Beobachtung ihrer nächtlichen Einstellung zu einer künstlichen Sonne prüfen. Dabei stellte sich etwas Merkwürdiges heraus: manche machen es wie die Bienen und lassen die Sonne nachts von West über Nord nach Ost ihren Weg fortsetzen (Eidechsen, Fische, manche Vögel, Säugetiere). Andere aber orientieren sich so, als würde die Sonne von Westen rückläufig über Süd nach Ost wandern. So ist es bei *Talitrus* und *Velia*, beim Käfer *Phaleria* und bei der Wolfsspinne *Arctosa* und manchen Vögeln. Wir haben keine Erklärung für diesen Gegensatz.

Die herausgegriffenen Beispiele sind gut studiert und belegen für verwandtschaftlich weit getrennte Vertreter der Gliederfüßer eine Orientierung nach dem Sonnenkompaß. Es ist kaum daran zu zweifeln, daß zahlreiche Arten, von denen Entsprechendes nicht bekannt ist, nur Lücken in unserer Kenntnis bedeuten. Auch Formen mit weniger scharf lokalisiertem Nest oder Wohnraum steuern in mehr gelockerter Form nach dem Sonnenkompaß, um nach Ausflügen in die Umgebung doch wieder in die heimatliche Region zurückzukehren. Beobachtungen von Marianne Geisler (1961) an Mistkäfern, die nach ihren vormittäglichen Wanderungen in einigermaßen konstanter Kompaßrichtung am Nachmittag den entgegengesetzten Kurs einhalten, lassen sich so deuten. Hierher gehören auch die Maikäfer *(Melolontha)*, deren Verhalten von F. Schneider und von Couturier und Robert in mehrjährigen Versuchen geprüft wurde. Die Larven (Engerlinge) leben bekanntlich unterirdisch und nähren sich von Pflanzenwurzeln. Wenn die Käfer nach der Verwandlung auf freiem Feld aus dem Boden kommen, fliegen sie in der Abenddämmerung an Bäume, von deren Laub sie sich ernähren. Bei diesem ersten Flug lassen sie sich von Landmarken leiten. Sie streben nach einer erhabenen dunklen Region am Horizont und gelangen so an den nächstgelegenen Wald. Sie achten aber auf dieser Wegstrecke auf den Himmelskompaß. Nach etwa 2 Wochen fliegen die reifen Weibchen zur Eiablage auf das freie Feld zurück, an die Stätte ihrer Geburt, von wo sie gekommen sind. Sie orientieren sich hierbei nach dem Himmelskompaß, indem sie die Richtung des Hinfluges – die sie im Gedächtnis behalten haben – um 180° transponieren. So gelangen sie wieder in das Gebiet, aus dem sie stammen (SCHNEIDER 1956). Sie schlagen diese Kompaßrichtung auch ein, wenn man sie unterwegs abfängt und sie in ein anderes Gebiet bringt, das sie nicht kennen. Sie tun es auch, wenn man sie zunächst gefangen hält und zu anderer Tageszeit frei läßt. Bei bedecktem Himmel waren sie desorientiert. Bei sichtbarer Sonne ließen sie sich im Spiegelversuch ablenken. Bei klarem Himmel fanden sie auch ohne Sonne die Richtung. Doch ist ein direkter Nachweis einer Orientierung nach polarisiertem Licht nicht gelungen, so sehr eine solche durch die Versuche nahegelegt ist. Die zunächst vertretene Auffassung einer rein „astronomischen" Orientierung (COUTURIER u. ROBERT 1955, 1955a, 1956) wurde später eingeschränkt, weil die Käfer in manchen Versuchen auch bei ganz bedecktem Himmel die Richtung fanden (COUTURIER u. ROBERT 1957, 1958). Eine Aufklärung dieses Widerspruches durch weitere Versuche wäre erwünscht. Eine Mitwirkung anderer Orientierungsmöglichkeiten wurde diskutiert (vgl. S. 469).

Manche artenreiche Ordnungen der Insekten sind mit Bezug auf ihre Orientierungsweise noch kaum untersucht, obwohl sie direkt dazu herausfordern. Die eindrucksvollen Wanderungen der Schmetterlinge hat man lange Zeit als Rätsel bestaunt, und sie sind es im Grunde noch heute (WILLIAMS 1958, 1961; NIELSEN 1964). Distelfalter (*Vanessa cardui* L.) ziehen alljährlich von Nordafrika nach Europa, zuweilen bis Finnland; sie halten auch beim Überqueren des Mittelmeeres, jeder einzeln für sich, die Richtung nach Norden ein (Schiffsbeobachtungen). Massenflüge von Kohlweißlingen (*Pieris brassicae* L.) sieht man im Frühjahr nach Norden, im Sommer nach Süden gerichtet mitunter so dicht „wie ein Schneegestöber". Der Monarch (*Danaus plexippus* L.) wandert im Herbst von Kanada bis Florida oder Südkalifornien (rund 3000 km) in seine Überwinterungsquartiere und fliegt im Frühjahr wieder die gleiche Strecke zurück. LINDAUER (1963a, S. 82) konnte einen solchen Frühjahrszug in Florida beobachten, „wobei einwandfrei zu sehen war, daß bei Zugrichtung Nord die Abtrift durch den starken Ostwind energisch auskompensiert wurde"[1]). Wanderschwärme von *Ascia monuste* L. (Fam. Pieridae) ziehen manchmal nahe voneinander in entgegengesetzten Richtungen. Sie halten oft viele Stunden denselben Kurs ein und können den Flug am folgenden Morgen in derselben Richtung fortsetzen. Das wurde in Amerika auch in einförmiger Prärie, entfernt von der Küste und anderen optischen Leitlinien beobachtet (NIELSEN 1961 und briefliche Mitteilung). Eine Verfrachtung durch Wind kann vorkommen, aber das gerichtete aktive Wandern ist ohne Sonnenkompaß-Orientierung kaum verständlich. Beweise stehen noch aus, wie auch andere Insektenwanderungen dem forschungsfrohen Biologen noch reichen Stoff bieten.

Demgegenüber haben bei den Wirbeltieren die neueren Untersuchungen über das Orientierungsvermögen gerade in den Wanderungen ihren fruchtbaren Ausgangspunkt gefunden.

b) Wirbeltiere

Das Problem des Vogelzuges war es, dem GUSTAV KRAMER durch eine Reihe schöner Arbeiten ein neues Gesicht gab. Es waren im wesentlichen die gleichen Schritte, die bei Vögeln, wie bei Bienen – voneinander unabhängig – auf den Sonnenkompaß führten: nachdem KRAMER gesehen hatte, daß Zugvögel, wenn

[1]) Nach NIELSEN (1964) liegt für die Rückwanderung derselben Individuen aus den südlichen Überwinterungsquartieren in die nördlichen Wohngebiete bisher kein strenger Beweis vor.

die Zeit des Aufbruches gekommen ist, auch im Käfig deutlich zu erkennen geben nach welcher Richtung sie wollen, brachte er Stare in einem Rundkäfig unter freien Himmel. Die Sicht nach Landmarken war ringsum abgeblendet. Trotzdem strebten die Vögel deutlich in ihre Zugrichtung – solange sie Ausblick nach der Sonne hatten (Abb. 387). Bei bedecktem Himmel waren sie desorientiert. Wurde die Sonne abgedeckt und von anderer Seite gespiegelt, so strebten sie nach entsprechend geänderter Richtung. Magnetische Störungen hatten keinen Einfluß. Es gelang auch, die Stare durch Futtergaben auf eine bestimmte Kompaßrichtung zu dressieren und so das Experiment frei zu machen von den jahreszeitlich beschränkten Bedingungen des Vogelzuges (KRAMER 1950). In einem Zelt ließ sich

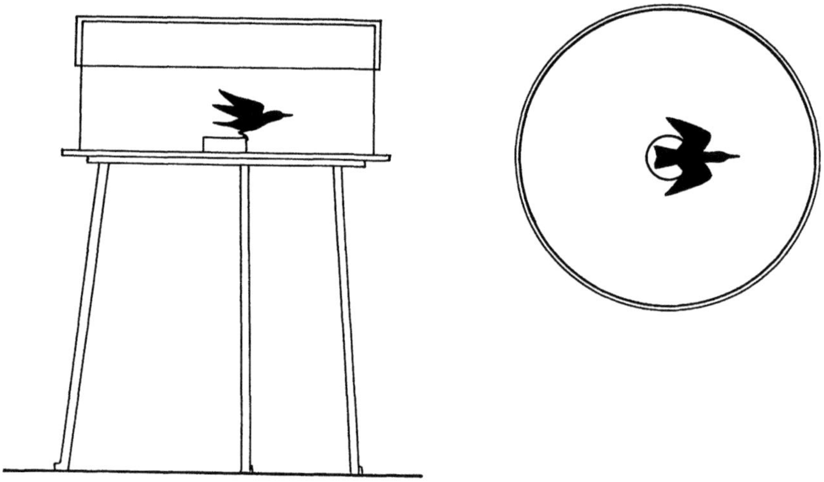

Abb. 387. Ein Star gibt auf der Sitzstange im Rundkäfig deutlich die angestrebte Zugrichtung zu erkennen (a: in Seitenansicht, b: von oben). Er sieht keine Landmarken, nur Himmel und Sonne über sich. Schematisch, nach KRAMER 1951

die Sonne durch eine feststehende Lampe ersetzen (KRAMER u. URSULA V. SAINT PAUL 1950). War der Vogel etwa unter freiem Himmel auf die Westrichtung dressiert, so suchte er im Zelt sein Futter am Morgen gegenüber der künstlichen Sonne, mittags 90° rechts von ihr und abends in Richtung der Lampe. Nun zielte er also nicht mehr nach einer bestimmten Kompaßrichtung, sondern er stellte sich zum künstlichen Licht so ein, wie er sich um dieselbe Stunde zur Sonne hätte einstellen müssen, wenn er nach Westen wollte (Abb. 388). Er konnte somit den Tageslauf der Sonne und die Tageszeit einkalkulieren[1]).

Den Bienen unterlegen erwiesen sich die Vögel – wie andere Wirbeltiere auch – darin, daß sie das polarisierte Licht des blauen Himmels nicht nutzen können, um sich über den Sonnenstand zu informieren. Auch vermögen sie die Sonne nicht mehr zu erkennen, sobald sie durch Wolken für unsere Augen unsichtbar wird. In dieser Hinsicht machen, soweit bisher bekannt, allein die Bienen eine Ausnahme.

Dagegen bekunden Vögel ihre größere geistige Beweglichkeit gegenüber den Bienen auf andere Weise: es gelang KRAMER bei Staren ein Versuch, mit dem wir bei Bienen nur Mißerfolg hatten (s. S. 339 ff.). Sie lernten es, vom gewohnten Tagesgang der Sonne abzusehen und das Futter z. B. zu *jeder Stunde* in der *Richtung zur Sonne* zu suchen. Sie lernten es allerdings widerstrebend und dokumentierten so, daß ihnen die Sache gegen die Natur ging (KRAMER 1952, 1953).

[1]) Der Zeitsinn der Vögel ließ sich auch durch Dressurversuche nachweisen. Wie bei Bienen, gelingen die Dressuren nur im 24 Stunden-Rhythmus (HEDWIG STEIN 1951).

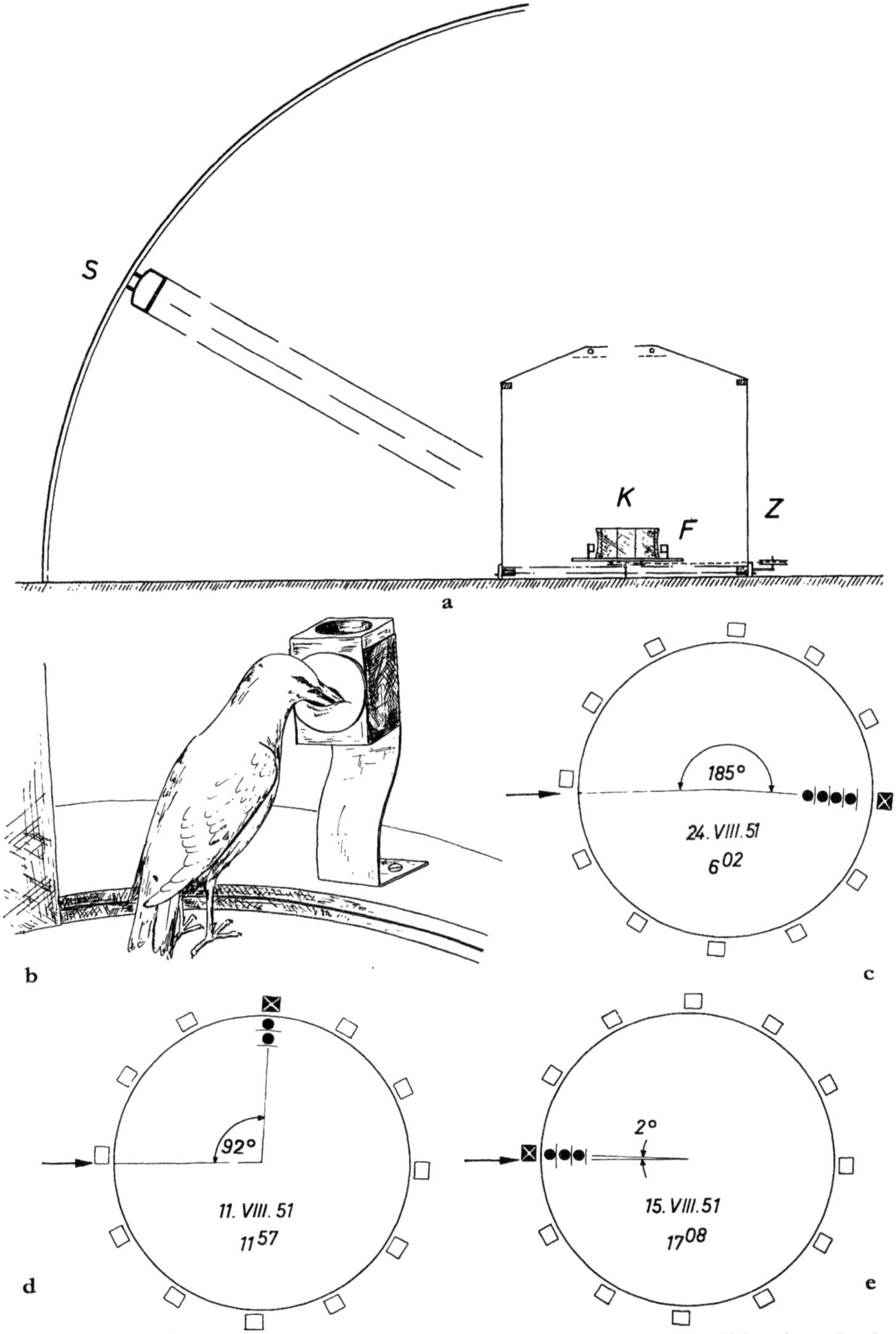

Abb. 388 a—c. a) Anordnung zur Richtungsdressur von Staren unter einer künstlichen feststehenden Sonne (S). Z Versuchszelt, K Käfig; der Star sitzt im Zentrum, wählt von dort aus die Richtung mit Bezug auf die „Sonne" und holt sich das Futter aus einem der peripher angebrachten 10 Futterbehälter F. b) Star bei der Futterwahl. c), d), e) Drei Beispiele aus einer Versuchsserie: Nach Dressur unter freiem Himmel auf die Westrichtung wählte der Star am Morgen den Behälter gegenüber der künstlichen Sonne, mittags 90° rechts von ihr und abends in Richtung zur Sonne. Pfeil: Lichteinfall der künstlichen Sonne. Punkte = Wahlen. Die peripheren Kästchen sind die Futterbehälter (schwarz mit weißem Kreuz = Sollrichtung). Nach KRAMER 1953

Die Bedeutung der „inneren Uhr" für das Finden der Richtung wies KLAUS HOFFMANN (1953, 1954) bei Staren durch einen Versuch nach, der sich später auch bei verschiedenen anderen Tieren bewährt hat (z. B. *Talitrus*, s. S. 456). Vögel merken sich die andressierte Richtung ohne neuerliche Übung Monate lang. Hiermit war folgende Möglichkeit geboten: ein Star wurde angesichts der Sonne z. B. auf Süd dressiert und anschließend für etwa 2 Wochen in einen geschlossenen Raum gebracht, wo er genau 6 Stunden nach Sonnenaufgang bis genau 6 Stunden nach Sonnenuntergang einer künstlichen Beleuchtung ausgesetzt war. Als er dann wieder unter freiem Himmel geprüft wurde, suchte er die Futterstelle um 90° zu weit rechts. Er wählte den Winkel zur Sonne so, als stünde sie dort, wo sie vor 6 Stunden gestanden hatte. Die innere Uhr bewies ihre Existenz, indem sie sich durch den verschobenen Lichtwechsel zurückstellen ließ.

Auch wenn die Vögel vor dem Versuch 2 Stunden lang im Freien den Lauf der Sonne beobachten durften, der nun zu ihrer „Uhr" nicht stimmte, änderte sich nichts an ihrer Wahlrichtung. Daraus geht hervor, daß weder die Höhe der Sonne, noch ihre scheinbare Bewegung, sondern nur ihr Azimut für das Finden der Richtung entscheidend ist (HOFFMANN 1960). Darin verhalten sie sich ganz wie Bienen.

Daß Vögel auch in freier Natur bei ihren Wanderungen die Sonne als Kompaß benützen können, um eine erblich festgelegte Zugrichtung einzuhalten, ist durch viele Beobachtungen belegt. Einen der ersten Hinweise brachte (1933) der schöne Versuch, Jungstörche, die in Ostpreußen aus dem Nest genommen waren, nach Westdeutschland zu versetzen und bis nach dem Abzug der alten Störche zurückzubehalten. Ganz auf sich selbst gestellt, ohne Führung durch wegeskundige Altstörche, schlugen sie einen Parallelkurs zur Zugrichtung nach ihrer Heimat ein und gerieten so über die Alpen nach Italien, statt über Palästina den Weg nach Afrika zu finden (SCHÜZ 1949).

Eine sinnlos anmutende Orientierung ("nonsense orientation") beschrieb MATTHEWS (1961, 1963) von Stockenten (*Anas platyrhynchos* L.). Wenn sie gefangen und in einer anderen Gegend freigelassen wurden, flogen sie, unabhängig von der Richtung und Distanz der Verfrachtung, nach Nordwesten davon — wobei sie nach dem Sonnenkompaß steuerten. In Südengland und Schweden fanden sich Populationen der gleichen Art, die ihren Kurs nach Südosten nahmen. Das Verhalten erinnert etwas an die Südflucht und gelegentliche Nordflucht von Wasserläufern (*Velia*) und an die jungen Uferspinnen (*Arctosa*) die stur nach Norden streben (s. S. 457).

Auch nächtlich wandernde Vögel können sich am Himmel orientieren, und statt von der Sonne, lassen sie sich von Sternbildern leiten – wie die Versuche von SAUER (1957, 1960) an Grasmücken im Planetarium bewiesen haben. Das ist nun abermals ein Bereich, wo Vögel sich den Gliederfüßern (auch solchen mit nächtlicher Lebensweise) überlegen zeigen – wohl kaum, weil diese den Lauf der Sterne nicht erfassen könnten, sondern einfach deshalb, weil ihnen die scharfen Augen der Vögel fehlen um sie zu erblicken.

Die Orientierung der Vögel ist verständlicher geworden, seit wir ihren Himmelskompaß kennen. Aber es bleibt ein großer ungeklärter Rest. Zwar bestätigte sich das vorhin geschilderte Verhalten junger Störche auch bei anderen Jungvögeln, z. B. Staren, aber Alt-Stare bewiesen ihre Fähigkeit, auch nach Versetzung seitab von ihrer Wanderlinie die Richtung zum Ziel einzuschlagen (PERDECK 1958). Auch fanden Vögel, die man von ihrer Niststätte mehrere 100, ja weit über 1000 km in verdeckten Behältern nach einer unbekannten Gegend abtransportiert hatte, oft in erstaunlich kurzer Zeit zurück. Der Sonnenkompaß erlaubt ihnen, eine bestimmte Kompaßrichtung einzuhalten. Aber woher wissen sie in einer völlig fremden Landschaft, welche Richtung zum Ziel führt? Daß sie unter solchen

Umständen den Weg finden, ist nur verständlich, wenn sie die geographische Lage ihres Aufenthaltsortes und ihres Zieles bestimmen können. Man hat Hypothesen entwickelt, die zum Verständnis solcher Leistungen führen sollten. Sie haben bisher keinen allgemeinen Beifall gefunden.

Eine andere Schwierigkeit ergibt sich aus den weiten Wanderwegen und der großen Reisegeschwindigkeit mancher Vögel. Sehr rasch können sie in Gebiete gelangen, wo ihre innere Uhr von der Lokalzeit stark abweicht, wo die Sonne einen anderen Weg nimmt als wie sie es gewohnt sind und etwa mittags statt im Süden, im Zenit oder im Norden steht. Ein richtungstreues Ziehen nach dem Himmelskompaß unter so wechselnden Verhältnissen setzt eine Schnelligkeit der Anpassung voraus, die schwer vorstellbar und bei Gliederfüßern nicht bekannt ist. An diese werden freilich auch keine so hohen Anforderungen gestellt.

Zusätzliche Orientierungsmittel neben dem Himmelskompaß sind nicht nur theoretisch anzunehmen; auch neuere Versuche weisen auf solche hin, z. B. von GERDES (1962) an Lachmöven. Nach FROMME (1961) sind Rotkehlchen und Dorngrasmücke imstande, bei ihrer nächtlichen Zugunruhe auch in einem Käfig, der keine Sicht nach dem Himmel und auch keine anderen optischen Anhaltspunkte bietet, in statistisch gesicherter Weise die natürliche Zugrichtung anzustreben. PERDECK (1963) konnte allerdings bei einer Nachprüfung an Rotkehlchen keine Richtungstendenzen feststellen und äußert Bedenken gegenüber der von FROMME angewandten Statistik. MERKEL, FROMME und WILTSCHKO (1964) führen aber die negativen Ergebnisse PERDECKs auf dessen abweichende Versuchsanordnung zurück und halten auf Grund einer neuen statistischen Bearbeitung an ihrem Befund fest. MERKEL und WILTSCHKO (noch nicht veröffentlichte Versuche im Zoologischen Institut Frankfurt am Main) bestätigen die Richtungstendenz in Räumen ohne Himmelssicht und konnten sie durch ein künstliches Magnetfeld beeinflussen (vgl. auch S. 469ff.). Ob diese Ansätze zur Klärung der komplexen Frage führen werden, ist noch nicht abzusehen.

Bei Wirbeltieren kam dieselbe Überraschung wie bei Gliederfüßern: was man zunächst für einsame Spitzenleistungen hielt, erwies sich als weit verbreitete Regel.

Manche Fische, wie Aale oder Lachse, unternehmen so ausgedehnte Wanderungen nach fernen Zielen wie die Zugvögel. Man hat sich bisher vergeblich gefragt, wie sie im Ozean ihren Weg finden. Im Meer mit schwimmenden Fischen zu experimentieren ist nun freilich noch schwerer, als zu Lande mit fliegenden Vögeln. Man muß für den Anfang bescheidener sein, dachte A. HASLER. Sein zoologisches Institut an der University of Wisconsin (Madison, USA) liegt an einem Binnensee. In diesem Lake Mendota versammelt sich der Weißbarsch (*Roccus chrysops* RAF.) alljährlich zur Laichzeit an gewissen Plätzen des Nordufers und verteilt sich nachher wieder über den See. HASLER und seine Mitarbeiter versetzten zur Laichzeit am Nordufer gefangene und durch Marken gekennzeichnete Fische südwärts mitten in den See und konnten sie nach kurzer Zeit an ihrem alten, 2–3 km entfernten Platz wieder fangen. Es ist im Kleinen dasselbe Problem wie im Ozean: wie finden sie die Richtung?

Als den versetzten Fischen ein Plastikschwimmer angehängt wurde, den sie an einem Nylonfaden hinter sich her zogen (Abb. 389) zeigte sich, daß sie an sonnigen Tagen aus der Mitte des Sees alsbald gegen Norden zogen, während sie sich bei bedecktem Himmel nach allen Seiten zerstreuten. Laboratoriumsversuche brachten den vollen Beweis für eine Sonnenorientierung. Die Methode mußte den Gewohnheiten der Fische entgegenkommen. Da sie sich gern verstecken, wurde eine große Wasserschale mit 16 Schlupfwinkeln ausgestattet, die aus ebenso vielen Richtungen zugänglich waren. Aber nur in eine von diesen Nischen konnte der

Fisch hinein, die anderen waren verschlossen. Auf diese Weise lernte er, in die Mitte des Beckens gesetzt, sofort jenen Schlupfwinkel aufzusuchen, der von einer bestimmten Himmelsrichtung zugänglich war. Hatte er das erfaßt, so meisterte er die Aufgabe zu jeder Tageszeit, wenn er die Sonne sehen konnte. Wenn sie sich hinter Wolken verbarg, war er hilflos. Nach dem polarisierten Himmelslicht konnte er sich nicht orientieren. Auch hier gelang der Ersatz der Sonne durch eine Lampe im Laboratorium. Die Fische stellten sich zu jeder Zeit so zu ihr ein, wie sie sich zur gleichen Stunde gegenüber der Sonne hätten einstellen müssen, um die andressierte Richtung zu finden (HASLER 1956, 1960, HASLER, HORRALL, WISBY u. BRAEMER 1958).

Untersuchungen von HASLER und seinen Mitarbeitern brachten auch einige Aufklärung über einen Punkt, von dem bei anderen Tieren noch wenig bekannt ist. Sie verglichen die angeborenen Fähigkeiten der Einstellung zur Sonnenbahn

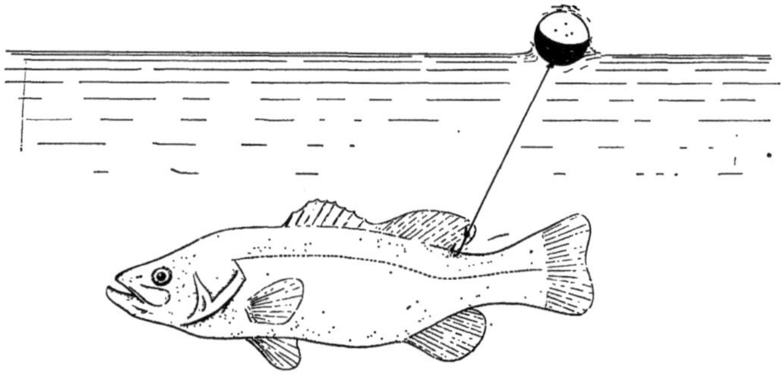

Abb. 389. Ein Weißbarsch zieht an einem Nylonfaden einen Plastikschwimmer hinter sich her und zeigt dadurch dem Beobachter, in welcher Richtung er im Wasser wandert. Nach HASLER 1960

bei Fischen aus der nördlichen gemäßigten Zone mit jener bei Fischen, die unter der Tropensonne heimisch sind (BRAEMER u. SCHWASSMANN 1963). In den Tropen muß ja die Richtung je nach der Jahreszeit verschieden kompensiert werden, denn einmal bewegt sich die Sonne im Uhrzeigersinn und steht mittags im Süden, zu anderer Zeit bewegt sie sich entgegen dem Uhrzeiger und steht mittags im Norden. Unter den einfacheren Verhältnissen in nördlichen Breiten erwies sich beim Sonnenbarsch (*Lepomis cyanellus* RAF., Fam. Centrarchidae) die Fähigkeit zur Verrechnung der Sonnenbahn als angeboren. Eine tropische Art (*Aequidens portalegrensis* H., Fam. Cichlidae) ist zwar von vornherein imstande, den Lauf der Sonne zu kompensieren, aber in welcher Richtung sie sich bewegt, muß durch Erfahrung gelernt werden. So ist für beide Möglichkeiten vorgesorgt. Wenn sich die Sonnenbahn zweimal im Jahr von einer Himmelsseite auf die andere verlegt, scheint die Umstellung für die Fische gar nicht einfach zu sein. Denn sie brauchen mehrere Wochen, bis sie die Änderung beherrschen. Ähnliches haben wir vom Verhalten tropischer Bienen erfahren (S. 368).

Im Gegensatz zu allen Befunden an Bienen und auch an anderen Tieren hat bei Fischen die Sonnenhöhe Einfluß auf das Finden der Richtung. Wenn z. B. in Spiegelversuchen die Sonne am Morgen in der verkehrten Richtung gezeigt wurde, schwammen sie um 180° falsch; war durch entsprechende Spiegelstellung der Sonnenstand künstlich erhöht, so wichen sie nach der Richtung ab, die sie zu späterer Stunde bei höherem Sonnenstand hätten einhalten müssen.

Näherte sich die Sonne dem Zenit, so war eine Richtungsorientierung nicht mehr möglich, sobald der Zenitabstand kleiner als 5° war. In dieser Hinsicht sind die Bienen etwas leistungsfähiger (S. 163).

Es steht heute fest, daß eine Anzahl von Süßwasserfischen mit der Benützung der Sonne als Kompaß vertraut ist. Das gilt auch für Edelfische (Salmonidae), zu denen der Lachs gehört (HASLER 1960, S. 109). Ob dieser bei seinen weiten Meereswanderungen wirklich nach dem Himmelskompaß steuert, hat man bisher nicht beobachten können. Aber es ist sehr wahrscheinlich. Denn Lachse (*Oncorhynchus nerka* WALBAUM), die ihr erstes Lebensjahr in einem ausgedehnten und reich gegliederten kanadischen Seen-System (Babine Lake) verbracht haben und zur gegebenen Zeit ihre Reise zum Meer antreten, halten auf allen Teilstrecken ihres Weges die Kompaßrichtung ein, die sie schließlich zum Seen-Ausgang führt. Sie tun es auch dann, wenn sie in einen großen Tank versetzt sind und keine Landmarken wahrnehmen können, sondern nur den Himmel über sich. Bei Ausschluß des Himmelslichtes sind sie desorientiert. Somit ist für diese Lachse erwiesen, daß sie die Sonne als Kompaß benützen und ihren Tageslauf kompensieren[1]). Was die Jungfische können, wird man den herangereiften Lachsen, die aus fernen Meeren den Rückweg zur Küste einschlagen, auch zutrauen dürfen (BRETT u. GROOT 1963, JOHNSON u. GROOT 1963).

Von Amphibien weiß man, daß Frösche, Kröten oder Molche, die sich nach der Eiablage weit ins Land hinein zerstreut haben, zur nächsten Laichzeit getreulich an ihren gewohnten Laichplatz in einem bestimmten Tümpel zurückkehren. Am nordamerikanischen Heuschreckenfrosch (*Acris gryllus* LEC.) wurde experimentell bewiesen, daß er die Sonne als Kompaß benützt. Für Kröten ist dasselbe wahrscheinlich (FERGUSON 1963). Frühere Vermutungen, daß sich die Tiere durch die Feuchtigkeit, Geruchsreize oder die Neigung des Bodens leiten lassen, wurden durch eine erstaunliche Beobachtung in der Schweiz über den Haufen geworfen: Tümpel, die als Laichplätze gedient hatten, waren beim Bau einer Autostraße zugeschüttet worden. Im folgenden Frühjahr suchten die anwandernden Erdkröten auf der Straße so hartnäckig nach ihrem angestammten, hierher gehörigen Laichplatz, daß stellenweise ein fast geschlossener Belag von überfahrenen zerquetschten Kröten entstand. Sie suchten ihn auf dem um $2^1/_2$ m erhöhten, trockenen Straßendamm in einer bestimmt völlig veränderten geruchlichen Sphäre (HEUSSER 1960). – Der Molch *Taricha (Triturus) rivularis* TWITTY begibt sich im Frühjahr zur Laichzeit ins Wasser, verbringt aber die übrige Zeit des Jahres an Land und kehrt erst zur nächsten Fortpflanzungsperiode zu seinem früheren Laichplatz zurück. Im kalifornischen Bergland wurden Molche zur Laichzeit in einem Bach gefangen und bis zu 4 km entfernt in einem anderen Bach ausgesetzt. Sie wanderten während ihres folgenden Landaufenthaltes rund zur Hälfte an ihren Heimatbach zurück und gelangten daselbst meist genau an die Stätte ihrer Herkunft, obwohl sie einen 300 m hohen Bergrücken überwinden mußten. Auch geblendete Tiere brachten das fertig (TWITTY 1959, TWITTY, GRANT u. ANDERSON 1964). – Solche Beobachtungen sprechen dafür, daß auch bei Amphibien neben dem Sonnenkompaß noch unbekannte Orientierungsmittel im Spiele sind, die sie an den gewohnten geographischen Ort leiten.

Von den Reptilien unternehmen die Suppenschildkröten (*Chelonia mydas* L.) regelmäßige Wanderungen zwischen ihren Weidegebieten und ihren Brutplätzen. Sie schwimmen dabei 1800 km und mehr über die offene See. An jungen Tieren konnte eine Sonnenkompaß-Orientierung nachgewiesen werden (KLAUS FISCHER 1964). Aber keineswegs nur die ausgesprochenen Wanderer unter den Wirbeltieren machen vom Sonnenkompaß Gebrauch. Auch Eidechsen

[1]) Ob sie daneben noch andere Orientierungshilfen benützen, und von welcher Art solche sind, ist noch ungeklärt. Nach den vorliegenden Beobachtungen wären sie nur von untergeordneter Bedeutung.

(*Lacerta viridis* LAUR., *L. sicula* und *L. muralis* LAUR.) verstehen sich recht gut auf diese Art des Richtungsfindens. BIRUKOW hat sie als geeignete Versuchstiere entdeckt. Abermals mußte sich die Methodik dem Objekt anpassen. Eidechsen sind wärmeliebende Wesen. Sie wurden in Laboratoriumsversuchen darauf dressiert, nach einer künstlichen Sonne in bestimmter Himmelsrichtung ein wärmendes Plätzchen (Heizplatte) aufzusuchen. Indem sie das erlernten, bewiesen sie, daß sie die Sonne zur Orientierung im Raum benützen und ihren Lauf sowie die Tageszeit in Rechnung stellen. Von der Richtigkeit ihres Vorgehens schienen sie ehrlich „überzeugt". Denn sie legten sich im Testversuch auch ohne die wärmespendende Heizplatte mit flachem Bauch an der richtigen Bodenstelle nieder um sich aufzuwärmen (FISCHER u. BIRUKOW 1960).

Eidechsen kann man leicht aus dem Ei aufziehen und vollständig von jeder Erfahrung über Himmel und Sonne abschließen. Dressiert man solche Tiere unter der künstlichen Sonne immer zur selben Tageszeit auf eine bestimmte Richtung, so suchen sie das Ziel zu anderen Stunden unter dem gewohnten Winkel zur Lampe. Sie reagieren winkeltreu. Erst wenn sie auf 3 diskrete Punkte der Sonnenbahn zu entsprechenden Zeiten dressiert worden sind, beherrschen sie den Sonnenkompaß und reagieren allezeit kompaßtreu. Eine inverse Sonnenbahn, die sich von West über Süden nach Osten bewegte erlernten sie viel schwerer (BIRUKOW, FISCHER u. BÖTTCHER 1963). Also auch hier das Zusammenspiel ererbter Disposition und individueller Erfahrung, wie es uns schon mehrmals entgegengetreten ist.

Bei Säugetieren hat wohl jeder schon verwunderliche Leistungen der Orientierungsgabe vernommen oder erlebt; besonders von Hunden wird oft erzählt, daß sie aus unbekannter Gegend den weiten Weg nach Hause finden können. Es fehlt auch nicht an Experimenten. Aber es fehlt leider, mehr als bei den anderen Wirbeltieren, an klaren Ergebnissen. In einem Falle – bei einer Maus – wird vom geglückten Nachweis einer Sonnenorientierung berichtet (LÜTERS u. BIRUKOW 1963); der Versuch gelang durch Futterdressur auf bestimmte Himmelsrichtungen unter einer künstlichen Sonne. Sonnenlauf und Tageszeit wurden einkalkuliert.

Weder Sonne noch Mond und Sterne können den Fledermäusen behilflich sein, wenn sie in nächtlichem Flug, die kümmerlichen Augen noch dazu mit undurchsichtigen Kappen bedeckt, aus 8 km Entfernung ohne Verzug nach Hause fliegen (MUELLER u. EMLEN 1957). Bei anderen Versetzungsversuchen in unbekannte Gegend haben Fledermäuse noch aus einer Entfernung von 300 km zurückgefunden. In manchen Fällen waren sie so schnell daheim, daß sie keine großen Umwege gemacht haben konnten. Es gibt Arten, die regelmäßig im Herbst zum eng umschriebenen Bereich einer bestimmten Überwinterungshöhle fliegen und im Frühling zu ihrem Sommersitz zurück wandern, über eine Strecke von 200–300 km (GRIFFIN 1958). Man kann sich schwer vorstellen, daß sie bei so weiträumiger Wanderung von ihrer wunderbaren Echo-Orientierung geleitet werden, denn diese funktioniert nur auf Distanzen von wenigen Metern. Wenn bei Vögeln nach Abzug der bekannt gewordenen Orientierungsmöglichkeiten, als ungeklärter Rest, der gezielte Heimflug aus einer fremden Gegend übrig bleibt, so liegt bei Fledermäusen das gleiche Rätsel vor und harrt der Lösung.

Auch der Mensch gehört zu diesen mangelhaft erforschten Wesen. Nur muß man zu den Naturvölkern gehen, um hohe Orientierungsleistungen zu finden, denn die Zivilisation hat uns in solchen Dingen unbeholfen gemacht. Ich zitiere nach A. GABRIEL (1958, S. 202) einen Absatz aus der Schilderung des Wüstenforschers N. ST. J. B. PHILBY von seiner Durchquerung der großen Sandwüste Rub al-Khali in Südarabien (1932), wobei die Teilnehmer hart am Verdursten waren:

„Die Sonne stach auf uns herab, und meine Begleiter schlummerten im Reiten, eine Erleichterung, die mir Ungeübtem versagt war. Salim döste dahin wie die anderen, riß sich dann und wann zusammen und gab brummend die Richtung an. Ich wunderte mich, wie er unter solchen Umständen, halb schlafend und mit nichts, das ihn hätte anleiten können, überhaupt imstande war, eine Richtung einzuhalten, aber ich prüfte seinen Kurs oft mit dem Kompaß und mußte immer wieder über sein genaues Steuern staunen. Ich fragte ihn, wie er das zusammenbringe, aber er wußte es einfach nicht. Vielleicht gibt es bei den Menschen und Tieren der Wüste ein angeborenes Gefühl der Richtung, das durch unbewußte Wahrnehmung der Sonnen- und Sternbewegung überwacht wird. Salim hatte nie auch nur die leiseste Ahnung von der Zeit als solcher – eine Stunde zählte einfach nicht –, aber er schien nie die Richtung zu verlieren, zumindest nicht, wenn der Himmel klar war."

3. Magnetfeld-Orientierung

Es wurde schon berichtet (S. 460f.), daß weibliche Maikäfer, die von ihren Fraßplätzen zur Eiablage aufs freie Feld zurückkehren, nach dem Himmelskompaß steuern. Ihre Orientierung nach der Sonne ist durch den Spiegelversuch erwiesen. Es wurde aber in verschiedenen Fällen auch eine richtige Orientierung beobachtet, wenn jede Sicht nach dem Himmel ausgeschlossen war. F. SCHNEIDER (1957) nahm flugreife Maikäfer aus dem Boden, befestigte sie an Aluminiumdraht und hängte sie in der Abenddämmerung unter freiem Himmel auf, den Kopf nach einer bestimmten Richtung gewandt, auf die sie solcherweise geprägt wurden. Ließ er sie einige Tage später fliegen, so bevorzugten sie die eingeprägte oder die genau entgegengesetzte Himmelsrichtung und zwar auch in einem völlig abgeschirmten Zimmer oder in einem fensterlosen Kellerraum. Weitere Versuche (SCHNEIDER 1961, 1963, 1963a) sprachen für eine Orientierung nach elektrischen und magnetischen Feldern. Die Ergebnisse waren allerdings sehr variabel und nicht regelmäßig reproduzierbar. Es schienen auch unbekannte Faktoren („ultraoptische Bezugssysteme") mitzuwirken.

Auch COUTURIER und ROBERT stellten fest, daß die Maikäfer in manchen Versuchen selbst bei ganz bedecktem Himmel die Richtung fanden (s. S. 461). Ihre Versuche, eine Orientierung nach dem Erdmagnetismus nachzuweisen, verliefen negativ. Auch sie fanden für das Verhalten der Käfer keine Erklärung ohne die Annahme zusätzlicher, noch unbekannter Bezugsmarken (COUTURIER u. ROBERT 1962, ROBERT 1963).

KIMM (1960) hält es auf Grund physikalischer Messungen und Berechnungen nicht für möglich, daß sich Maikäfer im Magnetfeld der Erde orientieren können. Aber nach mehreren Angaben aus jüngster Zeit scheint es doch, als ob es so etwas gäbe.

G. BECKER (1963) beobachtete an Termiten (Geschlechtstiere von *Macrotermes*- oder *Odontotermes*-Arten) in seinem Berliner Laboratorium, daß sie sich regelmäßig in Ost-West-Richtung zur Ruhe setzten. „Bei Ausschalten des Magnetfelds der Erde in einem geeigneten Eisenkasten hörte die Körpereinstellung nach der Himmelsrichtung auf." Wurde ein Eisenmagnet über oder unter den Tieren angebracht, so nahmen sie „ausnahmslos im Laufe der Zeit zwischen 15 min und mehreren Stunden eine bestimmte Richtung zu dem Feld ein". Auch andere Arten verhielten sich so, soweit sie nicht zu unruhig waren. Die Einstellung kann auch in Nord-Süd-Richtung erfolgen. Termitenköniginnen sollen auch an ihrem natürlichen Aufenthaltsort bevorzugt in solcher Orientierung angetroffen worden sein. Die Angaben wurden bisher bezweifelt, erscheinen aber nun nicht mehr so unglaubwürdig.

Fliegen (*Calliphora erythrocephala* MEIG. und *Musca domestica* L., ferner auch *Sarcophaga*- und *Lucilia*-Arten und *Tubifera pendula* L.) landen nach BECKER (1963a) bei windstillem Wetter auf horizontalen Flächen fast stets in Ost-West- oder Nord-Süd-Richtung. Diese Einstellungen können aber durch die Sonne oder andere Reize gestört werden. Auch in Magnetfeldern von beispielsweise hundertfacher Stärke im Vergleich zum natürlichen Erdfeld wurde parallele oder senkrechte Einstellung zu den Feldlinien beobachtet. Bei Kompensation des Magnetfeldes hört eine solche auf. Die Bevorzugung der Nord-Süd- und Ost-West-Richtung beim Landen, wie auch beim Sitzen bestätigte sich in fensterlosen Räumen bei künstlichem Licht. Auch tote, an langen Fäden hängende Fliegen zeigen dieselben Erscheinungen (BECKER und SPECK 1964).

Nach brieflicher Mitteilung BECKERs ließen sich entsprechende Magnetfeldeinstellungen inzwischen auch bei Käfern, Schaben, Grillen, Heuschrecken, Wespen und Honigbienen wahrnehmen. Zu ihrer Sicherung sind wohl noch weitere kritische Experimente nötig.

Ich hatte vor vielen Jahren versucht, die Tanzrichtung der Bienen durch Magnet-Einwirkung zu beeinflussen und keinen Erfolg erzielt (s. S. 133). Jede Ausrichtung nach dem Erdmagnetismus sollte bei Tänzen auf horizontaler Wabe deutlich werden, wenn die Bienen keine optischen Marken sehen können. Unter solchen Umständen sind sie aber völlig desorientiert. RENNER kam bei seinem weiträumigen Versetzungsversuch zu dem Ergebnis, daß das Magnetfeld der Erde auf die Flugrichtung der Bienen unterwegs zu ihrem Ziel keine Wirkung hat (s. S. 365f.).

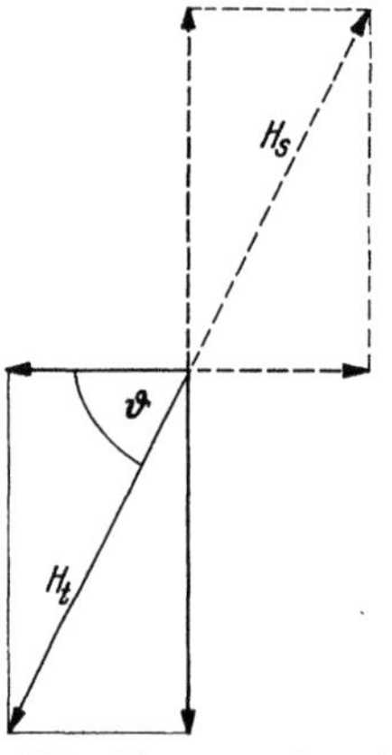

Abb. 390. Kompensation der erdmagnetischen Feldstärke H_t = 0,47 Oe, Inklinationswinkel = 64°, durch ein entgegengesetztes Spulenfeld H_s von gleicher Stärke

Nach den positiven Befunden bei anderen Insekten und dem Hinweis BECKERs auch auf Bienen, war bei diesen doch eine nochmalige Prüfung angezeigt. Ich habe darum gemeinsam mit K. DAUMER im Sommer 1964 Versuche gemacht, die uns drei Fragen beantworten sollten: 1. ob die Tanzrichtung der Bienen auf der vertikalen Wabenfläche durch Änderungen des erdmagnetischen Feldes beeinflußt wird, 2. ob sie beim Anflug an den Futterplatz bestimmte Richtungen mit Bezug auf das Magnetfeld der Erde oder auf ein künstlich erzeugtes Magnetfeld bevorzugen und 3. ob ihre Sitzrichtung an der Futterquelle eine bestimmte Beziehung zum Magnetfeld erkennen läßt.

An unserem Versuchsplatz in Brunnwinkl beträgt die erdmagnetische Totalfeldstärke (H_t) 0,47 Oersted, der Inklinationswinkel (ϑ) ist 64° (Abb. 390). Um das Erdmagnetfeld auszuschalten benutzten wir ein Helmholtzsches Spulenpaar von 1 m Durchmesser, welches so eingestellt wurde, daß das künstlich erzeugte Spulenmagnetfeld (H_s) das Erdmagnetfeld im Bereich des Spulenpaares gerade aufhob (bis auf ca. 3 %). In der Mitte des Spulenpaares war ein kleiner Beobachtungsstock aufgestellt, der für unsere Zwecke ohne Eisenteile gebaut war (Abb. 391). Er enthielt nur eine (nicht „gedrahtete") Wabe und wurde mit einem kleinen Krainer Volk besetzt. Der Flugtrichter wies nach Osten. Eine Schar von etwa 20 numerierten Bienen verkehrte am Futterplatz 200 m West. Die Anordnung war in einem Plattenzelt untergebracht, so daß die Tanzwinkel bei diffusem Licht gemessen werden konnten. Ohne Wissen des Beobachters wurde das Spulenfeld bald eingeschaltet (Erdfeld kompensiert), bald ausgeschaltet (Erdfeld normal).

Tabelle 42. *Abweichungen von der Solltanzrichtung im unveränderten Erdfeld* (normaler Druck) *und unter verschiedenen Magnetfeldbedingungen* (Fettdruck)

I = Erdfeld kompensiert. II = resultierendes Feld dem Erdfeld entgegengesetzt, von der Stärke des Erdfeldes. III = resultierendes Feld um 90° gegen das Erdfeld gedreht, von normaler Stärke. IV = resultierendes Feld um 45° gegen das Erdfeld gedreht, von 1,5facher Stärke, Neigung 71°. V = resultierendes Feld von 3facher Stärke, um 64° gegen das Erdfeld gedreht, Neigung 70°.

Magnetfeld Bedingung	Datum 1964	Zeit	Mittelwert der Abweichungen ± Streuung in Grad	Anzahl der Tänze	Signifikanz p
I	31. VII.	8^{46}—11^{07}	3,9 ± 4,2	65	0,7
		8^{50}—11^{07}	**3,6 ± 4,2**	**67**	
II	3. VIII.	11^{34}—12^{07}	1,0 ± 3,1	31	0,9
		11^{31}—12^{03}	**0,5 ± 3,6**	**35**	
III	3. VIII.	9^{07}—10^{17}	4,1 ± 6,0	43	0,6
		9^{09}—10^{21}	**4,9 ± 5,7**	**40**	
IV	1. VIII	8^{41}—10^{31}	—1,0 ± 3,0	69	1
		8^{40}—10^{31}	**—1,0 ± 3,4**	**72**	
V	1. VIII.	10^{34}—11^{07}	2,0 ± 2,9	14	0,8
		10^{34}—11^{07}	**1,9 ± 2,6**	**18**	

Abb. 391. HELMHOLTZ-Spulen in der Stellung zur Kompensation des erdmagnetischen Feldes. In der Mitte ist der Einwaben-Beobachtungsstock montiert

Der Wechsel erfolgte entweder jeweils nach 5 gemessenen Tänzen, oder von Tanz zu Tanz oder während eines Tanzes.

Vergleicht man nun die Abweichungen von der Soll-Tanzrichtung (also die „Restmißweisung") im unveränderten und im kompensierten Erdfeld, so muß dabei ein etwa vorhandener Einfluß des Erdmagnetfeldes auf die Richtungsweisung beim Tanz zum Ausdruck kommen. Wie aber aus Tabelle 42 (I) hervorgeht, ist der Unterschied zwischen den beiden Mittelwerten der Abweichungen im unveränderten Feld und kompensierten Feld (3,9° ± 4,2° und 3,6° ± 4,2° mit $p = 0{,}7$) nicht im entferntesten signifikant. Die Richtungsorientierung beim Tanz wurde also durch das Ausschalten des Magnetfeldes nicht beeinflußt.

In weiteren Versuchen prüften wir die Frage, ob vielleicht Magnetfelder, die *in Richtung und Stärke gegenüber dem Erdfeld verändert* sind, auf die Tänze Einfluß nehmen. Dabei stellten wir das Spulenfeld so ein, daß das aus Erdfeld und Spulenfeld resultierende Feld folgende Bedingungen erfüllte:

II (vgl. Tab. 42): Das resultierende Feld verläuft antiparallel zum Erdfeld, d. h. es ist nach oben und Süden gerichtet und von gleicher Stärke wie das Erdfeld.

III: Das resultierende Feld ist um 90° gegenüber dem Erdfeld gedreht und von gleicher Neigung und Stärke wie das Erdfeld. Die Kraftlinien verlaufen parallel zur Wabenfläche.

IV: Das resultierende Feld ist um 45° gegenüber dem Erdfeld gedreht, hat eine Neigung von 71° und besitzt 1,5fache Erdfeldstärke.

Abb. 392. Anordnung zur Registrierung der Landerichtungen der Bienen am Futterplatz

V: Das resultierende Feld ist um 64° gegen das Erdfeld gedreht, hat eine Neigung von 70° und besitzt dreifache Erdfeldstärke.

Wie man der Tabelle entnehmen kann, traten *bei keiner* der genannten Bedingungen *statistisch gesicherte Unterschiede* zwischen den Mittelwerten der Abweichungen von der Solltanzrichtung im natürlichen und veränderten Magnetfeld auf.

In weiteren Versuchen prüften wir die Anflugsrichtungen der Bienen an einem 20 m vom Stock errichteten Futterplatz, der sich nun in der Mitte des Spulenpaares befand. Becker hatte beobachtet, daß Fliegen in optisch neutraler Umgebung auf horizontaler Unterlage bevorzugt im Winkelbereich von $\pm 20°$ um die N—S- und die O—W-Achse landen oder sitzen und daß diese Bevorzugung bestimmter Richtungen verschwindet, wenn das Erdfeld kompensiert wird. Er glaubte, wie schon erwähnt, auch an Bienen Entsprechendes gesehen zu haben. Wir konnten aber ein solches Verhalten nicht bestätigen.

Wir machten zunächst Versuche bei „windstillem" Wetter im Freien. Da sich aber schon ein leiser Lufthauch als Störfaktor erwies, wurden die Versuche von Daumer in München in einem windgeschützten Raum fortgesetzt.

Die Anordnung zur Beobachtung der Landerichtungen am Futterplatz bestand aus einem Kartonzylinder von 20 cm Durchmesser und 10 cm Höhe, auf dessen Deckfläche 16 Sektoren mit den Kompaßrichtungen eingezeichnet sind (Abb. 392). In der Mitte befindet sich ein Einschlupfloch, durch das die Bienen zum darunter gelegenen Zuckerwassergefäß gelangen. Die Öffnung ist von einem Kartonscheibchen von 5 cm Durchmesser überdacht, das mit 16 dünnen Holzstiftchen an den Sektorengrenzen befestigt ist. Die Anordnung stand in einem kleinen, halb verdunkelten, künstlich beleuchteten Raum, in den die Bienen auf einem Umweg einfliegen konnten. Gewertet wurden alle Anflüge, die geradlinig vom Rand des Zylinders zur Landung an einer der 16 Öffnungen führten. Das Verhalten der Bienen wurde abwechselnd im unveränderten Erdfeld und in einem gegenüber dem Erdfeld um 90° gedrehten Feld geprüft. Die Horizontalstärke des resultierenden Feldes wurde dabei so variiert, daß sie das 1-, 5-, 10- und 20fache der Horizontalstärke des Erdfeldes (0,21 Oe) betrug. Das Spulenfeld wurde nach jeweils 5 Landungen ohne Wissen des Beobachters vom Protokollführer ein- oder ausgeschaltet.

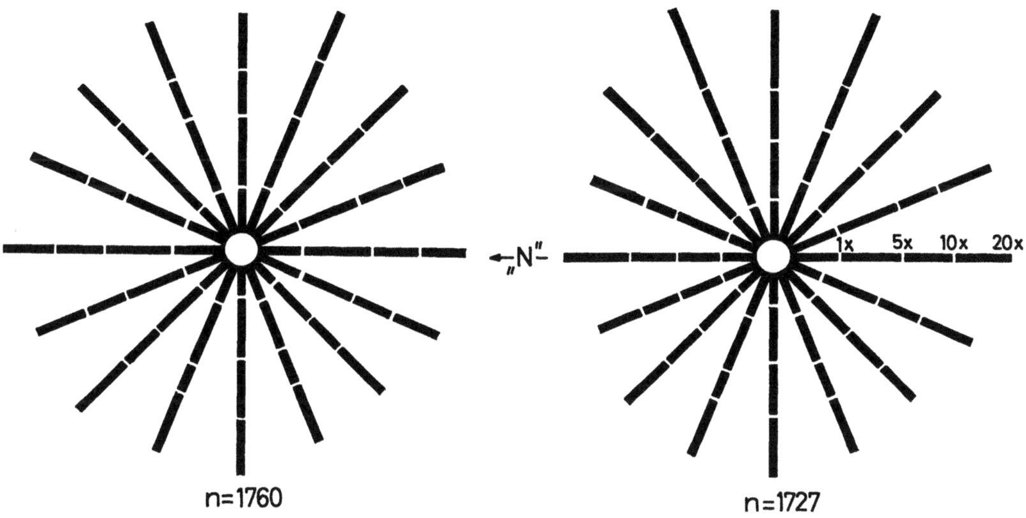

Abb. 393. Häufigkeitsverteilung der *Landerichtungen* in Klassen zu 22,5°, links im natürlichen Erdmagnetfeld, rechts im 90° nach W gedrehten resultierenden Feld. Die durch weiße Querstriche abgegrenzten Teile der Linien stellen im Bilde rechts die Ergebnisse bei 1-, 5-, 10- und 20facher Horizontalfeldverstärkung dar, im Bilde links die zugehörigen Kontrollversuche. Bei jeder Linie bedeutet 1 mm Länge = 4 Landungen. 12.—19. 8. 1964

Abb. 393 zeigt die Verteilung von insgesamt 3487, in der Zeit vom 12. bis 19. August 1964 protokollierten Landungen auf die 16 Kompaß-Sektoren, links im Erdmagnetfeld, rechts im resultierenden, um 90° nach West gedrehten Feld („N“). Die durch weiße Querstriche abgegrenzten Teile der Linien stellen die Ergebnisse bei den verschiedenen Feldstärken gesondert dar. Bei jeder Linie bedeutet die Länge eines Millimeters 4 Landungen. Auch ohne Statistik erkennt man, daß sowohl im natürlichen Erdmagnetfeld wie im verdrehten Feld, auch bis zu 20facher Verstärkung, *keine Kompaßrichtung beim Landen systematisch bevorzugt* wird.

Dagegen erfolgten bei einem Versuch am 13. August 1964 deutlich mehr Landungen aus Richtungen zwischen N und W (Abb. 394). Dieser Versuch wurde im Freien durchgeführt. Um SO pendelte ein kaum spürbarer Lufthauch mit einer durchschnittlichen Geschwindigkeit von etwa 0,15 m/sec. Die Bienen landeten offensichtlich bevorzugt gegen die schwache Luftströmung und zwar unabhängig davon, ob das Erdmagnetfeld unverändert blieb (links) oder mit

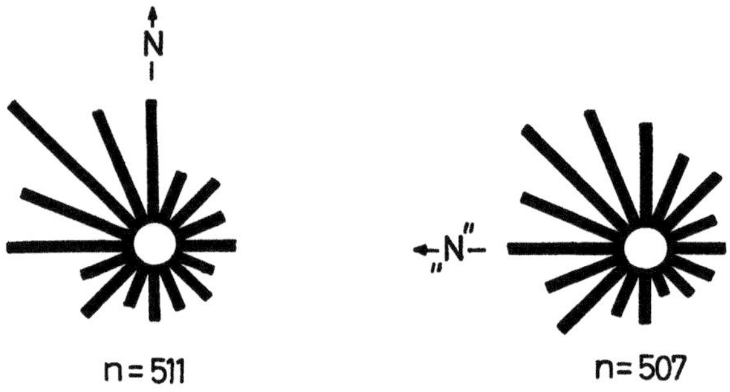

Abb. 394. Häufigkeitsverteilung der Landerichtungen bei einem Versuch im Freien, links im natürlichen Erdmagnetfeld, rechts mit zehnfacher Horizontalverstärkung um 90° gedreht. Deutlicher Einfluß einer leichten Luftströmung aus SO. 1 mm = 4 Landungen. 13. 8. 1964

10facher Horizontalstärke um 90° gedreht war (rechts). Ein entsprechender Einfluß des Windes auf die Landerichtung war auch in anderen Freilandversuchen eindeutig festzustellen.

Die Beobachtung der Sitzrichtungen am Futterplatz wurde mit Einzelbienen, nun wieder im windgeschützten Innenraum, an einer abgewandelten Ver-

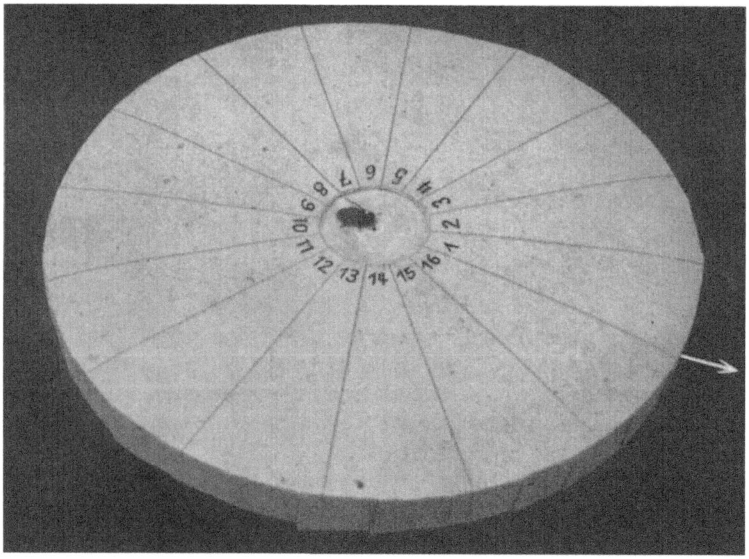

Abb. 395. Anordnung zur Registrierung der Sitzrichtungen von Einzelbienen an einem Futterplatz. Die Biene saugt auf der Sektorenscheibe Zuckerwasser aus einem zentral angebrachten Röhrchen

suchsanordnung durchgeführt (Abb. 395). In der Mitte der Sektorenscheibe erscheint ein Plättchen aus Aluminiumblech von 4 cm Durchmesser, in das eine Kapillare aus Kupfer von 1 mm lichter Weite mündet. In der Kapillare steigt Zuckerwasser aus einem darunterstehenden Glasgefäß hoch. Die Anordnung ist von einem Kartonzylinder von 50 cm Durchmesser und 50 cm Höhe umgeben (in der Abbildung nicht sichtbar). Dadurch ist die dressierte Biene gezwungen, sich der Kapillare von oben in einer spiraligen Flugbahn zu nähern. Nach der Landung korrigiert sie mitunter geringfügig ihre Sitzrichtung, die dann während des ganzen Saugaktes beibehalten wird und sehr genau abgelesen werden kann.

In einem Versuch am 12. September 1964 von 8^{00}–16^{30} Uhr wurden im Wechsel insgesamt 220 Sitzrichtungen im unveränderten Erdmagnetfeld und 211 Sitzrichtungen im 90° nach West gedrehten resultierenden Feld von einfacher Erdfeldstärke gemessen. Aus dem Ergebnis (Abb. 396) läßt sich auch nicht die Andeutung einer bevorzugten Sitzrichtung relativ zu den magnetischen Kraftlinien erkennen.

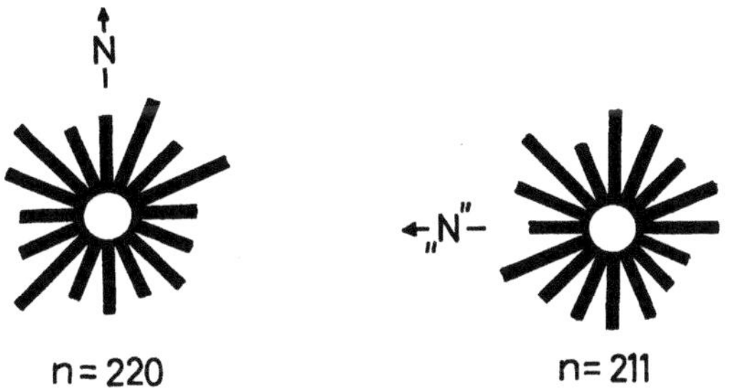

Abb. 396. Häufigkeitsverteilung der Sitzrichtungen links: im natürlichen Erdmagnetfeld, rechts: im 90° nach West gedrehten resultierenden Feld von einfacher Erdfeldstärke. 1 mm = zwei Sitzstellungen

In Übereinstimmung mit unseren früheren Erfahrungen ließ sich also auch mit diesen Versuchsanordnungen bei Bienen keine Magnetfeldorientierung nachweisen.

Hiermit soll ihr Vorkommen bei anderen Insekten nicht bestritten werden. Auch für Mollusken und Würmer (Planarien) liegen positive Angaben vor. Nach F. A. Brown und Mitarbeitern (z. B. Brown, Webb, Bennett u. Barnwell 1959, Brown, Bennett u. Webb 1960, Brown, Webb u. Barnwell 1964) lassen sich Wasserschnecken in ihrer Kriechrichtung durch magnetische Felder beeinflussen. Verwandte Erscheinungen, aber von elementarer Bedeutung für das Leben der Tiere, sind von manchen Fischen bekannt geworden. Elektrische Felder, die sie selbst erzeugen, dienen zu ihrer Orientierung, zu ihrer Verteidigung und zum Beuteerwerb (vgl. Lindauer 1963a, S. 122, 123 und die dort angegebene Literatur).

Zusammenfassung

Seitenblick auf andere Tiere (S. 447—475)

1. Die Fähigkeit, sich nach der Schwingungsrichtung des polarisierten Lichtes zu orientieren, ist weit verbreitet (Tab. 41, S. 452f.). Sie fehlt den Wirbeltieren.

2. Es ist zu unterscheiden zwischen der spontanen Einstellung in bestimmten Vorzugswinkeln, vor allem parallel und senkrecht zur Schwingungsrichtung, und der Fähigkeit, auf Grund vorangegangener Erfahrung beliebige Orientierungswinkel festzuhalten (Menotaxis). Hierbei kann die tageszeitliche Änderung der Schwingungsrichtung einkalkuliert und so – als höchste Leistungsstufe – jederzeit ein bestimmter Kompaßkurs allein nach dem polarisierten Himmelslicht gesteuert werden. – Die Methoden zum Nachweis der Wahrnehmung polarisierten Lichtes müssen sich den verschiedenen Versuchstieren anpassen.

3. In der Regel bilden Sonne und polarisiertes Himmelslicht gemeinsam den Himmelskompaß, der so viele Tiere auf ihren Wegen leitet. Bewohner des Sandstrandes und anderer Uferzonen können durch Wind oder Wellen landeinwärts getragen oder ins Wasser gespült werden. Verschiedene Käferarten, viele Krebschen und Uferspinnen finden dann, nur durch den Himmelskompaß, auf kürzestem Wege in die heimatliche Region zurück. Sie schlagen auch den richtigen Kompaßkurs ein, der sie daheim zu ihrem Ufer führen würde, wenn sie in eine fremde Gegend versetzt werden (Abb. 383, S. 450), ja wenn man sie in einen anderen Erdteil bringt. Die Kenntnis der Richtung, die sie nach Himmelskompaß und innerer Uhr vom Trockenen, bzw. aus dem freien Wasser zu ihrem Ufer anzustreben haben, kann ihnen angeboren sein. Manche Arten müssen sie im individuellen Leben erlernen oder roh angeborene Kenntnisse durch Erfahrung verbessern. Es gibt Krebschen, die bei Tag nach der Sonne und nächtlicherweile nach dem Mond steuern und je nach Bedarf den Kurs nach ihrer inneren Sonnen- oder Monduhr richten. – Das Ansteuern der Uferzone bietet markante Beispiele für solche Orientierungsweise. Aber auch in anderen Regionen gebrauchen viele Gliederfüßer den Himmelskompaß, um etwa nach Streifzügen durch die Umgebung in ihr Wohngebiet oder in ihren Schlupfwinkel zurückzufinden.

4. Soweit es bisher zu übersehen ist, scheinen für den Himmelskompaß bei anderen Tieren dieselben Regeln zu gelten wie für Bienen. Wie bei diesen, ließ sich bei Ameisen im Konkurrenzversuch seine Bedeutung neben den Landmarken und die Koppelung von Sonnenstand und Polarisationsmustern nachweisen. Wie die Biene, kann die Spinne *Agelena* aus einem gewinkelten Weg die Luftlinie zwischen Ausgangspunkt und Ziel integrieren. Es gibt aber auch Unterschiede: nächtlich tanzende Bienen beziehen sich bei ihrer Richtungsweisung – obwohl sie über den nächtlichen Sonnenstand keine Erfahrung haben – auf eine Sonne, die ihren Weg von West über Nord nach Ost fortsetzt; andere Tiere benehmen sich teils ebenso, zum andern Teil aber so, als würde die Sonne von West über Süd nach Ost zurücklaufen.

5. Bei Wirbeltieren wurde die Orientierung nach dem Sonnenstand, unter Einrechnung der Tageszeit und des Sonnenlaufes – gleichzeitig, und unabhängig von den Bienen – an Vögeln entdeckt. Für Zugvögel ist der Himmelskompaß ein wichtiger Faktor. Das polarisierte Licht ist unbeteiligt. Aber nächtlich wandernde Vögel können sich auch nach den Sternen orientieren – womit SANTSCHIs verfehlte Vermutung bei Wüstenameisen ein halbes Jahrhundert später an Vögeln eine Bestätigung erfährt.

Nicht nur Vögel sind imstande, nach der Sonne und ihrer inneren Uhr den Weg zu finden. Es ist dasselbe für Fische, Kriechtiere und Lurche erwiesen und scheint auch für manche Säugetiere Geltung zu haben. Doch müssen den Wirbeltieren noch andere, unbekannte Orientierungsmittel zu Gebote stehen. Nicht alle ihre Leistungen sind durch den Sonnenkompaß zu erklären.

6. Bei Insekten liegen über die Orientierung des Maikäfers Beobachtungen vor, die auf die Mitwirkung unbekannter Faktoren hinweisen. Das Mitspielen einer Orientierung nach dem Magnetfeld der Erde wurde teils behauptet, teils bestritten. An Bienen konnte eine solche nicht bestätigt werden.

B. Die Nahorientierung am Ziel

In der Nähe des Zieles werden Reize wirksam, die von diesem selbst ausgehen. Ziel der ausfliegenden Bienen sind in der Regel nahrungspendende Blüten, für die heimkehrenden ist es der eigene Stock.

Jungbienen beschäftigen sich mit häuslichen Arbeiten. Wenn sie nach etwa 10 Tagen zum erstenmal ausfliegen, haben sie kein anderes festes Ziel als die Rückkehr in ihren Heimatstock. Sich dessen Lage und seine Kennzeichen einzuprägen, ist die Bedeutung der Orientierungsflüge.

I. Die Orientierungsflüge

Der Physiologe BETHE kam bei seinen Studien an Bienen zu der Überzeugung, daß beim Auffinden des Heimatstockes eine unbekannte Kraft beteiligt ist (1902, 1950). Für Vögel mag das gelten. Bei Bienen aber liegt kein Anlaß vor, rätselhafte Orientierungsmittel anzunehmen. Alle Beobachtungen weisen darauf hin, daß die Jungbienen das Heimfinden nach Land- und Himmelsmarken bei ihren Orientierungsflügen erlernen.

Bienen, die ihren Stock noch nie verlassen haben, finden nicht nach Hause, wenn man sie in einem weiteren Abstand als etwa 50 m in Freiheit setzt. Auch aus geringerer Entfernung kommt nur ein Teil zurück, und oft erst nach Stunden, wobei ihr Verhalten deutlich anzeigt, daß sie beim suchenden Herumfliegen schließlich durch den Duft ihres Volkes angelockt werden, wenn sie zufällig in dessen Nähe geraten. Wenn man sie aber nach dem ersten Orientierungsflug vom Stock in seine Umgebung trägt, so finden viele bereits aus Abständen von mehreren hundert Metern heim und nach wiederholten Orientierungsflügen auch aus Entfernungen von mehreren tausend Metern. Bei älteren Flugbienen ist die Heimkehrfähigkeit aus Gebieten mit guten Trachtquellen besser und sie erstreckt sich auf größere Entfernung als bei Auflassung aus einer Richtung, in der für Sammlerinnen nichts zu holen ist. Von Stellen, die ihnen unbekannt sind, finden nur wenige zurück und diese mit großer Verspätung; man kann daher annehmen, daß sie durch Suchflüge schließlich in bekanntes Gebiet geraten sind, wo sie sich orientieren konnten. Aus einem Abstand von etwa 8 oder mehr km, jenseits der Grenzen ihres Sammelbereiches, kommt keine zurück (WOLF 1926, 1927, UCHIDA u. KUWABARA 1951, BECKER 1958).

All dies zeigt, daß sich Bienen die Kenntnis vom Aussehen und von der Lage ihres Heimatstockes nach optischen und wohl auch geruchlichen Merkmalen bei ihren ersten Ausflügen allmählich aneignen[1]). Auch ihr bezeichnendes Verhalten bei den Orientierungsflügen läßt das erkennen; es wird z. B. von BUTTEL-REEPEN (1900, S. 215) folgendermaßen beschrieben: sofort nach dem Abflug wenden sich

[1]) E. WOLF (1926) hält es für möglich, daß daneben noch ein weiterer Orientierungsfaktor in Frage kommt: ein Registrieren von Drehungen und Wendungen mit Hilfe der Fühler. Heimkehrende Sammlerinnen wurden am Flugloch abgefangen, in einen Käfig gesperrt und an einem mehrere hundert Meter entfernten Punkt freigelassen. Wenn sie während des Transportes mit ihrem Käfig anhaltend gedreht wurden, brauchten sie für den Heimflug durchschnittlich etwas länger als bei normalem Transport. Daraus wird geschlossen, daß sie die passiven Drehungen registriert haben, und zwar mit ihren Fühlern, da bei antennenlosen Bienen die Störung ausblieb. Der Befund konnte bisher nicht bestätigt werden. KUWABARA (1952) wiederholte die Versuche und fand bei normalen und gedrehten Bienen die gleichen Rückflugzeiten. BAERENDS (1941) konnte bei seinen Untersuchungen über das Orientierungsvermögen der Grabwespe *Ammophila* (vgl. S. 481 f.) auch bei dieser keinen Einfluß passiver Drehungen während des Transportes auf den folgenden Rückflug zum Nest feststellen.

die Bienen mit dem Kopf zum Stock und schweben vor ihm in dieser Stellung auf und nieder, bis sie später erst kleine, dann größere Orientierungskreise ziehen und in die Umgebung entschwinden. Dieses „Vorspiel" auf und ab wogender Bienen vor ihrem Heim ist in warmen Mittagsstunden eine auffällige und jedem Imker bekannte Erscheinung. Doch verläuft der Vorgang etwas anders als er bisher geschildert wurde:

Um mit Sicherheit den ersten Ausflug erfassen und seinen Verlauf beobachten zu können, numerierte LORE BECKER (1958) die Bienen schon beim Ausschlüpfen. Wenn sie dann nach mehreren Tagen zum erstenmal abflogen, schwebten sie wohl, den Kopf dem Stock zugewandt, in wiegendem Flug vor diesem hin und her, aber nicht länger als wenige Sekunden, dann schossen sie davon und kamen außer Sichtweite. Bereits nach 3–7 Minuten kehrten sie zurück und nun erst spielten sie noch einige Minuten vor, ehe sie wieder in den Stock einkehrten.

Genau so vollzieht sich die Neuorientierung, wenn man ein Volk in eine fremde Gegend versetzt.

Das unerwartete Verhalten wurde besonders deutlich, wenn das Flugloch eines versetzten Volkes geöffnet und, nachdem ein Schub von 20—30 Flugbienen heraus war, mit einem Gitter wieder verschlossen wurde. Alle waren sogleich verschwunden und Totenstille herrschte um den Stock. Nach etwa 4 Minuten begann sich die Luft mit den Zurückkehrenden zu füllen, die noch weitere 1—3 Minuten vorschwebten. Der täuschende Eindruck, daß Bienen in einem fremden Gebiet $^1/_2$—1 Stunde lang ihren Stock umfliegen, um seine Lage kennen zu lernen, entsteht dadurch, daß nach dem Öffnen des Flugloches ständig neue Schübe herauskommen und die früheren wieder einkehren, so daß sich die Zusammensetzung der vorspielenden Wolke unbemerkt dauernd ändert.

Das Überraschende an diesem Befund ist, daß sich die Bienen die Orientierungsmerkmale so schnell einprägen. Nun wüßten wir gern, was sie sich einprägen. Das zeigt sich wenn man Merkmale des Heimatstockes verändert oder wenn man auch nur darauf achtet, unter welchen Umständen er manchmal verfehlt wird.

Das letztere kommt nicht selten vor, wo Bienenkästen – wie es z. B. in Deutschland und Österreich üblich ist – in Reihen eng beisammen stehen. Aus Stöcken in der Mitte verfliegen sich die Einwohner häufiger als an den Enden einer Reihe. Ein Eckvolk ist durch seine Lage wirksamer gekennzeichnet. Wo sich die Aufstellung in gleich angeordneten Gruppen von Bienenstöcken wiederholt, geschieht es häufig, daß Bienen ihren Stock über mehrere Plätze hinweg mit einem fremden verwechseln, der in einer anderen Gruppe die gleiche Stellung einnimmt (z. B. FREE 1958a, MATHIS 1960). Sie haben sich also das Umfeld des Heimatstockes gemerkt. Dabei achten sie auch stark auf die Höhe des Flugloches über dem Boden. Bei frei stehenden Stöcken behalten sie im Gedächtnis, auf welcher Seite sich das Flugloch befindet (RIBBANDS u. SPEIRS 1953, FREE u. SPENCER-BOOTH 1961).

Aus der zuletzt genannten Tatsache kann man entnehmen, daß die heimkehrenden Bienen ihren Stock in der richtigen Kompaß-Orientierung ansteuern, wofür vermutlich der Himmelskompaß ausschlaggebend ist. Ob das zutrifft, hat man bei heimkehrenden Bienen meines Wissens bisher nicht geprüft. Aber es ist für den Anflug an Futterplätzen bewiesen und somit dürfte auch für den Anflug am Stock gelten, daß auch noch unmittelbar vor dem Ziel der Himmelskompaß eine führende Rolle spielt.

LINDAUER (1960, S. 372) dressierte Bienen auf ein Futterschälchen F an der nach Süden gerichteten Ecke eines schwarzen Quadrates. Der Futtertisch stand östlich vom Bienenstock, so daß der Anflug von Westen erfolgte (Pfeil, Abb. 397 links). Gefüttert wurde nur am Nachmittag. Zum Versuch wurde das Volk nach mehrtägiger Dressur am Morgen in eine ihm unbekannte Gegend versetzt und der Futtertisch südlich vom Stock aufgestellt, der Anflug kam nun von Norden. An allen 4 Ecken des Quadrates standen leere Schälchen. Abb. 397 rechts zeigt das Ergebnis. Der südlich gelegene Platz wurde überwiegend besucht. Landmarken konnten keine Rolle spielen, sie waren ja völlig verändert. Bezogen auf die Anflugsrichtung hätten die Bienen die rechts gelegene, jetzt westliche Ecke des Quadrates anfliegen müssen. Sie orientierten sich aber nach der Kompaßrichtung des Futterplatzes, und sie verhielten sich so am Morgen, also bei einem anderen Sonnenstand gegenüber jenem, den sie bei ihrer nachmittägigen Dressur kennen gelernt hatten.

Eine Variante dieses Versuches führte zu dem gleichen Resultat (LINDAUER 1960, S. 375). — Ganz entsprechende Beobachtungen hatte schon WIECHERT (1938) gemacht,

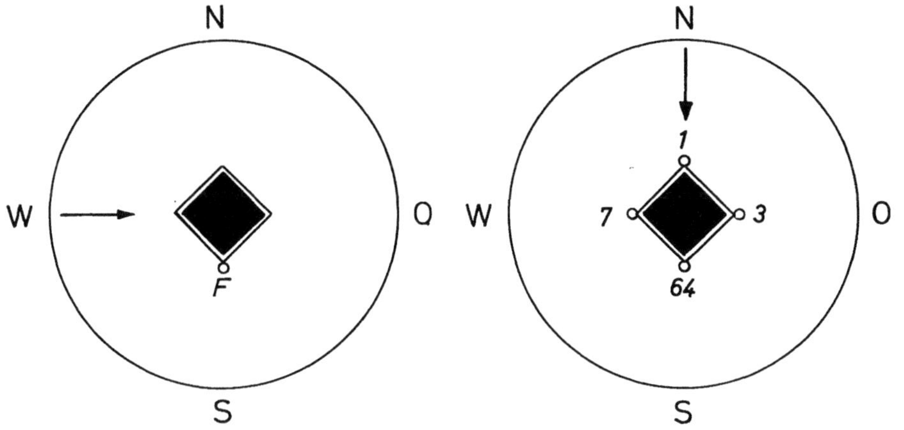

Abb. 397. Anordnung zum Nachweis der Kompaßorientierung am Futterplatz. Links: Dressur auf das Futterschälchen an der Süd-Ecke eines schwarzen Quadrates (Seitenlänge 15 cm), Anflug aus Westen (Pfeil). Rechts: Versuch nach Versetzung der Bienen in anderes Gelände, durchgeführt zu anderer Tageszeit, Anflug vom Stock aus anderer Richtung (aus N, Pfeil). An allen vier Ecken leere Schälchen. Zahlen: Anzahl der Anflüge im Versuch (überwiegend am Südplatz). Nach LINDAUER 1960

nur unter weniger strengen Bedingungen, und von einem Himmelskompaß konnte sie damals nichts wissen (vgl. v. FRISCH 1953a, S. 70, 71).

Sehr stark wird auch die Farbe des Heimatstockes beachtet. Bienenzüchter machen oft davon Gebrauch, indem sie ihre Stöcke in verschiedenen Farben streichen. Das ist besonders da von Nutzen, wo sie in großer Zahl eng beisammen stehen. Um den Erfolg zu sichern muß man aber berücksichtigen, daß Bienen die Farben anders sehen als wir (s. S. 482ff. und 488 Anm. 1).

Wenn man einen Bienenstock auch nur um 1—2 m seitwärts verschiebt, pflegen die heimkehrenden Bienen hartnäckig die Stelle zu umschwärmen, wo vorher das Flugloch war. Diese Erscheinung war es vor allem, die BETHE bei der Untersuchung ihrer Heimkehrfähigkeit zur Annahme einer „unbekannten Kraft" verführte. Uns kommt es sonderbar vor, daß sie den auffälligen, nur wenig seitwärts verschobenen Stock nicht gleich als ihr Heim erkennen. Aber sie richten sich wohl, mehr als wir, nach anderen Merkmalen, wenn sie das Ziel anpeilen. Dafür spricht schon der Umstand, daß eine Verschiebung in der Anflugrichtung nach vorn oder hinten viel weniger störend ist als eine Seitwärtsversetzung vom selben Betrag. Auch stört eine Verschiebung zunächst nicht, wenn der Stock in eine fremde Gegend gebracht worden ist. Die Bienen fliegen am ersten Tag ohne Zögern auch nach einer Verstellung in den Stock, der ihnen vertraut ist, während seine

Beziehungen zur neuen Umgebung erst erlernt werden müssen. Nach etwa 48 Flugstunden aber kommt es dann zu Stauungen der Heimkehrer am alten Platz, wenn nun der Stock versetzt wird (HERAN 1958, S. 216).

Am überzeugendsten läßt sich die Bedeutung erlernter Marken für das Erkennen des Heimatstockes durch Versuche der folgenden Art demonstrieren:

An einem großen Bienenstand, dessen Stöcke alle gleich aussehen, sind nebeneinander einige Bienenwohnungen leer. Eine von ihnen (Nr. 4 in Abb. 398 oben) wird an der Vorderfront und am Flugbrettchen mit blauen Blechschildern markiert und mit einem Volk besetzt; der Nachbarstock rechts erhält gelbe Schilder,

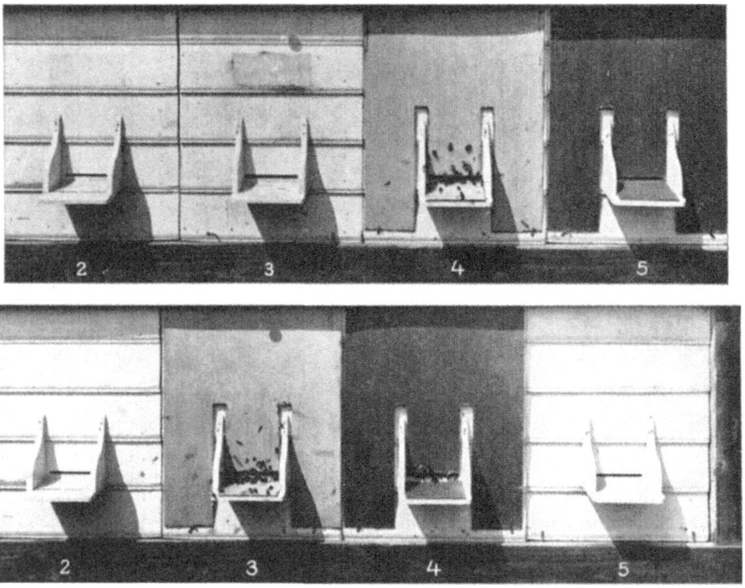

Abb. 398. Die Bedeutung der Farbe des Heimatstockes für die Orientierung.
Oben: Auf einem großen Bienenstand wurde Stock Nr. 4 mit einem Volk besetzt, Nr. 2, 3 und 5 leer gelassen. Nr. 4 ist blau markiert, Nr. 5 gelb, Nr. 2 und 3 sind ohne Blechschilder (weiß). Die Bleche (für Vorderfront und Anflugbrettchen) sind auf der Rückseite mit der Gegenfarbe gestrichen.
Unten: Stock Nr. 4 wurde durch Umdrehen der Schilder gelb gemacht, die Schilder von Nr. 5 wurden umgedreht (blau) an Stock Nr. 3 angebracht. — Alle heimkehrenden Bienen ziehen in den unbewohnten, jetzt blauen Stock Nr. 3 ein

der linke bleibt weiß. Wir warten einige Tage, bis sich die Bienen durch Orientierungsflüge mit ihrer neuen Wohnung vertraut gemacht haben. Dann ändern wir die Plätze der Farben. Dabei ist zu beachten, daß an den Blechen des besetzten Stockes ein „Bienengeruch" haftet, der bei ihrer Übertragung an einen anderen Stock zu einer Fehlerquelle würde. Darum haben wir die blauen Schilder auf ihrer Rückseite gelb gestrichen und die gelben auf der Rückseite blau. Nun brauchen wir die Schilder nur umzudrehen, um den blauen Stock in einen gelben zu verwandeln. Die gelben werden gleichfalls umgedreht und von Platz 5 auf Platz 3 übertragen, also von einem leeren Stock auf einen anderen leeren versetzt. Der Erfolg ist verblüffend: Der Schwall von Heimkehrern, der sich in der kurzen Zeit des Umhängens vor dem Bienenhaus gestaut hat, zieht quantitativ und ohne Zögern in den falschen Stock ein (Abb. 398 unten). So bleibt es auch in den folgenden Minuten. Alle abfliegenden Bienen kommen aus dem gelben, alle heimkehrenden fliegen in den blauen Kasten. Da dieser leer ist, kommen sie bald wieder heraus und finden dann allmählich, vom Geruchsinn geleitet, in ihr wahres Heim.

Führt man den Versuch so durch, daß man auch die gelben Bleche nach dem Umdrehen (also in Blau verwandelt) wieder am gleichen Platz anbringt (also am Stock Nr. 5 hängen läßt), so ist das Ergebnis nicht so einheitlich. Viele Bienen umschwärmen den leeren blauen Stock und kriechen auch hinein, andere wenden sich aber dem bewohnten Kasten zu, trotz seiner gelben Farbe. Die Heimkehrer sind gestört und verwirrt. Sie stutzen auch vor dem blauen Stock, und so wird früher als im anderen Falle der Geruchsinn zur Entscheidung herangezogen. Es geht aus diesem Verhalten deutlich hervor, daß auch die Umgebung des Heimatstockes bei der Orientierung eine Rolle spielt. Im ersten Versuch war die relative Lage der Nachbarfarben gewahrt, da auch nach dem Wenden der Bleche links vom blauen Stock ein weißer und rechts ein gelber stand (Abb. 398), im zweiten Versuch aber war die Reihenfolge geändert (v. FRISCH 1914, vgl. ferner RAUSCHMAYER 1928, ENGLÄNDER 1941, BEER 1957).

Aus Versuchen über den Lernvorgang bei Futterdressuren wissen wir, daß sich die Bienen Farb- und Gestaltmerkmale der Futterquelle sowie einen kennzeichnenden Duft bei den ersten Anflügen schnell einprägen. Bei den ersten Abflügen wird der Platz in Kreisen und Schleifen länger umschwärmt und es sieht so aus, als würden erst jetzt die Merkmale der Fundstelle genau betrachtet. Wider Erwarten hat sich gezeigt, daß in dieser Phase der Orientierung die Kennzeichen der Futterquelle und ihrer näheren Umgebung für das spätere Verhalten ganz belanglos sind und nur die weitere Umgebung, die Lage des Dressurortes, hierbei dem Gedächtnis eingeprägt wird. Das wird klar, wenn man eine Biene z. B. auf eine bestimmte Farbe anfliegen und von einer anderen Farbe abfliegen läßt. Legt man ihr bei der Wiederkehr beide nebeneinander vor, so wählt sie stets die Anflugfarbe (OPFINGER 1931, 1949, vgl. auch LINDAUER 1963, S. 164).

Wahrscheinlich machen es die Bienen nicht anders, wenn sie bei ihren ersten Orientierungsflügen die Merkmale des Heimatstockes erlernen. Sofort nach dem Verlassen des Flugloches wenden sie sich ja zum Stock und betrachten ihn, für Sekunden nur, in der Stellung des Anfluges. Dann schießen sie pfeilschnell davon und prägen sich die Richtung ein, aus der sie nach wenigen Minuten zurückkehren um nun noch länger und eingehender die Kennzeichen ihres Stockes und seiner Nachbarschaft im Anflug sich einzuprägen.

Ein Bienenstock und seine Umgebung sind für den Experimentator keine sehr handlichen Objekte. Solitär lebende Grabwespen, die im Erdboden ein Nest anlegen, in der Umgebung nach Beute jagen, die gelähmten Insekten aus erheblicher Entfernung eintragen und ihr unscheinbares Nest mit großer Sicherheit wiederfinden, sind für das Studium der Orientierung in mancher Hinsicht günstiger. Die Aufgabe, die dem Tier gestellt ist, ist im Grunde dieselbe wie bei der Biene und es scheint, daß sie im wesentlichen auch gleichartig gelöst wird. Wir verdanken hierüber TINBERGEN und BAERENDS aufschlußreiche Versuche. Ersterer studierte die Grabwespe *Philanthus*, den Bienenwolf, letzterer die Grabwespe *Ammophila* (TINBERGEN 1932, TINBERGEN u. KRUYT 1938, TINBERGEN u. VAN DER LINDE 1938, BAERENDS 1941).

Für das Wiederfinden des Nesteinganges sind optische Marken in seiner unmittelbaren Nähe, wie sie im Gelände gegeben sind, von entscheidender Bedeutung: Steine, Pflänzchen, Kiefernzapfen u. dgl. Wenn der Nesteingang von einem Kranz von Kiefernzapfen umgeben ist und man verlegt diesen seitwärts, während die Wespe in ihren Jagdgründen weilt, dann sucht sie das Nest bei der Rückkehr mit größter Hartnäckigkeit am falschen Ort, im Zentrum des verlegten Kiefernkranzes. Hierbei kommt es nicht auf die genaue Zahl und Form der Zapfen an, der Reizkomplex „Zapfenkreis" ist das wirksame Kennzeichen. Es ließ sich durch solche Versuche auch die relative Bedeutung verschiedenartiger Marken prüfen. In Übereinstimmung mit Erfahrungen OPFINGERs und anderer Untersucher der Bienen waren z. B. plastische, über den Boden sich erhebende Formen auch für Grabwespen weit wirkungsvollere Marken als flächenhafte Gebilde.

Wenn eine Wespe ihr Nest verläßt um in der Umgebung zu jagen, kann sie auf gewundenen Bahnen suchend umherfliegen. Hat sie dann eine Beute erjagt, so kehrt sie angenähert geradlinig entsprechend der Luftlinie zum Nest zurück. Hat die *Ammophila* eine kleine Raupe erjagt, so kann sie diese im Flug nach Hause tragen; große und schwere Raupen muß sie zu Fuß zum Nest schleppen. Wo die Sicht durch Kräuter behindert ist, läßt sie dann die Beute da oder dort am Boden liegen und klettert an einer Pflanze nach oben, bis sie freien Blick hat; hernach nimmt sie die Raupe wieder auf und setzt ihren Weg fort. Zur Zeit jener Versuche wußte man noch nichts vom Himmelskompaß der Insekten. Heute erscheint es naheliegend, daß dieses Erklimmen von Aussichtspunkten erfolgt, um sich nach Sonne und polarisiertem Licht zu orientieren.

Daneben sind aber auch unterwegs Landmarken von großer Wichtigkeit. Das ließ sich mit Kiefernbäumchen beweisen, die beweglich in den Boden gesteckt waren. Durch ihre Versetzung konnten die Wespen auf eine falsche Bahn verleitet werden. Mit der Annäherung an das Nest gewinnen immer kleinere Objekte Bedeutung, statt Bäumen z. B. niedere Kräuter, bis in der unmittelbaren Umgebung des Einganges Steinchen, Bodenvertiefungen, Sandfleckchen u. dgl. als Richtmarken dienen.

Gefangene Wespen, die an eine andere Stelle der Umgebung versetzt wurden, brauchten oft lange bis sie nach Hause fanden, um so länger, je weniger man eine Bekanntschaft mit dem Auflassungsgebiet durch frühere Ausflüge voraussetzen konnte. Die Untersucher kamen durch diese und viele weitere Erfahrungen zu der Überzeugung, daß die Heimkehrfähigkeit der Wespen auf der Kenntnis erlernter optischer Wegmarken beruht.

II. Die optische Nahorientierung

1. Der Farbensinn der Bienen

Daß sich heimkehrende Bienen von der Farbe ihres Stockes leiten lassen (S. 479f. und Abb. 398, S. 480) ist nur verständlich, wenn sie Farben unterscheiden können. Um diese Frage wogte ein alter Streit, dessen historische Entwicklung bei A. Forel (1910) dargestellt ist. Er schien bereits zugunsten eines Farbensehens der Insekten entschieden, als C. v. Hess (1912, 1913, 1916, 1918) auf Grund bestechender, aber nicht beweiskräftiger Versuche die These aufstellte, daß Bienen, wie auch alle anderen wirbellosen Tiere und Fische, total farbenblind seien. Das hat mich zu einem Versuch veranlaßt, den im Prinzip schon A. Forel vorgehabt, aber nicht ausgeführt hat: Bienen werden in einer schachbrettartigen Anordnung inmitten von Grauabstufungen verschiedenster Helligkeit auf einem blauen Papier gefüttert. Nach hinreichender Dressur befliegen sie ein reines, futterfreies Blaupapier, auch wenn es an anderer Stelle liegt und alle Felder von einer Glasplatte bedeckt sind, so daß ein geruchliches Erkennen ausgeschlossen ist (Abb. 399). Da eine Dressur auf eine Helligkeitsstufe der Grauleiter nicht gelingt, müssen sie das blaue Feld farbig wahrnehmen.

Nach Dressur auf rein rote Farbpapiere verwechseln sie im Versuch rote mit schwarzen und dunkelgrauen Feldern, sie sind rotblind. Auch sonst schien ihr Farbensinn dem menschlichen unterlegen, da sie orangerote, gelbe und gelbgrüne Farbpapiere, wie anderseits auch blaue, violette und purpurrote untereinander verwechselten und eine Dressur auf blaugrüne (allerdings sehr ungesättigte) Papiere überhaupt nicht gelang (v. Frisch 1914, 1914/1915). Knoll (1926) hat diesen Befund bestätigt und auf andere Insekten ausgedehnt.

Wie so oft, führte eine Verbesserung der Methode einen wesentlichen Schritt weiter. Kühn und Pohl (1921) und Kühn (1927) dressierten Bienen in einem halbdunklen Raum, in den sie durch ein kleines Fenster einflogen, auf die Linien eines Quecksilberspektrums oder auf scharf herausgeschnittene Bezirke eines kontinuierlichen Spektrums. Mit diesen gesättigten und nach ihrer Wellenlänge gut begrenzten Farben gelang auch die Dressur auf Blaugrün. Die Rotblindheit wurde

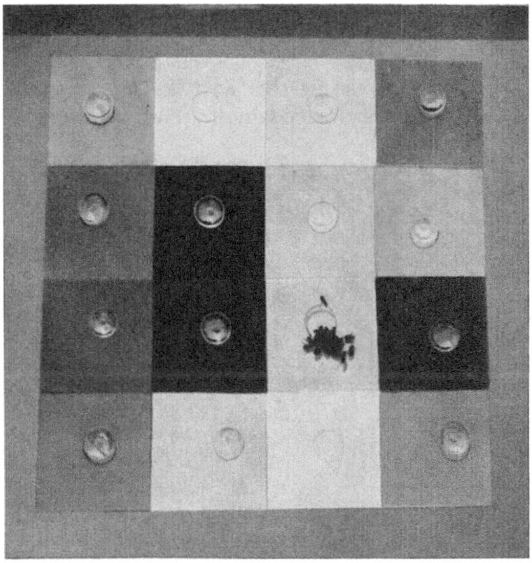

Abb. 399. Nachweis des Farbensehens. Ein Blaupapier zwischen Graupapieren verschiedener Helligkeit, unter einer Glasplatte. Alle Felder mit leeren, reinen Glasschälchen. Die auf Blau dressierten Bienen unterscheiden das blaue Feld mit Sicherheit von allen Graustufen und lassen sich auf ihm nieder

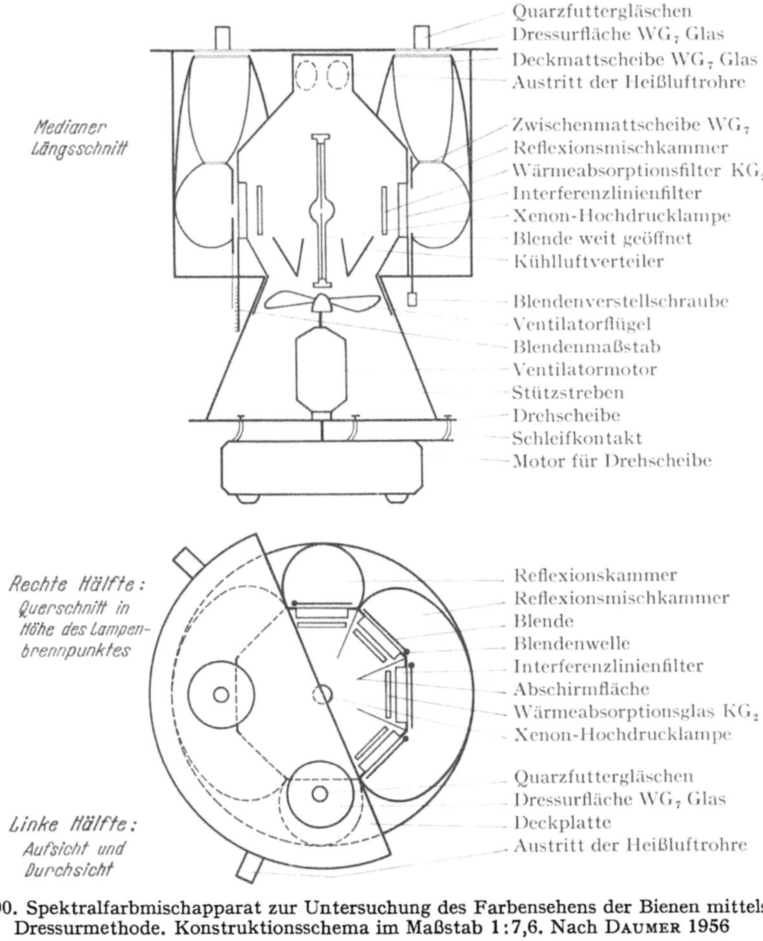

Abb. 400. Spektralfarbmischapparat zur Untersuchung des Farbensehens der Bienen mittels der Dressurmethode. Konstruktionsschema im Maßstab 1:7,6. Nach DAUMER 1956

bestätigt. Das Spektrum ist für Bienen am langwelligen Ende verkürzt, die Wahrnehmungsgrenze liegt bei etwa 650 mμ (mit einer gewissen Schwankungsbreite je nach der Intensität des Lichtes, vgl. BERTHOLF 1931); aber es reicht anderseits weit ins Ultraviolett hinein. Der Bereich von etwa 400–300 mμ ist für sie eine

Abb. 401

Abb. 402

Abb. 403

Abb. 401. Der Apparat im geöffneten Versuchsschrank

Abb. 402. Versuchsschrank geschlossen. Die Dressurmattscheiben mit den Quarz-Futtergläschen von innen beleuchtet. Links oben: Luxmeter zur Messung der Raumhelligkeit. Rechts oben: Ende der Skala für das Spiegelgalvanometer zur Energievergleichsmessung

Abb. 403. Eine Biene saugt am Quarzfuttergläschen auf der leuchtenden Dressurmattscheibe

Nach DAUMER 1956

eigene Farbqualität. Rot, Gelb und Grün einerseits, Blau und Violett anderseits wurden auch in den Versuchen mit Spektralfarben nicht unterschieden.

Daß der Farbensinn der Bienen doch wesentlich mehr leistet, zeigte sich erst, als unser alter Plan, ihr Verhalten gegenüber Mischfarben[1]) zu prüfen, durch

[1]) Gemeint ist im folgenden immer die additive Mischung von Farben, nicht die subtraktive wie sie der Maler auf der Palette handhabt.

DAUMER (1956) verwirklicht wurde. Die Voraussetzung war ein für Bienendressuren geeigneter Spektralfarbmischapparat, der in Abb. 400 dargestellt ist.

Als Lichtquelle diente eine Xenon-Hochdrucklampe. Sie liefert weißes Licht (einschließlich Ultraviolett) in der Energieverteilung des Sonnenlichtes und ist im Zentrum einer Trommel untergebracht, deren Deckel vier sternförmige Fenster enthält; sie sind mit ultraviolett-durchlässigem WG_7-Glas verschlossen und tragen Quarz-Futtergefäße (Abb. 401—403). Die Fenster werden von unten mit weißem Licht oder in beliebigen Farben oder Mischfarben beleuchtet; das Lampenlicht gelangt durch die seitlichen Öffnungen, in welche Interferenzfilter eingesetzt werden können, in Reflexionskammern bzw. Reflexions*misch*kammern (vgl. Abb. 400) und von da nach oben an die Dressurfläche. Die Mischkammern sind mit geknitterter Aluminiumfolie ausgekleidet. Zwei von ihnen können durch *drei*, zur Lampe gerichtete Fenster verschiedenfarbiges oder weißes Licht erhalten, dessen Intensität durch Blenden meßbar geregelt werden kann. Ein Meßgerät gestattet eine Energievergleichsmessung des farbigen und weißen Lichtes. Zur Ausschaltung einer Ortsdressur dreht sich der Apparat langsam um seine Achse. Er ist in einem von Tageslicht mäßig erhellten Raum aufgestellt, in welchem die Bienen durch ein Fenster ein- und ausfliegen. Für technische Einzelheiten sei auf die Arbeit selbst verwiesen.

Mit dieser Anordnung wurden die Bienen auf die gewünschte Farbe oder Farbmischung dressiert (Abb. 403) und dann im Versuch geprüft, wie weit sie diese von anderen, auf gleiche Weise erzeugten und daneben gebotenen Farben oder Farbmischungen zu unterscheiden vermochten. Die Versuche führten zu folgenden Erkenntnissen:

Von allen geprüften Bereichen des Spektrums besitzt das *Ultraviolett* (360 mμ) für das Bienenauge die *größte Reizwirksamkeit*. Sie läßt sich im Vergleich zu anderen Farben feststellen, indem man auf energiegleiche Spektralfarben dressiert und im Versuch die Intensität so lange schrittweise vermindert, bis die Farbe von einem unbeleuchteten Fenster nicht mehr unterschieden wird. In den anderen Spektralgebieten ist die Reizwirksamkeit wesentlich geringer. Bezogen auf energiegleiche Strahlung, nimmt sie in folgendem Verhältnis ab: 5,6 (Ultraviolett 360 mμ) : 1,5 (Blauviolett 440 mμ) : 1,0 (Grün 530 mμ) : 0,8 (Gelb 588 mμ) : 0,5 (Blaugrün 490 mμ) : 0,3 (Orange 616 mμ). An der Reizwirksamkeit sind auch die bienensubjektive Helligkeit und Sättigung der Farben beteiligt. Die *Sättigung* läßt sich messend bestimmen, und zwar aus der Menge des Farblichtes, das zu Weißlicht gemischt werden muß, damit der Farbton für dressierte Bienen erkennbar wird.

In den älteren Versuchen waren bei Prüfung mit Pigment-, wie mit Spektralfarben Orange, Gelb und Grün untereinander verwechselt worden („*Gelbbereich*"). Nach DAUMERs Methode erweisen sich diese Farben für Bienen als ähnlich, aber unterscheidbar. In Abb. 404 zeigt in den ersten, untereinander stehenden Diagrammen die Höhe der Säulen die Zahl der Anflüge auf Orange, Gelb, Grün und Blaugrün (von links nach rechts), wobei der Pfeil jeweils auf die Dressurfarbe in der betreffenden Versuchsreihe hinweist. Man sieht, daß nur Blaugrün, das zum Vergleich mit einbezogen ist, scharf unterschieden wird. Vermindert man bei den Versuchen die Helligkeit der Dressurfarbe (in Abb. 404 in den Reihen von links nach rechts durch zunehmende Schraffur angedeutet) so wird die Unterscheidung noch schlechter. — Entsprechend erweisen sich im *Blaubereich* Blau und Violett als ähnlich, aber unterscheidbar.

Das frühere Mißlingen dieser Versuche ist auf die Massendressuren zurückzuführen. Schon KÜHN und FRAENKEL (1927) hatten nach Dressur auf Spektralausschnitte ein schwaches Unterscheidungsvermögen für feinere Farbstufen innerhalb des Gelb- und Blaubereiches feststellen können, wenn sie Massenanflüge verhinderten und die Einzelanflüge werteten. In die gleiche Richtung wiesen Versuche von

BERTHOLF (1931). DAUMER hat nur mit wenigen, gut dressierten Bienen gearbeitet. Auf diese Weise gelingen Differenzdressuren im Gelb- und Blaubereich auch mit Pigmentpapieren (Farbpapieren nach OSTWALD)[1].

Für den Vergleich des Farbensinnes bei Bienen und Menschen ist also das früher gegebene Schema dahin abzuändern, daß „Gelb" und „Blau" für Bienen keine einheitlichen Qualitäten, sondern Ähnlichkeitsbereiche bedeuten (Abb. 405). Der schmale Bezirk des Blaugrün wird scharf von den Nachbarbereichen unterschieden. Innerhalb des Ultraviolett gelang eine Differenzdressur zwischen 375 mμ und 360 mμ. Wahrscheinlich sehen hier die Bienen noch mehr Farbstufen, doch fehlte die technische Möglichkeit der Prüfung.

Der Farbenmischapparat gestattete es, den Vergleich mit dem menschlichen Farbensehen noch weiter zu führen. Für uns entstehen durch Mischung von Rot und Violett die im Spektrum nicht enthaltenen Purpurfarben. Ganz entsprechend läßt sich für Bienen durch Mischung der Endbereiche ihres Spektrums, Gelb und Ultraviolett, eine neue Haupt-Farbqualität erzeugen, die von

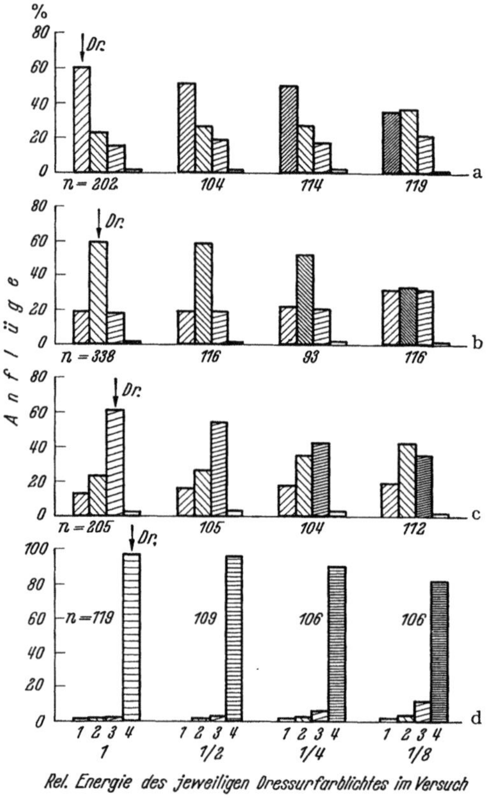

Abb. 404. Farbenunterscheidung im Gelbbereich. Verteilung der Anflüge in Prozent (Ordinate) auf die vier Farblichter (1—4, Zahlen unter der Abszisse) nach Dressur auf: a) Orange (1), b) Gelb (2), c) Grün (3) und d) Blaugrün (4). Der Pfeil oben bezeichnet jeweils die Dressurfarbe. Von links nach rechts: Ergebnisse bei abnehmender Intensität des Dressurfarblichtes im Versuch, in Stufen der Ausgangsenergie von $^1/_2$—$^1/_8$ (Abszisse). Die stärkere Schraffur deutet die abnehmende Helligkeit des Dressurfarblichtes im Versuch an. n = Anzahl der Anflüge. Mangelhafte Unterscheidung von Orange, Gelb und Grün, scharfe Unterscheidung von Blaugrün. Nach DAUMER 1956

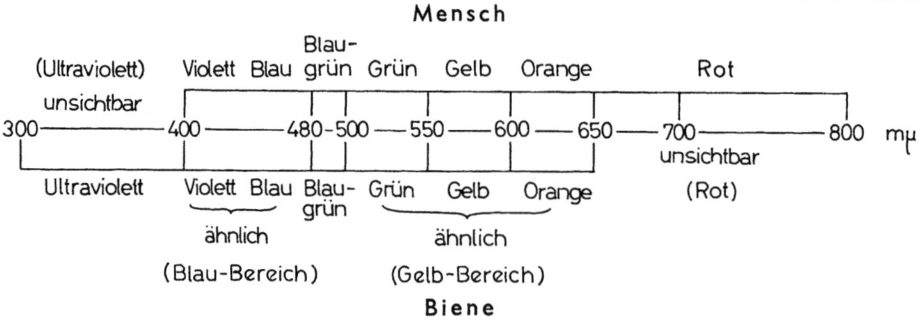

Abb. 405. Die Farben des Spektrums, oben: für das menschliche Auge, unten: für das Bienenauge

[1]) Für meine alten Versuche standen nur die weniger gesättigten HERINGschen Farbpapiere zur Verfügung. — Die Unterscheidung von Orange, Gelb und Grün wurde auch von MAZOCHIN-PORSCHNJAKOV (1959a) bestätigt.

ihnen im Dressurversuch mit keiner Graustufe und mit keiner anderen Farbstufe verwechselt wird. Dieser „Bienenpurpur" schließt auch für sie das Spektrum zum Farbenkreis (Abb. 406). Eine weitere, von anderen Farben gut unterschiedene Qualität erhält man durch Mischung von Blauviolett mit Ultraviolett („Bienenviolett"). Sie ist identisch mit dem Spektralgebiet um 400 mμ. Innerhalb von „Purpur" und „Violett" können die Bienen mindestens je drei Farbtöne unterscheiden.

Wir nehmen an, daß für Bienen eine Mischung aller für sie wahrnehmbaren Wellenlängen in der Zusammensetzung des Sonnenlichtes farblos weiß ist. Was sie empfinden, wissen wir natürlich nicht; aber jene Mischung ist für sie anders als jede Spektralfarbe, und eine Dressur auf „Weiß" gelingt schwerer als jede Farbdressur.

Filtert man aus solchem „Weiß" das Ultraviolett heraus, so tritt für unser, nicht UV-empfindliches Auge keine merkliche Änderung ein, aber für Bienen wird dadurch das Strahlengemisch farbig, und zwar verwechslungsgleich mit spektralem

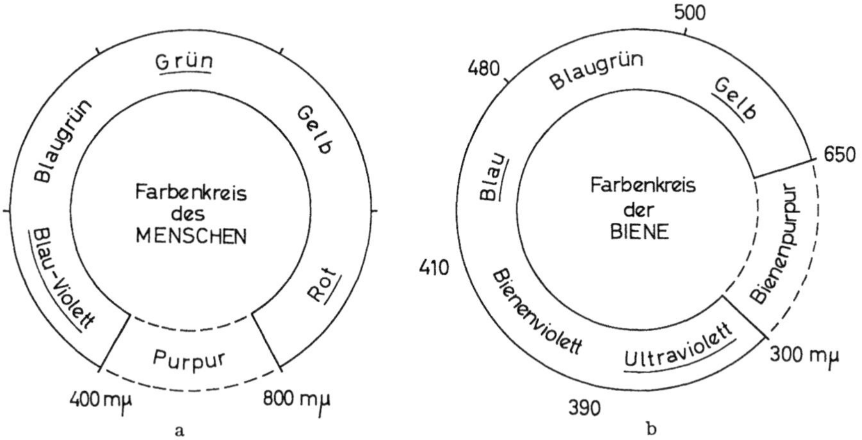

a b

Abb. 406. a) Farbenkreis des Menschen. b) Farbenkreis der Biene (schematisch). Die drei Grundfarben sind unterstrichen. Durch ihre Mischung kann man die dazwischen stehenden Farben herstellen. Komplementärfarben stehen im Bilde einander gegenüber. Nach DAUMER, etwas verändert

Blaugrün. Es gibt also zweierlei Weiß: solches, das auch für Bienen neutral ist („Bienenweiß") und solches, das nur für uns weiß, aber für Bienen „Blaugrün" ist, weil dem Gemisch das Ultraviolett fehlt. In Analogie zu bekannten Gesetzen des Farbensehens läßt sich daraus entnehmen, daß Blaugrün und Ultraviolett für die Biene Komplementärfarben sind. Für den Menschen gilt, daß solche, in bestimmtem Verhältnis miteinander gemischt, die Empfindung Weiß geben. Bienen verwechseln eine Mischung von 85% Blaugrün und 15% Ultraviolett mit „Bienenweiß". Solches läßt sich also für sie, ganz wie beim Menschen nicht nur durch Mischung aller Spektralfarben, sondern ebenso durch Mischung von Komplementärfarben erhalten. Weitere Komplementärfarben für Bienen sind: Gelb und Bienenviolett (65% + 35% = Bienenweiß) und Blau und Bienenpurpur (30% + 70% = Bienenweiß). Um aus allen drei Grundfarben „Bienenweiß" herzustellen, muß man sie im Verhältnis 55% Gelb + 30% Blauviolett + 15% Ultraviolett mischen. So erweist sich das Farbsystem der Bienen als trichromatisch und jenem des Menschen eng verwandt. Der wesentliche

Unterschied liegt in der Verschiebung der Empfindlichkeit nach der kurzwelligen Seite des Spektrums[1]).

Zu demselben Ergebnis kam MAZOCHIN-PROSCHNJAKOV (1962) durch farbmetrische Messungen mittels der elektrophysiologischen Methode an Hummeln. Die Empfindlichkeit für langwellige Strahlen reicht bei ihnen etwas weiter als bei der Honigbiene.

Die Wirksamkeit von ultraviolettem Licht bei Insekten ist schon anderen Beobachtern wiederholt aufgefallen. Bereits LUBBOCK (1883) hat die Ultraviolettempfindlichkeit von Ameisen bemerkt und die Frage gestellt, „ob weißes Licht für diese Insekten sich von unserm weißen Licht unterscheidet" (l.c. S. 185). C. v. HESS (1919, 1920, 1920a) fand bei Raupen und anderen Insekten eine große UV-Empfindlichkeit und wollte sie durch Fluoreszenz der Augenmedien erklären. BERTHOLF (1931a) machte Messungen an dunkeladaptierten, positiv phototaktischen Bienen und fand eine sehr hohe Empfindlichkeit im Ultraviolett. LUTZ (1933) war bei Experimenten mit der stachellosen Biene *Trigona cressoni parastigma* COCKERELL aufgefallen, daß sie Weiß mit und ohne UV. voneinander unterscheiden kann. MATHILDE HERTZ (1938, 1939) kam bei Honigbienen zu dem gleichen Ergebnis und erkannte, daß Ultraviolett und Blaugrün für sie Komplementärfarben sind — war aber im Irrtum mit ihrer Annahme, daß dasselbe (wie auch KÜHN 1927 vermutet hatte) für Gelb und Blau gelte. ENGLÄNDER (1941) bestätigte die Unterscheidbarkeit von Weiß mit und ohne UV. am Farbanstrich der Bienenwohnungen.

Auch von einer ganz anderen Seite her führte die Untersuchung zur Annahme eines trichromatischen Farbensehens bei Bienen. AUTRUM und VON ZWEHL (1964) konnten die Rezeptorpotentiale einzelner Sinneszellen aus den Ommen von Arbeitsbienen bei Belichtung mit quantengleichen monochromatischen Reizen aufzeichnen. Aus deren relativer Wirksamkeit ließen sich die Empfindlichkeitskurven berechnen. Es wurden Sinneszellen gefunden, die für Grün (an der Grenze zum Gelbgrün, bei 530 mμ) ihre größte Empfindlichkeit haben, ferner solche mit einem Empfindlichkeitsmaximum im Blau (bei 430 mμ)[2]) oder im Ultraviolett (bei 340 mμ). Hiermit ist der Nachweis gelungen, daß im Bienenauge drei verschiedene Sorten von Sehzellen vorhanden sind, die auf die drei Grundfarben maximal ansprechen, wie es die Young-Helmholtzsche Farbentheorie annimmt[3]). Der Verlauf der Empfindlichkeitskurven (Abb. 407) steht mit DAUMERs Befunden in bester Übereinstimmung. Er macht das geringe Unterscheidungsvermögen im „Gelbbereich" verständlich, wo teils nur ein, teils in geringem Maße daneben ein zweiter Rezeptor im Spiele ist. Das ausgezeichnete Unterscheidungsvermögen im Blaugrün, Violett und Ultraviolett ist offensichtlich darauf zurückzuführen, daß

---

[1]) Durch einen Farbanstrich der Bienenkästen kann man den heimkehrenden Bienen das Auffinden ihres Stockes sehr erleichtern (s. S. 480). Man muß aber beachten, daß sie die Farben anders sehen als wir. Die folgenden Anstrichfarben sind für sie gut unterscheidbar: Reines Rot (kein Rotgelb oder Rotblau), oder Schwarz (aber nicht Rot und Schwarz nebeneinander), Gelb (Echtgelb 51 BN), Echtlichtblau (keine UV-Reflexion, daher auch für Bienen blau), Kobaltblau 660 (UV reflektierend daher „Bienenviolett"), Zinkweiß (keine UV-Reflexion, daher für Bienen „Blaugrün"), Satolithweiß (starke UV-Reflexion, daher „Bienenweiß"). Farbstoffe dieser Art sind erhältlich bei: Farbenfabrik Siegle & Co., Stuttgart-Feuerbach, Sieglestr. 25.

[2]) In zwei Fällen lag der Wert bei 460 mμ; da bisher niemals dieser Wert und jener von 430 mμ im gleichen Auge gefunden wurde, kann es sich um eine individuelle Abweichung gehandelt haben.

[3]) Etwa gleichzeitig ist mit anderer Methodik (Absorptionsmessungen an einzelnen Sehzellen) für das Auge des Menschen der Nachweis von drei, auf verschiedene Wellenlängen abgestimmten Zapfensorten geglückt (BROWN u. WALD 1964, MARKS, DOBELLE u. MACNICHOL 1964). Was mehr als $1^1/_2$ Jahrhunderte umstrittene Theorie war, ist heute zur sichtbaren, meßbaren Wirklichkeit geworden.

hier schon bei geringer Änderung der Wellenlängen verschiedene Rezeptoren mit starker und gegensinniger Änderung der Empfindlichkeit ansprechen.

Im Auge der Drohnen herrschen die Blau- und UV-Rezeptoren vor; Grünrezeptoren wurden nur im untersten Augenbereich gefunden. Dorsal sind die UV-Rezeptoren dominierend (AUTRUM u. VON ZWEHL 1962, 1963). Es ist verlockend, diese Verhältnisse biologisch zu deuten. Drohnen sind nicht an Blumen interessiert. Ihre einzige Lebensaufgabe erfüllt sich in den Hochzeitsflügen. Diese finden nur bei schönem Wetter statt und erfordern eine gute Orientierung am blauen Himmel.

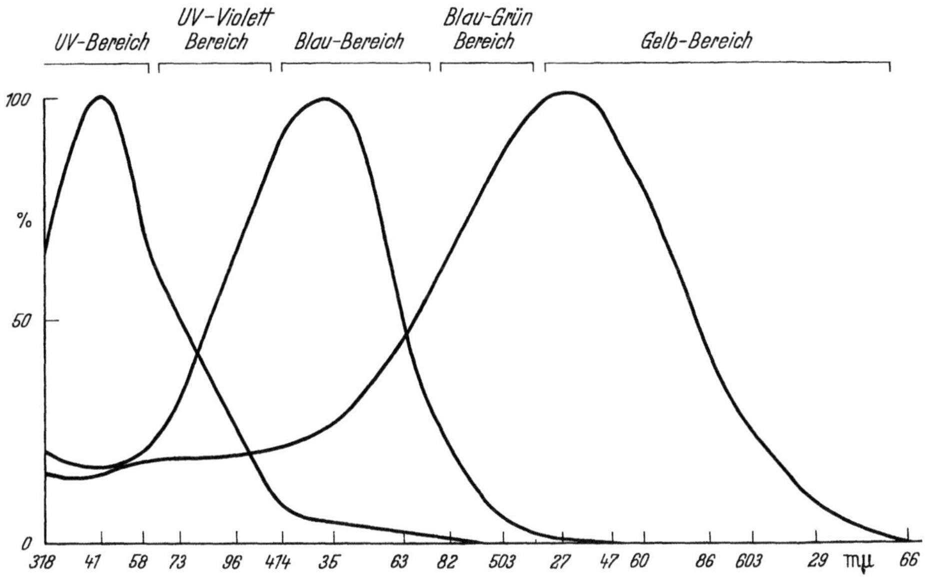

Abb. 407. Empfindlichkeitskurven von drei verschiedenen Rezeptoren im Auge der Bienenarbeiterin. Maxima bei 340, 430 und 530 mμ. Ordinate: Prozent der maximalen Empfindlichkeit. Nach AUTRUM und v. ZWEHL 1964

Ähnliche Verschiedenheiten innerhalb des Auges, vermutlich mit ähnlicher Bedeutung, sind auch von anderen Insekten bekannt geworden. So fand MAZOCHIN-PORSCHNJAKOV (1959b) bei Libellen (*Libellula quadrimaculata* L.) den dorsalen Augenbereich farbenblind. Beim Rückenschwimmer aber (*Notonecta glauca* L.) ist nach ROKOHL (1942) der ventrale, hier gegen den Himmel gerichtete Augenbereich farbenblind, der dorsale farbentüchtig. Beim Schmetterlingshaft *Ascalaphus macaronius* SCOP. (Neuroptera) ist das Auge durch eine Trennfurche in einen nach oben und einen nach der Seite gerichteten Abschnitt geteilt. Elektrophysiologisch zeigt der himmelwärts gerichtete Augenteil ein Maximum der Empfindlichkeit im Ultraviolett, auf Wellenlängen über etwa 500 mμ spricht er nicht mehr an; der seitlich gerichtete Augenteil hat ein Nebenmaximum bei etwa 546 mμ, seine Empfindlichkeit reicht bis etwa 650 mμ. Die Tiere fliegen im hellen Sonnenschein (GOGALA und MICHIELI 1965).

Bei der Küchenschabe (*Periplaneta americana* L.) schloß WALTHER (1958, 1958a) aus dem Verlauf der Empfindlichkeitskurven bei selektiver Adaptation auf zweierlei Rezeptoren in einem dorsal gelegenen Augenbezirk, für den daher ein gewisses Maß von Farbentüchtigkeit angenommen werden kann, während in einem lateralen unteren Augenbezirk nur ein Rezeptortyp nachgewiesen werden konnte. „Unter den Ergebnissen beider Gruppen finden sich aber nicht selten Abweichungen in Richtung auf die

Befunde aus dem anderen Augenteil." Überdies konnte die Verteilung der beiden Funktionsweisen nicht systematisch über das Gesamtauge untersucht werden (1958, S. 95). Es läßt sich daher vorläufig nicht sagen, ob hier ein grundsätzlicher Unterschied zwischen der oberen und der unteren Augenhälfte besteht. Es ist auch zu beachten, daß *Periplaneta* eine nächtliche Lebensweise führt und deshalb mit den obenerwähnten Insekten nicht in eine Reihe zu stellen ist.

2. Das Formensehen

Im zusammengesetzten Auge der Insekten entsteht das Bild von der Umwelt dadurch, daß jedes Einzelauge in seiner Blickrichtung gleichsam einen Bildpunkt heraussticht. Da die Achsen der Einzelaugen in sehr regelmäßiger Weise ein wenig

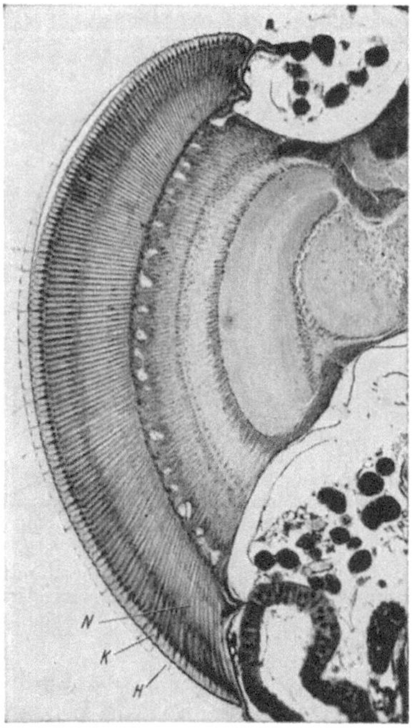

Abb. 408

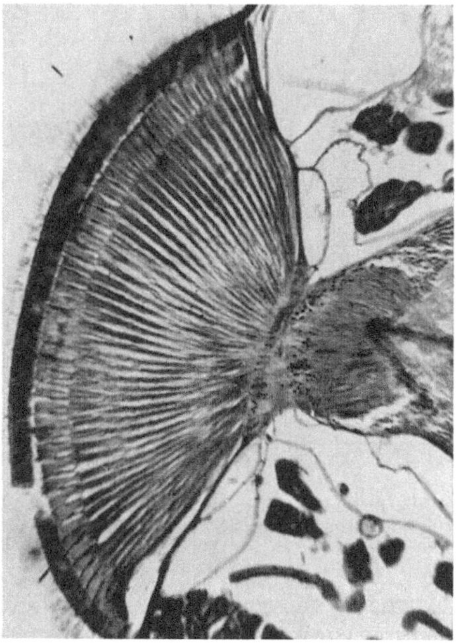

Abb. 409

Abb. 408. Längsschnitt durch das Auge der Biene (Arbeiterin), in dorsoventraler Richtung, vgl. Abb. 410. H Hornhaut (Cornea), K Kristallkegel, N Netzhaut (Rhabdome). Im oberen Augenbereich hat sich bei der Konservierung an einer kleinen Stelle die Hornhaut von der Schicht der Kristallkegel abgehoben. Phot. AGNES LANGWALD

Abb. 409. Querschnitt durch das Bienenauge, angenähert in horizontaler Richtung. Die Hornhaut ist an einer Stelle verletzt. Silberimprägnierung nach DAVENPORT. Stärker vergr. als Abb. 408. Präparat von V. NEESE

divergieren (Abb. 408 und 409), fügen sich diese Bildpunkte wie Mosaiksteinchen zu einem geschlossenen Bild von der Umgebung aneinander. Ähnlich wie bei einem Mosaik wird dieses Bild unter sonst gleichen Bedingungen um so mehr Einzelheiten erkennen lassen, also um so schärfer sein, je mehr Einzelaugen an der Wahrnehmung eines bestimmten Sehbereiches beteiligt sind. Zahlreiche Ommen mit kleinen Divergenzwinkeln können das Bild stärker auflösen als wenige Ommen mit großer Divergenz. Diese Verhältnisse lassen sich messen. Sie geben eine gewisse Grundlage für unsere Vorstellungen von der Sehschärfe der Insekten. Das Auge der Biene hat einen unregelmäßig elliptischen Umriß (Abb. 410); die Divergenz der

Ommen ist in einem dorsoventral geführten Schnitt (Abb. 408) geringer als in einem horizontalen Querschnitt (Abb. 409); sie beträgt nach DEL PORTILLO (1936) in den Zonen geringster Divergenz im einen Falle 1° 20′ und im anderen etwa 2° 40′, also das Doppelte. Durch Vergleich mit dem Sehzellenraster im Linsenauge des Menschen kommt man zu dem Ergebnis, daß die Sehschärfe der Biene wesentlich, etwa um das hundertfache schlechter sein dürfte. Experimentelle Befunde stehen mit dieser Annahme in guter Übereinstimmung (ZERRAHN 1934, HECHT u. WOLF 1929, WOLF 1931).

Zur klassischen Vorstellung von der Bildentstehung im Facettenauge sind in neuerer Zeit einige Zweifel laut geworden. Ein Lichtpunkt, der in der Richtung der Achse eines Ommas liegt, bewirkt nicht nur in diesem, sondern auch in den Nachbaraugen eine

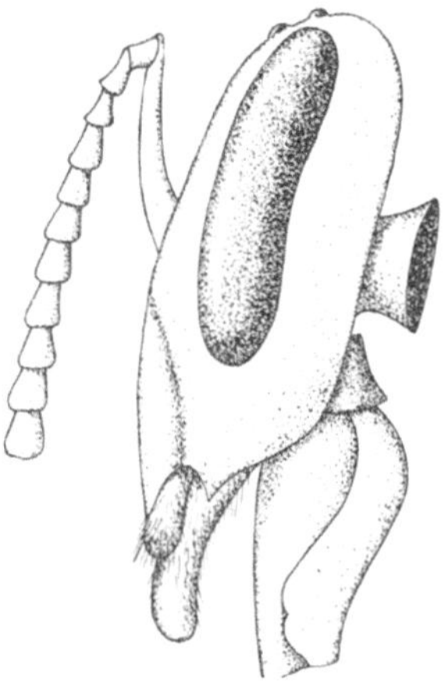

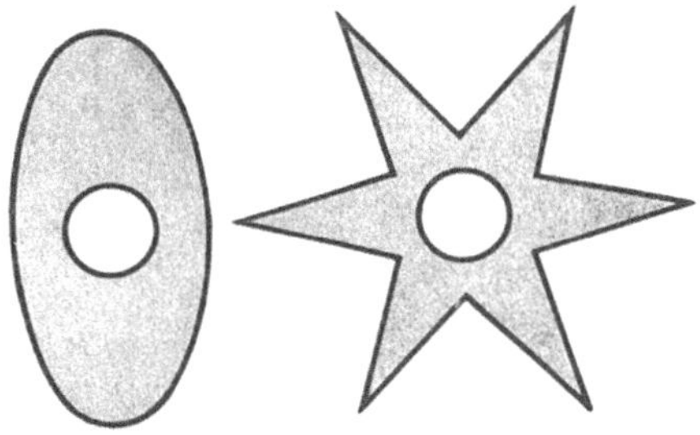

a

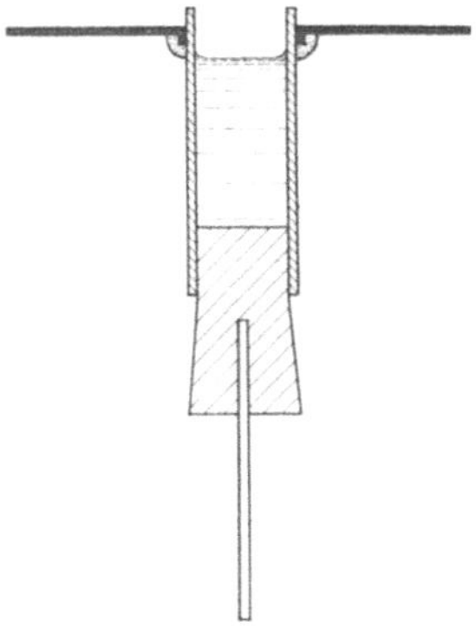

b

Abb. 411. a) Dressur auf Sternform gegen Oval und umgekehrt, bei horizontaler Anordnung; $^1/_3$ nat. Gr. b) Längsschnitt. Das Futterglas im Zentrum der Schablone

Abb. 410. Seitenansicht des Bienenkopfes

Erhellung. Die Sehfelder der Einzelaugen überlappen sich also, und zwar bei verschiedenen Insekten in verschiedenem Maße. Bei der Biene liegt um das Bild, das der Blickrichtung entspricht, ein Kranz von 6 Nebenbildern, die aber lichtschwächer sind (AUTRUM u. WIEDEMANN 1962, INGRID WIEDEMANN 1965); es ist möglich, daß die Nebenbildchen durch nervöse Wechselwirkungen noch weiter zurückgedrängt werden. Im Auge der Fliege *Calliphora* sinkt bereits bei einer Abweichung um den Betrag des anatomischen Divergenzwinkels der Ommatidien die Helligkeit auf $^1/_5$ ab; das heißt, das einzelne Omma sieht seinen Lichtpunkt fünfmal so hell wie ein Nachbaromma (WASHIZU, BURKHARDT u. STRECK 1964). Durch derartige Überlagerungen wird die Theorie der Bildentstehung nicht erschüttert. Schon bei EXNER (1891) findet man den Hinweis, daß zu den Sinneszellen des Einzelauges nicht n u r das Licht des geometrischen Sehfeldanteiles gelangt.

Wiederholt wurde die Frage diskutiert, ob auch innerhalb der Einzelaugen Bilder entstehen können. Bei Fliegenaugen mit ihrer locker gebauten Retinula erregt ein Strahlenbündel mit leicht schräger Einfallsrichtung nur einen Teil der Sehstäbe. Kann schon hier bei der geringen Zahl der Sinneszellen im Omma von einem „Bild" kaum gesprochen werden (vgl. HOCKING 1964), so wird ein solches im kompakten Rhabdom eines Hymenopterenauges überhaupt nicht in Frage kommen.

BURTT u. CATTON (1962) untersuchten die Augen einer Heuschrecke *(Locusta)* und zweier Fliegenarten *(Calliphora* und *Phormia)* und fanden drei aufeinanderfolgende, in der Tiefe gestaffelte Bildchen. Ihre Bedeutung ist problematisch.

Über die wirklichen Leistungen im Erkennen und Unterscheiden blütenähnlicher Formen suchte ich (1914) durch Dressurversuche Aufschluß zu erhalten. Bei horizontaler Anordnung gelang die Dressur auf einen gelben Papierstern gegen ein gelbes Oval (Abb. 411). Auch die Gegendressur war möglich, wurde aber von den

Bienen schwerer erlernt. Bei vertikaler Darbietung dressierte ich sie in zwei Holzkästchen, deren Fluglöcher mit enzianartigen blauen Schablonen umgeben waren, neben leeren Holzkästchen mit blauen Strahlenfiguren (Abb. 412). Als im Versuch

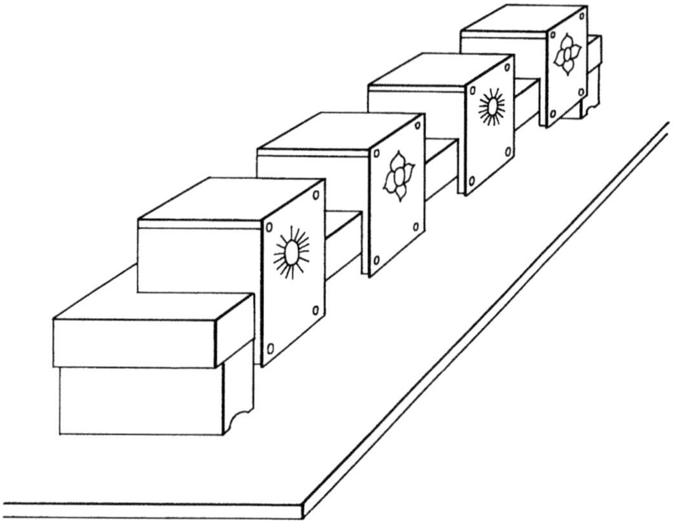

Abb. 412. Versuchsanordnung zur Formdressur bei vertikaler Anordnung. Größe der Kästchen: 10 × 10 × 5 cm

neue, leere Kästchen geboten wurden, beflogen die Bienen eindeutig die Dressurform und schlüpften daselbst in die Kästchen (Abb. 413). Dagegen lernten sie auch

Abb. 413. Nach Dressur auf Enzian- gegen Strahlenform werden den dressierten Bienen leere, noch unbenützte Kästchen ohne Futter und mit reinen Schablonen in veränderter Anordnung geboten. Sie fliegen bei der Dressurform an und schlüpfen in die Kästchen hinein

bei lange fortgesetzter Dressur nicht die Unterscheidung von flächengleichen geometrischen Figuren, die quadratisch, kreisförmig, elliptisch oder dreieckig begrenzt waren.

Bei der Weiterführung ähnlicher Versuche machte Mathilde Hertz (1929, 1930, 1931, 1935) die überraschende Entdeckung, daß sich Bienen bei der Formunterscheidung nach anderen Merkmalen richten als wir. Der Umriß einer Figur ist für sie unwesentlich, aber der Grad ihrer Gliederung von elementarer Bedeutung. Die Figuren der oberen Reihe in Abb. 414 lernen die Bienen nicht voneinander unterscheiden. Auch bei jenen der unteren Reihe mißlingt die Differenzdressur.

Dagegen erfassen sie rasch und sicher den Unterschied zwischen jeder Figur der oberen Reihe von einer solchen der unteren.

Ohne vorangegangene Dressur, nach Fütterung auf einer homogenen Fläche, sammeln sich die Bienen auf dem Dressurtisch bei Vorlage verschiedener Figuren spontan auf jenen mit der stärksten Gliederung, zum Beispiel auf den beiden Schachbrettmustern der Abb. 415. Nach HERTZ gelingt eine Dressur auf eine weniger gegliederte Form gegenüber einer stärker gegliederten nur schwer, nach ZERRAHN (1934) sogar überhaupt nicht. Nach ihr würden die Bienen zwangsmäßig zur reicheren Gliederung geführt. Das ist aber bestimmt nicht richtig. Schon Abb. 411 und 413 belegen zwei Fälle, wo die Bienen gelernt haben, die schwächer gegliederte Figur zu wählen. Überdies bevorzugen sie in Heimkehrstimmung schon spontan gerade umgekehrt die am wenigsten gegliederten, konturärmsten Figuren (JACOBS-JESSEN 1959, S. 623–626). Sie haben am meisten Ähnlichkeit mit dem dunklen Flugloch, auf das sie nun eingestellt sind.

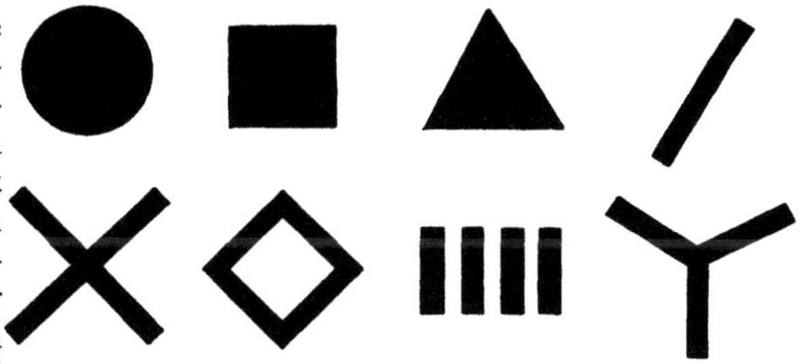

Abb. 414. Die Bienen lernen weder die Figuren der oberen Reihe, noch die Figuren der unteren Reihe voneinander zu unterscheiden. Dagegen ist jede Figur der oberen Reihe von jeder der unteren Reihe für das Bienenauge deutlich verschieden und eine Differenzdressur erfolgreich

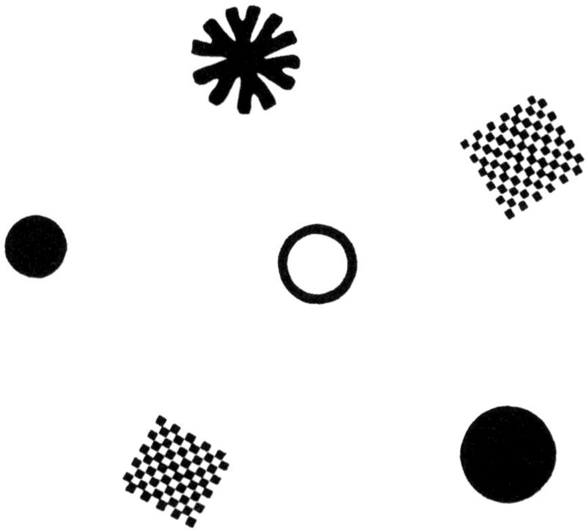

Abb. 415. Von diesen Figuren bevorzugten die Bienen spontan die Schachbrettmuster. 1/5 nat. Gr. Nach MATHILDE HERTZ 1930

Man kann sich von so andersartigem Formensehen keine Vorstellung machen. Zwar ließ sich herausfinden, was dafür maßgebend ist, daß Bienen in Futterstimmung die reich gegliederten Muster bevorzugen. Nach ZERRAHN (1934) ist die Länge der Konturen auf einer gegebenen Fläche entscheidend. Bei reicher Gliederung ist sie größer und bedeutet für die anfliegenden Bienen einen häufigeren Reizwechsel zwischen Hell und Dunkel. WOLF (1934) erhielt entsprechende Effekte durch Darbietung flimmernder Felder. In ihren spontanen Wahlen bevorzugten die Bienen die höhere Flimmerfrequenz. Aber dieses Prinzip allein genügt wohl nicht, um alle Reaktionen zu erklären. Die Biene sieht in den Mustern doch „mehr als die Summe verschieden frequenter Komponenten". Zu diesem Ergebnis kam P. KUNZE (1961) bei seinem Versuch einer genaueren Analyse des Bewegungssehens mit Hilfe optomotorischer Reaktionen. Er arbeitete mit Bienen, die — an einem Stäbchen fixiert — inmitten einer Drehtrommel am Ort flogen.

Das andersartige Verhalten gegenüber der Form der Gegenstände hängt wohl damit zusammen, daß Bienen die Blumen und andere Gestalten, die für sie von Bedeutung sind, im Fluge, also in Bewegung sehen[1]). Da kommt nicht so sehr, wie bei uns, das örtliche Nebeneinander, sondern das ständig sich ändernde Muster der Helligkeitswechsel zur Geltung. Für solches Bewegungssehen ist das Auge schnell fliegender Insekten gut ausgerüstet, indem es etwa die 10fache Zahl von Reizwechseln registrieren kann als wir in der gleichen Zeit. Ein Kino für Bienen müßte die zehnfache Bildfrequenz haben, damit das Bild für sie nicht flimmert. Das mangelhafte räumliche Auflösungsvermögen der Augen ist durch ein hohes zeitlichesAuflösungsvermögen ersetzt (AUTRUM und STOECKER 1950, 1952, AUTRUM 1952). Daß die Öffnungswinkel der Bienenaugen in horizontaler Richtung etwa doppelt so groß sind als in vertikaler Richtung, hängt hiermit zusammen. Dem Einzelreiz muß eine gewisseEinwirkungszeit gesichert sein. Im schnellen Flug gleiten die Dinge in horizontaler Richtung so rasch vorüber, daß bei zu kleinen Öffnungswinkeln die Einzelreize sonst verschmelzen würden (AUTRUM 1949). Das gröbere Sehraster in horizontaler Richtung ermöglicht im Flug die Auflösung feinerer Muster.

3. Das Sehen der Bienen und das Aussehen der Blumen

Im Jahre 1793 erschien CHRISTIAN KONRAD SPRENGELs Buch „Das entdeckte Geheimnis der Natur im Bau und in der Befruchtung der Blumen". Das „entdeckte Geheimnis" war, daß Bienen und andere Blütengäste, durch Farbe und Duft der Blumen angelockt, daselbst Nektar und Blütenstaub als Nahrung holen und hierbei die Bestäubung der Blüten vollziehen, deren Aufmachung ganz darauf eingestellt und nur durch diese Wechselbeziehung verständlich ist. SPRENGEL hat die wesentlichen Zusammenhänge klar erkannt: Windblüter haben unauffällige Blüten, insektenblütige Pflanzen besitzen meist auffällig gefärbte, duftende Blumen, die infolgedessen leicht gefunden werden können. Nur sie bieten ihren Gästen Zuckersaft als Speise und dienen hiermit auch sich selbst, weil die Besucher die Bestäubung herbeiführen. Nachtblüher zeichnen sich durch helle Blumen aus und machen sich auf diese Weise am besten bemerkbar. Auch in der feineren Struktur der Blüten, in der Gestalt und Zeichnung der Blumenblätter oder in der Anwesenheit und Anordnung von Haaren, die den Nektar vor Verwässerung durch Regen schützen, findet SPRENGEL, erfüllt von reiner Entdeckerfreude, eine sinnvolle Einrichtung nach der anderen. Wie hätte er sich erst begeistert an der Erkenntnis, daß die Blumen ihren Gästen aus der Insektenwelt in vollendeter Form noch in einem Bereich entgegenkommen, der für uns im Unsichtbaren liegt; solches kann nur auf die Augen ihrer Bestäuber gemünzt sein.

Blumen bringen ihre Farben gut zur Geltung. Eine Unterlagerung der gefärbten Zellen mit einer lichtreflektierenden Schicht, meist von luftgefüllten Spalträumen und manchmal von Stärkekörnern gebildet, verleiht ihnen besondere Leuchtkraft und spielt die Rolle der Folien unter gefaßten Edelsteinen. Unter allen Farben, die wir im täglichen Leben zu sehen bekommen, gehören die Blumenfarben zu jenen von der größten Sättigung (FRANZ u. SIGM. EXNER 1910).

Die enge Beziehung der Blumenfarben zu den Blütengästen offenbart sich überzeugend erst durch die Qualität der Farben.

Reines Rot als Blütenfarbe ist bei insektenblütigen Pflanzen eine Seltenheit, sehr häufig aber bei Vogelblumen, die von Kolibris und Honigvögeln besucht und bestäubt werden (PORSCH 1931). Vogelaugen sind für diese Farbe empfindlich, Bienenaugen aber sind rotblind.

---

[1]) Schon SIGMUND EXNER hat in seinem grundlegenden Buch über die Physiologie der Facettenaugen (1891, S. 183) die Ansicht ausgesprochen, daß das Wirbeltierauge besser dem Erkennen von Formen, das Facettenauge besser dem Erkennen von Veränderungen am Objekt dient.

Rote Mohnblüten werden von Bienen eifrig beflogen; aber sie bilden nur scheinbar eine Ausnahme. Ihre Blumenblätter reflektieren stark im Rot und im Ultraviolett (300–400 mμ). Die für uns roten Blüten sind für Bienen ultraviolett, wie sich durch Dressurversuche nachweisen läßt (LOTMAR 1933).

Daß eine für uns nicht erkennbare UV-Reflexion bei Blüten vorkommt, ist wiederholt bemerkt und zum Teil auch photographisch festgehalten worden (LUTZ 1924, 1933, LOTMAR 1933, SEYBOLD und WEISSWEILER 1944, ZIEGENSPECK 1955, KULLENBERG 1956, MAZOCHIN-PROSCHNJAKOV 1956, 1959). Es wurde auch von mehreren Seiten darauf hingewiesen, daß für ultraviolettempfindliche Insektenaugen das Aussehen und die Musterung der Blüten dadurch beeinflußt werden kann. Aber erst DAUMER hat durch seine Analyse des Farbensinnes der Biene die Basis geschaffen, auf der sich die biologische Bedeutung der Blumenfarben genauer beurteilen läßt. Diesen Fragen hat er eine weitere Studie gewidmet (DAUMER 1958).

Er bestimmte an 204 verschiedenen Pflanzenarten die Reflexion der Blüten, indem er sie photographisch (mit Quarzlinse) durch drei verschiedene Interferenzfilter aufnahm, die von Schott u. Gen. (Mainz) für diesen Zweck hergestellt waren: **ihre Durchlässigkeitsbereiche entsprachen den drei Grundfarbbereichen des Bienenauges.** Zur quantitativen Auswertung der Reflexion wurde zugleich mit jeder Blüte eine MgO-berauchte Fläche mitphotographiert; ihr Bild deckte sich mit einer 10stufigen Grauleiter, die in die Kamera eingebaut war (Abb. 420, S. 498). Durch photometrischen Vergleich der Blütenschwärzung mit der Grauleiter ließ sich die Reflexion an jeder Stelle der Blüte in % der MgO-Reflexion (= 100%) für jede der drei Grundfarben der Bienen angeben. Für die technischen Einzelheiten sei auf DAUMERs Arbeit verwiesen.

Wir betrachten zunächst die Blumenfarben im allgemeinen und dann die Blütenmuster. Für beide erweist sich die hohe Reizwirksamkeit des Ultraviolett als bedeutsam. Sie hatte sich bei DAUMERs Farbmischversuchen z. B. darin geäußert, daß bereits 1% UV zu 99% Gelb (Energieprozent) gemischt genügt, um den Farbton des Mischlichtes für die Bienen gegenüber dem reinen Gelb erkennbar zu verändern.

Durch Beimischung von UV zu Gelb entstehen die „Bienenpurpurfarben". Sehr zahlreiche Pflanzenarten entwickeln gelbe Blüten, die zugleich UV, aber kein Blau reflektieren. Bei schwacher UV-Reflexion (bis etwa 5% UV: 95% Gelb) entsteht ein Purpurton, der für Bienen sowohl von Gelb deutlich verschieden ist, wie anderseits von einem Purpur mit mehr UV; überschreitet aber der UV-Gehalt den Betrag von 50%, so verwechseln die Bienen den Farbton mit reinem UV, das Gelb macht sich für sie nicht mehr bemerkbar. Als ein Beispiel für viele zeigt Abb. 416 drei für uns gelbe, für Bienen aber deutlich verschieden gefärbte Blüten. Blau wird von ihnen nicht reflektiert, weshalb hier nur die Aufnahmen durch das Gelb- und UV-Filter wiedergegeben sind. In der linken Reihe (Gelbfilter) erscheinen alle drei Blüten hell, sie reflektieren stark und gleichmäßig das gelbe Licht. In der rechten Reihe (UV-Filter) offenbaren sich Verschiedenheiten in der UV-Reflexion: die Blüten des Schotendotters (*Erysimum helveticum* [Jacq.] Dc.) reflektieren kein UV, sind also für Bienen gelb; Raps (*Brassica napus* L.) und Ackersenf (*Sinapis arvensis* L.) reflektieren UV in ungleichem Maße und erscheinen den Bienen, wie durch Dressurversuche erwiesen ist, in zwei verschiedenen, gut unterscheidbaren „Purpurtönen". So können also Blütensorten, die für uns in Farbe und Gestalt zum Verwechseln ähnlich sind und am gleichen Standort gedeihen, für das Bienenauge deutlich gekennzeichnet sein. Ähnliche Verhältnisse sind an gelben Blüten häufig. Bei DAUMER (1958) findet man in den Tabellen 2 und 3 (S. 62 und 63) für 53 Pflanzenarten mit Blüten in beiden Purpurtönen die quantitativen Angaben für die Reflexion in den drei Grundfarbbereichen.

Bei anderen Blüten wandelt sich die gelbe Farbe bei fehlender UV-Reflexion durch zunehmende Reflexion im Blaubereich für den Menschen über Gelbgrün zu Weiß; für das Bienenauge entstehen so die blaugrünen Blüten. Mit großer Einheitlichkeit fand DAUMER bei den 48 untersuchten weißblühenden Pflanzenarten eine starke Reflexion im Gelb- und Blaubereich, verbunden mit minimaler Reflexion im UV. Der steile Abfall liegt bei etwa 410 mμ (vgl. seine Tabelle 4, S. 64/65).

A

B

C

Abb. 416. Aufnahmen der für uns gleichmäßig gelb aussehenden Blüten von A) *Erysimum helveticum* (JACQ.) DC. (Schotendotter), B) *Brassica napus* L. (Raps) und C) *Sinapis arvensis* L. (Ackersenf). Links: durch das **Gelbfilter**, rechts: durch das **UV-Filter** aufgenommen. Nat. Gr. Durch ungleiche UV-Reflexion erscheinen den Bienen die Blüten rein gelb (A) und in zwei gut unterscheidbaren „Purpur"-Tönen (B, C). Durch das Blaufilter erscheinen alle drei Blüten gleichmäßig dunkel, diese Aufnahmen sind hier nicht wiedergegeben. Nach DAUMER 1958

Als Beispiel bringt Abb. 417 eine Narzissenblüte, von deren zarter Musterung wir hier zunächst absehen. Neutrales Weiß (mit UV) ist für Bienen wenig attraktiv. Die Dressur gelingt viel schwerer als eine solche auf Farben. Es ist daher sinnvoll, daß im abwechslungsreichen Gastgarten der Bienen alle Tische bunt sind und „weiße" Gedecke fehlen.

Für Nachtblumen freilich ist Helligkeit wichtiger als Farbe. Und gerade sie scheinen sich der Regel, die DAUMER für die bei Tag blühenden weißen Blumen festgestellt hat, nicht zu fügen. KUGLER erwähnt (1963, S. 308), daß die weißen Blüten von *Melandrium album* (MILL.) GARCKE, von *Silene nutans* L. und *S. inflata*

SM., die Nachtblüher sind und von Nachtfaltern bestäubt werden *(S. inflata* auch bei Tag von Hummeln*)* Ultraviolett reflektieren. Sie werden also ihren Besuchern stark weißverhüllt, vielleicht sogar neutral weiß erscheinen. Genaue Messungen liegen leider nicht vor. HELGA SCHARDT (Instit. f. spezielle Botanik Univers. Tübingen, noch nicht veröffentlicht) fand, daß die von ihr untersuchten Nacht-

Abb. 417. Narzissenblüte *(Narcissus poeticus* L.*)*, durch das Gelb-, Blau- und UV-Filter aufgenommen. Nat. Gr. Infolge minimaler UV-Reflexion erscheint die weiße Blüte den Bienen „blaugrün". Der rote Rand der kurzen Nebenkrone reflektiert UV und ist für sie — wie die Farbe der Mohnblüten — „ultraviolett". Nach DAUMER 1958

falterblumen stets etwas UV reflektierten. Saftmale und Muster fehlen bei ihnen, sie kleiden sich einfarbig hell. Die Bedeutung der hellen Blüten für die nächtlichen Besucher dokumentieren uns diese selbst. Die Gamma-Eule *(Plusia gamma* L.*)*

Abb. 418. Das Blumensträußchen besteht zur linken oberen Hälfte (**a**) aus Gartenvergißmeinnicht *(Myosotis silvatica* [ERH.] HOFFM.*)* zur rechten unteren Hälfte (**b**) aus kaukasischen Vergißmeinnicht *(Brunnera macrophylla* M. B. JOHNST*)*, links durch das Blaufilter, rechts: durch das UV-Filter photographiert. Nat. Gr. Die Blüten haben für uns die gleiche blaue Farbe, sind aber für das Bienenauge durch die ungleiche UV-Reflexion völlig verschieden. Nach DAUMER 1958

fliegt in mondhellen und sternklaren Nächten, aber auch bei Tag im hellen Sonnenschein. Während sie tagsüber farbige Blüten (z. B. *Dianthus cartusianorum* L.) besucht, fliegt sie nachts an vorwiegend weiße Blüten, wie *Melandrium* und *Silene* (SCHREMMER 1941).

Blaue, violette und purpurrote Blüten können den Bienen in vier gut unterscheidbaren Farbtönen erscheinen, deren zwei ihrem Blaubereich zugehören und zwei – infolge verschieden starker UV-Beimischung – dem „Bienenviolett". Belege findet man bei DAUMER in Tab. 5–8, S. 67–69. Ein Beispiel ist in Abb. 418 dargestellt. Der kleine Blütenstrauß besteht zur Hälfte (a) aus Gartenvergißmeinnicht *(Myosotis silvatica* [ERH.] HOFFM.), zur anderen Hälfte (b) aus kaukasischen

Vergißmeinnicht *(Brunnera macrophylla* M. B. JOHNST.*)*. Für uns haben beide denselben blauen Farbton. Wie die Aufnahme durch das UV-Filter zeigt (Bild rechts), reflektiert *M. silvatica* kein UV, ist also auch für Bienen blau, während

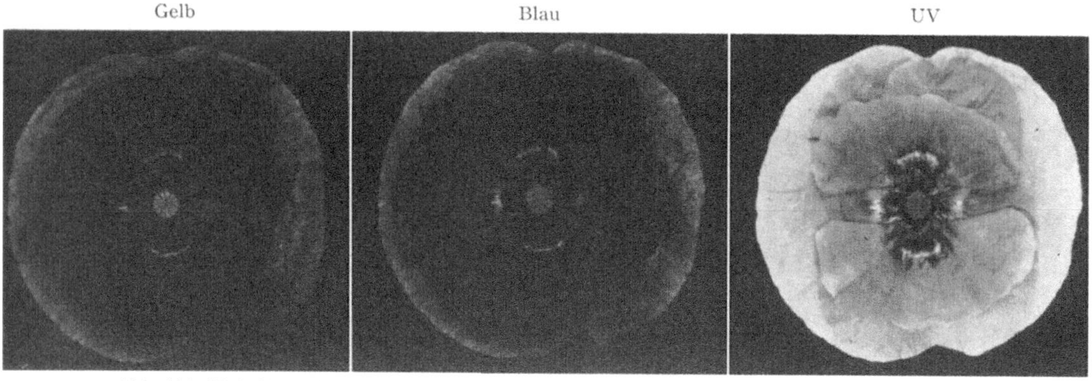

Abb. 419. Mohnblüte *(Papaver rhoeas* L.*)* durch das Gelb-, Blau- und UV-Filter aufgenommen. $^2/_3$ nat. Gr. Eine für Bienen „ultraviolette" Blume. Nach DAUMER 1958

Abb. 420. *Potentilla reptans* L. (Fingerkraut), durch das Gelb- (a), Blau- (b) und UV-Filter (c) photographiert. Unten ist die Grauleiter für den photometrischen Vergleich sichtbar. Die mitphotographierten Blätter reflektieren in den drei Grundfarbbereichen der Biene nur schwach und fast gleichmäßig, so daß sie für Bienen nahezu farblos sind. Unter dem UV-Filter offenbart sich ein für uns unsichtbares Saftmal. Nach DAUMER 1958

Brunnera durch starke UV-Reflexion für sie „violett" ist. Dressurversuche haben die gute Unterscheidbarkeit bestätigt.

Als „ultraviolette" Bienenblumen wurden schon die Mohnblüten genannt. Abb. 419 läßt die starke Reflexion im UV erkennen, bei fehlender Gelb- und Blau-Reflexion.

Für Bienen schwarze Blüten wurden bei einer einzigen Wildpflanze gefunden (*Nonnea pulla* L.), daneben noch bei einigen Gartenzüchtungen.

Die biologische Aufgabe der Blumenfarben, als augenfälliges Signal für die Nahrungsquellen zu dienen, wird dadurch wesentlich unterstützt, daß die grünen Blätter in allen drei Grundbereichen des Farbsystems der Bienen schwach und ziemlich gleichmäßig reflektieren, so daß sie für diese fast farblos grau, in einem sehr ungesättigten gelblichen Farbton zu sehen sind. Um so lebhafter müssen für sie die Blumen aus solchem Hintergrund herausleuchten. In Abb. 420 sind neben der Blüte des kriechenden Fingerkrautes (*Potentilla reptans* L.) auch die

Abb. 421. Blüte von *Althaea officinalis* L., durch das Blau- und das UV-Filter aufgenommen. Nat. Gr. Eine „bienenviolette" Blume mit blauem Saftmal. Nach DAUMER 1958

Blätter in allen drei Grundfarben mitphotographiert. Ihre fast gleichmäßige Reflexion ist deutlich. DAUMER fand diese Verhältnisse am Laub von 60 untersuchten Pflanzenarten bestätigt.

Die Blüte dieser *Potentilla* trägt in ihrer Mitte ein auffälliges Saftmal (Bild unten), wie solche schon SPRENGEL als Wegweiser zur Nahrungsquelle erkannt und benannt hat. Am Fingerkraut hat er freilich keines gesehen. Denn es entsteht dadurch, daß die äußeren Teile der Blumenblätter Ultraviolett stark reflektieren, die inneren aber nicht (Abb. 420 unten). Die für uns einheitlich gelbe Blüte ist daher für Bienen „purpurrot" mit gelbem Saftmal.

Für uns unsichtbare Saftmale, durch ungleiche UV-Reflexion bedingt, sind in der Blumenwelt sogar noch stärker verbreitet als sichtbare Saftmale[1]). Die lange Liste der von DAUMER aufgespürten Fälle wurde durch KUGLER (1963) und HELGA SCHARDT (noch nicht veröffentlicht) noch weiter bereichert. Einige Beispiele, aus DAUMERs Arbeit entnommen, mögen zeigen in welcher Weise sie in Erscheinung treten.

Violette Blüten mit für uns unsichtbarem Saftmal bietet *Althaea officinalis* L. (Abb. 421). Sie reflektieren das UV im äußeren Bereich der Blumenblätter, sind daher „bienenviolett" mit „bienenblauem" (UV-freiem) Saftmal.

Bei der für uns rein gelben Komposite *Buphthalmum salicifolium* L. (Abb. 422) sind die Scheibenblüten und die inneren Teile der Zungenblüten auch für Bienen gelb, während die äußeren Teile der Zungenblüten durch Reflexion von Gelb + UV für sie „purpurfarben" abstechen. An den gelben Blüten von *Chelidonium majus* L. (Abb. 423) springen Stempel und Staubgefäße durch die fehlende UV-Reflexion in die Augen (Bild rechts). Bemerkenswert ist hier, daß die gelblichen Kelchblätter,

[1]) Über die Entstehung solcher Muster durch für uns unsichtbare Gerbstoffeinlagerung in den Blumenblättern vgl. VOGEL (1950).

welche die Blütenknospen bis zum Aufblühen bedecken, im Gegensatz zu den Kronblättern kein UV reflektieren. Daher heben sich die offenen Blüten, die etwas zu bieten haben, andersfarbig von den Knospen ab.

Abb. 422. *Buphthalmum salicifolium* L., durch das Gelb- und UV-Filter aufgenommen. Nat. Gr. Das innere Viertel der „bienenpurpurnen" Zungenblüten und die Scheibenblüten reflektieren kein UV und erscheinen „bienengelb". Nach DAUMER 1958

Abb. 423. *Chelidonium majus* L., durch das Gelb- und UV-Filter aufgenommen. Nat. Gr. Staubblätter und Stempel sowie die Kelchblätter an den Blütenknospen reflektieren kein UV. Sie erscheinen „bienengelb" gegenüber den „bienenpurpurnen" Kronblättern. Nach DAUMER 1958

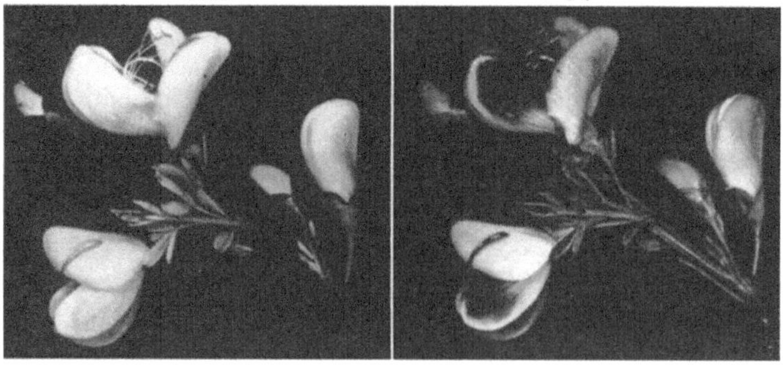

Abb. 424. *Sorothamnus scoparius* WIMMER, durch das Gelb- und UV-Filter aufgenommen. Nat. Gr. Ein oberer Bereich auf den Flügeln ist frei von UV. Dieser „bienengelbe" Fleck flankiert an der „bienenpurpurnen" Blüte den Zugang zum Nektar. Nach DAUMER 1958

Wo fleckenförmige Saftmale auf ungleicher UV-Reflexion beruhen, pflegt sich das Mal durch geringe oder fehlende UV-Reflexion von seiner stärker reflektierenden Umgebung abzuheben; nur ausnahmsweise wird vom Saftmal selbst das UV stärker reflektiert, so bei *Saxifraga rotundifolia* L. nach KUGLER (1963); an Staubgefäßen, Griffeln und Narben kommt starke UV-Reflexion bei mehreren Arten vor (DAUMER 1958, HELGA SCHARDT, noch nicht veröffentlicht).

Das Saftmal ist keineswegs an den Ort und die unmittelbare Umgebung der Nektarproduktion gebunden. Wo der Zuckersaft tief im Blütengrunde geborgen liegt, kann es sinngemäß an der Eingangspforte sitzen. Schmetterlingsblütler bieten hierfür schöne Beispiele (Abb. 424). Auch bei *Narcissus poeticus* (Abb. 417, S. 497) liegt der rote, stark UV-reflektierende Rand der kurzen Nebenkrone abseits der Nahrung, als leuchtender Kranz um den Zugang.

Bei der Gattung *Potentilla* haben verschiedene Arten eine ungleiche Ausdehnung des für uns unsichtbaren Saftmales (Abb. 425). So kommt es zur Ausbildung

Abb. 425. UV-Aufnahmen der gelben Blüten verschiedener *Potentilla*-Arten: a) *Potentilla erecta* (L.) HAMPE, b) *P. reptans* L., c) *P. verna* L., d) *P. aurea* L., e) *P. fruticosa* L. Nat. Gr. Nach DAUMER 1958

artspezifischer Muster. Da Differenzdressuren zwischen derartigen, gleich gestalteten und gleichfarbigen Blüten mit verschiedenen Mustern nur mäßigen Erfolg haben, scheinen solche graduell abgestufte Merkmale für die Unterscheidung der Blüten nur von beschränkter Bedeutung zu sein.

Das gilt natürlich nicht für die zahlreichen Fälle, in welchen sich Blütenmuster in der Qualität der Farben und in ihrer Anordnung auffällig unterscheiden. Schon 1914 habe ich durch Dressurversuche gezeigt, wie wirksam solche Muster als Merkzeichen für Bienen sind.

Sehr viele Blüten reflektieren auch in dem für Bienen unsichtbaren Rot. Es ist bezeichnend, daß Saftmale und andere auffällige Musterbildungen in diesem Farbbereich fehlen. Die Bedeutung der für Insekten erkennbaren Saftmale als sinnvolle Anpassung wird dadurch noch unterstrichen (HELGA SCHARDT, noch nicht veröffentlicht).

Ob die Saftmale als Wegweiser zur Nahrung von den Blütengästen beachtet werden, wurde seit SPRENGEL oftmals diskutiert und verschieden beantwortet, bis das Experiment die Entscheidung brachte. Der erste Nachweis gelang KNOLL (1926) am Schmetterling *Macroglossum stellatarum* L. (Taubenschwanz). Dieser Schwärmer, der im hellen Sonnenschein vor den Blüten schwebend mit seinem langen Rüssel Nektar aus tiefen Kronröhren saugt, führt beim Anflug die Rüsselspitze gezielt gegen das Saftmal, sogar auch dann, wenn er im individuellen Leben noch keinerlei Erfahrungen an Blüten machen konnte.

Bei weiteren Beobachtungen stellte sich die Wichtigkeit der Saftmale für die Nahorientierung auch bei Hummeln klar heraus (KUGLER 1943, 1954, 1963, MANNING 1956). Sie liegt allgemein darin, daß die Besucher durch den auffälligen Farb- oder Helligkeitskontrast oder – bei Strich- und Tüpfelzeichnungen – durch ein reichgegliedertes Muster auf den Zugang zur Nahrung hingewiesen werden. Wenn wir bei Versuchen die Bienen veranlassen wollen, an einer scharf umschriebenen

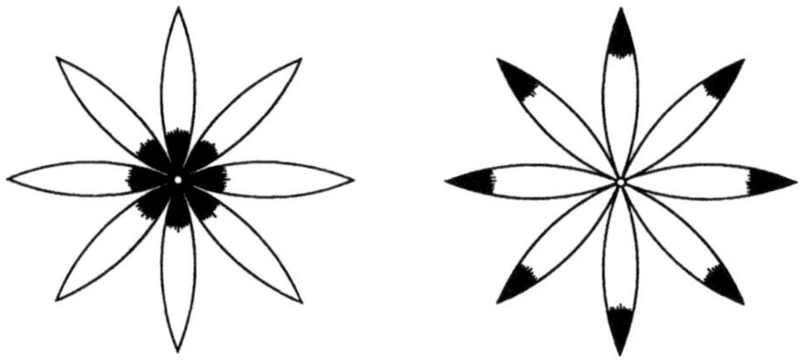

Abb. 426. Die einzelnen Kronblätter oder Zungenblüten einer Blume mit UV-freiem Saftmal sind einmal richtig (a, UV-freie Grundfelder zentral) und einmal umgekehrt (b, UV-freie Felder peripher) zusammengefügt. Nach DAUMER 1958

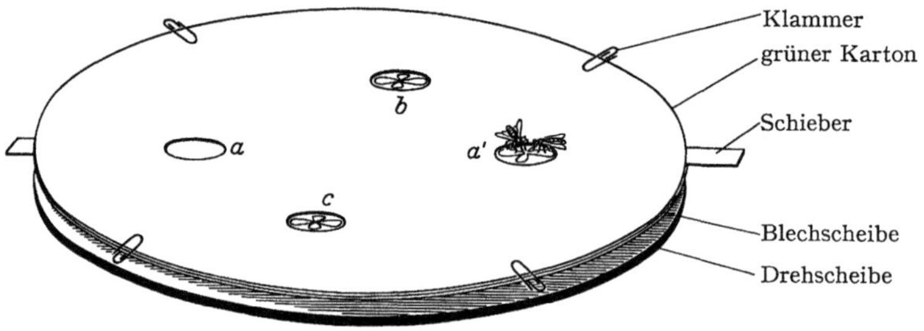

Abb. 427. Dressuranordnung: Bienen saugen aus der Kapillare im Zentrum der Dressurblüte a' Zuckerwasser. Die Blüten zur Gegendressur (b und c) sind sichtbar. Die Blüte a zur Prüfung des Erfolges ist während der Dressur durch einen Schieber verdeckt. Durch Betätigung der beiden Schieber geht die Dressuranordnung in die Versuchsanordnung über. Nach DAUMER 1958

Stelle, z. B. aus einer Kapillare Zuckerwasser zu saugen, benützen wir schon lange den Trick, genau an diesem Ort ein andersfarbiges „Saftmal" anzubringen, weil wir so nicht nur den Bienen, sondern auch uns viel Zeit sparen. – Bei manchen Blüten, z. B. bei jenen der Roßkastanie (*Aesculus hippocastanum* L.) erfolgt ein Farbenumschlag des Saftmales, sobald die Nektarsekretion erlischt. Bienen und Hummeln lernen schnell, sich nach dieser Markierung der nektarführenden Blüten zu richten (KUGLER 1936); ähnliche Beobachtungen an anderen Pflanzen machte VOGEL (1950).

In die Wirkungsweise der Saftmale brachten Versuche DAUMERS (1958) an Bienen noch besseren Einblick. Gelbe Zungenblüten (z. B. von *Helianthus rigidus* [CASS.] DEFR.), die an der Basis kein UV reflektieren, also ein für uns unsichtbares Saftmal tragen, werden lanzettförmig zugeschnitten und zu einer Rosette vereinigt, wobei die Saftmale einmal innen liegen, wie es der natürlichen Anordnung entspricht und einmal außen (Abb. 426). Bienen saugen aus einer zentral eingesetzten Kapillare auf einer der beiden Anordnungen Zuckerwasser (Abb. 427) und werden so auf diese dressiert. Im Versuch können sie die beiden Anordnungen gut unterscheiden. Dabei genügen auch sehr kleine Marken. Ein dem Menschen unsichtbares Blütenmuster von 1–2 mm² Flächenausdehnung ist für Bienen deutlich wirksam.

Waren diese auf eine zentrale Lage der Saftmale dressiert und hatten sie sich auf der richtigen Anordnung niedergelassen, so liefen sie meist am Rande einer Zungenblüte nach der Mitte; an der Grenze des Saftmales hielten sie plötzlich im Lauf inne, neigten den Kopf ruckartig vor und streckten oft gleichzeitig den Rüssel aus. Setzten sie sich aber auf die falsche Anordnung (Abb. 426b), so wendeten sie sich entweder gleich einem UV-freien Fleck an der äußeren Spitze einer Zungenblüte zu und führten dort – ohne daß eine Kapillare da war – die Kopf-Rüssel-Reaktion aus, oder sie liefen zur Mitte, wobei sie diese oft reaktionslos überschritten, um dann an der gegenüberliegenden Zungenblüte am Saftmal den Rüssel auszustrecken.

Wie schon KNOLL an seinen Schwärmern bemerkt hat, bedarf es auch bei Bienen keiner vorangegangenen individuellen Erfahrung, um auf das Saftmal sinngemäß anzusprechen. Es stand ein Volk zur Verfügung, das seit mehreren Jahren in einem Bienenraum des Münchner Zoologischen Instituts bei künstlichem Dauerlicht gehalten und mit Zuckerwasser am künstlichen Futterplatz, niemals an Blüten, gefüttert worden war. Solche Bienen zeigten beim ersten Besuch von Blütenmustern beim Überschreiten der Grenzlinie des Saftmales das ruckartige Kopfneigen und oft auch das Ausstrecken des Rüssels. Dieses Verhalten ist also im Erbgut festgelegt. Das gilt nicht nur für das Saftmal an sich, sondern in gewissem Maße auch für seine Lage in der Blüte. Bei den Versuchen über die Unterscheidung der in Abb. 426 wiedergegebenen Muster gelang die Dressur auf die natürliche Anordnung (a) sehr leicht, auf die gegensinnige Anordnung (b) aber erheblich schwerer.

Es war besonders verlockend, die Wirkung für uns unsichtbarer Saftmale nachzuweisen. Auf solche beziehen sich die eben erwähnten Versuche DAUMERs. Durch Vergleichsversuche hat er aber gezeigt, daß jenen keine Ausnahmestellung zukommt. Saftmale, die auch für unser Auge auffällig sind, z. B. die dunkelroten (für Bienen schwarzen) Flecken an der Basis der gelben Zungenblüten von *Coreopsis bicolor* BOSSE lösen die Kopf-Rüssel-Reaktion genau so aus wie jene Saftmale, die auf fehlender UV-Reflexion beruhen.

Seit alten Zeiten haben die Menschen an den Farben der Blumen ihre Freude. Sie wird für den Blütenbiologen noch vertieft durch den Einblick in Zusammenhänge, die bisher im Verborgenen lagen. Suchbienen müssen nahrungspendende Blüten entdecken (S. 250). Es fällt ihnen leicht, weil sich die satten Blumenfarben von dem für sie fast farblosen Hintergrund des Laubes wirksam abheben. Sammelbienen sollen die Blütenart, auf die sie sich spezialisiert haben, von anderen Blumen rasch und sicher unterscheiden. Die Ausbildung ihres Farbensinnes befähigt sie dazu in höherem Ausmaße, als wir noch vor kurzem gedacht haben. Sichtbare und vielfach unsichtbare Saftmale markieren den Zugang zur Nahrung.

So klar diese Anpassungen sind, so wenig wissen wir über die Rolle der Blütengestalt. Die primär anlockende Wirkung der figuralen Gliederung und die leichte Dressierbarkeit der Bienen auf stark aufgelöste Muster läßt vermuten, daß die Form mancher Blüten, etwa bei den Kompositen, oder die Bündel zarter Staubfäden in anderen Fällen das ihre dazu beitragen, um Suchbienen anzulocken und Sammelbienen zu binden. Die Analyse blieb bisher fast ganz auf künstliche Muster beschränkt. Das Studium der Verhältnisse an natürlichen Blütengestalten ist ein Wunsch an die Zukunft.

Nicht alle entomophilen Blüten haben große und bunte Blumenblätter. Manche sind nur durch starken Duft auffällig. Auch andere Lösungen sind möglich. MANNING (1956a) beobachtete an Hundszungen *(Cynoglossum officinale* L.*)* mit ihren kleinen, unauffälligen Blüten, daß die besuchenden Hummeln und ebenso auch Honigbienen die stark aufgelöste Gestalt der ganzen Pflanze (Abb. 428) als Merkzeichen benützten und Hundszungen in der Nachbarschaft, die sie noch nicht kannten, aus einem Abstand von mehreren Metern anflogen und absuchten, auch wenn sie keine Blüten trugen. Ganz anders war ihr Verhalten an Fingerhut *(Digitalis)*, wo sie sich nur nach den auffälligen Blüten richteten und nie die Form der Pflanze lernten. So ist die Hundszunge ein Beispiel dafür, daß starke figurale Gliederung der ganzen Pflanze ersetzen kann, was ihre Blüten in diesem Falle versäumen.

Abb. 428. Die Hundszunge *(Cynoglossum officinale* L.*)* ersetzt die fehlende Auffälligkeit der kleinen Blüten durch starke Gliederung der ganzen Pflanze. Nach MANNING 1956a

III. Die Nahorientierung durch den Geruchs- und Geschmackssinn

Beim Menschen dienen, wie bei allen Wirbeltieren, zwei getrennte Organe dem Geruch und Geschmack. Beide sprechen auf chemische Reize an, sie unterscheiden sich aber histologisch durch die Ausrüstung mit primären bzw. sekundären Sinneszellen, anatomisch durch ihre verschiedene Lage, Nervenversorgung und zentrale Verbindung. Sie reagieren auf verschiedene Gruppen chemischer Stoffe, „Riechstoffe" und „Schmeckstoffe". Verschieden sind auch ihre biologischen Aufgaben: Durch seine außerordentliche Empfindlichkeit kann der Geruchssinn auf Distanz vor einem Feind warnen oder zu einem Ziel hinleiten, während der stumpfere Geschmackssinn[1]) im wesentlichen die Nahrung bei ihrer Aufnahme kontrolliert. Wirbellose Tiere sind nach anderen Bauplänen geschaffen. Die vergleichende Anatomie, ein bewährter Führer im Stamm der Wirbeltiere, läßt uns hier im Stich, desgleichen die Gistologie, da bei Insekten nur primäre Sinneszellen vorkommen. Wo auch die anderen Kriterien versagen, verwischen sich die Grenzen und man spricht von einem chemischen Sinn statt von Geruch und Geschmack. Bei vielen nieder organisierten Tieren ist diese Terminologie am Platze, ohne daß wir heute wissen, ob sie der Wirklichkeit entspricht oder nur unseren mangelhaften Kenntnissen.

Bei den hoch organisierten Insekten, und im besonderen bei den Bienen, liegt kein Anlaß vor zu solcher Resignation. In voller Analogie zu Wirbeltieren haben sie zweierlei Organe des chemischen Sinnes, mit bevorzugtem Sitz an verschiedenen Körperstellen, mit verschiedener Empfindlichkeit und verschiedenen biologi-

---

[1]) Nähere Angaben zum Vergleich der Schwellenwerte s. v. FRISCH 1934, S. 4—6.

schen Aufgaben. Wir brauchen keine Hemmung zu haben, bei ihnen von Riechen und Schmecken zu reden[1]) (v. FRISCH 1926, DETHIER u. CHADWICK 1948).

1. Das geruchliche Unterscheidungsvermögen der Biene

Daß Bienen bei ihren Sammelflügen die gesuchte Blumensorte an ihrem artspezifischen Duft von anderen Blüten unterscheiden, war vor 50 Jahren eine naheliegende, aber unbewiesene Annahme. Ihr Farbunterscheidungsvermögen hielten wir damals für mangelhaft. Um so wichtiger war eine Kenntnis von den Leistungen

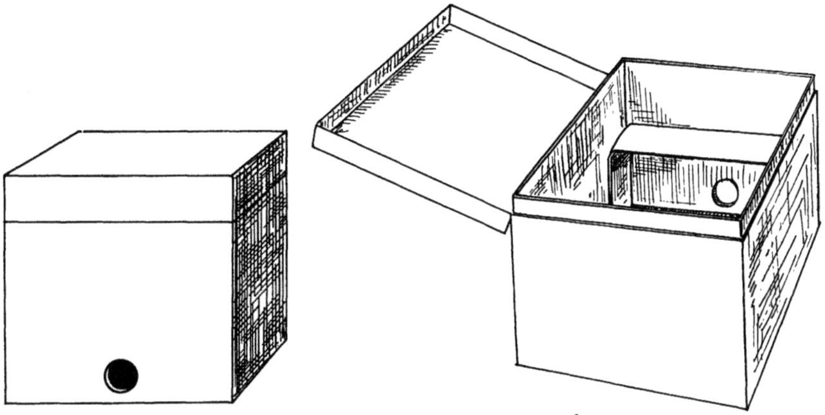

Abb. 429. a) Kartonkästchen für Duftdressur, Größe 10 × 10 × 10 cm. b) Dasselbe mit geöffnetem Deckel: Der Riechstoff wird auf das hineingestellte „Duftbänkchen" (Kartonstreifen) getropft

ihres Geruchssinnes. Das veranlaßte mich zu Dressurversuchen, wobei die Technik der Farbdressuren dem anderen Ziel entsprechend ein wenig abgeändert wurde (v. FRISCH 1919).

Zur Dressur benützte ich Kartonkästchen mit aufklappbarem Deckel und einem Flugloch in der Vorderwand (Abb. 429). Eines wurde mit dem Dressurduft und einem Futtergefäß versehen, drei andere daneben blieben leer. Häufiger Platzwechsel des Dressurkästchens verhinderte eine Ortsdressur. Zum Versuch wurden vier saubere (meist unbenützte) Kästchen in veränderter Anordnung aufgestellt, eines mit dem Duft, aber keines mit Futter, und die Zahl der einschlüpfenden Bienen gezählt. Der Eigengeruch der Kartonkästchen störte nicht, wie Kontrollversuche mit Steingutkästchen gezeigt haben. Als Riechstoffe benützte ich teils den an Paraffinöl gebundenen Duft natürlicher Blüten (nach dem Enfleurage-Verfahren gewonnen), teils ätherische Öle (S. 20) und zur Kontrolle auch frisch abgeschnittene Blumen.

Die dressierten Bienen befliegen im Versuch auch ein reines Duftkästchen ohne Futter. Das zeigt, daß sie den Duft wahrnehmen und als Merkzeichen gebrauchen.

---

[1]) Vielfach hat sich für Geschmacksorgane die Bezeichnung Kontakt-Chemorezeptoren eingebürgert. Beim Gebrauch dieses Ausdrucks muß man sich nur dessen bewußt bleiben, daß auch Geruchsorgane bei der Fernwahrnehmung nur auf den Kontakt mit (abgelösten) Teilchen der wirksamen Substanz reagieren, und daß bei Wasserbewohnern der Begriff völlig „verschwimmt". So ist z. B. bei Dytisciden (Wasserkäfern) für Schmeckstoffe kein engerer Kontakt erforderlich als für Riechstoffe; von den einen wie von den anderen können die Teilchen mit dem Wasser aus einiger Entfernung an die Sinnesorgane herangetragen werden. Und doch besteht auch bei diesen Käfern eine Duplizität des chemischen Sinnes mit örtlich getrennten Rezeptoren für Riech- und Schmeckstoffe, wie SCHALLER (1926) nachgewiesen hat.

Um zu prüfen, wie weit sie verschiedene Düfte unterscheiden können, wurden im Versuch neben dem Kästchen mit dem Dressurduft solche mit anderen Düften geboten. Die Bienen beflogen nur den Dressurduft. Auch wenn dieser in der Aufstellung fehlte, besuchten sie nicht die Kästchen mit anderen Düften; eher wurde ab und zu ein duftfreies Kästchen inspiziert. Ich habe schließlich nach Dressur auf Pomeranzenschalenöl (Messina) in zwei aufeinanderfolgenden Versuchen neben dem Dressurduft jeweils 23 (also insgesamt 46) andere ätherische Öle zur Wahl gestellt (Anordnung s. Abb. 430). In beiden Fällen wurden neben dem am stärksten beflogenen Dressurduft nur insgesamt drei weitere Kästchen

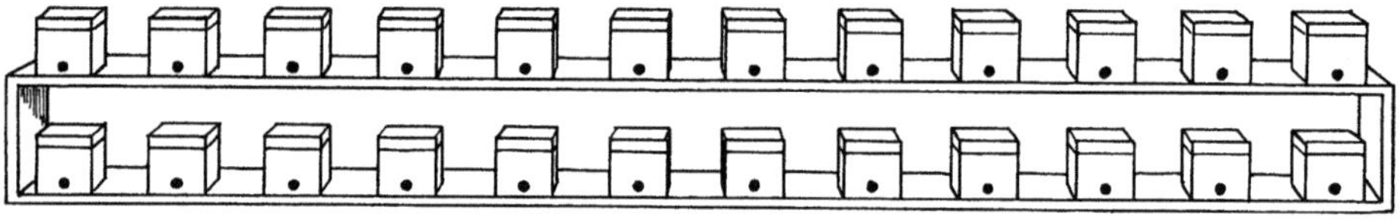

Abb. 430. Versuch zur Prüfung des geruchlichen Unterscheidungsvermögens. Ein Kästchen enthält den Dressurduft, die übrigen sind mit 23 anderen Riechstoffen beschickt

stark besucht, die mit spanischem Pomeranzenschalenöl, Cedratöl und Bergamottöl beschickt waren[1]). Gerade diese, und nur diese Düfte waren auch für die menschliche Nase dem Dressurduft ähnlich, was durch ihre ähnliche Zusammensetzung und Herkunft (aus den Früchten von *Citrus*-Arten gepreßt) seine objektive Begründung findet.

Im ganzen habe ich damals die Bienen auf 28 verschiedene Blumendüfte, ätherische Öle oder isolierte Riechstoffe rasch und mit gutem Erfolg dressieren können. Es waren würzige, blumige oder fruchtige Gerüche, die für unser Empfinden den Blumendüften nahestehen. Dagegen ist eine Dressur auf den fauligen Geruch von Skatol und von Schwefelkohlenstoff und auf das kampferartig riechende Patchouliöl nur schwer und mit mangelhaftem Erfolg gelungen. Das Skatolkästchen wurde in manchen Versuchsreihen von duftlosen Kästchen überhaupt nicht unterschieden. Die nächstliegende Vermutung, daß diese Riechstoffe von Bienen nicht oder kaum wahrgenommen werden, erwies sich als falsch. Denn nach Dressur auf einen blumigen Duft meiden sie diesen, wenn Skatol beigefügt wird. Auch bezeugen sie die Wahrnehmung der fauligen Düfte dadurch, daß sie das Dressurkästchen durch Fächeln am Flugloch lebhaft ventilieren und so die Duftkonzentration im Inneren herabzusetzen suchen. Man hat den Eindruck, daß diese Duftkategorie bei ihnen nicht „beliebt" ist. Das kann aber das Mißlingen der Dressur nicht erklären. Lysol (ein Gemenge von Kresolen) ist bei Bienen so unbeliebt, daß es von Imkern benützt wird, um sie von einem Platz zu vertreiben. Auch bei der Dressur zeigen sie durch ihr Benehmen unzweideutig, daß ihnen der Geruch widerlich ist. Sie unterbrechen auch häufig den Saugakt, um eine Weile an der Außenwand des Kästchens zu sitzen oder vor ihm herumzuschwärmen. Und doch gelingt die Dressur. Sie bevorzugen das Lysolkästchen nicht so überwältigend, wie es bei Blumendüften der Fall ist, aber sie befliegen es doch viel stärker als die duftlosen Kästchen. Sie werden also nun, so paradox es klingt, von einem Duft angelockt, der sie abstößt. Die gleiche Erfahrung hat SCHWARZ (1955) mit Buttersäure gemacht.

Daß die Bienen blumige Düfte rasch lernen, andere Geruchskategorien aber schwerer oder gar nicht, kann also weder mangelndem Wahrnehmungsvermögen

[1]) Über Herkunft und Zusammensetzung der Riechstoffe vgl. v. FRISCH (1919), S. 37–42.

noch einer abstoßenden Wirkung zugeschrieben werden. Es handelt sich wohl um ein Versagen des Auffassungsvermögens. Dieses bewährt sich auch auf anderen Sinnesgebieten besser bei biologisch vertrauten Aufgaben als vor solchen, die im Bienenleben seit ungezählten Generationen belanglos sind (v. FRISCH 1956).

Über die Fähigkeit der Bienen, in einem Mischgeruch einen bestimmten Duft wieder zu erkennen, liegen nur wenige Versuche vor.

Ich habe auf Tuberosenblütenöl (an Paraffinöl gebundener Blütenduft) dressiert und gefunden, daß im Versuch ein Gemisch von Tuberosen- und Jasminblütenöl bis zu einem Verhältnis von Tuberose: Jasmin = 1:5 beflogen wird. Waren die Bienen auf ein Gemisch von Jasmin- und Tuberosenblütenöl zu gleichen Teilen dressiert, also von vornherein an beide Düfte gewöhnt, so wurde sogar erst bei einer Mischung Tuberose: Jasmin = 1:24 der Tuberosenduft nicht mehr bemerkt und das Gemisch nicht von reinem Jasminduft unterschieden. Auf Methylheptenon dressierte Bienen erkannten bei Zusatz von ω-Bromstyrol den Dressurduft bis zu einem Mischungsverhältnis Methylheptenon: Bromstyrol = 1:10, auf Bromstyrol dressierte Bienen bemerkten diesen Duft noch bei einer Mischung Bromstyrol: Methylheptenon = 1:24. RIBBANDS (1955) dressierte auf ein Gemisch von Linalool und Benzylacetat zu gleichen Teilen (einprozentige Lösungen) und prüfte, welche Verschiebung des Mischungsverhältnisses eben erkannt wurde. Nach dreitägiger Dressur wurde die Mischung Linalool: Benzylacetat 10:10 vor einer solchen 9:11 noch bevorzugt, aber nicht mehr vor dem Gemisch 9,5:10,5. In einer anderen Versuchsreihe lernten die Bienen ein Gemisch von 5 Riechstoffen (Benzylacetat, Citronellol, Linalool, Methylbenzoat und Phenylethylacetat) zu unterscheiden von derselben Mischung mit einem Zusatz von 0,5% Geraniol. Die Vergällung mit Geraniol wurde noch erkannt, wenn nur 0,2%, aber nicht mehr, wenn 0,1% zugesetzt waren.

Das Ergebnis solcher Proben wird stark von den benützten Riechstoffen und von der Versuchstechnik abhängen. Aber es scheint doch nach diesen Erfahrungen und Vergleichsversuchen am Menschen, daß uns die Bienen in der Analyse von Mischgerüchen überlegen sind.

Daß wirklich eine Analyse der Komponenten vorliegt und nicht durch die Mischung zweier Riechstoffe für die Biene eine neue, abweichende Geruchsqualität entsteht, ergibt sich aus Versuchen von GUBIN (1957): Er dressierte nacheinander auf Lavendelöl und auf Pfefferminzöl. Als er den Bienen hernach beide Dressurdüfte und überdies ein Gemisch von ihnen vorsetzte, beflogen sie dieses noch stärker als die reinen Riechstoffe. Sie mußten in dem Gemisch beide Dressurdüfte erkannt haben. Auch der Gegenversuch gelang: Nach Dressur auf ein Gemisch zweier Riechstoffe wurden diese bei getrennter Darbietung beide eifrig beflogen.

Für uns duftlose Stoffe werden im allgemeinen auch von Bienen nicht gerochen. Jedoch können sie Kohlendioxyd wahrnehmen (s. S. 512). Auch haben sie Sinnesorgane zur Perzeption der Feuchte. Schon HERTZ (1934) hat gezeigt, daß man sie auf Wasser dressieren kann. RIBBANDS (1955) sowie KUWABARA u. TAKEDA (1956) fanden dasselbe und KIECHLE (1961) konnte es mit verfeinerter Methodik bestätigen. Differenzen der relativen Feuchte von 5—10% können sie, auch im freien Fluge, noch erkennen. Nach seinen Versuchen müssen die Feuchte-Rezeptoren an den Fühlern sitzen, wo sie dann auch gefunden wurden (LACHER 1964, s. S. 512). Luftfeuchte und CO_2 werden durch andere Rezeptoren wahrgenommen als Riechstoffe. Ob man diese Leistungen dem Geruchssinn zuordnen will, bleibt eine Frage der Definition.

2. Der Sitz des Geruchssinnes

Die Geruchsorgane der Insekten sitzen da, wo sie der Orientierung am besten dienen: an den vorgestreckten Fühlern und bei manchen Arten auch an den Tastern (Palpen). Bei der Honigbiene sind sie auf die Fühlergeißel beschränkt.

Das war lange umstritten, ließ sich aber durch Amputation der Antennen in Verbindung mit Duftdressuren beweisen. Ein Beispiel: Einige Bienen werden auf Verbenaöl dressiert, welches um das Futterschälchen herum auf Filtrierpapier aufgetropft ist. Drei Duftplatten mit Majoranöl und leeren Schälchen stehen in wechselnder Anordnung daneben. Nach Amputation der Fühler ist die Biene nicht mehr imstande, den Dressurduft herauszufinden. Es ist eindrucksvoll, wie sie immer wieder die Platten absucht und in knappem Abstand über dieser oder jener schwebt, um sie zu „beriechen" (Abb. 431). Obwohl sie hierbei von Duftwolken umhüllt ist, ist ihr Verhalten am Dressurduft und an den Gegenduftplatten genau gleich und wenn sie sich schließlich setzt und ein Schälchen absucht, wählt sie

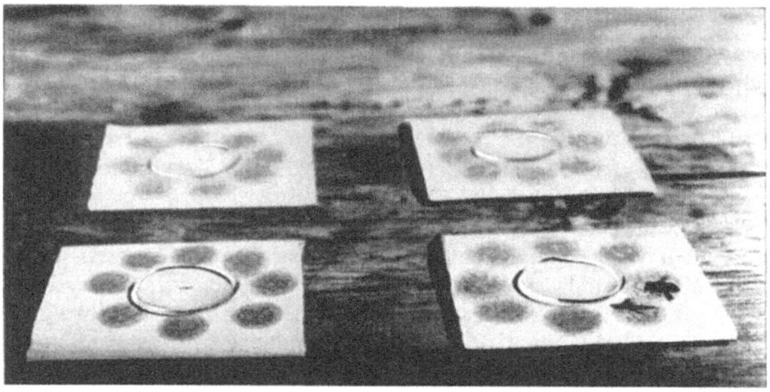

Abb. 431. Fühlerlose Biene auf der Suche nach dem Dressurduft. Links vorne die Platte mit dem Dressurduft, die drei anderen sind mit dem Gegenduft beschickt. Alle Platten mit leeren reinen Uhrschälchen. — Die Biene versucht die Platten aus nächster Nähe zu beriechen. Sie ist unfähig, den Dressurduft vom Gegenduft zu unterscheiden

nach den Gesetzen des Zufalls. Hat man sie aber auf eine Farbe dressiert, so entscheidet sie sich auch nach Amputation der Fühler ohne Zögern gemäß der Dressur. Das Ausbleiben der Duftreaktion kann also nicht auf eine Schockwirkung oder allgemeine Schädigung durch die Operation zurückgeführt werden, sondern nur auf den Ausfall der Geruchsorgane (v. Frisch 1921). Hiermit ist erwiesen, daß die Antennen ihre Träger sind.

Sie sind übersät mit Sinnesorganen („Sensillen"), was mit unserem Ergebnis harmoniert (Abb. 432). Aber dem staunenden Mikroskopiker bietet sich eine Fülle verschiedenartiger Bildungen und es ist nun die Frage, welche von ihnen die Riechwerkzeuge sind.

Um hier weiter zu kommen, habe ich an duftdressierten Bienen partielle Fühleramputationen vorgenommen. Das klare Ergebnis war, daß sie noch imstande sind den Dressurduft zu erkennen, wenn ein Fühler vollständig abgeschnitten ist und vom anderen nur die ersten drei Geißelglieder erhalten sind. Solche Bienen lassen sich auch noch erfolgreich auf einen neuen Duft dressieren. Nimmt man aber noch ein weiteres Glied weg, so daß nur die beiden ersten Geißelglieder übrig bleiben (vgl. Abb. 432a), so ist das Riechvermögen vernichtet (v. Frisch 1921).

Dieser Befund ist seither wiederholt bestätigt worden (Marshall 1935, Frings 1944, Fischer 1957, Dostal 1958). So wie die Geruchsorgane, sind nach Kiechle (1961) auch die Rezeptoren für Feuchtigkeit auf die 8 distalen Glieder der Antennengeißeln beschränkt.

Vergleicht man nun das mikroskopische Bild des Fühlerteiles, der in den eben erwähnten Versuchen noch erhalten war, mit den abgetrennten acht Geißelgliedern, so fällt an diesen eine dichte Besetzung mit Sinnesorganen auf, die an den proxia

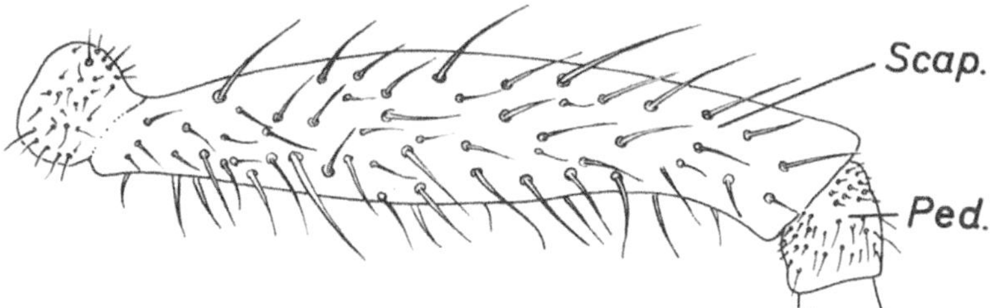
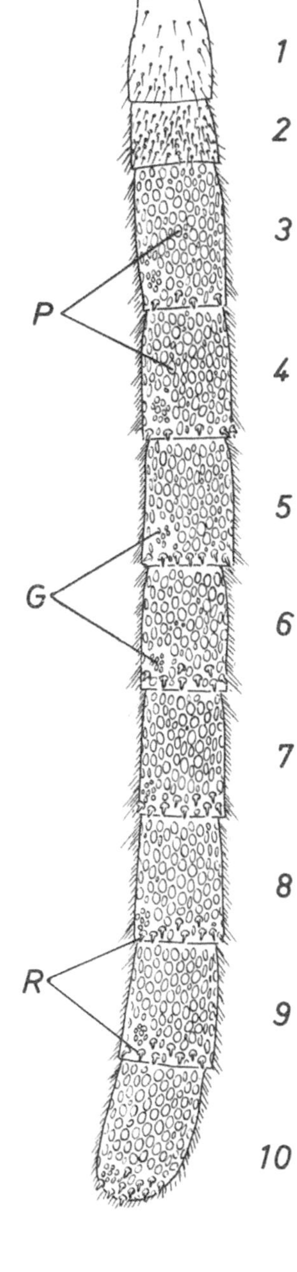

malen Gliedern fehlen. Poren in der Chitinbedekkung, als helle Pünktchen leicht sichtbar, kennzeichnen ihre Lage und Verteilung. Die Poren ermöglichen es den Fortsätzen der Sinneszellen, mit der Umwelt in Beziehung zu treten. Sie sind durch verdünnte Cuticularbildungen geschlossen, die als Haare oder Kegel über die Fühleroberfläche vorragen können. Die morphologische Betrachtung, neuerdings durch elektronenoptische Studien vertieft, zeigt sieben Typen von Sensillen. In Abb. 433 sind zu ihrer Charakterisierung nur die Cuticularbildungen ohne die Weichteile dargestellt[1]).

Bei Typus 1—3 handelt es sich um untereinander ähnliche haarförmige Bildungen. Die Typen 4—7 sind von ihnen, wie auch untereinander deutlich verschieden.

b

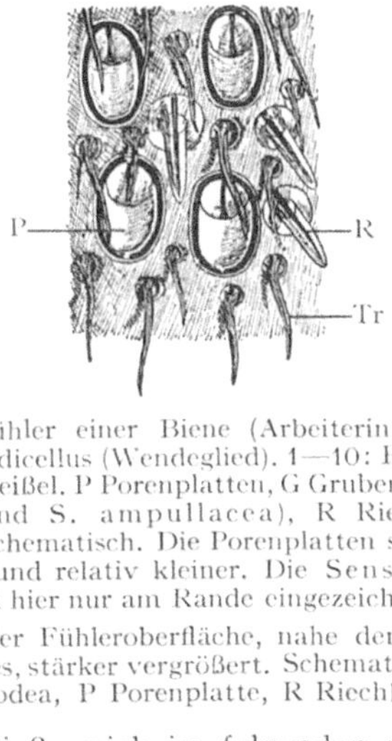

Abb. 432. a) Fühler einer Biene (Arbeiterin). Scap: Scapus (Schaft), Ped: Pedicellus (Wendeglied). 1—10: Erstes bis zehntes Glied der Fühlergeißel. P Porenplatten, G Grubenkegel (Sensilla coeloconica und S. ampullacea), R Riechkegel (Sens. basiconica). Schematisch. Die Porenplatten sind in Wirklichkeit zahlreicher und relativ kleiner. Die Sensilla trichodea sind hier nur am Rande eingezeichnet

b) Kleiner Teil der Fühleroberfläche, nahe dem distalen Rand eines Geißelgliedes, stärker vergrößert. Schematisch. Tr. Sensilla trichodea, P Porenplatte, R Riechkegel

[1]) Ich schließe mich im folgenden an die jüngste Darstellung von LACHER (1964) an, übergehe aber seinen Typus a, da bei diesem weder eine Innervation noch eine deutliche Chitinpore wahrzunehmen ist; es dürfte sich nicht um Sinnesorgane und bestimmt nicht um Geruchsorgane handeln. Auch auf seinen Typus i mit pfeilförmigem Sinnesstift gehe ich nicht ein, da er nur ganz vereinzelt gefunden wurde und nach seinem Bau gleichfalls für den Geruch nicht in Frage kommt.

1. Sensillum trichodeum (*small thick walled hair*[1]), Abb. 433, 1). Durchmesser etwa 3 μ. Spitze zur Antennenoberfläche gebogen. Wahrscheinlich von je einer Sinneszelle innerviert. Sehr zahlreich auf den distalen 8 Geißelgliedern, gleichmäßig verteilt (nach LACHER 1964; VOGEL 1923, S. 315, 316, bezeichnet sie als spärlich und nur an den Fühlerspitzen zahlreich).

2. Sensillum trichodeum (*thick walled peg*, Abb. 433, 2). Länge über 30 μ, Durchmesser etwa 5 μ. Lang und schlank mit abgerundeter Spitze, wahrscheinlich von je einer Sinneszelle innerviert. Nicht sehr zahlreich, auf allen zehn Geißelgliedern, auf den Gliedern 3 bis 10 bevorzugt am proximalen und distalen Ende.

Abb. 434. Längsschnitt durch ein Sens. trichodeum „olfactorium" (slender thin walled peg) vom Fühler der Biene (Arbeiterin). Schematische Skizze nach elektronenoptischer Aufnahme bei SLIFER und SEKHON 1961

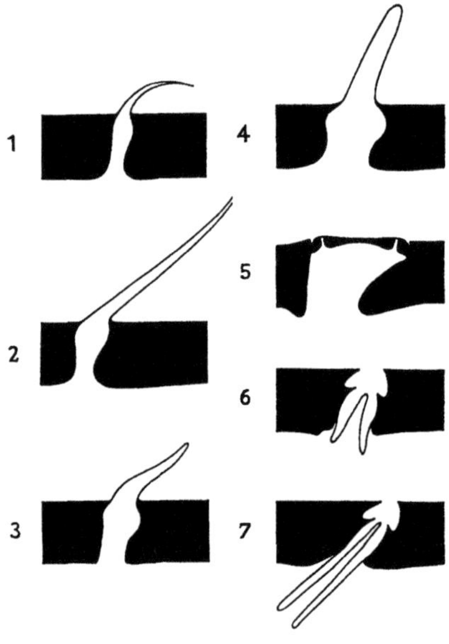

Abb. 433. Typen der Sinnesorgane (Sensillen) vom Fühler der Biene (Arbeiterin). Es sind nur die Cuticularbildungen dargestellt. Jeder Sensille entspricht eine Pore im (schwarz dargestellten) Chitin, die durch eine dünne, spezifisch geformte Cuticularbildung nach außen abgeschlossen ist. 1. Sensillum trichodeum (small thick walled hair), 2. S. trichodeum (thick walled peg), 3. S. trichodeum „olfactorium" (slender thin walled peg), 4. S. basiconicum („Riechkegel", large thin walled peg), 5. S. placodeum (Porenplatte, plate organ), 6. S. coeloconicum (Grubenkegel, FORELs Champagnerpropforgan, coeloconic sense organ), 7. S. ampullaceum (Grubenkegel, FORELs Flaschenorgan, ampullaceous sense organ). Aus LACHER 1964

3. Sensillum trichodeum olfactorium (*slender thin-walled peg*, Abb. 433, 3 u. Abb. 434). Länge etwa 15 μ, Durchmesser bis 5 μ, leicht S-förmig geschwungen, konisch verjüngt, am Ende abgerundet. Elektronenmikroskopisch sind in der Wandung zahlreiche Poren erkennbar (Durchmesser etwa 0,1 μ, SLIFER u. SEKHON 1961). Ob sie durch ein dünnes Häutchen nach außen abgeschlossen sind, ist ungewiß. Auf jeden Fall erleichtern die Poren das Eindringen von Reizstoffen. Von je 5—10 Sinneszellen versorgt. Zahlreich und gleichmäßig über die 8 distalen Geißelglieder verteilt. Zahl der Sensilla trichodea auf einer Antenne etwa 8000—9000.

4. Sensillum basiconicum (Riechkegel, *large thin-walled peg*, Abb. 433, 4). Länge bis 25 μ, Durchmesser etwa 5 μ. Schlauchförmig mit abgerundeter Spitze, dünnwandig, mit Poren. Nur an den distalen Enden der acht distalen Geißelglieder. Von 16—20 Sinneszellen versorgt (KRAUSE 1960). Auf jeder Antenne nur 100—150 Stück.

5. Sensillum placodeum (Porenplatte, *plate organ*, Abb. 433, 5 und Abb. 435). Längsdurchmesser 12 μ. Ovale Platte mit verdünnter ringförmiger Umrandung. Von 16—20 Sinneszellen versorgt, die unter der Platte in schlauchförmige Fortsätze übergehen (Tubuli, T in Abb. 435); diese liegen unmittelbar unter der Platte und scheinen auch in die Ringfurche einzudringen; im Bereich dieser ringförmigen Furche zeigt sich elektronenmikroskopisch eine Struktur, die durch radiär gestellte extrem verdünnte Streifen der Cuticula (C_s in Abb. 435) hervorgerufen wird. In jedem Verdünnungsstreifen liegt eine Reihe von etwa 20 feinsten Poren (Durchmesser etwa 20 mμ). Auf eine Porenplatte kommen deren 2400—3000 (RICHARDS 1952, SLIFER 1961). Die

[1]) Die englischen Bezeichnungen sind von SLIFER und SEKHON (1961) übernommen.

Porenplatten sind über die acht distalen Geißelglieder gleichmäßig verteilt, jedoch fehlen sie auf der Rückseite der Antenne (bezogen auf die Antennenhaltung im Flug). Anzahl: etwa 3000 auf einer Antenne.

6. Sensillum coeloconicum (Grubenkegel, Forels [1874] Champagnerpropforgan, *coeloconic sense organ*, Abb. 433,6). Länge des Kegels 10–20 μ, Breite bis 10 μ. Der kegelförmige Sinneszapfen ist in eine Grube versenkt. Innervierung durch eine Sinneszelle. In mehreren Gruppen am distalen Ende von jedem der acht distalen Geißelglieder, hauptsächlich auf der oberen und unteren Flanke des Fühlers (bezogen auf die Haltung im Flug).

7. Sensillum ampullaceum (Grubenkegel, Forels Flaschenorgan, *ampullaceous sense organ*, Abb. 433,7). Länge des Kegels 15–30 μ, Breite bis 10 μ. In tiefe Grube versenktes Sinneshaar. Innervierung durch eine Sinneszelle. Auf den acht distalen Geißelgliedern, zahlreicher als die S. coeloconica und meist gemeinsam mit diesen. Die Gesamtzahl der Grubenkegel auf einer Antenne beträgt nach Lacher (1964) 236. Ihre Anzahl pro Geißelglied nimmt in distaler Richtung zu.

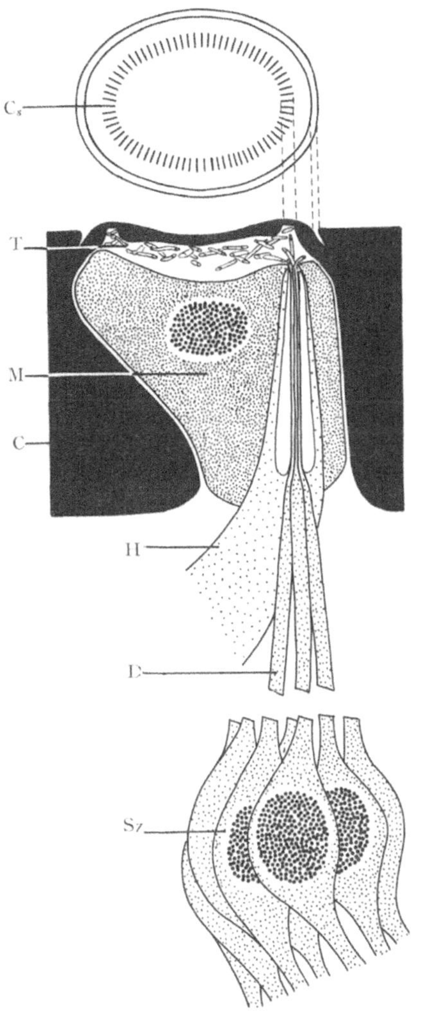

Abb. 435. Porenplatte (Sens. placodeum, plate organ). Oben: Aufsicht, unten: Schnitt. C Chitincuticula, M Membranzelle, H Hüllzelle[1]), Sz Sinneszellen, D Dendriten, T Tubuli, Cs Cuticularstruktur der Porenplatte. Nur ein Teil der Sinneszellen und Dendriten ist eingezeichnet; die Sinneszellen liegen etwas tiefer unter der Cuticula. Schema, aus Lacher 1964, etwas verändert

Unter den genannten Organen sind die Sensilla trichodea „olfactoria“ und die „Riechkegel“ (Nr. 3 und 4) schon durch diese Bezeichnung zu Geruchsorganen gestempelt. Die Namengebung bringt aber eine Meinung zum Ausdruck, für die ein Beweis fehlt. Als Geruchsorgane gelten auch die Porenplatten; von manchen werden sie allerdings für die Wahrnehmung von Druck, Schall oder Wärme in Anspruch genommen.

Daß die Porenplatten Geruchsorgane sind, ist schon deshalb sehr wahrscheinlich, weil sie auf dem Fühler der Drohne weitaus vorherrschen. Für diese ist ein gut entwickelter Geruchssinn von elementarer Bedeutung, wenn sie auf dem Hochzeitsflug eine Königin sucht. Auf einen Fühler kommen bei der Arbeiterin 3000, bei der Drohne 15000 Porenplatten. Die Grubenorgane sind bei der Drohne nicht vermehrt, haarförmige Sinnesorgane nur spärlich zu finden.

Ich glaubte (1921) die Geruchsfunktion der Porenplatten bewiesen zu haben, als es mir bei 3 Bienen gelang, auf einer Seite die letzten acht Geißelglieder abzutrennen und auf der anderen Seite die letzten sieben und vom vorangehenden Glied das letzte Drittel. Diese Tiere konnten noch Düfte unterscheiden, obwohl sie nur mehr „Tasthärchen“ und Porenplatten hatten. Der Schluß war aber nicht bindend,

[1]) Lacher hat das Bild neuerdings noch etwas berichtigt: Die Hüllzelle reicht nicht bis unter die Platte, sondern endet etwa da, wo die Dendriten sich verjüngen.

weil R. Vogel (1923) in einer schönen morphologischen Untersuchung nachwies, daß die Sensilla trichodea nicht alle von gleicher Beschaffenheit sind. Nur einen Teil von ihnen erklärte er für Tasthärchen, für die anderen schuf er den Begriff der Sensilla trichodea olfactoria, weil er sie für Geruchsorgane hielt. Als weitere Aspiranten auf diesen Posten standen die „Riechkegel" da. Bei den erwähnten 3 Bienen, die einerseits 8 und auf der anderen Seite $7^1/_3$ Geißelglieder verloren hatten, waren alle Riechkegel entfernt, da diese nur an den Enden der 8 distalen Geißelglieder stehen. Nachdem ein Rest des Geruchsvermögens erhalten geblieben war, kann auch ohne „Riechkegel" gerochen werden. Es war aber nicht entschieden, ob diese nicht unter normalen Umständen auch am Riechen beteiligt sind.

Bei dem dichten Nebeneinander der verschiedenen Sensillen schien jeder Versuch einer weiteren experimentellen Klärung hoffnungslos. In diesem Zustand der Unsicherheit brachte die Entwicklung der Elektrophysiologie entscheidende Hilfe.

Lacher und Schneider (1963) und Lacher (1964) konnten bei Drohnen und bei Arbeitsbienen die Erregungspotentiale von einzelnen Sinneszellen der Antenne (Rezeptorpotentiale) registrieren. Der Befund war: Die Porenplatten — und nur die Porenplatten — sprechen auf Riechstoffe an, meist mit Erhöhung der Ruheaktivität, seltener mit Hemmung. Sie reagierten auf alle 33 geprüften, vorwiegend blumig-aromatischen Riechstoffe. Nach mündlicher Mitteilung wurden seit dem Erscheinen der Veröffentlichungen auch der Duftstoff aus dem Duftorgan der Arbeiterin und aus der Mandibeldrüse der Königin an den Porenplatten mit positivem Erfolg geprüft.

Eine einzelne Sinneszelle einer Porenplatte reagiert auf verschiedene Riechstoffe, aber nicht auf alle. Eine andere Sinneszelle spricht teils auf dieselben, teils auf andere Stoffe an. Bisher wurden keine zwei Sinneszellen gefunden, die genau auf die gleiche Auswahl von Riechstoffen abgestimmt waren. Das heißt: jede hatte ein anderes „Reaktionsspektrum". Diese schier unerschöpfliche Kombination von Reaktionsspektren ist wohl die physiologische Grundlage für die Unterscheidung so vielfältiger Düfte.

Grubenkegel, Sensilla trichodea (einschließlich Vogels Riechhärchen, Sens. tr. olfactoria) und Sens. basiconica (Riechkegel) haben auf Riechstoffe keine Reaktion gegeben. Somit sind nach Lacher die Porenplatten die einzigen Geruchsorgane der Biene. Das ist überraschend. Denn Sensilla basiconica dienen bei anderen Insekten nachweislich als Riechorgane (z. B. bei Heuschrecken [Slifer, Prestage u. Beams 1959], Käfern [Boeckh 1962], Nachtfaltern [Schneider, Lacher u. Kaissling 1964]) und sowohl sie wie die Sens. trichodea „olfactoria" scheinen durch die Poren in ihrer Wand für die Aufnahme chemischer Reizstoffe geeignet. Da ihnen eine andere Sinnesfunktion bisher nicht nachzuweisen war[1]) und sie doch zweifellos eine solche haben, könnten sie als Geschmacksorgane dienen oder dem Beriechen von Gegenständen aus unmittelbarer Nähe, wie ich es 1921 für die über die Porenplatten und Härchen hinausragenden Riechkegel angenommen habe. Man darf auf das Ergebnis weiterer Untersuchungen gespannt sein.

Die Grubenkegel erwiesen sich bei elektrophysiologischer Prüfung als Rezeptoren für Feuchtigkeit und für Kohlendioxyd, sowie für Temperaturreize. Ob für diese dreierlei Reize morphologisch unterscheidbare Organe zuständig sind, ob und wie sich insbesondere Sensilla coeloconica und ampullacea funktionell unterscheiden, ist eine offene Frage. Denn diese Gebilde stehen selbst

[1]) Geprüft wurden: Riechstoffe, feuchte Luft, Kohlendioxyd, Sauerstoff- und Stickstoff-Luftmischungen, Temperatur, Luftströmungen von 1—11 m/sec, Licht, Schall und andere mechanische Reize.

für den Elektrophysiologen zu dicht beisammen und sind bei Betrachtung von außen einander zu ähnlich, als daß sie bisher hätten getrennt erfaßt werden können.

3. Die Fähigkeit zu lokalisierendem Riechen

Wir haben gesehen, daß uns die Bienen in ihren geruchlichen Leistungen überraschend nahe stehen. Aber in einem wesentlichen Punkt sind sie uns entschieden überlegen: Wenn Riechstoffe an die Sinnesfläche in unserer Nasenhöhle gelangen, sind sie so durcheinandergewirbelt, daß ihre Beziehung zur Form des duftenden

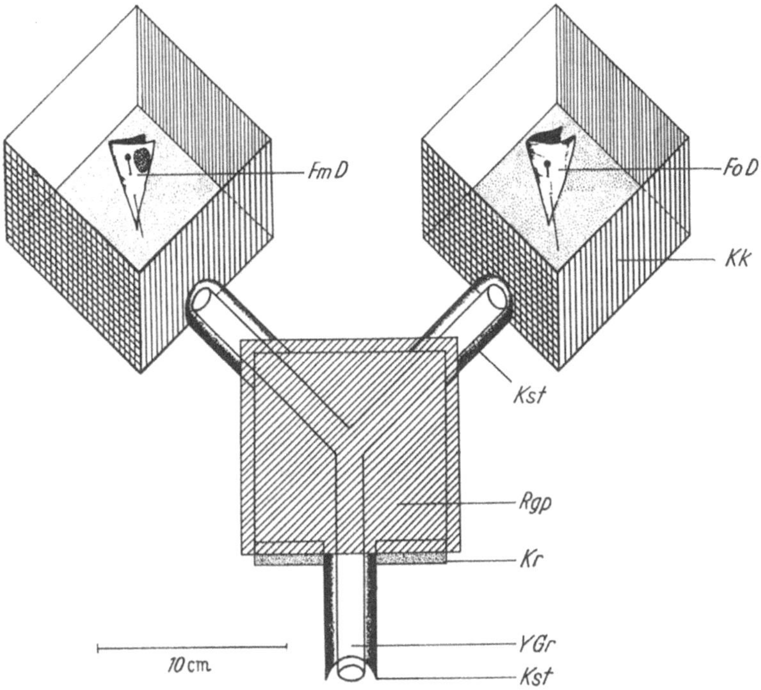

Abb. 436. Versuchsanordnung für einseitige Duftreizung. Die Biene läuft durch das Y-Glasrohr (Y Gr) und hat sich an der Gabelungsstelle für eine Seite zu entscheiden. Fm D Filtrierpapier mit Duft, F o D Filtrierpapier ohne Duft, Kk Kartonkästchen mit abgenommenem Stulpdeckel, Kr Kartonrahmen zur Auflage der Rubinglasplatte Rgp, Kst Kartonstulpen zur Abdunkelung. Nach H. Martin 1964

Gegenstandes und ihrer Verteilung daselbst verloren gegangen ist. Eine Biene trägt die Geruchsorgane außen an ihren Antennen, die wie Arme beweglich sind und einen duftenden Körper zugleich beriechen und betasten können. Schon August Forel (1910) hat angenommen, daß es dadurch den Bienen und anderen Insekten möglich ist, die Düfte mit der Gestalt der duftenden Gegenstände in engste Beziehung zu bringen, „plastisch" zu riechen, wie wir plastisch sehen. Er prägte dafür den Ausdruck „topochemischer Geruchssinn".

Seine Vorstellung war einleuchtend. Aber daß eine Biene wirklich die von beiden Antennen aufgenommenen Geruchseindrücke getrennt und richtig lokalisieren kann, wurde erst jetzt nachgewiesen (Lindauer und Martin 1963, H. Martin 1964).

Martin ließ Bienen in ein Y-Rohr laufen, dessen einer Gabelarm in ein Duftkästchen, dessen anderer in ein geruchloses Kästchen führte (Abb. 436) und dressierte sie darauf, sich an der Gabelungsstelle für die duftende Seite zu entscheiden.

Sobald sie diese Aufgabe beherrschten, wurden sie in einer sauberen Anordnung ohne Futter geprüft. Sie liefen auch hier zum Duft. Das taten sie auch dann, wenn beide Fühler an der Wurzel mit Klebstoff fixiert und daher unbeweglich waren. Wenn er aber die Fühler in überkreuzter Stellung fixierte (Abb. 437), entschieden sie sich an der Gabelungsstelle für die falsche Seite. Sie können sich also nach den simultan verschiedenen Geruchseindrücken, die von beiden Antennen aufgenommen werden, (tropotaktisch) orientieren. Dabei werden sie fehlgeleitet, wenn die Lage der Fühler vertauscht ist — was unter normalen Umständen nicht vorkommt und von den Bienen nicht erkannt wird. Die zentralen

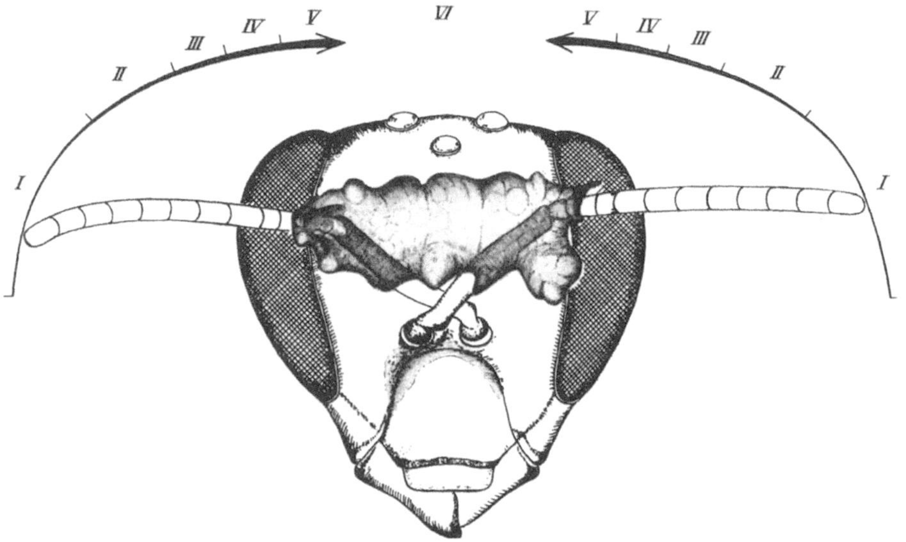

Abb. 437. Biene mit überkreuzten Antennen. Sie sind an ihrer Basis durch Klebstoff in dieser Lage fixiert. Bei verschiedenen Tieren wurde der Spitzenabstand der Antennen variiert (Positionen I—VI), vgl. Text. Nach H. MARTIN 1964

Verbindungen bleiben ja unverändert und wenn sie sich nun der falschen Seite zuwenden, reagieren sie physiologisch richtig.

Die Biene kann den Duft auch auf andere Weise lokalisieren. Schneidet man ihr eine Antenne ab, so findet sie trotzdem meist in den richtigen Schenkel, indem sie mit dem einen ihr verbliebenen Fühler lebhaft nach rechts und links hin und her pendelt und so in rascher zeitlicher Folge beide Seiten geruchlich miteinander vergleicht (klinotaktische Orientierung, Abb. 438). Sie findet auch dann noch ohne Zögern den richtigen Weg, wenn der eine erhalten gebliebene Fühler an der Basis mit Klebstoff fixiert ist und nicht mehr hin und her geschwungen werden kann. Die Biene ersetzt dann durch Wendungen des ganzen Körpers, was sie zuvor durch Pendeln mit der Antenne erreicht hat und wählt im Pendellauf die richtige Seite (Abb. 439). Nur diese letztere Art, Düfte durch zeitlich aufeinanderfolgenden Vergleich zu lokalisieren, ist auch uns in bescheidenem Maße gegeben, wenn wir einen Gegenstand an verschiedenen Stellen beriechen.

Bei der Methode des simultanen, räumlichen Vergleichs war es von Interesse zu erfahren, welcher Konzentrationsunterschied zwischen rechts und links erforderlich ist, damit er von der Biene noch bemerkt wird. Wenn beide Antennen in überkreuzter Stellung so fixiert sind wie Abb. 437 zeigt, haben die Antennenspitzen voneinander 9 mm Abstand. Nun wurden bei verschiedenen Tieren die Antennen in anderer Stellung an der Basis festgeklebt, so daß sich ihr Spitzenabstand stufenweise verringerte. Bei Position I—V (Pfeile in Abb. 437) verschlechterten sich die Wahlen nur unbedeutend. Erst bei einem Abstand der Antennenspitzen von 2 mm trat sprunghaft ein Umschlag ein: Das räumliche Nebeneinander der verschiedenen Duftkonzentrationen wurde nicht mehr erkannt, die Biene ging zum Pendellauf über und entschied sich nun auf Grund der sukzessiven Riechproben für die

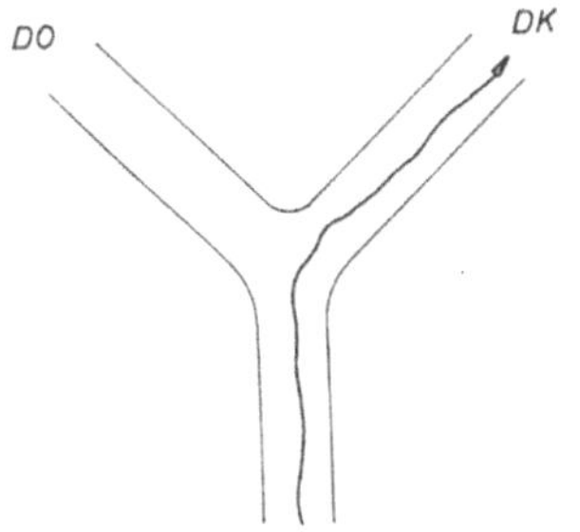

Abb. 438

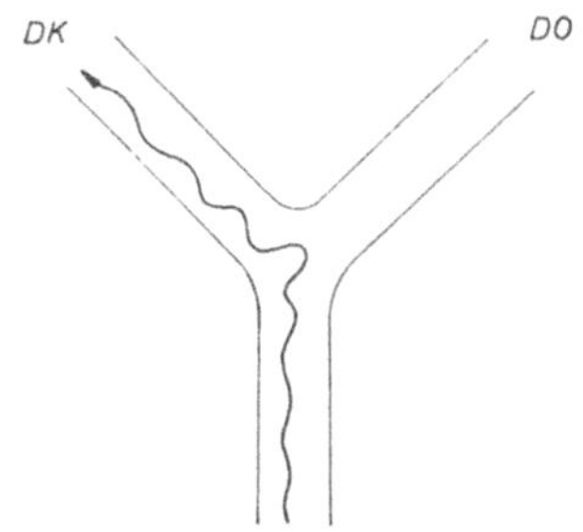

Abb. 439

Abb. 438. Lauf einer duftdressierten Biene im Y-Rohr. Linke Antenne beweglich, rechte entfernt. Sie wählt ohne Zögern richtig. Dk Duftkästchen, Do Kästchen ohne Duft. Nach H. MARTIN 1964

Abb. 439. Lauf einer duftdressierten Biene im Y-Rohr. Rechte Antenne amputiert, linke in ihrer normalen Lage mit Klebstoff fixiert, also unbeweglich. Richtige Wahl im Pendellauf. Dk Duftkästchen, Do Kästchen ohne Duft. Nach H. MARTIN 1964

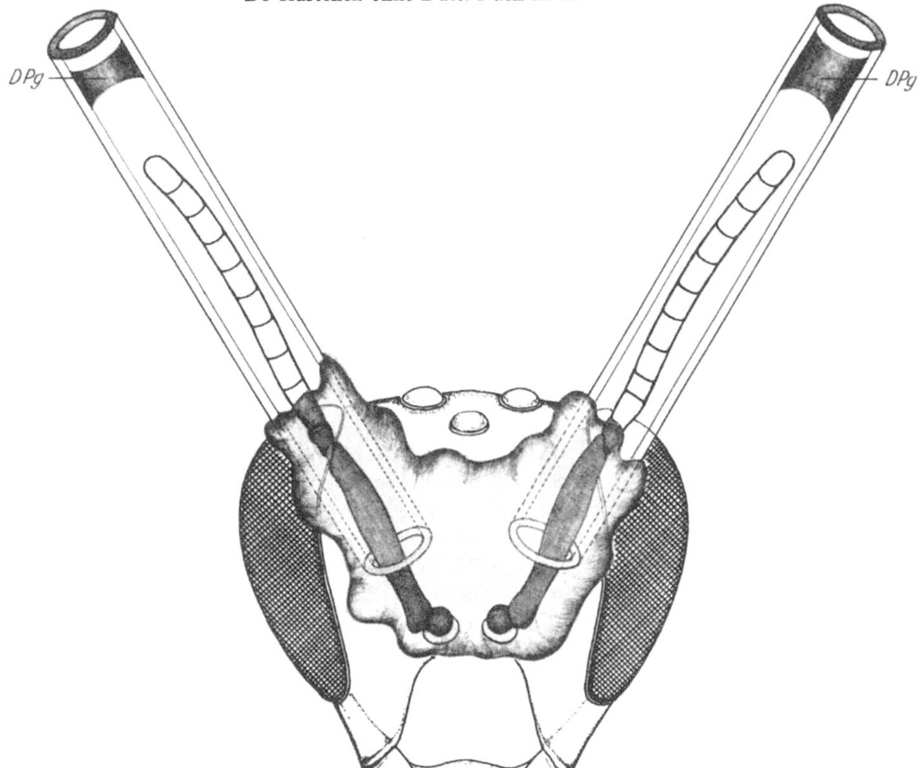

Abb. 440. Bienenkopf; über die Antennen sind Glaskapillaren gestülpt und an der Basis festgeklebt. DPg Duftöl-Paraffingemisch. Nach H. MARTIN 1964

objektiv richtige Seite, während sie vorher bei simultaner Riechprobe — infolge der Antennenüberkreuzung — subjektiv richtig, aber objektiv falsch gewählt hatte. Dadurch läßt sich der Grenzwert für das Erkennen eines Duftunterschiedes sehr genau festlegen.

Man erfährt aber auf diese Weise nur den erforderlichen räumlichen Antennenabstand bei einer gegebenen Versuchsanordnung und nichts über den tatsächlichen Konzentrationsunterschied. Über diesen gibt eine andere Methode Aufschluß: Abermals wird eine Biene im Futterkästchen auf Duft dressiert, dann wird

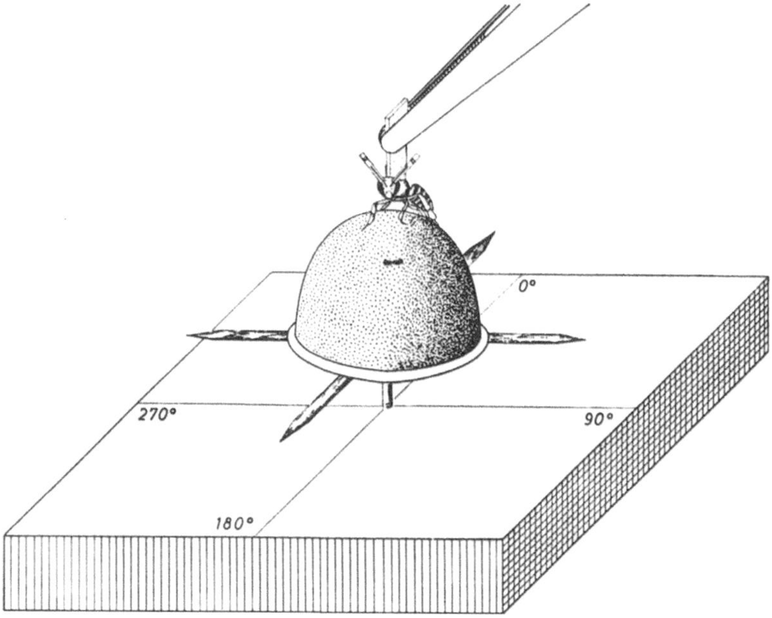

Abb. 441. Versuchsanordnung zur Bestimmung der Unterschiedsschwelle im Duftfeld. Die Korkhalbkugel ist leicht drehbar. Die Zeiger gestatten die Ablesung der Drehtendenz. Nach H. MARTIN 1964

ihr in CO_2-Narkose über jeden Fühler ein dünnes Glasröhrchen gestülpt und unten luftdicht festgeklebt; in den distalen, offenen Teil der Kapillare kommt ein Tröpfchen, bestehend aus einem genau dosierten Gemisch eines Duftöles mit geruchlosem Paraffinöl (Abb. 440). Die Biene ist an einem Kartonblättchen an Kopf und Thorax fixiert und wenn sie zu laufen beginnt, dreht sie unter sich eine Korkhalbkugel. An dieser sind Zeiger angebracht, so daß die Wendetendenzen abgelesen werden können (Abb. 441). Sind nun beide Kapillaren mit unterschiedlicher Duft-Konzentration versehen, so strebt die dressierte Biene nach der Seite höherer Konzentration, solange sie eine Differenz wahrnehmen kann. Bei niederen Ausgangskonzentrationen genügte ein Konzentrationsunterschied von **1**:**2**,**5** für die richtige Wahl (MARTIN 1964). Solche Unterschiede können sowohl im Wabenbereich des Stockes wie im Freien beim Blütenbesuch (vgl. S. **523f.**) in naher Nachbarschaft der Antennen angenommen werden[1]).

---

[1]) Durch MARTINs Arbeit angeregt befaßte sich NEUHAUS (1965) rechnerisch mit den Verhältnissen bei der Diffusion von Duftstoffen und kam zu dem Resultat, daß im Nahbereich einer Duftquelle, aus einer Entfernung von etwa 0,5—2 cm, die Voraussetzungen für eine tropotaktische Orientierung der Bienen gegeben sind.

Bei der weiteren Verfolgung des Problems fand MARTIN (1965), daß nicht nur quantitative, sondern auch qualitative geruchliche Verschiedenheiten zur rechten und zur linken Seite beachtet werden. Normale Bienen, die zur Futterquelle durch ein Rohr laufen welches nach Methylheptenon und Geraniol duftet, merken es sich, wenn es links stärker nach Methylheptenon und rechts mehr nach Geraniol riecht. Im Versuch meiden sie Röhren mit entgegengesetzter Duftverteilung. Sie beachten auch auf dem Weg zur Futterquelle räumlich aufeinanderfolgende, qualitativ verschiedene Duftmarken. Im Versuch erwarten sie die erlernte Reihenfolge und wenden um, wenn sie abweichend ist. Bei dieser geruchlichen Analyse der unmittelbaren Umgebung erweisen sich die äußersten Fühlerspitzen, mit denen unterwegs der Boden aus nächster Nähe untersucht oder unmittelbar berührt wird, als unentbehrlich. Wenn an beiden Antennen das jeweils letzte Fühlerglied auch nur teilweise abgeschnitten ist, bricht die zuvor erlernte topographische Duftanalyse völlig zusammen. An den Fühlerspitzen sind offenbar die Sinnesorgane für die topochemische Orientierung zur Vollendung entwickelt. Einer genauen morphologischen und physiologischen Untersuchung dieser bevorzugten Stelle der Antenne darf man mit Spannung entgegensehen.

Daß an vielen Blüten die Voraussetzungen für die Betätigung solcher Fähigkeiten gegeben sind, wird auf S. 523f. besprochen.

4. Die Riechschärfe der Bienen

Über die Riechschärfe der Bienen gab es zur Zeit meiner alten Versuche nur Vermutungen. Ihr Verhalten bei den Dressuren entsprach nicht der verbreiteten Meinung, daß sie Riechstoffe in wesentlich größeren Verdünnungen wahrnehmen könnten als wir. Um das genauer zu prüfen, dressierte ich auf einen an Paraffin gebundenen Blütenduft (Tuberosenblütenöl) und bot ihn bei den Versuchen in immer größerer Verdünnung, bis ein Duftkästchen von duftfreien Kästchen nicht mehr unterschieden wurde. Zur Verdünnung diente reines Paraffinöl, das auch für Bienen nachweislich geruchlos ist. Bei einer Verdünnung zwischen 1:100 und 1:200 war die Grenze erreicht, und angenähert gleich wurde sie in unwissentlichen Versuchen bei einigen Menschen mit durchschnittlichem Riechvermögen gefunden, die an der Deckelspalte des leicht geöffneten Duftkästchens zu riechen hatten. Es war mit der Möglichkeit zu rechnen, daß die Bienen den schwachen Duft zwar wahrgenommen, aber nicht mehr beflogen hätten, weil sie eine höhere Duftkonzentration gewöhnt waren. Jedoch blieb das Ergebnis unverändert, wenn zur Dressur statt des konzentrierten Duftstoffes eine Verdünnungsstufe gewählt wurde, die nur wenig über dem gefundenen Grenzwert lag.

Auch Versuchsreihen mit Jasminblütenöl und mit den chemisch einheitlichen Riechstoffen ω-Bromstyrol und Methylheptenon bestätigten, daß der Schwellenwert bei diesen Duftstoffen für die Biene und für den Menschen angenähert gleich liegt. Übereinstimmung mit dem Menschen besteht auch darin, daß es in der Riechschärfe erhebliche individuelle Unterschiede gibt.

RIBBANDS (1955) meinte auf Grund einiger Beobachtungen, daß die Riechschärfe der Bienen der menschlichen bei Methylheptenon 40fach, bei Geraniol 100fach überlegen sei. Auf breiterer Basis haben drei andere Untersucher bestätigt, daß die Schwellenwerte bei Mensch und Biene angenähert übereinstimmen:

SCHWARZ (1955) verbesserte die Methode wesentlich, so daß er bei der vergleichsweisen Schwellenbestimmung Angaben über die erforderliche Zahl der Riechstoffmoleküle im cm^3 Luft pro Zeiteinheit machen konnte. Er wandte in etwas vereinfachter Form das Strömungsolfaktometer an, das NEUHAUS an Hunden ausgearbeitet hatte. Dadurch war eine genaue Dosierung der Reize möglich und die gewünschte Riechstoffkonzentration konnte für lange Zeit aufrecht erhalten werden.

Das Prinzip des Apparates ist aus Abb. 442 ersichtlich. Eine elektrische Turbine erzeugt einen konstanten Luftstrom, der durch ein Rotameter R_o (Strömungsmesser)

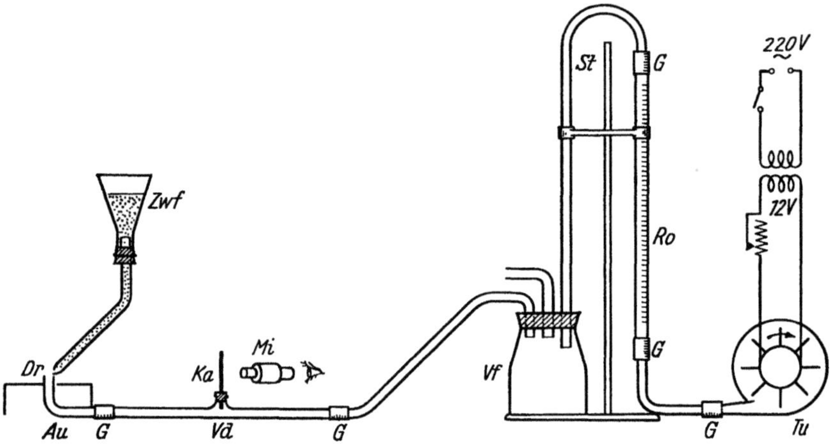

Abb. 442. Olfaktometer für Bienen. Dr Dressurplatz, Zwf Zuckerwasserflasche, Au Ausströmer, G Gummiverbindungen, Vd Verdunster, Ka Kapillare (Duftbehälter), Mi Mikroskop zum Ablesen des Pegelstandes in der Duft-Kapillare, Vf Verteilerflasche, Ro Rotameter, St Stativ, Tu Turbine. Nach SCHWARZ 1955

zu einer Verteilerflasche *Vf* fließt; von den drei Anschlüssen ist nur einer dargestellt, um das Bild nicht unübersichtlich zu machen. Der Luftstrom wird vom Verdunster *Vd* (Glaskapillare mit Duftstoff) in meßbarer Weise mit Riechstoff versorgt. Damit der Duftstrom die Bienen am Futterplatz gleichmäßig trifft, saugen sie auf dem Dressurtischchen das Zuckerwasser aus einer engen Öffnung eines Glasrohres und sitzen dabei direkt über dem Ausströmer auf einer Gitterkappe (Abb. 443). Am Versuchsplatz standen drei Dressurtischchen nebeneinander, die beliebig mit Luft oder Duftgemisch — und das Trinkgefäß entsprechend mit Wasser oder Zuckerwasser — beschickt werden konnten. Für technische Einzelheiten und Kontrollversuche sei auf die Originalarbeit verwiesen.

Abb. 443. Eine Biene beim Saugen am Glasrohr. Sie sitzt auf dem Ausströmer, der über die Glasunterlage herausragt. Nach SCHWARZ 1955

Die Versuche wurden mit synthetisch hergestellten Substanzen von bekannter chemischer Konstitution durchgeführt. Die Ergebnisse sind aus Tab. 43 ersichtlich. Die letzte Spalte bringt die relative Riechleistung der Biene: *n* mal besser (+) oder schlechter (—) als der Mensch. Man sieht, daß ihre Riechschärfe im allgemeinen ungefähr jener des Menschen entspricht. Blumige Düfte werden von ihr etwas besser, Fettsäuren und ihre Äthylester schlechter gerochen als vom Menschen.

Das bemerkenswerte Ergebnis, daß das Geruchsorgan der Biene auf biologisch bedeutsame Riechstoffe empfindlicher anspricht, als auf solche die für ihr tägliches Leben nicht von Belang sind, wurde von FISCHER (1957) in erweitertem Umfang bestätigt. Bei der Wahl der Riechstoffe verzichtete er meist auf chemisch reine Sub-

Tabelle 43. *Einige Riechschwellen und ihre Differenzen bei Mensch und Biene* (Der Faktor in der letzten Spalte gibt an, wievielmal schlechter (—) oder besser (+) die Substanz von den Bienen gerochen wird als vom Menschen; nach SCHWARZ 1955)

Duftstoff	Schwellenkonzentration: Moleküle/cm³ Luft				Faktor der Riechleistung
	Mensch	Autor	Biene	Differenz	
Propionsäure . . .	$4{,}2 \cdot 10^{11}$	v. SKRAMLIK	$4{,}3 \cdot 10^{11}$	$1{,}0 \cdot 10^{10}$	1,02 —
Buttersäure . . .	$7{,}0 \cdot 10^{9}$	v. SKRAMLIK	$1{,}1 \cdot 10^{11}$	$10{,}3 \cdot 10^{10}$	15,7 —
Valeriansäure . . .	$6{,}0 \cdot 10^{10}$	v. SKRAMLIK			
iso-Valeriansäure .	$4{,}5 \cdot 10^{10}$	SCHWARZ	$1{,}6 \cdot 10^{11}$	$11{,}5 \cdot 10^{10}$	3,5 —
Capronsäure . . .	$2{,}0 \cdot 10^{11}$	v. SKRAMLIK	$2{,}2 \cdot 10^{11}$	$2{,}0 \cdot 10^{10}$	1,1 —
Äthylcapronat . .	$1{,}3 \cdot 10^{11}$	SCHWARZ	$3{,}8 \cdot 10^{11}$	$2{,}5 \cdot 10^{11}$	2,9 —
Äthylcaprylat . . .	$3{,}7 \cdot 10^{10}$	SCHWARZ	$5{,}4 \cdot 10^{10}$	$1{,}7 \cdot 10^{10}$	1,5 —
Äthylpelargonat . .	$3{,}1 \cdot 10^{10}$	SCHWARZ	$3{,}7 \cdot 10^{10}$	$6{,}0 \cdot 10^{9}$	1,2 —
Äthylcaprinat . . .	$4{,}2 \cdot 10^{9}$	SCHWARZ	$5{,}6 \cdot 10^{9}$	$1{,}4 \cdot 10^{9}$	1,2 —
Äthylundecylat . .	$1{,}4 \cdot 10^{10}$	SCHWARZ	$1{,}8 \cdot 10^{10}$	$4{,}0 \cdot 10^{9}$	1,3 —
Methylanthranilat .	$2{,}6 \cdot 10^{10}$	v. SKRAMLIK	$1{,}9 \cdot 10^{9}$	$24{,}1 \cdot 10^{9}$	13,6 +
Phenylpropylalkohol	$6{,}5 \cdot 10^{9}$	SCHWARZ	$2{,}2 \cdot 10^{9}$	$4{,}3 \cdot 10^{9}$	3,0 +
Nerol	$5{,}7 \cdot 10^{9}$	SCHWARZ	$3{,}2 \cdot 10^{9}$	$2{,}5 \cdot 10^{9}$	1,8 +
Jonon α	$3{,}1 \cdot 10^{8}$	ZWAARDEMAKER	$1{,}5 \cdot 10^{10}$	$146{,}9 \cdot 10^{8}$	48,5 —
Eugenol	$8{,}5 \cdot 10^{11}$	OHMA	$2{,}0 \cdot 10^{10}$	$8{,}3 \cdot 10^{11}$	42,5 +
Citral	$4{,}0 \cdot 10^{11}$	v. SKRAMLIK	$6{,}0 \cdot 10^{10}$	$3{,}4 \cdot 10^{11}$	6,6 +

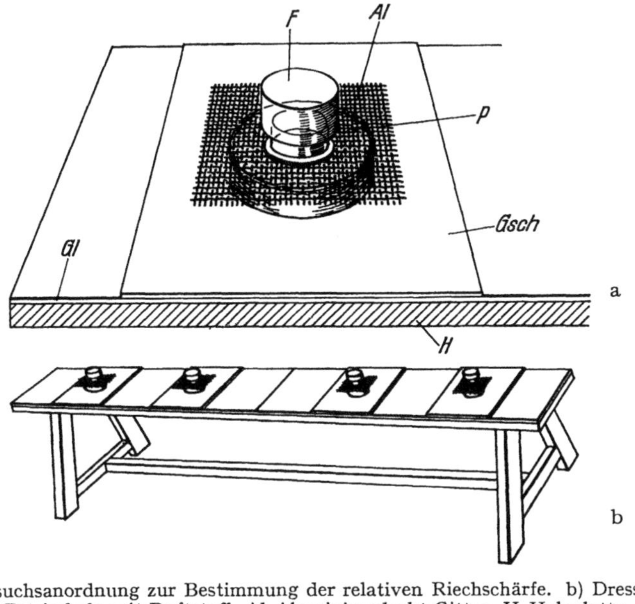

Abb. 444. a) Versuchsanordnung zur Bestimmung der relativen Riechschärfe. b) Dressuranordnung: F Futtergefäß, P Petrischale mit Duftstoff, Al Aluminiumdraht-Gitter, H Holzplatte, Gl Glasplatte, Gsch Glasscheibe. Nach FISCHER 1957

stanzen und kehrte zu Blumendüften und anderen natürlichen Riechstoffen zurück, so daß eine zahlenmäßige Dosierung der Moleküle nicht in Frage kam. Er mußte sich auf einen näherungsweisen Vergleich mit menschlichen Versuchspersonen beschränken. Aber auch seine Anordnung brachte den Duftstoff sehr gleichmäßig zur Geltung. Er befand sich in einer Petrischale unter dem Futtergefäß. Daneben standen in wechselnder Anordnung drei duftfreie Gefäße (Abb. 444). Die Riechschärfe entsprach auch in diesen Versuchen angenähert der Leistung eines normalen menschlichen Geruchsorgans, war aber bei natürlichen Blumendüften und ätherischen Ölen meist etwas, bei Wachsgeruch und bei dem biologisch so bedeutsamen Geruch des Duftorganes um ein Mehrfaches überlegen (Tab. 44). Daß für die Bienen das Duftorgan viel intensiver riecht als für uns, hatte auch ich bei früherer Gelegenheit (1923, S. 171, 172) durch einen Vergleich mit Methylheptenon erfahren.

Mit einer neuartigen Methode konnte MARTIN (1964) nochmals die Riechschärfe überprüfen. Seine Technik wurde schon auf S. 514 ff. geschildert, als davon die Rede

Tabelle 44. *Riechschwellen für Mensch und Biene.* Der Faktor in der letzten Spalte gibt an, wievielmal schlechter (—) oder besser (+) die Substanz von den Bienen gerochen wird als vom Menschen. Nach FISCHER 1957

Art des Riechstoffes	Riechstoff	Gefundener Schwellenwert		Faktor der Riechleistung der Biene
		Mensch (Erkennungsschwelle)	Biene	
Blumenöl	Jasmin	1: 10000	1: 20000	2 +
Ätherische Öle	Geranium	1: 10000	1: 20000	2 +
	Lavendel	1:200000	1:500000	2,5 +
	Rosmarin	1:500000	1:100000	5 —
	Pfefferminz	1:200000	1:200000	1 ±
einheitliche chem. Riechstoffe	Bromstyrol	1:200000	1:100000	2 —
	Methylheptenon	1:200000	1:200000	1 ±
	Nerol R	1:200000	1:500000	2,5 +
	Nitrobenzol	1:200000	1:100000	2 —
natürliche Blumendüfte	*Solidago canadensis* L. Goldrute	2 Blüten	1 Blüte	2 +
	Polygonum Baldschuanicum REGEL	1 Blüte	1/2 Blüte	2 +
	Sambucus nigra L. Holunder	1 Blüte	1 Blüte	1 ±
andere biolog. wichtige Riechstoffe	Wachs	500 mg	100 mg	5 +
	Duftorgan	Filterpapierscheibchen etwa 10 min beduftet	Filterpapierscheibchen 15 sec beduftet	Mehrfaches +

war, welchen Duftunterschied die beiden Antennen bei gleichzeitiger Darbietung noch wahrnehmen können. Bietet man nun in der einen Glaskapillare (vgl. Abb. 440, S. 515) eine bestimmte Duftkonzentration und in der anderen geruchloses Paraffinöl, so läßt sich der absolute Schwellenwert für einen Riechstoff bestimmen. In den Versuchsreihen wird die Duftkonzentration so lange erniedrigt, bis die Bienen die Duftseite nicht mehr in statistisch zu sichernder Weise bevorzugen. Für Methylheptenon und Bromstyrol lag der Schwellenwert bei 1:200000. FISCHER hatte für Methylheptenon denselben Wert erhalten, für Bromstyrol 1:100000. Ich hatte für dieselben Riechstoffe den Schwellenwert zwischen Verdünnungen von 1:2000 und 1:20000 gefunden. Die Differenz ist durch die verschiedene Methode bedingt. Bei meinen Versuchen hatten sich die Bienen vor den Duftkästchen zu entscheiden, wo der Riechstoff durch die umgebende Luft bereits verdünnt war. In beiden Anordnungen wurden die Leistungen des Menschen unter entsprechenden Bedingungen geprüft und angenähert gleich gefunden.

Schon oft ist die Frage gestellt worden, ob für Blüten ihr Duft oder ihre Farbe das wirksamere Lockmittel und Kennzeichen ist. HERMANN MÜLLER hielt den Blumenduft für das weit kräftigere Anlockungsmittel (1873, S. 429), weil von einander nahestehenden Pflanzen solche die unscheinbar sind, aber stark duften, viel reichlicher besucht würden als solche mit augenfälligen aber duftlosen Blüten. Diese Betrachtungsweise kann trügen, weil die Reichlichkeit des Insektenbesuches in erster Linie von der Menge der gebotenen Nahrung abhängt. Blumen mögen noch so sehr durch Duft und Farbe locken — wenn sie nichts zu bieten haben wird man keinen starken Beflug finden, weil die Besucher weder verweilen noch Hilfskräfte heranholen. Um die relative Bedeutung von Duft und Farbe beurteilen zu können, muß man sie im Versuch miteinander in Konkurrenz setzen.

Dressiert man z. B. auf ein Kästchen mit blauem Schild und Jasminduft und bietet man im Versuch Duft und Farbe getrennt (Abb. 445), so fliegen die vom Heimatstock wiederkehrenden Bienen aus einem Abstand von mehreren Metern zielsicher auf das blaue Kästchen zu. Vor dem Flugloch stutzen sie, nur wenige schlüpfen zögernd hinein, die meisten beginnen suchend herumzuschwärmen, und wenn sie sich dem Flugloch des Duftkästchens auf wenige Zentimeter genähert haben, pflegen sie trotz der fehlenden Farbe rasch hineinzuschlüpfen. Ich habe solche Versuche (1919) in mancherlei Varianten und mit verschiedenen Düften durchgeführt. Der relative Besuch von Duft und Farbe schwankt je nach der Qualität und Intensität des verwendeten Duftes. Aber am grundsätzlichen Ergebnis änderte sich nichts: Die Farbe wirkt auf größere Entfernung, der Duft hat aus der Nähe mehr „Überzeugungskraft" und veranlaßt die Bienen auch ohne die Dressurfarbe viel eher dazu, sich niederzulassen, als es die Farbe ohne den Duft vermag.

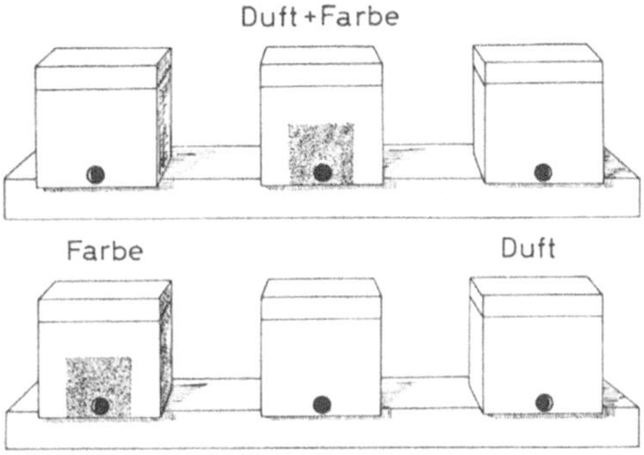

Abb. 445. Versuchsanordnung zum Vergleich von Farb- und Duftwirkung. Oben: Dressur, unten: Versuch. Die dunkle Fläche bedeutet blaue Farbe

Auch an Wiesenblumen kann man beobachten, daß die Farbe auf größere Ferne wirkt. Nicht selten sieht man eine sammelnde Biene auf der Suche nach einer bestimmten Blumensorte auch an andere Blüten heranfliegen, die in der Farbe für das Bienenauge den gesuchten gleichen; erst in unmittelbarer Nähe wird sie durch den fremden Duft ihres Irrtums gewahr und ohne sich niederzulassen schwenkt sie dahin ab, wo der nächste Farbfleck lockt. Von ähnlichen Beobachtungen berichtet Jörgensen (1939). Es ist nicht anders zu erwarten, wenn ihre Riechschärfe von der gleichen Größenordnung ist wie die unsere. Aber bei ihr wie bei uns kann es Ausnahmen geben, wo etwa ein blühender Lindenhain die Intensität seines Duftes auf größere Distanzen zur Geltung bringt als das Aussehen seiner unscheinbaren Blüten.

Im ganzen zeigt sich bei den Geruchsleistungen der Biene und des Menschen eine weitergehende Übereinstimmung, als bei so verschieden organisierten Wesen zu erwarten war. Alle Riechstoffe, auf welche sich die Bienen dressieren ließen, duften auch für uns. Für uns geruchlose Blüten sind es auch für Bienen. Nur wenige für Bienen bedeutsame Riechstoffe duften für sie wesentlich intensiver als für uns (Wachs, Duftorgan) und einzig das Sekret der Mandibeldrüse scheint für Menschen, im Gegensatz zur Biene, geruchlich nicht wahrnehmbar zu sein (Nedel 1960, S. 169). Für die meisten Stoffe stimmt die Riechschärfe bei Mensch und Biene angenähert überein. Für uns ähnliche Düfte werden auch von Bienen miteinander verwechselt. Das gilt sogar für manche Riechstoffpaare, die trotz gänzlich verschiedener chemischer Zusammensetzung für uns ähnlich duften (z. B. Anthranilsäuremethylester und Nerolin), während anderseits einander so nahe verwandte Stoffe wie Para- und Metakresolmethyläther für Mensch und Biene verschieden duften (v. FRISCH 1919, S. 168—192). Die Schwellenbestimmungen von SCHWARZ (1954) in der homologen Reihe der Fettsäureäthylester und in der Fettsäurereihe ergaben für die Biene ähnliche Gesetzmäßigkeiten wie für den Menschen. All dies weist auf eine Übereinstimmung in den physiologischen Grundlagen des Geruchssinnes hin, wie uns eine solche schon beim Farbensehen begegnet ist.

5. Die biologische Bedeutung des Blütenduftes

Da die Annahme einer phantastischen Riechschärfe der Biene dem Reich der Phantasie überlassen bleibt, liegt die hauptsächliche Bedeutung ihres Geruchssinnes auf dem Gebiet der Nahorientierung. Eine Ausnahme mögen die Drohnen machen, deren Antennen 5mal so viele Porenplatten tragen als jene der Arbeiterinnen. Über die Riechschärfe der Drohnen ist nichts bekannt. Da aber eine reife Königin, die man an einen Nylonfaden gefesselt in der Luft herumfliegen läßt,oft nach wenigen Minuten von Drohnen zu Hunderten umschwärmt ist (GARY 1963; vgl. S. 288), dürften diese für den sexuellen Lockduft der Königin sehr empfindlich sein.

Wichtig sind die geruchlichen Leistungen der Arbeiterinnen natürlich für ihr Verhalten im finsteren Bienenstock. Hier vor allem wird ihnen neben dem qualitativen Unterscheidungsvermögen die Fähigkeit zu lokalisierendem Riechen zustatten kommen. Nur wissen wir davon so gut wie nichts.

Und so wendet sich unser Interesse nun jener Wechselbeziehung zu, die Forscher und Laien gleichermaßen fasziniert und uns schon beim Farbensehen beschäftigt hat: dem Verhältnis zwischen Bienen und Blumen.

Daß ganz allgemein die Entwicklung des Blütenduftes auf den Insektenbesuch abgestimmt ist, kann nicht bezweifelt werden. Seine weite Verbreitung bei insektenblütigen Pflanzen, sein Fehlen bei den meisten Windblütern, aber auch bei Vogelblumen ist anders nicht verständlich. Häufig ist die Duftentwicklung auf jene Tages- oder Nachtzeit beschränkt, die der Flugzeit der Bestäuber entspricht. Auch die Qualität des Duftes kommt den Blütengästen entgegen, wie etwa der Aasgeruch der Blüten zeigt, die auch in ihrem Bau auf den Besuch von aasliebenden Fliegen und Käfern eingerichtet sind.

Aber wir beschränken unsere Betrachtung auf die blütenbesuchenden Bienen. Für sie ist der Blütenduft in vierfacher Weise von Bedeutung:

Auf die spärlichen, aber für den Haushalt des Bienenvolkes so wichtigen Suchbienen (s. S. 250) wirken blumige Düfte primär als Lockmittel. An einem schönen Herbsttag legte ich auf einer Wiese drei Duftplatten auf, die mit Pfefferminzöl, Geraniumöl und Patchouliöl betropft waren. Erwartungsgemäß blieb der blumenfremde Duft des Patchouliöles und ebenso eine weitere, nur mit Wasser beschickte Kontrollplatte unbeachtet, während die Pfefferminz- und Geraniumplatte im Laufe der Beobachtungsstunde von 6 bzw. 2 Bienen beflogen und zum Teil hartnäckig abgesucht wurden (v. FRISCH 1919, S. 164). Diese Riechstoffe konnten ihnen nicht aus Erfahrung bekannt gewesen sein. — Eingehender ließ sich das Verhalten der Suchbienen an Völkern verfolgen, die in einem nach außen abgeschlossenen Hof aufgestellt waren und so nur finden konnten, was ihnen mit Absicht geboten war. Natürliche Blumendüfte erwiesen sich als die wirksamsten Lockmittel, auch solche von Pflanzenarten, die nicht von Bienen bestäubt werden (v. OETTINGEN-SPIELBERG 1949). Nicht der spezifische Duft, sondern die Duftkategorie war maßgebend.

Vom Blütenbesuch her am Körper der Tänzerinnen haftender Duft dient als Verständigungsmittel; durch ihn erfahren die Stockgenossen, nach welchem Ziel sie zu suchen haben (vgl. S. 45).

Sammelbienen befliegen nur ausnahmsweise auf einem Trachtflug verschiedene Blütensorten. In der Regel bleiben sie tagelang „blütenstet". Ihnen ist der spezifische Blütenduft ein Merkzeichen, an dem sie die gesuchte Blüte von anderen sicher unterscheiden können. Daß bei der Nahorientierung der Duft gegenüber der Farbe von überwiegender Bedeutung ist, wurde schon S. 521 besprochen und auch von MANNING (1957) betont.

Eine vierte Aufgabe des Blütenduftes ist erst neuerdings erkannt worden. Er bietet durch topographische Duftfelder den Blütengästen geruchliche Leitmarken zur Nahrungsquelle. Die Biene hat in ihren vorgestreckten beweglichen Fühlern das Rüstzeug, um sie zu nützen. Drei Arbeiten aus unserem Institut waren diesen Verhältnissen gewidmet:

Ausgangspunkt war der Gedanke, ob sich ein optisches Saftmal etwa auch geruchlich von den umgebenden Blütenteilen abhebt. Das fand MATHILDE HUBER (1943) an 68 Blütensorten tatsächlich bestätigt. Um es zu erkennen, müssen freilich der menschlichen Nase, die nicht über einen topochemischen Geruchssinn verfügt, die Blütenteile getrennt geboten werden. Die Saftmale werden aus den Blumenblättern herausgeschnitten, wenige Minuten in einer geschlossenen Glasdeckeldose bewahrt und dann mit gleichbehandelten, gleich großen Flächen benachbarter Blütenteile geruchlich verglichen. So läßt sich die lokale Verschiedenheit des Duftes leicht feststellen. Das optische Saftmal erweist sich zugleich als Duftmal.

THERESE LEX (1954) hat diese Verschiedenheit des Duftes an 48 Pflanzenarten näher präzisiert. Sie fand bestätigt, daß das optische Saftmal stets auch ein Duftmal ist, wobei die Grenzen nicht immer genau gleich verlaufen. Der Duft des Saftmales kann von jenem der Umgebung qualitativ verschieden sein und dabei stärker duften als diese (z. B. bei der gefleckten Taubnessel, *Lamium maculatum* L., Abb. 446) oder auch weniger stark (so beim bunten Hohlzahn *Galeopsis speciosa* MILLER, Abb. 447). Das Saftmal kann auch qualitativ gleich aber intensiver duften als — bei gleicher Flächengröße — die angrenzenden Teile der Blütenblätter (z. B. bei der Roßkastanie *Aesculus hippocastanum* L., Abb. 448). Ferner stellte sich heraus, daß Duftmale auch an Blüten ohne optisches Saftmal vorkommen, also weiter verbreitet sind als diese. So duftet bei der Wiesenglockenblume (*Campanula patula* L., Abb. 449) der proximale Bereich der Krone stärker als der äußere Bereich. In anderen Fällen ist auch die Duftqualität verschieden. Schließlich können Duftfelder in der Blüte, ganz wie Farben, auch außerhalb des Saftmales bezeichnende Muster bilden. Bei der Kapuzinerkresse (*Tropaeolum majus* L., Abb. 450) duften die Saftmale anders und intensiver als die übrigen Teile der Kronblätter, abermals anders duften die Kelchblätter und wieder anders der Sporn. Durch solche geruchliche Vielgestaltigkeit kommen manche Blüten einem lokalisierenden Geruchssinn der Blütengäste noch mehr entgegen[1]).

Ein weiterer Schritt war, die innerhalb der Blüten für die menschliche Nase festgestellten geruchlichen Verschiedenheiten auch an Bienen zu überprüfen. In Stichproben an acht Pflanzenarten haben sie sich durch Dressurversuche ohne Ausnahme bestätigen lassen.

[1]) In der Regel entsteht der Blütenduft diffus in der Epidermis, auch wo lokale Verschiedenheiten gegeben sind. Es kommen aber auch unter der Epidermis gelegene örtliche Duftdrüsen vor, so bei manchen Fliegenblumen mit Aasgeruch und bei Orchideen (ST. VOGEL 1962).

ALEXANDRA V. AUFSESS (1960) wiederholte viele der früheren Versuche mit gleichem Ergebnis und dehnte sie auf für uns unsichtbare, durch ungleiche UV-Reflexion bedingte Saftmale aus. Auch diese waren in allen 14 untersuchten Fällen zugleich Duftmale. Die Mannigfaltigkeit der geruchlichen Muster erhöht sich noch dadurch, daß bei den entomophilen Blüten der Pollen meist stärker und qualitativ anders duftet als die Blütenblätter (vgl. hierzu S. 35). Auch das ließ sich durch Dressurversuche für das Geruchsvermögen der Biene bestätigen.

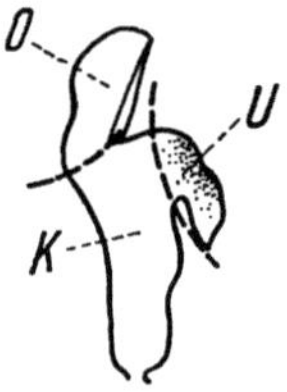

Abb. 446

Abb. 447

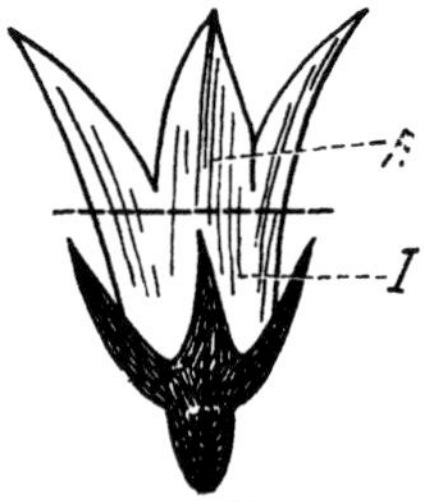

Abb. 449

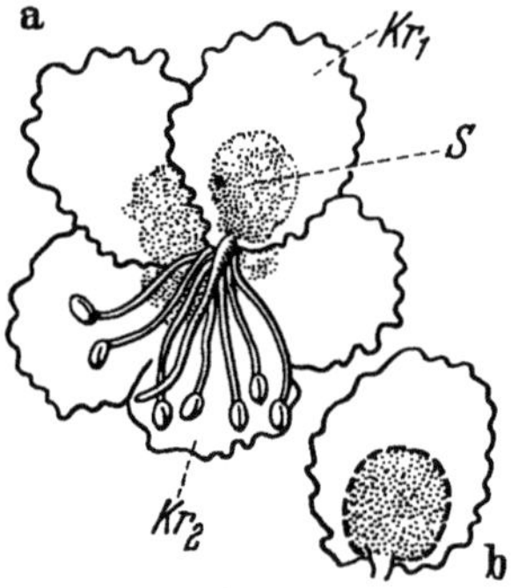

Abb. 448

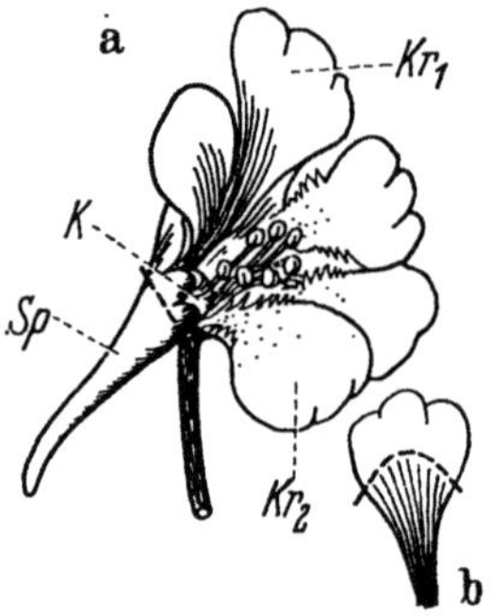

Abb. 450

Abb. 446. Gefleckte Taubnessel (*Lamium maculatum* L.). U Unterlippe, O Oberlippe, K Kronröhre. Das Saftmal der Unterlippe duftet stärker und qualitativ anders als die Kronröhre. Nach THERESE LEX 1954

Abb. 447. Bunter Hohlzahn (*Galeopsis speciosa* MILLER). Das violette Saftmal auf der Unterlippe duftet schwächer, aber qualitativ anders als die übrigen Blütenteile. Nach THERESE LEX 1954

Abb. 448. a) Roßkastanie (*Aesculus hippocastanum* L.). Das Saftmal duftet intensiver aber qualitativ ebenso wie das übrige Kronblatt. b) Oberes Kronblatt mit Saftmal, - - - Schnittführung. Nach THERESE LEX 1954

Abb. 449. Wiesenglockenblume (*Campanula patula* L.). Kein optisches Saftmal. Der Innenteil der Blüte (I) duftet intensiver als der Außenteil (A). Nach THERESE LEX 1954

Abb. 450. Kapuzinerkresse (*Tropaeolum majus* L.). Kr_1 und Kr_2 Kronblatt mit und ohne Saftmal. K Kelchblatt, Sp Sporn. Alle genannten Teile duften qualitativ verschieden, das Saftmal überdies am stärksten. Nach THERESE LEX 1954

Blumen bieten also der Fähigkeit der Bienen, Düfte zu lokalisieren, ein reiches Feld der Betätigung. Daß diese Einrichtungen einen Sinn haben und von den Bienen genützt werden, scheint mir nicht zweifelhaft[1]). Der biologische Zusammenhang wird noch deutlicher, wenn man Vogelblumen zum Vergleich heranzieht. Vögel sind ganz vorwiegend optisch eingestellt und haben keinen guten Geruchssinn. Bei 27 ornithophilen Blütensorten mit und ohne optischem Saftmal wurde bei Prüfung mit der menschlichen Nase nur eine außerordentlich schwache Duftentwicklung bemerkt. In den meisten Fällen gab es auch hier Duftunterschiede

---

[1]) Vgl. auch S. 250 Anm. 3.

zwischen inneren und äußeren Blütenteilen, aber im Gegensatz zu den Insektenblumen war ebenso oft der äußere wie der innere Blütenteil durch relativ stärkeren Duft ausgezeichnet. Es fehlte die biologisch sinnvolle Beziehung zur Futterquelle. Ebenso ist der Pollenduft bei Vogelblumen (und bei Windblütern) nur schwach.

Die lokalen geruchlichen Unterschiede an Vogelblumen sind also geringfügig und regellos. Aber daß solche vorkommen, ist von Interesse. Ähnliche Verhältnisse müssen ja auch bei den Vorfahren der entomophilen Blüten angenommen werden, wenn die Selektion einen Ansatzpunkt zur Gestaltung der Anpassungen finden sollte. Bei ornithophilen Blüten fehlt von seiten der Vögel die Triebfeder zur Förderung geruchlicher Differenzierungen. Daß solche hier ausgeblieben sind, ist nicht nur für die menschliche Nase offenkundig. Auch durch Bienendressuren konnte v. AUFSESS an 10 herausgegriffenen Arten von Vogelblumen nachweisen, daß hier die Duftunterschiede zwischen optischem Saftmal und Umgebung oder zwischen inneren und äußeren Blütenteilen für das Gelingen von Duftdressuren zu geringfügig sind.

Wir haben den Duft als einen so wesentlichen blütenbiologischen Faktor kennengelernt, daß man nur mit Verwunderung feststellen kann: Es gibt auch duftlose, und noch dazu unscheinbare, von Bienen eifrig besuchte Blüten. Sie sind allerdings eine Seltenheit. Ich weiß aus unserer Flora trotz intensiver Nachforschung (1919, S. 103ff.) nur drei Beispiele zu nennen: die Blüten des Wilden Weines (*Parthenocissus quinquefolia* (L.) PLANCHON), der Heidelbeere (*Vaccinium myrtillus* L.) und der Johannisbeere (*Ribes rubrum* L.). KERNER VON MARILAUN (1898, Bd. 2, S. 186) wußte den starken Beflug der Weinblüten nicht anders zu deuten, als daß sie einen für uns nicht wahrnehmbaren, für Bienen weithin erkennbaren Duft entwickeln. Diese Annahme war naheliegend und wäre heute noch besser zu begründen als damals, nachdem wir wissen, daß viele Schmetterlingsweibchen zur Anlockung der Männchen einen für uns nicht wahrnehmbaren Riechstoff in einer eigenen Duftdrüse erzeugen. Für den Seidenspinner (*Bombyx mori* L.) ist er in seiner Konstitution aufgeklärt und synthetisch hergestellt worden (BUTENANDT u. Mitarb. 1961). Aber jene Blüten sind für Bienen wirklich geruchlos. Dressurversuche verlaufen völlig negativ (v. FRISCH 1919, S. 88 bis 102)[1]. Es war auch schon davon die Rede, daß eine Verständigung über die beflogene Blütensorte durch den am Körper der Tänzerin haftenden Duft selbst bei schwacher Duftentwicklung erstaunlich gut funktioniert, aber bei jenen Blüten versagt, an denen auch wir keinen Duft wahrnehmen.

Wenn die genannten Blüten trotz ihrer mangelhaften Ausstattung mit sinnfälligen Merkmalen[2] so stark von Bienen beflogen werden, so ist es gewiß zum guten Teil dem Umstand zuzuschreiben, daß sie in großer Zahl gedrängt beisammenstehen. Der Wilde Wein überzieht in üppigem Wuchs ansehnliche Flächen, Heidelbeeren wachsen in ausgedehnten geschlossenen Beständen, auch bei der Johannisbeere sind zahlreiche Blüten auf engem Raum vereint. Die Entdeckung einer nektarreichen Blüte kann dem Volk der Finderin mit einem Schlag den

[1]) RIBBANDS (1955) hat nach einstündiger Dressur auf Blüten von *Ribes rubrum* L. in einer kurzen Versuchsreihe mit 6 Bienen ein positives Ergebnis erhalten. Er sagt leider nicht, ob er sich davon überzeugt hat, daß auch seine *Ribes*blüten für den Menschen geruchlos waren. Verschiedenheiten nach Standort und Rasse mögen vorkommen.

[2]) Es sei aber in diesem Zusammenhang an die Hundszunge (Abb. 428, S. 504) erinnert. Die Blütenstände des Wilden Weines und der Johannisbeeren sind reich gegliedert und haben dadurch wohl für Bienen eine gewisse gestaltbedingte Augenfälligkeit.

Honigsegen von Tausenden erschließen. Die Pioniere schicken andere an den Standort und durch die Betätigung ihrer Duftorgane erleichtern sie den Neulingen das Auffinden der unauffälligen Nahrungsquelle.

Wer blütenbiologische Anpassungen leugnen will, wird sagen: Es geht also auch ohne Blumenduft. Das zeigen jene drei Fälle. Aber man darf aus ihnen nicht den Schluß ziehen, daß auch alle anderen Pflanzen ohne Nachteil ihren Blütenduft entbehren könnten. Niemand kann die Vielzahl der Faktoren überschauen, deren Gesamtheit über die Erhaltungsfähigkeit einer Art entscheidet. Wen die Natur in einer Hinsicht stiefmütterlich bedacht hat, den stattet sie auf andere Weise besser dafür aus, den rauhen Kampf ums Dasein zu bestehen.

6. Der Geschmackssinn

Eine Vorliebe für Süßes ist im Tierreich außerordentlich verbreitet. Die Blüten machen es sich zunutze, indem sie ihren Bestäubern, seien es Vögel, Säuger oder Insekten, Zuckersaft als Köder bieten. Er wird von den Nektarien im Blütengrunde abgeschieden. Um ihn zu erreichen, müssen die Blütengäste einen Weg nehmen, auf dem sie die Bestäubung herbeiführen.

Zuckerabscheidung durch Nektarien kommt auch außerhalb von Blüten, z. B. bei manchen Laubblättern vor, im allgemeinen dann, wenn sich bei Abschluß des Wachstums der Nährstrom staut, weil er nicht mehr verbraucht wird. Solche Vorgänge der Saftdruckregulierung waren wohl der Ausgangspunkt für die phylogenetische Entwicklung der Nektardrüsen an den Blüten der entomophilen Pflanzen. Es sind echte Drüsen mit einem eigenständigen aktiven Stoffwechsel (FREY-WYSSLING, ZIMMERMANN u. MAURIZIO 1954).

Der Nektar enthält als Hauptbestandteile das Disaccharid Rohrzucker *(Saccharose)* und dessen beide Bausteine Traubenzucker *(Glukose)* und Fruchtzucker *(Fruktose)*, in wechselndem Mengenverhältnis (BEUTLER 1930, BEUTLER und SCHÖNTAG 1940, MAURIZIO 1960). Daneben konnten neuerdings durch die Methode der Papierchromatographie andere Zucker in Spuren nachgewiesen werden, unter anderen die Disaccharide Malzzucker *(Maltose)* und *Melibiose* sowie die Trisaccharide *Raffinose* und *Melezitose*. Die geringen Mengen dieser anderen Zuckerarten entstehen größtenteils im abgesonderten Nektar sekundär aus der Saccharose unter der Einwirkung von Fermenten, die von den Nektardrüsen mit abgeschieden werden (WYKES 1952, 1953, MAURIZIO 1960, daselbst weitere Literatur).

In vielen Gegenden bilden die süßen Ausscheidungen von Pflanzenläusen einen wesentlichen Teil der Bienennahrung. In diesem Honigtau können auch die Trisaccharide *Melezitose* und *Trehalose* reichlich vorkommen.

Die meisten Blüten bieten einen Zuckersaft von hoher Konzentration. Nach BEUTLER (1930) lag sie bei 18 von ihr untersuchten Immenblumen zwischen 8 und 70%. Nach weiteren Untersuchungen, deren Daten ich der Arbeit von BEUTLER und SCHÖNTAG (1940) und den Zusammenstellungen bei v. FRISCH (1934[1]), Tab. 28, S. 96 und 97) und MAURIZIO (1960[1]), Tab. 2, S. 73, 74) entnommen habe, wurden bei insgesamt 65 Pflanzenarten für die Konzentration des Blütennektars in der Regel Mittelwerte von 20% bis 70% gefunden, ausnahmsweise liegen sie tiefer oder höher. Die in 24 Std pro Blüte abgeschiedene Zuckermenge (der „Zuckerwert") liegt meist um etwa 1 mg, kann aber bis über 4 mg betragen, so bei manchen Linden (*Tilia*-Arten), bei der Saubohne *(Vicia faba* L.*)* und Stachelbeere *(Ribes grossularia* L.*)*. Im Einzelfalle hängt die Zuckermenge und seine Konzentration stark von verschiedenen Außenbedingungen ab.

---

[1]) Daselbst Angaben der Autoren und der Literatur.

Durch ihren Geschmackssinn orientieren sich die Bienen über Anwesenheit und Konzentration des Zuckers im Nahrungssaft.

Während ihr Geruchssinn mit dem unseren in den Hauptzügen übereinstimmt, sind die Leistungen ihres Geschmackssinnes in quantitativer und qualitativer Hinsicht überraschend anders. Quantitativ, indem die Geschmacksorgane an ihren Mundteilen auf die lebenswichtigen Zucker erst in recht hoher Konzentration ansprechen; qualitativ, indem die meisten für uns süß schmeckenden Stoffe für Bienen geschmacklos sind. Beides gewinnt an Interesse, wenn wir die Verhältnisse näher betrachten (v. FRISCH 1934).

Setzt man den Bienen Rohrzucker *(Saccharose)* in stufenweise abnehmender Konzentration vor, so kommt man zu einem Grenzwert, unter dem die Lösung nicht mehr angenommen wird (Annahmeschwelle). Dieser Wert schwankt je nach den Bedingungen etwa zwischen 1 mol (34,3%) und $^1/_8$ mol (4,25%)[1]. Abgesehen von bedeutenden individuellen Unterschieden sind hauptsächlich die herrschenden Trachtverhältnisse von Einfluß. In Zeiten der Not stellen die Bienen geringere Ansprüche an die Konzentration der Zuckersäfte (vgl. S. 247). Man kann diesen Faktor ausschalten, indem man die Versuchsbienen vor der Schmeckprobe einige Stunden hungern läßt. Dann sinkt die Annahmeschwelle auf einen tieferen und sehr konstanten Wert von $^1/_8$—$^1/_{16}$ mol (etwa 4—2%). Er ändert sich nicht weiter, auch wenn die Bienen nahe am Verhungern sind. Da es sehr unwahrscheinlich ist, daß sie in diesem Zustand eine noch erkennbar süß schmeckende Flüssigkeit ablehnen, stellt jene eben noch akzeptierte Lösung wohl die Verdünnung dar, in welcher der Süßgeschmack eben noch bemerkt wird (spezifischer Schwellenwert). Für den Menschen liegt dieser Wert bei etwa $^1/_{80}$ mol (0,4%). Wir sind also für den Süßgeschmack von Rohrzucker um das Zehnfache empfindlicher als die Biene. Dasselbe gilt angenähert für die anderen Zuckerarten, die im Nektar und Honigtau in nennenswerten Mengen vorkommen, für Traubenzucker *(Glukose)*, Fruchtzucker *(Fruktose)* und für *Melezitose*.

Such- und Sammelbienen müssen Zuckersäfte aufspüren und eintragen, Genäschigkeit gehört also zu ihrem Beruf. Daß sie trotzdem für „Süß" weniger empfindlich sind als wir ist biologisch verständlich. Im Nektar und Honigtau stehen ihnen Zuckersäfte von meist hoher Konzentration zur Verfügung. Wenn sie einmal an dünnen Nektar geraten, wäre es nicht günstig, ihn einzusammeln. Honig, als Wintervorrat, braucht eine hohe Konzentration (70—80%), um haltbar zu sein. Würden die Bienen dünnen Nektar von etwa 10% Zuckergehalt eintragen, so müßten sie 85% des mühsam Herbeigeschafften später wieder als Wasserdampf aus dem Stock hinausschaffen. Nur 10% des Sammelgutes könnten als Honig gestapelt werden (BEUTLER 1935). Solcher Vergeudung von Arbeitskräften ist schon durch die hohe Schwelle für den Süßgeschmack ein Riegel vorgeschoben. Hummeln, die keine Wintervorräte anlegen und Honig nur für kurze Regenzeiten speichern, nehmen schon etwas dünnere Zuckerlösungen an ($^1/_{16}$—$^1/_{32}$ mol nach SAKAGAMI 1950) und gar Ameisen, Fliegen und Schmetterlinge sind für den Süßgeschmack viel empfindlicher als die Biene und übertreffen zum Teil den Menschen hierin um

---

[1]) KUNZE (1928) gibt an, daß seine Bienen in Freilandversuchen noch eine zweiprozentige Rohrzuckerlösung, wenn auch zögernd, angenommen haben. Der Unterschied beruht wohl auf seiner anderen Technik. Ich spreche von der Annahme einer Lösung erst, wenn Bienen (bei individueller Beobachtung) länger als 20 Sek. an ihr ohne Unterbrechung saugen (1934, S. 9). KUNZE registrierte im Massenversuch die Leerungszeit des Futterschälchens, das von zahlreichen Bienen umdrängt wurde. Es mußte allmählich geleert werden, auch wenn an der Lösung nur genippt wurde. Überdies spricht manches dafür, daß unter seinen Bienen auch Wasserträgerinnen waren (vgl. v. FRISCH 1934, S. 36, 37).

ein Vielfaches[1]). Sie bereiten keinen Honig und können sich zum unmittelbaren Verbrauch auch die dünnsten Zuckersäfte nutzbar machen.

Unterschiede des Geschmackssinnes in qualitativer Hinsicht werden offenkundig, sobald man den Bienen für uns süß schmeckende Verbindungen in größerer Auswahl vorsetzt. Bei 19 für uns süßen Stoffen, die nicht zu den Zuckern gehören, ließ sich in keinem Falle für Bienen ein Süßgeschmack nachweisen. Darunter waren auch Saccharin und Dulcin, die vom Menschen als künstliche Süßstoffe verwendet werden. Sie alle wirken in höherer Konzentration für Bienen mehr oder weniger vergällend, was deutlich wird, wenn man sie ihnen mit Rohrzucker vermischt anbietet. Stärker verdünnt wirken sie nicht anders als reines Wasser, sie sind also dann offenbar geschmacklos. Im allgemeinen kann man sagen, daß diese Substanzen in Konzentrationen, die für uns einen deutlichen Beigeschmack haben, auf Bienen nur vergällend wirken, während Verdünnungen, die für uns rein süß sind, auf ihren Geschmackssinn keine Wirkung haben.

Durch die freundliche Unterstützung der Chemiker war es mir möglich, den Bienen 34 verschiedene, zum Teil seltene Zucker und den Zuckern nahestehende Verbindungen vorzusetzen. Von ihnen schmecken 30 für den Menschen süß, für Bienen aber waren nur sieben deutlich süß, bei zweien lag der Süßgeschmack für sie an der Grenze des Wahrnehmbaren und bei den 25 übrigen war ein solcher entweder weit unterschwellig oder überhaupt nicht nachweisbar. Somit sind die meisten für uns süßen Zucker für Bienen geschmacklos.

Zur Technik der Versuche sei bemerkt: Wenn eine Lösung von den Sammelbienen abgelehnt wird, kann sie geschmacklos, oder nicht genügend süß sein, oder schlecht schmecken. Die beiden letzteren Möglichkeiten lassen sich prüfen, indem man den Stoff zu einer Rohrzuckerlösung von solcher Konzentration, daß sie eben noch angenommen wird, hinzufügt. Ein geringer, an sich unterschwelliger Süßgeschmack macht sich dadurch bemerkbar, daß er die Annahme einer schwellennahen Zuckerlösung verbessert. Ein Vergällungsgeschmack bewirkt eine verschlechterte Annahme der schwellennahen Rohrzuckerlösung. Trifft weder das eine noch das andere zu, wirkt also die Lösung nicht anders als reines Wasser, so betrachten wir den Stoff als für Bienen geschmacklos. Für Einzelheiten sei auf meine Arbeit von 1934, S. 39—45, verwiesen.

Die Ergebnisse jener Prüfungen sind in Tab. 45 zusammengestellt. Stoffe, die in einmolarer Lösung für Bienen über der Schwelle oder an der Grenze der Wahrnehmbarkeit liegen, sind als „Süßstoffe" auf der linken Seite herausgehoben. In der Spalte „molekularer Süßungsgrad" bedeuten die Zahlen die molekulare Konzentration einer Rohrzuckerlösung, die gleich süß schmeckt wie eine einmolare Lösung der betreffenden Substanz. Die Werte bedeuten also die relative Süßigkeit der Stoffe bezogen auf Rohrzucker, oder mit anderen Worten: Süßungsgrad = 1/4 heißt, daß der Stoff viermal weniger süß ist als Rohrzucker, wenn in derselben Menge Lösung gleich viele Moleküle enthalten sind. Ein Süßungsgrad = 0 bedeutet, daß ein Süßgeschmack nicht nachgewiesen werden konnte.

Als wesentliches Ergebnis vieler Versuche ist festzustellen: Von den sieben für Bienen deutlich süßen Zuckern kommen fünf im Nektar oder Honigtau in ansehnlichen Mengen vor. Im Nektar: *Saccharose*, *Glukose* und *Fruktose*, im Honigtau überdies *Melezitose* und *Trehalose*. Es gibt aber auch bienensüße Zucker, die — soweit bisher bekannt — in ihrer natürlichen Nahrung keine Rolle spielen: *Maltose* und *α-Methylglukosid*. Von den für Bienen kaum oder nicht süßen Zuckern und zuckerähnlichen Stoffen ist keiner in nennenswerten Mengen als Bestandteil von Nektar oder Honigtau bekannt geworden. Manche entstehen in Spuren sekundär unter der Einwirkung von Fermenten. Der Geschmackssinn der Bienen ist also auf die naturgegebene Nahrung

[1]) Nähere Angaben bei v. Frisch 1934, S. 81, Tabelle 25.

Tabelle 45. *Der Süßungsgrad von Zuckern und zuckerähnlichen Verbindungen für die Bienen und für den Menschen* (aus v. FRISCH 1934)

Gruppe	Süßstoffe für Bienen: Stoff	Molekularer Süßungsgrad: Biene	Molekularer Süßungsgrad: Mensch	Keine Süßstoffe für Bienen: Stoff	molekularer Süßungsgrad: Biene	molekularer Süßungsgrad: Mensch
Zuckeralkohole						
vierwertig . . .				Erythrit	0	1/4–1/8
fünfwertig (cycl.)				Quercit	0	1/4
sechswertig . . .				Mannit	0	1/4
				Sorbit	0	1/4
				Dulcit	0	1/4
(cyclisch)	Inosit	1/8–1/16	1/4			
Methylglykoside . .	α-Methylglukosid	1/4	1/4	β-Methylglukosid	0[1]	1/8[2]
				β-Methylfruktosid	0[3]	1/8–1/16[4]
				α-Methylgalaktosid	1/32	1/4–1/8[4]
				α-Methylmannosid	0[3]	1/4–1/8[2]
Trimethylglukose .				Trimethylglukose	0[3]	1/8–1/16[5]
Monosaccharide						
Pentosen				l-Arabinose	etwa 1/32	etwa 1/4
				d-Arabinose	etwa 1/32	etwa 1/4
				Xylose	0	1/4
Methylpentosen .	Fukose	etwa 1/8	1/4–1/8[5]	Rhamnose	0	1/2–1/4
Hexosen	Glukose	1/2–1/4[6]	etwa 1/4	Galaktose	1/16–1/32	etwa 1/4
				Mannose	etwa 1/64	etwa 1/4[5]
	Fruktose	1/2–1/4[6]	etwa 1/2	Sorbose	0	1/2–1/4
Disaccharide . . .	Saccharose	1	1	Laktose	1/32–1/64	etwa 1/4
	Maltose	1–1/2	etwa 1/2	Melibiose	1/24	1/2–1/4
	Trehalose	1/2–1/4	1/2–1/4[7]	Cellobiose	0[1]	1/2–1/4
				Gentiobiose	0[1]	0 (bitter)
Trisaccharide . . .	Melezitose	etwa 1/2	etwa 1/2	Raffinose	0	etwa 1/2
Tetrasaccharide . .				Tetraglykosan	0[3]	0
				Tetralaevan	0[3]	0
Polysaccharide . .				Glykogen	0	0

[1]) Vergällend. [2]) Zugleich vergällend. [3]) Schwach vergällend. [4]) Mit schwachem, bitterem Beigeschmack. [5]) Mit bitterem Beigeschmack. [6]) Näher an 1/2. Nach WYKES (1952a) wird Fruktose etwas schlechter angenommen als Glukose. [7]) Näher an 1/2.

eingestellt, indem alle Zucker, die für ihre natürliche Ernährung in Betracht kommen, für sie deutlich süß schmecken und sich der Bereich des „Süßen" für sie im wesentlichen auf diese wenigen Verbindungen beschränkt.

Die Beziehung reicht noch tiefer: Alle für Bienen süßen Zucker können im Stoffwechsel von ihnen verwertet werden. Man kann gefangengesetzte Bienen bei ausschließlicher Ernährung mit *Fruktose* oder mit *Glukose* oder *α-Methylglukosid*, mit *Maltose* oder *Trehalose* oder *Melezitose* etwa ebenso lange am Leben erhalten wie mit Saccharose. Die für Bienen nicht süßen Zucker haben für sie im allgemeinen nur geringen oder keinen Nährwert. Von dieser Regel gibt es allerdings einige Ausnahmen. Mit dem Zuckeralkohol *Sorbit* lassen sie sich sogar länger am Leben erhalten als mit Rohrzucker (VOGEL 1931)[1]).

[1]) Über den Zuckerabbau durch die Fermente der Pharynxdrüsen und des Mitteldarmes s. MAURIZIO (1957, 1957a, 1962), daselbst weitere Literatur.

Einige, für Bienen nicht oder kaum süße Zucker sind für sie giftig. Nach Verfütterung von Mannose werden ihre Bewegungen nach wenigen Minuten matt und sie gehen unter zunehmenden Lähmungserscheinungen zugrunde (v. FRISCH 1934, S. 55—57). Dies scheint auf enzymatischen Vorgängen zu beruhen. Der Glukose-Abbau wird durch die Mannose blockiert, weil diese das phosphorylierende Enzym, welches den Abbau einleitet, für sich beansprucht und festhält (STAUDENMAYER 1939, SOLS, CADENAS u. ALVARADO 1960). Auch Galaktose und, in geringerem Maße, Rhamnose wirken lebensverkürzend auf Bienen. Es wird vermutet, daß ein gelegentliches Vorkommen solcher Zucker im Nektar oder Pollen die wiederholt beobachteten Vergiftungen von Bienen beim Besuch gewisser Trachtpflanzen verursacht (GEISSLER u. STECHE 1962). Hier versagt der Geschmackssinn als Warner vor gefährlicher Nahrung.

Weder die Befunde über die Verbreitung des Süßgeschmackes noch jene über die Verwertbarkeit der Zucker im Stoffwechsel und über Giftwirkungen lassen sich für das Reich der Insekten verallgemeinern. Stichproben haben mancherlei Verschiedenheiten kennen gelehrt, für die uns das Verständnis fehlt (v. FRISCH 1934, HASLINGER 1935, SCHMIDT 1938, HASSETT, DETHIER u. GANS 1950, DETHIER 1955, DETHIER, EVANS u. RHOADES 1956.).

Die geschmackliche Wirkung einer süßen Zuckerlösung läßt sich durch Hinzufügen eines anderen Zuckers steigern. Zwei unterschwellige Zuckerlösungen können sich so bei geeigneter Konzentration gegenseitig über die Schwelle heben. „Die einfachste, aber keine zwingende Deutung ist die, daß die verschiedenen Zucker für die Bienen, so wie für uns, ein und dieselbe Geschmacksqualität besitzen" (v. FRISCH 1934, S. 147)[1]). WYKES (1952a) fand, daß Mischungen von Saccharose, Glukose und Fruktose im Verhältnis 1:1:1, von den Bienen besser angenommen werden als die einzelnen Zucker, oder andere Mischungsverhältnisse von solchen, bei gleicher Gesamtkonzentration. Ob das darauf beruht, daß sie diese Zucker doch geschmacklich unterscheiden können und eine bestimmte Geschmacksmischung bevorzugen, oder ob es auf andere, uns unbekannte Umstände zurückzuführen ist, ist nicht geklärt. Die naheliegende Annahme, daß sie jene Mischung bevorzugen, die im natürlichen Blütennektar gegeben ist, kann nicht zutreffen, da bei diesem der relative Anteil der drei Zucker sehr verschieden ist (vgl. z. B. MAURIZIO 1960, S. 71, Tab. 1). JAMIESON und AUSTIN (1958) fanden keine Bevorzugung bestimmter Zuckermischungen. Aus ihrer Tab. V, S. 1061, geht aber hervor, daß sie die Mischung Saccharose : Glukose : Fruktose = 1:1:1, die nach WYKES bevorzugt wird, gar nicht geprüft haben. Es sind weitere Versuche notwendig, um die Frage aufzuhellen.

JAMIESON und AUSTIN untersuchten auch, welche Konzentrationsunterschiede bei Rohrzuckerlösungen von Bienen eben noch beachtet werden. Sie fanden, daß — im Bereich von 30—55% — Lösungen bevorzugt werden, wenn sie um 5% mehr Zucker enthalten, während Differenzen von 2,5% nicht unterschieden werden. Ihre Methode war aber nicht geeignet für scharfe Bestimmungen. Wer solche anstrebt, muß das Verhalten individuell markierter Bienen gegenüber verschiedenen Lösungen beobachten. Auf solche Weise fand ich z. B. Konzentrationsunterschiede von etwa 1% noch wirksam, allerdings bei schwellennahen Rohrzuckerlösungen (1934, S. 41f.). Ich habe die Sache damals nicht weiter verfolgt. Eine gründlichere Prüfung wäre von Interesse.

---

[1]) WYKES sagt (1952a, S. 516), ich hätte den Bienen nur eine Geschmacksqualität „süß" zugeschrieben. Wie das Zitat zeigt, habe ich mich vorsichtiger ausgedrückt.

Aus Versuchen mit anderen Schmeckstoffen geht hervor, daß Bienen für die meisten Bitterstoffe viel weniger empfindlich sind als wir[1]). Für Säuren und für Salzgeschmack stimmen die Schwellenwerte angenähert mit den unseren überein. Durch Methoden, die hier nicht erörtert werden müssen (vgl. v. FRISCH 1934) läßt sich zeigen, daß Zucker, Salzsäure, Kochsalz und Chinin für Bienen qualitativ verschieden schmecken. Ob es für sie mehr als diese vier Geschmacksqualitäten gibt, ließ sich nicht mit Sicherheit entscheiden.

Es ist gut, daß die Erde so reich ist an verschiedenartigen Tieren. Denn wo die eine Art dem wißbegierigen Forscher ein Geheimnis tückisch verbirgt, zeigt sich ihm bisweilen eine andere um so leichter zugänglich — wenn er das Geschick hat, das rechte Versuchstier zu finden. So entdeckte MINNICH (1926, 1931), daß bei Fleischfliegen (*Calliphora vomitoria* L., *Phormia regina* MEIGEN) am Rande des Rüssels an den Labellen verhältnismäßig große Haare sitzen, die man einzeln mit einem feinen Pinsel berühren kann. Ist er mit Zuckerwasser befeuchtet, so schnellt die Fliege sofort den Rüssel vor. Diese Haare sind Geschmacksorgane. Sie wurden seither genau studiert und bei einigen anderen Fliegenarten gleichfalls gefunden. Sie sind auch für den Elektrophysiologen ein ungewöhnlich günstiges Objekt. Ein Haar ist von drei Sinneszellen versorgt (Abb. 451), von denen eine an seiner Basis endet. Diese Zelle spricht auf Tastreize an. Die beiden anderen senden ihre Fortsätze bis an die Spitze und sind für chemische Reize empfänglich (DETHIER 1955, WOLBARSHT und DETHIER 1958, HODGSON und ROEDER 1956, HODGSON 1957). Nach neueren Untersuchungen gibt es aber verschiedene Typen dieser Sinneshaare, die Zahl der Sinneszellen kann von drei bis sechs variieren (PETERS 1961, LARSEN 1962, BRUNHILD STÜRCKOW 1962, s. S. 562: Nachtrag zum Literaturnachweis).

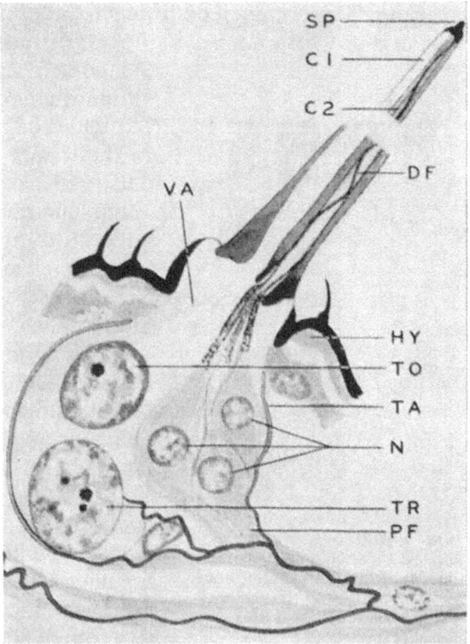

Abb. 451. Typisches Sinneshaar der Fleischfliege *Phormia regina* mit drei Sinneszellen; eine mechanorezeptorische endet an der Basis, die Fortsätze der beiden anderen reichen bis zur Spitze des — verkürzt dargestellten — Haares und dienen dem Geschmackssinn. N Nervenzellen, PF ihre proximalen Fortsätze, DF distal in das Haar eintretende Fortsätze. Nach DETHIER 1955

[1]) Es ist daher möglich, Zucker durch einen Bitterstoff zu vergällen, der seine Annahme durch Bienen nicht im geringsten stört, ihn aber für den Menschen ungenießbar macht. Da in manchen Ländern Zucker zur Bienenfütterung verbilligt abgegeben wird, besteht von Seiten der Behörden der Wunsch, durch seine Vergällung einen Mißbrauch zu verhindern. Für diesen Zweck erwies sich Acetylsaccharose als geeignet. Durch die Verbindung des Saccharosemoleküls mit Essigsäure wird der Zucker für Bienen geschmacklos, für den Menschen bitter. Das Präparat kam unter dem Namen „Oktosan" in den Handel. Es ist völlig unschädlich und zersetzt sich im Honig wieder in seine Bestandteile, in Zucker und unmerkliche Spuren von Essigsäure (vgl. WAHL 1937).

Solche Vereinigung von zwei Chemorezeptoren mit einem Mechanorezeptor in einer Sensille scheint eine Besonderheit bei Fliegen zu sein. Man konnte inzwischen auch bei Schmetterlingen (*Vanessa*, MORITA, DOIRA, TAKEDA und KUWABARA 1957) und beim Kartoffelkäfer (*Leptinotarsa decemlineata* SAY, STÜRCKOW und QUADBECK 1958, STÜRCKOW 1959) Schmeckhaare auffinden und einzeln studieren. Beim Kartoffelkäfer ist jedes Haar von 5 Sinneszellen versorgt, die nur auf chemische Reize ansprechen.

Bienen sind, was die Unterscheidung von Schmeckstoffen betrifft, zweifellos leistungsfähiger als jene Fliegen, aber sie sind weniger entgegenkommend und bieten dem Untersucher keine herausragenden Schmeckborsten an. Bei ihnen, wie bei vielen anderen Insekten, sind an geschmacksempfindlichen Körperstellen dünnwandige Kegel oder Zäpfchen oder Haare oder Dornen zu finden, die meist so dicht mit anderen Sinnesorganen untermengt sind, daß man sie bisher nicht isoliert untersuchen konnte. Wahrscheinlich dienen etwa 15 μ hohe dornartige, äußerst dünnwandige Kegel (Sensilla basiconica) als Geschmacksorgane, die an den Mandibeln der Biene sitzen (Abb. 452). Jede Sensille ist von 2 oder 3 Sinneszellen versorgt, deren Fortsätze bis zur Spitze reichen. Ein Feld von etwa 50 solchen Sensillen befindet sich fast unmittelbar unter der Mündung der Mandibeldrüse und hat vielleicht den Ausfluß des Sekretes zu kontrollieren. Andere Sensillen von solcher Bauweise liegen an der Schneidefläche der Mandibeln. Diese werden beim Saugen etwas gespreizt in einer Stellung gehalten, in der sie von der Lösung benetzt werden dürften (NEDEL 1960). Aber aus der morphologischen Betrachtung allein lassen sich keine sicheren Schlüsse ziehen. Wir können zur Zeit für die Biene über den Sitz des Geschmackssinnes nur grob anatomisch einiges aussagen.

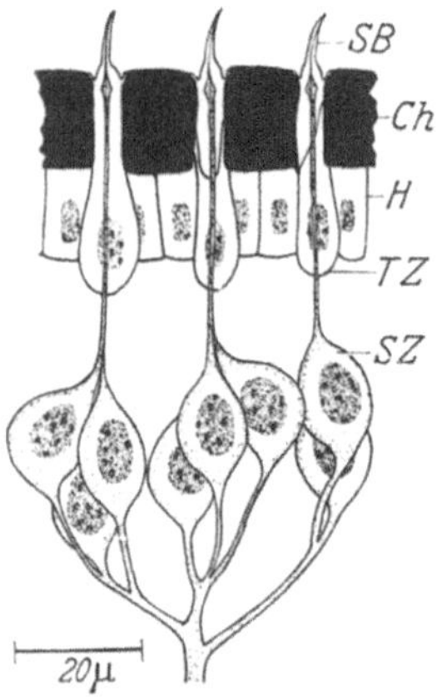

Abb. 452. Sinnesorgane *(Sensilla basiconica)*, wahrscheinlich Geschmacksorgane, von der Mandibel der Honigbiene, an der Mündung der Mandibeldrüse. Schematisch. Nach NEDEL 1960

Geschmacksorgane befinden sich bestimmt am Munde, wahrscheinlich sowohl am Rüssel wie an den Mandibeln und im Inneren des Mundes. Um den Geschmack einer Lösung zu erkennen, genügt ja das Eintauchen des Rüssels. Geschmacksorgane im Munde und in seiner unmittelbaren Umgebung sind verständlicherweise — nicht nur bei Insekten — sehr weit verbreitet.

Aber manche Insekten können auch mit ganz anderen Körperteilen schmecken. Das entdeckte MINNICH (1921, 1922) bei Schmetterlingen, die den Süßgeschmack einer Zuckerlösung mit ihren Fußspitzen wahrnehmen. Neben *Saccharose* können sie auch eine Anzahl anderer Zuckerarten mit den Füßen schmecken (ILSE WEIS 1930). Dieselbe Fähigkeit konnte MINNICH (1929) bei der Fleischfliege feststellen und HASLINGER (1935) für eine größere Zahl von Zuckerarten bestätigen. Für Fliegen und Schmetterlinge ist es durchaus sinnvoll, daß sie beim Herumlaufen auf dem Boden mit einer gezielten Rüsselreaktion antworten, sobald sie in etwas Genießbares treten. Auch bei der Honigbiene gelang MINNICH (1932) der Nachweis von Geschmacksorganen an den Vorderbeinen. Der Befund wurde von mehreren Seiten bestätigt (z. B. H. u. M. FRINGS 1949). Die Hinterbeine sprechen auf Schmeckreize seltener an. Daß es sich in allen diesen Fällen um Geschmacksorgane handelt, ist nicht zweifelhaft. Die Versuchstiere waren mit dem Rücken an einem kleinen Wachs- oder Paraffinblock befestigt und standen unter genauer Kontrolle. Durstige Tiere strecken auch bei Berührung der Füße mit Wasser den Rüssel aus.

Man muß sich daher vor jedem Versuch überzeugen, ob Wasser wirksam ist. Auch bei nicht durstigen Bienen (oder Schmetterlingen oder Fliegen) veranlaßt die Berührung eines Vorderbeines mit Saccharoselösung sofort das Ausstrecken des Rüssels, während Berührung mit Milchzuckerlösung von gleicher Konzentration keine Wirkung hat. Da diese beiden Zuckerlösungen gleiche Viskosität und gleichen osmotischen Druck haben, kann das andere Verhalten nur auf ihre chemische Verschiedenheit zurückgeführt werden.

In seiner Arbeit von 1932 schildert MINNICH, daß man bei der Biene auch durch Berührung der Antennen mit Zuckerlösung die Rüsselreaktion auslösen kann. Es genügt ein Kontakt mit der Fühlerspitze. Auch das ist für Bienen sowohl beim Blütenbesuch wie bei ihren Tätigkeiten im Stock gewiß ein guter Platz für Schmeckwerkzeuge. Genau wie die Organe am Mund und an den Beinen unterscheiden sie mit voller Sicherheit Rohrzucker von Milchzucker.

So erweisen sich die Bienen in ihrer Ausrüstung mit Geschmacksorganen durch deren örtliche Verteilung dem Menschen weit überlegen.

Die überraschende Entdeckung, daß die so vielseitig begabten Antennen der Biene auch noch als Träger von Geschmacksorganen dienen, ist seither mehrfach bestätigt und in wesentlichen Punkten ergänzt worden. Während MINNICH die Antenne stets mit derselben Rohrzuckerkonzentration ($^{64}/_{100}$ mol) gereizt hatte, suchte MARSHALL (1935) nach dem Schwellenwert und fand ihn an der Antenne für *Saccharose* durchschnittlich bei $^{1}/_{12}$ mol, manchmal auch tiefer bis zu $^{1}/_{24}$ mol. Bei den Tarsen der Vorderbeine lag er bei 1 mol, manchmal bei $^{1}/_{2}$ mol.

KUNZE (1933) prüfte die Antenne mit verschiedenen Zuckern und fand, daß die Rüsselreaktion bei Berührung mit Traubenzucker am häufigsten auszulösen war, Rohrzucker erwies sich als nicht ganz so wirksam und Fruchtzucker brachte deutlich geringeren Erfolg. *Mannit* bewirkte in 10%iger Lösung eine Rüsselreaktion. Da dieser Zuckeralkohol für die Mundgeschmacksorgane der Biene unwirksam ist, wäre eine Nachprüfung dieser kurzen Angabe von KUNZE erwünscht. In Übereinstimmung mit MARSHALLs späterer Mitteilung sind auch nach KUNZE die Antennen empfindlicher als die Mundteile, und zwar in noch weit höherem Grade: für Rohrzucker gibt er als Schwellenwert 2,5—0,3% an, also als untere Grenze $^{1}/_{100}$ mol. Für Traubenzucker seien die Antennen ebenso, für Fruchtzucker weniger empfindlich.

Auch diese Werte wurden noch übertrumpft durch eine Untersuchung von KANTNER in unserem Institut, die leider nicht zum Abschluß gekommen und darum auch nicht veröffentlicht worden ist. Nur sein Hauptergebnis habe ich (1934, S. 81) in einer Tabelle mit verwertet. Er kam zu tieferen Schwellenwerten dadurch, daß er seine an Paraffin festgeklebten Bienen auf Berührung der Antenne mit Zuckerlösung dressierte[1]). Nach jedem Antennenkontakt mit Rohrzuckerlösung wurden sie mit Zuckerwasser gefüttert. Auf diese Weise lernten sie auf Verdünnungen zu reagieren, auf die sie spontan nicht angesprochen haben. Der Schwellenwert lag bei $^{1}/_{10\,000}$ mol (0,0034%). Das kam mir damals unwahrscheinlich vor. Ich veranlaßte KANTNER zu immer neuen Kontrollversuchen und weiß bis heute nicht, ob meine Skepsis für ihn der eigentliche Grund war, die Arbeit aufzugeben. Sein Befund erscheint nicht mehr unglaubwürdig, wenn man bedenkt, daß MINNICH (1922a) bei dem Schmetterling *Pyrameis atalanta* L. (Admiral) im Hungerzustand für die tarsalen Geschmacksorgane den Schwellenwert bei $^{1}/_{12\,000}$ mol fand und bei hungernden Fliegen *(Calliphora)* bei einer unteren Grenze von $^{1}/_{25\,000}$ mol (MINNICH 1929). Diese für die Fußspitzen gefundenen Werte sind

[1]) ANNELIESE SCHMIDT (1938) konnte durch Dressurversuche auch bei Ameisen Geschmacksorgane an den Antennen nachweisen.

von der gleichen Größenordnung, wie sie KANTNER für die Antennen der Biene angibt. Demnach sind diese Organe für den Süßgeschmack von Rohrzucker rund 300mal empfindlicher als die menschliche Zunge.

Der weit geringeren Empfindlichkeit der am Munde gelegenen Geschmacksorgane der Bienen haben wir einen biologischen Sinn unterlegt: diese kommen gar nicht in Versuchung, einen Nektar aufzunehmen und einzutragen, der durch zu geringe Konzentration den Honig verwässern oder durch die Notwendigkeit nachträglicher Eindickung unnötige Arbeit machen würde. Für die Antennenorgane gilt diese Überlegung nicht, denn zum Finden einer Futterquelle können auch weniger konzentrierte Spuren dienlich sein. Die letzte Entscheidung über die Aufnahme liegt doch bei den Mundorganen.

Es wäre von Interesse, ob sich die so empfindlichen Geschmacksorgane der Antenne auch morphologisch von den Mundorganen unterscheiden. Doch um das zu erfahren, muß man sie erst kennen. Und so schließen wir mit einer offenen Frage — wie deren viele in diesem Buche stehen.

Das macht nichts. Die offenen Fragen sind es, an denen sich die Jungen für die Wissenschaft begeistern. Es wäre doch schade, wenn sie eines Tages sagen müßten: Nun wissen wir alles und haben nichts mehr zu tun. Habt keine Sorge! Dieser Tag wird nicht kommen. Denn der Menschengeist ist begrenzt, aber die Wunder der lebenden Natur sind ohne Ende.

Zusammenfassung

Orientierungsflüge. — Die Nahorientierung durch den Gesichts-, Geruchs- und Geschmackssinn (S. 477—534)

1. Bei ihren Orientierungsflügen machen sich die Bienen mit dem Anblick und der Lage des Heimatstockes bekannt. Das geht rasch. Schon nach dem ersten Ausflug finden sie aus einem Abstand von mehreren hundert Metern nach Hause. Der Bereich kann sich nach wiederholten Orientierungsflügen auf einige tausend Meter erweitern. Unmittelbar nach dem ersten Abflug wendet sich die Biene mit dem Kopf zum Stock, fliegt aber nach wenigen Sekunden pfeilschnell davon. Nach etwa 5 Minuten kehrt sie zurück und schwebt im Anflug, bevor sie sich niederläßt, einige Minuten lang in wiegendem Fluge vor dem Stock hin und her („Vorspiel"), wobei sie sich seine Merkmale fester einprägt. Es ist anzunehmen, daß sie mit Hilfe des Himmelskompasses und der entfernteren Landmarken seine Lage in der Landschaft schon beim ersten Ausflug erfaßt. Für die Nahorientierung ist vor allem die Lagebeziehung des Stockes zu seiner unmittelbaren Umgebung und seine Farbe wichtig (Abb. 398, S. 480).

In Versuchen mit Grabwespen, deren Orientierung auf gleicher Basis ruht, ließen sich die wirksamen Landmarken besonders klar feststellen. Bei diesen, wie bei den Bienen, besteht kein Anlaß für die Heimkehrfähigkeit neben dem Erlernen optischer Wegmarken andere unbekannte Faktoren anzunehmen. Daß auch der vertraute Geruch des Heimatstockes mitspielt, steht außer Zweifel.

2. Der Farbensinn der Bienen ist gut entwickelt. Er entspricht weitgehend dem trichomatischen Farbensehen des Menschen, unterscheidet sich aber durch eine Verschiebung der Empfindlichkeit nach dem kurzwelligen Ende des Spektrums. Ultraviolettes Licht hat für die Bienen von allen für sie wahrnehmbaren Farben die größte Reizwirksamkeit. Diese nimmt für sie, bezogen auf energiegleiche Strahlung, in folgendem Verhältnis ab: 5,6 (Ultraviolett 360 mμ) : 1,5 (Blauviolett 440 mμ) : 1,0 (Grün 530 mμ) : 0,8 (Gelb 588 mμ) : 0,5 (Blaugrün

490 mμ) : 0,3 (Orange 616 mμ). Für Rot über 650 mμ sind sie unempfindlich. Orange, Gelb und Grün sind für sie ähnlich, ebenso Blau und Violett (Abb. 405, S. 486). Durch Mischung der für sie geltenden Endfarben des Spektrums entsteht — in Analogie zum menschlichen Farbensehen — für sie eine neue, im Spektrum nicht enthaltene Farbqualität („Bienenpurpur") und schließt das Spektrum zum Farbenkreis (Abb. 406, S. 487). Durch Mischung von Ultraviolett mit Blauviolett entsteht das „Bienenviolett". In diesem, wie im Ultraviolett und im Bereich der Purpurfarben, sind für das Bienenauge jeweils mehrere Farbtöne gut unterscheidbar. Für sie — wie für uns — ergibt sich aus der Mischung aller wahrnehmbaren Farben in der Zusammensetzung des Sonnenlichtes neutrales „Weiß", das anders aussieht als jede Spektralfarbe und im Dressurversuch nicht so leicht erlernt wird wie Farben. „Weiß" entsteht auch, wenn man bestimmte Farbpaare (Komplementärfarben) im richtigen Verhältnis miteinander mischt. Komplementärfarben für Bienen sind: Blaugrün und Ultraviolett, Gelb und Bienenviolett, Blau und Bienenpurpur.

Auf elektrophysiologischem Wege ließen sich die Empfindlichkeitskurven einzelner Sehzellen des Bienenauges bestimmen (Abb. 407, S. 489). Die Ergebnisse stehen in bester Harmonie mit den Resultaten der Verhaltensversuche und demonstrieren unmittelbar den trichromatischen Farbensinn.

3. Beurteilt man das Auflösungsvermögen des Bienenauges nach den Divergenzwinkeln der Einzelaugen, so muß man auf ein Formensehen schließen, das etwa 100mal schlechter ist als das unsere. In Dressurversuchen zeigt sich aber, daß sie bei der Gestaltwahrnehmung auf andere Merkmale achten als wir. Nicht der Verlauf der Konturen, sondern der Grad der Auflösung einer Figur ist für Bienen das wichtigste Kennzeichen. Stark gegliederte Muster erregen primär ihre Aufmerksamkeit und prägen sich ihrem Gedächtnis leichter ein als geschlossene geometrische Figuren, wie etwa Kreis, Dreieck oder Quadrat, die voneinander nicht unterschieden werden (Abb. 414, S. 493). Dem geringen räumlichen steht ein hohes zeitliches Auflösungsvermögen gegenüber. Bienen können zehnmal so viele Reizwechsel in der Zeiteinheit registrieren als wir. Das begünstigt im Flug die Wahrnehmung gegliederter Muster (Abb. 415, S. 493). Es ist aber nicht so, daß sich Bienen unter allen Umständen durch die stärkste figurale Gliederung leiten lassen. Sie lassen sich auch auf schwach gegliederte gegen stärker gegliederte Muster mit Erfolg dressieren und in Heimkehrstimmung bevorzugen sie primär die konturarmen Muster, wie solche ihrem Ziel, dem dunklen Flugloch des Heimatstockes, entsprechen.

4. Die Farben der Blüten stehen in deutlicher Beziehung zum Farbensehen der Blütengäste. Vogelblumen sind häufig rot, während bei Immenblumen ein reines Rot sehr selten ist. Für uns gleichfarbig gelbe Blüten können für Bienen durch unterschiedliche Beimengung von Ultraviolett leicht unterscheidbar sein; dasselbe gilt für manche blaue Blumen (Abb. 416 und 418, S. 496f.). Für uns weiße Blüten sind für Bienen dadurch, daß sie kein Ultraviolett reflektieren, blaugrün gefärbt (Abb. 417, S. 497). Vom roten Mohn könnte man erwarten, daß er für Bienen farblos schwarz ist, er erscheint ihnen aber durch starke UV-Reflexion als ultraviolette Blume (Abb. 419, S. 498). Das Laub reflektiert ziemlich gleichmäßig in allen drei Grundfarbbereichen der Biene und ist für sie daher fast farblos grau, so daß sich die Blumenfarben vor solchem Hintergrund um so deutlicher herausheben (Abb. 420, S. 498).

5. Saftmale als Wegweiser zur Nahrungsquelle sind an den Blumen für Bienen weit häufiger als für uns, weil sie vielfach auf ungleicher Ultraviolettreflexion beruhen und dann für uns unsichtbar bleiben (Abb. 420—424, S. 498ff.). Die

Bedeutung der Saftmale ließ sich durch Versuche an Bienen und Hummeln nachweisen. Die Reaktion auf ein Saftmal ist den Bienen angeboren.

6. Blumenfarben wirken auf Suchbienen primär anlockend. Für die Sammelbienen bedeuten sie ein Merkzeichen, das ihnen das Auffinden der gesuchten Blütenart und ihre Unterscheidung von anderen Blumen erleichtert. Auch figurale Kennzeichen können zur Augenfälligkeit beitragen und mitunter ist die Gestalt der ganzen Pflanze in den Dienst dieser Aufgabe gestellt (Abb. **428**, S. **504**).

7. Der Geruchssinn der Bienen ermöglicht ihnen die Unterscheidung einer ähnlichen Mannigfaltigkeit von Düften, wie wir eine solche aus unserer Erfahrung kennen. Auf blumenhafte Gerüche lassen sie sich leicht dressieren. Sie sind erstaunlich gut imstande, den Dressurduft auch in einem Duftgemisch zu erkennen. Blütenfremde Düfte können sie zwar wahrnehmen, aber sie lernen schwer, sie als Merkzeichen zu verwerten.

8. Der Geruchssinn der Bienen hat seinen Sitz auf den acht distalen Gliedern der Fühlergeißel (Abb. **432**, S. **509**). An diesen finden sich sieben deutlich unterscheidbare Sinnesorgane (Sensillen, vgl. Abb. **433**, S. **510**). Als Geruchsorgane dienen die Porenplatten. Nach elektrophysiologischen Untersuchungen reagiert eine einzelne Sinneszelle einer Porenplatte auf mehrere verschiedene Riechstoffe, es wurden aber noch nicht zwei Sinneszellen mit genau identischem Reaktionsspektrum gefunden. Diese Mannigfaltigkeit ihrer Reaktionsweise macht das schier unbegrenzte qualitative Unterscheidungsvermögen verständlich. Für die anderen Sensillen ließ sich bisher keine Geruchsfunktion nachweisen. Die Grubenkegel dienen der Wahrnehmung der relativen Feuchte, ferner von Kohlendioxyd und von Temperaturreizen.

9. Durch die Lage der Geruchsorgane an den vorgestreckten, beweglichen Fühlern sind die Bienen zu lokalisierendem Riechen fähig (topochemischer Geruchssinn). Im Experiment läßt sich nachweisen, daß sie Düfte seitenrichtig orten können. Mit überkreuzten Fühlern (Abb. **437**, S. **514**) wenden sie sich im Wahlversuch nach der falschen Seite. Es ließ sich feststellen, welcher Konzentrationsunterschied für eine seitenrichtige Entscheidung nötig ist. Das Ergebnis berechtigt zu der Annahme einer tropotaktischen Orientierung nach lokalen Duftunterschieden, wie sie im Stock und an Blüten für die Nahorientierung gegeben sind. — Neben der tropotaktischen Orientierung durch gleichzeitigen räumlichen Vergleich der beiderseitigen Geruchseindrücke gibt es auch eine klinotaktische Orientierung durch zeitlich rasch aufeinanderfolgende Prüfung beider Seiten mit den gleichen Sinnesorganen. Nach Verlust einer Antenne kann sich die Biene im Wahlversuch noch richtig entscheiden, indem sie die ihr verbliebene Antenne rasch hin und her schwingt.

10. Die Riechschärfe der Bienen ist angenähert dieselbe wie beim Menschen. Im allgemeinen ist sie für blumige Düfte etwas besser, für biologisch belanglose Gerüche etwas schlechter als bei uns (Tab. **43** u. **44**, S. **519**f.). In der Wahrnehmung von Wachsgeruch und des Geruchs ihres Duftorganes sind sie uns um ein Mehrfaches überlegen.

Setzt man Farbe und Duft in Konkurrenz, so orientieren sie sich nach der Farbe aus größerer Entfernung, während aus der Nähe der Duft für sie mehr „Überzeugungskraft“ hat.

11. In den physiologischen Grundlagen des Geruchssinnes stimmen die Bienen anscheinend mit uns weitgehend überein. Alle Riechstoffe, auf welche sie sich dressieren ließen, duften auch für uns. Für uns duftlose Blüten sind auch für Bienen geruchlos. Für uns ähnliche Gerüche werden auch von Bienen miteinander verwechselt. In der Riechschärfe bestehen im allgemeinen gegenüber dem Menschen keine wesentlichen Unterschiede.

12. Die Entwicklung des Blütenduftes steht in deutlicher Beziehung zu den Blütengästen. Als Lockmittel ist er dem Kreis der Besucher angepaßt (z. B. Aasgeruch bei Fliegenblumen). Der blumige Duft der Immenblumen ist für die Suchbienen ein Lockmittel, für die Sammelbienen das sicherste Merkzeichen zur Unterscheidung der Blütensorten und, am Körper haftend, ein Verständigungsmittel beim Tanz. Differenzierungen des Duftes innerhalb der Blüte dienen als geruchliche Leitmarken. In noch weiterer Verbreitung als optische Saftmale kommen Duftmale an Blüten vor. Sie markieren geruchlich den Zugang zur Nahrungsquelle. Bei Vogelblumen fehlen sie. Vögel haben einen schwach entwickelten Geruchssinn und sie haben auch nicht die Gabe, so wie eine Biene mit ihren Antennen, Düfte zu lokalisieren.

13. Der Geschmackssinn der Bienen unterscheidet sich vom unseren in mehrfacher Hinsicht. In erster Linie wichtig ist für sie der Süßgeschmack durch den sie sich über Anwesenheit und Konzentration des Nektars orientieren. Anders als man erwarten möchte, sind sie aber für den Süßgeschmack von Zucker nicht sehr empfindlich. Der Schwellenwert für Rohrzucker liegt bei $^1/_8$—$^1/_{16}$ mol (4—2%). Sie sind also für diesen Zucker zehnmal weniger empfindlich als wir. Das ist sinnvoll, weil der Blütennektar meistens eine hohe Konzentration hat (in der Regel zwischen 20 und 70%) und weil die Annahme von wenig zuckerhaltigen Säften für die Fertigung eines haltbaren Honigs als Wintervorrat ungünstig wäre.

14. Von den vielen, für uns süß schmeckenden Verbindungen sind für Bienen die meisten geschmacklos. Das gilt nicht nur für chemisch abwegige Süßstoffe, wie z. B. Saccharin, sondern auch für die Zucker. Von 34 geprüften verschiedenen Zuckern und ihnen nahestehenden Verbindungen erwiesen sich nur 7 als deutlich süß für die Bienen. Von ihnen sind 5 als wesentliche Bestandteile von Nektar oder Honigtau bekannt geworden (*Saccharose*, *Glukose*, *Fruktose*, *Melezitose* und *Trehalose*). Von den für Bienen kaum oder nicht süßen Zuckern ist keiner in ihren natürlichen Nahrungsquellen in nennenswerten Mengen gefunden worden. Alle für Bienen süßen Zucker können im Stoffwechsel von ihnen verwertet werden. Die Mehrzahl der für sie nicht süßen Zucker hat für sie geringen oder keinen Nährwert. Diese Befunde lassen sich aber nicht für Insekten verallgemeinern.

15. Für Bitterstoffe sind Bienen in der Regel unterempfindlich. Bitter, sauer, salzig und süß bedeuten für sie verschiedene Geschmacksqualitäten. Ob sie darüber hinaus noch mehr Qualitäten unterscheiden können, ist nicht bekannt.

16. Als Geschmacksorgane sind bei Fliegen, Käfern und Schmetterlingen bestimmte Sinneshaare bekannt geworden. Bei der Biene sind dünnwandige dornartige Sensilla basiconica an den Mandibeln mit Wahrscheinlichkeit als Geschmackskegel anzusprechen. Mit Sicherheit sind bisher weder diese noch andere Sensillen als Schmeckwerkzeuge der Bienen nachgewiesen.

17. Sitz der Geschmacksorgane sind der Mund und seine Umgebung, die Vorderbeine und die Antennen. Schon spontan, und noch viel mehr nach entsprechender Dressur reagieren die Antennen auf niedrigere Zuckerkonzentrationen als die Mundorgane. Nach Dressur ließ sich ein Schwellenwert von $^1/_{10\,000}$ mol (0,0034%) für Rohrzucher feststellen. Zum Aufspüren von Zuckerquellen kann der niedere Schwellenwert nützlich sein. Über die Aufnahme entscheiden die Mundorgane, deren hohe Schwelle dem Eintragen zu dünner Lösungen einen Riegel vorschiebt.

Rückblick

Zusammenfassungen findet der Leser am Ende der einzelnen Abschnitte. Auf sie kann hier verwiesen werden. Sie sind nach der Inhaltsübersicht leicht aufzufinden und sollten dazu verhelfen, trotz vieler Einzelheiten den Überblick zu wahren. – Was ist nun wohl von alledem am meisten bemerkenswert?

Bienen sind Insekten; ihre nervösen Zentren sind, nach ihrer anatomischen Entfaltung, armselig im Vergleich mit dem menschlichen Gehirn. Trotzdem können diese Wesen ein Ziel, das für ihr Volk von Wichtigkeit ist, den Kameraden mitteilen und seine Lage so genau beschreiben, daß es von den Stockgenossen in selbständigem Flug, ohne Geleit, auf kürzestem Wege gefunden wird – selbst in kilometerweiter Entfernung. Die Nachricht wird durch rhythmische Bewegungen übermittelt, die wir Tänze genannt haben. Das Tempo des Tanzes verkündet die Entfernung. Insbesondere scheint die Zeitdauer des geradlinigen Laufes im Schwänzeltanz das maßgebende Signal zu sein. Sie wird durch die Schwänzelbewegungen und durch ein schnarrendes Geräusch scharf betont – je größer die Entfernung, desto länger währt das Schwänzeln und der Schwänzelton bei jedem Durchlauf. Die Richtung des Schwänzellaufes zeigt an, in welcher Richtung mit Bezug auf den Sonnenstand das Ziel anzusteuern ist. Bei horizontalen Tänzen unter freiem Himmel erfolgt diese Weisung direkt, wie mit dem Zeigefinger. Auf der vertikalen Wabenfläche im finsteren Stock wird durch ein Gleichnis gesagt, was hier direkt nicht ausgedrückt werden kann: die Biene transponiert vom Lichtsinn auf den Schweresinn und verkündet den Sonnenwinkel durch den Winkel zum Lot. Der spezifische Blütenduft, der noch vom Blumenbesuch am Körper der Tänzerin erkennbar haftet, vermittelt den Kameraden im Stock die Kenntnis der Blütensorte, nach der sie suchen sollen. Je wertvoller der Fund, desto lebhafter, ausdauernder, und dadurch auch wirksamer sind die Werbetänze.

Bei gleichzeitigem Blühen verschiedener Pflanzenarten wird so auf einfachste Weise eine sinnvolle Aufteilung der Arbeitskräfte erreicht. Je besser der Nektar, den eine Blütensorte zu bieten hat, desto lebhafter die Tänze, und desto mehr neue Arbeitskräfte werden eben dieser Blütensorte zugeführt – bis mit dem Ausschöpfen des Überflusses das Angebot spärlich wird und die Werbung, wie der Zustrom weiterer Hilfskräfte nachläßt. Dabei wird die Güte der Nahrungsquelle keineswegs nur nach der Süßigkeit und Menge des Futters eingeschätzt. Eine erstaunliche Vielfalt von Faktoren ist an der Rentabilität einer Nahrungsquelle beteiligt, findet Beachtung und regelt die Intensität ihrer Nutzung.

Wenn zur Schwarmzeit durch Spurbienen geeignete Nistplätze erkundet und oft in größerer Auswahl gefunden werden, kann sich der Schwarm nicht, wie die Gruppen der Nektarsammler, auf verschiedene Ziele verteilen. Die Entscheidung muß für eine Niststätte fallen, und es wird die beste erkoren. Jede Spurbiene wirbt für ihre Entdeckung je nach den Mängeln und Vorzügen der Wohnung mit abgestufter Intensität, nach einer angeborenen Bewertungsskala. Neben stürmischen Tänzerinnen sieht man solche, die für ihren Fund weniger lebhaft eintreten können; diese stellen ihre Werbung allmählich ein, oder sie lassen sich für das bessere Heim umstimmen – bis eine Einigung erreicht ist und der Schwarm in sein neues Quartier abzieht.

Ähnliche Leistungen sind von anderen Tieren, auch von anderen sozialen Insekten, nicht bekannt. Wie sie sich im Laufe der Stammesgeschichte entwickelt haben, kann nur vermutet werden. Immerhin geben vergleichende Studien im Bereich der näheren und entfernteren Verwandtschaft der Honigbiene interessante Hinweise.

Ein entlegenes Ziel wiederzufinden, oder gar ein solches derart zu beschreiben, daß es von anderen gefunden werden kann, ist ohne hervorragende Orientierungsgabe nicht denkbar. Eine solche besteht. Landmarken spielen hierbei eine wesentliche Rolle. Aber daneben ist die Orientierung nach der Sonne und dem blauen Himmel von überragender Bedeutung. Die Sonne dient den Bienen als Kompaß. Sie kennen ihren Tageslauf und dank ihrer „inneren Uhr" sind sie imstande, zu jeder Stunde des Tages jenen Winkel zum Sonnenstand einzuschlagen, der sie eine bestimmte Himmelsrichtung finden läßt. Sie erkennen die Sonne auch noch durch eine Wolkendecke, die sie für uns unsichtbar macht. Diese Fähigkeit verdanken sie ihrer großen Ultraviolettempfindlichkeit. Sie orientieren sich aber auch mit Sicherheit am blauen Himmel nach dem polarisierten Licht, dessen Schwingungsrichtung vom Sonnenstand abhängig ist. Beide Orientierungsweisen, nach der Sonne und nach dem polarisierten Himmelslicht, sind miteinander gekoppelt und können einander vertreten.

Jungbienen müssen bei ihren ersten Ausflügen individuelle Erfahrungen über den Sonnenlauf sammeln, damit ihre Kompaßorientierung richtig funktioniert. Hierbei genügt aber die Bekanntschaft mit einem Sektor der Sonnenbahn über wenige Stunden, um hernach auch zu anderer Tageszeit die richtige Einstellung zu finden. Die Bienen ergänzen das Bruchstück zum vollen Tageslauf, ja sie schließen sogar zwischen Untergang und Aufgang der Sonne den Halbbogen zum nie gesehenen Kreisbogen. Manche Tänzerinnen wiederholen ihre Werbung stundenlang, unter Umständen auch in der Nacht. Ohne neuerliche Orientierung am Himmel kompensiert die Richtung des Schwänzellaufes einer Tänzerin den fortschreitenden Sonnenstand und demonstriert uns ad oculos ihren Zeitsinn – gleichsam ein Stundenzeiger ihrer „inneren Uhr".

Die Wahrnehmung der Schwingungsrichtung polarisierten Lichtes wird nach einer gut begründeten Theorie durch die radiäre Anordnung der Sinneszellen vermittelt, wobei deren Sehstäbe als Radiäranalysator wirken. Als Grundlage für die Analyse der Schwingungsrichtung wird die radiär ausgerichtete Feinstruktur in den Sehstäben angesehen, wie sie uns das Elektronenmikroskop enthüllt hat.

Die Orientierung nach dem Sonnenstand und nach dem polarisierten Licht hat sich als eine, bei Tieren weit verbreitete Fähigkeit erwiesen. Aber sie zur Nachrichtenvermittlung zu verwerten, und als tragendes Element in ihre „Sprache" einzubauen, bleibt die alleinige Domäne der Bienen.

Das etwa erscheint mir als Quintessenz der Erkenntnisse, zu denen ein langer Weg geführt hat. Ich habe die stille Hoffnung, daß man nicht n u r diesen Abschnitt liest. Auch der Reiz einer Fußwanderung liegt an der Gesamtheit der Eindrücke. Blumen und Baumgestalten, die nicht mehr im Blickfeld liegen, wenn man ans Ziel gelangt, und manche Ausblicke, die sich vorübergehend eröffnet haben, möchte man in der Erinnerung nicht missen. Darin gleichen einander die Wege, ob sie über Berge führen oder in wissenschaftliches Neuland.

Literaturnachweis

ALLEN, M. DELIA: The occurrence and possible significance of the "shaking" of honeybee queens by the workers: Animal behaviour 7, 66—69, 1959.

— The "shaking" of worker honeybee by other workers: Animal behaviour 7, 233—240, 1959a.

ALTEVOGT, R.: Wirksamkeit polarisierten Lichtes bei *Uca Tangeri*: Naturwissenschaften 50, 697—698, 1963.

—, u. H. v. HAGEN: Über die Orientierung von *Uca Tangeri* EYDOUX im Freiland: Z. Morph. Ökol. Tiere 53, 636—656, 1964.

ARMBRUSTER, L.: Über Bienentöne, Bienensprache und Bienengehör: Archiv f. Bienenkunde 4, 221—259, 1922.

ASCHOFF, J.: Zeitgeber der tierischen Tagesperiodik: Naturwissenschaften 41, 49—56, 1954.

— Tagesperiodik bei Mäusestämmen unter konstanten Umgebungsbedingungen: Pflügers Arch. ges. Physiol. 262, 51—59, 1955.

AUFSESS, ALEXANDRA V.: Geruchliche Nahorientierung der Bienen bei entomophilen und ornithophilen Blüten: Z. vergl. Physiol. 43, 469—498, 1960.

AUTRUM, H.: Neue Versuche zum optischen Auflösungsvermögen fliegender Insekten: Experientia (Basel) 5, 271—277, 1949.

— Über zeitliches Auflösungsvermögen und Primärvorgänge im Insektenauge: Naturwissenschaften 39, 290—297, 1952.

— Elektrobiologie des Auges: Verhandl. Gesellsch. Deutscher Naturf. u. Ärzte zu Essen 1952, 104—108. Berlin-Göttingen-Heidelberg: Springer 1953.

—, u. N. METSCHL: Beziehungen zwischen Lichtreiz und Erregung im Ocellusnerven von *Calliphora erythrocephala*: Z. Naturforsch. 16b, 384—388, 1961.

— — Die Arbeitsweise der Ocellen der Insekten: Z. vergl. Physiol. 47, 256—273, 1963.

—, u. WILFRIEDE SCHNEIDER: Vergleichende Untersuchungen über den Erschütterungssinn der Insekten: Z. vergl. Physiol. 31, 77—88, 1948.

—, u. MARIELUISE STOECKER: Die Verschmelzungsfrequenzen des Bienenauges: Z. Naturforsch. 5b, 38—43, 1950.

— — Über optische Verschmelzungsfrequenzen und stroboskopisches Sehen bei Insekten: Biol. Zbl. 71, 129—152, 1952.

—, u. HILDEGARD STUMPF: Das Bienenauge als Analysator für polarisiertes Licht: Z. Naturforsch. 5b, 116—122, 1950.

—, u. INGRID WIEDEMANN: Versuche über den Strahlengang im Insektenauge (Appositionsauge): Z. Naturforsch. 17b, 480—482, 1962.

—, u. VERA V. ZWEHL: Zur spektralen Empfindlichkeit einzelner Sehzellen der Drohne (*Apis mellifica* ♂): Z. vergl. Physiol. 46, 8—12, 1962.

— — Die Sehzellen der Insekten als Analysatoren für polarisiertes Licht: Z. vergl. Physiol. 46, 1—7, 1962a.

— — Ein Grünrezeptor im Drohnenauge (*Apis mellifica* ♂): Naturwissenschaften 50, 698, 1963.

— — Die spektrale Empfindlichkeit einzelner Sehzellen des Bienenauges: Z. vergl. Physiol. 48, 357—384, 1964.

BACCETTI, B., and C. BEDINI: Research on the structure and physiology of the eyes of a Lycosid spider. I. Microscopic and ultramicroscopic structure: Arch. ital. Biol. 102, 97—122, 1964.

BAERENDS, G. P.: Fortpflanzungsverhalten und Orientierung der Grabwespe *Ammophila campestris* JUR.: Tijdschrift voor Entomol. Deel 84, 68—275, 1941.

BAINBRIDGE, R., and T. H. WATERMAN: Polarized light and the orientation of two marine crustacea: J. exp. Biol. 34, 342—364, 1957.

— — Turbidity and the polarized light orientation of the crustacean *Mysidium*: J. exp. Biol. 35, 487—493, 1958.

BALTZER, F.: Einige Beobachtungen über Sicheltänze bei Bienenvölkern verschiedener Herkunft: Arch. Jul. Klaus-Stiftung 27, 197—206, 1952.

BAUMGÄRTNER, H.: Der Formensinn und die Sehschärfe der Bienen: Z. vergl. Physiol. 7, 56—143, 1928.

BAYLOR, E. R.: The responses of snails to polarized light: J. exp. Biol. **36**, 369—376, **1959**.
—, and D. KENNEDY: Evidence against a polarizing analyzer in the bee eye: Anat. Rec. **132**, 411, **1958**.
—, and F. E. SMITH: The orientation of Cladocera to polarized light: Amer. Naturalist **87**, 97—101, **1953**.
BAYRAMOGLU-ERGENE, SAADET: Untersuchungen über den Einfluß der Ocellen auf die Fluggeschwindigkeit der Wanderheuschrecke *Schistocerca gregaria:* Z. vergl. Physiol. **48**, 467—480, **1964**.
— Die Funktion der Ocellen bei *Anacridium aegyptium:* Z. vergl. Physiol. **49**, 465—474, **1965**.
BECKER, G.: Ruheeinstellung nach der Himmelsrichtung, eine Magnetfeldorientierung bei Termiten: Naturwissenschaften **50**, 455, **1963**.
— Magnetfeld-Orientierung von Dipteren: Naturwissenschaften **50**, 664, **1963a**.
—, u. U. SPECK: Untersuchungen über die Magnetfeld-Orientierung von Dipteren: Z. vergl. Physiol. **49**, 301—340, **1964**.
BECKER, LORE: Untersuchungen über das Heimfindevermögen der Bienen: Z. vergl. Physiol. **41**, 1—25, **1958**.
BEER, INGEBORG: Neue Anstrichfarben für Bienenstöcke zur besseren Orientierung am Stand: Lehramtsarbeit Naturw. Fak. Univ. München **1957**.
BELING, INGEBORG: Über das Zeitgedächtnis der Bienen: Z. vergl. Physiol. **9**, 259—338, **1929**.
BENNETT, MIRIAM F., and M. RENNER: The collecting performance of honey bees under laboratory conditions: Biol. Bull. **125**, 416—430, **1963**.
BERGER, PAULETTE, et M. J. SEGAL: La discrimination du plan de polarisation de la lumière par l'oeil de l'abeille: C. R. Acad. (Paris) **234**, 1308—1310, **1952**.
BERLEPSCH, A. v.: Die Biene und die Bienenzucht in honigarmen Gegenden: Mühlhausen **1860**.
BERTHOLF, L. M.: Reactions of the honeybee to light: J. agric. Res. **42**, 379—419, **1931**.
— The distribution of stimulative efficiency in the ultraviolet spectrum for the honeybee: J. agric. Res. **43**, 703—713, **1931a**.
BETHE, A.: Die Heimkehrfähigkeit der Ameisen und Bienen: Biol. Zbl. **22**, 193—215 u. 234—238, **1902**.
— Das Finden des Weges — eine kritische Betrachtung: Studiun generale **3**, 75—87, **1950**.
BEUTLER, RUTH: Biologisch-chemische Untersuchungen am Nektar von Immenblumen: Z. vergl. Physiol. **12**, 72—176, **1930**.
— Neue Untersuchungen über den Zuckergehalt des Blütennektars: Leipziger Bienenzeitung 50. Jg., 271—273, **1935**.
— Zeit und Raum im Leben der Sammelbiene: Naturwissenschaften **37**, 102—105, **1950**.
— Über die Flugweite der Bienen: Z. vergl. Physiol. **36**, 266—298, **1954**.
—, u. ADELE SCHÖNTAG: Über die Nektarabscheidung einiger Nutzpflanzen: Z. vergl. Physiol. **28**, 254—285, **1940**.
—, u. O. WAHL: Über das Honigen der Linde in Deutschland: Z. vergl. Physiol. **23**, 301—331, **1936**.
BIRUKOW, G.: Photo-Geomenotaxis bei *Geotrupes silvaticus* PANZ.: Naturwissenschaften **40**, 61—62, **1953**.
— Menotaxis im polarisierten Licht bei *Geotrupes silvaticus* PANZ.: Naturwissenschaften **40**, 611—612, **1953a**.
— Photo-Geomenotaxis bei *Geotrupes silvaticus* PANZ. und ihre zentralnervöse Koordination: Z. vergl. Physiol. **36**, 176—211, **1954**.
— Lichtkompaßorientierung beim Wasserläufer *Velia currens* F. (Heteroptera) am Tage und zur Nachtzeit. I. Herbst- und Winterversuche: Z. Tierpsychol. **13**, 463—484, **1956**.
— Angeborene und erworbene Anteile relativ einfacher Verhaltenseinheiten: Verh. d. Deutschen Zool. Ges. in Erlangen 1955, 32—48, Leipzig **1956a**.
— Innate types of chronometry in insect orientation: Cold Spring Harbor Symposia on quantitative Biology **25**, 403—412, **1960**.
— K. FISCHER u. H. BÖTTCHER: Die Sonnenkompaßorientierung der Eidechsen: Ergebn. Biol. **26**, 216—234, **1963**.
—, u. HANNE OBERDORFER: Schwerkraftorientierung beim Wasserläufer *Velia currens* F. (Heteroptera) am Tage und zur Nachtzeit: Z. Tierpsychol. **16**, 693—705, **1959**.
—, u. R. L. DE VALOIS: Über den Einfluß der Höhe einer Lichtquelle auf die Lichtkompaßorientierung des Mistkäfers *Geotrupes silvaticus* PANZ.: Naturwissenschaften **42**, 349—350, **1955**.
BISETZKY, A. RUTH: Die Tänze der Bienen nach einem Fußweg zum Futterplatz: Z. vergl. Physiol. **40**, 264—288, **1957**.
BLEST, A. D.: The evolution, ontogeny and quantitative control of the settling movements of some new world Saturnid moths, with some comments on distance communication by honey-bees: Behaviour **16**, 188—253, **1960**.

BLINOW, N. M.: Dressur der Bienen auf Rotklee: Ptschelowodstwo Nr. 2, 50—54, **1959** und Nr. **7**, 35—36, **1960**.

BOCH, R.: Die Tänze der Bienen bei nahen und fernen Trachtquellen: Z. vergl. Physiol. **38**, 136—167, **1956**.

— Rassenmäßige Unterschiede bei den Tänzen der Honigbiene *(Apis mellifica* L.*)*: Z. vergl. Physiol. **40**, 289—320, **1957**.

— Food handling of honeybees within the hive: Symposium food gathering behavior of Hymenoptera, Cornell University **1959**.

—, and D. A. SHEARER: Identification of Geraniol as the active component in the Nassanoff Pheromone of the honeybee: Nature (Lond.) **194**, 704—706, **1962**.

— — Production of geraniol by honey bees of various ages: J. Ins. Physiol. **9**, 431—434, **1963**.

— — Identification of nerolic and geranic acids in the Nassanoff Pheromone of the honey bee: Nature (Lond.) **202**, 320—321, **1964**.

— —, and B. C. STONE: Identification of Iso-Amyl-Acetate as an active component in the sting pheromone of the honey bee: Nature (Lond.) **195**, 1018—1020, **1962**.

BOECKH, J.: Elektrophysiologische Untersuchungen an einzelnen Geruchsrezeptoren auf den Antennen des Totengräbers (*Necrophorus*, Coleoptera): Z. vergl. Physiol. **46**, 212—248, **1962**.

BOEHM, G.: Über maculare (HAIDINGERsche) Polarisationsbüschel und über einen polarisationsoptischen Fehler des Auges: Acta ophthal. (Kbh.) **18**, Fasc. 2, 109—142, **1940**.

— Über ein neues entoptisches Phänomen im polarisierten Licht. „Periphere" Polarisationsbüschel: Acta ophthal. (Kbh.) **18**, Fasc. 2, 143—169, **1940a**.

BOLWIG, N.: The role of scent as a nectar guide for honeybees on flowers and an observation on the effect of colour on recruits: Brit. J. Anim. Behav. **2**, 81—83, **1954**.

BRAEMER, W.: A critical review of the sun azimuth Hypothesis: Cold Spr. Harb. Symp. quant. Biol. **25**, 413—427 **1960**.

— The effect of experimentally changed photoperiod on the sun-orientation rhythm of fish: Physiol. Zoology **34**, 273—286, **1961**.

—, u. H. O. SCHWASSMANN: Vom Rhythmus der Sonnenorientierung am Äquator (bei Fischen): Ergebn. der Biol. **26**, 182—201, **1963**.

BRÄUNINGER, H. D.: Über den Einfluß meteorologischer Faktoren auf die Entfernungsweisung im Tanz der Bienen: Z. vergl. Physiol. **48**, 1—130, **1964**.

BRANDENBURG, J.: Die Feinstruktur des Seitenauges von *Lepisma*: Zoologische Beiträge N. F. **5**, 291—300, **1960**.

BRETSCHKO, J.: Der Einfluß der Morphologie des Bienenauges auf die Wahrnehmung des Sonnenstandes im Flug und seine Wiedergabe bei der Richtungsweisung: Inaugural-Dissertation Philosoph. Fak. Universität Graz **1952**.

BRETT, J. R., and C. GROOT: Some aspects of olfactory and visual responses in pacific salmon: J. Fish. Res. Bd. Canada **20**, 287—303, **1963**.

BRIAN, ANNE D.: The foraging of bumble bees: Bee World **35**, 61—67 u. 81—91, **1954**.

BROWN, F. A., M. F. BENNETT, and H. M. WEBB: A magnetic compass response of an organism: Biol. Bull. **119**, 65—74, **1960**.

— H. M. WEBB, and F. H. BARNWELL: A compass directional phenomenon in mud-snails and its relation to magnetism: Biol. Bull. **127**, 206—220, **1964**.

— H. M. WEBB, F. M. BENNETT, and F. H. BARNWELL: A diurnal rhythm in response of the snail *Ilyoanassa* to imposed magnetic fields: Biol. Bull. **117**, 405—406, **1959**.

BROWN, P. K., I. R. GIBBONS, and G. WALD: The visual cells and visual pigment of the Mudpuppy, *Necturus*: J. cell. Biol. **19**, 79—106, **1963**.

—, and G. WALD: Visual pigments in single rods and cones of the human retina: Science **144**, 45—52, **1964**.

BRUN, R.: Die Raumorientierung der Ameisen, Jena 1914.

BUDDENBROCK, W. v.: Die Lichtkompaßbewegungen bei den Insekten, insbesondere den Schmetterlingsraupen: Sitzungsber. Heidelberger Akadem. d. Wissensch. Math.-naturw. Kl. VIII B. 3—26, **1917**.

— Vergleichende Physiologie. I. Sinnesphysiologie: Basel 1952.

BÜCKMANN, D.: Die Leistungen der Schwereorientierung bei dem im Meeressande grabenden Käfer *Bledius bicornis* GRM. (Staphylinidae): Z. vergl. Physiol. **36**, 488—507, **1954**.

— Zur Leistung des Schweresinnes bei Insekten: Naturwissenschaften **42**, 78—79, **1955**.

— Das Problem des Schweresinnes bei den Insekten: Naturwissenschaften **49**, 28—33, **1962**.

BÜDEL, A.: Das Mikroklima in einer Blüte: Z. Bienenforsch. **3**, 185—190, **1956**.

— Réaumur und die Bienenphysik: Z. Bienenforsch. **4**, 23—37, **1957**.

— Das Mikroklima der Blüten in Bodennähe: Z. Bienenforsch. **4**, 131—140, **1959**.

BÜNNING, E.: Die physiologische Uhr. 2. Aufl. Berlin-Göttingen-Heidelberg: Springer **1963**.

BULLMANN, O.: Über die Größe des Sammelbereichs bei Apiden: Inaug. Dissertation Philos. Fak. Universität Graz **1952**.

Burdon-Jones, G., and G. H. Charles: Light reactions of littoral gastropods: Nature (Lond.) **181**, 129—131, **1958**.
Burdon-Jones, G., and G. H. Charles: Light responses of littoral gastropods: XV. Internat. Congress of Zoology (London 1958), 889—891, **1959**.
Burkhardt, D., u. Lotte Wendler: Ein direkter Beweis für die Fähigkeit einzelner Sehzellen des Insektenauges, die Schwingungsrichtung polarisierten Lichtes zu analysieren: Z. vergl. Physiol. **43**, 687—692, **1960**.
Burtt, E. T., and W. T. Catton: A diffraction theory of insect vision I. an experimental investigation of visual acuity and image formation in the compound eyes of three species of insects: Proc. roy. Soc. B **157**, 53—82, **1962**
Butenandt, A., R. Beckmann u. E. Hecker: Über den Sexuallockstoff des Seidenspinners. I. Der biologische Test und die Isolierung des reinen Sexualstoffes Bombykol: Hoppe-Seylers Z. physiol. Chem. **324**, 71—83, **1961**.
— — u. D. Stamm: Über den Sexuallockstoff des Seidenspinners. II. Konstitution und Konfiguration des Bombykols: Hoppe-Seylers Z. physiol. Chem. **324**, 84—87, **1961**.
—, u. E. Hecker: Synthese des Bombykols, des Sexuallockstoffs des Seidenspinners, und seiner geometrischen Isomeren: Angewandte Chemie **73**, 349—353, **1961**.
— B. Linzen u. M. Lindauer: Über einen Duftstoff aus der Mandibeldrüse der Blattschneiderameise *Atta sexdens rubropilosa:* Arch. Anat. micr. Morph. exp. **48**, 13—19, **1959**.
Butler, C. G.: The choice of drinking water by the honeybees: J. exp. Biol. **17**, 253—261, **1940**.
— The influence of various physical and biological factors of the environment on honeybee activity and nectar concentration and abundance. J. exp. Biol. **21**, 5—12, **1945**.
— The Behaviour of bees when foraging: J. Royal Soc. of Arts **93**, 501—511, **1945a**.
— The importance of perfume in the discovery of food by the worker honeybee: Proc. roy. Soc. B **138**, 403—413, **1951**.
— The world of the honeybee: London 1954.
— Die Honigbiene: Düsseldorf-Köln 1957.
— The method and importance of the recognition by a colony of honeybees *(A. mellifera)* of the presence of the queen: Transact. Royal Entomol. Soc. London **105**, 11—29, **1954a**.
— Some further observations on the nature of "queen substance" and of its role in the organisation of a honeybee community: Proc. Royal Entomol. Soc. London (A) **31**, 12—16, **1956**.
— The control of ovary development in worker honeybees *(Apis mellifera):* Experientia **13**, 256—257, **1957**.
— Bee department: Rep. Rothamsted exp. Station 146—153, **1958**.
— The scent of queen honeybees *(A. mellifera* L.*)* that causes partial inhibition of queen rearing: J. Ins. Physiol. **7**, 258—264, **1961**.
— R. K. Callow, and Norah C. Johnston: The isolation and synthesis of queen substance, 9-oxodec-trans-2-enoic acid, a honeybee pheromone: Proc. roy. Soc. B **155**, 417—432, **1961**.
—, and Elaine M. Fairey: Pheromones of the honeybee: biological studies of the mandibular gland secretion of the queen: J. apic. Res. **3**, 65—76, **1964**.
— J. B. Free, and J. Simpson: Some problems of red clover pollination: Ann. applied Biol. **44**, 664—669, **1956**.
— E. P. Jeffree, and H. Kalmus: The behavior of a population of honeybees on an artificial and on a natural crop: J. exp. Biol. **20**, 65—73, **1943**.
—, and J. Simpson: Bees as pollinators of fruit and seed crops: Rep. Rothamst. exp. Station 167—175, **1953**.
— — The source of the queen substance of the honey-bee *(Apis mellifera* L.*):* Proc. Roy. Entomol Soc. London (A) **33**, 120—122, **1958**.
— — Pheromones of the honeybee *(Apis mellifera* L.*)*. An olfactory pheromone from the Koschewnikow gland of the queen: Scientific Studies Vol. 4, Univ. Libčice, Czechoslovakia 33—36, **1965**.
Buttel-Reepen, H. v.: Sind die Bienen Reflexmaschinen? Leipzig 1900. Auch in: Biol. Zbl. **20**, 97—109, 130—144, 177—193, 209—224, 289—304, **1900**.
— Leben und Wesen der Bienen: Braunschweig 1915.
Byers, W.: An unusual nest of the honey bee: J. Kans. Entomol. Soc. **32**, 46, **1959**.

Cajal, S., u. Sanchéz: Contribucion al conocimiento de los centros nervosos de los insectos: Trabajos del laborat. de investig. biol. de la univers. de Madrid **14**, **1915**.
Carthy, J. D.: The orientation of two allied species of british ant: Behaviour **3**, 275—318, **1951**.
Chalifman, T. A.: New facts about foraging behaviour of bees: Pschelovodstvo **8**, 415—418, **1950**.
Charles, G. H.: The orientation of *Littorina* species to polarized light: J. exp. Biol. **38**, 189—202, **1961**.

CHARLES, G. H.: The mechanism of orientation of freely moving *Littorina littoralis* to polarized light: J. exp. Biol. **38**, 203—212, **1961a**.
— Orientational movements of the foot of *Littorina* species in relation to the plane of vibration of polarized light: J. exp. Biol. **38**, 213—224, **1961b**.
CHAUVIN, R.: Sur les possibilitès d'adaptation chez les insectes sociaux et spécialement chez l'abeille: Insectes sociaux **7**, 101—108, **1960**.
COUTURIER, A., et P. ROBERT: Maintien de la direction de vol chez *Melolontha melolontha* L.: C. R. Acad. Sci. Paris **240**, 2561—2563, **1955**.
— — Recherches sur le comportement du Hanneton commun *(Melolontha melolontha)* au cours de sa vie aérienne: Ann. des Epiphyties **1**, 19—60, **1955a**.
— — Principaux aspects de l'orientation astronomique chez le hanneton commun: Bull. Soc. d'Histoire Natur. Colmar 47, 4e ser. **4**, 27—42, **1956**.
— — Recherches sur la faculté d'orientation du Hanneton commun *(Melolontha melolontha* L.): C. R. Acad. Sci. Paris **245**, 2399—2401, **1957**.
— — Recherches sur les migrations du Hanneton commun *Melolontha melolontha* L.): Ann. des Epiphyties 257—329, **1958**.
— — Observations sur le comportement du Hanneton commun, *Melolontha melolontha* L.: Revue de Zoologie agricole et appliquée Nr. 7—9, **1962**.

DANNEEL, R., u. B. ZEUTZSCHEL: Über den Feinbau der Retinula bei *Drosophila melanogaster:* Z. Naturforsch. **12b**, 580—583, **1957**.
DAUMER, K.: Reizmetrische Untersuchung des Farbensehens der Biene: Z. vergl. Physiol. **38**, 413—478, **1956**.
— Blumenfarben, wie sie die Bienen sehen: Z. vergl. Physiol. **41**, 49—110, **1958**.
— Kontrastempfindlichkeit der Bienen für „Weiss" verschiedenen UV-Gehalts: Z. vergl. Physiol. **46**, 336—350, **1963**.
— R. JANDER u. H. WATERMAN: Orientation of the ghost-crab *Ocypode* in polarized light: Z. vergl. Physiol. **47**, 56—76, **1963**.
DETHIER, V. G.: The physiology and histology of the contact chemoreceptors of the blowfly: Quart. Rev. Biol. **30**, 348—371, **1955**.
— Communication by Insects: Physiology of dancing: Science **125**, 331—336, **1957**.
—, and L. E. CHADWICK: Chemoreception in Insects: Physiol. Rev. **28**, 220—254, **1948**.
— D. R. EVANS, and M. V. RHOADES: Some factors controlling the ingestion of carbohydrates by the blowfly: Biol. Bull. **111**, 204—222, **1956**.
DIETRICH, W.: Die Facettenaugen der Dipteren: Z. wissensch. Zool. **92**, 465—539, **1909**.
DIRSCHEDL, HANNELORE: Die Vermittlung des Blütenduftes bei der Verständigung im Bienenstock: Dissert. Naturw. Fak. Univ. München **1960**.
DJALAL, AHMAD SCHAH SEI: Untersuchungen über die Ursache der Richtungsmißweisung bei den Tänzen der Honigbiene: Dissert. Naturw. Fak. Univ. München **1959**.
DOSTAL, BRIGITTE: Riechfähigkeit und Zahl der Riechsinneselemente bei der Honigbiene: Z. vergl. Physiol. **41**, 179—203, **1958**.

ECKERT, B.: Orientující vliv polarisovaného světla na perloočky (Der orientierende Einfluß polarisierten Lichtes auf Daphnia): Českoslov Biol. **2**, 76—80, **1953**.
ECKERT, J. E.: The flight range of the honey bee: J. agric. Res. **47**, 257—285, **1933**.
ECKSTEIN, M.: Über die Sichtbarkeit der Sonne für Bienen in ultraviolettem Licht bei bedecktem Himmel: Diplom Arbeit Universitäts-Sternwarte München **1959**.
ELTRINGHAM, H.: Butterfly vision: Transact. Entomol. Soc. London **67**, 1, 1—49, **1919**.
EMEIS, D.: Untersuchungen zur Lichtkompaßorientierung des Wasserläufers *Velia currens:* Z. Tierpsychol. **16**, 129—154, **1959**.
ENGLÄNDER, H.: Die Bedeutung der weißen Farbe für die Orientierung der Bienen am Stand: Arch. f. Bienenkunde **22**, 516—549, **1941**.
ERCOLINI, A.: Ricerche sull'orientamento astronomico di *Paederus rubrothoracicus* GOEZE (Coleoptera-Staphylinidae): Monitore zoologico italiano **70/71**, 416—429, **1962/1963**.
— Ricerche sull'orientamento solare degli Anfipodi. La variazione dell'orientamento in cattivitá: Archivo zoologico italiano **48**, 147—179, **1963**.
— Ricerche sull'orientamento astronomico in anfipodi litorali della zona equatoriale. I. L'orientamento solare in una popolazione somala di *Talorchestia martensii* WEBER: Z. vergl. Physiol. **49**, 138—171, **1964**.
—, u. G. BADINO: L'orientamento astronomico di *Paederus rubrothoracicus* GOEZE (Coleoptera Staphylinidae): Bollett. di Zoologia **28**, fasc. II. 421—432, **1961**.
ESCH, H.: Analyse der Schwänzelphase im Tanz der Bienen: Naturwissenschaften **43**, 207, **1956**.
— Die Elemente der Entfernungsmitteilung im Tanz der Bienen: Experientia (Basel) **12**, 439—441, **1956a**.

ESCH, H.: Über die Körpertemperaturen und den Wärmehaushalt von *Apis mellifica*: Z. vergl. Physiol. **43**, 305—335, **1960**.
— Ein neuer Bewegungstyp im Schwänzeltanz der Bienen: Naturwissenschaften **48**, 140—141, **1961**.
— Über die Schallerzeugung beim Werbetanz der Honigbiene: Z. vergl. Physiol. **45**, 1—11, **1961a**.
— Über die Auswirkung der Futterplatzqualität auf die Schallerzeugung im Werbetanz der Honigbiene: Verhandl. d. Deutsch. Zoolog. Gesellsch. in Wien 1962, 302—309. Leipzig **1963**.
— Beiträge zum Problem der Entfernungsweisung in den Schwänzeltänzen der Honigbienen: Z. vergl. Physiol. **48**, 534—546, **1964**.
EXNER, S.: Die Physiologie der facettierten Augen von Krebsen und Insekten. Leipzig und Wien **1891**.
EXNER, F., u. S.: Die physikalischen Grundlagen der Blütenfärbungen: Sitzungsber. Akad. d. Wissensch. Wien, math.-naturw., Kl. 119 Abt. I. 1—55, **1910**.

FERGUSON, D. E.: Orientation in three species of anuran Amphibians: Ergebn. Biol. **26**, 128—134, **1963**.
FERNANDEZ-MORAN, H.: Fine structure of the insect retinula as revealed by electron microscopy: Nature (Lond.) **177**, 742—743, **1956**.
— Fine structure of the light receptors in the compound eyes of insects: Exp. Cell Res. **5**, 586—644, **1958**.
FINKE, INGRID: Zeitgedächtnis und Sonnenorientierung der Bienen: Lehramtsarbeit Naturw. Fak. Univ. München **1958**.
FIRSOW, I. G.: Über die Dressur von Bienen auf Rotklee (russisch): Pschelovodstvo Nr. **4**, 15, **1951**.
FISCHER, KLAUS: Spontanes Richtungsfinden nach dem Sonnenstand bei *Chelonia mydas* L. (Suppenschildkröte): Naturwissenschaften **51**, 203, **1964**.
FISCHER, K., u. G. BIRUKOW: Dressur von Smaragdeidechsen auf Kompaßrichtungen: Naturwissenschaften **47**, 93—94, **1960**.
FISCHER, W.: Untersuchungen über die Riechschärfe der Honigbiene: Z. vergl. Physiol. **39**, 634—659, **1957**.
FLOREY, E.: Experimentelle Erzeugung einer „Neurose" bei der Honigbiene: Naturwissenschaften **41**, 171, **1954**.
FOREL, A.: Les fourmis de la Suisse: Neue Denkschr. allg. schweiz. Gesellsch. ges. Naturw. 26, Zürich **1874**.
— Das Sinnesleben der Insekten: München **1910**.
FRANÇON, J.: L'esprit des abeilles: Gallimard: Paris **1938**.
— Die Klugheit der Bienen: Berlin 1939.
FRANK, A.: Eigenartige Flugbahnen bei Hummelmännchen: Z. vergl. Physiol. **28**, 467—484, **1941**.
FREE, J. B.: Attempts to condition bees to visit selected crops: Bee World **39**, 221—230, **1958**.
— The drifting of honey-bees: J. agric. Sci. **51**, 294—306, **1958a**.
— The effect of moving colonies of honeybees to new sites on their subsequent foraging behaviour: J. agric. Sci. **53**, Nr. 1, 1—9, **1959**.
— The transfer of food between the adult members of a honeybee community: Bee World **40**, 193—201, **1959a**.
— The stimuli releasing the stinging response of honeybees: Animal Behaviour **9**, 193—196, **1961**.
— The attractiveness of Geraniol to foraging honeybees: J. agric. Res. **1**, 52—54, **1962**.
— N. W. FREE, and S. C. JAY: The effect of foraging behavior of moving honey bee colonies to crops before or after flowering has begun: J. Econom. Entomol. **53**, 564—566, **1960**.
—, and YVETTE SPENCER-BOOTH: Further experiments on the drifting of honey-bees: J. agric. Sci. **57**, 153—158, **1961**.
FREY-WYSSLING, A., M. ZIMMERMANN u. A. MAURIZIO: Über den enzymatischen Zuckerumbau in Nektarien: Experientia (Basel) **10**, 490—491, **1954**.
FRINGS, H.: The loci of olfactory end-organs in the honey bee: J. exp. Zool. **97**, 123—134, **1949**.
—, and F. LITTLE: Reactions of honey bees in the hive to simple sounds: Science **125**, 122, **1957**.
—, and MABLE FRINGS: The loci of contact chemoreceptors in insects: The American midland Naturalist **41**, 602—658, **1949**.
FRISCH, K. v.: Demonstration von Versuchen zum Nachweis des Farbensinnes bei angeblich total farbenblinden Tieren: Verhandl. d. Deutsch. Zool. Ges. in Freiburg. Berlin **1914**.
— Der Farbensinn und Formensinn der Bienen: Zool. Jb. (Physiol.) **35**, 1—188, **1914/1915**.
— Über den Geruchssinn der Bienen und seine blütenbiologische Bedeutung: Zool. Jb. (Physiol.) **37**, 1—238, **1919**.

Frisch, K. v.: Zur Streitfrage nach dem Farbensinn der Bienen: Biol. Zbl. 39, 122—139, **1919a**.
— Über die „Sprache" der Bienen: Münch. med. Wschr. **1920**, 566—569.
— Über den Sitz des Geruchssinnes bei Insekten: Zool. Jb. (Physiol.) **38**, 1—68, **1921**.
— Über die „Sprache" der Bienen. II.: Münch. med. Wschr. **1921a**, 509—511.
— Über die „Sprache" der Bienen. III.: Münch. med. Wschr. **1922**, 781—782.
— Über die „Sprache" der Bienen, eine tierpsychologische Untersuchung: Zool. Jb. (Physiol.) **40**, 1—186, **1923**.
— Vergleichende Physiologie des Geruchs- und Geschmackssinnes: Handb. norm. u. patholog. Physiol. **11**, 203—239. Berlin **1926**.
— Ein Vorschlag für die Wanderimker: Bienenzucht und Bienenforschung in Bayern: Wachholts-Verlag Neumünster (Holstein) **1927**.
— Über den Geschmackssinn der Bienen: Z. vergl. Physiol. **21**, 1—156, **1934**.
— Psychologie der Bienen: Z. Tierpsychol. **1**, 9—21, **1937**.
— Die Tänze und das Zeitgedächtnis der Bienen im Widerspruch: Naturwissenschaften **28**, 65—69, **1940**.
— Die Werbetänze der Bienen und ihre Auslösung: Naturwissenschaften **30**, 269—277, **1942**.
— Christian Konrad Sprengels Blumentheorie vor 150 Jahren und heute: Naturwissenschaften **31**, 223—229, **1943**.
— Versuche über die Lenkung des Bienenfluges durch Duftstoffe: Naturwissenschaften **31**, 445—460, **1943a**.
— Die Tänze der Bienen: Österr. Zoolog. Zeitschr. **1**, 1—48, **1946**.
— Die „Sprache" der Bienen und ihre Nutzanwendung in der Landwirtschaft: Experientia (Basel) **2**, H. 10, **1946a**.
— Duftgelenkte Bienen im Dienste der Landwirtschaft und Imkerei: Wien: Springer-Verlag **1947**.
— Gelöste und ungelöste Rätsel der Bienensprache: Naturwissenschaften **35**, 12—23 u. 38—43, **1948**.
— Die Polarisation des Himmelslichtes als orientierender Faktor bei den Tänzen der Bienen: Experientia (Basel) **5**, 142—148, **1949**.
— Die Sonne als Kompaß im Leben der Bienen: Experientia (Basel) **6**, 210—221, **1950**.
— Orientierungsvermögen und Sprache der Bienen: Naturwissenschaften **38**, 105—112, **1951**.
— Spitzenleistungen tierischer Sinnesorgane und ihre biologische Bedeutung: Vjschr. Naturf. Ges. Zürich **96**, 176—178, **1951a**.
— „Sprache" oder „Kommunikation" der Bienen? Psychol. Rundschau **4/4**, **1953**.
— Die Richtungsorientierung der Bienen: Verhandl. d. Deutsch. Zool. Ges. in Freiburg 1952, 58—72, Leipzig **1953a**.
— Symbolik im Reich der Tiere: Münchner Universitätsreden N. F., H. 7, München **1954**.
— Die Fähigkeit der Bienen, die Sonne durch die Wolken wahrzunehmen: Sitzungsber. 1953 d. Bayer. Akad. d. Wiss. math. naturw. Kl. 197—199, **1954a**.
— Sprechende Tänze im Bienenvolk: München: Verlag d. Bayer. Akad. d. Wiss. 1955.
— Lernvermögen und erbgebundene Tradition im Leben der Bienen: L'instinct dans le comportement des animaux et de l'homme (Colloqu. intern. 1954) 345—386. Paris: Masson **1956**.
— The language and orientation of the bees: Proc. Amer. Philos. Soc. **100**, 515—519, **1956a**.
— Über die durch Licht bedingte „Mißweisung" bei den Tänzen im Bienenstock: Experientia (Basel) **18**, 49—53, **1962**.
— Aus dem Leben der Bienen, Bd. 1. d. Sammlung: Verständliche Wissenschaft, 7. Aufl. Berlin-Göttingen-Heidelberg: Springer **1964**.
— H. Heran u. M. Lindauer: Gibt es in der „Sprache" der Bienen eine Weisung nach oben oder unten? Z. vergl. Physiol. **35**, 219—245, **1953**.
—, u. R. Jander: Über den Schwänzeltanz der Bienen: Z. vergl. Physiol. **40**, 239—263, **1957**.
—, u. O. Kratky: Über die Beziehung zwischen Flugweite und Tanztempo bei der Entfernungsmeldung der Bienen: Naturwissenschaften **49**, 409—417, **1962**.
—, u. M. Lindauer: Himmel und Erde in Konkurrenz bei der Orientierung der Bienen: Naturwissenschaften **41**, 245—253, **1954**.
— — Über die Fluggeschwindigkeit der Bienen und ihre Richtungsweisung bei Seitenwind: Naturwissenschaften **42**, 377—385, **1955**.
— — Über die „Mißweisung" bei den richtungsweisenden Tänzen der Bienen: Naturwissenschaften **48**, 585—594, **1961**.
— — u. K. Daumer: Über die Wahrnehmung polarisierten Lichtes durch das Bienenauge: Experientia (Basel) **16**, 289—301, **1960**.
— — u. F. Schmeidler: Wie erkennt die Biene den Sonnenstand bei geschlossener Wolkendecke? Naturwissensch. Rundschau 169—172, **1960**.
—, u. G. A. Rösch: Neue Versuche über die Bedeutung von Duftorgan und Pollenduft für die Verständigung im Bienenvolk: Z. vergl. Physiol. **4**, 1—21, **1926**.

FROMME, H. G.: Untersuchungen über das Orientierungsvermögen nächtlich ziehender Kleinvögel *(Erithacus rubecula, Sylvia communis)*: Z. Tierpsychol. **18**, 205—220, **1961**.

GABRIEL, A.: Das Bild der Wüste: Wien **1958**.
GARY, N. E.: Queen honey bee attractiveness as related to mandibular gland secretion: Science **133**, 1479—1480, **1961**.
— Chemical mating attractants in the queen honeybee: Science **136**, **773—774**, **1962**.
— Observations of mating behaviour in the honeybee: J. apic. Res. **2**, 1—13, 1963.
GEBELEIN, H., u. H. J. HEITE: Statistische Urteilsbildung: Berlin-Göttingen-Heidelberg: Springer 1951.
GEIGER, R.: Das Klima der bodennahen Luftschicht: 4. Aufl. Braunschweig **1961**.
GEISLER, MARIANNE: Untersuchungen zur Tagesperiodik des Mistkäfers *Geotrupes silvaticus* PANZER: Z. Tierpsychol. **18**, 389—420, **1961**.
GEISSLER, G., u. W. STECHE: Natürliche Trachten als Ursache für Vergiftungserscheinungen bei Bienen und Hummeln: Z. Bienenforsch. **6**, 77—92, **1962**.
GERDES, K.: Richtungstendenzen vom Brutplatz verfrachteter Lachmöven *(Larus ridibundus* L.*)* unter Ausschluß visueller Gelände- und Himmelsmarken: Z. wiss. Zool. **166**, 352—410, **1962**.
GHENT, R. L., and N. E. GARY: A chemical alarm releaser in honey bee stings (*Apis mellifera* L.): Psyche **69**, 1—6, **1962**.
GILLARD, A.: De betekenis van de Honingbij voor de Landbouwproductie: Mededelingen Landbouwhogeschool e. Opzoekingsstations Gant, XII, 103—137, **1947**.
GILTAY, E.: Über die Bedeutung der Krone bei den Blüten und über das Farbenunterscheidungsvermögen der Insekten. I., Jb. wissensch. Botanik **40**, 368—402, **1904**.
GLUSHKOV, N. M.: Problems of Beekeeping in the U.S.S.R. in relation to pollination: Bee World **39**, 81—92, **1958**.
GÖRNER, P.: Die optische und kinästhetische Orientierung der Trichterspinne *Agelena labyrinthica* CL., Z. vergl. Physiol. **41**, 111—153, **1958**.
— Die Orientierung der Trichterspinne nach polarisiertem Licht: Z. vergl. Physiol. **45**, 307 bis 314, **1962**.
GOETSCH, W.: Vergleichende Biologie der Insektenstaaten. Leipzig **1953**.
— Die Staaten der Ameisen: Verständliche Wissenschaft Bd. 33, 2. Aufl. Berlin-Göttingen-Heidelberg: Springer **1953a**.
GOGALA, M., u. S. MICHIELI: Das Komplexauge von *Ascalaphus*, ein spezialisiertes Sinnesorgan für kurzwelliges Licht: Naturwissenschaften **52**, 217—218, **1965**.
GOLDSMITH, T. H.: The physiological basis of wave-length discrimination in the eye of the honeybee: Sensory discrimination, 357—375, Massachusetts Instit. Technology, **1961**.
— Fine structure of the retinulae in the compound eye of the honeybee: J. Cell Biol. **14**, 489—494, **1962**.
— The visual system of Insects, in: The Physiology of Insects, ed. M. ROCKSTEIN, 397—462, Vol. 1, New York-London **1964**.
—, and D. E. PHILPOTT: The microstructure of the compound eyes of insects: J. biophys. biochem. Cytol. **3**, 429—438, **1957**.
GONTARSKI, H.: Leistungsphysiologische Untersuchungen an Sammelbienen: Arch. Bienenkunde **16**, 107—126, **1935**.
— Wandlungsfähige Instinkte der Honigbiene: Umschau **49**, 310—312, **1949**.
GRIFFIN, D. R.: Listening in the dark: Yale University Press **1958**.
GROUT, R. A.: The Hive and the Honey Bee, Hamilton, Illinois, **1949**.
GUBIN, A. F.: Bestäubung und Erhöhung der Samenernte bei Rotklee *Trifolium pratense* L. mit Hilfe der Bienen: Arch. Bienenkunde **17**, 209—264, **1936**.
— (russisch) Pschelovodstvo H. 5, 40—44, H. 7, 15—17, **1938**.
— Mehr Beachtung der Klee-Bestäubung im 3. Fünfjahresplan Stalins, (russisch) Pschelovodstvo H. 6, 31, **1939**.
GUBIN, W. A.: Über die Geruchsempfindlichkeit bei Honigbienen: Pschelovodstvo Nr. 7, 17—19, **1957**.
GUCKELSBERGER, H.: Zur Orientierung der Bienen bei bedecktem Himmel: Zulassungsarbeit Universitätssternwarte München **1962**.

HAAS, A.: Neuere Beobachtungen zum Problem der Flugbahnen bei Hummelmännchen: Z. Naturforsch. **1**, 596—599, **1946**.
— Arttypische Flugbahnen von Hummelmännchen: Z. vergl. Physiol. **31**, 281—307, **1949**.
— Gesetzmäßiges Flugverhalten der Männchen von *Psithyrus silvestris* LEP. und einigen solitären Apiden: Z. vergl. Physiol. **31**, 671—683, **1949a**.
— Die Mandibeldrüse als Duftorgan bei einigen Hymenopteren: Naturwissenschaften **39**, 484, **1952**.

HAAS, A.: Vergleichende Verhaltensstudien zum Paarungsschwarm solitärer Apiden: Z. Tierpsychol. **17**, 402—416, **1960**.
— Das Rätsel des Hummeltrompeters: Lichtalarm. 1. Bericht über Verhaltensstudien an einem kleinen Nest von *Bombus hypnorum* mit Arbeiter-Königin: Z. Tierpsychol. **18**, 129—138, **1961**.
HALDANE, J. B. S., and H. SPURWAY: A statistical analysis of communication in „*Apis mellifera*" and a comparison with communication in other animals: Insectes sociaux (Paris) **1**, 247—283, **1954**.
HAMMANN, ELEONORE: Wer hat die Initiative bei den Ausflügen der Jungkönigin, die Königin oder die Arbeiterinnen? Insectes sociaux **4**, 91—106, **1957**.
HAMMER, O.: Investigations on the nectar-flow of red clover: Oikos **1**, 34—47, **1949**.
HANNES, F.: Vom Lernmechanismus der Insekten: Freiburg i. Br.: L. Bielefelds Verlag **1959**.
— Vom Lernmechanismus der Insekten. II.: Freiburg i. Br.: L. Bielefelds Verlag **1961**.
HANSSON, ÅKE: Lauterzeugung und Lautauffassungsvermögen der Bienen: Opuscula entomologica Suppl. VI, Lund 1945.
HANSTRÖM, B.: Über die Frage ob funktionell verschiedene Zapfen- und Stäbchen-artige Sehzellen im Komplexauge der Arthropoden vorkommen: Z. vergl. Physiol. **6**, 566—597, **1927**.
HASE, A.: Über den „Verkehr" am Wespennest, nach Beobachtungen an einer tropischen Art: Naturwissenschaften **23**, 780—783, **1935**.
HASLER, ARTHUR: Influence of environmental reference points on learned orientation in fish *(Phoxinus)*: Z. vergl. Physiol. **38**, 303—310, **1956**.
— Homing orientation in migrating fish: Ergebn. Biol. **23**, 94—115, **1960**.
— R. M. HORRALL, W. J. WISBY, and W. BRAEMER: Sun orientation and homing in fishes: Limnology and Oceanography **3**, 353—361, **1958**.
HASLER, A., u. A. MAURIZIO: Über den Einfluß verschiedener Nährstoffe auf Blütenansatz, Nektarsekretion und Samenertrag von honigenden Pflanzen, speziell von Sommerraps *(Brassica napus* L.*)*: Schweiz. Landwirtsch. Monatshefte 201—211, **1950**.
HASLINGER, F.: Über den Geschmackssinn von *Calliphora erythrocephala* MEIGEN und über die Verwertung von Zuckern und Zuckeralkoholen durch diese Fliege: Z. vergl. Physiol. 22, 614—640, **1935**.
HASSENSTEIN, B.: Die bisherige Rolle der Kybernetik in der biologischen Forschung: Naturwissensch. Rundschau **13**, 349—355, 373—382, 419—424, **1960**.
HASSETT, C. C., V. G. DETHIER, and J. GANS: A comparison of nutritive values and taste thresholds of carbohydrates for the blowfly: Biol. Bull. **99**, 446—453, **1950**.
HAYDAK, M. H.: Some new observations of the bee life: Cesky Vcelar **63**, 133—135, **1929**.
— The language of the honeybee: American Bee Journal **85**, 316—317, **1945**.
HECHT, S., and E. WOLF: The visual acuity of the honeybee: J. gen. Physiol. **12**, 727—760, **1929**.
HEIN, G.: Über richtungsweisende Bienentänze bei Futterplätzen in Stocknähe: Experientia (Basel) **6**, 142, **1950**.
— Der Rucktanz als wesentlicher Bestandteil der Bienentänze: Experientia (Basel) **10**, 23—24, **1954**.
HENKEL, CHR.: Unterscheiden die Bienen Tänze? Dissertation Univ. Bonn **1938**.
HERAN, H.: Untersuchungen über den Temperatursinn der Honigbiene *(Apis mellifica)* unter besonderer Berücksichtigung der Wahrnehmung strahlender Wärme: Z. vergl. Physiol. **34**, 179—206, **1952**.
— Versuche über die Windkompensation der Bienen: Naturwissenschaften **42**, 132—133, **1955**.
— Ein Beitrag zur Frage nach der Wahrnehmungsgrundlage der Entfernungsweisung der Bienen: Z. vergl. Physiol. **38**, 168—218, **1956**.
— Die Orientierung der Bienen im Flug: Ergebn. Biol. **20**, 199—239, **1958**.
— Wahrnehmung und Regelung der Flugeigengeschwindigkeit bei *Apis mellifica* L.: Z. vergl. Physiol. **42**, 103—163, **1959**.
— Anemotaxis und Fluchtorientierung des Bachläufers *Velia Caprai* TAM. (= *V. currens* F.): Z. vergl. Physiol. **46**, 129—149, **1962**.
— Wie beeinflußt eine zusätzliche Last die Fluggeschwindigkeit der Honigbiene? Verhandl. d. Deutsch. Zool. Gesellsch. in Wien 1962, Zool. Anz. 26. Suppl. Bd. 346—354, Leipzig **1963**.
—, u. M. LINDAUER: Windkompensation und Seitenwindkorrektur der Bienen beim Flug über Wasser: Z. vergl. Physiol. **47**, 39—55, **1963**.
—, u. L. WANKE: Beobachtungen über die Entfernungsmeldung der Sammelbienen: Z. vergl. Physiol. **34**, 383—393, **1952**.
HERTZ, MATHILDE: Die Organisation des optischen Feldes bei der Biene. I.: Z. vergl. Physiol. **8**, 693—748, **1929**.

HERTZ, MATHILDE: Die Organisation des optischen Feldes bei der Biene. II.: Z. vergl. Physiol. **11**, 107—145, **1930**.
— Die Organisation des optischen Feldes bei der Biene. III.: Z. vergl. Physiol. **14**, 629—674, **1931**.
— Eine Bienendressur auf Wasser: Z. vergl. Physiol. **21**, 463—467, **1934**.
— Zur Physiologie des Formen- und Bewegungssehens. II. Auflösungsvermögen des Bienenauges und optomotorische Reaktion: Z. vergl. Physiol. **21**, 579—603, **1935**.
— Zur Physiologie des Formen- und Bewegungssehens. III. Figurale Unterscheidung und reziproke Dressuren bei der Biene: Z. vergl. Physiol. **21**, 604—615, **1935a**.
— Zur Technik und Methode der Bienenversuche mit Farbpapieren und Glasfiltern: Z. vergl. Physiol. **25**, 239—250, **1938**.
— New experiments on colour vision in bees: J. exp. Biol. **16**, 1—8, **1939**.
HESS, C. v.: Gesichtssinn: In WINTERSTEIN, Handb. d. vergl. Physiol. 4, Jena **1912**.
— Experimentelle Untersuchungen über den angeblichen Farbensinn der Bienen: Zool. Jb. (Physiol.) **34**, 81—106, **1913**.
— Messende Untersuchung des Lichtsinnes der Biene: Arch. ges. Physiol. **163**, 289—320, **1916**.
— Beiträge zur Frage nach einem Farbensinn bei Bienen: Arch. ges. Physiol. **170**, 337—366, **1918**.
— Über Lichtreaktionen bei Raupen und die Lehre von den tierischen Tropismen: Arch. ges. Physiol. **177**, 57—109, **1919**.
— Die Bedeutung des Ultraviolett für die Lichtreaktionen bei Gliederfüßern: Arch. ges. Physiol. **185**, 281—310, **1920**.
— Die Grenzen der Sichtbarkeit des Spektrums in der Tierreihe: Naturwissenschaften **8**, 197—200, **1920a**.
HESS, W. R.: Die Temperaturregulierung im Bienenvolk: Z. vergl. Physiol. **4**, 465—487, **1926**.
HESSE, R.: Untersuchungen über die Organe der Lichtempfindung bei niederen Tieren. VII. Von den Arthropoden-Augen: Z. wissensch. Zool. **70**, 347—473, **1901**.
—, u. F. DOFLEIN: Tierbau und Tierleben. Bd. II, 2. Aufl., Jena **1943**.
HEUSSER, H.: Über die Beziehungen der Erdkröte (*Bufo bufo* L.) zu ihrem Laichplatz II: Behaviour (Leiden) **16**, 93—109, **1960**.
HINGSTON, R. W. G.: Problems of instinct and intelligence: Arnold, London **1928**.
HOCKETT, CH. F.: Logical considerations in the study of animal communication, in: Animal sounds and communication, Publ. Nr. 7, Amer. Instit. of Biol. Sc., Washington **6**, 392—430, **1960**.
HOCKING, B.: Aspects of insect vision: Canadian Entomologist **96**, 320—334, **1964**.
HODGSON, E. S.: Electrphysioological studies of arthropod chemoreception. II. Responses of labellar chemoreceptors of the blowfly to stimulation by carbohydrates: J. insect. Physiol. **1**, 240—247, **1957**.
—, and K. D. ROEDER: Electrophysiological studies of arthropod chemoreception. I. General properties of the labellar chemoreceptors of diptera: J. Cell Physiol. **48**, 51—76, **1956**.
HÖRMANN, MARIA: Über den Helligkeitssinn der Bienen: Z. vergl. Physiol. **21**, 188—219, **1934**.
HOFFER, E.: Die Schmarotzerhummeln Steiermarks: Graz 1889.
HOFFMANN, ELISABETH, F. KÖHLER u. W. WITTEKINDT: Photographische Methode zur Aufzeichnung der Tanzfiguren bei der Honigbiene: Naturwissenschaften **43**, 405—406, **1956**.
HOFFMANN, IRMGARD: Über die Arbeitsteilung in weiselrichtigen und weisellosen Kleinvölkern der Honigbiene (nach Beobachtungen von PETRONELLA GESCHKE †): Z. Bienenforsch. **5**, 267—279, **1961**.
HOFFMANN, KLAUS: Experimentelle Änderung des Richtungsfindens beim Star durch Beeinflussung der inneren Uhr: Naturwissenschaften **40**, 608—609, **1953**.
— Versuche zu der im Richtungsfinden der Vögel enthaltenen Zeitschätzung: Z. Tierpsychol. **11**, 453—475, **1954**.
— Experimental manipulation of the orientational clocks in birds: Cold Spring Harbor Symposia on quantitative Biology **25**, 379—387, **1960**.
HOLST, E. v.: Die Tätigkeit des Statolithenapparats im Wirbeltierlabyrinth: Naturwissenschaften **37**, 265—272, **1950**.
HUBER, FR.: Nouvelles observations sur les abeilles: 2. Aufl. Paris u. Genève **1814**.
— Neue Beobachtungen an den Bienen, deutsch von G. KLEINE: Einbeck **1856—1859**.
HUBER, H.: Die Abhängigkeit der Nektarsekretion von Temperatur, Luft- und Bodenfeuchtigkeit: Planta **48**, 47—98, **1956**.
HUBER, MATHILDE: Über Saftmale bei Blumen: Lehramtsarbeit Naturw. Fak., Universität München **1943**.

ISTOMINA-TSVETKOVA, K. P.: Contribution to the study of trophic relations in adult worker bees: XVII. internat. Beekeeping Congr. Bologna-Roma 1958, 2. 361—368, **1960**.

IVANOFF, A., and T. H. WATERMAN: Factors, mainly depth and wavelength, affecting the degree of underwater light polarization: J. marine Res. **16**, 283—307, **1958**.

JACOBS, W.: Das Duftorgan von *Apis mellifica* und ähnliche Hautdrüsenorgane sozialer und solitärer Apiden: Z. Morphol. u. Ökol. **3**, 1—80, **1925**.
JACOBS-JESSEN, UNA F.: Zur Orientierung der Hummeln und einiger anderer Hymenopteren: Z. vergl. Physiol. **41**, 597—641, **1959**.
JAMIESON, C. A., and G. H. AUSTIN: Preference of honeybees for sugar solutions: X. Internat. Congress of Entomology, Montreal 1956, **4**, 1059—1062, **1958**.
JANDER, R.: Die optische Richtungsorientierung der roten Waldameise (*Formica rufa* L.): Z. vergl. Physiol. **40**, 162—238, **1957**.
— Menotaxis und Winkeltransponieren bei Köcherfliegen (Trichoptera): Z. vergl. Physiol. **43**, 680—686, **1960**.
— Grundleistungen der Licht- und Schwereorientierung von Insekten: Z. vergl. Physiol. **47**, 381—430, **1963**.
— K. DAUMER, and H. WATERMAN: Polarized light orientation by two Hawaiian decapod Cephalopods: Z. vergl. Physiol. **46**, 383—394, **1963**.
—, and T. H. WATERMAN: Sensory discrimination between polarized light and light intensity patterns by Arthropods: J. Cell. compar. Physiol. **56**, 137—159, **1960**.
JÖRGENSEN, H.: Das Anlocken der Honigbiene zu *Centaurea montana* und *Helenium* sp.: Dansk Botanisk Arkiv **9**, 1—18, **1939**.
JOHNSON, W. E., and C. GROOT: Observations on the migration of young Sockeye Salmon *(Oncorhynchus nerka)* through a large complex lake system: J. Fish. Res. Bd. Canada **20**, 919—938, **1963**.
JORDAN, R.: Versuche hinsichtlich des Reagierens der Bienen auf Königinnenduft-Extrakt: Bienenvater 3—5, 45—48, 78—81, 110—112, 145—146, 177—178, **1961**.

KAINZ, F.: Die „Sprache" der Tiere: Stuttgart **1961**.
KALMUS, H.: Vorversuche über die Orientierung der Biene im Stock: Z. vergl. Physiol. **24**, 166—187, **1937**.
— Der Füllungszustand der Honigblase entscheidet die Flugrichtung der Honigbiene: Z. vergl. Physiol. **26**, 79—84, **1939**.
— Finding and exploitation of dishes of syrup by bees and wasps: Brit. J. Anim. Behav. **2**, 136—139, **1954**.
— Responses of insects to polarized light in the presence of dark reflecting surfaces: Nature (Lond.) **182**, 1526—1527, **1958**.
— Orientation of animals to polarized light: Nature (Lond.) **184**, 228—230, **1959**.
—, and C. R. RIBBANDS: The origin of the odours by which honeybees distinguish their companions: Proc. roy. Soc. B **140**, 50—57, **1952**.
KALTOFEN, R. S.: Das Problem des Volksduftes bei der Honigbiene: Z. vergl. Physiol. **33**, 462—475, **1951**.
KAPPEL, IRMGARD: Die Form des Safthalters als Anreiz für die Sammeltätigkeit der Bienen: Z. vergl. Physiol. **34**, 539—546, **1953**.
KAPUSTIN: Pschelovodstvo Nr. 8/9, 37—38 (russisch), 1938.
KASCHEF, A. H.: Über die Einwirkung von Duftstoffen auf die Bienentänze: Z. vergl. Physiol. **39**, 562—576, **1957**.
KENNEDY, D., and E. R. BAYLOR: Analysis of polarized light by the bees eye: Nature (Lond.) **191**, 34—37, **1961**.
KERNER VON MARILAUN, A.: Pflanzenleben. 2 Bde. Leipzig u. Wien **1896** und **1898**.
KIECHLE, H.: Die soziale Regulation der Wassersammeltätigkeit im Bienenstaat und deren physiologische Grundlage: Z. vergl. Physiol. **45**, 154—192, **1961**.
KIMM, I. H.: Orientation of cockchafers: Nature (Lond.) **188**, 69—70, **1960**.
KLEBER, ELISABETH: Hat das Zeitgedächtnis der Bienen biologische Bedeutung? Z. vergl. Physiol. **22**, 221—262, **1935**.
KNAFFL, HERTA: Über die Flugweite und Entfernungsmeldung der Bienen: Z. Bienenforsch. **2**, (Zander-Festschr.) 131—140, **1953**.
KNOLL, F.: Insekten und Blumen: Abhandl. Zool.-Bot. Gesellsch. Wien 12, **1926**.
KNUTH, P.: Handbuch der Blütenbiologie: Leipzig 3 Bde., **1898—1905**.
KOBEL, F.: Eine wertvolle Untersuchung über die Ortsstetigkeit der Honigbiene: Schweiz. Bienenztg. **1949**, 67—69.
KÖHLER, F.: Photographisch registrierte Autooszillogramme: Glas-Instrumenten-Technik **3**, 151—157, **1959**.
KÖRNER, ILSE: Zeitgedächtnis und Alarmierung bei den Bienen: Z. vergl. Physiol. **27**, 445—459, **1939**.

KOLLER, S.: Graphische Tafeln zur Beurteilung statistischer Zahlen: Dresden und Leipzig **1940**.
KOMAROW: Wie wir eine große Kleesamenernte erzielten: Pschelovodstvo H. **5** (russisch), **1939**.
KOMISARENKO, E. M.: Bienendressur verdoppelte den Samenertrag von Rotklee: Pschelovodstvo Nr. 6, **48**, **1955**.
KRAMER, G.: Orientierte Zugaktivität gekäfigter Singvögel: Naturwissenschaften **37**, 188, **1950**.
— Eine neue Methode zur Erforschung der Zugorientierung und die bisher damit erzielten Ergebnisse: Proc. X. internat. Ornithologen Congress (Uppsala 1950), 269—280, **1951**.
— Experiments on bird orientation: Ibis **94**, 265—285, **1952**.
— Die Dressur von Brieftauben auf Kompaßrichtung im Wahlkäfig: Z. Tierpsychol. **9**, 245—251, **1952a**.
— Die Sonnenorientierung der Vögel: Verhandl. Deutsch. Zool. Ges. in Freiburg 1952, 72—84, Leipzig **1953**.
KRAMER, G., u. URSULA V. SAINT-PAUL: Stare lassen sich auf Himmelsrichtungen dressieren: Naturwissenschaften **37**, 526—527, **1950**.
KRAUSE, BARBARA: Elektronenmikroskopische Untersuchungen an den Plattensensillen des Insektenfühlers: Zool. Beiträge N. F. **6**, 161—205, **1960**.
KROEBER, A. L.: Sign and symbol in bee communications: Proc. nat. Acad. Sci. (Wash.) **38**, 753—757, **1952**.
KRÖNING, F.: Über die Dressur der Biene auf Töne: Biol. Zbl. **45**, 496—507, **1925**.
KRÜGER, E.: Über die Bahnflüge der Männchen der Gattungen *Bombus* und *Psithyrus*: Z. Tierpsychol. **8**, 61—75, **1951**.
KÜHN, A.: Die Orientierung der Tiere im Raum: Jena 1919.
— Über den Farbensinn der Bienen: Z. vergl. Physiol. **5**, 762—800, **1927**.
—, u. G. FRAENKEL: Über das Unterscheidungsvermögen der Bienen für Wellenlängen im Spektrum: Nachr. Ges. d. Wissensch. Göttingen math.-physikal. Kl. **1927**.
—, u. R. POHL: Dressurfähigkeit der Bienen auf Spektrallinien: Naturwissenschaften **9**, 738—740, **1921**.
KUGLER, H.: Die Ausnutzung der Saftmalsumfärbung bei den Roßkastanienblüten durch Bienen und Hummeln: Berichte d. Deutsch. Bot. Ges. **54**, 394—400, **1936**.
— Hummeln als Blütenbesucher: Ergebn. Biol. **19**, 143—323, **1943**.
— Blütenfärbung und Insektenbestäubung: Berichte physikal.-medizin. Ges. Würzburg N. F. **66**, 28—41, **1954**.
— UV-Musterungen auf Blüten und ihr Zustandekommen: Planta **59**, 296—329, **1963**.
KUIPER, J. W.: The optics of the compound eye: Symposia Soc. exp. Biol. 16, Biological receptor mechanisms, 58—71, Cambridge **1962**.
KULLENBERG, B.: Blommor och Insekter: Svensk Naturvetenskap 81—136, **1956**.
KUNZE, G.: Einige Versuche über den Geschmackssinn der Honigbiene: Zool. Jb. (Physiol.) **44**, 287—314, **1928**.
— Einige Versuche über den Antennengeschmackssinn der Honigbiene: Zool. Jb. (Physiol.) **52**, 465—512, **1933**.
KUNZE, P.: Untersuchung des Bewegungssehens fixiert fliegender Bienen: Z. vergl. Physiol. **44**, 656—684, **1961**.
KUWABARA, M.: Über die Funktion der Antenne der Honigbiene in bezug auf die Raumorientierung: Mem. Faculty of Science Kyushu University Ser. E (Biology) **1**, 13—64, **1952**.
—, and K. NAKA: Response of a single retinula cell to polarized light: Nature (Lond.) **184**, 455—456, **1959**.
—, and K. TAKEDA: On the hygroreceptor of the honeybee *Apis mellifera*: Physiology and Ecology **7**, 1—6, **1956**.

LACHER, V.: Elektrophysiologische Untersuchungen an einzelnen Rezeptoren für Geruch, Kohlendioxyd, Luftfeuchtigkeit und Temperatur auf den Antennen der Arbeitsbiene und der Drohne (*Apis mellifica* L.): Z. vergl. Physiol. **48**, 587—623, **1964**.
—, u. D. SCHNEIDER: Elektrophysiologischer Nachweis der Riechfunktion von Porenplatten (Sensilla placodea) auf den Antennen der Drohne und der Arbeitsbiene (*Apis mellifica* L.): Z. vergl. Physiol. **47**, 274—278, **1963**.
LATHAM, A.: The mysteries of swarming: Gleanings in Bee Culture **55**, 441—442, **1927**.
LECOMTE, J.: Le comportement agressif des ouvrières d'*Apis mellifica* L.: Annales de l'Abeille **4**, 165—270, **1961**.
LEE, W. R.: Food gathering behavior of honey bees on fruit crops. In: Symposium food gathering behavior of Hymenoptera, ed. a. mimeogr. at Cornell University Ithaca N. Y. **1959**.
LEUENBERGER, F.: Die Biene: 3. Aufl. Aarau u. Frankfurt a. M. 1954.
LEX, THERESE: Duftmale an Blüten: Z. vergl. Physiol. **36**, 212—234, **1954**.

LINDAUER, M.: Über die Einwirkung von Duft- und Geschmacksstoffen sowie anderer Faktoren auf die Tänze der Bienen: Z. vergl. Physiol. **31**, **348—412**, **1948**.
— Ein Beitrag zur Frage der Arbeitsteilung im Bienenstaat: Z. vergl. Physiol. **34**, 299—345, **1952**.
— Temperaturregulierung und Wasserhaushalt im Bienenstaat: Z. vergl. Physiol. **36**, 391 bis 432, **1954**.
— Dauertänze im Bienenstock und ihre Beziehung zur Sonnenbahn: Naturwissenschaften **41**, **506—507**, **1954a**.
— Schwarmbienen auf Wohnungssuche: Z. vergl. Physiol. **37**, 263—324, **1955**.
— Über die Verständigung bei indischen Bienen: Z. vergl. Physiol. **38**, 521—557, **1956**.
— Zur Biologie der stachellosen Bienen: ihre Abwehrmethoden: Bericht 8. Wanderversammlung Deutscher Entomologen 71—78, Berlin **1957**.
— Sonnenorientierung der Bienen unter der Aequatorsonne und zur Nachtzeit: Naturwissenschaften **44**, 1—6, **1957a**.
— Angeborene und erlernte Komponenten in der Sonnenorientierung der Bienen: Z. vergl. Physiol. **42**, 43—62, **1959**.
— Time-compensated sun orientation in bees: Cold Spring Harbor Symposia on quantitative Biology **25**, 371—377, **1960**.
— Communication among social bees: Cambridge Mass.: Harvard University Press **1961**.
— Kompaßorientierung: Ergebn. Biol. **26**, 158—181, **1963**.
— Allgemeine Sinnesphysiologie, Orientierung im Raum: Fortschr. Zool. **16**, 58—140, **1963a**.
—, u. W. KERR: Die gegenseitige Verständigung bei den stachellosen Bienen Z. vergl. Physiol. **41**, 405—434, **1958**.
—, u. H. MARTIN: Über die Orientierung der Biene im Duftfeld: Naturwissenschaften **50**, 509—514, **1963**.
—, u. J. O. NEDEL: Ein Schweresinnesorgan der Honigbiene: Z. vergl. Physiol. **42**, 334—364, **1959**.
—, u. B. SCHRICKER: Über die Funktion der Ocellen bei den Dämmerungsflügen der Honigbiene: Biol. Zbl. **82**, 721—725, **1963**.
LINEBURG, B.: Communication by scent in the honeybee — a theory: The American Naturalist **58**, 530—534, **1924**.
LITTLE, H. F.: Reactions of honey bees to oscillations of known frequency: Anat. Rec. **134**, 601, **1959**.
— Reactions of the honey bee *Apis mellifera* L. to artificial sounds and vibrations of known frequencies: Ann. entom. Soc. Amer. **55**, 82—89, **1962**.
LOCKE, M.: Pore canals and related structures in insect cuticle: J. biophys. biochem. Cytol. **10**, 589—618, **1961**.
LOPATINA, N. G., M. A. KUANJEZOWA u. S. W. PANKOWA: Über die physiologische Natur des Bienentanzes: Z. allg. Biol. (Ak. d. Wiss. UdSSR) **19** Nr. 1, (russisch), **1958**.
LOTMAR, RUTH: Neue Untersuchungen über den Farbensinn der Bienen mit besonderer Berücksichtigung des Ultravioletts: Z. vergl. Physiol. **19**, 673—723, **1933**.
LOTZ, J.: Speech and language: J. acoust. Soc. Amer. **22**, 712—717, **1950**.
LUBBOCK, J.: Ants, Bees and Wasps: London **1882**.
— Ameisen, Bienen und Wespen: Leipzig **1883**.
LUDWIG, LUISE: Ist den Suchbienen ein Schema ihrer Trachtquellen angeboren? Lehramtsarbeit Naturw. Fak. Univers. München **1956**.
LÜDTKE, H.: Beziehungen des Feinbaues im Rückenschwimmerauge zu seiner Fähigkeit, polarisiertes Licht zu analysieren: Z. vergl. Physiol. **40**, 329—344, **1957**.
LÜSCHER, M., u. B. MÜLLER: Ein spurbildendes Sekret bei Termiten: Naturwissenschaften **47**, 503, **1960**.
LÜTERS, W., u. G. BIRUKOW: Sonnenkompaßorientierung der Brandmaus (*Apodemus agrarius* PALL): Naturwissenschaften **50**, 737—738, **1963**.
LUTZ, F. E.: Apparently non-selective characters and combinations of characters including a study of ultraviolet in relation to the flower-visiting habits of insects: Ann. N. Y. Acad. Sci. **29**, 181—283, **1924**.
— "Invisible" colors of flowers and butterflies: Natural History **33**, 565—576, **1933a**.
— Experiments with "stingless bees" (*Trigona cressoni parastigma*) concerning their ability to distinguish ultraviolet patterns: American Museum Novitates Nr. 641, New York **1933b**.

MAGNI, F., F. PAPI, H. E. SAVELY u. P. TONGIORGI: Electroretinographic responses to polarized light in the Wolf spider *Arctosa variana* C. L. KOCH: Experientia (Basel) **18**, 511, **1962**.
— — — — Research on the structure and physiology of the eyes of a Lycosid spider. II. The role of different pairs of eyes in astronomical orientation: Arch. ital. Biol. **102**, 123—136, **1964**.
— — — — Research on the structure and physiology of the eyes of a Lycosid spider. III. Electroretinographic responses to polarized light: Arch. ital. Biol. **103**, 146—158, **1965**.

MANGER: Über das Tanzen der Honigbiene: Bayer. Bienenztg. **42**, 167—168, **1920**.
MANNING, A.: The effect of honey-guides: Behaviour **9**, 114—139, **1956**.
— Some aspects of the foraging behaviour of bumble-bees: Behaviour **9**, 164—201, **1956a**.
— Some evolutionary aspects of the flower constancy of bees: Proc. roy. physical. Soc. **25**, 67—71, **1957**.
MARCHIONNI, VALERIA: Modificazione sperimentale della direzione innata di fuga in *Talorchestia Deshayesei* AND. (Crustacea Amphipoda): Bollett. dell'Istit. e Museo di Zoologia dell'Univers. di Torino 6, Nr. 3, **1962**.
MARKL, H.: Borstenfelder an den Gelenken als Schweresinnesorgane bei Ameisen und anderen Hymenopteren: Z. vergl. Physiol. **45**, 475—569, **1962**.
— Die Schweresinnesorgane der Insekten: Naturwissenschaften **50**, 559—565, **1963**.
— Geomenotaktische Fehlorientierung bei *Formica polyctena* FÖRSTER: Z. vergl. Physiol. **48**, 552—586, **1964**.
MARKS, W. B., W. H. DOBELLE, and E. F. MACNICHOL: Visual pigments of single primate cones: Science **143**, 1181—1183, **1964**.
MARSHALL, J.: On the sensitivity of the chemoreceptors on the antenna and fore-tarsus of the honey-bee, *Apis mellifica* L.: J. exp. Biol. **12**, 17—26, **1935**.
MARTIN, H.: Zur Nahorientierung der Biene im Duftfeld, zugleich ein Nachweis für die Osmotropotaxis bei Insekten: Z. vergl. Physiol. **48**, 481—533, **1964**.
— Leistungen des topochemischen Sinnes bei der Honigbiene: Z. vergl. Physiol. **50**, 254—292, **1965**.
MARTIN, P.: Die Steuerung der Volksteilung beim Schwärmen der Bienen. Zugleich ein Beitrag zum Problem der Wanderschwärme: Insectes sociaux (Paris) **10**, 13—42, **1963**.
MASCHWITZ, U.: Gefahrenalarmstoffe und Gefahrenalarmierung bei sozialen Hymenopteren: Z. vergl. Physiol. **47**, 596—655, **1964**.
MATHIS, M.: Erreurs d'orientation de la reine abeille an retour de son vol nuptial: Insectes sociaux **7**, 213—219, **1960**.
MATTHEWS, G. V. T.: "Nonsense" orientation in mallard *Anas platyrhynchos* and its relation to experiments on bird navigation: Ibis **103a**, 211—230, **1961**.
— The astronomic bases of "nonsense" orientation: Proc. XIII. intern. ornithol. Congr. 415—429, **1963**.
MAURIZIO, ANNA: Weitere Untersuchungen an Pollenhöschen: Beihefte z. Schweiz. Bienenztg **2**, 20, **1953**.
— Breakdown of sugars by inverting enzymes in the pharyngeal glands and midgut of the honeybee. 1. Summer bees: preliminary report: Bee World **38**, 14—17, **1957**.
— Zuckerabbau unter der Einwirkung der invertierenden Fermente in Pharynxdrüsen und Mitteldarm der Honigbiene *(Apis mellifica* L.), 1. Sommerbienen der Krainer- und Nigra-Rasse: Insectes sociaux (Paris) **4**, 225—243, **1957a**.
— Bienenbotanik. In: A. BÜDEL u. E. HEROLD, Biene und Bienenzucht, 68—104, München **1960**.
— Zuckerabbau unter der Einwirkung der invertierenden Fermente in Pharynxdrüsen und Mitteldarm der Honigbiene (*Apis mellifica* L.). 5. Einfluß von Alter und Ernährung der Bienen auf die Fermentaktivität der Pharynxdrüsen. Annales des Abeille **5**, (3) 215—232, **1962**.
— Das Pollenbild des Honigs einzelner Völker eines Standes: Deutsche Bienenwirtschaft (Schels-Festschrift) 235—239, **1962a**.
MAZOCHIN-PORSCHNJAKOV, G. A.: Über das Farbensehen der Insekten: Akad. Wiss. USSR. Biophys. **1**, Nr. 1, **1956**.
— Die Ultraviolettreflexion der Blüten und das Sehen der Insekten: Akad. Nauk. USSR Entomolog. Obozvenia **38**, 312—325, **1959**.
— Green, yellow and orange colour discrimination in bees: Akad. Nauk. USSR, Biofizika **4**, 48—54, **1959a**.
— Colorimetric study of colourvision in the dragon-fly: Akad. Nauk. USSR Biofizika **4**, 427—436, **1959b**.
— Farbmetrischer Beweis der Trichromasie des Farbensehens der Bienen (am Beispiel der Hummeln): Akad. Nauk. USSR Biofizika **7**, 211—217, **1962**.
MEDER, E.: Über die Einberechnung der Sonnenwanderung bei der Orientierung der Honigbiene: Z. vergl. Physiol. **40**, 610—641, **1958**.
MÉDIONY, J.: L'orientation "astronomique" des Arthropodes et des oiseaux: Ann. Biol. **32**, Fasc. 1—2, 37—67, **1956**.
MENZER, G., u. K. STOCKHAMMER: Zur Polarisationsoptik des Facettenauges von Insekten: Naturwissenschaften **38**, 190—191, **1951**.
MERKEL, F. W., H. G. FROMME u. W. WILTSCHKO: Nicht visuelles Orientierungsvermögen bei nächtlich zugunruhigen Rotkehlchen: Die Vogelwarte **22**, 168—173, **1964**.

METSCHL, N.: Elektrophysiologische Untersuchungen an den Ocellen von *Calliphora:* Z. vergl. Physiol. **47**, 230—255, **1963**.
MEYER, G. F.: Versuch einer Darstellung von Neurofibrillen im zentralen Nervensystem verschiedener Insekten: Zool. Jb. (Anatom.) **71**, 413—426, **1951**.
MEYER, WALDTRAUT: Die „Kittharzbienen" und ihre Tätigkeiten: Z. Bienenforsch. **5**, 185 bis 200, **1954**.
— Arbeitsteilung im Bienenschwarm: Naturwissenschaften **42**, 350, **1955**.
MILLER, W. H.: Morphology of the ommatidia of the compound eye of Limulus: J. biophys. biochem. Cytol. **3**, 421—428, **1957**.
MILUM, V. G.: Grooming dance and associated activities of the honeybee colony: Illinois Academy of Sc. Transactions **40**, 194—196, **1947**.
— Honey bee communication: Amer. Bee J. **95**, 97—104, **1955**.
MINDERHOUD, A.: Untersuchungen über das Betragen der Honigbiene als Blütenbestäuberin: Gartenbauwissenschaft **4**, 342—362, **1931**.
— Over pogingen om de honingbij te dwingen de roode Klaver te bevliegen: Mededeelingen Dir. van de Tuinbouw 70—76, **1946**.
— Over het leiden van Bijen naar bepaalde Drachtplanten: Mededeelingen Dir. van de Tuinbouw 381—392, **1948**.
MINNICH, D. E.: An experimental study of the tarsal chemoreceptors of two nymphalid butterflies: J. exp. Zool. **33**, 173—203, **1921**.
— The chemical sensitivity of the tarsi of the red admiral butterfly, *Pyrameis atalanta* L.: J. exp. Zool. **35**, 57—81, **1922**.
— A quantitative study of tarsal sensitivity to solutions of saccharose, in the red admiral butterfly, *Pyrameis atalanta* L.: J. exp. Zool. **36**, 445—457, **1922a**.
— The organs of taste on the proboscis of the blowfly *Phormia regina* MEIGEN: Anat. Rec. **34**, 126, **1926**.
— The chemical sensitivity of the legs of the blow-fly, *Calliphora vomitoria* LINN. to various sugars: Z. vergl. Physiol. **11**, 1—55, **1929**.
— The sensitivity of the oral lobes of the proboscis of the blow-fly, *Calliphora vomitoria* L., to various sugars: J. exp. Zool. **60**, 121—139, **1931**.
— The contact chemoreceptors of the honey bee *Apis mellifera* LINN.: J. exp. Zool. **61**, 375—393, **1932**.
MIRIC, D.: Propolis und seine Verwendung bei den Bienen: Sbornik matice srpske sweska 8 ser. tschlan. nautsch. saop., **1955**.
— Untersuchungen über das Sammeln und den Verbrauch von Wasser bei den Bienen: Sbornik matice srpske, Ser. prirodn. nauk-sweska 10, **1956**.
MITTELSTAEDT, H.: Probleme der Kursregelung bei frei beweglichen Tieren. Aufnahme und Verarbeitung von Nachrichten durch Organismen 138—148. Stuttgart **1961**.
— Control systems of orientation in insects: Ann. Rev. Entomol. **7**, 177—198, **1962**.
MOODY, M. F.: Evidence for the intraocular discrimination of vertically and horizontally polarized light by *Octopus:* J. exp. Biol. **39**, 21—30, **1962**.
—, and J. R. PARRISS: The discrimination of polarized light by *Octopus:* a behavioural and morphological study: Z. vergl. Physiol. **44**, 268—291, **1961**.
—, and J. D. ROBERTSON: The fine structure of some retinal photoreceptors: J. biophys. biochem. Cytol. **7**, 87—92, **1960**.
MORGENTHALER, O.: Ein „Putz-Tanz" der Bienen: Schweiz. Bienenztg. **1949**, 198—199.
MORITA, H., S. DOIRA, K. TAKEDA and M. KUWABARA: Electrical response of contact chemoreceptor on tarsus of the butterfly *Vanessa indica:* MÉM. Fac. Sci. Kyushu Univ. Japan, Ser. E (Biol.) **2**, 119—139, **1957**.
MÜLLER, H.: Die Befruchtung der Blumen durch Insekten und die gegenseitigen Anpassungen beider: Leipzig **1873**.
MUELLER, H. C., and J. T. EMLEN: Homing in bats: Science (Lancaster, Pa.) N. S. **126**, 307—308, **1957**.

NAKA, K.: Recording of retinal action potentials from single cells in the insect compound eye: J. Gener. Physiol. **44**, 571—584, **1961**.
—, and E. EGUCHI: Spike potentials recorded from the insect photoreceptor: J. Gener. Physiol. **45**, 663—680, **1962**.
NEDEL, J. O.: Morphologie und Physiologie der Mandibeldrüse einiger Bienen-Arten (Apidae): Z. Morphol. u. Ökol. d. Tiere **49**, 139—183, **1960**.
NEESE, V.: Zur Funktion der Augenborsten bei der Honigbiene: Z. vergl. Physiol. **49**, 543 bis 585, **1965**.
NEUHAUS, W.: Zur Frage der Osmotropotaxis, besonders bei der Honigbiene. Z. vergl. Physiol. **49**, 475—484, **1965**.

NEW, D. A. T.: Effects of small zenith distances of the sun on the communication of honey bees: J. Insect Physiol. 6, 196—208, 1961.
— F. R. BURROWES, and A. J. EDGAR: Honeybee communication when the sun is close to the zenith: Nature (Lond.) 189, 155—156, 1961.
—, and J. K. NEW: The dances of honey-bees at small zenith distances of the sun: J. exp. Biol. 39, 271—291, 1962.
NIELSEN, E. T.: On the habits of the migratory butterfly *Ascia monuste* L.: Biol. Meddelser kong. Danske Vidensk. Selskab 23, Nr. 11, 1—81, 1961.
— On the migration of insects: Ergebn. Biol. 27, 162—193, 1964.
NIXON, H. L., and C. R. RIBBANDS: Food transmission within the honeybee community: Proc. roy. Soc. B 140, 43—50, 1952.
NOLTE, D. J.: Submicroscopic structure of the Drosophilid eye: S. Afr. J. Sci. 57, 121—125, 1961.

OETTINGEN-SPIELBERG, THERESE ZU: Über das Wesen der Suchbiene: Z. vergl. Physiol. 31, 454—489, 1949.
OPFINGER, ELISABETH: Über die Orientierung der Biene an der Futterquelle: Z. vergl. Physiol. 15, 431—487, 1931.
— Zur Psychologie der Duftdressuren bei Bienen: Z. vergl. Physiol. 31, 441—453, 1949.
OTTO, F.: Die Bedeutung des Rückfluges für die Richtungs- und Entfernungsangabe der Bienen: Z. vergl. Physiol. 42, 303—333, 1959.

PAIN, J., et M. F. RUTTNER: Les extraits des glandes mandibulaires des reines d'abeilles attirent les males, lors du vol nuptial: C. R. Acad. Sci. 256, 512—515, 1963.
PALITSCHEK V. PALMFORST, E.: Ein Beitrag zur optischen und statischen Orientierung der Biene: Inaug. Dissertation Philos. Fak. Universität Graz 1952.
PAPARIA: Dressur der Bienen auf Besuch und Bestäubung der Saaten: Kolgosnje Bschiluizstwo H. 4, 16 (ukrainisch) 1940.
PAPI, F.: Orientamento astronomico in alcuni Carabidi: Atti della societá toscana di Sci. nat. Pisa Mem. 62 Ser. B 83—97, 1955.
— Astronomische Orientierung bei der Wolfspinne *Arctosa perita* LATR.: Z. vergl. Physiol. 37, 230—233, 1955a.
— Ricerche sull'orientamento astronomico di *Arctosa perita* LATR. (Araneae Lycosidae): Pubbl. Staz. Zoolog. Napoli 27, 76—103, 1955b.
— Sull'orientamento astronomico in specie del gen. *Arctosa* (Araneae Lycosidae): Z. vergl. Physiol. 41, 481—489, 1959.
— Orientation by night: the moon: Cold Spring Harbor Symposia on quantit. Biology 25, 475—480, 1960.
—' e L. PARDI: Nuovi reperti sull'orientamento lunare di *Talitrus saltator* MONTAGU (Crustacea Amphipoda): Z. vergl. Physiol. 41, 583—596, 1959.
— — Ricerche sull'orientamento di *Talitrus saltator* (MONTAGU) (Crustacea-Amphipoda). II. Sui fattori che regolano la variazione dell'angolo di Orientamento nel corso del giorno; l'orientamento di notte. L'orientamento diurno di altre popolazioni: Z. vergl. Physiol. 35, 490—518, 1953.
— — La luna come fattore di orientamento degli animali: Boll. Istit. Mus. Zool. Universit. Torino 4, 1—4, 1954.
— L. SERRETTI e S. PARRINI: Nuove ricerche sull'orientamento e il senso del tempo di *Arctosa perita* LATR.: Z. vergl. Physiol. 39, 531—561, 1957.
—, and J. SYRJÄMÄKI: The sun-orientation rhythm of Wolf spiders at different latitudes: Arch. ital. Biol. 101, 59—77, 1963.
—, and P. TONGIORGI: Innate and learned components in the astronomical orientation of Wolf spiders: Ergebn. Biol. 26, 259—280, 1963.
PARDI, L.: Esperienze sull'orientamento di *Talitrus saltator:* l'orientamento al sole degli individui a ritmo nicti-emerale invertito durante la "loro notte": Bollett. dell'Istit. e museo di Zoolog. dell'Universit. di Torino 4, Nr. 9, 1953/54.
— L'orientamento diurno di *Tylos latreillii:* Bollett. dell'Istituto e Museo di Zoolog. dell' Universit. di Torino 4, Nr. 11, 1953/54a.
— Über die Orientierung von *Tylos latreillii* (Isopoda terrestria): Z. Tierpsychol. 11, 175—181, 1954.
— Orientamento solare in un Tenebrionide alofilo: *Phaleria provincialis* FAUV. (Coleopt): Bollett. dell'Istit. e Museo Zoolog. Univers. Torino 5, Nr. 1, 1955/56.
— Modificazione sperimentale della direzione di fuga negli anfipodi ad orientamento solare: Z. Tierpsychol. 14, 261—275, 1957.
— L'orientamento astronomico degli animali: resulati e problemi attuali: Bollett. di Zoolog. 24, fasc. II, 1957a.

PARDI, L.: Esperienze sull'orientamento solare di *Phaleria provincialis* FAUR. (Col.): il comportamento a luce artificiale durante l'intero ciclo di 24 ore: Atti della Accadem. delle Science di Torino 92, **1957/58**.
— Innate components in the solar orientation of littoral amphipods: Cold Spring Harbor Symposia on quantit. Biolog. **25**, 395—401, **1960**.
— Orientamento astronomico vero in un isopodo marino: *Idotea baltica Basteri* (AUDOUIN): Monitore zoologico italiano **70/71**, 491—495, **1962/63**.
—, e A. ERCOLINI: Ricerche sull'orientamento astronomico di Anfipodi litorali della zona equatoriale. II. L'orientamento lunare in una popolazione somala di *Talorchestia martensii* WEBER: Z. vergl. Physiol. **50**, 225—249, **1965**.
—, and M. GRASSI: Experimental modification of direction-finding in *Talitrus saltator* MONTAGU and *Talorchestia deshayesei* AUD. (Crustacea-Amphipoda): Experientia (Basel) **11**, 202, **1955**.
—, u. F. PAPI: Die Sonne als Kompaß bei *Talitrus saltator* (MONTAGU), Amphipoda, Talitridae: Naturwissenschaften **39**, 262—263, **1952**.
— — Ricerche sull'orientamento di *Talitrus saltator*. I. L'orientamento durante il giorno in una popolazione del litorale Tirrenico: Z. vergl. Physiol. **35**, 459—489, **1953**.
PARK, W.: Flight studies of the honey bee: Amer. Bee J. **63**, 71, **1923**.
— The "language" of bees: Amer. Bee J. **63**, 227, **1923a**.
— Some "whys" of bee behavior: Amer. Bee J. **63**, 399—400, **1923b**.
— Behavior of water-carriers: Amer. Bee J. **63**, 553, **1923c**.
PARKER, R. L.: The collection and utilization of pollen by the honeybee: Ithaca N. Y. **1925**.
PASCHKE, I.: Über das Zeitgedächtnis der Bienen: Lehramtsarbeit Naturw. Fak. Univ. München 1956.
PEER, D.: The foraging range of the honey bee Part 1: Ph. D. Thesis University of Wisconsin 1955.
PERDECK, A. C.: Two types of orientation in migrating starlings, *Sturnus vulgaris*, and caffinchek, *Fringilla coelebs*, as revealed by displacement experiments: Ardea (Leiden) **46**, 1—37, **1958**.
— Does navigation without visual clues exist in robins? Ardea (Leiden) **51**, 91—104, **1963**.
PHILLIPS, E. F.: Structure and development of the compound eye of the honey bee: Proc. Acad. Nat. Sci. Philadelphia **57**, 123—157, **1905**.
PISCITELLI, ANNEMARIE: Über die Bevorzugung mineralstoffhaltiger Lösungen gegenüber reinem Wasser durch die Honigbiene: Z. vergl. Physiol. **42**, 501—524, **1959**.
PORSCH, O.: Grellrot als Vogelblumenfarbe: Biologia generalis **7**, 647—674, **1931**.
PORTILLO, J. DEL: Beziehungen zwischen den Öffnungswinkeln der Ommatidien, Krümmung und Gestalt der Insektenaugen und ihrer funktionellen Aufgabe: Z. vergl. Physiol. **23**, 100—145, **1936**.
PRITSCH, G.: Versuche zur Duftlenkung der Bienen auf Rotklee zwecks Erhöhung der Samenerträge: Arch. Geflügelzucht u. Kleintierkunde **8**, 214, **1959**.

RADEMACHER, B.: Meine Erkenntnisse über die Zellenstellungen der Bienenwaben: Hannover **1960**.
RAU, P.: The jungle bees and wasps of Barro Colorado Islands: Kirkwood, publ. by P. Rau, St. Louis Co., Mo. **1933**.
RAUSCHMAYER, F.: Das Verfliegen der Bienen und die optische Orientierung am Bienenstand: Arch. Bienenkunde **9**, 249—322, **1928**.
RENNER, M.: Über die Haltung von Bienen in geschlossenen, künstlich beleuchteten Räumen: Naturwissenschaften **42**, 539—540, **1955**.
— Neue Versuche über den Zeitsinn der Honigbiene: Z. vergl. Physiol. **40**, 85—118, **1957**.
— Der Zeitsinn der Arthropoden: Ergebn. Biol. **20**, 127—158, **1958**.
— Über ein weiteres Versetzungsexperiment zur Analyse des Zeitsinnes und der Sonnenorientierung der Honigbiene: Z. vergl. Physiol. **42**, 449—483, **1959**.
— Das Duftorgan der Honigbiene und die physiologische Bedeutung ihres Lockstoffes: Z. vergl. Physiol. **43**. 411—468, **1960**.
—, u. MARGOT BAUMANN: Über Komplexe von subepidermalen Drüsenzellen (Duftdrüsen?) der Bienenkönigin: Naturwissenschaften **51**, 68—69, **1964**.
RENSING, L.: Beiträge zur vergleichenden Morphologie, Physiologie und Ethologie der Wasserläufer (Gerroidea): Zoologische Beiträge N. F. **7**, 447—485, **1962**.
RÉVÉSZ, G.: Der Kampf um die sogenannte Tiersprache: Psychologische Rundschau 4/2, **1953**.
RHEIN, W. v.: Über die Duftlenkung der Bienen beim Raps im Jahre 1952 und ihre Ergebnisse: Die Hessische Biene **88**, H. 8/9, **1952/53**.
— Über die Bedeutung der Honigbiene für die Saatzuchtwirtschaft: Saatgut-Wirtschaft 30—32, **1954**.

RHEIN, W. v.: Über die Duftlenkung der Bienen zur Steigerung der Samenerträge des Rotklees (*Trifolium pratense* L.): Z. Acker- u. Pflanzenbau **103**, **273—314**, **1957**.
— Referat d. Arbeit FREE (1958): Arch. Bienenkunde **36**, **74**, **1959**.
RIBBANDS, C. R.: The foraging method of individual honeybees: J. Anim. Ecol. **18**, 47—66, **1949**.
— Division of labour in the honeybee community: Proc. roy. Soc. B **140**, 32—43, **1952**.
— The inability of honeybees to communicate colours: Brit. J. Anim. Behav. **1**, 1—2, **1953**.
— The behaviour and social life of honeybees: Bee Res. Ass. Ltd. London **1953a**.
— Communication between honeybees. I. The response of crop-attached bees to the scent of their crop: Proc. roy. Entom. Soc. London (A) **29**, 10—12, **1954**.
— Communication between honeybees. II. The recruitment of trained bees, and their response to improvement of the crop: Proc. roy. Entom. Soc. London (A) **30**, 1—3, **1955**.
— The scent perception of the honeybee: Proc. roy. Soc. B **143**, 367—379, **1955a**.
—, and N. SPEIRS: The adaptability of the home coming honeybees: Brit. J. Anim. Behav. **1**, 59—66, **1953**.
RICHARDS, G.: Studies on arthropod cuticle. VIII. The antennal cuticle of honeybees with particular reference to the sense plates: Biol. Bull. **103**, 201—225, **1952**.
— Structure and development of the integument. In: K. D. ROEDER, Insect Physiology, New York u. London **1953**.
ROBERT, P.: Les migrations orientées du Hanneton commun *Melolontha melolontha* L.: Ergebn. Biol. **26**, 135—146, **1963**.
ROBERTIS, E. DE: Some observations on the ultrastructure and morphogenesis of photoreceptors: J. gener. Physiol. **43**, 1—6, **1960**.
ROBERTS, W. C., and O. MACKENSEN: Breeding improved honeybees: Amer. Bee J. **91**, 292—294, 328—330, 382—384, 418—421, 473—475, **1951**.
ROEPKE, W.: Beobachtungen an indischen Honigbienen, insbesondere an *Apis dorsata:* Mededeelingen van de Landbouwhoogeschool Deel 34, Wageningen **1930**.
RÖSCH, G. A.: Beobachtungen an Kittharz sammelnden Bienen: Biol. Zbl. **47**, 113—121, **1927**.
ROKOHL, RUTH: Über die regionale Verschiedenheit der Farbentüchtigkeit im zusammengesetzten Auge von *Notonecta glauca:* Z. vergl. Physiol. **29**, 638—676, **1942**.
ROTHSCHILD, F. S.: Die symbolischen Tänze der Bienen als psychologisches und neurologisches Problem: Schweiz. Z. Psychologie u. ihre Anwendungen **12**, 177—199, **1953**.
ROWELL, C. H. FR., and M. J. WELLS: Retinal orientation and the discrimination of polarized light by *Octopus:* J. exp. Biol. **38**, 827—831, **1961**.
RUTTNER, F.: Die Sexualfunktionen der Honigbienen im Dienste ihrer sozialen Gemeinschaft: Z. vergl. Physiol. **39**, 577—600, **1957**.
—, u. H. RUTTNER: Untersuchungen über die Flugaktivität und das Paarungsverhalten der Drohnen, 2. Beobachtungen an Drohnensammelplätzen: Z. f. Bienenforschung **8**, 1—9 **1965**.
—, and O. MACKENSEN: The genetics of the honeybee: Bee World 33, 53—62 u. 71—79, **1952**.

SAKAGAMI, S. F.: Einige Versuche über den Geschmacksinn der Hummeln: Kontyū **18**, P. 5, 4—10, **1950**.
SANTSCHI, F.: Observations et remarques critiques sur le mecanisme de l'orientation chez les fourmis: Rev. Suisse de Zoologie **19**, 303—338, **1911**.
SAUER, F.: Die Sternenorientierung nächtlich ziehender Grasmücken *(Sylvia atricapilla, borin* und *curruca):* Z. Tierpsychol. **14**, 29—70, **1957**.
—, u. ELEONORE M. SAUER: Star navigation of nocturnal migrating birds: Cold Spring Harbor Symposia on quantitative biology **25**, 463—473, **1960**.
SCHALLER, A.: Sinnesphysiologische und psychologische Untersuchungen an Wasserkäfern und Fischen: Z. vergl. Physiol. **4**, 370—464, **1926**.
SCHICK, W.: Über die Wirkung von Giftstoffen auf die Tänze der Bienen: Z. vergl. Physiol. **35**, 105—128, **1953**.
SCHIFFERER, GERTRAUD: Über die Entfernungsangabe bei den Tänzen der Bienen: Lehramtsarbeit naturw. Fak. Univ. München 1952.
SCHMID, JOH.: Zur Frage der Störung des Bienengedächtnisses durch Narkosemittel, zugleich ein Beitrag zur Störung der sozialen Bindung durch Narkose: Z. vergl. Physiol. **47**, 559 bis 595, **1964**.
SCHMIDT, ANNELIESE: Geschmacksphysiologische Untersuchungen an Ameisen: Z. vergl. Physiol. **25**, 351—378, **1938**.
SCHMIDT-KOENIG, K.: Über die Orientierung der Vögel; Experimente und Probleme: Naturwissenschaften **51**, 423—431, **1964**.
SCHNEIDER, D., V. LACHER u. K. KAISSLING: Die Reaktionsweise und das Reaktionsspektrum von Riechzellen bei *Antheraea pernyi* (Leptidoptera, Saturniidae): Z. vergl. Physiol. **48**, 632—662, **1964**.

SCHNEIDER, F.: Über die Vergiftung der Bienen mit Dinitrokresol: Mitt. Schweiz. Entomol. Gesellsch. 22, 293—308, 1949.
— Zur Orientierung des Maikäfers beim Rückflug: Mitt. Schweiz. Entomol. Gesellsch. 29, 69—70, 1956.
— Neue Beobachtungen über die Orientierung des Maikäfers: Schweiz. Z. Obst- u. Weinbau 66, 414—415, 1957.
— Beeinflussung der Aktivität des Maikäfers durch Veränderung der gegenseitigen Lage magnetischer und elektrischer Felder: Mitt. Schweiz. Entomol. Gesellsch. 33, 223—237, 1961.
— Orientierung und Aktivität des Maikäfers unter dem Einfluß richtungsvariabler künstlicher elektrischer Felder und weiterer ultraoptischer Bezugssysteme: Mitt. Schweiz. Entomol. Gesellsch. 36, 1—26, 1963.
— Ultraoptische Orientierung des Maikäfers (*Melolontha vulgaris* F.) in künstlichen elektrischen und magnetischen Feldern: Ergebn. Biol. 26, 147—157, 1963a.
— Systematische Variationen in der elektrischen, magnetischen und geographisch-ultraoptischen Orientierung des Mäikäfers: Vjschr. Naturf. Gesellsch. Zürich 108, 373—416, 1963b.
SCHÖNE, H.: Statozystenfunktion und statische Lageorientierung bei dekapoden Krebsen: Z. vergl. Physiol 36, 241—260, 1954.
— Optisch gesteuerte Lageänderungen (Versuche an Dytiscidenlarven zur Vertikalorientierung): Z. vergl. Physiol. 45, 590—604, 1962.
— Menotaktische Orientierung nach polarisiertem und unpolarisiertem Licht bei der Mangrovekrabbe *Goniopsis:* Z. vergl. Physiol. 46, 496—514, 1963.
SCHOLZE, E., H. PICHLER u. H. HERAN: Zur Entfernungsschätzung der Bienen nach dem Kraftaufwand: Naturwissenschaften 51, 69—70, 1964.
SCHREINDLER, ELFRIEDE: Der Einfluß des Flugalters auf die Entfernungsweisung der Honigbiene: Lehramtsarbeit Univ. Graz 1964.
SCHREMMER, F.: Sinnesphysiologie und Blumenbesuch des Falters von *Plusia gamma* L.: Zool. Jb. (System. u. Ökol.) 74, 375—434, 1941.
SCHRICKER, B.: Die Orientierung der Honigbiene in der Dämmerung, zugleich ein Beitrag zur Frage der Ocellenfunktion bei Bienen: Z. vergl. Physiol. 49, 420—458, 1965.
SCHUÀ, L.: Untersuchungen über den Einfluß meteorologischer Elemente auf das Verhalten der Honigbiene: Z. vergl. Physiol. 34, 258—277, 1952.
SCHÜZ, E.: Die Spät-Auflassung ostpreußischer Jungstörche in Westdeutschland 1933: Vogelwarte 15, 63—78, 1949.
SCHWARZ, R.: Über die Riechschärfe der Honigbiene: Z. vergl. Physiol. 37, 180—210, 1955.
SCHWEIGER, ELISABETH M.: Über individuelle Unterschiede in der Entfernungs- und Richtungsangabe bei den Tänzen der Bienen: Z. vergl. Physiol. 41, 272—299, 1958.
SEITZ, A.: Die Paarbildung bei einigen Cichliden I.: Z. Tierpsychol. 4, 40—84, 1940.
SEKERA, Z.: Polarization of Skylight: Compend. Meteorol. (Boston) 79—90, 1951.
— Investigation of polarization of skylight, Final Rep.: Contr. Nr. AF 19 (122) — 239, Univ. Calif., Los Angeles, Deptm. Meteorol. 1955.
— Polarization of skylight: Handb. d. Physik/Encyclopedia of Physics ed. S. Flügge 48, 288—328, 1957.
SELZER, R.: Untersuchungen über den Feinbau und Bestimmung optischer Daten von Cornea und Kristallkegel des Rückenschwimmerauges: Staatsexamensarbeit Freiburg/Br. 1955.
SEYBOLD, A., u. A. WEISSWEILER: Spektrophotometrische Messungen an Blumenblättern: Botanisches Archiv 45, 358—366, 1944.
SHAPOSHNIKOVA, N. G.: On the factors determining the formation of the recruitment signal in honey bees: Akad. Nauk SSSR Entomol. Obosr. 37, 546—557, 1958.
SIMPSON, J.: The mechanism of honey-bee queen piping: Z. vergl. Physiol. 48, 277—282, 1964.
SINGH, S.: Behavior studies of honeybees in gathering nectar and pollen. Cornell Univ. Agric. exp. Station Ithaca Mem. 288, 1950.
SJÖSTRAND, F. S.: The ultrastructure of the retinal receptors of the vertebrate eye: Ergebn. Biol. 21, 128—160, 1959.
SLADEN, F. W.: A scent-producing organ in the abdomen of the worker of *Apis mellifera:* Entomol. Monthly Magaz. 38, 208—211, 1902.
SLIFER, ELEANOR H., J. J. PRESTAGE, and H. W. BEAMS: The chemoreceptors and other sense organs on the antennal flagellum of the grashopper (Orthoptera: Acrididae): J. Morphol. 105, 145—192, 1959.
SLIFER, ELEANOR, and S. S. SEKHON: Fine structure of the sense organs on the antennal flagellum of the honey bee, *Apis mellifera* L.: J. Morphol. 109, 351—362, 1961.
SMITH, F. G.: Communication and foraging ranges of African bees compared with that of European and Asian bees: Bee World 39, 249—252, 1958.

SMITH, F. E., and E. R. BAYLOR: Bees, Daphnia and polarized light: Ecology **41**, 260—363, **1960**.
SOLS, A., E. CADENAS, and F. ALVARADO: Enzymatic basis of mannose toxicity in honeybees: Science **131**, 297—298, **1960**.
SOROKIN: Unsere Versuche über den Flug der Bienen auf Kleesaaten: Pschelovodstvo H. 8, 9, **1938**.
SPITZNER, M. J. E.: Ausführliche Beschreibung der Korbbienenzucht im sächsischen Churkreise, ihrer Dauer und ihres Nutzens, ohne künstliche Vermehrung nach den Gründen der Naturgeschichte und nach eigener langer Erfahrung: Leipzig **1788**.
— Ausführliche theoretische und praktische Beschreibung der Korbbienenzucht: Leipzig **1810**.
SPRENGEL, CHR. K.: Das entdeckte Geheimnis der Natur im Bau und in der Befruchtung der Blumen: Berlin **1793**.
SSACHAROW: Dressur von Bienen auf Nektarsammeln: Pschelovodstvo Nr. **7**, 24, **1952**.
STAPEL, CHR.: Experiments on scent-feeding of honeybees with reference to red clover pollination: Tidsskrift for Planteavl **65**, 477—518, **1961**.
STAUDENMAYER, TH.: Die Giftigkeit der Mannose für Bienen und andere Insekten: Z. vergl. Physiol. **26**, 644—668, **1939**.
STECHE, W.: Gibt es „Dialekte" der Bienensprache? Diss. Naturw. Fak. Univ. München 1954.
— Beiträge zur Analyse der Bienentänze: Insectes sociaux (Paris) **4**, 305—318, **1957**.
— Gelenkter Bienenflug durch „Attrappentänze": Naturwissenschaften **44**, 598, **1957a**.
STEIN, G.: Beiträge zur Biologie der Hummel: Zool. Jb. (System.) **84**, 439—462, **1956**.
— Untersuchungen über den Sexuallockstoff der Hummelmännchen: Biol. Zbl. **82**, 343—349, **1963**.
STEIN, HEDWIG: Untersuchungen über den Zeitsinn bei Vögeln: Z. vergl. Physiol. **33**, 387 bis 403, **1951**.
STEINHOFF, HILDTRAUT: Untersuchungen über die Haftfähigkeit von Duftstoffen am Bienenkörper: Z. vergl. Physiol. **31**, 38—57, **1948**.
STEPHENS, G. C., M. FINGERMAN, and F. A. BROWN: A non birefringent mechanism for orientation to polarized light in Arthropods: Anat. Rec. **113**, 559—560, **1952**.
— — — The orientation of *Drosophila* to plane polarized light: Ann. Entomol. Soc. Amer. **46**, 75—83, **1953**.
STOCKHAMMER, K.: Die Wahrnehmung der Schwingungsrichtung linear polarisierten Lichtes bei Insekten: Z. vergl. Physiol. **38**, 30—83, **1956**.
— Die Orientierung nach der Schwingungsrichtung linear polarisierten Lichtes und ihre sinnesphysiologischen Grundlagen: Ergebn. Biol. **21**, 23—56, **1959**.
STUART, A. M.: Mechanism of trail-laying in two species of termites: Nature (Lond.) **189**, 419, **1961**.
— Origin of the trail in the Termites *Nasutitermes cornigera* (MOTSCHULSKY) and *Zootermopsis nevadensis* (HAGEN), Isoptera: Physiol. Zool. (Chicago) **36**, 69—84, **1963**.
— Studies on the communication of alarm in the termite *Zootermopsis nevadensis* (HAGEN), Isoptera: Physiol. Zool. (Chicago) **36**, 85—96, **1963a**.
STÜRCKOW, BRUNHILD: Über den Geschmackssinn und den Tastsinn von *Leptinotarsa decemlineata* SAY (Chrysomelidae): Z. vergl. Physiol. **42**, 255—302, **1959**.
—, u. G. QUADBECK: Elektrophysiologische Untersuchungen über den Geschmackssinn des Kartoffelkäfers *Leptinotarsa decemlineata* SAY: Z. Naturforsch. **13 b**, 93—95, **1958**.
STUMPER, M. R.: Sur l'évaluation ergométrique des distances chez les abeilles: C. R. Acad. Sci. Paris **240**, 1936—1938, **1955**.
SUDD, J. H.: Interaction between ants on a scent trail: Nature (Lond.) **183**, 1588, **1959**.
— The foraging method of Pharaoh's ant, *Monomorium pharaonis* L.: Anim. Behav. **8**, 67—75, **1960**.

TENCKHOFF-EIKMANNS, INGE: Licht- und Erdschwereorientierung beim Mehlkäfer *Tenebrio molitor* L. und einigen anderen Insekten: Zool. Beiträge N. F. **4**, 307—341, **1959**.
THAKAR, C. V., and K. V. TONAPI: Nesting behaviour of indian honeybees. I. Differentiation of worker, queen and drone cells on the combs of *Apis dorsata* FAB.: Bee World **42**, 61—62, **1961**.
THORPE, W. H.: Orientation and methods of communication of the honey bee and its sensitivity to the polarization of the light: Nature (Lond.) **164**, 11, **1949**.
THURM, U.: Die Beziehungen zwischen mechanischen Reizgrößen und stationären Erregungszuständen bei Borstenfeldsensillen von Bienen: Z. vergl. Physiol. **46**, 351—382, **1963**.
TINBERGEN, N.: Über die Orientierung des Bienenwolfes *(Philanthus triangulum)*: Z. vergl. Physiol. **16**, 305—334, **1932**.
—, u. W. KRUYT: Über die Orientierung des Bienenwolfes. III. Die Bevorzugung bestimmter Wegmarken: Z. vergl. Physiol. **25**, 292—334, **1938**.
—, u. R. J. VAN DER LINDE: Über die Orientierung des Bienenwolfes. IV. Heimflug aus unbekanntem Gebiet: Biol. Zbl. **58**, 425—435, **1938**.

TITOW, J., u. A. KOWALJEW: Bienenbestäubung des Klees im Moskauer Gebiet: Pschelovodstvo H. 6, **15**, **1939**.
TONGIORGI, P.: Effects of the reversal of the rhythm of nycthemeral illumination on astronomical orientation and diurnal activity on *Arctosa variana* C. L. KOCH: Ann. ital. Biol. **97**, 251—265, **1959**.
TSCHUMI, P.: Über den Werbetanz der Bienen bei nahen Trachtquellen: Schweiz. Bienenztg. 129—134, **1950**.
— Über den Werbetanz der Bienen bei nahen Trachtquellen und seine richtungsweisende Bedeutung: Rev. Suisse Zool. **57**, 584—590, **1950a**.
TWITTY, V.: Migration and speciation in newts. An Embryologist turns Naturalist and conducts field experiments on homing behavior and speciation in newts: Science **130**, 1735 to 1743, **1959**.
— D. GRANT, and O. ANDERSON: Long distance homing in the newt *Taricha rivularis:* Proc. Nat. Acad. Sci. USA **51**, 51—58, **1964**.

UCHIDA, T., u. M. KUWABARA: The homing instinct of the honey bee, *Apis mellifica:* J. of the Faculty of Science, Hokkaido Univ. Ser. VI Zool. **10**, 87—96, **1951**.
UNHOCH, N.: Anleitung zur wahren Kenntnis und zweckmäßigsten Behandlung der Bienen. München **1823**.

VERHEIJEN-VOOGD, CHRISTINE: How worker bees perceive the presence of their queen: Z. vergl. Physiol. **41**, 527—582, **1959**.
VISWANATHAN, H.: Note on *Apis dorsata* queen cells: The Indian Bee Journal 55. April **1950**.
VOGEL, BERTA: Über die Beziehungen zwischen Süßgeschmack und Nährwert von Zuckern und Zuckeralkoholen bei der Honigbiene: Z. vergl. Physiol. **14**, 273—347, **1931**.
VOGEL, R.: Zur Kenntnis des feineren Baues der Geruchsorgane der Wespen und Bienen: Z. wissensch. Zool. **120**, 281—324, **1923**.
VOGEL, ST.: Farbwechsel und Zeichnungsmuster bei Blüten: Österr. Bot. Z. **97**, 44—100, **1950**.
— Duftdrüsen im Dienste der Bestäubung: Abhandl. Akad. d. Wissensch. u. Lit. Naturw. Kl. Mainz 601—763, **1962**.
VOWLES, D. M.: Sensitivity of ants to polarized light: Nature (Lond.) **165**, 282—283, **1950**.
— The orientation of ants. I. The substitution of stimuli: J. exp. Biol. **31**, 341—355, **1954**.
— The orientation of ants. II. Orientation to light, gravity and polarized light: J. exp. Biol. **31**, 356—375, **1954a**.
VRIES, H. DE, and J. W. KUIPER: Optics of the insect eye: Ann. N. Y. Acad. Sci. **74**, 196—303, **1958**.
— A. SPOOR, and R. JIELOF: Properties of the eye with respect to polarized light: Physica (Amsterdam) **19**, 419—432, **1953**.

WAGNER, W.: Psychobiologische Untersuchungen an Hummeln. I. und II.: Zoologica **19**, H. 46, 1—78 u. 79—239. Stuttgart **1907**.
WAHL, O.: Neue Untersuchungen über das Zeitgedächtnis der Bienen: Z. vergl. Physiol. **16**, 529—589, **1932**.
— Beitrag zur Frage der biologischen Bedeutung des Zeitgedächtnisses der Bienen: Z. vergl. Physiol. **18**, 709—717, **1933**.
— Untersuchungen über ein geeignetes Vergällungsmittel für Bienenzucker: Z. vergl. Physiol. **24**, 116—142, **1937**.
WALTHER, J. B.: Untersuchungen am Belichtungspotential des Komplexauges von *Periplaneta* mit farbigen Reizen und selektiver Adaptation: Biol. Zbl. **77**, 63—104, **1958**.
— Changes induced in spectral sensitivity and form of retinal action potential of the cockroach eye by selective adaptation: J. Insect Physiol. **2**, 142—151, **1958a**.
WASHIZU, Y., D. BURKHARDT, and P. STRECK: Visual field of single retinula cells and interommatidial inclination in the compound eye of the blowfly *Calliphora erythrocephala:* Z. vergl. Physiol. **48**, 413—428, **1964**.
WATERMAN, T. H.: Directional sensitivity of single ommatidia in the compound eye of *Limulus:* Anat. Rec. **117**, 566, **1953**.
— Directional sensitivity of single ommatidia in the compound eye of *Limulus:* Proc. Nat. Acad. Sci. **40**, 252—257, **1954**.
— Polarized light and angles of stimulus incidence in the compound eye of *Limulus:* Proc. Nat. Acad. Sci. **40**, 258—262, **1954a**.
— Polarization patterns in submarine illumination: Science **120**, 927—932, **1954b**.
— Polarization of scattered sunlight in deep water: Deep-Sea Research Suppl. 3, Bigelow-Festschrift, 426—434, **1955**.
— Polarized light and plankton navigation; Perspectives in marine biology (Ed. A. A. BUZZATI-TRAVERSO), Univ. of California Press, Berkeley, 429—450, **1958**.

WATERMAN, T. H.: Interaction of polarized light and turbidity in the orientation of *Daphnia* and *Mysidium:* Z. vergl. Physiol. **43**, 149—172, **1960**.
— Polarized light orientation by aquatic arthropods. In: "Progress in Photobiology" Proc. 3rd Intern. Congr. Photobiology (B. C. CHRISTENSEN and B. BUCHMANN, eds.) 214—216, Amsterdam: Elsevier **1961**.
WATSON, J. B., and K. S. LASHLEY: Homing and related activities of birds: Publ. 211 Carnegie Institution Washington **1915**.
WEAVER, N.: The foraging behavior of honeybees on hairy vetch. II. The foraging area and foraging speed: Insectes sociaux **4**, 43—57, **1957**.
WEIS, ILSE: Versuche über die Geschmacksrezeption durch die Tarsen des Admirals *Pyrameis atalanta* L.: Z. vergl. Physiol. **12**, 206—248, **1930**.
WELLINGTON, W. G.: Motor responses evoked by the dorsal ocelli of *Sarcophaga aldrichi* PARKER and the orientation of the fly to plane polarized light: Nature (Lond.) **172**, 1177, **1953**.
— C. R. SULLIVAN, and G. W. GREEN: Polarized light and body temperature levels as orientation factors in the light reactions of some hymenopterous and lepidopterous larvae: Canad. Journ. Zool. **29**, 330—351, **1951**.
— —, and W. R. HENSON: The light reactions of larvae of the spotless Fall Webworm *Hyphantria textor* HARR.: Canad. Entomol. **86**, 529—542, **1954**.
WENNER, A. M.: Sound production during the waggle dance of the honey bee: Anim. Behav. **10**, 79—95, **1962**.
— Communication with queen honey bees by substrate sound: Science **138**, 446—448, **1962a**.
— The flight speed of honeybees; a quantitative approach: J. Apicult. Res. **2**, 25—32, **1963**.
WERNER, GRETE: Tänze und Zeitempfinden der Honigbiene in Anhängigkeit vom Stoffwechsel: Z. vergl. Physiol. **36**, 464—487, **1954**.
WEYER, F.: Cytologische Untersuchungen am Gehirn alternder Bienen und die Frage nach dem Alterstod: Z. Zellforsch. u. mikrosk. Anat. **14**, 1—54, **1932**.
WIECHERT, ELSBETH: Zur Frage der Koordinaten des subjektiven Sehraumes der Biene: Z. vergl. Physiol. **25**, 455—493, **1938**.
WIEDEMANN, INGRID: Versuche über den Strahlengang im Insektenauge (Appositionsauge): Z. vergl. Physiol. **49**, 526—542, **1965**.
WILLIAMS, C. B.: Insect migration: The New Naturalist, Collins, London **1958**.
— Die Wanderungen der Insekten. Übers. u. bearbeitet von H. ROER: Hamburg und Berlin **1961**.
WILSON, E. O.: Communication by tandem running in the ant genus *Cardiocondyla:* Psyche **66**, 29—34, **1959**.
— Chemical communication among workers of the fire ant *Solenopsis saevissima* (FR. SMITH) I, II, III: Anim. Behav. **10**, 134—147, 148—158, 159—164, **1962**.
— The social Biology of ants: Ann. Rev. Entomol. **8**, 345—368, **1963**.
WITTEKINDT, E., u. W. WITTEKINDT: Entfernungsangaben beim Schwänzeltanz im Rahmen experimentell ausgelösten Tanzverhaltens der Honigbiene: Naturwissenschaften **47**, 239, **1960**.
WITTEKINDT, W.: Experimentelle Auslösung von Tänzen bei der Honigbiene: Naturwissenschaften **42**, 567—568, **1955**.
— Schwänzelbewegungen als Ausdruck gesteigerter Erregung innerhalb des Tanzverhaltens der Honigbiene: Naturwissenschaften **47**, 335—336, **1960**.
— Tanzverhalten der Honigbiene bei Wechsel zwischen freiem Ausflug und Auslöseversuchen im geschlossenen Stock: Naturwissenschaften **48**, 605—606, **1961**.
WOJTUSIAK, R.: Unveröffentlichtes Manuskript einer nicht abgeschlossenen Arbeit. München **1934**.
WOLBARSHT, M. L., and V. G. DETHIER: Electrical activity in the chemoreceptors of the blowfly. I. Responses to chemical and mechanical stimulation: J. gen. Physiol. **42**, 393—412, **1958**.
WOLF, E.: Über das Heimkehrvermögen der Bienen: Z. vergl. Physiol. **3**, 615—691, **1926**.
— Über das Heimkehrvermögen der Bienen. II.: Z. vergl. Physiol. **6**, 221—254, **1927**.
— Sehschärfeprüfung an Bienen im Freilandversuch: Z. vergl. Physiol. **14**, 746—762, **1931**.
— Das Verhalten der Bienen gegenüber flimmernden Feldern und bewegten Objekten: Z. vergl. Physiol. **20**, 151—161, **1934**.
WOLKEN, J. J.: Retinal structure. Mollusc Cephalopods: *Octopus, Sepia:* J. biophys. biochem. Cytol. **4**, 835—838, **1958**.
— J. CAPENOS, and A. TURANO: Photoreceptor structures. III. *Drosophila melanogaster.* J. biophys. biochem. Cytol. **3**, 441—448, **1957**.
—, and P. D. GUPTA: Photoreceptor structures. The retinal cells of the cockroach eye: J. biophys. biochem. Cytol. **9**, 720—724, **1961**.

WYKES, G. R.: An investigation of the sugars present in the nectar of flowers of various species: The new Phytologist **51**, 210—215, **1952**.
— The preferences of honeybees for solutions of various sugars which occur in nectar: J. exp. Biol. **29**, 511—518, **1952a**.
— The sugar content of nectars: Biochem. J. **53**, 294—296, **1953**.

YASAMUZI, G., and N. DEGUCHI: Submicroscopic structure of the compound eye as revealed by Electon microscopy: J. ultrastructure research **1**, 259—270, **1958**.

ZANDER, E.: Bienenkunde im Obstbau: Heft 20 von Grundlagen und Fortschritte im Garten- und Weinbau. 3. Aufl. Stuttgart **1946**.
— Handbuch der Bienenkunde in Einzeldarstellungen. IV. Das Leben der Biene. 5. Aufl. Stuttgart **1947**.
ZERRAHN, GERTRUD: Formdressur und Formunterscheidung bei der Honigbiene: Z. vergl. Physiol. **20**, 117—150, **1934**.
ZIEGENSPECK, H.: Die Farben- und UV-Photographie und ihre Bedeutung für die Blütenbiologie: Mikroskopie **10**, 323—328, **1955**.
ZMARLICKI, C., and R. A. MORSE: The effect of mandibular gland extirpation on the longevity and attractiveness to workers of queen honey bees, *Apis mellifera:* Ann. entomol. Soc. Amer. **57**, 73—74, **1964**.
ZONANA, H. V.: Fine structure of the squid retina: Bull. Johns Hopk. Hosp. **109**, 185—205, **1961**.

Nachtrag

LARSEN, J. R.: The fine structure of the labellar chemosensory hairs of the blowfly *Phormia regina* MEIG.: J. Insect Physiology **8**, 683—691, **1962**.

PETERS, W.: Die Zahl der Sinneszellen von Marginalborsten und das Vorkommen multipolarer Nervenzellen in den Labellen von *Calliphora erythrocephala* MEIG. (Diptera): Die Naturwissenschaften **48**, 412—413, **1961**.

STÜRCKOW, BRUNHILD: Ein Beitrag zur Morphologie der labellaren Marginalborste der Fliegen *Calliphora* und *Phormia*: Z. Zellforschung **57**, 627—647, **1962**.

Namenverzeichnis

Sachverzeichnis

UMWANDLUNGEN DER MUNDWERKZEUGE DER INSEKTEN (BEISPIELE)

	kauend-beißend	leckend - saugend		stechend - saugend		
	Schaben	Biene (Hymenoptera)	Ephestia (Lepidoptera)	Oncopeltus (Hemiptera)	Culex (Diptera)	Calliphora (Diptera)
ibel rkiefer)	Hauptkauorgan	Kauorgan ohne gezähnte Incisivi	weitgehend reduziert	verlängert als Stechborsten Spitze gezähnt	verlängert zu 2 Stechborsten ♂♂ kurz	reduziert
lle erkiefer) nea enlade)	Kauorgan	weichhäutige Lappen	weitgehend reduziert	Maxillarborsten, lang, Saug-+Stechrinne		reduziert
a enlade)	Kauorgan	verlängert Teil d. Saugrüssels (=Proboscis)	verlängert zu Proboscis		verlängert zu 2 Stechborsten ♂♂ kurz	
us maxilla- (Kiefertaster)	Tastorgan	Tastorgan (klein)	reduziert	reduziert		
um erlippe)	nicht kauend		fast reduz.	verlängerte Stechborstenscheide (gegliedert)	verlängerte Stechborstenscheide	proximaler Teil= Haustellum mit 2 Labellen (Praementum?)
us labialis pentaster)	Tastorgan	verlängert Teil d. Saugrüssels	Tastorgan			
sa (Zunge)		verlängert zu Speichelrohr				
glossa enzunge)		verlängert umgeben Basis von Speichelrohr				
um rlippe)				leicht verlängert	1 Nahrungsrohr (Rinne!)	umschließt Nahrungsrohr
pharynx	zungenartig			kurz, Ausmündung d. Speicheldr. (Speichelpumpe)	1 Stechborste mit Nahrungsrohr	umschließt Speichelrohr + bedeckt Nahrungsrol

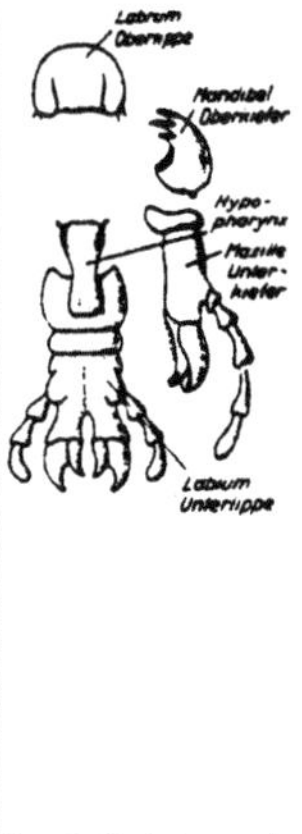

Kauende Mundwerkzeuge eines orthopteroiden Insekts.

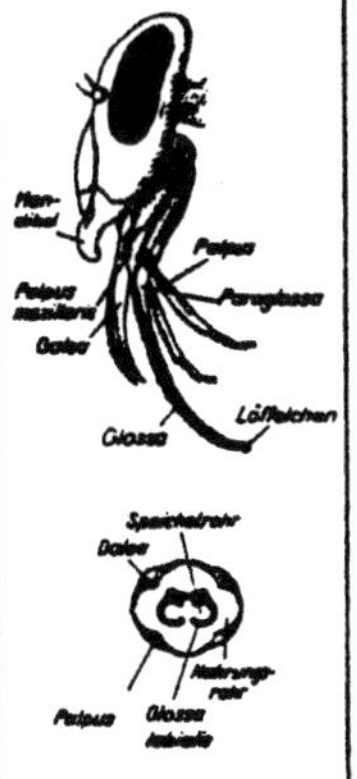

Honigbiene, Mundwerkzeuge einer Arbeiterin (etwas auseinandergelegt), rechts oben: Querschnitt durch den Saugrüssel.

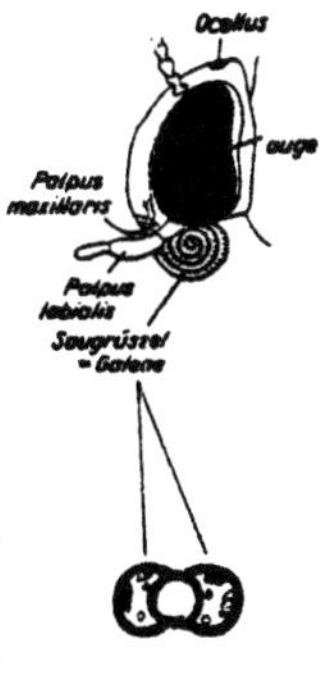

Kopf eines Schmetterlings, darunter: Querschnitt durch den Saugrüssel (schematisch).

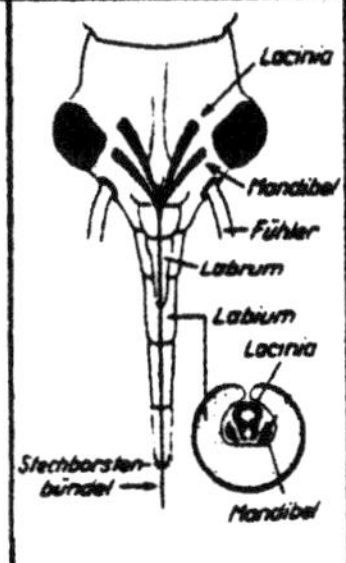

Hemipterenkopf mit Stechborstenbündel, darunter: Querschnitt durch den Schnabel (schematisch).

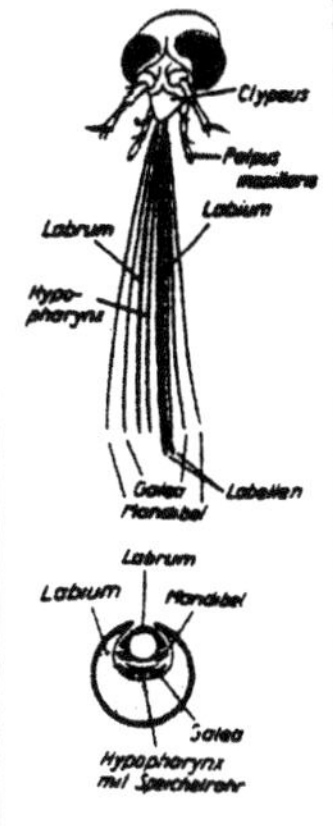

Kopf des ♀ einer Stechmücke, Mundteile auseinandergelegt, rechts: Querschnitt durch den Saugrüssel.

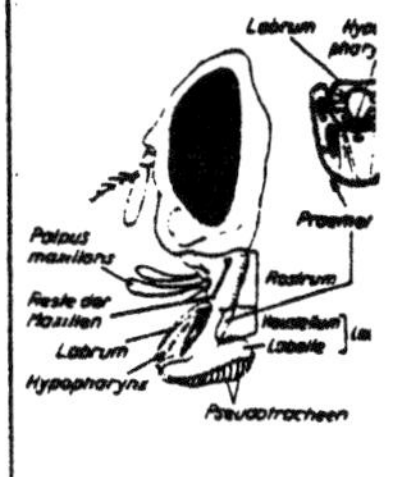

Kopf einer Stubenfliege, Mundteile auseinandergelegt, rechts: Querschnitt durch das Haustellum

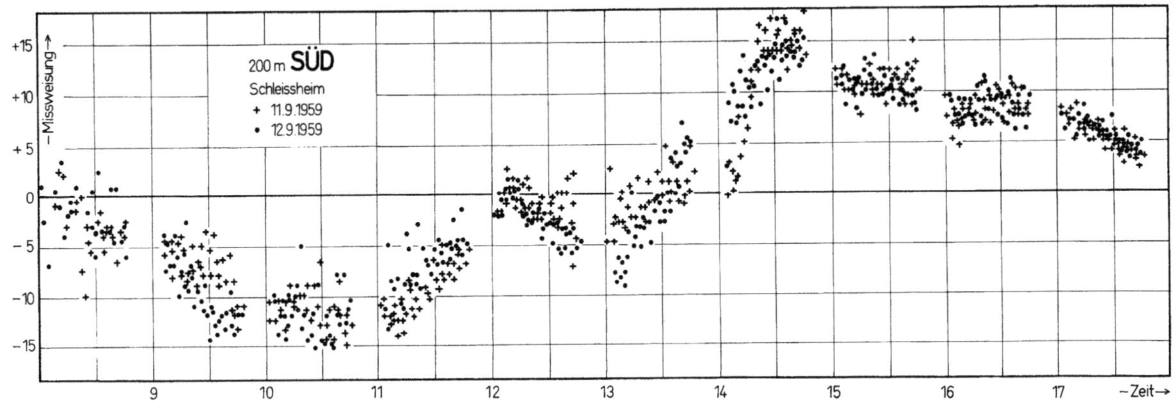

Abb. 198. Die „Restmißweisung" am 11. 9. (+) und 12. 9. (●) 1959. Futterplatz im Süden. Schleißheim. Abszisse: die Tagesstunden. Ordinate: Abweichung der Richtungsweisung von der zutreffenden Richtung in Winkelgraden (+ = zu große, — = zu kleine Tanzwinkel). Jeder Wert bedeutet einen gemessenen Tanz

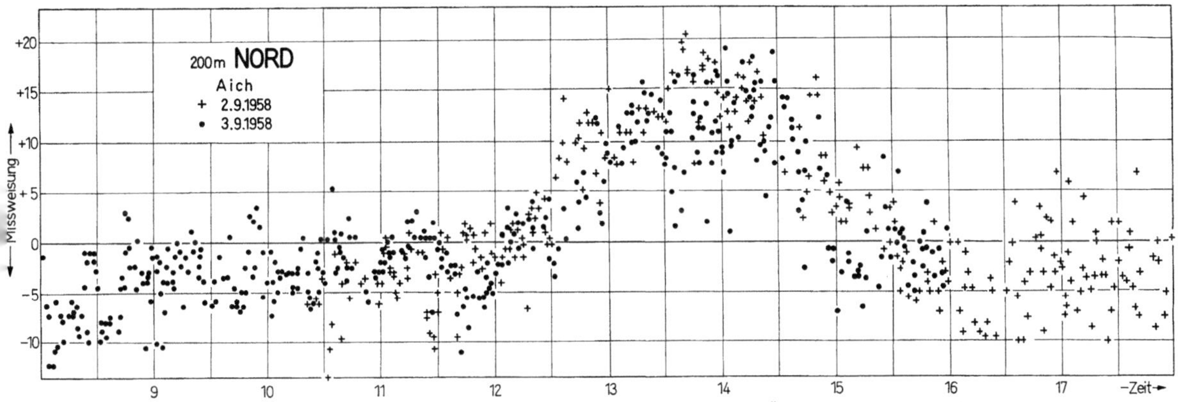

Abb. 199. Die „Restmißweisung" am 2. 9. (+) und 3. 9. (●) 1958. Futterplatz im Norden. Aich. Übrige Erklärung wie bei Abb. 198

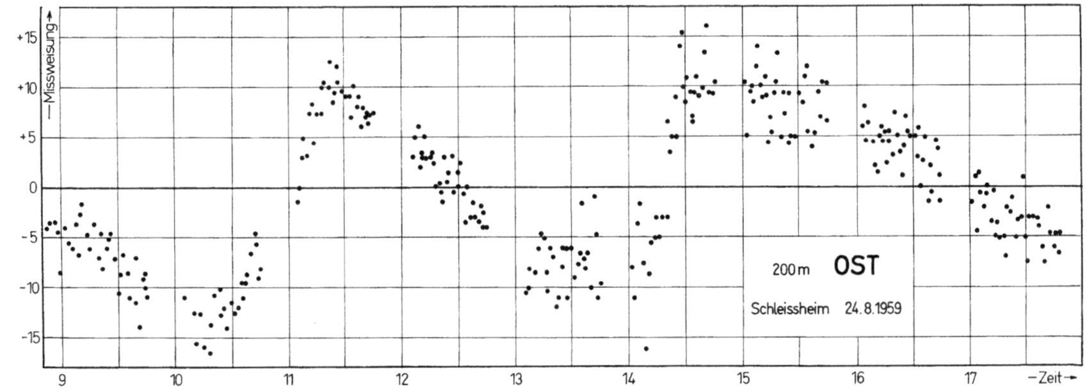

Abb. 200. Die „Restmißweisung" am 24. 8. 1959. Futterplatz im Osten. Schleißheim. Übrige Erklärung wie bei Abb. 198

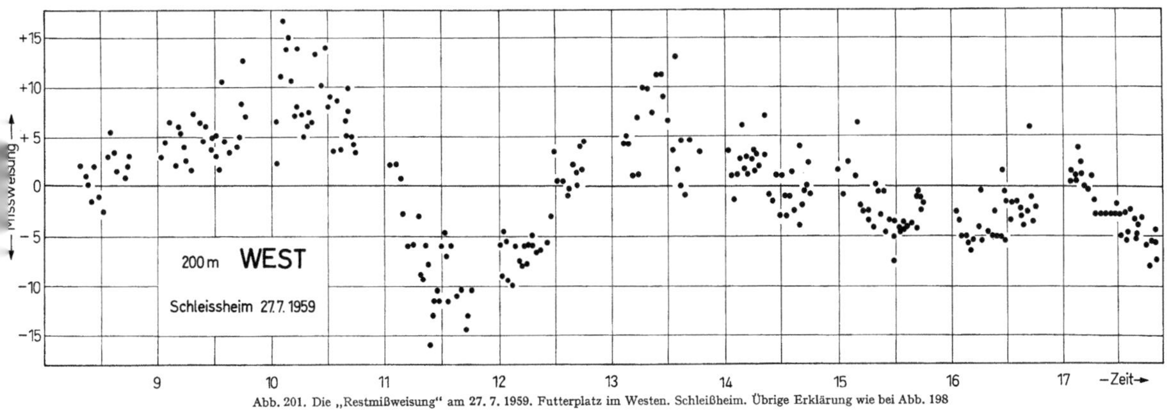

Abb. 201. Die „Restmißweisung" am 27. 7. 1959. Futterplatz im Westen. Schleißheim. Übrige Erklärung wie bei Abb. 198

von Frisch, Tanzsprache und Orientierung der Bienen. Springer-Verlag, Berlin · Heidelberg · New York 1965.

GPSR Compliance

The European Union's (EU) General Product Safety Regulation (GPSR) is a set of rules that requires consumer products to be safe and our obligations to ensure this.

If you have any concerns about our products, you can contact us on ProductSafety@springernature.com

In case Publisher is established outside the EU, the EU authorized representative is:

Springer Nature Customer Service Center GmbH
Europaplatz 3
69115 Heidelberg, Germany

Batch number: 10620881

Printed by Printforce, the Netherlands